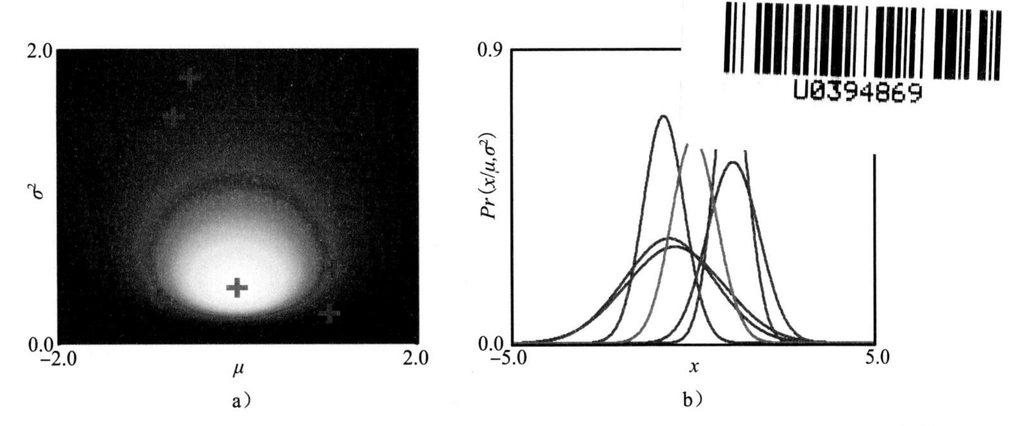


图 4-4　正态分布中参数的先验值。a）$\alpha$、$\beta$、$\gamma = 1$，$\delta = 0$ 的正态逆伽马提供一个一元正态分布参数的宽先验分布。红色的十字表示这个先验分布的峰值。蓝色的十字是随机从分布中抽出的 5 个样本。b）峰值和样本可以通过绘出它们所代表的正态分布来直观表示

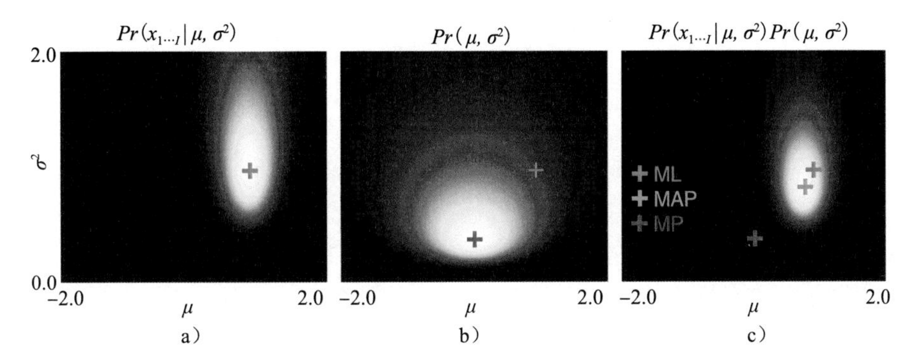


图 4-5　正态参数的最大后验推理。a）乘以似然函数 b）给出一个新函数的先验概率 c）这与后验分布成正比。可以看到最大后验（MAP）解（青色的十字）在后验分布的峰值。它在最大似然（ML）解（绿色的十字）和最大前验分布（MP，粉红色的十字）之间

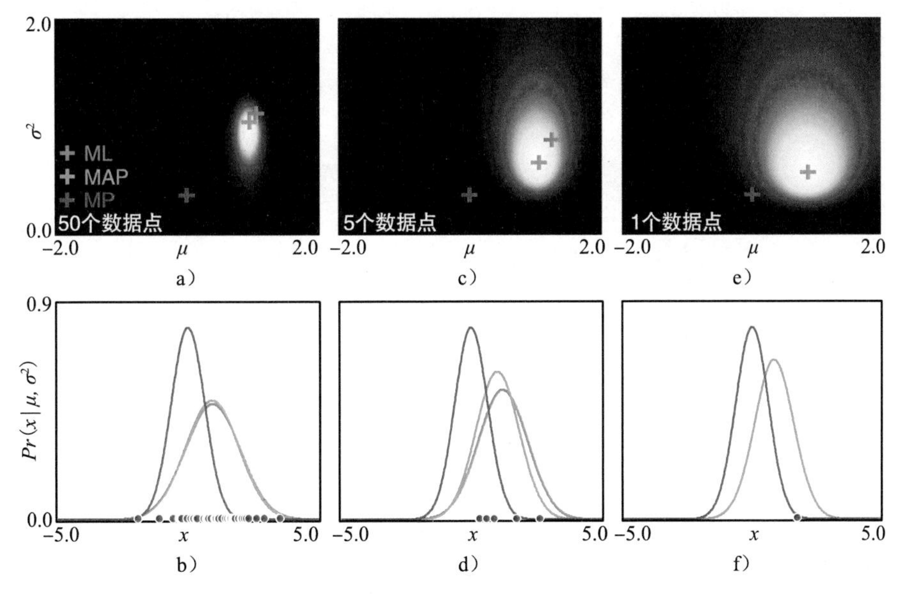


图 4-6　最大后验估计。a）参数 $\mu$ 和 $\sigma^2$ 的后验分布。MAP 解（青色的十字）位于 ML（绿色的十字）和先验值顶点（粉红色的十字）之间。b）MAP 解、ML 解和先验值的峰值对应的正态分布。c ~ d）由于具有很少的数据点，因此先验值对最终解有更大的影响。e ~ f）由于只有一个数据点，因此最大似然解不能计算（不能计算单个点的方差）。然而，MAP 估计依然可以计算

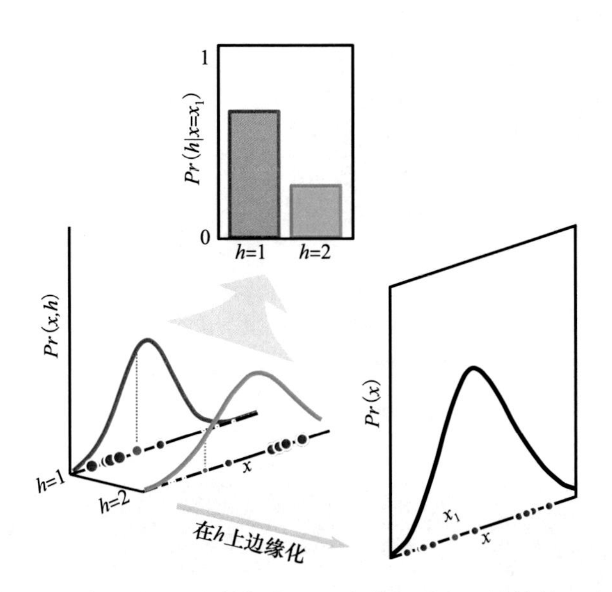


图 7-8　拟合混合高斯模型的 E 步。对于 I 个数据点 $\boldsymbol{x}_{1\cdots I}$ 中的每一个，计算关于隐变量 $h_i$ 的后验分布 $\Pr(h_i|\boldsymbol{x}_i)$。$h_i$ 取 $k$ 时的后验概率 $\Pr(h_{i=k}|\boldsymbol{x}_i)$ 可以理解为正态分布 $k$ 对于数据点 $x_i$ 的贡献。例如，对于数据点 $x_1$（粉红色圆点），分量 1（红色曲线）比分量 2（绿色曲线）的贡献率大于 2 倍。注意，在联合分布（左侧）中，投影数据点的大小表示了对应关系

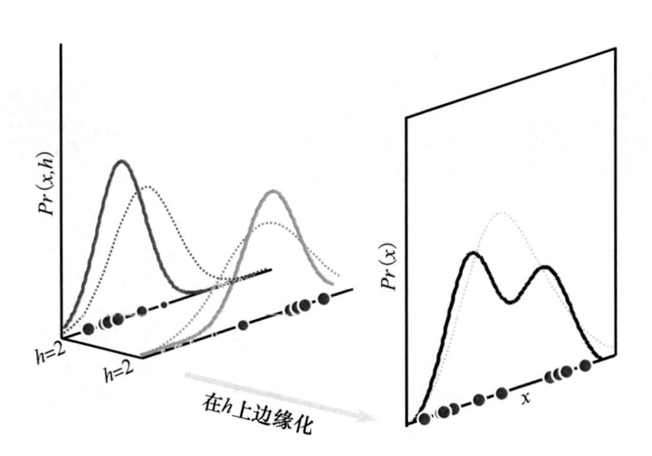


图 7-9　拟合混合高斯模型的 M 步。对于第 $k$ 个高斯分量，更新参数 $\{\lambda_k, \boldsymbol{\mu}_k, \boldsymbol{\Sigma}_k\}$。第 $i$ 个数据点 $\boldsymbol{x}_i$ 根据 E 步中对应关系 $r_{ik}$（以点的大小来表示）以协助于这些更新；与第 $k$ 个分量关系越密切的数据点对于参数的影响越大。虚线和实线分别表示更新前后的拟合

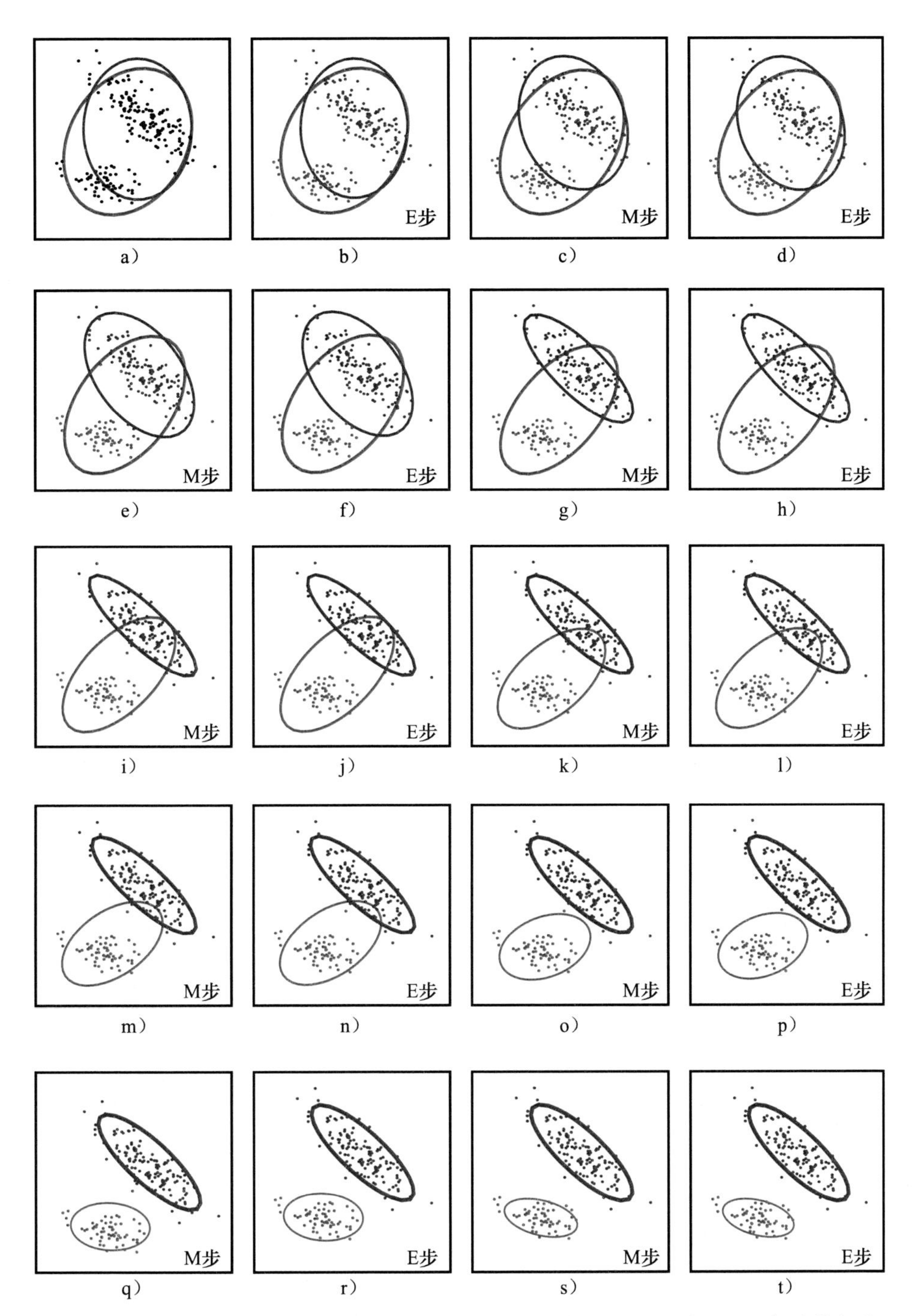


图 7-10　拟合二维数据的两个高斯混合模型。a）原始模型。b）E 步。对于每个数据点，计算由每个高斯分布生成的后验概率（用点的颜色表示）。c）M 步。根据这些后验概率来更新每个高斯分布的均值、方差和权重。椭圆形表示两者之间的马氏距离。椭圆的权重（粗细）表示高斯权重。d ~ t）后续的 E 步和 M 步迭代

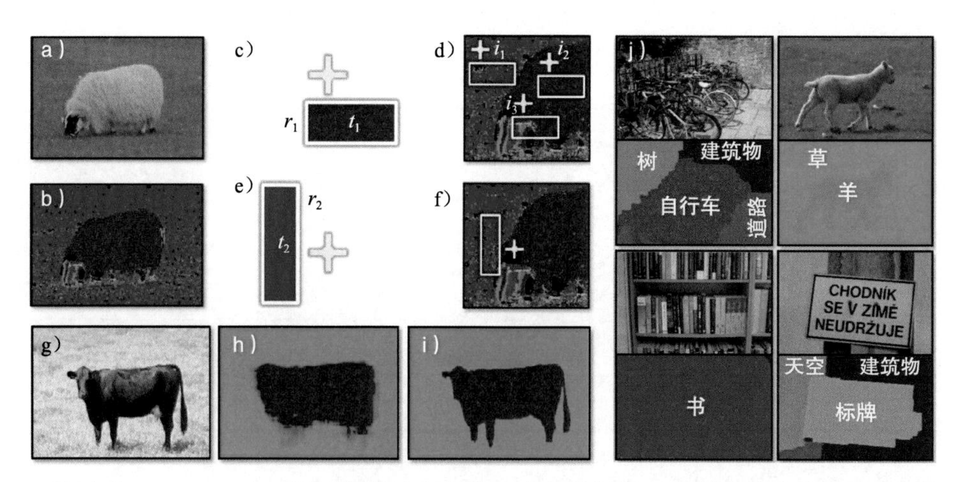


图 9-22 使用“TextonBoost”对语义图像进行标注。a）原始图像。b）转换为纹理基元的图像，每一个像素值都有一个离散值，表示存在该类型的纹理。c）系统是基于弱分类器的，这种分类器统计矩形内的特定类型纹理基元数，该矩形即为当前位置的偏移（黄色十字）。d）这不仅提供了有关对象本身（包括类似羊的纹理基元）的信息，同时也提供了附近对象（附近草的纹理基元）的相关信息。e、f）另一个弱分类器的例子。g）测试图像。h）逐像素分类在物体边缘都不是很精确，因此，i）通过一个条件随机场来改善结果。j）结果和标准图的比较。源自 Shotton 等（2009）。© 2009 Springer

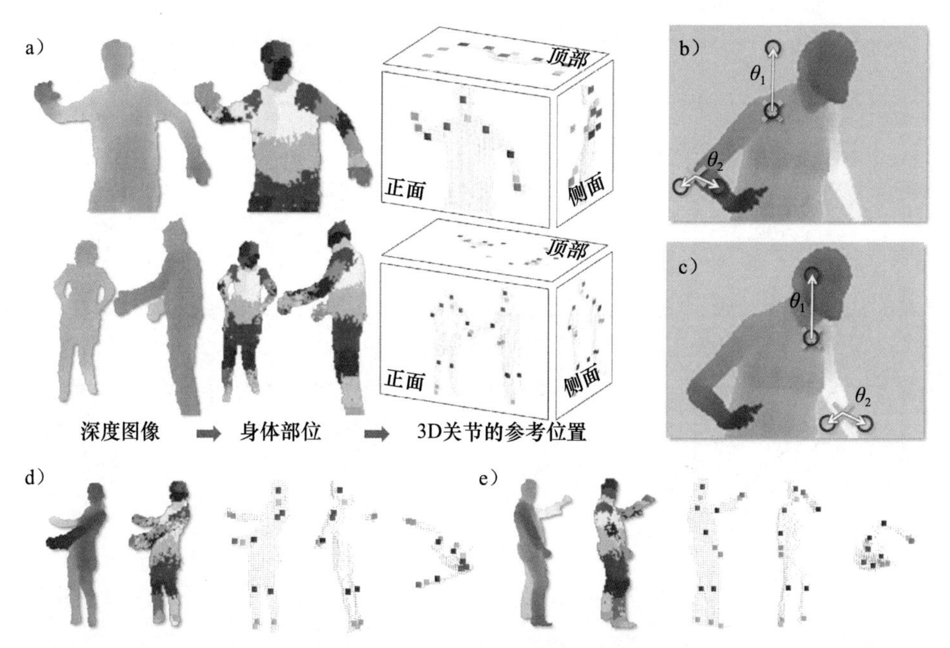


图 9-24 人体不同部位的识别。a）该系统的目标是通过一幅深度图像 $\boldsymbol{x}$ 和分配给每一个像素的离散标签 $w$，来标记可能存在的 31 个人体部位。这些深度标签可以作为 3D 关节的参考位置。b）基于决策树的分类器，在树中的每一个点，数据都根据两点（红圈）的相对深度以及和当前像素的偏移量（黄色十字）进行划分。在这个例子中，两个情况下有很大的区别，而在 c）中这种区别是很小的——因此这些差别提供了姿态信息，d、e）是另外两个深度图像、标签标记和姿态预测的例子。源自 Shotton 等（2011）。© 2011 IEEE

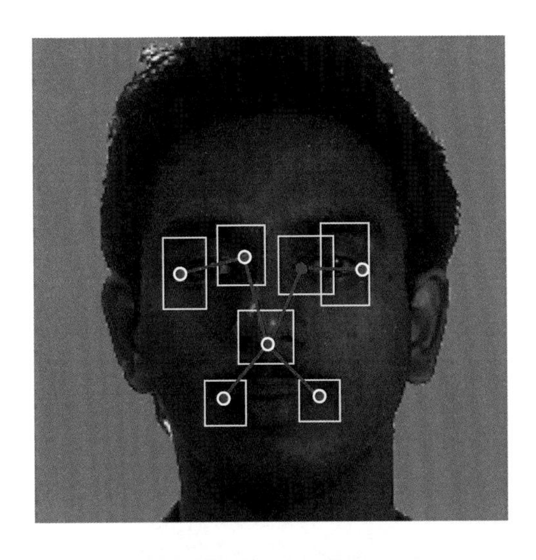

图 11-19　形象化结构。此脸部模型包括 7 个部分（红点），以树状结构（红线）连接在一起。每个部分的可能位置由方框表示。虽然每个部分可以取几个百像素，但是 MAP 位置可以利用动态规划方法通过图的树结构有效地进行推理。局部化面部特征是许多人脸识别方法的共同元素

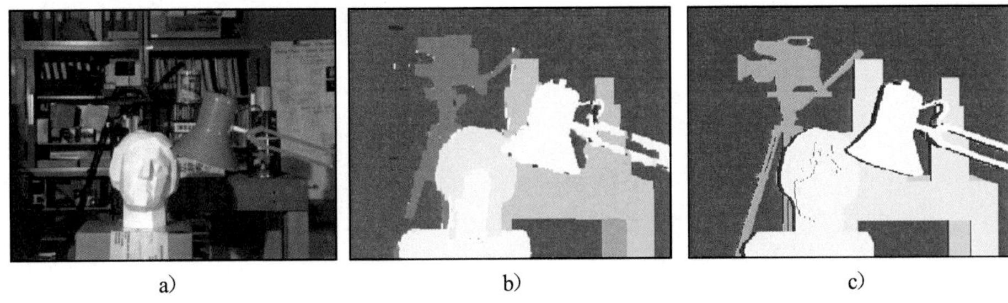


图 12-27　立体视觉。a）原始立体对图像。b）采用 Boykov 等（1999）方法的视差估计。c）真实差异。蓝色像素表明在第二幅图像中被遮挡的区域，因此不具有一个有效的匹配或者视差。该算法没有对这一事实进行解释，且在这些区域中产生了噪声估计

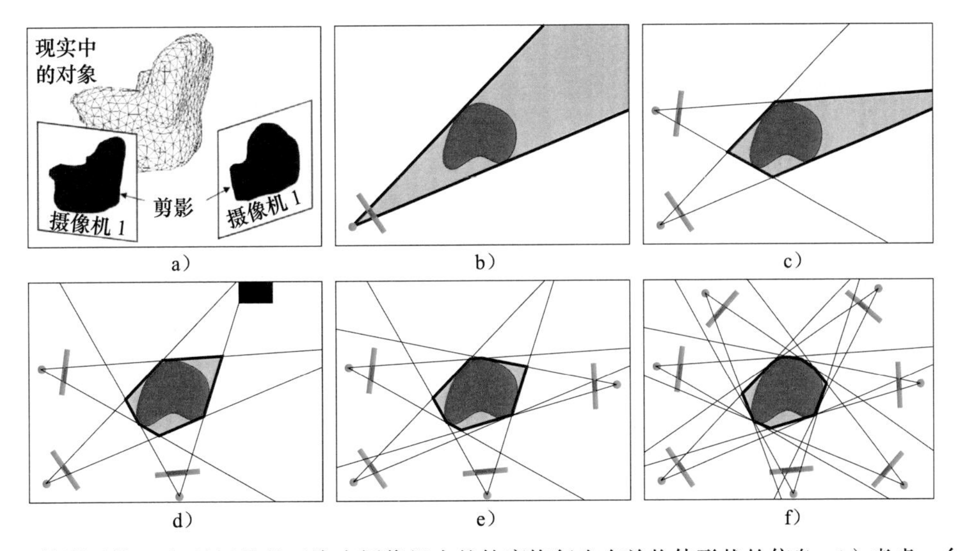


图 14-15　剪影重构。a）目标是基于许多摄像机中的轮廓恢复出有关物体形状的信息。b）考虑一台观察一个对象（2D 切片）的摄像机。我们知道该物体必然位于包含其轮廓的多束光线中的某一位置。c）当我们增加第二台摄像机时，我们知道该物体依然位于包含其轮廓的多束光线的交叉区域内（灰色区域）。d ~ f）当我们增加更多台摄像机时，就越来越接近真实的形状。但是，无论我们增加多少台摄像机，都无法捕获凹陷区域

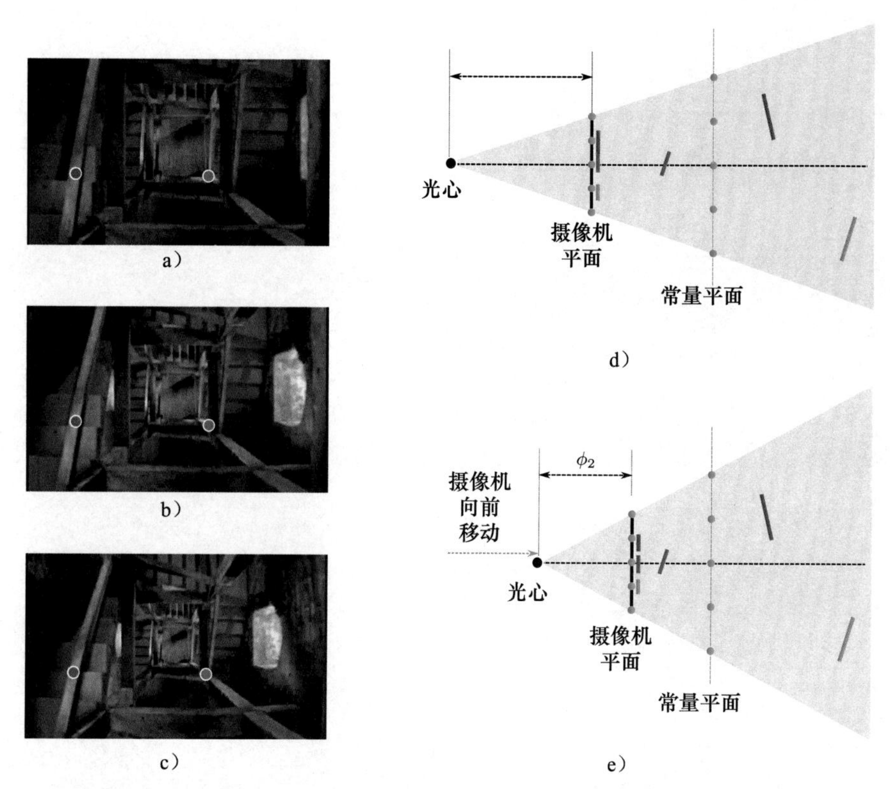


图 14-18 滑动变焦。a ~ c)《Vertigo》中的 3 帧，其中楼梯井看起来发生了扭曲。附近的物体仍然在原位，而远处的物体系统地通过序列。为了看清这点，考虑每帧中同一个 $(x, y)$ 位置的红色圆圈和绿色圆圈。红色圆圈仍然位于栏杆附近，而绿色圆圈在第一个图像中位于楼梯井的地板上，而在最后一个图像中却在楼梯的中间。d）为了理解这种效应，考虑一个观察场景的摄像机，这个摄像机由一些同等深度的绿色点和一些其他的平面所构成（彩色线条）。e）我们沿着 $w$ 轴移动摄像机但同时改变焦距，使得绿色点在同一位置能够成像。在这些变化中，绿色点所在平面中的物体是静止的，但是场景的其他部分发生了移动，甚至可能相互遮挡

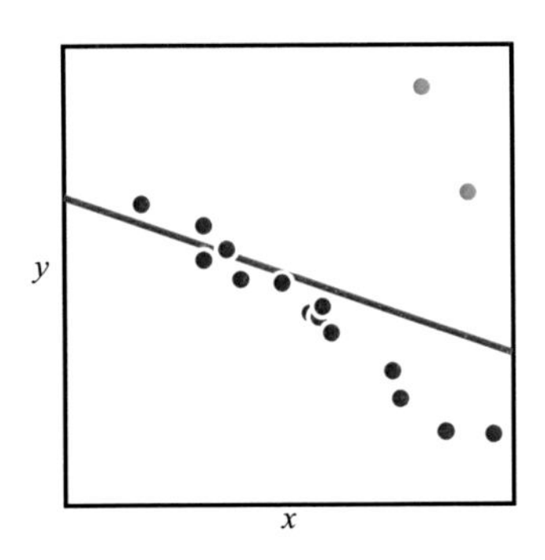


图 15-15　RANSAC 的动机。大多数的数据集（蓝色点）能够利用线性回归模型进行很好的解释，然而有两个异常点（绿色点）。但是，如果我们将线性回归模型与全部数据拟合，平均预测值（红线）将会被拖向异常点，并且无法对大多数数据进行很好地描述。RANSAC 算法通过将异常点标出并将模型拟合剩余数据的方式规避了这个问题

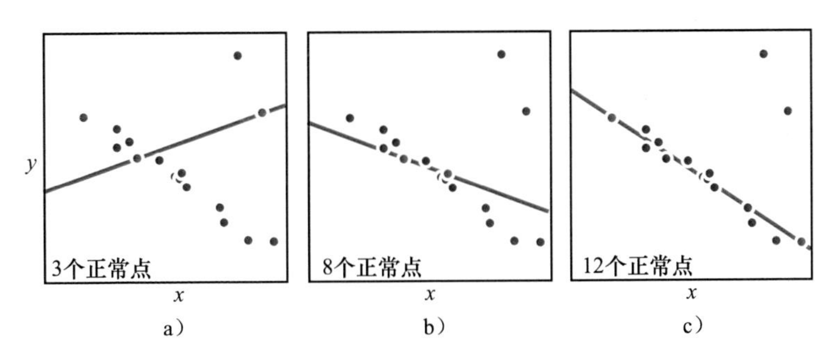


图 15-16　RANSAC 过程。a）选择一个点的随机最小子集来拟合这条线（红色点）。我们将这条线拟合到这些点，并计数有多少其他的点与这个解（蓝色点）相符合。这些点称为正常点。这里只有 3 个正常点。b，c）针对点的不同最小子集重复这一过程。多次迭代后，选择拥有最多正常点的拟合。我们只使用这一拟合中的正常点对线进行重拟合

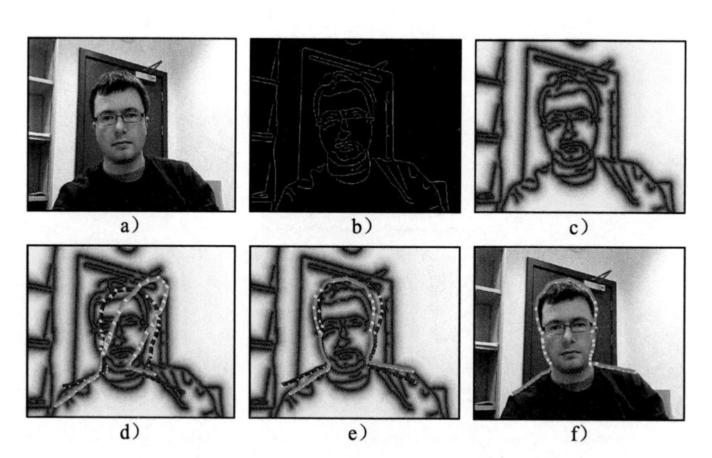


图 17-6　形状模板。已知目标的形状信息，只有图像形状的仿射变换是未知的。a）原始图像。b）应用 Canny 边缘检测算子得到的结果。c）距离变换图像。图像中像素的强度代表该像素与最近边缘的距离。d）拟合形状模板。利用随机选择的仿射变换（蓝色曲线）来对模板进行初始化。由优化后的标志点所定义的曲线（绿色曲线）已经移向距离图像中具有较低值的位置。在这种情况下，拟合过程收敛于局部最优，并且还不能确定正确的轮廓。e）如果从接近真实的最佳值开始优化，那么它收敛于全局最大。f）模板拟合的最终结果

图 17-7　迭代最近点算法。将每个标志点（蓝色轮廓上红色法线处的位置）与图像中的单个边缘点相关联。在本例中，沿着法线的方向（红线）搜索轮廓。通常沿着法线方向会存在一些由边缘检测器确定的点。在每种情况下都选择最近的点——该过程称为数据关联。计算将标志点映射到最近边缘位置的变换，这就移动了边界轮廓，并且在下一次迭代中潜在地改变了最近点的位置信息

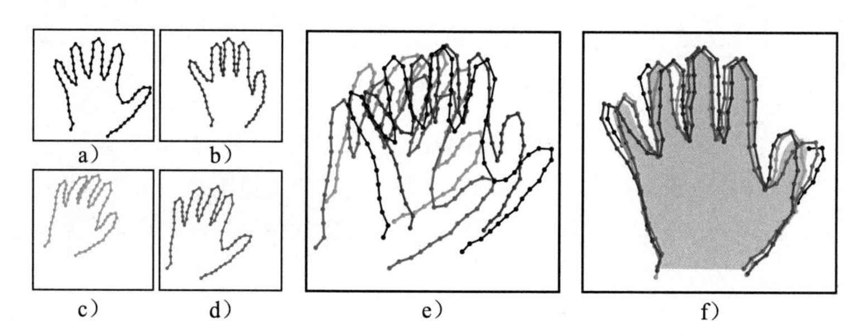


图 17-8　广义 Procrustes 分析。a ~ d）4 个训练形状。e）将 4 个训练形状重叠，可见这些形状没有对齐。f）广义 Procrustes 分析的目标是使用选择的变换来同时对齐所有的训练形状。在本图中，图像通过相似的变换得以对齐（灰色区域表示平均形状）。在此过程后，残留的变化通过统计形状模型来描述

# 计算机视觉

## 模型、学习和推理

[英] 西蒙 J. D. 普林斯（Simon J. D. Prince） 著

苗启广 刘凯 孔韦韦 许鹏飞 译

# Computer Vision

## Models, Learning, and Inference

机械工业出版社
China Machine Press

**图书在版编目（CIP）数据**

计算机视觉：模型、学习和推理 /（英）普林斯（Prince，J. D.）著；苗启广等译．—北京：机械工业出版社，2015.9（2024.6 重印）
（计算机科学丛书）
书名原文：Computer Vision: Models, Learning, and Inference

ISBN 978-7-111-51682-8

I. 计… II. ①普… ②苗… III. 计算机视觉－研究 IV. TP302.7

中国版本图书馆 CIP 数据核字（2015）第 232990 号

**北京市版权局著作权合同登记 图字：01-2015-0868 号。**



本书是一本从机器学习视角讲解计算机视觉的优秀教材，主要讲述计算机视觉中模型、学习和推理三个方面的内容，揭示计算机视觉研究中“模型”和“算法”之间的区别，并且对每一种新的视觉算法提出新的见解。本书图文并茂，算法描述由浅入深，主要包括概率、机器视觉的机器学习、局部模型的连接、图像预处理、几何模型、视觉模型等方面的内容，适合作为高年级本科生或研究生的计算机视觉和机器学习教材，也可供计算机视觉方面的专业人士参考。

出版发行：机械工业出版社（北京市西城区百万庄大街 22 号 邮政编码：100037）

| | |
|---|---|
| 责任编辑：迟振春 | 责任校对：殷 虹 |
| 印 刷：北京建宏印刷有限公司 | 版 次：2024 年 6 月第 1 版第 8 次印刷 |
| 开 本：185mm×260mm 1/16 | 印 张：28.75 插 页：4 |
| 书 号：ISBN 978-7-111-51682-8 | 定 价：119.00 元 |

客服电话：（010）88361066 68326294

# 译者序

2014年上半年，我在美国宾夕法尼亚州访问时，在图书馆发现了《Computer Vision: Models, Learning, and Inference》这本书，书名使我眼前豁然一亮。书中对模型、算法、学习、推理以及基础知识等方面的介绍深入浅出、通俗易懂，深深地吸引着研究计算机视觉技术的我。作者Simon J. D. Prince是伦敦大学学院计算机科学系的知名教授，在生物学、计算机科学等多学科交叉领域颇有建树。一年后，机械工业出版社的策划编辑姚蕾和朱劼联系我，期望我组织翻译本书，我毫不犹豫地欣然接受。

计算机视觉和机器学习相结合，是计算机视觉领域研究的热点，也是难点。本书正是计算机视觉和机器学习相结合的典范之作，清晰明了地阐述一般计算机视觉研究者易于混淆的"模型"与"算法"的区别。本书重点关注基本的技术，强调与学习和推理有关的模型以及相应的方法，其主要特点是知识体系系统、完整，不仅包括计算机视觉的相关理论，而且包括所有的数学背景知识。更重要的是，介绍与机器学习相关的基础知识，并将计算机视觉与机器学习有机地融合起来。考虑到读者最低限度的知识储备情况，本书从概率和模式匹配的基础知识开始，逐步讲解到实际实验，读者通过完成和修改这些实验，就可以建立起可用的视觉系统。

本书包含大量插图，描述了70多个算法，同时详细地阐述每个算法的实现细节，细致入微地阐述计算机视觉与机器学习的方方面面，为方便读者理解现代计算机视觉提供了一个完整的概率框架。本书主要适用于计算机视觉和机器学习研究方向的高年级本科生和研究生，书中对各种方法的详细描述也能够帮助计算机视觉的初学者进行学习。

本书由西安电子科技大学的苗启广教授组织翻译，参与的译者有西安电子科技大学的刘凯教授、西安邮电大学的孔韦韦副教授和西北大学的许鹏飞老师，其中苗启广翻译了第9、10、11和19章，刘凯翻译了第1~8章，孔韦韦翻译了第12~15章和附录部分，许鹏飞翻译了第16~18章和第20章以及前言等内容，统稿和审校由苗启广和刘凯共同完成。

本书的翻译工作涉及非常多计算机视觉基础知识的准确翻译，大量术语的统一，多位译者的交流沟通以及字斟句酌的研读等，既从头至尾充满着挑战，又洋溢着团结、合作的气氛，更不时分享逐步成文的喜悦。在此要感谢武警工程大学的雷阳博士，西安电子科技大学的博士研究生刘家辰、刘如意、李宇楠、程飞，硕士研究生孙尔强、范莹莹、黄玉辉、黄志新等，他们在书稿初译、译文修改、统一术语等方面做了大量的工作。感谢机械工业出版社的策划编辑姚蕾和其他编辑，他们为本书的出版付出了大量劳动，认真编辑书稿并提出了修改意见。

谨以本书献给致力于计算机视觉算法研究和开发设计的读者，翻译不足之处请批评指正！

苗启广

**苗启广**　西安电子科技大学计算机学院教授、博士生导师，2012年入选“教育部新世纪优秀人才支持计划”。中国计算机学会CCF理事，陕西省计算机学会理事，陕西省大数据与云计算产业联盟理事，CCF计算机视觉专委会委员，CCF人工智能与模式识别专委会委员，CCF青年工作委员会委员，CCF YOCSEF主席(2017～2018)，教育部工程专业认证协会计算机分委会工程专业认证专家。2005年12月获西安电子科技大学计算机应用技术博士学位，2014年在美国做高访，主要从事计算机视觉与机器学习、大数据分析以及高性能计算方面的研究。主持在研和完成国家自然科学基金、国防预先研究项目、国防863和武器装备基金项目20余项。2008/2011/2014年分别获西安电子科技大学“十佳师德标兵”称号。近年来，在IEEE TNNLS、TEC、TIP、TGRS、AAAI、软件学报、计算机学报等国内外重要学术期刊及国际会议上发表SCI/EI收录论文70余篇。担任2015年CCF首届中国计算机视觉大会程序委员会主席、2011年CCF首届青年精英大会组委会主席。Journal of Industrial Mathematics、中国计算机学会通讯(CCCF)、物联网技术等国内外期刊编委，教育部国家科学技术奖评审专家，国防基础科研评审专家。先后获省部级奖2项。

**刘凯**　西安电子科技大学计算机学院教授，博士生导师，陕西省图像图形学会理事，中国仪器仪表学会空间仪器分会理事。主要研究领域包括图像视频压缩编码、图像识别以及视频跟踪。主持和参加了国家自然科学基金、高分辨率对地观测重大专项、探月工程以及多项横向合作项目。发表30多篇学术论文，获得10余项发明专利。

**孔韦韦**　博士后，硕士生导师，西安邮电大学副教授。现为IEEE会员，IEICE会员，韩国AISS协会编委，中国计算机学会会员，陕西省计算机学会人工智能与模式识别专业委员会委员，主要研究领域为图像智能信息融合、入侵检测等。主持和参与了国家自然科学基金、国家级信息保障技术重点实验室开放基金课题，以及全国博士后特别资助项目、全国博士后基金面上项目一等资助、全军学位与研究生教育研讨会专项研究、陕西省自然科学基金项目等10余项课题。以第一作者在SCI源期刊(如中国科学(F辑 信息科学)(英文版)、IET Image Processing、IET Signal Processing、Optical

Engineering、IET Electronics Letters、Infrared Physics & Technology 等杂志)上发表论文近 20 篇，获 2012 年度 IET 学术协会优秀学术论文成果奖，以第一申请人申请发明专利 2 项，出版专著 1 部(第一完成人)、参与编写著作 1 部(第三完成人)，并担任多个 SCI 源期刊的特约审稿人。

**许鹏飞** 西北大学信息科学与技术学院讲师，2014 年获西安电子科技大学计算机应用技术博士学位。主要研究方向是模式识别、数字图像处理。目前已在 IEEE T Image Processing、Neurocomputing、JVCI、IET Image Processing、Integrative Zoology、Optics Communication、MTAP、电子学报、CIS 等国际与国内权威期刊和会议上发表 10 余篇学术论文。获 2014 年西安市科学技术奖三等奖。主持和参与了国家自然科学基金、国防预先研究项目、西北大学科学研究基金资助项目等。获得 10 余项国家发明专利。

# 序



我对本书从开始到后期发展的情况已经有了一个大概的了解，非常荣幸被邀请为本书写序。我是刚好参加了 BMVC 2011 之后开始写这篇序的，在该会议上，我发现已经有其他学者开始阅读本书的草稿了，并且还听到一些诸如“What amazing figures!”“It's so comprehensive!”以及“He's so Bayesian!”等很好的评价。

如果仅仅因为本书含有精美的插图、对每一种新的视觉算法提出新的见解或者因为它很“贝叶斯”，那么我不建议你阅读这本书。我建议你阅读它的主要原因是：它清晰地阐明了在计算机视觉研究中最重要的区别，即“模型”和“算法”之间的区别。这种区别就类似于 Marr 用三层计算理论进行阐释，而 Prince 的两层差异用概率论的语言完美清晰地阐明。

那为什么这种区别如此重要呢？让我们看看视觉领域中一个古老而又简单的问题：将一幅图像分离为“前景”和“背景”。经常会听到刚刚接触视觉研究的学生像早期的视觉研究者一样通过叙述算法来处理这一问题。首先使用主成分分析(PCA)方法找到主要的颜色轴，然后生成一幅灰度图像，接着进行阈值化处理，最后使用形态学操作符清理孔洞。然而，当他们运用这些方法在一些测试图像上进行实验时就会发现，真正的图像是更复杂的，所以需要补充新的处理步骤：需要使用某种形式的自适应阈值处理方法，并且可以通过模糊边缘图像和求图像局部极大值来获取这些阈值。

然而，多数读者都已经知道这些方法是非常脆弱的。因为使用这些多变的“幻数”控制方法中相互影响的步骤，不可能获得一个能够适用于所用图像(甚至是一个可用的子集)的参数集合。这一问题的根源在于算法根本就没有明确其具体的目标是什么。“前景”和“背景”的分离到底意味着什么？我们能够从数学模型上详细阐述这一问题吗？

当计算机视觉的研究人员开始处理这些问题时，统计语言和马尔可夫随机场能够清晰地表现出目标和算法之间的差异。我们所撰写的内容不是解决问题的具体步骤，而是问题本身，例如：求最小值的函数。本书给出了定义问题的所有概率分布的公式，并提供了依据这些分布规律来获得最终答案的相应操作。本书揭示了这种方法是怎样处理多种视觉问题的，以及如何更简单地推导出鲁棒性更强的解决方案。

但是，这并不意味着我们提出模型，再让他人去求解它的各项参数，因为可能模型的空间要远多于其得到的解空间。因此，人们潜意识会记住那些已知能够求解的模型集合，并且总是为那些具有可行性解的问题寻找其相应的模型。在这一阶段，人们就会在策略上进行深入思考，例如：我能够扩展 alpha expansion 算法来求解离散的参数，然后使用高斯–牛顿法(Gauss-Newton)求解连续的参数，虽然这些方法可能执行效率低，但是它表明了我们努力地提出一种更高效的联合算法是值得的。这一策略是非常常见并且有用的，它能够使得人们在潜意识中一直保持创建模型的思想。

然而，即使树立本书倡导的科学态度，如今经验丰富的研究人员也陷入难以分清模型与算法之间区别的困境。他们发现自己是这样思考问题的：我将针对具体的色彩分布选择合适的高斯混合模型，然后对这些混合权值进行建模以构建 MRF 模型，并且利用图像分割的理论对模型进行更新，再返回到第一步重新执行。好的方面是，此方法能够转换为模型。即使拟合模型的唯一已知方法是刚刚提到的方法，将它作为一个模型的学科也允许你对它进行推理，以充分利用可供选择的技术，最后进行更好的研究。阅读这本书是提高自身能力的一个可靠方式。

那么能够让我们成为更优秀的研究人员的概率语言是什么？让我们以贝叶斯定理中的工程师观点为例，我们通常听到贝叶斯和频率论之间的差异，但是我认为许多工程师都认为贝叶斯理论有很多基本问题：贝叶斯肯定在说谎。他们接近以前的平均值的估计和传感器的读数有很大的不同。例如一个能够测量身高的机器，其中的传感器有1cm误差的均匀分布，每当能够在1cm误差范围内准确预测出某人的身高就能够获得1英镑。根据贝叶斯定理，如果传感器读取的数据是200cm±1cm，那么应该报告199cm；这种方式能够比猜测实际传感器的读数赚取更多的钱，因为比起那些身高200cm的人，身高199cm的人更多。因此，作为一名工程师，我认为贝叶斯理论是一种能够获得最优解的方法，并且从务实(但比我自己的要更加精细)的角度看，它在本书中是非常受欢迎的。我甚至怀疑本书是一本带有视觉样例的统计学书籍，而非一本基于概率论的视觉书籍。

如果在我写完这篇序之后还没有提及书中的插图，那将是我的错误。书中的这些插图非常好，但这并不是因为它们很漂亮(虽然它们通常很美)，而是因为这些插图甚至为那些最基本算法的工作原理和思路提供了重要的见解。第2～4章的插图是理解现代贝叶斯推理的基础，然而，我怀疑只有少数研究人员曾看过所有这些插图。后面的插图则能够非常清晰地表达极其复杂的思想，同时也非常清楚地表达了基础算法的实现过程，这些都真实地展示了底层模型是如何影响算法性能的。

最后，我认为这本书值得与我的同事Richard Szeliski最近写的一本教科书进行直接比较。那本书也是一本非常全面的计算机视觉图书，书中包含优美的插图、深刻的见解，并对大量现有的计算机视觉算法进行了有益综合。但从真正意义上来说，这两本书是分别站在教学方法的两个对立面的：Szeliski对计算机视觉研究领域最新的技术进行了全面总结，而这本书揭示了如何在计算机视觉研究领域取得进展。在今后的几十年里，我将会一直收藏这两本书，或者一直把它们放在我的书桌上，便于自己经常翻阅。

——Andrew Fitzgibbon

Microsoft Research，Cambridge

# 前 言



目前，已有很多关于计算机视觉的书籍，那么还有必要再写另外一本吗？下面解释撰写本书的原因。

计算机视觉是一门工程学科，机器在现实世界中捕获的视觉信息可以激发我们的积极性。因此，我们通过使用计算机视觉解决现实问题来对我们的知识进行分类。例如，大多数视觉教科书都包含目标识别和立体视觉内容。我们的学术研讨会也是用同样的模式进行组织的。本书对这一传统方式提出了质疑：这真的是我们组织自己知识的正确方法吗？

对于目标识别问题，目前已提出多种算法解决这一问题(例如子空间模型、boosting模型、语义包模型、星座模型等)然而，这些方法没有什么共同点。任何试图全面描述知识的壮举都会转变为一个非结构化的技术列表。我们怎样让新同学把所有的技术和理论都弄懂呢？我主张使用一种不同的方式来组织知识，但首先让我告诉大家我是如何看待计算机视觉问题的。

对于一幅图像，我们不仅要观察图像中的内容，同时还需要提取其*测量值*。例如，我们可以直接使用RGB值，或者对图像进行滤波处理，或者执行一些更复杂的预处理。计算机视觉的*目标*或者需要解决的问题是使用这些测量值来推理*全局状态*。例如：在立体视觉中，我们尝试推断出场景的深度。在目标识别中，我们尝试推断某一特定类目标存在与否。

为了实现目标，我们建立一个*模型*。模型描述了测量值与全局状态之间的一系列统计关系。这一系列统计关系中的特殊成员是由一个*参数*集合确定的。在*学习*的过程中，选择这些参数，以便它们能够准确反映测量值与全局状态之间的关系。在*推理*的过程中，选用一组新的测量值，并利用学习后的模型来推理全局状态。学习和推理的方法包含在*算法*中。我认为计算机视觉应该从以下几方面来理解：目标、测量值、全局状态、模型、参数、学习和推理算法。

我们可以根据这些量选择性地组织知识，但在我看来，模型中最重要的内容是全局状态和测量值之间的统计关系。这主要有三个原因。首先，模型的类型往往超越了应用(同一个模型可用于不同的视觉任务)；其次，模型能够自然地把它们自身组织成一些可分开理解的系列(例如，回归、马尔可夫随机场、相机模型)；最后，在模型层次上讨论视觉问题使得我们能够得到那些貌似不相关的算法和应用之间的关联。因此，本书的章节安排非常巧妙，每个主要的章节都讨论一系列不同的模型。

最后一点，本书中的大部分思想在第一次接触到时是难以理解的。因此，我的目标是使后续研究计算机视觉的学生更容易理解这些内容，我希望这本书能够达到这一目的，并能够激励读者深入了解计算机视觉。㊀

㊀ 原出版社网站和作者网站(www.computervisionmodels.com)上包含丰富的教辅和参考资源，包括教学幻灯片、插图文件、书中包含算法和模型的详细介绍、源代码、进一步阅读资源、相关课程的教学大纲以及部分习题答案。书中全部习题答案，只有使用本书作为教材的教师才可以申请，需要的教师可向剑桥大学出版社北京代表处申请，电子邮件：solutions@cambridge.org。——编辑注

## 致谢

非常感谢以下阅读本书并提出宝贵意见的读者：Yun Fu、David Fleet、Alan Jepson、Marc'Aurelio Ranzato、Gabriel Brostow、Oisin Mac Aodha、Xiwen Chen、Po-Hsiu Lin、Jose Tejero Alonso、Amir Sani、Oswald Aldrian、Sara Vicente、Jozef Doboš、Andrew Fitzgibbon、Michael Firman、Gemma Morgan、Daniyar Turmukhambetov、Daniel Alexander、Mihaela Lapusneanu、JohnWinn、Petri Hiltunen、Jania Aghajanian、Alireza Bossaghzadeh、Mikhail Sizintsev、Roger De Souza-Eremita、Jacques Cali、Roderick de Nijs、James Tompkin、Jonathan O'Keefe、Benedict Kuester、Tom Hart、Marc Kerstein、Alex Borés、Marius Cobzarenco、Luke Dodd、Ankur Agarwal、Ahmad Humayun、Andrew Glennerster、Steven Leigh、Matteo Munaro、Peter van Beek、Hu Feng、Martin Parsley、Jordi Salvador Marcos、Josephine Sullivan、Steve Thompson、Laura Panagiotaki、Damien Teney、Malcolm Reynolds、Francisco Estrada、Peter Hall、James Elder、Paria Mehrani、Vida Movahedi、Eduardo Corral Soto、Ron Tal、Bob Hou、Simon Arridge、Norberto Goussies、Steve Walker、Tracy Petrie、Kostantinos Derpanis、Bernard Buxton、Matthew Pediaditis、Fernando Flores-Mangas、Jan Kautz、Alastair Moore、Yotam Doron、Tahir Majeed、David Barber、Pedro Quelhas、Wenchao Zhang、Alan Angold、Andrew Davison、Alex Yakubovich、Fatemeh Jamali、David Lowe、Ricardo David、Jamie Shotton、Andrew Zisserman、Sanchit Singh、Vincent Lepetit、David Liu、Marc Pollefeys、Christos Panagiotou、Ying Li、Shoaib Ehsan、Olga Veksler、Modesto Castrillón Santana、Axel Pinz、Matteo Zanotto、Gwynfor Jones、Brian Jensen、Mischa Schirris、Jacek Zienkiewicz、Etienne Beauchesne、Erik Sudderth、Giovanni Saponaro、Moos Hueting、Phi Hung Nguyen、Tran Duc Hieu、Simon Julier、Oscar Plag、Thomas Hoyoux、Abhinav Singh、Dan Farmer、Samit Shah、Martijn van der Veen、Gabriel Brostow、Marco Brambilla、Sebastian Stabinger、Tamaki Toru、Stefan Stavref、Xiaoyang Tan、Hao Guan、William Smith、Shanmuganathan Raman、Mikhail Atroshenko、Xiaoyang Tan、Jonathan Weill、Shotaro Moriya 和 Alessandro Gentilini。他们无私的帮助使得本书在质量上得到了较大的提升。

此外，非常感谢 Sven Dickinson 在本书写作期间对我在多伦多大学长达九个月的关照，感谢 Stephen Boyd 让我使用他的完美 LaTeX 模板，感谢 Mikhail Sizintsev 帮助我总结密集立体视觉中杂乱的文献资料。特别感谢 Gabriel Brostow 在阅读完本书的整稿之后，利用他宝贵的时间和我讨论书中的相关内容。最后，感谢 Bernard Buxton 对我在本研究领域的启蒙教导，以及在计算机视觉和我职业生涯的每个阶段的支持。

# 目 录

Computer Vision: Models, Learning, and Inference

## 第三部分 连接局部模型

## 第四部分　预处理



## 第五部分　几何模型

## 第六部分　视觉模型

## 第七部分 附录

# 绪　　论

机器视觉旨在从图像中提取有用的信息，这已经被证实是一个极具挑战性的任务。在过去的四十年里，成千上万个聪慧和创造性的大脑致力于这一任务。尽管如此，我们还远远没有能够建立一个通用的“视觉机器”。

该问题的部分原因是可视数据复杂性所导致的。考虑图1-1中的图像。场景中有数百个物体。这些物体几乎都没有呈现出“特定”的姿态。几乎所有的物体都被部分遮挡。对于一个机器视觉算法，很难确定某个物体的结束和另一个物体开始的地方。譬如，背景中的天空和白色建筑物之间的边界上，图像在亮度上几乎没有变化。然而，即使没有物体的边界或材质的变化，前景中SUV后窗上的亮度也有明显的变化。

如果不是因为一个论证，我们可能已经对发展有用的计算机视觉算法的可能性感到沮丧。即我们有具体的证据证明计算机视觉是可研究的，因为我们自有的视觉系统能够毫不费力地处理如图1-1这样的复杂图像。如果要求你统计出该图像中的树的总数或绘制街道布局的草图，你可以很容易做到这点。甚至你可能通过提取微妙的视觉线索，比如人的种族、车和树的种类以及天气等，找出这张照片是在世界上哪个位置拍的。

图1-1　一个视觉场景包含许多物体，而几乎所有物体都是部分遮挡的。黑圈所示场景中几乎没有亮度的变化指示天空和建筑之间的边界。灰圈所示区域中有很大的亮度变化但这实际上跟亮度没关系，这里没有物体边界或物体材质的变化

因此，研究计算机视觉并非是不可能的，只是它非常具有挑战性。也许刚开始这并不能被大家重视，因为当我们看一个场景时，我们所能感知到的场景中的物体都已经是深加工过的。例如，在明亮的日光下观察一块煤炭，然后再到昏暗的室内看一张白纸，这一过程中眼睛从煤中单位面积上所接收到的光子数远远多于比从白纸上接收到的光子数。即便

如此，我们仍然认为煤炭是黑的，纸是白的。脑视觉有很多这样的小把戏，但是，当我们建立视觉算法时，其不具备这种预处理效果。

尽管如此，广义理解的计算机视觉领域已取得显著进步，并在过去的十年里人们见证了计算机视觉技术在个人消费领域的首次大规模部署。例如，如今大多数数码相机已经嵌入人脸检测算法，在撰写本书时，微软 Kinect(一种实时跟踪人体形态的外围设备)一直是销售最快的消费电子设备吉尼斯世界纪录的保持者。包括这两个在内的更多应用所涉及的原理在本书中都有详尽的解释。

计算机视觉近期的迅速发展有许多的原因。最为显而易见的原因是计算机的处理能力、内存以及存储能力有了巨大的提升。在鄙视早期计算机视觉先驱微小进步的时候，我们应该想到即使在内存中存储一幅高分辨率图片他们也需要专用硬件。该领域近期进步的另一个原因是机器学习的广泛使用。最近的 20 年见证了机器学习领域令人兴奋的发展，如今其已被广泛应用在视觉处理中。机器学习不仅提供了许多有用的工具，它还有助于我们以新的视角理解已知算法及其联系。

机器视觉的未来是令人激动的。随着我们日益增长的认识，人工视觉将会在未来十年里变得越来越流行。然而，这仍然是一个年轻的学科。处理如图 1-1 中复杂场景的工作直到最近仍是不可想象的。正如 Szeliski(2010)所指出的，“计算机若要具备像两岁小孩那样能给出图片中所有物体名称和轮廓的能力，可能还得再过很多年。”然而，这本书提供了一张关于我们所取得成果的快照，以及这些成果背后的原理。

## 1.1　本书结构

本书分为六部分，如图 1-2 所示。

本书的第一部分涵盖概率方面的背景知识。全书中所有的模型都是用概率的术语表示，概率是计算机视觉应用中一门很有用的语言。具有扎实工程数学背景的读者或许对这部分知识比较熟悉，但仍需要浏览这些章节以确保掌握相关的符号。那些尚不具备该背景的读者应该仔细阅读这些章节。这些知识相对比较简单，但它们是本书其余部分的基础。在正式提到计算机视觉知识前被迫阅读三十多页的数学虽然令人沮丧，但请相信我，这些基础知识将为后续的学习提供坚实的基础。

本书第二部分介绍计算机视觉中的机器学习。这些章节讲述机器视觉的核心原理，帮助读者巩固从图像中提取有用信息的方法。建立统计模型，建立图像数据和期望获取信息之间的关系。掌握这些后，读者应该了解如何建立一个模型来解决视觉领域的几乎所有问题，即使这种模式可能还不是很实用。

本书第三部分介绍计算机视觉的图模型。图模型为简化图像数据和期望评估的属性间关系提供一个框架。当这些量都是高维时，它们之间的统计关系变得相当复杂。即使如此，我们仍可以定义相关的模型，但我们可能缺乏使其有用的训练数据或计算能力。图模型提供了一个有原则的方式来推测数据和世界属性之间的统计关系。

本书第四部分讨论图像预处理。对于理解本书中的大部分模型这不是必需的，但并不是说这部分就不重要。预处理策略的选择至少跟模型的选择一样至关重要，这决定了一个计算机视觉系统最终的性能。虽然图像处理不是本书的主题，但是这部分提供了最为重要和实用的技术总结。

本书第五部分致力于几何计算机视觉；它介绍针孔摄像机——一个用来描述三维空间中给定点在相机像素阵列中成像的数学模型。跟这个模型相关的是寻找特定场景的相机位

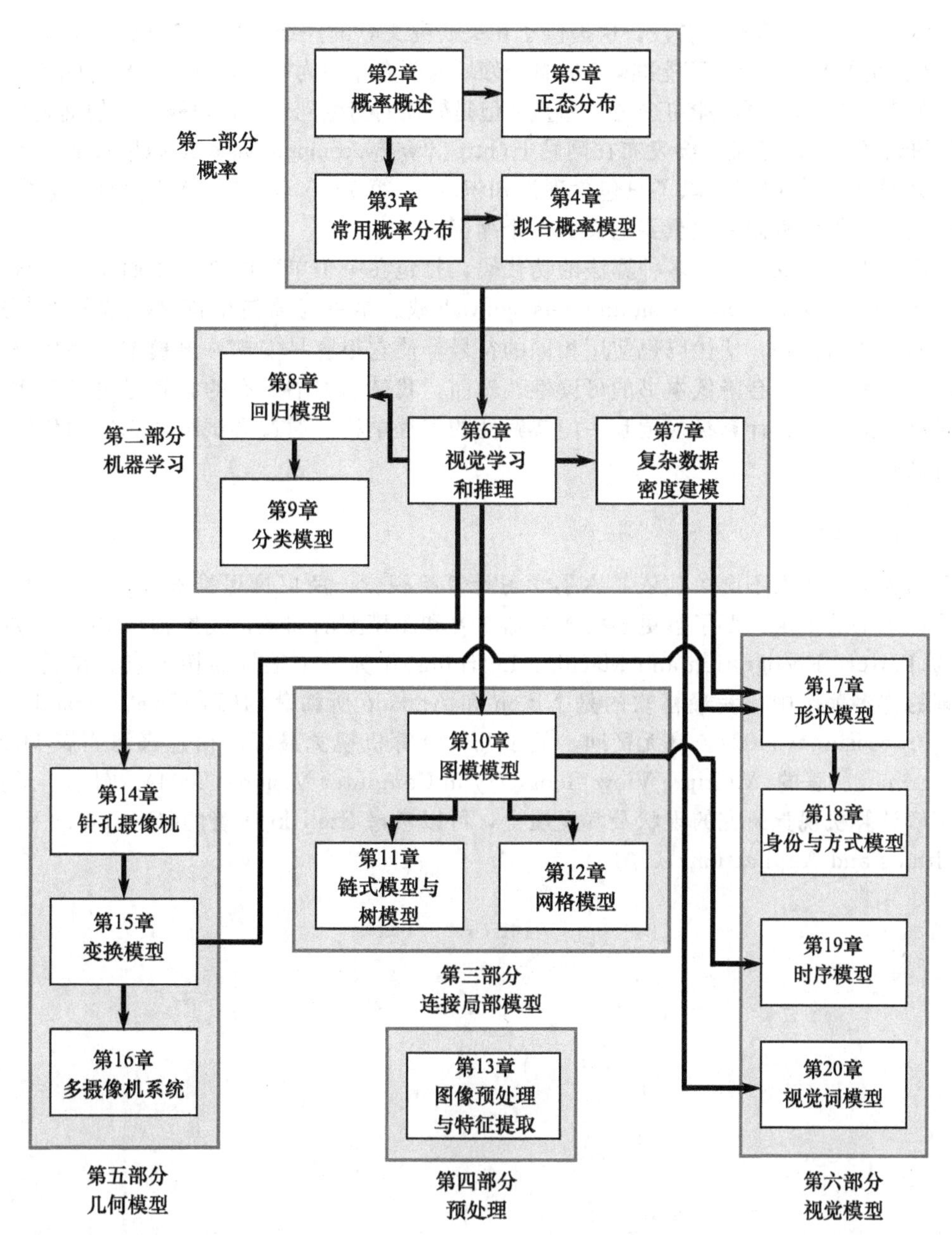


图 1-2　章节依赖关系。本书分为六部分。第一部分是概率综述，是所有后续章节的基础。第二部分涉及机器学习和推理，主要描述生成模型和判别模型。第三部分讨论图模型，主要是大的模型中变量之间概率依赖关系的可视化表示方式。第四部分介绍预处理方法。第五部分涉及几何与变换。第六部分提出几个重要的视觉模型

置和重建物体三维模型的一整套技术。

最后，本书第六部分基于前面的原理，给出几组视觉模型。这些模型致力于计算机视觉最为核心的若干问题，包括人脸识别、跟踪和目标识别。

本书最后是附录。其简述书中使用的符号约定，并概括线性代数和优化技术。虽然这些知识在其他文献也能找到，但是这些内容会使得本书更加完备，并且保证在正文以统一的术语来讨论。

每章末尾有一个简短的备注。这提供了相关研究文献的详细信息。该部分倾向于提供最近、最有用的文献，可能并不能准确反映各个领域的所有相关内容。每章末尾也有配套的一些习题。在某些情况下，本书将正文中一些重要但是繁琐的衍生问题留作习题，以便继续本书主要问题的论述。习题答案将会发布在网站上(http://www.computervisionmodels.com)⊖。每章末尾也会列出一系列应用(除了只包含理论知识的)。第1～5章、第10章之外，总之，这是关于过去十年里机器视觉重要论文的一个缩影。

最后，本文涉及的七十多种算法的伪代码，打包在一个单独的文件里面，可以从相关网站(http://www.computervisionmodels.com)下载。本书通篇使用符号⚙表示有与这部分文字相关的伪代码。伪代码也使用相同的符号，使它很容易实现许多模型。伪代码不放在书中主要是因为它会降低本书的可读性。然而，我鼓励本书所有的读者尽可能多实现这本书里涉及的模型。计算机视觉是一门实践性的工程学科，通过尝试编写真实的代码，你将受益良多。

## 1.2　其他书籍

我知道大多数人不会单独依靠本书学习计算机视觉，所以这里推荐几本其他的书籍，以便弥补本书的不足。要了解更多关于机器学习和图模型的知识，我推荐将Bishop(2006)所著的《Pattern Recognition and Machine Learning》作为一个很好的切入点。在关于图像预处理的许多著作中，我最喜欢的是Nixon和Aguado所编著的《Feature Extraction and Image Processing》(2008)。毫无疑问，关于几何计算机视觉最好的信息来源当属Hartley和Zisserman所著的《Multiple View Geometry in Computer Vision》(2004)。最后，要更全面地了解计算机视觉研究的现状及其发展史，可以考虑Szeliski所著的《Computer Vision: Algorithms and Applications》(2010)。

---

⊖ 关于本书教辅资源，用书教师可向剑桥大学出版社北京代表处申请，电子邮件：solutions@cambridge.org。——编辑注

第一部分



# 概　　率

本书第一部分(第2~5章)致力于简要回顾概率和概率分布。几乎所有的计算机视觉模型可以在概率范围内解释，本书将在概率论的基础上呈现计算机视觉。概率解释最初看起来可能比较复杂，但它有一个很大的优势：它提供全书使用的通用符号，阐明复杂模型之间的关系。

为什么概率是适合描述计算机视觉问题的语言？在照相机里，三维世界投影到光学器件表面从而形成图像：一个关于测量参数的二维集合。我们的目标是获得这些测量参数并使用它们组建创建它们的世界的特性。然而，存在两个问题。首先，测量过程有噪声干扰。我们所观察到的不是进入传感器的光线量，而是其总量的噪声估计。我们必须描述这些数据中的噪声，为此我们需要利用概率。其次，现实世界和测量参数之间的关系一般是多对一的：现实世界的许多配置可能有相同的测量参数。每一个可能世界的存在概率也是用概率表示的。

第一部分的结构如下：第2章介绍使用概率分布的基本规则，包括条件概率、边缘概率和贝叶斯规则，还介绍更多的高级工具，如独立性和期望。

第3章讨论8种具体的概率分布的特性。以四个概率分布为一个集合，我们将其分为两个集合。第一个集合用来描述所观察到的数据或者真实世界的状态。第二个集合的分布为第一组集合的参数建模。结合两者，我们可以拟合一个概率模型并提供有关拟合程度的信息。

第4章讨论拟合观测数据的概率分布方法，还讨论在拟合模型下如何评估新数据点的概率以及如何考虑拟合模型的不确定性。最后，第5章详细探讨多元正态分布的性质。这种分布在视觉应用中是无处不在的，并有许多有用性质经常在机器视觉开发中使用。

对概率模型和贝叶斯理论非常熟悉的读者可以跳过这部分，直接进入第二部分。

# 概率概述

本章简要回顾概率论。这些知识相对简单而且彼此独立。然而，它们结合在一起构成了一种描述不确定性的强大语言。

## 2.1 随机变量

随机变量 $x$ 表示一个不确定的数量。该变量可以表示一个实验的结果(例如，抛硬币)或波动特性的真实量度(例如，测量温度)。如果我们观察几个实例$\{x_i\}_{i=1}^{I}$，它可能在每一个场合取不同的值。然而，一些值可能比其他值更容易出现。这种信息是由随机变量的概率分布 $Pr(x)$决定的。

随机变量可以是离散的或连续的。离散变量从一组预先确定的集合中取值。这组值可能是有序的(掷骰子的点数从 1 到 6)或者无序的(观察天气的结果是“晴”、“下雨”或“下雪”)。它可能是有限的(从标准扑克牌中随机抽出一张牌，有 52 种可能的结果)或者无限的(从理论上说，下一班火车上的人数是无限的)。离散变量的概率分布可以可视化为一个直方图或 Hinton 图(见图 2-1)。每个结果都有一个与之相关的正概率，且所有结果的概率之和总是 1。

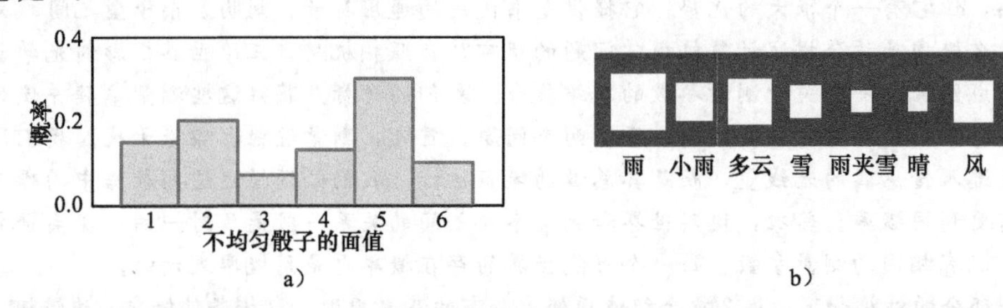


图 2-1 离散概率的两种不同表示。a) 表示不均匀六面的骰子每一面落在地上的柱状图。因为柱状图中柱子的高度代表每面的概率，所以所有的高度和为 1。b) 表示观察到英国不同天气类型概率的 Hinton 图。因为方形区域的面积表示每种天气出现的概率，所以所有的面积之和为 1

连续随机变量取实数值。这些取值可能是有限的(要完成时长两小时考试所花费时间是介于 0～2 小时之间的)或无限的(下一班车到达的时间是无上界的实数)。无限连续变量可能取遍整个实数范围，或者可能是仅有上界或下界的区间(车辆的速度能够取任意值，但速率的下界为 0)。连续变量的概率分布可以通过绘制概率密度函数(PDF)来可视化。一个结果的概率密度表示随机变量取该值的相对可能性(见图 2-2)。它可以取任何正值。然而，PDF 的积分总是 1。

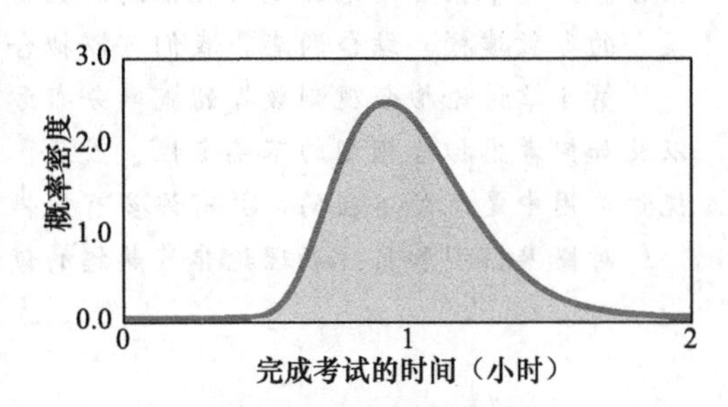


图 2-2 连续概率分布(概率密度函数或简称 PDF)，即完成测试所需的时间。注意，概率密度可超过 1，但曲线下的面积必须始终是单位面积

## 2.2 联合概率

假设两个随机变量 $x$ 和 $y$。若观察 $x$ 和 $y$ 的多个成对实例，结果中某些组合出现得较为频繁。这样的情况用 $x$ 和 $y$ 的联合概率分布表示，记作 $Pr(x,y)$ 。在 $Pr(x,y)$ 中的逗号可以理解为“和”，所以 $Pr(x,y)$ 是 $x$ 和 $y$ 的概率。一个联合概率分布中的相关变量可能全是离散变量，或全是连续变量，抑或是兼而有之(见图 2-3)。不管怎样，所有结果的概率之和(离散变量的总和与连续变量的积分)总是 1。

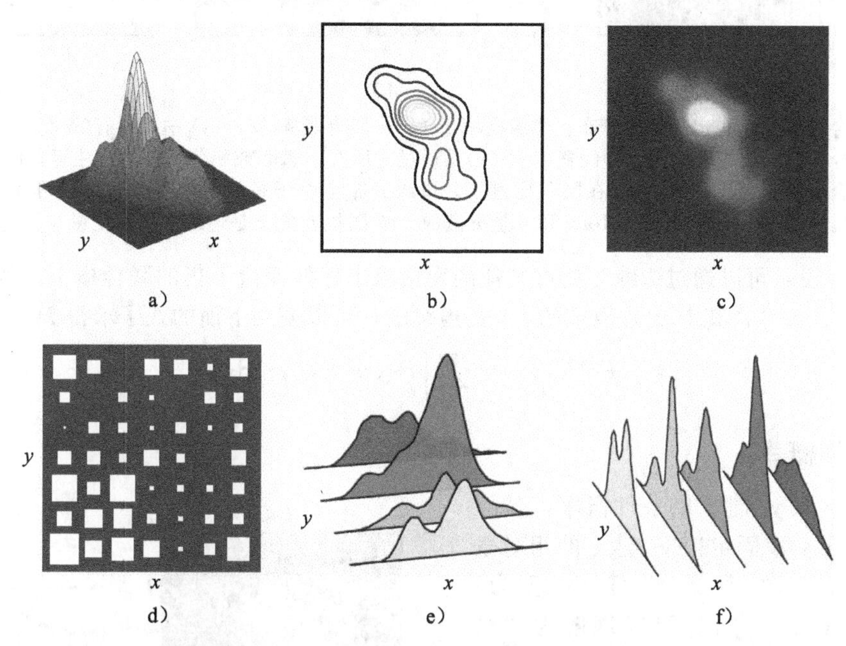


图 2-3 变量 $x$ 和 $y$ 的联合概率分布。a～c) 两个连续变量的概率密度函数分别呈现为曲面图、等值线图和图像。d) 表示两个离散变量联合概率分布的二维 Hinton 图。e) 表示连续变量 $x$ 和离散变量 $y$ 的联合概率分布。f) 表示离散变量 $x$ 与连续变量 $y$ 的联合概率分布

一般来说，与二元变量的概率分布相比，我们会对多元变量的联合概率分布更感兴趣。我们将 $Pr(x,y,z)$ 记为标量变量 $x$、$y$ 和 $z$ 的联合概率分布，也可以把 $Pr(\mathbf{x})$当成所有多维元素 $\mathbf{x}=[x_1,x_2,\cdots,x_k]^T$ 的联合概率。最后，我们用 $Pr(\mathbf{x},\mathbf{y})$ 表示所有多维变量 $\mathbf{x}$、$\mathbf{y}$ 的联合概率分布。

## 2.3 边缘化

任意单变量的概率分布都可以通过在联合概率分布上求其他变量的和(离散)或积分(连续)而得到(见图 2-4)。例如，如果 $x$ 和 $y$ 是连续的，并且已知 $Pr(x,y)$ ，那么通过如下计算就可以得到概率分布 $Pr(x)$和 $Pr(y)$：

$$
\begin{aligned}
Pr(x) &= \int Pr(x,y)\mathrm{d}y \\
Pr(y) &= \int Pr(x,y)\mathrm{d}x
\end{aligned}
\tag{2-1}
$$

所求出的分布 $Pr(x)$和 $Pr(y)$称为边缘分布，其他变量的积分/求和过程称为边缘化。联合分布 $Pr(x,y)$ 中忽略变量 $y$ 的影响，计算边缘分布 $Pr(x)$的过程也可以简单地解释为：计算 $x$ 的概率分布且忽略(或不考虑)$y$ 的值。

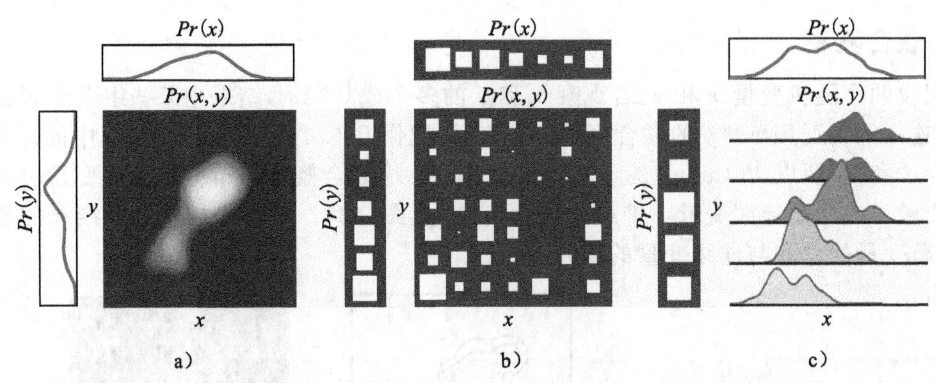


图 2-4　联合概率分布和边缘概率分布。边缘概率 $Pr(x)$ 由联合概率 $Pr(x,y)$ 中对所有的 $y$ 值求和(离散)或积分(连续)所得。同样，边缘概率 $Pr(y)$ 是通过对所有 $x$ 求和或积分而得的。注意，由边缘分布与联合分布具有不同的比例(在同一比例下，边缘分布会由于是从一个方向求得的和值所以显得更大)。a) $x$ 和 $y$ 是连续的。b) $x$ 和 $y$ 是离散的。c) 随机变量 $x$ 是连续变量，变量 $y$ 是离散的

一般来说，可以通过边缘化所有其他的变量求出任何变量子集的联合概率。例如，给定变量 $w$、$x$、$y$、$z$，其中 $w$ 是离散的，$z$ 是连续的，可以使用下面的式子求得 $Pr(x,y)$：

$$Pr(x,y) = \sum_{w}\int Pr(w,x,y,z)\mathrm{d}z \tag{2-2}$$

## 2.4　条件概率

给定 $y$ 取 $y^*$ 时 $x$ 的条件概率，是随机变量 $x$ 在 $y$ 取固定值 $y^*$ 时 $x$ 的相对概率的取值。这个条件概率记为 $Pr(x|y=y^*)$。“|”可以理解为“给定”。

条件概率 $Pr(x|y=y^*)$ 可以由联合分布 $Pr(x,y)$ 计算出来。特别是，计算联合分布中某个恰当的切片 $Pr(x,y=y^*)$ (见图 2-5)。切片值表示出当 $y=y^*$ 时 $x$ 取不同值的相对概率，但其本身没有形成有效的概率分布。因为它们仅构成联合分布的一小部分，其总和不会是 1，而联合概率自身总和为 1。为计算条件概率分布，因此需要规范化切片中的总概率

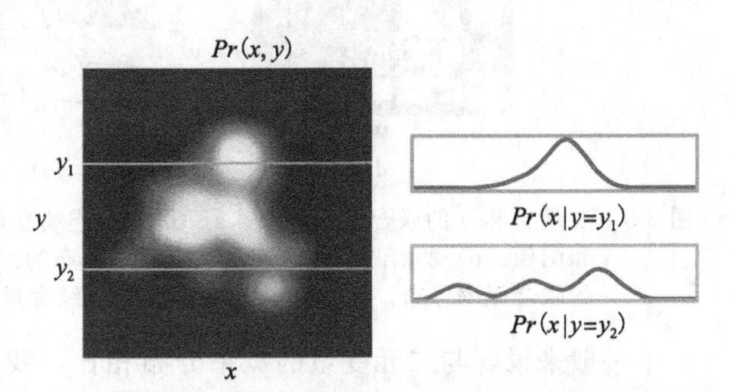


图 2-5　条件概率 $x$ 和 $y$ 的联合概率密度函数以及两个条件概率分布 $Pr(x|y=y_1)$ 和 $Pr(x|y=y_2)$。通过从联合概率密度函数中提取切片并规范化，确保区域一致。同样的操作也适用于离散分布

$$Pr(x|y=y^*) = \frac{Pr(x,y=y^*)}{\int Pr(x,y=y^*)\mathrm{d}x} = \frac{Pr(x,y=y^*)}{Pr(y=y^*)} \tag{2-3}$$

其中，使用边缘概率关系式(式(2-1))去简化分母。通常情况下不会显式定义 $y=y^*$，所以条件概率关系式可简化缩写为：

$$Pr(x|y) = \frac{Pr(x,y)}{Pr(y)} \tag{2-4}$$

重新整理得到：

$$Pr(x,y) = Pr(x|y)Pr(y) \tag{2-5}$$

由对称性也可得：

$$Pr(x,y) = Pr(y|x)Pr(x) \tag{2-6}$$

当有两个以上的变量时，可以不断用条件概率分布将联合概率分布分解为乘积形式：

$$\begin{aligned} Pr(w,x,y,z) &= Pr(w,x,y|z)Pr(z) \\ &= Pr(w,x|y,z)Pr(y|z)Pr(z) \\ &= Pr(w|x,y,z)Pr(x|y,z)Pr(y|z)Pr(z) \end{aligned} \tag{2-7}$$

## 2.5 贝叶斯公式

在式(2-5)和式(2-6)中，分别用两种方式表示联合概率。结合这些公式，可以得到 $Pr(x|y)$和 $Pr(y|x)$之间的关系：

$$Pr(y|x)Pr(x) = Pr(x|y)Pr(y) \tag{2-8}$$

重新整理后得到：

$$\begin{aligned} Pr(y|x) &= \frac{Pr(x|y)Pr(y)}{Pr(x)} \\ &= \frac{Pr(x|y)Pr(y)}{\int Pr(x,y)\mathrm{d}y} \\ &= \frac{Pr(x|y)Pr(y)}{\int Pr(x|y)Pr(y)\mathrm{d}y} \end{aligned} \tag{2-9}$$

其中，第二行、第三行分别利用边缘概率和条件概率的定义对分母进行了展开。这三个式子通常统称为贝叶斯公式。

贝叶斯公式中每项都有一个名称。等号左边的 $Pr(y|x)$叫做后验概率，代表给定 $x$ 下 $y$ 的概率。相反，$Pr(y)$叫做先验概率，表示在考虑 $x$ 之前 $y$ 的概率。$Pr(x|y)$叫做似然性，分母 $Pr(x)$是证据。

在计算机视觉中，常常用条件概率 $Pr(x|y)$来表示变量 $x$ 与 $y$ 的关系。然而，我们主要感兴趣的可能是变量 $y$，在这种情况下，概率 $Pr(y|x)$就用贝叶斯公式来计算。

## 2.6 独立性

如果从变量 $x$ 不能获得变量 $y$ 的任何信息(反之亦然)，就称 $x$ 和 $y$ 是独立的(见图 2-6)，可以表示为：

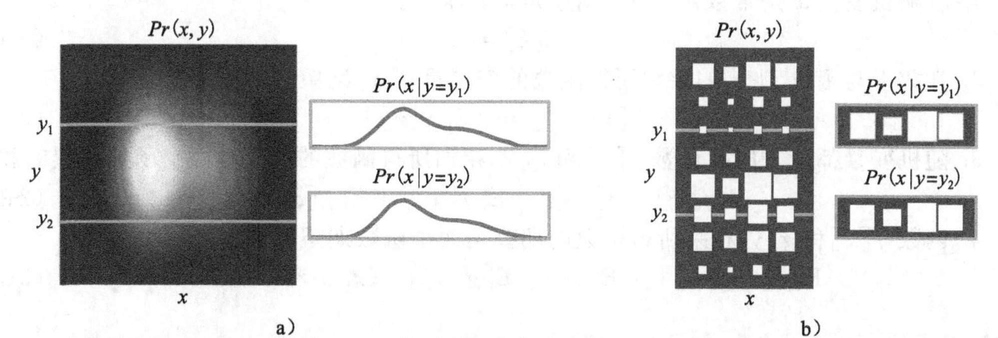


图 2-6　独立性。a) 连续独立变量 $x$ 和 $y$ 的联合概率密度函数。$x$ 和 $y$ 的独立性意味着每一个条件分布相同：从 $y$ 的值中不能推断出 $x$ 的取值概率，反之亦然。与图 2-5 中变量的依赖形成对比。b) 离散独立变量 $x$ 和 $y$ 的联合分布。对于给定的 $y$ 值 $x$ 的条件分布相同

$$Pr(x|y) = Pr(x)$$
$$Pr(y|x) = Pr(y) \tag{2-10}$$

代入式(2-5)中可得，独立变量的联合概率 $Pr(x,y)$ 是边缘概率 $Pr(x)$和 $Pr(y)$的乘积。

$$Pr(x,y) = Pr(x|y)Pr(y) = Pr(x)Pr(y) \tag{2-11}$$

## 2.7 期望

给定一个函数 $f[\bullet]$和每个 $x$ 所对应的概率 $Pr(x=x^*)$，函数对变量 $x$ 的每个值 $x^*$ 都返回一个值，有时希望求函数的期望输出。如果从概率分布中抽取大量样本，计算每个样本的函数，并求这些值的平均值，其结果就是期望。更确切地说，在离散及连续的情况下，一个随机变量 $x$ 的函数 $f[\bullet]$的期望值分别定义为

$$\mathrm{E}[f[x]] = \sum_x f[x]Pr(x)$$
$$\mathrm{E}[f[x]] = \int f[x]Pr(x)\mathrm{d}x \tag{2-12}$$

将这种思路推广到二元随机变量的函数 $f[\bullet]$，则有：

$$\mathrm{E}[f[x,y]] = \iint f[x,y]Pr(x,y)\mathrm{d}x\mathrm{d}y \tag{2-13}$$

对于某些特殊的函数 $f[\bullet]$，期望被赋予特殊的名称(见表 2-1)。这些特殊函数常用来概括复杂概率分布的性质。

**表 2-1 特殊函数的期望。对于某些函数 $f(x)$，其期望 $\mathrm{E}[f(x)]$被赋予特殊的名称。在这里，使用符号 $\mu_x$ 表示随机变量 $x$ 的均值，$\mu_y$ 表示随机变量 $y$ 的均值**

| 函数 $f[\bullet]$ | 期望 |
|---|---|
| $x$ | 均值 $\mu_x$ |
| $x^k$ | 关于零的第 $k$ 阶矩阵 |
| $(x-\mu_x)^k$ | 关于均值的第 $k$ 阶矩阵 |
| $(x-\mu_x)^2$ | 方差 |
| $(x-\mu_x)^3$ | 偏度 |
| $(x-\mu_x)^4$ | 峰度 |
| $(x-\mu_x)(y-\mu_y)$ | $x$ 和 $y$ 的协方差 |

期望有四条性质，这些性质能够通过期望的原始定义简单证得(式(2-12))。

1. 若随机变量 $x$ 是常数 $k$，则其期望是常数本身：

$$\mathrm{E}[k] = k \tag{2-14}$$

2. 常数 $k$ 与函数 $f[x]$的乘积所得函数的期望是 $f[x]$期望的 $k$ 倍：

$$\mathrm{E}[kf[x]] = k\mathrm{E}[f|x]] \tag{2-15}$$

3. 随机变量都是 $x$ 时：函数 $f[x]$和 $g[x]$相加所得函数的期望是两个函数期望的和，

$$\mathrm{E}[f[x]+g[x]] = \mathrm{E}[f[x]]+\mathrm{E}[g[x]] \tag{2-16}$$

4. 函数 $f[x]$和 $g[y]$相乘所得函数的期望是两个函数期望的乘积：

$$\mathrm{E}[f[x]g[y]] = \mathrm{E}[f[x]]\mathrm{E}[g[y]] \quad (若\ x\ 和\ y\ 独立) \tag{2-17}$$

### 讨论

概率的规则是非常紧凑和简洁的。边缘化、联合条件概率、独立性和贝叶斯公式是本书中所有计算机视觉算法的基础。仅剩概率相关的一个重要概念——条件的独立性，这将

在第 10 章详细讨论。

## 备注

关于概率更正式的讨论，鼓励读者研读一本关于该主题的书籍，例如，Papoulis (1991)。若从机器学习的视角学习概率，请参考 Bishop(2006)第 1 章。

## 习题

2.1　列举出真实生活中联合分布的一个实例 $Pr(x,y)$，其中 $x$ 是离散的，$y$ 是连续的。

2.2　边缘化 5 个变量的联合分布 $Pr(v,w,x,y,z)$，仅仅考虑变量 $w$ 和 $y$，结果将会是什么？对于 $v$ 的边缘化分布结果又是什么？

2.3　证明下面等式成立：

$$Pr(w,x,y,z) = Pr(x,y)Pr(z|w,x,y)Pr(w|x,y)$$

2.4　在我的口袋里有两枚硬币。第一枚硬币是公平的，所以正面向上的似然性 $Pr(h=1|c=1)$ 是 0.5，反面向上的似然性 $Pr(h=0|c=1)$ 也是 0.5。第二枚硬币是不公平的，正面向上的似然性 $Pr(h=1|c=2)$ 是 0.8，而反面向上的似然性 $Pr(h=1|c=2)$ 是 0.2。将手伸入口袋，随机选取一枚硬币。选取任何一枚硬币的先验概率是相同的。投掷所选硬币观察到正面朝上，利用贝叶斯公式计算选取第二枚硬币的后验概率。

2.5　如果变量 $x$ 和 $y$ 是相互独立的，变量 $x$ 和 $z$ 是相互独立的，那么变量 $y$ 和 $z$ 是相互独立的吗？

2.6　使用式(2-3)证明，当 $x$ 和 $y$ 相互独立时，边缘概率分布 $Pr(x)$ 与任意 $y^*$ 的条件概率 $Pr(x|y=y^*)$ 等价。

2.7　4 个变量的联合概率 $Pr(w,x,y,z)$ 因式分解为：

$$Pr(w,x,y,z) = Pr(w)Pr(z|y)Pr(y|x,w)Pr(x)$$

证明若 $Pr(x,w) = Pr(x)Pr(w)$，$x$ 和 $w$ 是相互独立的。

2.8　考虑骰子 6 个面{1，2，3，4，5，6}朝上的概率分别为{1/12，1/12，1/12，1/12，1/6，1/12}。骰子的期望值是多少？如果投掷两次骰子，两次投掷的期望值总共是多少？

2.9　证明期望的四个公式

$$\mathrm{E}[k] = k$$

$$\mathrm{E}[kf[x]] = k\mathrm{E}[f[x]]$$

$$\mathrm{E}[f[x]+g[x]] = \mathrm{E}[f[x]]+\mathrm{E}[g[x]]$$

$$\mathrm{E}[f[x]g[y]] = \mathrm{E}[f[x]]\mathrm{E}[g[y]], \quad (x,y\text{ 相互独立})$$

对于最后一种情况，需要使用独立性的定义进行证明(见 2.6 节)。

2.10　利用习题 2.9 中的关系式证明以下关系式，即趋近于零的二阶矩和关于均值的二阶矩(方差)之间的关系：

$$\mathrm{E}[(x-\mu)^2] = \mathrm{E}[x^2]-\mathrm{E}[x]\mathrm{E}[x]$$

# 常用概率分布

第 2 章介绍了概率运算的抽象规则。为了使用这些规则，还需要定义若干概率分布。概率分布 $Pr(x)$的选择取决于建模数据 $x$ 的定义域(见表 3-1)。

表 3-1 常用概率分布：分布的选择取决于被建模数据的类型和定义域

| 数据类型 | 定义域 | 分布 |
|---|---|---|
| 单变量，离散，二值 | $x \in \{0,1\}$ | 伯努利分布 |
| 单变量，离散，多值 | $x \in \{1,2,\cdots,K\}$ | 分类分布 |
| 单变量，连续，无界 | $x \in \mathbf{R}$ | 一元正态分布 |
| 单变量，连续，有界 | $x \in [0,1]$ | 贝塔分布 |
| 多变量，连续，无界 | $\mathbf{x} \in \mathbf{R}^K$ | 多元正态分布 |
| 多变量，连续，有界，和为 1 | $\mathbf{x} = [x_1, x_2, \cdots, x_K]^T$ <br> $x_k \in [0,1], \sum_{k=1}^{K} x_k = 1$ | 狄利克雷分布 |
| 双变量，连续，$x_1$ 无界，$x_2$ 有下界 | $\mathbf{x} = [x_1, x_2]$ <br> $x_1 \in \mathbf{R}$ <br> $x_2 \in \mathbf{R}^+$ | 正态逆伽马分布 |
| 向量 $\mathbf{x}$ 和矩阵 $\mathbf{X}$，$\mathbf{x}$ 无界，$\mathbf{X}$ 方阵，正定 | $\mathbf{x} \in \mathbf{R}^K$ <br> $\mathbf{X} \in \mathbf{R}^{K \times K}$ <br> $\mathbf{z}^T\mathbf{X}\mathbf{z} > 0 \quad \forall \mathbf{z} \in \mathbf{R}^K$ | 正态逆维希特分布 |

概率分布对视觉数据的建模显然是有用的，例如分类分布和正态分布。然而，其他分布往往并非如此，例如，狄利克雷分布存在总和为 1 的 $K$ 个正数，视觉数据通常不采用这种形式。

解释如下：当拟合数据的概率模型时，需要知道拟合的不确定性。该不确定性用拟合模型参数的概率分布来表示。因此对用于建模的每种分布，另有一个与参数联系的概率分布表(见表 3-2)。例如，狄利克雷用来建模分类分布的参数。在这种情况下，狄利克雷的参数将称为*超参数*。一般来说，超参数决定原分布的参数的概率分布的形状。

表 3-2 用来建模(左边)的各个分布和它们相关的定义域(中间)。对于这些分布，存在相关参数的另一个概率分布(右边)

| 分布 | 定义域 | 建模参数 |
|---|---|---|
| 伯努利 | $x \in \{0,1\}$ | 贝塔 |
| 分类 | $x \in \{1,2,\cdots,K\}$ | 狄利克雷 |
| 单变量正态 | $x \in \mathbf{R}$ | 正态逆伽马 |
| 多变量正态 | $\mathbf{x} \in \mathbf{R}^K$ | 正态逆维希特 |

在详细阐述分布的参数的关系之前，先浏览一下表 3-2 中的分布。

## 3.1 伯努利分布

伯努利分布(见图 3-1)是二项试验的一个离散分布模型：它描述的情况只可能有两种结果 $x \in \{0,1\}$，这称为“失败”和“成功”。在计算机视觉中，伯努利分布可以用于模拟数据。例如，它可以描述一个像素所取的灰度值大于或小于 128 的概率。另外，它也可以用来模拟现实世界的状态。例如，它能够描述图像中人脸出现或者消失的概率。

伯努利分布有一个单参数 $\lambda \in [0,1]$，它定义成功一次($x=1$)的概率。因此有

$$Pr(x=0)=1-\lambda$$
$$Pr(x=1)=\lambda \tag{3-1}$$

或者表示为：

$$Pr(x)=\lambda^{x}(1-\lambda)^{1-x} \tag{3-2}$$

有时也用等价的表示方法：

$$Pr(x)=\text{Bern}_{x}[\lambda] \tag{3-3}$$

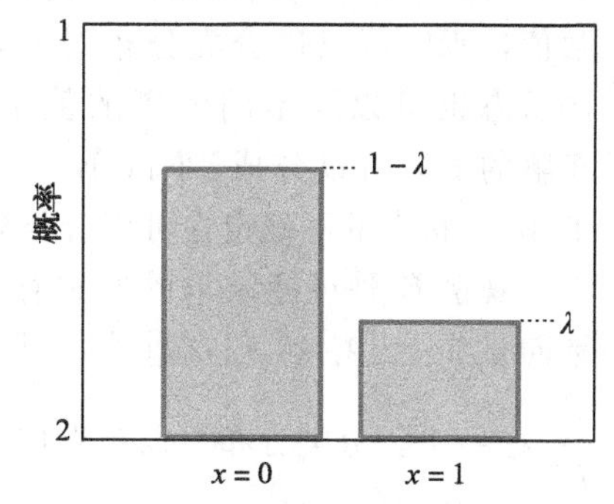


图 3-1 伯努利分布。伯努利分布是有两个可能结果的离散分布，$x=\{0,1\}$，分别称为失败与成功。它由单个参数 $\lambda$ 控制，$\lambda$ 决定成功的可能性，比如 $Pr(x=0)=1-\lambda$，$Pr(x=1)=\lambda$

## 3.2 贝塔分布

贝塔分布(图 3-2)是由单变量 $\lambda$ 定义的连续分布，这里 $\lambda=[0,1]$。因此，它适合表示伯努利分布中参数 $\lambda$ 的不确定性。

如图 3-2 所示，贝塔分布有两个参数 $(\alpha,\beta) \in [0,\infty]$，两个参数均取正值并且都影响曲线的形状。在数学上，贝塔分布的形式如下：

$$Pr(\lambda)=\frac{\Gamma[\alpha+\beta]}{\Gamma[\alpha]\Gamma[\beta]}\lambda^{\alpha-1}(1-\lambda)^{\beta-1} \tag{3-4}$$

其中，$\Gamma[\bullet]$是伽马函数[⊖]，简言之，它缩写为：

$$Pr(\lambda)=\text{Beta}_{\lambda}[\alpha,\beta] \tag{3-5}$$

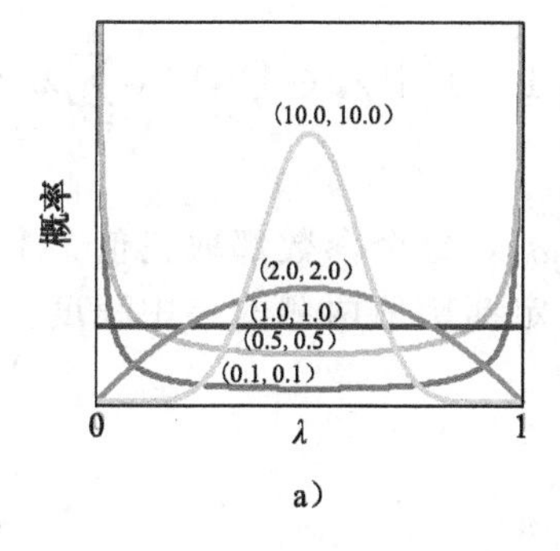


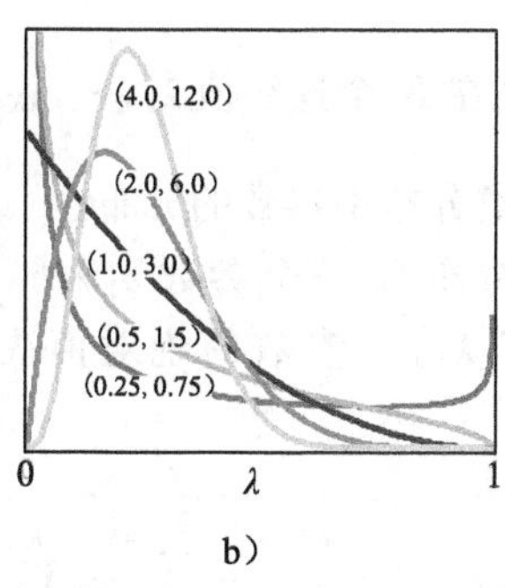


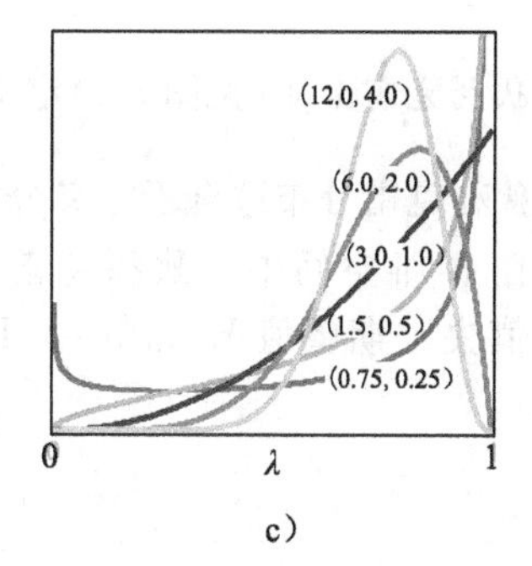


图 3-2 贝塔分布。贝塔分布值域在[0，1]之间，有参数 $(\alpha,\beta)$，参数相对值决定预期值，所以 $E[\lambda]=\alpha/(\alpha+\beta)$(括号内的数值显示每条曲线中的 $\alpha$、$\beta$)。随着 $(\alpha,\beta)$ 绝对值的增加，$E[\lambda]$两侧的分布更加集中，a)每条曲线中，$E[\lambda]=0.5$，分布的集中程度不同。b)$E[\lambda]=0.25$。c)$E[\lambda]=0.75$

---

⊖ 伽马函数定义为 $\Gamma[z]=\int_{0}^{\infty}t^{z-1}e^{-t}dt$，与阶乘 $\Gamma[z]=(z-1)!$ 和 $\Gamma[z+1]=z\Gamma[z]$ 很接近。

## 3.3 分类分布

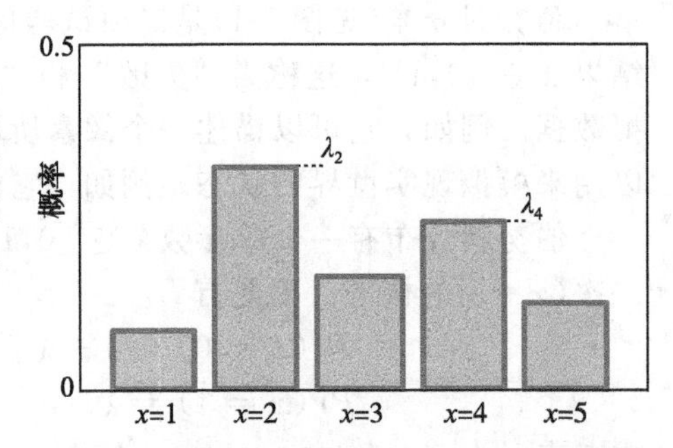


图 3-3　分类分布是有 $K$ 个可能结果的离散分布，$x \in \{1,2,\cdots,K\}$ 和 K 个参数 $\lambda_1,\lambda_2,\cdots,\lambda_K$ 满足 $\lambda_K \geqslant 0$，$\sum_k \lambda_K = 1$。每一个参数代表结果的一个可能值，当可能结果 $K$ 的数量为 2 的时候，分类分布就是伯努利分布

分类分布(见图 3-3)是一个离散分布，它观察 $k$ 个可能结果的概率。因此，当仅有两种结果时，伯努利分布是一种特殊的分类分布。在计算机视觉中，因为一个像素的亮度数值通常被量化离散数值，所以可以用分类分布对其建模。真实世界的状态也可以取不同的离散值中的一个。比如，车辆的图像可以分成{小汽车，摩托车，面包车，卡车}，状态的不确定性可用分类分布描述。

观察 $K$ 种可能结果的概率存储在 $K*1$ 的参数向量 $\boldsymbol{\lambda} = [\lambda_1,\lambda_2,\cdots,\lambda_K]$ 中，其中，$\lambda_k \in [0,1]$，$\sum_{k=1}^{K}\lambda_k = 1$。分类分布可以被看成一个有 K 个柱状条的归一化直方图，可写成如下形式：

$$Pr(x = k) = \lambda_k \tag{3-6}$$

为了简单，我们用记号法：

$$Pr(x) = \text{Cat}_x[\boldsymbol{\lambda}] \tag{3-7}$$

数据也可以在 $\boldsymbol{x} = \{\boldsymbol{e}_1,\boldsymbol{e}_2,\cdots,\boldsymbol{e}_K\}$ 中取值，$\boldsymbol{e}_k$ 是第 $k$ 个单位向量；除了第 $k$ 个元素是 1 之外，$\boldsymbol{e}_k$ 中所有分量均为 0。因此有

$$Pr(\boldsymbol{x} = \boldsymbol{e}_k) = \prod_{j=1}^{K}\lambda_j^{x_j} = \lambda_k \tag{3-8}$$

其中，$x_j$ 是 $\boldsymbol{x}$ 的第 $j$ 个元素。

## 3.4 狄利克雷分布

狄利克雷分布(见图 3-4)定义在 $K$ 个连续值 $\lambda_1,\cdots,\lambda_K$ 上，其中 $\lambda_k \in [0,1]$，$\sum_{k=1}^{K}\lambda_k = 1$。因此狄利克雷分布适合于定义分类分布中参数的分布。

在 $K$ 维空间中，狄利克雷分布有 $K$ 个参数 $\alpha_1,\cdots,\alpha_K$，每个参数都取正值，参数的相对值决定期望值 $\mathrm{E}[\lambda_1],\cdots,\mathrm{E}[\lambda_k]$。参数的绝对值决定期望值两侧的集中程度。可以写成：

$$Pr(\lambda_{1\cdots K}) = \frac{\Gamma\left[\sum_{k=1}^{K}\alpha_k\right]}{\prod_{k=1}^{K}\Gamma[\alpha_k]}\prod_{k=1}^{K}\lambda_k^{\alpha_k - 1} \tag{3-9}$$

也可以简写为

$$Pr(\lambda_{1\cdots K}) = \text{Dir}_{\lambda_1\cdots K}[\alpha_{1\cdots K}] \tag{3-10}$$

正如伯克利分布是仅有两个输出结果的特殊分类分布一样，贝塔分布是一个二维的特殊狄利克雷分布。

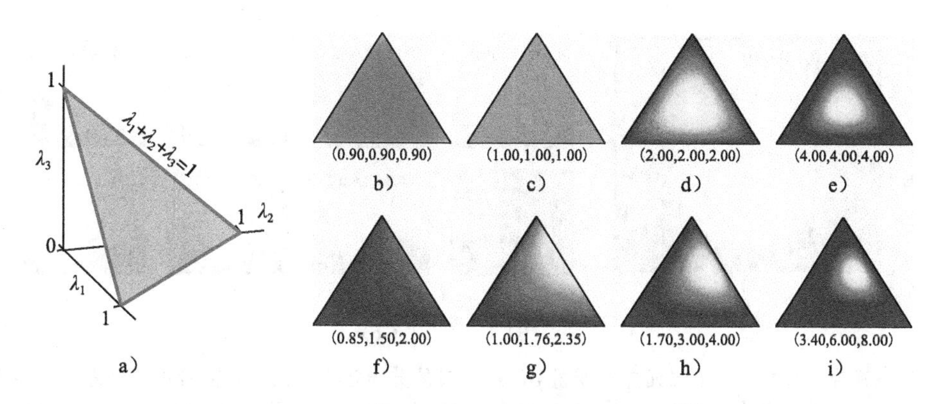


图 3-4　根据 $\lambda_1,\lambda_2,\cdots,\lambda_K$ 值定义的一个 $K$ 维的狄利克雷分布，其中 $\sum_k \lambda_k=1$，$\lambda_k\in[0,1]$，$\forall k\in\{1,\cdots,K\}$。a) 当 $K=3$ 时，它在平面 $\sum_k \lambda_k=1$ 上相当于一个三角区域。在 $K$ 维空间中，狄利克雷分布由 $K$ 个正参数 $\alpha_{1\cdots K}$ 定义。参数的比值决定分布的期望值。绝对值则决定集中程度：当参数值大的时候分布高度集中在期望值附近，反之比较分散。b～e) 参数比值相等，绝对值增大。f～i) 参数比值满足 $\alpha_3>\alpha_2>\alpha_1$，绝对值增大

## 3.5　一元正态分布

**一元正态分布**或者**高斯分布**(见图 3-5)由一个连续值 $x\in[-\infty,\infty]$ 定义。在视觉领域中，通常可以忽略像素的灰度值是量化的这个事实，并用连续正态分布对其建模。真实世界的状态也可以用正态分布描述。例如，到一个物体的距离就可以用这种方法来表示。

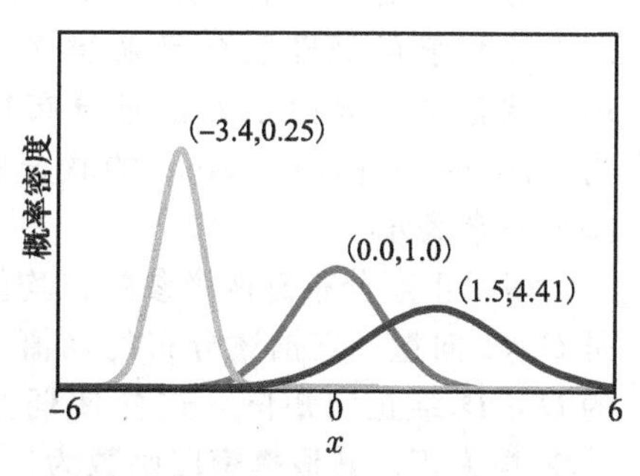


图 3-5　一元正态分布定义在 $x\in\mathbf{R}$ 上有两个参数 $\{\mu,\sigma^2\}$。均值 $\mu$ 决定期望值，方差 $\sigma^2$ 决定均值的集中度，当 $\sigma^2$ 增大时，分布函数变得又宽又扁

正态分布有两个参数均值 $\mu$ 和方差 $\sigma^2$。$\mu$ 可取任意实数，它决定峰值的位置。$\sigma^2$ 大于零，它决定分布的宽度。正态分布定义为：

$$Pr(x)=\frac{1}{\sqrt{2\pi\sigma^2}}\exp\left[-0.5\frac{(x-\mu)^2}{\sigma^2}\right] \tag{3-11}$$

将其简写为

$$Pr(x)=\text{Norm}_x[\mu,\sigma^2] \tag{3-12}$$

## 3.6　正态逆伽马分布

**正态逆伽马分布**(见图 3-6)由 $\mu$ 和 $\sigma^2$ 两个参数定义，其中，前者可取任意值，后者仅取大于零的值。同样，该分布可以定义正态分布中参数方差和均值的分布。

正态逆伽马分布有 4 个参数 $\alpha$、$\beta$、$\gamma$、$\delta$，其中，前三个参数为正实数，最后一个参数可取任意值。其表达式为：

$$Pr(\mu,\sigma^2)=\frac{\sqrt{\gamma}}{\sigma\sqrt{2\pi}}\frac{\beta^\alpha}{\Gamma[\alpha]}\left(\frac{1}{\sigma^2}\right)^{\alpha+1}\exp\left[-\frac{2\beta+\gamma(\delta-\mu)^2}{2\sigma^2}\right] \tag{3-13}$$

或者简写为：

$$Pr(\mu,\sigma^2)=\text{NormInvGam}_{\mu,\sigma^2}[\alpha,\beta,\gamma,\delta] \tag{3-14}$$

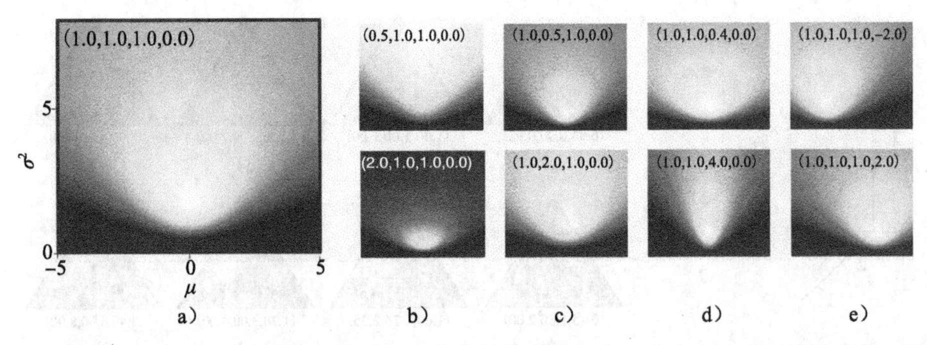


图 3-6　正态逆伽马分布由一个二元连续变量 $\mu$, $\sigma^2$ 定义的分布定义，其中，前者可取任意值，后者为非负值。a) 参数为 $[\alpha,\beta,\gamma,\delta]=[1,1,1,0]$ 的分布。b) 改变 $\alpha$。c)改变 $\beta$。d) 改变 $\beta$。e) 改变 $\gamma$

## 3.7　多元正态分布

多元正态分布或多元高斯分布是一个由 D 维变量 $\boldsymbol{x}$ 决定的模型，其中 $\boldsymbol{x}$ 的每个元素 $x_1,\cdots,x_D$ 都是连续的且为任意实数(见图 3-7)。同样，一元正态分布就是仅有一个变量的多元正态分布的特殊情况。在计算机视觉处理中，计算机会将图像一个区域内的 D 个像素的亮度联合起来建立正态分布模型。全局的状态也可以由多元正态分布描述。例如，某个物体的三维坐标($x$, $y$, $z$)的联合概率就可用多元正态分布来表示。

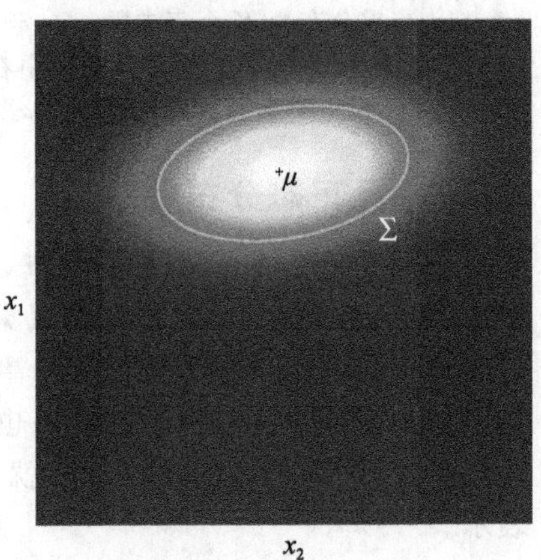


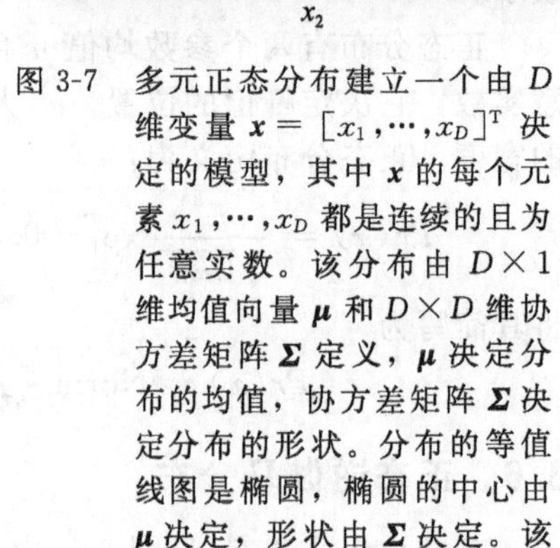
图 3-7　多元正态分布建立一个由 $D$ 维变量 $\boldsymbol{x}=[x_1,\cdots,x_D]^{\mathrm{T}}$ 决定的模型，其中 $\boldsymbol{x}$ 的每个元素 $x_1,\cdots,x_D$ 都是连续的且为任意实数。该分布由 $D\times 1$ 维均值向量 $\boldsymbol{\mu}$ 和 $D\times D$ 维协方差矩阵 $\boldsymbol{\Sigma}$ 定义，$\boldsymbol{\mu}$ 决定分布的均值，协方差矩阵 $\boldsymbol{\Sigma}$ 决定分布的形状。分布的等值线图是椭圆，椭圆的中心由 $\boldsymbol{\mu}$ 决定，形状由 $\boldsymbol{\Sigma}$ 决定。该图描述了一个二元分布，其中协方差通过绘制其中一个椭圆描述

多元正态分布有两个参数：均值 $\boldsymbol{\mu}$，协方差 $\boldsymbol{\Sigma}$。$\boldsymbol{\mu}$ 是 $D\times 1$ 向量，它描述分布的均值。协方差 $\boldsymbol{\Sigma}$ 是对称的 $D\times D$ 维正定矩阵，这样使任意的实向量 $\boldsymbol{z}$ 满足 $\boldsymbol{z}^{\mathrm{T}}\boldsymbol{\Sigma}\boldsymbol{z}$ 恒为正。其概率密度函数为：

$$Pr(\boldsymbol{x})=\frac{1}{(2\pi)^{D/2}|\boldsymbol{\Sigma}|^{1/2}}\exp[-0.5(\boldsymbol{x}-\boldsymbol{\mu})^{\mathrm{T}}\boldsymbol{\Sigma}^{-1}(\boldsymbol{x}-\boldsymbol{\mu})] \tag{3-15}$$

也可简写为：

$$Pr(\boldsymbol{x})=\mathrm{Norm}_{\boldsymbol{x}}[\boldsymbol{\mu},\boldsymbol{\Sigma}] \tag{3-16}$$

在本书中，多元正态分布将经常使用，整个第 5 章用于阐述其性质。

## 3.8　正态逆维希特分布

正态逆维希特分布由一个 $D\times 1$ 维向量 $\boldsymbol{\mu}$ 和 $D\times D$ 维正定矩阵 $\boldsymbol{\Sigma}$ 定义。同样，它可以用来描述多元正态分布中参数的概率分布。正态逆维希特分布有四个参数 $\alpha$, $\boldsymbol{\psi}$, $\gamma$, $\boldsymbol{\delta}$，其中，$\alpha$, $\gamma$ 是正的标量，$\boldsymbol{\delta}$ 为 $D\times 1$ 维向量，$\boldsymbol{\psi}$ 是 $D\times D$ 维正定矩阵

$$Pr(\boldsymbol{\mu},\boldsymbol{\Sigma})=\frac{\gamma^{D/2}|\boldsymbol{\Psi}|^{\alpha/2}|\boldsymbol{\Sigma}|^{-(\alpha+D+2)/2}\exp[-0.5(\mathrm{Tr}[\boldsymbol{\Psi}\boldsymbol{\Sigma}^{-1}]+\gamma(\boldsymbol{\mu}-\boldsymbol{\delta})^{\mathrm{T}}\boldsymbol{\Sigma}^{-1}(\boldsymbol{\mu}-\boldsymbol{\delta})\gamma^{D/2})]}{2^{\alpha D/2}(2\pi)^{D/2}\Gamma_D[\alpha/2]} \tag{3-17}$$

其中，$\Gamma_D[\bullet]$是多元伽马函数，$\mathrm{Tr}[\boldsymbol{\psi}]$是矩阵 $\boldsymbol{\psi}$ 的秩(见附录 C.2.4 节)。它也可以简写为：

$$Pr(\boldsymbol{\mu},\boldsymbol{\Sigma}) = \mathrm{NorIWis}_{\boldsymbol{\mu},\boldsymbol{\Sigma}}[\alpha,\boldsymbol{\Psi},\gamma,\boldsymbol{\delta}] \tag{3-18}$$

正态逆维希特分布的数学形式很模糊。然而，任何给定有效的均值向量 $\boldsymbol{\mu}$ 和协方差矩阵 $\boldsymbol{\Sigma}$ 代入函数后得到的都是正值，这样将所有的 $\boldsymbol{\mu}$ 和 $\boldsymbol{\Sigma}$ 代入求和，结果为 1。正态逆维希特分布的图像很难勾勒，但是很容易得到样本并分析它们：每一个样本就是正态分布的均值和协方差(见图 3-8)。

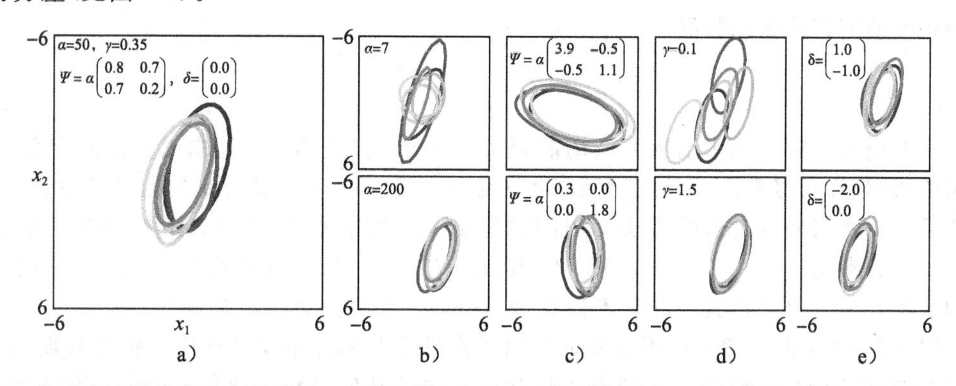


图 3-8　二维正态逆维希特分布的例子。a)每个样本包含一个均值向量和一个协方差矩阵，这里用平面椭圆勾勒出马氏距离为 2 的高斯等值线。b)变化的 $\alpha$ 会引起协方差的分布变化。c)变化的 $\boldsymbol{\psi}$ 引起平均协方差的变化。d)变化的 $\gamma$ 引起均值向量的变化。e)变化的 $\boldsymbol{\delta}$ 引起均值向量的均值的变化

## 3.9　共轭性

贝塔分布可以表征伯努利分布中参数的概率，与之相似，狄利克雷分布可表征分类分布参数的分布，同样的类比关系也适用于正态逆伽马分布与一元正态分布、正态逆维希特分布与多元正态分布之间。

这些配对有很特殊的关系：在每种情况下前一个分布是后一个的**共轭**：贝塔分布与伯努利分布**共轭**，狄利克雷分布与分类分布共轭。当把一个分布与其共轭分布相乘时，结果正比于一个新的分布，它与共轭形式相同。例如：

$$\mathrm{Bern}_x[\lambda]\cdot\mathrm{Beta}_\lambda[\alpha,\beta] = k(x,\alpha,\beta)\cdot\mathrm{Beta}_\lambda[\tilde{\alpha},\tilde{\beta}] \tag{3-19}$$

其中，$k$ 是缩放因子，相对于变量 $\lambda$ 它是一个常量。值得注意的是，这个式子并不总是成立：如果选择其他分布而非贝塔分布，那么这个乘积的形式将发生变化。对于这种情况，式(3-19)中的关系很容易证明：

$$\begin{aligned}\mathrm{Bern}_x[\lambda]\cdot\mathrm{Beta}_\lambda[\alpha,\beta] &= \lambda^x(1-\lambda)^{1-x}\frac{\Gamma[\alpha+\beta]}{\Gamma[\alpha]\Gamma[\beta]}\lambda^{\alpha-1}(1-\lambda)^{\beta-1}\\ &= \frac{\Gamma[\alpha+\beta]}{\Gamma[\alpha]\Gamma[\beta]}\lambda^{x+\alpha-1}(1-\lambda)^{1-x+\beta-1}\\ &= \frac{\Gamma[\alpha+\beta]}{\Gamma[\alpha]\Gamma[\beta]}\frac{\Gamma[x+\alpha]\Gamma[1-x+\beta]}{\Gamma[x+\alpha+1-x+\beta]}\mathrm{Beta}_\lambda[x+\alpha,1-x+\beta]\\ &= k(x,\alpha,\beta)\cdot\mathrm{Beta}_\lambda[\tilde{\alpha},\tilde{\beta}]\end{aligned} \tag{3-20}$$

其中，第三行中同时乘以和除以与 $\mathrm{Beta}_\lambda[\tilde{\alpha},\tilde{\beta}]$ 关联的常量。

在学习(拟合分布)和评估模型(评估在拟合分布下新数据的概率)的过程中会用到分布的乘积，因此共轭关系很重要。共轭关系意味着这些乘积可以闭式求解。

## 总结

使用概率分布可以描述全局状态和图像数据。为此已经给出了四个分布(伯努利分布、分类分布、一元正态分布、多元正态分布)。还给出了另外四个分布(贝塔分布、狄利克雷分布、正态逆伽马分布、正态逆维希特分布),可以用于描述上一组分布的参数的概率分布,因此它们可以描述拟合模型的不确定性。这4对分布有特殊关系:第二组中的每个分布是对应的第一组的共轭。正如我们看到的,共轭关系可以更容易地拟合观测数据并在拟合分布模型下评估新的数据。

## 备注

本书用较为深奥的术语来介绍离散分布,区分二项分布(在 $N$ 次二值试验中获得 $M$ 次成功的概率)和伯努利分布(在二值试验中或一次实验中获得成功或失败的概率),并专门谈论后者。本书采取类似的方法介绍离散变量,它可以有 $K$ 个值。多项分布表征分在 $N$ 次试验中频率为 $\{M_1, M_2, \cdots, M_K\}$ 的值 $\{1, 2, \cdots, K\}$ 出现的概率。当 $N=1$ 时就是特殊的分类分布。大多数其他作者不做这种区分,并会称这种为"多项"。

附录B中Bishop(2006)更完整地介绍了常见的概率分布及其性质。关于共轭的更多信息可查看Bishop(2006)第2章或有关贝叶斯方法的其他书籍,比如Gelman等(2004)。关于正态分布更多信息参见本书第5章。

## 习题

3.1 已知变量 $x$ 服从参数为 $\lambda$ 的伯努利分布。证明:$\mathrm{E}[x]=\lambda$;$\mathrm{E}[(x-\mathrm{E}[x])^2]=\lambda(1-\lambda)$。

3.2 请给出用参数 $\alpha$ 和 $\beta$ 表示贝塔分布($\alpha, \beta>1$)的模(峰值位置)的表达式。

3.3 贝塔分布的均值和方差由如下表达式给出

$$\mathrm{E}[\lambda]=\mu=\frac{\alpha}{\alpha+\beta}$$

$$\mathrm{E}[(\lambda-\mu)^2]=\sigma^2=\frac{\alpha\beta}{(\alpha+\beta)^2(\alpha+\beta+1)}$$

不妨选择参数 $\alpha$ 和 $\beta$,使分布有一个特殊的均值 $\mu$ 和方差 $\sigma^2$。根据 $\mu$ 和 $\sigma^2$ 推导出 $\alpha$ 和 $\beta$ 的合适表达式。

3.4 本章所有的分布都是指数族的成员,可以写成下形式

$$Pr(x|\boldsymbol{\theta})=a[x]\exp[\boldsymbol{b}[\boldsymbol{\theta}]^{\mathrm{T}}\boldsymbol{c}[x]-d[\boldsymbol{\theta}]]$$

这里,$a[x]$ 和 $\boldsymbol{c}[x]$ 是数据的函数,$\boldsymbol{b}[\boldsymbol{\theta}]$ 和 $d[\boldsymbol{\theta}]$ 是参数的函数。求函数 $a[x]$,$\boldsymbol{b}[\boldsymbol{\theta}]$,$\boldsymbol{c}[x]$ 和 $d[\boldsymbol{\theta}]$,使贝塔分布能够表示为指数族的广义形式。

3.5 使用分部积分法来证明,如果

$$\Gamma[z]=\int_0^\infty t^{z-1}\mathrm{e}^{-t}\mathrm{d}t$$

那么

$$\Gamma[z+1]=z\Gamma[z]$$

3.6 考虑一簇方差为1的正态分布,即

$$Pr(x|\mu)=\frac{1}{\sqrt{2\pi}}\exp[-0.5(x-\mu)^2]$$

证明它与一个参数为 $\mu$ 的正态分布

$$Pr(\mu) = \mathrm{Norm}_{\mu}[\mu_p, \sigma_p^2]$$

是共轭的。

3.7 对于正态分布，求函数 $a[x]$、$b[\theta]$、$c[x]$和 $d[\theta]$，使它可以表示为指数族的广义形式(见习题 3.4)。

3.8 设参数为 $\alpha$、$\beta$、$\gamma$、$\delta$，试求正态逆伽马分布的模($\mu$，$\sigma^2$ 空间的峰值位置)的表达式。

3.9 证明更为一般的共轭关系：$I$ 个伯努利分布的积与其共轭贝塔分布相乘的关系如下

$$\prod_{i=1}^{I} \mathrm{Bern}_{x_i}[\lambda] \cdot \mathrm{Beta}_{\lambda}[\alpha, \beta] = \kappa \cdot \mathrm{Beta}_{\lambda}[\tilde{\alpha}, \tilde{\beta}]$$

其中

$$\kappa = \frac{\Gamma[\alpha+\beta]\Gamma[\alpha+\sum x_i]\Gamma[\beta+\sum(1-x_i)]}{\Gamma[\alpha+\beta+I]\Gamma[\alpha]\Gamma[\beta]}$$

$$\tilde{\alpha} = \alpha + \sum x_i$$

$$\tilde{\beta} = \beta + \sum(1-x_i)$$

3.10 证明共轭关系

$$\prod_{i=1}^{I} \mathrm{Cat}_{x_i}[\lambda_{1\cdots K}] \cdot \mathrm{Dir}_{\lambda_1\cdots K}[\alpha_{1\cdots K}] = \kappa \cdot \mathrm{Dir}_{\lambda_1\cdots K}[\tilde{\alpha}_{1\cdots K}]$$

其中

$$\tilde{\kappa} = \frac{\Gamma\left[\sum_{j=1}^{K}\alpha_j\right]}{\Gamma\left[I+\sum_{j=1}^{K}\alpha_j\right]} \cdot \frac{\prod_{j=1}^{K}\Gamma[\alpha_j+N_j]}{\prod_{j=1}^{K}\Gamma[\alpha_j]}$$

$$\tilde{\alpha}_{1\cdots K} = [\alpha_1+N_1, \alpha_2+N_2, \cdots, \alpha_K+N_K]$$

$N_k$ 是变量取 $k$ 的总次数。

3.11 证明正态分布和正态逆伽马分布之间的共轭关系为

$$\prod_{i=1}^{I} \mathrm{Norm}_{x_i}[\mu, \sigma^2] \cdot \mathrm{NormInvGam}_{\mu,\sigma^2}[\alpha, \beta, \gamma, \delta] = \kappa \cdot \mathrm{NormInvGam}_{\mu,\sigma^2}[\tilde{\alpha}, \tilde{\beta}, \tilde{\gamma}, \tilde{\delta}]$$

其中

$$\kappa = \frac{1}{(2\pi)^{I/2}} \frac{\sqrt{\gamma}\beta^{\alpha}}{\sqrt{\tilde{\gamma}}\tilde{\beta}^{\tilde{\alpha}}} \frac{\Gamma[\tilde{\alpha}]}{\Gamma[\alpha]}$$

$$\tilde{\alpha} = \alpha + I/2$$

$$\tilde{\beta} = \frac{\sum_i x_i^2}{2} + \beta + \frac{\gamma\delta^2}{2} - \frac{(\gamma\delta + \sum_i x_i)^2}{2(\gamma+I)}$$

$$\tilde{\gamma} = \gamma + I$$

$$\tilde{\delta} = \frac{\gamma\delta + \sum_i x_i}{\gamma + I}$$

3.12 证明多元正态分布和正态逆维希特分布之间的共轭关系为

$$\prod_{i=1}^{I} \mathrm{Norm}_{\mathbf{x}_i}[\boldsymbol{\mu}, \boldsymbol{\Sigma}] \cdot \mathrm{NorIWis}_{\boldsymbol{\mu},\boldsymbol{\Sigma}}[\alpha, \boldsymbol{\Psi}, \gamma, \boldsymbol{\delta}] = \kappa \cdot \mathrm{NorIWis}[\tilde{\alpha}, \tilde{\boldsymbol{\Psi}}, \tilde{\gamma}, \tilde{\boldsymbol{\delta}}]$$

其中

$$\kappa=\frac{1}{\pi^{ID/2}}\frac{\gamma^{D/2}}{\widetilde{\gamma}^{D/2}}\frac{\boldsymbol{\Psi}^{\alpha/2}}{\widetilde{\boldsymbol{\Psi}}^{\widetilde{\alpha}/2}}\frac{\Gamma_D[\widetilde{\alpha}/2]}{\Gamma_D[\alpha/2]}$$

$$\widetilde{\alpha}=\alpha+I$$

$$\widetilde{\boldsymbol{\Psi}}=\boldsymbol{\Psi}+\gamma\boldsymbol{\delta}\boldsymbol{\delta}^{\mathrm{T}}+\sum_{i=1}^{I}\boldsymbol{x}_i\boldsymbol{x}_i^{\mathrm{T}}-\frac{1}{(\gamma+I)}\left(\gamma\boldsymbol{\delta}+\sum_{i=1}^{I}\boldsymbol{x}_i\right)\left(\gamma\boldsymbol{\delta}+\sum_{i=1}^{I}\boldsymbol{x}_i\right)^{\mathrm{T}}$$

$$\widetilde{\gamma}=\gamma+I$$

$$\widetilde{\boldsymbol{\delta}}=\frac{\gamma\boldsymbol{\delta}+\sum_{i=1}^{I}\boldsymbol{x}_i}{\gamma+I}$$

可能需要用到这个关系式：

$$\mathrm{Tr}[\boldsymbol{z}\boldsymbol{z}^{\mathrm{T}}\boldsymbol{A}^{-1}]=\boldsymbol{z}^{\mathrm{T}}\boldsymbol{A}^{-1}\boldsymbol{z}$$

# 拟合概率模型

这一章讨论数据$\{x_i\}_{i=1}^I$的拟合概率模型。由于拟合时需要学习模型的参数$\boldsymbol{\theta}$，因此这一过程称为学习，[⊖]本章也讨论计算新数据$\boldsymbol{x}^*$在最终模型下的概率。这称作评估预测分布。主要分析三个方法：最大似然法、最大后验法和贝叶斯方法。

## 4.1 最大似然法

顾名思义，最大似然(ML)法用来求数据$\{\boldsymbol{x}_i\}_{i=1}^I$最有可能的参数集合$\hat{\boldsymbol{\theta}}$。为了计算在一个数据点$\boldsymbol{x}_i$处的似然函数$Pr(\boldsymbol{x}_i|\boldsymbol{\theta})$，只需简单估算在$\boldsymbol{x}_i$处的概率密度函数。假设每一个数据点都从分布中独立抽样，点的集合的似然函数$Pr(\boldsymbol{x}_{1\cdots I}|\boldsymbol{\theta})$就是独立似然的乘积。因此，参数的最大似然估计是

$$\begin{aligned}\hat{\boldsymbol{\theta}} &= \underset{\boldsymbol{\theta}}{\operatorname{argmax}}[Pr(\boldsymbol{x}_{1\cdots I}|\boldsymbol{\theta})] \\ &= \underset{\boldsymbol{\theta}}{\operatorname{argmax}}\left[\prod_{i=1}^{I} Pr(\boldsymbol{x}_i|\boldsymbol{\theta})\right]\end{aligned} \tag{4-1}$$

式中，$\underset{\boldsymbol{\theta}}{\operatorname{argmax}} f[\boldsymbol{\theta}]$返回使$f[\boldsymbol{\theta}]$最大化的$\boldsymbol{\theta}$值。

为了估算新数据点$\boldsymbol{x}^*$(计算$\boldsymbol{x}^*$属于拟合模型的概率)的概率分布，用最大似然拟合参数$\hat{\boldsymbol{\theta}}$简单估算概率密度函数$Pr(\boldsymbol{x}^*|\hat{\boldsymbol{\theta}})$即可。

## 4.2 最大后验法

在最大后验(MAP)拟合中，引入了参数$\boldsymbol{\theta}$的先验信息。先的经验也许会对可能的参数值提供一些信息。例如，在一个时间序列中，$t$时刻的参数值会告诉我们$t+1$时刻的可能值的情况，而且这个信息可以从先验分布中得到。

最大后验估计是最大化参数的后验概率$Pr(\boldsymbol{\theta}|\boldsymbol{x}_{1\cdots I})$

$$\begin{aligned}\hat{\boldsymbol{\theta}} &= \underset{\boldsymbol{\theta}}{\operatorname{argmax}}[Pr(\boldsymbol{\theta}|\boldsymbol{x}_{1\cdots I})] \\ &= \underset{\boldsymbol{\theta}}{\operatorname{argmax}}\left[\frac{Pr(\boldsymbol{x}_{1\cdots I}|\boldsymbol{\theta})Pr(\boldsymbol{\theta})}{Pr(\boldsymbol{x}_{1\cdots I})}\right] \\ &= \underset{\boldsymbol{\theta}}{\operatorname{argmax}}\left[\frac{\prod_{i=1}^{I} Pr(\boldsymbol{x}_i|\boldsymbol{\theta})Pr(\boldsymbol{\theta})}{Pr(\boldsymbol{x}_{1\cdots I})}\right]\end{aligned} \tag{4-2}$$

这里对前两行和随后假设的独立性之间使用了贝叶斯公式。实际上，可以忽略对于参数而言是常数的分母，这样不会影响最大值的位置，得到

$$\hat{\boldsymbol{\theta}} = \underset{\boldsymbol{\theta}}{\operatorname{argmax}}\left[\prod_{i=1}^{I} Pr(\boldsymbol{x}_i|\boldsymbol{\theta})Pr(\boldsymbol{\theta})\right] \tag{4-3}$$

将这个与最大似然准则对比(式(4-1))，会发现除了先验部分外都相同，最大似然法是最

---

⊖ 这里用符号$\boldsymbol{\theta}$代表没有指定特殊概率模型时的一般参数集合。

大后验法在先验信息未知情况下的一个特例。

概率密度(新数据 $\boldsymbol{x}^*$ 在拟合模型下的概率)通过用新参数估算概率密度函数 $Pr(\boldsymbol{x}^* \mid \hat{\boldsymbol{\theta}}$ 再次计算。

## 4.3　贝叶斯方法

在贝叶斯方法中，不再试图估计具有单点固定值的参数 $\boldsymbol{\theta}$(点估计)，并且承认明显的事实；参数 $\theta$ 可能有多个与数据兼容的值。用贝叶斯公式在数据 $\{\boldsymbol{x}_i\}_{i=1}^I$ 上计算参数 $\boldsymbol{\theta}$ 的概率分布

$$Pr(\boldsymbol{\theta} \mid \boldsymbol{x}_{1\cdots I}) = \frac{\prod_{i=1}^{I} Pr(\boldsymbol{x}_i \mid \boldsymbol{\theta}) Pr(\boldsymbol{\theta})}{Pr(\boldsymbol{x}_{1\cdots I})} \tag{4-4}$$

估算预测分布对于贝叶斯的情况更加困难，因为没有估算单一模型，而是通过概率模型找到一个概率分布。因此，计算

$$Pr(\boldsymbol{x}^* \mid \boldsymbol{x}_{1\cdots I}) = \int Pr(\boldsymbol{x}^* \mid \boldsymbol{\theta}) Pr(\boldsymbol{\theta} \mid \boldsymbol{x}_{1\cdots I}) \mathrm{d}\boldsymbol{\theta} \tag{4-5}$$

这可以这样解读：$Pr(\boldsymbol{x}^* \mid \boldsymbol{\theta})$项是一个给定值 $\boldsymbol{\theta}$ 的预测。所以，积分可以当作由不同参数 $\boldsymbol{\theta}$ 确定的预测的加权和，这里加权由参数的(表示确保不同参数值都是正确的)后验概率分布 $Pr(\boldsymbol{\theta} \mid \boldsymbol{x}_{1\cdots I})$决定。

如果用最大似然法和最大后验法估计密度都为$\hat{\boldsymbol{\theta}}$时参数的特殊概率分布，最大后验法、最大似然法和贝叶斯方法中预测概率密度的计算可以统一起来。更形式化一些，把它们当作中心在$\hat{\boldsymbol{\theta}}$处的贝塔函数，设 $\delta[z]$是一个积分为 1，并且除了在 $z=0$ 处都为 0 的函数，则

$$\begin{aligned} Pr(\boldsymbol{x}^* \mid \boldsymbol{x}_{1\cdots I}) &= \int Pr(\boldsymbol{x}^* \mid \boldsymbol{\theta}) \delta[\boldsymbol{\theta} - \hat{\boldsymbol{\theta}}] \mathrm{d}\boldsymbol{\theta} \\ &= Pr(\boldsymbol{x}^* \mid \hat{\boldsymbol{\theta}}) \end{aligned} \tag{4-6}$$

这正是初始规定的计算：简单估算数据在估计参数模型下的概率。

## 4.4　算例 1：一元正态分布

为了说明以上观点，考虑用一元正态分布模型拟合标量数据$\{x_i\}_{i=1}^I$的例子。一元正态分布有概率密度函数

$$Pr(x \mid \mu, \sigma^2) = \mathrm{Norm}_x[\mu, \sigma^2] = \frac{1}{\sqrt{2\pi\sigma^2}} \exp\left[-0.5 \frac{(x-\mu)^2}{\sigma^2}\right] \tag{4-7}$$

它有两个参数，均值 $\mu$ 和方差$\sigma^2$。从 $\mu=1$ 和 $\sigma^2=1$ 的一元正态分布产生 $I$ 个独立的数据点 $\{x_i\}_{i=1}^I$。本算例的目标是用这些数据重新估算参数。

### 4.4.1　最大似然估计

4.1　观测数据$\{x_i\}_{i=1}^I$的参数 $\{\mu, \sigma^2\}$ 的似然 $Pr(x_{1\cdots I} \mid \mu, \sigma^2)$ 通过单独计算每一个数据点的概率密度函数并求乘积得到：

$$\begin{aligned} Pr(x_{1\cdots I} \mid \mu, \sigma^2) &= \prod_{i=1}^{I} Pr(x_i \mid \mu, \sigma^2) \\ &= \prod_{i=1}^{I} \mathrm{Norm}_{x_i}[\mu, \sigma^2] \end{aligned}$$

$$= \frac{1}{(2\pi\sigma^2)^{I/2}}\exp\left[-0.5\sum_{i=1}^{I}\frac{(x_i-\mu)^2}{\sigma^2}\right] \tag{4-8}$$

显而易见，某些参数集合$\{\mu, \sigma^2\}$的似然会高于其他参数集合的似然(见图 4-1)，把它可视化为均值$\mu$和方差$\sigma^2$(见图 4-2)的二维函数。最大似然解$\hat{\mu}$、$\hat{\sigma}$会出现在这个曲面的峰值，使得

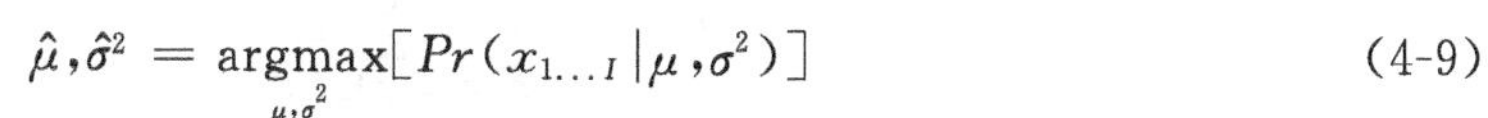

$$\hat{\mu},\hat{\sigma}^2 = \underset{\mu,\sigma^2}{\operatorname{argmax}}[Pr(x_{1\ldots I}|\mu,\sigma^2)] \tag{4-9}$$

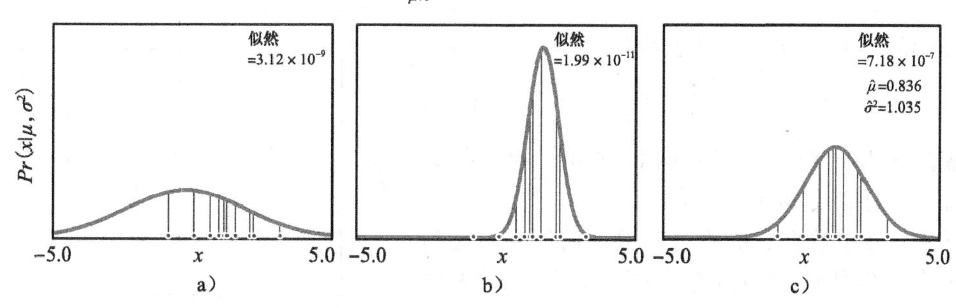


图 4-1　最大似然拟合。单个数据点参数的似然是在该点(灰色竖线)估计的概率密度函数的高度。独立样本数据集合的似然是各个似然的乘积。a)此正态分布的似然很低，因为大的方差意味着概率密度函数的高度在每个地方都很低。b)此正态分布的似然更低，由于最左端的数据很可能不符合模型。c)最大似然解是使似然最大化的参数集合

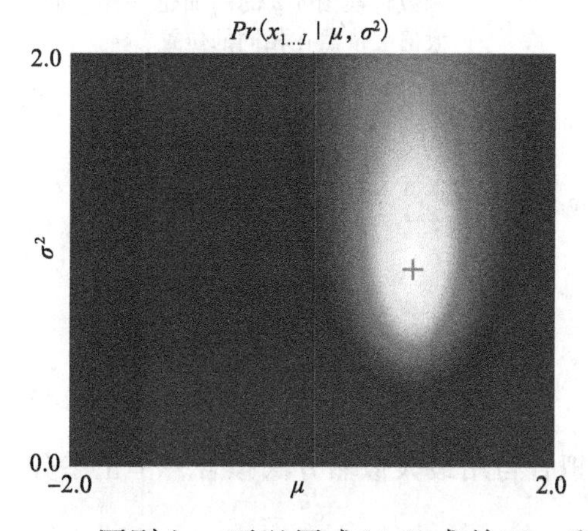


图 4-2　固定的观测数据集合的似然函数是均值$\mu$和方差$\sigma^2$参数的函数。图中显示有许多参数设定对图 4-1 中 10 个数据点有影响。最“佳”参数设定的明智选择是最大似然解(黑色十字)，这对应该函数的最大值

原则上，可以用式(4-8)求关于$\mu$和$\sigma^2$的导数并将其最大化，这个过程等同于将结果赋值为零并求解。然而，实际上作为结果的等式会很杂乱。为了简化，这里用这个表达式的对数(似然的对数，$L$)来代替。因为这个对数式是一个单调函数(见图 4-3)，所以变换后函数最大值的位置保持不变。从代数上，对数将各个数据点的似然的积转化为和，从而解耦了彼此的贡献。最大似然法的参数可以通过式(4-10)来计算

$$\begin{aligned}\hat{\mu},\hat{\sigma}^2 &= \underset{\mu,\sigma^2}{\operatorname{argmax}}\left[\sum_{i=1}^{I}\log[\text{Norm}_{x_i}[\mu,\sigma^2]]\right] \\ &= \underset{\mu,\sigma^2}{\operatorname{argmax}}\left[-0.5I\log[2\pi]-0.5I\log\sigma^2-0.5\sum_{i=1}^{I}\frac{(x_i-\mu)^2}{\sigma^2}\right]\end{aligned} \tag{4-10}$$

为了最大化，求似然对数$L$对$\mu$的微分，并令结果为零

$$\frac{\partial L}{\partial \mu} = \sum_{i=1}^{I}\frac{(x_i-\mu)}{\sigma^2}$$

$$=\frac{\sum_{i=1}^{I}x_i}{\sigma^2}-\frac{I\mu}{\sigma^2}=0 \tag{4-11}$$

重新整理，得到

$$\hat{\mu}=\frac{\sum_{i=1}^{I}x_i}{I} \tag{4-12}$$

通过类似的过程，方差可以表示为

$$\hat{\sigma}^2=\sum_{i=1}^{I}\frac{(x_i-\hat{\mu})^2}{I} \tag{4-13}$$

这些表达式并不奇怪，相同的思路可以用来估计其他并不熟悉的分布中的参数。

图 4-1 展示数据点的集合和数据的三个可能拟合。最大似然估计的均值是数据的均值。最大似然拟合既不太窄(对离均值很远的点给予低概率)也不太宽(产生一个扁平的分布，对所有的点给予低概率)。

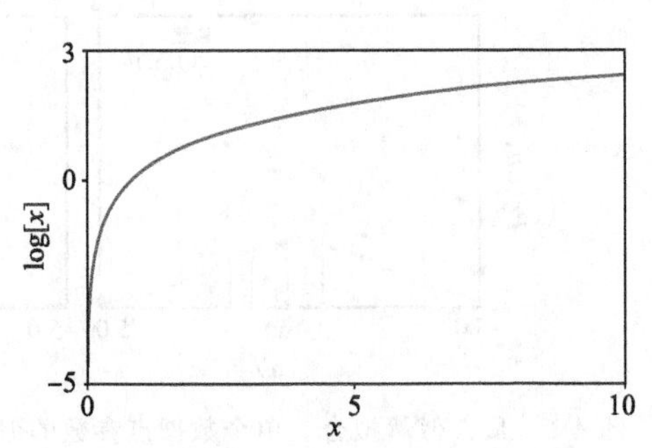


图 4-3　对数是一个单调变换。如果一个点比另一个高，那么再经过对数函数变换后它也比较高。如果通过对数函数转换图 4-2 的曲面也一样，最大值会依然在相同的位置

**最小二乘拟合**

此外，很多文献通过最小二乘法讨论拟合。考虑使用最大似然拟合正态分布的均值参数 $\mu$，利用低价函数：

$$\begin{aligned}\hat{\mu}&=\underset{\mu}{\operatorname{argmax}}\left[-0.5I\log[2\pi]-0.5I\log\sigma^2-0.5\sum_{i=1}^{I}\frac{(x_i-\mu)^2}{\sigma^2}\right]\\&=\underset{\mu}{\operatorname{argmax}}\left[-\sum_{i=1}^{I}(x_i-\mu)^2\right]\\&=\underset{\mu}{\operatorname{argmin}}\left[\sum_{i=1}^{I}(x_i-\mu)^2\right]\end{aligned} \tag{4-14}$$

推导出平方和最小的等式。换句话说，用最小二乘拟合与用最大似然方法拟合一个正态分布的均值参数是等价的。

### 4.4.2　最大后验估计

4.2

回到主线，下面讨论正态分布参数的最大后验拟合。代价函数为

$$\begin{aligned}\hat{\mu},\hat{\sigma}^2&=\underset{\mu,\sigma^2}{\operatorname{argmax}}\left[\prod_{i=1}^{I}Pr(x_i|\mu,\sigma^2)Pr(\mu,\sigma^2)\right]\\&=\underset{\mu,\sigma^2}{\operatorname{argmax}}\left[\prod_{i=1}^{I}\mathrm{Norm}_{x_i}[\mu,\sigma^2]\mathrm{NormInvGam}_{\mu,\sigma^2}[\alpha,\beta,\gamma,\delta]\right]\end{aligned} \tag{4-15}$$

由于它与正态分布共轭，这里已经选择参数为 $\alpha$、$\beta$、$\gamma$、$\delta$ 的正态逆伽马先验(见图 4-4)，其先验值的表达式为

$$Pr(\mu,\sigma^2)=\frac{\sqrt{\gamma}}{\sigma\sqrt{2\pi}}\frac{\beta^\alpha}{\Gamma(\alpha)}\left(\frac{1}{\sigma^2}\right)^{\alpha+1}\exp\left[-\frac{2\beta+\gamma(\delta-\mu)^2}{2\sigma^2}\right] \tag{4-16}$$

后验分布与似然的结果和先验值的乘积成正比(见图 4-5)，并且在区域中有最高的密度，

与数据一致并且先验可信。

与最大似然法情况一样，很容易最大化式(4-15)的对数

$$\hat{\mu},\hat{\sigma}^2 = \underset{\mu,\sigma^2}{\operatorname{argmax}}\left[\sum_{i=1}^{I}\log[\text{Norm}_{x_i}[\mu,\sigma^2]] + \log[\text{NormInvGam}_{\mu,\sigma^2}[\alpha,\beta,\gamma,\delta]]\right] \tag{4-17}$$

图 4-4　正态分布中参数的先验值。a) $\alpha$、$\beta$、$\gamma=1$，$\delta=0$ 的正态逆伽马提供一个一元正态分布参数的宽先验分布。红色的十字表示这个先验分布的峰值。蓝色的十字是随机从分布中抽出的 5 个样本。b) 峰值和样本可以通过绘出它们所代表的正态分布来直观表示(见彩插)

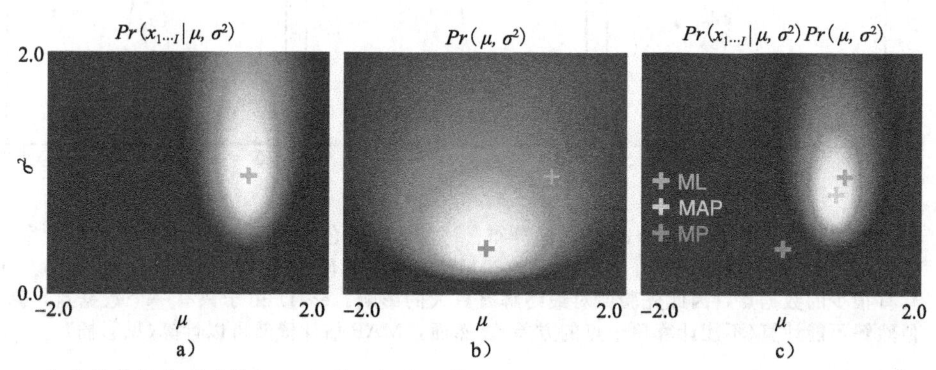


图 4-5　正态参数的最大后验推理。a) 乘以似然函数 b) 给出一个新函数的先验概率 c) 这与后验分布成正比。可以看到最大后验(MAP)解(青色的十字)在后验分布的峰值。它在最大似然(ML)解(绿色的十字)和最大前验分布(MP，粉红色的十字)之间(见彩插)

为了求最大后验的参数，替换表达式，分别对 $\mu$ 和 $\sigma$ 求偏微分，并使式等于零，重新整理得到

$$\hat{\mu} = \frac{\sum_{i=1}^{I} x_i + \gamma\delta}{I+\gamma} \quad \text{和} \quad \hat{\sigma}^2 = \frac{\sum_{i=1}^{I}(x_i-\hat{\mu})^2 + 2\beta + \gamma(\delta-\hat{\mu})^2}{I+3+2\alpha} \tag{4-18}$$

均值公式可以写成更容易理解的形式

$$\hat{\mu} = \frac{I\overline{x} + \gamma\delta}{I+\gamma} \tag{4-19}$$

这是两项的加权和，第一项是数据的均值 $\overline{x}$，它的权重是训练样本 $I$ 的数量，第二项是 $\delta$，它的权重是 $\gamma$，其中 $\delta$ 是满足先验的 $\mu$ 的值。

上式给出一些关于 MAP 估计结果的思考(见图 4-6)。如果有大量的训练数据，第一项起主要作用，MAP 估计 $\hat{\mu}$ 与数据的均值(ML 估计)非常接近。对于中等量的数据，$\hat{\mu}$ 是

数据预测和先验预测的加权和。如果根本没有数据，则估计完全由先验值决定。超参数(先验参数)$\gamma$ 通过 $\mu$ 控制先验值的集中程度，并且决定其影响的程度。类似的结论适用于方差的 MAP 估计。

有单个数据点(见图 4-6e～f)，数据并没有给出方差，最大似然估计$\hat{\sigma}^2$ 实际上是零；最优拟合是一个无限窄并且无限高的正态分布，它以一个数据点为中心。这不切实际，不仅仅是因为它赋予数据无穷的似然。然而，MAP 估计仍然有效，因为先验值确保选择了合理的参数值。

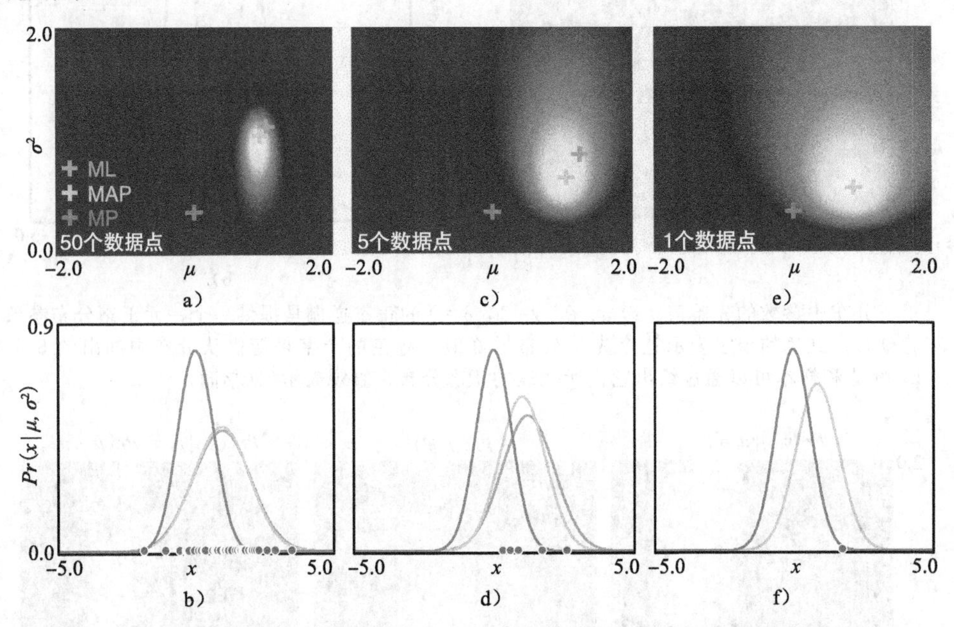


图 4-6　最大后验估计。a) 参数 $\mu$ 和 $\sigma^2$ 的后验分布。MAP 解(青色的十字)位于 ML(绿色的十字)和先验值顶点(粉红色的十字)之间。b) MAP 解、ML 解和先验值的峰值对应的正态分布。c～d) 由于具有很少的数据点，因此先验值对最终解有更大的影响。e～f) 由于只有一个数据点，因此最大似然解不能计算(不能计算单个点的方差)。然而，MAP 估计依然可以计算(见彩插)

### 4.4.3　贝叶斯方法

4.3

在贝叶斯方法中，可以用贝叶斯公式对可能的参数计算一个后验分布 $Pr(\mu,\sigma^2|x_{1\ldots I})$，

$$\begin{aligned}Pr(\mu,\sigma^2|x_{1\ldots I}) &= \frac{\prod_{i=1}^{I} Pr(x_i|\mu,\sigma^2)Pr(\mu,\sigma^2)}{Pr(x_{1\ldots I})}\\ &= \frac{\prod_{i=1}^{I}\text{Norm}_{x_i}[\mu,\sigma^2]\text{NormInvGam}_{\mu,\sigma^2}[\alpha,\beta,\gamma,\delta]}{Pr(x_{1\ldots I})}\\ &= \frac{\kappa\text{NormInvGam}_{\mu,\sigma^2}[\tilde{\alpha},\tilde{\beta},\tilde{\gamma},\tilde{\delta}]}{Pr(x_{1\ldots I})}\end{aligned} \tag{4-20}$$

这里用到了似然和先验值的共轭关系(见 3.9 节)，$\kappa$ 是一个相关的常量。正态似然的结果与正态逆伽马的先验值的积产生一个关于 $\mu$ 和 $\sigma^2$ 的后验，它是一个新的正态逆伽马分布并且具有如下参数

$$\tilde{\alpha}=\alpha+I/2,\quad \tilde{\gamma}=\gamma+I\quad \tilde{\delta}=\frac{\gamma\delta+\sum_i x_i}{\gamma+I}$$

$$\tilde{\beta}=\frac{\sum_i x_i^2}{2}+\beta+\frac{\gamma\delta^2}{2}-\frac{\left(\gamma\delta+\sum_i x_i\right)^2}{2(\gamma+I)} \tag{4-21}$$

注意，后验(式(4-20)的左侧)必须是一个有效的概率分布且和为 1，所以共轭积的常量 $k$ 和右侧的分母必须刚好相互抵消，得到

$$Pr(\mu,\sigma^2\mid x_{1\cdots I})=\text{NormInvGam}_{\mu,\sigma^2}[\tilde{\alpha},\tilde{\beta},\tilde{\gamma},\tilde{\delta}] \tag{4-22}$$

现在我们看到使用共轭先验的主要优势：保证关于参数的后验分布是一个闭式表达式。

这个后验分布代表用于创建数据的不同参数设定 $\mu$ 和 $\sigma^2$ 的相关可信。分布的峰值是 MAP 估计，但是还有其他可信设置(见图 4-6)。

当数据众多时(见图 4-6a)，参数被指定好，概率分布是集中的。在这种情况下，把所有概率量放在 MAP 估计处是对后验的一个好的逼近。然而，当数据稀少时(见图 4-6c)，许多可能的参数也许已经解释了数据并且后验很宽。在这种情况下用一个质点去逼近是不合适的。

**密度预测**

对于最大似然和 MAP 估计，可以通过用估算的参数简单地估计正态概率密度函数来估计预测密度(新数据点 $x^*$ 属于同一相同模型的概率)。对于贝叶斯方法，计算每个可能参数集合的预测值的加权平均值，这里权值由参数的后验分布给出(见图 4-6a～c 和图 4-7)，

$$\begin{aligned}Pr(x^*\mid x_{1\cdots I})&=\iint Pr(x^*\mid\mu,\sigma^2)Pr(\mu,\sigma^2\mid x_{1\cdots I})\mathrm{d}\mu\mathrm{d}\sigma \\ &=\iint \text{Norm}_{x^*}[\mu,\sigma^2]\text{NormInvGam}_{\mu,\sigma^2}\mid\tilde{\alpha},\tilde{\beta},\tilde{\gamma},\tilde{\delta}]\mathrm{d}\mu\mathrm{d}\sigma \\ &=\iint \kappa(x^*,\tilde{\alpha},\tilde{\beta},\tilde{\gamma},\tilde{\delta})\text{NormInvGam}_{\mu,\sigma^2}[\breve{\alpha},\breve{\beta},\breve{\gamma},\breve{\delta}]\mathrm{d}\mu\mathrm{d}\sigma\end{aligned} \tag{4-23}$$

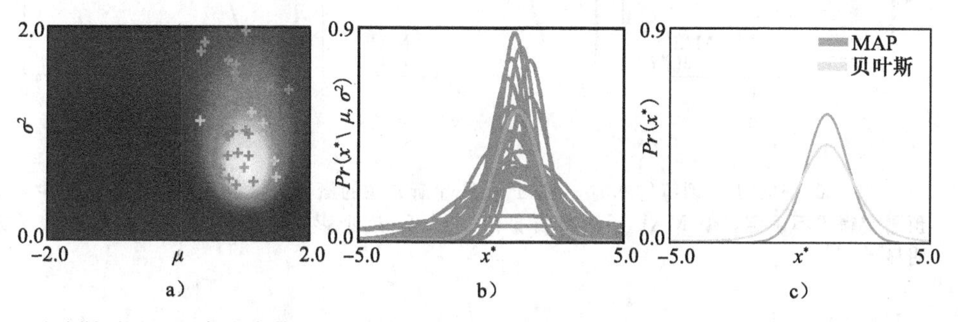


图 4-7　贝叶斯预测。a) 各个参数的后验概率分布。b) 符合正态分布样本的后验概率分布。c) 预测的贝叶斯分布是一个样本无限集合的平均值。另一种替代方式，可以考虑从一个均匀分布来选择参数，计算符合后验分布的加权平均值

这里已经第二次使用共轭关系。积分包含一个关于 $\mu$ 和 $\sigma^2$ 的常数与概率分布的乘积。把常数拿到积分外部，因为概率密度函数的积分是 1，得到

$$\begin{aligned}Pr(x^*\mid x_{1\cdots I})&=\kappa(x^*,\tilde{\alpha},\tilde{\beta},\tilde{\gamma},\tilde{\delta})\iint\text{NormInvGam}_{\mu,\sigma^2}[\breve{\alpha},\breve{\beta},\breve{\gamma},\breve{\delta}]\mathrm{d}\mu\mathrm{d}\sigma \\ &=\kappa(x^*,\tilde{\alpha},\tilde{\beta},\tilde{\gamma},\tilde{\delta})\end{aligned} \tag{4-24}$$

常数 $\kappa$ 可以表示为

$$\kappa(x^*,\tilde{\alpha},\tilde{\beta},\tilde{\gamma},\tilde{\delta})=\frac{1}{\sqrt{2\pi}}\frac{\sqrt{\tilde{\gamma}}\,\tilde{\beta}^{\tilde{\alpha}}}{\sqrt{\breve{\gamma}}\,\breve{\beta}^{\breve{\alpha}}}\frac{\Gamma[\breve{\alpha}]}{\Gamma[\tilde{\alpha}]} \tag{4-25}$$

式中，

$$\breve{\alpha}=\tilde{\alpha}+1/2,\quad \breve{\gamma}=\tilde{\gamma}+1$$
$$\breve{\beta}=\frac{x^{*2}}{2}+\tilde{\beta}+\frac{\tilde{\gamma}\tilde{\delta}^2}{2}-\frac{(\tilde{\gamma}\tilde{\delta}+x^*)^2}{2(\tilde{\gamma}+1)} \tag{4-26}$$

这里，可以看到用共轭先验值的第二个优势：它意味着积分可以计算，所以可以得到密度预测的一个不错的闭式表达式。

图 4-8 显示了对于不同的训练数据贝叶斯和 MAP 估计的概率分布。对大量训练数据，它们非常相似，但是随着数据量的减少，贝叶斯预测分布有一个显著的长尾。这是典型的贝叶斯解：它们在其预测中更适中(不太确定)。在 MAP 估计中，错误地提交 $\mu$ 和 $\sigma^2$ 的单个估计会引起在未来的预测中过分自信。

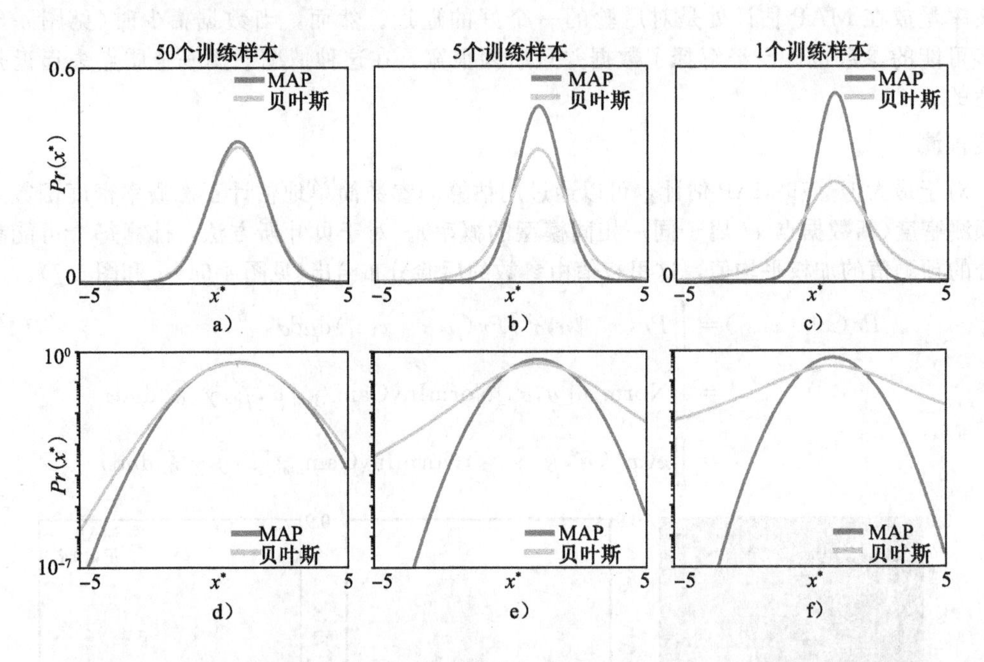


图 4-8 a～c) 有 50、5 和 1 个训练样本时，MAP 和贝叶斯方法的概率密度。随着训练数据减少，贝叶斯预测变得更不确定，但 MAP 预测盲目自信。d～f) 这个影响对于以对数为标度的表示方式更明显

## 4.5 算例 2：分类分布

作为第 2 个算例，考虑离散数据 $\{x_i\}_{i=1}^I$，这里 $x_i\in\{1,2,\cdots,6\}$（见图 4-9）。这可以观察一个有未知偏差的骰子的滚动。使用一个分类分布(归一化直方图)来描述数据，

$$Pr(x=k|\lambda_{1\cdots K})=\lambda_k \tag{4-27}$$

对于 ML 和 MAP 方法，估算 6 个参数 $\{\lambda_k\}_{k=1}^6$。对于贝叶斯方法，计算参数的概率分布。

### 4.5.1 最大似然法

4.4

为了求最大似然解，最大化关于参数 $\lambda_{1\cdots6}$ 的每一个独立数据点的似然的乘积。

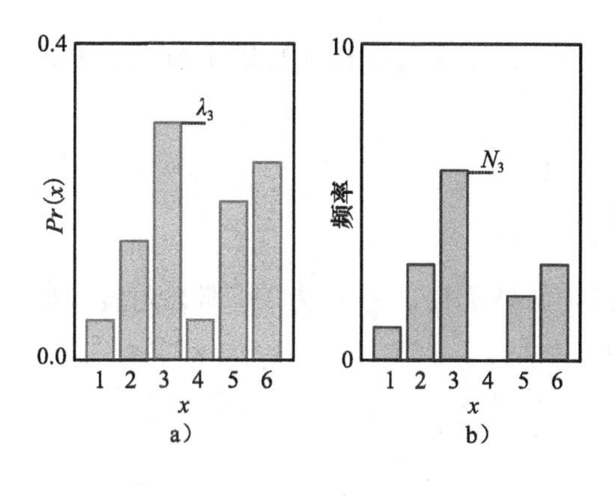


图 4-9 a) 参数$\{\lambda_k\}_{k=1}^{6}$6 个离散值的分类概率分布，这里$\sum_{k=1}^{6}\lambda_k=1$。这可以是一个不均匀骰子 6 个面朝上的相对概率。b) 随机从这个分布中选取 15 个观测值$\{x_i\}_{i=1}^{I}$。用 $N_k$ 表示分类 $k$ 被观察到的次数，因此这里总的观测值为 $\sum_{k=1}^{6}N_k=15$

$$\begin{aligned}\hat{\lambda}_{1\cdots6} &= \underset{\lambda_{1\cdots6}}{\operatorname{argmax}}\left[\prod_{i=1}^{I}Pr(x_i|\lambda_{1\cdots6})\right] \qquad \text{s. t.} \sum_k\lambda_k=1\\ &= \underset{\lambda_{1\cdots6}}{\operatorname{argmax}}\left[\prod_{i=1}^{I}\operatorname{Cat}_{x_i}[\lambda_{1\cdots6}]\right] \qquad \text{s. t.} \sum_k\lambda_k=1\\ &= \underset{\lambda_{1\cdots6}}{\operatorname{argmax}}\left[\prod_{k=1}^{6}\lambda_k^{N_k}\right] \qquad \text{s. t.} \sum_k\lambda_k=1\end{aligned} \tag{4-28}$$

这里 $N_k$ 是在训练数据中观察到柱状条 $k$ 的总次数。与之前一样，求出对数概率的最大值比较容易，用如下式子

$$L=\sum_{k=1}^{6}N_k\log[\lambda_k]+v\left(\sum_{k=1}^{6}\lambda_k-1\right) \tag{4-29}$$

这里第二项用了拉格朗日因子 $\nu$ 来增强关于参数 $\sum_{k=1}^{6}\lambda_k=1$ 的约束。将 $L$ 对 $\lambda_k$ 和 $\nu$ 求导，令导数为零，解出 $\lambda_k$ 得到

$$\hat{\lambda}_k=\frac{N_k}{\sum_{m=1}^{6}N_m} \tag{4-30}$$

换句话说，$\lambda_k$ 与观察到柱状条 $k$ 的次数成正比。

### 4.5.2 最大后验法

为了求后验方法的最大值，需要定义一个先验值。由于狄利克雷分布与分类似然共轭，所以选择狄利克雷分布作为先验，关于 6 个分类参数的先验很难可视化，但是可以刻画和验证样本(见图 4-10a～e)。MAP 解为 4.5

$$\begin{aligned}\hat{\lambda}_{1\cdots6} &= \underset{\lambda_{1\cdots6}}{\operatorname{argmax}}\left[\prod_{i=1}^{I}Pr(x_i|\lambda_{1\cdots6})Pr(\lambda_{1\cdots6})\right]\\ &= \underset{\lambda_{1\cdots6}}{\operatorname{argmax}}\left[\prod_{i=1}^{I}\operatorname{Cat}_{x_i}[\lambda_{1\cdots6}]\operatorname{Dir}_{\lambda_{1\cdots6}}[\alpha_{1\cdots6}]\right]\\ &= \underset{\lambda_{1\cdots6}}{\operatorname{argmax}}\left[\prod_{k=1}^{6}\lambda_k^{N_k}\prod_{k=1}^{6}\lambda_k^{\alpha_k-1}\right]\\ &= \underset{\lambda_{1\cdots6}}{\operatorname{argmax}}\left[\prod_{k=1}^{6}\lambda_k^{N_k+\alpha_k-1}\right]\end{aligned} \tag{4-31}$$

这也服从 $\sum_{k=1}^{6}\lambda_k=1$ 的约束。在最大似然情况下，这一约束通过拉格朗日因子加强。参数的 MAP 估计可以表示为

$$\hat{\lambda}_k=\frac{N_k+\alpha_k-1}{\sum_{m=1}^{6}(N_m+\alpha_m-1)} \tag{4-32}$$

这里 $N_k$ 是在训练数据中观察到值 $k$ 的次数。注意，如果所有 $\alpha_k$ 被设为 1，那么先验值是均匀的并且这个表达式变成最大似然解(式(4-30))。

### 4.5.3 贝叶斯方法

4.6　贝叶斯方法中，通过参数计算后验值

$$\begin{aligned}Pr(\lambda_1\cdots\lambda_6\,|\,x_{1\cdots I})&=\frac{\prod_{i=1}^{I}Pr(x_i\,|\,\lambda_{1\cdots6})Pr(\lambda_{1\cdots6})}{Pr(x_{1\cdots I})}\\&=\frac{\prod_{i=1}^{I}\mathrm{Cat}_{x_i}[\lambda_{1\cdots6}]\,\mathrm{Dir}_{\lambda_{1\cdots6}}[\alpha_{1\cdots6}]}{Pr(x_{1\cdots I})}\\&=\frac{\kappa[\alpha_{1\cdots6},x_{1\cdots I}]\,\mathrm{Dir}_{\lambda_{1\cdots6}}[\tilde{\alpha}_{1\cdots6}]}{Pr(x_{1\cdots I})}\\&=\mathrm{Dir}_{\lambda_{1\cdots6}}[\tilde{\alpha}_{1\cdots6}]\end{aligned} \tag{4-33}$$

这里 $\hat{\alpha}_k=N_k+\alpha_k$。通过与先验值相同的方式再次利用共轭关系产生一个后验分布。常数 $\kappa$ 必须再次与分母相互抵消，以确保左边的一个有效的概率分布。这个样本分布见图 4-10f～j。

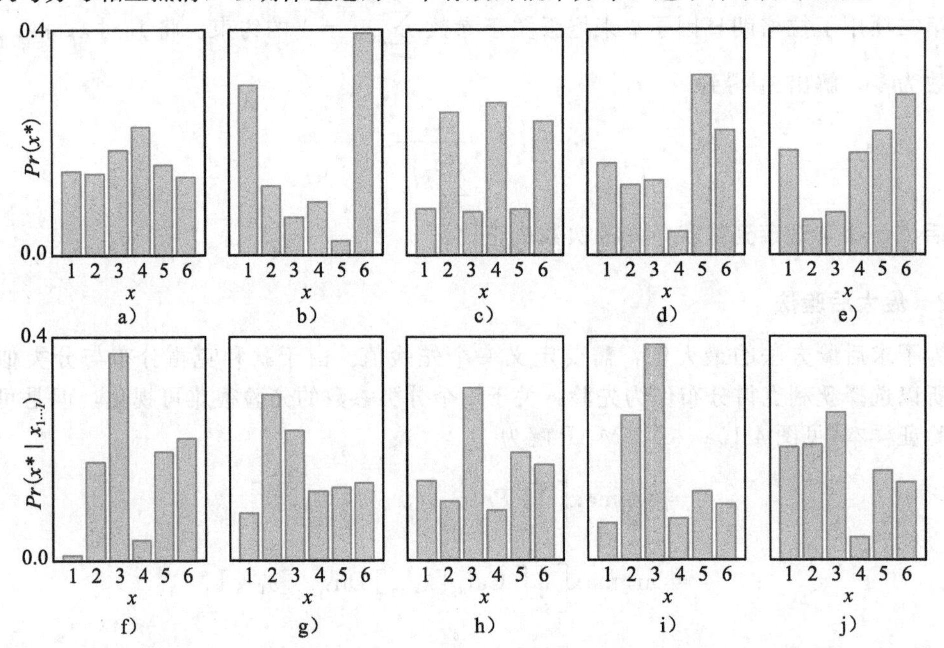


图 4-10　a～e) 从超参数 $\alpha_{1\cdots6}=1$ 的狄利克雷先验画的五个样本。这定义了一个均匀的先验值，这样每个样本看起来都像一个随机非结构化的概率分布。f～j) 狄利克雷后验的五个样本。分布符合直方图，柱三比较大，柱四像数据所示的一样很小

**密度预测**

对于 ML 和 MAP 估计，通过估算参数简单地估计分类概率密度函数，来计算预测密度(新数据点 $x^*$ 属于相同模型的概率)。对于均匀先验($\alpha_{1\cdots6}=1$)，MAP 和 ML 预测完全相同(见图 4-11a)，两者与观测数据的频率恰好成正比。

对于贝叶斯情况，计算每一个可能参数集合预测值的加权平均值，这里权值由参数的后验分布给出，使得

$$\begin{aligned}Pr(x^*|x_{1\cdots I})&=\int Pr(x^*|\lambda_{1\cdots6})Pr(\lambda_{1\cdots6}|x_{1\cdots I})\mathrm{d}\lambda_{1\cdots6}\\&=\int \mathrm{Cat}_{x^*}[\lambda_{1\cdots6}]\,\mathrm{Dir}_{\lambda_{1\cdots6}}[\tilde{\alpha}_{1\cdots6}]\mathrm{d}\lambda_{1\cdots6}\\&=\int \kappa(x^*,\tilde{\alpha}_{1\cdots6})\,\mathrm{Dir}_{\lambda_{1\cdots6}}[\breve{\alpha}_{1\cdots6}]\mathrm{d}\lambda_{1\cdots6}\\&=\kappa(x^*,\tilde{\alpha}_{1\cdots6})\end{aligned}\tag{4-34}$$

这里再次利用共轭关系得到一个常数与一个概率分布的乘积，积分就等于这个常数(由于概率密度函数的积分是 1)。对于这种情况，这可以表示为

$$Pr(x^*=k|x_{1\cdots I})=\kappa(x^*,\tilde{\alpha}_{1\cdots6})=\frac{N_k+\alpha_k}{\sum_{j=1}^{6}(N_j+\alpha_j)}\tag{4-35}$$

这如图 4-11b 所示。再次值得注意的是，贝叶斯密度预测比 ML/MAP 解缺乏自信。特殊地，没有对观察到 $x^*=4$ 分配零概率(尽管事实上这个值从来没有在训练数据中出现)。这是明智的；只因为在 15 个观测值中没有 4，不意味着我们遇到一个 4 会很不可思议。我们可能只是不幸运。贝叶斯方法考虑到这种情况并分配给这种分类一个小概率。

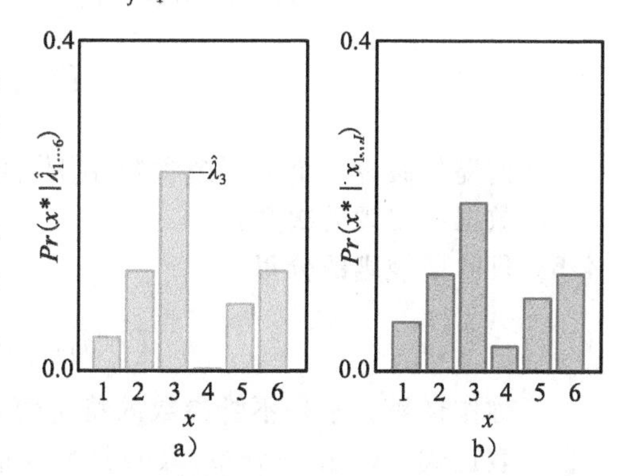


图 4-11 对于 $\alpha_{1\cdots6}=1$ 的预测分布 a) 最大似然/最大后验方法，b) 贝叶斯方法。ML/MAP 方法预测的分布恰好符合数据的频率。贝叶斯方法预测一个更适度的分布，并且为 $x=4$ 分配一些概率，尽管在这个分类中没有出现训练样本中

## 总结

本章提出了拟合数据的概率分布并预测新数据点概率的三种方法。在已经讨论的三种方法中，贝叶斯方法最令人满意。这里不必要找到一个点来估计(不确定的)参数，因此没有引入误差(由于这个点估计不精确)。

然而，只有在有一个共轭先验时贝叶斯方法才易于处理，这使得计算参数 $Pr(\boldsymbol{\theta}|\boldsymbol{x}_{1\cdots I})$ 的后验分布和计算概率密度的积分都比较容易。当不是这种情况时，通常需要依赖最大后验估计。而最大似然估计是最大后验估计在前验值未知情况下的一个特例。

## 备注

关于贝叶斯方法拟合分布的更多信息，参见 Gelman 等(2004)第 3 章。关于贝叶斯模型选择(习题 4.6)的更多信息，包括对把它作为假设验证方法的优越性的有力论证可以在 Mackay(2003)中找到。

## 习题

4.1　证明正态分布的方差 $\sigma^2$ 的最大似然解是

$$\sigma^2 = \sum_{i=1}^{I} \frac{(x_i - \hat{\mu})^2}{I}$$

4.2　证明正态分布的均值 $\mu$ 和方差 $\sigma^2$ 的 MAP 解是

$$\hat{\mu} = \frac{\sum_{i=1}^{I} x_i + \gamma\delta}{I+\gamma} \quad 与 \quad \hat{\sigma}^2 = \frac{\sum_{i=1}^{I}(x_i - \hat{\mu})^2 + 2\beta + \gamma(\delta - \hat{\mu})^2}{I + 3 + 2\alpha}$$

当用共轭正态比例逆伽马先验值时

$$Pr(\mu, \sigma^2) = \frac{\sqrt{\gamma}}{\sigma\sqrt{2\pi}} \frac{\beta^\alpha}{\Gamma[\alpha]} \left(\frac{1}{\sigma^2}\right)^{\alpha+1} \exp\left[-\frac{2\beta + \gamma(\delta - \mu)^2}{2\sigma^2}\right]$$

4.3　把式(4-29)作为已知条件，证明分类分布的最大似然参数是

$$\hat{\lambda}_k = \frac{N_k}{\sum_{m=1}^{6} N_m}$$

这里 $N_k$ 是分类 $k$ 在训练数据中出现的次数。

4.4　证明分类分布的参数$\{\lambda\}_{k=1}^{K}$的 MAP 估计是

$$\hat{\lambda}_k = \frac{N_k + \alpha_k - 1}{\sum_{m=1}^{6}(N_m + \alpha_m - 1)}$$

前提是假设一个关于超参数$\{\alpha_k\}_{k=1}^{K}$的狄利克雷先验分布。$N_k$ 项再次指分类 $k$ 在训练数据中出现的次数。

4.5　贝叶斯规则的分母

$$Pr(x_{1\dots I}) = \int \prod_{i=1}^{I} Pr(x_i|\theta) Pr(\theta) \mathrm{d}\theta$$

称作**证据**。它是不管参数的特定值，分布拟合程度的度量。求以下分布中证明项的表达式：(i)正态分布，(ii)分类分布(假设每一种情况下的共轭先验值)。

4.6　证明项可以用来比较模型。考虑两个数据集合 $S_1 = \{0.1, -0.5, 0.2, 0.7\}$ 和 $S_2 = \{1.1, 2.0, 1.4, 2.3\}$。我们提出一个问题，这两个数据集是否来自相同的正态分布或者两个不同的正态分布。

令模型 $M_1$ 表示所有数据来自同一个正态分布的情况。这个模型的证据是

$$Pr(\mathcal{S}_1 \cup \mathcal{S}_2 | M_1) = \int \prod_{i \in \mathcal{S}_1 \cup \mathcal{S}_2} Pr(x_i|\boldsymbol{\theta}) Pr(\boldsymbol{\theta}) \mathrm{d}\boldsymbol{\theta}$$

这里 $\boldsymbol{\theta} = \{\mu, \sigma^2\}$ 包含这个正态分布的参数。类似地，令 $M_2$ 表示两个集合数据属于不同正态分布的情况。

$$Pr(\mathcal{S}_1 \cup \mathcal{S}_2 | M_2) = \int \prod_{i \in \mathcal{S}_1} Pr(x_i|\boldsymbol{\theta}_1) Pr(\boldsymbol{\theta}_1) \mathrm{d}\boldsymbol{\theta}_1 \int \prod_{i \in \mathcal{S}_2} Pr(x_i|\boldsymbol{\theta}_2) Pr(\boldsymbol{\theta}_2) \mathrm{d}\boldsymbol{\theta}_2$$

这里 $\boldsymbol{\theta}_1 = \{\mu_1, \sigma_1^2\}$，$\boldsymbol{\theta}_2 = \{\mu_2, \sigma_2^2\}$。

现在可以在这两种模型下使用贝叶斯规则比较数据的概率

$$Pr(M_1 | \mathcal{S}_1 \cup \mathcal{S}_2) = \frac{Pr(\mathcal{S}_1 \cup \mathcal{S}_2 | M_1) Pr(M_1)}{\sum_{n=1}^{2} Pr(\mathcal{S}_1 \cup \mathcal{S}_2 | M_n) Pr(M_n)}$$

使用这个表达式来计算两个数据集合来自同一个潜在的正态分布的后验概率。可以在参数 $\alpha=1$，$\beta=1$，$\gamma=1$，$\delta=0$ 的条件下假设 $\boldsymbol{\theta}$、$\boldsymbol{\theta}_1$ 和 $\boldsymbol{\theta}_2$ 的正态比例逆伽马先验值。

注意，这(大致)是两个样本 $t$ 检验的一种贝叶斯版本，但它更加均匀——得到一个关于两个假设的后验概率分布，而不是 $t$ 检验可能误导性的 $p$ 值。用这种方法比较两个证据项的过程称作贝叶斯模型选择或者证据坐标系。这很明智，用最大似然拟合的两个正态分布始终比一个更好地解释数据；附加的参数仅仅使模型更加灵活。然而，因为在这里已经把参数边缘化，所以用贝叶斯方法来比较这些模型有效。

4.7 在伯努利分布中，已知参数 $\lambda$，并且 $x_i \in \{0,1\}$，数据 $\{x_i\}_{i=1}^{I}$ 的似然 $Pr(x_{1\cdots I}|\lambda)$ 是

$$Pr(x_{1\cdots I}|\lambda) = \prod_{i=1}^{I} \lambda^{x_i}(1-\lambda)^{1-x_i}$$

求参数 $\lambda$ 的最大似然估计的表达式。

4.8 求伯努利参数 $\lambda$(见习题 4.7)的 MAP 估计的表达式，假设一个贝塔分布先验

$$Pr(\lambda) = \text{Beta}_{\lambda}[\alpha,\beta]$$

4.9 现在考虑采用贝叶斯方法来拟合伯努利数据，用贝塔分布先验。求以下表达式：(i)已知观察数据 $\{x_i\}_{i=1}^{I}$，伯努利参数的后验概率分布。(ii)新数据 $\boldsymbol{x}^*$ 的预测分布。

4.10 仍采用伯努利分布，考虑从四次试验中观察到数据 0，0，0，0。假设一个均匀贝塔先验($\alpha=1$，$\beta=1$)，使用以下方法计算预测分布：
(i)最大似然，(ii)最大后验，(iii)贝叶斯方法。对结果进行评价。

# 正态分布

机器视觉中不确定性的最常见表示方式为多元正态分布。本章研究它的主要特点，多元正态分布在本书其余部分都有广泛使用。

回忆第3章，多元正态分布有两个参数：均值 $\boldsymbol{\mu}$ 和协方差 $\boldsymbol{\Sigma}$。均值 $\boldsymbol{\mu}$ 是一个描述分布位置的 $D\times 1$ 维向量。协方差 $\boldsymbol{\Sigma}$ 是一个对称的 $D\times D$ 正定矩阵(意味着 $\mathbf{z}^{\mathrm{T}}\boldsymbol{\Sigma}\mathbf{z}$ 对于任意实向量 $\mathbf{z}$ 都是正的)，它用来描述分布的形状。概率密度函数为

$$Pr(\mathbf{x}) = \frac{1}{(2\pi)^{D/2}|\boldsymbol{\Sigma}|^{1/2}}\exp[-0.5(\mathbf{x}-\boldsymbol{\mu})^{\mathrm{T}}\boldsymbol{\Sigma}^{-1}(\mathbf{x}-\boldsymbol{\mu})] \tag{5-1}$$

或者简写为

$$Pr(\mathbf{x}) = \mathrm{Norm}_{\mathbf{x}}[\boldsymbol{\mu},\boldsymbol{\Sigma}] \tag{5-2}$$

## 5.1 协方差矩阵的形式

多元正态分布的协方差矩阵有三种形式，称为*球形*、*对角*和*全协方差*。对于二维(二元)情况，它们是

$$\boldsymbol{\Sigma}_{spher} = \begin{pmatrix}\sigma^2 & 0\\ 0 & \sigma^2\end{pmatrix} \quad \boldsymbol{\Sigma}_{diag} = \begin{pmatrix}\sigma_1^2 & 0\\ 0 & \sigma_2^2\end{pmatrix} \quad \boldsymbol{\Sigma}_{full} = \begin{pmatrix}\sigma_{11}^2 & \sigma_{12}^2\\ \sigma_{21}^2 & \sigma_{22}^2\end{pmatrix} \tag{5-3}$$

因为球形协方差矩阵是单位矩阵的正倍数，所以所有对角元素的数值相同，其余位置元素的数值为零。在对角协方差矩阵中，对角线上的每一个值有一个不同的正值。对于 $2D$ 样本，全协方差矩阵可以在矩阵的每个地方有非零元素(尽管该矩阵也是正定对称的)，因此 $\sigma_{12}^2=\sigma_{21}^2$。

对于二元情况(见图5-1)，球形协方差产生圆形等密度等高线。对角协方差产生椭圆形的等高线，但是它们可能与任意轴对齐。更一般地，在 $D$ 维时，球形协方差产生 $D$ 球面的等高线，对角协方差产生与坐标轴对齐的 $D$ 维椭圆等高线，全协方差在一般位置上产生 $D$ 维椭圆等高线。

当协方差是球形或者对角协方差时，单独的变量是独立的。例如，对于零均值的二维对角协方差，有

$$\begin{aligned}
Pr(x_1,x_2) &= \frac{1}{2\pi\sqrt{|\boldsymbol{\Sigma}|}}\exp\left[-0.5\begin{pmatrix}x_1 & x_2\end{pmatrix}\boldsymbol{\Sigma}^{-1}\begin{pmatrix}x_1\\ x_2\end{pmatrix}\right]\\
&= \frac{1}{2\pi\sigma_1\sigma_2}\exp\left[-0.5\begin{pmatrix}x_1 & x_2\end{pmatrix}\begin{pmatrix}\sigma_1^{-2} & 0\\ 0 & \sigma_2^{-2}\end{pmatrix}\begin{pmatrix}x_1\\ x_2\end{pmatrix}\right]\\
&= \frac{1}{\sqrt{2\pi\sigma_1^2}}\exp\left[-\frac{x_1^2}{2\sigma_1^2}\right]\frac{1}{\sqrt{2\pi\sigma_2^2}}\exp\left[-\frac{x_2^2}{2\sigma_2^2}\right]\\
&= Pr(x_1)Pr(x_2)
\end{aligned} \tag{5-4}$$

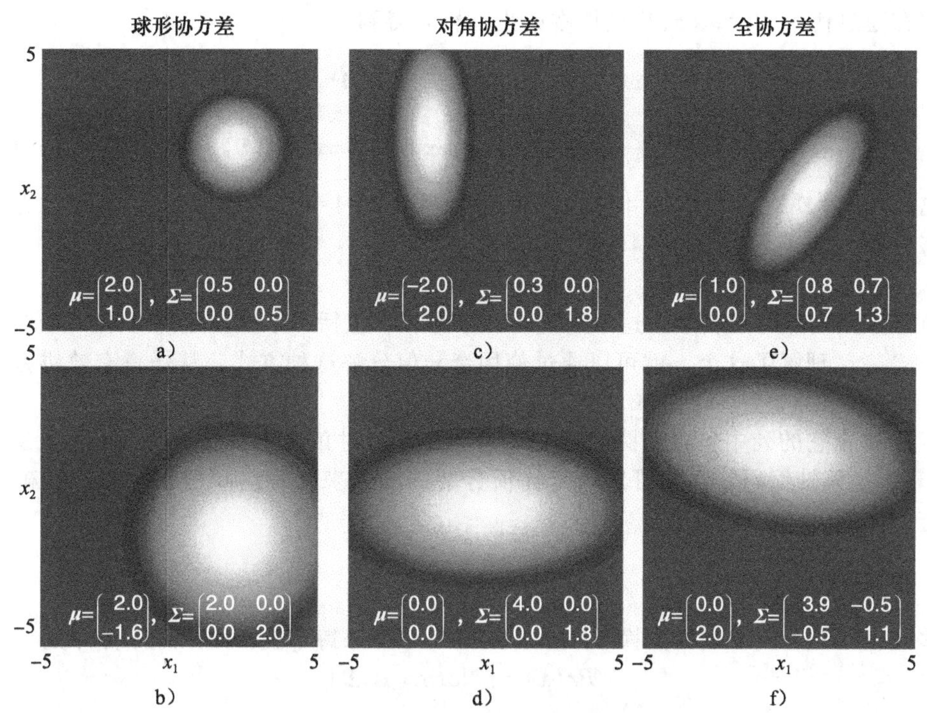


图 5-1 协方差矩阵有三种形式。a～b）球形协方差矩阵是单位矩阵的倍数。变量是独立的并且等概率曲面是超球面。c～d）对角协方差矩阵允许对角线上有不同的非零元素，但其他地方有零元素。变量独立，但是尺度不同，等概率曲面是主轴和坐标轴对齐的超椭圆体（2D 中的椭圆）。e～f）完协方差矩阵正定对称。变量独立，并且等概率曲面是不以任何特殊方式对齐的椭圆体

## 5.2 协方差分解

我们可以用前述的几何直觉来分解全协方差矩阵 $\boldsymbol{\Sigma}_{full}$。已知一个零均值的正态分布和一个全协方差矩阵，我们知道等高线是一个长轴和短轴在任意方向的椭圆。

现在考虑在轴线和正态分布的轴线对齐的新坐标系中观察分布（见图 5-2）：在这个参考的新坐标系中，协方差矩阵 $\boldsymbol{\Sigma}'_{diag}$ 将是对角阵。在新的坐标系中，用 $\boldsymbol{x}'=[x'_1,x'_2]^{\mathrm{T}}$ 表示数据向量，这里参考坐标由 $\boldsymbol{x}'=\boldsymbol{R}\boldsymbol{x}$ 相联系。可以将 $\boldsymbol{x}'$ 的概率分布写为

$$Pr(\boldsymbol{x}')=\frac{1}{(2\pi)^{D/2}\left|\boldsymbol{\Sigma}'_{diag}\right|^{1/2}}\exp[-0.5\boldsymbol{x}'^{\mathrm{T}}\boldsymbol{\Sigma}'^{-1}_{diag}\boldsymbol{x}'] \tag{5-5}$$

图 5-2 全协方差分解。对每一个有全协方差的变量 $x_1$ 和 $x_2$ 的二元正态分布，存在一个有变量 $x'_1$ 和 $x'_2$ 的坐标系，其中协方差是对角协方差：在这个正则坐标坐标系中，椭球形的等高线与坐标轴 $x'_1$ 和 $x'_2$ 对齐。参考的两个坐标系由将 $(x'_1,x'_2)$ 映射到 $(x_1,x_2)$ 的旋转矩阵 $\boldsymbol{R}$ 相关联。任意协方差矩阵 $\boldsymbol{\Sigma}$ 可以分解为一个旋转矩阵 $\boldsymbol{R}$ 和一个对角协方差矩阵 $\boldsymbol{\Sigma}'_{diag}$ 的乘积 $\boldsymbol{R}^{\mathrm{T}}\boldsymbol{\Sigma}'_{diag}\boldsymbol{R}$

现在通过代入 $x'=Rx$ 转换到原本的坐标轴，得到

$$Pr(x)=\frac{1}{(2\pi)^{D/2}|\Sigma'_{diag}|^{1/2}}\exp[-0.5\,(Rx)^{\mathrm{T}}\Sigma'^{-1}_{diag}Rx]$$

$$=\frac{1}{(2\pi)^{D/2}|R^{\mathrm{T}}\Sigma'_{diag}R|^{1/2}}\exp[-0.5x^{\mathrm{T}}(R^{\mathrm{T}}\Sigma'_{diag}R)^{-1}x] \tag{5-6}$$

这里已经用 $|R^{\mathrm{T}}\Sigma'R|=|R^{\mathrm{T}}|\cdot|\Sigma'|\cdot|R|=1\cdot|\Sigma'|\cdot1=|\Sigma'|$。式(5-6)是该协方差的多元正态分布

$$\Sigma_{full}=R^{\mathrm{T}}\Sigma'_{diag}R \tag{5-7}$$

全协方差矩阵可以表示为这个形式的一个乘积，包括一个旋转矩阵 $R$ 和一个对角协方差矩阵 $\Sigma'_{diag}$。理解了这个，就可以通过使用奇异值分解这种方式，从任意有效协方差矩阵 $\Sigma_{full}$ 得到这些元素。

矩阵 $R$ 在它的列中包含椭圆体的主轴方向。$\Sigma'_{diag}$ 对角线上的值将方差(以及分布的宽度)沿着每一条轴编码。由此可以用奇异值分解的结果来回答空间的哪个方向最确定和最不确定的问题。

## 5.3 变量的线性变换

多元正态的形式在线性变换 $y=Ax+b$(图 5-3)下保持不变。如果原始分布是

$$Pr(x)=\mathrm{Norm}_x[\mu,\Sigma] \tag{5-8}$$

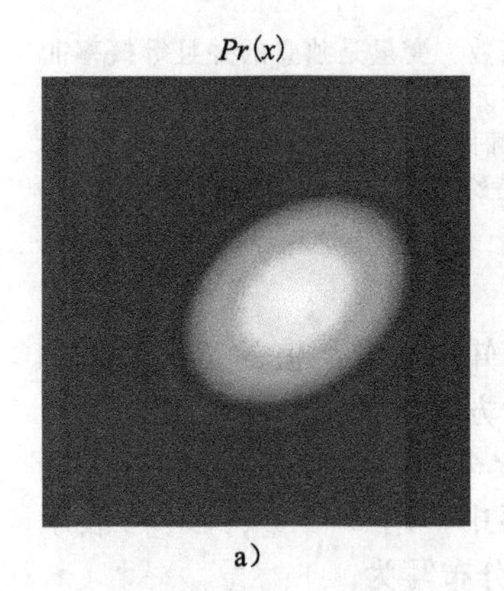


a)

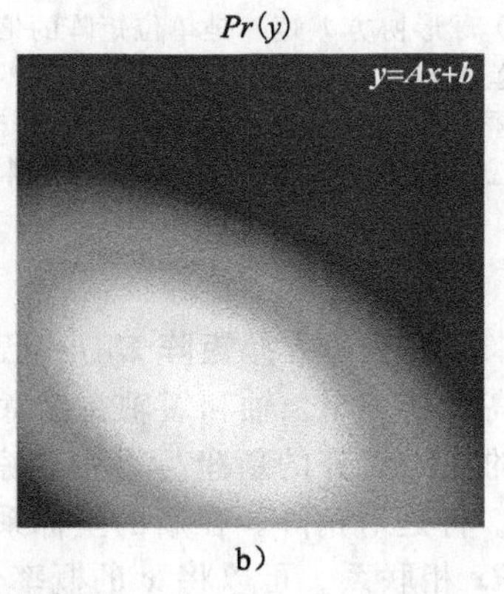


b)

图 5-3 正态变量变换。a) 如果 $x$ 有一个多元的正态概率密度函数，我们用线性变换来创建一个新的变量 $y=Ax+b$，那么 b) $y$ 的分布也是多元正态分布。$y$ 的均值和协方差依赖于 $x$ 的原始均值和协方差，参数 $A$ 和 $b$

那么变换后的变量 $y$ 的分布为

$$Pr(y)=\mathrm{Norm}_y[A\mu+b,A\Sigma A^{\mathrm{T}}] \tag{5-9}$$

这个关系提供了从均值 $\mu$ 和协方差 $\Sigma$ 的正态分布抽取样本的简单方法。首先从一个标准正态分布(均值为 $\mu=0$，协方差为 $\Sigma=I$)中抽取一个样本 $x$，然后应用变换 $y=\Sigma^{1/2}x+\mu$。

## 5.4 边缘分布

如果忽视多元正态分布的随机变量的任意子集，剩下的分布也是正态分布(见图 5-4)。如果将原始随机变量分为两部分 $x=[x_1^{\mathrm{T}},x_2^{\mathrm{T}}]^{\mathrm{T}}$ 使得

$$Pr(x)=Pr\left(\begin{bmatrix}x_1\\x_1\end{bmatrix}\right)=\mathrm{Norm}_x\left(\begin{bmatrix}\mu_1\\\mu_2\end{bmatrix},\begin{bmatrix}\Sigma_{11}&\Sigma_{21}^{\mathrm{T}}\\\Sigma_{21}&\Sigma_{22}^{\mathrm{T}}\end{bmatrix}\right) \tag{5-10}$$

那么

$$Pr(x_1)=\mathrm{Norm}_{x_1}[\mu_1,\Sigma_{11}]$$

$$Pr(x_2)=\mathrm{Norm}_{x_2}[\mu_2,\Sigma_{22}] \tag{5-11}$$

所以，为了求出变量子集的边缘分布的均值和协方差，从原始均值和协方差中提取相关项。

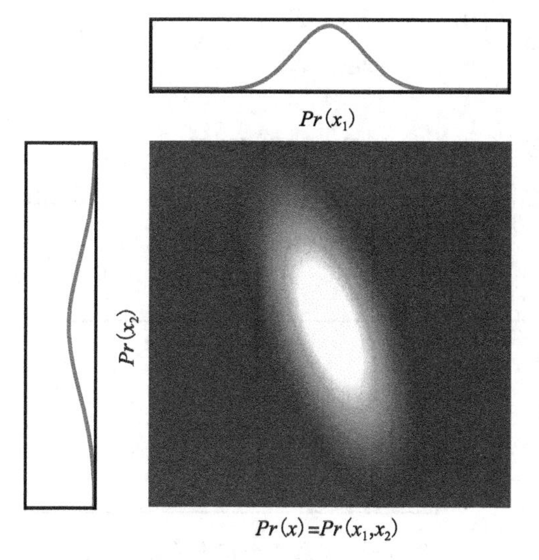


图 5-4 正态分布参数的任何子集的边缘分布也是正态分布。换句话说，如果我们在任意方向计算分布的和，则剩下的量也是正态分布。为了术新分布的均值和协方差，我们可以简单地从原始均值和协方差矩阵中提取相关项

## 5.5 条件分布

如果变量 $\boldsymbol{x}$ 服从多元正态分布，那么在其余变量 $\boldsymbol{x}_2$ 值已知的情况下，关于变量子集 $\boldsymbol{x}_1$ 的条件分布也是一个多元正态分布(见图 5-5)。

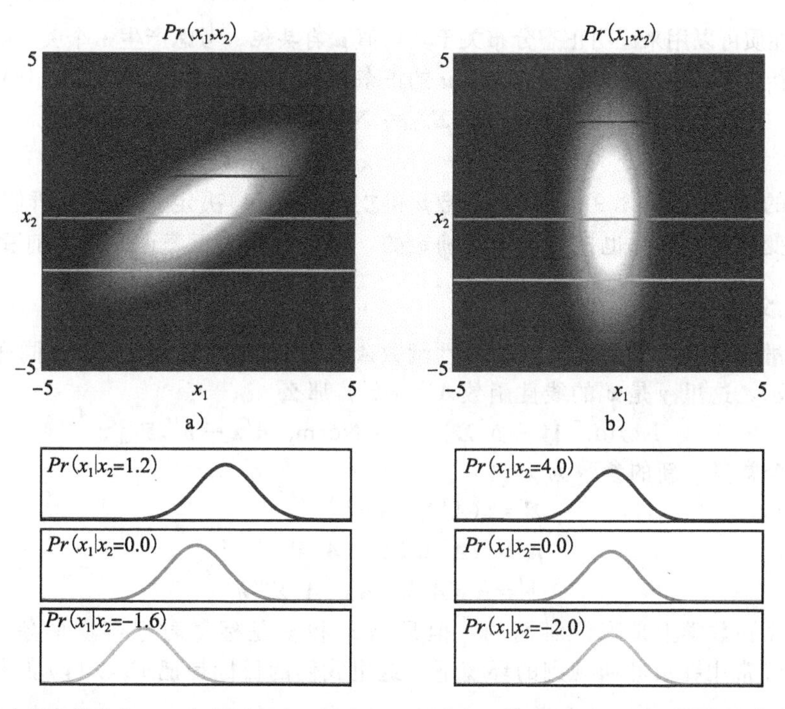


图 5-5 多元正态的条件分布。a) 如果对任意一个多元正态分布，修改变量的子集，观察剩余变量的分布，这个分布将也是正态分布的形式。这个新正态分布的均值取决于子集修改后的值，但协方差一直相同。b) 如果原始多元正态分布有球形或者对角协方差，无论基于的值是什么，最终的正态分布的均值和方差都相同，不管我们约束的值：协方差矩阵的这些形式意味着组成变量之间的独立性

如果

$$Pr(\boldsymbol{x}) = Pr\left(\begin{bmatrix}\boldsymbol{x}_1\\ \boldsymbol{x}_1\end{bmatrix}\right) = \text{Norm}_{\boldsymbol{x}}\left[\begin{bmatrix}\boldsymbol{\mu}_1\\ \boldsymbol{\mu}_2\end{bmatrix}, \begin{bmatrix}\boldsymbol{\Sigma}_{11} & \boldsymbol{\Sigma}_{21}^{\mathrm{T}}\\ \boldsymbol{\Sigma}_{21} & \boldsymbol{\Sigma}_{22}^{\mathrm{T}}\end{bmatrix}\right] \tag{5-12}$$

那么条件分布是

$$Pr(\boldsymbol{x}_1 | \boldsymbol{x}_2 = \boldsymbol{x}_2^*) = \text{Norm}_{\boldsymbol{x}_1}[\boldsymbol{\mu}_1 + \boldsymbol{\Sigma}_{21}^{\mathrm{T}}\boldsymbol{\Sigma}_{22}^{-1}(\boldsymbol{x}_2^* - \boldsymbol{\mu}_2), \boldsymbol{\Sigma}_{11} - \boldsymbol{\Sigma}_{21}^{\mathrm{T}}\boldsymbol{\Sigma}_{22}^{-1}\boldsymbol{\Sigma}_{21}]$$

$$Pr(\boldsymbol{x}_2 | \boldsymbol{x}_1 = \boldsymbol{x}_1^*) = \text{Norm}_{\boldsymbol{x}_2}[\boldsymbol{\mu}_2 + \boldsymbol{\Sigma}_{21}\boldsymbol{\Sigma}_{11}^{-1}(\boldsymbol{x}_1^* - \boldsymbol{\mu}_1), \boldsymbol{\Sigma}_{22} - \boldsymbol{\Sigma}_{21}\boldsymbol{\Sigma}_{11}^{-1}\boldsymbol{\Sigma}_{21}^{\mathrm{T}}] \tag{5-13}$$

## 5.6　正态分布的乘积

两个正态分布的乘积很有可能是第三个正态分布(见图 5-6)。如果两个原始分布分别有均值 $\boldsymbol{a}$ 和 $\boldsymbol{b}$，协方差 $\boldsymbol{A}$ 和 $\boldsymbol{B}$，那么可以得到

$$\text{Norm}_{\boldsymbol{x}}[\boldsymbol{a}, \boldsymbol{A}]\text{Norm}_{\boldsymbol{x}}[\boldsymbol{b}, \boldsymbol{B}] = \kappa \cdot \text{Norm}_{\boldsymbol{x}}[(\boldsymbol{A}^{-1} + \boldsymbol{B}^{-1})^{-1}(\boldsymbol{A}^{-1}\boldsymbol{a} + \boldsymbol{B}^{-1}\boldsymbol{b}), (\boldsymbol{A}^{-1} + \boldsymbol{B}^{-1})^{-1}] \tag{5-14}$$

这里常数 $\kappa$ 本身是一个正态分布，

$$\kappa = \text{Norm}_{\boldsymbol{a}}[\boldsymbol{b}, \boldsymbol{A} + \boldsymbol{B}] = \text{Norm}_{\boldsymbol{b}}[\boldsymbol{a}, \boldsymbol{A} + \boldsymbol{B}] \tag{5-15}$$

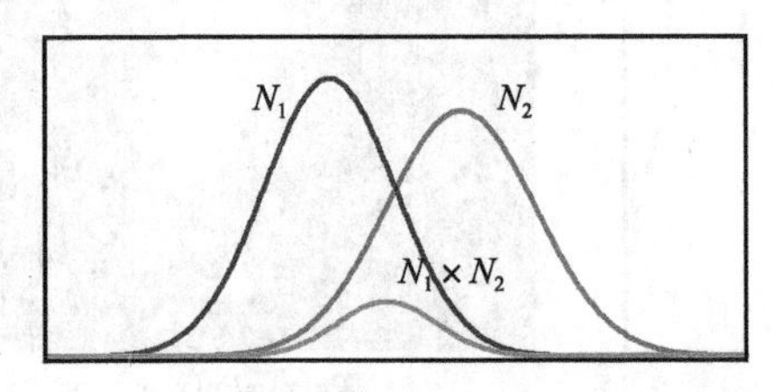


图 5-6　任意两个正态分布 $N_1$ 和 $N_2$ 的乘积可能是第三个正态分布，其均值在原始的两个均值之间，方差比原始分布的两个都小

### 自共轭性

之前的性质可以用来证明正态分布关于其均值 $\boldsymbol{\mu}$ 自共轭。考虑产生一个关于数据 $\boldsymbol{x}$ 的正态分布和另一个关于第一个分布的均值向量 $\boldsymbol{\mu}$ 的正态分布的乘积。很容易从式(5-14)得到

$$\begin{aligned}\text{Norm}_{\boldsymbol{x}}[\boldsymbol{\mu}, \boldsymbol{\Sigma}]\text{Norm}_{\boldsymbol{\mu}}[\boldsymbol{\mu}_p, \boldsymbol{\Sigma}_p] &= \text{Norm}_{\boldsymbol{\mu}}[\boldsymbol{x}, \boldsymbol{\Sigma}]\text{Norm}_{\boldsymbol{\mu}}[\boldsymbol{\mu}_p, \boldsymbol{\Sigma}_p]\\ &= \kappa \cdot \text{Norm}_{\boldsymbol{\mu}}[\tilde{\boldsymbol{\mu}}, \tilde{\boldsymbol{\Sigma}}]\end{aligned} \tag{5-16}$$

这是共轭性的定义(参见 3.9 节)。新参数$\tilde{\boldsymbol{\mu}}$和$\tilde{\boldsymbol{\Sigma}}$由式(5-14)决定。这个分析假设方差 $\boldsymbol{\Sigma}$ 被当做一个不变的量。如果也把它当做不确定的，那么必须用正态逆维希特前验。

## 5.7　变量改变

考虑变量均值是第二个变量 $\boldsymbol{y}$ 的线性函数 $\boldsymbol{Ay}+\boldsymbol{b}$ 的 $\boldsymbol{x}$ 的正态分布。这同样可以用 $\boldsymbol{y}$ 的正态分布表示，这里 $\boldsymbol{y}$ 是 $\boldsymbol{x}$ 的线性函数 $\boldsymbol{A}'\boldsymbol{x}+\boldsymbol{b}'$，那么

$$\text{Norm}_{\boldsymbol{x}}[\boldsymbol{Ay} + \boldsymbol{b}, \boldsymbol{\Sigma}] = \kappa \cdot \text{Norm}_{\boldsymbol{y}}[\boldsymbol{A}'\boldsymbol{x} + \boldsymbol{b}', \boldsymbol{\Sigma}'] \tag{5-17}$$

这里 $\kappa$ 是一个常量，新的参数为

$$\begin{aligned}\boldsymbol{\Sigma}' &= (\boldsymbol{A}^{\mathrm{T}}\boldsymbol{\Sigma}^{-1}\boldsymbol{A})^{-1}\\ \boldsymbol{A}' &= (\boldsymbol{A}^{\mathrm{T}}\boldsymbol{\Sigma}^{-1}\boldsymbol{A})^{-1}\boldsymbol{A}^{\mathrm{T}}\boldsymbol{\Sigma}^{-1}\\ \boldsymbol{b}' &= -(\boldsymbol{A}^{\mathrm{T}}\boldsymbol{\Sigma}^{-1}\boldsymbol{A})^{-1}\boldsymbol{A}^{\mathrm{T}}\boldsymbol{\Sigma}^{-1}\boldsymbol{b}\end{aligned} \tag{5-18}$$

这种关系在数学上是晦涩难懂的，但是当 $x$ 和 $y$ 是标量时很容易形象化地理解(见图 5-7)。它经常用在贝叶斯规则的环境下，这里我们的目标是把 $Pr(\boldsymbol{x}|\boldsymbol{y})$变为 $Pr(\boldsymbol{y}|\boldsymbol{x})$。

## 总结

这一章给出了多元正态分布的很多性质。其中最重要的是关于边缘分布和条件分布的性质：当边缘化或者提取关于一个变量子集的正态分布的条件分布时，结果是另一个正态分布。这些性质可以用在很多视觉算法中。

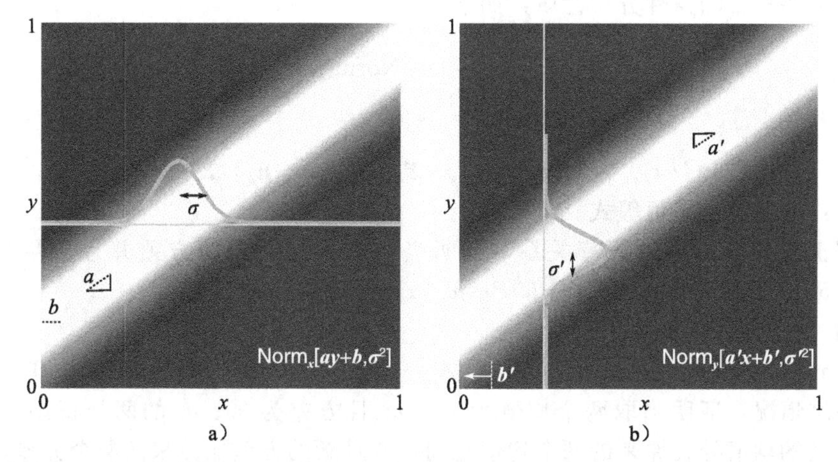


图 5-7　a) 考虑方差 $\sigma^2$ 为常数的 $x$ 的正态分布，但是它的均值是第二个变量 $y$ 的线性函数 $ay+b$。b ) 这在数学上相当于常数 $\kappa$ 乘以一个正态分布，它的方差 $\sigma'^2$ 是一个常数，均值是 $x$ 的一个线性函数 $a'x+b'$

## 备注

正态分布有更有趣的性质，本章未讨论这些性质是因为它们与本书无关。例如，正态分布与另一个正态分布的卷积，很有可能产生一个函数，该函数正比于第三个正态分布，正态曲线的傅里叶变换在频域会产生正态曲线。关于这个主题的不同处理方式，读者可以查阅 Bishop（2006）第 2 章。

## 习题

5.1　考虑一个均值为 $\boldsymbol{\mu}$ 和协方差为 $\boldsymbol{\Sigma}$ 的变量 $\boldsymbol{x}$ 的多元正态分布。证明如果做线性变换 $\boldsymbol{y}=\boldsymbol{A}\boldsymbol{x}+\boldsymbol{b}$，那么变换后的变量 $\boldsymbol{y}$ 的分布为

$$Pr(\boldsymbol{y}) = \text{Norm}_{\boldsymbol{y}}[\boldsymbol{A}\boldsymbol{\mu}+\boldsymbol{b},\boldsymbol{A}\boldsymbol{\Sigma}\boldsymbol{A}^{\mathrm{T}}]$$

5.2　证明使用线性变换 $\boldsymbol{y}=\boldsymbol{A}\boldsymbol{x}+\boldsymbol{b}$ 可以将一个均值为 $\boldsymbol{\mu}$ 和协方差为 $\boldsymbol{\Sigma}$ 的正态分布转换成一个新的分布，它的均值为 $\boldsymbol{0}$，协方差为 $\boldsymbol{I}$，这里

$$\boldsymbol{A}=\boldsymbol{\Sigma}^{-1/2}$$
$$\boldsymbol{b}=-\boldsymbol{\Sigma}^{-1/2}\boldsymbol{\mu}$$

这称作白化变换。

5.3　证明对于多元正态分布

$$Pr(\boldsymbol{x}) = Pr\left(\begin{bmatrix}\boldsymbol{x}_1\\ \boldsymbol{x}_1\end{bmatrix}\right) = \text{Norm}_{\boldsymbol{x}}\left(\begin{bmatrix}\boldsymbol{\mu}_1\\ \boldsymbol{\mu}_2\end{bmatrix},\begin{bmatrix}\boldsymbol{\Sigma}_{11} & \boldsymbol{\Sigma}_{21}^{\mathrm{T}}\\ \boldsymbol{\Sigma}_{21} & \boldsymbol{\Sigma}_{22}^{\mathrm{T}}\end{bmatrix}\right)$$

$\boldsymbol{x}_1$ 的边缘分布是

$$Pr(\boldsymbol{x}_1) = \text{Norm}_{\boldsymbol{x}_1}[\boldsymbol{\mu}_1,\boldsymbol{\Sigma}_{11}]$$

提示：应用变换 $\boldsymbol{y}=[\boldsymbol{I},\boldsymbol{0}]\boldsymbol{x}$ 。

5.4　舒尔补恒等式(Schur complement identity)指出一个矩阵的逆可以用它的子块表示为

$$\begin{bmatrix}\boldsymbol{A} & \boldsymbol{B}\\ \boldsymbol{C} & \boldsymbol{D}\end{bmatrix}^{-1} = \begin{bmatrix}(\boldsymbol{A}-\boldsymbol{B}\boldsymbol{D}^{-1}\boldsymbol{C})^{-1} & -(\boldsymbol{A}-\boldsymbol{B}\boldsymbol{D}^{-1}\boldsymbol{C})^{-1}\boldsymbol{B}\boldsymbol{D}^{-1}\\ -\boldsymbol{D}^{-1}\boldsymbol{C}(\boldsymbol{A}-\boldsymbol{B}\boldsymbol{D}^{-1}\boldsymbol{C})^{-1} & \boldsymbol{D}^{-1}+\boldsymbol{D}^{-1}\boldsymbol{C}(\boldsymbol{A}-\boldsymbol{B}\boldsymbol{D}^{-1}\boldsymbol{C})^{-1}\boldsymbol{B}\boldsymbol{D}^{-1}\end{bmatrix}$$

证明这个关系成立。

5.5　证明正态分布的条件分布性质：如果

$$Pr(\mathbf{x}) = Pr\left(\begin{bmatrix}\mathbf{x}_1\\ \mathbf{x}_2\end{bmatrix}\right) = \text{Norm}_{\mathbf{x}}\left[\begin{bmatrix}\boldsymbol{\mu}_1\\ \boldsymbol{\mu}_2\end{bmatrix}, \begin{bmatrix}\boldsymbol{\Sigma}_{11} & \boldsymbol{\Sigma}_{12}^{\mathrm{T}}\\ \boldsymbol{\Sigma}_{12} & \boldsymbol{\Sigma}_{22}^{\mathrm{T}}\end{bmatrix}\right]$$

那么

$$Pr(\mathbf{x}_1 \mid \mathbf{x}_2) = \text{Norm}_{\mathbf{x}_1}[\boldsymbol{\mu}_1 + \boldsymbol{\Sigma}_{12}^{\mathrm{T}}\boldsymbol{\Sigma}_{22}^{-1}(\mathbf{x}_2 - \boldsymbol{\mu}_2), \boldsymbol{\Sigma}_{11} - \boldsymbol{\Sigma}_{12}^{\mathrm{T}}\boldsymbol{\Sigma}_{22}^{-1}\boldsymbol{\Sigma}_{12}]$$

提示：使用舒尔补恒等式。

5.6　使用正态分布的条件概率关系，证明当协方差是对角协方差并且变量独立时（见图 5-5b），对所有的 $k$ 条件分布 $Pr(x_1 \mid x_2 = k)$ 都相同。

5.7　证明

$$\text{Norm}_{\mathbf{x}}[\mathbf{a}, \mathbf{A}]\text{Norm}_{\mathbf{x}}[\mathbf{b}, \mathbf{B}] \propto \text{Norm}_{\mathbf{x}}[(\mathbf{A}^{-1} + \mathbf{B}^{-1})^{-1}(\mathbf{A}^{-1}\mathbf{a} + \mathbf{B}^{-1}\mathbf{b}), (\mathbf{A}^{-1} + \mathbf{B}^{-1})^{-1}]$$

5.8　对一维情况，证明当取两个均值为 $\mu_1$、$\mu_2$ 且方差为 $\sigma_1^2$、$\sigma_2^2$ 的两个正态分布的乘积时，新的均值处在原来的两个均值之间，并且新的方差比原来的两个方差都小。

5.9　证明习题 5.7 中乘积关系中的比例常数 $\boldsymbol{\kappa}$ 也是一个正态分布，这里

$$\boldsymbol{\kappa} = \text{Norm}_{\mathbf{a}}[\mathbf{b}, \mathbf{A} + \mathbf{B}]$$

5.10　证明变量关系的改变。证明

$$\text{Norm}_{\mathbf{x}}[\mathbf{A}\mathbf{y} + \mathbf{b}, \boldsymbol{\Sigma}] = \boldsymbol{\kappa} \cdot \text{Norm}_{\mathbf{y}}[\mathbf{A}'\mathbf{x} + \mathbf{b}', \boldsymbol{\Sigma}']$$

并推导 $\boldsymbol{\kappa}$、$\mathbf{A}'$、$\mathbf{b}'$、$\boldsymbol{\Sigma}'$ 的表达式。提示：写出原始指数函数中的项，提取出 $\mathbf{y}$ 的二次和线性项，并且完成平方。

# 机器视觉的机器学习

本书第二部分(第6～9章)抛开已知的图像知识，将机器视觉视为一个机器学习问题。譬如，我们无需深究对视角投影和光线传输的理解。而是，将视觉问题当作模式识别问题。人们基于从已知的图像内容中取得的先验知识来解释新的图像数据。该过程分为两部分：学习过程——建立图像数据和场景内容的关系模型；推理过程——利用该模型预测新图像的内容。

抛开关于图像的有用知识可能让人觉得很奇怪，但是这其中有两个原因。首先，如果考虑成像过程，这些学习和推理方法也能够支持图像处理的算法。其次，实现大量纯粹的视觉学习算法是可能的。对于很多任务来说，成像过程的知识是很不确定的。

第二部分的结构如下：第6章阐述了与测量图像数据和真实场景内容相关的分类模型。特别是，该章区分了生成模型和判别模型。对于生成模型，我们建立了数据的概率模型，并利用场景内容确定其参数。对于判别模型，我们建立了场景内容的概率模型，并利用数据确定其参数。余下的三章详细阐述了这些模型。

第7章阐述生成模型。特别是，该章讨论了如何利用隐变量在视觉数据上构建复杂的概率密度。例如，该章介绍混合高斯模型、t分布和因子分析。同时，这三个模型能够构建多模型、鲁棒的概率密度，更适于高维数据建模。

第8章阐述回归模型，该模型旨在用连续数据估计连续变量。例如，从人体图像中估计关节的角度。该章从介绍线性回归开始，进而介绍更为复杂的非线性回归方法，如高斯回归和相关向量回归。第9章介绍分类模型，该方法旨在用连续数据推断离散变量。例如，为图像的某个区域分配标签，以指示该图像中是否存在人脸该章从介绍逻辑回归开始，进而介绍更为高级的方法，如高斯过程分类、boosting和分类树。

# 视觉学习和推理

抽象地讲，计算机视觉问题的目标是利用观察到的图像数据来推理现实世界中的某些事情。例如，我们可以通过观察视频序列中的相邻帧来推理摄像机的运动，或者我们可以通过观察一幅人脸图像来推测此人的身份。

本章旨在描述一个用来解决此类问题的数学框架，并将最终模型对应到有用的子组中，而这些子组将在后续章节陆续介绍。

## 6.1 计算机视觉问题

在视觉问题中，我们将视觉数据看成 $\boldsymbol{x}$，并利用它们来推测全局状态 $\boldsymbol{w}$。全局状态 $\boldsymbol{w}$ 可能是连续的(身体模型的三维姿态)或者离散的(某指定物体存在与否)。如果状态是连续的，我们称这种推理过程为*回归*。如果状态是离散的，我们称之为*分类*。

遗憾的是，测量值 $\boldsymbol{x}$ 可能兼容多个全局状态 $\boldsymbol{w}$。测量过程会受噪声影响，并且视觉数据本身具有多义性：例如一块煤在强光下和一张白纸在弱光下产生的亮度值可能一样。类似地，从近处看小的物体和从远处看大的物体产生的图像可能一样。

针对这种多义性，最好返回到关于可能状态 $\boldsymbol{w}$ 的后验概率分布 $Pr(\boldsymbol{w}|\boldsymbol{x})$。它描述在观察到视觉数据之后我们能知道的所有状态信息。因此，抽象视觉问题的更为精确的描述是我们根据观测量 $\boldsymbol{x}$，返回全局状态的整个后验概率分布 $Pr(\boldsymbol{w}|\boldsymbol{x})$。

在实际中，并不是总能计算后验概率；我们往往必须要返回到对应于最大后验概率的全局状态 $\hat{\boldsymbol{w}}$(后验概率的最大解)。另外，我们可能通过从后验中取样，并利用这些样本来近似整个后验分布。

### 解决方案的构成

为了解决这种类型的视觉问题，需要三个要素。

- *模型*——在数学上地将视觉数据 $\boldsymbol{x}$ 和全局状态 $\boldsymbol{w}$ 关联起来。该模型指定 $\boldsymbol{x}$ 和 $\boldsymbol{w}$ 之间一系列可能的关系，并通过模型参数 $\boldsymbol{\theta}$ 来来确定这一特定关系。
- *学习算法*——使我们能够利用成对的训练样本 $\{\boldsymbol{x}_i, \boldsymbol{w}_i\}$ 来拟合参数 $\boldsymbol{\theta}$。在这些训练样本中，我们同时知道测量值和基本状态。
- *推理算法*——根据新的观测值 $\boldsymbol{x}$，并利用模型来返回全局状态 $\boldsymbol{w}$ 对应的后验概率 $Pr(\boldsymbol{w}|\boldsymbol{x},\boldsymbol{\theta})$。另外，它有可能返回 MAP 解或者从后验中抽样。

本书剩余部分根据以下要素来进行组织：每章重点讨论一个模型或者一系列模型，并且讨论与之相关联的学习和推理算法。

## 6.2 模型的种类

解决方案中首要的要素是模型。每一个涉及数据 $\boldsymbol{x}$ 和全局状态 $\boldsymbol{w}$ 的模型都属于以下两种类别之一。

- 建立在数据 $Pr(\boldsymbol{w}|\boldsymbol{x})$上的全局状态可能性模型

● 建立在全局状态 $Pr(\mathbf{x}|w)$上的数据可能性模型

第一种模型称为*判别模型*。第二种称为*生成模型*；在这里，我们利用数据来建立一个概率模型，这可以用来生成新的(虚构的)观测量。下面我们按顺序来介绍这两种模型并讨论对应的学习和推理算法。

### 6.2.1 判别模型

为了建立模型 $Pr(w|\mathbf{x})$，我们选择在全局状态 $w$ 上分布的合适形式 $Pr(w)$，并将分布参数设为数据 $\mathbf{x}$ 的函数。因此如果全局状态是连续的，那么我们可以建立一个正态分布模型 $Pr(w)$并将均值 $\boldsymbol{\mu}$ 设为数据 $\mathbf{x}$ 的函数。

该函数返回的值也与一组参数 $\boldsymbol{\theta}$ 有关。因为该状态的分布既与数据有关，也与这些参数有关，我们将其写为 $Pr(w|\mathbf{x},\boldsymbol{\theta})$ 并把它称为*后验分布*。

学习算法的目标是利用成对的训练数据 $\{\mathbf{x}_i,w_i\}_{i=1}^{I}$ 拟合参数 $\boldsymbol{\theta}$。这可以通过最大似然(ML)、最大后验(MAP)或贝叶斯方法(见第 4 章)得到。

推理的目标是对新的观测量 $\mathbf{x}$ 求出关于可能的全局状态 $w$ 的一个分布。在这种情况下，一种简单的方法就是：我们已经为后验分布 $Pr(w|\mathbf{x},\boldsymbol{\theta})$ 直接构建了一个表达式，那么只需要用新数据来估算即可得到。

### 6.2.2 生成模型

为了建立模型 $Pr(\mathbf{x}|w)$，我们选择关于数据分布 $Pr(\mathbf{x})$的形式，并且将分布参数设为全局状态 $w$ 的一个函数。例如，如果数据是离散且多值的，那么我们可以利用分类分布并且将参数向量 $\boldsymbol{\lambda}$ 设为全局状态 $w$ 的一个函数。

该函数返回的值也与一组参数 $\boldsymbol{\theta}$ 有关。由于分布 $Pr(\mathbf{x})$与全局状态和这些参数都有关，因此我们将之写为 $Pr(\mathbf{x}|w,\boldsymbol{\theta})$ 并称之为*似然函数*。学习的目标是根据成对训练样本 $\{\mathbf{x}_i,w_i\}_{i=1}^{I}$ 来拟合参数 $\boldsymbol{\theta}$。

在推理时，我们的目标是计算后验分布 $Pr(w|\mathbf{x})$。为此，我们指定一个关于全局状态的先验 $Pr(w)$并利用贝叶斯法则，以获得 $Pr(w|\mathbf{x})$：

$$Pr(w|\mathbf{x})=\frac{Pr(\mathbf{x}|w)Pr(w)}{\int Pr(\mathbf{x}|w)Pr(w)\mathrm{d}w} \tag{6-1}$$

**小结**

我们已经看到有两种不同方法来建立全局状态 $w$ 和数据 $\mathbf{x}$ 之间的关系模型，即对后验 $Pr(w|\mathbf{x})$或者似然 $Pr(\mathbf{x}|w)$进行建模。

两种模型产生不同的推理法方法。对于判别模型，我们直接描述后验 $Pr(w|\mathbf{x})$，无需其他工作。对于生成模型，我们通过贝叶斯法则来计算后验。而这有时会产生复杂的推理算法。

为了使这些方法更具体化，下面我们讨论两个简单例子。对于每种情况，我们将利用生成和判别模型开展研究。在这个阶段，我们不会给出学习和推理算法的细节；毕竟，这些内容将在后续章节会给出。这里的目的是以最简单的形式介绍计算机视觉中使用的主要模型。

## 6.3 示例 1：回归

考虑这种情形，我们构造了一元连续测量值 $x$ 并且利用它来预测一元连续状态 $w$。例如，我们可以根据路上汽车的轮廓所包含像素的数目来预测到这辆汽车的尺寸。

### 6.3.1 判别模型

我们定义关于全局状态 $w$ 的概率分布，并且设其参数与数据 $x$ 有关。由于全局状态是一元连续的，因此我们选取一元正态分布。我们固定方差 $\sigma^2$ 并将均值 $\mu$ 设为数据的线性函数 $\phi_0+\phi_1 x$。因此有

$$Pr(w|x,\boldsymbol{\theta}) = \text{Norm}_w[\phi_0+\phi_1 x,\sigma^2] \tag{6-2}$$

其中 $\boldsymbol{\theta}=\{\phi_0+\phi_1,\sigma^2\}$ 是模型(见图 6-1)的未知参数。该模型称为线性回归。

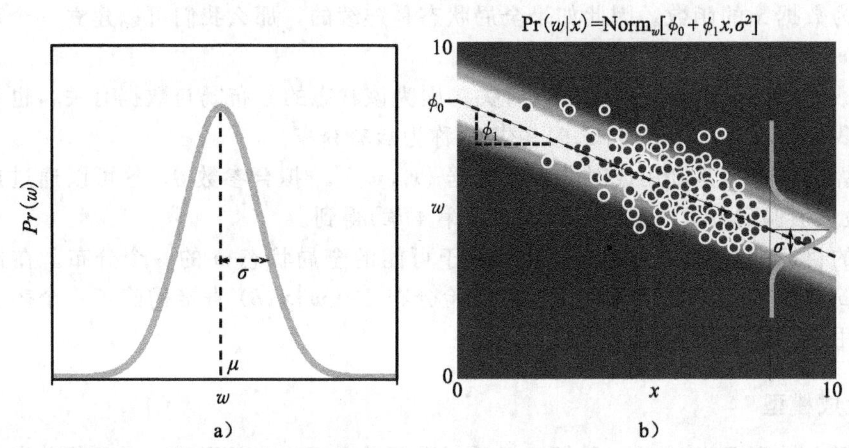


图 6-1 通过对后验 $Pr(w|x)$ 建模(判别模型)回归。a) 将全局状态 $w$ 建模为正态分布。b) 将正态分布参数设为观测量 $x$ 的函数：均值为观测量的线性函数 $\mu=\{\phi_0+\phi_1 x\}$，方差 $\sigma^2$ 为固定值。学习算法利用训练对 $\{x_i,w_i\}_{i=1}^I$ (黑点)拟合参数 $\boldsymbol{\theta}\{\phi_0,\phi_1,\sigma^2\}$。在推理中，我们采用一个新观测量 $x$ 并计算关于该状态的后验分布 $Pr(w|x)$

学习算法从成对训练样本 $\{x_i,w_i\}_{i=1}^I$ 中估计模型参数 $\boldsymbol{\theta}$。例如在 MAP 方法中，可求

$$\begin{aligned}\hat{\boldsymbol{\theta}} &= \underset{\boldsymbol{\theta}}{\text{argmax}}[Pr(\boldsymbol{\theta}|w_{1\ldots I},x_{1\ldots I})] \\ &= \underset{\boldsymbol{\theta}}{\text{argmax}}[Pr(w_{1\ldots I}|x_{1\ldots I},\boldsymbol{\theta})Pr(\boldsymbol{\theta})] \\ &= \underset{\boldsymbol{\theta}}{\text{argmax}}\left[\prod_{i=1}^{I} Pr(w_i|x_i,\boldsymbol{\theta})Pr(\boldsymbol{\theta})\right]\end{aligned} \tag{6-3}$$

其中我们假设有 $I$ 个训练对 $\{x_i,w_i\}_{i=1}^I$ 互相独立，并且定义一个合适的先验 $Pr(\boldsymbol{\theta})$。

我们同时需要推理算法根据视觉数据 $x$ 返回后验分布 $Pr(w|x,\boldsymbol{\theta})$。在这里很简单：我们只需要利用数据 $x$ 和学习到的参数 $\hat{\boldsymbol{\theta}}$ 计算式(6-2)。

### 6.3.2 生成模型

在生成架构中，我们选择关于数据 $x$ 的概率分布并且使其参数视全局状态 $w$ 而定。由于数据是一元连续的，我们将数据建模为方差 $\sigma^2$ 固定并且均值 $\mu$ 为全局状态(见图 6-2)的线性函数 $\phi_0+\phi_1 w$ 的正态分布，因此

$$Pr(x|w,\boldsymbol{\theta}) = \text{Norm}_x[\phi_0+\phi_1 w,\sigma^2] \tag{6-4}$$

我们还需要关于全局状态的先验 $Pr(w)$，该先验也有可能为正态分布，因此

$$Pr(w) = \text{Norm}_w[\mu_p,\sigma_p^2] \tag{6-5}$$

学习算法利用成对训练数据 $\{x_i,w_i\}_{i=1}^I$ 拟合参数 $\boldsymbol{\theta}=\{\phi_0,\phi_1,\sigma^2\}$，并利用全局状态 $\{w_i\}_{i=1}^I$ 拟合参数 $\boldsymbol{\theta}_p=\{\mu_p,\sigma_p^2\}$。推理算法选取一个新的数据 $x$，并利用贝叶斯法则返回关

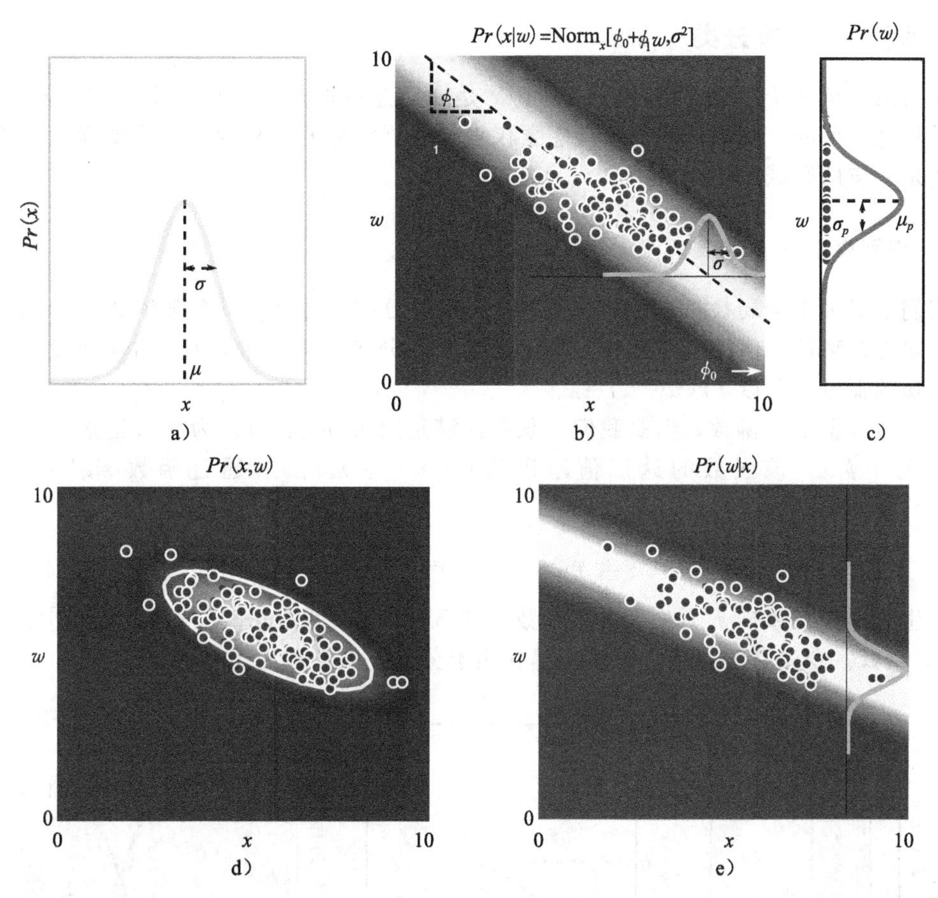


图 6-2　通过对似然 $Pr(x|w)$(生成模型)建模回归。a) 将数据 $x$ 表示为正态分布。b) 将正态分布参数设为全局状态 $w$ 的函数。这里均值为全局状态的线性函数 $\mu=\phi_0+\phi_1 w$，方差 $\sigma^2$ 为固定值。学习算法根据训练样本对 $\{x_i, w_i\}_{i=1}^{I}$(黑点)来拟合参数 $\boldsymbol{\theta}=\{\phi_0,\phi_1,\sigma^2\}$。c) 我们同时也学习关于全局状态 $w$ 的先验分布(这里建模为参数是 $\boldsymbol{\theta}_p=\{\mu_p,\sigma_p\}$ 的正态分布)。在推理中，选取一新的数据 $x$ 并计算该状态的后验 $Pr(w|x)$。d) 这可以通过计算联合分布 $Pr(x,w)=Pr(x|w)Pr(w)$ 来完成(对于图 b 中每行可以通过先验中的适当值来加权)。e) 归一化列 $Pr(w|x)=Pr(x,w)/Pr(x)$。所有这些操作实现了贝叶斯法则：$Pr(w|x)=Pr(x|w)Pr(w)/Pr(x)$

于全局状态 $w$ 的后验 $Pr(w|x)$

$$Pr(w|x)=\frac{Pr(x|w)Pr(w)}{Pr(x)}=\frac{Pr(x,w)}{Pr(x)} \tag{6-6}$$

在这种情况下，后验可以用闭合解来计算，并且仍然是方差固定和均值与数据 $x$ 成正比的正态分布。

## 讨论

我们讨论了两种模型，它们可以根据观测数据样本 $x$、相应的后验 $Pr(w|x)$和似然 $Pr(x|w)$建模来估计全局状态。

为了能准确地预测关于全局状态的后验 $Pr(w|x)$，我们仔细地选择模型(比较图 6-1b 和图 6-2e)。这只是最大似然学习的情况：在 MAP 方法中，我们在参数上利用了先验，由于每个模型的参数化不同，因此它们一般有不同的效果。

## 6.4　示例2：二值分类

作为第二个例子，我们将考虑观测值 $x$ 是一元连续的情况，但是全局状态 $w$ 是离散的，并且是二值的。例如，我们可能想要仅根据观测红色通道来判定一个像素是属于皮肤区域还是非皮肤区域。

### 6.4.1　判别模型

我们定义关于全局状态 $w\in\{0, 1\}$的一个概率分布，并且使其参数依数据 $x$ 而定。由于全局状态是离散二值的，因此我们将使用伯努利分布。该分布只有一个参数 $\lambda$，该参数确定成功的概率，所以 $Pr(w=1)=\lambda$。

令 $\lambda$ 为数据 $x$ 的函数，但是我们必须保证满足约束 $0\leqslant\lambda\leqslant1$。为此，建立数据 $x$ 的线性函数 $\phi_0+\phi_1 x$，该函数的返回值范围为$(-\infty\quad\infty)$。然后通过函数 $\text{sig}[\bullet]$将结果从$(-\infty\quad\infty)$映射到$(0\quad1)$，所以

$$Pr(w|x)=\text{Bern}_w[\text{sig}[\phi_0+\phi_1 x]]=\text{Bern}_w\left[\frac{1}{1+\exp[-\phi_0-\phi_1 x]}\right] \tag{6-7}$$

这就产生了一个在数据 $x$ 上关于分布参数 $\lambda$ 的 S 形关系(见图 6-3)。函数 $\text{sig}[\bullet]$称为*逻辑 sigmoid 函数*。令人费解的是，该模型尽管用于分类，但却称为*逻辑回归*。

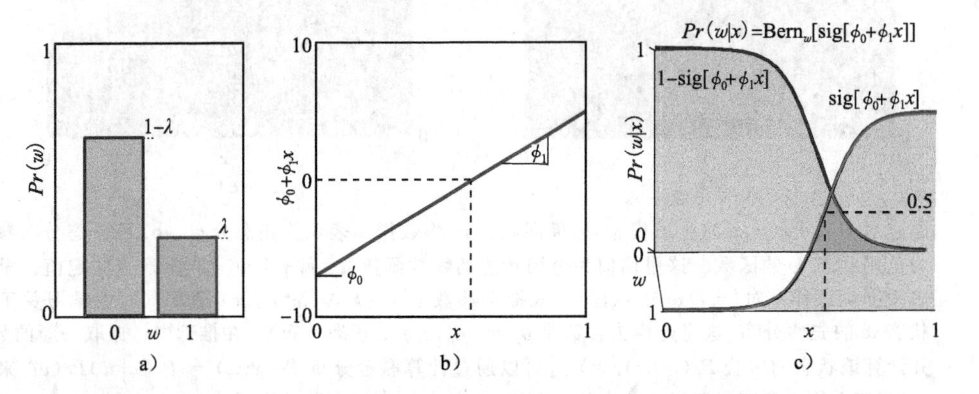


图 6-3　通过对后验 $Pr(w|x)$建模来分类(判别模型)。a) 我们将全局状态表示为一个伯努利分布。令伯努利参数 $\lambda$ 为观测量 $x$ 的参数。b) 为此，我们构建观测量的一个线性函数 $\phi_0+\phi_1 x$。c) 伯努利参数$\lambda=\text{sig}[\phi_0+\phi_1 x]$是利用线性函数通过一逻辑 sigmoid 函数 $\text{sig}[\bullet]$来限制值为 0 和 1 而形成的。这是由于逻辑回归函数具有这种性质(右侧曲线)。在学习中，使用训练样本对 $\{x_i,w_i\}_{i=1}^I$ 来拟合参数 $\boldsymbol{\theta}=\{\phi_0,\phi_1\}$。在推理中，利用新的数据 $x$，并估计该状态的后验 $Pr(w|x)$

在学习中，我们的目的是从成对训练样本 $\{x_i,w_i\}_{i=1}^I$ 中拟合参数 $\boldsymbol{\theta}=\{\phi_0,\phi_1\}$。在推理中，我们只需简单地将观测数据值 $x$ 代入式(6-7)来获得该状态的后验分布$Pr(w|x)$。

### 6.4.2　生成模型

我们选择数据 $x$ 的一个概率分布，并使其参数依全局状态 $w$ 而定。由于数据是一元连续的，所以我们选择一元正态分布，并且允许方差 $\sigma^2$ 和均值 $\mu$ 为二值全局状态 $w$ 的函数(见图 6-4)而使似然函数为

$$Pr(x|w,\boldsymbol{\theta})=\text{Norm}_x[\mu_w,\sigma_w^2] \tag{6-8}$$

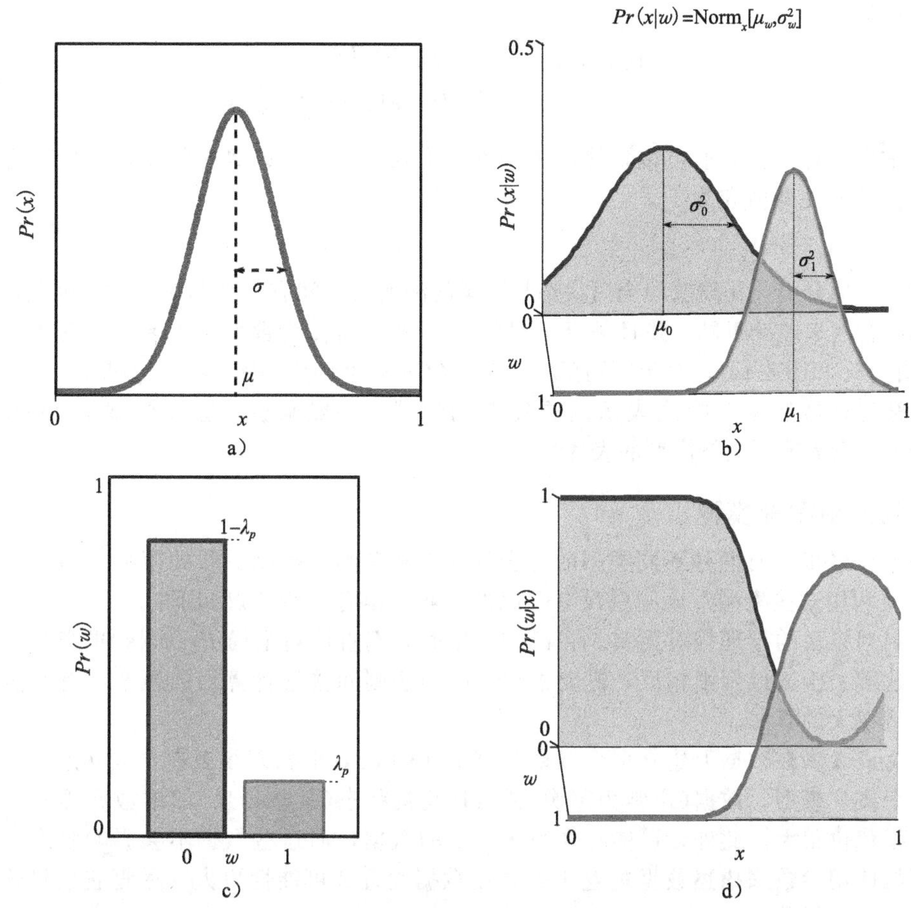


图 6-4　通过对似然函数 $Pr(x|w)$建模来分类(生成模型)。a) 选取一正态分布来表示数据 $x$。b) 令该正态分布的参数 $\{\mu,\sigma^2\}$ 为全局状态 $w$ 的函数。在实际情况下，这意味着在全局状态 $w=0$ 时使用一组均值和方差，在 $w=1$ 时使用另一组均值和方差。学习算法根据训练样本对 $\{x_i,w_i\}_i^I=1$ 来拟合参数 $\boldsymbol{\theta}=\{\mu_0,\mu_1,\sigma_0^2,\sigma_1^2\}$。c) 也将全局状态 $w$ 的先验概率建模为参数为 $\lambda$ 的伯努利分布。d) 在推理时，选取一新数据 $x$ 并根据贝叶斯法则计算状态的后验 $Pr(w|x)$

在实际情况下，这意味着当全局状态为 $w=0$ 时有一组参数 $\{\mu_0,\sigma_0^2\}$，当状态为 $w=1$ 时有另一组不同的参数 $\{\mu_1,\sigma_1^2\}$，因此

$$\begin{aligned}Pr(x|w=0)&=\text{Norm}_x[\mu_0,\sigma_0^2]\\Pr(x|w=1)&=\text{Norm}_x[\mu_1,\sigma_1^2]\end{aligned}\tag{6-9}$$

因为它们对每种类别数据的密度进行了建模，所以这些称为**类条件密度函数**。

同时我们也定义关于全局状态的先验分布 $Pr(w)$，

$$Pr(w)=\text{Bern}_w[\lambda_p]\tag{6-10}$$

其中，$\lambda_p$ 为观测状态 $w=1$ 时的先验概率。

在学习时，利用训练数据对 $\{x_i,w_i\}_{i=1}^I$ 来拟合参数 $\boldsymbol{\theta}=\{\mu_0,\mu_1,\sigma_0^2,\sigma_1^2\}$。在实际情况下，这包括根据状态 $w$ 为 0 时的数据 $x$ 拟合第一类条件密度函数 $Pr(x|w=0)$的参数 $\mu_0$ 和 $\sigma_0^2$ 以及根据状态 $w$ 为 1 时的数据 $x$ 拟合 $P(x|w=1)$的参数 $\mu_1$ 和 $\sigma_1^2$。通过训练全局状态$\{w_i\}_{i=1}^I$学习先验参数 $\lambda_p$。

推理算法利用新的数据 $x$，并且利用贝叶斯法则返回关于全局状态 $w$ 的后验分布

$Pr(w|x,\boldsymbol{\theta})$，

$$Pr(w|x)=\frac{Pr(x|w)Pr(w)}{\sum_{w=0}^{1}Pr(x|w)Pr(w)} \tag{6-11}$$

该式非常容易计算；我们可以估算两类条件密度函数，通过近似先验和归一化对每一个进行加权，从而使两值和为1。

**讨论**

对于二值分类，在离散的全局状态与连续的测量值之间有一种非对称性。因此，生成和判别模型看起来差异明显，并且关于全局状态 $w$ 的后验作为数据 $x$ 的函数具有不同的形状(比较图6-3c和图6-4d)。对于判别模型，该函数定义为sigmoidal函数，但是对于生成模型，它具有被正态似然函数隐式表示的更复杂的形式。一般来说，选择模型 $Pr(w|x)$ 或者 $Pr(x|w)$ 将会影响到最终模型的表达性。

## 6.5 应该用哪种模型

我们已经确定有两种不同类型的与全局状态和观测数据相关联的模型。但是我们应该什么时候利用这些模型？该问题没有明确的答案，但有一些建议如下：

- 判别模型的推理相对简单。在已知数据时它们直接对全局 $Pr(\boldsymbol{w}|\boldsymbol{x})$ 的条件概率分布建模。生成模型则相反，需要根据贝叶斯法则间接地计算后验概率，有时需要计算量很大的算法。
- 生成方法在数据上建立多个概率模型 $Pr(\boldsymbol{x}|\boldsymbol{w})$，而判别模型在全局状态上仅建立一个概率模型。数据(通常为图像)通常比全局状态(某些场景)的维数高很多，并且建模代价很大。此外，可能存在很多方面的数据，而这些数据不会影响状态；我们可能使用参数来描述数据配置1是否比数据配置2可能性更大，尽管它们描述的是相同的全局状态(见图6-5)。

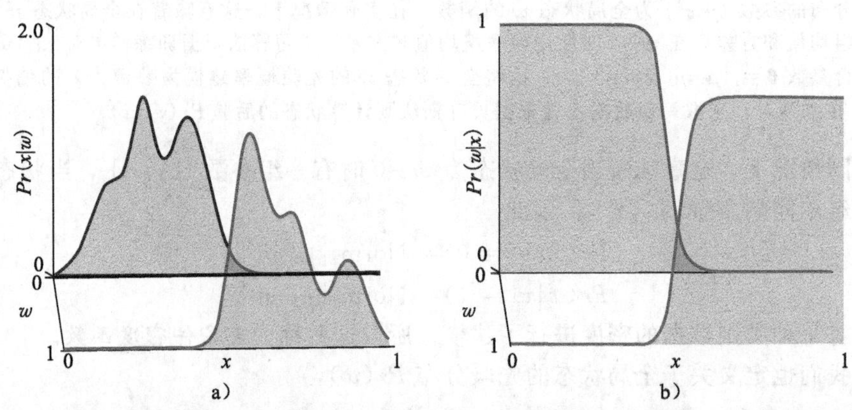


图6-5 生成模型与判别模型。a) 生成方法：分别为每个类对概率密度函数 $Pr(x|w)$ 建模。这可能需要具有很多参数的复杂模型。b) 通过贝叶斯法则和均匀分布先验计算后验概率分布 $Pr(w|x)$。注意，每个类别的条件密度函数的复杂结构很难反映在后验中：在这种情况下，也许利用判别方法并直接对后验建模更高效

- 对似然 $Pr(\boldsymbol{x}|\boldsymbol{w})$ 建模反映了数据实际是怎样产生的；全局状态通过某些物理过程产生了观测数据(通常光来自于光源，与物体相互作用并被相机捕获)。如果我们想建立关于模型中生成过程的信息，该方法更适合。例如，我们可以考虑诸如透视投影和遮挡等现

象。使用其他方法很难发觉这种知识：本质上，我们需要从数据中重新学习这些现象。

- 在一些情况下，训练或测试数据向量 $\mathbf{x}$ 中的某些部分可能丢失。在这里，首选生成模型。它们对在所有数据维度上的联合分布建模，并能有效地插入丢失的元素。
- 生成模型的一个基本特性是它允许以先验的方式合并专家知识。在判别模型中很难以主要的方式施加先验知识。

值得注意的是，生成模型在视觉应用中更加普遍。因此，本书剩下大部分章节中主要讨论的是生成模型。

## 6.6 应用

本章(甚至本书的大部分章节)重点讨论建模、学习和推理算法。从此之后，每一章最后一节将介绍相关模型在计算机视觉中的实际应用。对于本章，根据目前已有信息，实际上只有一个模型可以实现。这是从 6.4.2 节开始的生成分类模型。因此，我们将重点关注该模型的应用，并在后续章节中再次讨论其他模型。

### 6.6.1 皮肤检测

皮肤检测算法的目标是根据某像素的 RGB 测量值 $\mathbf{x}=[x^R,x^G,x^B]$ 来推测表示该像素是皮肤与否的标签 $w\in\{0,1\}$。这是分割人脸或者手的一个有用的预先处理方法，或者它可以作为检测 Web 图片色情内容的原始方法的基础。利用生成方法，将似然表示为

$$Pr(\mathbf{x}|w=k)=\text{Norm}_{\mathbf{x}}[\boldsymbol{\mu}_k,\boldsymbol{\Sigma}_k] \tag{6-12}$$

并且在状态上的先验概率为

$$Pr(w)=\text{Bem}_w[\lambda] \tag{6-13}$$

在学习算法中，从训练数据对 $\{w_i,\mathbf{x}_i\}_{i=1}^I$ 中估计参数 $\boldsymbol{\mu}_0$、$\boldsymbol{\mu}_1$、$\boldsymbol{\Sigma}_0$、$\boldsymbol{\Sigma}_1$，其中像素已经被手工标定。特别的，从 $w_i=0$ 时的训练数据子集中学习 $\boldsymbol{\mu}_0$ 和 $\boldsymbol{\Sigma}_0$，从 $w_i=1$ 时的训练数据子集中学习 $\boldsymbol{\mu}_1$ 和 $\boldsymbol{\Sigma}_1$。先验参数仅从全局状态$\{w_i\}_{i=1}^I$中学习得到。在每种情况下，这都涉及使用第 4 章中讨论的一种技术来拟合数据的概率分布。

为了将新数据点 $\mathbf{x}$ 分类为皮肤或者非皮肤，可以利用贝叶斯法则

$$Pr(w=1|\mathbf{x})=\frac{Pr(\mathbf{x}|w=1)Pr(w=1)}{\sum_{k=0}^{1}Pr(\mathbf{x}|w=k)Pr(w=k)} \tag{6-14}$$

如果 $Pr(w=1|\mathbf{x})>0.5$，那么该像素为皮肤。图 6-6 展示了对图像中每个像素使用该模型的结果。注意，分类并非完美：皮肤和非皮肤分布之间有互相重合的区域，这就不可避免地导致了像素的误分类。可以通过利用皮肤区域大多是无孔连续区域这一事实来提高结果的精确性。为此，我们必须链接所有像素级分类器。这是第 11 和 12 章的主题。

我们注意到 RGB 数据是离散的，$x^R$，$x^G$，$x^B\in\{0,1,\cdots,255\}$，我们可以将皮肤检测模型基于这一假设。例如，分别独立三通道颜色建模，似然变为

$$Pr(\mathbf{x}|w=k)=\text{Cat}_{x^R}[\boldsymbol{\lambda}_k^R]\text{Cat}_{x^G}[\boldsymbol{\lambda}_k^G]\text{Cat}_{x^B}[\boldsymbol{\lambda}_k^B] \tag{6-15}$$

我们将数据向量元素之间互相独立的假设称为*朴素贝叶斯*。当然，在现实世界中这种假设不一定成立。为了恰当地建立 R、G 和 B 分量的联合概率分布模型，我们可能将它们结合起来构成一个包含 $256^3$ 种取值的变量，并将它建立为单个类别分布。但是，这意味着我们必须对于每个类别分布学习 $256^3$ 个参数，因此在合并之前将每个通道量化为更少的灰度级(例如 8)更加实际。

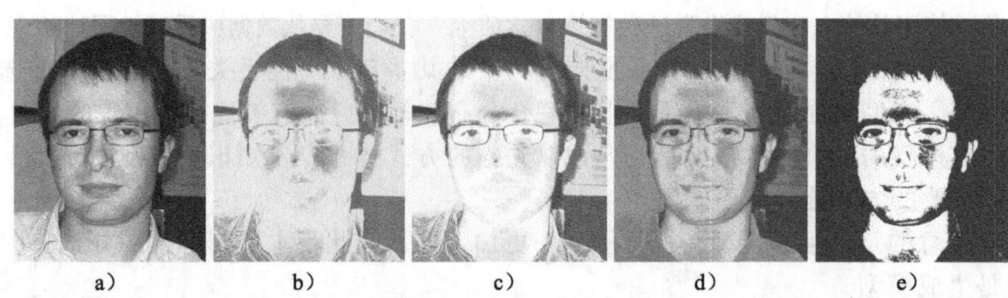


图 6-6 皮肤检测。对于每个像素，我们的目标是根据 RGB 三元变量 $\boldsymbol{x}$ 来推测代表不存在或者存在皮肤的标签 $w \in \{0,1\}$。这里将类条件密度函数 $Pr(x|w)$建模为正态分布。a) 原始图像。b) 非皮肤的对数似然函数(类条件概率函数的对数)。c) 皮肤的对数似然函数。d) 属于皮肤类的后验概率。e) 对后验概率 $Pr(w|\boldsymbol{x})>0.5$ 阈值化得到 $w$ 的估计

### 6.6.2 背景差分

生成分类模型的第二个应用是背景差分。其目标是推理表示图像中第 $n$ 个像素是否是背景($w=0$)或者是否前景目标有遮挡($w=1$)的二值标签 $w_n \in \{0,1\}$。对于皮肤检测模型，其依据就是像素数据 $\boldsymbol{x}_n$ 的 RGB 值。

训练数据$\{\boldsymbol{x}_{in}\}_{i=1,n=1}^{I,N}$通常包含大量的所有像素都属于背景的空场景。然而，前景目标外观多变的训练样本并不典型。因为这个原因，我们将背景的类条件分布建模为正态分布

$$Pr(\boldsymbol{x}_n|w=0)=\mathrm{Norm}_{\boldsymbol{x}_n}[\boldsymbol{\mu}_{n0},\boldsymbol{\Sigma}_{n0}] \tag{6-16}$$

而将前景类别建模为均匀分布

$$Pr(\boldsymbol{x}_n|w=1)=\begin{cases}1/255^3 & 0<x_n^R,x_n^G,x_n^B<255\\ 0 & \text{其他}\end{cases} \tag{6-17}$$

再次，将先验建模为伯努利变量。

为了计算后验分布，可再一次应用贝叶斯法则。典型的结果如图 6-7 所示，这些结果展示了该方法的一个经常存在的问题：阴影经常误分类为前景。那么，一个简单的补救方法是仅依靠色度来分类像素。

图 6-7 背景差分。对于每一个像素，我们的目标是推断一个可以表示前景目标存在与否的标签 $w \in \{0,1\}$。a) 我们通过空场景的训练样本学习背景的条件密度模型 $Pr(\boldsymbol{x}|w)$。前景模型被认为是均匀分布。b) 对于新的图像，利用贝叶斯法则来计算后验分布。c) 前景的后验概率 $Pr(w=1|\boldsymbol{x})$。图片来自 CAVIAR 数据库

在一些情况下，我们需要更复杂的分布来描述背景。例如，对于室外场景，其中树随风摇摆(见图 6-8)。由于一部分叶子间歇地在其他叶子的前面移动，可能造成某些像素具有双峰分布。很显然，单峰正态分布无法很好描述该数据，造成背景分割的结果很差。下一章我们将利用部分篇幅介绍这种更复杂的概率分布的方法。

a)

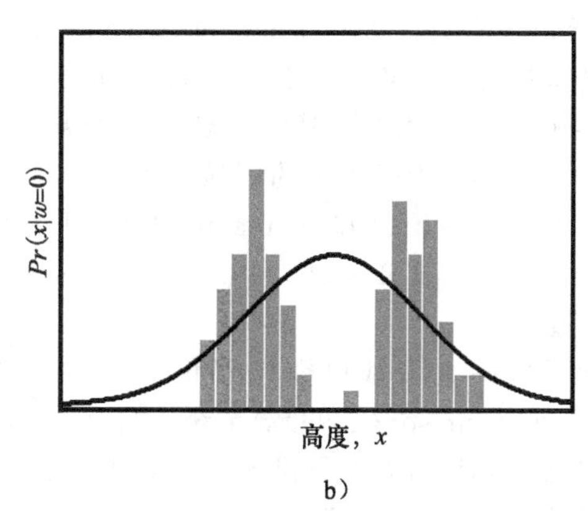


b)

图 6-8　变形场景中的背景差分。a)训练图像中树叶随风摇摆。b)图 a 中用圈标记出来的像素的 RGB 值呈现双峰分布，无法用正态密度函数很好地描述(只列出了红色通道)。图片来自 Terry Boult 的视频

## 总结

本章对于如何利用机器学习方法来解决抽象的机器视觉问题给出了一个综述。我们通过一些简单的例子阐述了这些方法。我们没有提供学习和推理算法的实现细节；这些将会在后续章节中介绍。

**表 6-1　本章中的示例模型。这些可以分为基于对概率密度函数建模的模型、基于线性回归的模型以及基于逻辑回归的模型**

| | 模型 $Pr(w\|x)$ | 模型 $Pr(x\|w)$ |
|---|---|---|
| 回归<br>$x\in[-\infty,\infty]$，$w\in[-\infty,\infty]$ | 线性回归 | 线性回归 |
| 分类<br>$x\in[-\infty,\infty]$，$w\in[0,1]$ | 逻辑回归 | 概率密度函数 |

本章的例子在表 6-1 中进行了总结，从表中可以看出有 3 种不同类别的模型。第一种是基于条件密度函数(描述类条件密度函数 $Pr(x|w=k)$)的模型。接下来的章节我们将研究建立复杂的概率密度模型。第二种模型是基于线性回归的，第 8 章将研究一系列相关的算法。最后，本章讨论的第三种模型是逻辑回归模型。第 9 章将详细说明逻辑回归模型。

## 备注

本章旨在为视觉中的学习和推理给出一个很简洁的介绍。关于本主题其他的不是专门针对视觉的论述可以在 Bishiop(2006)和 Duda 等(2001)以及许多其他文献中找到。

**皮肤检测**：皮肤检测的综述可以在 Kakumanu 等(2007)和 Vezhnevets 等(2003)人的文献中找到。像素级的皮肤分割算法已经广泛应用在人脸检测(Hsu 等，2002)、手势分析(Zhu 等，2000)和过滤色情图片(Jones 和 Rehg，2002)中。

有两个主要问题影响到最终结果的质量：像素颜色的表示和分类算法。对于后者，各种生成方法已研究过，包括基于正态分布的方法(Hsuet 等，2002)、基于混合正态分布的方法(Jones 和 Rehg，2002)和基于类别分布的方法(Jones 和 Rehg，2002)，以及僻如多层感知器的(Phung 等，2005)判别方法。有几个详细的比较颜色表示和分类算法效果的实证研究(Phung 等，2005；Brand 和 Mason，2000；Schmugge 等，2007)。

**背景差分**：背景差分技术的综述可以在 Piccardi(2004)、Bouwmans 等(2010)和 Elgammal(2011)等人的文献中找到。背景差分是许多视觉系统中常见的第一步，因为它可以快速确定图像中感兴趣的区域。生成分类系统已经基于正态分布(Wren 等，1997)、混合正态分布(Stauffer 和 Grimson，1999)和核密度函数(Elgammal 等，2000)而建立。一些系统(Friedman 和 Russell，1997；Horprasert 等，2000)已经将显式标签加入到模型中以辨别阴影。

该领域的大多数研究已经解决了在多变环境下背景模型的保持问题。许多诸如 Stauffer 和 Grimson(1999)等系统是自适应的，当背景改变后可以将新目标融入背景。其他模型通过利用所有背景像素一起变化的事实来补偿光照变化，并利用一个子空间模型来描述该协方差(Oliver 等，2000)。现在像素级的方法通常被弃用，而是利用马尔可夫随机场同时估计整个标签域(例如 Sun 等，2006)。

## 习题

6.1　考虑如下问题

i. 判断一幅人脸图像的性别。

ii. 根据一幅人体图片识别其姿势。

iii. 根据一张牌的图片判断这张牌属于哪个花色。

iv. 判定两幅人脸是否匹配(人脸验证)。

v. 根据某点在两个不同位置处相机中的投影位置来判定该点的 3D 位置(立体重建)。

对于每个情况，尽力描述全局状态 $\mathbf{w}$ 和数据 $\mathbf{x}$ 的内容。每个是离散的还是连续的？如果是离散的，有几种可能情况？哪些是回归问题，哪些是分类问题？

6.2　描述一个分类器，该分类器对判别和生成模型都能将一元离散数据 $x\in\{1\cdots K\}$关联到一元离散全局状态 $w\in\{1\cdots M\}$上。

6.3　描述一个将一元二值离散数据 $x\in\{0,1\}$关联到一元连续全局状态 $w\in\{-\infty,\infty\}$ 的回归模型。用生成方法来构建，其中 $Pr(x|w)$和 $Pr(w)$已经建模好。

6.4　描述一将连续全局状态 $w\in\{0,1\}$ 关联到一元连续数据 $x\in[-\infty,\infty]$ 的判别回归模型。提示：用贝塔分布作为分类器的基础。确保满足参数的约束。

6.5　在判别线性回归模型(见 6.3.1 节)中求参数最大似然估计的表达式。换句话说，求满足下式的参数 $\{\phi_0,\phi_1,\sigma^2\}$。

$$\begin{aligned}\hat{\phi}_0,\hat{\phi}_1\,\hat{\sigma}^2 &= \underset{\phi_0,\phi_1,\sigma^2}{\operatorname{argmax}}\left[\prod_{i=1}^{I}Pr(w_i|x_i,\phi_0,\phi_1,\sigma^2)\right]\\ &= \underset{\phi_0,\phi_1,\sigma^2}{\operatorname{argmax}}\left[\sum_{i=1}^{I}\log[Pr(w_i|x_i,\phi_0,\phi_1,\sigma^2)]\right]\\ &= \underset{\phi_0,\phi_1,\sigma^2}{\operatorname{argmax}}\left[\sum_{i=1}^{I}\log[\text{Norm}_w[\phi_0+\phi_1 x,\sigma^2]]\right]\end{aligned}$$

其中，$\{w_i,x_i\}_{i=1}^{I}$ 是训练样本对。

6.6　考虑将全局状态 $w$ 和数据 $\mathbf{x}$ 之间的联合分布(见图 6-9)建模为下面表达式的回归模型

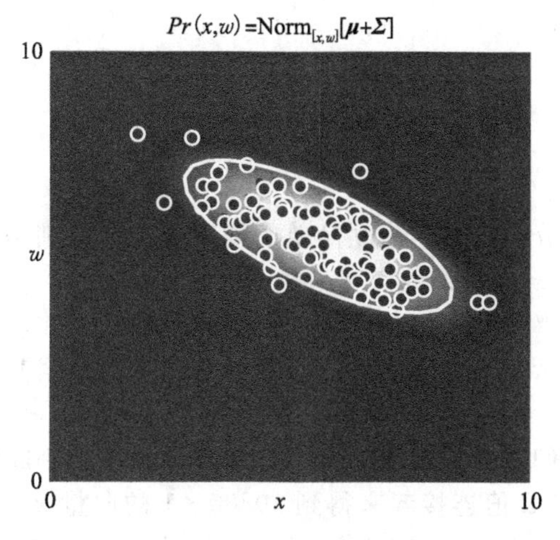


图 6-9　习题 6.6 的回归模型。回归的另外一个生成方法是对联合概率分布 $Pr(x,w)$ 建模，而不是分别对似然 $Pr(x|w)$ 和先验 $Pr(w)$ 进行建模。在这种情况下，$Pr(x,w)$ 被建模为双变量联合正态分布。在推理时，利用贝叶斯法则 $Pr(w|x)=Pr(x,w)/Pr(x)$ 求关于全局状态的后验分布 $Pr(w|x)$

$$Pr\left(\begin{bmatrix} w_1 \\ x_i \end{bmatrix}\right) = \text{Norm}_{[w_i,x_i]^{\mathrm{T}}}\left(\begin{bmatrix} \mu_w \\ \mu_x \end{bmatrix}, \begin{bmatrix} \sigma_{ww}^2 & \sigma_{xw}^2 \\ \sigma_{xw}^2 & \sigma_{xx} \end{bmatrix}\right) \tag{6-18}$$

使用 5.5 节中的关系来计算后验分布 $Pr(w_i|x_i)$。证明其具有以下形式

$$Pr(w_i|x_i) = \text{Norm}_{w_i}[\phi_0 + \phi_1 x, \sigma^2] \tag{6-19}$$

并通过代入参数的 $\{\mu_w, \mu_x, \sigma_{ww}^2, \sigma_{xw}^2, \sigma_{xx}^2\}$，显式最大似然估计，利用训练数据 $\{w_i, x_i\}_{i=1}^I$ 来计算 $\phi_0$ 和 $\phi_1$ 的表达式。

6.7　对于二分类问题，决策边界是当后验概率 $Pr(w=1|x)$ 等于 0.5 时全局值 $w$ 的轨迹。换句话说，它表示分类为 $w=0$ 和 $w=1$ 的区域的边界。对于 6.4.2 节中的生成分类器。证明当先验概率相等时 $Pr(w=0)=Pr(w=1)=0.5$，决策边界(满足 $Pr(w=0|x)=Pr(w=1|x)$ 时点的轨迹)满足以下形式的约束

$$ax^2 + bx + c = 0 \tag{6-20}$$

其中，$\{a, b, c\}$ 是标量。6.4.1 节中逻辑回归模型的决策边界具有相同的形式吗？

6.8　考虑一维数据似然项为以下的生成分类模型

$$Pr(x_i|w_i = 0) = \text{Norm}_{x_i}[0, \sigma^2]$$

$$Pr(x_i|w_i = 1) = \text{Norm}_{x_i}[0, 1.5\sigma^2]$$

对于该分类器，在先验相等 $Pr(w=0)=Pr(w=1)=0.5$ 的时候决策边界是什么？给出一个能产生相同决策边界的判别分类器。提示：利用二次函数而不是线性函数来构建分类器。

6.9　考虑基于以下多变量正态似然项的多变量数据的生成二值分类器

$$Pr(\mathbf{x}_i|w_i = 0) = \text{Norm}_{\mathbf{x}_i}[\boldsymbol{\mu}_0, \boldsymbol{\Sigma}_0]$$

$$Pr(\mathbf{x}_i|w_i = 1) = \text{Norm}_{\mathbf{x}_i}[\boldsymbol{\mu}_1, \boldsymbol{\Sigma}_1]$$

和基于相同数据逻辑回归的判别分类器

$$Pr(w_i|\mathbf{x}_i) = \text{Bern}_{w_i}[\text{sig}[\phi_0 + \boldsymbol{\phi}^{\mathrm{T}}\mathbf{x}_i]]$$

对于 $\mathbf{x}_i$ 的每一项，都在梯度向量 $\boldsymbol{\phi}$ 中有一项与之对应。

作为一个维度为 $\mathbf{x}_i$ 的函数，每一个模型有多少个参数？当维度增加时，每个模型的相对利弊各是什么？

6.10　本章所描述的背景差分方法存在的一个问题就是它错误地将阴影分类为前景。那么请描述一个可以将像素划分为三类(前景、背景和阴影)的模型。

**第 7 章**

Computer Vision：Models，Learning，and Inference

# 复杂数据密度建模

上一章我们已经介绍了利用生成模型的分类是基于建立简单的概率模型。特别是，对于全局状态 $w$ 的每个值都建立关于观测数据 $\boldsymbol{x}$ 的类条件密度函数 $Pr(\boldsymbol{x}|w=k)$。

第 3 章介绍了几种可以用于此目的的概率分布，但是它们的范围受限制。例如，假设所有复杂的视觉数据都可以用正态分布来表示是不太现实的。本章将介绍如何根据基础概率密度函数利用隐变量来构建复杂函数。

对于表示问题，可以考虑人脸检测；我们观察一个 60×60 的 RGB 图像块，判断它是否包含人脸。为了实现这个目的，我们将 RGB 值连接起来得到 10800×1 的向量 $\boldsymbol{x}$。我们的目标是利用向量 $\boldsymbol{x}$ 返回一个标签 $w\in\{0,1\}$，判定它是否包含背景($w=0$)或人脸($w=1$)。在实际的人脸检测系统中，我们在图像中所有可能的子窗口中重复该过程(见图 7-1)。

图 7-1　人脸检测。考虑检测一幅图像(这里大小为 60×60)的一个小窗口。将窗口中像素的 RGB 值连接起来得到一个维度为 10800×1 的向量 $\boldsymbol{x}$。人脸检测的目标是推理出一个能表示窗口中是否包含 a) 背景区域($w=0$)或者 b) 人脸($w=1$)的标签 $w\in\{0,1\}$。c~i) 我们利用大小固定的窗口在可变大小的图像中进行扫描，并在这些不同尺寸的图像中所有的位置重复该操作，以在每一位置估计 $w$

我们从一个简单的生成方法开始，在该方法中我们利用正态分布来描述包含或不包含人脸的似然函数。然后我们会改进该模型来纠正其中的一些缺陷。在这里需要强调的是，最先进的人脸检测算法不是基于诸如此类的生成方法；它们经常是通过第 9 章中的判别方法来处理的。本章选择这个应用完全是出于教学原因。

## 7.1　正态分类模型

利用生成方法来处理人脸检测问题；对数据 $\boldsymbol{x}$ 的概率进行建模并利用全局状态 $w$ 进行参数化。我们利用多元正态分布来描述数据

$$Pr(\boldsymbol{x}|w)=\text{Nrom}_{\boldsymbol{x}}[\boldsymbol{\mu}_w,\boldsymbol{\Sigma}_w] \tag{7-1}$$

或者将状态 $w$ 的两个变量值分开，那么上式可以写成

$$\begin{aligned}Pr(\boldsymbol{x}|w=0)&=\text{Norm}_{\boldsymbol{x}}[\boldsymbol{\mu}_0,\boldsymbol{\Sigma}_0]\\Pr(\boldsymbol{x}|w=1)&=\text{Norm}_{\boldsymbol{x}}[\boldsymbol{\mu}_1,\boldsymbol{\Sigma}_1]\end{aligned} \tag{7-2}$$

这些表达式是类条件密度函数的示例。它们描述了以全局状态 $w$ 为条件的数据 $x$ 的密度。

学习的目的是从训练数据样本对 $\{\boldsymbol{x}_i, w_i\}_{i=1}^{I}$ 中估计参数 $\boldsymbol{\theta}=\{\boldsymbol{\mu}_0, \boldsymbol{\Sigma}_0, \boldsymbol{\mu}_1, \boldsymbol{\Sigma}_1\}$。由于参数 $\boldsymbol{\mu}_0$ 和 $\boldsymbol{\Sigma}_0$ 关注的只是背景区域(对应 $w=0$)，因此，它们可以从属于背景的训练样本子集 $\mathcal{S}_0$ 中学习得到。例如，利用最大似然方法，求

$$\begin{aligned}\hat{\boldsymbol{\mu}}_0, \hat{\boldsymbol{\Sigma}}_0 &= \underset{\boldsymbol{\mu}_0, \boldsymbol{\Sigma}_0}{\operatorname{argmax}}\left[\prod_{i \in \mathcal{S}_0} Pr(\boldsymbol{x}_i \mid \boldsymbol{\mu}_0, \boldsymbol{\Sigma}_0)\right] \\ &= \underset{\boldsymbol{\mu}_0, \boldsymbol{\Sigma}_0}{\operatorname{argmax}}\left[\prod_{i \in \mathcal{S}_0} \operatorname{Norm}_{\boldsymbol{x}_i}[\boldsymbol{\mu}_0, \boldsymbol{\Sigma}_0]\right]\end{aligned} \tag{7-3}$$

类似地，$\boldsymbol{\mu}_1$ 和 $\boldsymbol{\Sigma}_1$ 关注的只是人脸($w=1$)，那么就可以利用包含人脸的训练数据子集 $\mathcal{S}_1$ 来学习得到。图 7-2 展示了协方差矩阵对角形式的参数的最大似然估计。

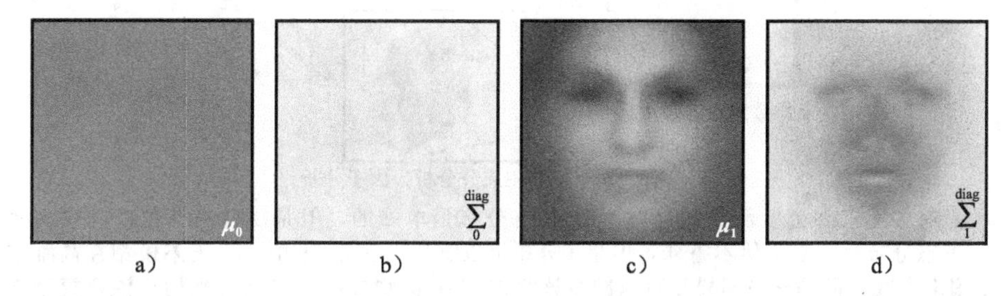

图 7-2 对角协方差正态模型的类条件密度函数。根据每类 1000 个训练样本来拟合最大期望。a) 背景数据 $\boldsymbol{\mu}_0$ 的均值(从 10800×1 向量变为 60×60 RGB 图像)。b) 变形后的背景数据 $\boldsymbol{\Sigma}_0$ 的对角协方差的平方根。c) 人脸数据 $\boldsymbol{\mu}_1$ 的均值。d) 人脸数据 $\boldsymbol{\Sigma}_1$ 的协方差。背景数据几乎没有结构：均值很均匀，方差在每点都很高。人脸模型的均值很清晰地捕获了每类特定的信息。在图像边缘处的人脸的协方差较大，因为此处经常包括头发或背景

推理算法的目标是利用新的人脸图像 $\boldsymbol{x}$ 并为之分配一标签 $w$。为了实现这个目的，我们定义一个全局状态 $Pr(w)=\operatorname{Bern}_w[\lambda]$的一个先验并应用贝叶斯法则

$$Pr(w=1 \mid \boldsymbol{x})=\frac{Pr(\boldsymbol{x} \mid w=1) Pr(w=1)}{\sum_{k=0}^{1} Pr(\boldsymbol{x} \mid w=k) Pr(w=k)} \tag{7-4}$$

所有这些项都很容易计算，因此推理很简单，本章将不详细介绍。

**多元正态模型的不足**

但是，该模型并不能可靠地检测人脸。7.9.1 节给出的实验结果表明，该模型尽管能获得比随机猜测稍好的结果，但它无法获得接近当前最好人脸检测方法得到的结果。这几乎不足为奇：该分类器的成功取决于利用正态分布拟合数据。但是，因为以下三个原因，该拟合效果较差(见图 7-3)。

- 正态分布是单峰的：人脸和背景区域都无法利用单峰概率密度函数来很好地表示。
- 正态分布不是鲁棒的：单个异常样本会显著影响均值和方差的估计。
- 正态分布的参数太多：这里数据有 $D=10800$ 维，那么整个协方差矩阵包含 $D(D+1)/2$个参数。而只有 1000 个训练样本，这些参数甚至无法唯一确定，因此我们必须要用对角形式。

本章接下来介绍如何解决这些问题。为了使得密度函数多峰，我们引入混合模型。为了使密度函数鲁棒，我们将均匀分布改为 t 分布。为了处理高维空间中的参数估计，我们引入子空间模型。

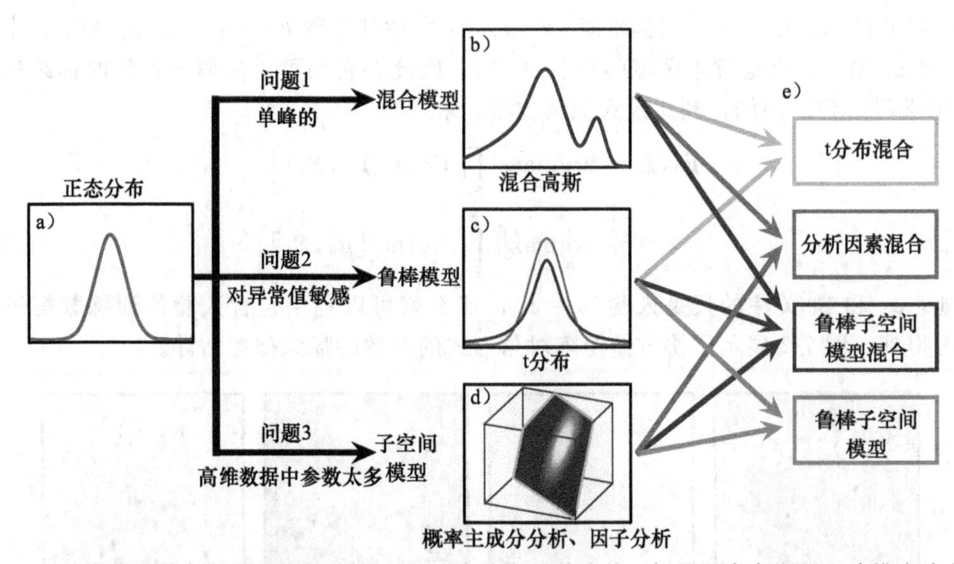


图 7-3　a）具有多元正态密度函数的问题。b）正态分布是单峰的，但是混合高斯可以建模多峰分布。c）正态分布对于异常值不鲁棒，但是 t 分布可以解决非正常观测。d）正态模型在高维空间中需要很多参数，但是子空间模型可以减少该需求。e）这些方案可以结合来构成混合模型来一次性解决这几个问题

新模型彼此有很多共同点。在每种情况中，我们介绍每个观测数据点 $\mathbf{x}_i$ 所对应的隐变量或者潜变量 $\mathbf{h}_i$。隐变量使得最终的概率密度函数特性更加复杂。此外，由于模型的结构都很相似，因此可以使用通用的方法来学习参数。

接下来将简要讨论隐变量是如何用于对复杂概率密度函数建模的。7.3 节讨论如何利用隐变量来学习模型的参数。7.4～7.6 节将分别介绍混合模型、t 分布和因子分析。

## 7.2　隐变量

为了对关于变量 $\mathbf{x}$ 的复杂概率密度函数建模，我们将引入隐变量或者潜变量 $\mathbf{h}$，该变量可能是离散或连续的。下面我们将介绍其连续的形式，但是所有这些重要的概念都可以转换到离散的情况。

为了充分利用隐变量，将最终密度 $Pr(\mathbf{x})$描述为 $\mathbf{x}$ 和 $\mathbf{h}$ 之间联合密度 $Pr(\mathbf{w},\mathbf{h})$ 的边缘分布

$$Pr(\mathbf{x}) = \int Pr(\mathbf{x},\mathbf{h})\mathrm{d}\mathbf{h} \tag{7-5}$$

下面将重点阐述联合密度 $Pr(\mathbf{x},\mathbf{h})$ 。可以选择当我们对 $h$ 积分时建模相对简单，而且能够生成一系列表达性血缘分布 $Pr(x)$的模型(见图 7-4)。

无论选取何种联合分布，它应该有一些参数 $\boldsymbol{\theta}$，因此它应写成

$$Pr(\mathbf{x}|\boldsymbol{\theta}) = \int Pr(\mathbf{x},\mathbf{h}|\boldsymbol{\theta})\mathrm{d}\mathbf{h} \tag{7-6}$$

根据最大似然方法有两种可能的方法来拟合模型，以训练数据 $\{\mathbf{x}_i\}_{i=1}^{I}$。可以直接对式(7-6)左边的分布 $Pr(\mathbf{x})$的对数似然函数进行最大化处理

$$\hat{\boldsymbol{\theta}} = \underset{\boldsymbol{\theta}}{\mathrm{argmax}}\left[\sum_{i=1}^{I}\log\left[Pr(\mathbf{x}_i|\boldsymbol{\theta})\right]\right] \tag{7-7}$$

该公式的优点是它根本不必涉及隐变量。然而，在将要考虑的模型中，它不会产生很好的闭式解。当然，我们可以利用一种蛮力搜索非线性优化技术(见附录 B)，但是还有另外一

种方法：最大期望算法。该方法直接在式(7-6)右边进行优化，并求

$$\hat{\boldsymbol{\theta}} = \underset{\boldsymbol{\theta}}{\operatorname{argmax}}\left[\sum_{i=1}^{I}\log\left[\int Pr(\boldsymbol{x}_i,\boldsymbol{h}_i|\boldsymbol{\theta})\mathrm{d}\boldsymbol{h}_i\right]\right] \tag{7-8}$$

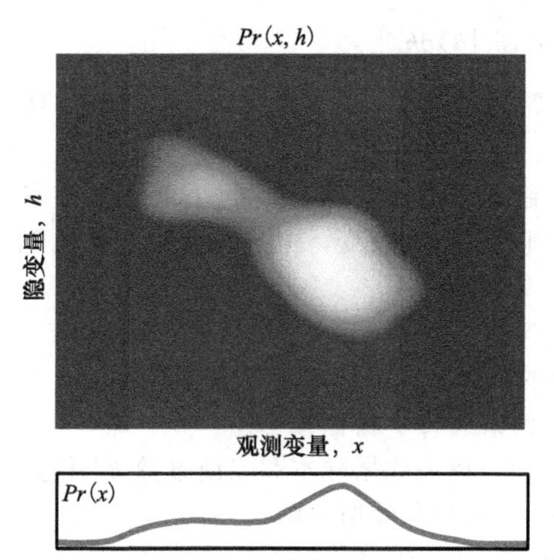


图 7-4 利用隐变量对复杂密度建模。对概率密度 $\Pr(x)$ 建模的其中一个方法就是建立观测数据 $x$ 与隐变量 $h$ 之间的联合概率分布 $Pr(x,h)$。概率密度 $Pr(x)$是关于隐变量 $h$ 的边缘分布。当调整联合概率分布中参数 $\boldsymbol{\theta}$ 的时候，边缘分布也发生变化，并且随着观测数据$\{x_i\}_{i=1}^{I}$增大或者减小。有时，这个间接操作的方式比直接操作 $Pr(x)$更容易拟合分布

## 7.3 期望最大化

本节将简要描述期望最大化(EM)算法。目标是提供足够的信息来利用该技术拟合模型。这些将在7.8节中详细介绍。

期望最大化算法是进行式(7-6)的模型参数 $\boldsymbol{\theta}$ 拟合的一个通用工具

$$\hat{\boldsymbol{\theta}} = \underset{\boldsymbol{\theta}}{\operatorname{argmax}}\left[\sum_{i=1}^{I}\log\left[\int Pr(\boldsymbol{x}_i,\boldsymbol{h}_i|\boldsymbol{\theta})\mathrm{d}\boldsymbol{h}_i\right]\right] \tag{7-9}$$

期望最大化算法通过对式(7-9)中的对数似然函数定义一下界 $\mathcal{B}[\{q_i(\boldsymbol{h}_i)\},\boldsymbol{\theta}]$，并且迭代地增加这个下界。下界只是 $\boldsymbol{\theta}$ 和其他量参数化后的函数，并且对任何已知参数 $\boldsymbol{\theta}$ 集合，保证总是返回一个小于或者等于对数似然函数 $L[\boldsymbol{\theta}]$的值(见图7-5)。

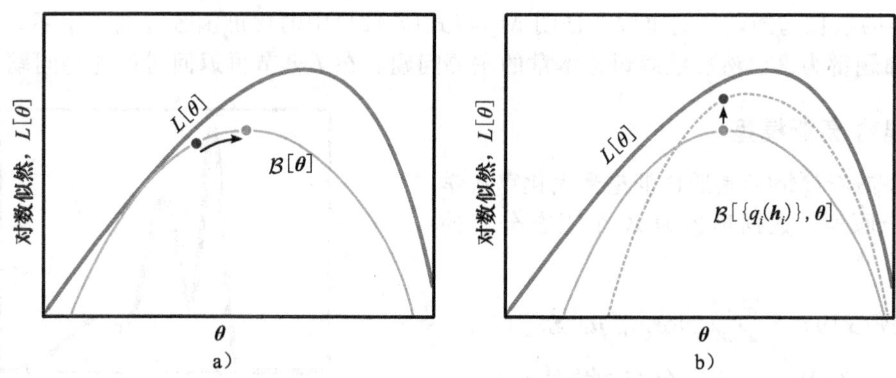


图 7-5 操作下界。a) 考虑将数据$\{\boldsymbol{x}\}_{i=1}^{I}$的对数似然 $L[\boldsymbol{\theta}]$作为模型参数 $\boldsymbol{\theta}$ 的函数(粗曲线)。在最大似然学习中，目标是求出最大化该函数的参数 $\boldsymbol{\theta}$。对数似然函数的下界是关于参数 $\boldsymbol{\theta}$ 的另外一个函数 $\mathcal{B}[\boldsymbol{\theta}]$，该函数在每一点都小于或者等于对数似然函数(细曲线)。改进当前估计(深灰色点)的一种方法是改变参数使得$\mathcal{B}[\boldsymbol{\theta}]$上升(浅灰色点)。这是期望最大化算法中最大化步骤的目的。b) 下界 $\mathcal{B}[\{q_i(\boldsymbol{h}_i)\},\boldsymbol{\theta}]$ 还与一组关于隐变量$\{\boldsymbol{h}_i\}$的概率分布$\{q_i(h_i)\}_{i=1}^{I}$有关。改变这些概率分布会改变下界对于每个 $\boldsymbol{\theta}$ 的返回值(例如细曲线)。因此改进当前估计(浅灰色点)的第二种方法是改变分布使得曲线对于当前参数上升(深灰色点)。这是期望最大化算法的期望步骤的目的

对于期望最大化算法，特殊的下界选择是

$$B[\{q_i(\boldsymbol{h}_i)\},\boldsymbol{\theta}] = \sum_{i=1}^{I}\int q_i(\boldsymbol{h}_i)\log\left[\frac{Pr(\boldsymbol{x}_i,\boldsymbol{h}_i|\boldsymbol{\theta})}{q_i(\boldsymbol{h}_i)}\right]d\boldsymbol{h}_i \qquad (7\text{-}10)$$
$$\leqslant \sum_{i=1}^{I}\log\left[\int Pr(\boldsymbol{x}_i,\boldsymbol{h}_i|\boldsymbol{\theta})d\boldsymbol{h}_i\right]$$

该不等式不容易看出来使它成为一个有效的下界是成立的；现在暂时认为它成立，然后 7.8 节再次讨论这个问题。

除了参数 $\boldsymbol{\theta}$ 之外，下界 $\mathcal{B}[\{q_i(\boldsymbol{h}_i)\},\boldsymbol{\theta}]$ 还与一组关于隐变量 $\{\boldsymbol{h}_i\}_{i=1}^{I}$ 的 $I$ 个概率分布 $\{q_i(\boldsymbol{h}_i)\}_{i=1}^{I}$ 有关。当改变这些概率分布时，下界返回的值也会改变，但是它始终小于或等于对数似然函数。

期望最大化算法同时改变参数 $\boldsymbol{\theta}$ 和分布 $\{q_i(\boldsymbol{h}_i)\}_{i=1}^{I}$ 来提高下界。它交替进行以下两种操作

- 更新概率分布 $\{q_i(\boldsymbol{h}_i)\}_{i=1}^{I}$ 来增大式(7-10)中的下界。这叫做期望步或者 E 步
- 更新参数 $\boldsymbol{\theta}$ 来增大式(7-10)中的下界。这称为最大化步或者 M 步。

在 $t+1$ 次迭代中的 E 步，将每个分布 $q_i(\boldsymbol{h}_i)$ 设为与相关数据样本和当前参数 $\boldsymbol{\theta}^{[t]}$ 相关的隐变量的后验分布 $Pr(\boldsymbol{h}_i|\boldsymbol{x}_i,\boldsymbol{\theta})$。为了计算这些，可利用贝叶斯法则

$$\hat{q}_i(\boldsymbol{h}_i) = Pr(\boldsymbol{h}_i|\boldsymbol{x}_i,\boldsymbol{\theta}^{[t]}) = \frac{Pr(\boldsymbol{x}_i|\boldsymbol{h}_i,\boldsymbol{\theta}^{[t]})Pr(\boldsymbol{h}_i|\boldsymbol{\theta}^{[t]})}{Pr(\boldsymbol{x}_i)} \qquad (7\text{-}11)$$

可以发现，该选择尽可能地对下界进行最大化。

在 M 步，直接最大化相对于参数 $\boldsymbol{\theta}$ 的下界(式(7-10))。在实际情况下，可以简化该下界的表达式来消去不依赖于 $\boldsymbol{\theta}$ 的项，可以得到

$$\hat{\boldsymbol{\theta}}^{[t+1]} = \underset{\boldsymbol{\theta}}{\operatorname{argmax}}\left[\sum_{i=1}^{I}\int \hat{q}_i(\boldsymbol{h}_i)\log[Pr(\boldsymbol{x}_i,\boldsymbol{h}_i|\boldsymbol{\theta})]d\boldsymbol{h}_i\right] \qquad (7\text{-}12)$$

所有步骤都保证增大下界，因此迭代进行这些操作是为了保证至少找到一个关于 $\boldsymbol{\theta}$ 的局部最小值。

这是期望最大化算法的一个实际描述，但是有很多省略的部分：我们没有证明式(7-10)确实是对数似然函数的下界。我们没有证明后验分布 $Pr(\boldsymbol{h}_i,\boldsymbol{x}_i,\boldsymbol{\theta}^{[t]})$ 确实是 E 步(式(7-11))中 $q_i(\boldsymbol{h}_i)$ 的最佳选择，我们也没有证明 M 步(式(7-12))中的代价函数提高了下界。现在假定这些命题都为真，然后继续讨论本章的主要问题。在 7.8 节再返回讨论这些问题。

## 7.4　混合高斯模型

混合高斯(MoG)是适合期望最大化算法学习的一个原型。数据描述为 $K$ 个正态分布的加权和

$$Pr(\boldsymbol{x}|\boldsymbol{\theta}) = \sum_{k=1}^{K}\lambda_k \text{Norm}_{\boldsymbol{x}}[\boldsymbol{\mu}_k,\boldsymbol{\Sigma}_k] \qquad (7\text{-}13)$$

其中，$\boldsymbol{\mu}_{1\cdots K}$ 和 $\boldsymbol{\Sigma}_{1\cdots K}$ 是正态分布的均值和方差，$\lambda_{1\cdots K}$ 是正数权重，并且和为 1。混合高斯模型通过将简单成分分布联合起来描述复杂多峰概率密度(见图 7-6)。

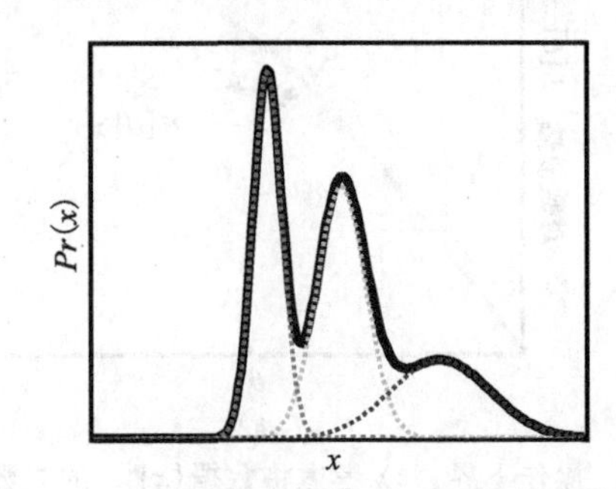


图 7-6　一维混合高斯模型。复杂的多峰概率密度函数(黑色实线)是通过加权和或者混合几个具有不同均值和方差(图中三条虚线)的正态分布得到的。为了保证最后的分布是有效的概率密度，权值必须为正且和为 1

为了能从训练数据 $\{\boldsymbol{x}_i\}_{i=1}^{I}$ 中学习参数 $\boldsymbol{\theta} = \{\boldsymbol{\mu}_k,\boldsymbol{\Sigma}_k,\lambda_k\}_{k=1}^{K}$，可以利用简单的最大似然方法

$$\hat{\boldsymbol{\theta}}=\underset{\boldsymbol{\theta}}{\operatorname{argmax}}\left[\sum_{i=1}^{I}\log\left[Pr(\boldsymbol{x}_i|\boldsymbol{\theta})\right]\right]$$
$$=\underset{\boldsymbol{\theta}}{\operatorname{argmax}}\left[\sum_{i=1}^{I}\log\left[\sum_{k=1}^{K}\lambda_k\mathrm{Norm}_{\boldsymbol{x}_i}\left[\boldsymbol{\mu}_k,\boldsymbol{\Sigma}_k\right]\right]\right] \tag{7-14}$$

但是，如果我们对参数 $\boldsymbol{\theta}$ 求导并且令最终表达式等于 0，那么将无法求解该等式的闭式解。其关键点在于对数内部的求和，从而使得无法求简单闭式解。当然，可以用非线性优化方法，但是这将会很复杂，因为我们需要保证关于参数的约束；权重 $\boldsymbol{\lambda}$ 的和必须为 1，并且协方差矩阵 $\{\boldsymbol{\Sigma}_k\}_{k=1}^{K}$ 必须正定。对于更简单的方法，我们将观测密度看作为边缘概率并使用期望最大化算法学习其参数。

### 7.4.1　混合高斯边缘化

混合高斯模型可以看作观测到的数据 $\boldsymbol{x}$ 和一个取值为 $h\in\{1\cdots K\}$ 的离散隐变量 $\boldsymbol{h}$ 之间的一个联合概率分布的边缘概率(见图 7-7)。如果定义

$$Pr(\boldsymbol{x}|h,\boldsymbol{\theta})=\mathrm{Norm}_{\boldsymbol{x}}\left[\boldsymbol{\mu}_h,\boldsymbol{\Sigma}_h\right]$$
$$Pr(h|\boldsymbol{\theta})=\mathrm{Cat}_h\left[\boldsymbol{\lambda}\right] \tag{7-15}$$

其中，$\boldsymbol{\lambda}=[\lambda_1\cdots\lambda_K]$是类别分布的参数，那么可以利用下式恢复原始密度

$$Pr(\boldsymbol{x}|\boldsymbol{\theta})=\sum_{k=1}^{K}Pr(\boldsymbol{x},h=k|\boldsymbol{\theta})$$
$$=\sum_{k=1}^{K}Pr(\boldsymbol{x}|h=k,\boldsymbol{\theta})Pr(h=k|\boldsymbol{\theta})$$
$$=\sum_{k=1}^{K}\lambda_k\mathrm{Norm}_{\boldsymbol{x}}\left[\boldsymbol{\mu}_k,\boldsymbol{\Sigma}_k\right] \tag{7-16}$$

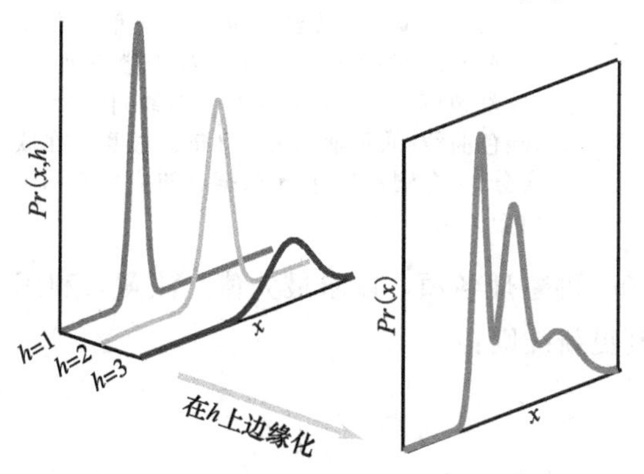


图 7-7　混合高斯模型边缘化。也可以认为混合高斯模型是观测变量 $x$ 和一个离散隐变量 $h$ 之间的一个联合概率分布 $Pr\{x,h\}$ 。为了创建混合密度，可以对 $h$ 进行边缘化。隐变量的解释很简单：它是正态分布的索引

按照这种方法来解释这个模型提供了从混合高斯中进行采样的方法：从联合分布 $Pr(\boldsymbol{x},h)$ 中采样并且丢弃隐变量以只留下数据样本 $\boldsymbol{x}$。为了从联合分布 $Pr(\boldsymbol{x},h)$ 中采样，首先从类别先验 $Pr(h)$中采样，接着从与 $h$ 值相关联的正态分布 $Pr(\boldsymbol{x}|h)$中采样 $\boldsymbol{x}$。注意，在此过程中，隐变量 $h$ 有一个清晰的解释。它决定哪个正态分布对应于观测数据点 $\boldsymbol{x}$。

### 7.4.2　基于期望最大化的混合模型拟合

为了从训练数据$\{\boldsymbol{x}_i\}_{i=1}^{I}$中学习 MoG 参数 $\boldsymbol{\theta}=\{\lambda_k,\boldsymbol{\mu}_k,\boldsymbol{\Sigma}_k\}_{k=1}^{K}$，可利用期望最大化算法。根据 7.3 节中的方法，随机初始化参数并且迭代执行 E 步和 M 步。　7.1

在 E 步，在给定观测值 $\boldsymbol{x}_i$ 和当前参数设定的情况下，通过求每个隐变量 $h_i$ 的后验概率分布$Pr(h_i|\boldsymbol{x}_i)$以最大化对应的分布 $q_i(h_i)$的边界，

$$
\begin{aligned}
q_i(h_i) = Pr(h_i = k|\boldsymbol{x}_i,\boldsymbol{\theta}^{[t]}) &= \frac{Pr(\boldsymbol{x}_i|h_i = k,\boldsymbol{\theta}^{[t]})Pr(h_i = k,\boldsymbol{\theta}^{[t]})}{\sum_{j=1}^{K} Pr(\boldsymbol{x}_i|h_i = j,\boldsymbol{\theta}^{[t]})Pr(h_i = j,\boldsymbol{\theta}^{[t]})} \\
&= \frac{\lambda_k \text{Norm}_{\boldsymbol{x}_i}[\boldsymbol{\mu}_k,\boldsymbol{\Sigma}_k]}{\sum_{j=1}^{K} \lambda_j \text{Norm}_{\boldsymbol{x}_i}[\boldsymbol{\mu}_j,\boldsymbol{\Sigma}_j]} \\
&= r_{ik}
\end{aligned}
\tag{7-17}
$$

换句话说，我们可以计算第 $i$ 个数据点对应的第 $k$ 个正态分布的概率 $Pr(h_i = k|\boldsymbol{x}_i,\boldsymbol{\theta}^{[t]})$（见图 7-8）。我们将这种对应关系(responsibility)简称为 $r_{ik}$。

在 M 步，对相对模型参数 $\boldsymbol{\theta}=\{\lambda_k, \boldsymbol{\mu}_k, \boldsymbol{\Sigma}_k\}_{k=1}^{K}$ 的边界进行最大化，使得

$$
\begin{aligned}
\hat{\boldsymbol{\theta}}^{[t+1]} &= \underset{\boldsymbol{\theta}}{\operatorname{argmax}}\left[\sum_{i=1}^{I}\sum_{k=1}^{K} \hat{q}_i(\boldsymbol{h}_i = k)\log[\Pr(\boldsymbol{x}_i,\boldsymbol{h}_i = k|\boldsymbol{\theta})]\right] \\
&= \underset{\boldsymbol{\theta}}{\operatorname{argmax}}\left[\sum_{i=1}^{I}\sum_{k=1}^{K} r_{ik}\log[\lambda_k \text{Norm}_{\boldsymbol{x}_i}[\boldsymbol{\mu}_k,\boldsymbol{\Sigma}_k]]\right]
\end{aligned}
\tag{7-18}
$$

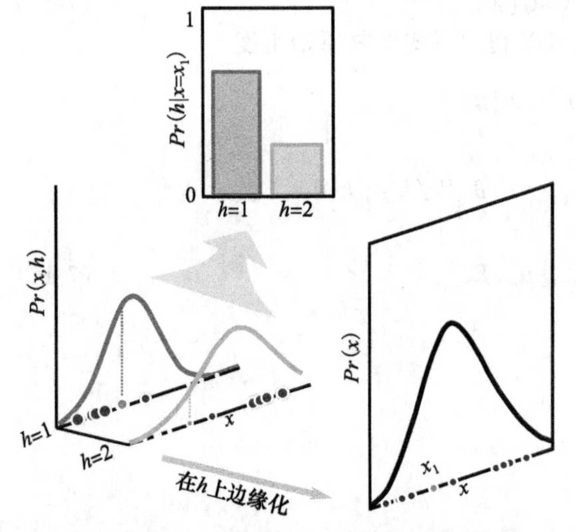


图 7-8 拟合混合高斯模型的 E 步。对于 $I$ 个数据点 $\boldsymbol{x}_{1\cdots I}$ 中的每一个，计算关于隐变量 $h_i$ 的后验分布 $Pr(h_i|\boldsymbol{x}_i)$。$h_i$ 取 $k$ 时的后验概率 $Pr(h_i=k|\boldsymbol{x}_i)$ 可以理解为正态分布 $k$ 对于数据点 $x_i$ 的贡献。例如，对于数据点 $x_1$（粉红色圆点），分量 1(红色曲线)比分量 2(绿色曲线)的贡献率大于 2 倍。注意，在联合分布(左侧)中，投影数据点的大小表示了对应关系(见彩插)

可以通过对关于参数的表达式求导，令结果为 0，再整理各项，以求最大值。注意，利用拉格朗日因子约束 $\sum_k \lambda_k = 1$ 。该操作可以得到更新准则：

$$
\lambda_k^{[t+1]} = \frac{\sum_{i=1}^{I} r_{ik}}{\sum_{j=1}^{K}\sum_{i=1}^{I} r_{ij}}
\tag{7-19}
$$

$$
\boldsymbol{\mu}_k^{[t+1]} = \frac{\sum_{i=1}^{I} r_{ik}\boldsymbol{x}_i}{\sum_{i=1}^{I} r_{ik}}
$$

$$
\boldsymbol{\Sigma}_k^{[t+1]} = \frac{\sum_{i=1}^{I} r_{ik}(\boldsymbol{x}_i - \boldsymbol{\mu}_k^{[t+1]})(\boldsymbol{x}_i - \boldsymbol{\mu}_k^{[t+1]})^{\mathrm{T}}}{\sum_{i=1}^{I} r_{ik}}
$$

这些更新法则可以很容易理解(见图 7-9)：根据数据点的每个分量的相对总贡献来更新权重$\{\lambda_k\}_{k=1}^{K}$。通过在数据点上计算加权均值来更新簇均值$\{\boldsymbol{\mu}_k\}_{k=1}^{K}$，其中权值依贡献大小而定。如果分量 $k$ 对数据点 $\boldsymbol{x}_i$ 贡献最大，那么该数据点越大具有的权重，并且对更新影响更大。协方差矩阵的更新准则类似。

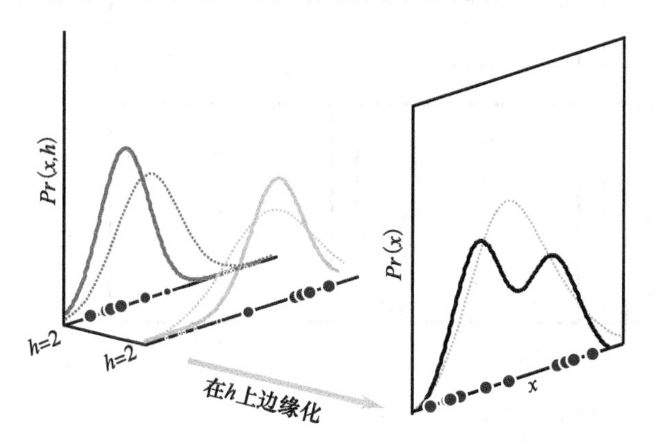


图 7-9　拟合混合高斯模型的 M 步。对于第 $k$ 个高斯分量，更新参数 $\{\lambda_k, \boldsymbol{\mu}_k, \boldsymbol{\Sigma}_k\}$。第 $i$ 个数据点 $\boldsymbol{x}_i$ 根据 E 步中对应关系 $r_{ik}$(以点的大小来表示)以协助于这些更新；与第 $k$ 个分量关系越密切的数据点对于参数的影响越大。虚线和实线分别表示更新前后的拟合(见彩插)

在实际情况下，E 步和 M 步交替进行，直到数据边界不再增加，并且参数不再改变。在二维空间中，E 步和 M 步交替进行的例子见图 7-10。注意最终拟合确定数据中的两个簇。混合高斯与如 $K$ 均值算法之类的聚类技术(见 13.4.4 节)关系密切。

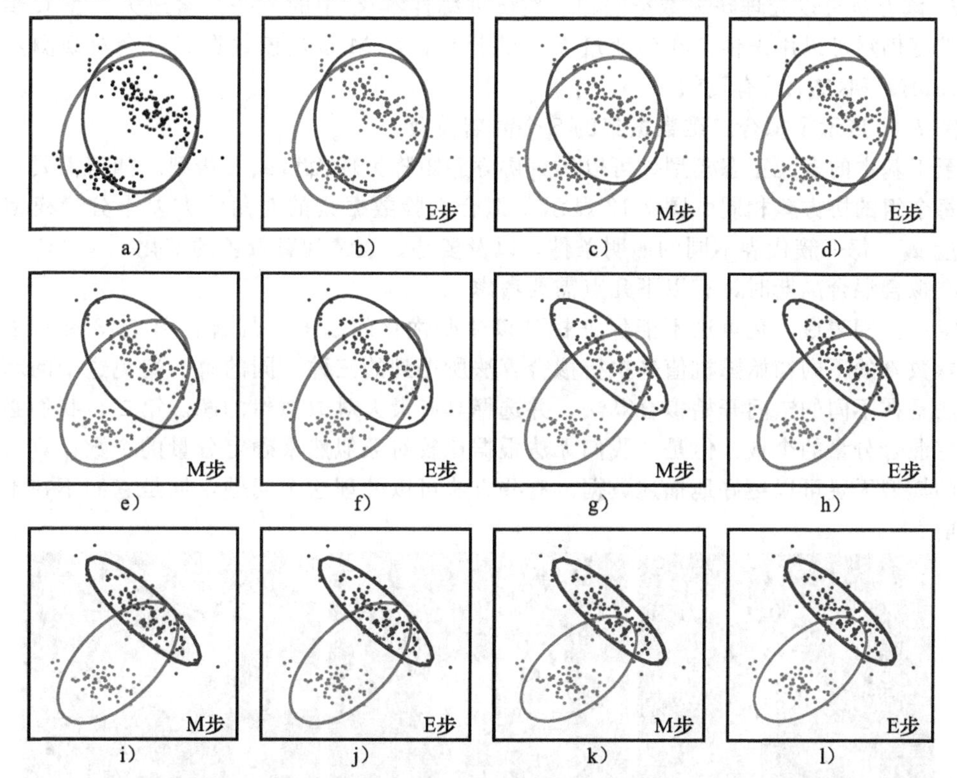


图 7-10　拟合二维数据的两个高斯混合模型。a) 原始模型。b) E 步。对于每个数据点，计算由每个高斯分布生成的后验概率(用点的颜色表示)。c) M 步。根据这些后验概率来更新每个高斯分布的均值、方差和权重。椭圆形表示两者之间的马氏距离。椭圆的权重(粗细)表示高斯权重。d~t) 后续的 E 步和 M 步迭代(见彩插)

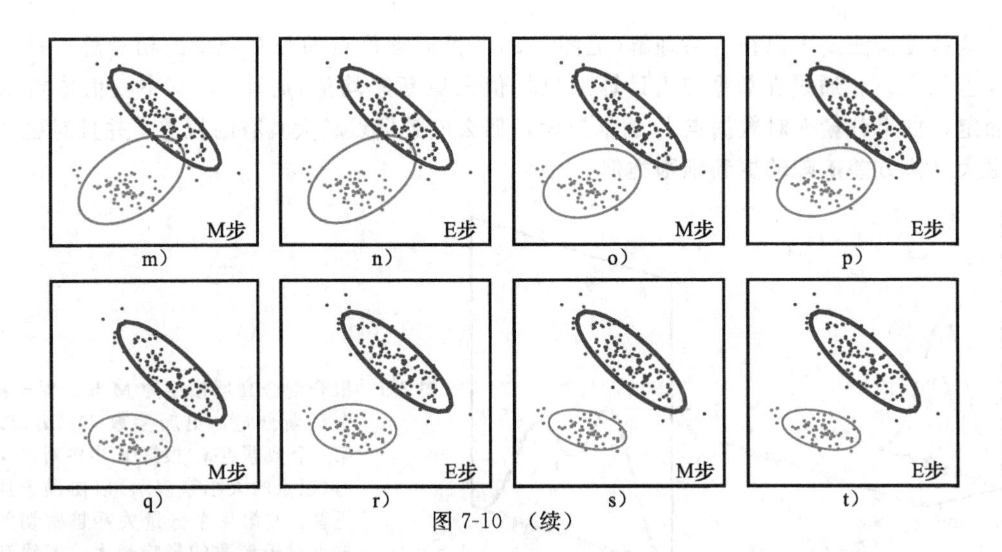


图 7-10 （续）

期望最大化算法估计混合模型有三个引人注目的特点。

1. 算法的两步都有闭合解而不需要优化过程。

2. 解保证满足参数的约束：权重参数$\{\lambda_k\}_{k=1}^K$保证为正值且和为 1，协方差矩阵$\{\boldsymbol{\Sigma}_k\}_{k=1}^K$保证为正定。

3. 该方法可以处理缺失数据问题。假设训练样本 $\mathbf{x}_i$ 中的一些元素缺失。在 E 步，剩下的维度仍然可以用来估计在隐变量 $h$ 上的分布。在 M 步，该数据点只会对观测数据中维度$\{\boldsymbol{\mu}_k\}_{k=1}^K$和$\{\boldsymbol{\Sigma}_k\}_{k=1}^K$有贡献。

图 7-11 展示了拟合二维数据集的 5 个高斯模型。

至于基本的多元正态模型，可以约束协方差矩阵为球面型或对角型。如若需要，也可约束每个组的协方差相同。图 7-12 显示了拟合人脸数据集的对角协方差十分量模型的均值向量 $\boldsymbol{\mu}_k$。每一簇代表不同的照明条件，以及姿势、表情和背景色的变化。

在拟合混合高斯时，有以下几点需要考虑。

第一，期望最大化算法不能保证找到该非凸优化问题的全局解。图 7-13 展示了通过利用参数 $\boldsymbol{\theta}$ 的不同初始随机值来执行拟合算法所得到的三种不同的解。避免这个问题的最好方法是在不同的空间开始拟合算法，并选择具有最大对数似然的解。第二，我们必须预先指定混合分量的个数。但是，我们无法根据比较对数似然来确定分量的个数；具有更多参数的模型无疑可以更好地描述数据。有些方法可以处理这个问题，但是它们不在本书范围之内。

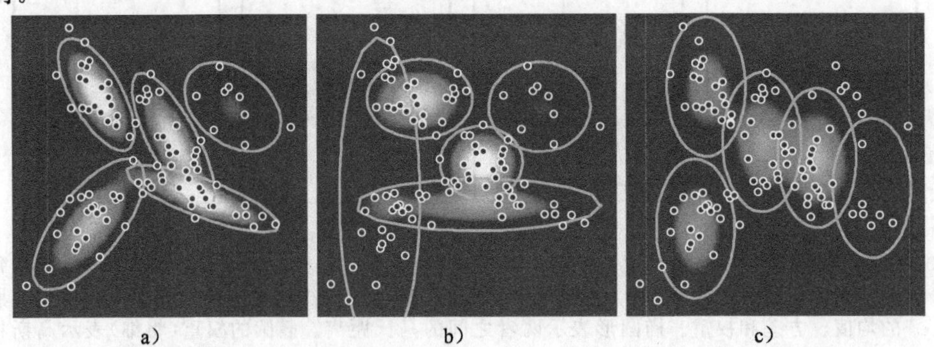


图 7-11　混合模型中分量的协方差。a）全协方差。b）对角协方差。c）等对角协方差

最后，尽管这里给出一个最大似然方法，但是在实际中包含关于模型参数 $Pr(\boldsymbol{\theta})$ 的先验以防止一个高斯分布变为一个只与数据点关联的情况是重要的。没有先验，该分量的方差逐步变小，并且似然无限增大。

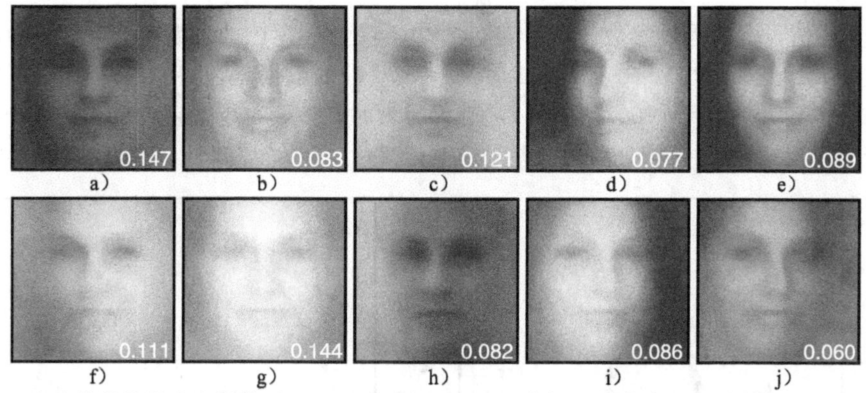


a)　b)　c)　d)　e)

f)　g)　h)　i)　j)

图 7-12　人脸数据的混合高斯模型。a～j) 10 个拟合人脸数据的混合高斯的均值向量 $\boldsymbol{\mu}_k$。该模型捕获了照明均值、人脸姿态和背景颜色的等变量因素。数字代表每个分量的权重 $\lambda_k$

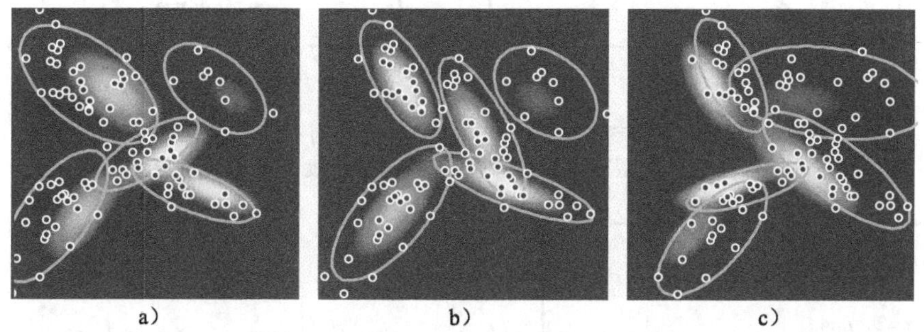

a)　b)　c)

图 7-13　局部极大值。不同出发点的混合高斯模型反复拟合以使得不同的拟合模型收敛于不同的局部极大值。对数似然分别为 a) 98.76 b) 96.97 c) 94.35，表明了 a) 是最佳拟合

## 7.5　t 分布

使用正态分布描述视觉数据的第二个严重问题是不鲁棒：当移到末尾的时候正态概率密度函数的下降非常快。引起这一影响的原因是奇异点(经常是极端观测)会严重影响估计的参数(见图 7-14)。t 分布是结尾长度参数化的紧相关分布。

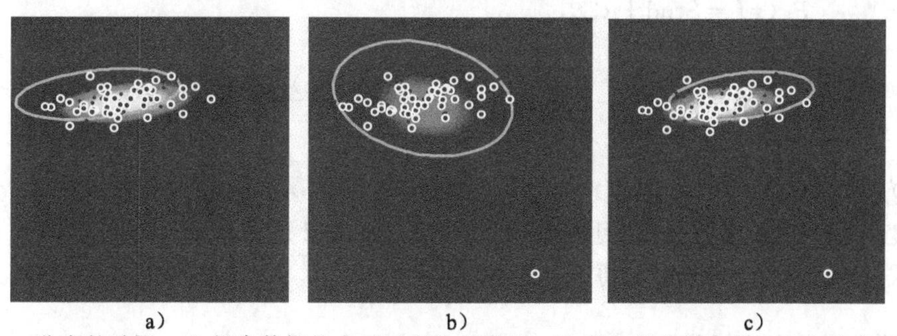

a)　b)　c)

图 7-14　t 分布的动机。a) 拟合数据的多元正态分布模型。b) 增加单个异常值，完全改变了拟合。c) 利用多元 t 分布，奇异点不产生如此剧烈的影响

一元 t 分布(见图 7-15)的概率密度函数为

$$Pr(x) = \mathrm{Stud}_x[\mu, \sigma^2, \nu]$$

$$=\frac{\Gamma\left[\frac{\nu+1}{2}\right]}{\sqrt{\nu\pi\sigma^2}\,\Gamma\left[\frac{\nu}{2}\right]}\left(1+\frac{(x-\mu)^2}{\nu\sigma^2}\right)^{-\frac{\nu+1}{2}} \tag{7-20}$$

其中，$\mu$ 为均值，$\sigma^2$ 为缩放参数。自由度 $\nu\in(0,\infty]$ 控制尾巴的长度：当 $\nu$ 较小的时候，尾巴的权重较大。例如，当 $\mu=0$ 且 $\sigma^2=1$ 时，$x=-5$ 处的数据点在 $\nu=1$ 的 t 分布下比在普通正态分布下大约大 $10^4=10\,000$ 倍。当 $\nu$ 趋近无穷大时，该分布越来越趋近于正态分布，尾巴的权重较小。当 $\nu>2$ 时，该分布的方差是 $\sigma\nu/(\nu-2)$，当 $0<\nu\leqslant 2$ 时，方差是无穷大。

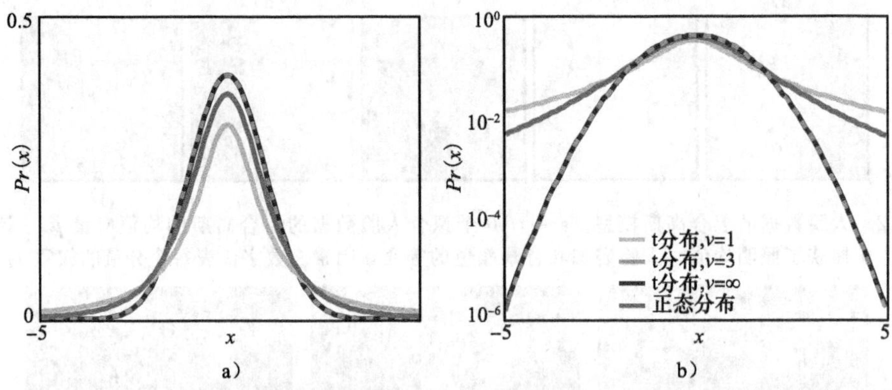


图 7-15　一元 t 分布。a）和均值 $\mu$ 与缩放参数 $\sigma^2$ 一样，t 分布有一个称为自由度的参数 $\nu$。当 $\nu$ 减小时，分布的尾巴变长，模型变得更鲁棒。b）在对数尺度上可以看得更清楚

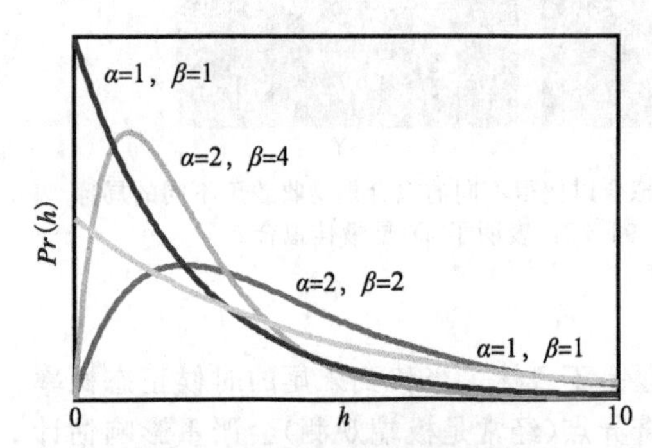


图 7-16　伽马分布定义在正实数值上并有两个参数 $\alpha$、$\beta$。分布的均值为 $\mathrm{E}[h]=\alpha/\beta$，方差为 $\mathrm{E}[(h-\mathrm{E}[h])^2]=\alpha/\beta^2$。t 分布可以看作为具有相同均值的正态分布的加权和，但方差与伽马分布反相反

多元 t 分布的概率密度函数为

$$\begin{aligned}Pr(\boldsymbol{x})&=\mathrm{Stud}_{\boldsymbol{x}}[\boldsymbol{\mu},\boldsymbol{\Sigma},\nu]\\&=\frac{\Gamma\left[\frac{\nu+D}{2}\right]}{(\nu\pi)^{D/2}\,|\boldsymbol{\Sigma}|^{1/2}\,\Gamma\left[\frac{\nu}{2}\right]}\left(1+\frac{(\boldsymbol{x}-\boldsymbol{\mu})^{\mathrm{T}}\boldsymbol{\Sigma}^{-1}(\boldsymbol{x}-\boldsymbol{\mu})}{\nu}\right)^{-\frac{\nu+D}{2}}\end{aligned} \tag{7-21}$$

其中，$D$ 是空间的维度，$\boldsymbol{\mu}$ 是 $D\times 1$ 的均值向量，$\boldsymbol{\Sigma}$ 是 $D\times D$ 的正定尺度矩阵，$\nu\in[0,\infty]$ 是自由度。对于多元正态分布(见图 5-1)，缩放矩阵可以是全矩阵、对角矩阵或者球形矩阵等形式。对于 $\nu>2$ 该分布的协方差矩阵为 $\boldsymbol{\Sigma}\nu/(\nu-2)$，对于 $0\leqslant\nu\leqslant 2$ 为无穷大。

### 7.5.1　学生 t 分布边缘化

对于混合高斯模型，也有可能以隐变量的方式理解 t 分布。定义

$$\begin{aligned}Pr(\boldsymbol{x}|h)&=\mathrm{Norm}_{\boldsymbol{x}}[\boldsymbol{\mu},\boldsymbol{\Sigma}/h]\\Pr(h)&=\mathrm{Gam}_h[\nu/2,\nu/2]\end{aligned} \tag{7-22}$$

其中，$h$ 是一标量隐变量，$\mathrm{Gam}[\alpha,\beta]$ 是参数为 $\alpha$、$\beta$ 的伽马分布(见图 7-16)。伽马分布是定义在正实轴上且概率密度函数为下式的连续概率分布。

$$\mathrm{Gam}_h[\alpha,\beta]=\frac{\beta^\alpha}{\Gamma[\alpha]}\exp[-\beta h]h^{\alpha-1} \tag{7-23}$$

其中，$\Gamma[\cdot]$是伽马函数。

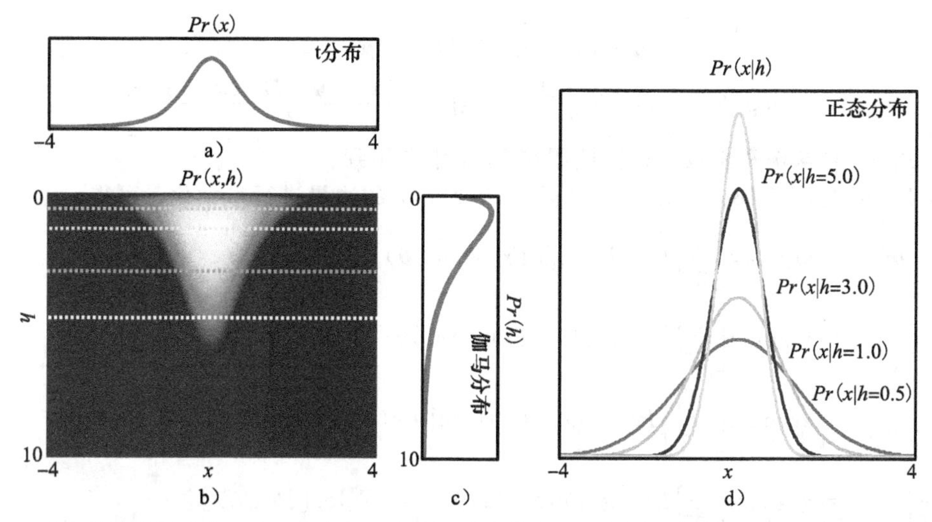


图 7-17 t 分布作为边缘分布。a) t 分布与正态分布形状类似，只是尾巴较长。b) t 分布是观测变量 $x$ 和隐变量 $h$ 之间的联合分布 $Pr(x,h)$ 的边缘化分布。c) 关于隐变量 $h$ 的先验分布有一伽马分布。d) 条件分布 $Pr(x|h)$是正态分布，其方差与 $h$ 有关。因此 t 分布可以看成方差取决于伽马先验的正态分布的无限权重和(式(7-24))

t 分布是关于数据 $\mathbf{x}$ 和 $h$ 之间的联合分布的隐变量 $h$ 的边缘化分布(见图 7-17)，

$$\begin{aligned}Pr(\mathbf{x})&=\int Pr(\mathbf{x},h)\mathrm{d}h=\int Pr(\mathbf{x}|h)Pr(h)\mathrm{d}h\\&=\int \mathrm{Norm}_x[\boldsymbol{\mu},\boldsymbol{\Sigma}/h]\mathrm{Gam}_h[\nu/2,\nu/2]\mathrm{d}h\\&=\mathrm{Stud}_x[\boldsymbol{\mu},\boldsymbol{\Sigma},\nu]\end{aligned} \tag{7-24}$$

该公式同时也提供了从 t 分布中生成数据的方法。我们首先从伽马分布中生成 $h$，接着从相关联的正态分布 $Pr(\mathbf{x}|h)$中生成 $\mathbf{x}$。因此隐变量有一个简单的解释：它告诉我们连续正态分布族中的哪个与该数据点有关。

### 7.5.2 拟合 t 分布的期望最大化

由于概率密度函数是一个包含隐变量的联合分布(式(7-24))的边缘化形式，因此可以利用期望最大化算法从训练数据集$\{\mathbf{x}_i\}_{i=1}^I$中学习参数 $\boldsymbol{\theta}=\{\boldsymbol{\mu},\boldsymbol{\Sigma},\nu\}$。 7.2

在 E 步(见图 7-18a～b)，通过在给定观测量 $\mathbf{x}_i$ 和当前参数设定的情况下求每个隐变量 $h_i$ 的后验 $Pr(h_i|\mathbf{x}_i,\boldsymbol{\theta}^{[t]})$ 来对相对于分布 $q_i(h_i)$的边界进行最大化。通过贝叶斯法则，可得

$$\begin{aligned}q_i(h_i)=Pr(h_i|\mathbf{x}_i,\boldsymbol{\theta}^{[t]})&=\frac{Pr(\mathbf{x}_i|h_i,\boldsymbol{\theta}^{[t]})Pr(h_i)}{Pr(\mathbf{x}_i|\boldsymbol{\theta}^{[t]})}\\&=\frac{\mathrm{Norm}_{\mathbf{x}_i}[\boldsymbol{\mu},\boldsymbol{\Sigma}/h_i]\mathrm{Gam}_{h_i}[\nu/2,\nu/2]}{Pr(\mathbf{x}_i)}\\&=\mathrm{Gam}_{h_i}\left[\frac{\nu+D}{2},\frac{(\mathbf{x}_i-\boldsymbol{\mu})^{\mathrm{T}}\boldsymbol{\Sigma}^{-1}(\mathbf{x}_i-\boldsymbol{\mu})}{2}+\frac{\nu}{2}\right]\end{aligned} \tag{7-25}$$

这里用到了伽马分布与正态协方差的缩放因子共轭的事实。E 步可以按如下理解：将每个数据点 $\mathbf{x}_i$ 看作它是从无穷混合的某一个正态分布中产生的，在该混合模型中隐变量 $h_i$ 决定是哪一个正态分布。因此 E 步在 $h_i$ 上计算一个分布，以决定在哪一个正态分布上产生的数据。

现在计算相对于式(7-25)中分布的期望(见 2.7 节)：

$$\mathrm{E}[h_i]=\frac{(\nu+D)}{\nu+(\mathbf{x}_i-\boldsymbol{\mu})^{\mathrm{T}}\boldsymbol{\Sigma}^{-1}(\mathbf{x}_i-\boldsymbol{\mu})} \tag{7-26}$$

$$\mathrm{E}[\log[h_i]]=\Psi\left[\frac{\nu+D}{2}\right]-\log\left[\frac{\nu+(\mathbf{x}_i-\boldsymbol{\mu})^{\mathrm{T}}\boldsymbol{\Sigma}^{-1}(\mathbf{x}_i-\boldsymbol{\mu})}{2}\right] \tag{7-27}$$

其中，$\Psi[\cdot]$是双伽马函数。这些期望在 M 步中会用到。

在 M 步(见图 7-18c)对关于参数 $\boldsymbol{\theta}=\{\boldsymbol{\mu},\boldsymbol{\Sigma},\nu\}$的边界进行最大化，可得

$$\begin{aligned}\hat{\boldsymbol{\theta}}^{[t+1]}&=\underset{\boldsymbol{\theta}}{\operatorname{argmax}}\left[\sum_{i=1}^{I}\int\hat{q}_i(h_i)\log[Pr(\mathbf{x}_i,h_i|\boldsymbol{\theta})]\mathrm{d}h_i\right]\\&=\underset{\boldsymbol{\theta}}{\operatorname{argmax}}\left[\sum_{i=1}^{I}\int\hat{q}_i(h_i)\log[Pr(\mathbf{x}_i|h_i,\boldsymbol{\theta})]+\log[Pr(h_i)]\mathrm{d}h_i\right]\\&=\underset{\boldsymbol{\theta}}{\operatorname{argmax}}\left[\sum_{i=1}^{I}\int Pr(h_i|\mathbf{x}_i,\boldsymbol{\theta}^{[t]})(\log[Pr(\mathbf{x}_i|h_i,\boldsymbol{\theta})]+\log[Pr(h_i)]\mathrm{d}h_i\right]\\&=\underset{\boldsymbol{\theta}}{\operatorname{argmax}}\left[\sum_{i=1}^{I}E[\log[Pr(\mathbf{x}_i|h_i,\boldsymbol{\theta})]]+E[\log[Pr(h_i)]]\right]\end{aligned} \tag{7-28}$$

其中，期望是相对于后验分布 $Pr(h_i|x_i,\theta^{[t]})$ 计算的。代入到正态似然 $Pr(\mathbf{x}_i|h_i)$和伽马先验 $Pr(h_i)$的表达式中，我们发现

$$\begin{aligned}\mathrm{E}[\log[Pr(\mathbf{x}_i|h_i,\boldsymbol{\theta})]]&=\frac{D\mathrm{E}[\log h_i]-D\log 2\pi-\log|\boldsymbol{\Sigma}|-(\mathbf{x}_i-\boldsymbol{\mu})^{\mathrm{T}}\boldsymbol{\Sigma}^{-1}(\mathbf{x}_i-\boldsymbol{\mu})\mathrm{E}[h_i]}{2}\\\mathrm{E}[\log[Pr(h_i)]]&=\frac{\nu}{2}\log\left[\frac{\nu}{2}\right]-\log\Gamma\left[\frac{\nu}{2}\right]+\left(\frac{\nu}{2}-1\right)\mathrm{E}[\log h_i]-\frac{\nu}{2}\mathrm{E}[h_i]\end{aligned} \tag{7-29}$$

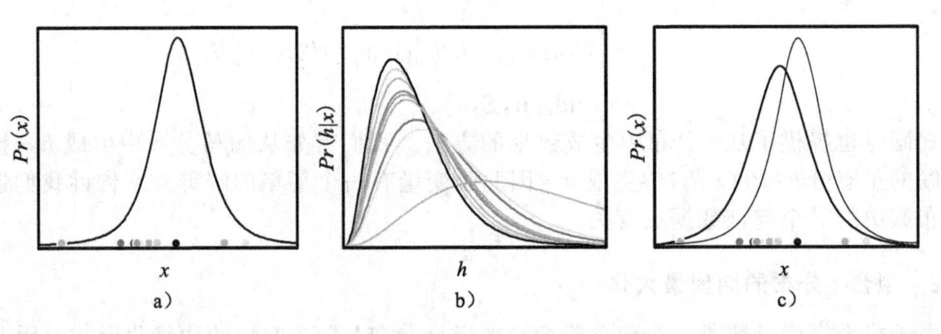


图 7-18　拟合 t 分布期望最大化的。a) 更新前分布估计。b) 在 E 步，对于每个数据点 $x_i$ 求隐变量 $h_i$ 的后验分布 $Pr(h_i|x_i)$。每条曲线的颜色对应于图 a) 中每个原始数据点。c) 在 M 步，用这些关于 $h$ 的分布来更新参数 $\boldsymbol{\theta}=\{\boldsymbol{\mu},\sigma^2,\nu\}$ 的估计

为了优化 $\boldsymbol{\mu}$ 和 $\boldsymbol{\Sigma}$，对式(7-28)求导，令结果为 0 并且重新整理得到更新表达式

$$\boldsymbol{\mu}^{[t+1]}=\frac{\sum_{i=1}^{I}\mathrm{E}[h_i]\mathbf{x}_i}{\sum_{i=1}^{I}\mathrm{E}[h_i]}$$

$$\boldsymbol{\Sigma}^{[t+1]}=\frac{\sum_{i=1}^{I}\mathrm{E}[h_i](\boldsymbol{x}_i-\boldsymbol{\mu}^{[t+1]})(\boldsymbol{x}_i-\boldsymbol{\mu}^{[t+1]})^{\mathrm{T}}}{\sum_{i=1}^{I}\mathrm{E}[h_i]} \tag{7-30}$$

这些更新式具有直观的形式：对于均值，我们可以计算数据的加权和。数据集中的异常值最好解释为有较大的协方差的无限混合正态分布：对于这些分布 $h$ 很小($h$ 反向缩放正态协方差)。因此，$\mathrm{E}[h]$很小，并且在求和中权重较小。$\boldsymbol{\Sigma}$ 更新的解释类似。

但是，关于自由度 $\nu$，没有闭式解。因此采用一维线性搜索来对代入更新后的 $\boldsymbol{\mu}$ 和 $\boldsymbol{\Sigma}$ 的式(7-28)进行最大化处理，或者利用第 9 章中的优化技术。

当利用对角尺度矩阵 $\boldsymbol{\Sigma}$ 来将 t 分布拟合到人脸数据集时，均值 $\boldsymbol{\mu}$ 和尺度矩阵 $\boldsymbol{\Sigma}$ 看起来像正态模型(见图 7-2)。然而，模型并不一样。拟合的自由度 $\nu$ 是 6.6。这个较小值表明了该分布的尾巴比正态模型显著更长。

总之，多元 t 分布提供了对具有异常值数据的更为完善的描述(见图 7-14)。它只比正态分布多一个参数(自由度 $\nu$)，并且把正态分布包容在内作为一种特殊情况(当 $\nu$ 变得很大)。然而，这一泛化也带来了一定的代价：最大似然参数没有闭式解，因此我们必须依靠更复杂的方法，如期望最大化算法来拟合分布。

## 7.6　因子分析

现在我们解决正态分布中的最后一个问题。视觉数据的维度通常很高；在人脸检测任务中，数据是 60×60 的 RGB 图像形式，因此可以用一个 60×60×3=10800 维度的向量来表示。为了利用完整的多元正态分布来对该数据进行建模，我们需要一个维度为 10800×10800 的协方差矩阵：在缺少先验信息的情况下，我们需要大量的训练样本来很好地估计这些参数。另外，为了存储该协方差矩阵，我们需要大量内存空间，并且当我们估算正态似然函数(式(5.1))时还会遇到对该大型矩阵求逆的问题。

当然，我们可以只用协方差矩阵的对角形式，它只包含 10800 个参数。但是，这又简化得太多：我们假设每维度的数据是独立的，而对于人脸图像，这显然不是正确的。例如，在面颊区域，相邻像素的 RGB 值变化很相小。一个好的模型应该捕获这些信息。

因子分析提供了一种折衷的方式，其中，协方差矩阵按照某种形式组织，使得它比全矩阵包含更少的未知参数，但又比对角矩阵包含更多的未知参数。考虑因子分析(factor analyser)协方差的一种方法就是它利用全模型对部分高维空间进行建模并利用对角模型来结束剩余的方差。

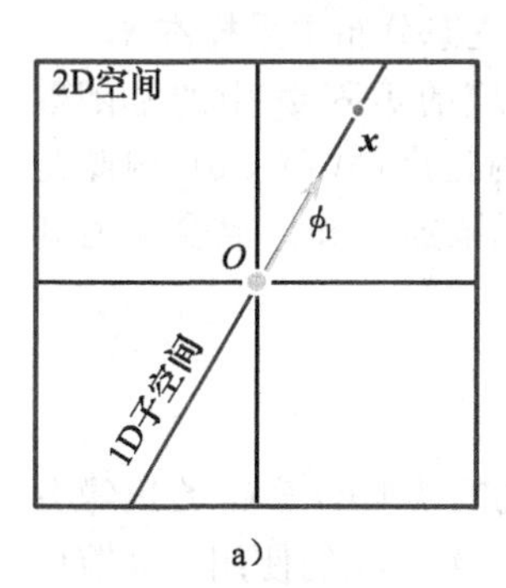


a)

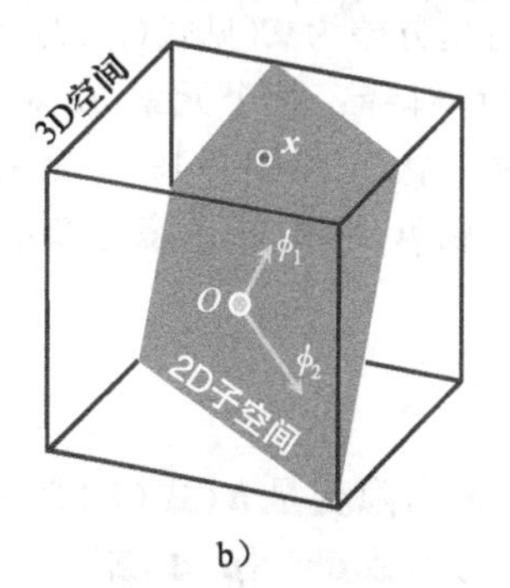


b)

图 7-19　线性子空间。a) 一维子空间(一条过原点 $O$ 的直线)被嵌入到二维空间。子空间中的任何点 $\boldsymbol{x}$ 都能通过相应地加权单个基向量 $\phi_1$ 获得。b) 二维子空间(一个过原点 $O$ 的平面)被嵌入到三维空间。在子空间中的任何点 $\boldsymbol{x}$ 可以通过利用两个描述子空间的基函数 $\phi_1$、$\phi_2$ 的线性组合 $\boldsymbol{x}=\alpha\phi_1+\beta\phi_2$获得。一般来说，$K$ 维子空间可以用 $K$ 个基函数来描述

更精确的是，分析因素利用全协方差模型定义一个线性子空间。线性子空间是高维空间的一个子集该高维空间可以用一组固定基函数(见图 7-19)通过线性组合(加权和)得到。由于我们可以通过加权单个基向量来获得任意的点。因此，一个通过原点的直线是一个二

维空间的子空间。经过原点的直线也是三维空间的子空间，同样经过原点的一个平面也是类似的：我们可以通过对两个基向量进行线性组合来获得平面上的任意点。一般来说，一个 $D$ 维空间包含 1，2，…，$D-1$ 维子空间。

因子分析的概率密度函数为

$$Pr(\boldsymbol{x}) = \text{Norm}_{\boldsymbol{x}}[\boldsymbol{\mu}, \boldsymbol{\Phi}\boldsymbol{\Phi}^{\mathrm{T}} + \boldsymbol{\Sigma}] \tag{7-31}$$

其中，协方差矩阵 $\boldsymbol{\Phi}\boldsymbol{\Phi}^{\mathrm{T}}+\boldsymbol{\Sigma}$ 包括两项的和。第一项 $\boldsymbol{\Phi}\boldsymbol{\Phi}^{\mathrm{T}}$ 描述子空间上的全协方差模型：直式的[⊖] $K$ 列矩形矩阵 $\boldsymbol{\Phi}=[\boldsymbol{\phi}_1, \boldsymbol{\phi}_2, \cdots, \boldsymbol{\phi}_K]$ 称为因子。因子是决定子空间建模的基向量。当将模型拟合到数据时，因子将向数据共变最大的方向伸展。第二项 $\boldsymbol{\Sigma}$ 是解释所有剩下变化的对角矩阵。

注意，该模型有 $K\times D$ 个参数来描述 $\boldsymbol{\Phi}$，并且有另外的 $D$ 个参数来描述对角矩阵 $\boldsymbol{\Sigma}$。如果因子个数 $K$ 远小于数据维度 $D$，那么相对于具有全协方差的正态模型，该模型具有较少的参数，因此可以通过较少的训练样本来学习以得到这些参数。

当 $\boldsymbol{\Sigma}$ 是一单位矩阵的若干常数倍(也就是说，对球形协方差建模)时该模型称为*概率主成分分析*。这个简单的模型有较少的参数，并且可以用闭式解的方式来拟合(也就是不需要利用期望最大化算法)，但是它在其他方面相对于因子分析没有优势(详细内容见 17.5.1 节)。因此我们将仅讨论更一般的因子分析模型。

### 7.6.1　因子分析的边缘分布

对于混合高斯和 t 分布，可以将因子分析模型视为观测数据 $\boldsymbol{x}$ 和一个 $K$ 维隐变量 $\boldsymbol{h}$ 之间的联合分布的边缘分布。定义

$$\begin{aligned} Pr(\boldsymbol{x}|\boldsymbol{h}) &= \text{Norm}_{\boldsymbol{x}}[\boldsymbol{\mu}+\boldsymbol{\Phi}\boldsymbol{h}, \boldsymbol{\Sigma}] \\ Pr(\boldsymbol{h}) &= \text{Nrom}_{\boldsymbol{h}}[\boldsymbol{0}, \boldsymbol{I}] \end{aligned} \tag{7-32}$$

其中，$\boldsymbol{I}$ 代表单位矩阵。可以发现(不明显)

$$\begin{aligned} Pr(\boldsymbol{x}) &= \int Pr(\boldsymbol{x}, \boldsymbol{h})\mathrm{d}\boldsymbol{h} = \int Pr(\boldsymbol{x}|\boldsymbol{h})Pr(\boldsymbol{h})\mathrm{d}\boldsymbol{h} \\ &= \int \text{Norm}_{\boldsymbol{x}}[\boldsymbol{\mu}+\boldsymbol{\Phi}\boldsymbol{h}, \boldsymbol{\Sigma}]\text{Norm}_{\boldsymbol{h}}[\boldsymbol{0}, \boldsymbol{I}]\mathrm{d}\boldsymbol{h} \\ &= \text{Norm}_{\boldsymbol{x}}[\boldsymbol{\mu}, \boldsymbol{\Phi}\boldsymbol{\Phi}^{\mathrm{T}}+\boldsymbol{\Sigma}] \end{aligned} \tag{7-33}$$

这是因子分析(式(7-31))的原始定义。

将因子分析作为边缘分布揭示了从该分布中采样的一个简单方法。首先从正态先验中采样隐变量 $\boldsymbol{h}$。接着从一均值为 $\boldsymbol{\mu}+\boldsymbol{\Phi}\boldsymbol{h}$，对角方差为 $\boldsymbol{\Sigma}$(见式(7-32))的正态分布中采样本 $\boldsymbol{x}$。

这使得我们可以对隐变量 $\boldsymbol{h}$ 作一简单解释：每个元素 $h_k$ 对相应的矩阵 $\boldsymbol{\Phi}$ 中的基函数 $\boldsymbol{\phi}_k$ 进行加权，因此 $\boldsymbol{h}$ 定义了子空间中的一个点(见图 7-19)。最终的密度(式(7-31))因此是在子空间上具有相同对角协方差 $\boldsymbol{\Sigma}$ 和均值 $\boldsymbol{\mu}+\boldsymbol{\Phi}\boldsymbol{h}$ 的正态分布的无限加权和。混合模型和因子分析的关系如图 7-20 所示。

### 7.6.2　因子分析学习的期望最大化

7.3

由于因子分析可以表示为观测数据 $\boldsymbol{x}$ 和隐变量 $\boldsymbol{h}$(式(7-33))之间的联合分布的边缘分布，因此可以使用期望最大化算法来学习参数 $\boldsymbol{\theta}=\{\boldsymbol{\mu}, \boldsymbol{\Phi}, \boldsymbol{\Sigma}\}$。又一次，我们使用 7.3 节中阐述的方法。

---

⊖　也就是，不同于横式的短而宽，而是高和瘦。

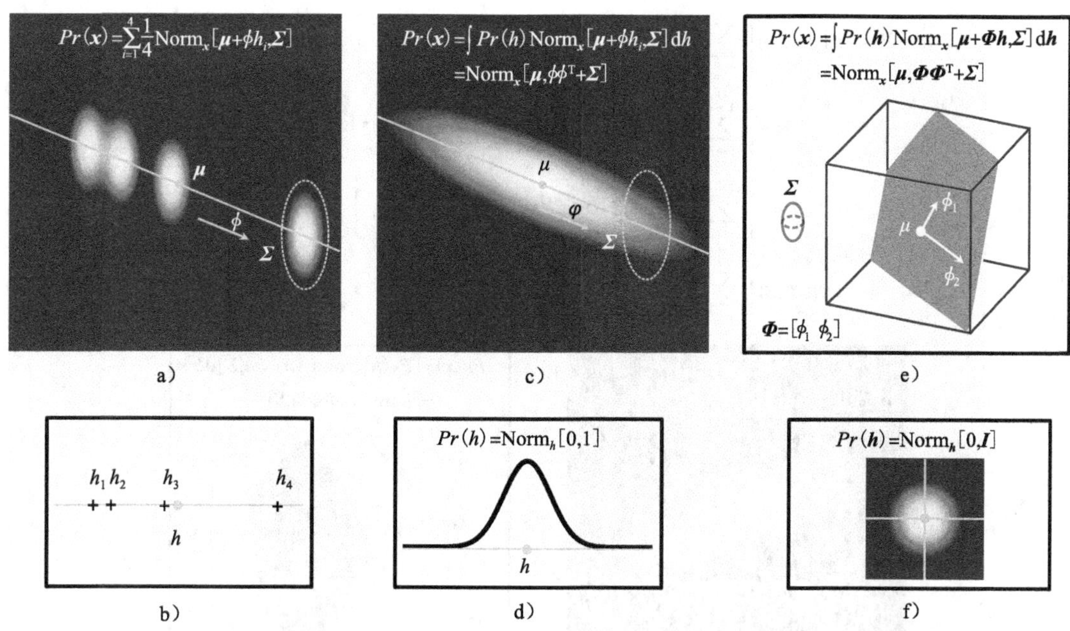


图 7-20 因子分析和混合高斯的关系。a) 考虑每个分量有相同的对角协方差 $\boldsymbol{\Sigma}$ 的 MoG 模型。我们通过将每个高斯均值参数化为 $\boldsymbol{\mu}_i=\boldsymbol{\mu}+\phi h_i$ 来描述在某方向 $\phi$ 上的变化。b) 标量隐变量 $h_i$ 的不同值决定了沿 $\phi$ 方向的不同位置。c) 我们现在利用连续高斯族的无穷和(积分)来替换 MoG，其中每个通过 $h$ 的一特定值来确定。d) 如果我们在隐变量上选取先验为正态分布，那么该积分具有闭式解并且是因子分析。e) 更一般的是，我们想在高维空间中一组方向 $\boldsymbol{\Phi}=[\phi_1,\phi_2,\cdots,\phi_k]$ 上描述协方差。f) 为此，我们用 $K$ 维隐变量 $\boldsymbol{h}$ 和相关联的正态先验 $Pr(\boldsymbol{h})$

在 E 步(见图 7-21)，我们优化对应于分布 $q_i(\boldsymbol{h}_i)$的边界。为了实现这个目的，在给定观测数据 $\boldsymbol{x}_i$ 和当前参数 $\boldsymbol{\theta}^{[t]}$的情况下，我们求每个隐变量 $\boldsymbol{h}_i$ 的后验概率分布 $Pr(\boldsymbol{h}_i|\boldsymbol{x}_i)$。为此，可利用贝叶斯法则：

$$\begin{aligned}\hat{q}(\boldsymbol{h}_i)&=Pr(\boldsymbol{h}_i|\boldsymbol{x}_i,\boldsymbol{\theta}^{[t]})\\&=\frac{Pr(\boldsymbol{x}_i|\boldsymbol{h}_i,\boldsymbol{\theta}^{[t]})Pr(\boldsymbol{h}_i)}{Pr(\boldsymbol{x}_i|\boldsymbol{\theta}^{[t]})}\\&=\frac{\text{Norm}_{\boldsymbol{x}_i}[\boldsymbol{\mu}+\boldsymbol{\Phi}\boldsymbol{h}_i,\boldsymbol{\Sigma}]\text{Norm}_{\boldsymbol{h}_i}[\boldsymbol{0},\boldsymbol{I}]}{Pr(\boldsymbol{x}_i|\boldsymbol{\theta}^{[t]})}\\&=\text{Norm}_{\boldsymbol{h}_i}[(\boldsymbol{\Phi}^T\boldsymbol{\Sigma}^{-1}\boldsymbol{\Phi}+\boldsymbol{I})^{-1}\boldsymbol{\Phi}^T\boldsymbol{\Sigma}^{-1}(\boldsymbol{x}_i-\boldsymbol{\mu}),(\boldsymbol{\Phi}^T\boldsymbol{\Sigma}^{-1}\boldsymbol{\Phi}+\boldsymbol{I})^{-1}]\end{aligned}\tag{7-34}$$

其中，我们利用了变量关系的变化(见 5.7 节)和两个正态分布乘积正比于第三个正态分布的事实(见 5.6 节)。

最终的比例常数恰好抵消了分母中的 $Pr(\boldsymbol{x})$项，从而保证了结果是一个有效的概率分布。

E 步计算关于观测数据可能原因 $\boldsymbol{h}$ 的概率分布。这就隐式定义了一个在本应该生成该样本的子空间上位置 $\boldsymbol{\Phi h}$ 的概率分布。

从后验分布(式(7-34))中提取以下期望，因为我们将在 M 步用到它们：

$$\begin{aligned}\text{E}[\boldsymbol{h}_i]&=(\boldsymbol{\Phi}^T\boldsymbol{\Sigma}^{-1}\boldsymbol{\Phi}+\boldsymbol{I})^{-1}\boldsymbol{\Phi}^T\boldsymbol{\Sigma}^{-1}(\boldsymbol{x}_i-\boldsymbol{\mu})\\\text{E}[\boldsymbol{h}_i\boldsymbol{h}_i^T]&=\text{E}[(\boldsymbol{h}_i-\text{E}[\boldsymbol{h}_i])(\boldsymbol{h}_i-\text{E}[\boldsymbol{h}_i])^T]+\text{E}[\boldsymbol{h}_i]\text{E}[\boldsymbol{h}_i]^T\\&=(\boldsymbol{\Phi}^T\boldsymbol{\Sigma}^{-1}\boldsymbol{\Phi}+\boldsymbol{I})^{-1}+\text{E}[\boldsymbol{h}_i]\text{E}[\boldsymbol{h}_i]^T\end{aligned}\tag{7-35}$$

在 M 步，我们优化对应于参数 $\boldsymbol{\theta}=\{\boldsymbol{\mu},\boldsymbol{\Phi},\boldsymbol{\Sigma}\}$ 的边界使得

$$\begin{aligned}\hat{\boldsymbol{\theta}}^{[t+1]} &= \underset{\boldsymbol{\theta}}{\operatorname{argmax}}\left[\sum_{i=1}^{I}\int \hat{q}_i(\boldsymbol{h}_i)\log[Pr(\boldsymbol{x},\boldsymbol{h}_i,\boldsymbol{\theta})]\mathrm{d}\boldsymbol{h}_i\right] \\ &= \underset{\boldsymbol{\theta}}{\operatorname{argmax}}\left[\sum_{i=1}^{I}\int \hat{q}_i(\boldsymbol{h}_i)[\log[Pr(\boldsymbol{x}|\boldsymbol{h}_i,\boldsymbol{\theta})]+\log[Pr(\boldsymbol{h}_i)]]\mathrm{d}\boldsymbol{h}_i\right] \\ &= \underset{\boldsymbol{\theta}}{\operatorname{argmax}}\left[\sum_{i=1}^{I}\int \hat{q}_i(\boldsymbol{h}_i)\log[Pr(\boldsymbol{x}|\boldsymbol{h}_i,\boldsymbol{\theta})]\mathrm{d}\boldsymbol{h}_i\right] \\ &= \underset{\boldsymbol{\theta}}{\operatorname{argmax}}\left[\sum_{i=1}^{I}\mathrm{E}[\log Pr(\boldsymbol{x}|\boldsymbol{h}_i,\boldsymbol{\theta})]\right]\end{aligned} \tag{7-36}$$

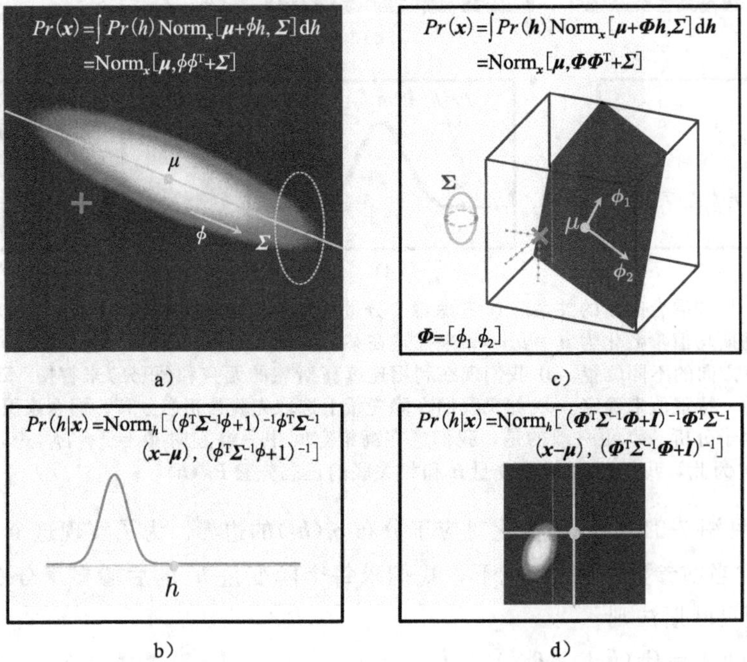

图 7-21　因子分析中计算期望最大化算法的 E 步。a) 一个因子的二维情况。我们已知数据点 $\boldsymbol{x}$(灰色十字)。b) 在 E 步，求关联隐变量 $h$ 的可能值的分布。可以看出关于 $h$ 的后验分布本身是正态分布。c) 两个因子的三维空间。我们已知一数据点 $\boldsymbol{x}$(灰色叉号)，我们的目的是求关联隐变量 $h$ 的分布。d) 再一次，该后验是正态分布

其中，移除了项 $\log[Pr(\boldsymbol{h}_i)]$，由于它与变量 $\boldsymbol{\theta}$ 无关。期望 $\mathrm{E}[\cdot]$根据相关后验分布 $\hat{q}_i(\boldsymbol{h}_i)=Pr(\boldsymbol{h}_i|\boldsymbol{x}_i,\boldsymbol{\theta}^{[t]})$ 获得。$\log[Pr(\boldsymbol{x}_i|\boldsymbol{h}_i)]$由下式给出

$$\log Pr(\boldsymbol{x}_i|\boldsymbol{h}_i) = -\frac{D\log[2\pi]+\log[|\boldsymbol{\Sigma}|]+(\boldsymbol{x}_i-\boldsymbol{\mu}-\boldsymbol{\Phi}\boldsymbol{h}_i)^{\mathrm{T}}\boldsymbol{\Sigma}^{-1}(\boldsymbol{x}_i-\boldsymbol{\mu}-\boldsymbol{\Phi}\boldsymbol{h}_i)}{2} \tag{7-37}$$

通过对参数 $\boldsymbol{\theta}=\{\boldsymbol{\mu},\boldsymbol{\Phi},\boldsymbol{\Sigma}\}$ 进行求导数来优化式(7-36)，令最终表达式为 0 并重新整理各项得到

$$\begin{aligned}\hat{\boldsymbol{\mu}} &= \frac{\sum_{i=1}^{I}\boldsymbol{x}_i}{I} \\ \hat{\boldsymbol{\Phi}} &= \left(\sum_{i=1}^{I}(\boldsymbol{x}_i-\hat{\boldsymbol{\mu}})\mathrm{E}[\boldsymbol{h}_i]^{\mathrm{T}}\right)\left(\sum_{i=1}^{I}\mathrm{E}[\boldsymbol{h}_i\boldsymbol{h}_i^{\mathrm{T}}]\right)^{-1} \\ \hat{\boldsymbol{\Sigma}} &= \frac{1}{I}\sum_{i=1}^{I}\operatorname{diag}[(\boldsymbol{x}_i-\hat{\boldsymbol{\mu}})(\boldsymbol{x}_i-\hat{\boldsymbol{\mu}})^{\mathrm{T}}-\hat{\boldsymbol{\Phi}}\,\mathrm{E}[\boldsymbol{h}_i](\boldsymbol{x}_i-\hat{\boldsymbol{\mu}})^{\mathrm{T}}]\end{aligned} \tag{7-38}$$

其中，函数 diag[·]是将矩阵参数中除对角线以外的所有元素设为0的操作。

图7-22展示了利用期望最大化算法的10次迭代来拟合人脸数据的因子分析模型的参数。不同的因子对不同的数据集变化模式进行编码，这通常具有现实含义，例如姿势或者光照变化。

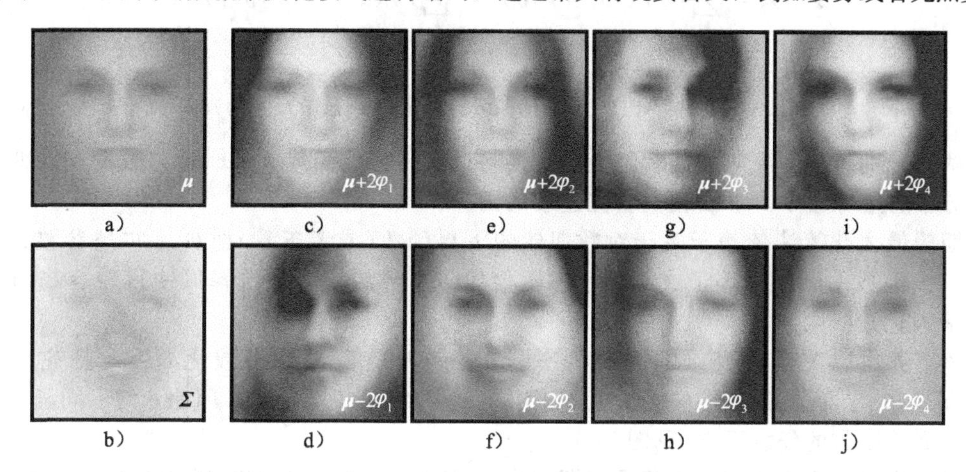


图7-22 人脸类别的具有10个因子(只显示4个)的因子分析。a) 人脸模型的均值 $\boldsymbol{\mu}$。b) 人脸模型的对角协方差分量 $\boldsymbol{\Sigma}$。为了使第一个因子 $\phi_1$ 的效果可视化，我们从均值增加c) 或者减去 d) 第一因子的若干倍：我们沿着似乎是对平均亮度进行编码的10维子空间的一条轴。其他因子 e～j) 的编码在色度和人脸资态方面都发生了变化

总而言之，因子分析是捕获高维数据中协方差的一个有效模型。它利用一组参数 $\boldsymbol{\Phi}$ 来描述在哪个方向上数据最相关，利用第二组参数 $\boldsymbol{\Sigma}$ 描述剩余的变化。

## 7.7 组合模型

混合高斯、t分布和因子分析模型的构建类似：每个模型都是一组正态分布的加权和或者积分。混合高斯模型包含 $K$ 个具有不同均值和方差的正态分布的加权和。t分布包含具有相同均值但不同方差的正态分布的无限加权和。因子分析模型是有不同均值但相同对角协方差的正态分布的无限加权和。

鉴于这些相似点，那么这些模型可以很容易地组合也就不足为奇了。如果我们组合混合模型和因子分析，我们得到*混合因子分析*(MoFA)模型。这是因子分析的加权和形式，其中每个都有不同的均值并且为不同子空间分配高概率密度。类似地，组合混合模型和t分布产生*混合t分布*或者*鲁棒混合模型*。组合t分布和因子分析，可以构造*鲁棒子空间模型*，该建模主要是对子空间中的数据建模，但是容易受到异常值影响。最后，组合所有三个模型，我们得到*混合鲁棒子空间模型*。该模型具有三种方法的优势(多峰、鲁棒并且充分利用参数)。关联密度函数为

$$Pr(\boldsymbol{x}) = \sum_{k=1}^{K} \lambda_k \text{Stud}_x[\mu_k, \boldsymbol{\Phi}_k \boldsymbol{\Phi}_k^{\mathrm{T}} + \boldsymbol{\Sigma}_k, \nu_k] \tag{7-39}$$

其中，$\boldsymbol{\mu}_k$、$\boldsymbol{\Phi}_k$ 和 $\boldsymbol{\Sigma}_k$ 表示第 $k$ 个分量的均值、因子和对角协方差矩阵。$\lambda_k$ 表示第 $k$ 个分量的权重，$\nu_k$ 表示第 $k$ 分量的自由度。为了学习该模型，可利用一系列交替的期望最大化算法。

## 7.8 期望最大化算法的细节

纵观本章，我们应用了期望最大化算法(使用了7.3节的方法)。下面我们将仔细讨论期望最大化算法来理解为什么该方法是可行的。

期望最大化算法用来求模型参数 $\boldsymbol{\theta}$ 的最大似然或者最大后验估计，其中数据 $\boldsymbol{x}$ 的似然 $Pr(\boldsymbol{x}|\boldsymbol{\theta})$ 可以写成

$$Pr(\boldsymbol{x}|\boldsymbol{\theta}) = \sum_k Pr(\boldsymbol{x}, h = k|\boldsymbol{\theta}) = \sum_k Pr(\boldsymbol{x}|h = k, \boldsymbol{\theta}) Pr(h = k) \tag{7-40}$$

且

$$Pr(\boldsymbol{x}|\boldsymbol{\theta}) = \int Pr(\boldsymbol{x}, \boldsymbol{h}|\boldsymbol{\theta}) \mathrm{d}\boldsymbol{h} = \int Pr(\boldsymbol{x}|\boldsymbol{h}, \boldsymbol{\theta}) Pr(\boldsymbol{h}) \mathrm{d}\boldsymbol{h} \tag{7-41}$$

上面两式分别对应于离散和连续隐变量。换句话说，似然函数 $Pr(\boldsymbol{x}|\boldsymbol{\theta})$ 是数据和隐变量的联合分布的边缘概率。下面我们研究连续的情况。

期望最大化算法依赖于关于对数似然的下界函数(或者下界) $\mathcal{B}[\boldsymbol{\theta}]$。它是参数为 $\boldsymbol{\theta}$ 的函数，该函数总能保证等于或者小于对数似然。下界应该仔细选择以使得较容易对参数进行最大化。

该下界也以关于隐变量的一组概率分布 $\{q_i(\boldsymbol{h}_i)\}_{i=1}^I$ 进行参数化，因此把它写为 $\mathcal{B}[\{q_i(\boldsymbol{h}_i)\}, \boldsymbol{\theta}]$。不同概率分布 $q_i(\boldsymbol{h}_i)$ 预测不同下界 $\mathcal{B}[\{q_i(\boldsymbol{h}_i)\}, \boldsymbol{\theta}]$，因此 $\boldsymbol{\theta}$ 的不同函数位于真对数似然函数的任意下方(见图 7-5b)。

在期望最大化算法中，交替运用期望步骤(E 步)和最大化步骤(M 步)。其中，

- 在 E 步(见图 7-23a)固定 $\boldsymbol{\theta}$ 并求关于分布 $q_i(\boldsymbol{h}_i)$ 的最佳下界 $\mathcal{B}[\{q_i(\boldsymbol{h}_i)\}, \boldsymbol{\theta}]$。换句话说，在 $t$ 步，我们进行迭代

$$q_i^{[t]}[\boldsymbol{h}_i] = \underset{q_i[\boldsymbol{h}_i]}{\mathrm{argmax}}[\mathcal{B}[\{q_i(\boldsymbol{h}_i)\}, \boldsymbol{\theta}^{[t-1]}]] \tag{7-42}$$

  最佳下界函数在当前参数估计 $\boldsymbol{\theta}$ 下越高越好。由于它必须在每一点等于或者小于对数似然，因此最高的可能值为对数似然本身。因此界与当前参数 $\boldsymbol{\theta}$ 的对数似然曲线有交集。

- 在 M 步(见图 7-23b)，固定 $q_i(\boldsymbol{h}_i)$ 并求 $\theta$ 值，该 $\theta$ 值能够使边界函数 $\mathcal{B}[\{q_i(\boldsymbol{h}_i)\}, \boldsymbol{\theta}]$ 最大。换句话说，计算

$$\boldsymbol{\theta}^{[t]} = \underset{\boldsymbol{\theta}}{\mathrm{argmax}}[\mathcal{B}[\{q_i^{[t]}(\boldsymbol{h}_i)\}, \boldsymbol{\theta}]] \tag{7-43}$$

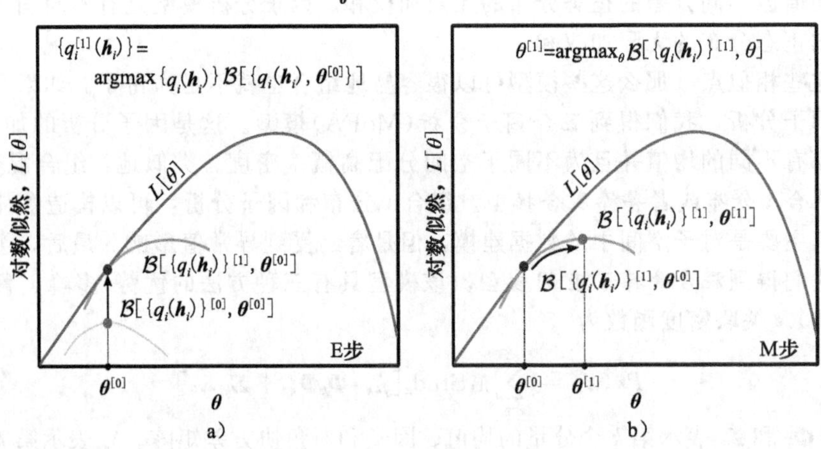


图 7-23　E 步和 M 步。a) 在 E 步，我们依据分布 $\{q_i(\boldsymbol{h}_i)\}$ 来求给定参数 $\boldsymbol{\theta}$ 的最佳下界。该最佳下界将在当前参数值 $\boldsymbol{\theta}$ 处与对数似然相交(这是最好情况)。b) 在 M 步，保持 $\{q_i(\boldsymbol{h}_i)\}$ 为常数并优化新的界参数 $\boldsymbol{\theta}$

通过迭代这些步骤，可以逼近实际对数似然的(局部)最大值(见图 7-24)。为了完成期望最大化算法，必须

- 定义 $\mathcal{B}[\{q_i(\boldsymbol{h}_i)\},\boldsymbol{\theta}^{[t-1]}]$ 并指出它始终在对数似然之下，
- 指出哪个概率分布 $q_i(\boldsymbol{h}_i)$在 E 步优化边界，
- 指出如何在 M 步优化关于 $\theta$ 的边界。

这三问题将分别在 7.8.1～7.8.3 节中解决。

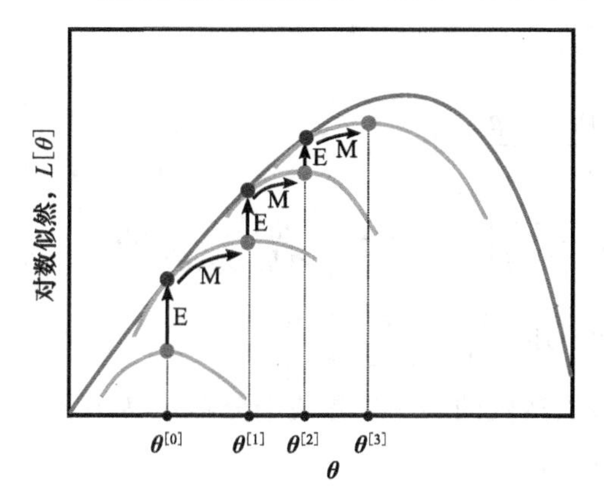


图 7-24　期望最大化算法。通过交替改变分布 $q_i(\boldsymbol{h}_i)$和参数 $\boldsymbol{\theta}$ 来迭代期望和最大化步骤以使得边界增加。在 E 步，在固定 $\boldsymbol{\theta}$ 的情况下，界相对于 $q_i(\boldsymbol{h}_i)$最大化：关于 $\boldsymbol{\theta}$ 的新函数在 $\boldsymbol{\theta}$ 处与真正对数函数有交集。在 M 步，求该函数的最大值。用这种方式，可以保证能求得似然函数的局部最大值

### 7.8.1　期望最大化算法的下界

定义下界 $\mathcal{B}[\{q_i(\boldsymbol{h}_i)\},\boldsymbol{\theta}]$ 为

$$
\begin{aligned}
\mathcal{B}[\{q_i(\boldsymbol{h}_i)\},\boldsymbol{\theta}] &= \sum_{i=1}^{I}\int q_i(\boldsymbol{h}_i)\log\left[\frac{Pr(\boldsymbol{x}_i,\boldsymbol{h}_i|\boldsymbol{\theta})}{q_i(\boldsymbol{h}_i)}\right]\mathrm{d}\boldsymbol{h}_i \\
&\leqslant \sum_{i=1}^{I}\log\left[\int q_i(\boldsymbol{h}_i)\frac{Pr(\boldsymbol{x}_i,\boldsymbol{h}_i|\boldsymbol{\theta})}{q_i(\boldsymbol{h}_i)}\mathrm{d}\boldsymbol{h}_i\right] \\
&= \sum_{i=1}^{I}\log\left[\int Pr(\boldsymbol{x}_i,\boldsymbol{h}_i|\boldsymbol{\theta})\mathrm{d}\boldsymbol{h}_i\right]
\end{aligned}
\tag{7-44}
$$

其中，在第一行和第二行之间使用了*詹森不等式*。这表明了由于对数函数是凹函数，因此可以写

$$
\int Pr(y)\log[y]\mathrm{d}y \leqslant \log\left[\int yPr(y)\mathrm{d}y\right] \tag{7-45}
$$

或者 $\mathrm{E}[\log[y]]\leqslant\log(\mathrm{E}[y])$。图 7-25 展示了一个离散变量的詹森不等式。

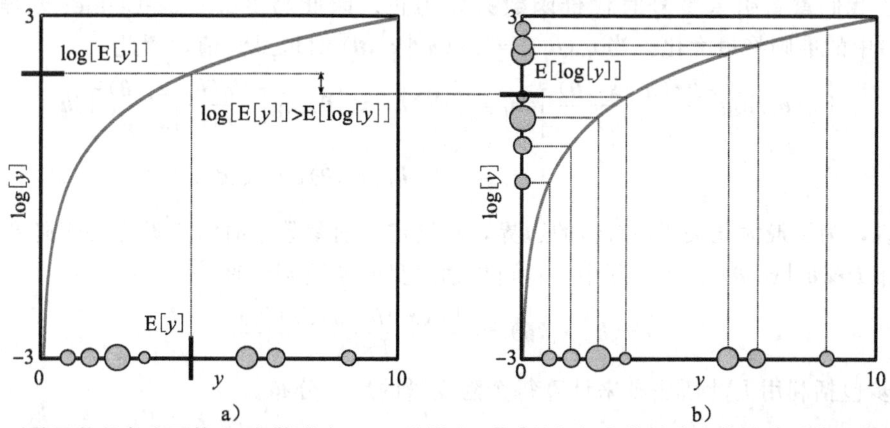


图 7-25　对数函数的詹森不等式(离散形式)。a) 取样本 E[y]的加权均值并将它传递给对数函数。b) 将样本传递给对数函数并取加权平均 E[log[y]]。后者总会比前者的值小(E[log[y]]≤log(E[y]))：值较大的样本被凹对数函数相对压缩了

### 7.8.2　E 步

在 E 步，更新关于分布 $q_i(\boldsymbol{h}_i)$ 的界 $\mathcal{B}[\{q_i\}(\boldsymbol{h}_i),\boldsymbol{\theta}]$。为阐明该过程是如何实现的，操作界的表达式如下所示：

$$\begin{aligned}\mathcal{B}[\{q_i(\boldsymbol{h}_i)\},\boldsymbol{\theta}] &= \sum_{i=1}^{I}\int q_i(\boldsymbol{h}_i)\log\left[\frac{Pr(\boldsymbol{x}_i,\boldsymbol{h}_i|\boldsymbol{\theta})}{q_i(\boldsymbol{h}_i)}\right]d\boldsymbol{h}_i \\ &= \sum_{i=1}^{I}\int q_i(\boldsymbol{h}_i)\log\left[\frac{Pr(\boldsymbol{h}_i|\boldsymbol{x}_i,\boldsymbol{\theta})Pr(\boldsymbol{x}_i|\boldsymbol{\theta})}{q_i(\boldsymbol{h}_i)}\right]d\boldsymbol{h}_i \\ &= \sum_{i=1}^{I}\int q_i(h_i)\log[Pr(\boldsymbol{x}_i|\boldsymbol{\theta})]d\boldsymbol{h}_i - \sum_{i=1}^{I}\int q_i(h_i)\log\left[\frac{q_i(\boldsymbol{h}_i)}{Pr(\boldsymbol{h}_i|\boldsymbol{x}_i,\boldsymbol{\theta})}\right]d\boldsymbol{h}_i \\ &= \sum_{i=1}^{I}\log[Pr(\boldsymbol{x}_i|\boldsymbol{\theta})] - \sum_{i=1}^{I}\int q_i(\boldsymbol{h}_i)\log\left[\frac{q_i(\boldsymbol{h}_i)}{Pr(\boldsymbol{h}_i|\boldsymbol{x}_i,\boldsymbol{\theta})}\right]d\boldsymbol{h}_i \end{aligned} \tag{7-46}$$

其中，第一项的隐变量在最后两行通过积消掉。该表达式的第一项是关于分布 $q_i(\boldsymbol{h}_i)$ 的定值，因此为了优化界，必须求满足下面表达式的分布 $\hat{q}_i(\boldsymbol{h}_i)$。

$$\begin{aligned}\hat{q}(\boldsymbol{h}_i) &= \underset{q_i(\boldsymbol{h}_i)}{\operatorname{argmax}}\left[-\int q_i(\boldsymbol{h}_i)\log\left[\frac{q_i(\boldsymbol{h}_i)}{Pr(\boldsymbol{h}_i|\boldsymbol{x}_i,\boldsymbol{\theta})}\right]d\boldsymbol{h}_i\right] \\ &= \underset{q_i(\boldsymbol{h}_i)}{\operatorname{argmax}}\left[\int q_i(\boldsymbol{h}_i)\log\left[\frac{Pr(\boldsymbol{h}_i|\boldsymbol{x}_i,\boldsymbol{\theta})}{q_i(\boldsymbol{h}_i)}\right]d\boldsymbol{h}_i\right] \\ &= \underset{q_i(\boldsymbol{h}_i)}{\operatorname{argmax}}\left[-\int q_i(\boldsymbol{h}_i)\log\left[\frac{Pr(\boldsymbol{h}_i|\boldsymbol{x}_i,\boldsymbol{\theta})}{q_i(\boldsymbol{h}_i)}\right]d\boldsymbol{h}_i\right]\end{aligned} \tag{7-47}$$

该等式为 $q_i(\boldsymbol{h}_i)$ 和 $Pr(\boldsymbol{h}_i|\boldsymbol{x}_i,\boldsymbol{\theta})$ 间的 Kullback-Leibler 差异。它是概率分布之间的距离的度量。可以利用不等式 $\log[y]\leqslant y-1$（可以自己画出函数验证看看）来证明该代价函数（包括减号）总是正的，

$$\begin{aligned}\int q_i(\boldsymbol{h}_i)\log\left[\frac{Pr(\boldsymbol{h}_i|\boldsymbol{x}_i,\boldsymbol{\theta})}{q_i(\boldsymbol{h}_i)}\right]d\boldsymbol{h}_i &\leqslant \int q_i(\boldsymbol{h}_i)\left(\frac{Pr(\boldsymbol{h}_i|\boldsymbol{x}_i,\boldsymbol{\theta})}{q_i(\boldsymbol{h}_i)}-1\right)d\boldsymbol{h}_i \\ &= \int Pr(\boldsymbol{h}_i|\boldsymbol{x}_i,\boldsymbol{\theta}) - q_i(\boldsymbol{h}_i)d\boldsymbol{h}_i \\ &= 1-1=0\end{aligned} \tag{7-48}$$

这表明当我们重新引入减号时代价函数必须为正。因此当 Kullback-Leibler 差异为 0 时式(7-46)中的准则将最大化。当 $q_i(\boldsymbol{h}_i) = Pr(\boldsymbol{h}_i|\boldsymbol{x}_i,\boldsymbol{\theta})$ 时取最大值，因此

$$\begin{aligned}\int q_i(\boldsymbol{h}_i)\log\left[\frac{Pr(\boldsymbol{h}_i|\boldsymbol{x}_i,\boldsymbol{\theta})}{q_i(\boldsymbol{h}_i)}\right]d\boldsymbol{h}_i &= \int Pr(\boldsymbol{h}_i|\boldsymbol{x}_i,\boldsymbol{\theta})\log\left[\frac{Pr(\boldsymbol{h}_i|\boldsymbol{x}_i,\boldsymbol{\theta})}{Pr(\boldsymbol{h}_i|\boldsymbol{x}_i,\boldsymbol{\theta})}\right]d\boldsymbol{h}_i \\ &= \int Pr(\boldsymbol{h}_i|\boldsymbol{x}_i,\boldsymbol{\theta})\log[1]d\boldsymbol{h}_i = 0\end{aligned} \tag{7-49}$$

换句话说，为了最大化关于 $q_i(\boldsymbol{h}_i)$ 的边界，在给定当前参数集时将它设为关于隐变量 $\boldsymbol{h}_i$ 的后验分布 $Pr(\boldsymbol{h}_i|\boldsymbol{x}_i,\boldsymbol{\theta})$。在实际中，这可以通过贝叶斯法则计算

$$Pr(\boldsymbol{h}_i|\boldsymbol{x}_i,\boldsymbol{\theta}) = \frac{Pr(\boldsymbol{x}_i|\boldsymbol{h}_i,\boldsymbol{\theta})Pr(\boldsymbol{h}_i)}{Pr(\boldsymbol{x}_i)} \tag{7-50}$$

因此 E 步包括利用贝叶斯法则来计算每个隐变量的后验分布。

### 7.8.3　M 步

在 M 步，对关于参数 $\boldsymbol{\theta}$ 的边界进行最大化，使得

$$\begin{aligned}\boldsymbol{\theta}^{[t]} &= \underset{\boldsymbol{\theta}}{\operatorname{argmax}}[\mathcal{B}[\{q_i^{[t]}(\boldsymbol{h}_i)\},\boldsymbol{\theta}]] \\ &= \underset{\boldsymbol{\theta}}{\operatorname{argmax}}\left[\sum_{i=1}^{I}\int q_i^{[t]}(\boldsymbol{h}_i)\log\left[\frac{Pr(\boldsymbol{x}_i,\boldsymbol{h}_i|\boldsymbol{\theta})}{q_i^{[t]}(\boldsymbol{h}_i)}\right]\mathrm{d}\boldsymbol{h}_i\right] \\ &= \underset{\boldsymbol{\theta}}{\operatorname{argmax}}\left[\sum_{i=1}^{I}\int q_i^{[t]}(\boldsymbol{h}_i)\log[Pr(\boldsymbol{x}_i,\boldsymbol{h}_i|\boldsymbol{\theta})] - q_i^{[t]}(\boldsymbol{h}_i)\log[q_i^{[t]}(\boldsymbol{h}_i)]\mathrm{d}\boldsymbol{h}_i\right] \\ &= \underset{\boldsymbol{\theta}}{\operatorname{argmax}}\left[\sum_{i=1}^{I}\int q_i^{[t]}(\boldsymbol{h}_i)\log[Pr(\boldsymbol{x}_i,\boldsymbol{h}_i|\boldsymbol{\theta})]\mathrm{d}\boldsymbol{h}_i\right] \end{aligned} \tag{7-51}$$

其中，我们省略了第二项，因为它与参数无关。如果你回过头再看本章的算法，你会发现我们最大化的就是这个准则。

## 7.9 应用

本章中的模型在计算机视觉中有很多应用。我们现在给出一些典型应用。作为使用混合高斯密度二分类的例子，我们重新考虑贯穿本章的人脸检测应用。为了说明多分类，我们描述基于 t 分布的目标识别模型。我们还将描述作为无监督学习的分割应用：我们没有已标注的训练数据来建立模型。

为了阐述因子分析分类，我们给出一个人脸识别的例子。为了展示它的回归应用，我们考虑将人脸从一个姿势变为另一个姿势的问题。最后，我们通过一个解释数字在空间上弱对齐的模型来强调隐变量可以解释现实世界的事实。

### 7.9.1 人脸检测

在人脸检测中，我们尝试根据观测数据 $\boldsymbol{x}$ 来推理一个确定其中有没有人脸的离散标签 $w \in \{0,1\}$。我们将利用混合高斯模型来描述每个全局状态的似然度，其中高斯分量的协方差被约束成对角形式，使得

$$Pr(\boldsymbol{x}|w=m) = \sum_{k=1}^{K}\lambda_{km}\mathrm{Norm}_{\boldsymbol{x}}[\boldsymbol{\mu}_{km},\boldsymbol{\Sigma}_{km}] \tag{7-52}$$

其中，$m$ 索引全局状态，$k$ 索引混合模型的分量。

我们假设没有关于是否存在人脸的先验知识，所以 $Pr(w=0)=Pr(w=1)=0.5$。我们利用一组标记过的训练样本对 $\{\boldsymbol{x}_i,w_i\}$ 来拟合两个似然项。在实际中，这意味着根据 $w_i=0$ 的数据为非人脸学习一个混合高斯模型，根据 $w=1$ 学习一个人脸模型。

对于测试数据 $\boldsymbol{x}^*$，我们利用贝叶斯法则学习关于 $w$ 的后验概率：

$$Pr(w^*=1|\boldsymbol{x}^*) = \frac{Pr(\boldsymbol{x}^*|w^*=1)Pr(w^*=1)}{\sum_{k=1}^{1}Pr(\boldsymbol{x}^*|w^*=k)Pr(w^*=k)} \tag{7-53}$$

表 7-1 展示了 100 个测试样本的正确分类百分比。其结果是根据从每组 1000 个训练样本学习得到的模型中得到的。

**表 7-1　两种模型和三种预处理方法对应的正确分类百分比。在每种情况下，如果后验概率 $Pr(w=1|\boldsymbol{x}^*)$ 大于 0.5，则数据 $\boldsymbol{x}^*$ 被认为是人脸**

| 模型 | 颜色 | 灰度 | 均衡化 |
|---|---|---|---|
| 单高斯模型 | 76% | 79% | 80% |
| 10 个高斯模型的混合 | 81% | 85% | 89% |

第一列展示的分类结果，其中数据向量是由 24×24 的区域中(本章的样本是 60×60 的像素区域，但是没必要这么大)的 RGB 值构成的。并将结果与基于单个正态分布的结果进行比较。表中的后续列展示了利用灰度 24×24 的像素区域和直方图均衡化后的灰度 24×24区域进行系统训练和测试的结果(见 13.1.2 节)。

从这些分类结果可以发现两个要点。第一，模型的选择对结果确实有影响；混合高斯密度总比单高斯模型具有更好的性能。第二，预处理方法的选择也对最终性能起到关键作用。本书关心视觉中的模型，但是应该注意，这并不是决定真实系统最终性能的唯一因素。第 13 章简要概述预处理的相关方法。

读者应该感觉到这不是一个合理的人脸检测方法。即使最好性能 89%也比真正的人脸检测器差很多：考虑在一幅图像中我们可能在 10 000 个不同位置和尺度的图像块中进行分类，因此 11%的错误率是不可接受的。另外，在两个类别下的条件概率密度函数下对每个图像块进行估计的计算量太大，不切实际。在实际中，人脸检测通常利用判别方法来实现(见第 9 章)。

### 7.9.2　目标识别

在目标识别中，目标是根据第 $i$ 幅图像中的观测数据 $\mathbf{x}_i$ 来指定一离散全局向量 $w_i \in \{1,2,\cdots,M\}$ 来表明目标属于 $M$ 个种类中的哪一种。为此，Aeschliman 等(2010)将每幅图像分成 100 个 10×10 的像素区域并按照规整风格排列。第 $i$ 幅图像的 $j$ 个区域中的灰度像素数据 $\mathbf{x}_{ij}$ 连接组成一个 100×1 的向量 $\mathbf{x}_{ij}$。它们独立对待每个区域并用一个 t 分布来描述使得类条件概率函数为

$$Pr(\mathbf{x}_i \mid w = m) = \prod_{j=1}^{J} \text{Stud}_{\mathbf{x}_{ij}}[\boldsymbol{\mu}_{jm}, \boldsymbol{\Sigma}_{jm}, \nu_{jm}] \tag{7-54}$$

图 7-26 展示了利用阿姆斯特丹图像库中的 10 类图像数据(Guesebroek 等 2005)训练得到的结果。每个类别包含在物体周围以 5 度为一个间隔拍摄的总共 72 幅图像。数据的每一类被随机分成 36 幅训练图像和 36 幅测试图像。设类别的先验概率为均匀分布，后验分布$Pr(w_i \mid \mathbf{x}_i)$使用贝叶斯法则计算。测试目标根据最大后验概率的来分类。

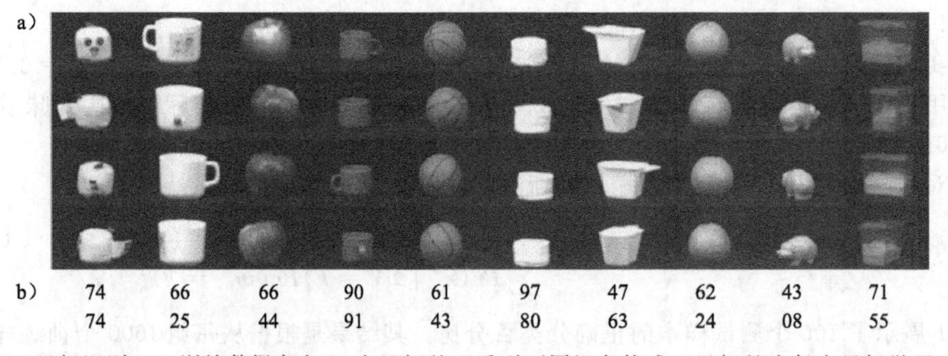


图 7-26　目标识别。a) 训练数据库由 10 个目标的一系列不同视角构成。目标是为每个目标学习一个条件密度函数并利用贝叶斯法则分类新的样本。b) 基于 t 分布(第一行)和正态分布(底行)的类条件密度的识别正确率。鲁棒模型的性能较好，尤其是物体在高光反射的时候。图像来自阿姆斯特丹图像库(Guesebroed 等 2005)

结果表明了 t 分布的优越性——对于几乎所有类别；正确率更好，尤其对于由高光反射作为异常值的目标(例如陶瓷小猪)。通过在每个图像块中增加一个参数，性能从平均 51%提升到 68%。

### 7.9.3 分割

分割的目标是为图像中的 $N$ 个像素分配一个取值在 $w_n \in \{1,2,\cdots,K\}$ 中的一离散标签 $\{w_n\}_{n=1}^{N}$，从而使得属于同一目标的区域被分配同一标签。分割模型取决于包含 RGB 像素值、像素位置为 $(x, y)$ 和其他描述局部纹理信息的 $N$ 个像素处的观测数据向量 $\{\boldsymbol{x}_n\}_{n=1}^{N}$。

我们将这个问题构造为无监督学习。换句话说，我们没有已知全局状态的训练样本。我们必须从图像数据 $\{\boldsymbol{x}_n\}_{n=1}^{N}$ 中学习参数 $\boldsymbol{\theta}$ 并同时估计全局状态 $\{w_i\}_i^I=1$。

我们假设第 $k$ 个目标服从以 $\boldsymbol{\mu}_k$ 和 $\boldsymbol{\Sigma}_k$ 为参数，发生率为 $\lambda_k$ 的正态分布，使得

$$
\begin{aligned}
Pr(w_n) &= \text{Cat}_{w_n}[\lambda] \\
Pr(\boldsymbol{x}_i \mid w_i = k) &= \text{Norm}_{x_i}[\boldsymbol{\mu}_k, \boldsymbol{\Sigma}_k]
\end{aligned} \tag{7-55}
$$

对全局状态进行边缘化，得到

$$
Pr(\boldsymbol{x}_{1\cdots N}) = \prod_{n=1}^{N}\prod_{k=1}^{K}\lambda_k \text{Norm}_{x_n}[\boldsymbol{\mu}_k, \boldsymbol{\Sigma}_k] \tag{7-56}
$$

为了拟合这个模型，利用期望最大化算法求参数 $\boldsymbol{\theta} = \{\lambda_k, \boldsymbol{\mu}_k, \boldsymbol{\Sigma}_k\}_{k=1}^{K}$ 。为了给每个像素分配一个类别，基于给定观测数据，求具有最大后验概率的全局状态的值

$$
\hat{w}_i = \underset{w_i}{\text{argmax}}[Pr(w_i \mid \boldsymbol{x}_i)] \tag{7-57}
$$

其中，通过 E 步来计算后验。

图 7-27 展示了该模型的结果和 Sfikas 等(2007)的基于 t 分布的一个类似混合模型的结果。混合模型可以将图像比较好地划分为不同的区域。不出所料，t 分布结果比基于正态分布的结果含有更少的噪声。

图 7-27 分割。a～c) 原始图像。d～f) 基于 5 个正态分布混合的分割结果。与第 $k$ 个分量相关联的像素用指定了该值的像素的 RGB 均值着色。g～i) 基于 $K$ 个 t 分布混合的分割结果。这里的分割结果比 MoG 模型的噪声要小。结果来自 Sfikas 等(2007)。©IEEE 2007

### 7.9.4　正脸识别

人脸识别(见图 7-28)的目标是根据数据向量 $\boldsymbol{x}$ 分配一个表示人脸属于 $M$ 种不同身份的已知标签 $w \in \{1,\cdots,M\}$。模型从身份已知且带标签的训练样本 $\{\boldsymbol{x}_i,w_i\}_{i=1}^{I}$ 中学习得到。在一个简单的系统中，数据向量可能包含人脸图像的连接灰度值，这些图像应该具有合适的尺寸(例如50×50 像素)来确保更好地识别人脸。

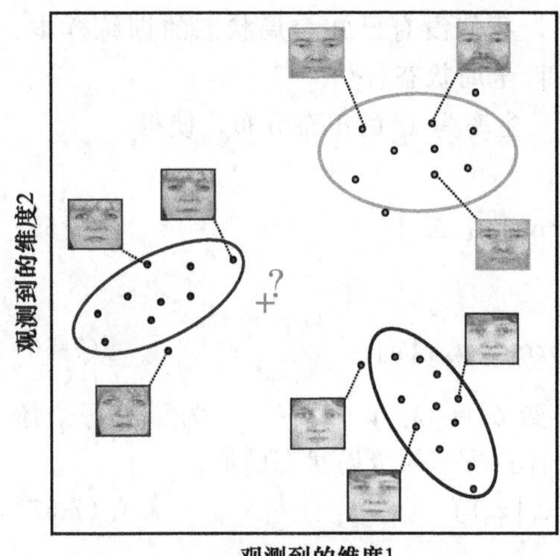


图 7-28　人脸识别。我们的目标是获取人脸图像 $x$ 的 RGB 值并分配一表示其身份的标签 $w \in \{1,\cdots,K\}$。由于数据是高维度的，因此我们对数据库中的每一个体的类条件密度函数 $Pr(\boldsymbol{x}|w=k)$建模为因子分析。为了判别一新的人脸，应用具有合适先验的贝叶斯法则来计算后验分布 $Pr(w|\boldsymbol{x})$。选择最大化后验的标签 $\hat{w}=\underset{w}{\operatorname{argmax}}[Pr(w=k|\boldsymbol{x})]$。该方法假设有足够的训练样本为每一类学习因子分析

由于数据是高维的，因此一个合理的方法是利用分析因素来对每一类条件密度函数进行建模

$$Pr(\boldsymbol{x}_i|w_i=k)=\text{Norm}_{\boldsymbol{x}_i}[\boldsymbol{\mu}_k,\boldsymbol{\Phi}_K\boldsymbol{\Phi}_k^{\mathrm{T}}+\boldsymbol{\Sigma}_k] \tag{7-58}$$

其中，第 $k$ 个个体的参数 $\boldsymbol{\theta}_k=\boldsymbol{\mu}_k,\boldsymbol{\Phi}_k,\boldsymbol{\Sigma}_k$ 可以利用属于那个身份的数据子集和期望最大化算法学习得到。我们还根据数据库中每个人的发生率来指定先验 $P(w=k)$。

为了实现人脸识别，利用贝叶斯法则对新数据样本 $\boldsymbol{x}^*$ 来计算后验分布 $Pr(w^*|\boldsymbol{x}^*)$。根据最大化后验分布来识别身份。

该方法在每个人都有足够的训练样本来学习因子分析且所有脸的姿势类似的情况下效果较好。在下面例子中，我们提出一个可以改变人脸姿态的方法，因此我们可以在人脸姿态变化时也能处理。

### 7.9.5　改变人脸姿态(回归)

为了改变人脸的姿态，我们根据在旧姿态时的人脸 $\boldsymbol{x}$ 来预测人脸在新姿态时的 RGB 值 $\boldsymbol{w}$。这不同于前一个问题，因为它是一个回归问题：输出 $\boldsymbol{w}$ 是连续的多维变量而不是类标签。

通过连接两个姿态的 RGB 来形成组合变量 $\boldsymbol{z}=[\boldsymbol{x}^{\mathrm{T}}\boldsymbol{w}^{\mathrm{T}}]^{\mathrm{T}}$。现在利用因子分析来对联合密度为 $Pr(\boldsymbol{z})=Pr(\boldsymbol{x},\boldsymbol{w})$ 进行建模

$$Pr(\boldsymbol{x},\boldsymbol{w})=Pr(\boldsymbol{z})=\text{Norm}_{\boldsymbol{z}}[\boldsymbol{\mu},\boldsymbol{\Phi}\boldsymbol{\Phi}^{\mathrm{T}}+\boldsymbol{\Sigma}] \tag{7-59}$$

我们为训练样本对 $\{\boldsymbol{x}_i,\boldsymbol{w}_i\}_{i=1}^{I}$ 学习，这些样本对中每对中的同一个体是已知的。

为了找到对应新的正脸 $\boldsymbol{x}^*$ 的非正脸 $\boldsymbol{w}^*$(见图 7-29)，我们利用 6.3.2 节中的方法：关于 $\boldsymbol{w}^*$ 的后验就是条件概率分布 $Pr(\boldsymbol{w}|\boldsymbol{x})$。由于联合分布是正态的，因此可以利用式(5-5)计算闭式的后验分布。使用符号

$$\boldsymbol{\mu}=\begin{bmatrix}\boldsymbol{\mu}_x\\ \boldsymbol{\mu}_w\end{bmatrix}\text{and}\boldsymbol{\Phi}\boldsymbol{\Phi}^{\mathrm{T}}+\boldsymbol{\Sigma}=\begin{bmatrix}\boldsymbol{\Phi}_x\boldsymbol{\Phi}_x^{\mathrm{T}}+\boldsymbol{\Sigma}_x & \boldsymbol{\Phi}_x\boldsymbol{\Phi}_w^{\mathrm{T}}\\ \boldsymbol{\Phi}_w\boldsymbol{\Phi}_x^{\mathrm{T}} & \boldsymbol{\Phi}_w\boldsymbol{\Phi}_w^{\mathrm{T}}+\boldsymbol{\Sigma}_w\end{bmatrix} \tag{7-60}$$

后验可以通过下式计算

$$
\begin{aligned}
Pr(\boldsymbol{w}^* \mid \boldsymbol{x}^*) = \mathrm{Norm}_{\boldsymbol{w}^*}[&\boldsymbol{\mu}_w + \boldsymbol{\Phi}_w\boldsymbol{\Phi}_x^{\mathrm{T}}(\boldsymbol{\Phi}_x\boldsymbol{\Phi}_x^{\mathrm{T}} + \boldsymbol{\Sigma}_x)^{-1}(\boldsymbol{x}^* - \boldsymbol{\mu}_x), \\
&\boldsymbol{\Phi}_w\boldsymbol{\Phi}_w^{\mathrm{T}} + \boldsymbol{\Sigma}_w - \boldsymbol{\Phi}_w\boldsymbol{\Phi}_x^{\mathrm{T}}(\boldsymbol{\Phi}_x\boldsymbol{\Phi}_x^{\mathrm{T}} + \boldsymbol{\Sigma}_x)^{-1}\boldsymbol{\Phi}_x\boldsymbol{\Phi}_w^{\mathrm{T}}]
\end{aligned}
\tag{7-61}
$$

而最可能的 $\boldsymbol{w}^*$ 为该分布的均值。

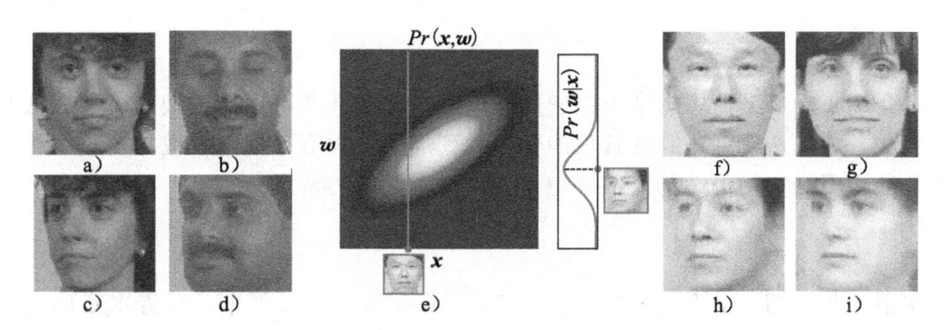


图 7-29　回归的例子：我们的目标是从正脸图像 $\boldsymbol{x}$ 中预测四分之一左脸图像 $w$。为此，我们利用正脸的样本对 a～b）和四分之一左脸 c～d）并且通过连接变量形成 $\boldsymbol{z}=[\boldsymbol{x}^{\mathrm{T}}, \boldsymbol{w}^{\mathrm{T}}]^{\mathrm{T}}$ 以及拟合 $\boldsymbol{z}$ 的因子分析来学习联合概率模型 $Pr(\boldsymbol{x},\boldsymbol{w})$。e）由于因子分析包含正态密度（式(7-31)），因此可以利用也服从正态分布（见 5.5 节）的已知正脸来预测四分之一左脸的条件分布 $Pr(\boldsymbol{w}\mid\boldsymbol{x})$。f～g）两个正脸。h～i）对非正脸的最大后验预测（正态分布 $Pr(\boldsymbol{w}\mid\boldsymbol{x})$ 的均值）

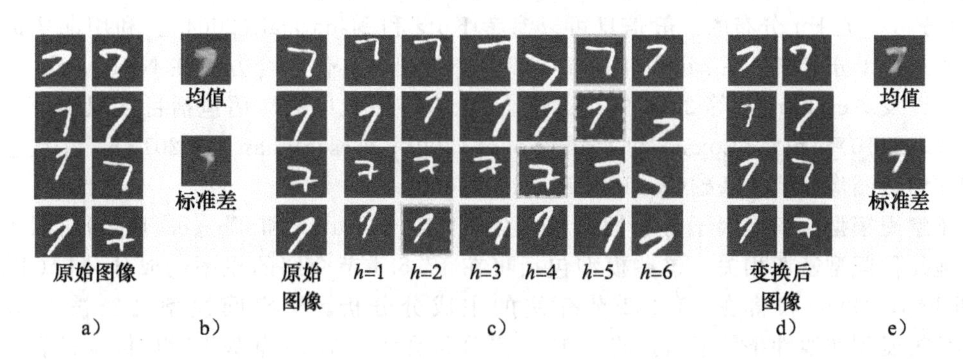


图 7-30　利用隐变量对变换建模。a）原始数字图像集合只是大概对齐。b）因此均值和标准差图像模糊了。概率密度模型没有拟合好。c）离散隐变量的每个可能值表示不同的变换（这里展示了逆变换）。虚线高亮方框显示了 10 次迭代之后最可能的选择。d）逆变换后的数字（根据最可能的隐变量）。e）新的均值和标准差图像更加集中：概率密度函数拟合的更好

### 7.9.6　作为隐变量的变换

最后，我们考虑与混合高斯相关性较大的一个模型，但是其中隐变量有很好的解释现实世界的能力。考虑为一组参差不齐的数字图像建立密度函数（见图 7-30）的问题。一个包含对角协方差的简单正态分布只能较差地表示数据，因为很多变化是由未对齐问题造成的。

我们构建一个生成模型，该生成模型首先从一正态分布中采样一幅对齐图像 $\boldsymbol{x}'$，然后从 $K$ 个可能变换的离散集合 $\{\mathrm{trans}_k[\cdot]\}_{k=1}^{K}$ 中选取一个对该图像进行变换来解释未对齐的图像 $\boldsymbol{x}$。用数学术语有

$$
\begin{aligned}
Pr(\boldsymbol{x}') &= \mathrm{Norm}_{\boldsymbol{x}'}[\boldsymbol{\mu}, \boldsymbol{\Sigma}] \\
Pr(h) &= \mathrm{Cat}_h[\lambda] \\
\boldsymbol{x} &= \mathrm{trans}_h[\boldsymbol{x}']
\end{aligned}
\tag{7-62}
$$

其中，$h \in \{1,\cdots,K\}$ 是表示哪种可能的变换产生了这个样本的隐变量。

该模型可以通过使用类最大期望方法来学习。在 $E$ 步，通过对每个样本应用逆变换并估计其结果在当前参数 $\boldsymbol{\mu}$ 和 $\boldsymbol{\Sigma}$ 下的可能性来计算隐变量的概率分布 $Pr(h_i|x_i)$。在 M 步，通过对逆变换图像求加权和来更新这些参数。

## 总结

本章介绍了隐变量的思想来引出密度模型中的结构。学习这种模型的主要方法是期望最大化算法。它是迭代算法，并且只能保证找到局部极大值。我们发现尽管这些模型比正态分布复杂，但是它们仍然不能很好表示高维视觉数据的密度。

## 备注

**期望最大化**：期望最大化算法最先由 Dempster 等(1977)提出，尽管本章中的描述更偏向于 Neal 和 Hinton(1999)的观点。期望最大化算法及其扩展的完整概述见 McLachlan 和 Krishnan(2008)。

**混合高斯**：混合高斯模型与 K 均值算法(见 13.4.4 节)关系密切。K 均值是一个纯粹的聚类算法，但是没有概率形式的解释。混合模型在计算机视觉中广泛应用。传统应用包括皮肤检测(例如，Jones 和 Rehg，2002)和背景消减(例如，Stauffer 和 Grimson，1999)。

**t 分布**：关于 t 分布的一般信息可以参考 Kotz 和 Nadarajah(2004)。利用期望最大化算法来进行 t 分布拟合在 Liu 和 Rubin(1995)中给出，其他拟合方法在 Nadarajah 和 Kotz(2008)以及 Aeschliman 等 2010 中有讨论。t 分布在视觉中的应用包括目标识别(Aeschliman 等，2010)和跟踪(Loxam 和 Drummond，2008；Aeschliman 等 .2010)，并且它们也被用作稀疏图像先验的基础(Roth 和 Black，2009)。

**子空间模型**：学习因子分析期望最大化算法源于 Rubin 和 Thayer(1982)。因子分析与其他几种模型密切相关，这些模型包括将在 17.5.1 节介绍的概率主成分分析(Tipping 和 Bishop，1999)和将在 13.4.2 节介绍的主成分分析。子空间模型已经被 Lawrence(2004)扩展到非线性条件下。这将在 17.8 节详细介绍。第 18 章基于对目标身份和类型进行显示编码的因子分析来阐述一系列模型。

**复合模型**：Ghahramani 和 Hinton(1996c)引入了混合因子分析模型。Peel 和 McLachlan(2000)提出学习鲁棒混合模型(混合 t 分布)的算法。Khan 和 Dellaert(2004)以及 Zhao 和 Jiang(2006)都提出了基于 t 分布的子空间模型。De Ridder 和 Franc(2003)组合了混合模型、子空间模型和 t 分布来创建一个多峰、鲁棒并且沿着子空间方向的分布。

**人脸检测、人脸识别、目标识别**：基于子空间分布的模型早期用于人脸和目标识别(例如 Moghaddam 和 Pentland，1997；Murase 和 Nayar，1995)。现代人脸检测方法主要依靠判别模型(见第 9 章)，现在最新的目标识别是基于词袋方法(见第 20 章)。人脸识别应用通常无法对每个人获取许多训练样本，因此也无法为每个人建立密度描述。然而，现代方法仍然很大程度上依靠子空间方法(见第 18 章)。

**分割**：Belongie 等(1998)使用与之前描述类似的混合高斯方法来分割图像以作为基于内容的图像检索系统的一部分。基于混合高斯模型的现代分割方法可参见 Ma 等(2007)。Sfikas 等(2007)比较了混合高斯和混合 t 分布的分割效果。

**其他隐变量的应用**：Frey 和 Jojic(1999a)、(1999b)使用隐变量来对不可见的变换进行建模以分别应用于混合模型和子空间模型中数据。Jojic 和 Frey(2001)使用离散隐变量来表示视频的多层模型中层的索引。Jojic 等(2003)提出结构混合模型，其中均值和方差参数利用一幅图像来表示，且隐变量索引这幅图像中子块的起始位置。

## 习题

7.1 考虑一可以利用机器检验橘子是否成熟的计算机视觉系统。对于每幅图像，我们将橘子从背景中分离出来并计算像素颜色的均值，并用 $3\times1$ 的向量 $\boldsymbol{x}$ 来表示。给定这些向量的训练对 $\{\boldsymbol{X}_i, w_i\}$，且每个样本包含一个二进制标签 $w\in\{0,1\}$ 以表明该系列样本是生的($w=0$)或者熟的($w=1$)。描述如何建立生成分类器以将新样本 $\boldsymbol{X}^*$ 分类是熟的或生的。

7.2 当你发现在前面的训练样本中有一小组训练样本的标签 $w_i$ 是错的，那么你应该如何修改分类器来处理这个情况？

7.3 推导混合高斯模型(式(7-19))的 M 步等式。

7.4 考虑利用混合贝塔分布来对一些一元连续视觉数据 $x\in\{0,1\}$ 进行建模。写下该模型的一个等式。描述(i)E 步和(ii)M 步发生的操作。

7.5 证明关于 $x$ 的 student t 分布是对应于 $x$ 和隐变量 $h$ 之间的联合分布 $Pr\{x,h\}$ 的 $h$ 的边缘化结果，其中

$$\text{Stud}_x[\mu,\sigma^2,v]=\int\text{Norm}_x[\mu,\sigma^2/h]\text{Gam}_h[v/2,v/2]\text{d}h$$

7.6 证明伽马分布 $\text{Gam}_z[\alpha,\beta]$ 的峰值位置是

$$\hat{z}=\frac{\alpha-1}{\beta}$$

7.7 证明伽马分布与正态分布中的协方差逆缩放因子共轭使得

$$\text{Norm}_{\boldsymbol{x}_i}[\boldsymbol{\mu},\boldsymbol{\Sigma}/h_i]\text{Gam}_{h_i}[v/2,v/2]=\boldsymbol{\kappa}\text{Gam}_{h_i}[\alpha,\beta]$$

并且求常数缩放因子 $\boldsymbol{\kappa}$ 以及新参数 $\alpha$ 和 $\beta$。

7.8 因子分析的模型可以写为

$$\boldsymbol{x}_i=\mu+\boldsymbol{\Phi}\boldsymbol{h}_i+\varepsilon_i$$

其中，$\boldsymbol{h}_i$ 为均值为 0 且协方差为单位矩阵的正态分布，$\varepsilon_i$ 是均值为 0 且方差为 $\boldsymbol{\Sigma}$ 的正态分布。计算下列表达式

1. $\text{E}[\boldsymbol{x}_i]$

2. $\text{E}[(\boldsymbol{x}_i-\text{E}[\boldsymbol{x}_i])(\boldsymbol{x}_i-\text{E}[\boldsymbol{x}_i])^{\text{T}}]$

7.9 推导因子分析的 E 步(式(7-34))。

7.10 推到因子分析的 M 步(式(7-38))。

# 回归模型

本章考虑回归问题：目的是根据观测值 $\boldsymbol{x}$ 来估计一元全局状态 $w$。本章的讨论限于一些判别方法，在这些方法中全局状态的分布 $Pr(w|\boldsymbol{x})$ 被直接建模。这就与第 7 章中主要关注建模观测值的似然 $Pr(\boldsymbol{x}|w)$ 的生成模型形成对比。

为了激发对回归问题的兴趣，考虑身体姿势估计的相关问题：身体姿势估计的目标是根据观测到人的处于未知姿势(见图 8-1)图像来估计身体角度。这种分析可以作为行为识别的第一步。

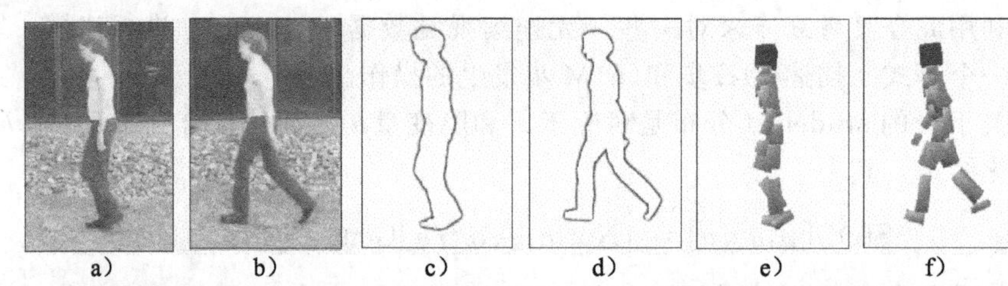


图 8-1　身体姿势估计。a～b) 处于未知姿势的人。c～d) 通过分割图像得到剪影，通过跟踪剪影的边提取轮廓。提取一个根据形状上下文描述符(见 13.3.5 节)描述形状的 100 维测量向量 $\boldsymbol{x}$。e～f) 目标是估计包含身体主要关节角度的向量 $\boldsymbol{w}$。这是一个回归问题，因为全局状态 $\boldsymbol{w}$ 的每个元素都是连续的。源自 Agarwal 和 Triggs(2006)

假设图像已经预处理过，并且已经提取到表示轮廓形状的低维向量 $\boldsymbol{x}$。我们的目标是使用该数据向量来预测第二个向量，其中包含每个主要身体关节的角度。在实际中，我们将分别估计各个关节的角度；我们据此可以集中讨论如何根据观测的连续数据 $\boldsymbol{x}$ 来估计一元变量值 $w$。我们首先假设全局状态和数据的关系是线性的，并且该预测的不确定性为一个具有常数协方差的正态分布。这就是线性回归模型。

## 8.1　线性回归

线性回归的目标是根据观测的数据 $\boldsymbol{x}$ 预测关于全局状态 $w$ 的后验分布 $Pr(w|\boldsymbol{x})$。由于这是一个判别模型，因此我们可以通过选择一个关于全局状态 $w$ 的概率分布并且使得参数依赖于数据 $\boldsymbol{x}$。由于全局状态 $w$ 是一元连续的，因此一元正态分布是一个适合的分布。在线性回归(见图 8-2)中，我们使该正态分布的均值 $\mu$ 为数据的线性函数 $\phi_0+\boldsymbol{\phi}^{\mathrm{T}}\boldsymbol{x}_i$，并且将方差 $\sigma^2$ 看成一常量，使得

$$Pr(w_i|\boldsymbol{x}_i,\theta)=\mathrm{Norm}_{w_i}[\phi_0+\boldsymbol{\phi}^{\mathrm{T}}X_i,\sigma^2] \tag{8-1}$$

其中，$\boldsymbol{\theta}=\{\phi_0,\boldsymbol{\phi},\sigma^2\}$ 是模型参数。$\phi_0$ 项可以解释为超平面的 $y$ 截距，$\boldsymbol{\phi}=[\phi_1,\phi_2,\cdots,\phi_D]^{\mathrm{T}}$ 项为它关于 $D$ 个数据维度中每一维的梯度。

由于难以将 $y$ 截距从梯度中分离开，因此我们利用一个小技巧使我们可以简化后面的表述。在每个数据向量 $\boldsymbol{x}_i\leftarrow(1\quad \boldsymbol{x}_i^{\mathrm{T}})^{\mathrm{T}}$ 开头增加一个 1 并且在梯度向量 $\boldsymbol{\phi}\leftarrow(\phi_0\quad \boldsymbol{\phi}^{\mathrm{T}})^{\mathrm{T}}$ 的开头增加 $y$ 截距 $\phi_0$，从而我们可以等价写出

$$Pr(w_i|\boldsymbol{x}_i,\theta)=\mathrm{Norm}_{w_i}[\boldsymbol{\phi}^{\mathrm{T}}\boldsymbol{x}_i,\sigma^2] \tag{8-2}$$

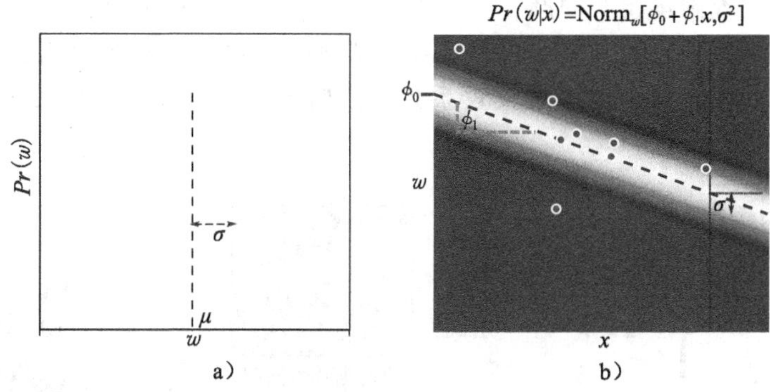


图 8-2 一元数据 $x$ 的线性回归模型。a) 选择关于全局状态 $w$ 的一元正态分布。b) 该分布的参数与数据 $x$ 相关：均值 $\mu$ 是数据 $x$ 的线性函数 $\phi_0+\phi_1 x$，方差 $\sigma^2$ 为常数。参数 $\phi_0$ 和 $\phi_1$ 分别表示线性函数的截距和斜率

事实上，由于每个训练样本被看成是独立的，因此我们可以将整个训练样本集的概率 $Pr(\mathbf{w}|\mathbf{X})$写成单个对角协方差的正态分布，即

$$Pr(\mathbf{w}|\mathbf{X}) = \text{Norm}_{\mathbf{w}}[\mathbf{X}^{\mathrm{T}}\boldsymbol{\phi},\sigma^2\mathbf{I}] \tag{8-3}$$

其中，$\mathbf{X}=[\mathbf{x}_1;\mathbf{x}_2,\cdots,\mathbf{x}_I]$ 且 $\mathbf{w}=[w_1,w_2,\cdots,w_I]^{\mathrm{T}}$ 。

推理这个模型很简单：对于新的数据 $\mathbf{X}^*$ 我们简单计算式(8-2)来求关于 $w^*$ 的后验分布 $Pr(w^*|\mathbf{x}^*)$。因此我们将主要的关注点转向学习的过程。

### 8.1.1 学习

学习算法能够从训练样本对 $\{\mathbf{x}_i;w_i\}_{i=1}^I$ 中估计模型参数 $\boldsymbol{\theta}=\{\boldsymbol{\phi},\sigma^2\}$ 。在最大似然方法中，求 8.1

$$\begin{aligned}\hat{\boldsymbol{\theta}} &= \underset{\boldsymbol{\theta}}{\operatorname{argmax}}[Pr(\mathbf{w}|\mathbf{X},\boldsymbol{\theta})] \\ &= \underset{\boldsymbol{\theta}}{\operatorname{argmax}}[\log[Pr(\mathbf{w}|\mathbf{X},\boldsymbol{\theta})]]\end{aligned} \tag{8-4}$$

同样，我们采用对数准测。对数函数是单调变换，因此它不会改变最大值的位置，但是变换后的成本函数更容易优化。代入后发现

$$\hat{\boldsymbol{\phi}},\hat{\sigma}^2 = \underset{\boldsymbol{\phi},\sigma^2}{\operatorname{argmax}}\left[-\frac{I\log[2\pi]}{2}-\frac{I\log[\sigma^2]}{2}-\frac{(\mathbf{w}-\mathbf{X}^{\mathrm{T}}\boldsymbol{\phi})^{\mathrm{T}}(\mathbf{w}-\mathbf{X}^{\mathrm{T}}\boldsymbol{\phi})}{2\sigma^2}\right] \tag{8-5}$$

现在对其求关于 $\boldsymbol{\phi}$ 和 $\sigma^2$ 的偏导，并令结果为 0，得到

$$\begin{aligned}\hat{\boldsymbol{\phi}} &= (\mathbf{X}\mathbf{X}^{\mathrm{T}})^{-1}\mathbf{X}\mathbf{w} \\ \hat{\sigma}^2 &= \frac{(\mathbf{w}-\mathbf{X}^{\mathrm{T}}\boldsymbol{\phi})^{\mathrm{T}}(\mathbf{w}-\mathbf{X}^{\mathrm{T}}\boldsymbol{\phi})}{I}\end{aligned} \tag{8-6}$$

图 8-2b 展示了对一元数据 $\mathbf{x}$ 拟合的示例。在这种情况下，模型很合理地描述了数据。

### 8.1.2 线性回归模型的问题

线性回归模型中有三个主要限制。

- 模型的预测过于自信。例如，当远离 $y$ 截距 $\phi_0$ 时，估计斜率 $\phi_1$ 的一点变化会使预测结果发生巨大变化。然而，该增加的不确定性并没有反映在后验分布中。
- 局限于线性函数，通常并没有特殊原因使得视觉数据和全局状态是线性关系。
- 当观测的数据 $\mathbf{x}$ 是高维数据时，该变量的许多元素可能会失去对预测全局状态的作用，因此得到的模型过于复杂。

下面我们将依次解决这些问题。在接下来的章节中，我们通过对同一问题利用贝叶斯方法来解决模型的过度自信问题。8.3节将该模型推广到拟合非线性函数。8.6节引入了回归模型的稀疏版本，其中大多数权重系数 $\phi$ 倾向于0。本章中模型之间的关系如图8-3所示。

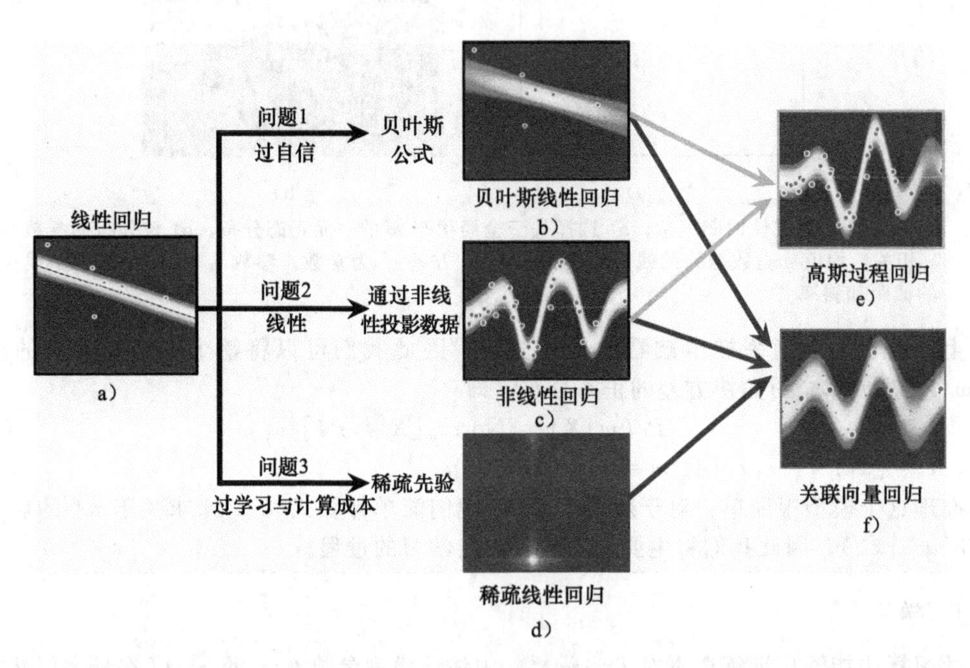


图8-3　回归模型系列。线性回归有一些限制，这将在后续小节中解决。结合最大似然估计的线性回归模型过于自信，因此我们开发贝叶斯版本。总是假设数据和状态之间为线性关系不太实际，为此，我们引入非线性版本。当数据维度较高时，线性回归模型有很多参数，因此我们考虑模型的稀疏版本。贝叶斯估计、非线性函数和稀疏性结合起来得到高斯过程回归和关联向量回归模型

## 8.2　贝叶斯线性回归

在贝叶斯方法中，求关于参数 $\boldsymbol{\phi}$ 可能值的概率分布(假设 $\sigma^2$ 已知，见8.2.2节)。当计算新数据的概率时，我们将利用不同概率值进行加权平均。

8.2

由于梯度向量 $\boldsymbol{\phi}$ 是多元连续的，因此将先验 $Pr(\boldsymbol{\phi})$ 建模为具有均值为0和球形协方差的正态分布

$$Pr(\boldsymbol{\phi}) = \text{Norm}_{\phi}[0, \sigma_p^2 \boldsymbol{I}] \tag{8-7}$$

其中，$\sigma_p^2$ 为先验协方差，$\boldsymbol{I}$ 为单位矩阵。一般来说，$\sigma_p^2$ 被设为比较大的值来反映先验比较弱的事实。

给定训练样本对 $\{\boldsymbol{x}_i, w_i\}_{i=1}^I$，参数的后验分布可以利用贝叶斯法则计算

$$Pr(\boldsymbol{\phi}|\boldsymbol{X}, \boldsymbol{w}) = \frac{Pr(\boldsymbol{w}|\boldsymbol{X}, \boldsymbol{\phi})Pr(\boldsymbol{\phi})}{Pr(\boldsymbol{w}|\boldsymbol{X})} \tag{8-8}$$

其中，与前类似，似然函数为

$$Pr(\boldsymbol{w}|\boldsymbol{X}, \boldsymbol{\theta}) = \text{Norm}_{w}[\boldsymbol{X}^{\mathrm{T}}\boldsymbol{\phi}, \sigma^2 \boldsymbol{I}] \tag{8-9}$$

后验分布可以以闭式计算(利用5.7节和5.6节中的关系)，并且通过下面表达式给出：

$$Pr(\boldsymbol{\phi}|\boldsymbol{X},\boldsymbol{w}) = \text{Norm}_{\phi}\left[\frac{1}{\sigma^2}\boldsymbol{A}^{-1}\boldsymbol{X}\boldsymbol{w},\boldsymbol{A}^{-1}\right] \tag{8-10}$$

其中，

$$\boldsymbol{A} = \frac{1}{\sigma^2}\boldsymbol{X}\boldsymbol{X}^{\mathrm{T}} + \frac{1}{\sigma_p^2}\boldsymbol{I} \tag{8-11}$$

注意，后验分布 $Pr(\boldsymbol{\phi}|\boldsymbol{X},\boldsymbol{w})$ 总是比先验分布更窄(见图 8-4)；数据提供了让我们深入理解参数值的信息。

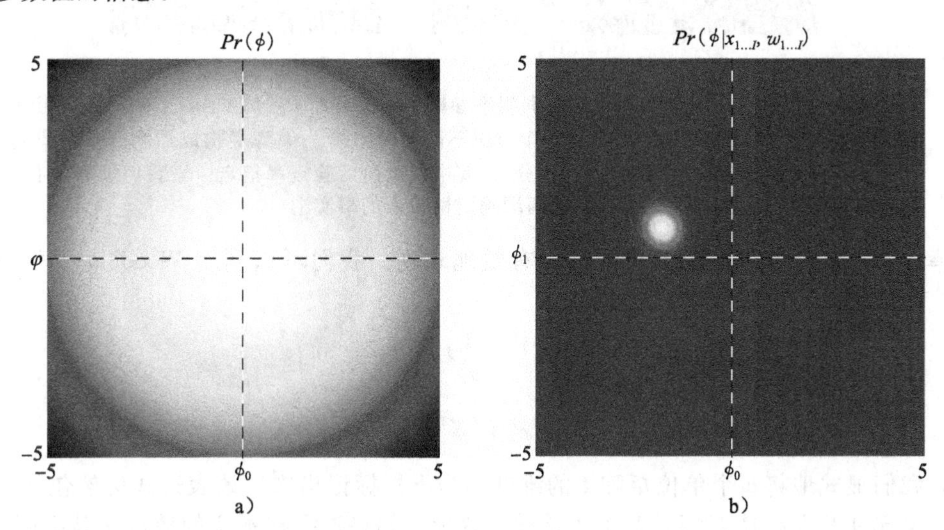


图 8-4 贝叶斯线性回归。a) 截距 $\phi_0$ 和斜率 $\phi_1$ 参数的先验 $Pr(\boldsymbol{\phi})$。这代表了我们在观测数据之前对于参数的了解。b) 截距和斜率参数的后验分布 $Pr(\boldsymbol{\phi}|\boldsymbol{X},\boldsymbol{w})$ 。这代表了我们从图 8-2b 观测数据后对参数的了解：我们更确定有一个可能参数值范围

我们现在转到对新观测的数据向量 $\boldsymbol{X}^*$ 在全局状态 $w^*$ 上计算预测分布的问题。我们在每个可能 $\boldsymbol{\phi}$ 暗示的预测 $Pr(w^*|\boldsymbol{x}^*,\boldsymbol{\phi})$ 上取无穷加权和(即积分)，其中权重为后验分布 $Pr(\boldsymbol{\phi}|\boldsymbol{X},\boldsymbol{w})$ 。

$$\begin{aligned}
Pr(w^*|\boldsymbol{x}^*,\boldsymbol{X},\boldsymbol{w}) &= \int Pr(w^*|\boldsymbol{x}^*,\boldsymbol{\phi})Pr(\boldsymbol{\phi}|\boldsymbol{X},\boldsymbol{w})\mathrm{d}\phi \\
&= \int \text{Norm}_{w^*}[\boldsymbol{\phi}^{\mathrm{T}}x^*,\sigma^2]\text{Norm}_{\phi}\left[\frac{1}{\sigma^2}\boldsymbol{A}^{-1}\boldsymbol{X}\boldsymbol{w},\boldsymbol{A}^{-1}\right]\mathrm{d}\phi \\
&= \text{Norm}_{w^*}\left[\frac{1}{\sigma^2}X^{*\mathrm{T}}\boldsymbol{A}^{-1}\boldsymbol{X}\boldsymbol{w},X^{*\mathrm{T}}\boldsymbol{A}^{-1}x^*+\sigma^2\right]
\end{aligned} \tag{8-12}$$

为此，我们利用 5.7 节和 5.6 节中的关系将积分重新描述为在 $\boldsymbol{\phi}$ 上的正态分布和与 $\boldsymbol{\phi}$ 相关的常数的积。正态分布的积分结果必须为 1，因此最终结果只是一常数。该常数本身是 $w^*$ 上的正态分布。

该贝叶斯线性回归(见图 8-5)对其预测的置信度较小，当测试数据 $\boldsymbol{x}^*$ 远离观测数据的均值 $\overline{\boldsymbol{x}}$ 时，其置信度降低。这是因为当我们从远离大部分数据时梯度中的不确定性会导致预测中的不确定性。这与我们的直觉相符：当我们远离数据时，预测的置信度应该降低。

### 8.2.1 实际考虑

为了实现这个模型，必须求 $D\times D$ 矩阵的逆 $\boldsymbol{A}^{-1}$(式(8-12))。如果原始数据的维度 $\boldsymbol{D}$ 很大，那么很难直接计算该逆矩阵。

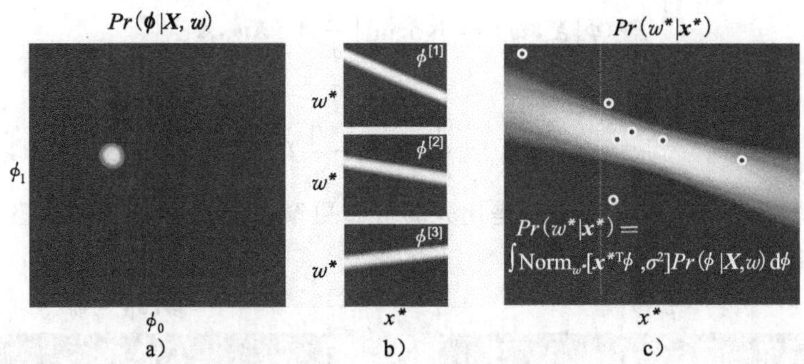


图 8-5　贝叶斯线性回归。a) 在学习时求截距和斜率参数的后验分布 $Pr(\boldsymbol{\phi}|\boldsymbol{X},\boldsymbol{w})$：有一系列参数设定与数据兼容。b) 后验中的三个样本，每个对应不同的回归线。c) 为了构成预测分布，我们对所有可能参数设置的预测取无穷加权和(积分)，其中权重由后验概率指定。当我们远离中心点 $\overline{\boldsymbol{X}}$ 时，独立的预测变化更大，这反映在图像两端确定性较低的事实上

幸运的是，$\boldsymbol{A}$ 的结构使得它可以更有效地求逆。我们可以利用 Woodbury 恒等式(见 C.8.4 节)，将 $\boldsymbol{A}^{-1}$ 重写为

$$\begin{aligned}\boldsymbol{A}^{-1} &= \left(\frac{1}{\sigma^2}\boldsymbol{X}\boldsymbol{X}^{\mathrm{T}}+\frac{1}{\sigma_p^2}\boldsymbol{I}_D\right)^{-1}\\ &= \sigma_p^2\boldsymbol{I}_D-\sigma_p^2\boldsymbol{X}\left(\boldsymbol{X}^{\mathrm{T}}\boldsymbol{X}+\frac{\sigma^2}{\sigma_p^2}I_I\right)^{-1}X^{\mathrm{T}}\end{aligned} \tag{8-13}$$

其中，我们显式地将每个单位矩阵 $\boldsymbol{I}$ 的维度作为下标标记出来。该表达式仍然包含一个求逆，但是现在其大小是 $I\times I$，其中 $I$ 是样本数量：如果数据样本 $I$ 的数量比其维度 $D$ 小，那么该公式更加实用。该公式也表明了后验协方差小于先验协方差；后验协方差是先验协方差 $\sigma_p^2\boldsymbol{I}$ 减去一个数据相关项。

将 $\boldsymbol{A}^{-1}$ 的新表达式代入式(8-12)，可以推导出预测分布的新表达式

$$\begin{aligned}&Pr(w^*\mid\boldsymbol{x}^*,\boldsymbol{X},\boldsymbol{w})\\ &= \mathrm{Norm}_{w^*}\left[\frac{\sigma_p^2}{\sigma^2}\boldsymbol{x}^{*\mathrm{T}}\boldsymbol{X}\boldsymbol{w}-\frac{\sigma_p^2}{\sigma^2}\boldsymbol{x}^{*\mathrm{T}}\boldsymbol{X}\left(\boldsymbol{X}^{\mathrm{T}}\boldsymbol{X}+\frac{\sigma^2}{\sigma_p^2}\boldsymbol{I}\right)^{-1}\boldsymbol{X}^{\mathrm{T}}\boldsymbol{X}_w,\right.\\ &\qquad\left.\sigma_p^2\boldsymbol{x}^{*\mathrm{T}}\boldsymbol{x}^*-\sigma_p^2\boldsymbol{x}^{*\mathrm{T}}\boldsymbol{X}\left(\boldsymbol{X}^{\mathrm{T}}\boldsymbol{X}+\frac{\sigma^2}{\sigma_p^2}\boldsymbol{I}\right)^{-1}\boldsymbol{X}^{T}\boldsymbol{x}^*+\sigma^2\right]\end{aligned} \tag{8-14}$$

值得注意的是，只需要数据向量的内积(例如，以 $\boldsymbol{X}^{\mathrm{T}}\boldsymbol{x}^*$ 或者 $\boldsymbol{X}^{\mathrm{T}}\boldsymbol{X}$ 形式)来计算该表达式。当我们将该方法推广到非线性回归时将充分利用该事实。

### 8.2.2　拟合方差

前面的分析只关注了斜率参数 $\boldsymbol{\phi}$。原理上，我们原本也可以利用贝叶斯方法来估计方差参数 $\sigma^2$。但是，为了简单起见，我们使用最大似然方法计算 $\sigma^2$ 的点估计。为此，我们优化边缘似然，它是对 $\boldsymbol{\phi}$ 边缘化之后的似然函数，由下式给出

$$\begin{aligned}Pr(\boldsymbol{w}\mid\boldsymbol{X},\sigma^2) &= \int Pr(\boldsymbol{w}\mid\boldsymbol{X},\boldsymbol{\phi},\sigma^2)Pr(\boldsymbol{\phi})\mathrm{d}\boldsymbol{\phi}\\ &= \int \mathrm{Norm}_w[X^{\mathrm{T}}\boldsymbol{\phi},\sigma^2\boldsymbol{I}]\mathrm{Norm}_\phi[0,\sigma_p^2\boldsymbol{I}]\mathrm{d}\boldsymbol{\phi}\\ &= \mathrm{Norm}_w[0,\sigma_2^p X^{\mathrm{T}}\boldsymbol{X}+\sigma^2\boldsymbol{I}]\end{aligned} \tag{8-15}$$

其中，积分使用式(8-12)中同样的方法来求解。

为了估计方差，相对于 $\sigma^2$ 对该表达式的对数表达式进行最大化。由于未知量是标量，

因此对该函数的优化只需要在一个范围值内估计该函数并且取最大值。另外还可以使用一般的非线性优化技术(见附录B)。

## 8.3 非线性回归

假设全局状态 $w$ 和输入数据 $\boldsymbol{x}$ 之间总存在线性关系是不切实际的。为了研究可以处理非线性回归的方法，我们希望在扩展可描述的函数种类的同时保持线性模型中数学表述的方便性。

因此，我们所描述的方法特别简单；首先将每个数据样本通过一非线性变换

$$\boldsymbol{z}_i = \boldsymbol{f}[\boldsymbol{x}_i] \tag{8-16}$$

来创建一个通常比原始数据更高维的新数据向量 $\boldsymbol{z}_i$。然后，跟之前一样对其进行处理：将后验分布 $Pr(w_i|\boldsymbol{x}_i)$的均值描述为变换后测量数据的线性函数 $\boldsymbol{\phi}^{\mathrm{T}}\boldsymbol{z}_i$ 使得

$$Pr(w_i|\boldsymbol{x}_i) = \mathrm{Norm}_{w_i}[\boldsymbol{\phi}^{\mathrm{T}}\boldsymbol{z}_i, \sigma^2] \tag{8-17}$$

例如，考虑一维多项式回归：

$$Pr(w_i|x_i) = \mathrm{Norm}_{w_i}[\phi_0 + \phi_1 x_i + \phi_2 x_i^2 + \phi_3 x_i^3, \sigma^2] \tag{8-18}$$

该模型可以看作计算以下非线性变换

$$\boldsymbol{z}_i = \begin{bmatrix} 1 \\ x_i \\ x_i^2 \\ x_i^3 \end{bmatrix} \tag{8-19}$$

因此它的一般形式如式(8-17)所示。

### 8.3.1 最大似然法

为了求梯度向量的最大似然解，首先将所有变换后的训练样本关系(式(8-17))为组合单个表达式：

$$Pr(\boldsymbol{w}|\boldsymbol{X}) = \mathrm{Norm}_{\boldsymbol{w}}[\boldsymbol{Z}^{\mathrm{T}}\boldsymbol{\phi}, \sigma^2\boldsymbol{I}] \tag{8-20}$$

最优权重可以通过下面 $R$ 表达式计算

$$\begin{aligned} \hat{\boldsymbol{\phi}} &= (\boldsymbol{Z}\boldsymbol{Z}^{\mathrm{T}})^{-1}\boldsymbol{Z}\boldsymbol{w} \\ \hat{\sigma}^2 &= \frac{(\boldsymbol{w} - \boldsymbol{Z}^{\mathrm{T}}\boldsymbol{\phi})^{\mathrm{T}}(\boldsymbol{w} - \boldsymbol{Z}^{\mathrm{T}}\boldsymbol{\phi})}{\boldsymbol{I}} \end{aligned} \tag{8-21}$$

其中，矩阵 $\boldsymbol{Z}$ 的列包含变换后的向量$\{\boldsymbol{z}_i\}_{i=1}^{I}$。这些等式通过替换原数据项 $\boldsymbol{X}$ 为变换后的数据$\boldsymbol{Z}$ 而得到，并且形式与线性形式一样(式(8-6))。对于一个新观测的数据样本 $\boldsymbol{x}^*$，计算向量 $\boldsymbol{z}^*$，然后计算式(8-17)。

图 8-6 和图 8-7 为该方法提供了另外两个例子。在图 8-6 中，通过估计数据 $\boldsymbol{X}$ 在一组径向基之下的函数来计算新向量$\boldsymbol{z}$：

$$\boldsymbol{z}_i = \begin{bmatrix} 1 \\ \exp[-(x_i - \alpha_1)^2/\lambda \\ \exp[-(x_i - \alpha_2)^2/\lambda \\ \exp[-(x_i - \alpha_3)^2/\lambda \\ \exp[-(x_i - \alpha_4)^2/\lambda \\ \exp[-(x_i - \alpha_5)^2/\lambda \\ \exp[-(x_i - \alpha_6)^2/\lambda \end{bmatrix} \tag{8-22}$$

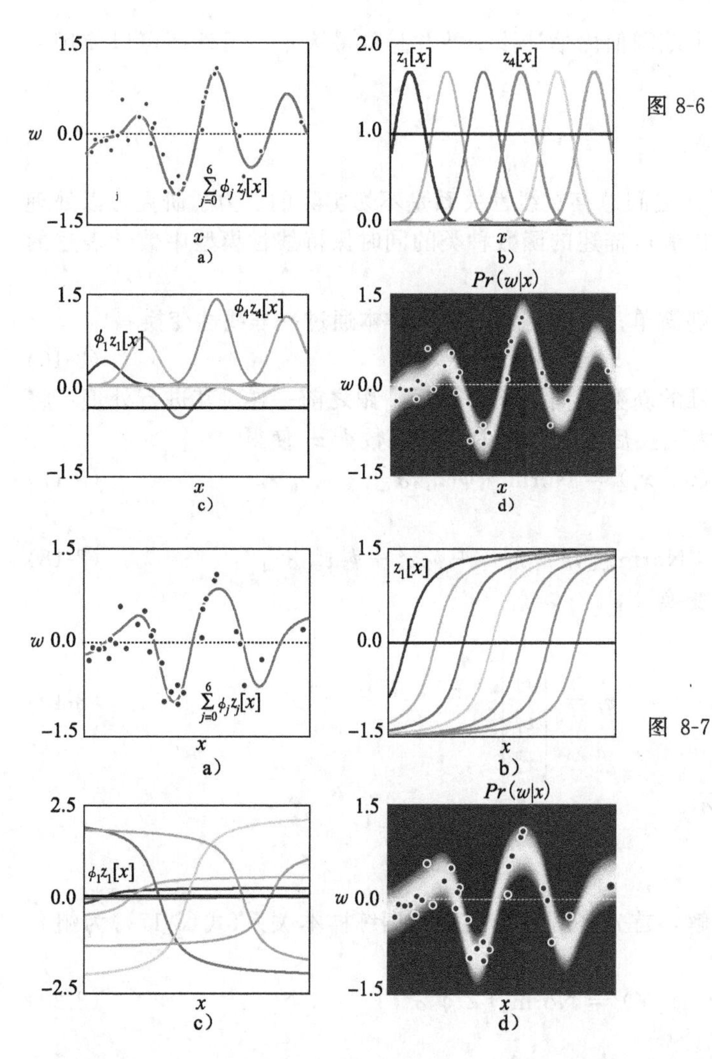


图 8-6　使用径向基函数的非线性回归。a) 数据 $\mathbf{x}$ 和状态 $w$ 之间的关系显然是非线性。b) 通过相对于 6 个径向基函数(高斯函数)中的每一个和一个常函数计算估计的观测量 $x$ 来计算一个新的 7 维向量 $\mathbf{z}$。c) 预测分布的均值(图中的灰实线)可以通过求这 7 个函数线性的加权和 $\boldsymbol{\phi}^{\mathrm{T}}\mathbf{z}$ 得到，其中权重如图所示。使用非线性变换数据 $\mathbf{z}$ 而非原始数据 $\mathbf{x}$ 通过线性回归模型最大似然估计估计权重。d) 最终的分布 $Pr(w|x)$ 的均值是这些函数之和，且方差为常量 $\sigma^2$

图 8-7　使用反正切函数的非线性回归。a) 数据 $x$ 和状态 $w$ 之间的关系是非线性的。b) 通过对 7 个反正切函数计算原始观测值 $x$ 来计算新的 7 维向量 $z$。c) 预测分布的均值(图中的灰实线)可以通过求 7 个函数的加权和得到。最优权重通过最大似然方法得到。d) 最终分布 $Pr(w|x)$ 的均值是这些函数的加权和，方差是常量

术语径向基函数可以用来表示任何球面对称函数，因此这里用到了高斯函数。参数$\{\alpha_k\}_{k=1}^K$是函数的中心，$\lambda$ 是控制宽度的缩放因子。函数本身如图 8-6b 所示。因为它们在空间上是被局部化的，所以每个都占据原始数据空间的一部分。我们可以通过求这些函数中的 $\boldsymbol{\phi}^{\mathrm{T}}\boldsymbol{Z}$ 的加权和来近似一个函数。例如，当它们如图 8-6c 所示被加权后，它们创建了图 8-6a 中的函数。

在图 8-7 中，计算不同的非线性变换并在相同数据上回归。这次，基于反正切函数进行变换，因此

$$\mathbf{z}_i = \begin{bmatrix} \arctan[\lambda x_i - \alpha_1] \\ \arctan[\lambda x_i - \alpha_2] \\ \arctan[\lambda x_i - \alpha_3] \\ \arctan[\lambda x_i - \alpha_4] \\ \arctan[\lambda x_i - \alpha_5] \\ \arctan[\lambda x_i - \alpha_6] \\ \arctan[\lambda x_i - \alpha_7] \end{bmatrix} \tag{8-23}$$

这里，参数 $\lambda$ 控制函数变化的速度，参数$\{\alpha_m\}_{m=1}^7$决定反正切函数的水平偏移置。

在这种情况下，比较难理解每个加权反正切函数在最终回归的作用，但是无论如何它

们总体上能够较好地逼近函数。

### 8.3.2 贝叶斯非线性回归

在贝叶斯解中，非线性基函数的权重被看成是不确定的：在学习时求这些权重的后验分布。对于新的观测量 $\boldsymbol{X}^*$，计算变换后的向量 $\boldsymbol{Z}^*$ 并计算由于可能的参数值(见图 8-8)关于预测的无穷加权和。预测分布的新表达式为

$$
\begin{aligned}
&Pr(w^* \mid z^*, \boldsymbol{X}, \boldsymbol{w}) \qquad (8\text{-}24)\\
&= \operatorname{Norm}_{w^*}\left[\frac{\sigma_p^2}{\sigma^2}\boldsymbol{z}^{*\mathrm{T}}\boldsymbol{Z}\boldsymbol{w} - \frac{\sigma_p^2}{\sigma^2}\boldsymbol{z}^{*\mathrm{T}}\boldsymbol{Z}\left(\boldsymbol{Z}^{\mathrm{T}}\boldsymbol{Z}+\frac{\sigma^2}{\sigma_p^2}\boldsymbol{I}\right)^{-1}\boldsymbol{Z}^{\mathrm{T}}\boldsymbol{Z}\boldsymbol{w},\right.\\
&\qquad\left.\sigma_p^2\boldsymbol{z}^{*\mathrm{T}}\boldsymbol{z}^* - \sigma_p^2\boldsymbol{z}^{*\mathrm{T}}\boldsymbol{Z}\left(\boldsymbol{Z}^{\mathrm{T}}\boldsymbol{Z}+\frac{\sigma^2}{\sigma_p^2}\boldsymbol{I}\right)^{-1}\boldsymbol{Z}^{\mathrm{T}}\boldsymbol{z}^* + \sigma^2\right]
\end{aligned}
$$

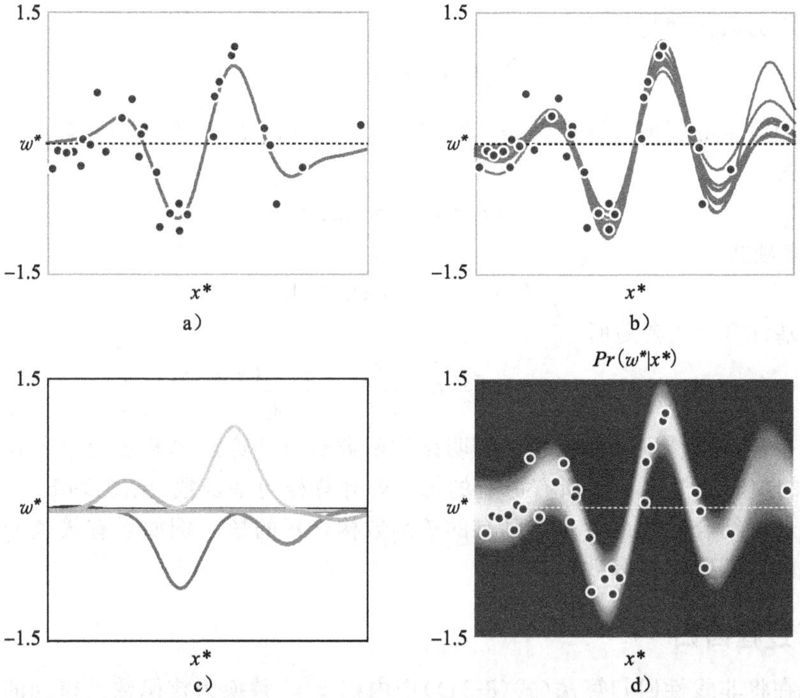

图 8-8 使用径向基函数的贝叶斯非线性回归。a) 数据和测量值之间的关系是非线性的。b) 如图 8-6所示，预测分布的均值由径向基函数的线性加权和构成。然而，在贝叶斯方法中，求这些基函数的权重的后验分布。c) 从该加权参数分布中的不同采样得到了不同的预测结果。d) 最终的预测分布根据这些权重通过后验概率给定的预测的无限加权和得到。预测分布的方差依赖于这些预测的相互协定以及由于噪声项 $\sigma^2$ 的不确定性。不确定性在右边数据很少的地方最严重，因此单个预测变化也很大

我们只是简单地将式(8-14)中原始数据 $\boldsymbol{x}$ 替换为变换后的向量 $\boldsymbol{z}$。预测方差是与 $\boldsymbol{\phi}$ 和加性方差 $\sigma^2$ 两者的不确定性有关。贝叶斯解比最大似然解(比较图 8-8d 和图 8-7d)的置信度更低，尤其在数据少的区域。

为了计算加性方差 $\sigma^2$，可以再一次优化边缘似然。可以通过替换式(8-15)中的 $\boldsymbol{X}$ 为 $\boldsymbol{Z}$ 来得到其表达式。

## 8.4 核与核技巧

前面的几个小节介绍的处理非线性回归的贝叶斯方法很少在实际中应用：预测分布

(式(8-24))的最终表达式与计算内积项 $\mathbf{z}_i^{\mathrm{T}}\mathbf{z}_j$ 有关。然而，当变换后的空间是高维空间时，显式计算向量 $\mathbf{z}_i=\mathbf{f}[\mathbf{x}_i]$和 $\mathbf{z}_j=\mathbf{f}[\mathbf{x}_j]$，然后再计算内积 $\mathbf{z}_i^{\mathrm{T}}\mathbf{z}_j$ 可能成本太大。

另外一个方法是用*核替换*，直接定义一个*核函数* $\mathbf{k}[\mathbf{x}_i,\mathbf{x}_j]$ 来替换原操作 $\mathbf{f}[\mathbf{x}_i]^{\mathrm{T}}\mathbf{f}[\mathbf{x}_j]$。对于很多变换 $\mathbf{f}[\cdot]$，直接计算核函数比先对变量各自变换再计算内积要高效很多。

进一步考虑上进这个想法，可以不考虑变换函数 $\mathbf{f}[\cdot]$是什么而选择一个核函数 $\mathbf{k}[\mathbf{x}_i,\mathbf{x}_j]$。当使用核函数时，不再显式计算变换向量 $\mathbf{z}$。这样做的一个好处是可以定义核函数将数据投影到高维甚至无限维空间中。这种方法又称为*核技巧*。

很清楚的是，核函数必须仔细挑选以使得它能够在实际上对应于对每个数据向量计算 $\mathbf{z}=\mathbf{f}[\mathbf{x}]$并且计算结果的内积：例如，由于 $\mathbf{z}_i^{\mathrm{T}}\mathbf{z}_j=\mathbf{z}_j^{\mathrm{T}}\mathbf{z}_i$，核函数必须对称看待其参数从而使 $\mathbf{k}[\mathbf{x}_i;\mathbf{x}_j]=\mathbf{k}[\mathbf{x}_j;\mathbf{x}_i]$。

更精确地，Mercer *定理*表明了当核的参数是一个可测空间时，核函数有效，并且核函数是半正定的从而使得

$$\sum_{ij}\mathbf{k}[\mathbf{x}_i,\mathbf{x}_j]a_ia_j \geqslant 0 \tag{8-25}$$

对空间中向量的任何有限子集$\{\mathbf{x}_n\}_{n=1}^N$和任意实数$\{\alpha_n\}_{n=1}^N$。有效核函数的例子包括

- 线性核

$$\mathbf{k}[\mathbf{x}_i,\mathbf{x}_j]=\mathbf{x}_i^{\mathrm{T}}\mathbf{x}_j \tag{8-26}$$

- $p$ 阶多项式

$$\mathbf{k}[\mathbf{x}_i,\mathbf{x}_j]=(\mathbf{x}_i^{\mathrm{T}}\mathbf{x}_j+1)^p \tag{8-27}$$

- 径向基(RBF)或者高斯

$$\mathbf{k}[\mathbf{x}_i,\mathbf{x}_j]=\exp\left[-0.5\left(\frac{(\mathbf{x}_i-\mathbf{x}_j)^{\mathrm{T}}(\mathbf{x}_i-\mathbf{x}_j)}{\lambda^2}\right)\right] \tag{8-28}$$

最后一个核函数特别有趣。可以证明该核函数对应计算*无穷长度*向量 $z$ 并且计算它们的内积。$\mathbf{z}$ 的项对应于在 $\mathbf{x}$ 中所有可能的每一处计算径向基函数(见图 8-6b)。

还可以通过结合两个或者多个已有的核函数构建新的核。例如，有效核的和与积也保证是半正定的，因此也是有效的核。

## 8.5 高斯过程回归

我们现在将非线性回归算法(式(8-24))中内积 $\mathbf{z}_i^{\mathrm{T}}\mathbf{z}_i$ 替换为核函数。得到的模型称为*高斯过程回归*。对于新的数据 $\mathbf{X}^*$ 的预测分布为

8.3

$$\begin{aligned}&Pr(w^*|\mathbf{x}^*,\mathbf{X},w)\\&=\mathrm{Norm}_{w^*}\left[\frac{\sigma_p^2}{\sigma^2}\mathbf{K}[\mathbf{x}^*,\mathbf{X}]\mathbf{w}-\frac{\sigma_p^2}{\sigma^2}K[\mathbf{x}^*,\mathbf{X}]\left(\mathbf{K}[\mathbf{X},\mathbf{X}]+\frac{\sigma^2}{\sigma_p^2}\mathbf{I}\right)^{-1}\mathbf{K}[\mathbf{X},\mathbf{X}]\mathbf{w}\right.\\&\qquad\left.\sigma_p^2\mathbf{K}[\mathbf{x}^*,\mathbf{x}^*]-\sigma_p^2\mathbf{K}[\mathbf{x}^*,\mathbf{X}]\left(\mathbf{K}[\mathbf{X},\mathbf{X}]+\frac{\sigma^2}{\sigma_p^2}\mathbf{I}\right)^{-1}\mathbf{K}[\mathbf{X},\mathbf{x}^*]+\sigma^2\right]\end{aligned} \tag{8-29}$$

其中，$\mathbf{K}[\mathbf{X},\mathbf{X}]$ 表示一个点积矩阵，其中元素$(i,j)$为 $k[\mathbf{x}_i,\mathbf{x}_j]$。

注意，核函数可能也包含参数。例如，RBF 核(式(8-28))的参数为 $\lambda$，它决定了 RBF 函数的宽度，以及函数的平滑性(见图 8-9)。核参数(例如 $\lambda$)可以通过最大化边缘似然得到

$$\hat{\lambda}=\underset{\lambda}{\operatorname{argmax}}[Pr(\mathbf{w}|\mathbf{X},\sigma^2)]$$

$$= \underset{\lambda}{\operatorname{argmax}}\left[\int Pr(w|\boldsymbol{X},\phi,\sigma^2)Pr(\phi)\mathrm{d}\phi\right]$$

$$= \underset{\lambda}{\operatorname{argmax}}\left[\operatorname{Norm}_w\left[0,\sigma_p^2\boldsymbol{K}[\boldsymbol{X},\boldsymbol{X}]+\sigma^2\boldsymbol{I}\right]\right] \tag{8-30}$$

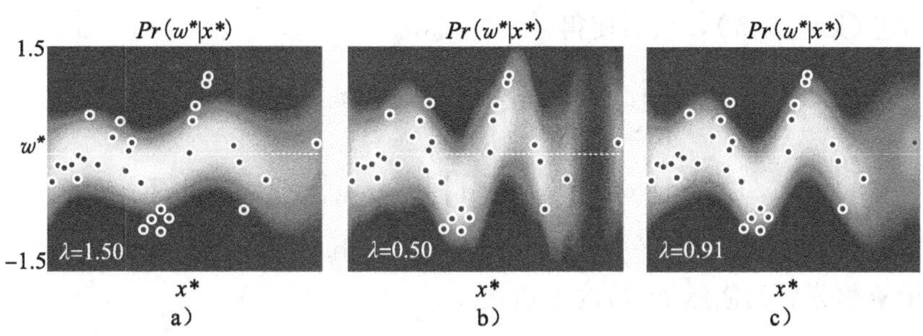


图 8-9 使用 RBF 核的高斯过程回归。a) 当长度缩放参数 $\lambda$ 较大时，函数太平滑。b) 对于较小的长度参数值，模型无法成功地在样本之间进行插值。c) 使用最大似然长度缩放参数的回归则既不太平滑也不分散

这一般需要非线性优化过程。

## 8.6 稀疏线性回归

我们现在将注意力转移到线性回归的第三个可能的缺点。经常会出现这种情况，$\boldsymbol{x}$ 的维度中只有一小部分对预测 $w$ 有用。然而，不作修改，线性回归算法将在这些方向的梯度赋非 0 值。稀疏线性回归的目标是改造算法以求一个大多数项为 0 的梯度向量。得到的分类器将会运行的更快，因为我们甚至不再需要做所有测量。此外，相对于复杂的模型，简单的更好；它们捕获了数据的主要趋势而又不会对训练集合的奇异点进行过拟合，且能够对新的测试样本进行更好的泛化。

8.4

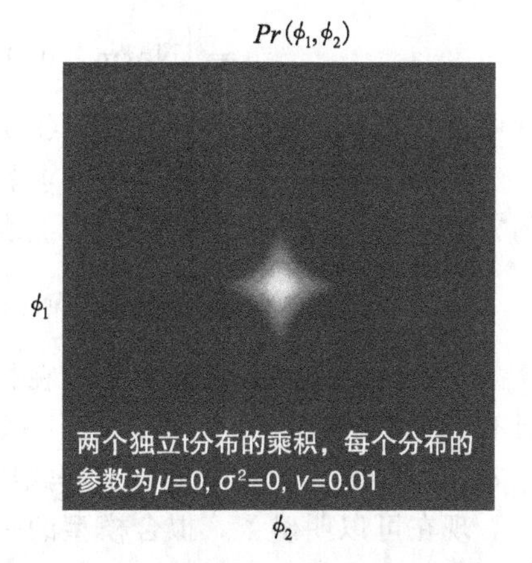


图 8-10 两个一维 t 分布的乘积，其中每个具有较小的自由度 $\nu$。该二维分布倾向于稀疏(一个或两个变量倾向于 0)。在高维空间中，t 分布的乘积有利于获得大多数变量为 0 的解。注意，一维分布的乘积不同于具有球形协方差矩阵的多元 t 分布。它看起来像多元正态分布，但是尾巴更长

为了有利于得到稀疏解，我们对每一个非零权重所对应的维度加上一个惩罚项。我们将梯度参数 $\boldsymbol{\phi}=[\phi_1,\phi_2,\cdots,\phi_D]^{\mathrm{T}}$ 的正态先验替换为一维 t 分布的乘积，使得

$$\begin{aligned}Pr(\boldsymbol{\phi}) &= \prod_{d=1}^{D}\operatorname{stud}_{\phi_d}[0,1,\nu]\\ &= \prod_{d=1}^{D}\frac{\Gamma\left(\frac{\nu+1}{2}\right)}{\sqrt{\nu\pi}\,\Gamma\left(\frac{\nu}{2}\right)}\left(1+\frac{\phi_d^2}{\nu}\right)^{-(\nu+1)/2}\end{aligned} \tag{8-31}$$

一元 t 分布的乘积在坐标轴上有概率较大的脊，这将有利于稀疏(见图 8-10)。我们期望最终的解是精确拟合训练样本与 $\boldsymbol{\phi}$ 的稀疏(以及对该解有贡献的训练样本的维数)之间的一个折中。

利用贝叶斯方法，我们的目标是利用新先验求可能的梯度变量 $\boldsymbol{\phi}$ 值的后验分布 $Pr(\boldsymbol{\phi}|\boldsymbol{X},\boldsymbol{w},\boldsymbol{\sigma}^2)$，使得

$$Pr(\boldsymbol{\phi}|\boldsymbol{X},\boldsymbol{w},\sigma^2)=\frac{Pr(\boldsymbol{w}|\boldsymbol{X},\phi,\sigma^2)Pr(\boldsymbol{\phi})}{Pr(\boldsymbol{w}|\boldsymbol{X},\sigma^2)} \tag{8-32}$$

但是，对于左边的后验，没有简单的闭式表达式。先验不再是正态分布，共轭关系也丢失了。

为了解这个问题，我们重新将每个 t 分布表示为正态分布的无限加权和，其中，隐变量 $h_d$ 决定方差(见 7.5 节)，从而使得

$$\begin{aligned} Pr(\boldsymbol{\phi}) &= \prod_{d=1}^{D}\int \text{Norm}_{\phi d}[0,1/h_d]\text{Gam}_{h_d}[v/2,v/2]\text{d}h_d \\ &= \int \text{Norm}_{\phi}[0,\boldsymbol{H}^{-1}]\prod_{d=1}^{D}\text{Gam}_{h_d}[v/2,v/2]\text{d}\boldsymbol{H} \end{aligned} \tag{8-33}$$

其中，矩阵 $\boldsymbol{H}$ 在它的对角线上包含隐变量 $\{h_d\}_{d=1}^{D}$，其他值为 0。现在可以写出边缘似然(对梯度变量 $\boldsymbol{\phi}$ 积分后的似然函数)的表达式

$$\begin{aligned} Pr(\boldsymbol{w}|\boldsymbol{X},\sigma^2) &= \int Pr(\boldsymbol{w},\boldsymbol{\phi}|\boldsymbol{X},\sigma^2)\text{d}\phi \\ &= \int Pr(\boldsymbol{w}|\boldsymbol{X},\boldsymbol{\phi},\sigma^2)Pr(\phi)\text{d}\phi \\ &= \int \text{Norm}_{w}[\boldsymbol{X}^{\text{T}}\boldsymbol{\phi},\sigma^2\boldsymbol{I}]\int \text{Norm}_{\phi}[0,\boldsymbol{H}^{-1}]\prod_{d=1}^{D}\text{Gam}_{h_d}[v/2,v/2]\text{d}\boldsymbol{H}\text{d}\boldsymbol{\phi} \\ &= \iint \text{Norm}_{w}[\boldsymbol{X}^{\text{T}}\boldsymbol{\phi},\sigma^2\boldsymbol{I}]\text{Norm}_{\phi}[0,\boldsymbol{H}^{-1}]\prod_{d=1}^{D}\text{Gam}_{h_d}[v/2,v/2]\text{d}\boldsymbol{H}\text{d}\boldsymbol{\phi} \\ &= \int \text{Norm}_{w}[0,\boldsymbol{X}^{\text{T}}\boldsymbol{H}^{-1}\boldsymbol{X}+\sigma^2\boldsymbol{I}]\prod_{d=1}^{D}\text{Gam}_{h_d}[v/2,v/2]\text{d}\boldsymbol{H} \end{aligned} \tag{8-34}$$

其中关于 $\boldsymbol{\phi}$ 积分的计算方法与式(8-12)中用到的方法一样。

但是，我们仍然无法以闭式求剩下的积分，因此我们需要利用在隐变量上进行最大化的方法来求出边缘似然的一个近似表达式

$$Pr(\boldsymbol{w}|\boldsymbol{X},\sigma^2) \approx \max_{\boldsymbol{H}}\left[\text{Norm}_{w}[0,\boldsymbol{X}^{\text{T}}\boldsymbol{H}^{-1}\boldsymbol{X}+\sigma^2\boldsymbol{I}]\prod_{d=1}^{D}\text{Gam}_{h_d}[v/2,v/2]\right] \tag{8-35}$$

只要隐变量的真实分布集中在模的周围，该近似就合理。当 $h_d$ 取一个大值时，先验具有一个小的方差($1/h_d$)，并且相关联的系数 $\phi_d$ 被强迫接近于 0：实际上，这意味着 $\boldsymbol{x}$ 的第 $d$ 维对结果无贡献，可以从等式中删除。

现在可以明确了，拟合模型的一般方法有两个未知量——方差 $\sigma^2$ 和隐变量 $\boldsymbol{h}$，我们交替更新每个来最大化对数边缘似然。⊖

- 为了更新隐变量，我们将该函数的对数形式对 $\boldsymbol{H}$ 求导，令结果为 0，并且重新整理得到迭代等式

$$h_d^{new} = \frac{1-h_d\sum_{dd}+v}{\mu_d^2+v} \tag{8-36}$$

其中，$\mu_d$ 是权重 $\boldsymbol{\phi}$ 的后验分布的均值 $\boldsymbol{\mu}$ 的第 $d$ 个元素，并且 $\sum_{dd}$ 是权重(式(8-10))后验分布的协方差矩阵 $\Sigma$ 的对角线上的第 $d$ 个元素，使得

$$\begin{aligned} \boldsymbol{\mu} &= \frac{1}{\sigma^2}\boldsymbol{A}^{-1}\boldsymbol{X}\boldsymbol{w} \\ \boldsymbol{\Sigma} &= \boldsymbol{A}^{-1} \end{aligned} \tag{8-37}$$

⊖ 关于怎么产生这些更新等式的更详细信息可以参考 Tipping(2001)和 Bishop(2006)的 3.5 节。

其中，$\boldsymbol{A}$ 定义为

$$\boldsymbol{A}=\frac{1}{\sigma^2}\boldsymbol{X}\boldsymbol{X}^{\mathrm{T}}+\boldsymbol{H} \tag{8-38}$$

- 为了更新方差，将该表达式的对数形式对 $\sigma^2$ 求导，令结果为 0，简化后可得

$$(\sigma^2)^{new}=\frac{1}{D-\sum_d\left(1-h_d\sum_{dd}\right)}(\boldsymbol{w}-\boldsymbol{X}\mu)^{\mathrm{T}}(\boldsymbol{w}-\boldsymbol{X}\mu) \tag{8-39}$$

在每次更新之间，后验均值 $\boldsymbol{\mu}$ 和方差 $\boldsymbol{\Sigma}$ 应该重新计算。

在实际中，我们为自由等级选取一个非常小的值($v<10^{-3}$)以利于稀疏。我们可能还限制隐变量 $h_i$ 的最大可能值来保证数值稳定。

在训练的最后，丢弃其中隐变量 $h_d$ 很大(比如大于 1000)的 $\boldsymbol{\phi}$ 的所有维度。图 8-11 展示了一个拟合二维数据的例子。稀疏解只与两个方向之一有关，因此效率是原来的 2 倍。

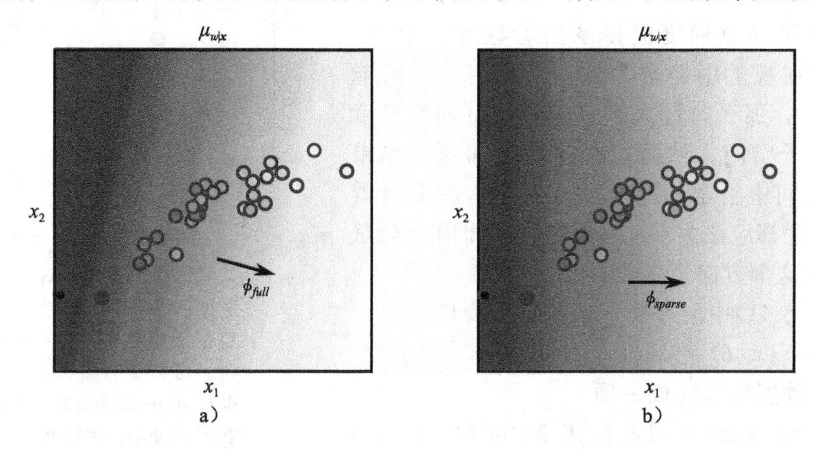


图 8-11 稀疏线性回归。a) 二维数据的贝叶斯线性回归。背景色表示对于 $w$ 的高斯预测 $Pr(w|\boldsymbol{x})$的均值 $\mu_w|\boldsymbol{x}$。$Pr(w|\boldsymbol{x})$的方差没有显示。数据点的灰度表示训练值 $w$，因此对于一个好的回归拟合，应该精确匹配周围灰度。这里 $\boldsymbol{\phi}$ 的元素选取任意值，因此函数的梯度指向任意方向。b) 稀疏线性回归。这里，$\boldsymbol{\phi}$ 的元素在不需要解释数据的地方建议为 0。算法在 $\phi$ 第二个元素为 0 处已经找到一个好的拟合，因此与纵坐标轴无关

原则上讲，该算法的非线性版本可以通过将输入数据 $x$ 进行变换得到的向量 $\boldsymbol{z}=\boldsymbol{f}[\boldsymbol{x}]$来获得。然而，如果变换后的数据 $\boldsymbol{z}$ 的维度很高，那么我们将要用到更多的隐变量 $h_d$ 来处理这些维度。很明显，该方法无法应用到核函数中，因为变换数据的维度可以是无穷大。

为了解决这个问题，我们开发相关向量机。该模型也要求稀疏，但是它让最终的预测只与训练样本中的稀疏子集有关，而不是观测的维度的稀疏子集。在我们研究这个模型之前，我们必须开发一种线性回归版本，其中，对于每个数据样本只有一个参数，而不是每个观测维度中的一个。这个模型称为二元线性回归。

## 8.7 二元线性回归

在标准线性回归模型中，参数向量 $\boldsymbol{\phi}$ 包含 $D$ 个元素，分别对应于输入数据(可能是变换过的)的 $D$ 个维度。在二元规划中，我们重新将模型以包含 $I$ 个元素的向量 $\boldsymbol{\Psi}$ 来参数化，其中 $I$ 是训练样本的个数。这在训练中输入数据的维度很高但是样本个数很小($I<D$)的时候更有效，并且可以产生其他有趣的模型，例如相关向量回归。

**二元模型**

在二元模型中，保持预测 $w$ 对输入数据 $\boldsymbol{x}$ 的原始线性依赖，使得

$$Pr(w_i|\boldsymbol{x}_i) = \text{Norm}_{x_i}[\phi^{\mathrm{T}} x_i, \sigma^2] \tag{8-40}$$

然而，现在将斜率参数 $\phi$ 表示为观测数据点的加权和，使得

$$\phi = \boldsymbol{X}\boldsymbol{\Psi} \tag{8-41}$$

其中，$\Psi$ 是表示权重的 $I\times1$ 向量(见图 8-12)。它称为二元参数化。注意，如果数据样本数量比数据维度小，那么该模型中的未知量将比线性回归标准公式中的标准要少，因此学习和推理将更加高效。注意，在计算机科学中二元这个术语用得太多，读者应注意不要与其他含义混淆。

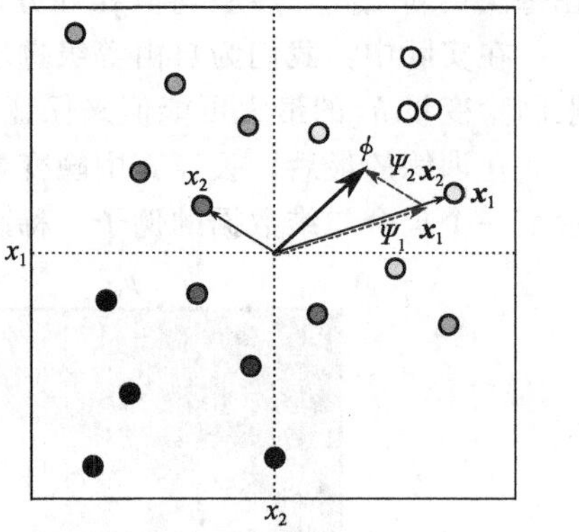

如果数据维数 $D$ 小于样本个数 $I$，那么我们可以找到表示任意梯度向量 $\phi$ 的参数 $\Psi$。然而，如果 $D>I$(在视觉中经常为真，因为测量值可能是高维度的)，那么向量 $X\Psi$ 只能展开可能的梯度向量的一个子空间。然而，这并不是问题：如果数据 $X$ 在空间中给定的方向没有变化，那么沿着那条轴的梯度都应该为 0，因为我们不知道全局状态 $w$ 如何在这个方向上变化。

图 8-12　二元变量。二维向量数据$\{\boldsymbol{x}_i\}_{i=1}^{I}$和关联的全局状态$\{w_i\}_{i=1}^{I}$(通过标记灰度来表示)。线性回归参数 $\boldsymbol{\phi}$ 决定在二维空间中 $\boldsymbol{w}$ 变化最快的方向。可以交替将梯度方向表示为数据样本的加权和。这里给出 $\boldsymbol{\phi}=\Psi_1\boldsymbol{x}_1+\Psi_2\boldsymbol{x}_2$ 的情况。在实际问题中，数据维度 $D$ 比样本数目 $I$ 多，因此可以在所有数据点取加权和 $\phi=X\Psi$。这是二元参数化

根据式(8-41)中的替换，回归模型变成

$$Pr(w_i|\boldsymbol{x}_i,\boldsymbol{\theta}) = \text{Norm}_{w_i}[\boldsymbol{\Psi}^{\mathrm{T}}\boldsymbol{X}^{\mathrm{T}}\boldsymbol{x}_i, \sigma^2] \tag{8-42}$$

或者将所有数据似然写成一项

$$Pr(\boldsymbol{w}|\boldsymbol{X},\boldsymbol{\theta}) = \text{Norm}_{\boldsymbol{w}}[\boldsymbol{X}^{\mathrm{T}}\boldsymbol{X}\boldsymbol{\Psi}, \sigma^2\boldsymbol{I}] \tag{8-43}$$

其中，模型的参数为 $\boldsymbol{\theta}=\{\Psi, \sigma^2\}$。我们考虑如何利用最大似然和贝叶斯方法来学习该模型。

**最大似然解**

我们利用最大似然方法来估计二元规划中的参数 $\Psi$。为此，我们对似然函数相对于 $\Psi$ 和 $\sigma^2$ 的对数表达式(式(8-43))进化最大化的处理，使得

8.5

$$\hat{\boldsymbol{\Psi}}, \hat{\sigma}^2 = \underset{\Psi,\sigma^2}{\operatorname{argmax}}\left[-\frac{I\log[2\pi]}{2} - \frac{I\log[\sigma^2]}{2} - \frac{(\boldsymbol{w}-\boldsymbol{X}^{\mathrm{T}}\boldsymbol{X}\boldsymbol{\Psi})^{\mathrm{T}}(\boldsymbol{w}-\boldsymbol{X}^{\mathrm{T}}\boldsymbol{X}\boldsymbol{\Psi})}{2\sigma^2}\right] \tag{8-44}$$

为了对该表达式进行最大化，可对 $\Psi$ 和 $\sigma^2$ 求导，令结果为 0，并解得

$$\hat{\boldsymbol{\Psi}} = (\boldsymbol{X}^{\mathrm{T}}\boldsymbol{X})^{-1}\boldsymbol{w}$$

$$\hat{\sigma}^2 = \frac{(\boldsymbol{w}-\boldsymbol{X}^{\mathrm{T}}\boldsymbol{X}\boldsymbol{\Psi})^{\mathrm{T}}(\boldsymbol{w}-\boldsymbol{X}^{\mathrm{T}}\boldsymbol{X}\boldsymbol{\Psi})}{I} = 0 \tag{8-45}$$

其中，当 $D>I$ 时，方差为 0。

当矩阵 $X$ 是方阵且可逆时，该解实际上与原始线性回归模型一样(式(8-6))。例如，如果将定义 $\boldsymbol{\phi}=X\Psi$ 作如下替换，可得

$$\begin{aligned}\hat{\boldsymbol{\phi}} &= \boldsymbol{X}\hat{\boldsymbol{\Psi}} = \boldsymbol{X}(\boldsymbol{X}^{\mathrm{T}}\boldsymbol{X})^{-1}\boldsymbol{w} \\ &= (\boldsymbol{X}\boldsymbol{X}^{\mathrm{T}})^{-1}\boldsymbol{X}\boldsymbol{X}^{\mathrm{T}}\boldsymbol{X}(\boldsymbol{X}^{\mathrm{T}}\boldsymbol{X})^{-1}\boldsymbol{w} \\ &= (\boldsymbol{X}\boldsymbol{X}^{\mathrm{T}})^{-1}\boldsymbol{X}w\end{aligned} \tag{8-46}$$

这是 $\boldsymbol{\phi}$ 的原始最大似然解。

**贝叶斯解**

我们现在研究二元回归模型的贝叶斯解。跟前面一样，我们将二元参数 $\boldsymbol{\Psi}$ 看作为不确定的，假设噪声 $\sigma^2$ 已知。同样，我们将用最大似然单独来估计它。

贝叶斯方法的目标是根据给定训练数据对 $\{\boldsymbol{x}_i, w_i\}_{i=1}^{I}$ 求参数 $\boldsymbol{\Psi}$ 可能值的后验分布 $Pr(\boldsymbol{\Psi}|\boldsymbol{X},\boldsymbol{w})$。我们从定义参数的先验 $Pr(\boldsymbol{\Psi})$ 开始。由于我们没有特殊的先验知识，因此我们选择一个具有球形方差的正态分布

$$Pr(\boldsymbol{\Psi}) = \text{Norm}_{\boldsymbol{\Psi}}[0,\sigma_p^2\boldsymbol{I}] \tag{8-47}$$

我们利用贝叶斯法则来计算参数的后验分布

$$Pr(\boldsymbol{\Psi}|\boldsymbol{X},\boldsymbol{w},\sigma^2) = \frac{Pr(\boldsymbol{w}|\boldsymbol{X},\boldsymbol{\Psi},\sigma^2)Pr(\boldsymbol{\Psi})}{Pr(\boldsymbol{w}|\boldsymbol{X},\sigma^2)} \tag{8-48}$$

可以证明能得到闭式表达式

$$Pr(\boldsymbol{\Psi}|\boldsymbol{X},\boldsymbol{w},\sigma^2) = \text{Norm}_{\boldsymbol{\Psi}}\left[\frac{1}{\sigma^2}\boldsymbol{A}^{-1}\boldsymbol{X}^{\mathrm{T}}\boldsymbol{X}\boldsymbol{w},\boldsymbol{A}^{-1}\right] \tag{8-49}$$

其中，

$$\boldsymbol{A} = \frac{1}{\sigma^2}\boldsymbol{X}^{\mathrm{T}}\boldsymbol{X}\boldsymbol{X}^{\mathrm{T}}\boldsymbol{X} + \frac{1}{\sigma_p^2}\boldsymbol{I} \tag{8-50}$$

为了计算预测分布 $Pr(\boldsymbol{w}^*|\boldsymbol{x}^*)$，我们在关联每个可能参数值 $Pr(\boldsymbol{w}^*|x^*)$ 的预测上作无穷加权和，

$$\begin{aligned} Pr(w^*|\boldsymbol{x}^*,\boldsymbol{X},\boldsymbol{w}) &= \int Pr(w^*|\boldsymbol{x}^*,\boldsymbol{\Psi})Pr(\boldsymbol{\Psi}|\boldsymbol{X},\boldsymbol{w})d\boldsymbol{\Psi} \\ &= \text{Norm}_{w^*}\left[\frac{1}{\sigma^2}\boldsymbol{x}^{*\mathrm{T}}\boldsymbol{X}\boldsymbol{A}^{-1}\boldsymbol{X}^{\mathrm{T}}\boldsymbol{X}_{\boldsymbol{w}},\boldsymbol{x}^{*\mathrm{T}}\boldsymbol{X}\boldsymbol{A}^{-1}\boldsymbol{X}^{\mathrm{T}}\boldsymbol{x}^*+\sigma^2\right] \end{aligned} \tag{8-51}$$

为了将模型泛化到非线性情况，我们将训练数据 $\boldsymbol{X}=[x_1,x_2,\cdots,x_I]$ 变换为 $\boldsymbol{Z}=[z_1,z_1,\cdots,z_I]$，并且将测试数据 $x^*$ 转换为 $z^*$。由于所得到的表达式只取决于内积形式 $\boldsymbol{Z}^{\mathrm{T}}\boldsymbol{Z}$ 和 $\boldsymbol{Z}^{\mathrm{T}}z^*$，所以直接用核化来检测该数据。 8.6

至于原始回归模型，方差参数 $\sigma^2$ 可以通过对边界似然的对数函数最大化来估计，由下式给出

$$Pr(\boldsymbol{w}|\boldsymbol{X},\sigma^2) = \text{Norm}_{\boldsymbol{w}}[0,\sigma_p^2\boldsymbol{X}^{\mathrm{T}}\boldsymbol{X}\boldsymbol{X}^{\mathrm{T}}\boldsymbol{X}+\sigma^2\boldsymbol{I}] \tag{8-52}$$

## 8.8 相关向量回归

开发了线性回归的二元方法，我们现在将开发一种与训练数据稀疏相关的模型。为此，我们对每个非零加权训练样本加一个惩罚项。我们通过将二元参数 $\boldsymbol{\Psi}$ 的正态先验替换为一维 t 分布的乘积，可得 8.7

$$Pr(\boldsymbol{\Psi}) = \prod_{i=1}^{I}\text{Stud}_{\Psi_i}[0,1,v] \tag{8-53}$$

该模型称为相关向量回归。

除了我们现在处理的是二元变量之外，该模型与稀疏线性回归模型(见 8.6 节)完全类似。至于稀疏模型，没办法用 t 分布先验来对变量 $\boldsymbol{\Psi}$ 进行边缘化。我们的方法同样是通过相对于隐变量最大化 t 分布而不是在隐变量上边缘化它们(式(8-35))。与 8.6 节类比，边缘似然变成

$$Pr(\boldsymbol{w}|\boldsymbol{X},\sigma^2) \approx \max_{\boldsymbol{H}}\left[\text{Norm}_{\boldsymbol{w}}[0,\boldsymbol{X}^{\mathrm{T}}\boldsymbol{X}\boldsymbol{H}^{-1}\boldsymbol{X}^{\mathrm{T}}\boldsymbol{X}+\sigma^2\boldsymbol{I}]\prod_{i=1}^{I}\text{Gam}_{h_i}[v/2,v/2]\right] \tag{8-54}$$

其中，矩阵 $\boldsymbol{H}$ 对角线上包含与 t 分布关联的隐变量$\{h_i\}_{i=1}^I$，而其他元素为 0。注意，除了每个数据点有相同的方差 $\sigma_p^2$，该表达式与式(8-52)类似，它们现在的方差由组成对角矩阵 $\boldsymbol{H}$ 元素的隐变量决定。

在相关向量回归中，使用下式交替进行以下两步(i)优化相对于隐变量的边缘似然和(ii)优化相对于协方差参数 $\sigma^2$ 的边缘似然

$$h_i^{new} = \frac{1 - h_i \sum_{ii} + v}{\mu_i^2 + v} \tag{8-55}$$

和

$$(\sigma^2)^{new} = \frac{1}{I - \sum_i \left(1 - h_i \sum_{ii}\right)} (\boldsymbol{w} - \boldsymbol{X}^{\mathrm{T}}\boldsymbol{X}\mu)^{\mathrm{T}} (\boldsymbol{w} - \boldsymbol{X}^{\mathrm{T}}\boldsymbol{X}\mu) \tag{8-56}$$

在每步之间，更新后验分布的均值 $\mu$ 和方差$\Sigma$

$$\mu = \frac{1}{\sigma^2}\boldsymbol{A}^{-1}\boldsymbol{X}^{\mathrm{T}}\boldsymbol{X}_w$$
$$\Sigma = \boldsymbol{A}^{-1} \tag{8-57}$$

其中，$\boldsymbol{A}$ 定义为

$$\boldsymbol{A} = \frac{1}{\sigma^2}\boldsymbol{X}^{\mathrm{T}}\boldsymbol{X}\boldsymbol{X}^{\mathrm{T}}\boldsymbol{X} + \boldsymbol{H} \tag{8-58}$$

在训练的最后，我们丢弃所有隐变量 $h_i$ 很大(比如大于 1000)的数据样本，因为这里的系数 $\Psi_i$ 将会很小，且对解几乎没有贡献。

由于该算法只与内积相关，因此可以通过将内积替换为一个核函数 $\boldsymbol{k}[\boldsymbol{x}_i, \boldsymbol{x}_j]$ 来将其改造成非线性版本。如果核本身包含参数，在拟合阶段也可以改变这些参数来提高对数边缘方差。图 8-13 展示了使用 RBF 核进行拟合的例子。最终的解只与 6 个数据点有关，但是仍然捕获到了数据的重要特征。

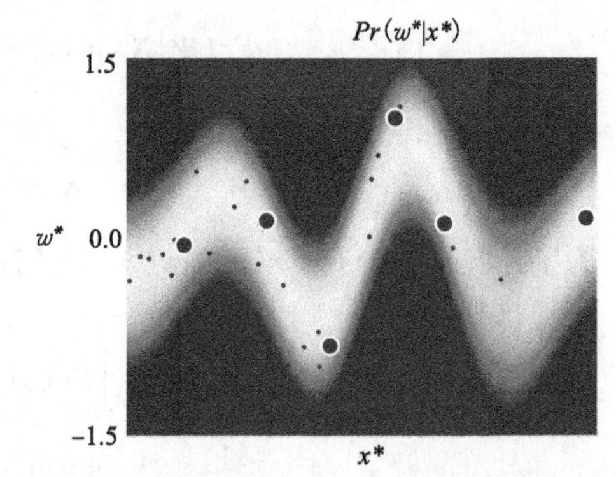


图 8-13　相关向量回归。在二元变量上应用稀疏先验。这意味着最终分类器只与数据点的子集有关(通过 6 个大点表示)。生成的回归函数计算起来显然更快且更简单；这意味着不太可能过拟合训练数据中的随机统计波动，且更好地对新数据进行泛化

## 8.9　多变量数据回归

本章讨论了从多变量数据 $\boldsymbol{x}_i$ 中预测标量数据 $w_i$。在现实情况中，例如姿势回归问题，全局状态 $\boldsymbol{w}_i$ 是多变量。本章模型的扩展很简单：对每一维度分别构建回归器。该规则的例外是相关向量机：这里我们可能需要保证对于每个模型稀疏结构是通用的，以至于可以保持效率的提升。为此，我们改变模型使得对于每个全局状态维度单个隐变量集合可以在模型中共享。

## 8.10　应用

回归方法在视觉中的应用比分类少，但是无论如何也有许多有用的应用。其中大部分包括估计目标的位置或者姿势，因为这些问题中的未知量通常为连续量。

### 8.10.1　人体姿势估计

Agarwal 和 Triggs(2006)根据相关向量机开发了一个系统来从轮廓数据 $x$ 中预测身体

姿势 $w$。他们在目标边界的 400～500 个点的每一处计算 60 维的形状上下文特征(见 13.3.5 节)来编码剪影。为了降低数据维度，他们计算每个形状上下文特征与 100 个不同原型中每个原型之间的相似度。最后，他们组成一个 100 维的直方图，其中包含所有边界点的聚合 100 维的相似度。该直方图被用作数据向量 $x$。身体姿势通过 18 个主要身体关节的 3 个关节角度和身体方位(罗盘方向)来编码。生成的 55 维向量作为全局状态 $w$。

相关向量机利用商业软件 POSER 从已知运动采集数据 $\mathbf{w}_i$ 得到的剪影中提取的 2636 个数据向量 $\mathbf{x}_i$ 来训练。利用了径向基核函数，其中相关向量机的结果只与 6%的训练样本有关。测试数据的身体姿势角度的预测结果平均误差在 6°以内(见图 8-14)。他们的结果也表明了系统对真实图像在剪影上的效果相当好(见图 8-1)。

图 8-14 身体姿势估计结果。a) 行人剪影。b) 利用相关向量机基于剪影来估计身体姿势。相关向量机利用径向基函数，并且利用了 2636 个向量样本中的 156 个(6%)来构造最终解。产生了对 18 个主要身体部分和身体整体方向的三个关节角度，平均测试误差为 6.0°的结果。源自 Agarwal 和 Triggs(2006)

剪影信息具有自身的多义性：很难根据单一剪影来判断哪条腿在另外一条腿的前面。Agarwal 和 Triggs(2006)通过跟踪视频序列中身体姿势来对这个系统进行了部分改进。本质上，某一给定帧的多义性可以通过利用序列相邻帧中进行姿势估计的类似的方法来解决：其中姿势向量已定义的帧信息通过在序列中传播来解决其他部分的多义性(见第 19 章)。

然而，剪影数据的多义性是不使用这种分类器的一个原因：本章中的回归模型被设计成单峰正态分布。为了有效对单帧数据进行分类，我们应该使用能产生多峰预测的回归方法来有效描述多义性。

### 8.10.2 位移专家

回归模型也用于跟踪应用中的位移专家。目标是根据图像 $\mathbf{x}$ 的一个区域，返回一组表示目标相对于窗口位置变化的数 $\mathbf{w}$。全局状态 $\mathbf{w}$ 可能只包含水平和垂直平移向量或者包含一个更复杂二维变换的参数(见第 15 章)。为了简单起见，我们将介绍第一种情况。

训练数据可根据以下方法得到。在一系列帧中确定目标的最小外围矩形的边界框。对于每一帧，边界框可以被事先定义的一组量平移，来模拟目标向相反方向移动(见图 8-15a)。利用这一方法，我们关联每个平移向量 $\mathbf{w}_i$。扰动的边界框中的数据被提取并重新调整到一标准形状，并且进行直方图均衡化(见 13.1.2 节)来引起对光照变化的不变性。最终的值连接起来形成数据向量 $\mathbf{x}_i$。

Williams 等(2005)描述了一种这样的系统，其中元素 $\mathbf{w}$ 通过一组相互独立的相关向量机学习得到。他们用一标准目标检测器(见第 9 章)来初始化目标的位置。在后续帧中，利用相关向量机在原始位置数据 $\mathbf{x}$ 上计算位移向量 $\mathbf{W}$ 的预测。该预测与一个卡尔曼滤波类的系统(见第 19 章)结合，加入了关于运动连续的先验知识来创造一个在场景中跟踪已知目标的鲁棒方法。图 8-15b～d 展示了该系统的一系列跟踪结果。

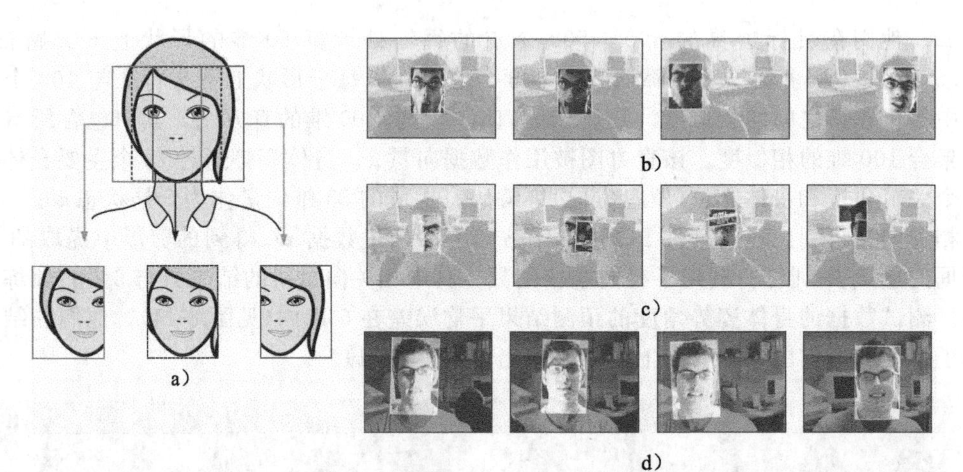


图 8-15　基于位移专家的跟踪。该系统的目的是根据上次所知像素数据的位置预测表示目标运动的位移向量。a) 根据在目标周围扰动边界框模拟目标运动来训练系统。b) 即使存在 c) 大脸有部分遮挡，系统也能成功跟踪人脸。d) 如果系统根据梯度向量而不是原始像素值训练得到，那么它也对光照变化很鲁棒。源自 Williams 等(2005)。© 2005 IEEE

## 讨论

本章的目的是讨论回归中的判别方法。在视觉中有合适的应用来预测目标的姿势和位置。然而，学习这些模型的主要原因是涉及的概念(稀疏性、二元变量、核化)对于判别分类方法都比较重要。它们的应用很广，但是也更加复杂，相关理论将在后续章节中讨论。

## 备注

**回归方法：** Rasmussen 和 Williams(2006)提出的回归方法是关于高斯过程的综合资源。相关向量机首先由 Tipping(2001)提出。视觉领域中的一些创新扩展了这些模型。Williams 等(2006)提出半监督高斯回归方法，其中全局状态 $\boldsymbol{w}$ 只被样本的子集所知。Ranganathan 和 Yang(2008)提出了一种当核矩阵稀疏时在线学习高斯过程的有效算法。Thayananthan 等(2006)开发了相关向量机的多变量版本。

**应用：** 回归在视觉中的应用包括人头姿势估计(Williams 等，2006；Ranganathan 和 Yang，2008；Rae 和 Ritter，1998)，身体跟踪(Williams 等，2006；Agarwal 和 Triggs 等，2006；Thayananthan 等，2006)，人眼跟踪(Williams 等，2006)，以及其他目标跟踪(Williams 等，2005；Ranganathan 和 Yang，2008)。

**多峰后验：** 使用本章中方法的缺点之一是它们总是产生单峰正态分布先验。对于有些问题(例如，身体姿势估计)，全局状态的后验概率实际上可能是多峰的——对数据有多个解释。对于这个问题，我们的方法是建立许多回归器，把全局状态中的一小部分和数据关联起来(Thayananthan 等，2006)。另外，还可以使用生成回归方法，其中联合密度被直接建模(Navaratnam 等，2007)，或者对似然和先验分别建模(Urtasun 等，2006)。在这些方法中，关于全局状态的后验计算分布为多峰分布。然而，其代价是无法精确计算后验，因此我们必须依靠优化技术来找到这些模式。

## 习题

8.1　考虑全局状态 $\boldsymbol{w}$ 已知为正的回归问题。为了解决这个问题，可以构建一个全局状态为伽马分布的回归模型。我们可以约束伽马分布中的参数 $\alpha$、$\beta$ 相同，使得 $\alpha=\beta$，且使它们作为数据 $\boldsymbol{x}$ 的函数。描述一拟合该模型的最大似然方法。

8.2 考虑根据 t 分布而不是正态分布的鲁棒回归模型。用数学术语精确定义这个模型并描述拟合参数的最大似然方法。

8.3 证明线性回归模型中梯度的最大似然解为

$$\hat{\boldsymbol{\phi}} = (\boldsymbol{X}\boldsymbol{X}^{\mathrm{T}})^{-1}\boldsymbol{X}\boldsymbol{w}$$

8.4 对于贝叶斯线性回归模型(见 8.2 节)，证明关于参数 $\boldsymbol{\phi}$ 的后验分布为

$$Pr(\boldsymbol{\phi}|\boldsymbol{X},\boldsymbol{w}) = \mathrm{Norm}_{\phi}\left[\frac{1}{\sigma^2}\boldsymbol{A}^{-1}\boldsymbol{X}\boldsymbol{w},\boldsymbol{A}^{-1}\right]$$

其中，

$$\boldsymbol{A} = \frac{1}{\sigma^2}\boldsymbol{X}\boldsymbol{X}^{\mathrm{T}} + \frac{1}{\sigma_p^2}\boldsymbol{I}$$

8.5 对于贝叶斯线性回归模型(见 8.2 节)，证明新数据样本 $\boldsymbol{x}^*$ 的预测分布为

$$Pr(w^*|\boldsymbol{x}^*,\boldsymbol{X},\boldsymbol{w}) = \mathrm{Norm}_{w^*}\left[\frac{1}{\sigma^2}\boldsymbol{x}^{*\mathrm{T}}\boldsymbol{A}^{-1}\boldsymbol{X}\boldsymbol{w},x^{*\mathrm{T}}\boldsymbol{A}^{-1}\boldsymbol{x}^* + \sigma^2\right]$$

8.6 利用矩阵逆定理(见 C.8.4 节)证明

$$\boldsymbol{A}^{-1} = \left(\frac{1}{\sigma^2}\boldsymbol{X}\boldsymbol{X}^{\mathrm{T}} + \frac{1}{\sigma_p^2}\boldsymbol{I}_D\right)^{-1} = \sigma_p^2\boldsymbol{I}_D - \sigma_p^2\boldsymbol{X}\left(\boldsymbol{X}^{\mathrm{T}}\boldsymbol{X} + \frac{\sigma^2}{\sigma_p^2}\boldsymbol{I}_I\right)^{-1}\boldsymbol{X}^{\mathrm{T}}$$

8.7 计算以下关于方差参数 $\sigma^2$ 的边缘似然的导数

$$Pr(\boldsymbol{w}[\boldsymbol{X},\sigma^2) = \mathrm{Norm}_w[0,\sigma_p^2\boldsymbol{X}^{\mathrm{T}}\boldsymbol{X} + \sigma^2\boldsymbol{I}]$$

8.8 为增强稀疏性的近似 t 分布计算闭式表达式。

$$q(\phi) = \max_h[\mathrm{Norm}_{\phi}0,h^{-1}]\mathrm{Gam}_h[v/2,v/2]]$$

对于 $v=2$，计算该函数。对于 $v=2$，画出二维函数 $[h_1,h_2] = q(\phi_1)q(\phi_2)$ 。

8.9 根据以下多项式描述非线性回归模型的最大似然学习和推理算法

$$Pr(w|x) = \mathrm{Norm}_w[\phi_0 + \phi_1 x + \phi_2 x^2 + \phi_3 x^3,\sigma^2]$$

8.10 我想学习线性回归模型，在该模型中我想利用最大似然方法从 $I$ 个 $D\times 1$ 的数据 $\boldsymbol{x}$ 中预测全局状态 $\boldsymbol{w}$。如果 $I>D$，那么利用二元参数的还是原始的线性回归模型更高效?

8.11 证明在二元线性回归模型中参数 $\Psi$ 的最大似然估计为

$$\hat{\Psi} = (\boldsymbol{X}^{\mathrm{T}}\boldsymbol{X})^{-1}\boldsymbol{w}$$

第 9 章

Computer Vision: Models, Learning, and Inference

# 分类模型

本章主要关注分类判别模型，具体目标是根据离散全局状态 $w \in \{1,\cdots,k\}$ 及给定向量 $\boldsymbol{x}$ 的连续观测数据，对后验概率分布 $Pr(w|\boldsymbol{x})$ 直接建立模型。由于分类模型与回归问题联系紧密，所以在阅读本章之前读者需要熟悉第 8 章的内容。

为建立本章中的模型，我们将考虑基于人脸的*性别分类*：对于一幅包含人脸的 60*60 的 RGB 图像(见图 9-1)，将这张图片的 RGB 值转换成一个 10800*1 的向量 $\boldsymbol{x}$。我们的目标是针对某一特定的向量 $\boldsymbol{x}$，求出 $w \in \{0,1\}$ 的概率分布 $Pr(w|x)$，其中 $w=0$ 代表男性，$w=1$ 代表女性。

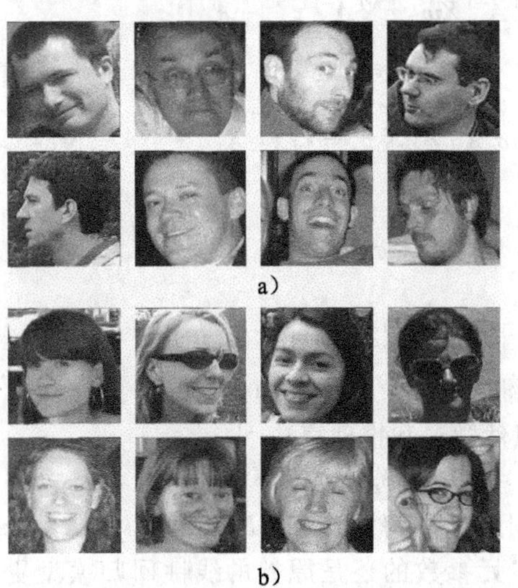

图 9-1 性别分类，对一张 60*60 的人脸图片，将其 RGB 三个通道的值转换成 10800*1 的向量 $\boldsymbol{x}$。性别分类的目标在于根据数据 $\boldsymbol{x}$ 推断出一个标签 $w \in \{0,1\}$ 来标记窗口中包含男性的脸还是女性的脸。该问题的难度在于不同人脸之间的差别是微妙的，此外，人脸图像会随着光照、造型以及表情而变化。所以在实际系统中，会首先对这些图片做一些预处理：如更加准确地记录人脸和光变量补偿(见 13 章)

性别分类是一个*二值分类*问题，因为全局状态只有两个可能的值。在本章的绝大部分讨论中，我们将把讨论范围限制为二值分类。9.9 节讨论如何将二分类模型扩展到解决任意类别数的分类问题中。

## 9.1 逻辑回归

本节从*逻辑回归*模型(虽然从名称上看它似乎并不能用于分类)开始。逻辑回归(见图 9-2)是一个判别模型；基于全局状态 $w \in \{0,1\}$，我们选择一种概率分布，并依据观测数据 $\boldsymbol{x}$ 来确定它的参数。因为 $\boldsymbol{w}$ 的取值是二值的，所以我们就可以用伯努利分布来描述 $w$，并将伯努利分布的变量 $\lambda$(说明状态值 $w=1$ 情况下的概率)用观测数据 $\boldsymbol{x}$ 的函数表示。

与回归模型不同，不能简单地将变量 $\lambda$ 用一个线性函数 $\phi_0+\boldsymbol{\phi}^{\mathrm{T}}\boldsymbol{x}$ 表示；因为一个线性函数可以返回任意值，但 $\lambda$ 只能介于 0～1 之间。因此，我们首先计算一个线性函数，并将其结果传入到*逻辑 sigmoid 函数* sig[·]中，将 $\lambda$ 的值从 $[-\infty,\infty]$ 映射到$[0,1]$。最终的模型为：

$$Pr(w|\phi_0,\boldsymbol{\phi},\boldsymbol{x}) = \mathrm{Bern}_w[\mathrm{sig}[a]] \tag{9-1}$$

其中，$a$ 称为激活值，并由下面的线性函数得出：

$$a = \phi_0 + \phi^{\mathrm{T}} x \tag{9-2}$$

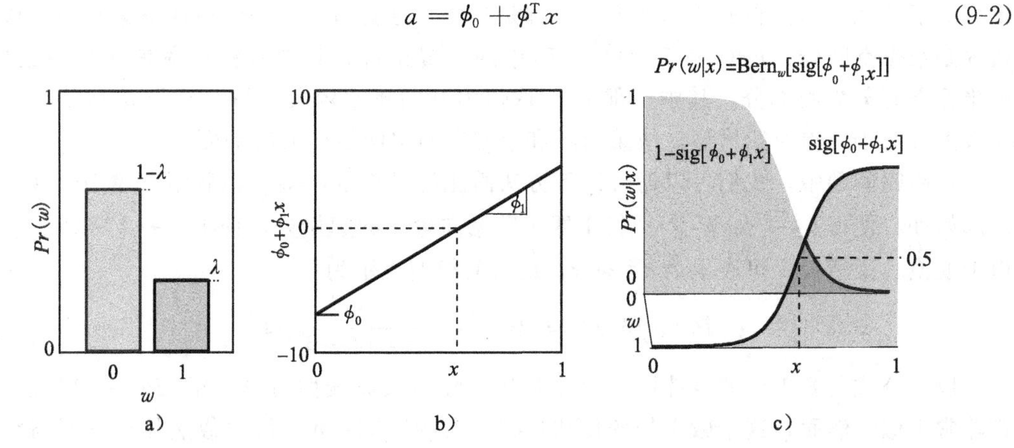


图 9-2 逻辑回归模型。a) 我们将 $w$ 看成伯努利分布并将伯努利参数 $\lambda$ 作为观测数据 $x$ 的一个函数。b) 我们通过观测数据计算激活值 $a=\phi_0+\phi_1 x$。c) 给定 sig[·]函数的形状，伯努利参数 $\lambda$ 通过把激活值传入 sig[·]函数中，并将取值范围映射到 0～1 之间。在学习过程中，我们通过训练集 $\{x_i, w_i\}$ 对拟合参数 $\theta=\{\phi_0, \phi_1\}$ 进行学习。在推理过程中，我们得到一个新的数据 $x^*$ 并基于它估计其后验概率 $Pr(w^* \mid x^*)$

逻辑 sigmoid 函数 sig[·]的由式(9-3)给出：

$$\mathrm{sig}[a] = \frac{1}{1+\exp[-a]} \tag{9-3}$$

当激活值 $a$ 的取值趋近∞时，函数值趋近 1。当 $a$ 的取值趋近－∞时，函数值趋近于 0。当 $a$ 取值为 0 时，函数值为 0.5。

对于一维数据 $\mathbf{x}$，以上变换的整体效果体现在对关于 $x$ 和 $\lambda$ 的 sigmoid 函数(见图 9-2c 和图 9-3a)曲线的描述上。sig[·]函数的水平位置取决于线性函数 $a$ 与 $x$ 轴的交点，而 sig[·]函数的倾斜度取决于梯度 $\phi_1$。

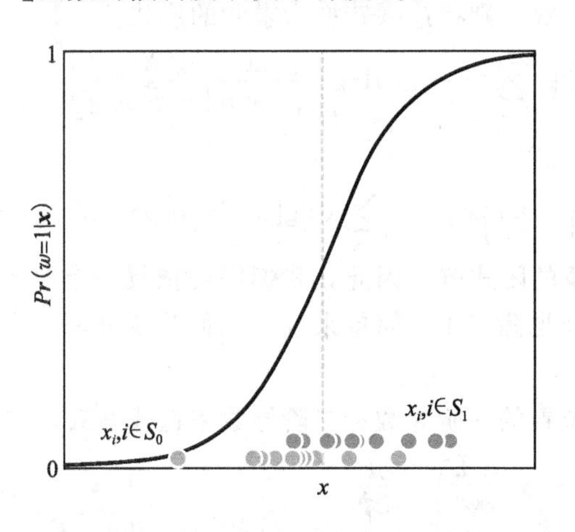


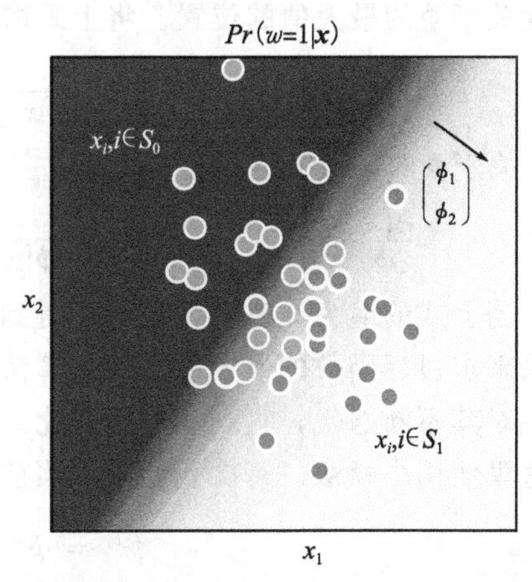


图 9-3 用逻辑回归模型拟合两组不同的数据集。a) 一维数据集。浅灰色的点代表 $w=0$ 的样本集 $S_0$，深灰色的点代表 $w=1$ 的样本集 $S_1$。注意，在这里(以及本章之后的所有图中)，我们只绘制出了 $Pr(w=1 \mid x)$的概率(与图 9-2c 相比)。$Pr(w=0 \mid x)$的概率可以通过公式 $1-Pr(w=1 \mid x)$得到。b) 二维数据，在 $\phi$ 的梯度方向上有 S 形曲线，而 $Pr(w=1 \mid \mathbf{x})$在正交方向上为常数。决策边界(虚线标记)是线性的

在多维空间里，$x$ 和 $\lambda$ 的关系更加复杂(见图 9-3b)。预测参数 $\lambda$ 在梯度向量 $\boldsymbol{\phi}$ 的方向上有 S 形曲线，但是在所有垂直方向上都是常数，这就引出了一个线性决策边界。该决策边界是数据空间$\{\mathbf{x}: Pr(w=1|\mathbf{x})=0.5\}$中的位置集合，其中后验概率是 0.5。决策边界将坐标空间分为两部分，其中一部分 $w$ 取值为 0 的概率较大；另一部分 $w$ 取值为 1 的概率较大。对于逻辑回归模型，决策边界和 $\boldsymbol{\phi}$ 方向的法向量构成超平面。

在回归问题中，我们可以通过以下方法简化符号表示：将 $y$ 轴截距 $\phi_0$ 置于参数向量 $\boldsymbol{\phi}$ 的起始处，使得 $\phi \leftarrow [\phi_0, \phi^{\mathrm{T}}]^{\mathrm{T}}$；将 1 置于数据向量 $\mathbf{x}$ 的起始处，使得 $\mathbf{x} \leftarrow [1, \mathbf{x}^{\mathrm{T}}]^{\mathrm{T}}$。通过以上变换，激活值 $a$ 可表示为 $a=\boldsymbol{\phi}^{\mathrm{T}}\mathbf{x}$，最后的模型表示为：

$$Pr(w|\phi, \mathbf{x}) = \mathrm{Bern}_w\left[\frac{1}{1+\exp[-\phi^{\mathrm{T}}x]}\right] \tag{9-4}$$

以上公式与 8.1 节的线性回归模型相比，除引入非线性 S 形函数 sig[·]以外，其他都非常类似。然而，这个微小的变化却具有很大的影响：$\boldsymbol{\phi}$ 的最大似然估计学习与线性回归模型相比要困难得多，此外为了使用贝叶斯方法，还必须做出某些近似。

### 9.1.1 学习：最大似然估计

9.1 在最大似然估计学习中，我们要通过 $I$ 对训练集$\{\mathbf{x}_i, w_i\}_{i=1}^{I}$中的样本来拟合 $\phi$(见图 9-3)。假设训练样本是互相独立的，那么有：

$$\begin{aligned}Pr(\mathbf{w}|\mathbf{X}, \phi) &= \prod_{i=1}^{I} \lambda^{w_i}(1-\lambda)^{1-w_i} \\ &= \prod_{i=1}^{I}\left(\frac{1}{1+\exp[-\phi^{\mathrm{T}}\mathbf{x}_i]}\right)^{w_i}\left(\frac{\exp[-\phi^{\mathrm{T}}\mathbf{x}_i]}{1+\exp[-\phi^{\mathrm{T}}\mathbf{x}_i]}\right)^{1-w_i}\end{aligned} \tag{9-5}$$

其中 $\mathbf{X}=[\mathbf{x}_1, \mathbf{x}_2, \cdots, \mathbf{x}_I]$ 是一个包含观测数据的矩阵，$\mathbf{w}=[w_1, \cdots, w_I]^{\mathrm{T}}$ 是一个包含 $w$ 所有二值状态的向量。最大似然估计方法通过对上式取最大值来求得参数 $\boldsymbol{\phi}$。

通常，我们能够很容易地将该式的对数值 $L$ 最大化。因为对数函数是单调的，所以它不改变关于 $\boldsymbol{\phi}$ 的最大值的位置。将上式取对数，则将连乘转换为求和的形式：

$$L = \sum_{i=1}^{I} w_i \log\left[\frac{1}{1+\exp[-\boldsymbol{\phi}^{\mathrm{T}}\mathbf{x}_i]}\right] + \sum_{i=1}^{I}(1-w_i)\log\left[\frac{\exp[-\boldsymbol{\phi}^{\mathrm{T}}X_i]}{1+\exp[-\boldsymbol{\phi}^{\mathrm{T}}X_i]}\right] \tag{9-6}$$

$L$ 关于 $\boldsymbol{\phi}$ 的偏微分形式是：

$$\frac{\partial L}{\partial \boldsymbol{\phi}} = -\sum_{i=1}^{I}\left(\frac{1}{1+\exp[-\boldsymbol{\phi}^{\mathrm{T}}\mathbf{x}_i]} - w_i\right)\mathbf{x}_i = -\sum_{i=1}^{I}(\mathrm{sig}[a_i]-w_i)\mathbf{x}_i \tag{9-7}$$

然而，当上式的值为 0 时，我们无法得到 $\boldsymbol{\phi}$ 的闭式解。因此，我们需要依赖一个*非线性优化*算法来求目标函数的最大值。优化算法详见附录 B。简单来说，我们为 $\boldsymbol{\phi}$ 分配一个初始值，并对其不断迭代，直到其不再变化。

这里使用*牛顿法*。每次我们都用当前位置的一阶导数和二阶导数来迭代参数，使得

$$\boldsymbol{\phi}^{[t]} = \boldsymbol{\phi}^{[t-1]} + \alpha\left(\frac{\partial^2 L}{\partial \boldsymbol{\phi}^2}\right)^{-1}\frac{\partial L}{\partial \boldsymbol{\phi}} \tag{9-8}$$

其中，$\boldsymbol{\phi}^{[t]}$ 代表参数 $\boldsymbol{\phi}$ 第 $t$ 次迭代后的估计值，$\alpha$ 代表迭代系数它能够每次迭代时，估计的变化程度，通常在每次迭代时通过隐式搜索选取。

对于逻辑回归模型，一阶导数的 $D^*1$ 向量和二阶导数的 $D^*D$ 矩阵可以由下面的式子得到：

$$\frac{\partial L}{\partial \boldsymbol{\phi}}=-\sum_{i=1}^{I}(\text{sig}[a_i]-w_i)\boldsymbol{x}_i$$

$$\frac{\partial^2 L}{\partial \boldsymbol{\phi}^2}=-\sum_{i=1}^{I}\text{sig}[a_i](1-\text{sig}[a_i])\boldsymbol{x}_i\boldsymbol{x}_i^{\text{T}} \tag{9-9}$$

这就是著名的梯度向量和海森矩阵。㊀

梯度向量的表达式有一个直观的解释：每个数据点的贡献取决于实际类别 $w_i$ 和预测概率 $\lambda=\text{sig}[a_i]$的差。被错误分类的数据点对表达式有更大的影响，并因此对参数值也有更大的影响。图 9-4显示了通过一系列牛顿法迭代步骤对一维数据的参数 $\phi$ 进行最大似然学习的过程。

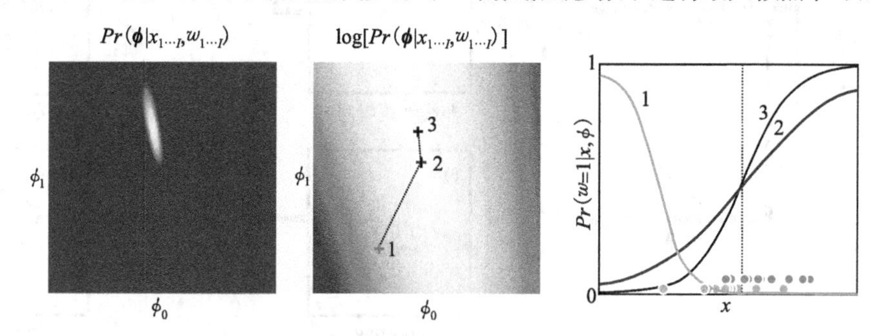


图 9-4　线性回归模型中一维数据的参数估计。a）在最大似然学习中，我们通过 $\phi$ 的方向来求取 $Pr(w|\boldsymbol{X},\phi)$ 的最大值。b）实际中，我们改用最大对数似然估计：可以发现最大值在同一个位置。十字标记是通过牛顿法两次迭代的优化结果。c）sig[·]函数值与参数值在每步优化中都相关联。随着对数似然估计的增长，模型对数据的拟合也就更加紧密：浅灰色的点代表 $w=0$ 的数据。加粗的点是 $w=1$ 的数据，所以我们认为曲线 3 是最佳拟合曲线

对于一般函数，牛顿法只能得到*局部最优解*。在算法结束时，无法确定得到的是否是全局最优解。然而，逻辑回归函数的对数似然有一个特殊的性质。它是一个关于参数 $\phi$ 的凹函数。由于凹函数只有唯一的最大值，所以基于梯度的方法能保证得到全局最优解。通过检测一个函数的海森矩阵可以得知其是否为凹函数。如果对所有参数 $\boldsymbol{\phi}$，其海森矩阵都是负定矩阵，则这个函数是凹的。对于逻辑回归函数，其海森矩阵(式(9-9))即包含负的外积加权之和。㊁

### 9.1.2　逻辑回归模型的问题

逻辑回归模型对于简单的数据集较为适用，但对复杂数据集不具有普适性。主要有以下几点原因：

1. 按照最大似然估计过于自信；
2. 只能描述线性决策边界；
3. 效率低且对高维数据容易出现过拟合现象。

本章剩余的部分将对这个模型进行扩展，以应对这些问题(见图 9-5)。

---

㊀ 请注意，此处我们希望将对数似然的梯度向量和海森矩阵进行最大化。如果这里使用非线性最小化算法实现，则需要将此处目标函数中的梯度向量和海森矩阵乘以 −1。

㊁ 如果我们使用最小化函数，则需要考虑函数是否是凸的(即是否具有唯一的局部最优解)。如果海森矩阵正定，则这个函数是凸的。

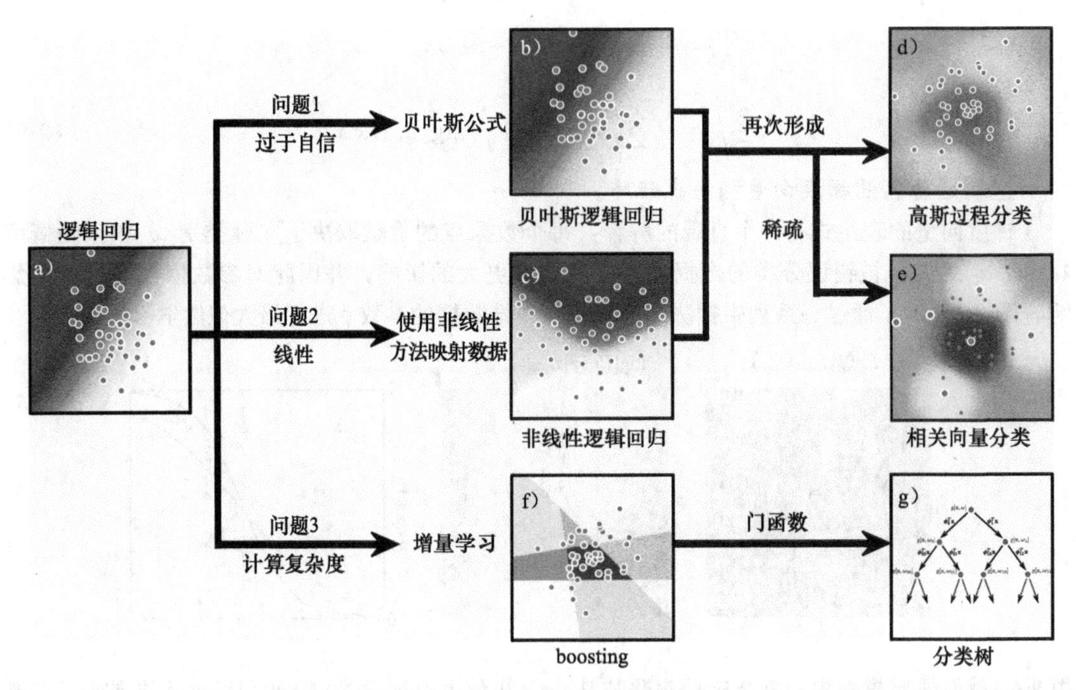


图 9-5　分类模型汇总：a）剩余的章节将说明二分类逻辑回归模型的局限性。b）最大似然学习的逻辑回归模型过于自信，因此我们选择了贝叶斯方法。c）在 $w$ 和 $x$ 之间不可能总是线性模型，因此我们引入一种非线性方法。d）将贝叶斯方法和非线性回归模型组合成高斯分类模型。e）当数据是高维时，逻辑回归模型也有更多的参数并且可能需要更多的数据去学习，所以我们建立了相关向量分类法使数据变得稀疏。f）我们还通过在一个 boosting 框架中逐步增加参数来构建一个稀疏模型。g）最后，我们基于树形结构建立一个快速分类模型

## 9.2　贝叶斯逻辑回归

在贝叶斯方法中，我们学习关于可能参数值 $\boldsymbol{\phi}$ 的分布 $Pr(\boldsymbol{\phi}|\boldsymbol{X},\boldsymbol{w})$，$\boldsymbol{\phi}$ 与训练数据兼容。在推理中，我们得到一组新的观测数据 $\boldsymbol{x}^*$ 并使用这个分布，通过 $\boldsymbol{\phi}$ 的每一个可能取值得到 $w^*$ 的预测。线性回归模型(见 8.2 节)有与之相同形式的表达式。然而，在逻辑回归模型中非线性函数 sig[•]的意义不再相同。为了解决这个问题，我们将这两个步骤，以便我们完整保持闭式表达式，同时使之更容易处理。

### 9.2.1　学习

9.2　我们首先定义参数 $\boldsymbol{\phi}$ 的先验概率。然而，在逻辑回归模型中不存在组合先验概率(式(9-1))，这就是似然估计和预测分布没有闭合解的原因。因此，对于一种由连续参数 $\boldsymbol{\phi}$ 得到的先验概率的合理选择是均值为 0 且球形协方差较大的多元正态分布，由此可得

$$Pr(\boldsymbol{\phi}) = \text{Norm}_{\boldsymbol{\phi}}[\boldsymbol{0},\sigma_p^2\boldsymbol{I}] \tag{9-10}$$

为了计算关于参数 $\boldsymbol{\phi}$ 的后验概率分布 $Pr(\boldsymbol{\phi}|X,w)$，应用贝叶斯方法

$$Pr(\boldsymbol{\phi}|\boldsymbol{X},\boldsymbol{w}) = \frac{Pr(\boldsymbol{w}|\boldsymbol{X},\boldsymbol{\phi})Pr(\boldsymbol{\phi})}{Pr(\boldsymbol{w}|\boldsymbol{X})} \tag{9-11}$$

其中，通过式(9-5)和式(9-10)可分别得到似然值和先验概率。由于我们并没有使用共轭先验概率，不能通过一个简单的闭式表达式去求取后验概率，所以必须进行近似。

其中一个可行的办法是进行拉普拉斯近似(见图 9-6)，这是近似复杂概率分布的一种

通常做法。其目标是通过一个多元正态分布去近似后验概率分布。我们通过这种形式来确定正态分布的参数以使得：(i) 均值是后验概率分布的峰值(即，在 MAP 估计中)；(ii) 方差使峰值处的二阶导数值与后验概率分布在峰值处的二阶导数的真实值相匹配。

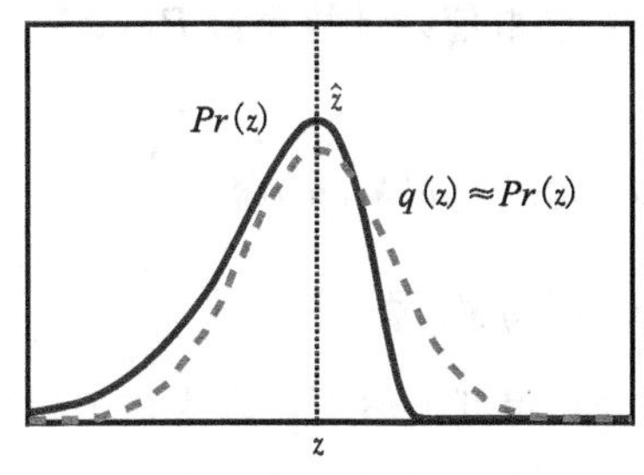


图 9-6 拉普拉斯近似。概率密度函数(实线)可以通过一个正态分布函数(虚线)来近似。正态分布的均值与原始概率密度函数的峰值重合。正态分布的方差在峰值处使得正态分布的二阶导数与原始概率密度函数的二阶导数相同

因此，为了实现拉普拉斯近似，首先要求参数$\hat{\boldsymbol{\phi}}$的 MAP 估计。为此我们采用一些诸如牛顿法的非线性优化算法来对以下度量进行最大化，

$$L = \sum_{i=1}^{I} \log[Pr(w_i | \boldsymbol{x}_i, \boldsymbol{\phi})] + \log[Pr(\boldsymbol{\phi})] \tag{9-12}$$

牛顿迭代法需要后验概率对数的导数：

$$\frac{\partial L}{\partial \boldsymbol{\phi}} = -\sum_{i=1}^{I} (\text{sig}[a_i] - w_i)\boldsymbol{x}_i - \frac{\boldsymbol{\phi}}{\sigma_p^2}$$

$$\frac{\partial^2 L}{\partial \boldsymbol{\phi}^2} = -\sum_{i=1}^{I} \text{sig}[a_i](1 - \text{sig}[a_i])\boldsymbol{x}_i\boldsymbol{x}_i^{\mathrm{T}} - \frac{1}{\sigma_p^2} \tag{9-13}$$

我们通过使用一个多元正态分布来近似后验概率

$$Pr(\boldsymbol{\phi}|\boldsymbol{X}, \boldsymbol{w}) \approx q(\boldsymbol{\phi}) = \text{Norm}_{\boldsymbol{\phi}}[\boldsymbol{\mu}, \boldsymbol{\Sigma}] \tag{9-14}$$

其中，均值 $\boldsymbol{\mu}$ 是 MAP 估计$\hat{\boldsymbol{\phi}}$，协方差 $\boldsymbol{\Sigma}$ 已确定，使得此正态分布的二阶导数与后验概率对数在 MAP 估计处的二阶导数相匹配(见图 9-7)，即：

$$\boldsymbol{\mu} = \hat{\boldsymbol{\phi}}$$

$$\boldsymbol{\Sigma} = -\left(\frac{\partial^2 L}{\partial \boldsymbol{\phi}^2}\right)^{-1}\Bigg|_{\boldsymbol{\phi}=\hat{\boldsymbol{\phi}}} \tag{9-15}$$

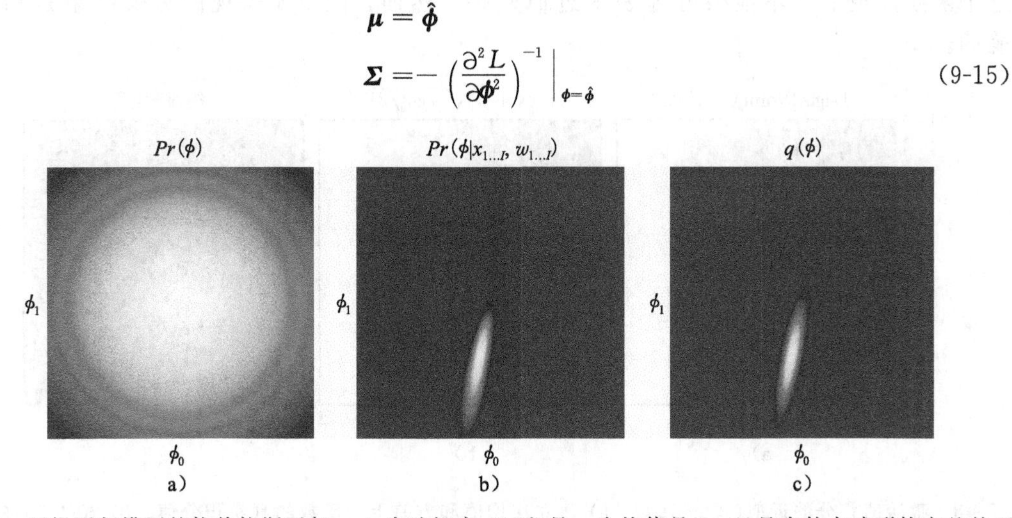


图 9-7 逻辑回归模型的拉普拉斯近似。a) 先验概率 $Pr(\boldsymbol{\phi})$是一个均值是 0，且具有较大球形协方差的正态分布。b) 后验概率分布 $Pr(\boldsymbol{\phi}|\boldsymbol{X}, \boldsymbol{w})$ 表示在观测数据后对 $\boldsymbol{w}$ 状态的更新。然而，这个后验概率没有闭式表达式。c) 用一个标准正态分布来近似后验概率分布 $q(\boldsymbol{\phi}) = \text{Norm}_{\boldsymbol{\phi}}[\boldsymbol{\mu}, \boldsymbol{\Sigma}]$，其中均值是后验概率的峰值，协方差是确定的，所以真实后验概率峰值处的二阶导数和正态分布峰值处的二阶导数相匹配。这就是拉普拉斯近似

### 9.2.2 推理

在推理中，我们旨在通过给定新观测数据 $\boldsymbol{x}^*$ 的状态 $w^*$ 来计算后验概率分布 $Pr(w^*|\boldsymbol{x}^*,\boldsymbol{X},\boldsymbol{w})$。为此，我们通过参数 $\boldsymbol{\phi}$ 的每一个可能取值来计算预测 $Pr(w^*|\boldsymbol{x}^*,\boldsymbol{\phi})$ 的无限加权和(即积分)，

$$
\begin{aligned}
Pr(w^*|\boldsymbol{x}^*,\boldsymbol{X},\boldsymbol{w}) &= \int Pr(w^*|\boldsymbol{x}^*,\boldsymbol{\phi})Pr(\boldsymbol{\phi}|\boldsymbol{X},\boldsymbol{w})\mathrm{d}\boldsymbol{\phi} \\
&\approx \int Pr(w^*|\boldsymbol{x}^*,\boldsymbol{\phi})q(\boldsymbol{\phi})\mathrm{d}\boldsymbol{\phi}
\end{aligned} \tag{9-16}
$$

其中 $q(\boldsymbol{\phi})$ 通过在学习阶段近似关于参数的后验概率分布得到。然而，因为这个积分式也不能以闭式计算，所以我们需要进一步近似。

首先，预测值 $Pr(w^*|\boldsymbol{x}^*,\boldsymbol{\phi})$ 仅仅取决于参数的线性投影 $a=\boldsymbol{\phi}^{\mathrm{T}}\boldsymbol{x}^*$ (见式(9-4))。因此，我们需要重写预测值的表达式：

$$
Pr(w^*|\boldsymbol{x}^*,\boldsymbol{X},\boldsymbol{w}) \approx \int Pr(w^*|a)Pr(a)\mathrm{d}a \tag{9-17}
$$

$Pr(a)$ 的概率分布可以通过正态分布的转换性质来计算(见 5.3 节)，计算公式如下：

$$
\begin{aligned}
Pr(a) &= Pr(\boldsymbol{\phi}^{\mathrm{T}}\boldsymbol{x}^*) \\
&= \mathrm{Norm}_a[\boldsymbol{\mu}^{\mathrm{T}}\boldsymbol{x}^*,\boldsymbol{x}^{*\mathrm{T}}\boldsymbol{\Sigma}\boldsymbol{x}^*] \\
&= \mathrm{Norm}_a[\mu_a,\sigma_a^2]
\end{aligned} \tag{9-18}
$$

其中 $\mu_a$ 和 $\sigma_a^2$ 分别代表均值和方差。在式(9-17)中，可以通过 $a$ 的数值积分来计算一维积分，也可以用类似于如下的函数去近似结果

$$
\int Pr(w^*|a)\mathrm{Norm}_a[\mu_a,\sigma_a^2]\mathrm{d}a \approx \frac{1}{1+\exp[-\mu_a/\sqrt{1+\pi\sigma_a^2/8}]} \tag{9-19}
$$

这个函数直观上并不能很好地表示近似效果；然而，图 9-8 表现的近似结果是相当准确的。

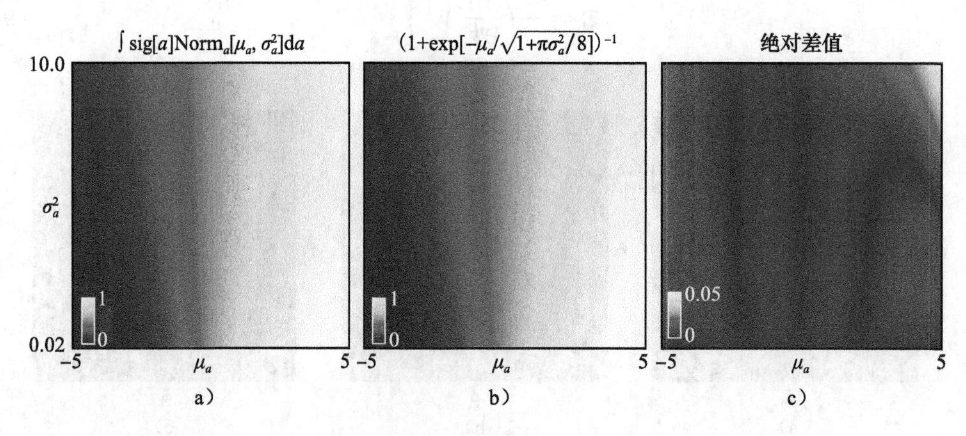


图 9-8　激活值积分的近似(式(9-19))。a) 建立在均值和方差上的函数的真实积分值。b) 式(9-19)的不明显近似。c) 真实值与近似值之间的绝对误差较小，在可接受范围之内

图 9-9 比较了逻辑回归函数的贝叶斯方法和最大似然估计的分类预测 $Pr(w^*|\boldsymbol{x}^*)$。贝叶斯方法能够得到一个较为平缓的分类结果。在远离均值的数据域中表现得更加明显。

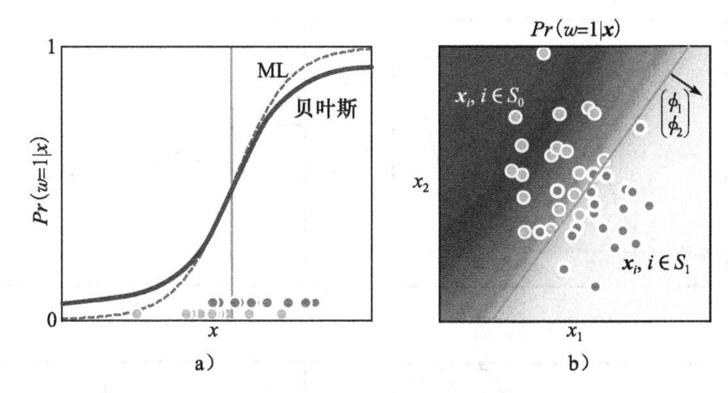


图 9-9 贝叶斯逻辑回归预测。a) 对 $w$ 的分类，贝叶斯预测与最大似然估计相比较为平缓。b) 在贝叶斯方法中(灰色细线)，二维的决策边界仍是线性的，但是不同概率的等高线(除了 0.5)是曲线(与图 9-3b 相比)。在这里也可以看出贝叶斯解与最大似然模型相比预测更为平缓

## 9.3 非线性逻辑回归

前面所述的逻辑回归模型只能创建类间的线性决策边界。为了创造非线性决策边界，我们采用一个与回归模型相同的方法(见 8.3 节)：计算观测数据的非线性变换 $\mathbf{z}=\mathbf{f}[\mathbf{x}]$，然后用变换后的数据 $\mathbf{z}$ 取代原始数据 $\mathbf{x}$，建立逻辑回归模型：

$$Pr(\omega=1\,|\,\mathbf{x},\boldsymbol{\phi})=\text{Bern}_w[\text{sig}[\boldsymbol{\phi}^{\text{T}}\mathbf{z}]]=\text{Bern}_w[\text{sig}[\boldsymbol{\phi}^{\text{T}}\mathbf{f}[\mathbf{x}]]] \tag{9-20}$$

这种方法的思路是，任意的非线性激活值可以视为非线性基函数的线性总和。典型的非线性变换包括：

- 投影的单位阶跃函数：$z_k=\text{heaviside}[\boldsymbol{\alpha}_k^{\text{T}}\mathbf{x}]$
- 投影反正切函数：$z_k=\arctan[\boldsymbol{\alpha}_k^{\text{T}}\mathbf{x}]$
- 径向基函数：$z_k=\exp\left[-\frac{1}{\lambda_0}(\mathbf{x}-\boldsymbol{\alpha}_k)^{\text{T}}(\mathbf{x}-\boldsymbol{\alpha}_k)\right]$

其中，$z_k$ 表示变换向量 $\mathbf{z}$ 的第 $k$ 个元素，单位阶跃函数的参数如果小于 0，函数就返回 0 值，否则返回 1。在前两种情况下，将观测数据 $\mathbf{x}$ 的初始值设为 1，并且我们利用投影值 $\boldsymbol{\alpha}^{\text{T}}\mathbf{x}$ 以避免出现另一个偏移量参数。图 9-10 和图 9-11 分别展示了使用反正切函数对一维数据和二维数据的非线性分类的实例。

需要指出的是，基函数同样有参数，例如：在反正切函数示例中，投影方向 $\{\boldsymbol{\alpha}_k\}_{k=1}^{K}$ 中的每个都包含一个偏移量和一个梯度集。在具有权重 $\boldsymbol{\phi}$ 的拟合过程中可以继续对它们进行优化。将未知参数构造为一个新向量 $\boldsymbol{\theta}=[\boldsymbol{\phi}^{\text{T}},\alpha_1^{\text{T}},\alpha_2^{\text{T}},\cdots,\alpha_K^{\text{T}}]^{\text{T}}$，然后对关于这些未知参数的模型进行优化。梯度向量和海森矩阵取决于选取的变换函数 $\mathbf{f}[\bullet]$，但是仍可以通过以下公式计算：

$$\begin{aligned}\frac{\partial L}{\partial \boldsymbol{\theta}}&=-\sum_{i=1}^{I}(w_i-\text{sig}[a_i])\frac{\partial a_i}{\partial \boldsymbol{\theta}}\\ \frac{\partial^2 L}{\partial \boldsymbol{\theta}^2}&=-\sum_{i=1}^{I}\text{sig}[a_i](\text{sig}[a_i]-1)\frac{\partial a_i}{\partial \boldsymbol{\theta}}\frac{\partial a_i^{\text{T}}}{\partial \boldsymbol{\theta}}-(w_i-\text{sig}[a_i])\frac{\partial^2 a_i}{\partial \boldsymbol{\theta}^2}\end{aligned} \tag{9-21}$$

其中，$a_i=\boldsymbol{\phi}^{\text{T}}\mathbf{f}[\mathbf{x}_i]$。这些关系基于求导的链式规则。然而，这个联合优化问题通常是非凸的，所以一般只能获得局部最优解。在贝叶斯方法中，一般会忽视参数 $\boldsymbol{\phi}$，但仍能将函数参数最大化。

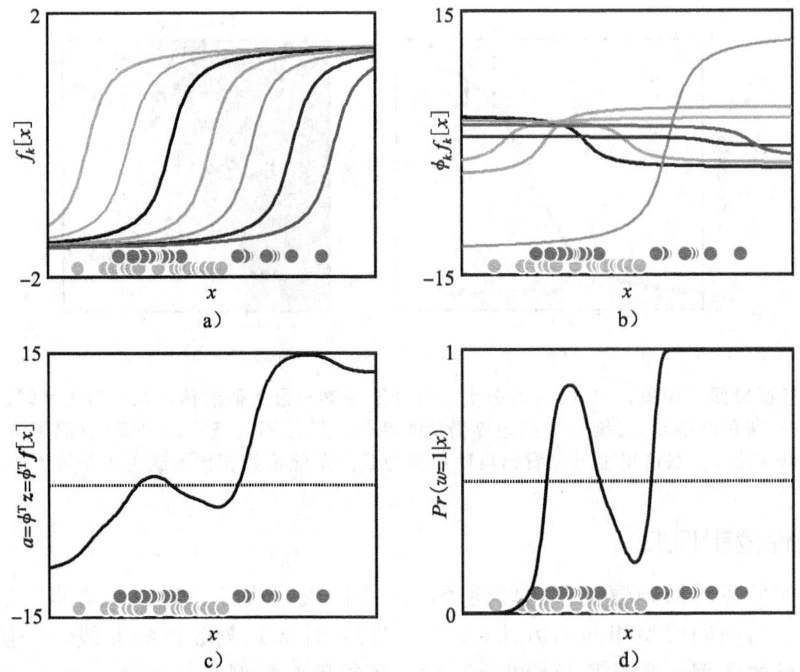


图 9-10　运用反正切函数的一维非线性分类。考虑一个不能使用单个 sig[•]函数描述后验概率的一维复杂数据集。浅灰色的点表示 $w_i=0$ 时的数据集 $x_i$，深灰色的点表示 $w_i=1$ 时的数据集 $x_i$。a）七维变换数据向量 $z_1 \cdots z_I$ 是通过针对 7 个预定义的反正切函数 $z_{ik}=f_k[x_i]=\arctan[\alpha_{0k}+\alpha_{1k}x_i]$估计每个数据样本来计算的。b）当求参数 $\boldsymbol{\phi}$ 时，我们从非线性反正切函数得到权重。c）激活值 $a=\boldsymbol{\phi}^T \boldsymbol{z}$ 是非线性函数的加权和。d）概率 $Pr(w=1|x)$通过 sig[•]的激活值 $a$ 获得

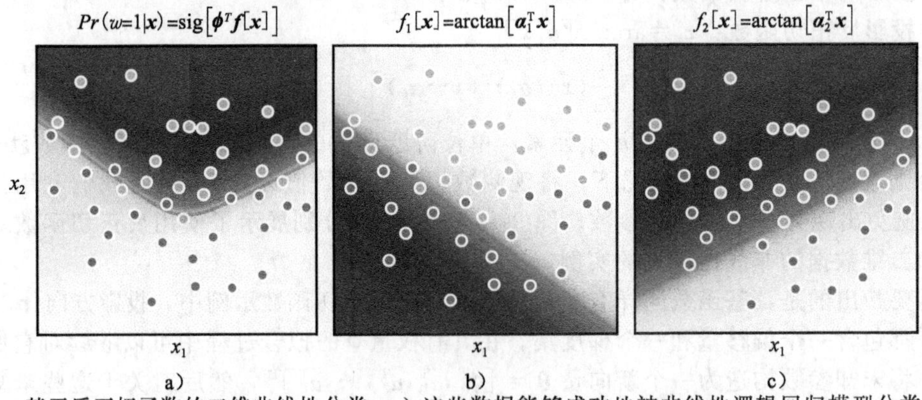


图 9-11　基于反正切函数的二维非线性分类。a）这些数据能够成功地被非线性逻辑回归模型分类。注意，灰色线是非线性决策边界。为了计算后验概率 $Pr(w=1|\boldsymbol{x})$，我们将数据变换到新的二维数据空间 $\boldsymbol{z}=\boldsymbol{f}[\boldsymbol{x}]$中，$\boldsymbol{z}$ 中的元素都是通过针对 b)和 c)中的一维反正切函数估计 $\boldsymbol{x}$ 来计算。反正切激活值都经过加权(第一个权值是一个负数)和术和，其结果经由逻辑 sigmoid 函数以计算 $Pr(w=1|\boldsymbol{x})$

## 9.4　对偶逻辑回归模型

9.3

之前提到过逻辑回归模型存在一个潜在的问题：在原始线性模型中，对观测数据 $\boldsymbol{x}$ 的每一个维度都有一个相对应的梯度向量$\boldsymbol{\phi}$，在其非线性扩展中对于变换空间中每一个数据维度 $\boldsymbol{z}$ 也都有一个相对应的梯度向量。如果相关数据 $\boldsymbol{x}$ 或者 $\boldsymbol{z}$ 的维度特别高，模型将会有大量的参数：这样会使牛顿法迭代缓慢以至于不能得到结果。为了解决这个问题，我们要

使用对偶形式。简单起见，我们将使用原始数据 $\mathbf{x}$ 来建立这个模型，不过在使用变换空间的数据 $\mathbf{z}$ 时，这些思路可直接用于非线性模型中。

在对偶参数化中，将梯度参数 $\boldsymbol{\phi}$ 表示为一组观测数据的加权和(见图 8.12)，即：

$$\boldsymbol{\phi} = \mathbf{X}\boldsymbol{\psi} \tag{9-22}$$

其中，$\boldsymbol{\psi}$ 是一个 $I\times 1$ 的变量，其中的每个元素都是观测数据样本的权值。如果 $I$ 的值小于观测数据 $\mathbf{x}$ 的维度，那么参数个数将会减少。

参数减少的代价是我们只能从观测数据样本所扩展的空间中选取梯度向量 $\boldsymbol{\phi}$。然而，梯度向量代表最终概率 $Pr(w=1|\mathbf{x})$变化最快的方向。因此它不会指向训练数据中没有变化的方向，这是这种方法的局限。

将式(9-22)代入原来的逻辑回归模型，即可推导出对偶逻辑回归模型：

$$Pr(\mathbf{w}|\mathbf{X},\boldsymbol{\psi}) = \prod_{i=1}^{I}\text{Bern}_{w_i}[\text{sig}[a_i]] = \prod_{i=1}^{I}\text{Bern}_{w_i}[\text{sig}[\boldsymbol{\psi}^{\text{T}}\mathbf{X}^{\text{T}}\mathbf{x}_i]] \tag{9-23}$$

所得的学习和推理算法非常类似于原始逻辑回归模型，因此，我们仅作简单讨论。

- 在最大似然估计方法中，我们通过对对数似然估计 $L=\log[Pr(\mathbf{w}|\mathbf{X},\boldsymbol{\psi})]$ 使用牛顿法进行非线性最优化以得到参数 $\boldsymbol{\psi}$。该最优化方法需要获得对数似然估计的导数，即：

$$\begin{aligned}\frac{\partial L}{\partial \boldsymbol{\psi}} &= -\sum_{i=1}^{I}(\text{sig}[a_i]-w_i)\mathbf{X}^{\text{T}}\mathbf{x}_i\\ \frac{\partial^2 L}{\partial \boldsymbol{\psi}^2} &= -\sum_{i=1}^{I}\text{sig}[a_i](1-\text{sig}[a_i])\mathbf{X}^{\text{T}}\mathbf{x}_i\mathbf{x}_i^{\text{T}}\mathbf{X}\end{aligned} \tag{9-24}$$

- 在贝叶斯算法中，对参数 $\boldsymbol{\psi}$ 使用正态先验概率：

$$Pr(\boldsymbol{\psi}) = \text{Norm}_{\boldsymbol{\psi}}[\mathbf{0},\sigma_p^2\mathbf{I}] \tag{9-25}$$

新参数的后验概率分布 $Pr(\boldsymbol{\psi}|\mathbf{X},\mathbf{w})$ 通过贝叶斯规则得到，而且再一次强调这个参数不能用闭式表示，因此使用拉普拉斯近似。使用非线性优化求 MAP 解，这就需要求取对数后验概率 $L=\log[Pr(\boldsymbol{\psi}|\mathbf{X},\mathbf{w})]$ 的导数：

$$\begin{aligned}\frac{\partial L}{\partial \boldsymbol{\psi}} &= -\sum_{i=1}^{I}(\text{sig}[a_i]-w_i)\mathbf{X}^{\text{T}}\mathbf{x}_i-\frac{\boldsymbol{\psi}}{\sigma_p^2}\\ \frac{\partial^2 L}{\partial \boldsymbol{\psi}^2} &= -\sum_{i=1}^{I}\text{sig}[a_i](1-\text{sig}[a_i])\mathbf{X}^{\text{T}}\mathbf{x}_i\mathbf{x}_i^{\text{T}}\mathbf{X}-\frac{1}{\sigma_p^2}\end{aligned} \tag{9-26}$$

后验概率通过一个多元正态分布来近似，即：

$$Pr(\boldsymbol{\psi}|\mathbf{X},\mathbf{w}) \approx q(\boldsymbol{\psi}) = \text{Norm}_{\boldsymbol{\psi}}[\boldsymbol{\mu},\boldsymbol{\Sigma}] \tag{9-27}$$

其中，

$$\begin{aligned}\boldsymbol{\mu} &= \hat{\boldsymbol{\psi}}\\ \boldsymbol{\Sigma} &= -\left(\frac{\partial^2 L}{\partial \boldsymbol{\psi}^2}\right)^{-1}\Bigg|_{\boldsymbol{\psi}=\hat{\boldsymbol{\psi}}}\end{aligned} \tag{9-28}$$

在推理中，计算激活值的概率分布：

$$\begin{aligned}Pr(a) = Pr(\boldsymbol{\psi}^{\text{T}}\mathbf{X}^{\text{T}}\mathbf{x}^*) &= \text{Norm}_a[\mu_a,\sigma_a^2]\\ &= \text{Norm}_a[\boldsymbol{\mu}^{\text{T}}\mathbf{X}^{\text{T}}\mathbf{x}^*,\mathbf{x}^{*\text{T}}\mathbf{X}\boldsymbol{\Sigma}\mathbf{X}^{\text{T}}\mathbf{x}^*]\end{aligned} \tag{9-29}$$

之后通过式(9-19)来近似预测分布。

对偶逻辑回归在最大似然估计中给出了与原始逻辑回归模型相同的结果，而且与贝叶斯方法的结果也非常相近(只在先验概率上略有不同)。但是，由于参数更少，对偶分类模型在高维数据的拟合上更快。

## 9.5　核逻辑回归

9.4 之前提出的对偶逻辑回归模型是通过减少模型中的参数 $\boldsymbol{\psi}$ 的个数来处理高维数据的。在此基础上，我们可以进一步挖掘其优势：对偶逻辑回归模型中的学习和推理都取决于数据的内积 $\boldsymbol{x}_i^{\mathrm{T}}\boldsymbol{x}_j$。同样，其非线性版本的算法也只取决于变换数据的内积 $\boldsymbol{z}_i^{\mathrm{T}}\boldsymbol{z}_j$。这就意味着算法也可以适用于核化(见 8.4 节)的思想。

核化的思想是通过定义一个核函数 $k[\bullet, \bullet]$来计算标量：

$$\boldsymbol{k}[\boldsymbol{x}_i, \boldsymbol{x}_j] = \boldsymbol{z}_i^{\mathrm{T}}\boldsymbol{z}_j \tag{9-30}$$

其中，$\boldsymbol{z}_i = \boldsymbol{f}[\boldsymbol{x}_i]$和 $\boldsymbol{z}_j = \boldsymbol{f}[\boldsymbol{x}_j]$是两个数据向量的非线性变换。用核函数代替内积意味着我们不必计算变换向量 $\boldsymbol{z}$ 的具体值，因此它们的维度可以很高，甚至是无限的。核函数的详细描述见 8.4 节。

核回归模型(与式(9-23)相比较)为：

$$Pr(\boldsymbol{w}|\boldsymbol{X}, \boldsymbol{\psi}) = \prod_{i=1}^{I} \mathrm{Bern}_{w_i}[\mathrm{sig}[a_i]] = \prod_{i=1}^{I} \mathrm{Bern}_{w_i}[\mathrm{sig}[\boldsymbol{\psi}^{\mathrm{T}}\boldsymbol{K}[\boldsymbol{X}, \boldsymbol{x}_i]]] \tag{9-31}$$

其中，$\boldsymbol{K}[\boldsymbol{X}, \boldsymbol{x}]_i$ 代表一个内积列向量，其中元素 $k$ 由 $\boldsymbol{k}[\boldsymbol{x}_k, \boldsymbol{x}_i]$ 得到。

对于最大似然估计的学习，我们对关于这些参数的对数后验概率分布 $L$ 进行简单优化，这就需要求它们的导数：

$$\begin{aligned}\frac{\partial L}{\partial \boldsymbol{\psi}} &= -\sum_{i=1}^{I}(\mathrm{sig}[a_i] - w_i)\boldsymbol{K}[\boldsymbol{X}, \boldsymbol{x}_i] \\ \frac{\partial^2 L}{\partial \boldsymbol{\psi}^2} &= -\sum_{i=1}^{I}\mathrm{sig}[a_i](1-\mathrm{sig}[a_i])\boldsymbol{K}[\boldsymbol{X}, \boldsymbol{x}_i]\boldsymbol{K}[\boldsymbol{x}_i, \boldsymbol{X}]\end{aligned} \tag{9-32}$$

核逻辑回归的贝叶斯形式也就是我们所熟知的高斯过程分类。我们按照对偶回归的形式，用核函数代替数据样本的点积。

径向基核就是一个非常常见的核函数，其中非线性变换和内积运算由下面的公式来代替：

$$\boldsymbol{k}[\boldsymbol{x}_i, \boldsymbol{x}_j] = \exp\left[-0.5\left(\frac{(\boldsymbol{x}_i - \boldsymbol{x}_j)^{\mathrm{T}}(\boldsymbol{x}_i - \boldsymbol{x}_j)}{\lambda^2}\right)\right] \tag{9-33}$$

这与计算无限长的变换向量 $\boldsymbol{z}_i$ 和 $\boldsymbol{z}_j$ 是等价的，其中每个分量在不同位置利用一个径向基函数来估计数据 $\boldsymbol{x}$，并计算内积 $\boldsymbol{z}_i^{\mathrm{T}}\boldsymbol{z}_j$。图 9-12 和图 9-13 是通过径向基函数实现核逻辑回归的例子。

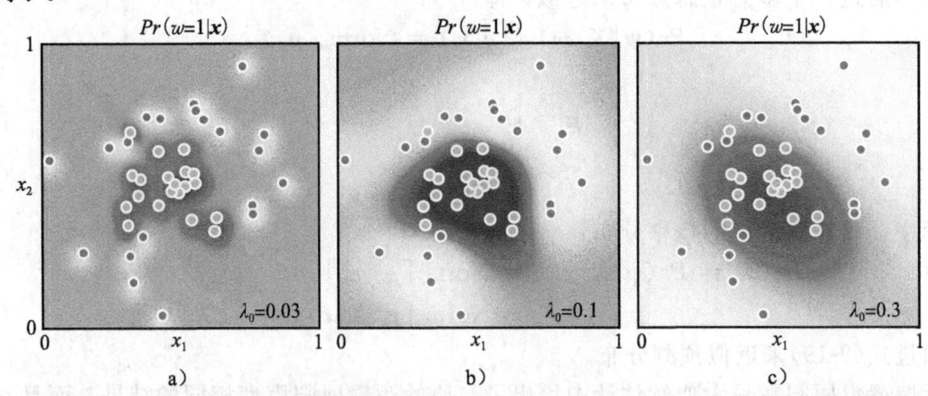


图 9-12　使用 RBF 核和最大似然学习的核逻辑回归。a) λ 值比较小时，模型没有从数据样本中学习到成型的边界。b) λ 的取值比较合理时，分类器较好地对后验概率建模。c) λ 的取值很大时，后验概率的估值比较光滑，模型根据置信度决策将决策边界覆盖到了左上角没有数据的区域

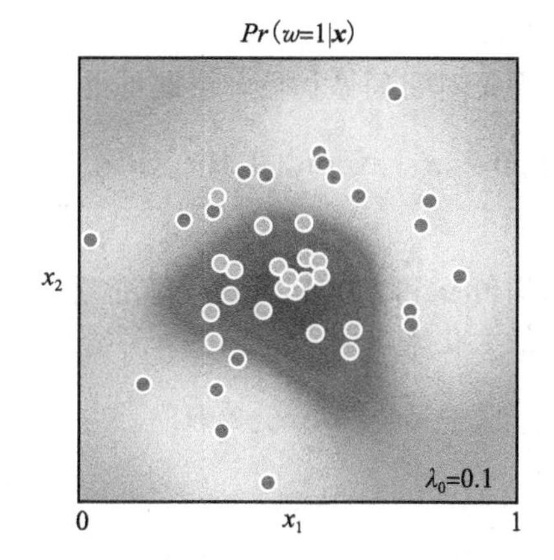


图 9-13　在贝叶斯方法中使用 RBF 核实现核逻辑回归。我们使用拉普拉斯方法通过近似对偶参数 $\boldsymbol{\psi}$ 的后验分布来考虑该参数的不确定性。因此在 $\lambda$ 相同的情况下，与最大似然估计相比，它们的结果是基本一致的(见图 9-12b)。然而，由于通常使用贝叶斯实现，所以其置信程度较低

## 9.6　相关向量分类

9.5

核逻辑回归模型的贝叶斯方法是非常有用的，但是由于需要计算变换空间的新数据样本和所有训练样本之间的点积(见式(9-31)中的核函数)，所以其计算复杂度非常大的。若模型能够只依赖于少量数据样本，那么其效率就可以进一步提高。为了达成这个目标，我们为每个非零加权训练样本引入了一个惩罚函数。在相关回归模型(见 8.8 节)中，我们用一维 t 分布的积替代对偶参数 $\boldsymbol{\psi}$ 的正态先验概率，由此得到：

$$Pr(\boldsymbol{\psi}) = \prod_{i=1}^{I} \text{Stud}_{\psi_i}[0,1,\nu] \tag{9-34}$$

将贝叶斯方法应用到关于参数 $\boldsymbol{\Psi}$ 的模型中即是相关向量分类。

根据 8.6 节的论点，我们将每个学生 t 分布重写为联合概率分布 $Pr(\Psi_i, h_i)$的边缘分布：

$$\begin{aligned}Pr(\boldsymbol{\psi}) &= \prod_{i=1}^{I}\int \text{Norm}_{\psi_i}\left[0,\frac{1}{h_i}\right]\text{Gam}_{h_i}\left[\frac{\nu}{2},\frac{\nu}{2}\right]dh_i \\ &= \int \text{Norm}_{\boldsymbol{\psi}}[0,\boldsymbol{H}^{-1}]\prod_{d=1}^{D}\text{Gam}_{h_d}\left[\frac{\nu}{2},\frac{\nu}{2}\right]d\boldsymbol{H}\end{aligned} \tag{9-35}$$

其中，矩阵 $\boldsymbol{H}$ 包含在其对角线上的隐变量$\{h_i\}_{i=1}^{I}$而其他位置为 0，现在我们可将模型的似然估计写成：

$$\begin{aligned}&Pr(\boldsymbol{w}|\boldsymbol{X}) \\ &= \int Pr(\boldsymbol{w}|\boldsymbol{X},\boldsymbol{\psi})Pr(\boldsymbol{\psi})d\boldsymbol{\psi} \\ &= \iint \prod_{i=1}^{I}\text{Bern}_{w_i}[\text{sig}[\boldsymbol{\psi}^{\mathrm{T}}\boldsymbol{K}[\boldsymbol{X},\boldsymbol{x}_i]]]\text{Norm}_{\boldsymbol{\psi}}[0,\boldsymbol{H}^{-1}]\prod_{d=1}^{D}\text{Gam}_{h_d}\left[\frac{\nu}{2},\frac{\nu}{2}\right]d\boldsymbol{H}d\boldsymbol{\psi}\end{aligned} \tag{9-36}$$

我们做出两个近似，首先：我们使用拉普拉斯近似，将这个积分的前两项作为以 MAP 参数为中心且具有均值 $\boldsymbol{\mu}$ 和方差 $\boldsymbol{\Sigma}$ 的正态分布来描述，并使用下面的公式对 $\boldsymbol{\psi}$ 进行积分：

$$\begin{aligned}\int q(\boldsymbol{\psi})d\boldsymbol{\psi} &\approx q(\boldsymbol{\mu})\int \exp\left[-\frac{1}{2}(\boldsymbol{\psi}-\boldsymbol{\mu})^{\mathrm{T}}\boldsymbol{\Sigma}^{-1}(\boldsymbol{\psi}-\boldsymbol{\mu})\right]d\boldsymbol{\psi} \\ &= q(\boldsymbol{\mu})(2\pi)^{D/2}|\boldsymbol{\Sigma}|^{1/2}\end{aligned} \tag{9-37}$$

进而获得以下表达式：

$$Pr(\boldsymbol{w}|\boldsymbol{X}) \approx \int \prod_{i=1}^{I}(2\pi)^{I/2}|\boldsymbol{\Sigma}|^{0.5}\text{Bern}_{w_i}[\text{sig}[\boldsymbol{\mu}^{\mathrm{T}}\boldsymbol{K}[\boldsymbol{X},\boldsymbol{x}_i]]]\text{Norm}_{\boldsymbol{\mu}}[0,\boldsymbol{H}^{-1}]\text{Gam}_{h_i}\left[\frac{\nu}{2},\frac{\nu}{2}\right]d\boldsymbol{H} \tag{9-38}$$

其中，矩阵 $\boldsymbol{H}$ 包含了在其对角线上的隐变量$\{h_i\}_{i=1}^I$。

在第二个近似中，我们将隐变量取最大化而不是对它们做积分，由此可得表达式：

$$Pr(\boldsymbol{w}|\boldsymbol{X}) \approx \max_{\boldsymbol{H}}\left[\prod_{i=1}^{I}(2\pi)^{I/2}|\boldsymbol{\Sigma}|^{0.5}\text{Bern}_{w_i}[\text{sig}[\boldsymbol{\mu}^{\text{T}}\boldsymbol{K}[\boldsymbol{X},\boldsymbol{x}_i]]]\text{Norm}_{\boldsymbol{\mu}}[0,\boldsymbol{H}^{-1}]\text{Gam}_{h_i}\left[\frac{\nu}{2},\frac{\nu}{2}\right]\right] \tag{9-39}$$

为学习这个模型，我们将在迭代后验概率的均值 $\boldsymbol{\mu}$ 和方差 $\boldsymbol{\Sigma}$ 与迭代隐变量$\{h_i\}$中进行选择。为更新均值和方差参数，通过对下式进行最大化来求解：

$$L = \sum_{i=1}^{I}\log[\text{Bern}_{w_i}[\text{sig}[\boldsymbol{\psi}^{\text{T}}\boldsymbol{K}[\boldsymbol{X},\boldsymbol{x}_i]]]] + \log[\text{Norm}_{\boldsymbol{\psi}}[0,\boldsymbol{H}^{-1}]] \tag{9-40}$$

对上式求导得：

$$\begin{aligned}\frac{\partial L}{\partial \boldsymbol{\psi}} &= -\sum_{i=1}^{I}(\text{sig}[a_i]-w_i)\boldsymbol{K}[\boldsymbol{X},\boldsymbol{x}_i]-\boldsymbol{H}\psi \\ \frac{\partial^2 L}{\partial \boldsymbol{\psi}^2} &= -\sum_{i=1}^{I}\text{sig}[a_i](1-\text{sig}[a_i])\boldsymbol{K}[\boldsymbol{X},\boldsymbol{x}_i]\boldsymbol{K}|\boldsymbol{x}_i\boldsymbol{X}]-\boldsymbol{H}\end{aligned} \tag{9-41}$$

然后令

$$\begin{aligned}\boldsymbol{\mu} &= \hat{\boldsymbol{\psi}} \\ \boldsymbol{\Sigma} &= -\left(\frac{\partial^2 L}{\partial \boldsymbol{\psi}^2}\right)^{-1}\Bigg|_{\boldsymbol{\psi}=\hat{\boldsymbol{\psi}}}\end{aligned} \tag{9-42}$$

在迭代隐变量 $h_i$ 时，我们使用了与求相关向量回归相同的表达式：

$$h_i^{new} = \frac{1-h_i\Sigma_{ii}+\nu}{\mu_i^2+\nu} \tag{9-43}$$

在这个优化过程中，一些隐含变量 $h_i$ 会变得很大。这意味着相关参数的先验概率将会在 0 附近分布的十分密集，且相关联的数据点对最终的解没有影响。这些数据可以移除，只留下一个依赖于少量数据的核分类器，因此估计的效率可以得到有效提高。

在推理中，根据新的数据样本 $\boldsymbol{x}^*$ 计算状态 $w^*$ 的概率分布。对激活值后验分布的估计采取相似的操作

$$\begin{aligned}Pr(a) = Pr(\boldsymbol{\psi}^{\text{T}}\boldsymbol{K}[\boldsymbol{X},\boldsymbol{x}^*]) &= \text{Norm}_a[\mu_a,\sigma_a^2] \\ &= \text{Norm}_a[\boldsymbol{\mu}^{\text{T}}\boldsymbol{K}[\boldsymbol{X},\boldsymbol{x}],\boldsymbol{K}[\boldsymbol{x}^*,\boldsymbol{X}]\boldsymbol{\Sigma}\boldsymbol{K}[\boldsymbol{X},\boldsymbol{x}^*]]\end{aligned} \tag{9-44}$$

然后使用式(9-19)对预测分布进行近似。

图 9-14 是相关向量分类的一个例子，显示了可以通过 40 个初始数据点中的 6 个来区分数据集，由此可以得到一个简单的方法，该方法节省了相当大的计算量，同时解决训练集过拟合的问题。

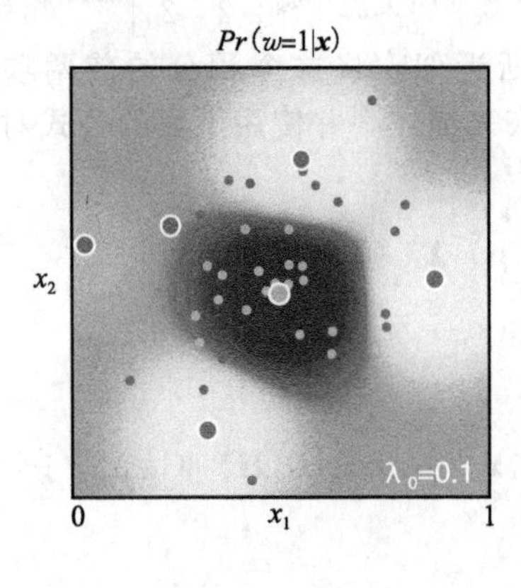


图 9-14　基于 RBF 核的相关向量回归。我们对对偶参数 $\boldsymbol{\psi}$ 求先验概率以降低稀疏度。学习之后，大多数参数的后验概率集中分布在 0 附近。大的点标记出与非零对偶参数相关的数据样本。可以通过 40 个初始数据点中的 6 个来区分数据集，然而数据分类的方法与完整的核回归是相同的

## 9.7　增量拟合和 boosting

之前的章节已经详细阐述了相关向量分类模型，其中采用了一个先验概率，以使得在对偶逻辑回归中的参数 $\boldsymbol{\psi}$ 较为稀疏，因此该模型仅依赖于对偶回归训练数据的一个子集。模型基于原始参数 $\phi$ 的少量数据就很有可能建立一个稀疏逻辑回归方法，并由此建立一个只使用数据子集的分类器。这留给读者作为练习。 9.6

本节将研究一个新的方法以降低数据稀疏度；我们使用贪心算法，在模型中一次只添加一个参数；换句话说，添加参数是为了在每个阶段改善目标函数然后将参数固定。由于首先将模型中较多的判别部分添加进去，因此添加很小一部分参数之后就可以结束这个操作，同时仍能得到很好的结果。剩下的没有用到的参数可以认为是 0，这样该模型也可提供稀疏解。我们把这种方法叫做*增量拟合*。我们使用原始公式(以便对数据维度进行稀疏操作)，尽管这些方法在对偶模型中也可应用。

为了描述增量拟合的过程，我们将对逻辑回归模型的非线性公式(见 9.3 节)进行操作，其中通过已有数据得到类的概率是：

$$Pr(w_i|\mathbf{x}_i) = \text{Bern}_{w_i}[\text{sig}[a_i]] \tag{9-45}$$

其中，sig[•]是逻辑 sigmoid 函数，激活值 $a_i$ 的表达式是：

$$a_i = \boldsymbol{\phi}^{\mathrm{T}}\mathbf{z}_i = \boldsymbol{\phi}^{\mathrm{T}}\mathbf{f}[\mathbf{x}_i] \tag{9-46}$$

$\mathbf{f}[\bullet]$是一个非线性变换，将原始数据 $\mathbf{x}$ 转换成 $\mathbf{z}$。

为了简化后续的描述，我们将用一个稍微不同的公式来重写激活值，以使点积能够被明确地描述为数据的各个非线性函数的加权和，

$$a_i = \phi_0 + \sum_{k=1}^{K}\phi_k f[\mathbf{x}_i, \boldsymbol{\xi}_k] \tag{9-47}$$

其中 $f[\bullet, \bullet]$是一个固定的非线性函数，它包含向量 $\mathbf{x}$ 和一些参数 $\boldsymbol{\xi}_k$，并返回一个标量值。换句话说，变换向量 $\mathbf{z}$ 的第 $k$ 个分量是通过将原始数据 $\mathbf{x}$ 和第 $k$ 个参数 $\boldsymbol{\xi}_k$ 代入到函数中得到的。$f[\bullet, \bullet]$中包括：

- 反正切函数，$\boldsymbol{\xi}=\{\boldsymbol{\alpha}\}$

$$f[\mathbf{x}, \boldsymbol{\xi}] = \arctan[\boldsymbol{\alpha}^{\mathrm{T}}\mathbf{x}] \tag{9-48}$$

- 径向基函数，$\boldsymbol{\xi}=\{\boldsymbol{\alpha}, \lambda_0\}$

$$f[\mathbf{x}, \boldsymbol{\xi}] = \exp\left[-\frac{(\mathbf{x}-\boldsymbol{\alpha})^{\mathrm{T}}(\mathbf{x}-\boldsymbol{\alpha})}{\lambda_0^2}\right] \tag{9-49}$$

在增量学习中，逐步重构了式(9-47)中的激活值项，在每个阶段增加一个新项，直到添加一个常数 $\phi_0$，之前的添加项都不会有所改变为止。所以，第一步，使用激活值：

$$a_i = \phi_0 + \phi_1 f[\mathbf{x}_i, \boldsymbol{\xi}_1] \tag{9-50}$$

通过最大似然估计学习参数 $\phi_0$、$\phi_1$ 和 $\boldsymbol{\xi}_1$。第二步，拟合函数：

$$a_i = \phi_0 + \phi_1 f[\mathbf{x}_i, \boldsymbol{\xi}_1] + \phi_2 f[\mathbf{x}_i, \boldsymbol{\xi}_2] \tag{9-51}$$

并获得参数 $\phi_0$、$\phi_k$ 和 $\boldsymbol{\xi}_2$，同时保持剩余参数 $\phi_1$ 和 $\boldsymbol{\xi}_1$ 是常数。在第 $k$ 步，通过激活值拟合模型

$$a_i = \phi_0 + \sum_{k=1}^{K}\phi_k f[\mathbf{x}_i, \boldsymbol{\xi}_k] \tag{9-52}$$

并获得参数 $\phi_0$、$\phi_K$ 和 $\boldsymbol{\xi}_K$，同时保持其余参数 $\boldsymbol{\xi}_1$，…，$\boldsymbol{\xi}_{k-1}$和 $\phi_1$，…，$\phi_{k-1}$是常数。

各步骤都是通过最大似然估计来实现的。我们使用一个非线性优化算法来对关于相关函数的对数后验概率 $L$ 进行最大化。优化过程中所需导数取决于非线性函数的选择，但是也可以通过链式规则得到(式(9-21))。

这个过程显然是不理想的，因为我们并不是对参数统一处理，甚至还用了之前设置的参数。然而，它有三个不错的性质。

1. 创建了稀疏模型：当顺序操作时权重 $\phi_k$ 趋于减少，后续的基函数对模型的影响越来越小。所以，这一系列操作步骤可在适当的时候停止但不会影响总体的性能。

2. 上述逻辑回归模型适用于原始数据的维度 $D$ 很小(原始公式)或者训练样本 $I$ 的个数很少(对偶公式)时。然而，这些情况几乎很少出现。增量拟合的一大优势是当数据是高维数据并且有大量的训练样本时，它仍然适用。在训练时，我们不需要立刻调出内存中所有的变换向量 $\mathbf{z}$：在第 $K$ 个阶段，我们仅需要变换参数 $z_K = f[\mathbf{x}, \boldsymbol{\xi}_K]$ 的第 $K$ 个维度以及之前累积的激活值的总和 $\sum_{k=1}^{K-1}\phi_k f[\mathbf{x}_i, \boldsymbol{\xi}_k]$。

3. 学习的复杂度相对较低，因为我们只优化每个阶段的几个参数。

图 9-15 说明了在增量方法中使用径向基函数学习一个 2D 数据集的过程。注意，即使只有少数函数已经添加到序列中，分类大体上仍然是正确的。但是，即使在训练数据已经正确分类后，仍然有必要继续训练该模型。通常情况下，模型会继续改善，关于测试数据的分类性能在一段时间内也将有所提高。

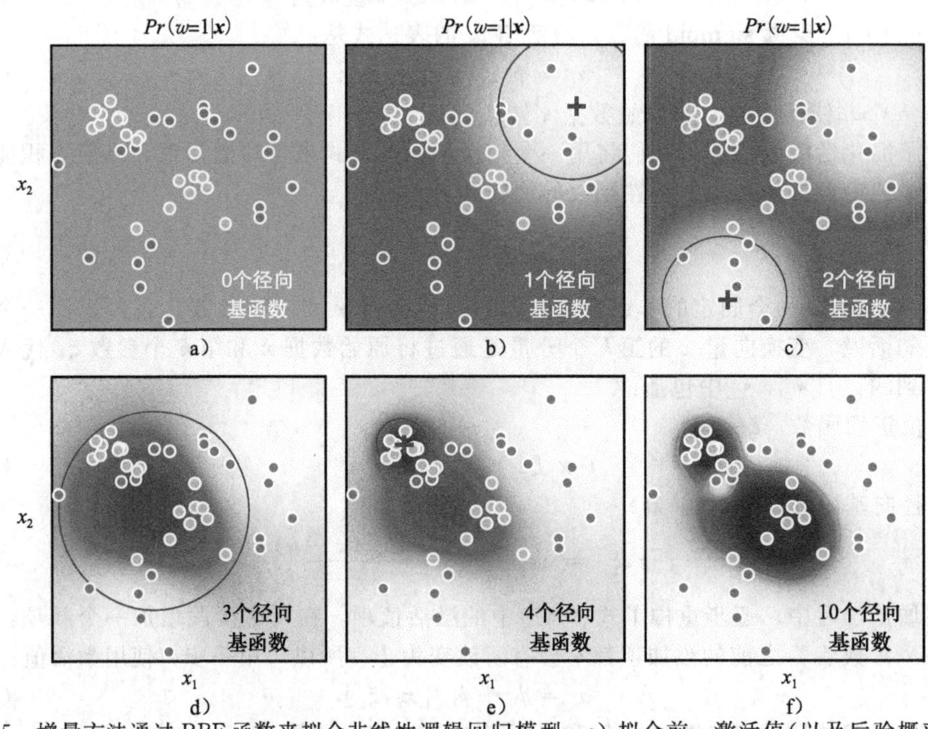


图 9-15　增量方法通过 RBF 函数来拟合非线性逻辑回归模型。a) 拟合前，激活值(以及后验概率)是统一的。b) 拟合一个函数后的后验概率(RBF 的中心和规模如灰色圆圈所示)。c～e) 拟合两个、三个、四个 RBF 函数的结果。f) 拟合 10 个 RBF 后的结果。现在已正确分类的数据都可以在决策边界(浅灰色线)看到

boosting

9.7　拟合非线性逻辑回归的增量方法的一个特例常用于计算机视觉应用。考虑基于阶跃函数和的逻辑回归模型：

$$a_i = \phi_0 + \sum_{k=1}^{K}\phi_k \text{heaviside}[\boldsymbol{\alpha}_k^{\mathrm{T}}\mathbf{x}_i] \tag{9-53}$$

其中，若函数 heaviside[•]的参数小于 0 则返回 0，否则返回 1。通常，把初始数据 $\boldsymbol{x}$ 加上 1，以便参数 $\boldsymbol{\alpha}_k$ 同时包括 D 方向空间中的一个方向 $[\alpha_{k1},\alpha_{k2},\cdots,\alpha_{KD}]$（这决定阶跃函数的方向）和非零偏移量 $\alpha_{k0}$（这决定阶跃发生的位置）。

阶跃函数可以视为一种弱分类器；根据 $x_i$ 每个分类数据的值返回 0 或 1。该模型结合这些弱分类器来计算最终的强分类器。弱分类器相结合的这种方式通常称为 boosting，这种特殊的模型称为 logitboost。

但是，我们不能简单地用基于梯度的优化方法来拟合这个模型，因为关于参数 $\boldsymbol{\alpha}_k$ 的单位阶跃函数的导数不是光滑的。因此，通常预定义一个关于 $J$ 个弱分类器的大集合并且假设每个参数向量 $\boldsymbol{\alpha}_k$ 来自此集合，即 $\boldsymbol{\alpha}_k\in\{\boldsymbol{\alpha}^{(1)}\cdots\boldsymbol{\alpha}^{(J)}\}$。

和之前一样，我们也通过向激活值（式(9-53)）中每次添加一项来逐步学习 logitboost 模型。然而，现在我们在弱分类器$\{\boldsymbol{\alpha}^{(1)}\cdots\boldsymbol{\alpha}^{(J)}\}$上进行搜索并且每次使用非线性优化来估计权重 $\phi_0$ 和 $\phi_k$。我们选择能提高对数似然概率最多的组合 $\{\boldsymbol{\alpha}_k,\phi_0,\phi_k\}$ 。在非线性优化阶段，经过单步牛顿或梯度下降法后，通过选择一个基于对数似然概率的弱分类器该过程会更有效（但更近似）。若选择最好的弱分类器 $\boldsymbol{\alpha}_k$，就可以返回并且执行基于优化偏移量 $\phi_0$ 和权重 $\phi_k$ 的完整的优化过程。

注意，添加每个分类器后，每个数据点的相对重要性会改变：数据点对于导数的贡献程度根据它们目前的预测值来计算（式(9-9)）。因此，后来的弱分类器将会将重点关注之前分类器不能很好地分类的数据集中更加复杂的部分。通常，这些数据集都是接近最终决策边界的。

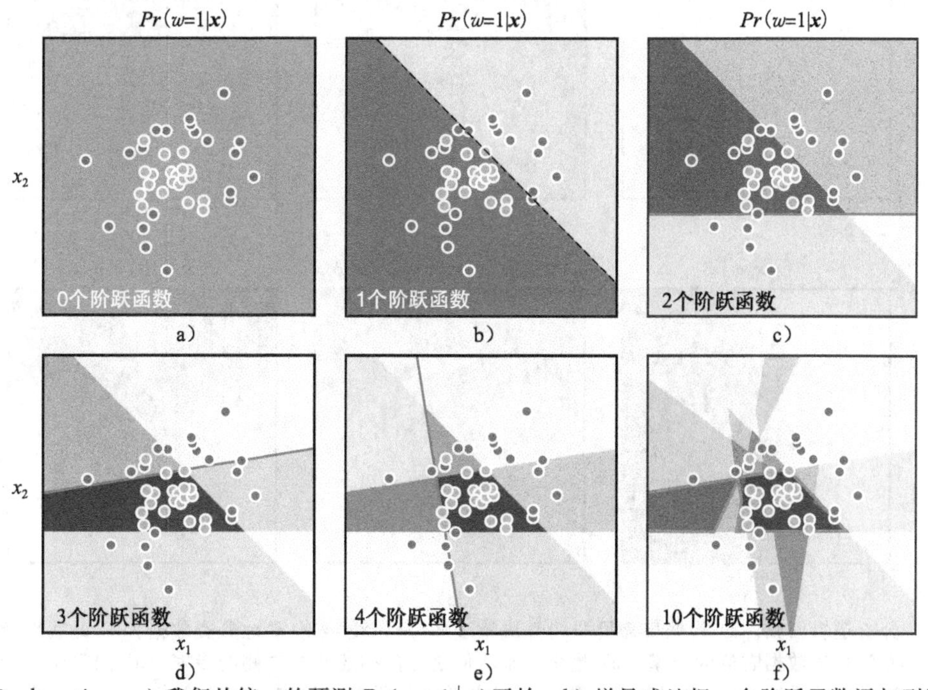


图 9-16　boosting。a) 我们从统一的预测 $Pr(w=1|\boldsymbol{x})$开始，b) 增量式地把一个阶跃函数添加到激活值中（虚线表明阶跃函数的位置）。这种情况下，阶跃函数的参数可以利用贪心算法从一个预定义集合中选择，其中包含 20 个角度，每个角度具有 40 个偏移量。c～e) 当后续函数都添加进去后总体分类效果提高。f) 然而，最终决策表面（灰色线）较为复杂，并且决策边界并不是平滑的

图 9-16 展示了 boosting 的几次迭代过程。因为模型由阶跃函数组成，所以最终分类边界并不规则，并且在数据样本之间不能平滑地插值。这是这种方法的一个潜在的缺点。

总之，基于反正切函数(大致平稳的阶跃函数)的分类器更具广泛性，并且也可以用连续优化来拟合。可以认为，阶跃函数估算速度更快，但是更复杂的(如反正切)函数也可以通过查表来近似估计。

## 9.8 分类树

在非线性逻辑回归模型中，我们使用一个激活值函数来构造复杂的决策边界，该激活值函数是数据 $\mathbf{x}$ 的非线性函数 $\mathbf{z}=\mathbf{f}[\mathbf{x}]$ 的线性组合 $\boldsymbol{\phi}^{\mathrm{T}}\mathbf{z}$。我们现在研究另一种构造复杂决策边界的方法：我们把数据空间分割成不同的区域，并且在每个区域应用不同的分类器。

分支逻辑回归模型的激活值如下

$$a_i=(1-g[\mathbf{x}_i,\boldsymbol{\omega}])\boldsymbol{\phi}_0^{\mathrm{T}}\mathbf{x}_i+g[\mathbf{x}_i,\boldsymbol{\omega}]\boldsymbol{\phi}_1^{\mathrm{T}}\mathbf{x}_i \tag{9-54}$$

项 $g[\bullet,\bullet]$是一个门限函数，它返回 0～1 之间的数字。如果这个门限函数返回 0，则激活值是 $\boldsymbol{\phi}_0\mathbf{x}_i$；若返回 1，则激活值是 $\boldsymbol{\phi}_1\mathbf{x}_i$。如果门限函数返回的是中间值，则激活值是这两项的加权和。门限函数本身取决于数据 $\mathbf{x}_i$ 和参数 $\boldsymbol{\omega}$。该模型构造出一个复杂的非线性决策边界(见图 9-17)，其中两个线性函数 $\boldsymbol{\phi}_0\mathbf{x}_i$ 和 $\boldsymbol{\phi}_1\mathbf{x}_i$ 是针对数据空间不同的领域。在这种背景下，它们有时也称为专家。

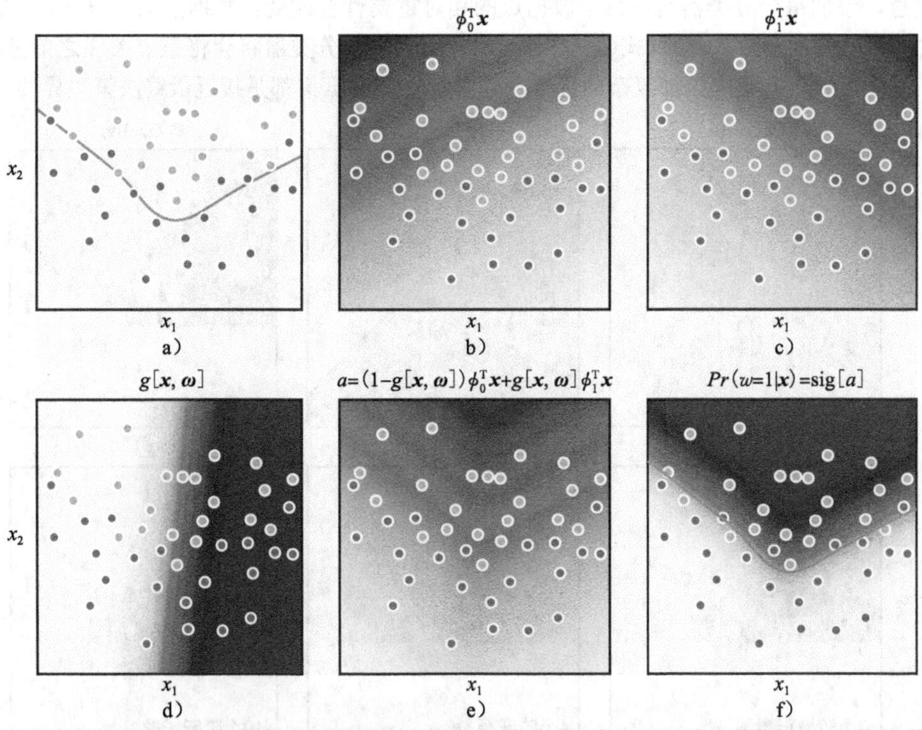


图 9-17　分支逻辑回归。a) 数据集需要非线性决策表面(灰色线)来合理地分类数据。b) 此线性激活值是专门描述数据右侧的专家。c) 此线性激活值是专门描述数据左侧的专家。d) 门限函数接受数据向量 $\mathbf{x}$ 并返回 0～1 之间的一个数字，这用来决定每次决策中使用哪个专家。e) 最终激活值由激活值的一个加权和组成，该激活值可以通过控制门限权值的两个专家来表示。f) 最终的分类器预测 $Pr(w=1|\mathbf{x})$是通过把激活值传入逻辑 sigmoid 函数产生的

门限函数可以有多种形式，但是其中一种常见形式是利用第二逻辑回归模型。换句话说，我们计算数据的线性函数 $\boldsymbol{\omega}^{\mathrm{T}}\mathbf{x}_i$ 该数据是通过一个逻辑 sigmoid 函数得到，所以：

$$g[\mathbf{x}_i,\boldsymbol{\omega}]=\mathrm{sig}[\boldsymbol{\omega}^{\mathrm{T}}\mathbf{x}_i] \tag{9-55}$$

为了学习这个模型，我们将与所有参数 $\boldsymbol{\theta}=\{\boldsymbol{\phi}_0,\boldsymbol{\phi}_1,\boldsymbol{\omega}\}$ 有关的训练数据集$\{\boldsymbol{x}_i,w_i\}_{i=1}^I$ 的对数概率 $L=\sum_i \log[Pr(w_i|\boldsymbol{x}_i)]$ 进行最大化。通常这可以通过非线性优化过程来实现。参数可以同时估计或用协调提升方法进行估计在协调提升方法中我们交替更新三组参数。

我们可以将这一想法进行延伸，通过嵌套门限函数(见图 9-18)来创建一个层次结构树。例如，考虑如下激活值项

$$a_i=(1-g[\boldsymbol{x}_i,\boldsymbol{\omega}])[\boldsymbol{\phi}_0^{\mathrm{T}}\boldsymbol{x}_i+(1-g[\boldsymbol{x}_i,\boldsymbol{\omega}_0])\boldsymbol{\phi}_{00}^{\mathrm{T}}\boldsymbol{x}_i+g[\boldsymbol{x}_i,\boldsymbol{\omega}_0]\boldsymbol{\phi}_{01}^{\mathrm{T}}\boldsymbol{x}_i] \\ +g[\boldsymbol{x}_i,\boldsymbol{\omega}][\boldsymbol{\phi}_1^{\mathrm{T}}\boldsymbol{x}_i+(1-g[\boldsymbol{x}_i,\boldsymbol{\omega}_1])\boldsymbol{\phi}_{10}^{\mathrm{T}}\boldsymbol{x}_i+g[\boldsymbol{x}_i,\boldsymbol{\omega}_1]\boldsymbol{\phi}_{11}^{\mathrm{T}}\boldsymbol{x}_i] \tag{9-56}$$

这是分类树的一个例子。

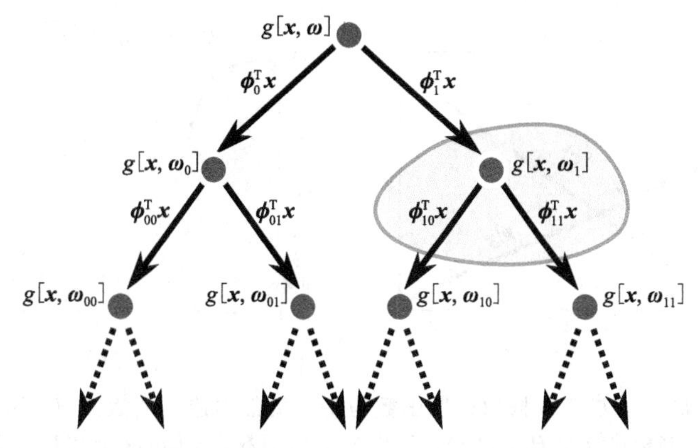


图 9-18　逻辑分类树。从根到叶子的数据流。每个节点是最终激活值里每一个子分支项贡献的权重的门限函数。灰色区域表示在一个增量训练方法中一起学习的变量

为了学习参数 $\boldsymbol{\theta}=\{\boldsymbol{\phi}_0,\boldsymbol{\phi}_1,\boldsymbol{\phi}_{00},\boldsymbol{\phi}_{01},\boldsymbol{\phi}_{10},\boldsymbol{\phi}_{11},\boldsymbol{\omega},\boldsymbol{\omega}_0,\boldsymbol{\omega}_1\}$，我们可使用增量方法。在第一阶段，拟合树根部分(式(9-54))，设定参数 $\boldsymbol{\omega}$、$\boldsymbol{\phi}_0$、$\boldsymbol{\phi}_1$。然后拟合左分支，设定参数 $\boldsymbol{\omega}_0$、$\boldsymbol{\phi}_{00}$、$\boldsymbol{\phi}_{01}$，再拟后右分支，设定参数 $\boldsymbol{\omega}_1$、$\boldsymbol{\phi}_{10}$、$\boldsymbol{\phi}_{11}$，依次类推。

分类树具有速度上的优势。如果每个门限函数生成一个二元输出(如单位阶跃函数)，那么每个数据点向下只传递来自每个节点的其中一条传出边，直到只有一个叶节点时停止。在树的每个分支都是一个线性操作(如本例)时，这些操作可以合并为在每个叶节点处的单个线性操作。由于每个数据点经过特别处理，因此树通常不需要很深，使得新的数据仍可以非常有效地分类。

## 9.9 多分类逻辑回归

本章已经讨论了二元分类。现在讨论如何拓展这些模型来解决 $N>2$ 的情况。一种可行的办法是建立 $N$ 个一对多的二元分类器，每个都计算第 $n$ 类不同于其他任何类的概率。根据概率最高的一对多分类器来分配最终标签。 9.8

一对多方法的实际运行效果不是很好但其方法是非常简短的。原则上用来处理多类分类问题的一个更好方法是将后验函数 $Pr(w|\boldsymbol{x})$描述为分类分布，其中参数 $\boldsymbol{\lambda}=[\lambda_1\cdots\lambda_N]$是关于数据 $\boldsymbol{x}$ 的函数

$$Pr(w|\boldsymbol{x})=\mathrm{Cat}_w[\boldsymbol{\lambda}[x]] \tag{9-57}$$

其中，参数 $\lambda_n\in[0,1]$，并且和为 1，即 $\sum_n\lambda_n=1$。在构造函数 $\boldsymbol{\lambda}[\boldsymbol{x}]$时，必须确保满足这些约束条件。

至于二分类逻辑回归情况，我们将基于一个关于数据 $\boldsymbol{x}$ 的线性函数模型进行说明，并

将该模型通过一个函数来加强约束。为此，可定义 $N$ 个激活值项(每一类一个)

$$a_n = \boldsymbol{\phi}_n^{\mathrm{T}} \boldsymbol{x} \tag{9-58}$$

其中，$\{\phi_n\}_{n=1}^{N}$是参数向量。一般假设已经对于每一个数据向量 $\boldsymbol{x}_i$ 加 1 以便每个参数向量 $\boldsymbol{\phi}_n$ 的第一项代表一个偏移量。最终分类分布的第 $n$ 项定义如下

$$\lambda_n = \mathrm{softmax}_n[a_1, a_2 \cdots a_N] = \frac{\exp[a_n]}{\sum_{j=1}^{N} \exp[a_j]} \tag{9-59}$$

函数 **softmax**[•]具有 $N$ 个激活值项$\{a_n\}_{n=1}^{N}$，这些项可取任何实数值，并将它们映射到分类分布的 $N$ 个参数$\{\lambda_n\}_{n=1}^{N}$上，我们约定这些参数都为正并且和等于 1(见图 9-19)。

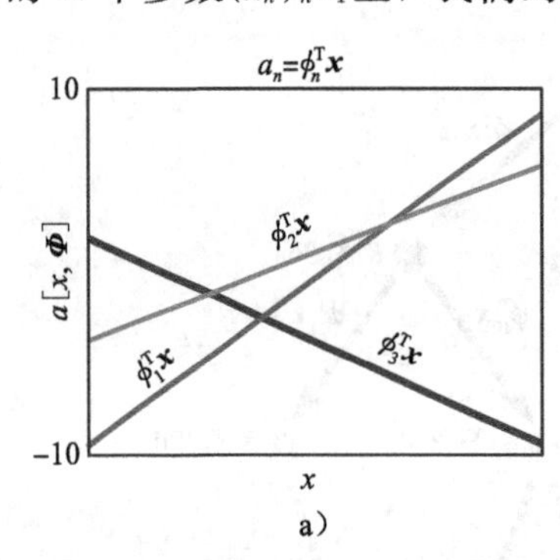


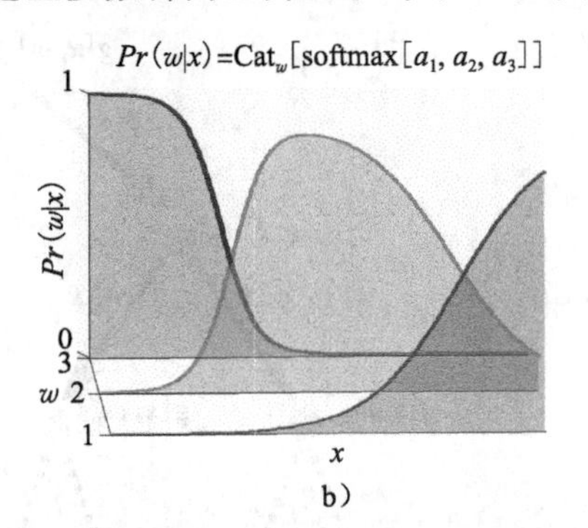


图 9-19　多元逻辑回归。a) 基于数据的线性函数为每一类都构造一个激活值。b) 将这些激活值通过 softmax 函数来构建分布 $Pr(w|x)$，以作为 $x$ 的函数。softmax 函数具有 3 个实数激活值并且返回三个和为 1 的正数，以确保分布 $Pr(w|x)$对于所有的 $x$ 是一个有效的概率分布

为了学习给出训练对$(w_i, \boldsymbol{x}_i)$的参数 $\boldsymbol{\theta}=\{\phi_n\}_{n=1}^{N}$，可优化训练数据的对数似然概率

$$L = \sum_{i=1}^{I} \log[Pr(w_i | \boldsymbol{x}_i)] \tag{9-60}$$

对于二分类情况，设有最大似然估计参数的闭式表达式。然而，这是一个凸函数，最大值可用非线性优化技术(如牛顿法)求出。这些方法需要求关于参数的对数似然概率的一阶导数和二阶导数，即

$$\frac{\partial L}{\partial \boldsymbol{\phi}_n} = -\sum_{i=1}^{I} (y_{in} - \delta[w_i - n]) \boldsymbol{x}_i$$

$$\frac{\partial^2 L}{\partial \boldsymbol{\phi}_m \boldsymbol{\phi}_n} = -\sum_{i=1}^{I} y_{im} (\delta[m-n] - y_{in}) \boldsymbol{x}_i \boldsymbol{x}_i^{\mathrm{T}} \tag{9-61}$$

其中，定义项

$$y_{in} = Pr(w_i = n | \boldsymbol{x}_i) = \mathrm{softmax}_n[a_{i1}, a_{i2} \cdots a_{iN}] \tag{9-62}$$

可以将这里扩展多元逻辑回归的方法用于各种二分类模型。可以构造贝叶斯、非线性、对偶逻辑回归和核回归等方法。也可以在一个 boosting 框架下逐步训练并结合弱分类器。以下我们特别关注树形结构模型，因为它们在计算机视觉应用中十分常用。

## 9.10　随机树、随机森林和随机蕨分类器

9.9

9.8 节介绍了树形分类器的思想，在该分类器中每个数据的处理都是不同的，并且逐步变得更专业化。近来这种用随机分类树解决多分类问题的思想非常常用。

至于二分类的情况，核心思想是建立二叉树，其中在每个节点处，数据通过估值来决定

它将传递到左分支还是右分支。与9.8节不同的是，这里假定每个数据点只传向一个分支。在一个随机分类树里面，数据传向一个函数$q[\mathbf{x}]$来估计，这个函数是从一组预定义的可能函数里面随机选择的。例如，可能是一个随机滤波器的响应。若响应超过阈值$\tau$，则数据点沿着这个树前进，否则就会选择其他方向。虽然函数是随机选择的，但阈值需要谨慎选定。

选取数据的最大似然估计的对数值$L$作为阈值：

$$L=\sum_{i=1}^{I}(1-\text{heaviside}[q[\mathbf{x}_i]-\tau])\log[\text{Cat}_{w_i}|\boldsymbol{\lambda}^{[l]}]] \\ +\text{heaviside}[q[\mathbf{x}_i]-\tau]\log[\text{Cat}_{w_i}[\boldsymbol{\lambda}^{[r]}]] \tag{9-63}$$

其中，第一项表示数据向下传递到左分支的可能性，第二项表示数据向下传递到右分支的可能性。在每种情况下，数据是通过带参数$\boldsymbol{\lambda}^{[l]}$和参数$\boldsymbol{\lambda}^{[r]}$的分类分布进行估计的。这些参数由最大似然估计设定：

$$\lambda_k^{[l]}=\frac{\sum_{i=1}^{I}\delta[w_i-k](1-\text{heaviside}[q[\mathbf{x}_i]-\tau])}{\sum_{i=1}^{I}(1-\text{heaviside}[q[\mathbf{x}_i]-\tau])}$$

$$\lambda_k^{[r]}=\frac{\sum_{i=1}^{I}\delta[w_i-k](\text{heaviside}[q[\mathbf{x}_i]-\tau])}{\sum_{i=1}^{I}(\text{heaviside}[q[\mathbf{x}_i]-\tau])} \tag{9-64}$$

对数似然不是基于阈值$\tau$的一个平滑函数，因此在实际中，通过经验来选取多个不同的阈值来进行最大似然估计，最后在结果中选取最好的。

然后递归地进行这个过程。传递到左分支的数据会进入一个新的随机选择分类器中。然后选择一个新的阈值。在右分支里面，可以不依赖于数据。当一组新的数据样本$\mathbf{x}^*$进行分类时，我们使该数据向下传递到分类树，直到它到达叶子节点。全局状态$w^*$的后验概率分布$Pr(w^*|\mathbf{x}^*)$设置为$\text{Cat}_{w^*}[\boldsymbol{\lambda}]$，其中参数$\boldsymbol{\lambda}$是训练过程中与这个叶子节点关联的分类参数。

随机分类树的优势是训练速度非常快，因为参数都是随机选择的。由于其计算复杂度和数据样本的数目是线性的，所以在数据量非常大的情况下，随机分类树依旧能进行训练。

这个模型有两个关键的变体：

1. 蕨是这样的树，其中，在树的每一层随机选择的函数必须是相同的。换句话说，相同的函数随后分别作用于通过左分支和右分支的数据(但是每个分支中的阈值可能不同)。实际上，这就意味着每个数据点会由相同的函数序列处理，当重复估计分类器时，这种实现方法非常有效。

2. 随机森林是随机树的集合，其中，每个随机树都使用一个不同的随机选取的函数集合。然而通过对这些树预测的$Pr(w^*|\mathbf{x}^*)$进行平均，就可以获得一个更稳定的分类器。这种方法类似于贝叶斯方法的一个近似，我们通过对不同参数集的每个预测值进行加权求和以获得最终结果。

## 9.11 与非概率模型的联系

本章已经讲述了很多用于分类的概率算法。这些算法要么基于最大化给定数据(二分类情况)训练分类标签的对数伯努利概率，要么基于最大化给定数据(多分类情况)训练分类标签的对数分类概率。

然而，在计算机视觉文献中，一些非概率分类算法的使用更加普遍，如多层感知器、adaboost、支持向量机分类。这些算法的核心就是优化不同的目标函数，所以不仅彼此不同，而且和本章列举的模型也不相同。

我们选择描述并不常用的概率算法的原因在于：

- 与非概率算法相比，它们并没有明显的不足。
- 它们能够自然地产生确定的估计值。
- 它们很容易扩展到多分类情况，而非概率算法通常依赖于一对多公式。
- 它们之间更容易相互关联，并且和书本的其余知识也能相互联系。

简而言之，非概率方法在分类问题中占有主导地位在很大程度上归结于历史原因。以下将简要介绍这里的模型与一般的非概率方法的联系。

*多层感知器*(MLP)或*神经网络*和非线性逻辑回归模型在特殊情况下非常类似，如：在对初始数据(例如，$z_k=\arctan[\boldsymbol{\alpha}_k^{\mathrm{T}}\boldsymbol{x}]$)进行线性预测的非线性变换包含一组 sigmoid 函数。在 MLP 中，学习过程称为*反向传播*，变换变量 $\boldsymbol{z}$ 称作*隐层*。

adaboost 和本章提到的 logitboost 模型密切相关，但是 adaboost 是非概率模型。两种算法的性能类似。

*支持向量机*(SVM)与之前提到的相关向量分类类似，这是一个只依赖于少量数据的核分类。它的优势在于模型使用的目标函数是凸的，而相关向量分类所使用的目标函数是非凸的，因而只能保证得到一个局部最大值。然而，SVM 也有很多缺点：它在分类预测时不能给出确定的分类；也不易扩展到多分类情况，与相关向量分类相比，SVM 得到的结果稀疏性较低，且对核函数的形式也有更多的限制。而在实际情况中，两者的分类性能基本相似。

## 9.12　应用

本节介绍计算机视觉文献中的几个分类例子。其中，很多例子都使用非概率模型(如 adaboost)，但是与本章的算法关心紧密，因此它们所得的结果之间差异较小。

### 9.12.1　性别分类

本章的算法从通过一些随机脸部图片进行性别分类的问题开始。目标是通过取值为 $\{0,1\}$ 的标签 $w$ 来标记图片 $\boldsymbol{x}$ 中的一小块是否包含男性或者女性的脸。Prince 和 Aghajanian(2009)开发了一个这样的系统。首先，用一个脸部检测器(见下节)来获取面部的边界，然后将这一部分图像的大小调整为 60＊60，转化为灰度图像，并进行直方图均衡化。得到的图像和一组 Gabor 函数进行卷积，滤波后的图像进行定间隔采样，其中间隔和波长成正比，最后得到一个长度是 1064 的特征向量。每个维度都要进行白化处理使得均值为 0 并得到单位标准差。第 13 章会介绍这些方法的细节和其他处理方法。

我们用一个有 32 000 个样本的训练数据库来学习以下非线性逻辑回归模型：

$$Pr(w_i|\boldsymbol{x}_i)=\mathrm{Bern}_{w_i}\left[\frac{1}{1+\exp\left[-\phi_0-\sum_{k=1}^{K}\phi_k\boldsymbol{f}[\boldsymbol{x}_i,\boldsymbol{\xi}_k]\right]}\right]\tag{9-65}$$

其中，非线性函数 $\boldsymbol{f}[\bullet]$是数据线性预测的反正切函数，即：

$$\boldsymbol{f}|\boldsymbol{x}_i,\boldsymbol{\xi}_k]=\arctan[\boldsymbol{\xi}_k^{\mathrm{T}}\boldsymbol{x}_i]\tag{9-66}$$

通常情况下，数据会预先增加 1，所以预测向量$\{\boldsymbol{\xi}_k\}$的长度是 $D+1$。由于这个模型使用的是一个增量模型，所以每一步的参数 $\boldsymbol{\phi}_0$、$\phi_1$ 和 $\boldsymbol{\xi}_k$ 都会修改。

当反正切函数个数 $K=300$ 时，系统在一个真实的数据集中得到了 87.5%的正确率，如图 9-1 所示，这个数据库在尺度、姿势、光照和表情上都有很大的变化。而人工观测者仅根据调整大小后的人脸区域在相同的数据库上只能得到 95%的正确率。

### 9.12.2 脸部和行人检测

在确定脸部的性别之前，首先要在图像中找到脸部。在人脸检测中(见图 7-1)，用一个标签 $w \in \{0,1\}$ 来对图片 $\boldsymbol{x}$ 的一个小块进行标记，如果是脸部就标记为 1，不是则标记为 0。为了保证能够找到脸部，这个过程对图片的每个位置都要进行重复检测，所以分类器的速度必须非常快。

Viola 和 Jones(2004)提出了一个基于 adaboost 的脸部检测系统(见图 9-20)。这种方法类似于 9.7.1 节中所提到的 boosting 方法的非概率形式。最终的分类结果基于数据非线性函数和的形式。即：

$$a = \phi_0 + \sum_{k=1}^{K} \phi_k \boldsymbol{f}[\boldsymbol{x}, \boldsymbol{\xi}_k] \tag{9-67}$$

其中，非线性函数 $f[\bullet]$是预测数据的单位阶跃函数(弱分类器对每一个可能的数据向量 $\boldsymbol{x}$ 会给出一个 0 或 1 的响应)，即：

$$\boldsymbol{f}[\boldsymbol{x}, \boldsymbol{\xi}_k] = \text{heaviside}[\boldsymbol{\xi}_k^{\mathrm{T}} \boldsymbol{x}] \tag{9-68}$$

通常，数据向量 $\boldsymbol{x}$ 要加一个 1 作为偏移量。

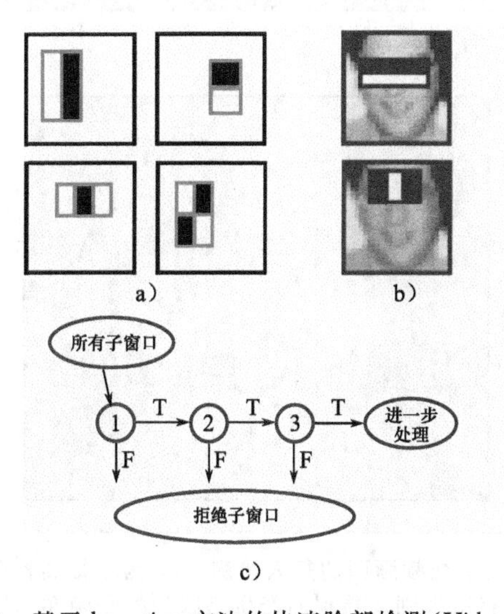

图 9-20　基于 boosting 方法的快速脸部检测(Vida and Jones 2004)。a) 每个弱分类器都包含图片对 Haar 滤波器的响应值，并将该值代入阶跃函数中。b) 前两个弱分类器在这里的实现有清楚的解释。对暗的水平区域首先响应的是眼睛部分，第二个对相对亮的部分响应的是鼻梁部分。c) 数据经过一系列弱分类器：大部分区域经过一两个弱分类器就会被拒绝，因为它们不太可能属于脸部区域，而一些部分需要进一步的处理才能排除。d) 实验结果。改编自 Viola 和 Jones(2004)

这个系统在 5000 幅面部图像和 10 000 幅非面部图像上训练，每幅图像的大小均为 24 * 24。因为模型不是平滑的(阶跃函数)，这里并不能使用基于梯度的优化算法，所以 Viola 和 Jones(2004)要从大量的预定义投影 $\boldsymbol{\xi}_k$ 中详尽地搜索。

两方面的设计能够保证系统能够快速运行。

1. 利用的分类器结构：boosting 方法的训练是不断增加的，“弱分类器”（数据的非线性函数）不断加入，最终构造出一个越来越复杂的强分类器。Viola 和 Jones(2004)在运行此类分类器的时候利用此结构；它们根据最初几个弱分类器的响应会拒绝那些不可能是面部的区域，只接受那些可能是面部的模糊区域以进行后续处理。这称为级联结构。在训练中，级联的后期阶段由新的负样本(negative example)进行训练，这些样本显然不是早期拒绝的那一部分。

2. 投影 $\boldsymbol{\xi}_k$ 都是经过筛选得到的，因此对它们的估计速度很快：它们由类似 Harr 滤波器(见 13.1.3 节)的结构组成，因此只需要很少的运算。

最终系统由 32 级级联的 4297 个弱分类器组成。最终的分类器能够发现了 130 张图像中的 507 个正面人脸，识别率达到了 91.1%，误检率小于 1%，每幅图像的处理时间不到 1 秒。

Viola 等(2005)开发了一个类似的系统用于在视频中检测行人(见图 9-21)。该系统中主要的修改是对一系列弱分类器进行扩展，以检测超过一帧的特征，由此可以选择与人体运动有关的短时特征。为此，系统不仅要使用单帧图像数据本身，还需使用相邻帧间的差值图像以及帧在四个方向之一上偏移之后拍照时类似的差值图像。最终系统的检测率达到了 80%，误报率只有 1/400 000，且每两帧间的误报只有 1 个。

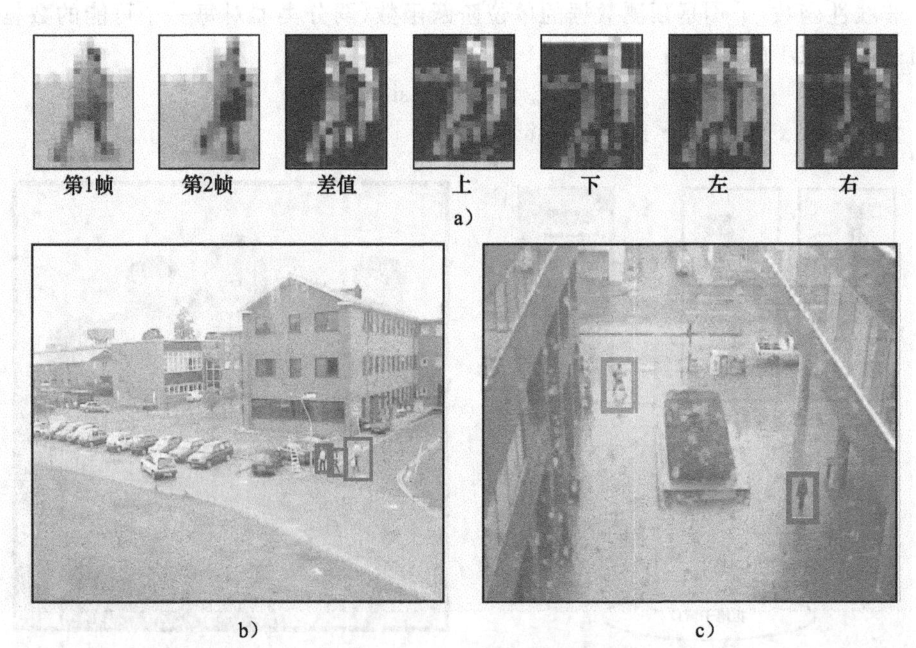


图 9-21　基于 Haar 函数阈值化响应的 boosting 方法也用于视频画面的行人检测。a) 为了提高检测率，使用了该帧的两个后续帧。帧之间的绝对差计算有所区别，差别的产生是因为一个帧在其四个方向上有偏移。这一系列的潜在弱分类器包括应用在上述例子中的 Haar 函数。b，c) 实验结果，源自 Viola 等(2005)。© 2005 Springer

## 9.12.3　语义分割

语义分割的目的是用一个标签 $w \in \{1, \cdots, M\}$ 来标记每个像素，基于局部图像数据 $\boldsymbol{x}$ 表示 $M$ 个物体中的哪几个存在。Shotton 等(2009)开发了一种称为 textonboost 的系统，该系统基于 Torralba 等人于 2007 年提出的称为 jointboost 的非概率 boosting 算法。系统通过一对多的策略进行决策，其中有 $M$ 个二分类器通过加权求和计算，

$$a_m = \phi_{0m} + \sum_{k=1}^{K} \phi_{km} \boldsymbol{f}[\boldsymbol{x}, \boldsymbol{\xi}_k] \tag{9-69}$$

其中，非线性函数 $\boldsymbol{f}[\bullet]$是基于单位阶跃函数计算的。注意，与每个对象类相关联的加权和使用的是相同的非线性函数，但权值不同。在这一系列计算后，最终决策是基于最大激活值 $\sigma_m$ 进行。

Shotton 等(2009)基于非线性函数对一个图像的纹理基元进行定义，图像中的每个像素由一个离散索引代替，表示该“类型”的纹理存在于某一位置上(见 13.1.5 节)。每一个非线性函数可以认为是一种基元类型，并用于计算其在一个矩形区域内被发现的次数。这一区域与对应像素之间有一个固定的空间位移(见图 9-22c～f)。如果该位移为零，那么函数直接确认该像素是什么(如，这可能是草)。如果空间位移较大，那么函数给出局部上下文信息(比如，因为这个像素在草的附近，所以这个像素可能属于牛。)

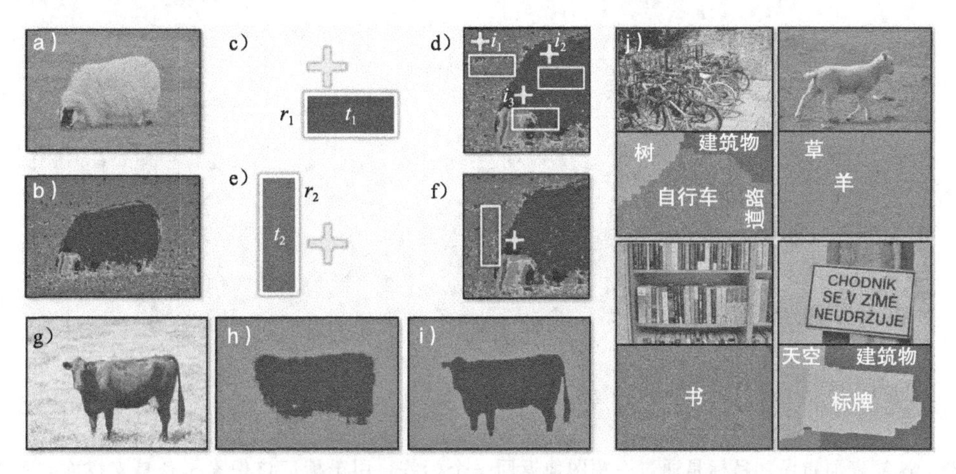


图 9-22 使用“TextonBoost”对语义图像进行标注。a) 原始图像。b) 转换为纹理基元的图像，每一个像素值都有一个离散值，表示存在该类型的纹理。c) 系统是基于弱分类器的，这种分类器统计矩形内的特定类型纹理基元数，该矩形即为当前位置的偏移(黄色十字)。d) 这不仅提供了有关对象本身(包括类似羊的纹理基元)的信息，同时也提供了附近对象(附近草的纹理基元)的相关信息。e、f) 另一个弱分类器的例子。g) 测试图像。h) 逐像素分类在物体边缘都不是很精确，因此，i) 通过一个条件随机场来改善结果。j) 结果和标准图的比较(见彩插)。源自 Shotton 等(2009)。© 2009 Springer

对于每一个非线性函数而言，在纹理基元计数上增加一个偏移量，其结果通过一个阶跃函数获得。该系统通过评估每一组随机选择的分类器(由选定的纹理基元、矩形区和偏移量定义)并选择当前阶段的最佳结果来不断进行学习。

完整的系统还包括一个后处理步骤，该步骤通过条件随机场模型对结果进行改善(详见 12 章)。它在 MRSC 数据库上达到了 72.2%的正确率，该数据库具有 21 种不同的子类，其中包括金属线状物体(如自行车辐条)和可发生形变的物体(如狗)等。

### 9.12.4 恢复表面布局

为了恢复场景的表面布局，我们对于图像中的每一个像素用取值为{1，2，3}的标签 $w$ 进行标记，以表明像素是否包含支撑物(如地面)、垂直物(如建筑物)或天空。这一决策是结果基于局部图像数据 $\boldsymbol{x}$ 得到的。Hoiem 等(2007)基于一对多的原则构造了这样的一个系统。三个二元分类器均基于 logitboost 分类树。不同的分类树均被视为一个弱分类器，结果通过加权求和获得最终的概率。

Hoiem 等(2007)曾研究了超像素的中间表示方式——该方法对本应属于同一物体的区域过分割为同质小块会。利用一个基于数据向量 $x$ 的分类器给每个超像素分配一个标签 $w$，该数据向量包含超像素的位置、外观、纹理以及透视信息。

为了减少原始超级像素分割错误的可能性，可以对多个分割块进行计算，并将结果合并以提供一个最终的像素级的分类(见图 9-23)。在整个系统中，被分类为垂直面的区域会被细分为左平面、平行平面、右平面，或非平表面，这种非平表面可能是多孔的(例如，树)或固体。系统的训练、测试数据集来自网络图像，这些图片包含各种环境(森林、城市、道路等)，以及各种天气条件(下雪、晴天、多云等)。之后会对数据集进行裁剪，以去掉没有水平线的图片。

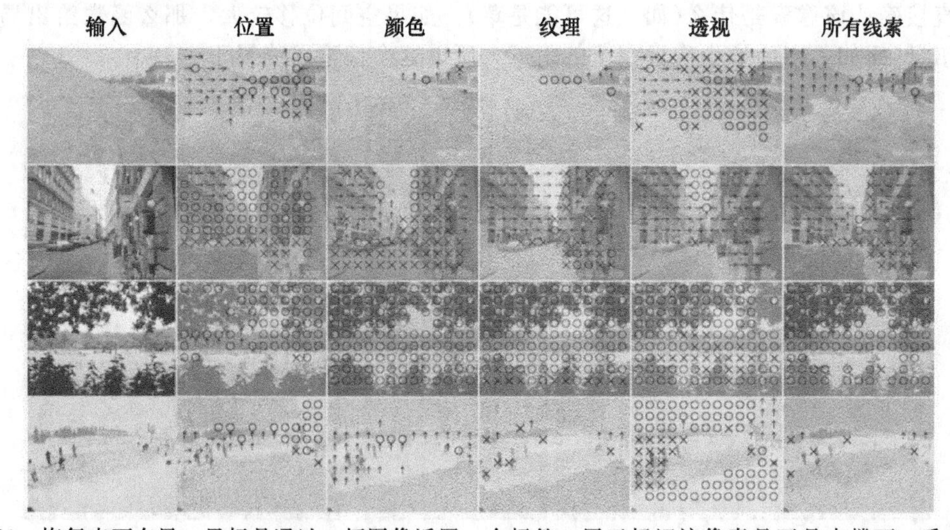


图 9-23 恢复表面布局。目标是通过一幅图像返回一个标签，用于标记该像素是否是支撑面、垂直面或者天空的一部分。垂直面分为不同方向的平面物体(向左的箭头、向上的箭头和向右的箭头分别表示左平面、平行平面和右平面)，非平面物体可以是有孔(标记为 “O”)的或无孔(标记为 “X”)的。最终的分类基于以下几点，i) 位置线索(包括图像位置和与水平线的相对位置)，ii) 颜色线索，iii) 纹理线索，iv) 基于区域中线段统计信息的透视线索。本图展示了这些线索组合或者单独作用时的分类器使用实例。源自 Hoeim 等(2007)。© 2007 Springer

该系统对于三个主类的像素标记的正确率可以达到 88.1%，对于垂直面的子类，像素标记的正确率为 61.5%。该算法为从单张二维照片创建三维模型的显著系统奠定基础(Hoiem 等 2005)。

### 9.12.5 人体部位识别

Shotton 等(2011)开发了一个系统，该系统通过一个取值范围为{1, …, 31}的离散标签 $w$ 来表明深度图像 $\mathbf{x}$ 中 31 个身体部位中的哪几个在每一个像素中出现。所得到的标签分布是一个系统中的中间件，该系统是用于为微软 *Kinect* 游戏系统提供一个 3D 关节位置的一个可能的配置(见图 9-24)。

这种分类器基于决策树森林算法，最终的概率 $Pr(w|\mathbf{x})$ 是不同种类分类树预测的平均值(即混合)。目标是减轻单个决策树利用贪婪算法进行训练时引入的偏差。

对每棵树而言，数据点究竟沿哪一条分支的决策，取决于两个点的测量深度差，这两个点都是从当前像素经空间偏移得到的。偏移量与到像素的距离成反比，以确保当人靠近或者远离摄像机时所选取的参照位置相同。

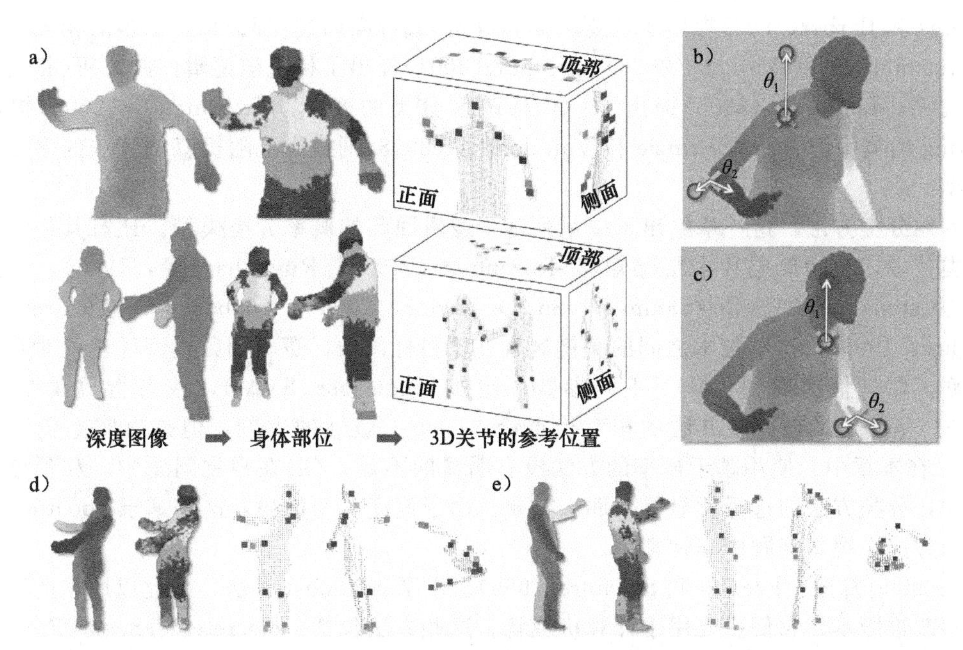


图 9-24 人体不同部位的识别。a) 该系统的目标是通过一幅深度图像 $\boldsymbol{x}$ 和分配给每一个像素的离散标签 $w$，来标记可能存在的 31 个人体部位。这些深度标签可以作为 3D 关节的参考位置。b) 基于决策树的分类器，在树中的每一个点，数据都根据两点(红圈)的相对深度以及和当前像素的偏移量(黄色十字)进行划分。在这个例子中，两个情况下有很大的区别，而在 c)中这种区别是很小的——因此这些差别提供了姿态信息，d、e)是另外两个深度图像、标签标记和姿态预测的例子(见彩插)。源自 Shotton 等(2011)。© 2011 IEEE

该系统利用一个大型数据集(包含 900 000 幅深度图像)进行训练，这些图像由捕捉到的动作数据组成，包括三个深度为 20 的树。需要注意的是，该系统在当时标记的正确率可达 59%，这为后续的联合建议提供了非常坚实的基础。

## 讨论

本章讨论了分类器相关的问题。注意，所有在第 8 章的回归模型用到过的思想同样可以用于分类器问题。然而，分类器模型在数据 $\boldsymbol{x}$ 和关于 $w$ 的分布 $Pr(w|\boldsymbol{x})$的参数之间产生一个非线性映射。这意味着我们不可能求得闭式最大似然解(即使问题仍然是凸的)，同时也意味着我们在没有近似值的情况下，不可能得出一个完整的贝叶斯解。

分类器技术现在广泛地应用在机器视觉中。注意，尽管这些模型事先并没有关于问题的任何领域特定信息，但是数据预处理已提供了具体的信息。这既是一个优点(可以用于许多应用)也是一个缺点(它们不能利用问题的先验信息)。本书剩余章节将引入更多此类问题来对模型进行探讨。

## 备注

**视觉分类**：本章讨论的分类技术大多已经应用于许多机器视觉问题，包括人脸检测(Viola 和 Jones，2004)，表面布局评估构造(Hoiem 等，2007)，边界检测(Dollár 等，2006)，关键点匹配(Lepetit 等，2005)，人体部位分类(Hoiem 等，2007)，语义分割(He 等，2004)，目标识别(Csurka 等，2004)以及性别分类(Kumar 等，2008)。

**概率分类**：关于逻辑回归的更多信息可参考 Bishop(2006)，以及其他的统计学著作。

Williams 和 Barber(1998)提出了核逻辑回归分析(或者高斯过程回归)，更多的相关信息可参考 Rasmussen 和 Williams(2006)。Tipping(2001)提出了稀疏核逻辑回归分析(相关向量分类)。Brishnapuram(2005)提出了一个稀疏多分类的变体。Friedman 等(2000)提出了 boosting 的概率解释。而 Prinzie 和 Van denPoel(2008)则提出了随机森林算法的多项式回归模型。

**其他分类方法**：这一章给出了一系列基于逻辑回归的概率分类模型。还有其他的非概率分类技术，包括单层和多层感知器(Rosenblatt，1958；Rumelhart 等，1986)，支持向量机(Vapnik，1995；Cristianini 和 Shawe-Taylor，2000)，adaboost 算法(Freund 和 Schapire，1995)。这些技术之间的关键区别在于目标函数。逻辑回归模型优化了对数伯努利概率，而其他的模型优化了不同参数，例如 hinge loss(SVM)，或者指数误差(adaboost)。虽然很难对这些方法的相对优点给出一个一般性的评判，但是事实上仍可这样说，(i)在本章中，使用基于概率的方法没有明显的不足，(ii)在视觉问题中，和预处理数据相比，分类方法的选择就显得不那么重要。由于速度上的优势，这些基于 boosting 和分类树的方法在视觉问题中非常常用。

**boosting 算法**：Freund 和 Schapire(1995)提出了 adaboost 算法，自此以后，此算法有了很多改进版本，它们主要用于计算机视觉。这些方法包括：discrete adaboost(Freund 和 Schapire，1996)，real adaboost(Schapire 和 Singer，1998)，gentleboost(Friedman 等，2000)，logitboost(Friedman 等，2000)，floatboost(Li 等，2003)，KLBoost(Liu 和 Shum，2003)，asymmetric boost(Viola 和 Jones，2002)以及 statboost(Pham 和 Cham，2007a)。boosting 在多分类问题(Schapire and Singer，1998；Torralba 等，2007)和回归问题(Friedman，1999)上也有应用。关于 boosting 方法的回顾可参考 Meir 和 Mätsch(2003)。

**分类树**：分类树在计算机视觉中有着久远的历史，最早可以追溯到 Shepherd(1983)。在近期，Amit 和 Geman(1997)以及 Breiman(2001)重新引起了这个领域研究的热潮，他们主要致力于随机森林的用法。从那以后，分类树和分类森林主要应用于关键点匹配(Lepetit 等，2005)，分割(Yin 等，2007)，人体姿态检测(Rogez 等，2006；Shotton 等，2011)，目标检测(Bosch 等，2007)，图像分类(Moosmann 等，2006，2008)，判定算法的适应性(Mac Aodha 等，2010)，遮挡检测(Humayun 等，2011)，语义图像分割(Shotton 等，2009)等。

**基于人脸的性别识别**：这种从人脸图像自动确定性别的技术已经用于解决各种领域的问题，如神经网络(Golomb 等，1990)，支持向量机(Moghaddam 和 Yang，2002)，线性判别分析(Bekios-Calfa 等，2011)，adaboost(Baluja 和 Rowley，2003)以及 logitboost(Prince 和 Aghajanian，2009)等。Mäkinen 和 Raisamo(2008b)对 boosting 算法做了回顾，并在论文(2008a)中将各种算法做了定量比较。当前最新研究水平当属 Kumar 等(2008)和 Shan(2012)的成果。

**人脸检测**：boosting 算法在人脸检测(Viola 和 Jones，2004)中的应用借鉴了许多早期的技术(Osuna 等，1997；Scheiderman 和 Kanade，2000)。此后，研究者提出了 boosting 算法的许多改进版本来解决该问题，包括：floatboost(Li 等，2002；Li 和 Zhang，2004)，gentleboost(Lienhart 等，2003)，realboost(Huang 等，2007a；Wu 等，2007)，asymboost(Pham 和 Cham，2007b；Viola 和 Jones，2002)，以及 statboost(Pham 和 ham 2007a)。Zhang 和 Zhang(2010)在最近对这一领域的研究做了回顾。

**语义分割**：这一系统(Shotton 等，2008)的作者在分类树的基础上又提出了一个更加快速的的系统(Shotton 等，2009)。Ranganathan(2009)对这些成果的性能做了定量比较。还有一些研究引入了先验知识，比如目标类的共现(He 等，2006)和目标可能的空间关系(He 等，2004)。

## 习题

9.1 逻辑 sigmoid 函数定义如下：

$$\mathrm{sig}[a]=\frac{1}{1+\exp[-a]}$$

证明：(i) $\mathrm{sig}[-\infty]=0$，(ii) $\mathrm{sig}[0]=0.5$，$\mathrm{sig}[\infty]=1$。

9.2 证明：

$$L=\sum_{i=1}^{I}w_i\log\left[\frac{1}{1+\exp[-\boldsymbol{\phi}^{\mathrm{T}}\boldsymbol{x}_i]}\right]+\sum_{i=1}^{I}(1-w_i)\log\left[\frac{\exp[-\boldsymbol{\phi}^{\mathrm{T}}\boldsymbol{x}_i]}{1+\exp[-\boldsymbol{\phi}^{\mathrm{T}}\boldsymbol{x}_i]}\right]$$

以上逻辑回归模型的对数后验概率关于 $\boldsymbol{\phi}$ 的导数为：

$$\frac{\partial L}{\partial\boldsymbol{\phi}}=-\sum_{i=1}^{I}(\mathrm{sig}[a_i]-w_i)\boldsymbol{x}_i$$

9.3 证明：逻辑回归模型的对数似然估计的二阶导数为

$$\frac{\partial^2 L}{\partial\boldsymbol{\phi}^2}=-\sum_{i=1}^{I}\mathrm{sig}[a_i](1-\mathrm{sig}[a_i])\boldsymbol{x}_i\boldsymbol{x}_i^{\mathrm{T}}$$

9.4 考虑用一个逻辑回归模型拟合一组一维数据 $x$，这组数据可以很清楚地分为两类。例如，对所有状态 $w=0$ 的数据值都小于 1，而所有 $w=1$ 的数据值都大于 1。因此，训练数据可以很好地分类。在学习过程中，模型的参数会有什么问题？如何解决这个问题？

9.5 计算拉普拉斯近似的 $\beta$ 分布，其中参数 $\alpha=1.0$，$\beta=1.0$。

9.6 证明服从均值为 $\mu$ 和方差为 $\sigma^2$ 的一元正态分布的拉普拉斯近似即是正态分布本身。

9.7 设计一种方法来选择核逻辑回归中 RBF 的尺度参数 $\lambda_0$。

9.8 混合专家模型(Jordan 和 Jacobs，1994)将空间划分为不同的区域，每一个区域可以接受专门的处理(见图 9-25)。例如，可以将数据描述为一个逻辑分类器的组合，即：

$$Pr(w_i|\boldsymbol{x}_i)=\sum_{k=1}^{K}\lambda_k[\boldsymbol{x}_i]\mathrm{Bern}_{w_i}[\mathrm{sig}[\boldsymbol{\phi}_k^{\mathrm{T}}\boldsymbol{x}_i]]$$

每一个逻辑分类器可以看做一个专家，同时混合权重决定了应用于数据中的专家的组合。混合权重是正的且和为 1，并且取决于数据 $\boldsymbol{x}$：对于两个组件的模型，可以通过一个拥有激活值 $\boldsymbol{\omega}^{\mathrm{T}}\boldsymbol{x}$ 的另一个逻辑回归模型实现。该模型可以表示为 $\boldsymbol{w}_i$ 和隐含变量 $h_i$ 之间的一个联合分布的边缘概率。结果如下：

$$Pr(w_i|\boldsymbol{x}_i)=\sum_{k=1}^{K}Pr(w_i,h_i=k|\boldsymbol{x}_i)=\sum_{k=1}^{K}Pr(w_i|h_i=k,\boldsymbol{x}_i)Pr(h_i=k|\boldsymbol{x}_i)$$

其中

$$Pr(w_i|h_i=k,\boldsymbol{x}_i)=\mathrm{Bern}_{w_i}[\mathrm{sig}[\boldsymbol{\phi}_k^{\mathrm{T}}\boldsymbol{x}_i]]$$

$$Pr(h_i=k|\boldsymbol{x}_i)=\mathrm{Bern}_{h_i}[\mathrm{sig}[\boldsymbol{\omega}^{\mathrm{T}}\boldsymbol{x}_i]]$$

该模型和 9.8 节的分支逻辑回归模型有何不同？并为这一模型设计一个学习算法。

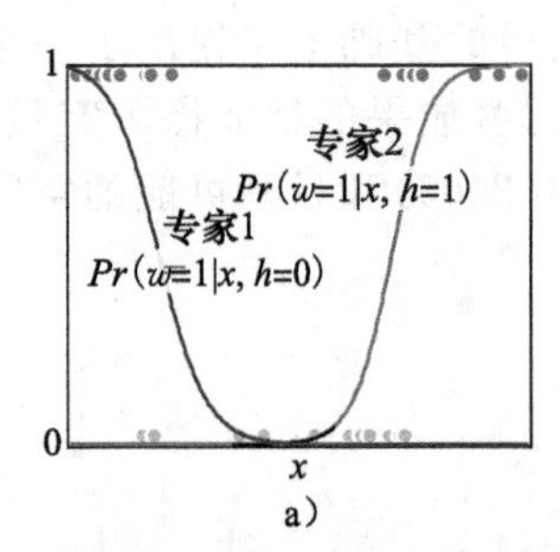


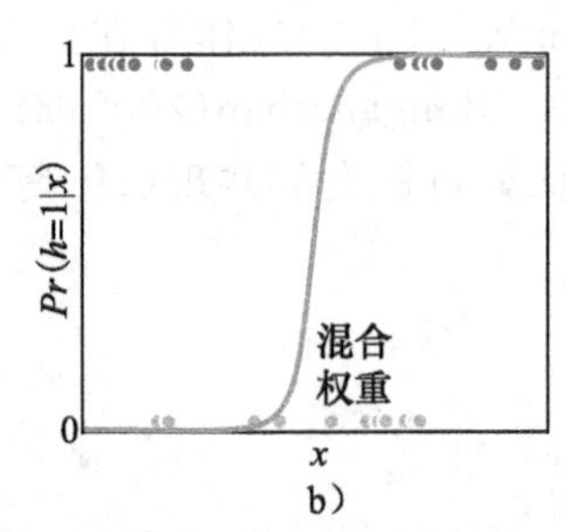


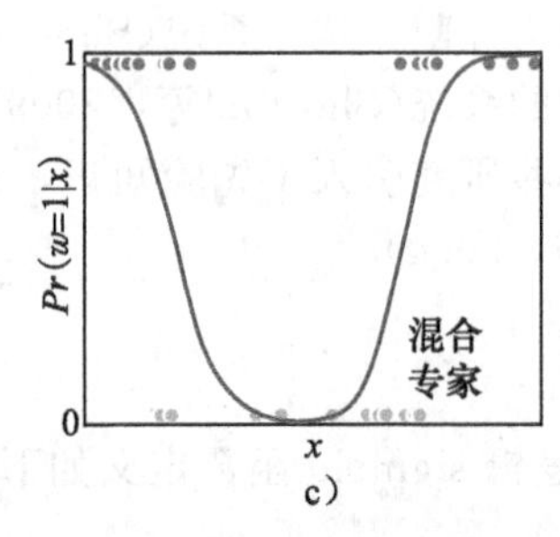


图 9-25　一维数据的两个混合专家模型。上面的点表示为正样本，下面的点表示为负样本。a）两个专家分别用于对左侧和右侧数据进行建模。b）混合权重的边随数据的函数而变化。c）模型最终的输出结果是两个专家的混合，可以看出它对数据有很好的拟合

9.9　softmax[•，•，…，•]函数给出了一个多元量，其中第 $k$ 个元素由下式给出：

$$s_k = \mathrm{softmax}_k[a_1, a_2, \cdots a_K] = \frac{\exp[a_k]}{\sum_{j=1}^{K}\exp[a_j]}$$

证明：$0 < s_k < 1$ 以及 $\sum_{k=1}^{K} s_k = 1$。

9.10　证明：多分类逻辑回归模型的对数概率的一阶导数形式如式(9-61)。

9.11　本章中的分类器均基于连续数据 $\mathbf{x}$。设计一个可以根据离散数据 $x \in \{1,\cdots,K\}$ 来区分 $M$ 个状态 $w$（即 $w \in \{1,\cdots,M\}$）的分类器，并讨论可能的学习算法。

# 第三部分

Computer Vision：Models，Learning，and Inference

# 连接局部模型

第6～9章的模型描述了测量值与真实全局状态量之间的关系。当测量值与真实全局状态量均为低维时，第6～9章所描述的性质与给出的模型十分适用。然而，很多情况下事实并非总是如此，因此在这些情况下，第6～9章中所得到的模型将变得不再适用。

例如，考虑如下图像语义的标注问题，即我们希望能够用一个标签来标记图像中各像素所属的目标类别。譬如在一个道路场景中，我们希望标注不同的像素区域为“道路”、“天空”、“车辆”、“树木”、“建筑物”或其他类别。对于一个拥有10000个像素的图像，这意味着需要构建一个模型以描述从10000个可测量的RGB三元组到$6^{10000}$种可能状态量之间对应关系。目前的章节所讨论的模型没有一个可以应对这一挑战：所涉及的参数数量(同时带来的训练样本数量过大及学习与推断过程所要求的计算量过于复杂等问题)远远超过了目前机器所能处理的极限。

对于上述问题一个可能的解决方案即是构建一系列独立的局部模型。例如，我们可以单独对每个像素标签与周围的RGB信息之间的关系进行建模。然而，由于图像也许是局部多义性的，从而导致这并非是一个理想的解决方案。譬如一小块蓝色区域也许来源于一系列语义完全不同的物体类别：天空、海水、车门或者人的衣服。一般而言，试图构建独立的局部模型实际上并不可行。

针对这一问题，切实可行的解决方案是构建可以连接不同部件的局部模型。对于同样的语义标注问题：给定一幅图像，当图像中某块区域为蓝色时，同时图像顶部存在众多与此蓝色区域相似的区域，不仅如此，该图像中还存在树木与山峦。据此，我们可以推断出该蓝色区域对应的物体类别很可能为天空。因此，为了解决上面的问题，我们仍然构建图像局部区域与其对应类别的关系，但是这里做出的改进是，同时将这些模型之间的关系联系起来，由此带来的好处是，当我们判别某块区域所属的类别时，该区域周围的信息也将有助于进行区分。

第10章引入了条件独立性这一概念，该概念的提出是为了描述模型的冗余性(也就是，变量之间缺乏直接依赖性的程度)。与此同时，该章将会展示如何用图模型来对条件独立性进行可视化。图模型将分有向图与无向图模型分别介绍。第11章讨论如何将局部模型进行组合以构成链式或者树形结构。第12章将对这些组合形式进行拓展，从而适应局部模型之间更一般的关系。

# 图 模 型

前面章节讨论的模型主要是将我们希望估计的现实世界某些方面与可观测测量联系起来。对于每种情况，这个关系均依赖于一组参数，同时，我们给出了估计每种模型参数的学习算法。

然而，由于模型参数之间的相互影响，导致这些模型的实际作用是有限的，例如，在生成模型中，我们对观测值与状态量的联合概率分布进行建模。在许多问题中观测值和状态量可能是高维的。因此，若想准确地描述它们的联合概率密度，将需要大量的参数。同样，判别模型也存在相同的问题：如果全局状态量中的每个量都依赖于每一个数据元素，那么将需要大量参数来描述这种关系。在实际应用中，学习和推理所需的训练数据量和计算量将达到不切实际的水平。

可以通过识别(或假定)一些冗余度来减少模型中变量之间的依赖性以解决上述问题。因此，我们引入了条件独立的概念来描述冗余。然后我们引入图模型，该模型是条件独立关系的图形表达。我们将讨论两种不同类型的图模型，分别为有向图模型与无向图模型，并考虑图模型对学习、推断以及采样过程的影响。

本章不针对特定的模型，也不讨论其在视觉中的应用。本章旨在为后续章节中使用的模型提供相关的理论知识。本章将阐述有关离散变量概率分布的相关性质；但是在离散情况下几乎所有的性质都可直接应用于连续情况。

## 10.1 条件独立性

在讨论概率分布之前，首先引入独立性这个概念(参考 2.6 节)。如果有两个变量 $x_1$ 和 $x_2$，其联合概率分布满足 $Pr(x_1,x_2)=Pr(x_1)Pr(x_2)$，则说明 $x_1$ 和 $x_2$ 是相互独立的。如果变量之间是相互独立的，那么变量之间包含的信息互不相关。

对于包含两个以上随机变量的情况，变量之间的独立关系变得更加复杂。给定变量 $x_1$、$x_2$、$x_3$，在固定 $x_2$ 的条件下，如果变量 $x_1$ 与 $x_3$ 满足相互独立性，那么我们称在给定变量 $x_2$ 的条件下，变量 $x_1$ 与 $x_3$ 是条件独立的(见图 10-1)。用数学公式表示上述关系，即可表示为：

$$\begin{aligned} Pr(x_1 \mid x_2,x_3) &= Pr(x_1 \mid x_2) \\ Pr(x_3 \mid x_1,x_2) &= Pr(x_3 \mid x_2) \end{aligned} \qquad (10\text{-}1)$$

注意，条件独立性的关系始终是对称的；如果在给定变量 $x_2$ 的条件下，变量 $x_1$ 关于 $x_3$ 满足条件独立性，那么就会有这样的性质：在给定变量 $x_2$ 的条件下，变量 $x_3$ 关于 $x_1$ 也具有条件独立性。

令人感到困惑的是，在给定变量 $x_2$ 的条件下，变量 $x_1$ 与 $x_3$ 满足条件独立性，这并不意味着变量 $x_1$ 与 $x_3$ 本身是相互独立的。这仅仅表示在知道变量 $x_2$ 的条件下，变量 $x_1$ 将不会提供有关变量 $x_3$ 的任何更进一步的信息，反之亦然。在下面所述的情况中，上面提到的性质将得到验证。即如果事件 $x_1$ 的发生与事件 $x_2$ 的发生具有因果关系，同时事件 $x_2$ 的发生与事件 $x_3$ 的发生也存在因果关系，那么事件 $x_3$ 关于 $x_1$ 的依赖性将有可能完全取决于事件 $x_2$。

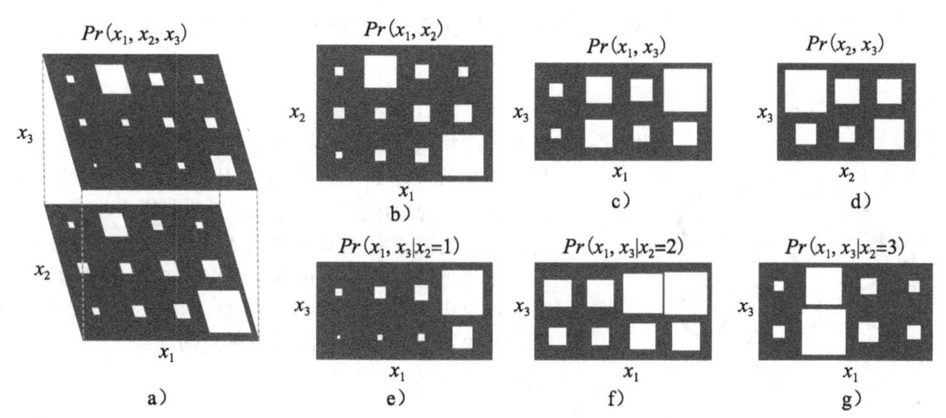


图 10-1 条件独立性。a) 离散变量 $x_1$、$x_2$ 与 $x_3$ 的联合概率密度函数，且变量 $x_1$、$x_2$ 与 $x_3$ 各自分别有4、3、2种可能的取值。总共24种可能取值的概率和为1。b) 变量 $x_1$ 与 $x_2$ 是相互依赖的，对应于变量 $x_2$ 的不同取值，$x_1$ 的条件分布是不同的(图b中每行对应元素的比例都是不一样的)，反之亦然。c) 同样，变量 $x_1$ 与 $x_3$ 之间是相互依赖的。d) 变量 $x_2$ 与 $x_3$ 之间亦满足相互依赖性。e～g) 在给定变量 $x_2$ 的条件下，变量 $x_1$ 与 $x_3$ 是条件独立的。即固定 $x_2$ 的取值，$x_1$ 将不会包含任何有关 $x_3$ 的信息，反之亦然

现在考虑将联合概率分布 $Pr(x_1,x_2,x_3)$ 写成条件概率乘积的形式。在给定变量 $x_2$ 的条件下变量 $x_1$ 关于 $x_3$ 是独立的，那么：

$$\begin{aligned}Pr(x_1,x_2,x_3) &= Pr(x_3\,|\,x_2,x_1)Pr(x_2\,|\,x_1)Pr(x_1)\\ &= Pr(x_3\,|\,x_2)Pr(x_2\,|\,x_1)Pr(x_1)\end{aligned}\tag{10-2}$$

条件独立关系就意味着对条件分布以一定的方式进行因子分解(并因此可视作冗余)。这种冗余意味着可以用更少的参数来描述概率分布，同时意味着对含有大规模参数的模型进行处理将变得更加容易。

本章将对概率分布的因子分解与条件独立两者之间存在的关系进行探索。为此，我们将引入图模型。这些基于图的表示方法将使概率分布的因子分解与条件独立关系这两个问题变得更容易描述。本书会考虑两种不同类型的图模型，分别称为有向图模型与无向图模型，这两种模型各自均对应一种因子分解。

## 10.2 有向图模型

有向图模型(又称为贝叶斯网络)将具有有向无环图(DAG)形式的联合概率分布的因子分解表示为条件分布的乘积。即有如下公式：

$$Pr(x_{1\ldots N}) = \prod_{n=1}^{N} Pr(x_n\,|\,x_{\mathrm{pa}[n]})\tag{10-3}$$

式中，$\{x_n\}_{n=1}^{N}$ 表示联合分布中的随机变量，同时函数 pa[$n$]返回变量 $x_n$ 父节点的索引值。

通过构建对应的有向图模型，可以可视化因子分解(见图10-2)。在有向图模型中，对于每个随机变量，都会增加一个相应的节点，同时对于变量 $x_n$ 的父节点与变量 $x_n$ 本身，增加一条从父节点到变量本身的有向边。有向图模型中是不允许存在环的，否则得到的因子分解将是无效的概率分布。

为了从图模型中获得联合概率分布的因子分解。在有向图中，对于每个变量都引入了与之对应的因子分解项。如果变量 $x_n$ 与其他变量均是相互独立的(没有父节点)，那么将变量 $x_n$ 对应的概率记为 $Pr(x_n)$。否则，将变量 $x_n$ 对应的概率记为 $Pr(x_n\,|\,x_{\mathrm{pa}[n]})$，这里 $x_n$ 的父节

点 $x_{pa[n]}$ 可定义为如下节点的集合：父节点与子节点 $x_n$ 之间存在有向边且 $x_n$ 为子节点。

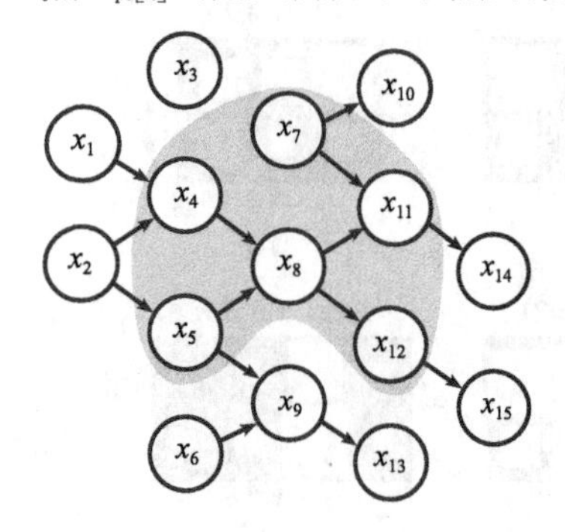


图 10-2　在有向图模型中，联合概率分布因子分解中每项均只用一个与之对应的节点表示。表达式 $Pr(x_n)$ 表示那些没有传入边的节点 $x_n$。表达式 $Pr(x_n|x_{pa[n]})$ 表示传入边为 $x_{pa[n]}$ 的节点 $x_n$。在给定节点对应马尔可夫覆盖的条件下，节点 $x_n$ 条件独立于其他所有节点。包括它的父节点、子节点，以及它的子节点对应的其余父节点。例如，变量 $x_8$ 对应的马尔可夫覆盖是由阴影部分包含的节点组成的

### 10.2.1　示例 1

图 10-2 所对应的图模型可表示为如下形式的因子分解

$$\begin{aligned}Pr(x_{1\ldots}x_{15}) = & Pr(x_1)Pr(x_2)Pr(x_3)Pr(x_4|x_1,x_2)Pr(x_5|x_2)Pr(x_6)\\ & \times Pr(x_7)Pr(x_8|x_4,x_5)Pr(x_9|x_5,x_6)Pr(x_{10}|x_7)Pr(x_{11}|x_7,x_8)\\ & \times Pr(x_{12}|x_8)Pr(x_{13}|x_9)Pr(x_{14}|x_{11})Pr(x_{15}|x_{12})\end{aligned} \tag{10-4}$$

图模型(或因子分解)表明不同变量之间的相互独立关系与条件独立关系。通过直观地观察有向图，可以获得一些结论。首先，如果两个变量之间没有由有向边连接的路径且没有共同的祖先，那么它们是相互独立的。因此，在图 10-2 中，变量 $x_3$ 与其余的变量都是相互独立的，变量 $x_1$ 与 $x_2$ 是相互独立的。由于存在共同的祖先，变量 $x_4$ 与 $x_5$ 两者之间并不是相互独立的。其次，任何变量与其父节点变量、子节点变量及其子节点对应的另外的父节点变量(即该节点对应的*马尔可夫覆盖*)是条件独立的。因此，图 10-2 中所示的变量 $x_8$ 在阴影区域中除自身节点外其余所有的节点变量都是条件独立的。

对于视觉应用领域而言，这些规则通常能够确保我们理解图模型的主要特性。然而，有时我们希望对如下所述的情况进行讨论，即给定三个节点集合，判断在给定其中一个集合 $C$ 的条件下，集合 $A$ 中的元素与集合 $B$ 中的元素是否满足条件独立性关系。仅仅通过观察有向图是很难做到这一点的，我们可以使用如下规则来进行判断：

*给定集合 $C$，如果从集合 $A$ 到集合 $B$ 的所有路径均是不连通的，那么可以说在给定集合 $C$ 的条件下，集合 $A$ 中的变量关于集合 $B$ 中的变量是条件独立的。当满足下面的条件之一时，节点处的路径将定义为阻断的。*

*(1) $A$ 中的节点和 $B$ 中的节点分别为首-尾相连或尾-尾相连结构的 $a$ 和 $b$ 节点，且 $c$ 节点为集合 $C$ 的元素。*

*(2) $A$ 中的节点和 $B$ 中的节点分别为首-首相连结构的 $a$ 和 $b$ 节点，且 $c$ 节点或者它的任何后继节点都不是 $C$ 集合的元素。*

读者若想获得有关上述规则更多的知识，请参考 Koller 与 Friedman(2009)。

### 10.2.2　示例 2

图 10-3 中蕴含以下信息

$$Pr(x_1,x_2,x_3) = Pr(x_1)Pr(x_2|x_1)Pr(x_3|x_2) \tag{10-5}$$

这同时也是图 10-1 中所示概率分布对应的图模型。

如果限定条件 $x_2$，那么 $x_1$ 到 $x_3$ 的唯一路径在 $x_2$ 处被阻断($x_2$ 处节点分别对应传入有向边的头和传出有向边的尾)，故在给定变量 $x_2$ 的条件下，变量 $x_1$ 关于 $x_3$ 是条件独立的。通

过观察可知，变量 $x_1$ 的马尔可夫覆盖包含的元素仅为变量 $x_2$，我们同样得到了上述结论。

图 10-3 示例 2。对应图 10-1 中变量 $x_1$、$x_2$ 与 $x_3$ 的有向图模型。该有向图表明联合概率分布可以分解为如下因子分解的形式：

$$Pr(x_1, x_2, x_3)=Pr(x_1)Pr(x_2|x_1)Pr(x_3|x_2)$$

在这种情况下，很容易通过代数推导的方式来证明上面所说的条件独立关系。在给定变量 $x_2$ 与 $x_3$ 的条件下，$x_1$ 的条件概率如下：

$$\begin{aligned}Pr(x_1|x_2,x_3) &= \frac{Pr(x_1,x_2,x_3)}{Pr(x_2,x_3)} \\ &= \frac{Pr(x_1)Pr(x_2|x_1)Pr(x_3|x_2)}{\int Pr(x_1)Pr(x_2|x_1)Pr(x_3|x_2)\mathrm{d}x_1} \\ &= \frac{Pr(x_1)Pr(x_2|x_1)}{\int Pr(x_1)Pr(x_2|x_1)\mathrm{d}x_1}\end{aligned} \tag{10-6}$$

在式(10-6)中，表达式最终的结果是不包括 $x_3$ 的，因此给定变量 $x_2$ 的条件下，变量 $x_1$ 关于 $x_3$ 是条件独立的。

在式(10-6)中，等式右边因子分解的结果相对于等式左边完整的联合分布形式而言是一种更加有效的表达形式。原始的分布 $Pr(x_1,x_2,x_3)$(见图 10-1a)包含 4×3×2=24 种取值，而$Pr(x_1)$、$Pr(x_2|x_1)$和 $Pr(x_3|x_2)$分别包含 4，4×3=12 和 3×2=6 种取值，总共 22 种取值。在此情况下，这种取值数量的减少不是偶然出现的，在实际情况下也会发生。例如，对于含有三个离散变量的情况而言，假设每个变量均有 10 种可能的取值，那么完整的联合分布就会有 10×10×10=1 000 种取值。但是如果我们采用分解方式处理得到的分布仅仅会含有 10+100+100=210 种不同取值。对于比较大的系统，这种方式可以节约大量的资源。于是，一种考虑条件独立性关系的方式是：将其视作完整的联合概率分布的冗余信息。

### 10.2.3 示例 3

最后，在图 10-4 中，针对第 7 章中提到的混合高斯模型，t 分布模型与因子分析模型分别给出了对应的图模型。经图模型表示出来，可以清楚地看出，上面提到的三个模型具有十分相似的结构。

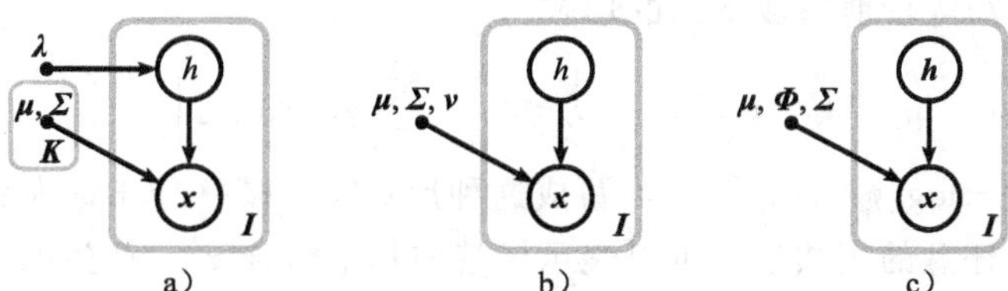


图 10-4 示例 3。a) 混合高斯、b) t 分布、c) 因子分析一个节点(黑色的圆圈)表示一个随机变量。在图模型中，黑点•表示那些取值固定的变量。每一个变量可能重复多次，在版块(灰色的矩形)右下角的数字表示重复的次数。例如，a) $\{\mathbf{x}_i\}_{i=1}^{I}$ 中的 $\boldsymbol{I}$ 表示数据样本的个数，$\{h_i\}_{i=1}^{I}$ 中的 $\boldsymbol{I}$ 表示隐变量的个数。类似地，$\{\boldsymbol{\mu}_k,\boldsymbol{\Sigma}_k\}_{k=1}^{K}$ 中的 K 表示参数的个数，但是仅仅有一个权值向量 $\boldsymbol{\lambda}$

在图 10-4 的图表示方法中还增加了几个新的特性。首先，包含了对多维变量的表示。其次，对于那些取值固定的变量，用符号•进行标识。此处在固定变量取值的前提下考虑，

但是不会针对此情况定义相应的概率分布。图 10-4c 描述了 $Pr(\boldsymbol{h}_i,\boldsymbol{x}_i)=Pr(\boldsymbol{h}_i)Pr(\boldsymbol{x}_i|\boldsymbol{h}_i,\boldsymbol{\mu},\boldsymbol{\Phi},\boldsymbol{\Sigma})$ 的分解结果。

最后也使用了版块符号标记。用一个矩形来描述一个版块，并且此矩形的角落上有一个数字。矩形中的数字表明矩形中变量的重复次数。例如，在图 10-4c 中 $I$ 表示变量 $\boldsymbol{x}$ 和 $\boldsymbol{h}$ 在 $\{\boldsymbol{x}_i,\boldsymbol{h}_i\}_{i=1}^{I}$ 中重复的次数，但是参数是不变的，只包括 $\boldsymbol{\mu}$、$\boldsymbol{\Phi}$ 和 $\boldsymbol{\Sigma}$。

### 10.2.4　总结

简而言之，可以用三种方式来考虑联合概率分布的结构。首先，可以考虑将联合概率分布进行因子分解的形式。其次，可以根据有向图模型进行分析。最后，可以从条件独立关系的角度进行考虑。

有向图模型(有向无环图的条件概率关系)与因子分解之间存在一对一的映射关系。然而，图模型(或因子分解)和条件独立关系这两者之间存在的关系更加复杂。有向图模型(或等价的因子分解)确定一系列条件独立关系。然而，之后的章节将学到，一些条件独立关系是不能用有向图模型表示的。

## 10.3　无向图模型

本节介绍图模型家族中的第二个成员——无向图模型。无向图模型利用势函数 $\phi[x_{1\cdots N}]$的乘积来表示变量$\{x_n\}_{n=1}^{N}$的概率分布，结果如下：

$$Pr(x_{1\cdots N})=\frac{1}{Z}\prod_{c=1}^{C}\phi_c[x_{1\cdots N}] \tag{10-7}$$

其中，势函数 $\phi_c[x_{1\cdots N}]$总是返回一个正值。由于概率值随势函数 $\phi_c[x_{1\cdots N}]$增加而增加，因此每个势函数通过调整变量 $x_{1\cdots N}$的取值来取得不同的值。当所有的势函数 $\phi_{1\cdots C}$返回值都很大时，$Pr(x_{1\cdots N})$的取值将达到最大。然而，需要强调的是，势函数并不等同于条件概率，势函数中并不存在明显的一对一映射。

配分函数 $Z$ 用来归一化这些正势函数的乘积以便能够满足概率和为 1 的条件。在离散条件下，$Z$ 将通过下式进行计算：

$$Z=\sum_{x1}\sum_{x2}\cdots\sum_{xN}\prod_{c=1}^{C}\phi_c[x_{1\cdots N}] \tag{10-8}$$

对于实际规模的系统，求和将非常复杂；我们可能无法计算出 $Z$ 的值，因此，仅仅能够计算出关于未知缩放因子的全局概率值。

可以将式(10-7)等价地写成下面的形式：

$$Pr(x_{1\cdots N})=\frac{1}{Z}\exp\left[-\sum_{c=1}^{C}\psi_c[x_{1\cdots N}]\right] \tag{10-9}$$

其中，$\psi_c[x_{1\cdots N}]=-\log[\phi_c[x_{1\cdots N}]]$。当写成这种形式时，概率分布称为吉布斯分布。函数 $\psi_c[x_{1\cdots N}]$可以返回任意的实数值，可以表示标签的每个组合 $x_{1\cdots N}$产生的成本。随着成本的增加，概率值会相应地降低。成本的和 $\sum_{c=1}^{C}\psi_c[x_{1\cdots N}]$ 有时称作能量，而且拟合模型的过程(增大概率值)有时称为能量最小化。

如果每个势函数 $\phi[\bullet]$(或者相对应的成本函数 $\psi[\bullet]$)均包含 $x_{1\cdots N}$中所有的变量，那么该无向图模型称为专家乘积系统。然而，在计算机视觉领域更常见的情况是，每个势函数操作的对象仅仅是原变量 $x_{1\cdots N}$的子集 $\boldsymbol{S}$，$\mathcal{S}\subset\{x_n\}_{n=1}^{N}$。这些子集称作子图，同时条件独立关系可由这些对应的子图来表示。将第 $c$ 个子图用$\mathcal{S}_c$ 表示，重写式(10-7)如下：

$$Pr(x_{1\ldots N}) = \frac{1}{Z}\prod_{c=1}^{C}\phi_c[\mathcal{S}_c] \tag{10-10}$$

换句话说，概率分布被因子分解为项的积，每项仅依赖于变量的子集。一般称这样的模型为马尔可夫随机场。

为了可视化无向图模型，我们得出每个随机变量对应的一个节点。然后，对于每个子图$\mathcal{S}_c$，我们将子集$\mathcal{S}_c$ 中每一个变量(即 $x_i \in \mathcal{S}_c$)与子集$\mathcal{S}_c$ 中除该变量外所有的变量相互连接。

换个角度考虑，可以采用图模型并使用以下方法来构建底层因子分解。对应于每个最大子图，我们都会在该子图对应的因子分解项中增加一项(见图 10-6)。最大子图的定义如下：最大子图中的每个节点是全连接的(也就是，子图中每个节点与其余节点都是连接的)，同时，在最大子图中一旦增加了另外的节点，那么就不可能保持所有节点相互之间是连接的。

相比于有向完全图，从无向图模型中构建对应的条件独立关系更容易。可以利用下面的性质来寻找条件独立关系：

*存在三个节点集合 $A$、$B$、$C$，在给定节点集合 $C$ 的条件下，如果节点集合 $C$ 将节点集合 $A$ 与 $B$ 分开(即集合 $C$ 阻断了集合 $A$ 中节点到集合 $B$ 中节点的路径)，就说节点集合 $A$ 与 $B$ 关于节点集合 $C$ 条件独立。*

由此可见，在给定节点所有近邻节点的条件下，该节点与其他邻近邻节点是相互独立，由此，该节点的直接近邻节点构成了该节点对应的马尔可夫覆盖。

### 10.3.1 示例 1

考虑图 10-5 中的图模型，其表示下面的因子分解：

$$Pr(x_1,x_2,x_3) = \frac{1}{Z}\phi_1[x_1,x_2]\phi_2[x_2,x_3] \tag{10-11}$$

我们可以直接通过观察知道，变量 $x_2$ 将变量 $x_1$ 与 $x_3$ 隔断：即 $x_2$ 隔断了 $x_1$ 与 $x_3$ 之间的路径，从而在给定变量 $x_2$ 的条件下变量 $x_1$ 关于变量 $x_3$ 是条件独立的。这样，条件独立关系更加容易证明：

$$\begin{aligned}Pr(x_1|x_2,x_3) &= \frac{Pr(x_1,x_2,x_3)}{Pr(x_2,x_3)} \\ &= \frac{\frac{1}{Z}\phi_1[x_1,x_2]\phi_2[x_2,x_3]}{\int\frac{1}{Z}\phi_1[x_1,x_2]\phi_2[x_2,x_3]\mathrm{d}x_1} \\ &= \frac{\phi_1[x_1,x_2]}{\int\phi_1[x_1,x_2]\mathrm{d}x_1}\end{aligned} \tag{10-12}$$

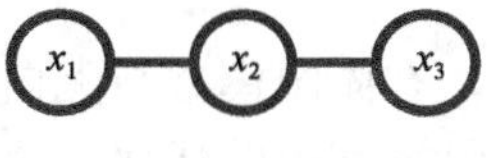

$x_1$ — $x_2$ — $x_3$

图 10-5 示例 1。图中所示是相关变量 $x_1$、$x_2$ 和 $x_3$ 的无向图模型，该模型说明联合概率可以写为：$Pr(x_1,x_2,x_3) = \frac{1}{Z}\phi_1[x_1,x_2]\phi_2[x_2,x_3]$

最终得到的结果不再依赖于变量 $x_3$，因此我们得到在给定 $x_2$ 的条件下变量 $x_1$ 与 $x_3$ 是条件独立的结论。

### 10.3.2 示例2

考虑图 10-6 所示的图模型。在这个图模型中有 4 个最大子图，因此它表示的是如下所示的因子分解：

$$Pr(x_{1\dots5}) = \frac{1}{Z}\phi_1[x_1,x_2,x_3]\phi_2[x_2,x_4]\phi_3[x_3,x_5]\phi_4[x_4,x_5] \tag{10-13}$$

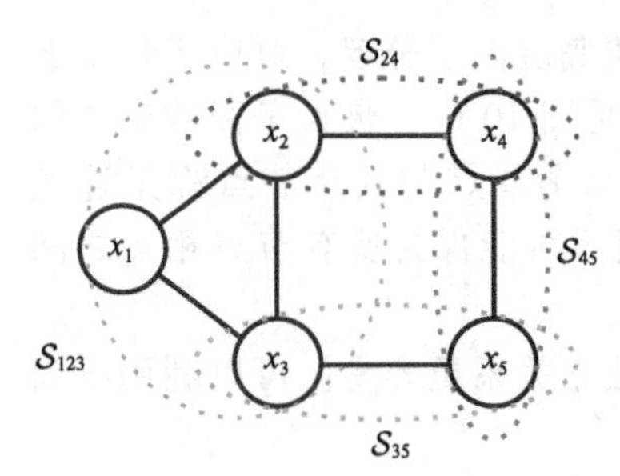


图 10-6　示例 2。表示变量 $\{x_i\}_{i=1}^5$ 的无向图模型。这与将联合概率分布分解为代表每个最大子图的势函数的点积形式是相关的。由于 $\mathcal{S}_{45}=\{x_4,x_5\}$ 是最大子图，因此这里没有其他的节点可以加入到这个子图中来保证该节点的加入能够保持加入节点后的子图任意两节点之间仍相互连接，故子图 $\mathcal{S}_{45}=\{x_4,x_5\}$ 为最大子图。子图 $\mathcal{S}_{23}=\{x_2,x_3\}$ 不是最大子图：能够通过增加节点 $x_1$，使增加节点后的新子图 $\{x_1,x_2,x_3\}$ 中的任意两个节点之间均是互相连接

我们可以从图的表示方法中推断出各种条件独立关系。如：在给定变量 $x_2$ 与 $x_3$ 的条件下，变量 $x_1$ 条件独立于变量 $x_4$、$x_5$，同样在给定变量 $x_3$ 与 $x_4$ 的条件下，变量 $x_5$ 条件独立于变量 $x_1$、$x_2$，等等。

另外注意，下面的因子分解

$$Pr(x_{1\dots5}) = \frac{1}{Z}(\phi_1[x_1,x_2]\phi_2[x_2,x_3]\phi_3[x_1,x_3])\phi_4[x_2,x_4]\phi_5[x_3,x_5]\phi_6[x_4,x_5] \tag{10-14}$$

可以得到相同的图模型：因子分解与无向图模型之间为多对一的映射关系（与在有向图模型中一对一的映射关系相反）。我们采用一种保守的方式来计算基于最大子图的无向图模型所对应的因子分解。在这里可能存在一些冗余性是不能由无向图模型所能显式表示的。

## 10.4 有向图模型与无向图模型的对比

10.2 节与 10.3 节分别讨论了有向图模型与无向图模型的相关知识。每个图模型都代表联合概率分布的一种因子分解。对于每种类型的图模型，我们都给出了获取条件独立性关系的方法。本节旨在说明这些表示方法并不是等价的。有些条件独立的模型能够用有向图模型表示，却不能够由无向图模型表示，反之亦然。

图 10-7a～b 表示这样一种情况：有向图模型与无向图模型均可表示同一种条件独立关系。然而，图 10-7c 表示这样的一种情况：能够用有向图模型表示但是没有与之相等价的无向图模型。我们根本没有办法用一个无向图模型生成独立和条件独立的相同模式。

相反，图 10-8a 表示这样一种情况：某种条件独立关系能够由相应的无向图模型表示，却找不到与之对应的描述这种关系的有向图模型。图 10-8b 描述一种相近却非等价的有向图模型；变量 $x_2$ 在每个模型中对应的马尔可夫覆盖均是不同的，同样每个模型所表示的条件独立关系也是互不相同的。

通过上面简单地阐述我们知道，有向图模型与无向图模型不能够表示独立与条件独立关系的相同子集，因此我们不能够忽视其中的任何一个。事实上，同样存在一些类型的条件独立关系是有向图模型与无向图模型均不能够表示的。而这一点不会在本书中涉及。读者可以参考 Barber(2012)或者 Koller 和 Friedman(2009)来获得不同类型图模型具体可以表示的分布的有关知识。

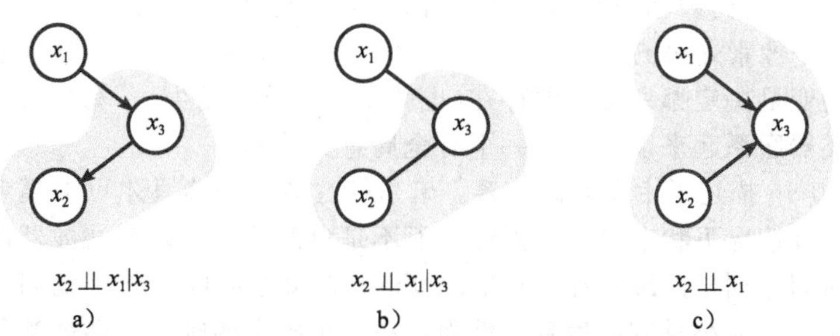


图 10-7　有向图和无向图模型：a) 拥有三个节点的有向图模型。该有向图模型仅仅蕴含一个条件独立关系：节点 $x_3$ 是节点 $x_2$ 对应的马尔可夫覆盖(阴影区域)，因此有 $x_2 \perp\!\!\!\perp x_1 \mid x_3$，这里符号⊥⊥可以读作“独立于”。b) 该无向图模型蕴含与 a) 中相同的条件独立关系。c) 第二个有向图模型。$x_2 \perp\!\!\!\perp x_1 \mid x_3$将不再成立，但是如果我们不再考虑变量 $x_3$，那么变量 $x_1$ 与变量 $x_2$ 相互独立，记为 $x_2 \perp\!\!\!\perp x_1$。对于这种情况下的独立与条件独立关系，没有与之对应的拥有三个变量的无向图模型

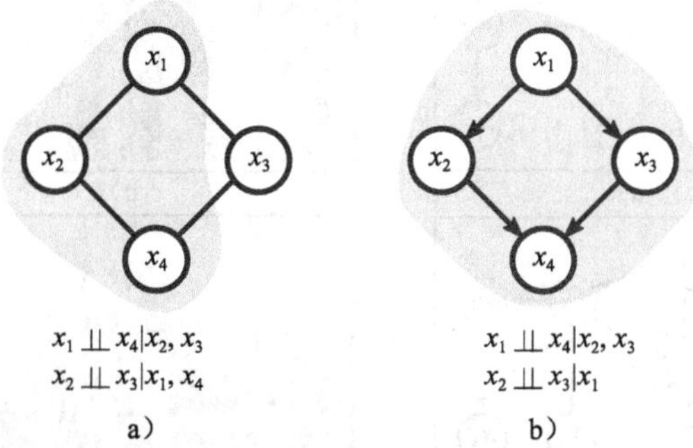


图 10-8　有向图与无向图模型。a) 该无向图模型蕴含两个条件独立关系。对于这里的条件独立关系，并不存在等价的有向图模型。b) 该有向图模型也蕴含两个条件独立关系，但是与 a) 中蕴含的信息是不一样的。在 a) 与 b) 所表示的图模型中，阴影区域均表示变量 $x_2$ 对应的马尔可夫覆盖

## 10.5　计算机视觉中的图模型

现在我们将给出一系列常用的视觉模型，并观察它们对应的图模型。接下来的章节将对它们进行详细的讨论。同时，把它们放在一起学习将对我们的理解有所帮助。

图 10-9a 是隐马尔可夫模型或者 HMM 对应的图模型。我们会观测离散状态量$\{\mathbf{w}_n\}_{n=1}^N$对应的一系列测量值$\{\mathbf{x}_n\}_{n=1}^N$。通过将相邻的状态量连接在一起，使得过去的状态能够影响当前的状态，同时解决了观测值的不确定性问题。典型的应用就是跟踪手语的手势序列(见图 10-9b)。每帧都表示特定的手势，但是有些帧可能看起来有点模糊。然而，我们可以利用 HMM 使用先验知识即某些特定的手势更有可能出现在其他手势的后面，从而能够改进实验的效果。

图 10-9c 表示的是马尔可夫树。再一次，我们观测得到一系列测量值，每个测量值都提供了有关离散全局状态的信息。全局状态是以树结构的形式相互连接的。典型的应用就是人体拟合(见图 10-9d)，身体的部位用相应的未知状态量来表示。身体的各个部位之间自然是以树结构组织的，因此，构建一个利用树结构组织的模型就十分有意义。

图 10-9e 说明了有关利用马尔可夫随机场(MRF)作为先验。在这里，马尔可夫随机场描述状态量之间的无向连接网络。每个节点也许都对应一个像素。对应于每一个状态变量都存在一个可测量的变量值。这种相互对应关系是用有向边连接表示的，总体上来看，这

是个混合模型(部分有向和部分无向)。语义标记是有关 MRF 在视觉领域中的典型应用(见图 10-9f)。在每个像素处都测量相应的 RGB 值。每个像素对应的状态量是一个离散的变量，这个离散的变量决定哪一类对象存在(也就是，是草还是牛)。马尔可夫随机场将之前所有的单个分类器联系起来以便产生一个有全局意义的解。

最后，图 10-9g 描述了卡尔曼滤波器。卡尔曼滤波器与隐马尔可夫模型具有相同的图模型，但是在这种情况下状态变量是连续的而不是离散的。卡尔曼滤波器的一个典型应用就是通过一个时间序列来追踪目标(见图 10-9h)。在每个时间点上，我们也许想获知手在二维平面内的位置、大小及方向信息。然而，在一个给定的帧中，能够测量的信息是很少的：帧本身可能就是模糊不清的，或者对象被临时遮盖了。通过构建一个能够反映相邻帧之间联系的模型，即在该模型下能够用相邻帧的信息来对该帧的信息进行估计。针对上面提到的帧本身可能是模糊的或者对象可能被临时遮蔽的问题，该模型能够提高系统的鲁棒性。能够根据先前帧的信息来确定当前模糊帧中不确定的信息。

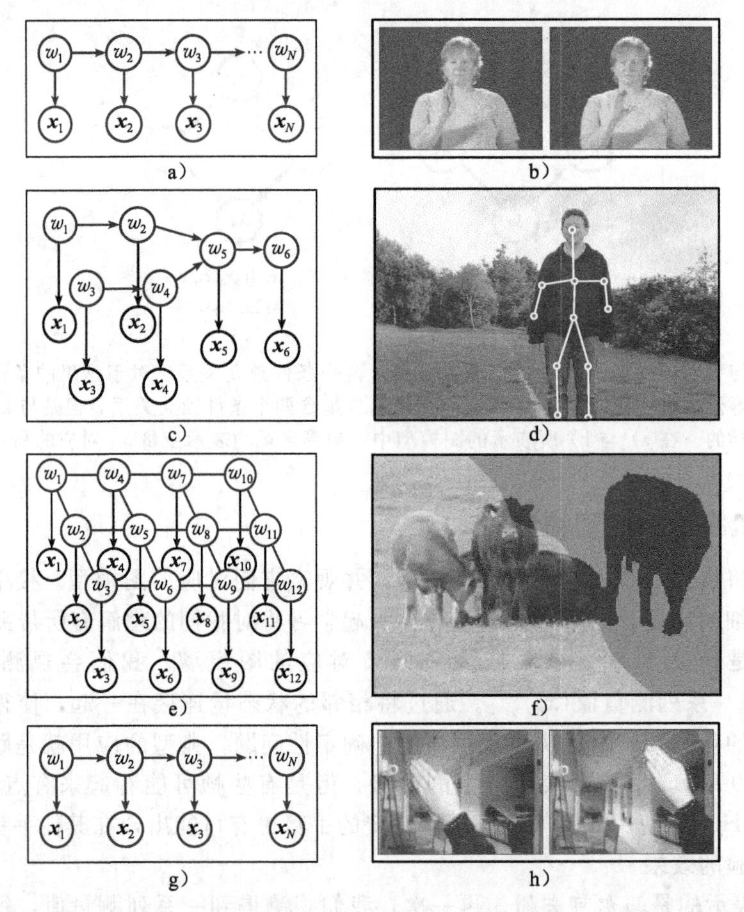


图 10-9　图模型在计算机视觉领域中典型的应用。a) 隐马尔可夫模型。b) HMM 的一种应用：解释手语序列。在时刻 $n$ 处手语的选择依赖于时刻 $n-1$ 处对应的手语。c) 马尔可夫树。d) 拟合树结构人体模型的一个应用。e) 独立地观察马尔可夫随机场。f) MRF 在语义标记任务中经常作为先验分布使用。这里的目标是在每一个像素上推断一个二进制标签，来决定这个像素是属于牛还是草。g) 卡尔曼滤波器，应用之一就是在一段时间内追踪目标。卡尔曼滤波器与 HMM 拥有相同的图模型，但是两者的区别之一在于，卡尔曼滤波器中的未知量为连续量，而 HMM 中的未知量为离散量

以上这些图模型有一个共同特点：即含有从状态量 $\boldsymbol{w}$ 到观测数据 $\boldsymbol{x}$ 的有向边。该有向边表明 $\boldsymbol{w}$ 与 $\boldsymbol{x}$ 的关系，记为：$Pr(\boldsymbol{x}|\boldsymbol{w})$。因此，它们在给定的数据上均构建了属于生成模型的概率分布。同时我们也会考虑判别模型，但是，依照以往的经验我们知道，上述提到的生成模型具有更加重要的作用。模型内部的连接都是非常稀疏的：每个数据量 $\boldsymbol{x}$ 仅仅与一个状态量 $w$ 相连接，同时，每个状态量仅与另外少量的几个状态量相连接。这样的结果就是，模型中蕴含许多条件独立关系。我们将利用这种冗余性来构建用于学习与推断过程的高效算法。

本书后面的章节会继续介绍上面提到的各种模型。第 11 章将研究隐马尔可夫模型与马尔可夫树，第 12 章将讨论马尔可夫随机场，第 19 章将介绍卡尔曼滤波器。本章剩余的部分将回答两个问题：(i)当存在大规模的未知状态量时，我们如何进行推理操作？(ii)有向图模型与无向图模型之间性能比较如何？

## 10.6 含有多个未知量的模型推理

现在我们讨论在这些模型中的推理问题。理想情况下，应使用贝叶斯法则计算完整的后验概率分布 $Pr(w_{1\cdots N}|x_{1\cdots N})$。然而，就已经讨论过的模型而言，本书之前章节仅仅是针对状态量在较小的取值空间内取值的情况进行分析，当未知状态量具有更大的取值空间时，这将对我们进行推理操作造成困难。

例如，考虑在 HMM 例子中状态量的取值空间。假设给定的视频由 1000 帧组成，在手语中总共涵盖 500 个常见的手势，那么总共将有 $500^{1000}$ 种可能的状态取值。显然，对于每种状态取值均计算并存储相应的后验概率是不现实的。即便状态量的取值是连续的，计算并存储一个高维概率模型的参数也是件有难度的事情。幸运的是，存在可选择的且更加有效的方法可用于推理操作中，接下来将对此进行讨论。

### 10.6.1 求最大后验概率的解

求最大后验概率解的一种常用方法：

$$
\begin{aligned}
\hat{w}_{1\cdots N} &= \underset{w_{1=N}}{\operatorname{argmax}}[Pr(w_{1\cdots N}|\boldsymbol{x}_{1\cdots N})] \\
&= \underset{w_{1\cdots N}}{\operatorname{argmax}}[Pr(\boldsymbol{x}_{1\cdots N}|w_{1\cdots N})Pr(w_{1\cdots N})]
\end{aligned}
$$

上面的操作仍是远远不够的。状态量的取值空间是巨大的，因此，我们不可能计算出每种可能取值的概率并从中取最大值作为最后的结果。我们必须使用智能是高效的算法以便利用概率分布之间的冗余性来尽可能地求出正确的解。但是，正如我们接下来将看到的，对于一些模型并不存在已知的多项式算法能够求得 MAP 解。

### 10.6.2 求后验概率分布的边缘分布

除了求解最大后验概率外，也可以计算边缘后验分布：

$$
Pr(w_n|\boldsymbol{x}_{1\cdots N}) = \iint Pr(w_{1\cdots N}|\boldsymbol{x}_{1\cdots N})\mathrm{d}w_{1\cdots n-1}\mathrm{d}w_{n+1\cdots N} \tag{10-15}
$$

因为上述的这些分布都基于一个同样的样本，所以，分别计算和存储每个结果也是很有必要的。显然，通过直接计算联合概率分布计算量太大并直接对其进行边缘化的方法是不现实的。因此，我们必须使用基于分布中条件独立关系的算法来有效地计算边缘分布。

### 10.6.3　最大化边缘

如果我们仅仅想对全局状态量进行估计，那么可以返回边缘分布的最大值，给定如下公式

$$\hat{w}_n = \underset{w_n}{\operatorname{argmax}}[Pr(w_n | \mathbf{x}_{1\cdots N})] \tag{10-16}$$

得到的值即为单独考虑每个全局状态量最有可能的估计值，但是这并不一定能反映出联合统计信息。例如，第 $n$ 个全局状态量 $w_n$ 最有可能的取值是 $w_n=4$，同样，第 $m$ 个全局状态量最有可能的取值是 $w_n=6$，但是就整个系统而言，这两个取值同时发生的后验概率为 0：尽管单独条件下各自都有可能发生，但不会同时发生(见图 10-10)。

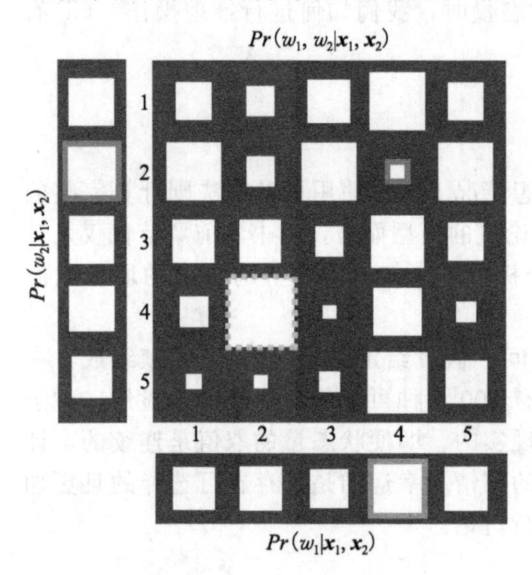


图 10-10　MAP 与最大边缘分布的解。图中主要表示了联合后验概率分布 $Pr(w_1, w_2 | \mathbf{x}_1, \mathbf{x}_2)$。MAP 在 $w_1=2$，$w_2=4$ 处取得分布峰值(图中虚线框处)，这即为 MAP 解。图中同时包括边缘分布 $Pr(w_1 | \mathbf{x}_1, \mathbf{x}_2)$ 与 $Pr(w_2 | \mathbf{x}_1, \mathbf{x}_2)$ 的信息。最大边缘分布的解是通过分别求每一个边缘分布的最大值来进行计算的，在图中最大边缘分布的解分别是 $w_1=4$，$w_2=2$(图中加粗框处)。对于这个分布，这是不具有代表性的，虽然这些标记中的每一个都是可能出现的，但是它们同时出现的概率很低，同时，它们组合形式的联合后验概率也具有相当低的概率

### 10.6.4　后验分布的采样

对于有些模型而言，不论求 MAP 解还是求边缘分布的解都是件相当困难的事情。针对这种情况的一种操作就是我们可以对后验分布进行采样操作。基于对后验分布进行采样的方法属于更一般的近似推理方法，因为它们的返回值一般情况下不是精确解。

在从后验分布中获得了一系列采样点后，我们可以将后验概率分布近似为混合 $\delta$ 函数：每个采样点位置都对应一个 $\delta$ 函数。或者，与估计 MAP 值相同，我们可以使用基于采样值或者选择具有最大后验概率的样本来对边缘统计信息(如均值和方差)进行估计；后一种方法的优势是能够与完整的后验分布相一致(相反，最大边缘分布就没有这样的性质)，当然，后一种方法并不能够确保我们一定可以获得精确解。

另外一种计算点估计的方法是：从后验分布中获得一组样本点来计算经验最大边缘值。通过对样本的边缘统计信息进行分析来估计边缘概率分布。换句话说，我们每次仅考虑一个变量 $w_n$，然后观察不同观测值的分布。对于离散分布而言，此信息是用直方图进行捕获的。对于连续分布而言，我们可以根据这些观测值进而拟合出一个类似于正态分布的一元模型。

## 10.7　样本采样

我们已经知道，一些推理方法要求我们从后验分布中获得采样样本。接下来将讨论如何对有向图与无向图模型进行采样操作，同时我们将了解到对有向图模型的采样操作相对更简单。

### 10.7.1 有向图模型的采样

基于有向无环图表示的条件概率关系对应的有向图模型具有下列代数表达式：

$$Pr(x_{1\cdots N}) = \prod_{n=1}^{N} Pr(x_n \mid x_{\mathbf{pa}[n]}) \tag{10-17}$$

用一种称为*原始采样法*的方法对有向图模型进行采样操作显得相对比较简单。原始采样法的原理为：在有向图网络中轮流对每个变量进行采样操作，只需确保节点对应的所有父节点都是先于该节点本身进行采样操作的。对于每个节点，我们观察这个节点的父节点的采样值。

理解该原理最简单的方式即是通过一个实例进行说明。分析图10-11中所示的有向图模型，该有向图模型对应的概率分布具有如下因子分解的形式：

$$Pr(x_1,x_2,x_3,x_4,x_5) = Pr(x_1)Pr(x_2 \mid x_1)Pr(x_3 \mid x_4,x_2)Pr(x_4 \mid x_2,x_1)Pr(x_5 \mid x_3) \tag{10-18}$$

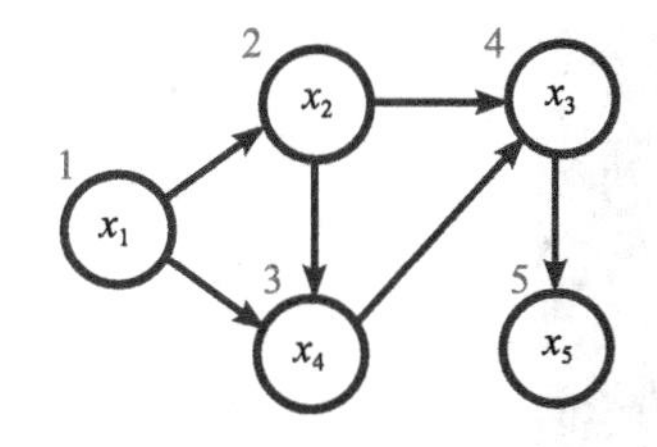


图10-11 原始采样法。我们按照图中所示序号(灰色数字)标注的大小顺序进行操作，按照这种顺序，能够确保每个节点的父节点都是先于该节点本身进行访问的。在每一步中我们对父节点处的样本值中进行采样。通过这种方式，能够保证最终的采样结果是从完整的联合分布中进行的一次有效采样

为了从该模型中进行采样，首先，我们识别出节点 $x_1$ 不存在父节点，于是我们从概率分布 $Pr(x_1)$ 中采样得到样本。我们称在 $x_1$ 处观测到的样本观测值为 $\alpha_1$。

我们现在考虑图中其余的节点，此时，节点 $x_2$ 是该网络中唯一一个所有父节点均处理过的节点，接下来我们将注意力放在节点 $x_2$ 上。我们从概率分布 $Pr(x_2 \mid x_1=\alpha_1)$ 中进行一次采样以产生样本 $\alpha_2$。由于节点 $x_3$ 的有些父节点还没有进行过采样操作，由原始采样法的原理知，现在还不能对节点 $x_3$ 进行采样操作，但是我们可以根据概率分布 $Pr(x_4 \mid x_1=\alpha_1,\ x_2=\alpha_2)$ 对节点 $x_4$ 进行采样操作以便产生样本 $\alpha_4$。重复这个过程，我们分别根据概率分布 $Pr(x_3 \mid x_2=\alpha_2,\ x_4=\alpha_4)$ 对节点 $x_3$ 进行采样操作，然后根据 $Pr(x_5 \mid x_3=\alpha_3)$ 对节点 $x_5$ 进行采样操作。

上述采样过程得到的结果向量 $\mathbf{w}^* = [\alpha_1,\alpha_2,\alpha_3,\alpha_4,\alpha_5]$ 能够保证是从完整联合概率分布 $Pr(x_1,x_2,x_3,x_4,x_5)$ 中进行一次有效的采样。理解这个算法的另一种方式是，该算法在前一个值的基础上，通过联合分布的因子分解(式(10-18)中等式的右边)依次抽样得到结果。

### 10.7.2 无向图模型的采样

然而，除了一些特定的情况，通常对无向图模型的采样操作相比于有向图模型而言显得难了很多(例如，变量符合连续高斯分布或者图的结构是树)。对于常规的图，我们无法使用原始采样法，原因如下：

(i) 在无向图模型中考虑任何变量对于其他变量是父节点是没有意义的，因此，我们无法知道在无向图模型中的采样顺序。

(ii) 同时，在无向图模型中，因子分解中的 $\phi[\bullet]$ 不再表示概率分布。

对于任意复杂的高维概率分布的采样问题而言，一种可行的方法是使用*马尔可夫链蒙特卡洛*(MCMC)方法。该方法的原理是从分布中产生一系列样本，因此，每个采样样本都直接依赖于先前的采样样本(即“马尔可夫”)。同时，样本的产生并非完全确定(即“蒙特卡洛”)。

一种最简单的MCMC方法就是*吉布斯抽样*，过程如下：首先，使用任意方法随机选

10.1

择初始化状态 $\boldsymbol{x}^{[0]}$。轮流更新每一维 $\{x_n\}_{n=1}^{N}$ 处的状态(顺序是任意的)以产生下一个马尔可夫链 $\boldsymbol{x}^{[1]}$。为了更新第 $n$ 维变量 $x_n$ 的取值，我们固定另外 $N-1$ 维变量的取值，然后从条件分布 $Pr(x_n|x_{1\cdots N\setminus n})$ 中进行抽样，其中集合 $x_{1\cdots N\setminus n}$ 表示除了变量 $x_n$ 外集合 $x_1$，$x_2$，…，$x_N$ 中所有的元素。以这种方式对 $\{x_n\}_{n=1}^{N}$ 中每个变量的取值都进行修正后，即可获得第二个样本，即马尔可夫链 $\boldsymbol{x}^{[1]}$。在图 10-12 中以多元正态高斯分布为例说明了该思想的原理。

当上述迭代过程重复足够多的次数时，使得初始条件的设置将不再影响最终的结果，达到这样的条件后，此时按此顺序采样获得的马尔可夫链即可视为从分布 $Pr(x_{1\cdots N})$ 中获得的采样样本。尽管这不是一个显而易见的结论(对该结论的证明超出了本书的讨论范畴)，迭代过程明显具有一些有意义的特性：因为我们对每个像素的条件概率分布进行抽样，所以我们更有可能将当前变量的值进行更新以获得一个更大的全局概率值。然而，随机更新规则为(偶尔)访问空间的小可能区域提供了可能。

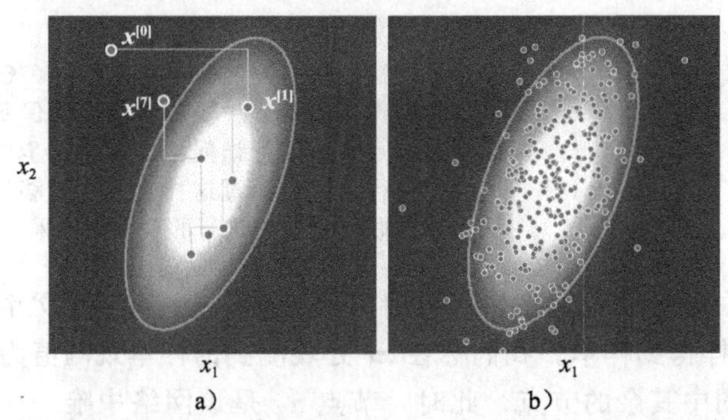


图 10-12　吉布斯采样。通过轮流遍历每一维和从固定这一维以外的其他维度条件分布中进行采样，我们会得到一系列样本。a) 对于二维多元正态分布，迭代过程从随机状态 $\boldsymbol{x}^{[0]}$ 处开始。我们重复以下操作：先是固定第二维变量的取值(仅在水平方向变化)，对得到的条件概率分布，在第一维上进行采样；接着固定第一维变量的取值(仅在垂直方向变化)，对得到的条件概率分布，在第二维上进行采样。对于多元正态分布而言，上面操作得到的条件概率分布关于其变量自身呈正态分布(参考 5.5 节)。每次遍历完两个维度之后，即得到新的马尔可夫链 $\boldsymbol{x}^{[t]}$。不停地使用 a) 中所述方法生成样本——每个样本均有一个马尔可夫链

对于无向图模型而言，由于条件独立性的存在，使得条件分布 $Pr(x_n|x_{1\cdots N\setminus n})$ 能够更加有效地进行估计：变量 $x_n$ 与余下的节点是条件独立的这些余下的节点是已知其直接邻近节点的，所以，当计算 $Pr(x_n|x_{1\cdots N\setminus n})$ 时，我们仅仅用到节点 $x_n$ 的直接近邻节点。但是，总体来看，这种方法的效率十分低下：仅仅为了获得一个样本，就需要大量的计算工作。相反，对有向图模型进行采样显得容易得多。

## 10.8　学习

10.7 节说明了与对无向图模型进行采样相对，对有向图模型进行采样更容易实现。本节将分别对两种图模型进行学习并得到类似的结论。注意，这里没有对图结构的学习进行讨论，而是探讨对模型对应的参数进行学习。对于有向图模型而言，模型参数将会决定条件概率分布 $Pr(x_n|x_{\text{pa}[n]})$；对于无向图模型而言，模型参数将决定势函数 $\phi_c[\boldsymbol{x}_{1\cdots N}]$。

### 10.8.1　有向图模型的学习

任意有向图模型都可以写成如下因子分解形式：

$$Pr(x_1\cdots x_N)=\prod_{n=1}^{N}Pr(x_n|x_{\text{pa}[n]},\boldsymbol{\theta})\tag{10-19}$$

式中，条件概率关系构成一个有向无环图，同时，$\boldsymbol{\theta}$ 表示模型的参数。例如，对于本章主要讨论的离散分布，个别条件独立模型如下

$$Pr(x_2 \mid x_1 = k) = \mathbf{Cat}_{x2}[\boldsymbol{\lambda}_k] \tag{10-20}$$

式中，参数为$\{\boldsymbol{\lambda}_k\}_{k=1}^{K}$。通常，可以使用最大似然法来学习模型参数，即求满足如下条件的解：

$$\hat{\boldsymbol{\theta}} = \underset{\boldsymbol{\theta}}{\operatorname{argmax}}\left[\prod_{i=1}^{I}\prod_{n=1}^{N} Pr(x_{i,n} \mid x_{i,\mathbf{pa}[n]}, \boldsymbol{\theta})\right] \tag{10-21}$$

$$= \underset{\boldsymbol{\theta}}{\operatorname{argmax}}\left[\sum_{i=1}^{I}\sum_{n=1}^{N} \log[Pr(x_{i,n} \mid x_{i,\mathbf{pa}[n]}, \boldsymbol{\theta})]\right] \tag{10-22}$$

式中，$x_{i,n}$表示第$i$ 个训练样本对应的第$n$ 维数据。上述最大似然法的提出，使得可以使用简单的学习算法来学习模型参数，一般地，最大似然参数能够以闭式来计算。

### 10.8.2 无向图模型的学习

无向图模型可以写成如下形式：

$$Pr(\boldsymbol{x}) = \frac{1}{Z}\prod_{c=1}^{C}\phi_c[\boldsymbol{x}, \boldsymbol{\theta}] \tag{10-23}$$

式中，$\boldsymbol{x} = [x_1, x_2, \cdots, x_N]$，假设训练样本是相互独立的。然而，这里必须对参数进行约束，以便确保每个势函数 $\phi_c[\bullet]$总能够返回一个正值。一种更为实际的处理方法是：在吉布斯分布形式下对无向图模型进行重新参数化，

$$Pr(\boldsymbol{x}) = \frac{1}{Z}\exp\left[-\sum_{c=1}^{C}\psi_c[x_{1\cdots N}, \boldsymbol{\theta}]\right] \tag{10-24}$$

这样，我们就不必再考虑有关参数的约束问题。

给定 $I$ 个训练样本$\{\boldsymbol{x}_i\}_{i=1}^{I}$，我们最终的目标是拟合参数 $\boldsymbol{\theta}$。假设训练样本是相互独立的，最大似然解为：

$$\hat{\boldsymbol{\theta}} = \underset{\boldsymbol{\theta}}{\operatorname{argmax}}\left[\frac{1}{Z(\boldsymbol{\theta})^I}\exp\left[-\sum_{i=1}^{I}\sum_{c=1}^{C}\psi_c(\boldsymbol{x}_i, \boldsymbol{\theta})\right]\right]$$

$$= \underset{\boldsymbol{\theta}}{\operatorname{argmax}}\left[-I\log[Z(\boldsymbol{\theta})] - \sum_{i=1}^{I}\sum_{c=1}^{C}\psi_c(\boldsymbol{x}_i, \boldsymbol{\theta})\right] \tag{10-25}$$

和以往一样，我们采用对数函数来简化表达式。

我们通过计算对数似然函数 $L$ 关于参数$\theta$ 的导数来求表达式的最大值：

$$\frac{\partial L}{\partial \boldsymbol{\theta}} = -I\frac{\partial \log[Z(\boldsymbol{\theta})]}{\partial \boldsymbol{\theta}} - \sum_{i=1}^{I}\sum_{c=1}^{C}\frac{\partial \psi_c(\boldsymbol{x}_i, \boldsymbol{\theta})}{\partial \boldsymbol{\theta}}$$

$$= -I\frac{\partial \log\left[\sum_{\boldsymbol{x}_i}\exp\left[-\sum_{c=1}^{C}\psi_c(\boldsymbol{x}_i, \boldsymbol{\theta})\right]\right]}{\partial \boldsymbol{\theta}} - \sum_{i=1}^{I}\sum_{c=1}^{C}\frac{\partial \psi_c(\boldsymbol{x}_i, \boldsymbol{\theta})}{\partial \boldsymbol{\theta}} \tag{10-26}$$

该表达式中第二项是很容易计算的，但由于涉及对 $\boldsymbol{x}$ 中所有变量求和的问题，从而导致第一项的计算显得较为麻烦：即使是模型参数适中的情况，也无法计算出关于参数的导数值，因此，在这里模型参数的学习过程具有较大的难度。此外，我们无法估计式(10-23)中所示的原始概率表达式的值，因为这里同样存在令人头疼的求和操作。因此，我们同样不能够使用有限差分法来计算导数。

综上所述，由于无法计算出梯度，因此试图求代数解或使用简单的优化方法求模型的参数都是不可行的。最好的解决措施就是对梯度进行近似计算。

**对比散度**

10.2　针对上述问题，一种可能的解决方案就是利用对比散度算法。这是一种近似求函数参数 $\theta$ 的对数似然梯度的方法，通常该类型的函数可表示为如下形式：

$$Pr(\mathbf{x})=\frac{1}{Z(\boldsymbol{\theta})}f[\mathbf{x},\boldsymbol{\theta}] \tag{10-27}$$

式中，$Z(\boldsymbol{\theta})=\sum_{x}f[\mathbf{x},\boldsymbol{\theta}]$ 是归一化常数，对数似然函数的导数为：

$$\frac{\partial\log[Pr(\mathbf{x})]}{\partial\boldsymbol{\theta}}=-\frac{\partial\log[Z(\boldsymbol{\theta})]}{\partial\boldsymbol{\theta}}+\frac{\partial\log[f[\mathbf{x},\boldsymbol{\theta}]]}{\partial\boldsymbol{\theta}} \tag{10-28}$$

对比散度的其主要原理是如下对第一项的代数操作：

$$\begin{aligned}\frac{\partial\log[Z(\boldsymbol{\theta})]}{\partial\boldsymbol{\theta}}&=\frac{1}{Z(\boldsymbol{\theta})}\frac{\partial Z(\boldsymbol{\theta})}{\partial\boldsymbol{\theta}}\\&=\frac{1}{Z(\boldsymbol{\theta})}\frac{\partial\sum_{x}f[\mathbf{x},\boldsymbol{\theta}]}{\partial\boldsymbol{\theta}}\\&=\frac{1}{Z(\boldsymbol{\theta})}\sum_{x}\frac{\partial f[\mathbf{x},\boldsymbol{\theta}]}{\partial\boldsymbol{\theta}}\\&=\frac{1}{Z(\boldsymbol{\theta})}\sum_{x}f[\mathbf{x},\boldsymbol{\theta}]\frac{\partial\log[f[\mathbf{x},\boldsymbol{\theta}]]}{\partial\boldsymbol{\theta}}\\&=\sum_{x}Pr(\mathbf{x})\frac{\partial\log[f[\mathbf{x},\boldsymbol{\theta}]]}{\partial\boldsymbol{\theta}}\end{aligned} \tag{10-29}$$

其中，在从第三行到第四行的推导过程中，使用了 $\partial\log f[\mathbf{x}]/\partial x=(\partial f[\mathbf{x}]/\partial x)/f[\mathbf{x}]$ 这个关系。

式(10-29)中推导出来的最后结果即对应为函数 $\log[f[\mathbf{x},\boldsymbol{\theta}]]$ 导数的期望值。我们无法精确计算出该式的值，但是通过从该分布中抽样得到 $J$ 个独立的样本 $\mathbf{x}^*$，就可以近似计算该期望值

$$\frac{\partial\log[Z(\boldsymbol{\theta})]}{\partial\boldsymbol{\theta}}=\sum_{x}Pr(\mathbf{x})\frac{\partial\log[f[\mathbf{x},\boldsymbol{\theta}]]}{\partial\boldsymbol{\theta}}\approx\frac{1}{J}\sum_{j=1}^{J}\frac{\partial\log[f[\mathbf{x}_j^*,\boldsymbol{\theta}]]}{\partial\boldsymbol{\theta}} \tag{10-30}$$

给定 $I$ 个训练样本 $\{\mathbf{x}_i\}_{i=1}^{I}$，对数似然函数 $L$ 的梯度值可表示为

$$\frac{\partial L}{\partial\boldsymbol{\theta}}\approx-\frac{I}{J}\sum_{j=1}^{J}\frac{\partial\log[f(\mathbf{x}_j^*,\boldsymbol{\theta})]}{\partial\boldsymbol{\theta}}+\sum_{i=1}^{I}\frac{\partial\log[f(\mathbf{x}_i,\boldsymbol{\theta})]}{\partial\boldsymbol{\theta}} \tag{10-31}$$

图 10-13 中给出了该表达式直观的解释。在某个方向上的梯度点：

(1) 在数据点 $\mathbf{x}_i$ 处增大非归一化对数函数的值，

(2) 当模型估计某处(即样点 $\mathbf{x}_j^*$)的概率密度值过高时，将在这些地方减少一个与(i)中增加量相同大小的值。当模型与数据相互吻合时，上面两部分的影响将会抵消，模型参数将不再变化。

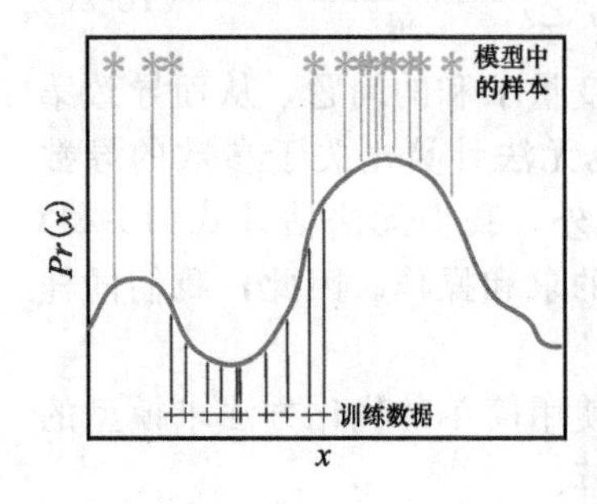


图 10-13　对比散度算法不断地更新参数，使得在观测数据点(十字)处非归一化分布会上升；但在从模型中得到的采样数据点(星号)处非归一化分布会降低。这两部分的影响相互抵消，从而确保似然函数的值是增大的。当模型与数据相吻合时，那么这两部分的影响抵消，此时模型的参数仍然不变

为了计算梯度，在优化过程的每一次迭代中，算法要求我们对模型进行抽样以便获得样本 $\mathbf{x}^*$。然而，从常规无向图模型中进行采样的唯一方式是使用高成本的马尔可夫链蒙特卡洛方法，如吉布斯采样(参考10.7.2节)，但是这种方法所需的计算时间是不能忍受的。在实践中已经发现，近似采样的方法将会采用以下两种方法进行。一种方法是每次迭代时在数据点处设置 $J=I$，迭代中仅仅执行 MCMC 中的几步。令人感到惊喜的是，即使只经过一轮迭代，得到的效果也是非常好的。另外一种方法是我们每次都对上次迭代获得的模型进行采样操作以获得本次需要的采样点，这样只进行少量次数的 MCMC 迭代步骤，而不需要重新设置样本点的迭代初始值。这种方式称作连续对比散度。

## 讨论

本章就有向图与无向图模型分别进行了介绍，其中每种模型都代表了一种关于联合分布对应因子分解的表达形式。图模型中蕴含了一系列的独立及条件独立关系。有些关系仅仅能够由有向图模型表示，同样有些关系仅仅能够由无向图模型表示，当然，存在一些能够同时被有向图模型与无向图模型表示的关系，另外，有些关系是两种模型均不能够表示的。

我们提出了一些常用的视觉模型，同时对他们相应的图模型进行了分析。每个图模型中均存在稀疏连接，因此，图中蕴含了大量的条件独立关系。在接下来的章节中，基于这些冗余性我们将提出有效的用于学习与推断的算法。通常这些模型中的状态量具有非常高的维度，因此我们提出了可替代的推断方法包括最大边缘法与采样法。

本章最后回顾了在采样与学习过程中利用有向图与无向图模型不同的影响，得出结论：通常，有向图模型采样操作显得更加简单，并且学习有向图模型也更容易。对于一般的无向图模型最好的学习算法要求进行采样，而采样本身就是一项富有挑战的任务。

## 备注

**图模型**：关于图模型的介绍，请参考 Jordan(2004)或者 Bishop(2006)。关于图模型更全面的概述，请参考 Barber(2012)。有关图模型更为详细的介绍与分析。请参考 Koller 和 Friedman(2009)。

**对比散度**：对比散度算法是由 Hinton(2002)提出的，关于该算法更深入的介绍可以参考 Carreira-Perpiñán 和 Hinton(2005)以及 Bengio 和 Delalleau(2009)。

## 习题

10.1 变量 $\{x_i\}_{i=1}^{7}$ 的联合概率模型可以分解为如下因子分解形式：

$$Pr(x_1,x_2,x_3,x_4,x_5,x_6,x_7)=$$
$$Pr(x_1)Pr(x_3)Pr(x_7)Pr(x_2|x_1,x_3)Pr(x_5|x_7,x_2)Pr(x_4|x_2)Pr(x_6|x_5,x_4)$$

给出这些变量对应的有向图模型。哪些变量组成变量 $x_2$ 的马尔可夫覆盖。

10.2 给出图10-14a所示的有向图模型对应的因子分解。

10.3 一个无向图模型具有下列形式

$$Pr(x_1\cdots x_6)=\frac{1}{Z}\phi_1[x_1,x_2,x_5]\phi_2[x_2,x_3,x_4]\phi_3[x_1x_5]\phi_4[x_5,x_6]$$

给出该因子分解对应的无向图模型。

10.4 给出图10-14b所示的无向图模型对应的因子分解。

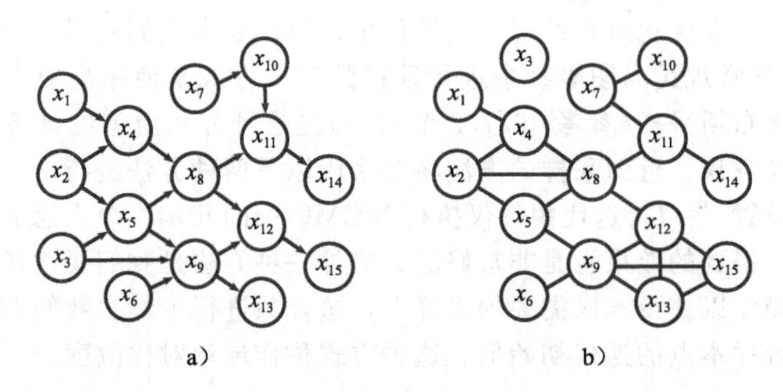


图 10-14　a）习题 2 的图模型。b）习题 4 的图模型

10.5　考虑定义在二值变量 $\{x_i\}_{i=1}^4 \in \{0,1\}$ 上的无向图模型：

$$Pr(x_1, x_2, x_3, x_4) = \frac{1}{Z}\phi(x_1, x_2)\phi(x_2, x_3)\phi(x_3, x_4)\phi(x_4, x_1)$$

式中，势函数 $\phi$ 定义如下

$$\phi(0,0) = 1 \quad \phi(1,1) = 2$$

$$\phi(0,1) = 0.1 \quad \phi(1,0) = 0.1$$

请计算该系统中 16 种可能状态各自对应的概率值。

10.6　分别给出图 10-7 与图 10-8 中各个变量对应的马尔可夫覆盖。

10.7　分别证明图 10-7 和 10.8 中列出的独立关系与条件独立关系。

10.8　对联合概率分布的因子分解进行描述的图模型除有向图与无向图模型外，还有第三种类型的图模型，即因子图。在因子图中，通常每个变量均用一个节点表示，但每个因子也会有相对应的节点(通常由实心方框进行表示)。每个因子变量通过无向链接与所有变量连接在一起，而这些变量包含于相关项中。例如，有向图模型中 $Pr(x_1 | x_2, x_3)$ 项对应的因子节点与变量 $x_1$、$x_2$ 和 $x_3$ 均会连接。同样，在无向图模型中，$\phi_{12}[x_1, x_2]$ 项对应的因子节点与变量 $x_1$ 和 $x_2$ 均会连接。图 10-15 中给出了因子图的两个具体实例。

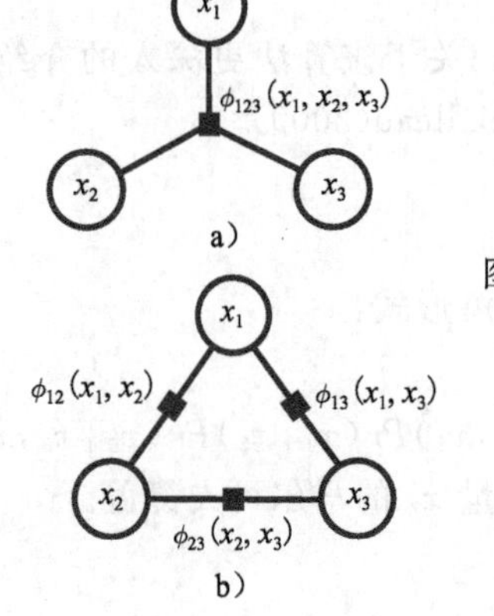


图 10-15　在因子图表示法中每个因子用一个方形节点表示，每个变量用一个圆形节点表示，每个因子节点与该节点包含的所有变量相互连接。图 a. b 对应的无向图模型可以用因子图模型进行区分。其中，a) $Pr(x_1, x_2, x_3) = \frac{1}{Z}\phi_{123}[x_1, x_2, x_3]$，b) $Pr(x_1, x_2, x_3) = \frac{1}{Z}\phi_{12}[x_1, x_2]\phi_{23}[x_2, x_3]\phi_{13}[x_1, x_3]$

分别给出图 10-7 与图 10.8 中图模型对应的因子图。这里，首先需要得到每个图模型对应联合分布的因子分解。

10.9　给出图 10-9c 中变量 $w_2$ 对应的马尔可夫覆盖。

10.10　给出图 10-9e 中变量 $w_8$ 对应的马尔可夫覆盖。

# 链式模型和树模型

在本章中，我们对一组多维测量值$\{\mathbf{x}_n\}_{n=1}^N$和一个相关的多维全局状态$\{w_n\}_{n=1}^N$之间的关系进行建模。当$N$很大时，描述所有这些变量之间的依赖关系是不切实际的，因为模型参数的数量太大。相反，我们构建的这些模型只能直接描述小范围邻域内变量间可能的依赖关系。特别地，在我们构建的模型中，全局变量$\{w_n\}_{n=1}^N$定义为链或树。

定义一个链式模型，其中全局状态变量$\{w_n\}_{n=1}^N$连接到相关联的图模型中唯一一个先前变量和后续变量(见图 11-2)。定义一个树模型，它的全局变量具有更复杂的连接，但是还要使得生成的图模型没有环路。重要的是，当评价一个有向模型是否是一棵树时，我们要忽略连接的方向。因此，对树的定义与计算机科学标准的定义是不同的。

我们做以下假设：

- 全局状态$w_n$是离散的。
- 对每个全局状态$w_n$，有一个可观测的数据变量$\mathbf{x}_n$与之相关联。
- 在给定相关全局状态$w_n$的条件下，第$n$个数据变量$\mathbf{x}_n$是有条件独立于其他所有数据变量和全局状态$w_n$的。

这些假设并不是本章涉及的重点，但这是我们所考虑的计算机视觉应用中的典型例子。我们将阐述最大后验概率和最大边缘概率都是属于这个模型的子类，我们还将讨论当这些状态没有组织为一个链或树时为什么不是这样。

为了有助于学习这些模型，考虑手势跟踪问题。这里的目标是从一个视频序列(见图 11-1)中自动地解释手语。我们观察视频序列中的$N$帧$\{x_n\}_{n=1}^N$，并且希望推理用来编码在之前给出标志的$N$帧中哪个手势出现的$N$个离散变量$\{w_n\}_{n=1}^N$。$n$时刻的数据告诉我们这个标志在$n$时刻的一些情况，但可能不足以准确地指定它。因此，我们仍然需要对相邻全局状态之间的依赖关系建立模型：我们知道，与其他手势相比一些手势更可能出现，我们利用这方面的知识，来消除序列中的多义性。因此我们对时间序列中相邻状态间可能的连接建立模型，这个模型是一个链式模型。

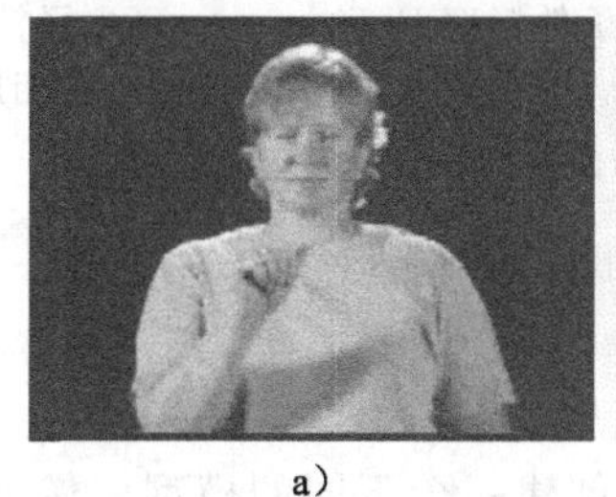
a)

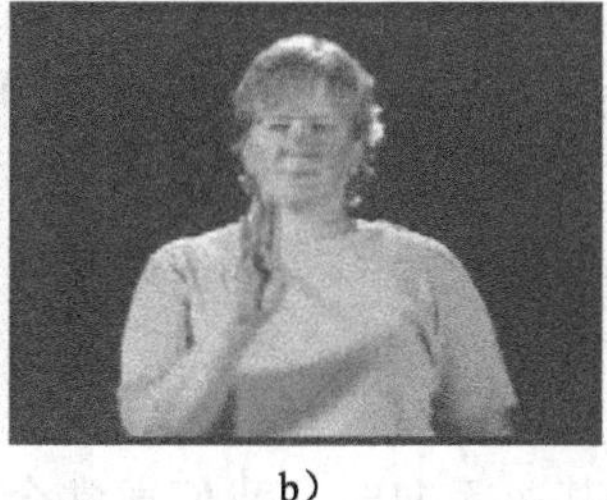
b)

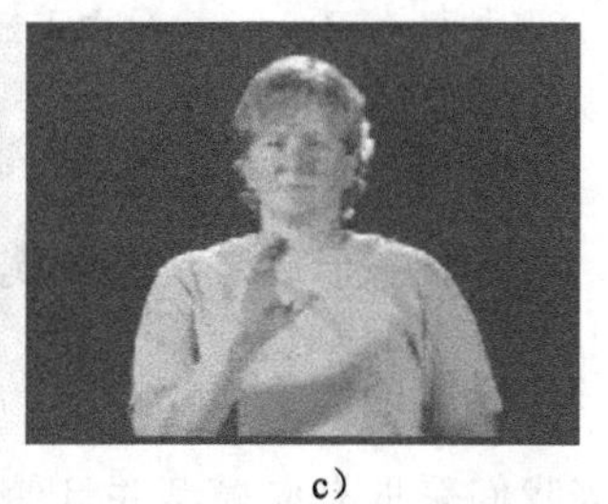
c)

图 11-1 用于解读手语。我们观察人使用手语的图像序列。在每个帧中，提取用于描述手的形状和位置的矢量$\mathbf{x}_n$。目标是推理存在的手势$w_n$。遗憾的是，单个帧中的可视数据是具有多义性的。我们通过描述相邻状态$w_n$和$w_{n-1}$之间的链接概率来改善这种情况。我们加入可能的手势序列的相关知识，这有助于消除单帧的多义性。图像来自于 Purdue RVL-SLLL ASL 数据库(Wilbur 和 KaK，2006)。

## 11.1 链式模型

本节将介绍描述链式模型的有向和无向模型，并证明这两种模型是等价的。

### 11.1.1 有向链式模型

有向模型用图 11-2a 所示的图模型来描述一组连续测量值$\{\boldsymbol{x}_n\}_{n=1}^N$和一组离散全局状态$\{w_n\}_{n=1}^N$之间的联合概率。在状态 $w_n$ 取 $\boldsymbol{k}$ 值的情况下，测量值 $\boldsymbol{x}_n$ 被编码的似然度是 $Pr(\boldsymbol{x}_n|w_n=k)$。第一个状态 $w_1$ 的先验概率被明确地编码在离散分布 $Pr(w_1)$中，但是为了简单起见，我们假设这是均匀的，并在随后的讨论中忽略它。其余的状态各自依赖于前一个状态，并且在 $Pr(w_n|w_{n-1})$分布中捕获该信息。这有时称为**马尔可夫假设**。

因此，总的联合概率是：

$$Pr(\boldsymbol{x}_{1\cdots N},w_{1\cdots N})=\left(\prod_{n=1}^{N}Pr(\boldsymbol{x}_n\mid w_n)\right)\left(\prod_{n=2}^{N}Pr(w_n\mid w_{n-1})\right)\tag{11-1}$$

这就是所谓的**隐马尔可夫模型**(HMM)。有向模型中的全局状态$\{w_n\}_{n=1}^N$具有链形式，而且总体模型是树的形式。我们将看到，这些特性对推理至关重要。

### 11.1.2 无向链式模型

无向模型(见 10.3 节)用图 11-2b 所示的图模型来描述测量值$\{\boldsymbol{x}_n\}_{n=1}^N$和离散全局状态$\{w_n\}_{n=1}^N$之间的联合概率。测量值的趋势和取确定值的数据被编码在一个势函数 $\phi[\boldsymbol{x}_n,w_n]$中。当测量状态和全局状态更兼容时，这个函数总是返回正值和更大的值。相邻状态取固定值的趋势被编码在第二个势函数 $\zeta[w_n,w_{n-1}]$ 中，当相邻状态更兼容时，这个函数返回更大的值。因此，总体概率是

$$Pr(\boldsymbol{x}_{1\cdots N},w_{1\cdots N})=\frac{1}{Z}\left(\prod_{n=1}^{N}\phi[\boldsymbol{x}_n,w_n]\right)\left(\prod_{n=2}^{N}\zeta[w_n,w_{n-1}]\right)\tag{11-2}$$

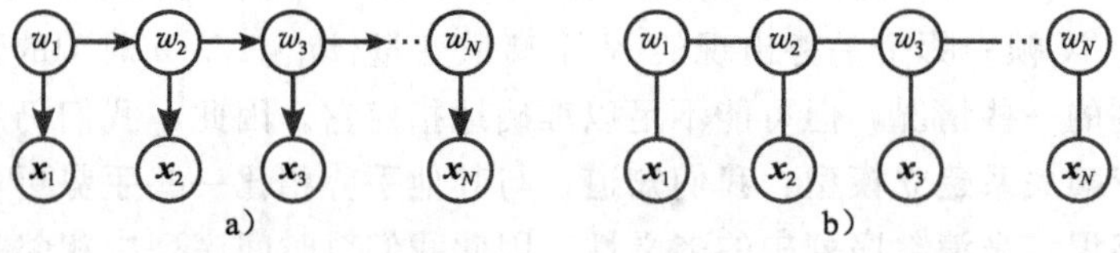

图 11-2 链式模型。a) 有向模型。对每个状态变量 $w_n$，有一个观测变量 $\boldsymbol{x}_n$ 与之相关，这种相关关系用条件概率 $Pr(\boldsymbol{x}_n|w_n)$(向下箭头)描述。每个状态 $w_n$ 通过条件概率 $Pr(w_n|w_{n-1})$(水平箭头)与前一个状态相关。b) 无向模型。这里，每一个观测变量 $\boldsymbol{x}_n$ 通过势函数 $\phi[\boldsymbol{x}_n,w_n]$ 与它相应的状态变量 $w_n$ 相关联，并且相邻状态通过势函数 $\zeta[w_n|w_{n-1}]$相关联

另外，这些状态形成链，总体模型具有树的形式，没有回路。

### 11.1.3 模型的等价性

当我们采取有向模型并且使其边无向时，我们通常会创建一个不同的模型。然而，比较式(11-1)和式(11-2)，可以得出这两种模型表示联合概率密度的相同的因子；在这种特殊情况下，这两个模型是等价的。如果代入如下公式，这种等价会更加明显。

$$Pr(\boldsymbol{x}_n\mid w_n)=\frac{1}{z_n}\phi[\boldsymbol{x}_n,w_n]$$

$$Pr(w_n \mid w_{n-1}) = \frac{1}{z'_n}\zeta[w_n, w_{n-1}] \tag{11-3}$$

其中，$z_n$ 和 $z'_n$ 是具有如下形式的归一化因子

$$Z = \left(\prod_{n=1}^{N} z_n\right)\left(\prod_{n=2}^{N} z'_n\right) \tag{11-4}$$

由于有向链式模型和无向链式模型是等价的，因此我们将继续单独讨论有向模型。

### 11.1.4　隐马尔可夫模型在手语中的应用

现在我们简要介绍有向模型在手语中的应用，我们对视频帧进行预处理来创建表示手形状的矢量 $\mathbf{x}_n$。例如，我们可能仅仅提取围绕每只手的像素的窗口，并提取它们的 RGB 像素值。

现在我们在已知图像中手势 $w_n$ 取值为 $k$ 时对这个观测向量的似然度 $Pr(x_n \mid w_n = k)$ 进行建模。一个非常简单的模型可能会假设测量值服从具有表示手势可能存在的参数的正态分布

$$Pr(\mathbf{x}_n \mid w_n = k) = \text{Norm}_{\mathbf{x}_n}[\boldsymbol{\mu}_k, \sum\nolimits_k] \tag{11-5}$$

我们把手势 $w_n$ 建模为一个明确的分布，其中参数依赖于前一个手势 $w_{n-1}$，使得

$$Pr(w_n \mid w_{n-1} = k) = \text{Cat}_{W_n}[\boldsymbol{\lambda}_k] \tag{11-6}$$

这个隐马尔可夫模型的参数为 $\{\boldsymbol{\mu}_k, \sum_k, \boldsymbol{\lambda}_k\}_{k=1}^{K}$。对于本章大部分内容而言，我们将假设这些参数是已知的，但 11.6 节我们将再次简要讨论学习的问题。而现在，我们重点研究这种类型的模型。

## 11.2　链式 MAP 推理

考虑一个具有 $N$ 个未知变量 $\{w_n\}_{n=1}^{N}$ 的链，每一个变量都有 $K$ 个可能值。在这里，有 $K^N$ 个可能的全局状态。对于现实的问题，这意味着有太多的状态需要评估；我们既不能计算完整的后验分布也不能直接搜索所有的状态求最大后验估计。

幸运的是，联合概率分布的分解(条件独立结构)可用来寻找比蛮力搜索更高效的 MAP 推理算法。MAP 解由下式给出：

$$\begin{aligned}\hat{w}_{1\cdots N} &= \underset{w_{1\cdots N}}{\operatorname{argmax}}[Pr(w_{1\cdots N} \mid \mathbf{x}_{1\cdots N})] \\ &= \underset{w_{1\cdots N}}{\operatorname{argmax}}[Pr(\mathbf{x}_{1\cdots N}, w_{1\cdots N})] \\ &= \underset{w_{1\cdots N}}{\operatorname{argmin}}[-\log[Pr(\mathbf{x}_{1\cdots N}, w_{1\cdots N})]]\end{aligned} \tag{11-7}$$

其中，第二行遵循贝叶斯法则。第三行已经变为一个最小化问题。

代入对数概率的表达式(式(11-1))，得到

$$\hat{w}_{1\cdots N} = \underset{w_{1\cdots N}}{\operatorname{argmin}}\left[-\sum_{n=1}^{N}\log[Pr(\mathbf{x}_n \mid w_n)] - \sum_{n=2}^{N}\log[Pr(w_n \mid w_{n-1})]\right] \tag{11-8}$$

它的一般形式为：

$$\hat{w}_{1\cdots N} = \underset{w_{1\cdots N}}{\operatorname{argmin}}\left[\sum_{n=1}^{N}U_n(w_n) + \sum_{n=2}^{N}P_n(w_n, w_{n-1})\right] \tag{11-9}$$

其中，$U_n$ 是一个一元项且只依赖于单个变量 $w_n$，而 $P_n$ 是二元项，取决于两个变量 $w_n$ 和 $w_{n-1}$。在这种情况下，一元项和二元项可以定义为：

$$\begin{aligned}U_n(w_n) &= -\log[Pr(\mathbf{x}_n \mid w_n)] \\ P_n(w_n, w_{n-1}) &= -\log[Pr(w_n \mid w_{n-1})]\end{aligned} \tag{11-10}$$

具有式(11-9)形式的任何问题可在具有多项式时间复杂度内使用维特比算法来解决，

该算法是动态规划的一个例子。

**动态规划(Viterbi 算法)**

11.1

为了优化式(11-9)中的代价函数，我们首先对顶点为 $\{V_n, k\}_{n=1,k=1}^{N,K}$ 的 2D 图问题进行可视化。顶点 $V_{n,k}$表示在第 $n$ 个变量(见图 11-3)选择第 $k$ 个全局状态。顶点 $V_{n,k}$由有向边连接到下一个像素位置的每个顶点$\{V_{n+1,k}\}_{k=1}^{K}$。因此，该图的组织是这样的，由左到右的每一有效水平路径代表该问题一个可能的解；它对应于给每个变量 $w_n$ 分配一个值 $k \in [1,\cdots,K]$。

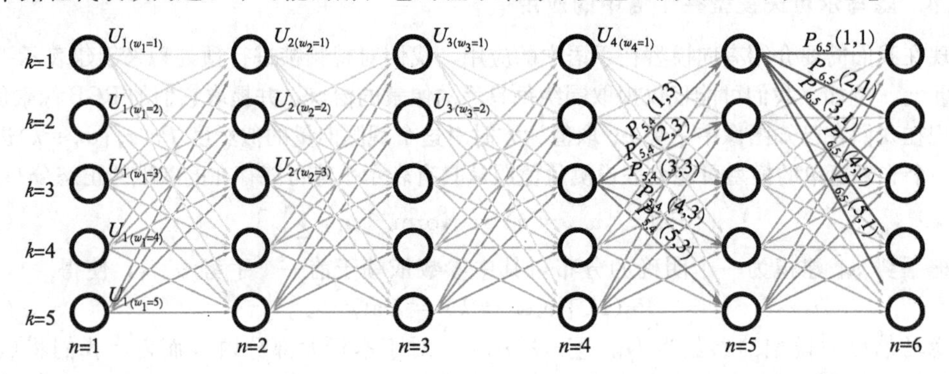


图 11-3 动态规划框架。每个解等同于从左到右通过一个有向无环图的特定路径。图中 $N$ 列表示变量 $w_{1\cdots N}$，$K$ 行代表可能的状态 1，…，$K$。图的节点和边分别与一元项和二元项相关。从左到右穿过图的任何一条路径的代价是穿过所有节点和边代价的总和。优化这个函数等价于寻找具有最小成本的路径

现在添加代价 $U_n(w_n=k)$到顶点 $V_{n,k}$。也添加代价 $P_n(w_n = k, w_{n-1} = l)$ 到连接顶点 $V_{n-1,l}$到 $V_{n,k}$的边中。定义一个从左到右的路径的总代价为构成路径的边和顶点的代价的总和。现在，每个水平路径表示一个解，并且该路径的代价是该解的代价；我们已经把问题表示为从图左边到右边寻找最小代价路径的问题。

**找最小代价**

找最小代价路径的方法很简单。我们从左至右搜索图，在每个顶点处计算通过任何路径到达该顶点的最小可能累积代价 $S_{n,k}$。当我们到达右边时，我们比较 $K$ 个值 $S_{N,\cdot}$ 并选择最小的。这是遍历图的最低可能代价。现在，我们利用前向过程中的缓存信息来追溯到达这一点的路径。

要理解这个方法最简单的方式是用一个具体的例子(见图 11-4 和图 11-5)，并鼓励读者在继续学习之前仔细观察这些图。

一个更正式的描述如下。目标是要分配到达顶点 $V_{n,k}$的最小可能累积代价 $S_{n,k}$。从左侧开始，设置第一列顶点作为第一个变量的一元代价：

$$S_{1,k} = U_1(w_1 = k) \tag{11-11}$$

在第二列中第 $k$ 个顶点的累积总代价 $S_{2,k}$代表达到这一点可能的最小累计代价。要计算它，我们考虑 $K$ 个可能的祖先，并且计算由每一个可能的路径达到这个顶点累计的代价。设置 $S_{2,k}$为最小值并存储到达该顶点的路径，使得

$$S_{2,k} = U_2(w_2 = k) + \min_{l}[S_{1,l} + P_2(w_2 = k, w_1 = l)] \tag{11-12}$$

更一般地，使用递归来计算累积总代价 $S_{n,k}$，

$$S_{n,k} = U_n(w_n = k) + \min_{l}[S_{n-1,l} + P_n(w_n = k, W_{n-1} = l)] \tag{11-13}$$

同时也缓存每个阶段取得最小值的路径。当我们到达右侧时，我们求使得总代价最小的最

终变量 $w_n$ 的值：

$$\hat{w}_N = \underset{k}{\operatorname{argmin}}[S_{N,k}] \tag{11-14}$$

根据我们得到该值的路径，设置其余的标签 $\{\hat{w}_n\}_{n=1}^{N-1}$。

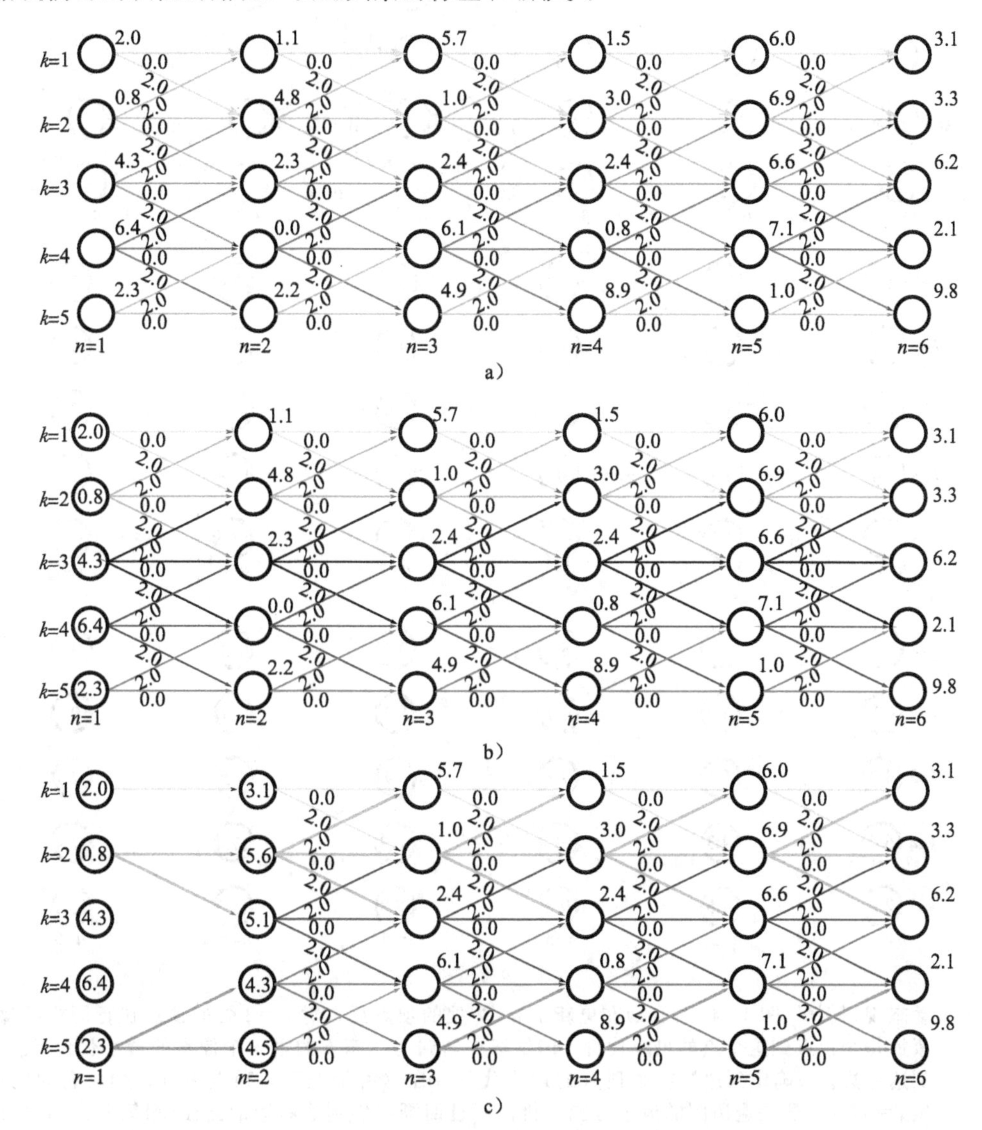


图 11-4 动态规划。a) 一元代价 $U_n(w_n=k)$ 由上述数字和到每个节点的右边给出。如果 $w_n=w_{n-1}$（水平），成对代价 $P_n(w_n, w_{n-1})$ 是 0，如果 $|w_n-w_{n-1}|=1$，成对代价 $P_n(w_n, w_{n-1})$ 是 2；否则为 $\infty$。这种方法有利于求出常数或变化平稳的解。为了清楚起见，我们已经删除了具有无限代价的边，因为它们不能成为解的一部分。现在从左至右，计算通过任何路径到达顶点 $V_{n,k}$ 的最小代价 $S_{n,k}$。b) 对于顶点 $\{V_{1,k}\}_{k=1}^{K}$，最小代价是与顶点相关的一元代价。我们已经将 $S_{1,1}\cdots S_{1,5}$ 的值存储在代表各自顶点的圆圈内。c) 为了计算顶点（$n=2$，$k=1$）的最低代价 $S_{2,1}$，我们必须考虑两个可能的路径。路径可以水平地从顶点到达(1，1)，总代价为 2.0+0.0+1.1=3.1，或者可能从顶点(1，2)沿对角线方向向上，代价是 0.8+2.0+1.1=3.9。由于前者的路径代价更低，因此使用这个代价，在该顶点存储 $S_{2,1}=3.1$，同时也记录到达这里的路径。现在，在顶点(2，2)从(1，1)、(1，2)和(1，3)有三种可能的路径，所以在顶点(2，2)重复此过程。可证明，最佳路径是从(1，2)，并且 $S_{2,2}$ 的总累计代价为 5.6。例子在图 11-5 中继续

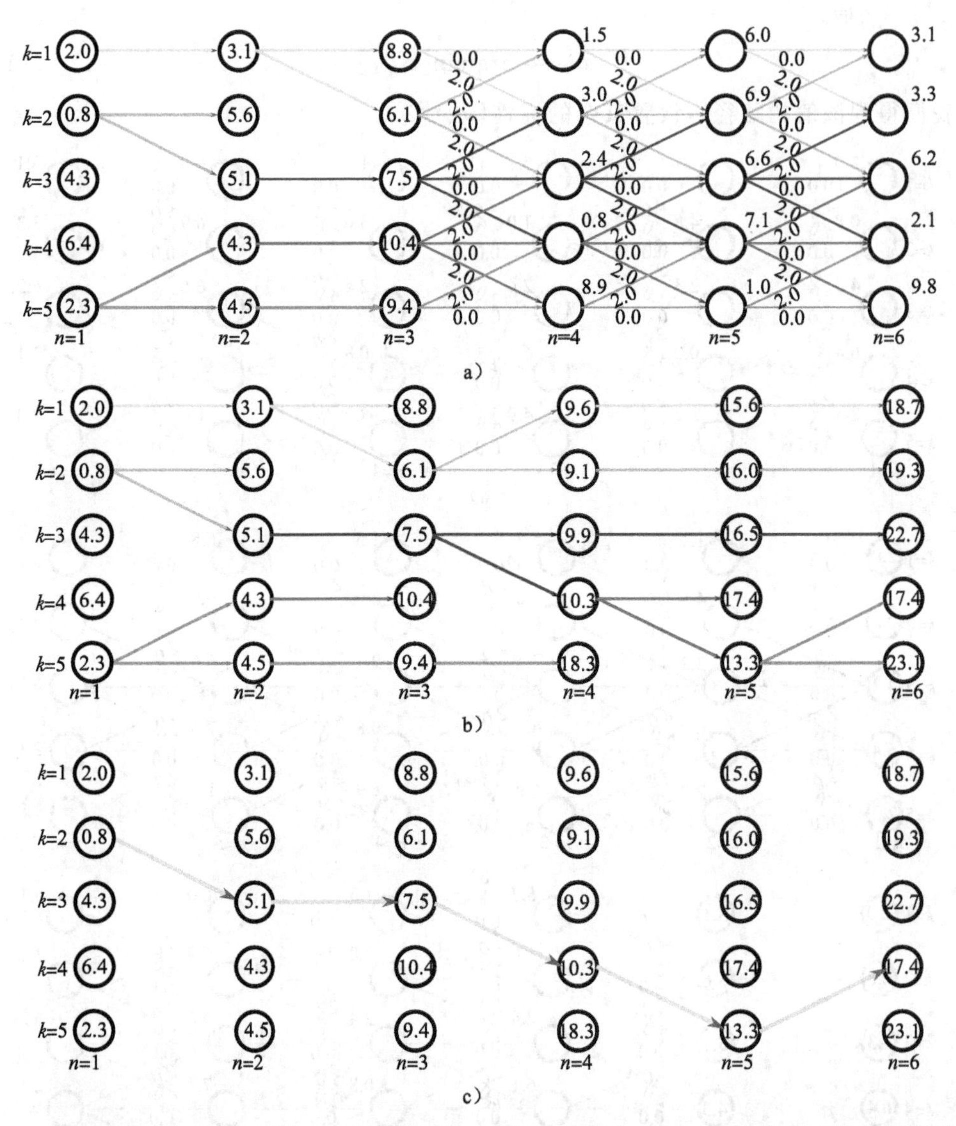


图 11-5　动态规划例子(图 11-4 续)。a)在更新了 $n=2$ 处的顶点后，对 $n=3$ 处的顶点执行同样的操作，累加每个顶点到这个点的最小代价。b)继续更新到达状态 $k$ 的第 $n$ 个像素的最小代价 $S_{n,k}$ 直到到达右边。c)确定到达最右边顶点的最小代价。在这种情况下，顶点为(6，4)，它的代价为 $S_{6,4}=17.4$。这是遍历图的最小可能代价。通过回溯我们到达右边的路径(粗箭头)，我们能找到对应该代价的每个像素处的全局状态

这个方法利用了观测值和状态值之间的联合概率的分解结构来节省计算代价，这一过程的代价为$\mathcal{O}(NK^2)$，而不是对每一个可能解进行蛮力搜索的代价$\mathcal{O}(K^N)$。

## 11.3　树的 MAP 推理

11.2　为了说明 MAP 推理在树形结构模型中是如何进行推理的，我们考虑图 11-6 中的模型。对于此图，状态的先验概率分解为：

$$Pr(w_{1\ldots6}) = Pr(w_1)Pr(w_3)Pr(w_2 \mid w_1)Pr(w_4 \mid w_3)Pr(w_5 \mid w_2, w_4)Pr(w_6 \mid w_5) \qquad (11\text{-}15)$$

并且全局状态有一个树(不考虑边的方向性)的结构。

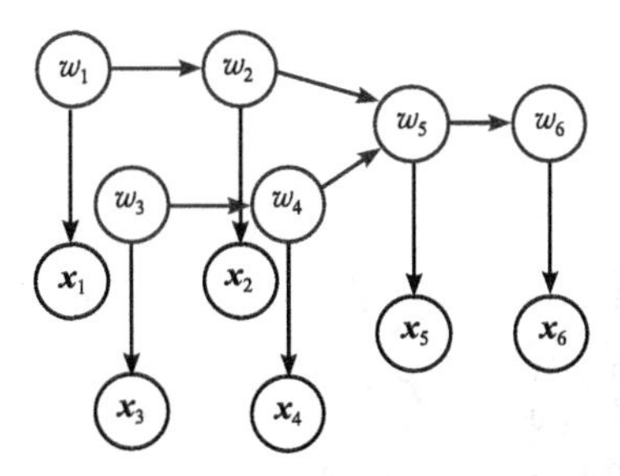


图 11-6 基于树的模型。如前，对每个全局状态 $w_n$ 有一个观测量 $\boldsymbol{x}_n$ 与之对应，并且通过条件概率 $Pr(\boldsymbol{x}_n|w_n)$相关。然而，不考虑边的方向性，全局状态现在已经连接为树。顶点 $w_5$ 具有两个传入连接，这意味着在因子分解中有“三项” $Pr(w_5|w_2,w_4)$。树结构意味着可以有效地进行 MAP 和最大边缘推理

再次，可以利用这个分解有效地计算 MAP 的解。我们的目标是要求：

$$\hat{w}_{1\cdots6}=\underset{w_{1\cdots6}}{\operatorname{argmax}}\left[\sum_{n=1}^{6}\log[Pr(\boldsymbol{x}_n|w_n)]+\log[Pr(w_{1\cdots6})]\right] \tag{11-16}$$

通过和 11.2 节中类似的过程，可以将此目标重写为具有以下代价函数的最小化问题：

$$\begin{aligned}\hat{w}_{1\cdots6}=\underset{w_{1\cdots6}}{\operatorname{argmax}}=\Big(&\sum_{n=1}^{6}U_n(w_n)+P_2(w_2,w_1)+P_4(w_4,w_3)\\&+P_6(w_6,w_5)+T_5(w_5,w_2,w_4)\Big]\end{aligned} \tag{11-17}$$

与先前一样，通过在图中寻找路径改写这个代价函数(参见图 11-7)。一元代价 $U_n$ 与每个顶点相关联。代价对 $P_m$ 与相邻顶点之间的边相关联。三元代价 $T_5$ 与右对结构分枝上点的状态组合相关联。那么我们现在的目标是同时从所有叶子到根寻求最低代价路径。

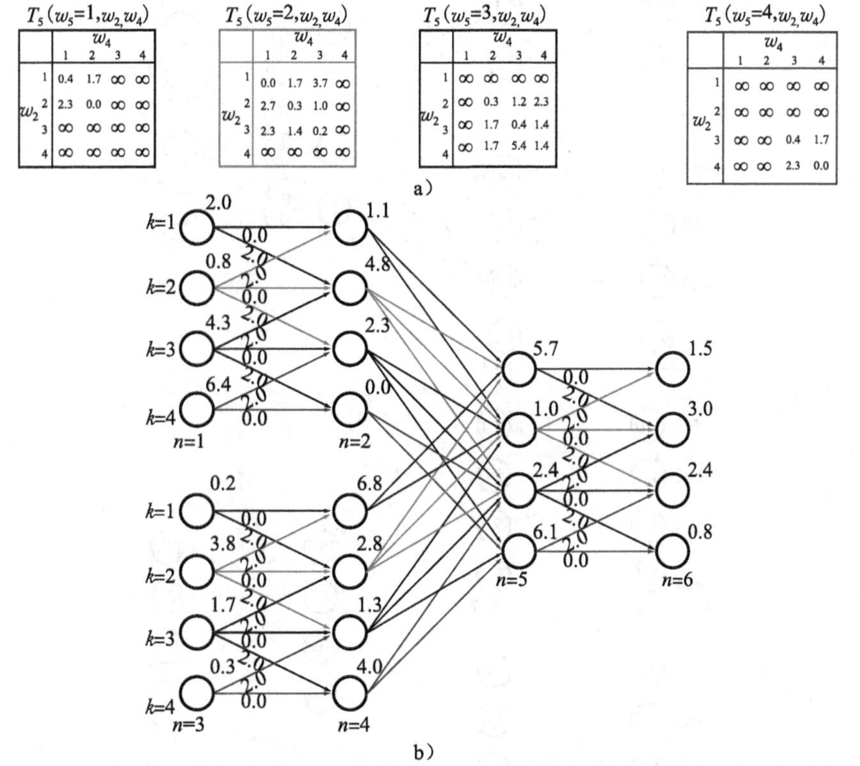

$T_5(w_5=1,w_2,w_4)$

| $w_2$ \ $w_4$ | 1 | 2 | 3 | 4 |
|---|---|---|---|---|
| 1 | 0.4 | 1.7 | ∞ | ∞ |
| 2 | 2.3 | 0.0 | ∞ | ∞ |
| 3 | ∞ | ∞ | ∞ | ∞ |
| 4 | ∞ | ∞ | ∞ | ∞ |

$T_5(w_5=2,w_2,w_4)$

| $w_2$ \ $w_4$ | 1 | 2 | 3 | 4 |
|---|---|---|---|---|
| 1 | 0.0 | 1.7 | 3.7 | ∞ |
| 2 | 2.7 | 0.3 | 1.0 | ∞ |
| 3 | 2.3 | 1.4 | 0.2 | ∞ |
| 4 | ∞ | ∞ | ∞ | ∞ |

$T_5(w_5=3,w_2,w_4)$

| $w_2$ \ $w_4$ | 1 | 2 | 3 | 4 |
|---|---|---|---|---|
| 1 | ∞ | ∞ | ∞ | ∞ |
| 2 | ∞ | 0.3 | 1.2 | 2.3 |
| 3 | ∞ | 1.7 | 0.4 | 1.4 |
| 4 | ∞ | 1.7 | 5.4 | 1.4 |

$T_5(w_5=4,w_2,w_4)$

| $w_2$ \ $w_4$ | 1 | 2 | 3 | 4 |
|---|---|---|---|---|
| 1 | ∞ | ∞ | ∞ | ∞ |
| 2 | ∞ | ∞ | ∞ | ∞ |
| 3 | ∞ | ∞ | 0.4 | 1.7 |
| 4 | ∞ | ∞ | 2.3 | 0.0 |

a)



b)

图 11-7 图 11-6 中树模型的动态规划示例。a) 节点 5 处的三元代价表格。这是一个 $K\times K\times K$ 的表格，它与 $Pr(w_5|w_2,w_4)$ 相关。代价对是如图 11-4 的例子。b) 一元代价和代价对的树结构模型。c) 在原始的动态规划中，我们从叶子节点出发，寻找在状态 $k$ 到节点 $n$ 的最小可能代价 $S_{n,k}$。d) 当到达分支上的顶点时(这里是顶点 5)，我们考虑传入状态的每种组合来求最小可能成本。e) 我们继续寻找直到找到根。我们找到最小总代价并回溯它的路径，以保证可以根据选择的状态在节点处分离

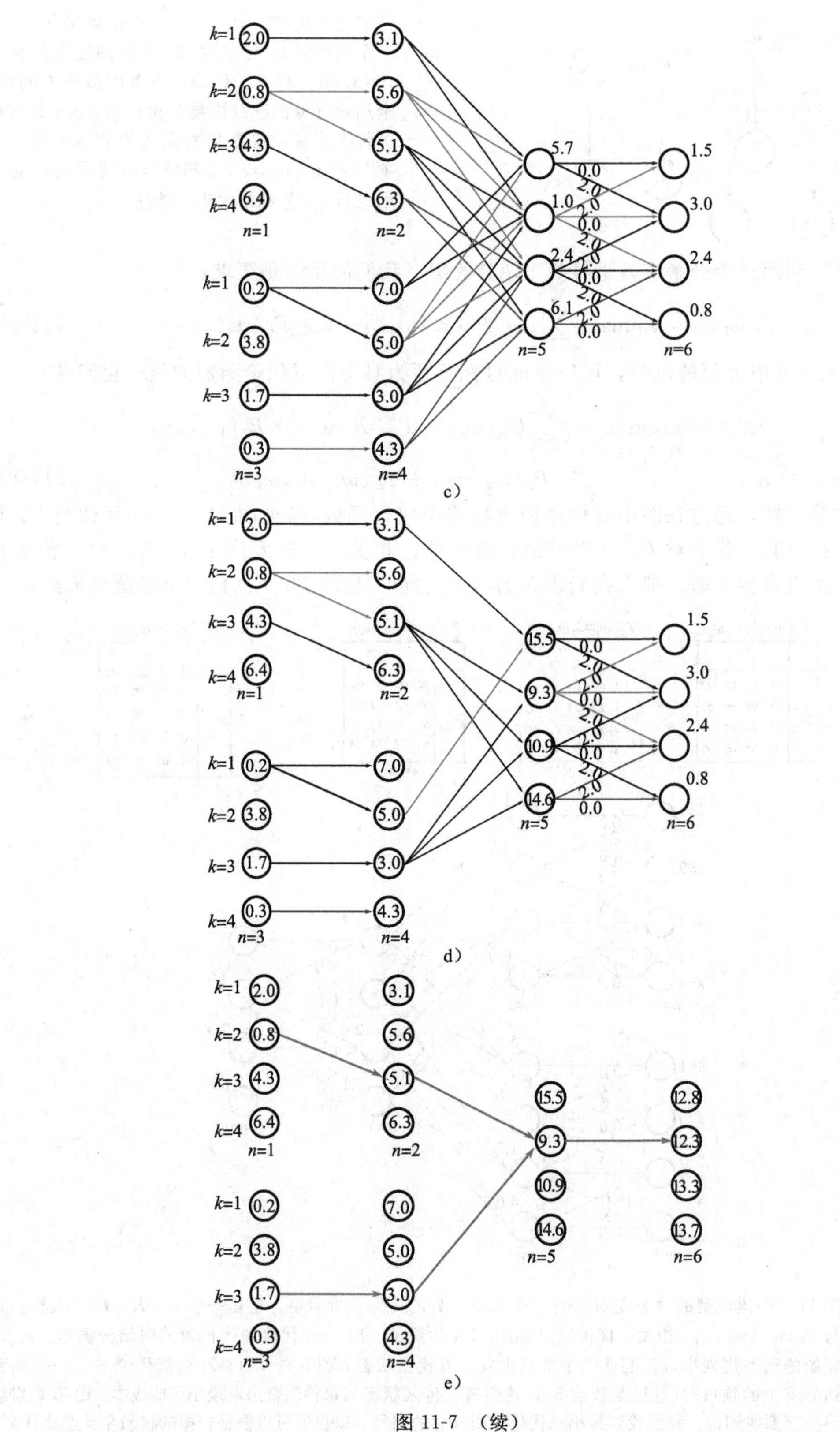
k=1
k=2
k=3
k=4
n=1
n=2
n=3
n=4
n=5
n=6
2.0
0.8
4.3
6.4
3.1
5.6
5.1
6.3
0.2
3.8
1.7
0.3
7.0
5.0
3.0
4.3
5.7
1.0
2.4
6.1
1.5
3.0
2.4
0.8
15.5
9.3
10.9
14.6
12.8
12.3
13.3
13.7

c）

d）

e）

图 11-7　（续）

我们从叶子到树的根算起，在每一个阶段计算 $S_{n,k}$，即到达该顶点的累计代价(见图 11-7中实例)。对于第一组的四个顶点，我们同样利用标准动态规划：

$$\begin{aligned} S_{1,k} &= U_1(w_1 = k) \\ S_{2,k} &= U_2(w_2 = k) + \min_l [S_{1,l} + P_2(w_2 = k, w_1 = l)] \\ S_{3,k} &= U_3(w_3 = k) \\ S_{4,k} &= U_4(w_4 = k) + \min_l [S_{3,1} + P_4(w_4 = k, w_3 = l)] \end{aligned} \tag{11-18}$$

当到达树的分支时，我们试图找到到达变量 5 的节点的路径的最佳组合；现在我们必须对两个变量进行最小化进而计算下一项。换句话说：

$$S_{5,k} = U_5(w_5 = k) + \min_{l,m} [S_{2,l} + S_{4,m} + T_5(w_5 = k, w_2 = l, w_4 = m)] \tag{11-19}$$

最后，计算最后一个项使得：

$$S_{6,k} = U_6(w_6 = k) + \min_l [S_{5,l} + P_6(w_6 = k, w_5 = l)] \tag{11-20}$$

现在通过在树中的交叉点处适当地分解路径，我们发现全局状态和最后的最小代价总和以及我们之前走过的路径有关。

在变量数目相同的情况下，树的动态规划比链的动态规划有更高的计算复杂性，因为我们必须对树中的交叉点上的两个变量进行最小化。总体复杂度正比于 $K^W$，其中 $W$ 为我们必须最小化的变量的最大数目。

对于有向模型，$W$ 等于在任何顶点处传入连接的最大数量。对于无向模型，$W$ 是最大子图的大小。应当指出的是，对于无向模型，其允许动态规划解决方案的关键特性是子图本身形成一个树(见图 11-11)。

## 11.4　链式边缘后验推理

11.3 节说明，在链式模型中可以有效地使用动态规划模型进行 MAP 推理。本节将考虑不同形式的推导：我们将致力于在每个状态变量 $w_n$ 上单独计算边缘分布 $Pr(w_n | x_{1\cdots N})$。

考虑在变量 $w_N$ 上计算边缘分布。通过贝叶斯准则，有

$$Pr(w_N | \mathbf{x}_{1\cdots N}) = \frac{Pr(w_N, \mathbf{x}_{1\cdots N})}{Pr(\mathbf{x}_{1\cdots N})} \propto Pr(w_N, \mathbf{x}_{1\cdots N}) \tag{11-21}$$

通过对除 $w_N$ 外的其他状态变量进行边缘化来计算方程的右边，所以有：

$$\begin{aligned} Pr(w_N, \mathbf{x}_{1\cdots N}) &\propto \sum_{w_1}\sum_{w_2}\cdots\sum_{w_{N-1}} Pr(w_{1\cdots N}, \mathbf{x}_{1\cdots N}) \\ &\propto \sum_{w_1}\sum_{w_2}\cdots\sum_{w_{N-1}} \left(\prod_{n=1}^{N} Pr(\mathbf{x}_n | w_n)\right) Pr(w_1) \left(\prod_{n=2}^{N} Pr(w_n | w_{n-1})\right) \end{aligned} \tag{11-22}$$

遗憾的是，在其最基本的形式中，这种边缘化包括在 $N$ 维概率分布中对 $N-1$ 维求和。由于这种离散概率分布包含 $K^N$ 项，因此直接求和是一个不切实际的问题。为了取得进展，我们必须再次利用这个分布的结构化分解。

### 11.4.1　求解边缘分布

首先讨论如何对链 $w_n$ 中的最后一个变量计算边缘分布 $Pr(w_n | \mathbf{x}_{1\cdots N})$。下一节将利用这些想法同时计算所有的边缘分布 $Pr(w_n | \mathbf{x}_{1\cdots N})$。

我们观察到，在式(11-22)的乘积中每一项并非都与每一个和相关。可以重新排列求和项以便这些变量的总和等于右边。

$$Pr(w_N | \mathbf{x}_{1\cdots N}) \propto$$

$$Pr(\boldsymbol{x}_N|w_N)\sum_{W_{N-1}}\cdots\sum_{w_2}Pr(w_3|w_2)Pr(\boldsymbol{x}_2|w_2)\sum_{w1}Pr(w_2|w_1)Pr(\boldsymbol{x}_1|w_1)Pr(w_1)$$

(11-23)

然后，从右到左，依次求每个和。这种技术称为消元法。把最右边的两项表示为：

$$\boldsymbol{f}_1[w_1]=Pr(\boldsymbol{x}_1|w_1)Pr(w_1) \tag{11-24}$$

然后，对 $w_1$ 求和来计算如下函数：

$$\boldsymbol{f}_2[w_2]=Pr(\boldsymbol{x}_2|w_2)\sum_{w_1}Pr(w_2|w_1)\boldsymbol{f}_1[w_1] \tag{11-25}$$

在第 $n$ 步，计算：

$$\boldsymbol{f}_n[w_n]=Pr(\boldsymbol{x}_n|w_n)\sum_{w_{n-1}}Pr(w_n|w_{n-1})\boldsymbol{f}_{n-1}[w_{n-1}] \tag{11-26}$$

重复这个过程，直到计算完整个表达式。然后将结果归一化以求边缘后验概率 $Pr(w_N|\boldsymbol{x}_{1\dots N}|)$（式(11-21)）。

该解包括关于 $K$ 个值的 $N-1$ 次求和，这种方法比显式计算所有的 $K^N$ 种解以及对 $N-1$维进行边缘化更加有效。

### 11.4.2　前向后向算法

11.3　上一节展示了一种算法，该算法可以计算最终全局状态 $w_N$ 的边缘后验分布 $Pr(w_N|\boldsymbol{x}_{1\dots N})$。计算任何其他变量 $w_n$ 的边缘后验 $Pr(w_n|\boldsymbol{x}_{1\dots N})$也是很容易的。然而，我们通常希望得到所有的边缘分布，而分别计算各种可能的情况是低效的，主要是因为需要大量重复性的工作。本节的目标是开发一个方法，该方法能够利用前向后向算法同时且高效地计算所有变量的边缘后验概率。

其原理是将边缘后验概率分解成两项：

$$\begin{aligned}Pr(w_n|\boldsymbol{x}_{1\dots N})&\propto Pr(w_n,\boldsymbol{x}_{1\dots N})\\&=Pr(w_n,\boldsymbol{x}_{1\dots n})Pr(x_{n+1\dots N}|w_n,\boldsymbol{x}_{1\dots n})\\&=Pr(w_n,\boldsymbol{x}_{1\dots n})Pr(\boldsymbol{x}_{n+1\dots N}|w_n)\end{aligned} \tag{11-27}$$

其中，第二行和第三行等价，因为给定 $w_n$ 时 $\boldsymbol{x}_{1\dots n}$ 和 $\boldsymbol{x}_{n+1\dots N}$ 条件独立（可从图 11-2 中得出）。现在，我们将关注于寻找有效的方法来计算这两项。

**前向迭代**

考虑第一项 $Pr(w_n,x_{1\dots n})$。可以利用递归：

$$\begin{aligned}Pr(w_n,\boldsymbol{x}_{1\dots n})&=\sum_{W_{n-1}}Pr(w_n,w_{n-1},\boldsymbol{x}_{1\dots n})\\&=\sum_{w_{n-1}}Pr(w_n,\boldsymbol{x}_n|w_{n-1},\boldsymbol{x}_{1\dots n-1})Pr(w_{n-1},\boldsymbol{x}_{1\dots n-1})\\&=\sum_{w_{n-1}}Pr(\boldsymbol{x}_n|w_n,w_{n-1},\boldsymbol{x}_{1\dots n-1})Pr(w_n|w_{n-1},\boldsymbol{x}_{1\dots n-1})Pr(w_{n-1},\boldsymbol{x}_{1\dots n-1})\\&=\sum_{w_{n-1}}Pr(\boldsymbol{x}_n|w_n)Pr(w_n|w_{n-1})Pr(w_{n-1},\boldsymbol{x}_{1\dots n-1})\end{aligned} \tag{11-28}$$

这里再次应用最后两行之间的图模型的条件独立关系。

项 $Pr(w_n,x_{1\dots n})$ 与我们在上一节中单个边缘分布的解中计算的中间函数 $f_n[w_n]$是一样的；再次使用递归：

$$\boldsymbol{f}_n[w_n]=Pr(\boldsymbol{x}_n|w_n)\sum_{w_{n-1}}Pr(w_n|w_{n-1})\boldsymbol{f}_{n-1}[w_{n-1}] \tag{11-29}$$

但是这一次，我们基于条件独立性，而不是概率分布的因子分解。使用这个递归，对于所有

的 $n$，可以有效地计算式(11-27)的第一项；事实上，我们已经在单个边缘分布 $Pr(w_N|x_{1\cdots N})$ 的解中这样做过。

**后向递归**

现在考虑式(11-27)的第二项 $Pr(\mathbf{x}_{n+1\cdots N}|w_{n-1})$。目标是弄清这一个量的递推关系，从而可以对于所有的 $\boldsymbol{n}$ 有效地计算它。该递归从链尾反推向链首，因此我们的目标是根据 $Pr(\mathbf{x}_{n+1\cdots N}|w_n)$ 对 $Pr(\mathbf{x}_{n\cdots N}|w_{n-1})$ 建立一个表达式：

$$
\begin{aligned}
Pr(x_{n\cdots N}|w_{n-1}) &= \sum_{W_n} Pr(x_{n\cdots N}, w_n|w_{n-1}) \\
&= \sum_{W_n} Pr(x_{n\cdots N}|w_n, w_{n-1})Pr(w_n|w_{n-1}) \\
&= \sum_{w_n} Pr(x_{n+1\cdots N}|x_n, w_n, w_{n-1})Pr(\mathbf{x}_n|w_n, w_{n-1})Pr(w_n|w_{n-1}) \\
&= \sum_{w_n} Pr(x_{n+1\cdots N}|w_n)Pr(x_n|w_n)Pr(w_n|w_{n-1}) \qquad (11\text{-}30)
\end{aligned}
$$

这里再次应用了最后两行之间的图模型的条件独立关系。将概率 $Pr(\mathbf{x}_{n+1\cdots N}|w_n|)$ 表示为 $\mathbf{b}_n[w_n]$，我们看到，可以有递推关系：

$$
b_{n-1}[w_{n-1}] = \sum_{w_n} Pr(\mathbf{x}_n|w_n)Pr(w_n|w_{n-1})\mathbf{b}_n[w_n] \qquad (11\text{-}31)
$$

对于所有的 $n$，可以用该式计算式(11-27)中的第二项。

**前向后向算法**

现在，我们可以总结前向后向算法来计算所有 $n$ 的边缘后验概率分布。首先，观察到(式(11-27))该边缘分布可以这样计算：

$$
Pr(w_n|\mathbf{x}_{1\cdots N}) \propto Pr(w_n, \mathbf{x}_{1\cdots n})Pr(\mathbf{x}_{n+1\cdots N}|w_n) = \mathbf{f}_n[w_n]\mathbf{b}_n[w_n] \qquad (11\text{-}32)
$$

使用以下关系递归计算前向项：

$$
\mathbf{f}_n[w_n] = Pr(\mathbf{x}_n|w_n)\sum_{w_{n-1}} Pr(w_n|w_{n-1})\mathbf{f}_{n-1}[w_{n-1}] \qquad (11\text{-}33)
$$

在这里设置 $\mathbf{f}_1[w_1]=Pr(\mathbf{x}_1|w_1|)Pr(w_1)$。用以下关系递归地计算后向项：

$$
\mathbf{b}_{n-1}[w_{n-1}] = \sum_{W_n} Pr(\mathbf{x}_n|w_n)Pr(w_n|w_{n-1})\mathbf{b}_n[w_n] \qquad (11\text{-}34)
$$

在这里令 $b_n[w_n]$ 为常数 $1/K$。

最后，为了计算第 $n$ 个边缘后验分布，求相关联的前向项和后向项的乘积并且归一化。

### 11.4.3 置信传播

前向后向算法可以认为是*置信传播*技术的一个特例。这里，中间函数 $\mathbf{f}[\bullet]$ 和 $\mathbf{b}[\bullet]$ 被视为传达关于变量信息的消息。本节描述一个称为*和积算法*的置信传播版本。相对于前向-后向算法，它计算边缘后验的速度并不快，但是可以非常容易地看到如何把它扩展为树模型。

和积算法在一个因子图中进行操作。因子图是一种新的图模型，它使联合概率的分解更明确。把有向和无向图模型转化为因子图非常简单。像往常一样，为每个变量引入一个节点，例如变量 $w_1$、$w_2$ 和 $w_3$ 都有一个与之相关的变量节点。我们还对分解的联合概率分布中的每项引入一个*函数节点*；在有向模型中，这表示一个条件概率项，如 $Pr(w_1|w_2, w_3)$，在无向模型中，它表示一个势函数，如 $\phi[w_1, w_2, w_3]$。然后，将每个函数节点无向连接到所有与之相关的变量节点。所以在有向模型中，诸如 $Pr(x_1|w_1, w_2)$ 的项将得到一个函数节点，

该节点连接到 $\boldsymbol{x}_1$、$w_1$ 和 $w_2$。在无向模型中，诸如 $\phi_{12}(w_1, w_2)$ 的项将得到一个函数节点，该节点连接到 $w_1$ 和 $w_2$。链式模型的因子图如图 11-8 所示。

**和积算法**

11.4 和积算法有两个阶段：前向过程和后向过程。前向过程通过图分发证据，后向过程对该证据进行校验。证据的分发和校验通过在因子图中节点到节点传递消息来完成的。图中的每一条边准确地连接到一个变量节点，而每个消息在这个变量的域上定义。有三种类型的消息：

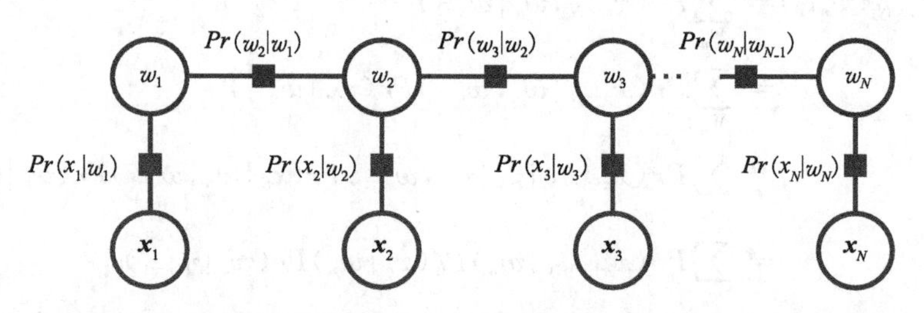


图 11-8　链式模型因子图。在因子分解(方框)中每个变量(圆圈)有一个节点，每项有一个函数节点。各函数节点连接到所有与这个项相关的变量

1. 从一个未观测变量 $\boldsymbol{z}_p$ 到一个函数节点 $g_q$ 的消息 $\boldsymbol{m}_{z_p \to g_q}$ 由下式给出

$$\boldsymbol{m}_{z_p \to g_q} = \prod_{r \in \boldsymbol{ne}[p] \setminus q} \boldsymbol{m}_{g_r \to z_p} \tag{11-35}$$

其中，$\mathbf{ne}[p]$返回图中 $z_p$ 的相邻节点集合，因此表达式 $\mathbf{ne}[p] \setminus q$ 表示除 $q$ 之外所有的相邻节点集合。换句话说，从一个变量传到函数节点的消息是所有其他的传到该变量的消息的逐点乘积；是其他置信度的组合。

2. 从一个未观测变量 $\boldsymbol{z}_p = \boldsymbol{z}_p^*$ 到一个函数节点 $g_q$ 的消息 $\boldsymbol{m}_{z_p \to g_q}$ 由下式给出：

$$\boldsymbol{m}_{z_p \to g_q} = \delta[\boldsymbol{z}_p^*] \tag{11-36}$$

换句话说，从观测节点到函数的消息承载了该节点观测值的置信度。

3. 从函数节点 $g_p$ 到接收变量 $\boldsymbol{z}_q$ 的消息 $\boldsymbol{m}_{g_p \to z_q}$ 定义为：

$$\boldsymbol{m}_{g_p \to z_q} = \sum_{\boldsymbol{ne}[p] \setminus q} g_p[\boldsymbol{ne}[p]] \prod_{r \in \boldsymbol{ne}[p] \setminus q} \boldsymbol{m}_{z_r \to g_p} \tag{11-37}$$

这需要来自连接到除了接收变量以外的函数的置信度，并使用函数 $g_p[\bullet]$将这些函数转换为接收变量的置信度。

在前向阶段，消息传递可以按任何顺序进行，直到所有其他传入的消息已经到达，才发送从任何变量或函数传出的消息。在后向过程中，消息以相反的顺序来发送。

最后，节点 $\boldsymbol{z}_p$ 处的边缘分布可以用所有同时从前向过程和后向过程传入的消息的乘积来计算，使得

$$Pr(z_P) \propto \prod_{r \in \boldsymbol{ne}[p]} \boldsymbol{m}_{g_r \to z_p} \tag{11-38}$$

该算法的证明超出了本书的范围。但是，为了让其中部分具有说服力(或者更具体)，我们将通过这些规则模拟链式模型(见图 11-8)，将阐述和前向-后向算法完全相同的计算。

### 11.4.4　链式模型的和积算法

带有消息的链方法的因子图如图 11-9 所示。现在描述链式模型的和积算法。

**前向过程**

首先，从节点 $\boldsymbol{x}_1$ 传递一条消息 $\boldsymbol{m}_{x_1 \to g_1}$ 到函数节点 $g_1$。使用规则 2，此消息是在观测值

$x_1^*$ 处的一个 $\delta$ 函数，使得

$$\boldsymbol{m}_{x_1 \to g_1} = \delta[x_1^*] \tag{11-39}$$

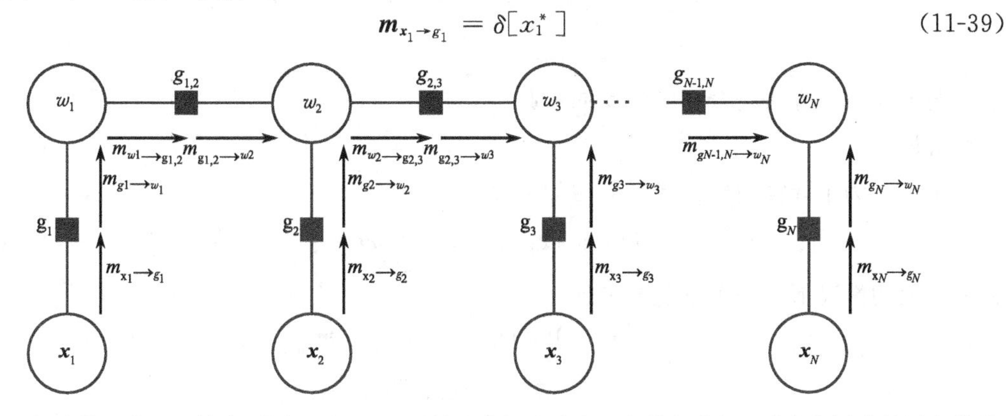


图 11-9 链式模型的和积算法(前向过程)。和积算法有两个阶段。在前向阶段，消息按图中的顺序传递，直到所有传入消息在源节点接收后，消息才能发送。所以，消息 $\boldsymbol{m}_{w_2 \to g_{23}}$ 直到消息 $\boldsymbol{m}_{g_2 \to w_2}$ 和 $\boldsymbol{m}_{g_{1,2} \to w_2}$ 被接收之后，才能发送

现在我们从函数 $g_1$ 传递一条消息到节点 $w_1$。使用规则 3，有

$$\boldsymbol{m}_{g_1 \to w_1} = \int Pr(\boldsymbol{x}_1 \mid w_1)\delta[x_1^*]\mathrm{d}\boldsymbol{x}_1 = Pr(\boldsymbol{x}_1 = \boldsymbol{x}_1^* \mid w_1) \tag{11-40}$$

由规则 1，从节点 $w_1$ 传递到函数 $g_{1,2}$ 的消息是传入节点的简单乘积，并且由于只有一个传入节点，所以

$$\boldsymbol{m}_{W_1 \to g_{12}} = Pr(\boldsymbol{x}_1 = \boldsymbol{x}_1^* \mid w_1) \tag{11-41}$$

由规则 3，从函数 $g_{1,2}$ 到节点 $w_2$ 的消息可计算为：

$$\boldsymbol{m}_{g_{1,2} \to w_2} = \sum_{w_1} Pr(w_2 \mid w_1) Pr(\boldsymbol{x}_1 = \boldsymbol{x}_1^* \mid w_1) \tag{11-42}$$

继续这个过程，从 $x_2$ 到 $g_2$，再由 $g_2$ 到 $w_2$ 的消息为：

$$\boldsymbol{m}_{x_2 \to g_2} = \delta[\boldsymbol{x}_2^*]$$

$$\boldsymbol{m}_{g_2 \to w_2} = Pr(\boldsymbol{x}_2 = \boldsymbol{x}_2^* \mid w_2) \tag{11-43}$$

并且从 $w_2$ 到 $g_{2,3}$ 的消息为

$$\boldsymbol{m}_{w_2 \to g_{2,3}} = Pr(\boldsymbol{x}_2 = \boldsymbol{x}_2^* \mid w_2) \sum_{w_1} Pr(w_2 \mid w_1) Pr(\boldsymbol{x}_1 = \boldsymbol{x}_1^* \mid w_1) \tag{11-44}$$

形成一个清晰的模式，从节点 $w_n$ 到函数 $g_{n,n+1}$ 的消息等于前向后向算法的前向项。

$$\boldsymbol{m}_{w_n \to g_{n,n+1}} = f_n[w_n] = Pr(w_n, \boldsymbol{x}_{1\dots n}) \tag{11-45}$$

换句话说，和积算法和前向后向算法的前向过程具有相同的计算过程。

**后向过程**

当我们到达置信传播前向过程的末端时，对后向过程进行初始化。没有必要对观测变量 $\boldsymbol{x}_n$ 传递消息，因为我们已经知道它们的确定值。因此，我们集中在未观测变量之间的水平连接(即，沿着模型的脊线)。从节点 $w_N$ 到函数 $g_{N,N-1}$ 的消息由下式给出：

$$\boldsymbol{m}_{w_N \to g_{N,N-1}} = Pr(\boldsymbol{x}_N = \boldsymbol{x}_N^* \mid w_N) \tag{11-46}$$

从 $g_{N,N-1}$ 到 $w_{N-1}$ 的消息由下式给出：

$$\boldsymbol{m}_{g_{N,N-1} \to w_{N-1}} = \sum_{w_N} Pr(w_N \mid w_{N-1}) Pr(\boldsymbol{x}_N = \boldsymbol{x}_N^* \mid w_N) \tag{11-47}$$

通常情况下，有

$$\begin{aligned}\boldsymbol{m}_{g_{n,n-1}\to w_{n-1}} &= \sum_{w_n} Pr(w_n|w_{n-1})Pr(\boldsymbol{x}_n|w_n)\boldsymbol{m}_{g_{n+1,n}\to w_n} \\ &= \boldsymbol{b}_{n-1}[w_{n-1}]\end{aligned} \tag{11-48}$$

这是与前向后向算法完全相同的反向递归。

**排序证据**

最后，为了计算边缘概率，使用如下关系

$$Pr(w_n|\boldsymbol{x}_{1\cdots N}) \propto \prod_{m\in \boldsymbol{ne}[n]} \boldsymbol{m}_{g_m\to w_n} \tag{11-49}$$

而在一般的情况下，该关系包括三项

$$\begin{aligned}Pr(w_n|\boldsymbol{x}_{1\cdots N}) &\propto \boldsymbol{m}_{g_{n-1,n}\to w_n}\boldsymbol{m}_{g_n\to w_n}\boldsymbol{m}_{g_{n,n+1}\to w_n} \\ &= \boldsymbol{m}_{w_n\to g_{n,n+1}}\boldsymbol{m}_{g_{n,n+1}\to w_n} \\ &= \boldsymbol{f}_n[w_n]\boldsymbol{b}_n[w_n]\end{aligned} \tag{11-50}$$

其中，在第二行中，从一个变量节点传出的消息是传入消息的乘积。我们可以得出结论：和积算法计算后验边缘的方法和前向后向算法的计算方式相同。

## 11.5 树的边缘后验推理

为了计算树形结构模型中的边缘值，我们简单地将和积算法应用于新的图型结构。图 11-6 中树的因子图如图 11-10 所示。唯一稍微复杂的是，我们必须确保在发送传出消息之前，前两个传向与变量 $w_2$、$w_4$、$w_5$ 相关函数的消息已到达。这与动态规划算法中的操作顺序非常相似。

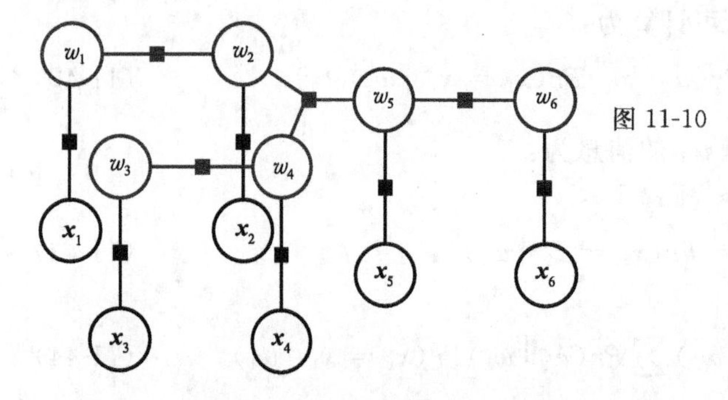


图 11-10　对应于图 11-6 中树模型的因子图。有一个连接每个全局状态变量和其相关的测量值的函数节点，这些对应 $Pr(\boldsymbol{x}_n|w_n)$。对于三个成对项 $Pr(w_2|w_1)$、$Pr(w_4|w_3)$和 $Pr(w_6|w_5)$中的每一个有一个函数节点，这连接到两个贡献变量。这种对应于三项 $Pr(w_5|w_2,w_4)$ 的函数节点有三个相邻节点 $w_2$、$w_4$、$w_5$。

对于无向图，关键特性是子图形成一个树，而不是节点。例如，图 11-11a 中的无向模型形成一个环路，但是当我们将它转化为因子图时，该结构是一棵树(见图 11-11b)。对于只有成对子图的模型，如果原始图模型中没有环路，那么子图总是形成一个树。

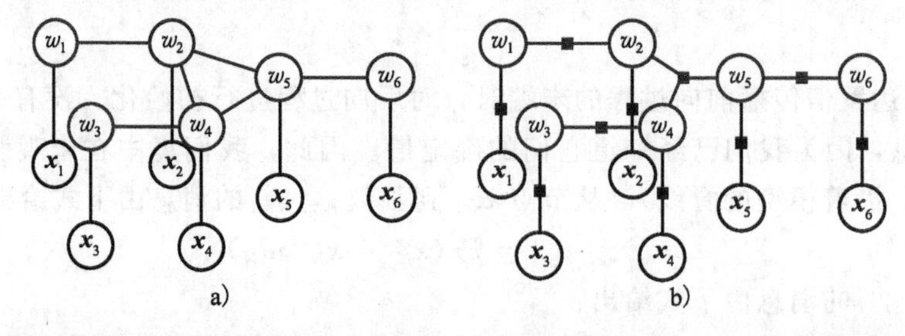


图 11-11　将无向模型转换为因子图。a) 无向模型。b) 相应的因子图。对于每个最大子图有一个函数节点(每个子图不是另一个子图的一个子集)。尽管在原图中出现了环，但是因子图中并没有出现环，所以和积算法仍然适用

## 11.6　链式模型和树模型的学习

到目前为止，我们只讨论这些模型的推导。在此，我们将简要讨论可以在有监督或无监督背景下进行的学习。在有监督的情况下，给定一个训练集合 $I$，状态集合$\{w_{in}\}_{i=1,n=1}^{I,N}$和数据$\{\boldsymbol{x}_{in}\}_{i=1,n=1}^{I,N}$。在无监督的情况下，只给定观测数据$\{\boldsymbol{x}_{in}\}_{i=1,n=1}^{I,N}$。

有向模型的监督学习比较简单。我们首先分离我们想要学习的模型的一部分。例如，我们要从样本对 $x_n$ 和 $w_n$ 中学习 $Pr(\boldsymbol{x}_n|w_n,\boldsymbol{\theta})$ 的参数 $\boldsymbol{\theta}$。然后，可以使用 ML、MAP 或贝叶斯方法单独学习这些参数。

无监督学习更具挑战性；状态 $w_n$ 被视为隐变量，并应用 EM 算法。在 E 步，使用前向后向算法计算这些状态的后向边缘值。在 M 步，使用这些边缘值来更新模型参数。对于隐马尔可夫模型(链式模型)，称为 Baum-Welch 算法。

正如我们在前面章节中看到的，无向模型中的学习是具有挑战性的；我们一般不能计算归一化常数 $Z$，这反过来又会妨碍我们计算关于参数的导数。然而，对于树和链式模型的特例，有效的计算 $Z$ 是有可能的而且学习是容易的。为了说明这种情况，可以考虑图 11-2b 中的无向模型，在这里把它表示为条件分布

$$Pr(w_{1\cdots N}|\boldsymbol{x}_{1\cdots N})=\frac{1}{Z}\left(\prod_{n=1}^{N}\phi[\boldsymbol{x}_n,w_n]\right)\left(\prod_{n=2}^{N}\zeta[w_n,w_{n-1}]\right)\tag{11-51}$$

由于数据节点$\{\boldsymbol{x}_n\}_{n=1}^{N}$是固定的。该模型称为一维条件随机场。那么未知常数 $Z$ 的形式如下：

$$Z=\sum_{w_1}\sum_{w_2}\cdots\sum_{w_N}\left(\prod_{n=1}^{N}\phi[\boldsymbol{x}_n,w_n]\right)\left(\prod_{n=2}^{N}\zeta[w_n,w_{n-1}]\right)\tag{11-52}$$

我们已经看到，用递推(式(11-26))能够有效地计算此类型的和。因此，不需要对比散度，就可以在此模型中估计 $Z$ 并进行最大似然学习。

## 11.7　链式模型和树模型之外的东西

遗憾的是，计算机视觉中有很多不采用链或树形式的模型。重要的一点：构造模型以使得对于图中每个 RGB 像素 $x_n$ 有一个未知量 $w_n$。这些模型自然地构造为网格并且全局状态各自连接到在图模型中四个相邻像素(见图 11-12)。立体视觉、分割、去噪、超分辨率和许多其他视觉问题都可以通过这种方式来建模。

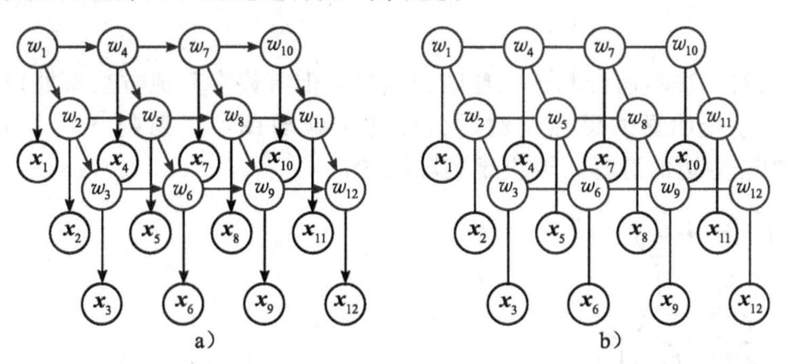


图 11-12　基于网格的模型。对于很多视觉问题，自然描述是一个基于网格的模型。我们观察一个像素值$\{\boldsymbol{x}_n\}_{n=1}^{N}$网格，希望用来推理和每个点相关的未知全局状态$\{w_n\}_{n=1}^{N}$。每个全局状态连接到其邻域。这些连接经常用来保证平滑或分段平滑。a) 有向网络模型。b) 无向网络模型(二维条件随机场)

下一章通篇讲解基于网格的问题，但我们还是要简要地说明为何本章开发的方法是不适合的。考虑一个基于 2×2 网格的简单模型。图 11-13 说明了为什么我们不能盲目使用动态规

划来计算 MAP 解。为了在每一个节点计算最小累积成本 $S_n$，我们可能会正常进行：

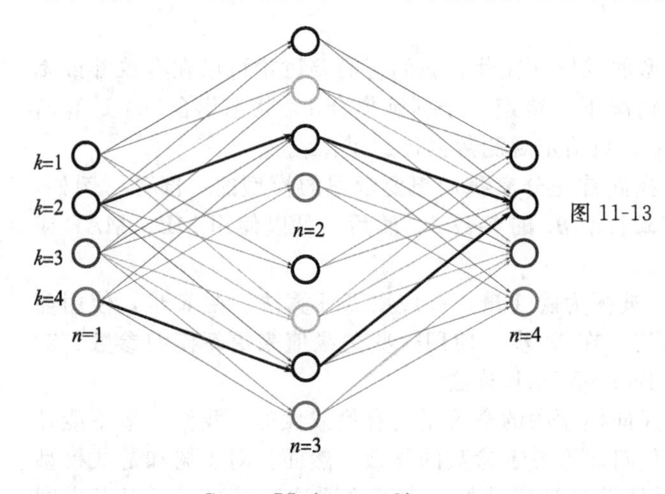


图 11-13　当图中有无向环时动态规划不适用。这里展示一幅 2×2 的图像，其中通过变量执行简单的前向过程。在折回的路径上，我们看到第一个变量所取的状态有两个分支歧义。对于一个连贯的解决方案，在节点 4 累积最低成本时，应该迫使两个路径有共同的祖先。因为存在大量的祖先，所以这种方法的计算代价过高，不切实际

$$
\begin{aligned}
S_{1,k} &= U_1(w_1 = k) \\
S_{2,k} &= U_2(w_2 = k) + \min_l[S_1(w_1 = l) + P_2(w_2 = k, w_1 = l)] \\
S_{3,k} &= U_3(w_3 = k) + \min_l[S_1(w_1 = l) + P_2(w_3 = k, w_1 = l)]
\end{aligned} \tag{11-53}
$$

现在考虑第四项。很遗憾，

$$
S_{4,k} \neq U_4(w_k = 4) + \min_{l,m}[S_2(w_2 = l) + S_3(w_3 = m) + T(w_4 = k, w_2 = l, w_3 = m)] \tag{11-54}
$$

这样的原因是，在先前两个顶点处的局部累积和 $S_2$ 与 $S_3$ 都依赖于在同一变量 $w_1$ 处的最小化。但是，它们并不一定在 $w_1$ 处选择相同的值。如果我们追溯采取的路径，那么回到顶点的两条路径可以预测不同的答案。要正确计算节点 $S_{4,k}$ 处的最小累积成本，我们将不得不考虑所有的三个祖先：这样，递归不再有效，问题也变得更加棘手。

同样，我们不能在这个图中进行置信传播：仅当接收到所有其他传入的消息时，该算法需要从一个节点发送一条信息。然而，节点 $w_1$、$w_2$、$w_3$ 和 $w_4$ 都同时需要等待彼此的消息，因此，这是不可能的。

**有环图推导**

虽然这一章的方法不适合基于有环图的模型，但有许多其他方法来处理这类模型：

1. **修剪图。**一个明显的思想是通过去除边来修剪图，直到剩下一个树结构为止（见图 11-14）。其中修剪边的选择将取决于实际问题。

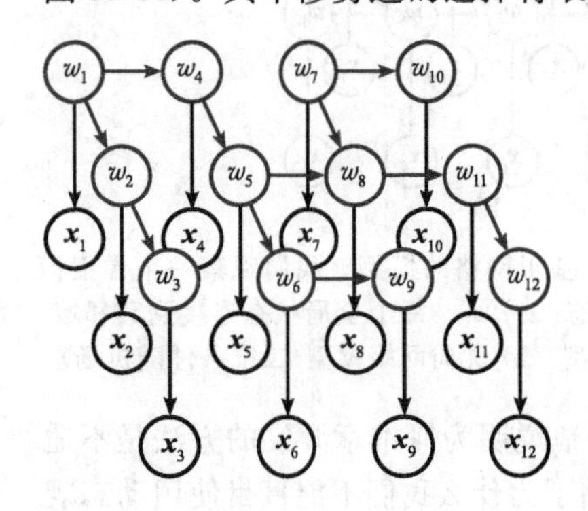


图 11-14　修剪有环图。处理有环模型的一个方法是剪掉连接直到环路去除。这个图模型是图 11-12a 剪枝后的模型。多数连接保留了下来，但是目前留下的结构是一棵树。剪枝的常用方法是把每条边和它的强度联系起来，以便更弱的边缘也被考虑到。然后基于这些强度计算最小生成树丢掉不是树的连接

2. **组合变量。**第二种方法把变量组合在一起，直到剩下具有链或树的结构。例如，在图 11-15中组合变量 $w_1$、$w_2$ 和 $w_3$，得到一个新的变量 $w_{123}$，变量 $w_4$、$w_5$ 和 $w_6$ 形成 $w_{456}$。继续以这种方式，形成一个链结构模型。如果每个原始变量有 $K$ 个状态，则该组合变量将具有 $K^3$ 个状态，因此推理将更加复杂。在一般情况下使用联合树算法自动合并变量。遗憾的是，这个例子说明了为什么这种方法不会对大型网格模型起作用：因为我们合并起来的变量有太多的状态使得变数很大。

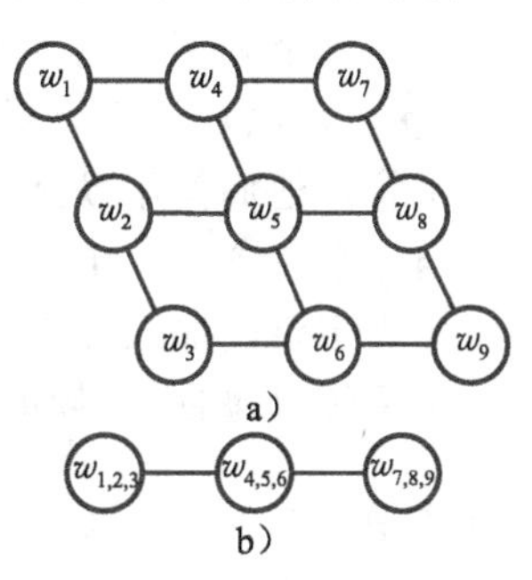


图 11-15 组合变量。a) 带有环的图模型。b) 我们构造三个组合变量，每个变量包括原先列中的所有变量。这些变量由链结构连接。然而，付出的代价是如果对于每个原始变量有 $K$ 个状态，那么组合变量就有 $K^3$ 种状态

3. **循环置信传播。**另一个想法是不考虑环路，只简单地应用置信传播。所有的消息都初始化为一元，然后将消息根据通常的规则以某种顺序反复传递。这种算法不能保证边缘值收敛到最优解(或实际上根本不收敛)，但在许多情况下，它实际产生了非常实用的结果。

4. **抽样方法。**对于有向图模型，它通常很容易从后验中抽样。然后，这些可以聚合以计算边缘分布的经验估计。

5. **其他方法：**还有其他几种方法用于图的精确或近似推理，包括树加权的消息传递和图割。后者是算法中特别重要的一类，第 12 章详细描述它。

## 11.8 应用

本章中的模型是具有吸引力的，因为它们允许精确地进行 MAP 推理。这些模型已应用于许多问题在这些问题中假设模型的部分之间存在时间和空间连接。

### 11.8.1 手势跟踪

手势跟踪的目的是基于从帧中提取的数据$\{x_n\}_{n=1}^N$，将从一个视频序列中捕获的所有 $N$ 帧中手的位置$\{w_n\}_{n=1}^N$分类为一组离散手势 $w_n \in \{1,2,\cdots,K\}$ 。Starner 等(1998)提出了可穿戴系统，用于自动解译手语手势。照相机安装在用户的帽子上用于捕获了其手的俯视图(见图 11-16)。手的位置是通过对每个像素使用皮肤分割方法得到的(见 6.6.1 节)。每只手的状态被环绕着相关联皮肤区域的椭圆方框的位置和形状所标识。最后的八维数据向量 $\mathbf{x}$ 连接每只手的测量值。

图 11-16 手势跟踪，Starner 等(1998)。一个摄像头安装在一个棒球帽上(插图)向下拍摄用户手势。在基于 HMM 的系统中摄像机图像(主图)用来跟踪的手，HMM 系统可以精确地分类一个包含 40 个单词的词汇并且实时工作。每个单词与 HMM 中的四个状态相关联。该系统基于每个帧中手的位置和方向的精简描述。源自 Starner 等(1998)。©1998 Springer

为了描述这些测量值的时间序列，Starner 等(1998)开发了一个以隐马尔可夫模型为

基础的系统，其中，每个状态 $w_n$ 表示手语的一部分。其中的每个词用状态变量 $w$ 的四个值表示，代表与这个词相关的手势的各个阶段。这些状态的过程可能会持续任意数量的时间步(每一个状态可以随自己无限循环)，但必须使用所需的顺序。他们使用了400个训练语句来训练系统。他们使用动态规划法来估计最可能的状态 $w$，并且使用一个包含40个单词的词汇与一个包含100个语句的测试集，达到了97.8%的准确率。他们发现，如果对每个短语使用固定语法加入知识(代词、动词、名词、形容词)，则性能进一步提高。值得注意的是，该系统以每秒10帧的速率工作。

### 11.8.2 立体视觉

在密集的立体视觉中，我们给出了从稍微不同的位置拍摄的同一场景的两幅图像。为了达到我们的目的，我们假定它们已经预处理，以便对于图1中的每个像素，其对应像素存在于图2中相同位置的扫描线上(校正过程；见第16章)。水平偏移量或对应点之间的视差取决于深度。我们的目标是在给定观测图像 $\boldsymbol{x}_{(1)}$ 和 $\boldsymbol{x}_{(2)}$ 时找到离散视差场 $\boldsymbol{w}$，从而使各像素的深度可以恢复(见图11-17)。

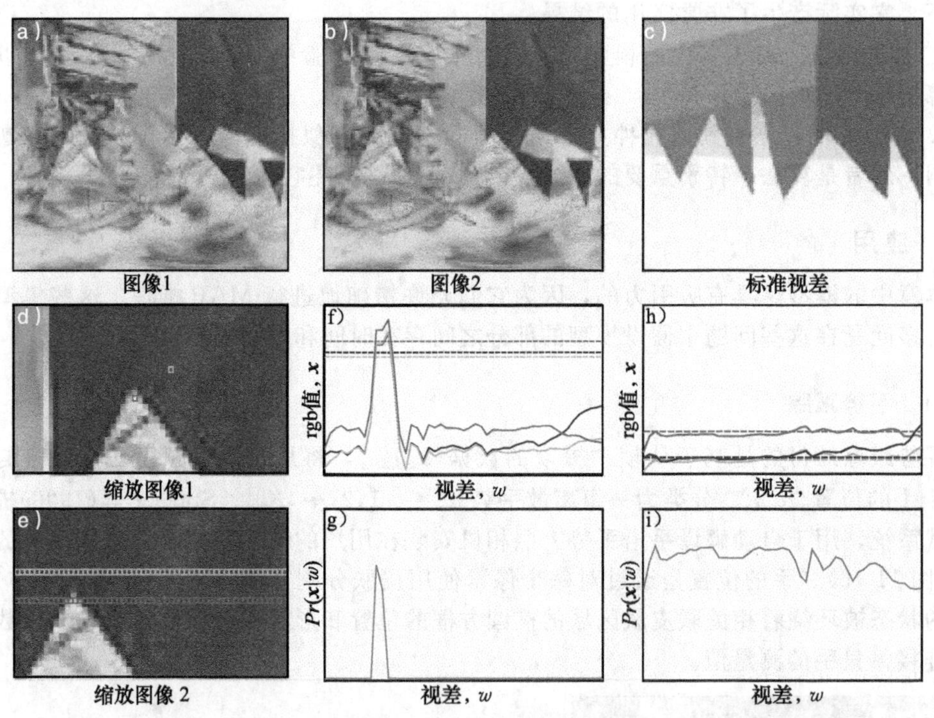


图 11-17 密集的立体视觉。a～b) 从稍微不同的位置拍摄的两幅图像。第一幅图像中每个像素的对应点在第二幅图像相同扫描线的某个位置。水平偏移量称为视差并且和深度负相关。c) 图像的标准视差图。d) 第一幅图像的特写部分与两个高亮显示的像素。e) 第二幅图像的特写部分与高亮显示的潜在对应像素。f) 第一幅图像中的红色标注像素的RGB值(虚线)和第二幅图像(实线)中的位置的函数。在正确的视差，两个图像的RGB值之间的差异很小。g) 这个视差正确的可能性很大。h～i)对于绿色标记像素(这是在图像的平滑变化区域)，有许多和第二幅图像的RGB值相似的位置，因此如果许多视差具有高似然性，解决方法是不明确的

我们假设图1中的像素应该与图2中适当偏移量(视差)范围内的像素接近，并且任何剩余的较小差异被视为噪声，使得：

$$Pr(\boldsymbol{x}_{m,n}^{(1)} \mid w_{m,n} = k) = \text{Norm}_{\boldsymbol{x}_{m,n}^{(1)}}[\boldsymbol{x}_{m,n+k}^{(2)}, \sigma^2 I] \qquad (11\text{-}55)$$

其中，$w_{m,n}$是图像 1 像素$(m, n)$处的视差，$\mathbf{x}_{m,n}^{(1)}$是图像 1 像素$(m, n)$处的 RGB 矢量，$\mathbf{x}_{m,n}^{(2)}$是图像 2 像素$(m, n)$处的 RGB 矢量。

但是，如果我们分别计算各像素处最大似然视差 $w_{m,n}$，其结果是有噪声的(见图 11-18a)。如图 11-17 所示，视差的选择在图像中有几个视觉变化的区域是不明确的。通俗地说，如果邻近像素都是相似的，就很难建立对应于其他图像中给定位置的确定性。要解决这种不确定性，引入了先验 $Pr(\mathbf{w})$，该先验有利于视差图中的分段光滑；我们利用这样的事实，场景主要是光滑的表面，在与物体边缘有适当视差的地方偶尔跳跃。

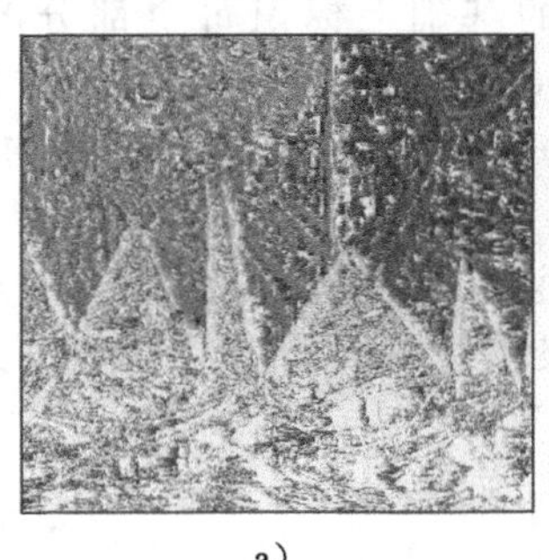
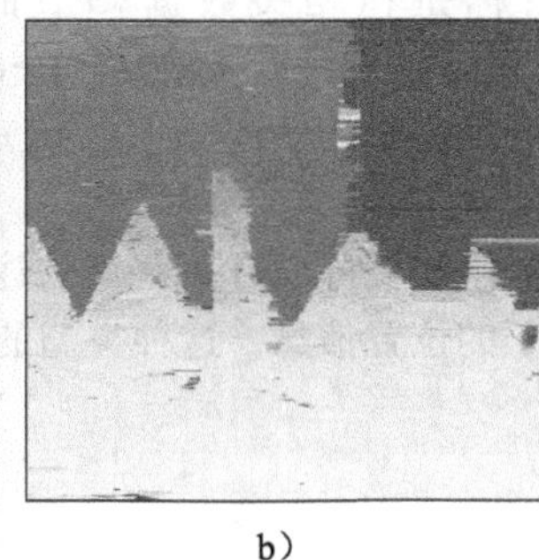
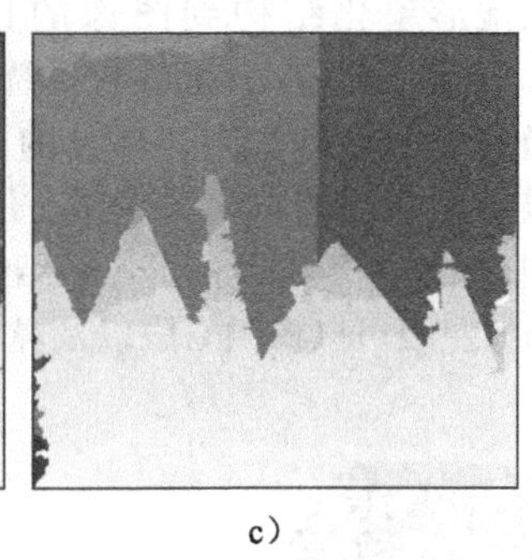

a)　　b)　　c)

图 11-18　密集立体效果。a) 独立像素模型恢复的视差图，b) 独立的扫描线模型恢复的视差图，以及 c) 基于树的模型恢复的视差图，Veksler(2005)

一种恢复视差的可能方法(Ohta 和 Kanade，1985)是对每条扫描线应用独立的先验，使得

$$Pr(\mathbf{w}) = \prod_{m=1}^{M} Pr(\mathbf{w}_m) \tag{11-56}$$

其中，每条扫描线被组织成链式模型(见图 11-2)，使得

$$Pr(\mathbf{w}_m) = Pr(w_{m,1}) \prod_{n=2}^{N} Pr(w_{m,n} | w_{m,n-1}) \tag{11-57}$$

选择 $Pr(w_{m,n} | w_{m,n-1})$分布，以便当相邻视差相同时它们分配一个高概率，当相邻视差由单个值改变时分配一个中等概率，如果它们选择大范围分离的值，那么分配一个低概率。因此，我们支持分段的光滑。

MAP 推理可以在每个扫描线上使用动态规划方法单独完成，结果通过组合形成完整的视差场 $\mathbf{w}$，这确实提高了方案的保真度，但它导致了具有“条纹状”特性的结果(见图 11-18b)。这些伪影来源于(错误的)的假设，即扫描线是独立的。为了得到一个更好的解决方案，我们应该也使垂直方向光滑，但是最终基于格的模型将包含回路，进而使得 MAP 推理有问题。

Veksler(2005)通过修剪基于网格的完整模型来解决此问题，直到它形成一个树。每条边被代价所标注，如果相关联的像素接近于图像中大的变化，那么成本是增加的；在这些图像中有大的变化的位置，可能是图像的纹理(这样该视差相对好定义)，也可能是场景中两个物体的边界。在这两种情况下，没有必要提前做平滑处理。因此，最小生成树往往在最需要的区域保持边缘。最小生成树可以使用标准方法来计算，如 Prim 算法(见 Cormen 等，2001)。

用该模型的 MAP 推理的结果如图 11-18c 所示。结果在两个方向上分段光滑，并且明显优于独立像素模型或独立扫描线的方法。然而，即使是这种模型，它也是一种不必要的近似；理想的模型是将变量全部连接在网格结构上，但是这显然包含回路。在第 12 章中，我们考虑这种模型，并且重新讨论立体视觉。

### 11.8.3　形象化结构

形象化结构是对象类的模型，对象类是由若干单独部分以弹簧状连接在一起的。一个典型的例子是人脸模型(见图 11-19)，其中可能包括鼻子、眼睛和嘴。该连接让这些特征的相对位置采取合理的值。例如，嘴一定在鼻子的下面。形象化结构在计算机视觉中有很长的历史，由 Felzen-szwalb 和 Huttenlocher(2005)以其现代形式而复兴，即如果部分之间的连接采取无环图(树)的形式，那么它们可以在多项式时间内调整图像。

匹配形象化结构到图像的目标是在相关数据$\{x_n\}$的基础上标识每个部分的位置$\{w_n\}_{n=1}^{N}$。例如，一个简单的系统可以指定一个似然度$Pr(\mathbf{x}|w_n=k)$，它是一个在位置$k$的图像块上的正态分布。部分的相对位置用$Pr(w_n|w_{pa[n]})$分布来编码。该系统的 MAP 推理可以用动态规划技术来完成。

图 11-19 显示了脸的形像化结构。如果特征有更密集的连接，那么这种模式将是首选的折衷：例如左眼可以提供右眼以及鼻子的位置信息。这种类型的模型可以可靠地找到正面人脸的特征。

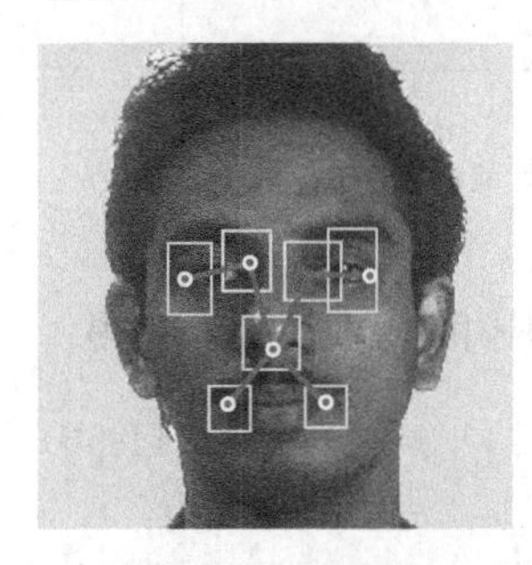

图 11-19　形象化结构。此脸部模型包括 7 个部分(红点)，以树状结构(红线)连接在一起。每个部分的可能位置由方框表示。虽然每个部分可以取几个百像素，但是 MAP 位置可以利用动态规划方法通过图的树结构有效地进行推理。局部化面部特征是许多人脸识别方法的共同元素(见彩插)

第二个应用是拟合挂接模型，如人体(见图 11-20)。这些自然有树的形式，因此结构是由问题本身来确定的。Felzenszwalb 和 Huttenlocher(2005)开发了这种模型，其中每个状态$w_n$表示模型(例如，右前臂)的一部分。每个状态可以取代表物体不同的可能位置和形状的$K$个可能值。

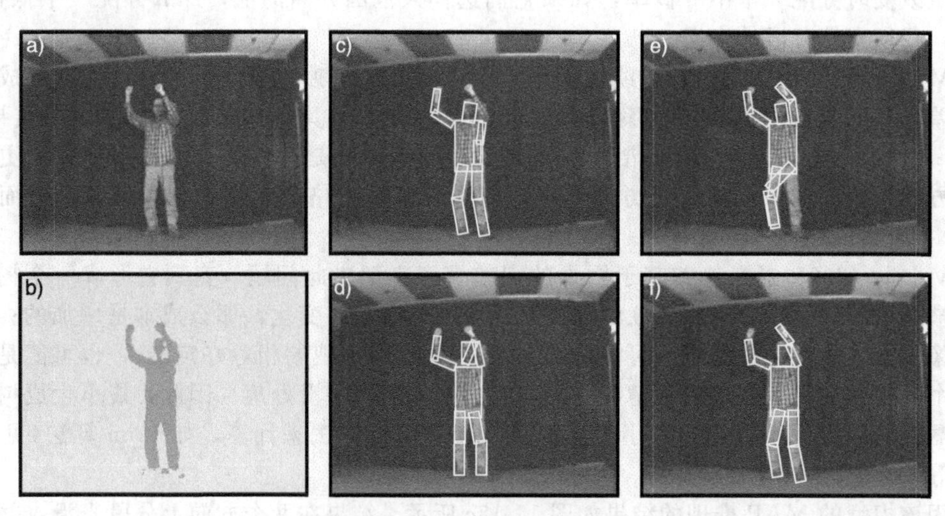


图 11-20　人体的形象化结构。a) 原图。b) 前景差分。c～f) 从关于部分位置的后验分布中提取的 4 个样本。每个部分的位置由固定长宽比的矩形表示，并且特征由它的位置、大小和角度表示。源自 Felzenszwalb 和 Huttenlocher(2005)。©2005 Springer

用背景差分技术把图像预分类成前景和背景。特定部分位置的似然度 $Pr(\mathbf{x}_n|w=k|)$ 用二值图像评价。具体地，如果认为该矩形内的区域是前景，认为围绕它的区域是背景，似然度增加。

但是，在此模型中的 MAP 推理是有一定不可靠性的：常见的失效模式是将身体的多部分在二值图像中混为身体的一部分。比如四肢可能互相遮挡，这在技术上是可行的，但它也可以发生错误，如果一肢支配并支撑矩形模型明显多于其他几肢。Felzenszwalb 和 Huttenlocher(2005)通过从关于模型各部分位置的后验分布 $Pr(w_{1\cdots N}|x_{1\cdots N})$ 中抽样并使用了一个更复杂的标准来选择最好的样本来处理这个问题。

### 11.8.4 分割

在 7.9.3 节中，我们根据像素所属的物体将分割看成像素标记问题。分割的另一种方法是推理出封闭的轮廓，它描绘两个物体的位置。在推理时，目标通常是基于图像数据 $\mathbf{x}$ 推理边界上一组点 $\{w_n\}$ 的位置。正如我们在试图求 MAP 解的过程中，不断更新这些点轮廓在图像中移动，为此这种类型的模型称为主动轮廓模型或蛇模型。

图 11-21 显示了拟合这种模型的一个例子。在每次迭代中，除了两个位置外，所有点的位置 $\{w_n\}$ 都被更新，并且可以占据其原先位置周边小区域的任何位置。在图像强度变化大的区域(即，边缘)取 $w_n=k$ 的似然性高，在强度为常数的区域低。此外，相邻点间连接并且具有引力：它们更可能是彼此接近的。通常，推理可以使用动态规划法来进行。在推理过程中，这些点往往会变得更近(由于它们的相互引力)，但会停止在物体的边缘处。

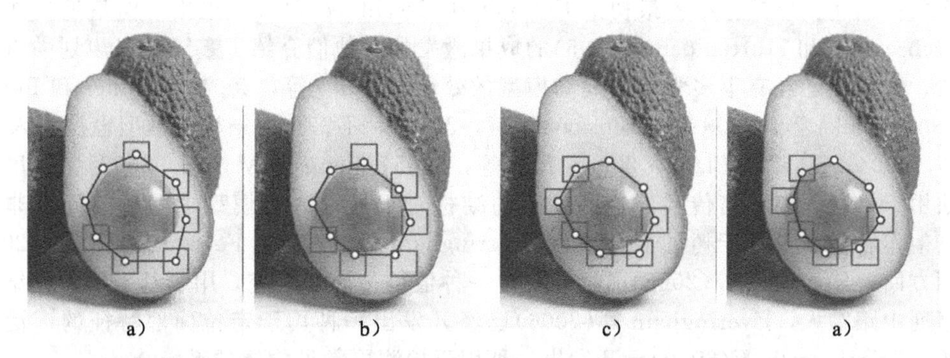


图 11-21 使用蛇模型分割。a) 两点是固定的，但其余的点可以取各自区域内的任何位置，后验分布支持那些位置接近其他点(由于成对连接)的图像轮廓(由于似然项)和位置。b) 推理的结果。c) 其他两个点被认为是固定的。d) 推理的结果。以这种方式，图像中的闭合轮廓被确定。源自 Felzenszwalb and Zabih(2011)。©2011 IEEE

在完整的系统中，重复该过程，但每一步选择不同的相邻节点。因此，动态规划是一个大的推理问题中的一个组成部分。随着推理过程的继续，轮廓在图像上移动并且最终固定到物体的边界。由于这个原因，这些模型称为蛇或主动轮廓模型。更多详细介绍见第 7 章。

## 讨论

本章已经讨论了基于无环图(链和树)的模型，第 12 章会讨论包含许多回路且基于网格的模型。我们将看到，MAP 推理只是一些简单的特例。与本章相比，我们还会看到有向和无向模型之间的巨大差异。

## 备注

**动态规划**：动态规划用在许多视觉算法中，包括那些没有明确概率表示的问题。由于其速度快，所以这是一个有吸引力的方法，并通过努力已得到了进一步的提高(Raphael，2001)。有趣的例子包括图像重定位(Avidan 和 Shamir，2007)，轮廓生成(Sha'ashua 和 Ullman，1988)，变形模板拟合(Amit 和 Kong，1996；Coughlan 等，2000)，形状匹配(Basri 等，1998)，超像素的计算(Moore 等，2008)和场景标注(Felzenszwalb 和 Veksler，2010)以及本章描述的应用。Felzenszwalb 和 Zabih(2011)对动态规划与计算机视觉中的其他图算法做了一个近期回顾。

**立体视觉**：Baker 和 Binford(1981)，Ohta 和 Kanade(1985)(他们使用基于边缘的模型)和 Geiger 等(1992)(他使用基于灰度的模型)将动态规划应用于立体视觉中。Birchfield 和 Tomasi(1998)通过在动态规划中消除不可能搜索的节点来提高速度并且引入了使深度更可能不连续的机制。Torr 和 Criminisi(2004 年)开发了一个系统，该系统将已知限制(如匹配的关键点)的动态规划集成。Gong 和 Yang(2005)开发了运行在图形处理单元(GPU)上的动态规划算法。Kim 等(2005)介绍了一种用于在每个像素处识别视差候选点的新方法，该方法利用了空间滤波器以及沿扫描线水平和垂直进行优化的二轮方法。Veksler(2005)使用树的动态规划来一次性解决整个图像，并且这个想法随后用于基于线分割的方法中(Deng 和 Lin，2006)。Salmen 等(2009)发现了计算机视觉中的动态规划算法的定量比较。立体视觉的替代方法详细见第 12 章，这些方法不是基于动态规划的。

**形象化结构**：形象化结构最初由 Fischler 和 Erschlager(1973)推出，但最近的热潮是由 Felzenszwalb 和 Huttenlocher(2005)的成果激发的，他们介绍了基于动态规划的有效推理方法。这方面已经有很多尝试来提高模型的效率(Kumar 等，2004；Eichner 和 Ferrari，2009；Andriluka 等，2009；Felzenszwalb 等，2010)。不符合树结构的模型也被引入(Kumar 等，2004；Sigal 和 Black，2006；Ren 等，2005；Jiang 和 Martin，2008)，这里的替代方法用于推理，如环路传播。这些一般的结构对于处理人体模型中的遮挡问题非常重要。其他作者提出了基于树的混合模型(Everingham 等，2006；Felzenszwalb 等，2010)。在应用方面，Ramanan 等(2008)已经开发出一种值得一提的系统，用于基于形象化结构在视频序列中跟踪人，Everingham 等(2006)已经开发出一种用于定位面部特征的广泛使用的系统，Felzenswalb 等(2010)已开发出一种用于检测更常见物体的系统。

**隐马尔可夫模型**：隐马尔可夫模型是基于链的模型，其应用在不断变化。关于如何在无监督的情况下学习它们的详细信息等主题的好教程可以在 Rabiner(1989)和 Ghahramani(2001)中找到。它们在计算机视觉中最常见的应用是用于手势识别(Starner 等，1998；Rigoll 等，1998；最近的综述参见 Moni 和 Ali(2009)Ali)，但它们也用在其他情况下，例如行人交互的建模(Oliver 等，2000)。最近的一些著作(例如，Bor Wang 等，2006)用相关判定模型实时跟踪物体，称为条件随机场(参见第 12 章)。

**蛇模型**：一个在图像表面变化的主动轮廓模型是由 Kass 等人提出的(1987)。Amini 等(1990)和 Geiger 等(1995)用动态规划方法描述了这个问题。这些模型在第 17 章进一步考虑。

**置信传播**：和积算法(Kschischang 等，2001)是 Pearl(1988)关于置信传播的工作成果的发展。因子图表示是由 Frey 等(1997)提出的。Murphy 等(1999)以及 Weiss 和 Freeman(2001)研究了置信传播，用来求边缘后验和有环图的 MAP 解。在环路置信传播中值得一提的应用包括立体视觉(Sun 等，2003)和超分辨图像(Freeman 等，2000)。有关置信传播的更多信息，可以在机器学习教科书中找到，如 Bishop(2006)，Barber(2012)，以及 Koller 和 Friedman(2009)。

## 习题

11.1 使用动态规划法手工求解遍历图 11-22 中图的最低可能成本。

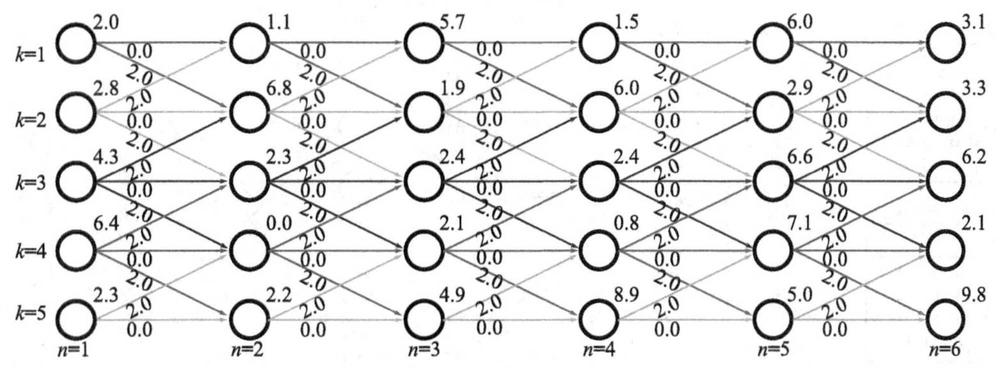

图 11-22 习题 1 的动态规划例子

11.2 链式模型中的 MAP 推理还可以通过在图 11-23 中图上运行 Djikstra 算法进行，从左侧的节点开始，然后首次到达右侧的节点时停止。如果有 $N$ 个变量，其中每一个取 $K$ 个值，那么算法在最佳和最坏情况下的复杂度是多少？描述 Djikstra 算法优于动态规划法的情况。

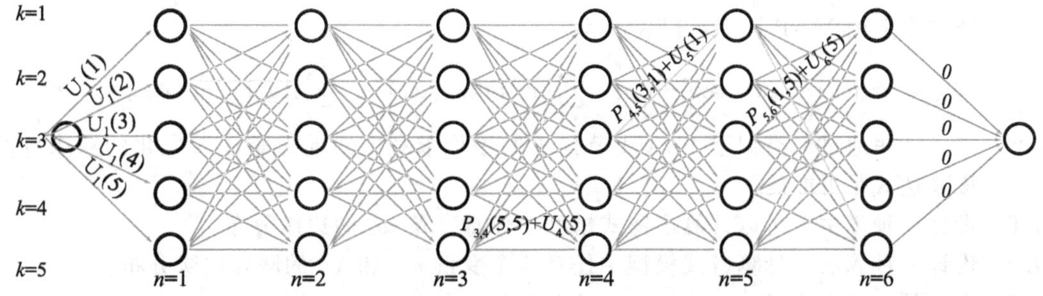

图 11-23 习题 2 的图结构。这是和动态规划图一样的(见图 11-3)，所不同的是：(i)在开始和结尾处有额外的两个节点。(ii)不存在顶点成本。(iii)与最左边的边相关联的成本是 $U_1(k)$，与最右边的边相关联的成本是 0，从节点 $n$ 处的标签 $a$ 和到 $n+1$ 节点处的标签 $b$ 的一般成本为 $P_{n,n+1}(a, b)+U_{n+1}(b)$

11.3 考虑图 11-24a 中的图模式。写出式(11-17)中的 MAP 估计的成本函数。讨论你的答案和式(11-17)之间的区别。

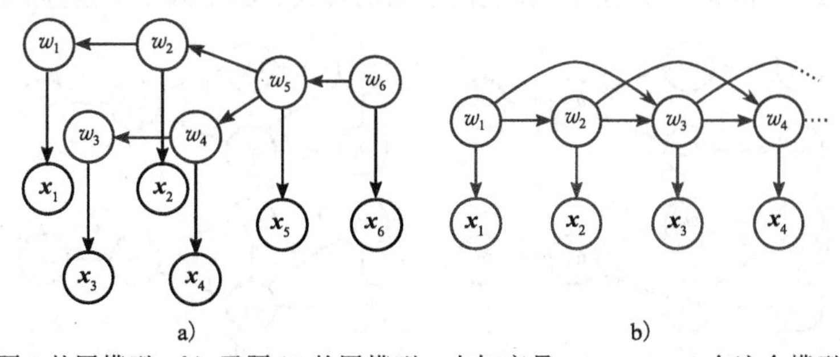

图 11-24 a) 习题 3 的图模型。b) 习题 10 的图模型。未知变量 $w_3$，$w_4$，…在这个模型中接收来自前两个变量的连接，所以图包含环路

11.4　求图 11-25 所示树上的动态规划问题的解(最小成本路径)，其对应于图 11-6 中图模型。

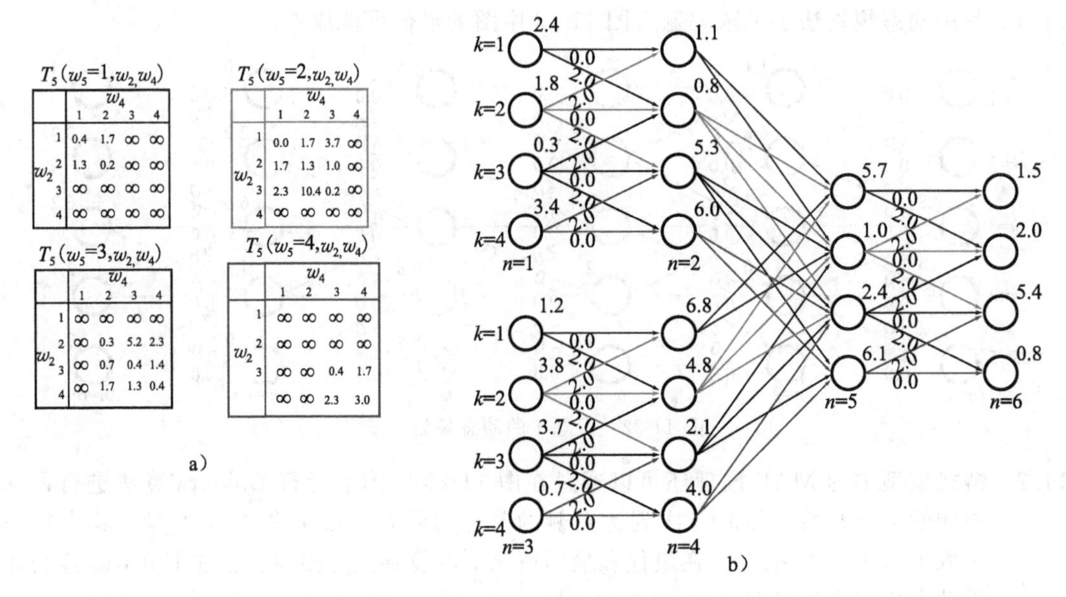


图 11-25　习题 4 的动态规划示例

11.5　链式模型的 MAP 推理可以表示为

$$\hat{w}_N = \underset{w_N}{\operatorname{argmax}}\left[\max_{w_1}\left[\max_{w_2}\left[\cdots\max_{w_{N-1}}\left[\sum_{n=1}^{N}\log[Pr(\mathbf{x}_n|w_n)]+\sum_{n=2}^{N}\log[Pr(w_n|w_{n-1})]\right]\cdots\right]\right]\right]$$

证明通过以类似于 11.4.1 节描述的序列求和方式通过移动最大化的项来计算该表达式是可能的。

11.6　设计一种算法，可以计算出链式模型中任意变量 $w_n$ 的边缘分布。

11.7　设计一种算法，计算链式模型中任意两个变量 $w_m$ 和 $w_n$ 的联合边缘分布。

11.8　考虑关于三个变量 $x_1$、$x_2$ 和 $x_3$ 的两个分布：

$$Pr(x_1,x_2,x_3)=\frac{1}{Z_1}\phi_{12}[x_1,x_2]\phi_{23}[x_2,x_3]\phi_{31}[x_3,x_1]$$

$$Pr(x_1,x_2,x_3)=\frac{1}{Z_2}\phi_{123}[x_1,x_2,x_3]$$

绘制(i)无向模型和(ii)每个分布的因子图。得到什么结论？

11.9　将图 11-26 中的每个图模型转换成因子图的形式。哪个因子图是链的形式？

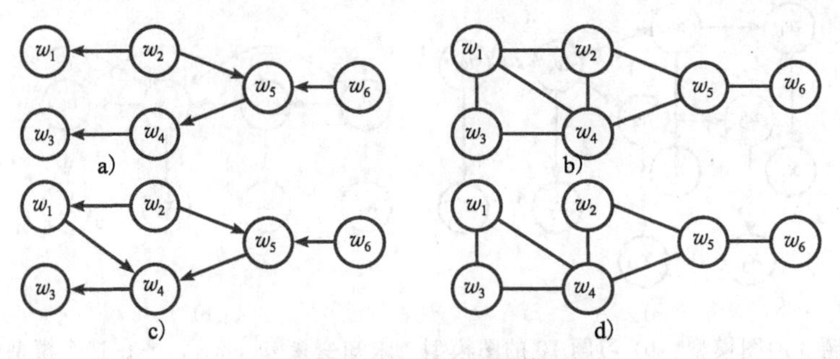


图 11-26　习题 9 的图模型

11.10　图 11-24b 展示了一个链式模型，其中每一个未知变量 $w$ 由它的两个祖先决定。描述一个动态规划方法来求 MAP 解。(提示：需要组合变量)。如果在链中有 $N$ 个变量，每个变量都需要 $K$ 个值，算法的整体复杂度是多少？

11.11　在立体视觉问题中，当独立地处理像素时效果非常差(见图 11-18a)。请对这种方法提出一些改进(同时保持独立像素)。

11.12　考虑分割应用(见图 11-21)的一个变体，我们一次性更新所有的轮廓位置。针对此问题的图模型是一个环路(即一个链，其中也有 $w_n$ 和 $w_1$ 之间的边缘)。设计一个方法来求这个模型中精确的 MAP 解。如果有 $N$ 个变量，每一个都可以取 $K$ 个值，算法复杂度是多少？

第 12 章



# 网格模型

第 11 章对链状和树状结构模型进行了讨论。本章考虑一类新模型，该模型将每一个标签与图像中的每个像素相关联。由于像素阵数量不详，因此定义一个网格模型是合适的。特别地，我们将考虑图形模型，其中每一个标签与它的四个邻接标签都有直接的概率联系。重要的是，这意味着潜在的图形模型中会出现回环，从而导致上一章中的动态规划和置信传播方法失效。

提出这些网格模型的初衷在于像素仅能提供与其相关联标签的模糊信息。然而，已经知道标签的某些空间构型相比其他更为通用，并且我们尝试利用这方面的知识去克服模棱多义性。本章将使用成对的马尔可夫随机场(Markov Random Field, MRF)来描述标签不同配置的相关优势。正如我们将看到的那样，在某些情况下使用一组图割方法能够使成对 MRF 的最大后验推理方法更容易处理。

为了便于介绍网格模型，我们引入一类具有代表性的应用。在图像去噪中，我们获得一幅受污染的图像，其中某些像素的亮度根据均匀分布被随机变更为另一数值(如图 12-1 所示)。我们的目标就是恢复原始的清晰图像。我们需要注意该问题的两个重要方面。

a) b) c) d)

图 12-1 图像去噪。a) 原始二值图像。b) 针对固定比例像素的极值随机生成的观测图像。目标是要从一幅受污染的图像中恢复出原始图像。c) 原始灰度图像。d) 将一定比例的像素值设为均匀分布的数值后得到观测的污染图像。目标是要恢复出原始图像

1. 绝大多数像素并未被噪声污染，因此数据可以告知我们哪些像素的亮度值可以被提取。

2. 未受噪声污染的图像总体是平滑的，只在亮度级之间有少量变化。

因此，解决方案是构建一个生成模型，模型中的 MAP 解是一幅与噪声图像非常相似的图像，但更为平滑。作为解的重要环节，我们需要定义一个图像的概率分布使其更为平滑。本章将使用马尔可夫随机场的离散形式来定义图像的概率分布。

## 12.1 马尔可夫随机场

马尔可夫随机场定义如下：

- 位置集合 $\mathcal{S}=\{1, \cdots, N\}$，对应 $N$ 个像素的位置信息。

- 与每个像素位置相关联的随机变量集合 $\{\omega_n\}_{n=1}^N$。
- $N$ 个位置点中每个位置点处的邻域集合 $\{\mathcal{N}_n\}_{n=1}^N$。

要成为马尔可夫随机场，模型必须满足马尔可夫特征：

$$Pr(w_n \mid w_{\mathcal{S}\setminus n}) = Pr(w_n \mid w_{\mathcal{N}_n}) \tag{12-1}$$

换句话说，在给定邻域的前提下，该模型应有条件地独立于其邻域提供的所有其他变量。该特征听起来应该并不陌生：这正是在一个无向图像模型中条件独立性的工作原理。

因此，我们可以将一个马尔可夫随机场看作一个无向模型(见 10.3 节)，它将变量的联合概率描述为势函数的乘积：

$$Pr(\mathbf{w}) = \frac{1}{Z}\prod_{j=1}^{J}\phi_j[\mathbf{w}\ \mathcal{C}_j] \tag{12-2}$$

其中，$\phi_j[\bullet]$是第 $j$ 个势函数，且总是返回一个非负值。该数值取决于变量 $\mathcal{C}_j \subset \{1,\cdots,N\}$ 子集的状态。在这里，该子集称为子图。$Z$ 称为分区函数，并且是一个归一化常数以保证结果是一个有效的概率分布。

或者，也可以将上述模型改写成 Gibbs 分布的形式：

$$Pr(\mathbf{w}) = \frac{1}{Z}\exp\left[-\sum_{j=1}^{J}\psi_j[\mathbf{w}\ \mathcal{C}_j]\right] \tag{12-3}$$

其中，$\psi[\bullet]=-\log[\phi[\bullet]]$称为成本函数，其返回值可能是正数，也可能是负数。

### 12.1.1　网格示例

在一个马尔可夫随机场中，每一个势函数 $\phi[\bullet]$(或成本函数 $\psi[\bullet]$)都表示变量集合中的一个小的子集。本章中，我们将主要涉及成对的马尔可夫随机场，其中的“子图”(子集)仅由一个规则的网格结构中的邻域对所构成。

为了观察成对马尔可夫随机场如何用于一幅图像的平滑处理，可以考虑一个 2×2 的图像模型(如图 12-2 所示)。这里将相关离散状态的概率 $Pr(w_{1\ldots4})$定义成一个成对项的归一化乘积：

$$Pr(\mathbf{w}) = \frac{1}{Z}\phi_{12}(w_1,w_2)\phi_{23}(w_2,w_3)\phi_{34}(w_3,w_4)\phi_{41}(w_4,w_1) \tag{12-4}$$

其中，$\phi_{mn}(w_m,w_n)$ 是一个描述 $w_m$ 和 $w_n$ 两种状态的势函数，该函数的返回值是一个正数。

考虑这样一种情况：每个像素的状态值 $w_n$ 是二值的，只能取值 0 或 1。因此，函数 $\phi_{mn}$ 将会返回四个可能的数值，这四个数值取决于 $w_m$ 和 $w_n$ 的四种组合 {00，01，10，11} 中的一种。简单起见，假设 $\phi_{12}$、$\phi_{23}$、$\phi_{34}$ 和 $\phi_{41}$ 这四个函数是唯一的，且每一个均满足：

$$\begin{aligned}\phi_{mn}(0,0) &= 1.0 \qquad \phi_{mn}(0,1) = 0.1\\ \phi_{mn}(1,0) &= 0.1 \qquad \phi_{mn}(1,1) = 1.0\end{aligned} \tag{12-5}$$

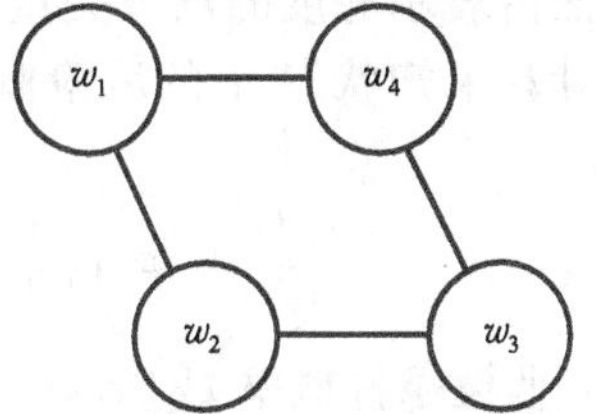


图 12-2　可行的 MRF 示例图形模型。变量构成了一个 2×2 的网格。这是一个无向图模型，其中每条链接表示定义在两个连接变量之间的势函数。每一个势函数返回一个正数，表示这两个变量取这些特殊数值的趋势

由于只有四种二值状态，因此能够通过计算 16 种可能组合中每一种的非归一化概率，并计算数值之和从而得出常数 $Z$ 的数值。16 种可能状态的概率值如下表所示：

| $w_{1\cdots4}$ | $Pr(w_{1\cdots4})$ | $w_{1\cdots4}$ | $Pr(w_{1\cdots4})$ | $w_{1\cdots4}$ | $Pr(w_{1\cdots4})$ | $w_{1\cdots4}$ | $Pr(w_{1\cdots4})$ |
|---|---|---|---|---|---|---|---|
| 0000 | 0.4717 6 | 0100 | 0.0047 1 | 1000 | 0.0047 1 | 1100 | 0.0047 1 |
| 0001 | 0.0047 1 | 0101 | 0.0000 5 | 1001 | 0.0047 1 | 1101 | 0.0047 1 |
| 0010 | 0.0047 1 | 0110 | 0.0047 1 | 1010 | 0.0000 5 | 1110 | 0.0047 1 |
| 0011 | 0.0047 1 | 0111 | 0.0047 1 | 1011 | 0.0047 1 | 1111 | 0.4717 6 |

式(12-5)中的势函数能够起到平滑作用：当邻域有相同状态时，函数 $\phi_{mn}$ 能够返回较大的数值；相反，当邻域状态不同时，函数 $\phi_{mn}$ 能够返回较小的数值，这些都在最终概率中得到了体现。

我们可以通过将模型的尺寸提升到一个较大的图像尺寸的网格进行观察，其中每一个像素对应一个节点，并从最终概率分布中抽样(如图 12-3 所示)。产生的二值图像绝大部分是平滑的，仅在两个数值间有偶然变化。

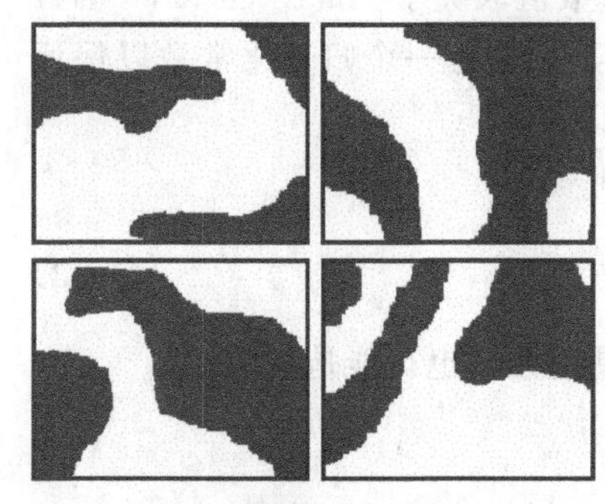

图 12-3　马尔可夫随机场先验的样本。使用一个 Gibbs 采样方法获取 MRF 先验的四个样本(见 10.7.2 节)。每一个样本是一个几乎完全平滑的二值图像，只有在从黑色变换为白色或相反情况时才有偶然变化。这种先验有利于平滑处理(像去噪问题中的原始图像)，但不利于标签中分离的变化(例如，噪声中的情况)

需要注意的是，对于真实尺寸的模型，我们不能简单地按照 2×2 的图像模型来计算归一化常数 $Z$。例如，对于 10 000 个二值像素，归一化常数就是 $2^{10000}$ 项之和。通常情况下，对于一些未知的缩放因子，我们将不得不只对一些已知的概率加以处理。

### 12.1.2 离散成对 MRF 图像去噪

现在我们将离散成对马尔可夫随机场模型应用于去噪领域。目标是从观测噪声图像中恢复出原始图像的像素灰度值。

更准确地来说，假设观测图像 $x=\{x_1,x_2,\cdots,x_N\}$ 由离散变量所构成，其中不同数值(标签)代表不同亮度。目标是要恢复出原始的未受噪声污染的图像 $w=\{w_1,w_2,\cdots,w_N\}$，$w$ 仍然由表示亮度的离散变量所构成。首先将把讨论范围限定于生成模型，并采用贝叶斯法则计算未知状态 $w$ 的后验概率。

$$Pr(w_{1\cdots N}|x_{1\cdots N})=\frac{\prod_{n=1}^{N}Pr(x_n|w_n)Pr(w_{1\cdots N})}{Pr(x_{1\cdots N})} \tag{12-6}$$

其中，假设条件概率 $Pr(x_1,\cdots,_N \mid w_1,\cdots,_N)$ 因式分解为与每个像素相关的各项的乘积。首先，考虑对二值图像进行去噪，其中噪声以概率 $\rho$ 到达像素极值，使得：

$$\begin{aligned}Pr(x_n|w_n=0)&=\text{Bern}_{x_n}[\rho]\\Pr(x_n|w_n=1)&=\text{Bern}_{x_n}[1-\rho]\end{aligned} \tag{12-7}$$

然后，我们考虑灰度级去噪，其中观测像素信息以概率 $\rho$ 被均匀分布的信息加以替换。

为了使标签 $w_n$ 更为平滑，定义一个先验系数：我们希望这些标签大体上与观测图像保持一致，但是不希望标签孤立变化的配置。为此，我们将该先验系数建模为一个成对 MRF。4 连接邻域像素中的每一对都将构成一个子图，使得

$$Pr(w_{1\cdots N}) = \frac{1}{Z}\exp\left[-\sum_{(m,n)\in\mathcal{C}}\psi[w_m, w_n, \boldsymbol{\theta}]\right] \tag{12-8}$$

其中，我们假设每一对 $\{w_m, w_n\}$ 的子图成本完全相同，均为 $\psi[\bullet]$。参数 $\boldsymbol{\theta}$ 定义了每一个邻域成对数值组合的成本 $\psi[\bullet]$。

$$\psi[w_{rm} = j, w_n = k, \boldsymbol{\theta}] = \theta_{jk} \tag{12-9}$$

因此，当子图中的第一个变量 $w_m$ 取得标签 $j$，第二个变量 $w_n$ 取得标签 $k$ 时，我们需要成本 $\theta_{jk}$。如上所述，我们将选取这些数值，从而保证当邻域标签相同时(因此，$\theta_{00}$ 和 $\theta_{11}$ 较小)成本较小，而当邻域标签不同时(因此，$\theta_{01}$ 和 $\theta_{10}$ 较大)成本较大。这有助于使解在很大程度上是平滑的。

相关的图形模型如图 12-4 所示。这是一个混合模型，包含了有向链接和无向链接两部分。似然项(见式(12-7))形成了观测数据与去噪图像对应像素间的灰色有向连接，MRF 先验(见式(12-8)))形成了连接像素的黑色网格。

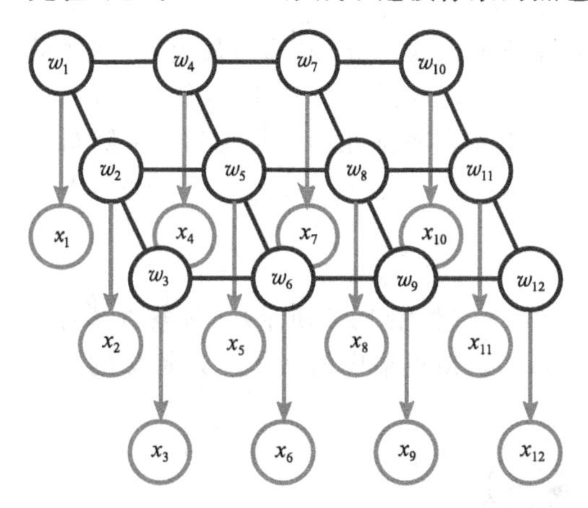


图 12-4 去噪模型。在像素 $n$ 处，观测数据 $x_n$ 有些情况下依赖于相关的全局状态 $\omega_n$(方向箭头)。每一个全局状态 $\omega_n$ 都有无向边与它的 4 连接邻域相连接(直线)。因此这是一个混合模型：它既包含有向成分也包含无向成分。一个马尔可夫随机场的全局状态是由子图连接起来的，每个子图由相邻的变量对所构成。例如，变量 $\omega_5$ 参与构建了子图 $\mathcal{C}_{25}$、$\mathcal{C}_{45}$、$\mathcal{C}_{65}$ 和 $\mathcal{C}_{85}$

## 12.2 二值成对马尔可夫随机场的 MAP 推理

为了进行图像去噪，我们使用 MAP 推理对变量 $\{\omega_n\}_{n=1}^{N}$ 进行估计，目标是要找出一个能够最大化后验概率 $Pr(w_{1,\cdots,N}|x_{1,\cdots,N})$ 的全局状态集合 $\{\omega_n\}_{n=1}^{N}$，满足：

$$\begin{aligned}\hat{w}_{1\cdots N} &= \underset{w_{1\cdots N}}{\operatorname{argmax}}[Pr(w_{1\cdots N}|\boldsymbol{x}_{1\cdots N})] \\ &= \underset{w_{1\cdots N}}{\operatorname{argmax}}\left[\prod_{n=1}^{N}Pr(x_n|w_n)Pr(w_{1\cdots N})\right] \\ &= \underset{w_{1\cdots N}}{\operatorname{argmax}}\left[\sum_{n=1}^{N}\log[Pr(x_n|w_n)] + \log[Pr(w_{1\cdots N})]\right]\end{aligned} \tag{12-10}$$

其中，我们使用贝叶斯法则将其变换到对数域。由于先验是一个具有成对连接的 MRF，因此可以将其表示为：

$$\begin{aligned}\hat{w}_{1\cdots N} &= \underset{w_{1\cdots N}}{\operatorname{argmax}}\left[\sum_{n=1}^{N}\log[Pr(x_n|w_n)] - \sum_{(m,n)\in\mathcal{C}}\psi[w_m, w_n, \boldsymbol{\theta}]\right] \\ &= \underset{w_{1\cdots N}}{\operatorname{argmax}}\left[\sum_{n=1}^{N} -\log[Pr(x_n|w_n)] + \sum_{(m,n)\in\mathcal{C}}\psi[w_m, w_n, \boldsymbol{\theta}]\right] \\ &= \underset{w_{1\cdots N}}{\operatorname{argmax}}\left[\sum_{n=1}^{N}U_n(w_n) + \sum_{(m,n)\in\mathcal{C}}P_{mm}[w_m, w_n]\right]\end{aligned} \tag{12-11}$$

其中，$U_n(\omega_n)$表示像素 $n$ 的一元项，它是在给定状态 $w_n$ 下在像素 $n$ 处观测数据的成本，也是一个负的对数似然项。类似地，$P_{mn}(\omega_m,\omega_n)$ 表示成对项，这是在两个邻域位置 $m$、$n$ 放置标签 $w_m$ 和 $w_n$ 的成本函数，它来源于 MRF 先验中的子图成本 $\psi[\omega_m,\omega_n,\boldsymbol{\theta}]$。需要注意的是，我们省略了 MRF 定义中的 $-\log[Z]$ 项，因为它相对于状态集 $\{\omega_n\}_{n=1}^{N}$ 是一个常数，因此对最优解不造成影响。

式(12-11)中的代价函数可以使用一类统称为图割的方法加以优化。我们将考虑三种情形：

- 二值 MRF(即，$\omega_i\in\{0,1\}$)，其中相邻标签不同组合的成本是“子结构”(我们将会在后续章节中加以解释)。精确 MAP 推理是可行的。
- 多标签 MRF(即，$\omega_i\in\{1,2,\cdots,K\}$)，其中成本称为“子结构”。同样，精确 MAP 推理也是可行的。
- 多标签 MRF 的成本更为通用。精确 MAP 推理是不可行的，但在某些情况下可以找到好的近似解。

为了完成这些 MAP 推理任务，我们将它们转化成最大极限流(或称为最大流)问题的形式加以解决。最大流问题已经得到广泛的研究，并且精确的多项式含时算法已经问世。接下来将对最大流问题及其方案进行描述。本章后续的部分将描述如何将马尔可夫随机场中的 MAP 推理转化为最大流问题。

### 12.2.1 最大流/最小割

考虑一个具有顶点集 $V$、有向边集 $\varepsilon$ 的图 $\boldsymbol{G}=(V,\varepsilon)$ (如图 12-5 所示)。每条边具有一个非负容量值，因此表示顶点 $m$ 和 $n$ 之间的容量为 $c_{mn}$。顶点集中的两个点是特殊的，分别称为源点和汇点。

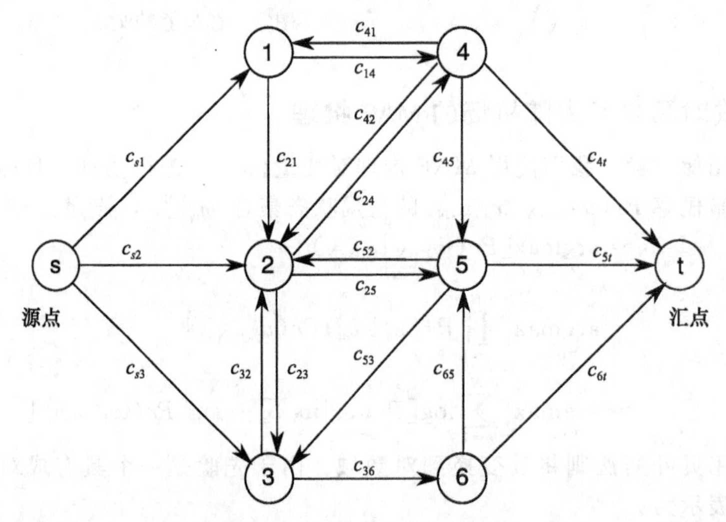


图 12-5 最大流问题：给定一个由有向边相连接的顶点网络，每条有向边拥有一个非负容量 $c_{mn}$。有两个分别称为源点和汇点的特殊顶点 $s$ 和 $t$。在最大流问题中，我们在考虑各条边容量时，寻求将尽可能多的“流量”从源点推向汇点

考虑通过源点到达汇点这个网络的传输流量(流)。最大流算法的目的是要计算在不超过任何一条边容量的前提下，能够通过该网络的最大流量值。

在传输最大可能流量值时，即所谓的最大流解，从源点到达汇点的每一条路径必须包含一条饱和边(即达到了该条边的最大容量值)。否则，我们可以将更多的数据流推送至该

条路径，因此根据定义，这并不是最大流解。

另外一种思考问题的方式是对饱和边进行考虑。我们将图中的割定义为一个将源点与汇点相隔离的边的最小集合。换句话说，如果删除这些边，源点与汇点之间将没有路径。更精确地，割将顶点集合划分为两组：从源点通过某些路径能够到达的顶点，但不能到达汇点；以及从源点出发不能到达的顶点，但这些顶点能够通过某些路径到达汇点。简言之，我们将割称为源点与汇点之间的“屏障”。每个割都被赋予相关的成本，数值等于割除的边的容量值之和。

由于最大流方案中的饱和边能够将源点与汇点相隔离，因此饱和边可以构成“割”。事实上，某一类特殊的割拥有一个最小可能成本，这称为*最小割解*。因此，最大流与最小割问题是可以相互转化的。

**最大流中的增广路径算法**

有许多计算最大流问题的算法，对这些算法的描述超出了本书的范畴。然而，为了保证完整性，我们提出*增广路径*算法的框架(如图 12-6 所示)。

考虑到可能选择任意一条从源点到汇点的路径，并且将最大可能流量注入其中。这些流量将受到路径上具有最小容量值且将要饱和的边的限制。我们从路径上所有边的容量值中去除这一部分流量，从而使得饱和边获得一个新的容量值 0。重复这一过程，寻找从源点到汇点的第二条路径，将尽可能大的流量注入并更新相关各边的容量值。我们继续这个过程直到将所有饱和边除去，从源点到汇点将无法构成一条路径时为止。这样，我们所传输的总流量即为最大流，所有的饱和边构成一个最小割。

在整个算法中，还有一些额外的复杂因素：例如，如果在边 $i-j$ 上已经有了一些流量，那么从源点到汇点可能还存在一条包含了边 $j-i$ 的路径。在这种情况下，在 $j-i$ 上添加流量前需要减去 $i-j$ 上的流量。读者可以查阅有关基于图的算法的专业文献以获取更多细节。

如果我们每一步都选择含有最大容量值的路径，算法将会保证收敛并具有复杂度 $O(|\varepsilon|^2|V|)$，其中 $|\varepsilon|$ 和 $|V|$ 分别是图中边和顶点的数目。从现在起，我们将假设最大流/最小割问题已经得到解决，并将重点放在如何将 MRF 中的 MAP 估计问题转化成这种形式加以解决。

### 12.2.2 MAP 推理：二值变量

回忆一下要求 MAP 解我们必须求：

12.1

$$\hat{w}_{1\cdots N} = \underset{w_{1\cdots N}}{\operatorname{argmin}}\left[\sum_{n=1}^{N} U_n(w_n) + \sum_{(m,n)\in\mathcal{C}} P_{mn}(w_m, w_n)\right] \tag{12-12}$$

其中，$U_n(\omega_n)$ 和 $P_{mn}(\omega_m, \omega_n)$ 分别表示*一元项*和*成对项*。

因为教学方面的原因，我们将首先考虑一元项为正数、成对项拥有以下的 0 对角形式：

$$P_{mn}(0,0) = 0 \qquad P_{mn}(1,0) = \theta_{10}$$
$$P_{mn}(0,1) = \theta_{10} \qquad P_{mn}(1,1) = 0$$

其中，$\theta_{01}$，$\theta_{10}>0$。本节稍后将讨论更通用的情况。

主要思想是构建一个有向图 $\boldsymbol{G} = (V, \varepsilon)$，并将权值赋予各条边，使得图中的最小割对应最大后验解。特别地，我们构建一个图，让每一个顶点与每一个像素相对应，像素网格中的相邻顶点间有一对有向边。此外，源点到每个顶点间有一条有向边，每个顶点到汇点间有一条有向边(如图 12-7 所示)。

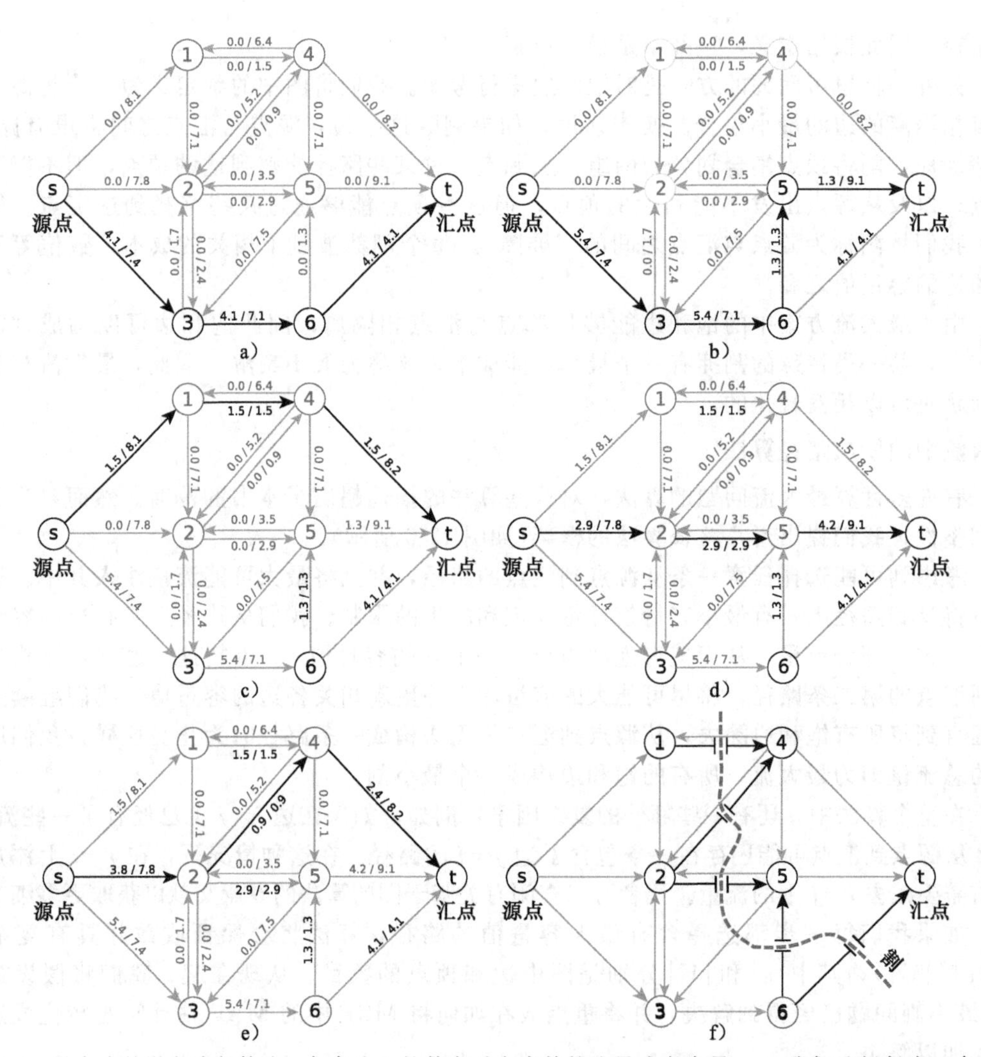


图 12-6　最大流的增广路径算法。每条边上的数字对应当前的流量或者容量。a）我们选择任意一条从源点到汇点具有空流量的路径，并将尽可能多的流量沿该路径进行推送。拥有最小流量的边(这里指边 6—t)将会饱和。b）而后我们选择另外一条仍具有空流量的路径，并将尽可能多的流量进行推送。现在边 6—5 将饱和。c～e）我们重复此操作直到不存在一条这样的路径为止：从源点到汇点间不包含一条饱和边。推送的总流量就是最大流量。f）在最小割问题中，求一个将源点与汇点相隔离的边集合，并且具有最小的总流量。最小割(虚线)由最大流问题中的饱和边所构成。在这个例子中，随机选取了路径，但要确保算法在通常情况下可以收敛，我们应当在每一步中选取剩余路径中具有最大流量的一条

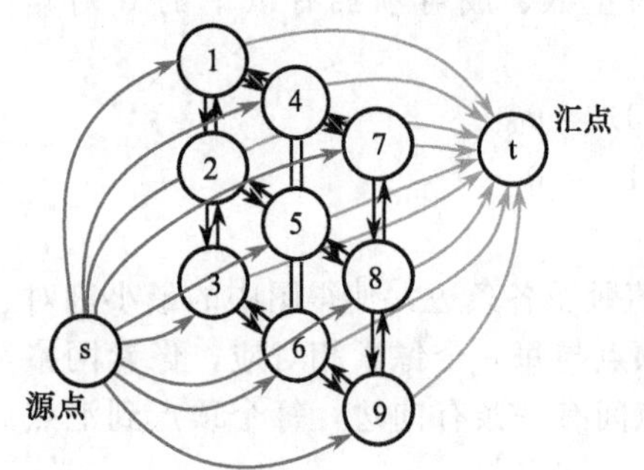


图 12-7　针对一个拥有二值标签以及在 3×3 图像中具有成对连接的 MRF，求 MAP 解的图形结构。每个像素对应一个顶点，像素网格中的邻域通过成对的有向边相连接。每个像素的顶点收到来自于源点的一个连接，并发出一个通往汇点的连接。要将源点与汇点相分离，割必须包含每个顶点的这两条边中的一条。选择切割哪一条边将决定将两个标签中的哪一个指派给该像素

现在考虑图形的割。在任何割中，我们要么去除连接源点与像素顶点间的边，要么去除连接像素顶点与汇点间的边，或者二者均去除。如果不这么做，那么仍将存在一条从源点到汇点的路径，这就不是一个有效的割。就最小割而言，我们不会将二者均去除(考虑最通用的情况，两条边具有不同的容量值)——这没有必要且不可避免地导致比去除任意一条付出更大的成本。我们将对像素进行标记，其中那些像素与源点间的边将被去除且被赋予标签 $w_n=0$，像素与汇点间的边也将被去除且被赋予标签 $w_n=1$。因此每一个可能的最小割都有一个像素标签。

现在我们的目标是要将容量分配到各条边，因而每个"割"的成本均与式(12-12)中描述的相关标签的成本相匹配。简单起见，我们用一幅仅含有三个像素的一维图像加以阐述(如图12-8所示)，但是需要强调的是，所有的思想在二维图像和高维结构中仍是有效的。

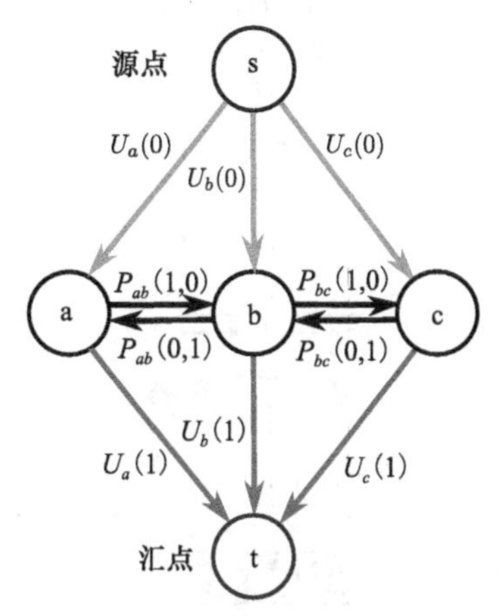


图12-8 使用简单一维样本的具有对角成对项的二值MRF图结构。在切割完成后，与源点连接的顶点被赋予标签1，而与汇点连接的顶点被赋予标签0。因此，我们将一个适当的一元成本与源点/汇点和像素顶点的连接相联系。成对成本与图中像素间的水平链接相联系。这一安排确保了对于8种可能解中的任何一种，我们都可以付出正确的成本

将一元成本 $U_n(0)$ 和 $U_n(1)$ 分别赋予从像素到源点和从像素到汇点的边。如果去除从源点到一个给定像素的边(因而 $w_n=0$)，付出的成本为 $U_n(0)$。相反，如果去除从一个给定像素到汇点的边(因而 $w_n=1$)，付出的成本为 $U_n(1)$。

将成对成本 $P_{mn}(0,1)$ 和 $P_{mn}(1,0)$ 赋予相邻像素间的成对边。现在如果一个像素与源点相连，而另一个与汇点相连，为了将源点与汇点分离开，付出 $P_{mn}(0,1)=\theta_{01}$ 或者 $P_{mn}(1,0)=\theta_{10}$ 的成本较为合适。这些割对应3像素模型的所有8种可能组合，它们对应的成本在图12-9中得以体现。

由式(12-12)可知，图中任何一个割要么将其中的像素与源点隔离开，要么将其中的像素与汇点隔离开，但都具有合适的成本。由此得出结论：图中的最小割具有最小成本，相应的标签 $w_{1,\ldots,N}$ 将对应最大后验解。

**通用成对成本**

现在让我们考虑如何使用通用成对成本：

$$\begin{array}{ll} P_{mn}(0,0)=\theta_{00} & P_{mn}(1,0)=\theta_{10} \\ P_{mn}(0,1)=\theta_{01} & P_{mn}(1,1)=\theta_{11} \end{array} \quad (12\text{-}13)$$

为了加以说明，我们使用一个更为简单的只有两个像素的图(如图12-10所示)。注意，我们在 $s\sim b$ 的边上赋予了成对成本 $P_{ab}(0,0)$ 。当 $w_a=0$，$w_b=0$ 时，我们将不得不支付这个成本。遗憾的是，即使是在 $w_a=1$，$w_b=0$ 时，我们仍然需要支付成本。因此，我们 $a\sim b$ 的边上扣除相同成本，在这个解中该成本也必须被扣除。按照同样的逻辑，我们在 $a\sim t$ 的边上赋予成本 $P_{ab}(1,1)$，然后在 $a\sim b$ 的边上扣除相同成本。以这种方式，我

们将正确的成本与每一个标签进行匹配。

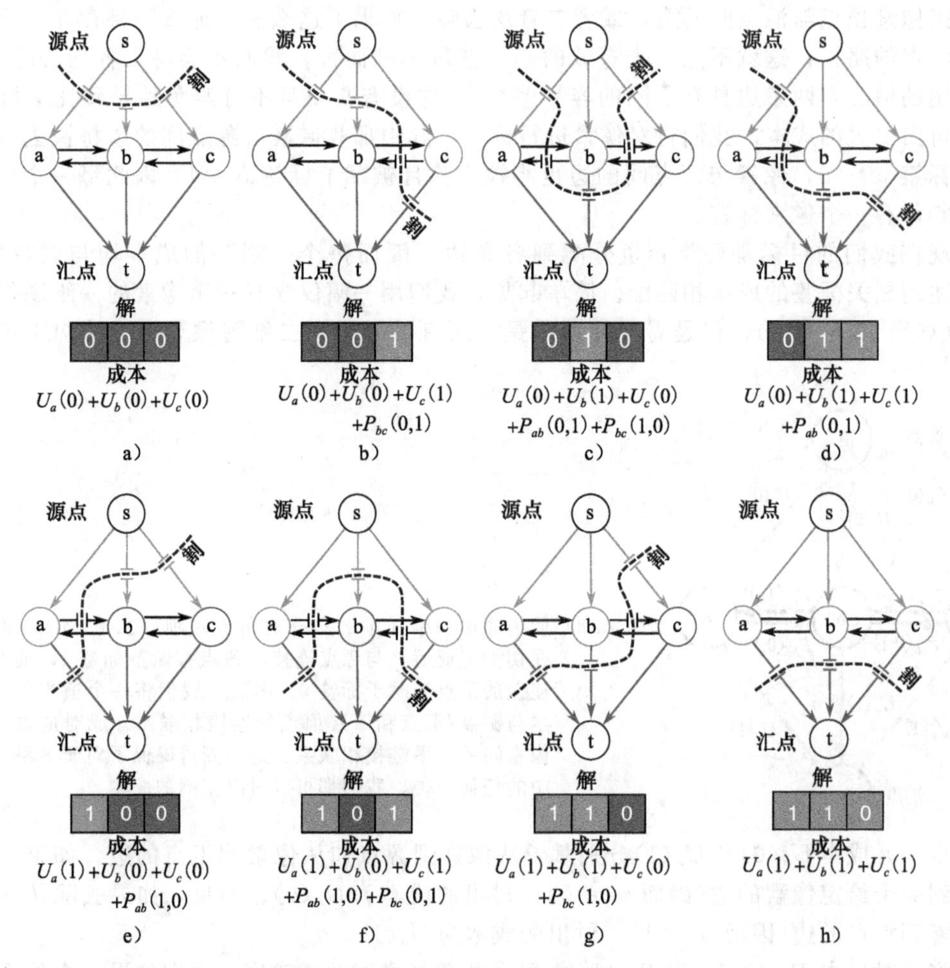


图 12-9　三像素示例下的 8 种可能解。当我们按照图 12-8 设置成本时，每一种解都拥有合适的成本。a) 例如，解($a=0$，$b=0$，$c=0$)要求我们对边 $s-a$、$s-b$、$s-c$ 进行切割，并付出成本 $U_a(0)+U_b(0)+U_c(0)$。b) 针对解($a=0$，$b=0$，$c=1$)，我们必须对边 $s-a$、$s-b$、$c-t$ 和 $c-b$ 进行切割(以防流量通过路径 $s-c-b-t$)。这导致总成本为 $U_a(0)+U_b(0)+U_c(1)+P_{bc}(0,1)$。c) 类似地，在示例($a=0$，$b=1$，$c=0$)中，我们付出的合适成本为 $U_a(0)+U_b(1)+U_c(0)+P_{ab}(0,1)+P_{bc}(1,0)$。d～h) 另外 5 种可能的组合

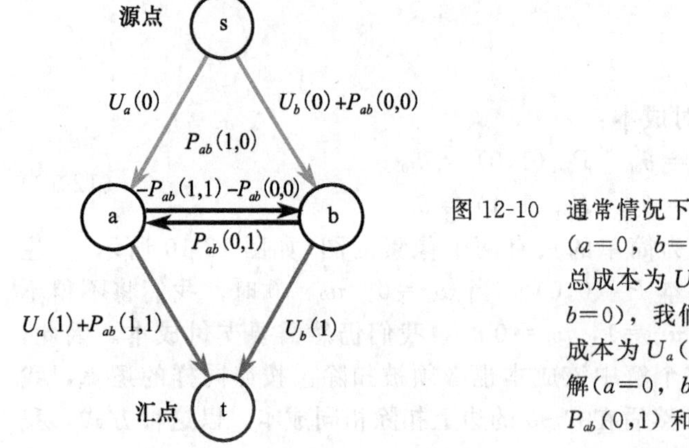


图 12-10　通常情况下(非对角情况)成对成本的图形结构。考虑解($a=0$，$b=0$)，我们必须切断边 $s-a$ 和 $s-b$，付出的总成本为 $U_a(0)+U_b(0)+P_{ab}(0,0)$。针对解($a=1$，$b=0$)，我们必须切断边 $a-t$、$a-b$ 和 $s-b$，付出的总成本为 $U_a(1)+U_b(0)+P_{ab}(1,0)$。类似地，图中针对解($a=0$，$b=1$)和($a=1$，$b=1$)，分别具有成对成本 $P_{ab}(0,1)$ 和 $P_{ab}(1,1)$

**重新参数化**

前面的讨论都假设最大流问题中各条边成本均为非负值且均存在有效容量值。如果上述条件不满足，将无法得出 MAP 解。但是，通常情况下它们均为负值，即使最初的一元和成对项为正值，图 12-10 中从顶点 $a$ 到顶点 $b$ 这条边的成本 $P_{ab}(1,0)-P_{ab}(1,1)-P_{ab}(0,0)$ 仍然可能是负值。针对该问题的解决办法就是进行*重新参数化*。

12.2

重新参数化的目的是对图中各条边的相应成本作出修改，用这种方式使得 MAP 解不发生变化。特别地，我们将调整边的负载量使得每种可能的解决方案均有一个恒定的成本。这不会改变方案具有最小成本的初衷，因而 MAP 标签也不会发生变化。

我们考虑两种重新参数化方案(如图 12-11 所示)。首先，考虑在每一个给定像素到源点以及每一个给定像素到汇点的边上均添加一个常数成本 $\alpha$。由于任何一种需要除去上述一条边的解，所以对应的总成本增量均为 $\alpha$。我们可以通过这种方法保证任何一条连接像素与源点以及连接像素与汇点的边均不可能出现负成本：简单地添加一个足够大的正数 $\alpha$ 保证相关边的成本均为非负值。

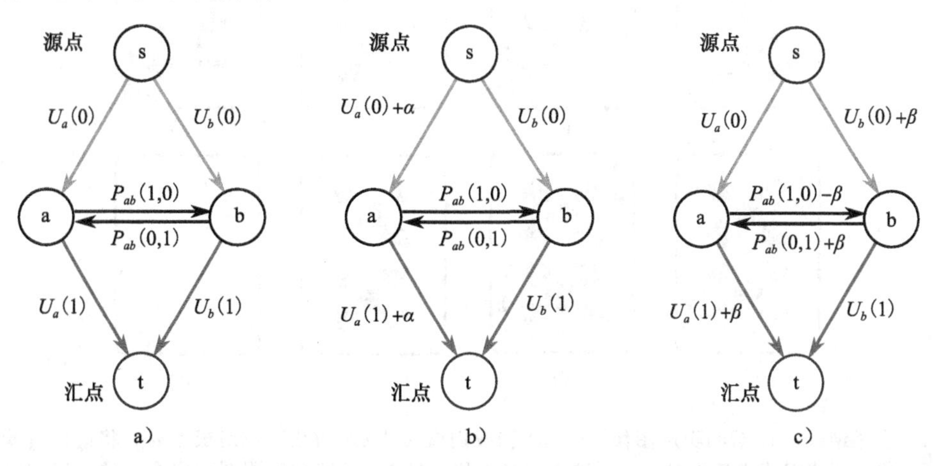


图 12-11 重新参数化。a) 原始图结构。b) 重新参数化 1。将一个像素顶点与源点以及一个像素顶点与汇点之间的连接加上一个常数成本 $\alpha$，从而导致具有相同 MAP 解问题。由于我们必须切割其中的一条边而不是全部两条边，因而每一种解的成本都会增加 $\alpha$，但最小的成本保持不变。c) 重新参数化 2。如此操作边的容量将会导致每一个解都会增加一个常数 $\beta$，因此最小成本解的选择不会受到影响

图 12-11c 给出了一种更为巧妙的重新参数化方案。通过这种方式改变成本，我们将每一种可能解的成本增加 $\beta$。例如，在 $w_a=0$，$w_b=1$ 状态下，我们必须去除总成本为 $U_a(0)+U_b(1)+P_{ab}(0,1)+\beta$ 的 $s-a$、$b-a$、$b-t$ 的链接。

将图 12-11c 中的重新参数化方案应用于图 12.10 的通用结构，我们必须保证像素节点间边的容量为非负值，即：

$$\theta_{10}-\theta_{11}-\theta_{00}-\beta\geqslant 0 \tag{12-14}$$

$$\theta_{01}+\beta\geqslant 0 \tag{12-15}$$

将这些公式相加，可以消去 $\beta$ 获得一个不等式：

$$\theta_{01}+\theta_{10}-\theta_{11}-\theta_{00}\geqslant 0 \tag{12-16}$$

如果该条件满足，该问题称为*子结构*，对应的图可以重新参数化为只具有非负成本。使用最大流算法可以在多项式时间内将其解决。如果该条件不满足，则不能使用这种方法，通常该问题是 NP 难题。幸运的是，对视觉问题来说前者的情形更为普遍，我们通常更倾向

于采取平滑方案，在这类方案中邻域标签完全相同，因此标签相异的成本 $\theta_{01}$ 和 $\theta_{10}$ 自然要比标签一致的成本 $\theta_{00}$ 和 $\theta_{11}$ 的数值要大。

图 12-12 给出了使用 MRF 先验求二值去噪问题的 MAP 解，为了获取相邻相异标签我们增加了相关成本的强度。这里假设相邻相异标签的成本是相同的($\theta_{01}=\theta_{10}$)，并且当相邻标签相同时($\theta_{00}$，$\theta_{11}=0$)没有成本，我们采用“0 对角线”方案。当 MRF 成本较小时，解主要被一元项占据，并且 MAP 解与噪声图像较为相似。随着成本的增大，解不再对独立区域采取“容忍”机制，因而大多数噪声得到滤除。随着成本的增加，细节信息(例如“10”中“0”的中心部分)将会丢失，最终相邻的区域互相连接。当成对成本非常大时，MAP 解是一个均匀的标签区域，总成本由 MRF 的成对项控制，而一元项只决定极点值。

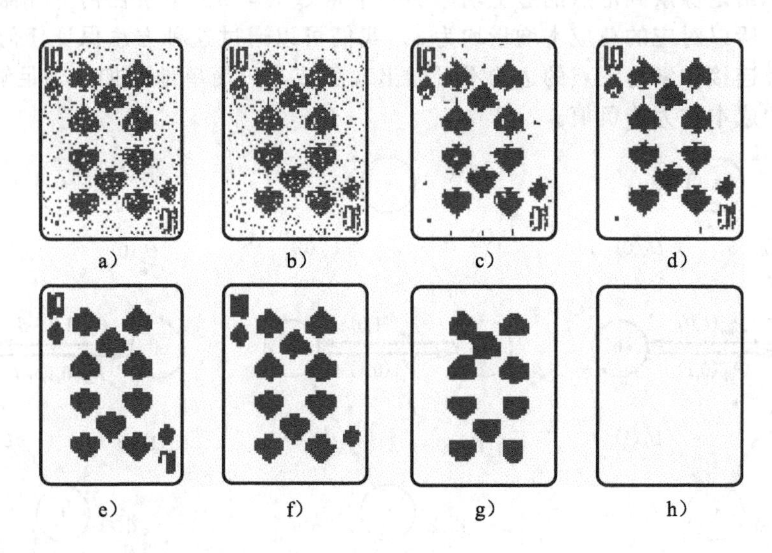

图 12-12 去噪结果。a) 观测噪声图像。b～h) 当我们增加“0 对角线”成对成本时，将会使后验解最大化。当成对成本较小时，一元项占主导地位，且 MAP 解与观测图像完全一致。当成对成本增加时，图像会越来越平滑，直到最终变成均匀的为止

## 12.3 多标签成对 MRF 的 MAP 推理

12.3

当每个像素的全局状态 $w_n$ 可以取多个标签$\{1, 2, \cdots, K\}$时，我们将使用具有成对连接的 MRF 先验研究 MAP 推理。为了解决多标签问题，我们对图的结构进行变化(如图 12-13a 所示)。假设有 $K$ 个标签和 $N$ 个像素，那么在图中就引入$(K+1)N$ 个顶点。

对每个像素而言，$K+1$ 个相关顶点会被堆栈储存起来。堆栈的顶部和底部由具有无限容量边分别与源点和汇点相连接。在堆栈的 $K+1$ 个顶点之间有 $K$ 条边构成了一条由源点到汇点的路径。这些边用 $K$ 个一元成本 $U_n(1)$，…，$U_n(K)$相关联。为了将源点与汇点加以隔离，我们必须去除这条链中 $K$ 条边中的至少一条。我们将会把这条链中第 $k$ 条边的“割”理解为像素获取了标签 $k$ 而产生了一个适当的成本 $U_n(k)$。

为了保证链中只有一条边是最小割中的一部分(因此每个割对应一个有效标签)，我们引入*约束边*。约束边是一些具有无穷容量的边，用来防止某些割的产生。在这种情况下，约束边沿着每条链逆向将顶点连接起来。任何一个跨越这条链超过一次的割必须切割其中一条约束边，从而避免成为最小割解(如图 12-13b 所示)。

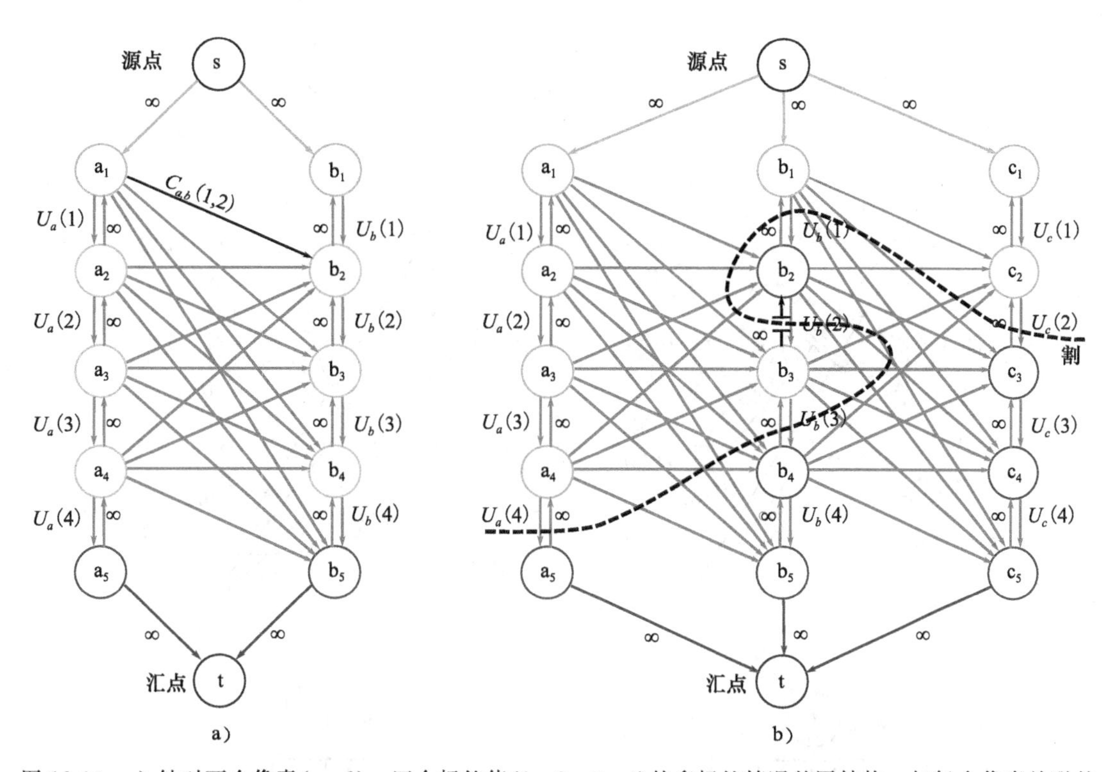


图 12-13　a) 针对两个像素($a$, $b$)、四个标签值(1, 2, 3, 4)的多标签情况的图结构。与每个像素关联的五个顶点间有一条链。这些顶点间的四条垂直边分别被赋予四个标签的一元成本。最小割必然会破坏这条链，从而将源点与汇点相隔离，标签会根据链被破坏的位置加以赋值。具有无限容量的垂直约束边会沿着相反的方向在四个顶点间运行。在像素 $a$ 的第 $i$ 个顶点与像素 $b$ 的第 $j$ 个顶点间还会有对角线方向的边，并被赋予成本 $C_{ab}(i,j)$（请参见正文）。b) 垂直方向的约束边会防止出现三个像素情况下的解。这里，与中心像素有关的顶点的链会在不止一处被切割，因而标签过程没有清晰的解释。然而，正为了防止该情况的出现，一条限制连接必须被切割，因而该解具有一个无限的成本

在图 12-13a 中，也会出现对角像素边，这些边将与像素 $a$ 相关的顶点和与像素 $b$ 相关的顶点连接了起来。这些边被分配的成本为 $C_{ab}(i,j)$，其中 $i$ 和 $j$ 分别表示与像素 $a$ 和 $b$ 相关的顶点。我们选取对应边的成本为：

$$C_{ab}(i,j) = P_{ab}(i,j-1) + P_{ab}(i-1,j) - P_{ab}(i,j) - P_{ab}(i-1,j-1) \quad (12\text{-}17)$$

其中，我们将任何与不存在的标签 0 或 $K+1$ 相关的多余成对成本定义为 0，使得：

$$\begin{aligned} P_{ab}(i,0) = 0 \quad P_{ab}(i,K+1) = 0 \quad \forall i \in \{0\cdots K+1\} \\ P_{ab}(0,j) = 0 \quad P_{ab}(K+1,j) = 0 \quad \forall j \in \{0\cdots K+1\} \end{aligned} \quad (12\text{-}18)$$

当将标签 $I$、$J$ 分别分配给像素 $a$ 与 $b$ 时，我们必须去除所有从顶点 $a_1$，…，$a_I$ 到顶点 $b_{J+1}$，…，$b_{K+1}$ 之间的连接，以将源点与汇点相隔离(如图 12-14 所示)。因此，将标签 $I$、$J$ 分别分配给像素 $a$ 与 $b$ 形成的像素间边的总成本为：

$$\begin{aligned} \sum_{i=1}^{I}\sum_{j=J+1}^{K+1} C_{ab}(i,j) &= \sum_{i=1}^{I}\sum_{j=J+1}^{K+1} P_{ab}(i,j-1) + P_{ab}(i-1,j) - P_{ab}(i,j) - P_{ab}(i-1,j-1) \\ &= P_{ab}(I,J) + P_{ab}(0,J) - P_{ab}(I,K+1) - P_{ab}(0,K+1) \\ &= P_{ab}(I,J) \end{aligned} \quad (12\text{-}19)$$

加入一元项，则所需的总成本为 $U_a(I)+U_b(J)+P_{ab}(I, J)$。

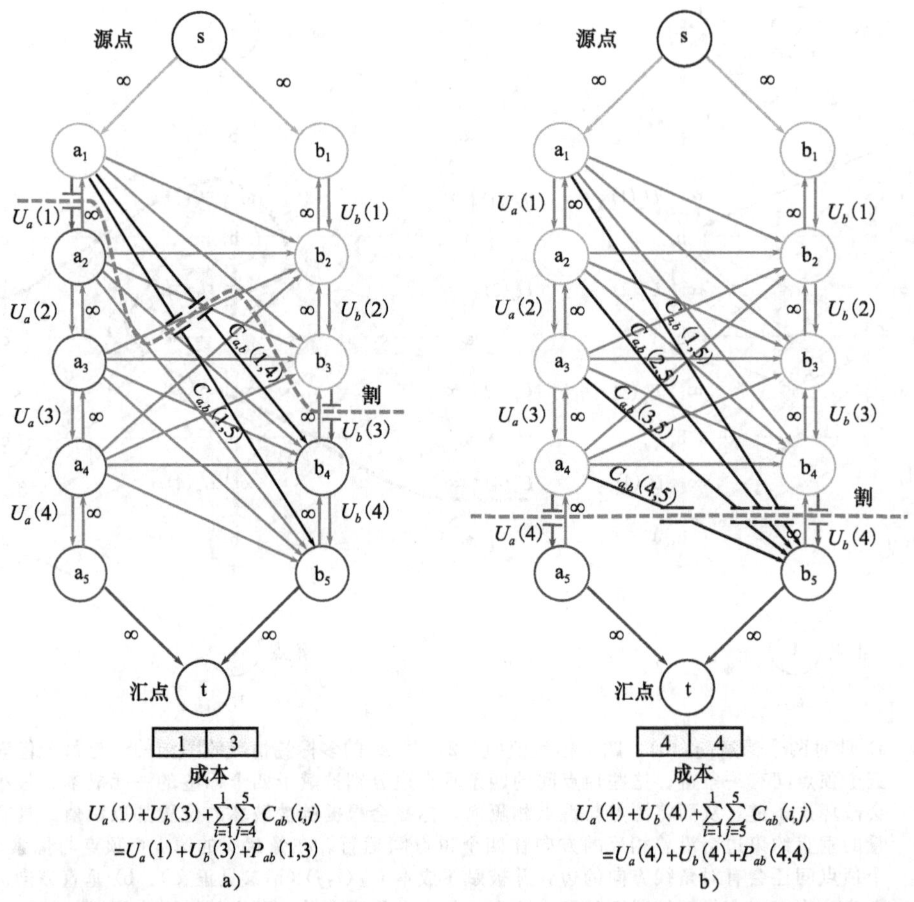


$$U_a(1)+U_b(3)+\sum_{i=1}^{1}\sum_{j=4}^{5}C_{ab}(i,j)$$
$$=U_a(1)+U_b(3)+P_{ab}(1,3)$$

a)

$$U_a(4)+U_b(4)+\sum_{i=1}^{1}\sum_{j=5}^{5}C_{ab}(i,j)$$
$$=U_a(4)+U_b(4)+P_{ab}(4,4)$$

b)

图 12-14　多标签情形下的割实例。为了将源点与汇点相隔离，我们必须对所有经过从像素 $a$ 的选定标签到像素 $b$ 的选定标签之间的连接进行切割。a）像素 $a$ 被设置为标签 1，像素 $b$ 被设置为标签 3，意味着我们必须将从顶点 $a_1$ 到节点 $b_4$ 和 $b_5$ 的连接进行切割。b）像素 $a$ 记为标签 4，像素 $b$ 记为标签 4

再一次，我们默认所有边的成本均为非负值。如果垂直(像素内部)边的成本为负数，我们可以通过对所有一元项增加常数成本 $\alpha$ 的方式对图进行重新参数化处理。由于最终成本中每个像素精确地对应一个一元项，因此对其增加常数成本 $\alpha$ 是可行的，且 MAP 解不会受到影响。

对角像素间的边的问题较为复杂。可以通过对一元项相关的对角像素间的边增加项的方式来去删除那些从节点 $a_1$ 出发的边以及到达节点 $b_{K+1}$ 的边(如图 12-15所示)。如果有必要的话，这些对角像素间的边仍然可以按照上文进行重新参数化处理。可惜的是，我们既不能删除也不能重新参数化剩余的对角像素间的边，因此我们需要：

$$C_{ab}(i,j)=P_{ab}(i,j-1)+P_{ab}(i-1,j)-P_{ab}(i,j)-P_{ab}(i-1,j-1)\geqslant 0 \quad (12\text{-}20)$$

通过数学推导，我们能够得到更通用的结果(如图 12-16 所示)：

$$P_{ab}(\beta,\gamma)+P_{ab}(\alpha,\delta)-P_{ab}(\beta,\delta)-P_{ab}(\alpha,\gamma)\geqslant 0 \quad (12\text{-}21)$$

其中，$\alpha$、$\beta$、$\gamma$、$\delta$ 是状态 $y$ 的四个值，且 $\beta>\alpha$，$\delta>\gamma$。这是子结构条件(式 12-16)下的多标签通用格式。一类重要的成对成本如果是子结构的，那么必须满足它们在相邻像素标签的绝对差异 $|w_i-w_j|$ 处是凸的(如图 12-17a 所示)。这里，需要进行平滑处理，随着标签间突变(jump)的增加，相应的惩罚也变得越来越严格。

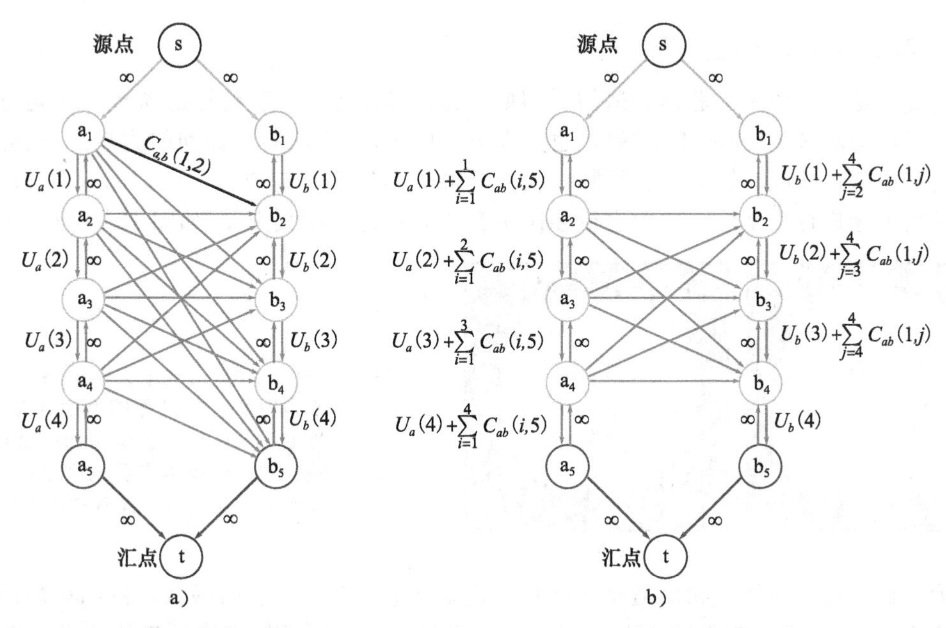


图 12-15　多标签图割的重新参数化过程。原始结构(a)等价于结构(b)。像素 $b$ 处的标签决定了哪一条从节点 $a_1$ 发出的边会被切割。因而，我们移除这些边，并针对与像素 $b$ 相关的垂直连接增加额外的成本。类似地，经过节点 $b_5$ 的边的成本可以加在与像素 $a$ 关联的垂直边上。如果任何与像素相关的垂直边是负值，那么我们就可以分别为其增加一个常数 $\alpha$，因为有一条边被切割，总成本便会增加 $\alpha$，但 MAP 的解保持不变

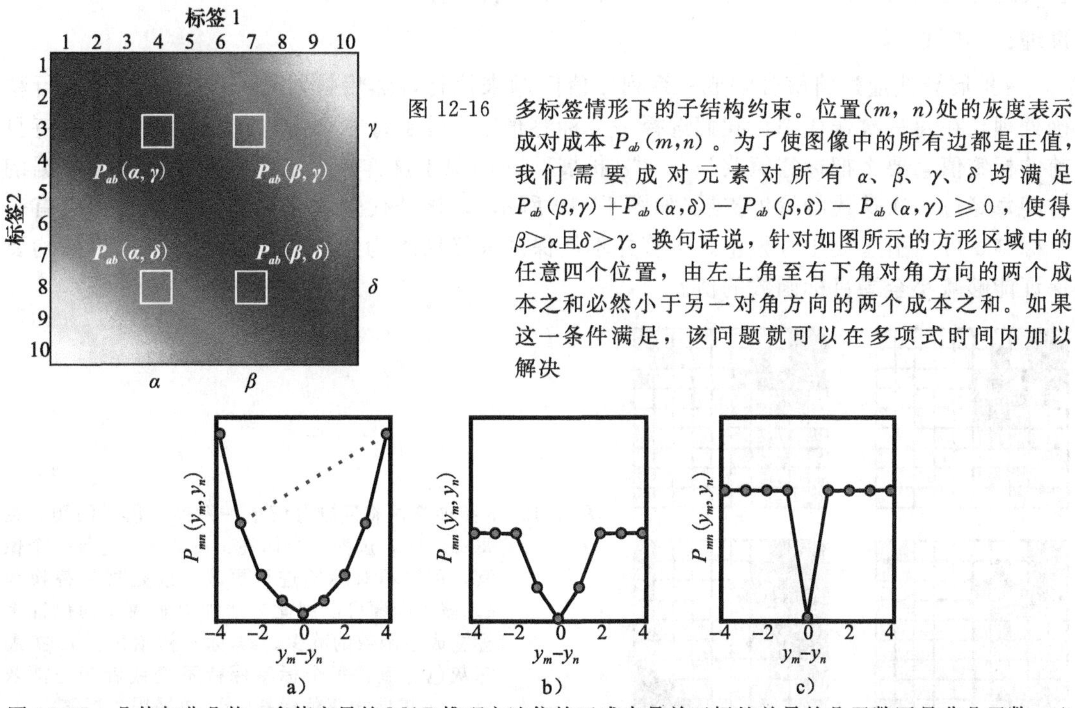


图 12-16　多标签情形下的子结构约束。位置($m$, $n$)处的灰度表示成对成本 $P_{ab}(m,n)$。为了使图像中的所有边都是正值，我们需要成对元素对所有 $\alpha$、$\beta$、$\gamma$、$\delta$ 均满足 $P_{ab}(\beta,\gamma)+P_{ab}(\alpha,\delta)-P_{ab}(\beta,\delta)-P_{ab}(\alpha,\gamma)\geqslant 0$，使得 $\beta>\alpha$ 且 $\delta>\gamma$。换句话说，针对如图所示的方形区域中的任意四个位置，由左上角至右下角对角方向的两个成本之和必然小于另一对角方向的两个成本之和。如果这一条件满足，该问题就可以在多项式时间内加以解决

图 12-17　凸势与非凸势。多值变量的 MAP 推理方法依赖于成本是关于标签差异的凸函数还是非凸函数。a) 二次函数(凸的)，$P_{mn}(\omega_m,\omega_n)=\kappa(\omega_m-\omega_n)^2$。对凸函数而言，可以在不与函数其他部分交叉的情形下(例如，虚线)，在函数上任意两个点之间画出一条弦。b) 截断的二次函数(非凸的)，$P_{mn}(\omega_m,\omega_n)=\min(\kappa_1,\kappa_2(\omega_m-\omega_n)^2)$。c) Potts 模型(非凸的)，$P_{mn}(\omega_m,\omega_n)=\kappa(1-\delta(\omega_m-\omega_n))$

## 12.4　非凸势的多标签 MRF

12.4 遗憾的是，凸势并不总是合适的。例如，在去噪任务中，我们可能希望图像是分段平滑的：存在平滑区域(对应于目标)，也存在突变区域(对应不同目标间的边界)。凸势函数并不能描述这种情况，因为凸势函数对大突变的惩罚比小突变更为严格。结果是 MAP 解在对锐利边缘进行平滑时，采取进行多次小突变而不是一次大突变(如图 12-18 所示)。

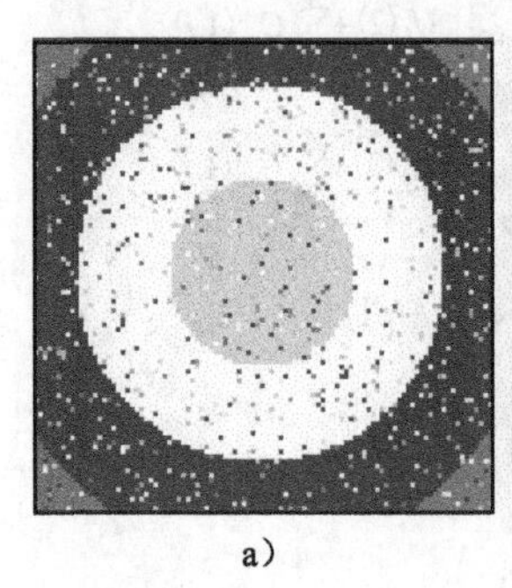

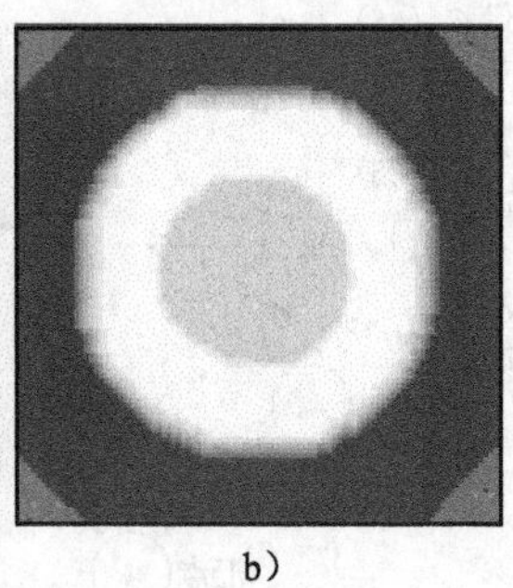

a)　b)

图 12-18　凸(二次)成对成本去噪结果。a) 观测噪声图像。b) 原始图像中具有大幅亮度变化的区域在去噪图像中会出现虚假区域。凸成本表明就许多小变化和单个大变化而言，前者的成本较低

为了解决这一问题，我们需要在绝对标签差异中综合考虑非凸函数，例如截断的二次函数或者 Potts 模型(如图 12-17b、c 所示)。这些函数适用于标签中的细小变化，并且对较大幅度变化的惩罚较为公平或接近公平。这反映了一个事实：相对而言，标签中突变的精确大小并不重要。遗憾的是，这些成对成本并不能满足子结构的约束条件(式(12-21))。这里，MAP 解不能由前文描述的方法得出，在于这是一个 NP 难题。幸运的是，针对这些问题有优良的近似方法来解决，例如 $\alpha$ 扩展算法。

**推理：$\alpha$ 扩展**

$\alpha$ 扩展算法通过将解分解成一系列二值问题来执行，然后针对每一个二值问题进行精确处理。在每一次迭代中，我们选择一个标签值 $\alpha$，对于每一个考虑的像素，要么保持目前的标签值，要么把标签值改为 $\alpha$。“$\alpha$ 扩展”一词源于这样一个事实：解中标签 $\alpha$ 占据的空间每经过一次迭代均发生扩展(如图 12-19 所示)。该迭代过程会一直持续，直到没有一个标签 $\alpha$ 可以引起变化时为止。尽管并不能保证最终结果为全局最小，但每一次扩展均要保证能够减小全局目标函数的值。

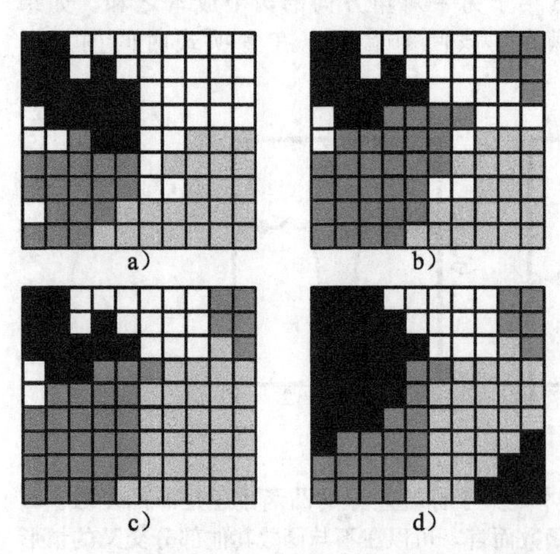

图 12-19　$\alpha$ 扩展算法将问题分解成一系列二值子问题。在每一步中，选择一个标签 $\alpha$ 并扩展：对每一个像素，可以不对标签进行更改，或是将其替换为 $\alpha$。该子问题可以用此方法加以解决从而保证多标签成本函数的减少。a) 标签初始化。b) 扩展深灰色标签：每个标签保持不变或者变为深灰色。c) 扩展浅灰色标签。d) 扩展黑色标签

为了保证 $\alpha$ 扩展算法的运行，我们需要将边的成本成为一种度量。换句话说，我们要求：

$$P(\alpha,\beta)=0\Leftrightarrow\alpha=\beta$$

$$P(\alpha,\beta)=P(\beta,\alpha)\geqslant 0$$
$$P(\alpha,\beta)\leqslant P(\alpha,\gamma)+P(\gamma,\beta) \tag{12-22}$$

这些假设条件对于视觉领域内的多种应用均是合理的，并允许我们对非凸先验进行建模。

在 $\alpha$ 扩展的图形结构中(如图 12-20 所示)，每一个像素均对应一个顶点。这些顶点中的每一个均与源点(表示保持原始标签或 $\overline{\alpha}$)和与汇点(表示标签 $\alpha$)相连。为了将源点与汇点分离，我们必须切割每个像素对应两条边中的一条。边的选择将决定我们继续保持原始标签还是将其设置为 $\alpha$。因此，我们将每条边的一元成本设置为 $\alpha$ 或者是每个像素的两条连接的原始标签。如果该像素已经有标签 $\alpha$，那么我们将把相应成本的区间设置为[$\overline{\alpha}$，$\infty$]。

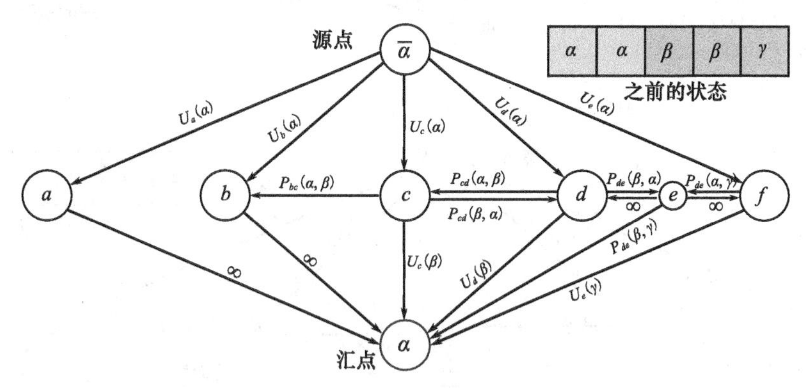


图 12-20 $\alpha$ 扩展图结构。每一个像素节点($a$，$b$，$c$，$d$，$e$)通过边分别与源点和汇点相连接，并分别具备成本 $U.(\overline{\alpha})$和 $U.(\alpha)$。在最小割中，这些连接中的一条将会被切割。描述相邻像素之间关系的节点和顶点依赖于它们的当前标签，对于像素 $a$ 和 $b$ 可能是 $\alpha-\alpha$，对于像素 $b$ 和 $c$ 可能是 $\alpha-\beta$，对于像素 $c$ 和 $d$ 可能是 $\beta-\beta$，对于像素 $d$ 和 $e$ 可能是 $\beta-\gamma$。对最后一种情况，辅助节点 $k$ 必须加进图中

图的剩余结构是动态的。每次迭代后的变化取决于 $\alpha$ 的数值以及当前的标签。相邻像素之间存在四种可能的关系。

- 像素 $i$、$j$ 均拥有标签 $\alpha$。这里，最终配置将不可避免地成为 $\alpha-\alpha$，因此成对成本为 0，且无需额外在图中添加连接节点 $i$ 和 $j$ 的边。图 12-20 中的像素 $a$ 和 $b$ 具有这种关系。
- 第一个像素拥有标签 $\alpha$ 但第二个像素拥有一个不同标签 $\beta$。这里，最终方案可能是具有零成本的 $\alpha-\alpha$，也可能是具有成对成本 $P_{ij}(\alpha,\beta)$ 的 $\alpha-\beta$。这里添加一条连接像素 $j$ 和 $i$ 的边，这条边拥有成对成本 $P_{ij}(\alpha,\beta)$ 。图 12-20 中的像素 $b$ 和 $c$ 具有这种关系。
- 像素 $i$、$j$ 拥有相同的标签 $\beta$。这里，最终解可能是具有零成对成本的 $\alpha-\alpha$、$\beta-\beta$、(具有成对成本 $P_{ij}(\alpha,\beta)$)的 $\alpha-\beta$，或者具有成对成本 $P_{ij}(\beta,\alpha)$ 的 $\beta-\alpha$。我们在像素间添加两条具有非零成对成本的边。图 12-20 中的像素 $c$ 和 $d$ 具有这种关系。
- 像素 $i$ 拥有标签 $\beta$，像素 $j$ 拥有标签 $\gamma$。这里，最终解可能是具有零成对成本的 $\alpha-\alpha$、具有成对成本 $P_{ij}(\beta,\gamma)$ 的 $\beta-\gamma$、具有成对成本 $P_{ij}(\beta,\alpha)$ 的 $\beta-\alpha$ 或具有成对成本 $P_{ij}(\alpha,\gamma)$ 的 $\alpha-\gamma$。在顶点 $i$ 和 $j$ 之间添加一个新顶点 $k$，且分别给 $k-\alpha$、$i-k$、$j-k$ 三条边添加三个非零成对成本。图 12-20 中的像素 $d$ 和 $e$ 具有这种关系。

图 12-21 给出了割的三种示例。

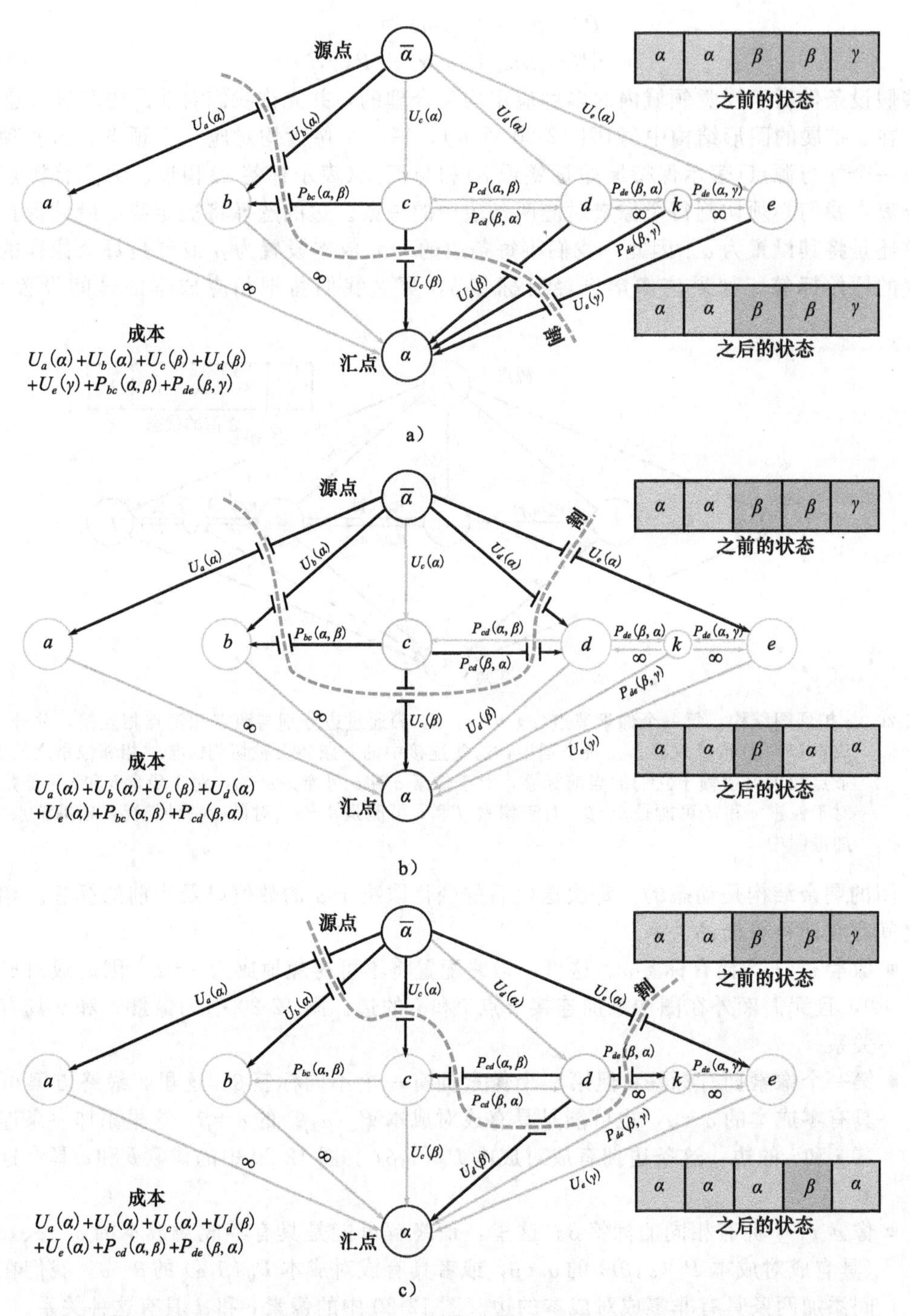


图 12-21　$\alpha$ 扩展算法。a～c) 图中割的示例表明总可以支付恰当的一元成本和成对成本

注意，这种结构严格依赖于三角不等式(式(12-22))。例如，分析一下图 12-21a 中的像素 $d$ 和 $e$。如果三角不等式不满足，以至于 $P_{de}(\beta,\gamma) > P_{de}(\beta,\alpha) + P_{de}(\alpha,\gamma)$，那么将产生错误成本，$d-k$ 与 $e-k$ 这两条连接均应被删除，而不是连接 $k-\alpha$，且还将使用该错误成本。在实际应用中，有时可以通过截断违规(offending)成本 $P_{ij}(\beta,\gamma)$，或是像在正常状态下运行算法来忽略这一约束。切割以后，真实的目标函数(一元成本和成对成本之和)可

以计算出来成为新的标签图，并且在成本下降时结果也是可以接受的。

需要强调的是，尽管在 $\alpha$ 扩展过程中，每一步都对目标函数进行了最优的更新，但该算法仍无法保证该算法收敛到全局最小值。然而事实证明，当算法结果处于最小的两个值之间时，通常效果更好。

图 12-22 给出了使用 $\alpha$ 扩展算法进行多标签去噪的实例。在每一次迭代中都会选取一个标签并加以扩展，随之在一个适当区域完成去噪。有时所有一元成本均不支持某个标签，此时将不发生任何变化。当任何 $\alpha$ 数值均无法形成新的变化时，该算法终止。

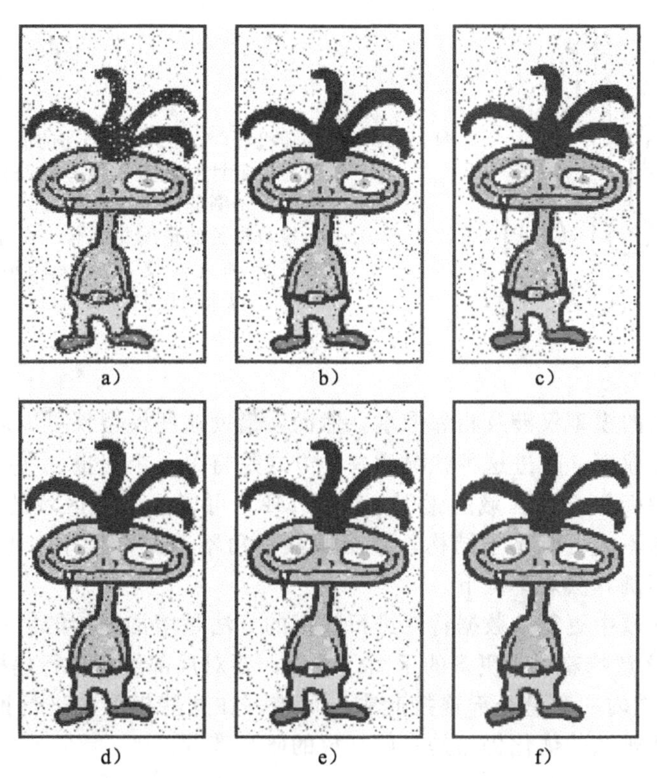


图 12-22 去噪任务中的 $\alpha$ 扩展算法。a) 观测的噪声图像。b) 标签 1(黑色)被扩展，去除了头发部分的噪声。c～f) 随后的迭代，其中分别对靴子、裤子、皮肤和背景对应的标签进行了扩展

## 12.5 条件随机场

在本章提出的模型中，马尔可夫随机场对图像数据生成模型中的先验 $Pr(w)$进行了描述。我们还可以使用无向图模型对联合概率分布 $Pr(w,x)$ 进行描述。

$$Pr(\boldsymbol{w},\boldsymbol{x}) = \frac{1}{Z}\exp\Big[-\sum_{C}\psi_C[\boldsymbol{w}] - \sum_{d}\zeta[\boldsymbol{w},\boldsymbol{x}]\Big] \tag{12-23}$$

其中，函数 $\psi[\bullet]$有助于标签域的某些配置，函数 $\zeta[\bullet,\bullet]$有助于数据和标签域的统一。如果我们对数据施加条件(例如数据是确定的)，那么我们能够利用关系 $Pr(\boldsymbol{\omega}|\boldsymbol{x}) \propto Pr(\boldsymbol{\omega},\boldsymbol{x})$ 写出下式：

$$Pr(\boldsymbol{w}|\boldsymbol{x}) = \frac{1}{Z_2}\exp\Big[-\sum_{C}\psi_C[\boldsymbol{w}] - \sum_{d}\zeta[\boldsymbol{w},\boldsymbol{x}]\Big] \tag{12-24}$$

其中，$Z_2=ZPr(x)$。这一判别模型就是著名的条件随机场或 CRF。

我们可以选择函数 $\zeta[\bullet,\bullet]$，使得它们每一个都可以对与其相关的测量 $x_n$。确定标签

$w_n$的容量。如果函数 $\psi[\bullet]$被用于促进相邻标签间的平滑程度，那么负对数后验概率将再次成为一元和成对项的和。因此，后验标签$\hat{\boldsymbol{w}}$的最大值可以通过对下列形式中成本函数进行最小化处理而获得：

$$\hat{\boldsymbol{w}} = \underset{w_{1\cdots N}}{\operatorname{argmin}}\left[\sum_{n=1}^{N} U_n(w_n) + \sum_{(m,n)\in C} P_{mn}(w_m, w_n)\right] \tag{12-25}$$

相关的图形模型如图 12-23 所示。成本函数可以使用本章中描述的图割方法进行最小化处理。

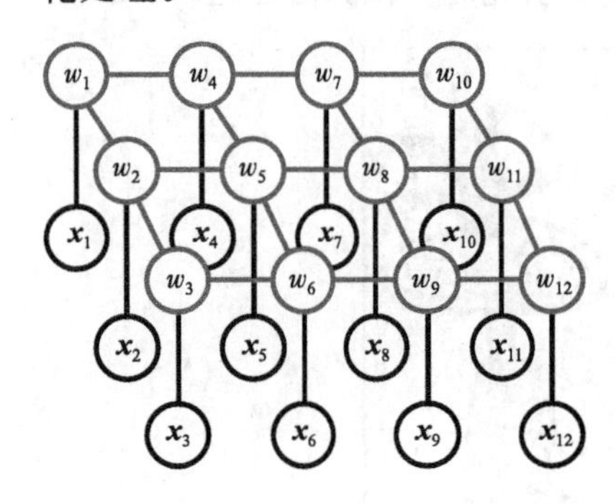


图 12-23　条件随机场(与图 12-4 比较)的图模型。标签 $\boldsymbol{w}$ 的后验概率是一个针对确定数据 $\boldsymbol{x}$ 的马尔可夫随机场。在该模型中，子图的两个集合分别将(i) 邻域标签和(ii)每个标签与相关的量度相结合。由于该模型只包含标签间的一元和成对交互(interaction)，所以未知标签$\{\omega_n\}_{n=1}^{N}$可以采用图割方法加以优化

## 12.6　高阶模型

目前我们讨论的模型仅涉及相邻像素。然而，借助这些模型仅可以对标签域中相对简单的统计特性进行建模。改进这种状况的一种方式是将每一个变量 $\omega_n \in \{1,\cdots,K\}$ 看作一个事先定义的库中标签方块区域的索引。成对 MRF 可以为邻域区域的亲和度进行编码。可惜，产生的成本不太可能是子结构，甚至服从三角不等式，且库中小方块的数量 $K$ 通常非常大，导致图割算法效率低下。

第二种对标签域中更复杂数据特性进行建模的方法是增加连接的数量。对于无向模型(CRF、MRF)，这意味着引入更多的子图。例如，要对局部纹理进行建模，我们可以将图像中每个 5×5 区域内的变量全部连接起来。可惜，在这些模型中进行推理并不容易，针对最终的复杂成本函数的优化仍然是一项开放的研究课题。

## 12.7　网格有向模型

马尔可夫随机场和条件随机场模型非常引人注目，因为我们可以使用图割方法求 MAP 解。然而，它们的缺陷在于难以确定模型中的参数，因为这两种理论均基于无向模型。一种显而易见的可选方案就是使用一种类似的有向模型(如图 12-24 所示)。这里，“学习”过程相对简单，但事实证明使用图割的 MAP 推理通常情况下并不可能。

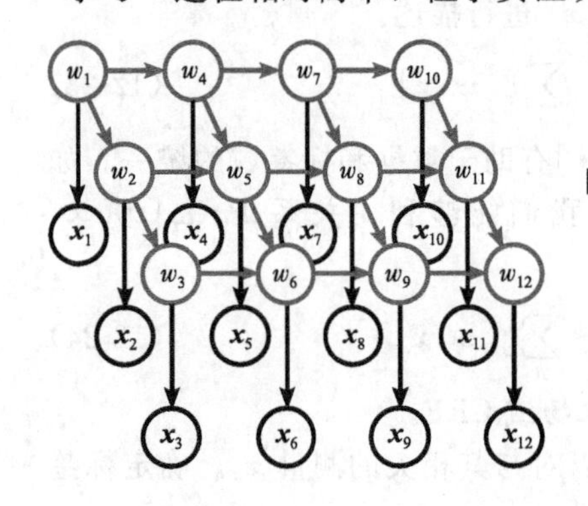


图 12-24　网格的有向图结构。尽管该模型与成对马尔可夫随机场模型相似，但它却表示联合概率的一种不同分解。特别地，分解中包含了涉及三个变量比如 $Pr(\omega_5 \mid \omega_2, \omega_4)$ 的项。这意味着 MAP 推理的结果成本函数不再与使用图像割方法的解相一致。在这种情况下，一种引人关注的替代方法是使用基于采样的方法，因为更容易从这种有向模型中获得样本

为了便于理解，考虑该模型中 MAP 推理的成本函数：

$$\begin{aligned}\hat{w}_{1\cdots N} &= \underset{w_{1\cdots N}}{\operatorname{argmax}}[\log[Pr(\boldsymbol{x}_{1\cdots N}|w_{1\cdots N})]+\log[Pr(w_{1\cdots N})]] \\ &= \underset{w_{1\cdots N}}{\operatorname{argmax}}\left[\sum_{n=1}^{N}\log[Pr(\boldsymbol{x}_n|w_n)]+\sum_{n=1}^{N}\log[Pr(w_n|w_{pa[n]})]\right] \\ &= \underset{w_{1\cdots N}}{\operatorname{argmin}}\left[\sum_{n=1}^{N}-\log[Pr(\boldsymbol{x}_n|w_n)]-\sum_{n=1}^{N}\log[Pr(w_n|w_{pa[n]})]\right] \end{aligned} \quad (12\text{-}26)$$

其中，我们将目标函数乘以－1，从而变换为求解最小值。该最小化问题有一个通用形式：

$$\hat{w}_{1\cdots N} = \underset{w_{1\cdots N}}{\operatorname{argmin}}\left[\sum_{n=1}^{N}U_n(w_n)+\sum_{n=1}^{N}T_n(w_n,w_{pa_1[n]},w_{pa_2[n]})\right] \quad (12\text{-}27)$$

其中 $U_n(w_n)$称为*一元项*，它反映了一个事实：$U_n(w_n)$仅取决于标签域的单个元素 $w_n$，$T_n(w_n,w_{pa_1[n]},w_{pa_2[n]})$称为*三元项*，该特征反映了一个事实：通常情况下一个像素的标签受到上层两个父母节点 $pa_1[n]$和 $pa_2[n]$的限制，并且处在当前位置的左侧。

注意这里的成本函数与成对 MRF(式(12-11))中 MAP 推理的成本函数存在根本不同：它包含三元项，并且无法采用现有的多项式算法对该准则进行优化。然而，由于该模型是一个有向图模型，从该模型中获取样本非常容易，并且这一思想可以用于近似推理，例如计算经验最大边缘。

## 12.8 应用

本章的模型与算法用于大量的计算机视觉应用，包括立体视觉、运动估计、背景差分、交互式分割、语义分割、图像编辑、图像去噪、图像超分辨率以及三维建模等。这里我们将回顾一些重要实例。我们首先看背景差分，这是使用二值标签的一个简单应用，交互式分割能够在一个可以同时对似然参数进行估计的系统中使用二值标签。我们再看立体视觉、运动估计以及图像编辑，这些都属于多标签图割问题。我们还要看超分辨率，这是一个多标签问题，其中的单元是方块而不是像素，超分辨率问题涉及大量的标签，因此 $\alpha$ 扩展算法并不适用。最后，我们考虑从有向网格模型中获取样本来生成新图像。

### 12.8.1 背景差分

首先，让我们回顾一下背景差分算法，在 6.6.2 节中已经首次接触过该算法。在背景差分中，目标是要将一个二元标签$\{\omega_n\}_{n=1}^{N}$与图像中 $N$ 个像素中的每一个相关联，并基于每一像素获取的 RGB 数据$\{\boldsymbol{x}_n\}_{n=1}^{N}$判断该像素属于前景还是背景。当该像素属于背景时($\omega_n=0$)，该数据被认为来源于均值为 $\boldsymbol{\mu}_n$且方差为$\Sigma_n$的正态分布。当该像素属于前景时($\omega_n=1$)，该数据被认为服从均匀分布，使得：

$$\begin{aligned} Pr(\boldsymbol{x}_n|w=0) &= \operatorname{Norm}_{\boldsymbol{x}_n}\left[\boldsymbol{\mu}_n,\sum_n\right] \\ Pr(\boldsymbol{x}_n|w=1) &= \kappa \end{aligned} \quad (12\text{-}28)$$

其中 $\kappa$ 是一个常数。

在前面的描述中，我们假定每个像素处的模型都是独立的，并且当我们对标签进行推理时，获得的结果图像中含有噪声(如图 12-25b 所示)。现在我们将在二值标签上施加一个马尔可夫随机场的先验，其中成对子图被组织为一个网格(正如本章中的大多数模型一样)，并且势函数有助于图像的平滑。图 12-25 给出了在本模型中使用图割算法的推理结果。现在的结果图像中仅有非常少的独立前景区域，并且前景目标中有少量的孔洞。该模型仍然发现了阴影并将其错误地作为前景，因此，我们需要一个更复杂的模型来解决此问题。

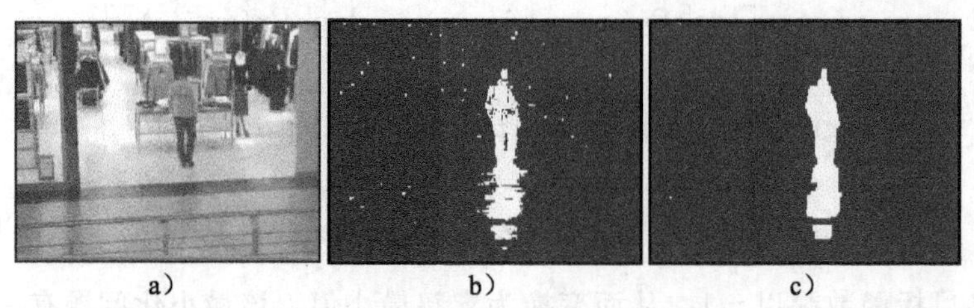

图 12-25　背景差分。a）原始图像。b）具有独立像素的背景差分模型的 MAP 解。解中含有噪声。c）使用马尔可夫随机场先验的背景差分模型的 MAP 解。平滑解可以消除绝大部分的噪声

### 12.8.2　交互式分割

交互式分割(GrabCut)的目标是基于用户的一些输入将一幅照片中的前景目标剪除出来(如图 12-26 所示)。更精确地，我们是要基于在每一个像素获取的 RGB 数据$\{x_n\}_{n=1}^N$，将一个二值标签$\{\omega_n\}_{n=1}^N$与图像中 $N$ 个像素的每一个进行关联，从而表征该像素是属于前景还是后景。然而，不同于背景差分的是，我们没有任何关于前景或背景的先验知识。

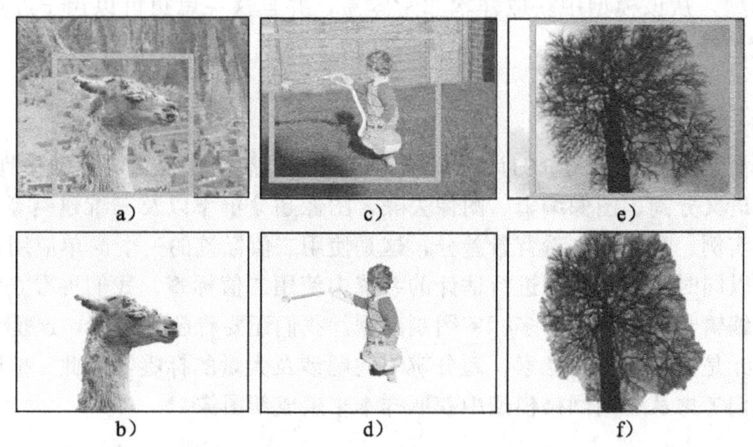

图 12-26　交互式分割。a）使用者在感兴趣的目标周围画出一个方形边框。b）算法在构建彩色模型和图像分割间加以选择，将前景与背景分割开来。c～d）第二个示例。e～f）失败的模式。该算法没有能够将“细长”的目标分割开来，因为跟踪所有边界的成对成本过高。源自 Rother 等(2005)。©2005 ACM

在 Rother 等(2005 年)的 GrabCut 系统中，观测的背景($\omega=0$)或前景($\omega=1$)的似然被建模为一个由 $K$ 个高斯分布组成的混合高斯模型，使得：

$$Pr(\mathbf{x}_n|w=j)=\sum_{k=1}^{K}\lambda_{jk}\text{Norm}_{\mathbf{x}_n}\left[\boldsymbol{\mu}_{jk},\sum_{jk}\right] \tag{12-29}$$

并且标签的先验也被建模成一个成对相连的马尔可夫随机场，这些随机场有助于势的平滑。

在该应用中，图像可能含有更宽泛的内容，因此没有合适的训练数据可以用来从前景和背景的颜色模型中得知参数$\left\{\boldsymbol{\lambda}_{jk},\boldsymbol{\mu}_{jk},\sum_{jk}\right\}_{j=1,k=1}^{2,K}$。然而，我们需要注意：(ⅰ)如果我们知道颜色模型，那么我们可以采用图割算法中的 MAP 推理进行分割；(ⅱ)如果我们知道分割，那么我们可以基于划分到每一类中的像素对前景和背景的颜色模型进行计算。这一发现使得在该模型中出现了一种可选的推理方法，该方法使分割和参数计算交替进行，直到系统收敛为止。

在 GrabCut 算法中，用户可以在想要分割的对象周围画一个边界框。这就有效地从初

始系统中定义了一个粗略的分割(框内的像素为前景，框外的像素为背景)。如果在可能的优化算法收敛后分割不正确，用户可能需要使用前景或背景刷对图像区域进行“描绘”，表示这些区域必须在最终结果中属于正确的类。实际过程中，这意味着设置一元成本时必须确保这些成本的数值正确合适，并且算法必须从该点重新运行直到收敛为止。图 12-26 给出了示例结果。

为了提高算法的性能，可能需要对 MRF 进行更改以使得当图像存在边界时，从前景标签转换为到背景标签的成对成本较少。这称为使用“测地距离”。从纯概率的角度来看，这在一定程度上比较含糊，因为 MRF 先验应该体现出在看到数据之前我们对任务的了解程度，因此不能取决于图像本身。然而，这在很大程度上是哲学上的一个异议，并且对很多目标来说该方法的实际效果良好。一个典型的失败模式体现在对细长的目标(例如树木)进行分割的过程中。这里，该模型并不准备为了能够沿着目标的众多边界进行精确分割而付出过高的成对成本，因此分割效果不佳。

### 12.8.3　立体视觉

在立体视觉中，目标在于推理出一个离散多值标签$\{\omega_n\}_{n=1}^N$，该标签代表一个给定图像数据为$\{\mathbf{x}_n\}_{n=1}^N$的图像中每个像素的视差(水平位移)。关于该问题中似然项的更多细节请参见 11.8.2 节内容，其中我们用基于树的先验对未知视差进行了描述。使用 MRF 先验是一种更合适的方法。

至于去噪示例，使用 MRF 先验并不合理，因为它的成本是一个关于邻域标签差异的凸函数。这将得出一个 MAP 解，使得目标的边界变得平滑。因此，通常使用一个非凸先验，例如 Potts 函数，它体现了这样一种思想：场景是由具有深度突变的平滑表面所构成，而突变的尺度并不重要。

Boykov 等(1999)使用 $\alpha$ 扩展算法对该类模型进行了近似推理(如图 12-27 所示)。该算法性能良好，但是在另外一幅没有正确匹配的图像中却发现了错误(即，对应点被另外一个目标所吸收)。Kolmogorov 和 Zabih(2001)随后提出一种定制图来解决立体视觉中的遮挡问题，同时，一种优化相关成本函数的 $\alpha$ 扩展算法也得以提出。这些方法也可被用于光流问题，其中我们可以尝试识别一个视频序列中相邻帧之间的像素关联。不同于立体视觉的是，这里无法保证这些匹配位于同一扫描行，但除此之外，问题是类似的。

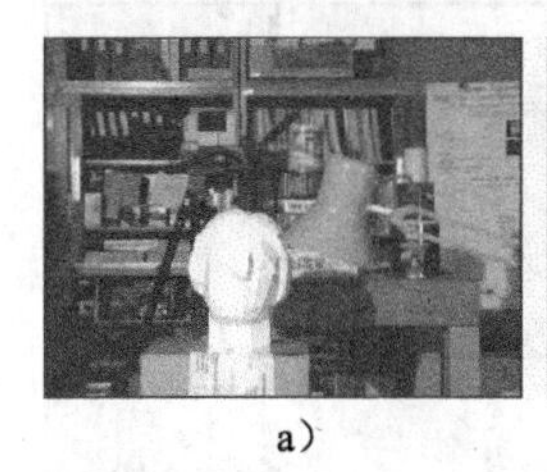
a)
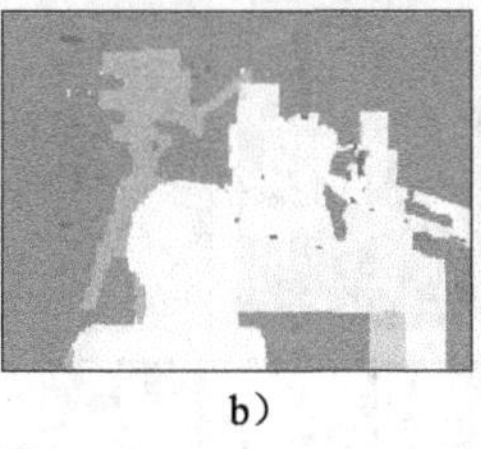
b)
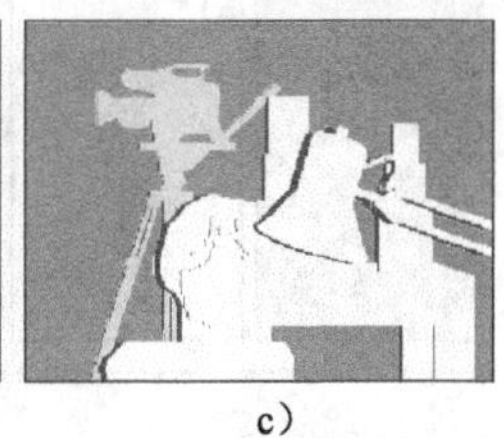
c)

图 12-27　立体视觉。a) 原始立体对图像。b) 采用 Boykov 等(1999)方法的视差估计。c) 真实差异。蓝色像素表明在第二幅图像中被遮挡的区域，因此不具有一个有效的匹配或者视差。该算法没有对这一事实进行解释，且在这些区域中产生了噪声估计(见彩插)

### 12.8.4　图像重排

马尔可夫随机场模型也可被用于图像重排。给定一幅原始图像 $I^{(1)}$，我们希望通过某种方式对 $I^{(1)}$ 中的像素进行重排生成一幅新图像 $I^{(2)}$。根据应用，我们希望改变原始图像的维数(图像重定向)，去除一个对象或是将一个对象从一处移往另一处。

Pritch 等(2009)构建了一个模型，该模型在图像 $I^{(2)}$ 中的 $N$ 个像素中的每一个都拥有变量 $\boldsymbol{w}=\{\omega_1,\cdots,\omega_N\}$。$\omega_n\in\{1,\cdots,K\}$ 中的每一个可能的数值表示图像 $I^{(1)}$ 中的一个二维相对补偿，该补偿告诉我们图像 $I^{(1)}$ 中的哪一个像素会出现在新图像中的第 $n$ 个像素上。因此标签映射 $\boldsymbol{w}$ 被称为位移映射，因为它表征了相对原图像的二维位移。每一种可能的位移映射定义了一个不同的输出图像 $I^{(2)}$(如图 12-28 所示)。

图 12-28　图像重排中的位移映射用来减少宽度。a) 生成的新图像 $I^{(2)}$ 是通过从 b) 原始图像 $I^{(11)}$ 中复制分段区域(图中的五个区域)得到的。c) 仔细选择这些区域生成一个无缝结果。d) 潜在的表达形式是一个位移映射——新图像中每一个像素的标签明确了原图像中将被复制的对应位置的二维补偿。MRF 使得标签成为分段常数，因而结果更倾向于由逐个复制的大块区域所构成。图中描述了 Pritch 等的方法(2009)

Pritch 等(2009)将位移映射 $\boldsymbol{w}$ 构建成一个 MRF，该 MRF 具有促进平滑的成对成本。这一结果表明只有是分段常数的位移映射才具有高概率。换句话说，由逐个拷贝原始图像中的大块区域所构成的新图像受到青睐。他们对成对成本进行修改使得当相邻标签对相似的周围区域补偿进行编码时成对成本较低。这意味着当标签确实发生变化时，该方式使得输出图像中没有明显的拼接缝痕迹。

该模型的剩余部分取决于应用场合(如图 12-29 所示)。

图 12-29　位移映射的应用。位移映射能够被用于 a) 从原始图像中获取一个目标 b) 移动到一个新位置和 c) 填充剩余像素生成一幅新图像。d) 它们也能被用于移除一个不理想的目标 e) 从一幅图像中指定一个掩模 f) 填充丢失的区域。g～h) 最后它们可以把原始图像重新定位为一个较小的尺寸，或者 i～j) 将原始图像重新定位为一个较大的尺寸。图中给出了 Pritch 等(2009)提出的方法的结果

- 若要移动一个目标，我们在新区域对一元成本具体化，以确保可以把理想的目标拷贝至此。变换的其他部分可以较为随意，但最好选取小补偿使得那些远离变化的场景可以保持稳定。
- 若要替换图像中的一块区域，我们可以对一元成本进行具体化，使得图像的剩余部分必须保持零偏移(逐个复制)，缺失区域中的位移必须从该区域以外的地方拷贝过来。
- 若要对一幅图像重定为具有更大宽度的图像，我们对一元成本进行设置，强行使新图像中的左右侧边缘相对原始图像的左右两侧作相对移动。我们也使用一元成本来指定垂直移动必须很小。
- 若要对一幅图像重定为具有更小宽度的图像(如图 12-28 所示)，我们额外指定水平补偿只能随着我们在图像中从左往右移动时加以增长。这一点保证新图像不包含复制对象且它们的水平阶始终为常数。

在每一种情况中，都可以使用 $\alpha$—扩展算法找到最佳解决方案。由于成对特征在这里并不构成一种度量，因此有必要对违规成本进行截断(请参看 12.4.1 节)。在实际中有许多标签，因此 Pritch 等(2009 年)引入一个从粗至细的方案，在该方案中图像的一个低分辨率版本被合成，合成结果被用于指导高分辨率区域中的进一步细化工作。

### 12.8.5 超分辨率

在马尔可夫随机场模型中，图像超分辨率也可以被设计为推理。这里所讨论的基本单位是一个图像区域而不是一个像素。例如，将原始图像划分为具有 $N$ 个低分辨率 3×3 区域$\{x_n\}_{n=1}^{N}$的规则网格。目标是要在网格内的每个位置推理出一套相应的标签$\{\omega_n\}_{n=1}^{N}$。每个标签取 $K$ 个数值中的一个，$K$ 个数值中的每个值对应一个不同的高分辨率 7×7 区域。这些区域从训练图像中提取获得。

配置高分辨率区域的成对成本是由对接边缘一致性所决定。在一个给定位置选择一个区域的一元成本依赖于提出的高分辨率区域与观测的低分辨率区域之间的一致性。该成本可以通过在高分辨率区域下采样得到 3×3 像素，而后使用一个正态噪声模型计算获得。

原则上，我们能够在该模型中使用图割公式进行推理，但是有两个问题。第一，结果成本函数并不是子结构的。第二，可能的高分辨率区域的数量必然很大，因此 $\alpha$ 扩展算法的效率非常低。

Freeman 等(2000)使用置信度传播在一个与此类似的模型中进行近似推理。为了提高相对运行速度，他们仅使用了每一个位置中被选择的 $J<<K$ 个可能区域中的一个子集，从而使得它们成为 $J$ 个与获取数据最符合的区域(因此具有最低的一元成本)。尽管结果(如图 12-30 所示)非常有说服力，但它们却与现代犯罪电视剧中的壮举相差甚远。

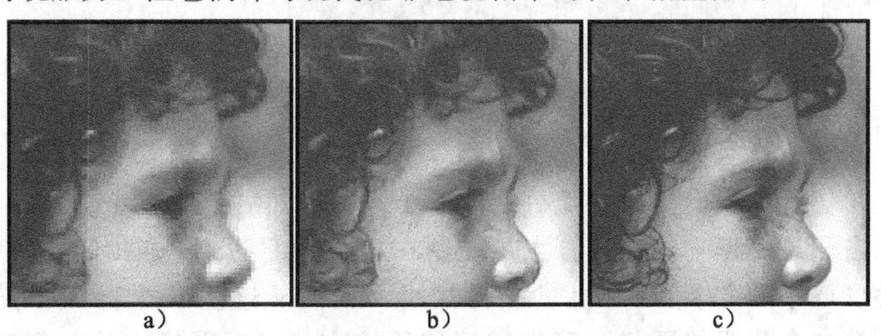


图 12-30 超分辨率。a) 一幅分解成低分辨率小块的普通网格的观测图像。b) 我们推理出标签的一个规则网格，其中的每一个标签对应一个高分辨率小块，且将这些小块区域拼制在一起形成一幅超分辨率图像。c) 标定好的真实数据源自 Freeman 等(2000 年)。©2000 Springer

### 12.8.6 纹理合成

目前，这些应用均基于无向马尔可夫随机场模型的推理。现在我们考虑有向模型。由于相关成本函数(请参见 12.7 节)中三元项的存在，使得在该模型中进行推理较为困难。然而，从该模型中进行衍伸相对容易，因为这是一个有向模型，我们能够使用一种原始的采样方法来生成实例。该方法中的一个可能应用就是*纹理合成*。

纹理合成的目标在于从一小片纹理区域中学习一个生成模型，使得当我们从模型中采样时，它们看起来像是相同纹理(如图 12-31 所示)的延伸实例。我们在此描述的特定方法被称为*图像拼接*，该方法最初由 Efros 和 Freeman(2001)提出的。我们将会首先对该算法进行描述，因为它是一个最初的构想，然后将其与网格有向模型相关联。

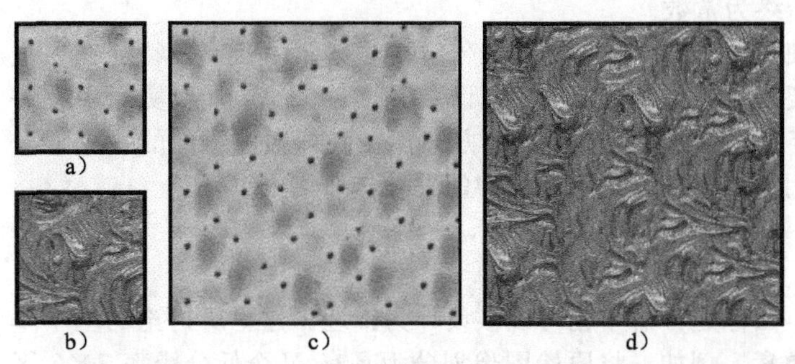


图 12-31　纹理合成。a、b) 原始的纹理样本。c、d) 使用图像拼接的合成纹理源自 Efros 和 Freeman(2001)

第一步(如图 12-32 所示)是从输入纹理中提取所有给定尺寸的可能区域以构成一个*区域库*。合成图像将由这些库区域的规则网格组成，使得每一个区域与其邻域覆盖少量的像素。一种新纹理将会从该网格的左上方至右下方开始合成。在每个位置，选取一个库区域使其与之前已被替换至上方和左侧的区域在视觉上保持一致。

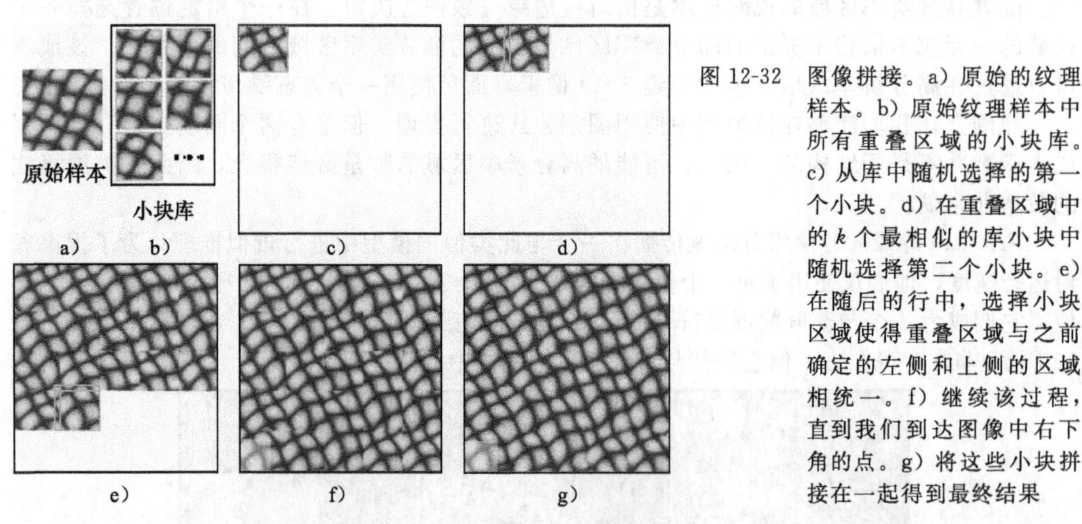


图 12-32　图像拼接。a) 原始的纹理样本。b) 原始纹理样本中所有重叠区域的小块库。c) 从库中随机选择的第一个小块。d) 在重叠区域中的 $k$ 个最相似的库小块中随机选择第二个小块。e) 在随后的行中，选择小块区域使得重叠区域与之前确定的左侧和上侧的区域相统一。f) 继续该过程，直到我们到达图像中右下角的点。g) 将这些小块拼接在一起得到最终结果

对于左上角位置，我们从库中随机选取一个区域。然后，我们考虑用第二块区域替换第一块区域的右侧，使得它们的重合大概控制在自身宽度的 1/6。我们在库中寻找 $J$ 个区域，这些重叠区域中的方形 RGB 亮度差异最小。我们从这些 $J$ 个区域中随机选择 1 个，并将其替换到第二个位置的图像。我们继续使用该方式，对图像中的首行区域进行合成。当我们到达第二行时，我们在决定一个待定库区域是否合适时必须考虑左侧和上侧区域的重叠：我们选择 $J$ 个这样的区域，其中待定区域与前面选择区域的重叠部分的总 RGB 差

异最小。该过程继续进行直到到达图像的右下方。

用这种方式我们合成了一种新的纹理实例(如图 12-32a～f 所示)。通过将重叠区域强行相似化后，使用相邻区域的视觉相似度。通过对 $J$ 个最佳区域的随机选取，我们确保结果是随机的：如果我们总是选择视觉上最一致的区域，就可以对原始纹理实现完全复制。在该过程的最后，通常是将结果区域混合起来对重叠区域中(如图 12-32g)剩下的人工操作信息进行去除。

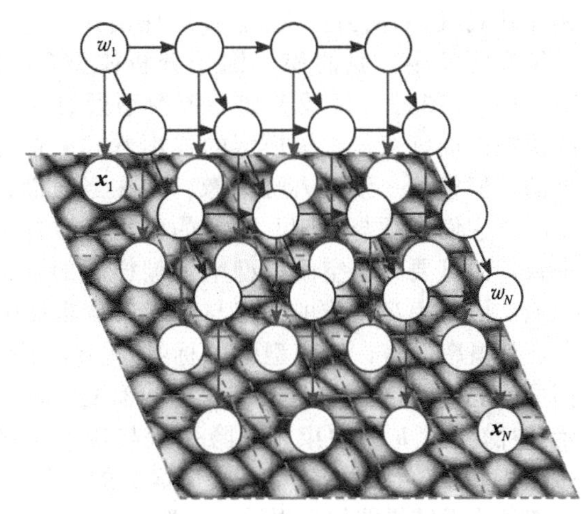


图 12-33 图像拼接作为图形模型中的初始采样。当我们合成图像时，我们从一个有向网格模型中有效地进行初始采样，其中隐节点表示一个小块区域的索引，每一个获取的变量表示小块区域数据

图像拼接可以被看成是对图像中有向模型的原始采样(如图 12-33 所示)。获得的数据$\{x_n\}_{n=1}^{N}$是输出区域，隐标签$\{\omega_n\}_{n=1}^{N}$表示区域索引。如果重叠区域在 $J$ 个区域中取值为 1，在其他区域取值为 0 时，那么这些标签受到一个服从常量概率分布的父标签的约束。唯一真实的变化在于标签与获取的数据之间的关系是确定的：一个给定的标签总能精确地生成同样的输出区域。

### 12.8.7 合成新面孔

Mohammed 等(2009)基于一个不太一致的训练实例的大型数据库，提出一种相关方法来合成更复杂对象，例如正面人脸(如图 12-34 所示)。人脸具有显著的空间结构，我们必须保证我们的模型遵守这些约束条件。为此，我们为图像中每个位置构建一个独立的区域库。这就保证了这些特征具有严格、正确的空间关系：鼻子总是出现在中央，下巴总是在下方。

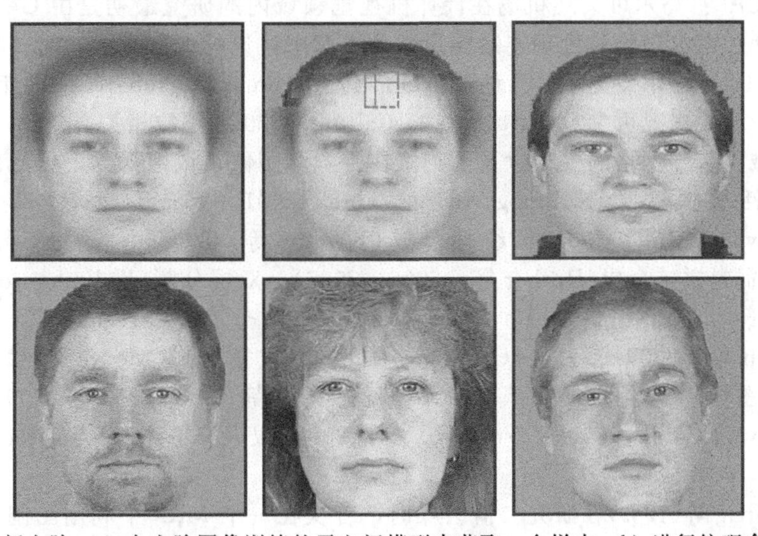

图 12-34 合成新人脸。a) 由人脸图像训练的子空间模型中获取一个样本。b) 进行纹理合成，但与之前相比，具有两个不同点。第一，小块区域的选择必须与子空间模型中的样本相统一，还必须与之前确定的小块区域相统一。第二，每一个位置的库小块区域都不一样：采用这种方式我们可以保证鼻子的小块区域总是从中心区域进行选择等等。c) 完成对小块区域的合成和拼接。d～f) 合成人脸的另外三个实例

原则上，我们可以使用一个标准图像拼接方法按照从左上方到右下方的轨迹对区域进行合成。遗憾的是，随着我们顺着图像移动，结果图像在外貌(例如从男至女)上会出现偏移。为了防止这一情况的发生，我们使用因子分析模型(请参见7.6节)对一幅图进行区域合成，该模型通过对人脸正面图像加以训练获得。该模型的样本看起来像是一幅模糊的、但整体一致的人脸图像。现在当我们选择势区域时，它们必须与左侧、上方的已经配置好的区域相一致，而且要与子空间模型中模糊样本的合适部分相类似。由该模型生成的图像与实际人脸非常相像。

就概率而言，该模型中的标签$\{\omega_n\}_{n=1}^N$不仅受到它们母标签$\omega_{pa}$的约束，还受到子空间模型(如图12-35所示)中隐变量$\boldsymbol{h}$的约束。该隐变量与每一个区域标签$\{\omega_n\}_{n=1}^N$相关，而且相比单纯考虑区域的马尔可夫联系，隐变量使得结果图像在视觉一致性上更为突出。

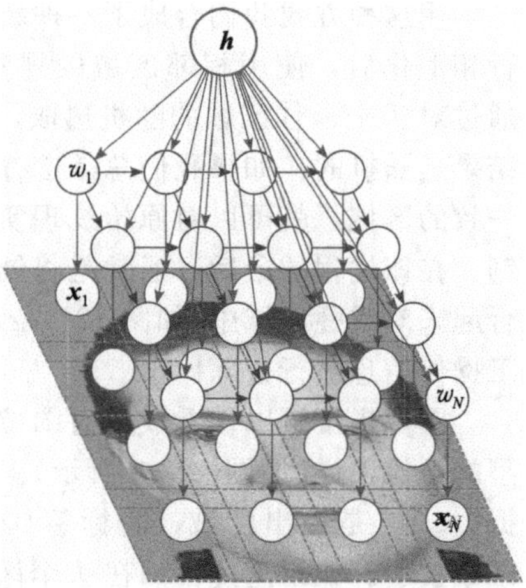

图12-35　合成新人脸的图模型。当我们生成一幅新图像时，我们均从一个有向网格模型中进行初始采样，其中每个变量$\boldsymbol{w}$均受到子空间模型中隐变量$\boldsymbol{h}$的影响

## 讨论

网格模型在视觉领域无处不在：它们几乎存在于所有试图将一个标签与图像中每个位置相联系的应用场合。根据不同的应用场合，该标签可能表示对应像素的深度、对象类型、分割掩膜或是运动状态。可惜，该类型的绝大多数问题均是NP难题，因此我们必须借助高效的近似推理方法，例如$\alpha$扩展算法。

## 备注

**MRF与CRF**：马尔可夫随机场在计算机视觉领域内的研究最初是由Geman等(1984)发起的，早期的大量工作是处理连续变量而非本章中讨论的离散变量。对其较好的回顾可参见Li在2010年的相关文献。条件随机场最初由Kumar和Hebert(2003年)应用于计算机视觉领域。相关概况可参见Sutton和McCallum在2011年的相关文献。

**应用领域**：基于网格的模型以及图割法在视觉和图像领域内得到了广泛的应用。部分应用领域包括立体视觉(Kollmogorov和Zabih，2001；Woodford等，2009)、光流法(Kollmogorov和Zabih，2001)、纹理合成(Kwatra等，2003)、蒙太奇(Agarwala等，2004)、影音资料拼接合成(Rother等，2005，2006)、双层分割(Kollmogorov等，2006)、交互式分割(Rother等，2004；Boykov等，2001)、超分辨率(Freeman等，2000)、图像缩略图(Pritch等，2009)、去噪(Greig等，1989)、重复分割(Moore等，2010、Veksler等，2010)、图像彩色化(Levin等，2004)、语义分割(Shotton等，2009)、多目重构(Kollmogorov和Zabih，2002；Vogiatzis等，2007)以及匹配图像点(Isack和Boykov，2012)。

**图割**：Greig等(1989)在研究二值去噪时，首次在一个MRF中利用图割进行推理。然而，直到Boykov等(2001)的成果问世，图割的推理结果才得以被再次认识，图割才获得广泛应用。Ishikawa(2003)使用凸势针对多指标图割问题提出精确的解决方案，Schlesinger和Flach(2006)对该方案进行了归纳。本章提出的方法是对这两种方法的综合。Boykov等(2001)通过一系列二值问题引入了非凸多标签能量优化方法。他们提出了两种算法：$\alpha-\beta$交换算法

以及 $\alpha$ 扩展算法，在前者中成对标签可以进行互换。他们还证明了 $\alpha$ 扩展解保证是真实解中两种因子中的一种。同样的思路，Lempitsky 等(2010)和 Kumar 等(2011)提出了更复杂的方案。Tarlow 等(2011)阐述了图割方法与最大乘积置信传播方法之间的联系。想要了解有关图割方法更多的细节信息，请参见 Boykov 和 Veksler(2006)、Felzenszwalb 和 Zabih(2011)以及 Blake 等(2011)的相关资料。

**最大流：**图割方法取决于最大流计算算法。这些方法中最常见的就是 Ford 和 Fulkerson(1962)的增广路径方法以及 Goldberg 和 Tarjan(1988)的压入重标记方法。这些方法以及针对相同问题的其他方法的细节信息可以在任何一本有关算法的标准教科书中获得，例如 Cormen 等(2001)的资料。计算机视觉中最通用的方法是增广路径算法的一种改进版本，Boykov 和 Kolmogorov(2004)的文献表明该版本针对视觉问题有非常好的表现。Kohli 和 Torr(2005)、Juan 和 Boykov(2006)以及 Alahari 等人(2008)为了提升图割效率，均重新使用针对类似图割问题的相关解决方案对方法进行了研究(例如基于在时间序列中针对以前帧制订的方案)。

**成本函数和最优化：**Kolmogorov 和 Zabih(2004)对成本函数进行了总结，成本函数可以使用基本的二值变量图割最大流规划进行优化。Kolmogorov 和 Rother(2007)对非子结构能量的图割方法进行了总结。Rother 等(2007)和 Komodakis 等(2008)提出了能对更通用成本函数进行近似优化的算法。

**约束边：**近期的成果对定制的图像重构问题进行了研究，图像重构问题大量采用了约束边(无穷强度的边)机制，以保证解决方案遵守某种结构。例如，Delong 和 Boykov (2009)设计了一种能将某些标签强行推广至周围其他标签的方法，并且 Moore 等(2010)描述了一种方法，该方法强制标签域遵守一种格。也可以参照 Felzenszwalb 和 Veksler (2010)基于动态规划的相关方案。

**高阶子图：**本章中讨论的所有方法都假定是成对连接；团只包含两个离散变量。然而，为了对标签域更复杂的统计值进行建模，有必要在子图中包含超过两个变量，这就是著名的高阶模型。Roth 和 Black(2009)使用这种连续 MRF 模型得到了很好的去噪和图像恢复结果。Domke 等(2008)给出了有向模型的效率，该有向模型中的每个变量受到图像上方和右侧大量变量的约束。目前，对模型中含有离散变量和高阶子图的 MAP 估计算法研究受到了广泛的关注(Ishikawa，2009；Kohli 等，2009 年 a，b；Rother 等，2009)。

**MAP 估计的其他方法：**在 MRF 和 CRF 中出现了许多其他新颖的 MAP 估计方法。这些方法包括置信度传播(Weiss 和 Freeman，2001)、在非子结构成本函数中使用的二次伪布尔优化(Kolmogorov 和 Rother，2007)、随机游走(Grady，2006)、线性规划(LP)松弛(Weiss 等，2011)以及各种线性规划下限最大化方法，例如树重加权信息传递(Wainright 等，2005；Kolmogorov，2006)方法。Szeliski 等(2008)给出了 MRF 中不同能量最小化方法之间的实验比较。

**纹理合成：**纹理合成最初是作为一个连续问题来加以研究，并且研究的焦点在于对一个小区域(Heeger 和 Bergen，1995；Portilla 和 Simoncelli，2000)内 RGB 数值的联合数据进行建模。尽管作为一个连续问题的纹理合成仍然是一个活跃的研究领域(例如 Heess 等 2009 年)，但是这些早期的方法已被以离散变量(或是对 RGB 值进行量化、对区域进行索引，或使用一种位移图表征方法)表征纹理的方法所取代。结果算法(例如 Efros 和 Leung，1999；Wei 和 Levoy，2000；Efros 和 Freeman，2001；Kwatra 等，2003)最初被描述为纹理生成的启发式方法，但是也能够被解读为从有向或无向网格模型中采样的精确或近似方法。

**交互式分割：**图割被用于交互式分割算法最早始于 Boykov 和 Jolly(2001)的工作。在早期工作中(Boykov 和 Jolly，2001；Boykov 和 Funka Lea，2006；Li 等，2004)，用户通过设置表征前景区域和背景区域的标记来与图像进行交互。Grab cut(Rother 等，2004)允许用户沿着涉及目标画一个框。更多现代系统(Liu 等人 2009 年)速度很快，使得用户能够互动地在图像上“绘制”选择区域。目前基于分割的图像分割方法的研究兴趣主要集中在，在图像上提出新的先验来提升效果(例如 Malcolm 等 2007；Veksler，2008；Chittajallu 等，2010；Freiman 等，2010)。为此，Kumar 等(2005)提出一种新方法用来强调对象清晰度的高级知识。Vicente 等(2008)提出一种更适合于对细长目标进行切割的算法，并且 Lempitsky 等(2008)使用一种先验，该先验基于一个沿着对象的边界框。

**立体视觉**：大多数新的立体视觉算法依赖于 MRF 或者 CRF，并且使用图割(例如 Kolmogorov 和 Zabih，2001)或者置信传播(例如 Sun 等，2003)来解决。有关于这些方法的比较请参见 Tappen 和 Freeman(2003)、Szeliski 等(2008)的相关文献。密集立体视觉中的一个研究热点是两幅图像的兼容性公式，且这两幅图像给定了某个视觉偏差(例如 Bleyer 和 Chambon，2010；Hirschmüller 和 Scharstein，2009)，在实际场合(请参见 Yoon 和 Kweon 2006；Tombari 等，2008)中该偏差很少基于单个像素。想要了解有关立体视觉更多信息，可以参见 Scharstein 和 Szeliski(2002)、Brown 等(2003)，以及 Szeliski(2010)的总结。本书第 11 章对动态规划方法进行了总结。著名的立体实现包括 Lhuillier 和 Quan (2002)的区域增长方法；Zitnick、Kanade(2000)和 Hirschmüller(2005)的系统，上面两个都可以在网上获取；以及 Sizintsev 和 Wildes(2010 年)的基于 GPU 的高效系统。想要获得最新立体视觉算法的定量比较，请访问 Middlebury 的立体视觉网站(http://vision.middlebury.edu/stereo/)。

## 习题

12.1　考虑一个马尔可夫随机场，该随机场具有如下结构：

$$Pr(x_1,x_2,x_3,x_4)=\frac{1}{Z}\phi[x_1,x_2]\phi[x_2,x_3]\phi[x_3,x_4]\phi[x_4,x_1]$$

然而其中变量 $x_1$、$x_2$、$x_3$和 $x_4$是连续的，且势函数被定义为：

$$\phi[a,b]=\exp[-(a-b)^2]$$

这是一个高斯马尔可夫随机场。请证明联合概率是一个正态分布，并找出其信息矩阵(逆协方差矩阵)。

12.2　分别通过(i)计算所有八种可能方案并找出具有最小成本的一种，(ii)动手在该图上运行增广路径算法，并解释最小割的两种方式来计算图 12-36 中三像素图割问题的 MAP 解。

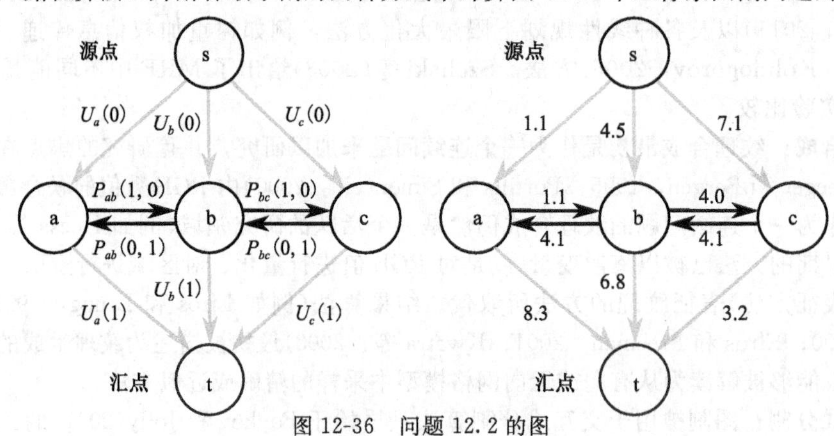


图 12-36　问题 12.2 的图

12.3 计算图 12-10 四种可能最小割的成本。

12.4 计算图 12-11c 四种可能最小割的成本。

12.5 图 12-37a 中的图形结构包含许多具有无限成本(负载量)的约束边界。这幅图中有 25 种可能的最小割，每一种对应两个像素之间的一种可能标签。请写出每个标签的成本。对这幅图的结构而言，哪一种方案具有有限成本？

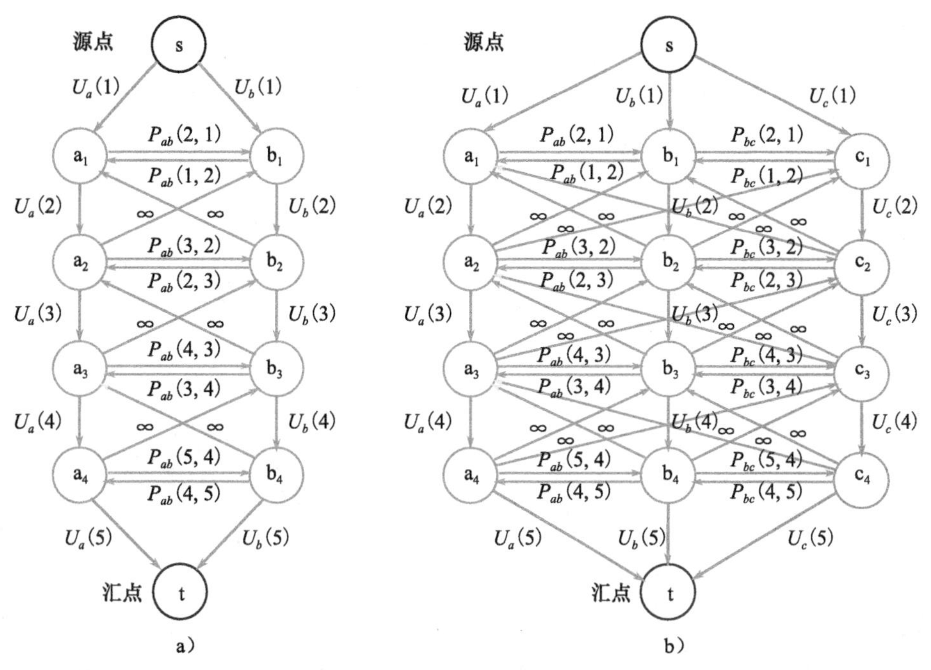


图 12-37 备选的多标签图形结构。这些结构图中的每一个都拥有具有无限权值的额外限制链接。这些都会对可能解的一个子集赋予一个无限的成本

12.6 图 12-37b 中哪一种可能的图最小割具有有限成本？

12.7 确定图 12-14 中割的成本是相关特征 $C_{ij}$ 的总和。

12.8 通过提出一个与必备规则相悖的反例来证明 Potts 模型是非子结构的：

$$P_{ab}(\beta,\gamma)+P_{ab}(\alpha,\delta)-P_{ab}(\beta,\delta)-P_{ab}(\alpha,\gamma)\geqslant 0$$

12.9 $\alpha$ 扩展算法的一种替代算法是 $\alpha-\beta$ 交换算法。这里，一个具有非凸势函数的多标签 MRF 可以通过下述方式得到优化：反复选取标签对 $\alpha$、$\beta$，进行二值图像割允许它们以该方式交换，从而使总成本函数的下降。设计一个能被用于进行此种操作的图结构。

提示：考虑邻域标签 $(\alpha,\alpha)$、$(\beta,\beta)$、$(\beta,\gamma)$、$(\alpha,\gamma)$ 以及 $(\gamma,\gamma)$ 的独立情况，其中 $\gamma$ 是一个既不同于 $\alpha$ 也不同于 $\beta$ 的标签。

| 第四部分 |

Computer Vision: Models, Learning, and Inference

# 预 处 理

本书的重点在于计算机视觉中的统计模型；前面章节涉及一些模型，这些模型将视觉测量值 $\boldsymbol{x}$ 与全局状态 $w$ 相关联。然而，有关测量矢量 $\boldsymbol{x}$ 的生成却很少被讨论，并且它通常被默认包含连续的 RGB 像素值。在最新的视觉系统中，图像像素数据几乎总需要进行预处理以得到测量矢量。

我们将预处理定义为在构建数据与全局状态相联系的模型之前，针对像素数据的任何变换。这些变换通常特别具有启发性：它们的参数并非由训练数据学习获得，而是从已经非常有效的经验中进行选取。图像预处理背后的哲学思想非常容易理解，图像数据取决于不属于手头任务的真实世界中的许多方面。例如，在一个目标检测任务中，RGB 值将会随着相机增益、照明、目标姿势以及目标的特定实例而改变。图像预处理的目的是要在保持图像中对最终决策起关键作用的方面的前提下，尽可能多地去除不必要变化。

在某种意义上，预处理的需要代表着一种失败，我们承认无法对 RGB 值与全局状态之间的关系进行直接建模。不可避免地，我们必须为此付出代价。尽管源于外来因素的变化是可以放弃的，但同时有可能也会将一些与任务相关的信息丢弃了。幸运的是，在计算机视觉诞生的这些年，这很少成为能够决定总体表现的限制因素。

在这部分中，我们将利用独立的一章讨论多种预处理方法。尽管这里的处理涉及不广，但需要强调的是预处理是非常重要的，实际中预处理方法的选择能够对视觉系统的表现产生影响，该影响最少也与模型的选择相当。

第 13 章

Computer Vision: Models, Learning, and Inference

# 图像预处理与特征提取

本章对计算机视觉中的现代预处理方法进行简要的回顾。在 13.1 节中，我们引入一些方法，在这些方法中我们将图像中每个像素用一个新的数值来替代。在 13.2 节中，对图像中边缘、角点以及兴趣点的发现等问题展开研究。在 13.3 节中，我们对视觉描述子进行讨论，这些描述子是一些尝试以一种简洁方式对图像区域中感兴趣部分进行描述的低维矢量。最后在 13.4 节中，我们对降维方法进行了讨论。

## 13.1 逐像素变换

我们以*逐像素运算*开始对预处理问题的讨论：这些方法返回一个单一数值，该数值与输入图像中的每个像素相对应。我们将原始二维像素数据数组记作 $\mathbf{P}$，其中 $p_{ij}$ 是位于 $I\times J$ 数组中第 $i$ 行与第 $j$ 列的元素。元素 $p_{ij}$ 是一个表示灰度值的标量。逐像素运算返回一个与 $\mathbf{P}$ 具有相同尺寸的新的二维数组 $\mathbf{X}$，$\mathbf{X}$ 中含有元素 $x_{ij}$。

### 13.1.1 白化

白化的目的(如图 13-1 所示)是要为图像的平均亮度水平和对比度提供波动的恒定性。这一变化可能来自周围光照强度的变化、物体反射率的变化或者相机增益的变化。为了对这些因素进行补偿，图像需要进行变换，使得结果像素值具有零均值和单位方差。为此，我们需要对原始灰度图像 $\mathbf{P}$ 的均值 $\mu$ 和方差 $\sigma^2$ 进行计算：

$$\mu = \frac{\sum_{i=1}^{I}\sum_{j=1}^{J} p_{ij}}{IJ}$$

$$\sigma^2 = \frac{\sum_{i=1}^{I}\sum_{j=1}^{J}(p_{ij}-\mu)^2}{IJ} \tag{13-1}$$

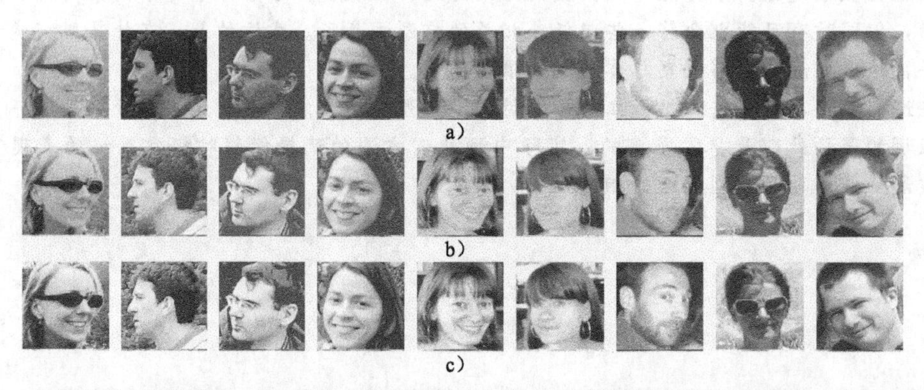

图 13-1　白化和直方图均衡化。a) 通过改变对比度和均值水平而获得的大量人脸图像。b) 白化处理后，图像具有同样的均值和方差。c) 直方图均衡化处理后，图像的所有矩几乎完全一致。这两种变换由于改变了对比度和亮度导致了变化量的减少

这些统计被用于对每个像素值进行转换，使得：

$$x_{ij} = \frac{p_{ij} - \mu}{\sigma} \tag{13-2}$$

对于彩色图像，该工作可以通过对所有来自于三通道数据的 $\mu$ 和 $\sigma^2$ 进行计算，或者基于三通道各自的统计将 RGB 通道中的每一个分别进行变换来实现。

注意，即使这一简单的变换，也有对后续场景推理造成妨碍的隐患。根据任务的不同，绝对亮度中可能包含也可能不包含关键信息。所以即使是最简单的预处理方法也必须慎重使用。

### 13.1.2 直方图均衡化

直方图均衡化的目标(如图 13-1c 所示)在于对亮度值数据进行修正，使得它们的所有矩均有预设值。为此，使用一种非线性变换以强行将像素亮度分布变为平缓的。

我们首先要对原始亮度值 $\mathbf{h}$ 的直方图进行计算，其中 $K$ 个项中的第 $k$ 项可以定义为：

$$h_k = \sum_{i=1}^{I}\sum_{j=1}^{J}\delta[p_{ij} - k] \tag{13-3}$$

其中增益为 0 时，算子 $\delta[\bullet]$返回 1，否则算子 $\delta[\bullet]$返回 0。我们对该直方图做累加求和，并按照像素的总数进行归一化，从而计算少于或者等于每一个亮度级的像素所占的累加比例 $c$：

$$c_k = \frac{\sum_{l=1}^{k} h_l}{IJ} \tag{13-4}$$

最后，我们使用累加直方图作为一个查找表来计算变换值，使得：

$$x_{ij} = Kc_{p_{ij}} \tag{13-5}$$

例如，在图 13-2 中，数值 90 将会被映射为 $K\times0.29$，其中 $K$ 是最大亮度值(通常为 255)。结果是一个连续值而不是一个离散的像素亮度值，但是与原始数据具有相同的区间。如果后续处理需要的话，可以将结果舍入到最近的整数。

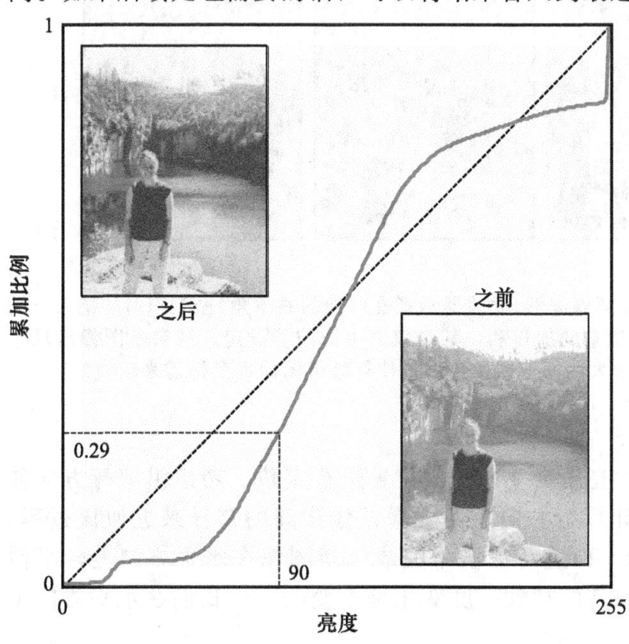


图 13-2 直方图均衡化。横坐标表示像素亮度，纵坐标表示小于或等于这一数值的亮度比例。这幅图可以被用于亮度直方图均衡化的查找表。对于一个给定的横坐标上的亮度值，我们选择新的亮度值作为最大输出亮度，其数值是纵坐标上数值的 $K$ 倍。变换完成后，亮度值实现了均匀分布。在示例图像中，许多像素是亮点。直方图均衡化将这些亮点数值扩展到一个更大的亮度范围，因此可以实现在较亮区域内提升对比度的效果

### 13.1.3　线性滤波

在对一幅图像进行滤波之后，新的像素值 $x_{ij}$ 由原始图像 $\boldsymbol{P}$ 周围区域的像素亮度值的权值和所构成。权值储存于一个滤波器内核 $\boldsymbol{F}$，$\boldsymbol{F}$ 有输入 $f_{m,n}$，其中 $m \in \{-M,\cdots,M\}$ 且 $n \in \{-N,\cdots,N\}$ 。

更正式地，当我们使用一个滤波器时，我们将 $\boldsymbol{P}$ 与滤波器 $\boldsymbol{F}$ 做卷积，其中二维卷积可被定义为：

$$x_{ij} = \sum_{m=-M}^{M} \sum_{n=-N}^{N} p_{i-m,j-n} f_{m,n} \tag{13-6}$$

注意按照惯例，滤波器在两个方向翻转，因此滤波器的左上方向上 $f_{-M,-N}$ 对 $\boldsymbol{P}$ 中当前点的右下方向上像素 $p_{i+M,j+N}$ 赋权值。视觉中用到的许多滤波器是对称的，且均是采用此种翻转方式使得在实际应用中没有什么区别。

如果不做进一步修正，该公式将会在图像的边界遇到问题：需要访问图像以外的像素。处理该问题的一种方法是使用“零填充”，在“零填充”方法中我们假定在定义的图像区域以外的 $P$ 的数值为 0。

现在我们考虑几种常见的滤波器类型。

**高斯(模糊)滤波器**

要使一幅图像变模糊，我们可以将其与一个二维高斯滤波器做卷积：

$$f(m,n) = \frac{1}{2\pi\sigma^2} \exp\left[-\frac{m^2+n^2}{2\sigma^2}\right] \tag{13-7}$$

结果图像中的每一个像素都是周围像素的权值和，其中权值取决于高斯轮廓：较近的像素对最终输出的贡献相对较多。该过程使图像变得模糊，其中模糊的程度取决于高斯滤波器中的标准差 $\sigma$(如图 13-3 所示)。这是一种降低图像内噪声的简单方法。

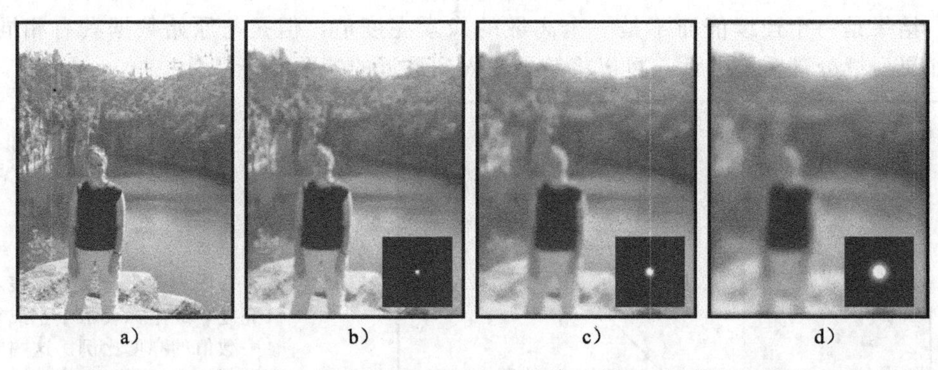


图 13-3　图像模糊化。a) 原始图像。b) 与高斯滤波器(滤波器示意在图像的右下角)做卷积后的结果。图像中的每个像素是原始图像中周围像素的加权和，其中权值由滤波器设定。结果是图像出现了轻微的模糊。c～d) 与标准差逐渐增大的滤波器做卷积，使得结果图像也变得越来越模糊

**一阶微分滤波器与边缘滤波器**

图像滤波的第二个应用是对图像中亮度变化剧烈的位置进行定位。考虑沿着行方向使用图像的一阶微分。可以通过简单地计算行方向上两个增益像素间的差异来近似该过程。该过程可以通过使用算子 $\boldsymbol{F}=(-1\quad 0\quad 1)$进行滤波来完成。当图像在水平方向上较平滑时，滤波器给出零响应，因此它针对恒定的加性亮度变化是不变的。当我们在水平方向上

滑动时，如果图像亮度逐渐增大，那么滤波器给出一个负响应。当图像亮度下降时(回忆将滤波器翻转 180°)，滤波器给出一个正响应。这样可以对图像中的边缘具有选择性。

由于滤波器有限的空间范围，因此在对滤波器 $\boldsymbol{F}=(-1\quad 0\quad 1)$ 的响应中含有噪声。因而，在实际应用中需要使用略微复杂的滤波器寻找边界。例如 Prewitt 算子(如图 13-4b、c 所示)

$$\boldsymbol{F}_x=\begin{bmatrix}1 & 0 & -1\\1 & 0 & -1\\1 & 0 & -1\end{bmatrix},\quad \boldsymbol{F}_y=\begin{bmatrix}1 & 1 & 1\\0 & 0 & 0\\-1 & -1 & -1\end{bmatrix} \tag{13-8}$$

和 Sobel 算子

$$\boldsymbol{F}_x=\begin{bmatrix}1 & 0 & -1\\2 & 0 & -2\\1 & 0 & -1\end{bmatrix},\quad \boldsymbol{F}_y=\begin{bmatrix}1 & 2 & 1\\0 & 0 & 0\\-1 & -2 & -1\end{bmatrix} \tag{13-9}$$

其中在每一种情况下，滤波器 $\boldsymbol{F}_x$ 用于在水平方向上寻找边界，滤波器 $\boldsymbol{F}_y$ 用于在垂直方向上寻找边界。

**拉普拉斯滤波器**

拉普拉斯滤波器是对拉普拉斯算子 $\nabla^2$ 的离散二维逼近，且其形式为：

$$\boldsymbol{F}=\begin{bmatrix}0 & -1 & 0\\-1 & 4 & -1\\0 & -1 & 0\end{bmatrix} \tag{13-10}$$

针对一幅图像使用离散滤波器 $\boldsymbol{F}$ 将导致对高幅值的响应，其中图像是复杂多变的，且无论变化的方向如何(如图 13-4d 所示)：较平滑区域响应为零，当图像中出现边界时响应显著。因此它对于恒定的加性亮度变化是不变的，而对识别出图像中的感兴趣区域非常有用。

**高斯-拉普拉斯(LOG)滤波器**

在实际应用中，拉普拉斯算子会生成含噪声的结果。一种更好的方法是首先使用高斯滤波器对图像进行平滑，而后再使用拉普拉斯算子。由于卷积具有结合性质，我们可以等价地将高斯函数与拉普拉斯滤波器作卷积，然后对图像使用生成的 LOG 滤波器(如图 13-4e 所示)。LOG 的优势在于它可以根据高斯成分的尺度对不同尺度的变化进行选择。

**高斯差分(DOG)**

LOG 滤波器可以由 DOG 滤波器(比较图 13-4e 和图 13-4f)进行很好的拟合。顾名思义，这种滤波器可以通过获取相邻尺度的两个高斯函数的差异来获得。同样的结果也可以通过对一幅图像分别使用两次高斯函数，然后获取结果间的差异来获得。同样，该滤波器对给定尺度的图像中的变化区域响应强烈。

**Gabor 滤波器**

Gabor 滤波器对尺度和方向均具有选择性。二维 Gabor 函数是一个二维高斯函数与一个二维正弦函数的乘积。它的参数化过程取决于高斯函数的协方差、正弦波的相位 $\phi$、方向 $\omega$ 以及正弦波波长 $\lambda$。如果高斯成分是球状的，则 Gabor 函数可以被定义为：

$$f_{mn}=\frac{1}{2\pi\sigma^2}\exp\left[-\frac{m^2+n^2}{2\sigma^2}\right]\sin\left[\frac{2\pi(\cos[\omega]m+\sin[\omega]n)}{\lambda}+\phi\right] \tag{13-11}$$

其中 $\sigma$ 决定球状高斯函数的尺度。通常情况下是使波长与高斯函数的尺度 $\sigma$ 成比例，因此可以看作一个周期常量。

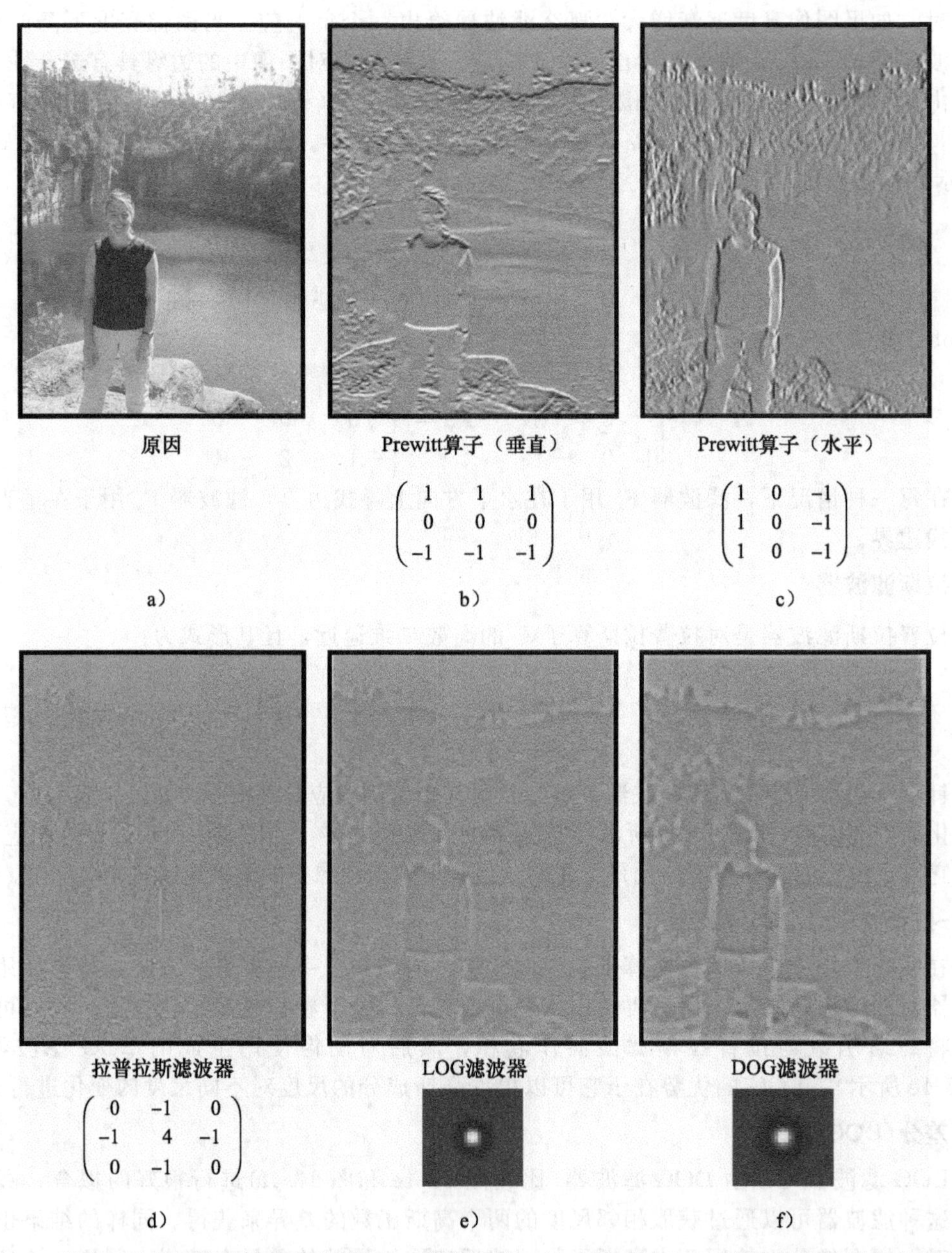


$$\begin{pmatrix} 1 & 1 & 1 \\ 0 & 0 & 0 \\ -1 & -1 & -1 \end{pmatrix} \quad \begin{pmatrix} 1 & 0 & -1 \\ 1 & 0 & -1 \\ 1 & 0 & -1 \end{pmatrix} \quad \begin{pmatrix} 0 & -1 & 0 \\ -1 & 4 & -1 \\ 0 & -1 & 0 \end{pmatrix}$$

图 13-4　一阶和二阶微分算子处理后的图像。a）原始图像。b）与垂直 Prewitt 滤波器卷积后产生的响应与垂直方向边缘的尺寸和极性成比例。c）水平方向的 Prewitt 滤波器能够对水平方向的边缘产生响应。d）拉普拉斯滤波器会对图像中任何方向的快速变化做出显著响应。e）LOG 滤波器会得出相似的结果，但输出得到了平滑，因而噪声也更少。f）DOG 滤波器通常可以作为 LOG 的近似

Gabor 滤波器对某一频率、某一方向带、某一相位的图像元素具有选择性（如图 13-5 所示）。当正弦分量相对高斯函数非对称时，Gabor 滤波器对恒定的加性亮度变化是不变的。这也基本符合对称 Gabor 函数的情况，只要正弦函数中的若干周期是可见的。独立于相位变化的响应可以很容易通过计算两个具有相同频率、方向、尺度，但相位相差为 $\pi/2$ 弧度的两个 Gabor 特征响应的平方和而获得。得到的结果称为 Gabor 能量，并且它对图像中较小的移位几乎保持不变。

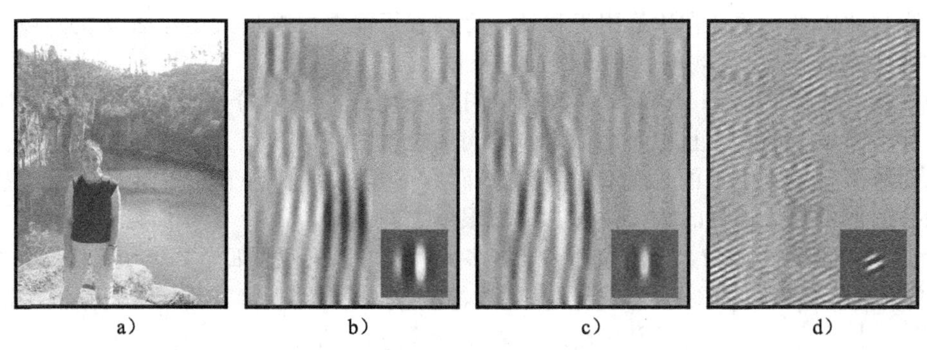

图 13-5　采用 Gabor 函数进行滤波。a) 原始图像。b) 在一个大范围采用水平非对称 Gabor 函数进行滤波。c) 在一个大范围采用水平对称 Gabor 函数滤波后的结果。d) 对角 Gabor 滤波器响应(针对对角线方向变化的响应)

使用 Gabor 函数进行滤波来源于哺乳动物的视觉感知：这是针对大脑中视觉数据进行第一次处理的一种方式。此外，其在心理学研究中也是众所周知的，某些应用(例如脸部检测)主要取决于中间频率的信息。这可能是因为高频滤波器只能检测到一块小的图像区域，容易受到噪声的干扰且提供的信息相对较少，而低频滤波器针对大块区域进行操作且对由于光亮导致的缓慢变化的响应不成比例。

### Hear-like 滤波器

Hear-like 滤波器由相邻的矩形平衡区域所构成，因此平均滤波值为 0，且它们对恒定的亮度变化保持不变。依据这些区域的配置，它们可能与微分滤波器或者 Gabor 滤波器(如图 13-6 所示)较为类似。

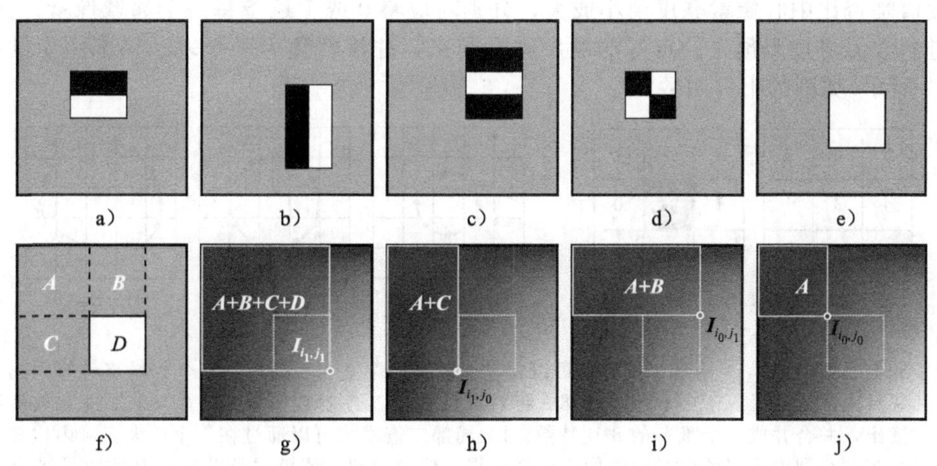


图 13-6　Hear-like 滤波器。a～d) Hear-like 滤波器由矩形区域构成。与 Hear-like 滤波器的卷积过程可以在常数时间内完成。e) 要弄清楚原因，考虑与这个单一矩形区域进行滤波的问题。f) 我们将这四个区域像素值的和分别记为 $A$、$B$、$C$ 和 $D$。我们的目标是要计算 $D$。g) 积分图像有一个数值，是当前位置上方和左侧的像素亮度之和。因此位置($i_1$，$j_1$)处的积分图像的数值为 $A+B+C+D$。h) 位置($i_1$，$j_0$)处的积分图像的数值为 $A+C$。i) 位置($i_0$，$j_1$)处的积分图像的数值为 $A+B$。j) 位置($i_0$，$j_0$)处的积分图像的数值为 $A$。区域 $D$ 中的像素之和现在可以这样计算得出：$\boldsymbol{I}_{i_1,j_1}+\boldsymbol{I}_{i_0,j_0}-\boldsymbol{I}_{i_1,j_0}-\boldsymbol{I}_{i_0,j_1}=(A+B+C+D)+A-(A+C)-(A+B)=D$。这只需要四个算子，而不需要考虑原始方形区域的尺寸

然而，Hear-like 滤波器相比它拟合的滤波器具有更大的噪声：它们在正区域与负区

域间有锋利的边缘，并且在边缘附近移动一个像素可能造成响应发生显著变化。该缺陷可以通过可计算的 Haar 函数的相对速度加以补偿。

为了能够快速计算 Hear-like 函数，我们首先构成一幅积分图像(如图 13-6g 所示)。这是一种中间表达形式，其中每个像素包含当前位置的左侧和上方所有亮度值之和。因此左上角的数值就是该位置的原始像素数值，而右下角的数值等于整幅图像的像素数值之和。积分图像中其他部分的数值位于这些极限值之间。

对于给定的积分图像 $\boldsymbol{I}$，无论这个区域有多大，均可以只使用四个算子计算任何一个矩形区域内的亮度值之和。考虑一个位于$[j_0, j_1]$行、$[i_0, i_1]$列的区域，内部像素亮度和 $S$ 等于：

$$S = \boldsymbol{I}_{i_1,j_1} + \boldsymbol{I}_{i_0,j_0} - \boldsymbol{I}_{i_1,j_0} - \boldsymbol{I}_{i_0,j_1} \tag{13-12}$$

该式的逻辑关系如图 13-6f～i 所示。

既然 Hear-like 滤波器由矩形区域所构成，那么也可以通过一种类似的方法计算获得。一个拥有两个相邻矩形区域的滤波器需要 6 次运算。当有 3 个相邻矩形区域时则需要 8 次运算。当滤波器的维数 $M$ 和 $N$ 较大时，这种方法非常类似于传统滤波器的简单实现，这些滤波器具有一个 $M \times N$ 的核，只需要进行 $O(MN)$次运算的就得到一个滤波响应。Haar 滤波器经常用于实时应用中，例如脸部检测，因为它们可以被快速计算。

### 13.1.4　局部二值模式

局部二值模式(LBP)算子在每个像素处返回一个离散值，该离散值能够在某种程度上对在亮度变化下部分保持不变的局部纹理进行描述。由于这个原因，基于局部二值模式的特征通常被用于人脸识别算法中的一个基础。

基本的 LBP 算子将 8 个邻域像素的亮度值与中心像素的亮度值作比较，根据邻域像素亮度值是否比中心像素亮度值小或大，分别对应将 0 或 1 赋予每一个邻域像素。然后这些二进制数值将按照预先设定好的顺序联系起来，并被转化为一个表示局部图像结构(如图 13-7 所示)类型的十进制数。

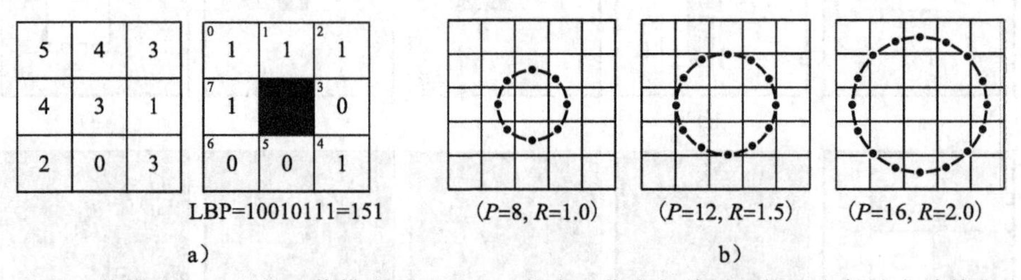


图 13-7　局部二值模式。a) 局部二值模式可以通过比较中心像素与其周围的八个邻域点计算得出。如果邻域点大于或者等于中心像素，那么将对应位置的二进制数值设为 1。八个二进制数值可以被读出，并合并成一个唯一的 8-比特数。b) 局部二值模式可以通过在一个更大区域内比较当前像素与一个圆内位置的(内插)图像来计算获得。这种局部二值模式是以样本 $P$ 的数量和圆 $R$ 的半径为特征的

通过进一步处理，可以使 LBP 算子保持方向不变性：对二进制表示进行反复的比特位移动从而生成 8 个新的二进制数值，并选取这些数值中的最小值。这可以将可能的 LBP 数值压缩到 36 个。在实际应用中，我们发现这 36 个 LBP 数值的分布是由那些相对均匀的数值所决定。换句话说，那些不存在过渡的二进制字符串(例如 00000000、11111111)或者不常出现的二进制字符串(例如 00001111、00111111)出现的概率最高。纹理类型的数量可以通过将所有非均匀的 LBP 数值聚集为一个单独类得到进一步压缩。现在局部图像结构被划分为 9 种 LBP 类型(8 种旋转不变的均匀类型以及一种非均匀类型)。

LBP 算子能够被扩展到使用不同大小的邻域：中间像素与圆形位置相比较(如图 13-7 所示)。通常，这些位置并不能与像素阵精确重合，并且这些位置的亮度值必须使用双线性插值加以估计。这种扩展的 LBP 算子能够捕捉图像中不同尺度的特征。

### 13.1.5　纹理基元映射

纹理基元一词源于人类感知的研究，表示一种原始的纹理感知元素。换句话说，它的作用大致与语音识别中的音素相当。在机器视觉环境中，纹理基元是一个离散的变量，它表明在当前像素周围的一个区域中存在的许多有限纹理类型中的哪一种。纹理基元映射图是一幅图像，其中每一个纹理基元需要在每一像素处进行计算(如图 13-8 所示)。

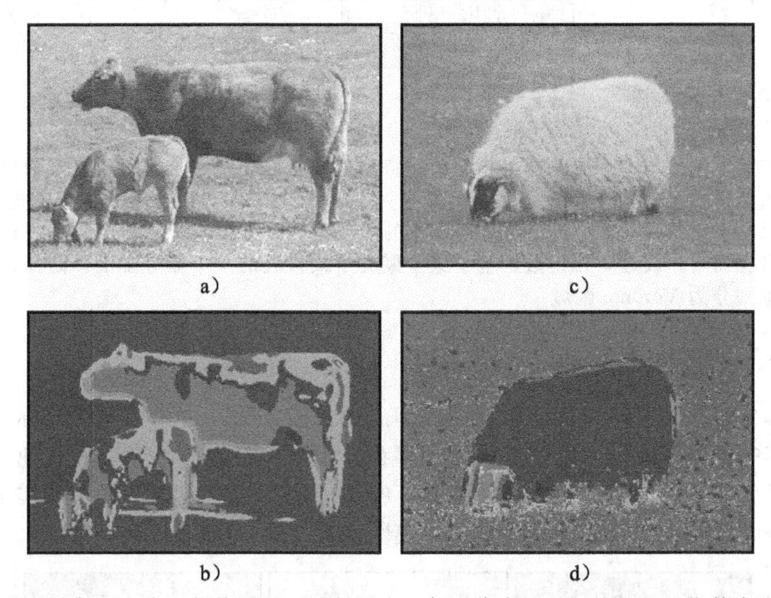

图 13-8　纹理基元映射图。在一幅纹理基元映射图中，每个像素可以用纹理基元指数来取代。该指数表征了周围区域的纹理。a) 原始图像。b) 相关纹理基元映射图。注意到相似区域将会被指派相同的纹理基元指数(用不同灰度加以表示)。c) 原始图像。d) 相关纹理基元映射图(使用(b)中不同的滤波器组)。纹理基元映射图通常被用于语义图像分割。源自 Shotlen 等(2009)。© 2009 Springer

纹理基元的分布取决于训练数据。将一组 $N$ 个滤波器与一组训练图像作卷积。在每幅训练图像中的每一个像素位置，响应被串联成一个 $N\times1$ 的向量。而后使用 $K$ 均值算法(请参见 13.4.4 节)将这些向量聚类成 $K$ 个类。一幅新图像的纹理基元可以通过将其与相同的滤波器组卷积生成。对每一个像素，纹理基元的分配可以通过比对哪一个聚类的平均值与当前位置相关的 $N\times1$ 滤波器输出向量最接近来决定。

滤波器组的选择似乎相对不重要。一种方法是使用尺度为 $\sigma$、$2\sigma$、$4\sigma$ 的高斯函数对所有三个颜色通道进行滤波，然后使用尺度为 $2\sigma$、$4\sigma$ 的高斯导数和尺度为 $\sigma$、$2\sigma$、$4\sigma$、$8\sigma$ 的 LOG 对亮度(如图 13-9 所示)进行过滤。使用此方法可以对颜色和纹理信息进行捕捉。

计算方向不变性的纹理基元是可行的。一种实现方法是选择具有旋转不变性的滤波器构成滤波器组(如图 13-9b 所示)。然而，这些不具有对图像中方向结构进行响应的理想特性。设计一种最大响应(Maximum Response，MR8)滤波器组提供局部纹理的旋转不变性量度，该滤波器组并没有抛弃这些信息。MR8 滤波器组(如图 13-9c 所示)由一个高斯函数和一个 LOG 滤波器、三尺度边界滤波器以及一个同样是三尺度的条滤波器(一个对称方向滤波器)所构成。边界和条滤波器在每一尺度的 6 个方向上进行复制，共产生 38 个滤波器。为了形成旋转不变性，仅使用了方向最大滤波器响应。因此，滤波器响应的最终向量由 8 个数字构成，分别对应高斯滤波器和拉普拉斯滤波器(已经具备不变性)、边界方向的最大响应以及三个尺度上每一尺度的条滤波器。

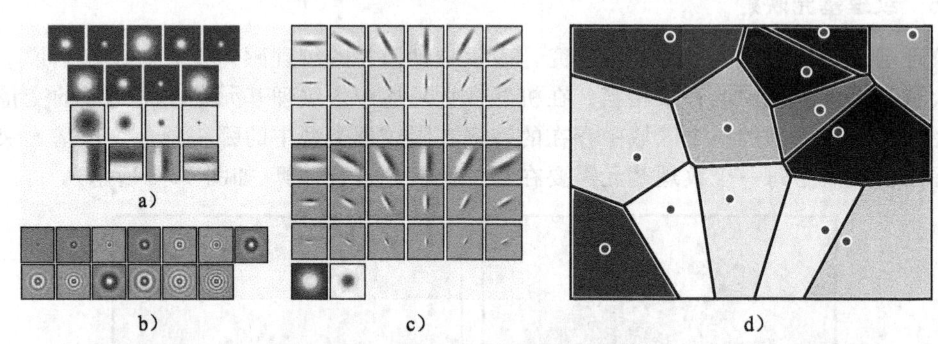

图 13-9　纹理基元。图像与一个滤波器组相卷积在每个位置生成一个 $N\times1$ 的滤波器响应向量。滤波器组的可能选择包括：a) 高斯函数、高斯导数、LoG 的组合；b) 旋转不变性滤波器，和 c) 最大响应(MR8)数据库。d) 在训练中，$N\times1$ 的滤波器响应向量可以采用 $K$ 均值方法加以聚类。针对新数据而言，纹理基元指数是基于这些聚类中最接近的一个而分配的。因此，滤波器空间被有效地划分为 Voronoi 区域

## 13.2　边缘、角点和兴趣点

在这一部分，我们将研究能识别出图像信息部分的方法。边缘检测的目标是要返回一个二值图像，其中非零数值表示图像中边缘的存在。边缘检测器也可以返回其他信息，例如与边缘有关的尺度和方向信息。边缘映射图是一幅图像的简洁的表达形式，事实证明边缘映射图仅依据场景中的边缘信息即可精确地对一幅图像进行重构(如图 13-10 所示)。

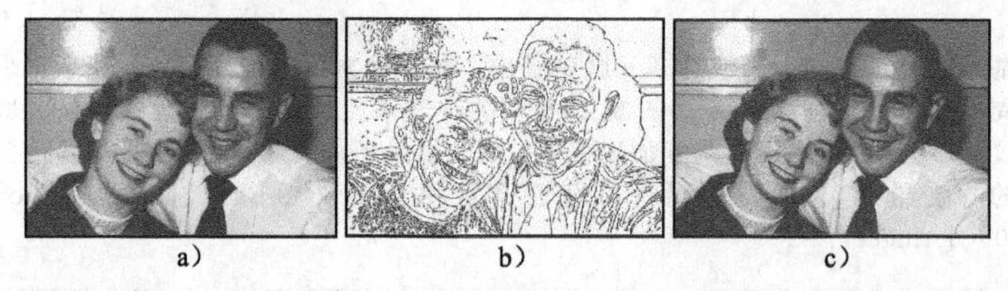

图 13-10　基于边缘的重构。a) 原始图像。b) 边缘映射图。每个边缘像素也具有相关的尺度和方向信息并且每一侧具有亮度级的记录。c) 从边缘和它们的相关信息中几乎可以完美地重构出图像。源自 Elder(1999 年)。© 1999 Springer

角点是图像中包含丰富视觉信息的位置，在相同目标(如图 13-12 所示)的不同图像中均可以找到它们。可以使用许多方法寻找角点，但是它们都需要对特征点进行识别。角点检测算法最初在几何计算机视觉问题中提出，例如宽基线图像匹配。这里我们从两个不同的角度看待同一场景，希望能够识别出哪些点对应于哪一角度。近年来，角点也被用于目标识别算法(其中它们通常被称为兴趣点)。这里的意义在于兴趣点周围的区域包含了目标类别的信息。

### 13.2.1　Canny 边缘检测器

为了使用 Canny 边缘检测器计算边缘，首先将图像 $\boldsymbol{P}$ 模糊化，然后与一对正交微分滤波器(例如 Prewitt 滤波器)做卷积生成分别包含了水平和垂直方向上的导数的图像 $\boldsymbol{H}$ 和

**V**。对像素$(i, j)$而言，可以使用下式对梯度的方向$\theta_{ij}$和幅度$a_{ij}$进行计算：

$$\theta_{ij} = \arctan[v_{ij}/h_{ij}]$$
$$a_{ij} = \sqrt{h_{ij}^2 + v_{ij}^2} \tag{13-13}$$

如果幅度超过一个临界值，一种简单的方法是为每个位置$(i, j)$分配一条边缘。这称为阈值法。可惜，该方法的效果不佳：幅度映射图可以在边缘处具有较大数值，但在相邻位置也可能具有较大数值。Canny 边缘检测器可以使用一种称为非极大抑制的方法对这些不需要的响应进行删除。

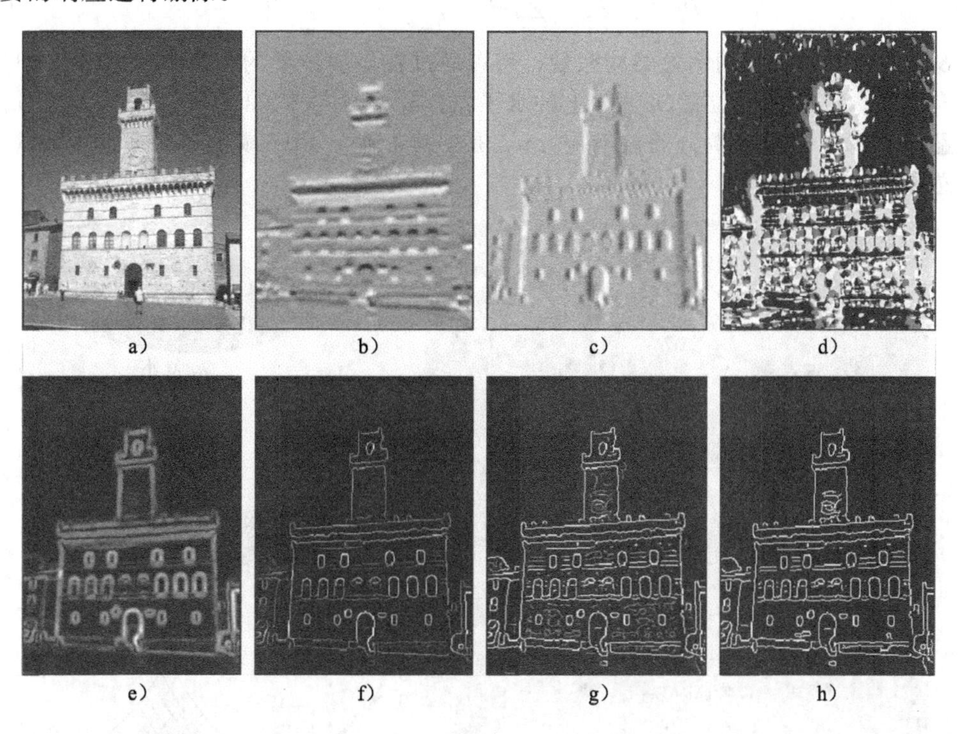


图 13-11　Canny 边缘检测。a）原始图像。b）垂直 Prewitt 滤波结果。c）水平 Prewitt 滤波结果。d）量化方向映射图。e）梯度幅值映射图。f）非极大值抑制后的幅值。g）两种等级的阈值化处理：白色像素大于较大的阈值。灰色像素大于较小阈值，但小于较大阈值。h）滞后阈值处理后的最终边缘映射图包含了 g)中所有白色像素和那些与其相连接的灰色像素

在非极大值抑制中，梯度方向被量化为四种角度{0°，45°，90°，135°}中的一种，而180°的角度被认为是平衡的。与每个角度相关的像素被分别处理。对每个像素而言，如果垂直于梯度的相邻两个像素中的任何一个有较大数值，幅度即被设置为 0。例如，与一个梯度方向垂直的像素(该图像沿着水平方向进行变化)，其左右像素可以被估计，并且如果这些像素中的任何一个比当前数值大，则将幅度设置为 0。用这种方式，边缘幅值分布极大值处的梯度可以保留，而那些远离极大值的梯度将被抑制。

一个二值边缘映射图可以通过将剩余的非零幅值与一个固定的阈值加以比较获得。然而，对任何给定的阈值，将会出现漏检(那些有真正边缘的位置，但它们的幅值小于阈值)或误检(被标为边缘的像素在原始图像中并不存在)。为了减少这些不尽如人意的情况，可以使用真实世界的边缘连续性知识，定义两个阈值。所有幅值超过较大阈值的像素被标定为边缘，选择这个阈值是为了减少误检。为了减少漏检情况，那些幅值超过较小阈值的且与一条已经存在的边缘相连接的像素也被标定为边缘。经历迭代最后一步，有可能对强边

缘的弱边缘部分进行跟踪。这种方法被称为滞后阈值。

### 13.2.2 Harris 角点检测器

Harris 角点检测器(如图 13-12 所示)是对每个点周围的水平方向和垂直方向的局部梯度进行考虑。目的在于找到图像中亮度在两个方向上均发生变化的点，而非一个方向(一条边缘)或零个方向(平坦区域)。Harris 角点检测器是基于对图像结构张量的决策。

$$\boldsymbol{S}_{ij}=\sum_{m=i-D}^{i+D}\sum_{n=j-D}^{j+D}w_{mn}\begin{pmatrix}h_{mn}^2 & h_{mn}v_{mn}\\ h_{mn}v_{mn} & v_{mn}^2\end{pmatrix}\tag{13-14}$$

其中 $\boldsymbol{S}_{ij}$ 是位置$(i, j)$上的图像结构张量，可以通过在当前位置的$(2D+1)\times(2D+1)$区域内计算获得。$h_{mn}$ 表示在位置$(m, n)$上的水平微分滤波响应(例如 Sobel 算子)，而 $v_{mn}$ 表示在位置$(m, n)$上的垂直微分滤波响应，$w_{mn}$ 是一个权值，用来减少那些远离中心像素$(i, j)$位置的贡献。

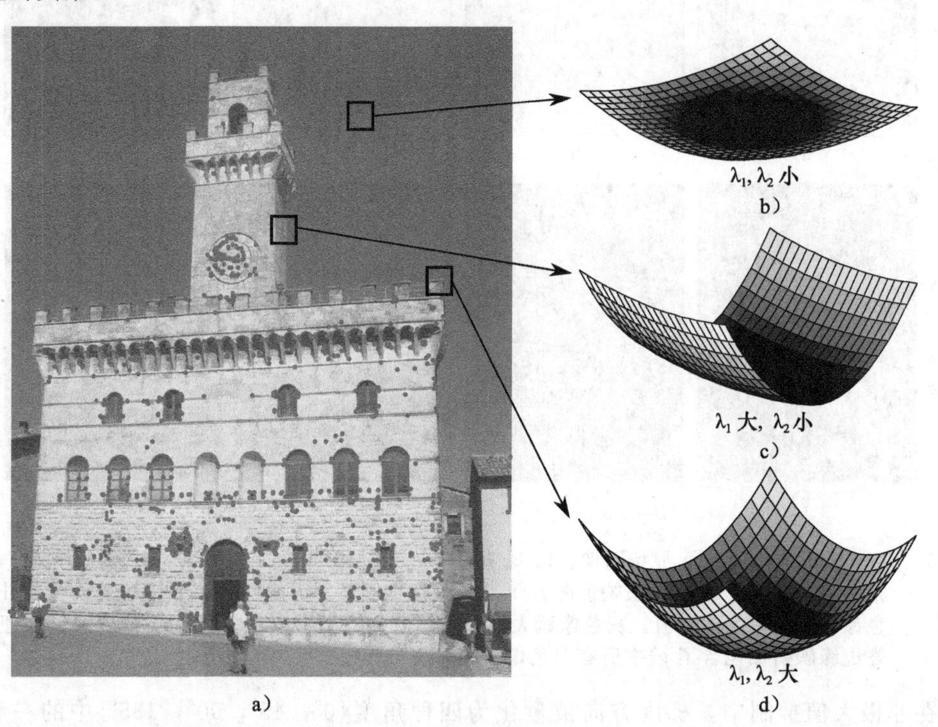


图 13-12 Harris 角点检测。a) 具有检测角点的图像。角点检测算法基于图像结构张量，该张量可以捕捉点周围的梯度分布信息。b) 在平缓区域，图像结构张量的两个奇异值均较小。c) 在边缘上，图像结构张量的其中一个奇异值较小、另一个较大。d) 在角点上，图像结构张量的两个奇异值均较大，表明图像在两个方向上均变化的很快

要判断一个角点是否存在，Harris 角点检测器考虑了图像结构张量中的奇异值 $\lambda_1$ 和 $\lambda_2$。如果两个奇异值均较小，那么该位置附近的区域较为平滑，因此不能选择该位置。如果一个奇异值较大而另一个较小，那么图像将在一个方向而非两个方向上变化，该像素位于或靠近一条边缘。然而，如果两个奇异值均较大，那么这幅图像将在该区域两个方向上剧烈变化，该位置被视为角点。

事实上，Harris 检测器并非直接计算奇异值，而是估计了一条能够更高效地完成了相同工作的准则：

$$c_{ij}=\lambda_1\lambda_2-\kappa(\lambda_1^2+\lambda_2^2)=\det[\boldsymbol{S}_{ij}]-\kappa\cdot\text{trace}[\boldsymbol{S}_{ij}] \tag{13-15}$$

其中 $\kappa$ 是一个常数(数值界于 0.04 和 0.15 较为合理)。如果数值 $c_{ij}$ 比一个预先设定好的阈值大，则可能分配一个角点。通常有一个与 Canny 边缘检测器类似的加性非极大值抑制方案用来保证只能保持函数 $c_{ij}$ 的顶点。

### 13.2.3　SIFT 检测器

尺度不变特征转换(Scale Invariant Feature Transform，SIFT)检测器是用来识别兴趣点的第二种方法。不同于 Harris 角点检测器，SIFT 将尺度和方向与结果中的兴趣点相关联。为了找到兴趣点，交替使用多种算子。

使用一系列 $K$ 个递增粗尺度的高斯核差分对亮度图像进行滤波(如图 13-13 所示)。而后滤波图像被堆叠起来生成一个尺寸为 $I\times J\times K$ 的三维数组，其中 $I$ 和 $J$ 分别是图像的垂直和水平尺寸。使用这一数组可以得到极值：这些是位置点信息，其中 26 个三维像素邻域(来源于 1 个 3×3×3 的块)或者都比当前数值大，或者都比当前数值小。

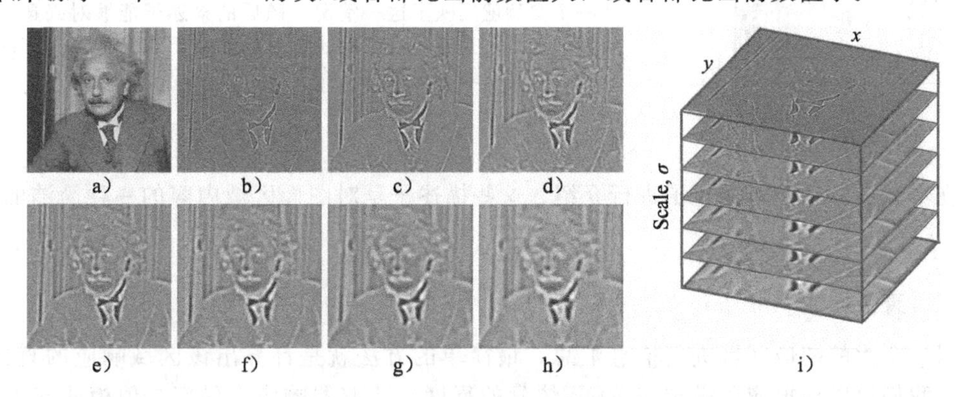


图 13-13　SIFT 检测器。a) 原始图像。b～h) 分别采用尺度递增的 DoG 核对图像进行滤波。i) 将结果图像堆积成一个三维组。在滤波后图像数组中(例如大于或小于所有 26 个三维邻域的点)的局部极值点被看作兴趣点的候选集

这些极值可以通过使用一种局部二次逼近并返回顶点与谷点位置的方式来被定位于亚像素级精度。通过对当前点的泰勒展开式进行二次逼近，这就提供了一种亚像素级位置估计和比尺度采样分辨率更精确的尺度估计。最后，在每个点的尺度和方向上计算图像结构张量 $\boldsymbol{S}_{ij}$ (式(13-14))。平滑区域内和边缘上的候选点可以按照 Harris 角点检测器(图 13-14)的准则，利用奇异值 $\boldsymbol{S}_{ij}$ 进行去除。

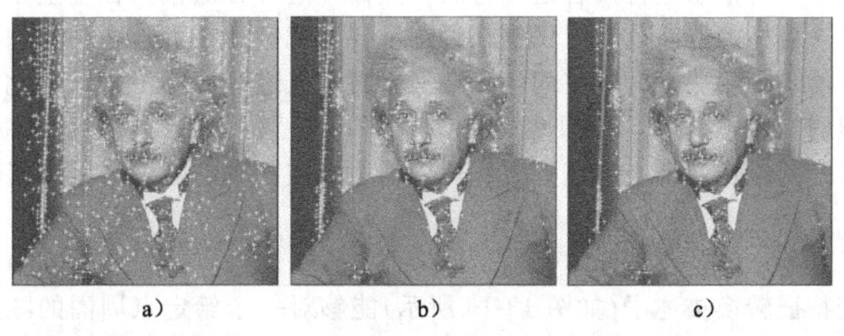


图 13-14　SIFT 检测器候选集的精确化。a) 滤波后图像数组的极值位置(如图 13-13i 所示)。注意到尺度并未显示。这些被认为是兴趣点的候选集。b) 将平滑区域内的候选点去除后的剩余候选点。c) 使用图像结构张量将边缘上的候选点去除后的剩余候选点

该过程返回了一个兴趣点集合，该兴趣点被定位于亚像素级精度，且与一个特定尺度精确关联。最后，将为每个兴趣点赋予一个唯一的方向。为此，在兴趣点周围的一个区域内计算局部梯度的幅值和方向(式(13-13))，区域的尺寸与识别尺度成正比。然后，在一个拥有36个覆盖了所有360°方向的区域内计算方向直方图。对直方图的贡献取决于梯度幅值，并且可以通过以兴趣点为中心的高斯模型进行加权，使得附近的区域贡献更大。兴趣点的方向被指定为该直方图的顶点。如果在最大值的80%内有第二个顶点，我们可以在该点的两个方向上计算描述子。因此最终检测到的点和一个特定的尺度和方向有关(如图13-15所示)。

图13-15　SIFT检测器结果。每一个最终的兴趣点用一个箭头来表示。箭头的长度表示被识别的兴趣点的尺度，箭头的角度表示相关的方向。注意到图像中一些位置的方向并不唯一，这里表示使用了两个兴趣点，每一个拥有各自的方向。位于右侧的衬衣领子一个实例就反映了这一情况。随后的描述子能够对兴趣点的图像结构进行描述，这些描述子可以相对于这个尺度和方向加以计算，因而继承了对这些因子的一些不变性特征

## 13.3　描述子

在本节中，我们对描述子进行介绍。这些描述子是对图像区域内容的一种简洁的表达形式。

### 13.3.1　直方图

对一个大的图像区域进行信息汇总，最简单的方法就是计算出该区域响应的直方图。例如，我们可以根据应用需求将RGB像素的亮度、滤波器响应、局部二值模式或者纹理基元信息汇入到一幅直方图中。直方图条目可以被看成是离散的，并使用一个类型分布进行建模，或者被看成一个连续量。

对类似于滤波器响应的连续量而言，量化等级很重要。将响应量化成多个区间可以潜在地实现对响应的细致划分。然而，如果数据较少，这些区间中有许多都将是空的，那么很难可靠地对描述子的统计数据进行确定。一种方法是使用一种例如$K$均值(请参见13.4.4节)的自适应聚类方法来自动确定区间的尺寸和形状。

直方图法对于空间分辨率并不重要的场合是一种有效的方法。例如，要对一个大块纹理区域进行划分，对信息进行聚合是可行的。然而，这种方法很大程度上不适用于描述结构化目标：即，目标的空间分布对识别来说很重要。我们现在引入两种图像区域的表达形式，这些表达形式既要保留一些空间信息，又要对信息进行局部汇集，因此需要为图像的较小位移和扭曲提供不变性。SIFT(请参见13.3.2节)和HOG(请参见13.3.3节)两种描述子将若干直方图连接起来，这些直方图可以通过对空间中的显著区域计算而获得。

### 13.3.2　SIFT描述子

尺度不变特征转换描述子(如图13-16所示)能够对一个给定点周围的图像区域进行描述。该描述子通常被用于兴趣点的连接，这些兴趣点是使用SIFT检测器获得。这些兴趣点与一个特定的尺度和方向有关，并且SIFT描述子可以通过对一个由这些数值转换而来的方形区域计算获得。目标在于使用某种方法对图像区域进行描述，且该方法能够对亮

度、对比度变化以及几何形变保持部分不变性。

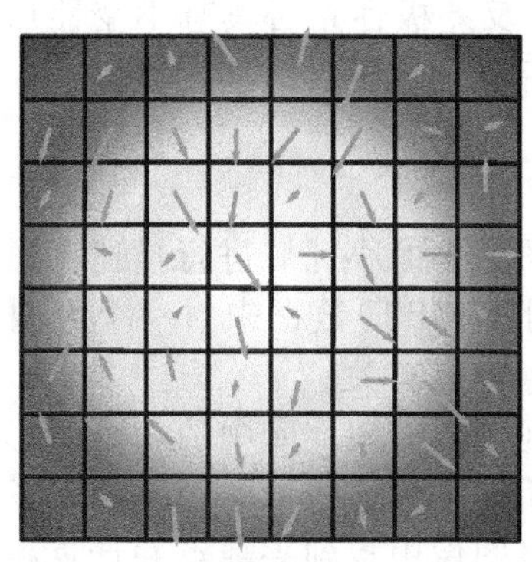

a）

b）

图 13-16　SIFT 描述子。a) 计算兴趣点周围区域每个像素的梯度。b) 这些小区域的信息汇聚形成一个八维直方图。这些直方图串联起来提供一个最终的描述子，该描述子对小的形变具有不变性，同时还能保留有关图像梯度的一些空间信息。在这幅图中，一个 8×8 像素区域的信息被划分为一个 2×2 的小区域网格。在最初的 SIFT 描述子运行机制中，一个 16×16 像素区域的信息被划分为一个 4×4 的小区域网格

要计算 SIFT 描述子，我们首先在兴趣点周围的 16×16 像素区域内使用 Canny 边缘检测器计算梯度方向和幅值映射图(式(13-13))。结果方向被量化为八个界于 0°至 360°之间的区间。然后该 16×16 检测器区域被划分为一个未重叠的 4×4 像素的规则网格单元。对于每一个网格单元，均可以计算出一个关于图像方向的八维直方图。直方图中的贡献由相关的梯度幅值和距离进行加权，因而离兴趣点较远的位置贡献较少。4×4＝16 个直方图可以被连接成一个 128×1 的向量，而后对其进行标准化处理。

由于描述子是基于梯度的，因此它对恒定的亮度变化具有不变性。最后的标准化为对比度也提供一些不变性。较小的形变不会对描述子造成太大影响，因为它仅在每个网格单元的内部汇集信息。然而，通过保持每个网格单元信息的独立，一些空间信息可以得到保持。

### 13.3.3　方向梯度直方图

方向梯度直方图(Histogram of Oriented Gradients，HOG)描述子尝试使用一个小的图像窗口去构造空间结构中更详细的表达形式。这对使用准规则结构，例如行人的目标检测算法来说，是一个有用的预处理步骤。类似 SIFT 描述子，HOG 描述子是由一系列用空间增益区域计算而来的标准化直方图所构成，结果得到一个能对粗的空间结构进行捕捉的描述子，但该描述子对较小的局部形变具有不变性。

适用于行人检测的 HOG 描述子的计算过程由以下步骤构成。首先，图像梯度的方向和幅值可以使用式(13-13)对一个 64×128 窗口内的每个像素计算得到。方向被量化为九个界于 0°至 180°之间的区间。64×128 检测器区域被划分为一个重叠的 6×6 网格单元的规则网格。在每一个网格单元中计算得出一个九维的方向直方图，其中直方图的贡献由距离中心网格单元的梯度幅值和距离进行加权，因而中心像素的贡献较多。对于每一个 3×3 单元集合，描述子可以被连接，且经过标准化处理形成一个块描述子。所有的块描述子可以连接起来形成一个最终的 HOG 描述子。

最终描述子包含空间上关于局部梯度(在每个单元内)的汇集信息，但是保持了一些空间分辨率(像多数像素一样)。最终描述子仅使用梯度幅值便能形成反差极性的不变性。通

过对每个块进行标准化，最终描述子可以对局部对比度强度形成不变性。HOG 描述子在本质上与 SIFT 描述子类似，但二者可以通过对反差极性是否具有不变性加以区分，且前者对计算得出的直方图具有更高空间分辨率，标准化也更具局部性。

### 13.3.4 词袋描述子

迄今为止，我们讨论的描述子均是为了对图像中的小区域进行描述。通常这些区域与兴趣点相连。词袋表示尝试通过总结描述子(例如 SIFT)数据来对一个大型区域或整幅图像进行表示，这些描述子与一个区域内的所有兴趣点有关。

每一个观测的描述子都被看作一个可能描述子的有限词库中的一个(称为视觉词)。总体上，这个词库称为字典。词袋描述子是一个用来描述这些词的频率的直方图，而不需要考虑它们的位置。要计算这个字典，需要在大量图像中找到兴趣点并计算相关描述子。这些描述子使用 $K$ 均值(请参见 13.4.4 节)进行聚类。为了计算词袋表示法，每一个描述子被分配给字典中距离最近的词。

词袋表示法是目标识别中一个非常好的基础。考虑到词袋可以提供关于目标空间配置的知识，这似乎有点令人惊讶。当然，基于词袋方法的缺点在于：使用相同模型情况下，当我们识别到它的存在或是判断存在多少个体时，对目标的定位非常困难。

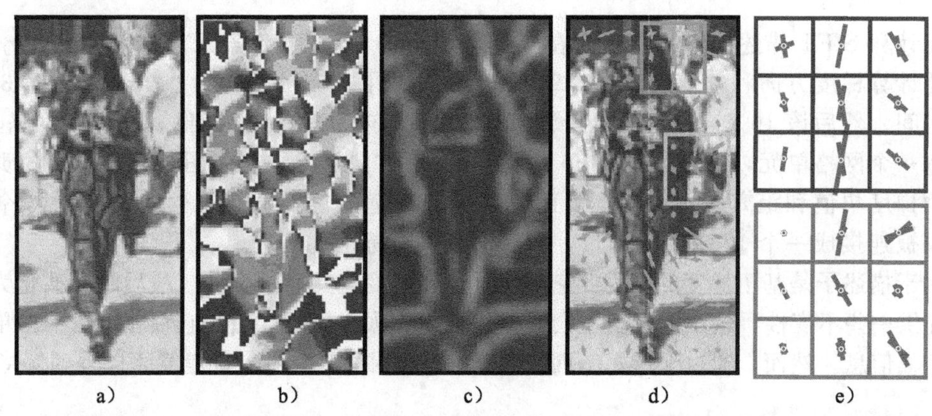


图 13-17 HOG 描述子。a) 原始图像。b) 梯度方向被量化为从 0°到 180°的九个区间。c) 梯度幅值。d) 小区域描述子是，可以在一个 6×6 的像素区域内进行计算的九维方向直方图。e) 块描述子可以通过将 3×3 的小区域描述子串联起来计算得出的。块描述子要进行归一化处理。最终的 HOG 描述子由串联的块描述子所构成

### 13.3.5 形状内容描述子

对某些视觉任务来说，目标轮廓包含了比 RGB 数值本身更丰富的信息。例如，考虑人体姿态估计问题：给定一幅人的图像，目标是对人体的三维关节角度进行估计。可惜，图像的 RGB 数值取决于人的衣着，因而信息量相对较少。在这种情况下，对目标的形态进行描述更为明智。

形状内容描述子是一种描述目标轮廓的固定长度的向量。本质上，它可以对轮廓点的相对位置进行编码。通常，SIFT 和 HOG 描述子会在空间域对信息进行汇集，以提供一种能对目标总体结构进行捕捉的表达形式，但这种表达形式不会因为较小的空间变化而受到太大的影响。

要计算形状内容描述子(如图 13-18 所示)，需要沿着目标轮廓采样一系列的离散点。一个固定长度的向量彼此相关，以能够对其他像素的相对位置进行描述。为此，对数极坐标采样数组是以当前点为中心的。然后计算一个直方图，其中每个区间包含轮廓上落入对

数极坐标数组的每一个区间的其他像素的数量。对数极坐标方案的选择意味着描述子对形状中的局部变化非常敏感，但只捕捉较远区域的近似配置信息。

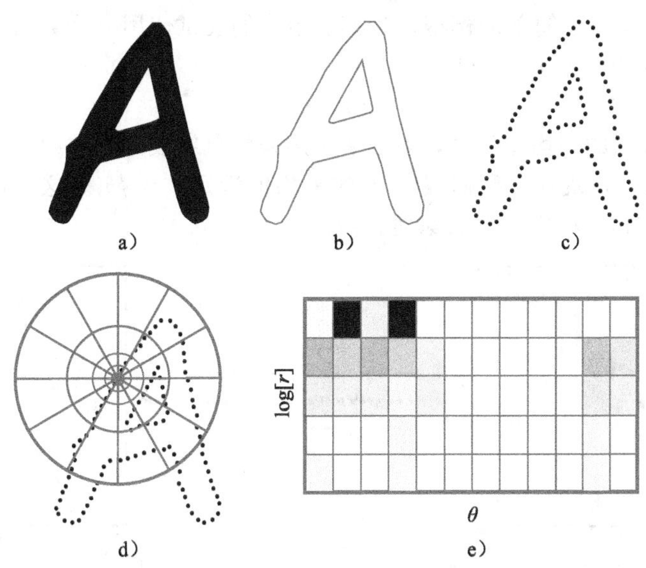


图 13-18　形状内容描述子。a) 目标轮廓。b) 轮廓边界。c) 在轮廓周围均匀地布置点。d) 每个点的中心有一个对数极坐标采样数组。e) 关于这个点的目标形状可以通过对数极坐标数组的直方图进行捕捉。最终描述子将由一系列目标边缘周围的多个点的直方图数值所构成

针对该幅图像中所有像素的直方图的集合对形状信息进行捕捉。然而，为了直接与另一个形状进行匹配，必须建立点对应。通过对每个像素轮廓的方向进行估计以及对数极坐标采样组合进行旋转，可以使描述子对方向具有不变性，从而使得该描述子与该方向保持一致。

## 13.4　降维

通常情况下，针对原始图像数据或者预处理图像数据进行降维是明智的。如果我们可以在不丢失大量信息的前提下完成降维，那么结果模型将仅需要较少参数、学习速度也会加快，同时更便于推理。

降维是可行的，因为给定类型的图像数据(例如人脸图像中的 RGB 数值)通常位于数据空间中一个较小的子集，并不是所有的 RGB 数值集合都与真实图像相像，也不是所有的真实图像都与人脸相像。我们将一个给定数据集占据空间的子集称为流形(manifold)。因而降维可以被认为是变量的变化：我们在流形内将原始坐标系移动到一个(降维的)坐标系。

因而，我们的目标是找到一个低维的(或隐含的)表达形式 $\mathbf{h}$，其可以对数据 $\mathbf{x}$ 进行近似的解释，使得：

$$\mathbf{x} \approx f[\mathbf{h}, \boldsymbol{\theta}] \tag{13-16}$$

其中，函数 $f[\bullet, \bullet]$有一个隐变量和一组参数 $\boldsymbol{\theta}$。我们更期望使用低维表达形式对原始数据中所有相关变量进行捕获。因而，一种选择参数的准则是对最小二乘重构误差进行最小化，使得：

$$\hat{\boldsymbol{\theta}}, \hat{\mathbf{h}}_{1\cdots I} = \underset{\boldsymbol{\theta}, \mathbf{h}_{1\cdots I}}{\operatorname{argmin}} \left[ \sum_{i=1}^{I} (\mathbf{x}_i - f[\mathbf{h}_i, \boldsymbol{\theta}])^{\mathrm{T}} (\mathbf{x}_i - f[\mathbf{h}_i, \boldsymbol{\theta}]) \right] \tag{13-17}$$

其中，$\mathbf{x}_i$ 是 $I$ 个训练样本中的第 $i$ 个分量。换句话说，我们希望找到一组低维变量$\{\mathbf{h}_i\}_{i=1}^{I}$和一幅从 $\mathbf{h}$ 到 $\mathbf{x}$ 的映射图，使得可以在最小二乘意义上尽可能精确地重构原始数据。

### 13.4.1 单数值近似

让我们首先考虑一个简单的模型，该模型中我们尝试使用一个数对每一个观测的数据进行表示(如图 13-19 所示)，使得：

$$\boldsymbol{x}_i \approx \phi h_i + \boldsymbol{\mu} \tag{13-18}$$

其中，参数 $\boldsymbol{\mu}$ 是数据的平均值为零，参数 $\phi$ 是用来将低维表达 $\boldsymbol{h}$ 映射回原始数据空间 $\boldsymbol{x}$ 的基向量。简单起见，从现在起我们假定 $\boldsymbol{x}_i$ 的平均值满足 $\boldsymbol{x}_i \approx \phi h_i$。这可以通过计算经验平均值 $\boldsymbol{\mu}$，并从每个样本 $\boldsymbol{x}_i$ 中加以去除而获得。

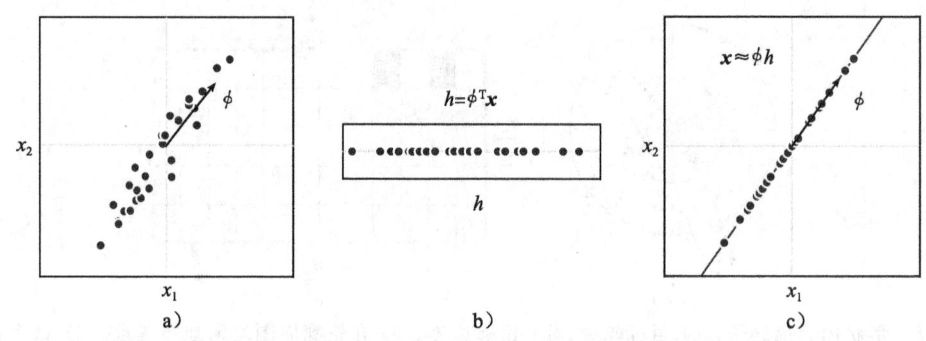


图 13-19 降成一维。a) 原始数据和最大方差的方向 $\phi$。b) 数据被投影到 $\phi$ 生成一个一维表达形式。c) 要想重构数据，我们乘以 $\phi$。大多数初始方差得到保留。PCA 将该模型加以扩展，将高维数据投影到 $K$ 个具有最大方差的正交维数上，生成一个 $K$ 维表达形式

学习算法可以对该准则进行优化：

$$\hat{\phi}, \hat{h}_{1\ldots I} = \underset{\theta, h_{1\ldots I}}{\operatorname{argmin}}[\mathrm{E}] = \underset{\theta, h_{1\ldots I}}{\operatorname{argmin}}\left[\sum_{i=1}^{I}(\boldsymbol{x}_i - \phi h_i)^{\mathrm{T}}(\boldsymbol{x}_i - \phi h_i)\right] \tag{13-19}$$

通过对代价函数(式(13-19))进行仔细考虑立即暴露出来一个问题：解决方案模棱两可，因为当我们将基函数 $\phi$ 与任何一个常数 $k$ 相乘，并将隐形变量 $\{h_i\}_{i=1}^{I}$ 中的每一个除以相同的数而将生成相同的代价。为了解决这一问题，我们令向量 $\phi$ 拥有单位长度。这可以通过加上一个拉格朗日乘数 $\lambda$ 来完成，使得代价函数变为：

$$\begin{aligned}\mathrm{E} &= \sum_{i=1}^{I}(\boldsymbol{x}_i - \phi h_i)^{\mathrm{T}}(\boldsymbol{x}_i - \phi h_i) + \lambda(\phi^{\mathrm{T}}\phi - 1) \\ &= \sum_{i=1}^{I}\boldsymbol{x}_i^{\mathrm{T}}\boldsymbol{x}_i - 2h_i\phi^{\mathrm{T}}\boldsymbol{x}_i + h_i^2 + \lambda(\phi^{\mathrm{T}}\phi - 1)\end{aligned} \tag{13-20}$$

要获得该函数的最小值，可以首先对 $h_i$ 求导，然后使结果表达式为零，从而生成：

$$\hat{h}_i = \hat{\phi}^{\mathrm{T}}\boldsymbol{x}_i \tag{13-21}$$

换句话说，要找到降维表达 $h_i$，我们可以简单地将获取数据投影至向量 $\phi$ 上。

现在我们将式(13-20)对 $\phi$ 求导，并用其替换 $h_i$，使结果为零，重组后获得：

$$\sum_{i=1}^{I}\boldsymbol{x}_i\boldsymbol{x}_i^{\mathrm{T}}\hat{\phi} = \lambda\hat{\phi} \tag{13-22}$$

或矩阵形式：

$$\boldsymbol{X}\boldsymbol{X}^{\mathrm{T}}\hat{\phi} = \lambda\hat{\phi} \tag{13-23}$$

其中，矩阵 $\boldsymbol{X} = [\boldsymbol{x}_1, \boldsymbol{x}_2, \cdots, \boldsymbol{x}_I]$ 的列中包含了数据样本。这是一个特征值问题。要找到最佳向量，我们计算奇异值分解 $\boldsymbol{ULV}^{\mathrm{T}} = \boldsymbol{XX}^{\mathrm{T}}$，并选取矩阵 $\boldsymbol{U}$ 中的第一列。

散点矩阵 $\boldsymbol{XX}^{\mathrm{T}}$ 是协方差矩阵的常数倍，所以有一种简单的几何解释。投影的最佳向量 $\phi$ 对应协方差椭圆的主方向，这是给人的直观感觉。我们从数据变化最剧烈的空间方向中保持信息。

### 13.4.2　主成分分析

主成分分析(Principal Component Analysis，PCA)对上述模型进行了概括。我们现在要寻找一个 $K$ 维的向量 $\boldsymbol{h}_i$ 而不是寻找一个表示第 $i$ 个数据样本 $\boldsymbol{x}_i$ 的标量 $h_i$，隐性和观测空间之间的关系为：

$$\boldsymbol{x}_i \approx \boldsymbol{\Phi h}_i \tag{13-24}$$

其中，矩阵 $\boldsymbol{\Phi}=[\phi_1,\phi_2,\cdots,\phi_K]$ 包含 $K$ 个基函数或主成分，观测的数据可以被建模为主成分的加权和，其中 $\boldsymbol{h}_i$ 的第 $k$ 维为第 $k$ 个成分的权值。

未知数 $\boldsymbol{\Phi}$ 和 $\boldsymbol{h}_{1,\cdots,I}$ 的解可以写成：

$$\boldsymbol{\Phi},\hat{\boldsymbol{h}}_{1\cdots I}=\underset{\boldsymbol{\Phi},\boldsymbol{h}_{1\cdots I}}{\operatorname{argmin}}[\mathrm{E}]=\underset{\boldsymbol{\Phi},\boldsymbol{h}_{1\cdots I}}{\operatorname{argmin}}\left[\sum_{i=1}^{I}(\boldsymbol{x}_i-\boldsymbol{\Phi h}_i)^{\mathrm{T}}(\boldsymbol{x}_i-\boldsymbol{\Phi h}_i)\right] \tag{13-25}$$

再一次，这里的解是唯一解，我们可以对任意矩阵 $\boldsymbol{A}$ 右乘 $\boldsymbol{\Phi}$，而后对矩阵 $\boldsymbol{A}$ 的逆矩阵 $\boldsymbol{A}^{-1}$ 左乘一个隐性变量 $\boldsymbol{h}_i$，这样仍然可以得到相同的代价。为了(一定程度上)解决这一问题，我们增加一个额外限制条件 $\boldsymbol{\Phi}^{\mathrm{T}}\boldsymbol{\Phi}=\boldsymbol{I}$。换句话说，我们使主成分变为单位正交的。这里给出了改进的代价函数：

$$\mathrm{E}=\sum_{i=1}^{I}(\boldsymbol{x}_i-\boldsymbol{\Phi h}_i)^{\mathrm{T}}(\boldsymbol{x}_i-\boldsymbol{\Phi h}_i)+\lambda(\boldsymbol{\Phi}^{\mathrm{T}}\boldsymbol{\Phi}-\boldsymbol{I}) \tag{13-26}$$

其中，$\lambda$ 是一个拉格朗日乘数。我们现在对有关 $\boldsymbol{\Phi}$、$\boldsymbol{h}_{1,\cdots,I}$ 以及 $\lambda$ 的表达式求最小值。隐性变量表达式变为：

$$\boldsymbol{h}_i=\boldsymbol{\Phi}^{\mathrm{T}}\boldsymbol{x}_i \tag{13-27}$$

$K$ 个主成分 $\boldsymbol{\Phi}=[\phi_1,\phi_2,\cdots,\phi_K]$ 可以通过计算奇异值分解 $\boldsymbol{ULV}^{\mathrm{T}}=\boldsymbol{XX}^{\mathrm{T}}$，并选取矩阵 $\boldsymbol{U}$ 中的前 $K$ 列获得。换句话说，要想降维，我们可以将数据 $\boldsymbol{x}_i$ 投影到一个超平面上，该超平面可以通过协方差椭球体中的 $K$ 个最大轴加以定义。

该算法非常类似于概率主成分分析(请参见 17.5.1 节)。概率主成分分析对式(13-24)中表示非精确近似的噪声进行了额外的建模。因子分解(请参见 7.6 节)也非常类似，但是针对该噪声构建了一个更为复杂的模型。

### 13.4.3　二元主成分分析

13.4.2 节中描述的方法需要我们计算标量矩阵 $\boldsymbol{XX}^{\mathrm{T}}$ 的奇异值分解。遗憾的是，如果数据有 $D$ 维，那么就是一个 $D\times D$ 的矩阵，这个矩阵可能非常大。我们能够使用二元变量解决该问题。我们将 $\boldsymbol{\Phi}$ 定义为原始数据点的权值和，使得：　13.1

$$\boldsymbol{\Phi}=\boldsymbol{X\Psi} \tag{13-28}$$

其中，$\boldsymbol{\Psi}=[\psi_1,\psi_2,\cdots,\psi_K]$ 是一个表示权值的 $I\times K$ 的矩阵。现在相关代价函数变为：

$$\mathrm{E}=\sum_{i=1}^{I}(\boldsymbol{x}_i-\boldsymbol{X\Psi h}_i)^{\mathrm{T}}(\boldsymbol{x}_i-\boldsymbol{X\Psi h}_i)+\lambda(\boldsymbol{\Psi}^{\mathrm{T}}\boldsymbol{X}^{\mathrm{T}}\boldsymbol{X\Psi}-\boldsymbol{I}) \tag{13-29}$$

隐变量的解变为：

$$\boldsymbol{h}_i=\boldsymbol{\Psi}^{\mathrm{T}}\boldsymbol{X}^{\mathrm{T}}\boldsymbol{x}_i=\boldsymbol{\Phi}^{\mathrm{T}}\boldsymbol{x}_i \tag{13-30}$$

并且 $K$ 个二元主成分 $\boldsymbol{\Psi}=[\psi_1,\psi_2,\cdots,\psi_K]$ 可以在奇异值分解 $\boldsymbol{ULV}^{\mathrm{T}}=\boldsymbol{X}^{\mathrm{T}}\boldsymbol{X}$ 时，从矩阵

$U$ 中提取出来。这是一个是一个相对较小的尺度为 $I \times I$ 的问题，因而当数据样本数量 $I$ 比获取空间 $D$ 的维数小时，将更为高效。

注意到该算法并不需要原始数据点：它只需要它们的内积，因此容易进行核心化处理。这种方法被称为核主成分分析(Kernel PCA)。

### 13.4.4 K 均值算法

13.2 第二种降维的通用方法是摒弃所有连续的表达，使用一个原型向量的有限集来表达每一个数据点。在该模型中，数据可以被近似为：

$$\mathbf{x}_i \approx \boldsymbol{\mu}_{h_i} \tag{13-31}$$

其中，$h_i \in \{1,2,\cdots,K\}$ 是一个指数，该指数用来识别 $K$ 个原型向量 $\{\boldsymbol{\mu}_k\}_{k=1}^{K}$ 中哪一个与第 $i$ 个样本接近。

为了求指数和原型向量(如图 13-20 所示)，我们优化下式：

$$\hat{\boldsymbol{\mu}}_{1\cdots K}, \hat{h}_{1\cdots I} = \underset{\boldsymbol{\mu},h}{\operatorname{argmin}}\left[\sum_{i=1}^{I}(\mathbf{x}_i - \boldsymbol{\mu}_{h_i})^{\mathrm{T}}(\mathbf{x}_i - \boldsymbol{\mu}_{h_i})\right] \tag{13-32}$$

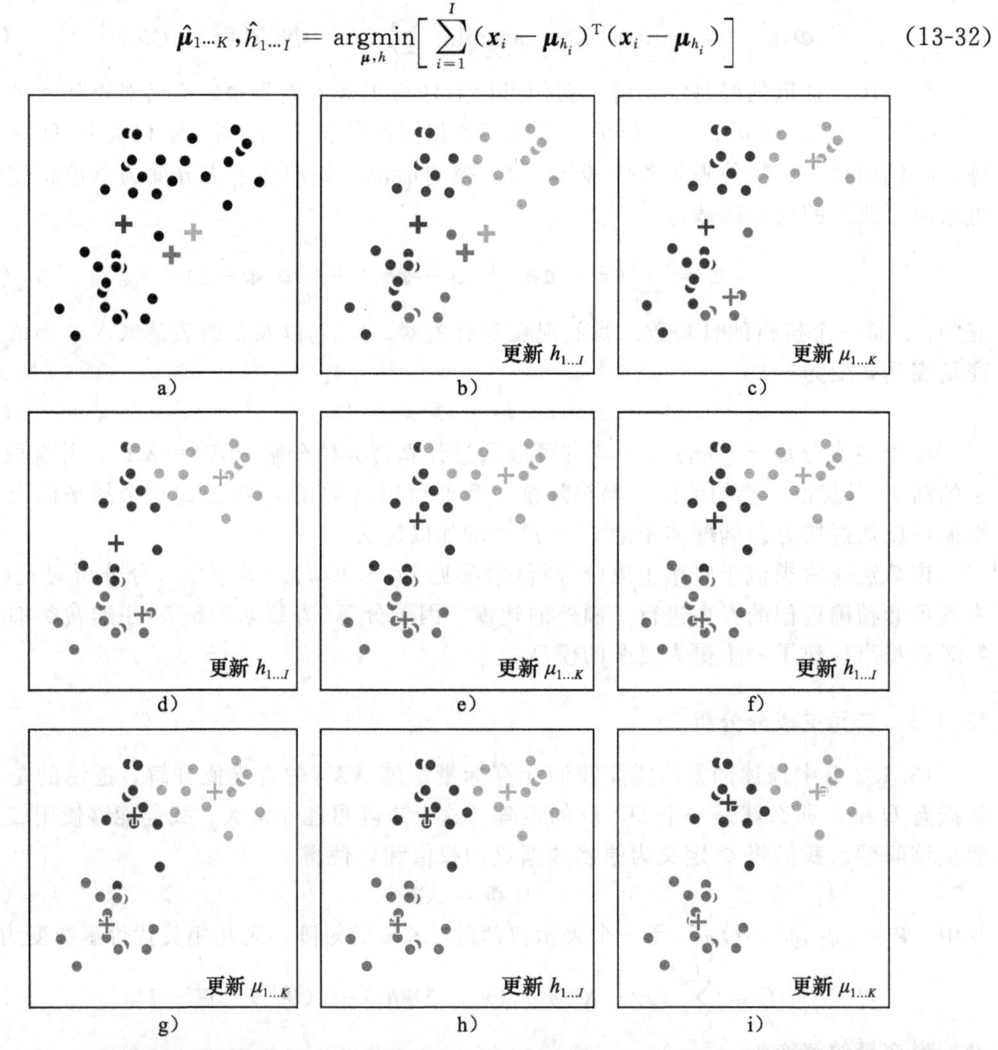


图 13-20　$K=3$ 个聚类时的 $K$ 均值算法。a) 我们将三个原型向量初始化到随机的位置。我们可以 b) 将数据指派到最接近的原型向量，以及 c) 将原型向量更新成与指派给它们的点的均值相等。d～i) 我们重复这些步骤直到没有进一步变化为止

在 $K$ 均值算法中，代价函数可以使用一种策略进行最小化处理，在该策略中我们首先将每一个数据点分配至最近的原型：

$$\hat{h}_i = \underset{h_i}{\operatorname{argmin}}[(\boldsymbol{x}_i - \boldsymbol{\mu}_{h_i})^{\mathrm{T}}(\boldsymbol{x}_i - \boldsymbol{\mu}_{h_i})] \tag{13-33}$$

然后更新该原型：

$$\begin{aligned}\hat{\boldsymbol{\mu}}_k &= \underset{\boldsymbol{\mu}_k}{\operatorname{argmin}}\left[\sum_{i=1}^{I}[(\boldsymbol{x}_i - \boldsymbol{\mu}_{h_i})^{\mathrm{T}}(\boldsymbol{x}_i - \boldsymbol{\mu}_{h_i})]\right] \\ &= \frac{\sum_{i=1}^{I}\boldsymbol{x}_i\delta[h_i - k]}{\sum_{i=1}^{I}\delta[h_i - k]}\end{aligned} \tag{13-34}$$

其中，函数 $\delta[\bullet]$当其增量为 0 时返回 1，否则返回 0。换句话说，新原型$\hat{\boldsymbol{\mu}}_k$ 是分配到该聚类中的数据点的平均值。这种算法并不保证收敛至全局最小值，因而需要好的起始条件。

$K$ 均值算法与高斯混合模型(请参见 7.4 节)较为接近。主要区别在于高斯混合模型是基于概率的，并且定义了数据空间的密度。它也为聚类分配权值且描述它们的协方差。

## 结论

仔细阅读本章中的信息应当已经使你信服有大量有关图像预处理的思想。要想构造一个对亮度变化具有不变性的描述子，我们可以在区域层面对图像进行滤波并对滤波响应进行标准化处理。通过在不同方向和尺度上对响应进行最大化处理，可以计算出一个唯一的方向和尺度描述子。要想对较小的空间变化保持不变性，需要对局部响应进行汇集。尽管这些方法较为简单，但它们对真实系统效能的影响是非常显著的。

## 备注

**图像处理**：图像处理方面有很多内容，它们包含的信息远远超过我在本章中所介绍的信息量。我要特别推荐以下几个人写的书：O'Gorman 等(2008)，Gonzalez 和 Woods(2002)，Pratt(2007)以及 Nixon 和 Aguado(2008)。有关局部图像特征近期的综合性总结可参见 Li 和 Allinson(2008)的相关文献。

**边缘和角点检测**：Canny 边缘检测器最初由 Canny(1986)提出。Elder(1999)对是否可以仅基于边缘信息重构一幅图像进行了研究。现在，通常使用机器学习方法识别图像中的目标边界(例如 Dollar 等(2006))。

本章描述的早期有关角点检测(兴趣点检测)的工作包括 Moravec(1983)、Forstner(1986)以及 Harris 角点检测(Harris 和 Stephens(1988))。其他近期的有关于识别平稳点和区域的工作包括 SUSAN 角点检测器(Smith 和 Brady(1997))，显著性描述子(Kadir 和 Brady(2001))，最稳定极值区域(Matas 等(2002))，SIFT 检测器(Lowe(2004))以及 FAST 检测器(Rosten 和 Drummond(2006))。近期，仿射不变兴趣点检测引起了广泛的关注，该检测器是要找到图像仿射变换下的稳定特征(例如 Schaffalitzky 和 Zisserman(2002)，Mikolajczyk 和 Schmid(2002，2004))。Mikolajczyk 等(2005)提出了一种不同仿射区域检测器的量化比较。该领域近期情况的总结可参见 Tuytelaars 和 Mikolajczyk(2007)的相关资料。

**图像描述子**：对目标识别和图像匹配的鲁棒性而言，关键是要以一种方式对检测到的兴趣点的周围区域进行描述，这种描述是简洁的，且相对图像变化保持稳定。为此，Lowe(2004)提出了 SIFT 描述子，Dalal 和 Triggs(2005)提出了 HOG 描述子，Forssen 和 Lowe(2007)提出一种用于最稳定极值区域的描述子。Bay 等(2008)提出了 SIFT 特征的一种非常高效的版本叫做 SURF。Mikolajczyk 和 Schmid(2005)提出了区域描述子的量化比较。近期有关图像描述子的工作将机器学习方法用于优化这些描述子的表现(Brown 等(2011)、Philbin 等(2010))。

更多有关于局部二值模式的信息可以参见 Ojala 等(2002)的相关资料。更多有关于形状内容描述子的信息可以参见 Belongie 等(2002)的相关资料。

**降维**：主成分分析是一种线性降维方法。然而，还有许多非线性方法也可以使用较少参数对高维图像进行描述。著名方法包括核 PCA(Scholkopf 等(1997))，ISOMAP (Tenenbaum 等(2000))，局部线性嵌入(Roweis 和 Saul(2000))，图表方法(Brand (2002))，高斯过程潜变量模型(Lawrence(2004))以及拉普拉斯特征映射图(Belkin 和 Niyogi(2001))。近期有关降维的总结可参见 Burgess 和 De La Torre(2011)的相关资料。

## 习题

13.1　考虑一幅 8-位图像，其中的像素值均匀分布于[0，127]之间，没有像素取值 128 或是更大的数值。画出该图像的直方图(如图 13-2 所示)。在应用了直方图均衡化之后，像素亮度直方图会作何变化？

13.2　考虑一个连续图像 $p[i,j]$ 和一个连续滤波器 $f[m,n]$。在连续域中，将一幅图像与滤波器进行卷积的操作为 $f\otimes p$，它被定义为：

$$f\otimes p=\int_{-\infty}^{\infty}\int_{-\infty}^{\infty}p[i-m,j-n]f[m,n]\mathrm{d}m\mathrm{d}n$$

现在考虑两个滤波器 $f$ 和 $g$。证明将该幅图像先与 $f$ 作卷积再与 $g$ 作卷积的效果等价于先将 $f$ 和 $g$ 作卷积得出一个结果，而后再将图像与该结果作卷积。换句话说：

$$g\otimes(f\otimes p)=(g\otimes f)\otimes p$$

13.3　描述从一幅复合图像中计算图 13-6a～d 的 Haar 滤波器所需要的步骤。每次计算时需要复合图像中多少像素？

13.4　考虑一个模糊滤波器，其中图像中的每个像素被局部亮度值的加权均值所取代，但是如果这些亮度值与中心像素存在显著差异时，权值会下降。当应用于一幅图像时，这个双边滤波器会产生什么效果？

13.5　定义一个 3×3 的滤波器，使其能够在 45°角时，检测亮度值，并在图像亮度从左下方到右下方增加时给出一个正响应。

13.6　定义一个 3×3 的滤波器，使其能够对水平方向上的二阶导数作出响应，但对水平方向上的梯度和绝对亮度保持不变性，同时对垂直方向上的所有变化保持不变。

13.7　为什么一幅自然图像中多数的局部二值模式都是统一的或接近统一的？

13.8　举一个二维数据集的例子来表明高斯混合模型可以在数据聚类中发挥作用，而 $K$ 均值算法则不行。

13.9　考虑图 13-21 中的数据。如果我们针对这一数据集运行一个 $K=2$ 聚类的 $K$ 均值算法会发生什么情况？提出一种方法来解决此问题。

13.10　一种聚类数据的替换方法是找到像素密度的模式(顶点)。这也具有自动选择聚类

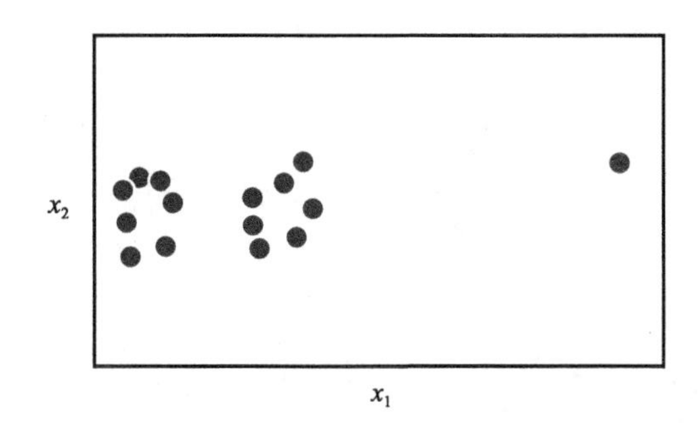


图 13-21　异常数据存在下的 $K$ 均值聚类算法(习题 9)。这一数据集由两个聚类和一个单独的异常数据(右侧的点)构成。由于隐含假设中聚类可以被建模为球面协方差的正态分布，因而当 $K=2$ 个聚类时，异常数据会给 $K$ 均值聚类算法带来问题

数量的优势。提出一种算法来找到这些模式。

第五部分



# 几何模型

在第五部分中，我们将对真实世界图像的形成过程进行介绍。一个或多个源点发射出的光线穿过场景，通过诸如反射、折射和散射等物理过程与物质进行相互作用。部分光线进入相机并被测量。对这种前向模型我们非常好理解。在给定已知的几何结构、光源和物质特征的前提下，计算机图像技术可以对相机捕获的信息进行非常精确的模拟。

视觉算法的最终目的是实现完全重构，在重构中我们的目标是反解前景模型，并对图像中的光源、物质和几何结构加以估计。这里，我们希望捕获世界的结构描述：我们寻求对事物位置的理解并对它们的光学特征进行测量，而非简单的语义理解。可以利用这种结构描述对环境进行刻画或者为计算机图像建立3D模型。

但是，完全的视觉重构非常有挑战性。首先，方案不唯一。例如，如果光源亮度增加，但物体反射水平等量下降，图像将保持不变。当然，我们可以通过施加先验知识使问题具有唯一性，但是即使如此仍然难以重构；很难对场景进行有效参数化处理，且该问题是一个高度非凸问题。

在本书的这一部分中，我们将考虑一组模型对3D场景和拥有视觉基元(点)集合的观测图像进行模拟。前向模型将世界(3D点)的代理表示映射为图像(2D点)的代理表示，这种模型比完全光传输模型简单得多，这被称为投影针孔摄像机。我们将在第14章中对该模型的特征进行研究。

在第15章中，我们将考虑针孔摄像机对客观世界中的平面进行观察的情况。平面和图像中的点具有一对一的映射，并对该映射的一系列2D变换进行描述。在第16章中，我们将进一步探索针孔摄像机模型对场景中稀疏几何模型的复原。

# 针孔摄像机

本章对针孔或者投影摄像机进行介绍。这是一个纯粹的几何模型，用以描述世界中的点投影到图像中的过程。显然，图像中的位置取决于现实世界中的位置，而针孔摄像机可以对该种关系进行捕获。

要构建这种模型，我们将对**稀疏立体重构**(如图 14-1 所示)问题进行考虑。假设我们拥有源于不同位置同一刚性物体的两幅图像。我们假定可以对两幅图像之间对应的 2D 特征进行识别，这些特征就是 3D 世界中相同位置的投影点。现在的目标是使用获得的 2D 特征点建立对应的 3D 位置。机器人可以利用获得的 3D 信息穿越场景，或者用于促进目标识别。

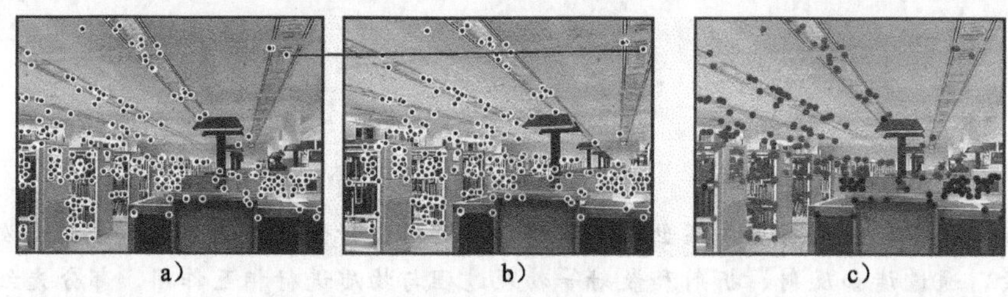


图 14-1 稀疏立体重构。a，b）给定源于不同位置同一场景的两幅图像以及这些图像中点对的集合 $I$，这些点对应于世界中的相同点(例如，黑色线相连的点是一对对应点)。c）我们的目的是要建立每一个世界点的 3D 位置。这里，用颜色对深度进行编码，使得较近的点为黑色，较远的点为灰色

## 14.1 针孔摄像机简介

在现实生活中，针孔摄像机是由前方有一个小洞(针孔)的腔体[⊖]所构成(如图 14-2 所示)。现实世界中源于某个物体的光线穿过此洞，会在摄像机的底板或图像平面上形成一幅倒立的图像。我们的目标就是构建该过程的数学模型。

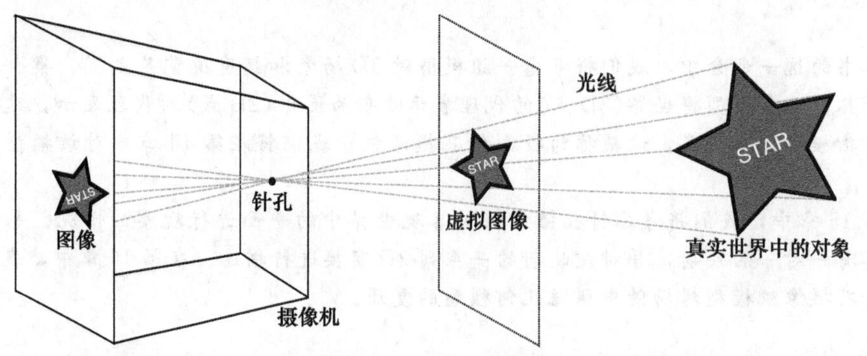


图 14-2 针孔摄像机模型。来自于真实世界中一个物体的光线通过摄像机前方的针孔，在底板(图像平面)上形成了一幅图像。这幅图像是倒立的，因此我们也可以将图像平面置于针孔前方，考虑将会生成的虚拟图像。这在物理上是不可能的，但工作时采用它更为便利

⊖ 选用该词绝非偶然。Camera 一词是从拉丁语“腔体”的意思转化而来。

略为不便的是针孔摄像机的图像是倒置的。因此，我们换一种方式，对针孔前方图像平面的虚拟图像加以考虑。当然，从物理层面构造这样一种摄像机是不可能的但是在数学层面上这与真实的针孔模型是等价的(除了图像是倒置的以外)，这个问题很容易思考。从现在起，我们将一直在针孔前绘制图像平面。

图 14-3 给出了针孔摄像机模型，并定义了一些术语。针孔本身(光线汇聚点)称为光心。现在我们假定光心位于 3D 世界坐标系的原点，该坐标系中的点表示为 $\mathbf{w}=[u,v,w]^{\mathrm{T}}$。在图像平面上生成虚拟图像，它被沿着 $w$ 轴或光学轴的光心所取代。光学轴与图像平面的交点称为投影点。投影点与光心之间的距离(即图像平面与针孔之间的距离)称为焦距。

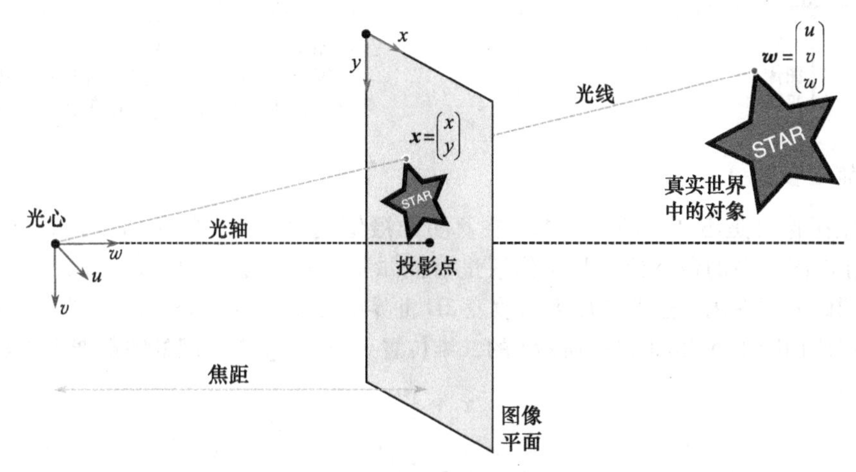


图 14-3 针孔摄像机模型术语。光心(针孔)位于 3D 世界坐标系($u$, $v$, $w$)的原点，图像平面(虚拟图像形成的位置)位于 $w$ 轴，这也称为光轴。光轴与图像平面的交点位置称为投影点。图像平面与光心之间的距离称为焦距

针孔摄像机模型是一个生成模型，假定图像中位置点 $\mathbf{x}=[x,y]^{\mathrm{T}}$ 是全局坐标中一个 3D 点 $\mathbf{w}=[u,v,w]^{\mathrm{T}}$ 的投影，针孔摄像机模型可以对该点处获取的特征的概率 $Pr(\mathbf{x}|\mathbf{w})$加以描述。尽管光的传播在本质上是确定性的，但我们仍将建立一个概率模型。传感器中有噪声，并且特征检测过程中的非建模因素也会对图像的测量位置造成影响。然而，出于教学的考虑，我们后面会对这一不确定性进行讨论，暂且将成像过程看成一个确定性的问题。

然后，我们的任务是建立一个 3D 点 $\mathbf{w}=[u,v,w]^{\mathrm{T}}$ 成像的位置点 $\mathbf{x}=[x,y]^{\mathrm{T}}$。图 14.3 已明确指出如何做到这一点。我们在 $\mathbf{w}$ 点和光心之间用一条光线连接。图像位置 $\mathbf{x}$ 即为这条光线与图像平面的交点。该过程称为透视投影。在后续的几节中，我们将针对该过程建立一个更为精确的数学模型。我们将首先从一个非常简单的摄像机模型(归一化摄像机)开始，并建立一个完整的摄像机参数化方法。

### 14.1.1 归一化摄像机

在归一化摄像机中，焦距为 1，并且假定图像平面上 2D 坐标系 $(x,y)$ 的原点位于投影点的中心。图 14-4 给出了该系统的一个 2D 几何切片($u$ 轴和 $x$ 轴向上穿出页面，因而无法看见)。由相似三角形可以很容易看出全局点 $\mathbf{w}=[u,v,w]^{\mathrm{T}}$ 图像在 $y$ 位置为$v/w$。更一般地，在归一化摄像机中，可以使用下列关系将一个 3D 点 $\mathbf{w}=[u,v,w]^{\mathrm{T}}$ 投影到图像中的 $\mathbf{x}=[x,y]^{\mathrm{T}}$。

$$x=\frac{u}{w}$$
$$y=\frac{v}{w} \tag{14-1}$$

其中 $x$，$y$，$u$，$v$ 和 $w$ 均采用真实世界中相同的测量单位(例如：毫米)。

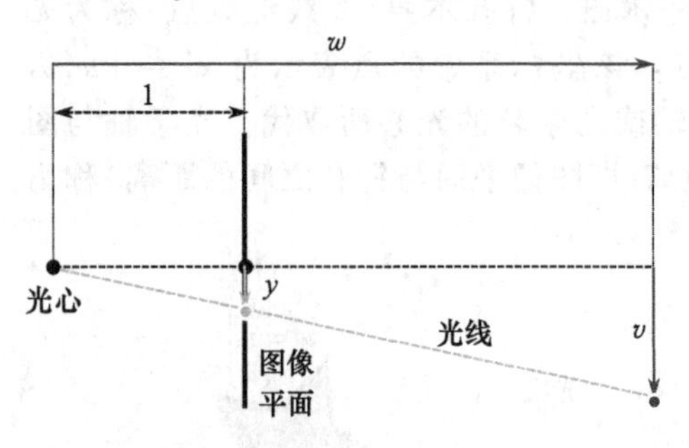


图 14-4 归一化摄像机。焦距为 1，2D 图像坐标系 $(x,y)$ 位于投影点的中心(仅给出 $y$ 轴)。根据相似三角形，点$(u, v, w)$在图像中的 $y$ 位置是 $v/w$。这与我们的直觉相对应：当一个物体越来越远时，它的投影越接近图像中心

### 14.1.2 焦距参数

归一化摄像机是不现实的。首先，在真实的摄像机中，没有特别的原因要求焦距必须为 1。而且，图像中的最终位置是用像素进行测量的，而不是物理距离，因此，模型必须将感光体间距考虑在内。这两个原因对改变 3D 世界中的点 $\mathbf{w}=[u,v,w]^T$ 和它们在图像平面中使用恒定比例因子 $\phi$(如图 14-5 所示) 的二维位置 $\mathbf{x}=[x,y]^T$ 之间的映射产生影响，使得：

$$x=\frac{\phi u}{w}$$
$$y=\frac{\phi v}{w} \tag{14-2}$$

更复杂地，感光体间距在 $x$ 和 $y$ 方向上可能不同，因此在每个方向上的比例也可能不同，给出如下关系：

$$x=\frac{\phi_x u}{w}$$
$$y=\frac{\phi_y v}{w} \tag{14-3}$$

其中 $\phi_x$ 和 $\phi_y$ 分别为 $x$ 方向和 $y$ 方向的比例因子。这些参数被称为 $x$ 方向和 $y$ 方向的焦距参数，但这个名字有点歧义——因为它不仅表示光心与投影点(真实焦距)之间的距离，还表示感光体间距。

### 14.1.3 偏移量和偏移参数

目前为止，该模型仍是不完全的，因为像素位置 $\mathbf{x}=[0,0]^T$ 位于投影点($w$ 轴与图像平面的交点)。在大多数成像系统中，像素位置 $\mathbf{x}=[0,0]^T$ 位于图像的左上方，而非图像中心。为此我们增加了偏移量参数 $\delta_x$ 和 $\delta_y$，使得：

$$x=\frac{\phi_x u}{w}+\delta_x$$
$$y=\frac{\phi_y v}{w}+\delta_y \tag{14-4}$$

其中 $\delta_x$ 和 $\delta_y$ 是从图像左上角到 $w$ 轴与图像平面交点的像素偏移量。另一种理解为向量 $[\delta_x,\delta_y]^T$ 是中像素位置。

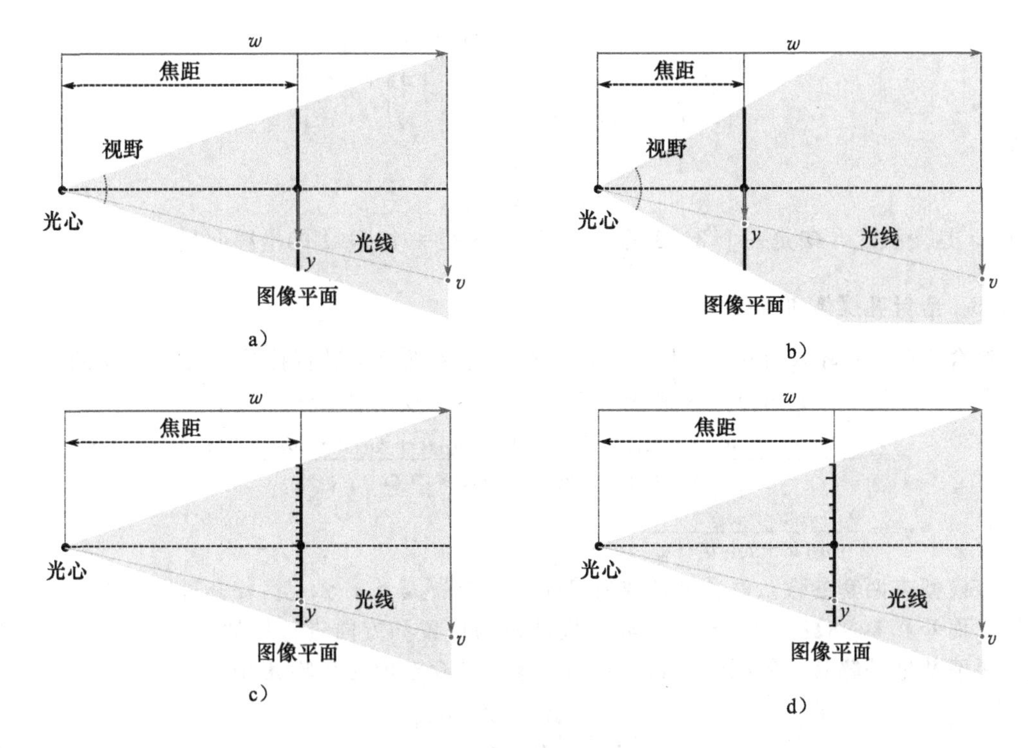


图 14-5　焦距和感光体间距。a～b）光心与图像平面之间距离（焦距）的变化将改变 3D 世界点 $\mathbf{w}=[u,v,w]^{\mathrm{T}}$ 与 2D 图像点 $\mathbf{x}=[x,y]^{\mathrm{T}}$ 之间的关系。特别地，如果我们得到原始焦距(a)且将其减半(b)，那么 2D 图像坐标也会减半。摄像机的视野是成像的整个角度范围（通常 $x$ 和 $y$ 方向不同）。当焦距减小时，视野会增加。c～d）图像 $\mathbf{x}=[x,y]^{\mathrm{T}}$ 中的位置通常用像素进行测量。因此，位置 $\mathbf{x}$ 取决于图像平面上感受器的密度。如果我们得到原始感光体密度(c)并将它减半(d)，那么 2D 图像坐标也将减半。因此，感光体间距和焦距都将以相同的方式改变从光线到像素的映射

如果图像平面精确地位于 $w$ 轴的中心，这些偏移参数应为图像尺寸的一半：对一幅 640×480 的 VGA 图像，$\delta_x$ 和 $\delta_y$ 应分别为 320 和 240。然而，在实际中，将摄像机成像传感器完美地位于中心位置既困难也不必要，因此我们将偏移量参数看作未知量。

我们还引入一个偏移参数 $\gamma$ 用于控制投影位置 $x$ 作为真实世界中高度 $v$ 的函数。这个参数没有明确的物理意义，但是能够帮助解释实际应用中点到图像的投影。得到的摄像机模型为：

$$
\begin{aligned}
x &= \frac{\phi_x u+\gamma v}{w}+\delta_x \\
y &= \frac{\phi_y v}{w}+\delta_y
\end{aligned}
\tag{14-5}
$$

### 14.1.4　摄像机的位置与方向

最后，我们必须解释这一事实：摄像机并非总是位于全局坐标系的原点，光轴也并非总是与 $w$ 轴相一致。通常，我们可能想要定义一个任意的全局坐标系，这种坐标系可能适用于多个摄像机。为此，我们可以使用坐标变换，在真实世界点通过投影模型前，得出摄像机坐标系中的真实世界点 $\mathbf{w}$：

$$\begin{pmatrix} u' \\ v' \\ w' \end{pmatrix} = \begin{pmatrix} w_{11} & w_{12} & w_{13} \\ w_{21} & w_{22} & w_{23} \\ w_{31} & w_{32} & w_{33} \end{pmatrix} \begin{pmatrix} u \\ v \\ w \end{pmatrix} + \begin{pmatrix} \tau_x \\ \tau_y \\ \tau_z \end{pmatrix} \tag{14-6}$$

或者

$$\boldsymbol{w}' = \boldsymbol{\Omega}\boldsymbol{w} + \boldsymbol{\tau} \tag{14-7}$$

其中 $\boldsymbol{w}'$是变换点，$\boldsymbol{\Omega}$ 是一个 3×3 的旋转矩阵，$\boldsymbol{\tau}$ 是一个 3×1 的平移向量。

### 14.1.5 全针孔摄像机模型

结合式(14-5)和式(14-6)，从一个位置对全摄像机模型进行描述。使用下面的关系式将一个 3D 点 $\boldsymbol{w} = [u, v, w]^{\mathrm{T}}$ 投影为一个 2D 点 $\boldsymbol{x} = [x, y]^{\mathrm{T}}$：

$$x = \frac{\phi_x(\omega_{11}u + \omega_{12}v + \omega_{13}w + \tau_x) + \gamma(\omega_{21}u + \omega_{22}v + \omega_{23}w + \tau_y)}{\omega_{31}u + \omega_{32}v + \omega_{33}w + \tau_z} + \delta_x$$

$$y = \frac{\phi_y(\omega_{21}u + \omega_{22}v + \omega_{23}w + \tau_y)}{\omega_{31}u + \omega_{32}v + \omega_{33}w + \tau_z} + \delta_y \tag{14-8}$$

该模型有两套参数。*内在参数*或者*摄像机参数*$\{\phi_x, \phi_y, \gamma, \delta_x, \delta_y\}$对摄像机本身进行描述，而*外在参数*$\{\boldsymbol{\Omega}, \boldsymbol{\tau}\}$对现实世界中摄像机的位置和方向进行描述。在 14.3.1 节中我们将更清楚地了解其中的原因，我们将内在参数储存在*内在矩阵* $\boldsymbol{\Lambda}$ 中：

$$\boldsymbol{\Lambda} = \begin{pmatrix} \phi_x & \gamma & \delta_x \\ 0 & \phi_y & \delta_y \\ 0 & 0 & 1 \end{pmatrix} \tag{14-9}$$

我们可以将全投影模型简写为

$$\boldsymbol{x} = \mathbf{pinhole}[\boldsymbol{w}, \boldsymbol{\Lambda}, \boldsymbol{\Omega}, \boldsymbol{\tau}] \tag{14-10}$$

最后，我们必须解释如下事实：图像中的特征估计点与我们的预期存在偏差。这其中有很多原因，包括传感器中的噪声、采样问题，不同视角的图像检测位置也可能不同。我们使用加性噪声对这些因素进行建模从而给出最终的关系，加性噪声通常以球形协方差分布。

$$Pr(\boldsymbol{x}|\boldsymbol{w}, \boldsymbol{\Lambda}, \boldsymbol{\Omega}, \boldsymbol{\tau}) = \mathrm{Norm}_{\boldsymbol{x}}[\mathbf{pinhole}[\boldsymbol{w}, \boldsymbol{\Lambda}, \boldsymbol{\Omega}, \boldsymbol{\tau}], \sigma^2\boldsymbol{I}] \tag{14-11}$$

其中 $\sigma^2$ 是噪声方差。

注意针孔摄像机是一个*生成模型*。给定 3D 世界点 $\boldsymbol{w}$ 和参数 $\{\boldsymbol{\Lambda}, \boldsymbol{\Omega}, \boldsymbol{\tau}\}$，可以对一个观测到的 2D 图像点 $\boldsymbol{x}$ 的概率 $Pr(\boldsymbol{x}|\boldsymbol{w}, \boldsymbol{\Lambda}, \boldsymbol{\Omega}, \boldsymbol{\tau})$ 进行描述。

### 14.1.6 径向畸变

上一节介绍了针孔摄像机模型。然而，无法忽视的是在现实世界中基于针孔的摄像机比较罕见：它们有一个镜头(可能是多个镜头构成的系统)，该镜头可以从一个较大的区域收集光线，并在图像平面上重新聚焦。在实际中，这将导致与针孔模型的大量偏差。例如，图像中的某些部分可能离焦，这本质上意味着现实世界中的点 $\boldsymbol{w}$ 映射到图像中的唯一点 $\boldsymbol{x}$ 的假设是无效的。有许多更为复杂的摄像机数学模型可有效处理该种情形，但在这里不予讨论。

然而，有一个与针孔摄像机的偏差必须处理。*径向畸变*是图像的一种非线性扭曲，它取决于与图像中心的距离。在实际中，当镜头系统的视野范围较大时将发生径向畸变。在图像中很容易对其进行检测，因为现实世界中的直线无法在图像中也投影成直线(如图 14-6 所示)。

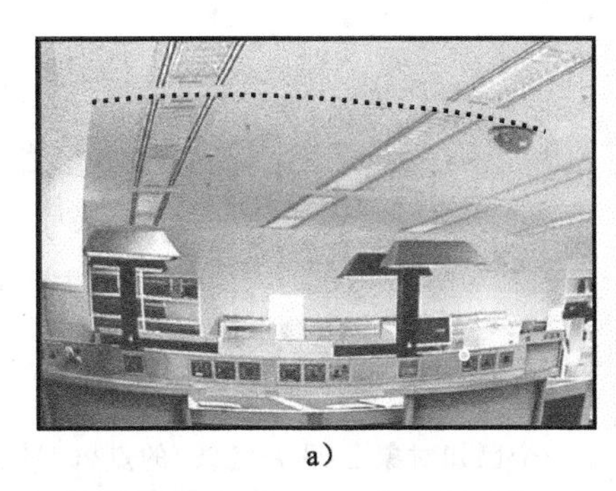
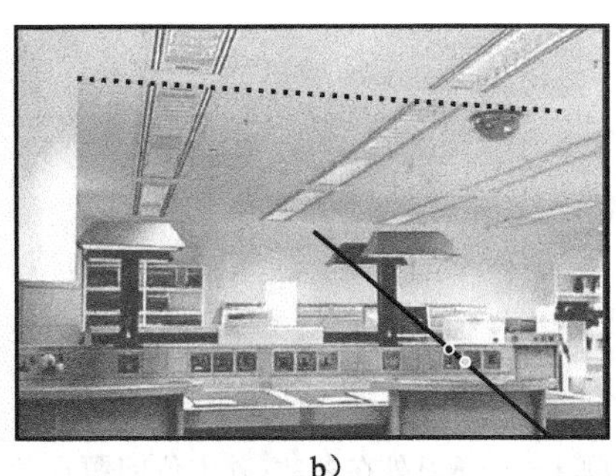

a)　　　　　　b)

图 14-6　径向畸变。针孔模型只是对真实成像过程的一种近似。该模型会发生一种重要偏离 2D 扭曲，它通过沿着图像中心点发出的径向线移动后，模型中的点将偏离它们的预定位置，这取决于与图像中心之间的距离。这称为径向畸变。a) 发生径向畸变的图像很容易发现，现实世界中的直线在图像中被映射为曲线(例如，虚线)。b) 在应用了反径向畸变模型后，现实世界中的直线在图像中也映射成直线。畸变导致红点沿着黑色径向线移动到灰点的位置

径向畸变通常可以建模为到达图像中心距离 $r$ 的多项式函数。在归一化摄像机中，最终的图像位置 $(x',y')$ 可以用原始位置$(x,y)$ 的函数来表示：

$$
\begin{aligned}
x' &= x(1+\beta_1 r^2+\beta_2 r^4) \\
y' &= y(1+\beta_1 r^2+\beta_2 r^4)
\end{aligned} \tag{14-12}
$$

其中参数 $\beta_1$ 和 $\beta_2$ 决定畸变的程度。这些关系对一系列可能的畸变进行了描述，并对大多数常用镜头的真实畸变情况进行了较好的逼近。

畸变发生在透视投影之后(按照 $w$ 进行划分)、但在内存参数(焦距、偏移量等)生效之前，因此扭曲与光轴有关，与像素点坐标系的原点无关。本章将不再对径向畸变进行讨论。然而，需要注意的是，要想获得精确的结果，这里所有的算法以及第 15、16 章均应对径向畸变进行解释。当视野扩大时，将径向畸变融入针孔摄像机模型尤为关键。

## 14.2　三个几何问题

在描述了针孔摄像机模型之后，我们将考虑 3 个重要的几何问题。其中每一个均为该模型中的学习或推理实例。我们将首先描述问题本身，然后在本章逐个进行解决。

### 14.2.1　问题 1：学习外在参数

我们的目标是对一个与给定场景相关的摄像机的位置和方向进行复原。有时这被称为*多点透视*(Perspective-n-Point，PnP)问题或者*外方位*问题。一个通用应用是增强现实，在增强现实中我们需要知道这种关系来渲染出现在现实场景中稳定部分的虚拟对象。

该问题可以以一种更为形式化的方式加以描述：假设一个已知对象有 $I$ 个不同的 3D 点$\{\mathbf{w}_i\}_{i=1}^I$，它们在图像中的对应投影点为$\{\mathbf{x}_i\}_{i=1}^I$，以及已知的内在参数 $\boldsymbol{\Lambda}$。我们的目标是对旋转矩阵 $\boldsymbol{\Omega}$ 和平移矢量 $\boldsymbol{\tau}$ 进行估计，这两者可以将目标坐标系中的点映射为摄像机坐标系中的点，使得：

$$
\hat{\boldsymbol{\Omega}},\hat{\boldsymbol{\tau}} = \underset{\boldsymbol{\Omega},\boldsymbol{\tau}}{\operatorname{argmax}}\left[\sum_{i=1}^{I}\log\left[Pr(\mathbf{x}_i\,|\,\mathbf{w}_i,\boldsymbol{\Lambda},\boldsymbol{\Omega},\boldsymbol{\tau})\right]\right] \tag{14-13}
$$

这是最大似然学习问题，我们的目标是要找到参数 $\boldsymbol{\Omega}$ 和 $\boldsymbol{\tau}$ 使得模型的预测 $\textbf{pinhole}[\mathbf{w}_i,\boldsymbol{\Lambda},\boldsymbol{\Omega},\boldsymbol{\tau}]$ 与观测的 2D 点 $\mathbf{x}_i$ 一致(如图 14-7 所示)。

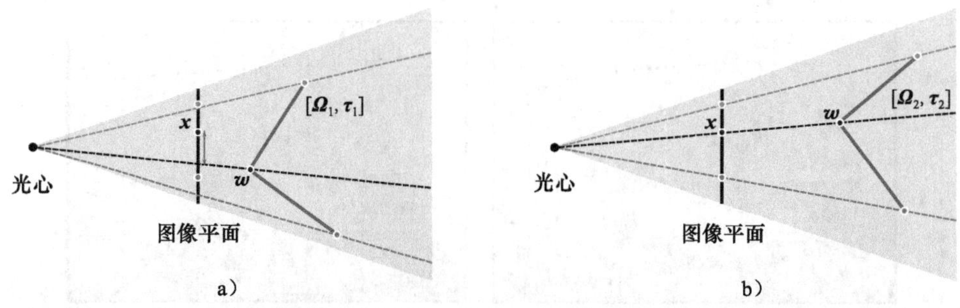


图 14-7　问题 1——学习外在参数(外方位问题)。给定一个已知对象上(深灰色线)的点$\{w_i\}_{i=1}^I$、在图像(图像平面上的圆)中它们的位置$\{x_i\}_{i=1}^I$以及已知的内在参数 $\Lambda$，寻找与摄像机和对象有关的旋转矩阵 $\Omega$ 和平移矢量 $\tau$。a) 当旋转矩阵和平移矢量不正确时，模型预测的图像点(光线与图像平面的交点)与观测的点 $x_i$ 不相吻合。b) 当旋转矩阵和平移矢量正确时，它们能很好地吻合，且概率 $Pr(x_i|w,\Lambda,\Omega,\tau)$ 变大

### 14.2.2　问题 2：学习内在参数

我们的目标是对内在参数 $\Lambda$ 进行估计，$\Lambda$ 将通过光心的光线方向与图像平面上的坐标相关联。这一估计过程称为校准。如果我们希望使用摄像机构建现实世界的 3D 模型，内在参数知识非常重要。

校准问题可以以一种更形式化的方式加以描述：给定一个已知 3D 对象，该对象有 $I$ 个不同的 3D 点$\{w_i\}_{i=1}^I$及其在图像中的对应投影点$\{x_i\}_{i=1}^I$，对内在参数估计：

$$\hat{\Lambda} = \underset{\Lambda}{\operatorname{argmax}}\left[\max_{\Omega,\tau}\left[\sum_{i=1}^{I}\log[Pr(x_i|w_i,\Lambda,\Omega,\tau)]\right]\right] \tag{14-14}$$

这也是一个最大似然学习问题，我们希望找到参数 $\Lambda$、$\Omega$ 和 $\tau$ 使得模型的预测 **pinhole**$[w_i,\Lambda,\Omega,\tau]$ 的与观测的 2D 点 $x_i$ 一致(如图 14-8 所示)。我们并不十分关心外在参数 $\Omega$ 和 $\tau$，找到这些只是对内在参数 $\Lambda$ 加以估计的一种方法。

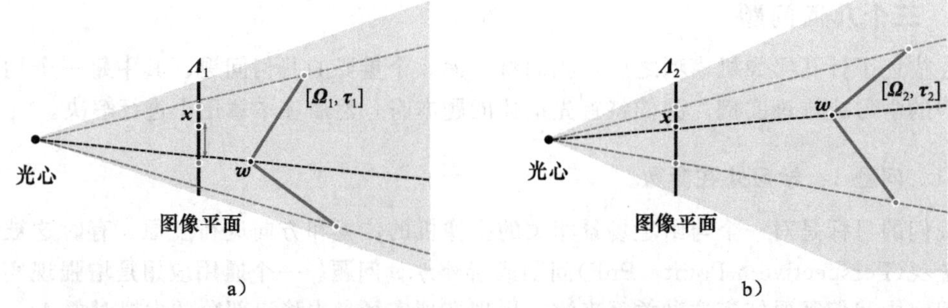


图 14-8　问题 2——学习内在参数。给定现实世界中一个已知对象(深灰色线)的点集合$\{w_i\}_{i=1}^I$和图像中这些点的 2D 位置$\{x\}_{i=1}^I$，寻找内在参数 $\Lambda$。要完成该工作，我们必须同时对外在参数 $\Omega$ 和 $\tau$ 进行估计。a) 如果内在或外在参数不正确，则针孔摄像机的预测(光线与图像平面的交点)将严重偏离观测 2D 点。b) 如果内在和外在参数都正确，则模型的预测将与观测点相一致

校准过程需要一个已知的 3D 对象，该对象中有可以识别的特征点，以及图像中的投影点。一种通用的方法是构建一个可以实现这些目标的专用 3D 校准目标[⊖](如图 14-9 所示)。

⊖ 应当注意的是，在实际中，更多情况下校准是基于一个已知 2D 平面目标的多个视角。

图 14-9 摄像机校准目标。校准摄像机(估计它的内在参数)的一种方法是查看一个几何形状已知的 3D 对象(一个摄像机校准目标)。表面的标记是对象参照系中的已知 3D 位置，它们可以很容易通过基本的图像处理技术在图像中加以定位。现在可能寻找内在和外在参数，这些参数可以很好地将已知 3D 位置映射到它们在图像中的 2D 投影。图像来源于文献 Hartley 和 Zisserman(2004)

### 14.2.3 问题 3：推理 3D 世界点

给定 $J\geqslant 2$ 个校准摄像机以及场景中的点 $\mathbf{w}$ 在其中的投影 $\{\mathbf{x}_j\}_{j=1}^{J}$，我们希望对点 $\mathbf{w}$ 的 3D 位置进行估计。当 $J=2$ 时，这称为*校准立体重构*。当 $J>2$ 时，这称为*多视图重构*。如果我们对多个点重复该过程，结果将是一个稀疏 3D 点云。云可以用来协助一台自动驾驶汽车进行导航，或者从一个新的视角生成场景的图像。

更形式化地，多视图重构问题可以这样描述：在已知位置(例如，已知 $\boldsymbol{\Lambda}$、$\boldsymbol{\Omega}$ 和 $\boldsymbol{\tau}$ 的摄像机)有 $J$ 个校准摄像机对同一个 3D 点 $\mathbf{w}$ 进行观测，且已知对应的 2D 投影 $\{\mathbf{x}_j\}_{j=1}^{J}$，则在 $J$ 幅图像中可以建立现实世界中点的 3D 位置 $\mathbf{w}$：

$$\hat{\mathbf{w}} = \underset{\mathbf{w}}{\operatorname{argmax}}\left[\sum_{j=1}^{J}\log[Pr(\mathbf{x}_j|\mathbf{w},\boldsymbol{\Lambda}_j,\boldsymbol{\Omega}_j,\boldsymbol{\tau}_j)]\right] \tag{14-15}$$

这一推理问题的形式与前面的学习问题相类似：我们进行优化，我们对感兴趣的变量 $\mathbf{w}$ 加以优化直至针孔摄像机模型的预测 $\mathbf{pinhole}[\mathbf{w},\boldsymbol{\Lambda}_j,\boldsymbol{\Omega}_j,\boldsymbol{\tau}_j]$ 与数据 $\mathbf{x}_j$ 相一致(如图 14-10 所示)。显然，重构原则称为*三角测量*。

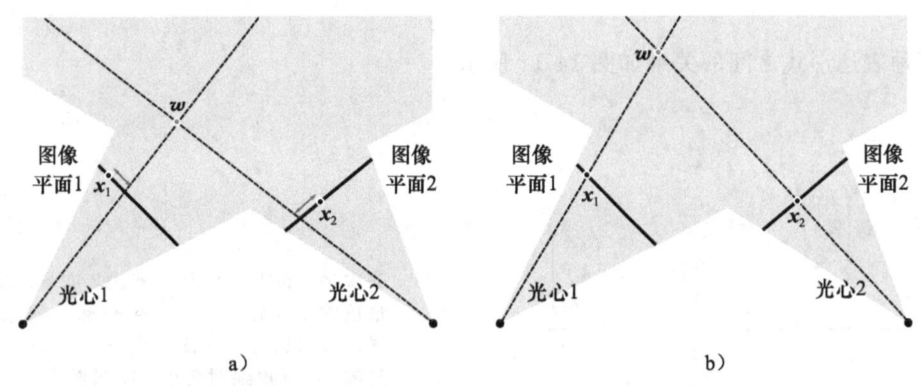


图 14-10 问题 3——推理 3D 世界点。给定两个摄像机，已知它们的位置和方位，以及在每个图像中相同 3D 点的投影分别为 $\mathbf{x}_1$ 和 $\mathbf{x}_2$，校准立体重构的目的是推断出世界点的 3D 位置 $\mathbf{w}$。a) 当世界点(黑色圆)的估计错误时，针孔摄像机模型的预测(光线与图像平面的交点)将与观测数据偏离(图像平面上的灰色圆)。b) 当 $\mathbf{w}$ 的估计正确时，模型的预测将与观测数据一致

### 14.2.4 解决问题

我们已经介绍了 3 个几何问题，其中每一个均使用针孔摄像机模型以学习或者推理的形式进行。我们从最大似然估计的角度阐述每一个问题，每一种情况均归结为一个优化问题。

不幸的是，得到的目标函数中没有一个可以在闭型中加以优化，每一种解决方案均需要使用非线性优化。在每种情况下，对未知量进行好的初始估计来保证优化过程收敛到全

局最大至关重要。在本章的后续部分中，我们将提出能够提供这些初始估计的算法。通用的方法是选取新的可以在闭型中进行优化的目标函数，且该函数的解与真实问题的解相接近。

## 14.3 齐次坐标

为了在上述优化问题中对几何量做出好的初始估计，我们可以做一个简单的戏法：我们对2D图像点和3D世界点的表达形式均做出修改，使得投影方程变为线性的。做此修改后，将有可能在闭型中得到未知量的解。然而，需要强调的是这些解并不直接处理原始的优化准则：它们基于*代数误差*对抽象目标函数进行最小化，而代数误差的解无法保证与原始问题的解相一致。然而，它们通常非常接近，以至于可以为真实代价函数的非线性优化提供一个很好的初始点。

我们将2D图像点 $\mathbf{x}$ 的原始笛卡儿表示变换为一个3D *齐次坐标* $\tilde{\mathbf{x}}$，使得：

$$\tilde{\mathbf{x}} = \lambda \begin{bmatrix} x \\ y \\ 1 \end{bmatrix} \tag{14-16}$$

其中 $\lambda$ 是一个任意的比例因子。这是一种冗余表达，因为任何标量倍数 $\lambda$ 都代表相同的2D点。例如，齐次向量 $\tilde{\mathbf{x}}=[2，4，2]^{\mathrm{T}}$ 和 $\tilde{\mathbf{x}}=[3，6，3]^{\mathrm{T}}$ 均可表示笛卡儿2D点 $\mathbf{x}=[1，2]^{\mathrm{T}}$，其中分别使用了比例因子 $\lambda=2$ 和 $\lambda=3$。

齐次坐标和笛卡儿坐标间的转换非常容易。为了转换为齐次坐标，我们可以选择 $\lambda=1$ 并简单地将1附加在原始2D笛卡儿坐标上。如果想要恢复笛卡儿坐标，可以将齐次三维向量的前两项除以第三项假设我们获得齐次向量 $\tilde{\mathbf{x}}=[\tilde{x}，\tilde{y}，\tilde{z}]^{\mathrm{T}}$，那么能够通过下式得出笛卡儿坐标 $\mathbf{x}=[x，y]^{\mathrm{T}}$。

$$\begin{aligned} x &= \frac{\tilde{x}}{\tilde{z}} \\ y &= \frac{\tilde{y}}{\tilde{z}} \end{aligned} \tag{14-17}$$

两种表达形式之间的关系如图14-11所示。

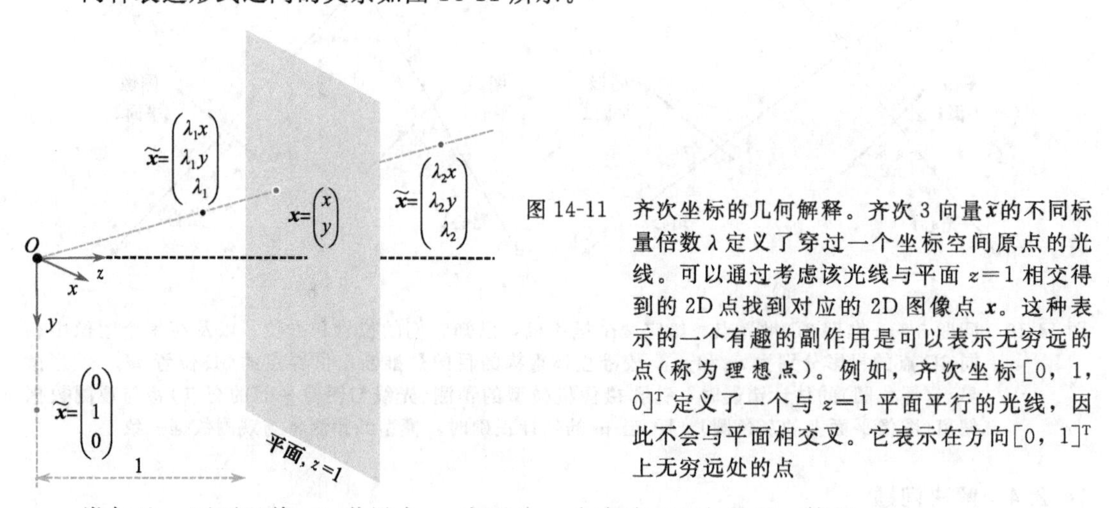


图14-11　齐次坐标的几何解释。齐次3向量 $\tilde{\mathbf{x}}$ 的不同标量倍数 $\lambda$ 定义了穿过一个坐标空间原点的光线。可以通过考虑该光线与平面 $z=1$ 相交得到的2D点找到对应的2D图像点 $\mathbf{x}$。这种表示的一个有趣的副作用是可以表示无穷远的点（称为*理想点*）。例如，齐次坐标 $[0，1，0]^{\mathrm{T}}$ 定义了一个与 $z=1$ 平面平行的光线，因此不会与平面相交叉。它表示在方向 $[0，1]^{\mathrm{T}}$ 上无穷远处的点

类似地，还可以将3D世界点 $\mathbf{w}$ 表示为一个齐次4D向量 $\tilde{\mathbf{w}}$，使得：

$$\tilde{\mathbf{w}} = \lambda \begin{bmatrix} u \\ v \\ w \\ 1 \end{bmatrix} \tag{14-18}$$

其中 $\lambda$ 仍为一个任意的比例因子。而且，从笛卡儿到齐次坐标之间的转换仍然可以通过将 1 附加在原始 3D 向量 $\mathbf{w}$ 上加以实现。从齐次坐标到笛卡儿坐标的转换可以通过将前 3 项除以最后 1 项来实现。

**齐次坐标中的摄像机模型**

我们很难找到将 2D 图像点转换为齐次三维向量和将 3D 世界点转换为齐次四维向量的点，直到我们重新对针孔投影方程加以研究。

$$x = \frac{\phi_x u + \gamma v}{w} + \delta_x$$

$$y = \frac{\phi_y v}{w} + \delta_y \tag{14-19}$$

其中我们暂且假定世界点 $\mathbf{w}=[u, v, w]^{\mathrm{T}}$ 与摄像机位于相同的坐标系。

在齐次坐标中，这些关系可以用一组线性方程来表示：

$$\lambda \begin{pmatrix} x \\ y \\ 1 \end{pmatrix} = \begin{pmatrix} \phi_x & \gamma & \delta_x & 0 \\ 0 & \phi_y & \delta_y & 0 \\ 0 & 0 & 1 & 0 \end{pmatrix} \begin{pmatrix} u \\ v \\ w \\ 1 \end{pmatrix} \tag{14-20}$$

可以将上式更直观地写成如下形式：

$$\begin{aligned} \lambda x &= \phi_x u + \gamma v + \delta_x w \\ \lambda y &= \phi_y v + \delta_y w \\ \lambda &= w \end{aligned} \tag{14-21}$$

我们可以通过将齐次坐标转换回笛卡儿坐标来得出 $x$ 和 $y$：将前两个关系式除以第三个，得到原始针孔模型(见式(14-19))。

让我们对所发生的情况加以总结：从 3D 笛卡儿世界点到 2D 笛卡儿图像点的原始映射是非线性的(由于除以了 $w$)。然而，从 4D 齐次世界点到 3D 齐次图像点的映射是线性的。在齐次表达式中，投影过程中的非线性分量(除以 $w$)被回避了：该运算仍然发生，但发生在最终转换回 2D 笛卡儿坐标的过程中，因此对齐次摄像机方程不构成影响。

为了完成这个模型，我们添加了外在参数 $\{\boldsymbol{\Omega}, \boldsymbol{\tau}\}$ 将世界坐标系与摄像机坐标系关联起来，使得：

$$\lambda \begin{pmatrix} x \\ y \\ 1 \end{pmatrix} = \begin{pmatrix} \phi_x & \gamma & \delta_x & 0 \\ 0 & \phi_y & \delta_y & 0 \\ 0 & 0 & 1 & 0 \end{pmatrix} \begin{pmatrix} \omega_{11} & \omega_{12} & \omega_{13} & \tau_x \\ \omega_{21} & \omega_{22} & \omega_{23} & \tau_y \\ \omega_{31} & \omega_{32} & \omega_{33} & \tau_z \\ 0 & 0 & 0 & 1 \end{pmatrix} \begin{pmatrix} u \\ v \\ w \\ 1 \end{pmatrix} \tag{14-22}$$

或者以矩阵形式：

$$\lambda \tilde{\mathbf{x}} = (\boldsymbol{\Lambda} \quad \mathbf{0}) \begin{pmatrix} \boldsymbol{\Omega} & \boldsymbol{\tau} \\ \mathbf{0}^{\mathrm{T}} & 1 \end{pmatrix} \tilde{\mathbf{w}} \tag{14-23}$$

其中 $\mathbf{0}=[0, 0, 0]^{\mathrm{T}}$。该关系可简化为：

$$\lambda \tilde{\mathbf{x}} = \boldsymbol{\Lambda}(\boldsymbol{\Omega} \quad \boldsymbol{\tau})\, \tilde{\mathbf{w}} \tag{14-24}$$

在后面三节中，我们将再次对 14.2 节中提出的 3 个几何问题展开研究。在每一种情况中，我们都将使用基于齐次坐标的算法对兴趣点变量的最佳初始估计进行计算。随后将使用非线性优化对这些估计加以改进。

## 14.4 学习外在参数

给定一个已知对象有 $I$ 个不同 3D 点 $\{\mathbf{w}_i\}_{i=1}^{I}$、它们在图像中的对应投影点为 $\{\mathbf{x}_i\}_{i=1}^{I}$，

14.1

以及已知内在参数 $\boldsymbol{\Lambda}$，对摄像机和由旋转矩阵 $\boldsymbol{\Omega}$ 与平移矢量 $\boldsymbol{\tau}$ 确定的对象之间的几何关系进行估计：

$$\hat{\boldsymbol{\Omega}},\hat{\boldsymbol{\tau}} = \underset{\boldsymbol{\Omega},\boldsymbol{\tau}}{\operatorname{argmax}}\left[\sum_{i=1}^{I}\log\left[Pr(\boldsymbol{x}_i\,|\,\boldsymbol{w}_i,\boldsymbol{\Lambda},\boldsymbol{\Omega},\boldsymbol{\tau})\right]\right] \tag{14-25}$$

这是一个非凸问题，因此我们可以在齐次坐标的表达式取得进展。第 $i$ 个齐次世界点 $\tilde{\boldsymbol{w}}_i$ 与第 $i$ 个对应的齐次图像点 $\tilde{\boldsymbol{x}}_i$ 之间的关系为：

$$\lambda_i\begin{bmatrix}x_i\\y_i\\1\end{bmatrix}=\begin{bmatrix}\phi_x & \gamma & \delta_x\\0 & \phi_y & \delta_y\\0 & 0 & 1\end{bmatrix}\begin{bmatrix}\omega_{11} & \omega_{12} & \omega_{13} & \tau_x\\\omega_{21} & \omega_{22} & \omega_{23} & \tau_y\\\omega_{31} & \omega_{32} & \omega_{33} & \tau_z\end{bmatrix}\begin{bmatrix}u_i\\v_i\\w_i\\1\end{bmatrix} \tag{14-26}$$

我们想要去除(已知)内在参数 $\boldsymbol{\Lambda}$ 的影响。为此，我们将方程的两边左乘内在矩阵 $\boldsymbol{\Lambda}$ 的逆矩阵，得到：

$$\lambda_i\begin{bmatrix}x_i'\\y_i'\\1\end{bmatrix}=\begin{bmatrix}\omega_{11} & \omega_{12} & \omega_{13} & \tau_x\\\omega_{21} & \omega_{22} & \omega_{23} & \tau_y\\\omega_{31} & \omega_{32} & \omega_{33} & \tau_z\end{bmatrix}\begin{bmatrix}u_i\\v_i\\w_i\\1\end{bmatrix} \tag{14-27}$$

变换坐标 $\tilde{\boldsymbol{x}}'=\boldsymbol{\Lambda}^{-1}\tilde{\boldsymbol{x}}$ 称为*归一化图像坐标*：如果使用归一化摄像机将得到这些坐标。事实上，左乘 $\boldsymbol{\Lambda}^{-1}$ 可以对这种特殊摄像机的特性加以弥补。

注意我们可以使用上述 3 个方程得出常数 $\lambda_i$：

$$\lambda_i = \omega_{31}u_i + \omega_{32}v_i + \omega_{33}w_i + \tau_z \tag{14-28}$$

将该公式代入前两个公式，得到关系式：

$$\begin{bmatrix}(\omega_{31}u_i+\omega_{32}v_i+\omega_{33}w_i+\tau_z)x_i'\\(\omega_{31}u_i+\omega_{32}v_i+\omega_{33}w_i+\tau_z)y_i'\end{bmatrix}=\begin{bmatrix}\omega_{11} & \omega_{12} & \omega_{13} & \tau_x\\\omega_{21} & \omega_{22} & \omega_{23} & \tau_y\end{bmatrix}\begin{bmatrix}u_i\\v_i\\w_i\\1\end{bmatrix} \tag{14-29}$$

这里有两个关于未知量 $\boldsymbol{\Omega}$ 和 $\boldsymbol{\tau}$ 的线性方程。我们可以使用世界点 $\boldsymbol{w}$ 和图像点 $\boldsymbol{x}$ 的 $I$ 个点对提供的两个方程构建方程组：

$$\begin{bmatrix}u_1 & v_1 & w_1 & 1 & 0 & 0 & 0 & 0 & -u_1x_1' & -v_1x_1' & -w_1x_1' & -x_1'\\0 & 0 & 0 & 0 & u_1 & v_1 & w_1 & 1 & -u_1y_1' & -v_1y_1' & -w_1y_1' & -y_1'\\u_2 & v_2 & w_2 & 1 & 0 & 0 & 0 & 0 & -u_2x_2' & -v_2x_2' & -w_2x_2' & -x_2'\\0 & 0 & 0 & 0 & u_2 & v_2 & w_2 & 1 & -u_2y_2' & -v_2y_2' & -w_2y_2' & -y_2'\\\vdots & \vdots & \vdots & \vdots & \vdots & \vdots & \vdots & \vdots & \vdots & \vdots & \vdots & \vdots\\u_1 & v_1 & w_1 & 1 & 0 & 0 & 0 & 0 & -u_Ix_I' & -v_Ix_I' & -w_Ix_I' & -x_I'\\0 & 0 & 0 & 0 & u_1 & v_1 & w_1 & 1 & -u_Iy_I' & -v_Iy_I' & -w_Iy_I' & -y_I'\end{bmatrix}\begin{bmatrix}\omega_{11}\\\omega_{12}\\\omega_{13}\\\tau_x\\\omega_{21}\\\omega_{22}\\\omega_{23}\\\tau_y\\\omega_{31}\\\omega_{32}\\\omega_{33}\\\tau_z\end{bmatrix}=\mathbf{0} \tag{14-30}$$

这样，该问题变成了最小方向问题的标准形式 $\boldsymbol{Ab}=\boldsymbol{0}$。我们要在满足 $|\boldsymbol{b}|=1$(避免非兴趣解 $\boldsymbol{b}=\boldsymbol{0}$)的条件下寻找使 $|\boldsymbol{Ab}|^2$ 最小的 $\boldsymbol{b}$ 值。可以通过计算奇异值分解 $\boldsymbol{A}=\boldsymbol{ULV}^{\mathrm{T}}$ 并将 $\hat{\boldsymbol{b}}$ 设置为 $\mathbf{V}$ 的最后一列来得到解(请参见附录 C. 7. 2)。

从 $\boldsymbol{b}$ 中提取的 $\boldsymbol{\Omega}$ 和 $\boldsymbol{\tau}$ 的估计对它们施加了一个任意比例，因此我们必须找到正确的比例因子。这是有可能的，因为旋转矩阵 $\boldsymbol{\Omega}$ 具有一个预先设置的比例(它的行和列必须是规范的)。在实际中，我们首先找到一个与 $\boldsymbol{\Omega}$ 最接近的旋转矩阵，它可以将我们的估计变成一个有效的正交矩阵。这是正交 Procrustes 问题(请参见附录 C. 7. 3)的一个实例。可以通过计算奇异值分解 $\boldsymbol{\Omega}=\boldsymbol{ULV}^{\mathrm{T}}$ 并设置 $\hat{\boldsymbol{\Omega}}=\boldsymbol{UV}^{\mathrm{T}}$ 来找到解。现在，我们重新规定平移矢量 $\boldsymbol{\tau}$ 的比例。比例因子可以通过对 $\boldsymbol{\Omega}$ 初始估计的 9 项的平均比率来得到：

$$\hat{\boldsymbol{\tau}}=\sum_{m=1}^{3}\sum_{n=1}^{3}\frac{\hat{\Omega}_{mn}}{\Omega_{mn}}\boldsymbol{\tau}/9 \tag{14-31}$$

最后，我们必须核对 $\tau_z$ 的符号是正的，它表示对象位于摄像机的前方。如果不是这种情况，可以将 $\hat{\boldsymbol{\tau}}$ 和 $\hat{\boldsymbol{\Omega}}$ 都乘以 $-1$。

该算法是使用齐次坐标的一类典型方法。当测量的图像位置有噪声时，得出的估计 $\hat{\boldsymbol{\tau}}$ 和 $\hat{\boldsymbol{\Omega}}$ 可能非常不准确。然而，它们通常能够作为该问题真实目标函数(请参见式(14-25))后续非线性优化的合理起始点。要想确保 $\boldsymbol{\Omega}$ 仍然是一个有效旋转矩阵必须时行优化(请参见附录 B. 4)。

注意该算法最少需要 11 个方程来求解最小方向问题。由于每个点均生成两个方程，所以要获得唯一解需要 6 个点。然而，只有 6 个未知量(3D 中的旋转和平移)，因此一个最小解只需要 $I=3$ 个点。该问题的最小解已经在本章结尾的注释中提出并加以讨论。

## 14.5 学习内在参数

现在我们来看第二个问题。在摄像机校准中，我们尝试基于观察一个已知对象或校准目标来学习内在参数。更精确地，给定一个已知对象，该对象有 $I$ 个不同 3D 点 $\{\boldsymbol{w}_i\}_{i=1}^{I}$ 及其在图像中对应的 2D 投影点为 $\{\boldsymbol{x}_i\}_{i=1}^{I}$，我们希望构建内在参数 $\boldsymbol{\Lambda}$ 的最大似然估计： 14.2

$$\hat{\boldsymbol{\Lambda}}=\underset{\boldsymbol{\Lambda}}{\operatorname{argmax}}\left[\max_{\boldsymbol{\Omega},\boldsymbol{\tau}}\left[\sum_{i=1}^{I}\log[Pr(\boldsymbol{x}_i|\boldsymbol{w}_i,\boldsymbol{\Lambda},\boldsymbol{\Omega},\boldsymbol{\tau})]\right]\right] \tag{14-32}$$

针对该问题的一个简单(但高效的)方法是使用坐标上升方法，在该方法中我们可以：

- 估计给定的内在参数的外在参数(问题 1)：

$$\hat{\boldsymbol{\Omega}},\hat{\boldsymbol{\tau}}=\underset{\boldsymbol{\Omega},\boldsymbol{\tau}}{\operatorname{argmax}}\left[\sum_{i=1}^{I}\log[Pr(\boldsymbol{x}_i|\boldsymbol{w}_i,\boldsymbol{\Lambda},\boldsymbol{\Omega},\boldsymbol{\tau})]\right] \tag{14-33}$$

使用 14.4 节中描述的过程，然后

- 估计给定的外在参数的内在参数(问题 2)，

$$\hat{\boldsymbol{\Lambda}}=\underset{\boldsymbol{\Lambda}}{\operatorname{argmax}}\left[\sum_{i=1}^{I}\log[Pr(\boldsymbol{x}_i|\boldsymbol{w}_i,\boldsymbol{\Lambda},\boldsymbol{\Omega},\boldsymbol{\tau})]\right] \tag{14-34}$$

通过迭代这两个步骤，我们将越来越接近正确解。由于我们已经知道如何求解两个子问题中的第一个，所以我们将集中精力求解第二个问题。令人兴奋的是，已经有一个甚至不需要齐次坐标的闭型解。

给定已知世界点 $\{\boldsymbol{w}_i\}_{i=1}^{I}$ 及其投影点 $\{\boldsymbol{x}_i\}_{i=1}^{I}$ 以及已知的外在参数 $\{\boldsymbol{\Omega},\boldsymbol{\tau}\}$，我们目标是计算包含内在参数 $\{\phi_x, \phi_y, \gamma, \delta_x, \delta_y\}$ 的内在矩阵 $\boldsymbol{\Lambda}$。我们将应用最大概率方法：

$$\hat{\boldsymbol{\Lambda}} = \underset{\boldsymbol{\Lambda}}{\operatorname{argmax}}\left[\sum_{i=1}^{I}\log[\operatorname{Norm}_{\mathbf{x}_i}[\mathbf{pinhole}[\mathbf{w}_i,\boldsymbol{\Lambda},\boldsymbol{\Omega},\boldsymbol{\tau}],\sigma^2\mathbf{I}]]\right] \tag{14-35}$$
$$= \underset{\boldsymbol{\Lambda}}{\operatorname{argmin}}\left[\sum_{i=1}^{I}(\mathbf{x}_i - \mathbf{pinhole}[\mathbf{w}_i,\boldsymbol{\Lambda},\boldsymbol{\Omega},\boldsymbol{\tau}])^{\mathrm{T}}(\mathbf{x}_i - \mathbf{pinhole}[\mathbf{w}_i,\boldsymbol{\Lambda},\boldsymbol{\Omega},\boldsymbol{\tau}])\right]$$

它将形成一个最小二乘问题(请参见 4.4.1 节)。

现在我们要注意的是，投影函数 **pinhole**[•，•，•，•](式(14-8))相对内在参数是线性的，且可以写成 $\mathbf{A}_i\mathbf{h}$，其中

$$\mathbf{A}_i = \begin{bmatrix} \frac{\omega_{11}u_i+\omega_{12}v_i+\omega_{13}w_i+\tau_x}{\omega_{31}u_i+\omega_{32}v_i+\omega_{33}w_i+\tau_z} & \frac{\omega_{21}u_i+\omega_{22}v_i+\omega_{23}w_i+\tau_x}{\omega_{31}u_i+\omega_{32}v_i+\omega_{33}w_i+\tau_z} & 1 & 0 & 0 \\ 0 & 0 & 0 & \frac{\omega_{21}u_i+\omega_{22}v_i+\omega_{23}w_i+\tau_y}{\omega_{31}u_i+\omega_{32}v_i+\omega_{33}w_i+\tau_z} & 1 \end{bmatrix} \tag{14-36}$$

且 $\mathbf{h}=\{\phi_x, \gamma, \delta_x, \phi_y, \delta_y\}^{\mathrm{T}}$。因此，该问题有如下形式：

$$\hat{\mathbf{h}} = \underset{\mathbf{h}}{\operatorname{argmin}}\left[\sum_{i=1}^{I}(\mathbf{A}_i\mathbf{h}-\mathbf{x}_i)^{\mathrm{T}}(\mathbf{A}_i\mathbf{h}-\mathbf{x}_i)\right] \tag{14-37}$$

我们将其视为一个可以用闭型解求解(请参见附录 C.7.1 节)的最小二乘问题。

出于教学原因，我们对这种替代方法加以描述。该方法很容易理解和实现。然而，我们要强调的是由于收敛速度很慢这种方法实用性不强。一种更好的方法是对此方法进行多次迭代后，同时对内在和外在参数使用诸如高斯-牛顿方法进行非线性优化。若要确保外在参数 $\Omega$ 始终是一个有效逻辑矩阵(请参见附录 B.4 节)。

## 14.6 推理 3D 世界点

14.3 最后，我们考虑多视图重构问题。给定 $J$ 个已知位置的校准摄像机(即，已知 $\boldsymbol{\Lambda}$，$\boldsymbol{\Omega}$ 和 $\boldsymbol{\tau}$ 的摄像机)，它对同一个 3D 点 $\mathbf{w}$ 进行观测，且已知图像中的对应投影为 $\{\mathbf{x}_j\}_{j=1}^{J}$，构建世界中点的位置。

$$\tilde{\mathbf{w}} = \underset{\mathbf{w}}{\operatorname{argmax}}\left[\left(\sum_{j=1}^{J}\log[Pr(\mathbf{x}_j|\mathbf{w},\boldsymbol{\Lambda}_j,\boldsymbol{\Omega}_j,\boldsymbol{\tau}_j)]\right)\right] \tag{14-38}$$

该问题无法在闭型中求解，因此我们只能使用齐次坐标，在闭型中求解出一个良好的初始估计。齐次世界点 $\tilde{w}$ 与第 $j$ 个对应齐次图像点 $\tilde{x}_j$ 之间的关系为：

$$\lambda_j\begin{pmatrix}x_j\\y_j\\1\end{pmatrix} = \begin{pmatrix}\phi_{xj} & \gamma_j & \delta_{xj}\\0 & \phi_{yj} & \delta_{yj}\\0 & 0 & 1\end{pmatrix}\begin{pmatrix}\omega_{11j} & \omega_{12j} & \omega_{13j} & \tau_{xj}\\\omega_{21j} & \omega_{22j} & \omega_{23j} & \tau_{yj}\\\omega_{31j} & \omega_{32j} & \omega_{33j} & \tau_{zj}\end{pmatrix}\begin{pmatrix}u\\v\\w\\1\end{pmatrix} \tag{14-39}$$

其中我们在内在和外在参数上添加了指数 $j$ 来表达这样一个事实：这些参数均属于第 $j$ 个摄像机。在两边左乘内在矩阵 $\boldsymbol{\Lambda}_j^{-1}$ 转换为归一化图像坐标：

$$\lambda_j\begin{pmatrix}x'_j\\y'_j\\1\end{pmatrix} = \begin{pmatrix}\omega_{11j} & \omega_{12j} & \omega_{13j} & \tau_{xj}\\\omega_{21j} & \omega_{22j} & \omega_{23j} & \tau_{yj}\\\omega_{31j} & \omega_{32j} & \omega_{33j} & \tau_{zj}\end{pmatrix}\begin{pmatrix}u\\v\\w\\1\end{pmatrix} \tag{14-40}$$

其中 $x'_j$ 和 $y'_j$ 表示第 $j$ 个摄像机中的归一化图像坐标。

我们使用第三个方程得到 $\lambda_j=\omega_{31j}u+\omega_{32j}v+\omega_{33j}w+\tau_{zj}$。将其代入前两个方程，得到：

$$\begin{bmatrix}(\omega_{31j}u+\omega_{32j}v+\omega_{33j}w+\tau_{zj})x'_j\\(\omega_{31j}u+\omega_{32j}v+\omega_{33j}w+\tau_{zj})y'_j\end{bmatrix}=\begin{bmatrix}\omega_{11j}&\omega_{12j}&\omega_{13j}&\tau_{xj}\\\omega_{21j}&\omega_{22j}&\omega_{23j}&\tau_{yj}\end{bmatrix}\begin{bmatrix}u\\v\\w\\1\end{bmatrix}\tag{14-41}$$

将这些方程重新进行排列得到对 $\boldsymbol{w}=[u, v, \omega]^{\mathrm{T}}$ 中 3 个未知量的两个线性约束。

$$\begin{bmatrix}\omega_{31j}x'_j-\omega_{11j}&\omega_{32j}x'_j-\omega_{12j}&\omega_{33j}x'_j-\omega_{13j}\\\omega_{31j}y'_j-\omega_{21j}&\omega_{32j}y'_j-\omega_{22j}&\omega_{33j}y'_j-\omega_{23j}\end{bmatrix}\begin{bmatrix}u\\v\\w\end{bmatrix}=\begin{bmatrix}\tau_{xj}-\tau_{zj}x'_j\\\tau_{yj}-\tau_{zj}y'_j\end{bmatrix}\tag{14-42}$$

对于多个摄像机，我们可以构建一个更大的方程组，用最小二乘概念求解 $\boldsymbol{w}$(请参见附录 C. 7. 1)。这可以为式(14-38)中随后的非线性优化准则提供一个好的初始点。

这种校准重构算法是构建 3D 模型方法的基础。然而，该论述不够完整。

- 该方法需要我们找到与 $J$ 幅图像每一幅中同一世界点 $\boldsymbol{w}$ 相对应的点 $\{\boldsymbol{x}_j\}_{j=1}^{J}$。该过程称为对应(correspondence)，将在第 15、16 章中加以讨论。
- 该方法需要内在参数和外在参数。当然，这些参数可以使用 14. 5 节中的方法从校准目标中计算得出。然而，当系统未被校准时仍然可能进行重构。这称为**投影重构**，因为结果对于一个 3D 投影变换是模棱两可的。而且，如果使用一台摄像机拍摄所有图像，就有可能从图像序列中估计唯一的内在矩阵和外在参数，而且可以重构场景中的点得出常数比例因子。第 16 章对该方法进行了扩展性讨论。

## 14. 7 应用

本章我们讨论技术的两种应用。一种是基于将结构光投影到对象的 3D 模型构建方法，另一种是基于从对象轮廓构建近似模型生成对象新视图的方法。

### 14. 7. 1 结构光的深度

在 14. 6 节中，我们给出了在给定两个或多个摄像机位置时，如何计算点的深度。但没有讨论如何在两个图像中找到匹配点。我们将在第 16 章给出该问题的完整解答，但这里我们将提出一种可以规避该问题的方法。该方法基于一台投影机和一台摄像机，而不是两台摄像机。

关键要理解一台投影机的几何结构与一台摄像机完全相同：投影机有一个光心，还有一个与摄像机中的传感器相类似的普通像素阵列。投影机中的每个像素对应于通过光心空间的一个方位，这种关系可以由一系列内在参数加以捕获。主要区别在于投影机沿着这些光线发射出射光，而摄像机沿着这些光线捕获入射光。

考虑一个由一台摄像机和一台投影机构成的系统，这两台机器放在一起并指向同一对象(如图 14-12 所示)。简单起见，我们假设这个系统已经完成校准(即，内在矩阵、摄像机与投影机的相对位置都是已知的)。现在很容易对场景深度进行估计：我们一次一个像素地使用投影机照亮场景，然后通过观察图像的哪一部分变亮来找到摄像机中对应的像素。现在我们有两个对应点，可以使用 14. 6 节中的方法计算深度。实际上，该方法非常耗时，因为一幅独立的图像必须在投影机中逐个像素地捕获。Scharstein 和 Szeliski(2003)利用结构光使用了一种更实际的方法，在结构光中一系列水平和垂直条纹图案被投影到场景中，在场景中可以对投影机像素与摄像机间像素之间的映射进行计算。

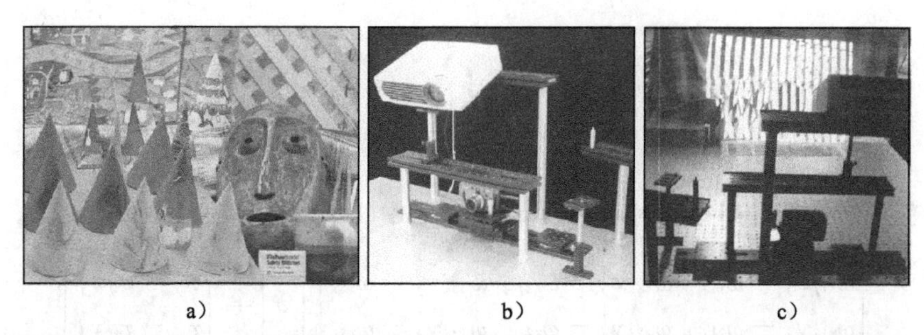


图 14-12　结构光的深度映射。a) 我们希望捕获的三维场景。b) 捕获硬件包括一台投影机和一台摄像机，它们从不同位置观察这个场景。c) 投影机被用于照亮场景，摄像机从它的视角记录亮度模式。结果图像包含可用于计算 3D 重构的信息。改编自 Scharstein 和 Szeliski(2003)。© 2003 IEEE

为了理解该方法如何工作，可以考虑一幅投影图像，该图像的上半部分是亮的、下半部分是暗的。我们捕获该场景的两幅图像 $I_1$ 和 $I_2$，它们分别对应投影机显示该模式或相反模式时的情况。然后我们得到两幅图像的差 $I_1-I_2$。摄像机图像中差为正值的像素必然属于投影图像的上半部分，而差为负值的像素则属于图像的下半部分。现在使用第二种模式照亮图像，可以将图像划分为 4 个水平方向的黑白条。通过采用第二种模式及其相反模式获得了图像。我们能够推断出每一个像素究竟位于第一种模式的上半部分还是下半部分。我们以更精细的模式继续进行，对每个像素的估计位置进行改进直到我们能准确获知为止。整个过程以垂直条纹图纹重复进行来对水平位置进行估计。

在实际中，如上一节所描述，我们需要使用更为复杂的编码方案。例如，该序列意味着在投影图像中心的黑白之间总有一条边界。建立一个摄像机像素的对应点可能很困难，因为它总是跨越这条边界。一种解决方法是基于*灰色码*(Gray code)序列，该序列有更为复杂的结构，并且可以避免这个问题(如图 14-13 所示)。图 14-12 中场景的估计深度映射如图 14-14 所示。

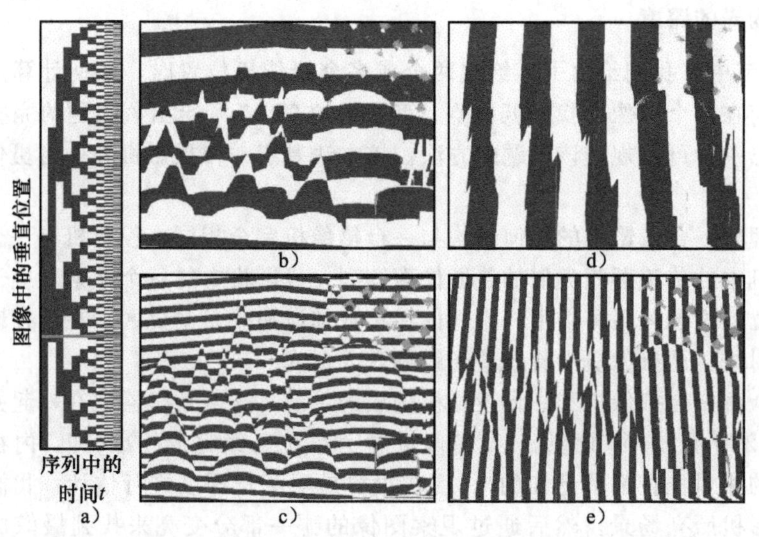


图 14-13　投影机到摄像机的过程与结构光模式一致。a) 为了在投影图像中构建垂直位置，我们给出了一系列水平条纹图案。投影图像中的每个高度都接收一个唯一的黑白值序列，因此我们能够通过测量这个序列确定高度(例如，黑线)。b～c) 水平条纹图案的两个实例。d～e) 一个序列中的两个垂直条纹图案的实例，该序列用于对投影机模式中的水平位置进行估计。改编自 Scharstein 和 Szeliski(2003)。© 2003 IEEE

图 14-14 使用结构光方法对图 14-12 中场景的深度映射进行复原。标记为黑色的像素是深度不确定的地方：这些包含图像中与投影机重合的位置，因此没有光投射到上面。Scharstein 和 Szeliski(2003)也在正常光照条件下使用两台摄像机捕获到了该场景；他们后来也使用结构光的深度映射作为地面实况数据对立体视觉算法进行了估计。改编自 Scharstein 和 Szeliski(2003)。© 2003 IEEE

### 14.7.2 剪影重构

前面的系统基于一台投影机与一台摄像机之间的对应关系对场景的 3D 模型进行了计算。现在我们考虑一种计算 3D 模型的替代方法，该方法不需要考虑对应关系。顾名思义，剪影重构基于大量图像中的轮廓对物体的形状进行估计。

原理如图 14-15 所示。给定一台摄像机，我们知道一个物体必然位于包含其轮廓的多束光线中的某一位置。现在考虑添加第二台摄像机。我们也知道该物体必然也位于对应轮廓的多束光线的某一位置。因此，我们能够针对这些光线的 3D 交叉区域的估计做出改进。当我们添加更多的摄像机时，物体所在的可能空间区域就可以推断出来。

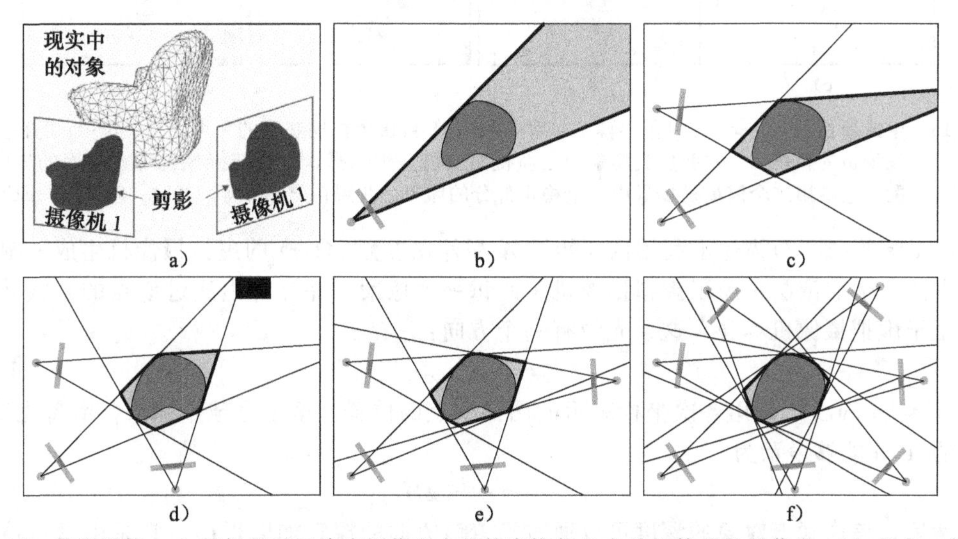


图 14-15 剪影重构。a) 目标是基于许多摄像机中的轮廓恢复出有关物体形状的信息。b) 考虑一台观察一个对象(2D 切片)的摄像机。我们知道该物体必然位于包含其轮廓的多束光线中的某一位置。c) 当我们增加第二台摄像机时，我们知道该物体依然位于包含其轮廓的多束光线的交叉区域内(灰色区域)。d～f) 当我们增加更多台摄像机时，就越来越接近真实的形状。但是，无论我们增加多少台摄像机，都无法捕获凹陷区域(见彩插)

这个过程很有吸引力，因为可以使用一种背景差方法稳定而快速地计算出轮廓。然而，也存在一个缺点；尽管我们有无数个用于观测物体的摄像机，但形状的某些部分仍然没有出现在最终的 3D 区域中。例如，图 14-15a 中的椅子座位背面的凹陷区域无法复原，因为在轮廓中无法对其进行表示。通常，“最佳可能的”形状估计称为可视外壳。

现在我们提出一种基于轮廓形状的算法用于从新的姿态角度生成一个物体的图像。该算法的一个应用就是增强现实系统，在该系统中我们希望将一个物体叠加到一幅真实图像上，使其好像是场景中的一个固有部分。这一过程可以这样完成：建立与场景(请参见14.4节)有关的摄像机的位置和姿态，然后从相同的视角生成物体的一幅新图像。图14-16对该种应用的实例进行了描述，捕获到一个演员的表演，他好像正站在桌子上进行重播。

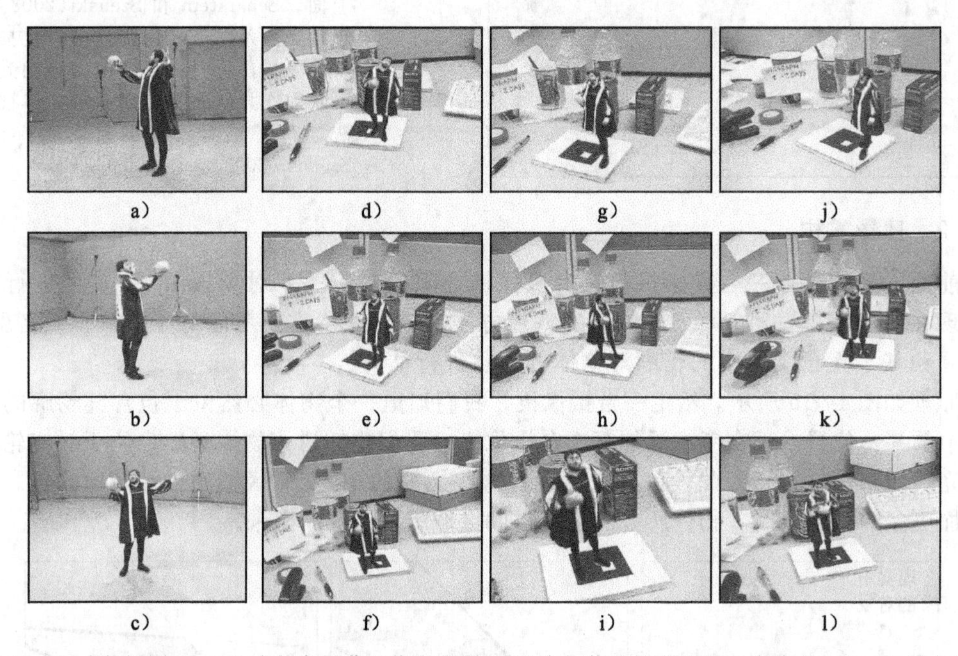

图 14-16 生成新视图。a～c) 在绿色屏幕工作室中利用15台摄像机捕获到的一个演员。d～l) 现在生成了该演员的新视图，并叠加到场景中。新视图应当仔细选择，以便与摄像机观察桌面的方向相匹配，它给出这个演员是场景中一个稳定部分的印象。改编自 Prince 等(2002)。© 2002 IEEE

Prince 等(2002)描述了利用内在矩阵 $\boldsymbol{\Lambda}$ 和外在参数 $\{\boldsymbol{\Omega},\boldsymbol{\tau}\}$ 的虚拟摄像机生成一幅新图像的方法。他们依次考虑了虚拟摄像机中的每一个像素，并计算出通过该点的光线 $\boldsymbol{r}$ 的方向。至于虚拟摄像机本身，这条光线有一个方向：

$$\boldsymbol{r} = \boldsymbol{\Lambda}^{-1}\tilde{\boldsymbol{x}} \tag{14-43}$$

其中 $\tilde{\boldsymbol{x}} = [x,y,1]^{\mathrm{T}}$ 是用齐次坐标表示的图像中点的位置。至于全球坐标系，沿着光线的 $\kappa$ 单位的点 $\boldsymbol{w}$ 能够表示为：

$$\boldsymbol{w} = \boldsymbol{\tau} + \kappa\boldsymbol{\Omega}\boldsymbol{r} \tag{14-44}$$

然后，该像素点对象的深度可以通过沿着该方向的探索加以得出。它是由虚拟摄像机投影中心的显式搜索起点加以决定的，并沿着对应于像素中心的光线向外处理(如图14-17所示)。对沿着该光线的每个候选3D点进行评估来得潜在占用率。如果它在真实图像中的投影被标记为背景，则该候选点未被占用。当找到标记为前景的所有投影位置的第一个点时，它被认为是与虚拟对象有关的深度，搜索过程结束。

我们已经知道光线穿过当前虚拟像素的3D点符合“可视外壳”的要求。它建立虚拟图像中该像素点的颜色，必须将该点投影到最近的真实图像上，然后复制颜色。通常，投影不会准确地以某一像素点为中心，为了对其进行纠正，可以使用双线性或双三次插值的方法对颜色数值进行估计。

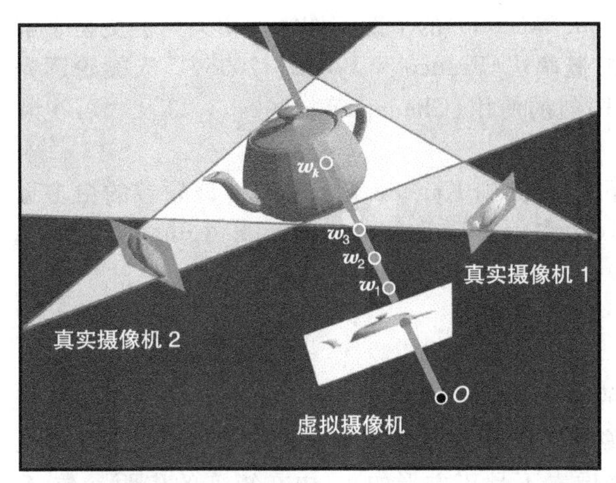


图 14-17 新视图产生。一幅新图像的生成一次仅生成一个像素点，它是通过对沿着光线穿过像素的一系列点 $w_1$，$w_2$，… 的测试完成的。对每个点进行测试，通过将其投影到真实图像中来观察其是否位于可视外壳内。如果它位于每个真实图像的轮廓中，那么它就位于可视外壳内，搜索停止。在这种情况下，点 $w_k$ 是表面上的第一个点。为了给每个像素建立颜色，需要将该点投影到附近的真实图像，且对颜色进行复制。改编自 Prince 等(2002)。© 2002 IEEE

该过程完成得非常快。图 14-16 中描述的 Prince 等(2002)的系统以交互式的速度运行，但是质量在一定程度受限，因为“可视外壳”只是对真实形状的一种合理逼近。如果逼近的不好，将估计出错误的深度，真实图像中的投影也将是错误的，采样的颜色也将出错。

## 讨论

本章介绍了一种针孔摄像机模型，并讨论了该模型的学习和推理算法。在下一章中，我们将考虑摄像机对平面场景进行观测时的情形。这里场景中的点与图像中的点是一对一映射的。第 16 章将再次讨论针孔摄像机模型，并考虑如何从未知位置的多个摄像机重构一个场景。

## 备注

**摄像机几何**：Hartley 和 Zisserman(2004)、Ma 等(2004)以及 Faugeras 等(2001)对摄像机几何进行了详细的介绍。Aloimonos(1990)和 Mundy and Zisserman(1992)提出一种分层结构的摄像机模型(请参见习题 14.3)。Tsai(1987)和 Faugeras(1993)都提出了 3D 对象的摄像机校准算法。然而，由于精确匹配 3D 对象具有难度，从一个平面对象的多个图像对摄像机进行校准更为普遍(请参见 15.4 节)。有关摄像机模型和几何计算机视觉的近期总结可参见 Sturm 等(2011)。

本章讨论的投影针孔摄像机绝不是计算机视觉中使用的唯一摄像机模型。有许多专业的模型，比如推扫式摄像机模型(Hartley 和 Gupta，1994)、鱼眼镜头模型(Devernay 和 Faugeras，2001；Claus 和 Fitzgibbon，2005)、折反射式传感器模型(Geyer 和 Daniilidis，2001；Micusik 和Pajdla，2003；Claus 和 Fitzgibbon，2005)以及通过一个接口进入一个媒介成像的透视摄像机模型(Treibitz 等，2008)。

**估计外在参数**：有大量的工作涉及摄像机与刚性物体之间的几何关系估计的 PnP 问题。Lepetit 等(2009)提出一种方法，该方法在点的数量方面具有低的复杂度，并提供了与其他方法的量化比较。Quan 和 Lan(1999)和 Gao 等(2003)基于 3 个点提出最小化解决方案。

**结构光**：本章讨论的结构光方法源于 Scharstein 和 Szeliski(2003)，尽管这篇论文的主要目标是要为立体视觉应用提供真实的数据。在计算机视觉中，结构光的使用具有很长的历史(例如，Vuylsteke 和 Oosterlinck，1990)，主要的研究问题在于投影的模式选择(Salvi 等，2004；Batlle 等 1998；Horn 和 Kiryati，1999)。

**剪影重构**：一个物体的多个轮廓形状的复原至少可以追溯到 Baumgart(1974)。Laurentini(1994)引入“可视外壳”的概念，并对其特征进行了描述。本章讨论的剪影重构是由 Prince 等(2002)提出的，且与 Matusik 等(2000)的早期工作密切相关，但更易于解释。该领域的近期工作考虑了像素占用率的概率法(Franco 和 Boyer，2005)、人类轮廓先验的应用(Grauman 等，2003)、轮廓时间序列的使用(Cheung 等，2004)，以及“可视外壳”的内在投影特征的描述方法。

**人类行为捕捉**：人类行为捕捉的兴趣可以追溯到 Kanade 等(1997)。该领域的更多近期工作包括 Starck 等(2009)、Theobalt 等(2007)、Vlasic 等(2008)、de Aguiar 等(2008)以及 Ballan 和 Cortelazzo(2008)。

## 习题

14.1 一个针孔摄像机有一个 1cm×1cm 的传感器和一个视角为 60°的水平域。光心与传感器之间的距离是多少？相同的摄像机在水平方向上和垂直方向上分别有 100 个像素和 200 个像素的分辨率(即，这些像素不是正方形的)。内在矩阵的焦距参数 $f_x$ 和 $f_y$ 分别是多少？

14.2 我们可以使用针孔摄像机模型对著名的电影效果进行理解。滑动变焦(dolly zoom)首次用于 Alfred Hitch wck 的《Vertigo》中。当主人公向下看楼梯井时，似乎会以一种奇怪的方式发生畸变(如图 4-18 所示)。背景看起来偏离了摄像机，而前景仍然在恒定位置。

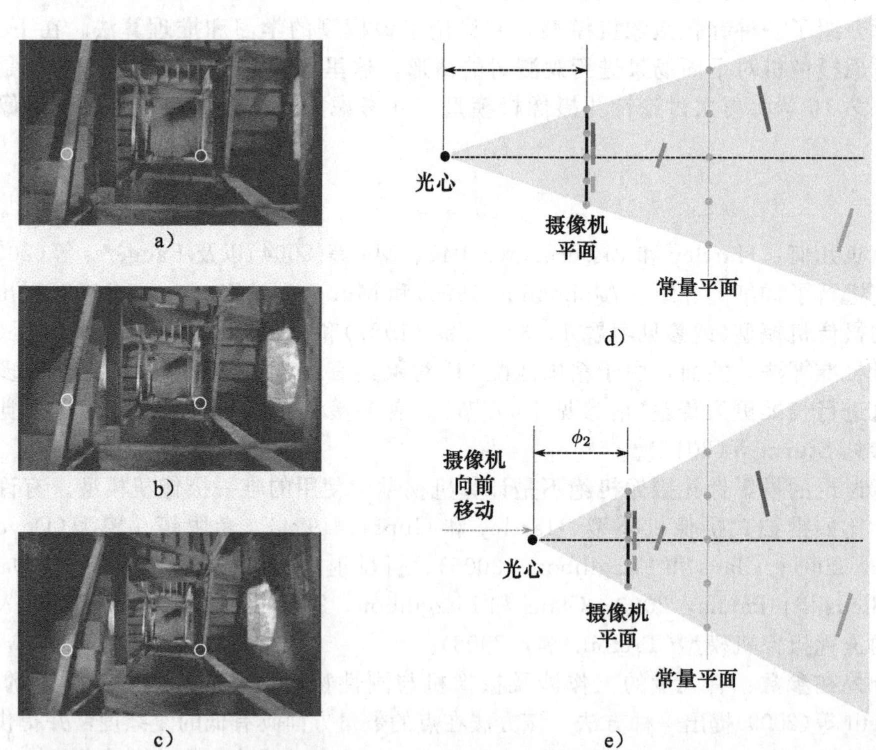


图 14-18 滑动变焦。a～c)《Vertigo》中的 3 帧，其中楼梯井看起来发生了扭曲。附近的物体仍然在原位，而远处的物体系统地通过序列。为了看清这点，考虑每帧中同一个$(x, y)$位置的红色圆圈和绿色圆圈。红色圆圈仍然位于栏杆附近，而绿色圆圈在第一个图像中位于楼梯井的地板上，而在最后一个图像中却在楼梯的中间。d) 为了理解这种效应，考虑一个观察场景的摄像机，这个摄像机由一些同等深度的绿色点和一些其他的平面所构成(彩色线条)。e) 我们沿着 $w$ 轴移动摄像机但同时改变焦距，使得绿色点在同一位置能够成像。在这些变化中，绿色点所在平面中的物体是静止的，但是场景的其他部分发生了移动，甚至可能相互遮挡(见彩插)

就摄像机模型而言，在滑动变焦序列中同时发生两件事：摄像机沿着 $w$ 轴移动，同时摄像机的焦距也发生了变化。移动的距离和焦距的变化应该慎重选择，使得在预先定义平面内的物体仍然在同一个位置。然而，平面之外的物体相对于其他物体发生了移动(如图 14-18d、e 所示)。

我们想要在滑动变焦的任何一端获取一个场景的两幅图像。在变焦之前，摄像机的位置为 $w=0$，光心与图像平面间的距离为 1cm，图像平面为 1cm×1cm。变焦后，摄像机的位置为 $w=100$cm。我们希望在摄像机移动后，在 $w=500$cm 的平面是稳定的。光心与图像平面之间的新距离是多少？

14.3 图 14-19 给出了两个不同的摄像机模型：正交摄像机和弱透视摄像机。针对每一种摄像机，设计齐次世界点与齐次图像点之间的关系。你可以假设世界坐标系与摄像机坐标系重合，因此不需要引入外在矩阵。

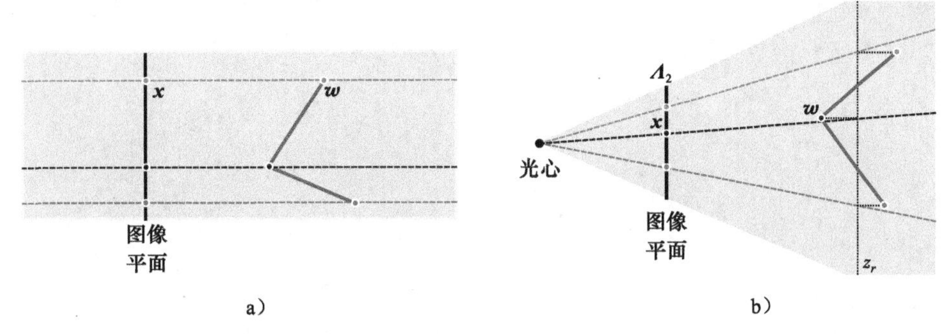


图 14-19 备选的摄像机模型。a) 正交摄像机。光线是平行的，且与图像平面正交。b) 弱透视摄像机。点被正交投影到与摄像机距离为 $z_r$ 的参考平面上，而后通过透视投影传给图像平面

14.4 一条 2D 直线可以表示为 $ax+by+c=0$ 或者齐次形式：

$$\boldsymbol{l}\,\tilde{\boldsymbol{x}}=0$$

其中 $\boldsymbol{l}=[a, b, c]$。找到齐次直线 $\boldsymbol{l}_1$ 和 $\boldsymbol{l}_2$ 的交点，其中：

1. $\boldsymbol{l}_1=[3, 1, 1]$且 $\boldsymbol{l}_2=[-1, 0, 1]$

2. $\boldsymbol{l}_1=[1, 0, 1]$且 $\boldsymbol{l}_2=[3, 0, 1]$

提示：3×1 的齐次点向量$\tilde{\boldsymbol{x}}$必须同时满足 $\boldsymbol{l}_1\,\tilde{\boldsymbol{x}}=0$ 和 $\boldsymbol{l}_2\,\tilde{\boldsymbol{x}}=0$。换句话说，$\tilde{\boldsymbol{x}}$应与 $\boldsymbol{l}_1$ 和 $\boldsymbol{l}_2$ 正交。

14.5 找到经过齐次点$\tilde{\boldsymbol{x}}_1$ 和$\tilde{\boldsymbol{x}}_2$ 的直线，其中：

$$\tilde{\boldsymbol{x}}_1=[2,2,1]^{\mathrm{T}}, \quad \tilde{\boldsymbol{x}}_2=[-2,-2,1]^{\mathrm{T}}$$

14.6 二次曲线 $\boldsymbol{C}$ 是一种几何结构，它用来表示 2D 图像中的椭圆和圆。二次曲线上的点可以由下式给出：

$$\begin{pmatrix} x & y & 1 \end{pmatrix}\begin{pmatrix} a & b & c \\ b & d & e \\ c & e & f \end{pmatrix}\begin{pmatrix} x \\ y \\ 1 \end{pmatrix}=0$$

或

$$\tilde{\boldsymbol{x}}^{\mathrm{T}}\boldsymbol{C}\,\tilde{\boldsymbol{x}}=0$$

给定位于二次曲线上的已知点 $\boldsymbol{x}_1$，$\boldsymbol{x}_2$，…，$\boldsymbol{x}_n$，描述一种算法对参数 $a$，$b$，$c$，$d$，$e$ 和 $f$ 进行估计。如果该算法有效，最少需要几个已知点？

14.7　设计一种方法，使用一个摄像机和已知校准对象找到一个投影机的内在矩阵。

14.8　图 14-13 中给出的二值条纹光模式类型的最小数是多少？一个投影机图像尺寸为 $H \times W$，需要对摄像机-投影机对应点信息进行估计。

14.9　描述的轮廓算法中有一个潜在的形状问题；相对于最近的摄像机，物体表面上的点可能会被物体的另一部分所遮挡。因此，当我们要复制颜色时，我们得到了错误的数值。提出一种方法来规避该问题。

14.10　在增强现实应用中(如图 14-16 所示)，如果物体有阴影则现实性可能会增加。提出一种算法来确定桌面(假设的平面)上的一个点是否被一个已知位置的点光源对象所遮盖？

# 变换模型

在本章中，我们考虑对现实世界中的平面进行观测的针孔摄像机。在这种情况下，摄像机方程可以简单地反映一个事实：平面上的点与图像中的点之间存在一对一映射关系。

平面与图像之间的映射关系可以使用一组 2D 几何变换进行描述。在本章中，我们将对这些变换的特性进行描述，并说明如何从数据中对这些变换的参数进行估计。我们将立足平面场景这一特殊情况，对第 14 章中的 3 个几何问题重新进行研究。

为了弄清本章的内容，我们考虑一个增强现实应用：将 3D 内容叠加到一个平面标记上(如图 15-1 所示)。想要做到这一点，我们必须建立相对于摄像机的平面旋转和平面平移。我们将分两步加以实现：首先，我们将建立标记上的点与图像上的点之间的 2D 变换；其次，我们将从变换参数中提取出旋转和平移参数。

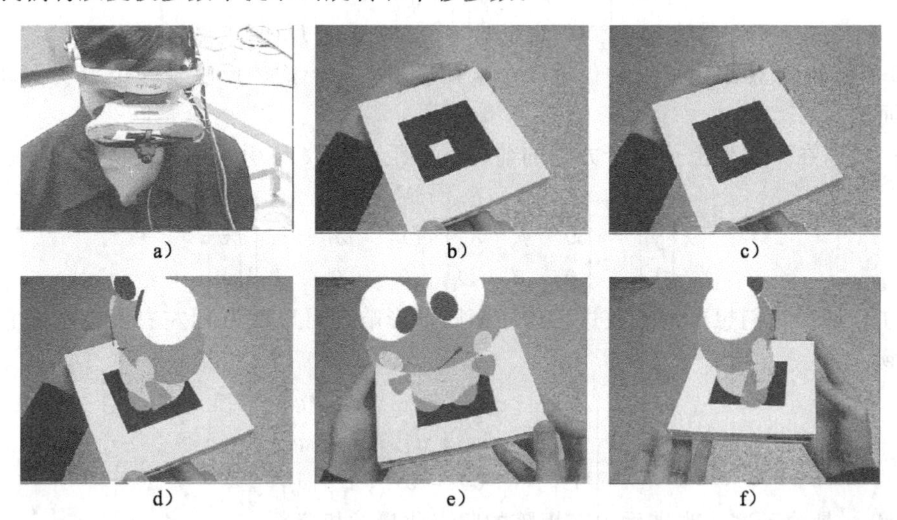

图 15-1　平面场景的视频透视增强现实。a) 用户通过一个前方装有摄像机的头戴式显示器对世界进行观察。对来自摄像机的图像进行近实时的分析和增强，并显示给用户。b) 这里，世界是由一个平面 2D 标记所构成。c) 标记的四角可以通过边与边的对应和它们的交叉来确定。d) 可以计算出标记平面拐角 2D 位置与图像中对应位置之间的几何变换。分析这种变换找出与标记有关的摄像机的旋转和平移。这允许我们叠加一个 3D 物体，好像它紧紧依附于图像表面。e～f) 随着对标记的操作，叠加物体也会适当地改变姿态

## 15.1　二维变换模型

本节中，我们将考虑一组 2D 变换，从最简单的模型到最通用的模型。我们将在不同观察条件下通过对一个平面场景的考虑来研究每一种模型。

### 15.1.1　欧氏变换模型

考虑一个在已知距离 $D$(例如，一个法线对应于摄像机的 $w$ 轴平面)对一个平行

(fronto-parallel)平面进行观测的校准摄像机。这可能看起来过于勉强，但在机器检测应用中是确实存在的：头顶上的摄像机对传送带进行观察，并检查含有较少或没有深度变化的物体。

假定平面上的一个位置可以描述为一个 3D 位置 $\mathbf{w}=[u,v,0]^{T}$，它可以用现实世界中的单位(如毫米)来测量。$w$ 轴表示与平面垂直的方向，因此总是 0。因而，我们有时将 $\mathbf{w}=[u,v]^{T}$ 看作一个 2D 坐标。

将针孔摄像机模型应用于此种情况，得出：

$$\lambda\tilde{\mathbf{x}}=\boldsymbol{\Lambda}[\boldsymbol{\Omega},\boldsymbol{\tau}]\tilde{\mathbf{w}} \tag{15-1}$$

其中$\tilde{\mathbf{x}}$是一个表示为齐次三向量的 2D 观测图像位置，且$\tilde{\mathbf{w}}$是一个表示为齐次四向量的世界中的 3D 点。明确写出来，我们可以得到：

$$\lambda\begin{bmatrix}x\\y\\1\end{bmatrix}=\begin{bmatrix}\phi_x&\gamma&\delta_x\\0&\phi_y&\delta_y\\0&0&1\end{bmatrix}\begin{bmatrix}\omega_{11}&\omega_{12}&0&\tau_x\\\omega_{21}&\omega_{22}&0&\tau_y\\0&0&1&D\end{bmatrix}\begin{bmatrix}u\\v\\0\\1\end{bmatrix}$$

$$=\begin{bmatrix}\phi_x&\gamma&\delta_x\\0&\phi_y&\delta_y\\0&0&1\end{bmatrix}\begin{bmatrix}\omega_{11}&\omega_{12}&\tau_x\\\omega_{21}&\omega_{22}&\tau_y\\0&0&D\end{bmatrix}\begin{bmatrix}u\\v\\1\end{bmatrix} \tag{15-2}$$

其中 3D 旋转矩阵 $\boldsymbol{\Omega}$ 采用了一种仅有 4 个未知量的特殊形式，反映了一个事实：该平面是平行平面。

我们可以在不改变上述 3 个方程的前提下将距离参数 $D$ 引入内在矩阵中，等价为：

$$\lambda\begin{bmatrix}x\\y\\1\end{bmatrix}=\begin{bmatrix}\phi_x&\gamma&\delta_x\\0&\phi_y&\delta_y\\0&0&D\end{bmatrix}\begin{bmatrix}\omega_{11}&\omega_{12}&\tau_x\\\omega_{21}&\omega_{22}&\tau_y\\0&0&1\end{bmatrix}\begin{bmatrix}u\\v\\1\end{bmatrix} \tag{15-3}$$

现在，如果我们想要消除改进后内在矩阵的影响，可以在方程左右两边左乘它的逆矩阵，得到：

$$\lambda\begin{bmatrix}x'\\y'\\1\end{bmatrix}=\begin{bmatrix}\omega_{11}&\omega_{12}&\tau_x\\\omega_{21}&\omega_{22}&\tau_y\\0&0&1\end{bmatrix}\begin{bmatrix}u\\v\\1\end{bmatrix} \tag{15-4}$$

其中 $x'$和 $y'$是关于这一改进后内在矩阵的归一化摄像机坐标。

式(15-4)中的映射关系称为**欧氏变换**。它可以用笛卡儿坐标的形式等价地写为：

$$\begin{bmatrix}x'\\y'\end{bmatrix}=\begin{bmatrix}\omega_{11}&\omega_{12}\\\omega_{21}&\omega_{22}\end{bmatrix}\begin{bmatrix}u\\v\end{bmatrix}+\begin{bmatrix}\tau_x\\\tau_y\end{bmatrix} \tag{15-5}$$

或者简写为：

$$\mathbf{x}'=\mathbf{euc}[\mathbf{w},\boldsymbol{\Omega},\boldsymbol{\tau}] \tag{15-6}$$

其中 $\mathbf{x}'=[x',y']^{T}$ 包含了归一化摄像机坐标，且 $\mathbf{w}=[u,v]^{T}$ 为平面上的真实世界位置。

欧氏变换对平面中的刚性旋转和平移进行了描述(如图 15-2 所示)。尽管该变换中出现了 6 个独立参数，但旋转矩阵 $\boldsymbol{\Omega}$ 可以用旋转角度$\theta$ 重新表示为：

$$\begin{bmatrix}\omega_{11}&\omega_{12}\\\omega_{21}&\omega_{22}\end{bmatrix}=\begin{bmatrix}\cos[\theta]&\sin[\theta]\\-\sin[\theta]&\cos[\theta]\end{bmatrix} \tag{15-7}$$

因此，实际的参数数量是 3 个(两个偏移量 $\tau_x$ 和$\tau_y$、旋转角度 $\theta$)。

### 15.1.2 相似变换模型

现在考虑一个在未知距离 $D$ 对一个平行平面进行观测的校准摄像机。式(15-2)再次给出了图像点 $\mathbf{x}=[x,y]^T$ 和平面上的点 $\mathbf{w}=[u,v,0]^T$ 之间的关系。在左右两边左乘内在矩阵的逆矩阵转换为归一化图像坐标：

$$\lambda\begin{pmatrix}x'\\y'\\1\end{pmatrix}=\begin{pmatrix}w_{11}&w_{12}&0&\tau_x\\w_{21}&w_{22}&0&\tau_y\\0&0&1&D\end{pmatrix}\begin{pmatrix}u\\v\\0\\1\end{pmatrix}=\begin{pmatrix}w_{11}&w_{12}&\tau_x\\w_{21}&w_{22}&\tau_y\\0&0&D\end{pmatrix}\begin{pmatrix}u\\v\\1\end{pmatrix}\tag{15-8}$$

现在将 3 个方程均乘以 $\rho=1/D$，得到：

$$\rho\lambda\begin{pmatrix}x'\\y'\\1\end{pmatrix}=\begin{pmatrix}\rho w_{11}&\rho w_{12}&\rho\tau_x\\\rho w_{21}&\rho w_{22}&\rho\tau_y\\0&0&1\end{pmatrix}\begin{pmatrix}u\\v\\1\end{pmatrix}\tag{15-9}$$

这是相似变换的齐次表示。然而，通常在左边将 $\rho$ 并入常数 $\lambda$ 使得 $\lambda\leftarrow\rho\lambda$，同时还在右侧将 $\rho$ 并入平移参数使得 $\tau_x\leftarrow\rho\tau_x$ 以及 $\tau_y\leftarrow\rho\tau_y$，从而生成：

$$\lambda\begin{pmatrix}x'\\y'\\1\end{pmatrix}=\begin{pmatrix}\rho w_{11}&\rho w_{12}&\tau_x\\\rho w_{21}&\rho w_{22}&\tau_y\\0&0&1\end{pmatrix}\begin{pmatrix}u\\v\\1\end{pmatrix}\tag{15-10}$$

转换为笛卡儿坐标，得到：

$$\begin{pmatrix}x'\\y'\end{pmatrix}=\begin{pmatrix}\rho w_{11}&\rho w_{12}\\\rho w_{21}&\rho w_{22}\end{pmatrix}\begin{pmatrix}u\\v\end{pmatrix}+\begin{pmatrix}\tau_x\\\tau_y\end{pmatrix}\tag{15-11}$$

或简写为：

$$\mathbf{x}'=\mathbf{sim}[\mathbf{w},\boldsymbol{\Omega},\boldsymbol{\tau},\rho]\tag{15-12}$$

相似变换是含有比例的欧氏变换(见图 15-3)，且有 4 个参数：旋转、缩放和两个平移。

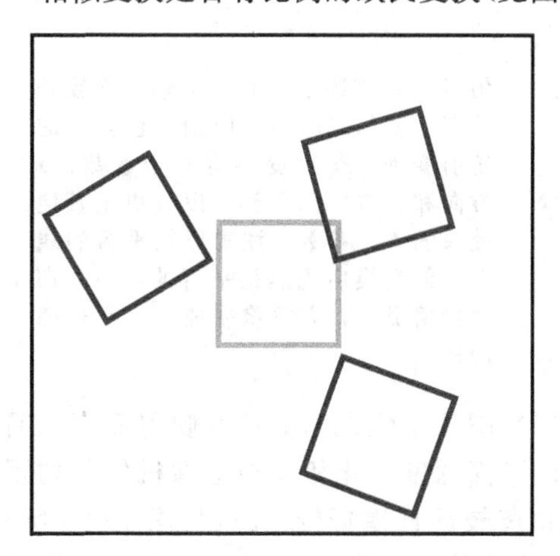

图 15-2 2D 欧氏变换对 2D 刚性旋转和平移进行描述。黑色方框是原始灰色方框的所有欧氏变换。该变换有 3 个参数：旋转角度和 $x$ 方向与 $y$ 方向的平移。当摄像机对一个已知距离的平行平面进行观测时，归一化的摄像机坐标与平面上的 2D 位置之间的关系就是一个欧氏变换

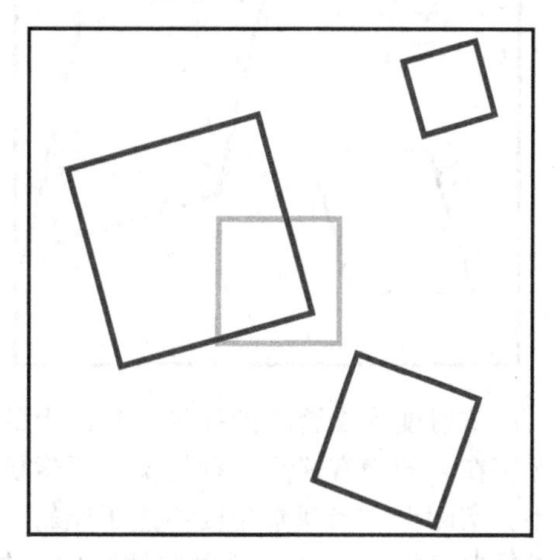

图 15-3 相似变换描述了旋转、平移和各向同性缩放。黑色四边形是原始灰色方框的相似变换。该变换有 4 个参数：旋转角、缩放，以及 $x$ 方向和 $y$ 方向的平移。当摄像机对一个未知距离的平行平面进行观测时，归一化的摄像机坐标与平面上位置之间的关系是一种相似

### 15.1.3 仿射变换模型

我们通过考虑一个观察平行平面的摄像机对前面的各种变换进行研究。最终，我们希望对图像点和通用位置平面上的点间的关系进行描述。作为一个中间步骤，让我们对式(15-4)～式(15-10)中的变换加以推广，得到：

$$\lambda\begin{bmatrix}x'\\y'\\1\end{bmatrix}=\begin{bmatrix}\phi_{11}&\phi_{12}&\tau_x\\\phi_{21}&\phi_{22}&\tau_y\\0&0&1\end{bmatrix}\begin{bmatrix}u\\v\\1\end{bmatrix}\tag{15-13}$$

其中未对 $\phi_{11}$、$\phi_{12}$、$\phi_{21}$ 和 $\phi_{22}$ 进行限制，可以数任意取值。这称为*仿射变换*。采用笛卡儿坐标加以表示，我们有：

$$\begin{bmatrix}x'\\y'\end{bmatrix}=\begin{bmatrix}\phi_{11}&\phi_{12}\\\phi_{21}&\phi_{22}\end{bmatrix}\begin{bmatrix}u\\v\end{bmatrix}+\begin{bmatrix}\tau_x\\\tau_y\end{bmatrix}\tag{15-14}$$

或者可以简写为：

$$\mathbf{x}'=\mathbf{aff}[\boldsymbol{w},\boldsymbol{\Phi},\boldsymbol{\tau}]\tag{15-15}$$

注意摄像机校准矩阵 $\boldsymbol{\Lambda}$ 也有仿射变换形式(即，在最下方一行有两个 0 的 3×3 矩阵)。两个仿射变换的乘积可以得到第三个仿射变换，因此如果式(15-15)为真，那么平面上的点与原始(未归一化处理的)像素位置之间也有一个仿射变换。

仿射变换包含欧氏变换和相似变换，还包含*剪切*变换(如图 15-4 所示)。然而，这并不常见并且一个显著限制在于平行线总是与其他平行线相映射。它有 6 个未知参数，每一个均可任何取值。

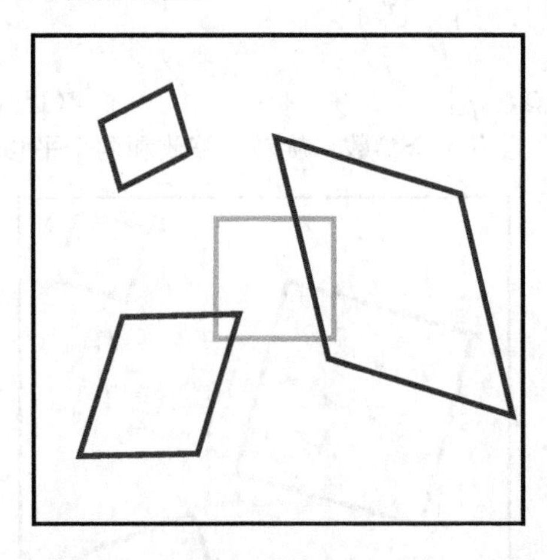

图 15-4 仿射变换描述了旋转、平移、缩放和剪切。黑色四边形是原始灰色方框的仿射变换。仿射变换有 6 个参数：$x$ 方向和 $y$ 方向的平移，以及决定其他效果的 4 个参数。注意原来平行的线在仿射变换后仍然是平行的，因此在每种情况下，方框将变成一个平行四边形

就仿射变换是否真的提供了平面上的点与它们在图像中位置间的良好映射而言，问题仍然存在。的确有这么一种情况：摄像机观察到的平面深度变化相比与摄像机的平均距离较小。实际上，当观察角度不过于倾斜、摄像机距离较远且视野较小时(如图 15-5a 所示)这种情况会发生。在更通用的情况中，仿射变换并不是一种好的近似。一个简单的反例是，图像中平行的铁轨越来越远时，它们看起来会出现交点。仿射变换不能对这种情况进行描述，因为它只能将对象中的平行线与图像中的平行线进行映射。

### 15.1.4 投影变换模型

最后，我们对针孔摄像机从一个任意角度观察平面时真实发生的情况进行研究。平面

上的一个点 $\boldsymbol{w}=[u,v,0]^{\mathrm{T}}$ 与投影点位置 $\boldsymbol{x}=[x,y]^{\mathrm{T}}$ 间的关系为：

$$
\lambda\begin{pmatrix}x\\y\\1\end{pmatrix}=\begin{pmatrix}\phi_x & \gamma & \delta_x\\0 & \phi_y & \delta_y\\0 & 0 & 1\end{pmatrix}\begin{pmatrix}\omega_{11} & \omega_{12} & \omega_{13} & \tau_x\\\omega_{21} & \omega_{22} & \omega_{23} & \tau_y\\\omega_{31} & \omega_{32} & \omega_{33} & \tau_z\end{pmatrix}\begin{pmatrix}u\\v\\0\\1\end{pmatrix}
$$

$$
=\begin{pmatrix}\phi_x & \gamma & \delta_x\\0 & \phi_y & \delta_y\\0 & 0 & 1\end{pmatrix}\begin{pmatrix}\omega_{11} & \omega_{12} & \tau_x\\\omega_{21} & \omega_{22} & \tau_y\\\omega_{31} & \omega_{32} & \tau_z\end{pmatrix}\begin{pmatrix}u\\v\\1\end{pmatrix} \tag{15-16}
$$

将两个 3×3 矩阵相乘加以合并，结果得出一种通用形式的变换：

$$
\lambda\begin{pmatrix}x\\y\\1\end{pmatrix}=\begin{pmatrix}\phi_{11} & \phi_{12} & \phi_{13}\\\phi_{21} & \phi_{22} & \phi_{23}\\\phi_{31} & \phi_{32} & \phi_{33}\end{pmatrix}\begin{pmatrix}u\\v\\1\end{pmatrix} \tag{15-17}
$$

它被称为投影变换、共线性或者单应性。

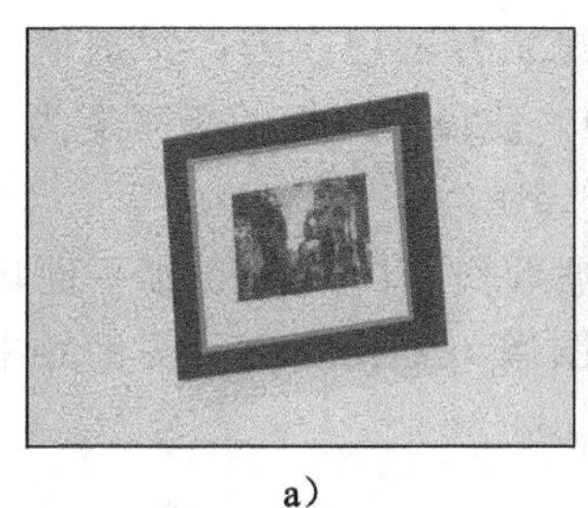
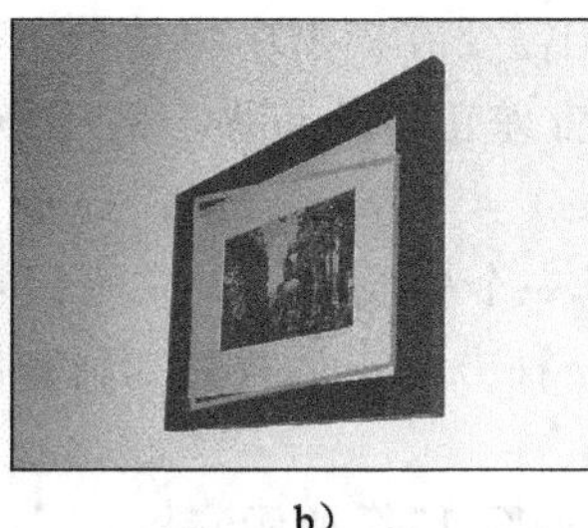

a)　b)　c)

图 15-5　平面的逼近投影。a）从较远距离使用窄视野（长焦距）摄像机对一个平面物体进行观测。与摄像机与该平面之间的距离相比，物体内部的深度变化较小。这里，透视畸变较小，图像内的点与平面上的点之间的关系使用仿射变换可以进行很好的逼近。b）从较近距离使用宽视野（短焦距）摄像机对同一个平面物体进行观测。物体内部的深度变化相当于从摄像机到该平面的平均距离。仿射变换不能很好地描述这种情况。c）然而，投影变换（单应性）可以捕获平面上的点与图像上的点之间的关系

用笛卡儿坐标表示，单应性可以写为：

$$
x=\frac{\phi_{11}u+\phi_{12}v+\phi_{13}}{\phi_{31}u+\phi_{32}v+\phi_{33}}
$$

$$
y=\frac{\phi_{21}u+\phi_{22}v+\phi_{23}}{\phi_{31}u+\phi_{32}v+\phi_{33}} \tag{15-18}
$$

或简写为：

$$
\boldsymbol{x}=\mathbf{hom}[\boldsymbol{w},\boldsymbol{\Phi}] \tag{15-19}
$$

单应性可以将平面中的任意 4 个点映射为另外 4 个点（如图 15-6 所示）。它是齐次坐标中的线性变换（式(15-17)），但在笛卡儿坐标中是非线性的（式(15-18)）。它包括欧氏变换、相似变换以及作为特殊情况的仿射变换。它对真实世界中平面上点的 2D 坐标与该平面图像中它们的位置间的映射进行精确描述（如图 15-5c 所示）。

尽管矩阵 $\boldsymbol{\Phi}$ 中有 9 项，但单应性仅包含 8 个自由度。对缩放而言该项是多余的。容易发现所有 9 个值的常量缩放均生成同一变换，因为比例因子消除了式(15-18)中的分子和分母。单应性特征在 15.5.1 节将作进一步讨论。

图 15-6　投影变换(也称为共线性或单应性)能够将平面中的任意 4 个点映射为另外 4 个点。旋转、平移、缩放、剪切均为特殊情形。深灰色四边形是原始浅灰色方框的投影变换。投影变换有 8 个参数。原来平行的线在投影变换后并不要求仍然保持平行

### 15.1.5　增加不确定性

在前几节中提出的 4 种几何模型都是确定性的。然而，在现实系统中，图像中特征的测量位置会受到噪声的影响，我们需要在模型中将这种不确定性考虑在内。特别地，我们假定图像中的位置 $\mathbf{x}_i$ 受到球形协方差正态分布噪声的污染，使得单应性的概率变为：

$$Pr(\mathbf{x}|\mathbf{w}) = \text{Norm}_{\mathbf{x}}[\mathbf{hom}[\mathbf{w},\boldsymbol{\Phi}],\sigma^2\mathbf{I}] \tag{15-20}$$

对 2D 图像数据 $\mathbf{x}$ 而言，这是一个生成模型。它可以被看作专门用于观察平面场景的针孔摄像机模型的简化版本，有一种方法告诉我们如何在图像 $\mathbf{x}$ 中找到与现实世界中的平面物体平面上点 $\mathbf{w}$ 的对应位置。

该模型中的学习和推理问题(如图 15-7 所示)是：

- 学习：给定点对 $\{\mathbf{x}_i,\mathbf{w}_i\}_{i=1}^I$，其中 $\mathbf{x}_i$ 是图像中的一个位置，$\mathbf{w}_i$ 是其在现实世界中平面上的对应位置。我们的目标是要使用这些创建变换参数 $\boldsymbol{\theta}$。例如，在单应性情况下，参数 $\boldsymbol{\theta}$ 包括矩阵 $\boldsymbol{\Phi}$ 中的 9 项。
- 推理：给定图像中的一个新点 $\mathbf{x}^*$，我们的目标是寻找投影到平面点 $\mathbf{w}^*$ 上的位置。

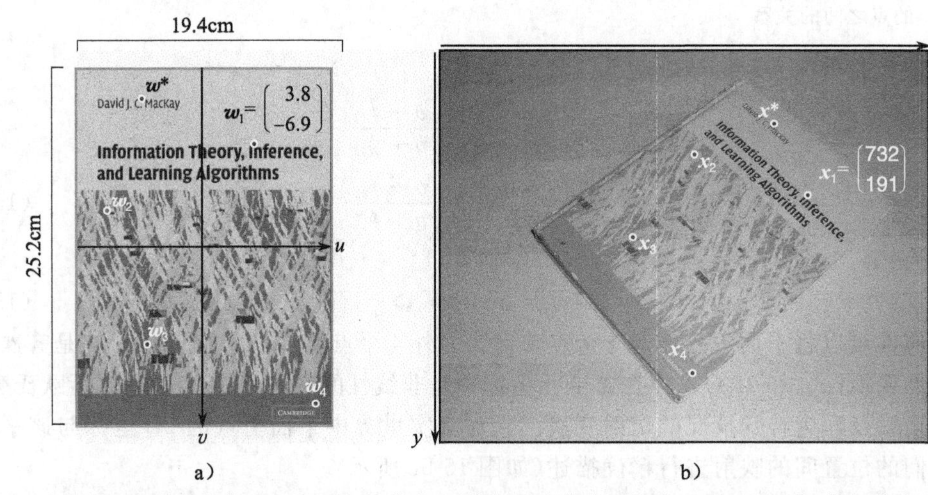


图 15-7　变换模型的学习与推理。a) 平面物体表面(使用厘米作为测量位置)。b) 图像(使用像素作为测量位置)。在学习中，我们基于已知对应对 $\{\mathbf{x}_i,\mathbf{w}_i\}_{i=1}^I$ 对物体表面的点 $\mathbf{w}$ 到图像位置 $\mathbf{x}_i$ 的映射进行估计。我们能够使用这个映射找到物体表面的点 $\mathbf{w}^*$ 在图像中的投影位置 $\mathbf{x}^*$。在推理过程中，我们采用该过程的逆过程：给定图像中的位置 $\mathbf{x}^*$，我们的目标是在物体表面创建对应的位置 $\mathbf{w}^*$

下面各节将对这两个问题进行讨论。

## 15.2 变换模型中的学习

给定平面表面上的一个 $I$ 个 2D 位置集合 $\mathbf{w}_i=[u_i, v_i]^T$ 和图像中对应的 $I$ 个 2D 图像位置 $\mathbf{x}_i=[x_i, y_i]^T$。我们选择一种变换形式 $\mathbf{trans}[\mathbf{w}_i, \theta]$。然后学习算法的目标是对参数 $\boldsymbol{\theta}$ 进行估计，使该参数可以实现点 $\mathbf{w}_i$ 到图像位置 $\mathbf{x}_i$ 的最佳映射。

采用最大概率方法，我们有：

$$\begin{aligned}\hat{\boldsymbol{\theta}} &= \underset{\boldsymbol{\theta}}{\operatorname{argmax}}\left[\prod_{i=1}^{I}\operatorname{Norm}_{\mathbf{x}_i}[\mathbf{trans}[\mathbf{w}_i, \boldsymbol{\theta}], \sigma^2\mathbf{I}]\right] \\ &= \underset{\boldsymbol{\theta}}{\operatorname{argmax}}\left[\sum_{i=1}^{I}\log[\operatorname{Norm}_{\mathbf{x}_i}[\mathbf{trans}[\mathbf{w}_i, \boldsymbol{\theta}], \sigma^2\mathbf{I}]]\right]\end{aligned} \tag{15-21}$$

其中，通常情况下，我们采用单调变换的对数方式，因此不会对最大值位置造成影响。在表达式中替换掉正态分布并简化，得到最小二乘问题：

$$\hat{\boldsymbol{\theta}} = \underset{\boldsymbol{\theta}}{\operatorname{argmin}}\left[\sum_{i=1}^{I}(\mathbf{x}_i-\mathbf{trans}[\mathbf{w}_i, \boldsymbol{\theta}])^T(\mathbf{x}_i-\mathbf{trans}[\mathbf{w}_i, \boldsymbol{\theta})])\right] \tag{15-22}$$

15.2.1 节～15.2.4 节给出了 4 种变换最小二乘问题的解。每种变换的细节均有区别，但它们都有通用的方法将问题化简为一种已知解的标准形式。涉及一些算法，这些内容在首次阅读时可以跳过。

### 15.2.1 学习欧氏参数

欧氏变换是由一个 2×2 旋转矩阵 $\boldsymbol{\Omega}$ 和一个 2×1 平移向量 $\boldsymbol{\tau}=[\tau_x, \tau_y]^T$ (式(15-4)和式(15-5))所确定。每一对匹配点 $\{\mathbf{x}_i, \mathbf{w}_i\}$ 都为解设置了两个限制条件(分别来自于 $x$ 和 $y$ 坐标)。由于有 3 个潜在的自由度，所以我们至少需要 $I=2$ 对点来得到一个唯一估计。 15.1

我们的目标是用 $\boldsymbol{\Omega}$ 是旋转矩阵使得 $\boldsymbol{\Omega}\boldsymbol{\Omega}^T=\mathbf{I}$ 且 $|\boldsymbol{\Omega}|=1$ 的限制条件来解决问题：

$$\begin{aligned}\hat{\boldsymbol{\Omega}}, \hat{\boldsymbol{\tau}} &= \underset{\boldsymbol{\Omega}, \boldsymbol{\tau}}{\operatorname{argmin}}\left[\sum_{i=1}^{I}(\mathbf{x}_i-\mathbf{euc}[\mathbf{w}_i, \boldsymbol{\Omega}, \boldsymbol{\tau}])^T(\mathbf{x}_i-\mathbf{euc}[\mathbf{w}_i, \boldsymbol{\Omega}, \boldsymbol{\tau}])\right] \\ &= \underset{\boldsymbol{\Omega}, \boldsymbol{\tau}}{\operatorname{argmin}}\left[\sum_{i=1}^{I}(\mathbf{x}_i-\boldsymbol{\Omega}\mathbf{w}_i-\boldsymbol{\tau})^T(\mathbf{x}_i-\boldsymbol{\Omega}\mathbf{w}_i-\boldsymbol{\tau})\right]\end{aligned} \tag{15-23}$$

平移向量的表达式可以通过目标函数对 $\boldsymbol{\tau}$ 的导数、将结果设置为 0 并加以简化的方式来获得。结果是应用了旋转后的两个点集之间的平均差向量。

$$\hat{\boldsymbol{\tau}} = \frac{\sum_{i=1}^{I}\mathbf{x}_i-\boldsymbol{\Omega}\mathbf{w}_i}{\mathbf{I}} = \boldsymbol{\mu}_x-\boldsymbol{\Omega}\boldsymbol{\mu}_w \tag{15-24}$$

其中 $\boldsymbol{\mu}_x$ 是点$\{\mathbf{x}_i\}$的平均值，$\boldsymbol{\mu}_w$ 是点$\{\mathbf{w}_i\}$的平均值。将该结果代入原始准则，得到：

$$\hat{\boldsymbol{\Omega}} = \underset{\boldsymbol{\Omega}}{\operatorname{argmin}}\left[\sum_{i=1}^{I}((\mathbf{x}_i-\boldsymbol{\mu}_x)-\boldsymbol{\Omega}(\mathbf{w}_i-\boldsymbol{\mu}_w))^T((\mathbf{x}_i-\boldsymbol{\mu}_x)-\boldsymbol{\Omega}(\mathbf{x}_i-\boldsymbol{\mu}_w))\right] \tag{15-25}$$

定义矩阵 $\mathbf{B}=[\mathbf{x}_1-\boldsymbol{\mu}_x, \mathbf{x}_2-\boldsymbol{\mu}_x, \cdots, \mathbf{x}_I-\boldsymbol{\mu}_x]$ 和 $\mathbf{A}=[\mathbf{w}_1-\boldsymbol{\mu}_w, \mathbf{w}_2-\boldsymbol{\mu}_w, \cdots, \mathbf{w}_I-\boldsymbol{\mu}_w]$，我们可以针对最佳旋转 $\boldsymbol{\Omega}$ 重写目标函数：

$$\hat{\boldsymbol{\Omega}} = \underset{\boldsymbol{\Omega}}{\operatorname{argmin}}[|\mathbf{B}-\boldsymbol{\Omega}\mathbf{A}|_F] \quad \text{满足 } \boldsymbol{\Omega}\boldsymbol{\Omega}^T=\mathbf{I}, |\boldsymbol{\Omega}|=1 \tag{15-26}$$

其中$|\bullet|_F$ 表示弗罗贝尼乌斯范数。这是正交 Procrustes 问题的一个例子。可以通过计算奇异值分解 $\mathbf{ULV}^T=\mathbf{BA}^T$ 并选择$\hat{\boldsymbol{\Omega}}=\mathbf{VU}^T$ 找到闭型解(请参见附录 C.7.3 节)。

### 15.2.2　学习相似参数

相似变换是由一个 2×2 旋转矩阵 $\boldsymbol{\Omega}$ 和一个 2×1 的平移向量 $\boldsymbol{\tau}$，以及一个比例因子 $\rho$ 所确定(式(15-10)和式(15-11))。由于有 4 个潜在自由度，所以至少需要 $I=2$ 对匹配点 $\{\boldsymbol{x}_i, \boldsymbol{w}_i\}$ 来保证获取唯一解。

15.2

拟合参数的最大概率目标函数是

$$\begin{aligned}\hat{\boldsymbol{\Omega}},\hat{\boldsymbol{\tau}},\hat{\rho} &= \underset{\boldsymbol{\Omega},\boldsymbol{\tau},\rho}{\operatorname{argmin}}\left[\sum_{i=1}^{I}(\boldsymbol{x}_i-\textbf{sim}[\boldsymbol{w}_i,\boldsymbol{\Omega},\boldsymbol{\tau},\rho])^{\mathrm{T}}(\boldsymbol{x}_i-\textbf{sim}[\boldsymbol{w}_i,\boldsymbol{\Omega},\boldsymbol{\tau},\rho])\right]\\ &= \underset{\boldsymbol{\Omega},\boldsymbol{\tau},\rho}{\operatorname{argmin}}\left[\sum_{i=1}^{I}(\boldsymbol{x}_i-\rho\boldsymbol{\Omega}\boldsymbol{w}_i-\boldsymbol{\tau})^{\mathrm{T}}(\boldsymbol{x}_i-\rho\boldsymbol{\Omega}\boldsymbol{w}_i-\boldsymbol{\tau})\right]\end{aligned} \tag{15-27}$$

其约束条件为 $\boldsymbol{\Omega}$ 是一个旋转矩阵，使得 $\boldsymbol{\Omega}\boldsymbol{\Omega}^{\mathrm{T}}=\boldsymbol{I}$ 且 $|\boldsymbol{\Omega}|=1$。

为了对该准则进行优化，我们就欧氏变换准确计算 Ω。比例因子的最大概率解由下式给出：

$$\hat{\rho}=\frac{\sum_{i=1}^{I}(\boldsymbol{x}_i-\boldsymbol{\mu}_x)^{\mathrm{T}}\,\hat{\boldsymbol{\Omega}}(\boldsymbol{w}_i-\boldsymbol{\mu}_w)}{\sum_{i=1}^{I}(\boldsymbol{w}_i-\boldsymbol{\mu}_w)^{\mathrm{T}}(\boldsymbol{w}_i-\boldsymbol{\mu}_w)} \tag{15-28}$$

同时可以使用下式得出平移矩阵：

$$\hat{\boldsymbol{\tau}}=\frac{\sum_{i=1}^{I}(\boldsymbol{x}_i-\hat{\rho}\hat{\boldsymbol{\Omega}}\boldsymbol{w}_i)}{\boldsymbol{I}} \tag{15-29}$$

### 15.2.3　学习仿射参数

仿射变换通过一个无约束 2×2 矩阵 $\boldsymbol{\Phi}$ 和一个 2×1 平移向量 $\boldsymbol{\tau}$ 进行参数化处理(式(15-13)和式(15-14))。由于有 6 个未知量，因此我们至少需要 $I=3$ 对匹配点 $\{\boldsymbol{x}_i, \boldsymbol{w}_i\}$ 的来确保获得唯一解。学习算法可以描述为：

15.3

$$\begin{aligned}\hat{\boldsymbol{\Phi}},\hat{\boldsymbol{\tau}} &= \underset{\boldsymbol{\Phi},\boldsymbol{\tau}}{\operatorname{argmin}}\left[\sum_{i=1}^{I}(\boldsymbol{x}_i-\textbf{aff}[\boldsymbol{w}_i,\boldsymbol{\Phi},\boldsymbol{\tau}])^{\mathrm{T}}(\boldsymbol{x}_i-\textbf{aff}[\boldsymbol{w}_i,\boldsymbol{\Phi},\boldsymbol{\tau}])\right]\\ &= \underset{\boldsymbol{\Phi},\boldsymbol{\tau}}{\operatorname{argmin}}\left[\sum_{i=1}^{I}(\boldsymbol{x}_i-\boldsymbol{\Phi}\boldsymbol{w}_i-\boldsymbol{\tau})^{\mathrm{T}}(\boldsymbol{x}_i-\boldsymbol{\Phi}\boldsymbol{w}_i-\boldsymbol{\tau})\right]\end{aligned} \tag{15-30}$$

为了求解该问题，我们发现能够将 $\boldsymbol{\Phi}\boldsymbol{w}_i+\boldsymbol{\tau}$ 表示为一个关于 $\boldsymbol{\Phi}$ 和 $\boldsymbol{\tau}$ 未知元素的线性函数：

$$\boldsymbol{\Phi}\boldsymbol{w}_i+\boldsymbol{\tau}=\begin{pmatrix}u_i & v_i & 1 & 0 & 0 & 0\\ 0 & 0 & 0 & u_i & v_i & 1\end{pmatrix}\begin{pmatrix}\phi_{11}\\ \phi_{12}\\ \tau_x\\ \phi_{21}\\ \phi_{22}\\ \tau_y\end{pmatrix}=\boldsymbol{A}_i\boldsymbol{b} \tag{15-31}$$

其中 $\boldsymbol{A}_i$ 是一个基于点 $\boldsymbol{w}_i$ 的 2×6 矩阵，且 $\boldsymbol{b}$ 包含未知参数。现在问题可以写为：

$$\hat{\boldsymbol{b}}=\underset{\boldsymbol{b}}{\operatorname{argmin}}\left[\sum_{i=1}^{I}(\boldsymbol{x}_i-\boldsymbol{A}_i\boldsymbol{b})^{\mathrm{T}}(\boldsymbol{x}_i-\boldsymbol{A}_i\boldsymbol{b})\right] \tag{15-32}$$

这是一个很容易求解的线性最小二乘问题，(请参见附录 C.7.1 节)。

### 15.2.4　学习投影参数

投影变换或单应性可以通过一个 3×3 矩阵 $\boldsymbol{\Phi}$ 进行参数化处理(式(15-17)和式(15-18))，该矩阵对缩放不敏感，共产生 8 个自由度。因此，至少需要 $I=4$ 对对应点以获取唯一解。这恰好符合我们的预期：单应性可以将平面中任意 4 个点映射为其他 4 个点，因此至少需要 4 对点来加以确定是合理的。

15.4

学习问题可以写为：

$$\begin{aligned}\hat{\boldsymbol{\Phi}} &= \underset{\boldsymbol{\Phi}}{\operatorname{argmin}}\left[\sum_{i=1}^{I}(\boldsymbol{x}_i - \textbf{hom}[\boldsymbol{w}_i,\boldsymbol{\Phi}])^{\mathrm{T}}(\boldsymbol{x}_i - \textbf{hom}[\boldsymbol{w}_i,\boldsymbol{\Phi}])\right] \\ &= \underset{\boldsymbol{\Phi}}{\operatorname{argmin}}\left[\sum_{i=1}^{I}\left(x_i - \frac{\phi_{11}u_i+\phi_{12}v_i+\phi_{13}}{\phi_{31}u_i+\phi_{32}v_i+\phi_{33}}\right)^2 + \left(y_i - \frac{\phi_{21}u_i+\phi_{22}v_i+\phi_{23}}{\phi_{31}u_i+\phi_{32}v_i+\phi_{33}}\right)^2\right]\end{aligned} \tag{15-33}$$

不幸的是，该非线性问题没有闭型解，为了找到答案，我们必须依靠基于梯度的优化方法。由于缩放尺度不明确，所以这种优化只有在 $\boldsymbol{\Phi}$ 中所有的元素平方和为 1 时才能进行。

一个成功的优化过程取决于一个好的初始点，因此我们使用直接线性变换(Direct Linear Transformation，DLT)算法。DLT 算法使用齐次坐标，其中单应性是线性转换，并针对代数误差找到一个闭型解。这与真实目标函数(式(15-33))优化不完全一样，但却提供了一个与真实答案非常接近的结果，该结束可用于真实准则非线性优化的初始点。在齐次坐标中，我们有：

$$\lambda\begin{pmatrix}x_i\\y_i\\1\end{pmatrix} = \begin{pmatrix}\phi_{11} & \phi_{12} & \phi_{13}\\ \phi_{21} & \phi_{22} & \phi_{23}\\ \phi_{31} & \phi_{32} & \phi_{33}\end{pmatrix}\begin{pmatrix}u_i\\v_i\\1\end{pmatrix} \tag{15-34}$$

每个齐次坐标可以看作 3D 空间中的一个方向(如图 14-11 所示)。因此，该方程规定左边的 $\tilde{\boldsymbol{x}}_i$ 与右边的 $\boldsymbol{\Phi}\tilde{\boldsymbol{w}}_i$ 表示空间中的相同方向。如果是这种情况，它们的矢量积必须为 0，使得：

$$\tilde{\boldsymbol{x}} \times \boldsymbol{\Phi}\tilde{\boldsymbol{w}} = \mathbf{0} \tag{15-35}$$

将该限制条件完全写出，获得以下关系：

$$\begin{bmatrix} y(\phi_{31}u+\phi_{32}v+\phi_{33}) - (\phi_{21}u+\phi_{22}v+\phi_{23}) \\ (\phi_{11}u+\phi_{12}v+\phi_{13}) - x(\phi_{31}u+\phi_{32}v+\phi_{33}) \\ x(\phi_{21}u+\phi_{22}v+\phi_{23}) - y(\phi_{11}u+\phi_{12}v+\phi_{13}) \end{bmatrix} = \mathbf{0} \tag{15-36}$$

这为 $\boldsymbol{\Phi}$ 中的元素提供了 3 个线性约束条件。然而，3 个方程中只有两个是独立的，所以将第三个方程舍弃。现在我们从 $I$ 对点 $\{\boldsymbol{x}_i,\boldsymbol{w}_i\}$ 的每一个点中提取前两个约束条件来构成方程组：

$$\begin{pmatrix} 0 & 0 & 0 & -u_1 & -v_1 & -1 & y_1u_1 & y_1v_1 & y_1 \\ u_1 & v_1 & 1 & 0 & 0 & 0 & -x_1u_1 & -x_1v_1 & -x_1 \\ 0 & 0 & 0 & -u_2 & -v_2 & -1 & y_2u_2 & y_2v_2 & y_2 \\ u_2 & v_2 & 1 & 0 & 0 & 0 & -x_2u_2 & -x_2v_2 & -x_2 \\ \vdots & \vdots & \vdots & \vdots & \vdots & \vdots & \vdots & \vdots & \vdots \\ 0 & 0 & 0 & -u_I & -v_I & -1 & y_Iu_I & y_Iv_I & y_I \\ u_I & v_I & 1 & 0 & 0 & 0 & -x_Iu_I & -x_Iv_I & -x_I \end{pmatrix}\begin{pmatrix}\phi_{11}\\ \phi_{12}\\ \phi_{13}\\ \phi_{21}\\ \phi_{22}\\ \phi_{23}\\ \phi_{31}\\ \phi_{32}\\ \phi_{33}\end{pmatrix} = \mathbf{0} \tag{15-37}$$

这些方程组满足 $\boldsymbol{A\phi}=\mathbf{0}$。

我们在最小二乘层面上使用约束条件 $\boldsymbol{\phi}^T\boldsymbol{\phi}=1$ 来求解方程组以防止无效解 $\boldsymbol{\phi}=0$ 的产生。这是一个标准问题(请参见附录 C.7.2)。为了找到解，计算奇异值分解 $\mathbf{A}=\mathbf{ULV}^T$ 并选择 $\boldsymbol{\phi}$ 作为矩阵 $\mathbf{V}$ 的最后一列。这将重组成一个 3×3 的矩阵 $\boldsymbol{\Phi}$，并被用于真实准则非线性优化的起始点(式(15-33))。

## 15.3　变换模型中的推理

我们已经介绍了 4 种变换(欧氏、相似、仿射、投影)，它们将真实世界平面上的位置 $\mathbf{w}$ 与图像中的投影位置 $\mathbf{x}$ 相关联，并讨论了如何进行参数的学习。在每种情况下，变换都采用了生成模型 $Pr(\mathbf{x}|\mathbf{w})$ 的形式。本节中，我们考虑如何从图像位置 $\mathbf{x}$ 推断出现实世界位置 $\mathbf{w}$。

15.5

简单起见，我们将使用一种最大概率方法求解该问题。对通用变换 $\mathbf{trans}[\mathbf{w}_i,\boldsymbol{\theta}]$，我们寻找：

$$\begin{aligned}\tilde{\mathbf{w}} &= \underset{\mathbf{w}}{\operatorname{argmax}}[\log[\text{Norm}_{\mathbf{x}}[\mathbf{trans}[\mathbf{w},\boldsymbol{\theta}],\sigma^2\mathbf{I}]]] \\ &= \underset{\mathbf{w}}{\operatorname{argmin}}[(\mathbf{x}-\mathbf{trans}[\mathbf{w},\boldsymbol{\theta}])^T(\mathbf{x}-\mathbf{trans}[\mathbf{w},\boldsymbol{\theta}])]\end{aligned} \tag{15-38}$$

显然，当图像点与预期图像点完全一致时可以得到该式，使得：

$$\mathbf{x} = \mathbf{trans}[\mathbf{w},\boldsymbol{\theta}] \tag{15-39}$$

我们能够找到以齐次坐标形成表示的满足上式的表达式 $\mathbf{w}=[u,v]^T$，4 种变换的每一种均可写成以下形式：

$$\lambda\begin{bmatrix}x\\y\\1\end{bmatrix}=\begin{bmatrix}\phi_{11}&\phi_{12}&\phi_{13}\\\phi_{21}&\phi_{22}&\phi_{23}\\\phi_{31}&\phi_{32}&\phi_{33}\end{bmatrix}\begin{bmatrix}u\\v\\1\end{bmatrix} \tag{15-40}$$

其中准确的表达式由式(15-4)、式(15-10)、式(15-13)和式(15-17)给出。

为了找到位置 $\mathbf{w}=[u,v]^T$，我们简单地左乘变换矩阵的逆矩阵，生成：

$$\lambda'\begin{bmatrix}u\\v\\1\end{bmatrix}=\begin{bmatrix}\phi_{11}&\phi_{12}&\phi_{13}\\\phi_{21}&\phi_{22}&\phi_{23}\\\phi_{31}&\phi_{32}&\phi_{33}\end{bmatrix}^{-1}\begin{bmatrix}x\\y\\1\end{bmatrix} \tag{15-41}$$

然后将其变换回笛卡儿坐标以复原 $u$ 和 $v$。

## 15.4　平面的三个几何问题

我们已经介绍了将平面中 2D 坐标映射为图像中 2D 坐标的变换模型，其中最通用的是单应性。现在，我们将该模型与全针孔摄像机相关联，并针对平面场景中的特殊情形对第 14 章中的 3 个几何问题进行回顾。我们将说明如何：

- 学习外在参数(计算平面与摄像机之间的几何关系)。
- 学习内在参数(从一个平面开始校准)。
- 在给定图像位置的前提下，推断出与摄像机有关的平面上点的 3D 坐标。

这 3 个问题分别在图 15-8、图 15-9 和图 15-11 中进行说明。

### 15.4.1　问题 1：学习外在参数

给定平面上 $I$ 个使得 $w_i=0$ 的 3D 点 $\{\mathbf{w}_i\}_{i=1}^I$ 及其在图像中的对应投影 $\{\mathbf{x}_i\}_{i=1}^I$ 和已知的内在矩阵 $\boldsymbol{\Lambda}$，对外在参数进行估计：

15.6

$$\hat{\boldsymbol{\Omega}},\hat{\boldsymbol{\tau}} = \underset{\boldsymbol{\Omega},\boldsymbol{\tau}}{\operatorname{argmax}}\left[\sum_{i=1}^{I}\log\left[Pr(\boldsymbol{x}_i|\boldsymbol{w}_i,\boldsymbol{\Lambda},\boldsymbol{\Omega},\boldsymbol{\tau})\right]\right]$$
$$= \underset{\boldsymbol{\Omega},\boldsymbol{\tau}}{\operatorname{argmax}}\left[\sum_{i=1}^{I}\log\left[\operatorname{Norm}_{\boldsymbol{x}_i}\left[\textbf{pinhole}[\boldsymbol{w}_i,\boldsymbol{\Lambda},\boldsymbol{\Omega},\boldsymbol{\tau}],\sigma^2\boldsymbol{I}\right]\right]\right] \tag{15-42}$$

其中 $\boldsymbol{\Omega}$ 是一个 3×3 旋转矩阵，$\boldsymbol{\tau}$ 是一个 3×1 的平移向量(如图 15-8 所示)。外在参数将平面上的点 $\boldsymbol{w}=[u,v,0]$ 转换为摄像机中的坐标系。不幸的是，该问题在闭型中仍然无解，需要进行非线性优化。通常，使用基于齐次坐标的闭型代数解对参数进行很好的初始估计是有可能的。

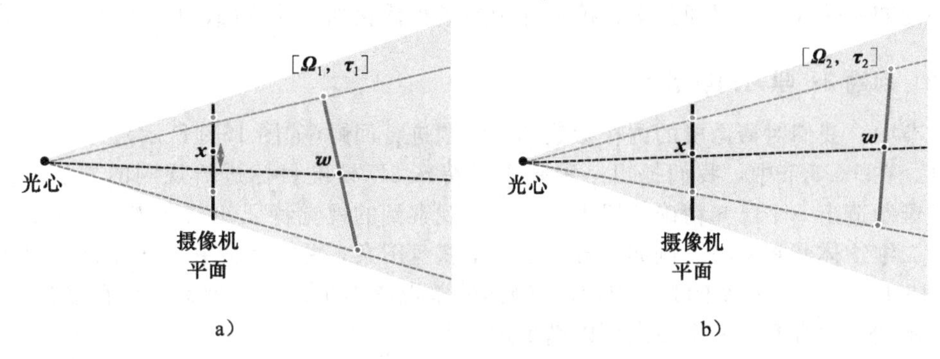


图 15-8　问题 1——学习外在参数。给定一个平面上的点$\{\boldsymbol{w}_i\}_{i=1}^{I}$及其在图像中的位置$\{\boldsymbol{x}\}_{i=1}^{I}$以及内在参数 $\boldsymbol{\Lambda}$，寻找与摄像机和平面有关的旋转矩阵 $\boldsymbol{\Omega}$ 和平移矢量 $\boldsymbol{\tau}$。a) 如果旋转矩阵和平移矢量均不正确，那么模型预测的图像点(光线与图像平面的交点)与观测点 $\boldsymbol{x}$ 不能很好地吻合。b) 如果旋转矩阵和平移矢量正确，二者可以很好地吻合且概率 $Pr(\boldsymbol{x}_i|\boldsymbol{w},\boldsymbol{\Lambda},\boldsymbol{\Omega},\boldsymbol{\tau})$ 将很高

由式(15-16)，平面上的齐次点与其在图像中的投影之间存在关系：

$$\lambda\begin{pmatrix}x\\y\\1\end{pmatrix} = \lambda'\begin{pmatrix}\phi_x & \gamma & \delta_x\\0 & \phi_y & \delta_y\\0 & 0 & D\end{pmatrix}\begin{pmatrix}\omega_{11} & \omega_{12} & \tau_x\\\omega_{21} & \omega_{22} & \tau_y\\\omega_{31} & \omega_{32} & \tau_z\end{pmatrix}\begin{pmatrix}u\\v\\1\end{pmatrix} = \begin{pmatrix}\phi_{11} & \phi_{12} & \phi_{13}\\\phi_{21} & \phi_{22} & \phi_{23}\\\phi_{31} & \phi_{32} & \phi_{33}\end{pmatrix}\begin{pmatrix}u\\v\\1\end{pmatrix} \tag{15-43}$$

我们的方法是：(i) 使用 15.2.4 节中的方法计算平面上的点 $\boldsymbol{w}=[u,v]^{\mathrm{T}}$ 与图像中的点 $\boldsymbol{x}=[x,y]^{\mathrm{T}}$ 之间的单应性矩阵 $\boldsymbol{\Phi}$；(ii) 分解该单应性矩阵复原出旋转矩阵 $\boldsymbol{\Omega}$ 和平移向量 $\boldsymbol{\tau}$。

作为该分解的第一步，我们通过将内在矩阵 $\boldsymbol{\Lambda}$ 的逆矩阵与单应性矩阵相乘来消除内在参数的影响。从而生成一个新的单应性矩阵 $\boldsymbol{\Phi}'=\boldsymbol{\Lambda}^{-1}\boldsymbol{\Phi}$，使得：

$$\begin{pmatrix}\phi'_{11} & \phi'_{12} & \phi'_{13}\\\phi'_{21} & \phi'_{22} & \phi'_{23}\\\phi'_{31} & \phi'_{32} & \phi'_{33}\end{pmatrix} = \lambda'\begin{pmatrix}\omega_{11} & \omega_{12} & \tau_x\\\omega_{21} & \omega_{22} & \tau_y\\\omega_{31} & \omega_{32} & \tau_z\end{pmatrix} \tag{15-44}$$

为了对旋转矩阵 $\boldsymbol{\Omega}$ 的前两列进行估计，我们对 $\boldsymbol{\Phi}'$ 中前两列的奇异值分解进行计算。

$$\begin{pmatrix}\phi'_{11} & \phi'_{12}\\\phi'_{21} & \phi'_{22}\\\phi'_{31} & \phi'_{32}\end{pmatrix} = \boldsymbol{ULV}^{\mathrm{T}} \tag{15-45}$$

然后设定：

$$\begin{pmatrix}\omega_{11} & \omega_{12}\\\omega_{21} & \omega_{22}\\\omega_{31} & \omega_{32}\end{pmatrix} = \boldsymbol{U}\begin{pmatrix}1 & 0\\0 & 1\\0 & 0\end{pmatrix}\boldsymbol{V}^{\mathrm{T}} \tag{15-46}$$

这些运算从最小二乘层面找到与 $\boldsymbol{\Phi}'$ 前两列最接近且有效的旋转矩阵的前两列。这种

方法与正交 Procrustes 问题的解法密切相关(请参见附录 C.7.3 节)。

然后，我们通过求解前两列的叉积来计算旋转矩阵的最后一列$[\omega_{13},\omega_{23},\omega_{33}]^T$。这可以保证向量为单位长度，且与前两列垂直，但符号可能仍是错的。我们对结果旋转矩阵$\boldsymbol{\Omega}$的行列式进行测试，如果结果为$-1$，则将最后一列乘以$-1$。

现在我们通过这 6 个元素之间比例因子的平均值对比例因子$\lambda'$进行估计，

$$\lambda' = \frac{\sum_{m=1}^{3}\sum_{n=1}^{2}\phi'_{mn}/\omega_{mn}}{6} \tag{15-47}$$

这允许我们将平移向量估计为$\boldsymbol{\tau}=[\phi'_{13},\phi'_{23},\phi'_{33}]^T/\lambda'$。该算法可以对外在矩阵$[\boldsymbol{\Omega},\boldsymbol{\tau}]$进行非常好的初始估计，可以通过对正确目标函数进行优化加以改进(式(15-42))。

### 15.4.2　问题 2：学习内在参数

本节中，我们对摄像机的内在参数学习问题进行回顾(如图 15-9 所示)。这称为摄像机校准。在 14.5 节中，我们提出一种基于对特殊 3D 校准目标进行观测的方法。在实际中，很难制造出一个已知精确位置中具有容易观察到的视觉特征的三维物体。然而，制造出这种二维物体非常容易。例如，打印出一个棋盘图案，并将其附在一个平面上是可能的(如图 15-10 所示)。不幸的是，2D 校准物体的单视图不足以唯一地标识内在参数。然而，从多个不同视角观察同一个模式可以满足这一点。

15.7

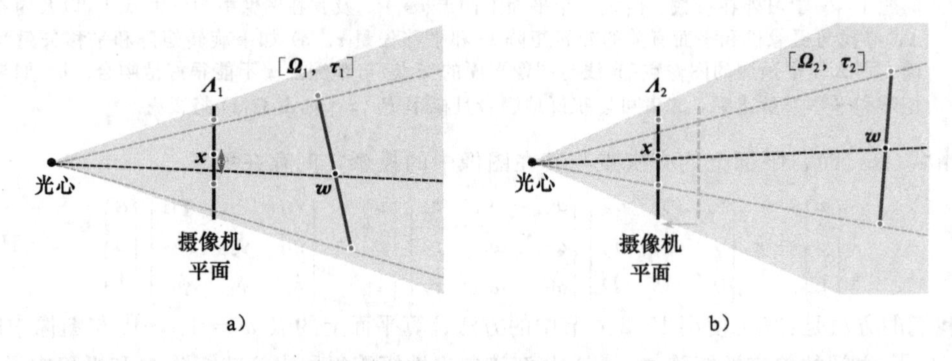


图 15-9　问题 2——学习内在参数。给定现实世界中平面的点集$\{\boldsymbol{w}_i\}_{i=1}^I$和图像中这些点的 2D 位置$\{\boldsymbol{x}_i\}_{i=1}^I$，寻找内在参数$\boldsymbol{\Lambda}$。为此，必须同时对外在参数$\boldsymbol{\Omega}$和$\boldsymbol{\tau}$进行估计。a）如果内在和外在参数不正确，那么针孔摄像机的预测(光线与图像平面的交点)将会严重偏离已知的 2D 点。b）如果内在和外在参数正确，那么模型的预测将与观测的图像一致。为了使解唯一，必须从不同的角度观测这个平面

因此，校准问题可以重新描述为：给定一个平面上具有$I$个不同 3D 点$\{\boldsymbol{w}_i\}_{i=1}^I$的平面对象，其在$J$幅图像中的对应投影为$\{\boldsymbol{x}_{ij}\}_{i=1,j=1}^{I,J}$，以内在矩阵$\boldsymbol{\Lambda}$的形式构建内在参数：

$$\hat{\boldsymbol{\Lambda}} = \underset{\boldsymbol{\Lambda}}{\operatorname{argmax}}\left[\max_{\boldsymbol{\Omega}_{1\cdots J},\boldsymbol{\tau}_{1\cdots J}}\left[\sum_{i=1}^{I}\sum_{j=1}^{J}\log[Pr(\boldsymbol{x}_{ij}|\boldsymbol{w}_i,\boldsymbol{\Lambda},\boldsymbol{\Omega}_j,\boldsymbol{\tau}_j)]\right]\right] \tag{15-48}$$

解决该问题的一个简单方法是使用坐标上升技术，其中我们可以：

- 针对$J$幅图像，将参照物的对象框与参照物的摄像机框相关联对$J$个外在矩阵进行估计：

$$\hat{\boldsymbol{\Omega}}_j,\hat{\boldsymbol{\tau}}_j = \underset{\boldsymbol{\Omega}_j,\boldsymbol{\tau}_j}{\operatorname{argmax}}\left[\sum_{i=1}^{I}\log[Pr(\boldsymbol{x}_{ij}|\boldsymbol{w}_i,\boldsymbol{\Lambda},\boldsymbol{\Omega}_j,\boldsymbol{\tau}_j)]\right] \tag{15-49}$$

使用上节中的方法，然后，

● 使用 14.5 节中描述的微小变化方法对内在参数进行估计：

$$\hat{\boldsymbol{\Lambda}} = \underset{\boldsymbol{\Lambda}}{\operatorname{argmax}}\left[\sum_{i=1}^{I}\sum_{j=1}^{J}\log[Pr(\boldsymbol{x}_{ij}\,|\,\boldsymbol{w}_i,\boldsymbol{\Lambda},\boldsymbol{\Omega}_j,\boldsymbol{\tau}_j)]\right] \tag{15-50}$$

至于原始的校准方法(请参见 14.5 节)，对该过程迭代几次后将生成内在参数一个有用的初始估计，这些可以通过对真实目标函数的直接优化加以改进(式(15-48))。应该注意的是该方法效率很低，且只是从教学的角度加以描述，但理解和实现比较容易。现代的实现技术使用一种更复杂的方法来求解内在参数(请参见 Hartley 和 Zisserman，2004)。

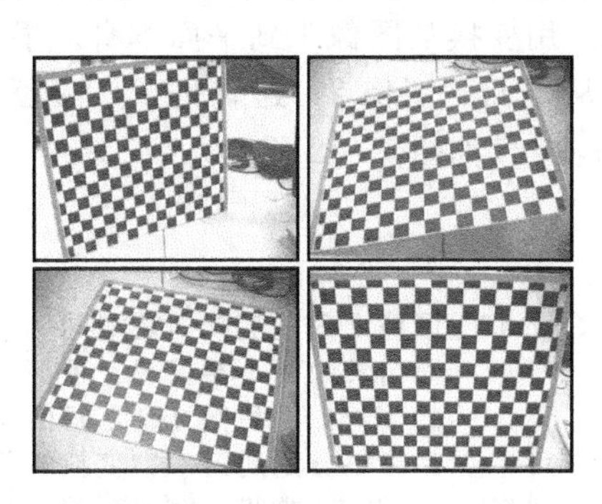

图 15-10 平面校准。创作一个 2D 校准目标比用机器制造一个精确的 3D 物体要简单得多。因此，校准通常是基于观测平面的，例如这个西洋跳棋盘。不幸的是，平面的单一视图不足以唯一地确定内在参数。因此，通常使用同一平面的不同图像对摄像机进行校准，其中相对每个图像中的摄像机平面具有不同的姿态

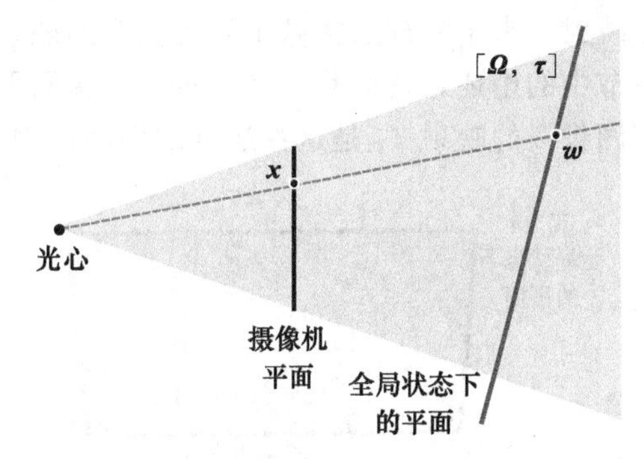


图 15-11 推断出一个相对于摄像机的 3D 位置。如果物体是平面的(深灰)，那么图像中的点 $\boldsymbol{x}$ 与平面上的点 $\boldsymbol{w}$ 是一对一映射的。如果我们知道内在参数、相对于摄像机平面的旋转和平移，那么我们能够从获得的 2D 图像点 $\boldsymbol{x}$ 推断出 3D 位置 $\boldsymbol{w}$

### 15.4.3 问题 3：与摄像机相关的 3D 位置推理

给定一个校准摄像机(即，已知 $\boldsymbol{\Lambda}$ 的摄像机)，该摄像机被称为是通过外在参数 $\boldsymbol{\Omega}$ 和 $\boldsymbol{\tau}$ 与平面场景相关，寻找图像中给定 2D 位置 $\boldsymbol{x}$ 对应的 3D 点 $\boldsymbol{w}$。

当场景是一个平面，3D 世界中的点与图像中的点通常存在一对一的关系。为了计算与点 $\boldsymbol{x}$ 对应的 3D 点，我们可以对平面上的位置 $\boldsymbol{w}=[u,v,0]^{\mathrm{T}}$ 加以推理。我们利用内在参数和外在参数的知识来计算将现实世界中的点映射到图像中的点的单应性矩阵 $\boldsymbol{\Phi}$。

$$\boldsymbol{T}=\begin{bmatrix}\phi_{11} & \phi_{12} & \phi_{13}\\ \phi_{21} & \phi_{22} & \phi_{23}\\ \phi_{31} & \phi_{32} & \phi_{33}\end{bmatrix}=\begin{bmatrix}\phi_x & \gamma & \delta_x\\ 0 & \phi_y & \delta_y\\ 0 & 0 & D\end{bmatrix}\begin{bmatrix}\omega_{11} & \omega_{12} & \tau_x\\ \omega_{21} & \omega_{22} & \tau_y\\ \omega_{31} & \omega_{32} & \tau_z\end{bmatrix} \tag{15-51}$$

然后，我们使用该变换的逆变换对平面上的坐标 $\boldsymbol{w}=[u,v,0]^{\mathrm{T}}$ 加以推理。

$$\tilde{\boldsymbol{w}} = \boldsymbol{T}^{-1}\tilde{\boldsymbol{x}} \tag{15-52}$$

最后，我们将坐标转换回摄像机参照系，给出：

$$\boldsymbol{w}' = \boldsymbol{\Omega}\boldsymbol{w} + \boldsymbol{\tau} \tag{15-53}$$

## 15.5 图像间的变换

至今为止，我们已经对现实世界中的平面与其在摄像机中的图像间的变换进行了研究。现在，我们考虑观察同一平面场景的两个摄像机。平面上的位置与第一台摄像机中位置间的一对一映射可以由一个单应性矩阵加以描述。类似地，平面上的位置与第二台摄像

机中位置间的一对一映射可以由另一个单应性矩阵加以描述。进而第一台摄像机中的位置与第二台摄像机位置间存在一个一对一的映射。这也可以由一个单应性矩阵加以描述。同样的逻辑可以用于其他变换类型。因此，通常可以找到几何上与这些变换中的一种相关的真实世界图像对。例如，图 15-5a 中照片的图像就是通过一个单应性矩阵与图 15-5b 中的图像相关联。

我们来表示一个 3×3 矩阵，该矩阵通过 $\boldsymbol{T}_1$ 将平面上的点与第一幅图像中的点相映射。类似地，我们来表示一个 3×3 的矩阵，它通过 $\boldsymbol{T}_2$ 将平面上的点与第二幅图像中的点相映射。为了实现从图像 1 到图像 2 的映射，首先采用变换从图像 1 到平面本身。根据上一节中的论述，这就是 $\boldsymbol{T}_1^{-1}$。然后，我们采用变换从平面到图像 2，这就是 $\boldsymbol{T}_2$。从图像 1 到图像 2 的映射 $\boldsymbol{T}_3$ 是这些运算的串联，因此 $\boldsymbol{T}_3=\boldsymbol{T}_2\boldsymbol{T}_1^{-1}$(如图 15-12 所示)。

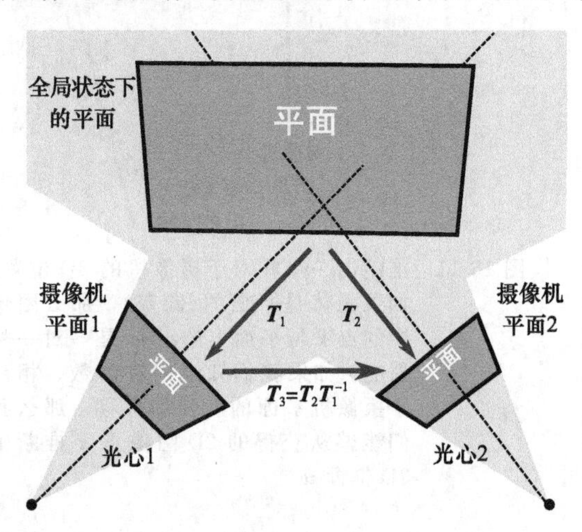


图 15-12　图像之间的变换。观测同一平面场景的两个摄像机。平面上的 2D 点与两个图像之间的关系可以分别通过3×3变换矩阵 $\boldsymbol{T}_1$ 和 $\boldsymbol{T}_2$ 捕获。由此可得，从第一个图像到平面上点的变换可以记为 $\boldsymbol{T}^{-1}$。我们可以将第一个图像变换到平面，而后将该平面变换到第二个图像，这样可以计算从第一个图像到第二个图像的变换 $\boldsymbol{T}_3$，并得到最终结果 $\boldsymbol{T}_3=\boldsymbol{T}_2\boldsymbol{T}_1^{-1}$

### 15.5.1　单应性的几何特征

我们已经发现现实世界中的平面与图像平面之间的变换可以由单应性来描述，真实世界平面中的多幅图像间的变换也可以由单应性来描述。还有另一种重要的图像集，图像之间通过单应性相关联。回忆一下点 $\boldsymbol{x}_1$ 到点 $\boldsymbol{x}_2$ 的单应性映射在齐次坐标中是线性的：

$$\lambda\begin{bmatrix}x_1\\y_1\\1\end{bmatrix}=\begin{bmatrix}\phi_{11}&\phi_{12}&\phi_{13}\\\phi_{21}&\phi_{22}&\phi_{23}\\\phi_{31}&\phi_{32}&\phi_{33}\end{bmatrix}\begin{bmatrix}x_2\\y_2\\1\end{bmatrix}\tag{15-54}$$

齐次坐标在 3D 空间中将 2D 点描述为方向或光线(如图 14-11 所示)。当我们将单应性应用于 2D 点集合时，可以看作将线性变换(旋转、缩放以及剪切)应用于 3D 中的一束光线。变换光线与平面在 $w=1$ 相交的位置决定了最终的 2D 位置。

我们可以通过将光线固定并将反变换用于平面的方式得到相同的结果，使得可以以一种不同方式切割光线。由于任何平面均可以使用线性变换映射为另一个平面，进而使用不同平面切割光束而产生的图像都通过单应性与其他图像相关联(如图 15-13 所示)。换句话说，相同位置的不同针孔摄像机捕获的图像通过单应性相互关联。因此，例如，如果一个摄像机变焦(焦距增大)了，那么变焦前后的图像通过单应性相互关联。

这种关系包括一种重要的特殊情况(如图 15-14 所示)。如果摄像机旋转但不平移，那么图像平面仍然与相同的光线集相互交互。进而旋转前的投影点 $\boldsymbol{x}_1$ 与旋转后的投影点 $\boldsymbol{x}_2$ 通过单应性相关联。从图像 1 到图像 2 间映射的单应性矩阵 $\boldsymbol{\Phi}$ 可以写为：

$$\boldsymbol{\Phi} = \boldsymbol{\Lambda}\boldsymbol{\Omega}_2\boldsymbol{\Lambda}^{-1} \tag{15-55}$$

其中 $\boldsymbol{\Lambda}$ 是内在矩阵，$\boldsymbol{\Omega}_2$ 是从第二个摄像机的坐标系映射到第一个摄像机坐标系的旋转矩阵。当我们将这些图像拼接起来构成全景照片时(请参见 15.7.2 节)，需要应用这种关系。

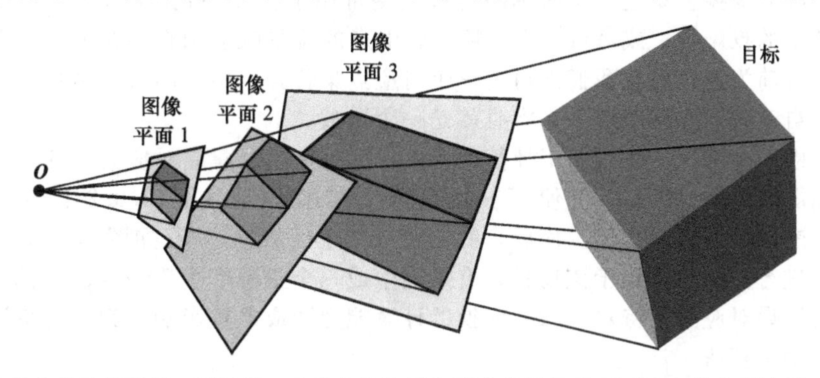


图 15-13 单应性的几何理解。通过将一个光心的光线与真实世界物体(立体)上的点相连接，可以形成光束。平面集合对光束进行切割，形成一系列立体图像。这些图像的每一个图像与其他每一个图像都通过单应性相互关联

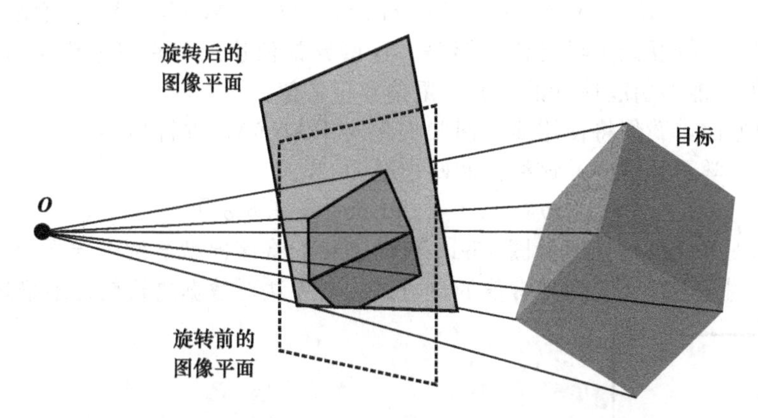


图 15-14 纯摄像机旋转的图像。当摄像机发生旋转但不平移时，光束保持不变，但被不同的平面切割。进而两个图像通过单应性相关联

综上所述，单应性映射存在于：

- 现实世界中平面上的点与其在一幅图像中的位置。
- 同一个平面上的两幅不同图像中的点。
- 一个 3D 物体的两幅图像，其中摄像机发生旋转但未发生平移。

### 15.5.2 计算图像间的变换

在前几节中，我们论述了两幅图像通过一个单应性矩阵相关联是很常见的。如果我们用 $x$ 表示图像 1 中的点、其在图像 2 中的对应位置表示为 $\mathbf{y}_i$，那么我们可以将映射描述成一个单应性：

$$Pr(\mathbf{x}_i \mid \mathbf{y}_i) = \text{Norm}_{\mathbf{x}_i}[\textbf{hom}[\mathbf{y}_i, \boldsymbol{\Phi}], \sigma^2\mathbf{I}] \tag{15-56}$$

这种方法将所有的噪声归于第一幅图像，需要注意的是这并不十分正确：我们应当真正建立一种模型，使用表示原始 3D 点的隐性变量集合对图像数据集合进行解释，使得每一幅图像中的估计点位置均受到噪声的影响。然而，式(15-56)中的模型在实际中运行良好。使用 15.2 节中的方法对参数进行学习是可能的。

## 15.6　变换的鲁棒学习

我们已经对变换模型进行了讨论，这些模型可用于：(i) 将真实世界平面上点的位置映射到图像中的投影点；或者(ii) 将一幅图像中点的位置映射到它们在另一幅图像中的对应位置。到目前为止，假定我们知道了一个对应点集合，从中我们可以学习变换模型的参数。然而，自动建立这些对应关系本身就是一个挑战。

我们考虑一种情况：我们希望计算两幅图像间的变换。建立对应关系的一种简单方法是计算每幅图像中的兴趣点，并使用一个如 SIFT 描述子(请参见 13.3.2 节)的区域描述子对每个点周围的区域进行描述。而后，我们可以基于区域描述子(如图 15-17c、d 所示)的相似性将点进行关联。依赖于该场景，有可能生成一个正确率达 70%～90%的匹配集。但是，剩下的错误对应关系将对图像间变换的计算能力造成严重影响。为了解决该问题，我们需要鲁棒学习算法。

### 15.6.1　RANSAC

随机样本一致性(Random Sample Consensus，RANSAC)是一种将模型与数据拟合的通用方法，其中数据受到了异常值的污染。这些异常值违反了隐概率模型(通常是正态分布)的假定条件，能够引起估计的参数严重偏离正常值。

出于教学原因，我们将使用线性回归实例对 RANSAC 进行描述。后续我们将回到变换模型中的参数学习问题中。该线性回归模型为：

$$Pr(y|x) = \text{Norm}_y[ax + b, \sigma^2] \tag{15-57}$$

该模型已在 8.1 节详细讨论过。图 15-15 给出了我们将该模型与两个异常值拟合时的 $y$ 的预期均值的实例。该拟合受到异常值的严重影响，无法对数据进行较好地描述。

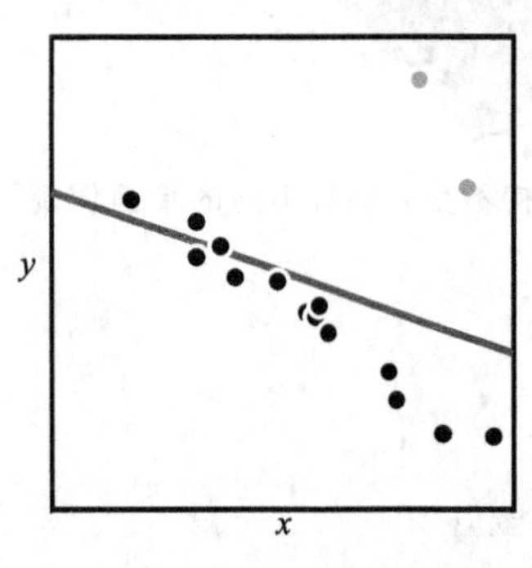


图 15-15　RANSAC 的动机。大多数的数据集(蓝色点)能够利用线性回归模型进行很好的解释，然而有两个异常点(绿色点)。但是，如果我们将线性回归模型与全部数据拟合，平均预测值(红线)将会被拖向异常点，并且无法对大多数数据进行很好地描述。RANSAC 算法通过将异常点标出并将模型拟合剩余数据的方式规避了这个问题(见彩插)

RANSAC 的目标是识别哪些点是异常值，并将其从最终拟合中加以消除。这是一个鸡和蛋的问题：如果我们有了最终的拟合，那么将很容易识别出异常值(模型没有对它们进行较好地描述)；如果我们知道哪些点是异常值，也将很容易计算出最终拟合。

基于数据的随机子集反复使用 RANSAC 对模型进行拟合。希望迟早在选定的子集中没有异常值，从而拟合出一个好的模型。为了提高这种情况的概率，RANSAC 选择那些需要唯一拟合模型的最小子集。例如，在线的情况下，它将选择大小为 2 的子集。

选定了数据点的一个最小子集并拟合模型后，RANSAC 要对它的质量进行评估。该过程通过将点划分为正常点和异常点来实现。这需要一些关于真实模型周围变量预期的数量的知识加以实现。对于线性回归，这意味着我们需要一些关于方差参数 $\sigma^2$ 的先验知识。如果一个数据点超过了预期变量(可能是某均值的两个标准差)，那么它将被划定为异常值。否则，它是一个正常值。针对数据的每个最小子集，我们对正常值的数量进行计数。

我们重复多次该过程：在每一次迭代中，我们选择点的一个随机最小子集来拟合模型，并对符合(正常点)的数据点数量进行计数。在进行了预定迭代次数之后，选择具有最多正常点的模型，并基于这些正常点重新拟合该模型。

因此，完整的 RANSAC 算法如下(如图 15-16 所示)：

1. 随机选择数据的一个最小子集。
2. 使用该子集对参数进行估计。
3. 计算该模型中正常点的数量。
4. 以设定的次数重复步骤 1～3。
5. 使用最拟合的正常点对模型进行重新估计。

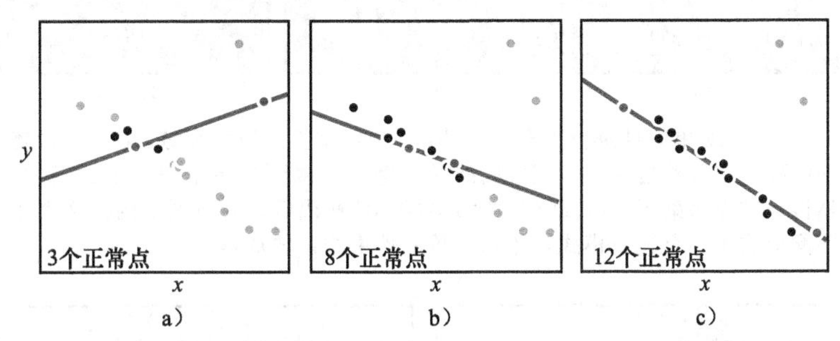


图 15-16　RANSAC 过程。a) 选择一个点的随机最小子集来拟合这条线(红色点)。我们将这条线拟合到这些点，并计数有多少其他的点与这个解(蓝色点)相符合。这些点称为正常点。这里只有 3 个正常点。b，c) 针对点的不同最小子集重复这一过程。多次迭代后，选择拥有最多正常点的拟合。我们只使用这一拟合中的正常点对线进行重拟合(见彩插)

如果我们知道数据受到异常值污染的程度，就可以对迭代次数进行估计，从而提供任何可以找到正确答案的机会。

现在让我们回到如何应用模型来拟合几何变换的问题。我们将使用单应性(式(15-56))的例子。这里，我们在两幅图像之间重复选择假设已经匹配的子集。子集的尺寸选定为 4，因为这是需要唯一识别单应性中 8 个自由度的最小点对数量。

15.8

对于每一个子集，通过对式(15-56)的估计并选择那些概率大于某一预定值的情况对正常点的数量进行计数。在实际中，这意味着对第一幅图像中的点 $\mathbf{x}_i$ 与第二幅图像中点的映射位置 $\mathbf{hom}[\mathbf{y},\boldsymbol{\Phi}]$ 之间的距离进行测量。重复该过程数次后，我们可以发现具有最多正常点(如图 15-17 所示)的一次实验，并仅利用这些正常点对模型进行重新计算。

## 15.6.2　连续 RANSAC

现在让我们来看一个更富挑战性的任务。至今为止，我们假定可以使用一个变换模型将一个点集映射到另一个点集。然而，许多包含人造物体的场景是分段平面(如图 15-18 所示)。由此，这些场景的图像可以利用单应性相互关联。本节将考虑拟合该类模型的方法。

15.9

第一种方法是连续 RANSAC。思路非常简单：使用 RANSAC 方法将一个单应性矩阵拟合到场景。原则上，这将正确地使一个模型拟合到图像中的一个平面，并可以屏蔽所有异常值的点。然后，我们删除属于该平面上(即，最后单应性矩阵中的正常值)的点，并对剩下的点重复该过程。理论上，每一次迭代都将识别出图像中的一个新平面。

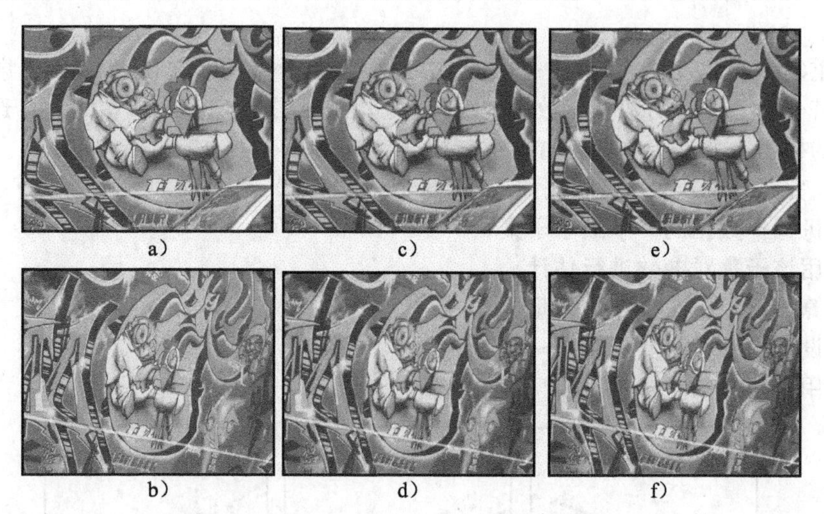

图 15-17　使用 RANSAC 对单应性进行拟合。a，b）一个纹理面的原始图像。c，d）贪婪方法选出的 162 个最强匹配。在每种情况中，相关的线从兴趣点连接到另一个图像中的匹配点位置。这些匹配显然被异常点污染了。e，f）100 次 RANSAC 迭代后，从识别出的 102 个正常点拟合模型。这些匹配形成了一个连贯模式，正如在单应性中描述的那样

图 15-18　分段平面。a）尽管这一场景显然不能用一个平面很好地描述，但是可以采用一个平面集合很好地描述。b）因此，同一个场景的第二个图像的映射可以使用单应性集合进行描述。图像来源于牛津大学数据集

不幸的是，该方法在实际中(如图 15-19 所示)的效果并不好，原因有二。首先，该算法是贪婪的：任何被错误吸纳或者被一个早期模型遗漏的匹配都无法在后续得到正确设置。其次，该模型没有考虑空间相干性，忽略了附近的点更有可能属于相同平面这一直觉。

### 15.6.3　PEaRL

提出、扩展和重新学习(Propose，Expand and Re-Learn，PEaRL)算法解决了这两个问题。在“提出”(propose)阶段，生成 $K$ 个假设模型，其中 $K$ 的数量级通常是“千”。这可以通过使用一个 RANSAC 过程来实现，其中选择点集中的最小子集、拟合出一个模型，并对正常值进行计数。重复该过程直到拥有了数千个模型 $\{\boldsymbol{\Phi}_k\}_{k=1}^{K}$，其中每一个都有合理的支持度。

15.10

在“扩展”(expand)阶段，我们将匹配对的赋值建模成一个多标签马尔可夫随机场的

模型。我们将标签 $\boldsymbol{l}_i \in [1,2,\cdots,K]$ 与每一个匹配 $\{\boldsymbol{x}_i,\boldsymbol{y}_i\}$ 相关联，其中标签的数值决定该点出现 $K$ 个模型中的哪一个。第 $k$ 个模型中每一个数据对 $\{\boldsymbol{x}_i,\boldsymbol{y}_i\}$ 的概率可写为：

$$Pr(\boldsymbol{x}_i|\boldsymbol{y}_i,l_i=k)=\mathrm{Norm}_{\boldsymbol{x}_i}[\mathbf{hom}[\boldsymbol{y}_i,\boldsymbol{\Phi}_k],\sigma^2\boldsymbol{I}] \tag{15-58}$$

为了加入空间相干性，我们针对标签选择一个先验，使得所有邻域具有相似的数值。特别地，我们选择一个具有 Potts 模型势的 MRF：

$$Pr(\mathbf{l})=\frac{1}{Z}\exp\Big[-\sum_{i,j\in\mathcal{N}_p}w_{ij}\delta[l_i-l_j]\Big] \tag{15-59}$$

其中 $Z$ 是一个恒定的配分函数，$w_{ij}$ 是与匹配对 $i$ 和 $j$ 相关的权值，$\delta[\bullet]$是这样一个函数：当幅角为 0 时返回 1，否则返回 0。每个点的邻域$\mathcal{N}_i$ 必须提前选择。一个简单的方法是在第一幅图像中计算每个点 $K$ 个最近的邻域点，如果任何一个邻域点都在最近邻域点的另一集合中，则声明这两个点为邻域点。选择权值 $w_{ij}$ 使得图像中相近的点比距离遥远的点耦合的更紧密。

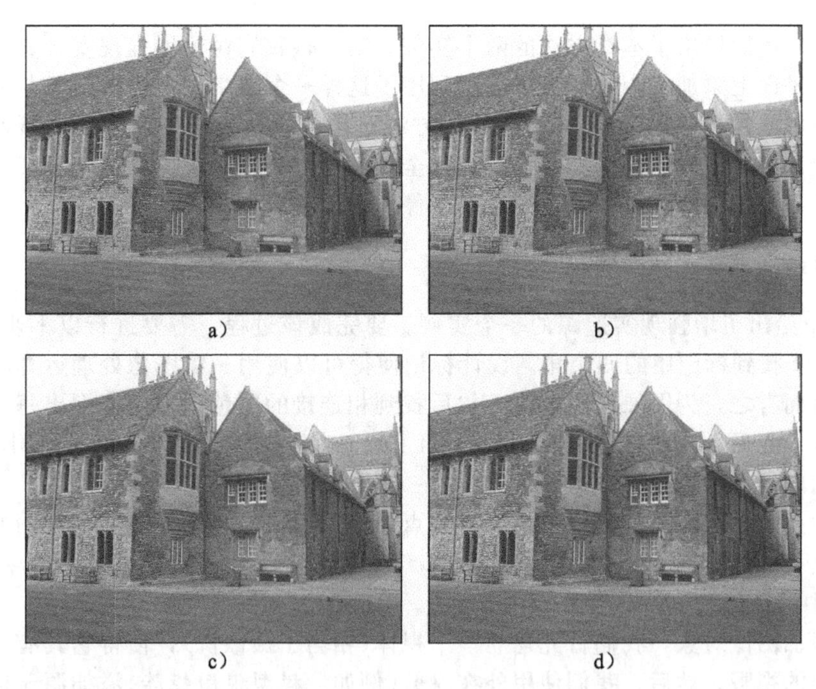

图 15-19 使用 RANSAC 对图 15-18 中图像之间的单应性映射的进行连续拟合。a) 运行 RANSAC 拟合过程一次，识别出所有位于图像中同一个平面上的点集合。b) 对第一个平面中没有得到解的点再次运行 RANSAC 拟合过程，识别出位于一个不同平面上的第二个点集合。c) 第三次迭代。发现的平面与场景中的真实平面并不对应。d) 第四次迭代。模型错误地将图像中完全分离的部分相关联。这种连续方法失败的原因有两点。第一，它是贪婪的，且无法从前面的错误中加以恢复。第二，它不支持空间平滑(附近的点应该属于同一模型)

然后，“扩展”阶段的目的是推断标签 $l_i$，从而将模型与数据点相关联。这可以使用 $\alpha$ 扩展算法来完成(12.4.1 节)。最后，在将每个数据点与每个模型关联后，进入“重新学习”(re-learn)阶段。这里，基于已关联的数据对每个模型中的参数进行重新估计。多次迭代“扩展”(expand)和“重新学习”(re-learn)阶段直到没有变化时为止。在该过程的最后，我们舍弃所有在最终解中没有足够支持度的模型(如图 15-20 所示)。

图 15-20　PEaRL 算法的结果。它将问题形式化为一个多标签 MRF 中的推理问题。与每一个匹配对相关联的 MRF 标签都表示一个可能模型集合中的一个的索引。对这些标签进行推理可以转化为对提出的模型的参数的进行优化。灰色点表示最终解中的不同标签。算法可以成功地识别出场景中的多个平面，改编自 Isack 和 Boykov (2012)。© 2012 Springer

## 15.7　应用

本节中，我们提出了本章方法的两个实例。第一，我们讨论增强现实，其中我们尝试在场景中的平面上添加一个对象。该应用利用了这样一个事实：平面的图像与原始物体表面之间存在单应性，并采用 15.4.1 节中的方法对该单应性进行分解以获得摄像机和平面的相对位置。第二，我们讨论如何创建视觉全景。该方法利用了这样一个事实：从一个发生旋转但没有平移的摄像机中获取的多幅图像均通过单应性相互关联。

### 15.7.1　增强现实追踪

图 15-1 给出了增强现实追踪的一个实例。要完成该过程，需要进行以下步骤。首先，按照图 15.1c 找到标记中的四个角。设计标记使得可以使用一组图像处理运算容易地识别出拐角。简而言之，为图像设定阈值，然后找到相连接的黑色区域。识别出每个区域边缘周围的像素。而后，使用连续 RANSAC 将 4 条 2D 直线拟合到边缘像素。使用 4 条直线未能较好表达的区域将被舍弃。这种情况下唯一剩下的区域就是方形标记区域。

图像中拟合直线交叉的位置形成了 4 个点$\{\boldsymbol{x}_i\}_{i=1}^{4}$，平面标记的表面上有用厘米标记的对应位置$\{w_i\}_{i=1}^{4}$。假定摄像机进行了校准，那么就得到了内在矩阵 $\boldsymbol{\Lambda}$。现在可以使用 15.4.1 节中的算法计算外在参数 $\boldsymbol{\Omega}$ 和 $\boldsymbol{\tau}$。

想要添加图像对象，我们首先建立一个视体(相当于摄像机)，使得它具有与内在参数描述的相同的视野。然后，我们使用外在参数(例如，模型视图矩阵)添加源于适当角度的模型。结果是该对象似乎是与场景紧密地关联在一起。

在该系统中，使用一系列图像处理运算可以找到标记上的点。然而，这种方法非常过时。如今可以可靠地识别一个物体上的自然特征，因此没有必要再使用具有特殊特征的标记。一种方法是对该物体的参考图像和当前场景之间的 SIFT 特征进行匹配。这些兴趣点描述符对图像尺度和旋转具有不变性，针对纹理目标，通常能生成高百分比的正确匹配。RANSAC 用于消除任何不匹配对。

然而，SIFT 特征计算起来相对较慢。Lepetit 等(2005)描述了一种使用机器学习方法以交互速度进行物体识别的系统。它们首先在被追踪的目标上识别出 $K$ 个稳定的关键点(例如，Harris 角点)。然后，通过将关键点周围区域与大量随机仿射变换相关联对每一个关键点构造训练集。最后，训练一个多类分类树用于获取新的关键点并将其与 $K$ 个原始点中的一个点进行匹配。在树的每个分支上，通过成对强度比较进行决策。该系统运行速度快且能够可靠地匹配大多数特征点。而且，RANSAC 可用于消除任何错误匹配。

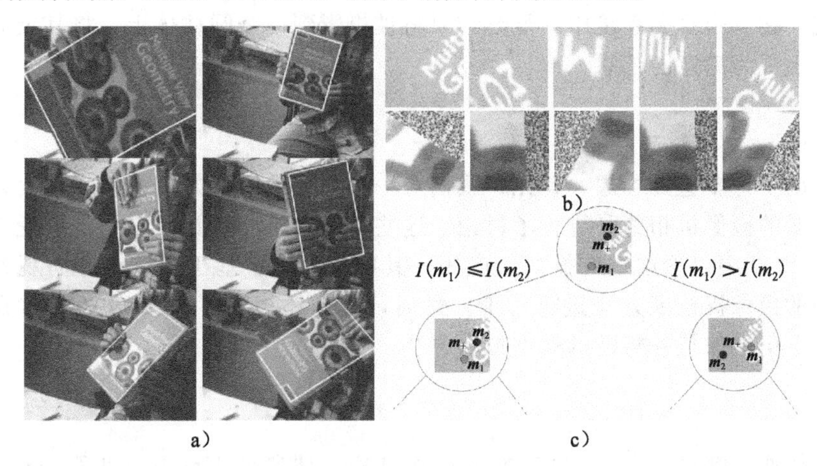


图 15-21　使用关键点的鲁棒追踪。a) Lepetit 等(2005)提出一个可以自动追踪物体(例如这本书)的系统。b) 在学习阶段，关键点周围的区域经过多次随机仿射变换。c) 利用对附近点的强度进行比较的基于树的分类器，将图像中的关键点分类为属于该物体上的一个已知关键点。改编自 Lepetit 等(2005)。© 2005 IEEE

### 15.7.2　视觉全景

本章思想的第二个应用是视觉全景计算。回忆通过旋转摄像机而获得的关于光心的一系列图像都可以通过单应性相互关联。因此，如果得到这种部分重叠的图像，有可能将其全部映射到一幅大的图像中。这个过程称为**图像拼接**。

图 15-22 给出了一个实例。这是通过将第二幅图像放到一幅更大的空图像中心而形成的。可以手动识别出扩展的第二幅图像与第一幅图像之间的 5 个匹配，也可以计算出从扩展的第二幅图像到第一幅图像的单应性矩阵。对于扩展的第二幅图像中的每个空像素，使用单应性计算第一幅图像中的位置。如果它在图像边界以内，则复制该像素值。

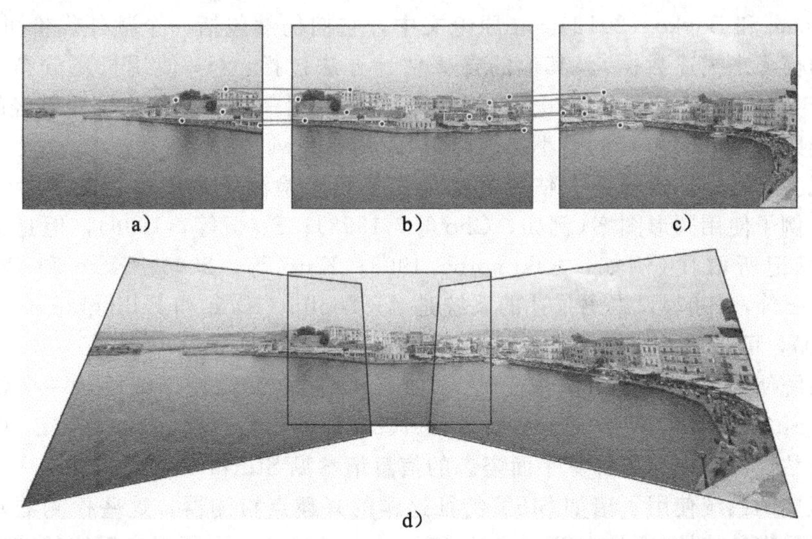


图 15-22　计算视觉全景。a～c) 同一个场景的 3 个图像，其中摄像机发生了旋转，但没有出现平移。在每一对图像之间手动识别出 5 个匹配点。d) 通过将第一个和第三个图像映射到第二个图像的参照框中时，可以生成一个全景

该过程可以通过寻找特征并使用诸如 RANSAC 的鲁棒算法将单应性拟合到每对图像来自动完成。在一个真实系统中，最终结果将被投影到一个圆柱体上，将其展开可以提供一个在视觉上更为满意的结果。

## 讨论

本章给出了许多重要思想。首先，我们对一系列变换以及如何使每一种变换与特殊条件下观察场景的摄像机相关联进行了讨论。这些变换在机器视觉中得到了广泛应用，我们将在第 17～19 章中讨论这些变换如何应用。其次，我们将基于从多个方向观察平面的一种更为实用的摄像机校准方法进行讨论。最后，我们还提出了 RANSAC，这是一种即使在噪声环境下仍能保持鲁棒性的模型拟合方法。

## 备注

**变换**：想要了解更多有关 2D 变换的层次结构，请参见 Hartley 和 Zisserman(2004)。旋转和相似变换的闭型解是 Procrustes 问题的特殊情况。关于该问题的更多细节请参见 Gower 和 Dijksterhuis(2004)。估计单应性的直接线性变换算法至少可以追溯到 Sutherland(1963)。Hartley 和 Zisserman(2004)对估计单应性的不同目标函数进行了详细讨论。在本章中，我们对点匹配变换估计进行了讨论。然而，也可以从其他几何基元对变换进行计算。例如，现有的从匹配直线计算单应性的方法(请参见习题 15.3)，这是一种将点和直线或者二次曲线相结合的方法(Murino 等，2002；Sugimoto，2000)。

**鲁棒估计**：RANSAC 算法来源于 Fischler 和 Bolles(1981)。该算法有大量的改进版本其中最著名的就是 MLESAC(Torr 和 Zisserman，2000)，MLESAC 将这种拟合方法应用于声音概率基础(相关模型请参见习题 15.13)。Chum 等(2005)、Frahm 和 Pollefeys(2006)提出了改进型 RANSAC 用于处理退化数据(这里模型不是唯一的)。Torr(1988)、Vincent 和 Laganiere(2001)使用 RANSAC 继续对多几何实体进行估计。Raguram 等(2008)和 Choi 等(2009)对最新的改进型 RANSAC 算法进行了量化比较。PEaRL 算法可以追溯到 Isack 和 Boykov(2012)。在原论文中，它们仍然包括一个额外代价可以化简(用尽可能少的模型来描述数据)。其他的鲁棒估计方法包括：(i) 使用长尾分布，如 t 分布(请参见 7.5 节)；(ii) M 估计器(Huber(2009)，使用另一种对大偏离惩罚较轻的函数替代最小二乘准则；(iii) 自解释的最小二乘回归(Rousseeuw，1984)。

**增强现实**：增强现实的姿态估计方法最初依赖于检测场景中称为基准标记的特殊模式。早期的例子使用圆形图案(例如，Cho 等，1998)；State 等，1996)，但是这些大部分已被方形标记所取代(例如，Rekimoto，1998；Kato 等，2000；Kato 和 Billinghurst，1999；Koller 等，1997)。本书描述的系统是 ARToolkit(Kato 和 Billinghurst，1999；Kato，等 2000)，可以从 http://www.hitl.washington.edu/artoolkit/下载。

其他系统使用了"自然图像特征"。例如，Harris(1992)使用线段对一个物体的姿态进行估计。Simon 等(2000)、Simon 和 Berger(2002)使用角点检测器的结果对图像中的平面姿态进行估计。更多有关计算平面姿态的信息请参见 Sturm(2000)。

更多近期的系统使用了诸如 SIFT 特征这样的兴趣点检测器，这些检测器对于亮度和姿态的变化具有鲁棒性(例如，Skrypnyk 和 Lowe，2004)。为了提高系统的速度，可以使用机器学习方法(Lepetit 和 Fua，2006；Ozuysal 等，2010)进行特征匹配。并且当前系统能够以交互式速度在移动硬件上运行(Wagner 等，2008)。有关刚性物体姿态估计和跟踪的方法总结请参见 Lepetit 和 Fua(2005)。

**平面校准**：平面的多观图校准算法请参见 Sturm 和 Maybank(1999)和 Zhang(2000)。目前，与基于 3D 目标的校准相比，它们的使用更为频繁，一个简单的原因在于精确的 3D 目标很难制造。

**图像拼接**：通过构建图像拼接来计算全景的方法在很多方面并不成熟。首先，与单应性相比，直接对旋转矩阵和校准参数进行估计更为明智。(Szeliski 和 Shum，1997；Shum 和 Szeliski，2000；Brown 和 Lowe，2007)。其次，我们描述的将所有图像投影到一个平面上的方法，在全景过宽时运行效果不佳，因为图像会变得越来越扭曲。一种更好的方法是将图像投影到一个圆柱体上(Szeliski，1996；Chen，1995)，而后进行展开显示为一幅图像。最后，没有讨论将图像混合在一起的方法。这一点在图像中有移动目标时尤为重要。有关这些和其他问题的总结请参见 Szeliski(2006)以及 Szeliski(2010)的第 9 章。

## 习题

15.1　针对一个旋转点 $\mathbf{x}_1$，使用旋转矩阵 $\boldsymbol{\Omega}_1$ 生成 2D 点 $x_2$，而后使用平移向量 $\boldsymbol{\tau}_1$ 对其进行平移，使得：

$$\mathbf{x}_2 = \boldsymbol{\Omega}_1\mathbf{x}_1 + \boldsymbol{\tau}_1$$

根据原始参数 $\boldsymbol{\Omega}_1$ 和 $\boldsymbol{\tau}_1$，计算逆变换 $\mathbf{x}_1=\boldsymbol{\Omega}_2\mathbf{x}_2+\tau_2$ 的参数 $\boldsymbol{\Omega}_2$ 和 $\boldsymbol{\tau}_2$。

15.2　一条 2D 直线可以表示为 $ax+by+c=0$ 或者齐次方程的形式：

$$\mathbf{l}\tilde{\mathbf{x}} = 0$$

其中 $\mathbf{l} = [a,b,c]$。如果点发生了变换，使得：

$$\tilde{\mathbf{x}}' = \mathbf{T}\tilde{\mathbf{x}}$$

那么变换直线的方程是什么？

15.3　使用习题 15.2 中的解，基于两幅图像间的大量匹配直线，为估计单应性提出一种线性算法(例如，类似于匹配直线的 DLT 算法)。

15.4　一个二次曲线(请参见习题 14.6)定义为：

$$\tilde{\mathbf{x}}^{\mathrm{T}}\mathbf{C}\tilde{\mathbf{x}} = 0$$

其中 $\mathbf{C}$ 是一个 $3\times3$ 矩阵。如果图像中的点经历了下述变换：

$$\tilde{\mathbf{x}}' = \mathbf{T}\tilde{\mathbf{x}}$$

那么变换的二次曲线的方程是什么？

15.5　本章中所有的 2D 变换(欧氏、相似、仿射、投影)在 3D 中都有等价变换。对于每种类型，写出在齐次坐标中描述 3D 变换的 $4\times4$ 矩阵。每个模型有多少个独立参数？

15.6　基于匹配 3D 点的两个集合，设计一个算法对 3D 仿射变换进行估计。为了得到该模型参数的唯一估计最少需要多少个点？

15.7　1D 点 $x$ 的 1D 仿射变换可以表示为 $x'=ax+b$。证明两个距离的比值对于一个 1D 仿射变换是不变的，使得：

$$I = \frac{x_1 - x_2}{x_2 - x_3} = \frac{x_1' - x_2'}{x_2' - x_3'}$$

15.8　1D 点 $x$ 的 1D 投影变换可以表示为 $x'=(ax+b)/(cx+d)$。证明距离的交比对于一个 1D 投影变换是不变的，使得：

$$I=\frac{(x_3-x_1)(x_4-x_2)}{(x_3-x_2)(x_4-x_1)}=\frac{(x_3'-x_1')(x_4'-x_2')}{(x_3'-x_2')(x_4'-x_1')}$$

早期提出在不同变换中针对每个点使用这种不变性对平面目标进行识别(Rothwell 等 1995)。然而，这是非常不切实际的，因为它假定能够在第一个位置识别出目标中大量的点。

15.9　证明式(15-36)可以由式(15-35)推导得出。

15.10　一个拥有内在矩阵 $\boldsymbol{\lambda}$ 和外在参数 $\boldsymbol{\Omega}=\boldsymbol{I}$，$\boldsymbol{\tau}=\mathbf{0}$ 的摄像机捕获到一幅图像，然后摄像机旋转到一个新的位置 $\boldsymbol{\Omega}=\boldsymbol{\Omega}_1$，$\boldsymbol{\tau}=\mathbf{0}$ 捕获到第二幅图像。证明这两幅图像的单应性为：

$$\boldsymbol{\Phi}=\boldsymbol{\Lambda}\boldsymbol{\Omega}_1\boldsymbol{\Lambda}^{-1}$$

15.11　考虑一个摄像机捕获到同一个场景的两幅图像，该摄像机在捕获图像时发生了旋转但未发生平移。为了恢复两幅图像之间的一个 3D 旋转，需要匹配的点的最小数目是多少？其中摄像机的内在矩阵为已知。

15.12　考虑从包含异常值的点匹配中计算单应性的问题。如果原始匹配中 50%是正确的，那么为了在计算单应性中获得 95%的正确率，我们所期望的 RANSAC 算法的迭代次数是多少?

15.13　当有异常值存在时，另一种拟合变换的方法是将不确定性建模为两种高斯函数的混合。第一个高斯函数对图像噪声进行建模，第二个具有非常大的方差的高斯函数用于对异常值进行计数。例如，对仿射变换而言，有：

$$Pr(\boldsymbol{x}|\boldsymbol{w})=\lambda\text{Norm}_{\boldsymbol{x}}[\textbf{aff}[\boldsymbol{w},\boldsymbol{\Phi},\boldsymbol{\tau}],\sigma^2\mathbf{I}]+(1-\lambda)\text{Norm}_{\boldsymbol{x}}[\textbf{aff}[\boldsymbol{w},\boldsymbol{\Phi},\boldsymbol{\tau}],\sigma_0^2\mathbf{I}]+$$

其中 $\lambda$ 是正常值的概率，$\sigma^2$ 是图像噪声，$\sigma_0^2$ 是一个对异常值进行计数的大方差。简述一种方法对该模型中的参数 $\sigma^2$、$\boldsymbol{\Phi}$、$\boldsymbol{\tau}$ 以及 $\lambda$ 加以学习。你可以假定 $\sigma_0^2$ 是一个固定值。分析该模型可能存在的缺陷。

15.14　在描述如何计算全景中(请参见 15.7.2 节)，建议从中心图像获取每个像素，然后将其变换为其他图像并复制颜色信息。如果我们采取另一种策略，从其他图像中获取每个像素，然后将它们变换为中心图像会出现什么问题?

| 第16章 |

Computer Vision: Models, Learning, and Inference

# 多摄像机系统

本章是对针孔摄像机模型的进一步讨论。在第14章中，我们阐述了如何根据多摄像机系统的投影信息确定一个点的三维空间位置信息。然而，这种方法性能的好坏取决于摄像机的内在和外在参数，而这些参数又往往是未知的。本章我们将讨论缺少该类信息情况下的图像重建方法。在阅读本章之前，读者应当熟悉针孔摄像机的数学公式(14.1节)。

为更好地阐述这些方法的原理，考虑一个围绕静态对象移动的摄像机。我们的目标就是依据摄像机获取的图像信息构建一个三维模型。为此，我们需要同时确定摄像机的属性及其在每一帧中的位置。这就是所谓的*运动结构*[⊖]问题，尽管在此使用“结构”和“运行”二词来描述该问题略显欠妥。

运动结构问题定义如下：给定一个刚体的 $J$ 幅图像，该刚体表现为 $I$ 个不同的3D点 $\{\mathbf{w}_i\}_{i=1}^{I}$。这些图像又是利用同一个摄像机在一系列未知位置拍摄所获得。给定图像集 $J$ 中点集 $I$ 的投影信息 $\{\mathbf{x}_{ij}\}_{i=1,j=1}^{I,J}$，就可以确定真实世界中这些点的3D位置 $\{\mathbf{w}_i\}_{i=1}^{I}$，每幅图像具有固定的内在参数 $\boldsymbol{\Lambda}$ 和外在参数 $\{\boldsymbol{\Omega}_j,\boldsymbol{\tau}_j\}_{j=1}^{J}$：

$$
\begin{aligned}
&\{\hat{\mathbf{w}}_i\}_{i=1}^{I},\{\hat{\boldsymbol{\Omega}}_j,\hat{\boldsymbol{\tau}}_j\}_{j=1}^{J},\\
\hat{\boldsymbol{\Lambda}} &= \underset{\mathbf{w},\boldsymbol{\Omega},\boldsymbol{\tau},\boldsymbol{\Lambda}}{\operatorname{argmax}}\left[\sum_{i=1}^{I}\sum_{j=1}^{J}\log[Pr(\mathbf{x}_{ij}\,|\,\mathbf{w}_i,\boldsymbol{\Lambda},\boldsymbol{\Omega}_j,\boldsymbol{\tau}_j)]\right]\\
&= \underset{\mathbf{w},\boldsymbol{\Omega},\boldsymbol{\tau},\boldsymbol{\Lambda}}{\operatorname{argmax}}\left[\sum_{i=1}^{I}\sum_{j=1}^{J}\log[\text{Norm}_{\mathbf{x}_{ij}}[\textbf{pinhole}[\mathbf{w}_i,\boldsymbol{\Lambda},\boldsymbol{\Omega}_j,\boldsymbol{\tau}_j],\sigma^2\mathbf{I}]]\right]
\end{aligned}
\tag{16-1}
$$

由于该目标函数是基于正态分布的，所以我们可以将其表示为最小二乘问题。

$$
\begin{aligned}
&\{\hat{\mathbf{w}}_i\}_{i=1}^{I},\{\hat{\boldsymbol{\Omega}}_j,\hat{\boldsymbol{\tau}}_j\}_{j=1}^{J},\\
\hat{\boldsymbol{\Lambda}} &= \underset{\mathbf{w},\boldsymbol{\Omega},\boldsymbol{\tau},\boldsymbol{\Lambda}}{\operatorname{argmin}}\left[\sum_{i=1}^{I}\sum_{j=1}^{J}(\mathbf{x}_{ij}-\textbf{pinhole}[\mathbf{w}_i,\boldsymbol{\Lambda},\boldsymbol{\Omega}_j,\boldsymbol{\tau}_j])^{\mathrm{T}}(\mathbf{x}_{ij}-\textbf{pinhole}[\mathbf{w}_i,\boldsymbol{\Lambda},\boldsymbol{\Omega}_j,\boldsymbol{\tau}_j])\right]
\end{aligned}
\tag{16-2}
$$

其目标是实现图像观测点与模型预测点间的总平方距离最小。这就是所谓的*平方重投影误差*。不幸的是，该问题没有简单闭型解，我们最终还必须依赖非线性优化对该问题进行求解。然而，为了确保优化过程能够收敛，这些未知参数需要较好的初始估计。

为简化讨论过程，首先集中讨论当 $J=2$ 的情况，并且内在参数矩阵 $\boldsymbol{\Lambda}$ 是已知的。我们已经知道如何根据14.6节中给定的摄像机位置信息估计3D点，因此，这个无解问题可以转换为如何获取较好的外在参数初始估计值。令人惊奇的是，仅仅通过检测对应点的位置而无需重建这些点的3D位置就可能实现这一目标。为了理解其中的原因，首先必须要学习更多的双视图几何学知识。

## 16.1 双视图几何学理论

在本节中，我们将讲解同一场景两幅图像对应点间的几何关系。这种关系只取决于两

---

⊖ 从运动信息中恢复三维场景结构。——编辑注

个摄像机的内在参数以及二者间的相对平移和旋转。

### 16.1.1　极线约束

对于一个单一的摄像机观测 3D 点 $\boldsymbol{w}$ 的情况。如图 16-1 所示，$\boldsymbol{w}$ 必定位于一条穿过光心和摄像机平面中 $\boldsymbol{x}_1$ 的光线上。然而，从单独的一个摄像机，我们无法获知该点与光线间的距离。

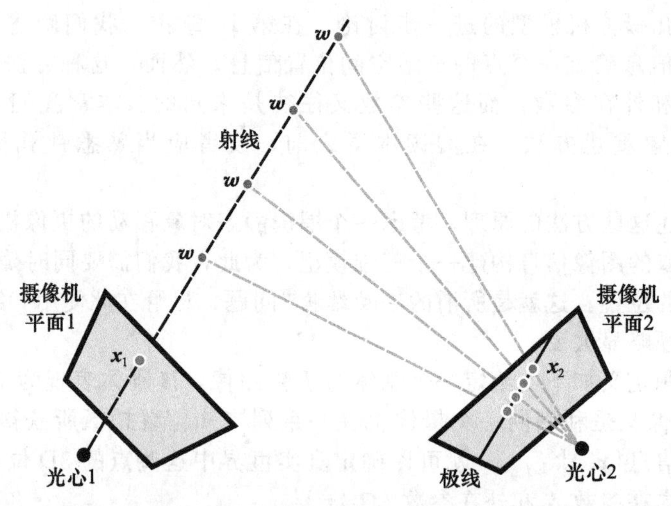


图 16-1　极线。对于第一个图像中的点 $\boldsymbol{x}_1$。投映到 $\boldsymbol{x}_1$ 上的三维点 $\boldsymbol{w}$ 必定位于一条从摄像机 1 的光心穿过图像平面中位置 $\boldsymbol{x}_1$ 的光线(图中黑色的虚线)上。然而，我们不知道该点位于这条射线上的具体位置(图中标记了该点在射线上的 4 个可能位置)。那么在摄像机 2 中的投映位置 $\boldsymbol{x}_2$ 必定位于这条光线投影上的某个位置。这条光线的投影就是图像 2 中的一条线，称为是极线

现在我们考虑观测同一个 3D 点的第二个摄像机。从第一个摄像机可得知，该点必定位于 3D 空间中的一条特定光线上。进而第二幅图像中该点的投影位置 $x_2$ 必定位于在第二幅图像中这条光线投影上的某个位置。三维空间中的光线在二维空间中的投影就是所谓的*极线*。

这种几何关系告诉我们一些重要信息：对于第一幅图像中的任意点，其在第二幅图像中的对应点被限制在一条线上。这就是所谓的*极线约束*。而这条受约束的特定极线依赖于摄像机的内在参数和外在参数(也就是两个摄像机间的相对平移和旋转)。

极线约束有两个重要的实际意义。

1）在已知摄像机的内在参数和外在参数的情况下，能够相对容易地找到对应点：对于第一幅图像中的某个点，只需要沿着第二幅图像中的极线执行一维搜索，就可得到该点在第二幅图中极线上对应点的位置。

2）对应点的约束是摄像机内在参数和外在参数的函数；在已知摄像机内在参数的情况下，可利用对应点的观测模式来确定摄像机的外在参数，因而确定两台摄像机间的几何关系。

### 16.1.2　极点

现在考虑第一幅图像中的点。每一个点都与三维空间中的一条光线相关联，每一条光线都在第二幅图像中投影而形成极线。由于所有的光线都汇聚于第一个摄像机的光心，所以极线必须汇聚于第二幅图像平面上的一个点。这是第一个摄像机的光心在第二个摄像机

中的图像，称为极点(如图 16-2 所示)。

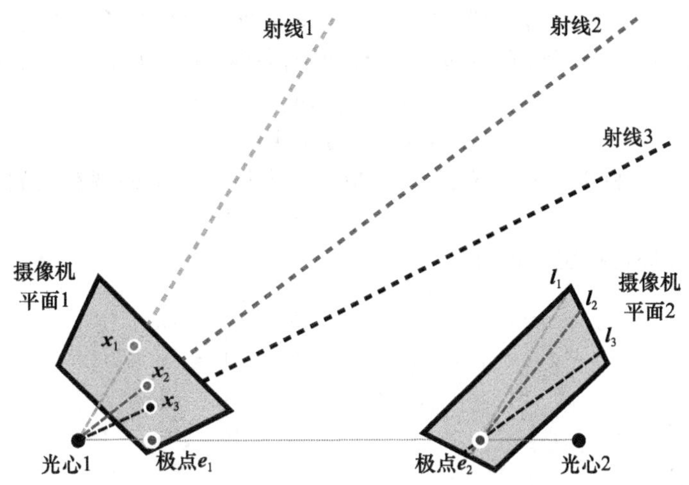


图 16-2 极点。考虑图像 1 中的观测点$\{x_i\}_{i=1}^{I}$。三维空间中每个点 $w_i$ 都位于不同的射线上，每条射线都投影到图像 2 的极线 $I_i$ 上。由于三维空间中的射线都汇聚于摄像机 1 的光心，所以极线也必定汇聚于一点，该汇聚点即为极点 $e_2$。$e_2$ 是摄像机 1 的光心在摄像机 2 上的投影。同理，极点 $e_1$ 是摄像机 2 的光心在摄像机 1 上的投影

类似地，图像 2 中的点引出图像 1 中的极线，而这些极线汇聚于图像 1 中的极点。该极点就是摄像机 2 的光心在摄像机 1 中的图像。

极点并不一定位于观测图像内：由图 16-3 所示的两个例子可以看出，极线也可能汇聚于可视范围之外的某一点。当两个摄像机都位于同一方向(即没有相对旋转)且垂直于光轴(如图 16-3a 所示)时，极线是相互平行的，因此由极线汇聚的极点就位于无穷远处。当两个摄像机位于同一方向且平行于光轴时(如图 16-3b 所示)，极点就位于图像的中心且极线呈放射状。这些例子说明极线的模式能够提供摄像机间的相对位置和方向等信息。

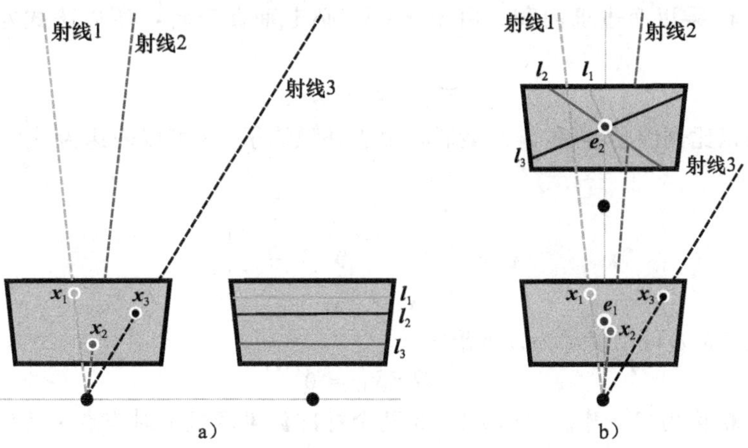


图 16-3 极线和极点。a) 当摄像机垂直于光轴(平行于图像平面)移动时，极线是平行的，而极点位于无穷远处。b) 当摄像机沿着光轴运动时，极点就是图像的中心点，而极线呈放射状

## 16.2 实矩阵

现在我们将获取用数学模型形式表示的几何直觉信息。简单起见，我们假设世界坐标

系以第一个摄像机为坐标中心，这样第一个摄像机的外在参数(旋转和平移)为 $\{\mathbf{I},\mathbf{0}\}$。第二个摄像机可能处于任意普通位置 $\{\boldsymbol{\Omega},\boldsymbol{\tau}\}$。假设这两个摄像机都是标准化的，使得$\boldsymbol{\Lambda}_1=\boldsymbol{\Lambda}_2=\mathbf{I}$。在齐次坐标中，一个 3D 点 $\boldsymbol{w}$ 投影到两个摄像机上，可用下式表示

$$\begin{aligned}\lambda_1\tilde{\boldsymbol{x}}_1 &= [\mathbf{I},\mathbf{0}]\tilde{\boldsymbol{w}}\\ \lambda_2\tilde{\boldsymbol{x}}_2 &= [\boldsymbol{\Omega},\boldsymbol{\tau}]\tilde{\boldsymbol{w}}\end{aligned} \tag{16-3}$$

其中$\tilde{\boldsymbol{x}}_1$ 是第一个摄像机中的观测位置，$\tilde{\boldsymbol{x}}_2$ 是第二个摄像机中的观测位置，两者均用齐次坐标表示。

对第一个关系进行扩展，可得

$$\lambda_1\begin{bmatrix}x_1\\y_1\\1\end{bmatrix}=\begin{bmatrix}1&0&0&0\\0&1&0&0\\0&0&1&0\end{bmatrix}\begin{bmatrix}\mu\\v\\w\\1\end{bmatrix}=\begin{bmatrix}\mu\\v\\w\end{bmatrix} \tag{16-4}$$

此式可简化为

$$\lambda_1\tilde{\boldsymbol{x}}_1 = \boldsymbol{w} \tag{16-5}$$

通过类似的过程，在第二个摄像机上的投影可写为

$$\lambda_2\tilde{\boldsymbol{x}}_2 = \boldsymbol{\Omega}\boldsymbol{w}+\boldsymbol{\tau} \tag{16-6}$$

最后，将式(16-5)代入式(16-6)中，可得

$$\lambda_2\tilde{\boldsymbol{x}}_2 = \lambda_1\boldsymbol{\Omega}\tilde{\boldsymbol{x}}_1+\boldsymbol{\tau} \tag{16-7}$$

该式表示两幅图像中的对应点 $\boldsymbol{x}_1$ 和 $\boldsymbol{x}_2$ 的可能位置间的约束关系。该约束是通过第二个摄像机对第一个摄像机的相对旋转和平移 $\{\Omega,\tau\}$ 进行参数化获得的。

现在我们将式(16-7)处理成一种能够更容易与极线和极点相关联的形式。首先用平移向量 $\boldsymbol{\tau}$ 乘以两边求其外积。由于任意向量与其自身的外积均为 0，因此求外积后，可将式中最后一项约简。因此可得

$$\lambda_2\boldsymbol{\tau}\times\tilde{\boldsymbol{x}}_2 = \lambda_1\boldsymbol{\tau}\times\boldsymbol{\Omega}\tilde{\boldsymbol{x}}_1 \tag{16-8}$$

然后，用$\tilde{\boldsymbol{x}}_2$ 乘以两边求内积。由于 $\boldsymbol{\tau}\times\tilde{\boldsymbol{x}}_2$ 必定垂直于$\tilde{\boldsymbol{x}}_2$，所以该式左边可以约简，可得

$$\tilde{\boldsymbol{x}}_2^{\mathrm{T}}\boldsymbol{\tau}\times\boldsymbol{\Omega}\tilde{\boldsymbol{x}}_1 = 0 \tag{16-9}$$

这里还需要除以比例因子 $\lambda_1$ 和 $\lambda_2$。最后，由于外积算子 $\boldsymbol{\tau}\times$可以表达为一个秩为 2 的非对称 3×3 矩阵 $\boldsymbol{\tau}_\times$：

$$\boldsymbol{\tau}_\times=\begin{bmatrix}0&-\tau_z&\tau_y\\\tau_z&0&-\tau_x\\-\tau_y&\tau_x&0\end{bmatrix} \tag{16-10}$$

因此，式(16-9)可以表示为以下形式

$$\tilde{\boldsymbol{x}}_2^{\mathrm{T}}\boldsymbol{E}\tilde{\boldsymbol{x}}_1 = 0 \tag{16-11}$$

其中，$\boldsymbol{E}=\boldsymbol{\tau}\times\boldsymbol{\Omega}$ 称为实矩阵。式(16-11)是两个标准化摄像机中对应点 $\boldsymbol{x}_1$ 和 $\boldsymbol{x}_2$ 位置间数学约束的简练方程式。

### 16.2.1 实矩阵的属性

3×3 的实矩阵捕获两个摄像机间的几何关系信息，其秩为 2，因此 $\det[\boldsymbol{E}]=0$。实矩阵的前两个奇异值总是相等，且第三个奇异值为 0。实矩阵只依赖于两个摄像机间的旋转和平移，每个摄像机有 3 个参数，所以一般认为实矩阵具有 6 个自由度。然而，该矩阵在

齐次变量$\tilde{\boldsymbol{x}}_1$和$\tilde{\boldsymbol{x}}_2$上进行运算，因此在比例方面又是模棱两可的：将实矩阵中的所有项乘以任意一个常量，不会改变矩阵的属性。因此，通常认为该矩阵具有 5 个自由度。

由于矩阵相比未知量具有较少的自由度，所以矩阵的 9 个项必须服从一组代数约束。它们可以简单地表示为：

$$2\boldsymbol{EE}^{\mathrm{T}}\boldsymbol{E}-\mathrm{trace}[\boldsymbol{EE}^{\mathrm{T}}]\boldsymbol{E}=0 \tag{16-12}$$

尽管本书使用了更为简单的方法(见 16.4 节)，但有时可以利用这些约束进行实矩阵计算。

根据实矩阵，可以较为容易地获取极线信息。位于线上的点可以表示为 $ax+by+c=0$，或者

$$(a\quad b\quad c)\begin{bmatrix}x\\y\\1\end{bmatrix}=0 \tag{16-13}$$

在齐次坐标系中，此式可写为 $\boldsymbol{l}\tilde{\boldsymbol{x}}=0$，其中 $\boldsymbol{l}=[a,b,c]$ 是一个表示线的 $1\times3$ 的向量。

下面考虑实矩阵关系

$$\tilde{\boldsymbol{x}}_2^{\mathrm{T}}\boldsymbol{E}\tilde{\boldsymbol{x}}_1=0 \tag{16-14}$$

由于$\tilde{\boldsymbol{x}}_2^{\mathrm{T}}\mathrm{E}$ 是一个 $1\times3$ 的向量，所以该关系可表示为 $\boldsymbol{l}_1\tilde{\boldsymbol{x}}_1=0$。线 $\boldsymbol{l}_1=\tilde{\boldsymbol{x}}_2^{\mathrm{T}}\mathrm{E}$ 是图像 2 中点 $\boldsymbol{x}_2$ 在图像 1 中对应的极线。类似地，能够找到第一个摄像机中点 $\boldsymbol{x}_1$ 在第二幅图像中对应的极线 $\boldsymbol{l}_2$。最后的关系式为

$$\begin{aligned}\boldsymbol{l}_1&=\tilde{\boldsymbol{x}}_2^{\mathrm{T}}E\\ \boldsymbol{l}_2&=\tilde{\boldsymbol{x}}_1^{\mathrm{T}}E^{\mathrm{T}}\end{aligned} \tag{16-15}$$

极点信息也可以通过实矩阵获得。图像 1 中的每条极线均穿过极点$\tilde{\boldsymbol{e}}_1$，所以在极点$\tilde{\boldsymbol{e}}_1$，对于所有的$\tilde{\boldsymbol{x}}_2$有$\tilde{\boldsymbol{x}}_2^{\mathrm{T}}\boldsymbol{E}\,\tilde{\boldsymbol{e}}_1=0$。这就意味着$\tilde{\boldsymbol{e}}_1$必定位于 E 的右零空间(见附录 C.2.7)。类似地，第二幅图像中的极点$\tilde{\boldsymbol{e}}_2$必定位于 E 的左零空间。因此，有以下关系式

$$\begin{aligned}\tilde{\boldsymbol{e}}_1&=\mathbf{null}[\boldsymbol{E}]\\ \tilde{\boldsymbol{e}}_2&=\mathbf{null}[\boldsymbol{E}^{\mathrm{T}}]\end{aligned} \tag{16-16}$$

实际上，极点也可以通过计算实矩阵的奇异值分解 $\mathrm{E}=\boldsymbol{ULV}^{\mathrm{T}}$ 来获得，并将$\tilde{\boldsymbol{e}}_1$设置为 $\mathbf{V}$ 的最后一列，将$\tilde{\boldsymbol{e}}_2$设置为 U 的最后一行来获得。

### 16.2.2 实矩阵的分解

前面我们已经知道实矩阵的定义为： 16.1

$$\boldsymbol{E}=\boldsymbol{\tau}\times\boldsymbol{\Omega} \tag{16-17}$$

其中，$\boldsymbol{\Omega}$ 和 $\boldsymbol{\tau}$ 分别是摄像机 2 坐标系中的点映射到摄像机 1 坐标系中的旋转矩阵和平移向量，$\boldsymbol{\tau}_{\times}$ 是一个源于平移向量的 $3\times3$ 矩阵。

16.3 节将要讨论的问题是如何根据对应点的集合计算实矩阵。现在，我们主要关注如何通过分解已知的实矩阵 $\boldsymbol{E}$ 来获得旋转矩阵 $\boldsymbol{\Omega}$ 和平移向量 $\boldsymbol{\tau}$。这就是所谓的*相对方位*问题。

在某些时候，我们能够准确地计算旋转矩阵，但只能根据一个未知的比例因子来计算平移向量。这种存在的不确定性反映了系统的几何模糊性。单从图像的角度来看，我们还不能准确地判定这些摄像机是相隔较远地观测远距离目标还是紧挨在一起观测一个近距离目标。

为了分解 $\boldsymbol{E}$，可定义矩阵

$$
W=\begin{bmatrix}0 & -1 & 0\\ 1 & 0 & 0\\ 0 & 0 & 1\end{bmatrix} \tag{16-18}
$$

然后进行奇异值分解 $\boldsymbol{E}=\boldsymbol{ULV}^{\mathrm{T}}$。可以选择

$$
\begin{aligned}
\boldsymbol{\tau}_{\times} &= \boldsymbol{ULWU}^{\mathrm{T}}\\
\boldsymbol{\Omega} &= \boldsymbol{UW}^{-1}\boldsymbol{V}^{\mathrm{T}}
\end{aligned} \tag{16-19}
$$

平移向量 $\tau$ 的设置非常便利，该平移向量是在将矩阵 $\boldsymbol{\tau}_{\times}$ 转换为单个矩阵的过程中获取的。

上述分解并不明显，但它很容易通过将 $\boldsymbol{\tau}_{\times}$ 的派生式与 $\boldsymbol{\Omega}$ 相乘产生 $\boldsymbol{E}=\boldsymbol{ULV}^{\mathrm{T}}$ 来进行检查。该方法假设从一个有效的实矩阵开始，而该实矩阵中的前两个奇异值相等，第三个奇异值为 0。如果不是这种情况（由于噪声的影响），那么就能够用 $\boldsymbol{L}'=\mathbf{diag}[1,\ 1,\ 0]$代替 $\boldsymbol{\tau}_{\times}$ 的解 $\boldsymbol{L}$。关于这一分解过程的详细证明，可查阅文献 Hartley 和 Zisserman(2004)。

上述解仅仅是与 $\boldsymbol{E}$ 兼容的 $\boldsymbol{\Omega}$ 和 $\boldsymbol{\tau}$ 的 4 种可能组合中的一个，如图 16-4 所示。这四重不确定性主要是由于针孔模型不能准确区分摄像机后面的目标（不是在实际摄像机中成像）与在摄像机前面的目标。

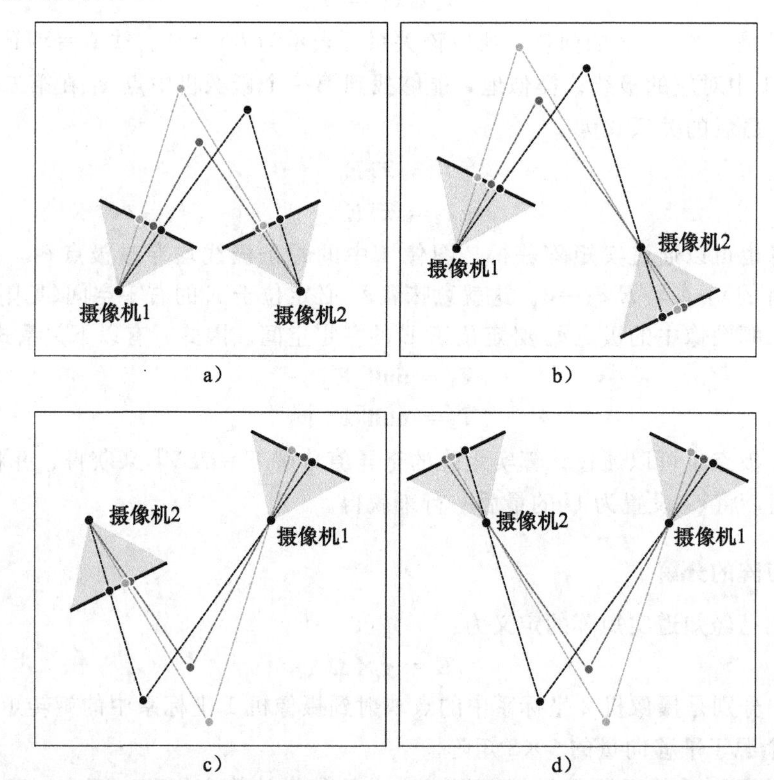


图 16-4　由两个针孔摄像机重构的四重不确定性解。针孔摄像机的数学模型不能区分摄像机前面和后面的点，导致在从实矩阵中提取相对于摄像机的旋转 $\boldsymbol{\Omega}$ 和平移 $\boldsymbol{\tau}$ 时产生四重不确定性解。a）正确的解。点在摄像机的前面。b）不正确的解。图像是相同的，但是点在摄像机 2 的后面。c）不正确的解。点在摄像机 1 后面。d）不正确的解。点在两个摄像机后面

由于缺乏对实矩阵和恢复及转换的了解，所以产生了数字上的部分不确定性。因此，可以通过将平移向量乘以 −1 得到第二个解。不确定性结果的其他部分源于实矩阵分解的模糊性。在分解的过程中可以等价地用 $\boldsymbol{W}$ 替换 $\boldsymbol{W}^{-1}$，从而产生另外两个解。

值得庆幸的是，我们能够利用两幅图像中对应的点对来解决这一模糊性问题。对于每个推断的解，可以用相应的点对来重构其 3D 位置信息(见 14.6 节)。对于 $\boldsymbol{\Omega}$ 和 $\boldsymbol{\tau}$ 的 4 种可能组合中的一个，该点将出现在两个摄像机的前面，这就是正确的解。而在其他三种情况中，该点将出现在 1 个或者 2 个摄像机的后面(如图 16-4 所示)。为了得到一个鲁棒估计，我们将使用大量的对应的点重复该过程，并且我们最终的决策是建立在 4 种解释的整个投票结果基础上的。

## 16.3 基础矩阵

在 16.2 节中，实矩阵的推导使用了标准化摄像机(其中 $\boldsymbol{\Lambda}_1=\boldsymbol{\Lambda}_2=\mathbf{I}$)。对于具有任意内在矩阵 $\boldsymbol{\Lambda}_1$ 和 $\boldsymbol{\Lambda}_2$ 的摄像机，基础矩阵就起到了实矩阵的作用。两个摄像机的通用投影方程为

$$\lambda_1\tilde{\boldsymbol{x}}_1 = \boldsymbol{\Lambda}_1[\mathbf{I},\mathbf{0}]\,\tilde{\boldsymbol{w}}$$
$$\lambda_2\tilde{\boldsymbol{x}}_2 = \boldsymbol{\Lambda}_2[\boldsymbol{\Omega},\boldsymbol{\tau}]\,\tilde{\boldsymbol{w}} \tag{16-20}$$

对于 16.2 节中提到的投影方程，可以使用类似的方法推导出约束条件

$$\tilde{\boldsymbol{x}}_2^{\mathrm{T}}\boldsymbol{\Lambda}_2^{-\mathrm{T}}\mathrm{E}\boldsymbol{\Lambda}_1^{-1}\tilde{\boldsymbol{x}}_1 = 0 \tag{16-21}$$

或者

$$\tilde{\boldsymbol{x}}_2^{\mathrm{T}}\boldsymbol{F}\tilde{\boldsymbol{x}}_1 = 0 \tag{16-22}$$

其中，3×3 矩阵 $\boldsymbol{F}=\boldsymbol{\lambda}_2^{-\mathrm{T}}\mathrm{E}\boldsymbol{\Lambda}_1^{-1}=\boldsymbol{\lambda}_2^{-\mathrm{T}}\boldsymbol{\tau}\times\boldsymbol{\Omega}\boldsymbol{\Lambda}_1^{-1}$ 称为基础矩阵。与实矩阵一样，它的秩也为 2，但与实矩阵不同的是，它具有 7 个自由度。

如果我们已知基础矩阵 $\boldsymbol{F}$，内在参数矩阵 $\boldsymbol{\Lambda}_1$ 和 $\boldsymbol{\Lambda}_2$，那么就可以使用下式恢复实矩阵 E

$$\boldsymbol{E} = \boldsymbol{\Lambda}_2^{\mathrm{T}}\boldsymbol{F}\boldsymbol{\Lambda}_1 \tag{16-23}$$

可以对该式作进一步分解，并通过使用 16.2.2 节中的方法来获得两个摄像机间的相对旋转和平移信息。进而对于摄像机的校准问题，如果我们能够估计基础矩阵，那么就可以找到摄像机之间的相对旋转和平移信息。因此，下面将主要讨论如何计算基础矩阵。

### 16.3.1 基础矩阵的估计

基础矩阵关系(式(16-22))是第一幅和第二幅图像中对应点的约束关系。该约束关系可以通过 $\boldsymbol{F}$ 的 9 个项进行参数化处理。进而如果我们分析对应点的集合，就能观测到这些点之间的相互约束关系，并由此推断出基础矩阵 $\boldsymbol{F}$ 的各项。

可以通过考虑极线的方法来获得基础矩阵的一个合适的代价函数。分别考虑图像 1 和图像 2 中的匹配点对 $\{\boldsymbol{x}_{i1},\boldsymbol{x}_{i2}\}$，每个点都在另一幅图像中引出一条极线：点 $\boldsymbol{x}_{i1}$ 引出图像 2 中的极线 $\boldsymbol{l}_{i2}$，点 $\boldsymbol{x}_{i2}$ 引出图像 1 中的极线 $\boldsymbol{l}_{i1}$。如果基础矩阵是正确的，那么每个点都将准确地位于由对应点在另一幅图像上引出的极线上(如图 16-5 所示)。因此，可以求每个点与在另一幅图像上匹配点预测的极线之间的平方距离的最小值，即

$$\hat{\boldsymbol{F}} = \underset{\boldsymbol{F}}{\operatorname{argmin}}\left[\sum_{i=1}^{I}((\mathrm{dist}[\boldsymbol{x}_{i1},\boldsymbol{l}_{i1}])^2+(\mathrm{dist}[\boldsymbol{x}_{i2},\boldsymbol{l}_{i2}])^2)\right] \tag{16-24}$$

其中二维点 $\boldsymbol{x}=[x,\ y]^{\mathrm{T}}$ 与线 $\boldsymbol{l}=[a,\ b,\ c]$之间的距离为

$$\mathrm{dist}[\boldsymbol{x},\boldsymbol{l}] = \frac{ax+by+c}{\sqrt{a^2+b^2}} \tag{16-25}$$

同样，以闭型形式不可能求出式(16-24)的最小值，我们必须依赖于非线性优化方法。使用 8 点算法为优化方法找到一个好的起始点是可能的。

图 16-5 估计基础矩阵的代价函数。图像 1 中点 $\mathbf{x}_{i1}$ 在图像 2 中引出极线 $\mathbf{l}_{i2}$，当基础矩阵正确时，匹配点 $\mathbf{x}_{i2}$ 将位于极线 $\mathbf{l}_{i2}$ 上。类似地，图像 2 中点 $\mathbf{x}_{i2}$ 在图像 1 中引出极线 $\mathbf{l}_{i1}$，当基础矩阵正确时，点 $\mathbf{x}_{i1}$ 将位于极线 $\mathbf{l}_{i1}$ 上。代价函数是极线和点之间距离的平方和(白色箭头)。它称为对称极线距离

### 16.3.2 8 点算法

16.2 16.3

8 点算法是将对应的二维点转换为齐次坐标，然后以闭型形式求解基础矩阵。该算法并不直接对式(16-24)中的代价函数加以优化，而是最小化代数误差。然而，该问题的解与优化代价函数的值是非常接近的。

在齐次坐标中，图像 1 中第 $i$ 个点 $\mathbf{x}_{i1}=[x_{i1},y_{i1}]^{\mathrm{T}}$ 与图像 2 中第 $i$ 个点 $\mathbf{x}_{i2}=[x_{i2},y_{i2}]^{\mathrm{T}}$ 之间的关系是

$$[x_{i2}\ y_{i2}\ 1]\begin{bmatrix} f_{11} & f_{12} & f_{13} \\ f_{21} & f_{22} & f_{23} \\ f_{31} & f_{32} & f_{33} \end{bmatrix}\begin{bmatrix} x_{i1} \\ y_{i1} \\ 1 \end{bmatrix}=0 \tag{16-26}$$

其中，$f_{pq}$ 代表基础矩阵中的一项。该约束的完整表达式为：

$$x_{i2}x_{i1}f_{11}+x_{i2}y_{i1}f_{12}+x_{i2}f_{13}+y_{i2}x_{i1}f_{21}+y_{i2}y_{i1}f_{22}+y_{i2}f_{23}+x_{i1}f_{31}+y_{i1}f_{32}+f_{33}=0 \tag{16-27}$$

该式还可以表示为内积的形式

$$[x_{i2}x_{i1},x_{i2}y_{i1},x_{i2},y_{i2}x_{i1},y_{i2}y_{i1},y_{i2},x_{i1},y_{i1},1]\mathbf{f}=0 \tag{16-28}$$

其中 $\mathbf{f}=[f_{11},f_{12},f_{13},f_{21},f_{22},f_{23},f_{31},f_{32},f_{33}]$ 是基础矩阵 $\mathbf{F}$ 的矢量形式。

这就为 $\mathbf{F}$ 中的元素提供了一个线性约束。因此，对于已知的 $I$ 个匹配点，能够累积这些约束以形成一个系统

$$\mathbf{Af}=\begin{bmatrix} x_{12}x_{11} & x_{12}y_{11} & x_{12} & y_{12}x_{11} & y_{12}y_{11} & y_{12} & x_{11} & y_{11} & 1 \\ x_{22}x_{21} & x_{22}y_{21} & x_{22} & y_{22}x_{21} & y_{22}y_{21} & y_{22} & x_{21} & y_{21} & 1 \\ \vdots & \vdots & \vdots & \vdots & \vdots & \vdots & \vdots & \vdots & \vdots \\ x_{I2}x_{I1} & x_{I2}y_{I1} & x_{I2} & y_{I2}x_{I1} & y_{I2}y_{I1} & y_{I2} & x_{I1} & y_{I1} & 1 \end{bmatrix}\mathbf{f}=0 \tag{16-29}$$

由于 $\mathbf{f}$ 的元素受比例因子的影响而具有不确定性，所以需要对具有约束条件 $|\mathbf{f}|=1$ 的系统进行求解。这避免了 $\mathbf{f}=0$ 的平凡解。这就是最小方向问题(见附录 C.7.2 节)。利用奇异值分解方法可以得到系统的解 $\mathbf{A}=\mathbf{ULV}^{\mathrm{T}}$ 并将 $\mathbf{f}$ 设置为 $\mathbf{V}$ 的最后一列。可通过重塑 $\mathbf{f}$ 为一个 3×3 矩阵的方法来获得矩阵 $\mathbf{F}$。

基础矩阵具有 8 个自由度(由于比例因子的影响而具有不确定性)，所以我们至少需要 $I=8$ 对点。据此，该算法称为 8 *点算法*。

实际上，在实现该算法时还有一些更需要我们关注的方面：

- 由于数据中具有噪声，所以作为结果的基础矩阵的奇异性约束可能与通常情况下的结果有所出入(也就是，估计矩阵可能是满秩的，而不是 2)。通过对 $\boldsymbol{F}$ 进行奇异性分解再次引入该约束，设置最后的奇异值为 0。这就提供了 FroberIius 范数下最接近的奇异矩阵。
- 由于式(16-29)中一些项像素的平方，其值约为 10 000，还有一些项的值约为 1，因此该式中各项值的差异较大。为了提高解的质量，有必要预规格化数据(见 Hartley 1997)。我们将图像 1 中的点转换为 $\widetilde{\boldsymbol{x}}'_{i1}=\boldsymbol{T}_1\widetilde{\boldsymbol{x}}_{i1}$，并且将图像 2 中的点转换为 $\widetilde{\boldsymbol{x}}'_{i2}=\boldsymbol{T}_2\widetilde{\boldsymbol{x}}_{i2}$。转换 $\boldsymbol{T}_1$ 和 $\boldsymbol{T}_2$ 将各幅图像中点的平均值映射为 0，并且保证在 $x$ 维和 $y$ 维的变量为 1。然后，利用 8 点算法从转换数据计算矩阵 $\boldsymbol{F}'$，并将原始基础矩阵恢复为 $\boldsymbol{F}=\boldsymbol{T}_2^{\mathrm{T}}\boldsymbol{F}'\boldsymbol{T}_1$
- 如果 8 对点 $\boldsymbol{x}_{i1}$，$\boldsymbol{x}_{i2}$ 的三维空间位置处于正常位置，该算法可以正常工作。例如，如果所有点都落在同一个平面，那么该方程式就开始退化，并且也不能得到唯一解。因此，两幅图像中点间的关系可以通过一个单映射关系给出(见第 15 章)。类似地，在没有平移($\boldsymbol{\tau}=\boldsymbol{0}$)的情况下，两幅图像之间的关系也是一个单映射，并且基础矩阵没有唯一解。
- 在后面的非线性优化过程中，也必须保证矩阵 $\boldsymbol{F}$ 的秩为 2。为此，通常需要对基础矩阵重新参数化以保证矩阵 $\boldsymbol{F}$ 的秩为 2。

## 16.4 双视图重构的流程

现在可以将所有的思想汇聚起来并基于从未知位置获取的两幅图像，提出重构静态三维场景的基本步骤，但是需要利用那些已知内在参数的摄像机来捕获图像。可以通过以下步骤来重构三维场景(如图 16-6 和图 16-7 所示)。

1. **计算图像特征**。可以利用某种兴趣点检测算子来获得图像中的显著点，如 SIFT 检测算子(见 13.2.3 节)。

2. **计算特征描述子**。利用低维向量对每幅图像中各个特征周边的区域进行分类。SIFT 描述子就是一个可用的特征描述子(见 13.2.3 节)。

3. **找到初始匹配**。对两幅图像中的特性进行匹配。例如，该过程可以基于两个区域特征描述子之间的平方距离，当该平方距离大于某个预设的阈值时，停止匹配，以使最小化错误匹配。同时，也不应该提取在另一幅图像中最高匹配率和次高匹配率之间的比例接近于 1 的点(建议所选择的匹配方法应该是合理的)。

4. **计算基础矩阵**。利用 8 点算法计算基础矩阵。由于某些匹配很可能是不正确的，所以可以使用鲁棒估计方法，如 RANSAC 方法(见 15.6 节)。

5. **完善匹配**。对特性进行再次匹配，但这次需要充分利用极几何学知识：如果推断的匹配点远离极线，那么该匹配失败。基础矩阵的计算是建立在所有剩余点匹配结果的基础上。

6. **估计实矩阵**。利用式(16-23)从基础矩阵来估计实矩阵。

7. **分解实矩阵**。通过分解实矩阵(见 16.2.2 节)来估计摄像机之间相对旋转和平移等信息(例如，内在参数)。该过程可得到 4 个可行解。

8. **估计 3D 点**。对于每个可行解，利用 14.6 节的线性解决方案来重构点的 3D 坐标。当多数重构点位于两个摄像机之前时，保留摄像机的外在参数。

图 16-6　双视图重构(步骤 1～3)。a～b) 对于同一个静态场景，从两个略微不同的位置捕获的一对静态图像。c～d) 在每个图像中提取 SIFT 特征。可以计算获得每个特征点的区域描述子，这些特征点是该点周边区域的低维特征信息。左边图像和右边图像中的点可以利用一种基于贪婪过程的算法进行匹配。首先选择与最小二乘意义的区域描述子最相似的点对。然后，在剩余的点中选择与描述子最相似的点对。该过程将一直持续直到描述子之间的最小平方距离大于一个阈值时才停止。e～f) 贪婪匹配过程的结果。图中的线表示匹配点之间的偏移量。大部分匹配结果是正确的，但也存在一些明显的异常值

该过程后，可以获得第一幅图像中的一个 $I$ 点集$\{\mathbf{x}_{i1}\}_{i=1}^{I}$、第二幅图像中 $I$ 所对应的点集$\{\mathbf{x}_{i2}\}_{i=1}^{I}$以及与这些点相对应的具有较好初始估计值的三维空间位置信息$\{\mathbf{w}_i\}_{i=1}^{I}$。还有外在参数 $\{\boldsymbol{\Omega},\boldsymbol{\tau}\}$ 的初始估计。现在就可以对代价函数进行优化，

$$\begin{aligned}\hat{\mathbf{w}}_{1\cdots I},\hat{\boldsymbol{\Omega}},\hat{\boldsymbol{\tau}} &= \underset{\mathbf{w},\boldsymbol{\Omega},\boldsymbol{\tau}}{\operatorname{argmax}}\left[\sum_{i=1}^{I}\sum_{j=1}^{2}\log\left[Pr(\mathbf{x}_{ij}\mid\mathbf{w}_i,\boldsymbol{\Lambda}_j,\boldsymbol{\Omega},\boldsymbol{\tau})\right]\right] \\ &= \underset{\mathbf{w},\boldsymbol{\Omega},\boldsymbol{\tau}}{\operatorname{argmax}}\left[\sum_{i=1}^{I}\log\left[\operatorname{Norm}_{\mathbf{x}_{i1}}\left[\mathbf{pinhole}[\mathbf{w}_i,\boldsymbol{\Lambda}_1,\mathbf{I},\mathbf{0}],\sigma^2\mathbf{I}\right]\right]\right. \\ &\qquad \left.+\sum_{i=1}^{I}\log\left[\operatorname{Norm}_{\mathbf{x}_{i2}}\left[\mathbf{pinhole}[\mathbf{w}_i,\boldsymbol{\Lambda}_2,\boldsymbol{\Omega},\boldsymbol{\tau}],\sigma^2\mathbf{I}\right]\right]\right]\end{aligned} \tag{16-30}$$

以便完善这些估计。为此，必须确保要增强$|\boldsymbol{\tau}|=1$和 $\boldsymbol{\Omega}$ 是有效旋转矩阵这一约束(见附录 B)。

图 16-7 双视图重构(步骤 4～8)。基础矩阵可以利用一个鲁棒估计过程(如 RANSAC 方法)来确定。a～b) 剩余数据中具有最大匹配程度的 8 个点。对于每个特征，可在另一个图像中画出极线。在每种情况下，匹配点位于极线上或者接近极线。而最终的基础矩阵能够分解以获得摄像机之间相对旋转和平移的估计信息。c～d) 原始特征点贪婪匹配的结果考虑了核面几何学。当对称极线距离大于一个阈值时，匹配失败。e～f) 计算与第一个摄像机相关的每个特征的 $w$ 坐标(深度)。黑色表示更为接近的特征，而白色表示距离较远的特征。几乎所有的对称极线距离与我们对场景的感官理解是一致的

**最小解**

上述流程是非常初级的，在实际过程中的基础矩阵和实矩阵都可以利用不同的方法进行更有效估计。

例如，基础矩阵具有 7 个自由度，因此仅利用 7 对点就可以对其进行求解。该算法称为 7 点算法。但是该矩阵依赖于 7 个线性约束和一个非线性约束 $\det[\mathbf{F}]=0$，导致该矩阵更为复杂。然而，如果仅仅需要 7 个点，那么利用 RANSAC 方法就可以非常有效地计算一个鲁棒解。

即便使用 7 点算法，效率还是比较低。当已知摄像机的内在参数时，可利用最少 5 点解来计算实矩阵(以及摄像机的相对方位参数)。该过程基于观测对应点的 5 个线性约束和与实矩阵(式(16-12))的 9 个参数相关的非线性约束。该方法具有快速估计 RANSAC 算法上下文以及对非正常结构场景点具有鲁棒性的优点。

## 16.5 校正

上述内容阐述了两幅图像间的稀疏匹配。这些内容或方法可能适用于诸如导航的一些任务，但是如果想要建立一个场景的精确模型，就需要估计图像中每个点的深度。这就是所谓的稠密立体重建。

稠密立体重建算法(见 11.8.2 节和 12.8.3 节)通常假设对应点位于另一幅图像中的同一条水平扫描线上。校正的目标就是对图像对进行预处理以达到上述状态。换句话说，我们需要变换图像使得每一条极线处于水平位置，且与一个点相关联的极线能够落到另一幅图像中该点的同一条扫描线上。下面将阐述这一问题的两种不同解决方法。

### 16.5.1 平面校正

我们注意到当摄像机水平运动，且两幅图像平面均垂直于 $w$ 轴时，极线是水平和对齐的，如图 16-3a 所示。平面校正的关键思想就是对两幅图像进行相应的处理以重建有利的观测条件。可以在两幅图像中采用单应性向量 $\boldsymbol{\Phi}_1$ 和 $\boldsymbol{\Phi}_2$，并利用一种理想的方式使其能够截断各自的光线(如图 16-8 所示)。

16.4

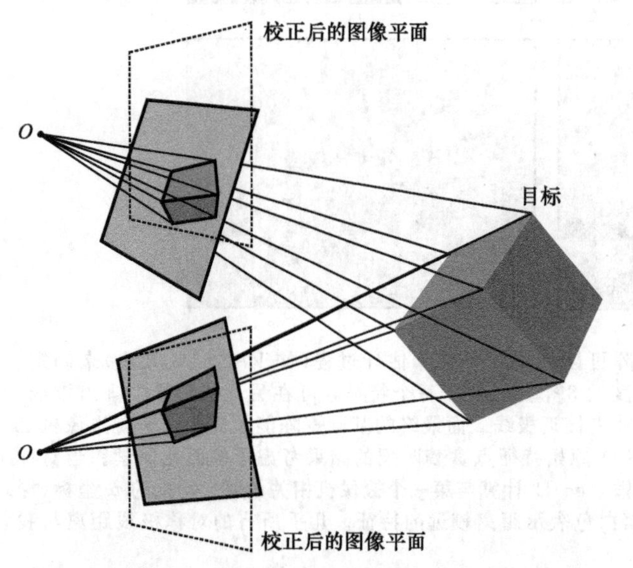


图 16-8 平面校正。深灰色四边形表示观测三维目标的两个摄像机的图像平面。平面校正的目的是变换每个图像平面，使得最终的结构能够再现图 16-3a。经过此变换后，两个图像平面共面，并且摄像机之间的平移平行于该平面。现在极线就是水平和对齐的。由于变换后的平面正好截断各自的射线，所以每个变换都可以利用一个单应性向量来完成

实际上有一族单应性向量能够完成平面校正。一种选择合适向量对的可行方法就是首先对图像 2 进行处理。我们应用一系列变换 $\boldsymbol{\Phi}_2=\boldsymbol{T}_3\boldsymbol{T}_2\boldsymbol{T}_1$，这些变换能够准确地将极点 $\boldsymbol{e}_2$ 移动到无穷远处 $[1,0,0]^{\mathrm{T}}$。

首先将坐标系集中于重点，

$$\boldsymbol{T}_1=\begin{bmatrix}1 & 0 & -\delta_x\\ 0 & 1 & -\delta_y\\ 0 & 0 & 1\end{bmatrix} \tag{16-31}$$

然后围绕该主点为中心旋转图像直到极点位于 $x$ 轴上，

$$\boldsymbol{T}_2=\begin{bmatrix}\cos[-\theta] & -\sin[-\theta] & 0\\ \sin[-\theta] & \cos[-\theta] & 0\\ 0 & 0 & 1\end{bmatrix} \tag{16-32}$$

其中 $\theta=\operatorname{atan2}[e_y,e_x]$ 是极点 $\boldsymbol{e}=[e_x,e_y]$ 的变换角度。最后，利用以下转换将极点变换到

无穷远处。

$$\boldsymbol{T}_3=\begin{pmatrix}1 & 0 & 0\\ 0 & 1 & 0\\ -1/e_x & 0 & 1\end{pmatrix} \tag{16-33}$$

其中 $e_x$ 是在前面两步变换后极点的 $x$ 坐标。

经过上述变换后，第二幅图像中的极点就处于水平方向上的无穷远处。在此图像中的极线必定汇聚于该极点，因此这些极线是平行且水平的。

现在考虑第一幅图像。由于不能保证第一幅图像中的极线与第二幅图像中的极线是对齐的，所以不能简单地使用以上方法。然而，存在一族可行的变换方法能够使该图像中的极线与第二幅图像中的极线是水平且对齐的。而这些变换方法可参数化表示为

$$\boldsymbol{\Phi}_1[\boldsymbol{\alpha}]=(\boldsymbol{I}+\boldsymbol{e}_2\boldsymbol{\alpha}^{\mathrm{T}})\boldsymbol{\Phi}_2\boldsymbol{M} \tag{16-34}$$

其中 $\boldsymbol{e}_2=[1,0,0]^{\mathrm{T}}$ 是第二幅图像中变换后的极点，$\boldsymbol{\alpha}=[\alpha_1,\alpha_2,\alpha_3]^{\mathrm{T}}$ 是从该族中选择的特定变换方式的一个 3D 向量。矩阵 $\boldsymbol{M}$ 来源于 $\boldsymbol{F}=\boldsymbol{SM}$ 中基础矩阵的分解，其中 $\boldsymbol{S}$ 是一个非对称矩阵(见下面的介绍)，式(16-34)中关系的证明可以在文献 Hartley(2004)中找到。

利用一个合理的标准来选择 $\boldsymbol{\alpha}$，以最大限度地减小视差

$$\hat{\boldsymbol{\alpha}}=\underset{\boldsymbol{\alpha}}{\operatorname{argmax}}\left[\sum_{i=1}^{I}(\mathbf{hom}[\boldsymbol{x}_{i1},\boldsymbol{\Phi}_1[\boldsymbol{\alpha}]]-\mathbf{hom}[\boldsymbol{x}_{i2},\boldsymbol{\Phi}_2])^{\mathrm{T}}(\mathbf{hom}[\boldsymbol{x}_{i1},\boldsymbol{\Phi}_1[\boldsymbol{\alpha}]]-\mathbf{hom}[\boldsymbol{x}_{i2},\boldsymbol{\Phi}_2])\right] \tag{16-35}$$

该标准简化了最小二乘问题 $|\boldsymbol{A\alpha}-\boldsymbol{b}|^2$ 的求解，其中

$$\boldsymbol{A}=\begin{pmatrix}x'_{11} & y'_{11} & 1\\ x'_{21} & y'_{21} & 1\\ \vdots & \vdots & \vdots\\ x'_{I1} & y'_{I1} & 1\end{pmatrix} \text{和 } \boldsymbol{b}=\begin{pmatrix}x'_{12}\\ x'_{22}\\ \vdots\\ x'_{I2}\end{pmatrix} \tag{16-36}$$

其中向量 $\boldsymbol{x}'_{ij}=[x'_{ij},y'_{ij}]^{\mathrm{T}}$ 定义为

$$\begin{aligned}\boldsymbol{x}'_{i1}&=\mathbf{hom}[\boldsymbol{x}_{i1},\boldsymbol{\Phi}_2\boldsymbol{M}]\\ \boldsymbol{x}'_{i2}&=\mathbf{hom}[\boldsymbol{x}_{i2},\boldsymbol{\Phi}_2]\end{aligned} \tag{16-37}$$

利用标准方法对最小二乘问题进行求解(见附录 C. 7. 1)。图 16-9 显示了校正后图像的示例。通过这些变换，能够确保对应点处于同一条水平扫描线上，并且也能够进行稠密立体重构处理。

图 16-9 平面校正。图 16-6 和图 16-7 中的图像已经通过利用单应性矩阵的方法进行了校正。校正后，每个点在另一个图像中引出极线，这些极线是水平的，并且位于相同的扫描线上。这就意味着能够确保该匹配处于相同扫描线上。在图中，灰色虚线表示与另一个图像叠加部分的轮廓

**基础矩阵的分解**

前述算法要求矩阵 $\boldsymbol{M}$ 来源于基础矩阵 $\boldsymbol{F}=\boldsymbol{SM}$ 的分解，其中 $\boldsymbol{S}$ 是一个非对称矩阵。求解该问题的一种合适的方法就是计算基础矩阵 $\boldsymbol{F}=\boldsymbol{ULV}^{\mathrm{T}}$ 的奇异值分解。可定义矩阵

$$\boldsymbol{L}'=\begin{pmatrix} l_{11} & 0 & 0 \\ 0 & l_{22} & 0 \\ 0 & 0 & \dfrac{l_{11}+l_{22}}{2} \end{pmatrix} \text{和} \boldsymbol{W}=\begin{pmatrix} 0 & -1 & 0 \\ 1 & 0 & 0 \\ 0 & 0 & 1 \end{pmatrix} \tag{16-38}$$

其中 $l_{ii}$ 表示 $\boldsymbol{L}$ 的对角线上的第 $i$ 个元素。最后，选择

$$\boldsymbol{M}=\boldsymbol{UWL}'\boldsymbol{V}^{\mathrm{T}} \tag{16-39}$$

## 16.5.2　极面校正

16.5.1 节阐述的平面校正方法主要适用于极点远离图像的情况。由于该方法是基于将极点映射到无穷远处的情况，所以当极点位于图像内时，该方法不再适用。如果极点接近于图像，该方法将会在很大程度上使图像产生扭曲。在此情况下，可以使用**极面校正**方法来解决这一问题。

极面校正将非线性扭曲应用于每幅图像，使得对应点能够映射到同一条扫描线上。通过对原始图像进行采样来获得新的图像，第一个新轴为极点之间的距离，第二个新轴为极点之间的角度(如图 16-10 所示)。该方法会严重扭曲图像，但却适用于所有不同配置的摄像机。

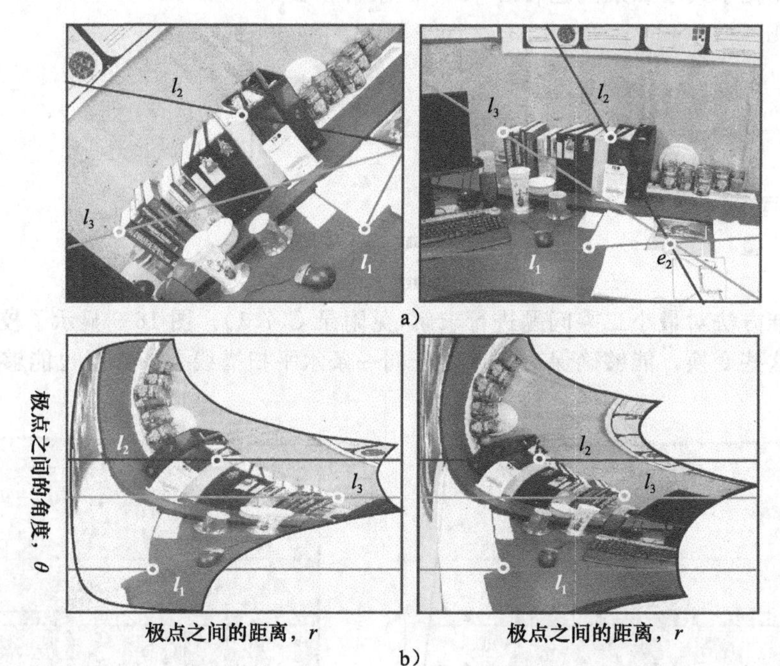


图 16-10　极面校正。当极点在图像内时，平面校正方法不再适用。在这种情况下就需要执行图像的非线性扭曲，其中两个新的维数分别对应于极点之间的距离和角度。这就是所谓的极面校正

在概念层次上，该方法是容易理解的，但在实现过程中应该格外小心。当极点位于图像内，应该保证有一半的极线与另一幅图像中相应部分是对齐的，这点很重要。在此，建议读者在实现该算法前，参阅原著(Pollefeys 等，1999b)。

### 16.5.3 校正后处理

在平面校正或极面校正后，可以利用稠密立体算法计算(见 11.8.2 节和 12.8.3 节)第一幅图像中各点间的水平偏移量与这些点在第二幅图像中的对应点。获得的经典结果如图 16-11 所示。每个点及其匹配点都扭曲回它们的原始位置(即在未校正图像中的位置)。对于每一对二维点，可以利用 14.6 节中的算法计算其深度。

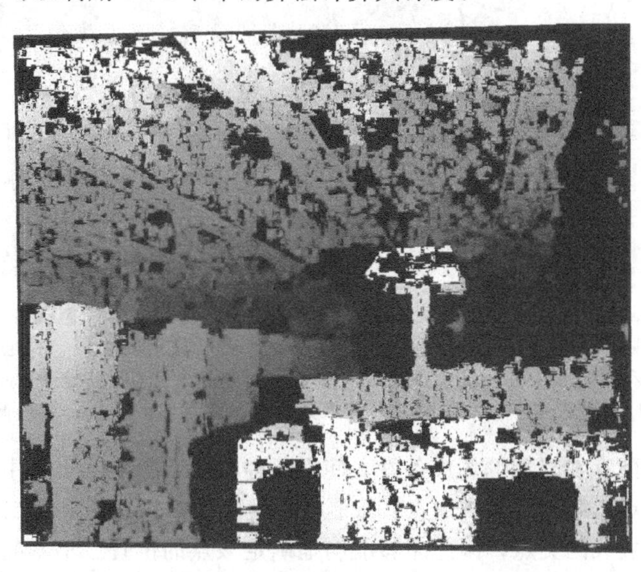

图 16-11 视差。校正后，可以利用稠密立体算法计算每个点的水平偏移量。这里，可以使用 Sizintsev 等(2010)的算法。图像之间的水平位移(视差)使用不同的颜色来表示。黑色区域表示该区域的匹配率较低，或者该场景的相应区域被遮挡。给定水平一致性，撤销校正操作以便获得具有二维偏移量的匹配点的稠密集合。而对于三维位置，可以使用 14.6 节中的方法计算获得

最后，我们希望能够从一个崭新的角度观察该模型。针对双视图情况，一种简单方法就是形成三维三角形网格，并使用一幅图像或者其他图像的信息对该三角形网格进行纹理化处理。如果已经利用立体匹配算法计算了稠密匹配，那么就可以从一个摄像机的视角计算该三角形网格，而该摄像机获得的图像中每个像素具有两个三角形，并且图像平面能够截断深度急剧变化的区域。如果两幅图像间的对应关系仅是稀疏的，那么通常可以利用诸如 Delaunay 三角剖分的方法将图像中的三维点的投影划分为三角形以便形成三角网格，而纹理化的三角网格可以利用标准计算机图形学原理从一个新的角度加以观测。

## 16.6 多视图重构

到目前为止，我们已经讨论了基于一个场景的两个视图的重构问题。当然，通常情况下都有两个以上的视角。例如，可以利用单个移动摄像机获得的视频帧序列建立一个三维模型，或者相当于利用一个固定摄像机观测一个按规定移动的目标所获得的视频帧序列(如图 16-12 所示)。这一问题通常被称为*运动结构*或者*多视图重构*。

该问题在概念上非常类似于前述的两个摄像机的情况。而且，这些问题的解决最终依赖于非线性优化，在此过程中，可以对摄像机的位置和三维点进行处理使得二次投影误差最小(见式(16-2))，因此使得模型的似然最大化。然而，多视图重构也带来了一些新的问题。

首先，如果存在大量的由同一摄像机拍摄的帧图像，那么就有足够的约束条件来估计

其内在参数。使用合理的值对摄像机矩阵进行初始化，并将其加入最终的优化过程中。该过程称为自动校准。其次，由于临近帧之间的变化变小，且二维图像的特征也较为容易跟踪，因此能够很容易地在视频片段中获取匹配点信息。然而，在任意给定帧中经常有一些点被遮挡，所以必须要对什么时间出现了哪些点加以跟踪(如图 16-12f 所示)。

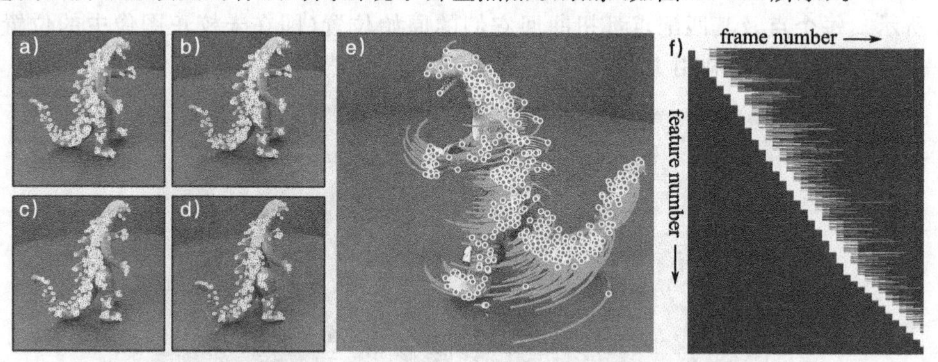


图 16-12　由运动到结构的多帧。目的是从移动摄像机观测静态目标或者静态摄像机观测移动目标所获得的连续视频流信息中构建三维模型。a～d) 计算每帧中的特征，并通过视频流跟踪特征。e) 当前帧和历史帧中的特征。f) 在每个新帧中，确定并跟踪大量新的特征，直到这些特征被遮盖或者对应点消失。在本图中，白色像素表示帧中存在的特征，黑色像素表示缺失的特征

再次，特征匹配存在附加的约束条件，使得很容易在点的匹配集合中去除异常值。对于在 3 个帧中的匹配点，第三个帧中的点被限制在第一帧中的极线上和第二帧中的另一条极线上：该点处于两条极线的交点，因此能够准确地确定该点的位置。不幸的是，当两条预测极线相同，且两者之间没有唯一的交点时，该方法不再适用。因此，第三个视图的位置实际上是使用另一种不同的方法计算得出的。正如推导约束两个视图之间匹配点位置的基础矩阵关系，也可以推导约束 3 幅图像之间位置的闭型关系。与基础矩阵类似的三视图矩阵称为三焦点张量。该矩阵可以根据第一幅和第二幅图像中已知的位置信息，甚至在极线是平行的情况下，预测该点在第三幅图像中的位置。同理，在 4 幅图像中也存在能够通过四焦点张量来捕获的图像之间的关系，但不存在 $J>5$ 幅图像中点之间的关系。

最后，能够采用新的方法对未知数量进行初始估计。通过计算邻近帧之间的变化并将它们链接成为帧序列的方法来获得摄像机位置初始估计值的方法可能是不实际的，因为邻近帧之间的变化可能非常小，导致不能可靠地估计摄像机的运动和帧序列的累积误差。而且，难以保持尺寸的一致性估计。为此，一些能够同时提供所有摄像机位置和三维点的初始估计的新方法相继问世。其中有些方法基于矩阵分解，而这些矩阵包含跟踪整个视频的每个点$(x, y)$的位置信息。

**光束平差法**

在获得三维位置(结构)和摄像机位置(移动)的初始估计值后，必须再次利用一个大规模的非线性优化过程来调节这些参数。对于 $J$ 帧中的 $I$ 跟踪点，问题可表示为

$$\begin{aligned}\hat{\boldsymbol{\theta}} &= \underset{\boldsymbol{\theta}}{\operatorname{argmax}}\left[\sum_{i=1}^{I}\sum_{j=1}^{J}\log\left[Pr(\mathbf{x}_{ij}\mid \mathbf{w}_i,\boldsymbol{\Lambda},\boldsymbol{\Omega}_j,\boldsymbol{\tau}_j)\right]\right]\\ &= \underset{\boldsymbol{\theta}}{\operatorname{argmax}}\left[\sum_{i=1}^{I}\sum_{j=1}^{J}\log\left[\operatorname{Norm}_{\mathbf{x}_{ij}}\left[\mathbf{pinhole}[\mathbf{w}_i,\boldsymbol{\Lambda},\boldsymbol{\Omega}_j,\boldsymbol{\tau}_j],\sigma^2\mathbf{I}\right]\right]\right]\end{aligned}\tag{16-40}$$

其中 $\boldsymbol{\theta}$ 包含未知点 $\{\mathbf{w}_i\}_i^I$、内在参数矩阵 $\boldsymbol{\Lambda}$ 和外在参数 $\{\boldsymbol{\Omega}_j,\boldsymbol{\tau}_j\}_j^J$ 。该优化问题称为欧氏光

束平差法。针对双视图的情况，有必要使用某种方法来限制解决方案的总体规模。

一种解决该优化问题的方法是使用一种相互交互方法。首先需要提高每个外在参数 $\{\boldsymbol{\Omega}_j,\boldsymbol{\tau}_j\}$ 集合的似然对数(如果未知，可以是内在参数矩阵 $\boldsymbol{\Lambda}$)，然后更新每个三维位置 $\boldsymbol{w}_i$。这称为后方交会-前方交会。有趣的是该方法每次只能够优化参数中的一个子集。然而，这种坐标上升算法是低效的，无法通过同时改变参数以获得较大效益。

进一步，我们注意到代价函数建立在正态分布的基础上，因此可以采用最小二乘形式将其重写为：

$$\hat{\boldsymbol{\theta}} = \underset{\boldsymbol{\theta}}{\operatorname{argmin}}[\boldsymbol{z}^{\mathrm{T}}\boldsymbol{z}] \tag{16-41}$$

其中，向量 $\boldsymbol{z}$ 包含观测的特征位置 $\boldsymbol{x}_{ij}$ 与模型利用当前参数预测的位置 $\mathbf{pinhole}[\boldsymbol{w}_i,\boldsymbol{\Lambda},\boldsymbol{\Omega}_j,\boldsymbol{\tau}_j]$ 之间的平方差。

$$\boldsymbol{z} = \begin{pmatrix} \boldsymbol{x}_{11} - \mathbf{pinhole}[\boldsymbol{w}_1,\boldsymbol{\Lambda},\boldsymbol{\Omega}_1,\boldsymbol{\tau}_1] \\ \boldsymbol{x}_{12} - \mathbf{pinhole}[\boldsymbol{w}_1,\boldsymbol{\Lambda},\boldsymbol{\Omega}_2,\boldsymbol{\tau}_2] \\ \vdots \\ \boldsymbol{x}_{IJ} - \mathbf{pinhole}[\boldsymbol{w}_I,\boldsymbol{\Lambda},\boldsymbol{\Omega}_J,\boldsymbol{\tau}_J] \end{pmatrix} \tag{16-42}$$

高斯-牛顿法(见附录 B. 2. 3 节)是专门解决这种类问题的方法，并可利用下式更新参数中的当前估计 $\boldsymbol{\theta}^{[t]}$

$$\boldsymbol{\theta}^{[t]} = \boldsymbol{\theta}^{[t-1]} + \lambda(\boldsymbol{J}^{\mathrm{T}}\boldsymbol{J})^{-1}\frac{\partial f}{\partial \boldsymbol{\theta}} \tag{16-43}$$

其中，$\boldsymbol{J}$ 是雅可比矩阵。$\boldsymbol{J}$ 中的第 $m$ 行和第 $n$ 列上的项包含 $\boldsymbol{z}$ 中第 $m$ 个元素关于参数向量 $\boldsymbol{\theta}$ 的第 $n$ 个元素的导数。

$$\boldsymbol{J}_{mn} = \frac{\partial z_m}{\partial \theta_n} \tag{16-44}$$

在实际运动问题的结构中，可能有成千上万个场景点，每个点有 3 个未知数，还有成千上万个摄像机位置，每个位置有 6 个未知数。在优化的每个阶段，必须要对 $\boldsymbol{J}^{\mathrm{T}}\boldsymbol{J}$ 进行转置，$\boldsymbol{J}^{\mathrm{T}}\boldsymbol{J}$ 是一个维数与未知数数量相等的方阵。当未知数的数量很大时，该矩阵的转置需要较大的代价。

然而，可以利用 $\boldsymbol{J}^{\mathrm{T}}\boldsymbol{J}$ 的稀疏结构来构建一个实际系统。这种稀疏性源于每个平方误差项不依赖于每个未知数。每个观测的二维点都存在一个误差项，该误差项仅取决于与之相关的三维点、内在参数以及帧中摄像机的位置信息。

为利用这一结构，将雅可比矩阵中的元素排序为 $\boldsymbol{J} = [\boldsymbol{J}_w,\boldsymbol{J}_{\boldsymbol{\Omega}}]$，其中 $\boldsymbol{J}_w$ 包含与未知点 $\{\boldsymbol{w}_i\}_{i=1}^{I}$ 相关的项，而 $\boldsymbol{J}_{\boldsymbol{\Omega}}$ 包含与未知摄像机位置 $\{\boldsymbol{\Omega}_j,\boldsymbol{\tau}_j\}_{j=1}^{J}$ 相关的项。出于教学考虑，假设摄像机内在参数矩阵 $\boldsymbol{\Lambda}$ 是已知的，因此雅可比矩阵中没有项。该矩阵可以转置为

$$\boldsymbol{J}^{\mathrm{T}}\boldsymbol{J} = \begin{pmatrix} \boldsymbol{J}_w^{\mathrm{T}}\boldsymbol{J}_w & \boldsymbol{J}_w^{\mathrm{T}}\boldsymbol{J}_{\boldsymbol{\Omega}} \\ \boldsymbol{J}_{\boldsymbol{\Omega}}^{\mathrm{T}}\boldsymbol{J}_w & \boldsymbol{J}_{\boldsymbol{\Omega}}^{\mathrm{T}}\boldsymbol{J}_{\boldsymbol{\Omega}} \end{pmatrix} \tag{16-45}$$

从该矩阵可以看出，矩阵左上角和右下角的子矩阵位于对角线上(表明不同点之间不会相互影响，且不同摄像机的参数间也不会相互影响)。因此，这两个子矩阵可以高效地转置。可利用附录 C. 8. 2 节中的舒尔补集关系来降低大矩阵转置过程的复杂度。

以上内容只是光束平差算法的概述。在实际系统中，可利用 $\boldsymbol{J}^{\mathrm{T}}\boldsymbol{J}$ 中的额外稀疏信息，应用诸如 Levenberg-Marquardt 等更为复杂的优化方法，以及应用鲁棒代价函数来降低异常值的影响。

## 16.7　应用

首先简单描述基于视频帧序列重构三维网格模型的经典方法。然后讨论一个从因特网搜索引擎收集的图像中提取场景的三维信息的系统，并利用这些信息协助图像集的浏览。最后，讨论捕获三维目标的多摄像机系统，该系统能够利用立体表示，并可利用马尔可夫随机场模型进行平滑重构。

### 16.7.1　三维重构

文献 Pollefeys 和 Van Gool(2002)提出了一个构建三维模型的完整流程，该方法能够从未校准的手持摄像机获得的图像序列中构建三维模型(如图 16-13 所示)。方法的第一阶段是计算每幅图像中的特征点。当这些图像数据是由独立的静态图像组成时，这些特征点将在图像之间进行匹配。当这些图像数据是由连续的视频帧组成时，就可以在帧之间跟踪它们。在这两种情况下，都可以获得一个潜在对应关系的稀疏集。可以利用一个鲁棒过程来估计多视图关系，并且该过程也可用于消除对应点集合的异常值。

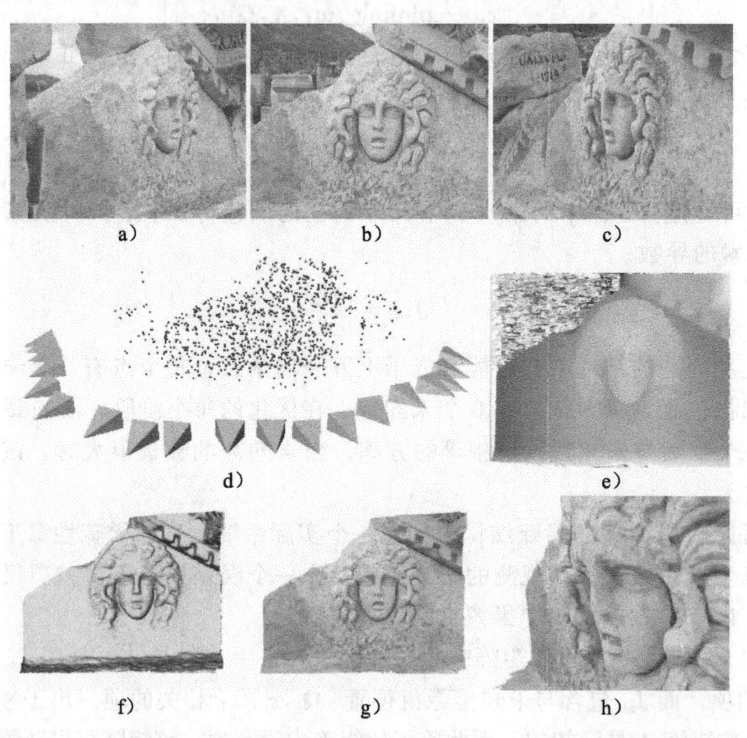

图 16-13　三维重构。a～c) 在美杜莎雕像周边移动的摄像机所捕获的 20 秒视频帧序列。每个第 20 个帧都用于三维重构，这里只显示了其中的 3 个帧。d) 光束平差法后的稀疏重构(点)和估计的摄像机位置(金字塔)。e) 稠密立体匹配后的深度图。f) 三维网格的阴影模型。g～h) 三维网格模型纹理化的两个视图。改编自文献 Pollefeys 和 Van Gool(2002)。© 2002 Wiley

为估计摄像机的运动，选择两幅图像，计算投影重构(即，由于摄像机的固有参数未知，导致利用三维投影变换的重构具有一定的模糊性)。而对于其他图像，摄像机的方位是相对于该重构问题来确定的，因此该重构也能够得以完善。通过这种方式，将不具有共同特征的两幅视图与两个原始帧进行合并是可能的。

随后，利用光束平差法最小化二次投影误差，以便获得更为准确的摄像机位置和三维空间点的估计值。在该阶段，由于投影的不确定性导致重构也具有不确定性，而此时的重构只是利用特定方法(见文献 Pollefeys 等，1999a)计算内在参数的初始估计。最后，利用一种全光束调整方法，它同时调整内在参数、摄像机位置和场景三维结构的估计。

校正连续的图像对，利用多分辨动态编程技术计算视差的稠密集。给定该密集的对应关系，就可以从两个摄像机图像的点中计算三维场景的估计。通过利用 Kalman 滤波器将所有这些独立估计进行融合处理来计算相对于参考帧的三维结构的最终估计。(见第 19 章)

对于相对简单的场景，可以根据参考帧深度图的数值，将三角形的顶点放在三维空间中来计算三维网络。相关联的纹理图能够从一个或者更多的原始图像中恢复出来。对于更为复杂的场景，单一的参考帧是不够的，因此从不同的参考帧计算多个网格，并且将它们融合在一起。图 16-13g-h 显示了土耳其萨迦拉索斯古遗址地区的美杜莎(Medusa)头部的纹理三维模型。关于这一重构的详细步骤请参阅文献 Pollefeys 等(2004)。

### 16.7.2　图片浏览

Snavely 等(2006)提出一个能够浏览因特网上图片集的系统。可以通过在每个图像中定位 SIFT 特征，并通过 8 点算法计算基础矩阵的方法在图像对中寻找对应点集来创建对象的稀疏三维模型。

然后，将应用光束方差法估计摄像机位置和场景的稀疏三维模型(如图 16-14a 所示)。该优化过程从单个图像对开始，然后逐步包含被当前重构覆盖的图像，并在每个阶段“重新集束”。在该步骤中，也估计每个摄像机的内在参数。但为简化该过程，假设投影中心和图像中心保持一致，斜交为 0，像素为方形，并有一个焦距参数。在优化过程中，利用图像中的 EXIF 标记信息进行初始化。光束方差法是一个漫长的过程。对于 NotreDame 模型，它利用 2635 个图片来计算这一模型，最终包含了 597 幅图像，该过程花费了两个星期的时间。然而，最近提出了更多的重构因特网图片的方法，例如 Frahm 等(2010)提出了一种更快的方法。

a)

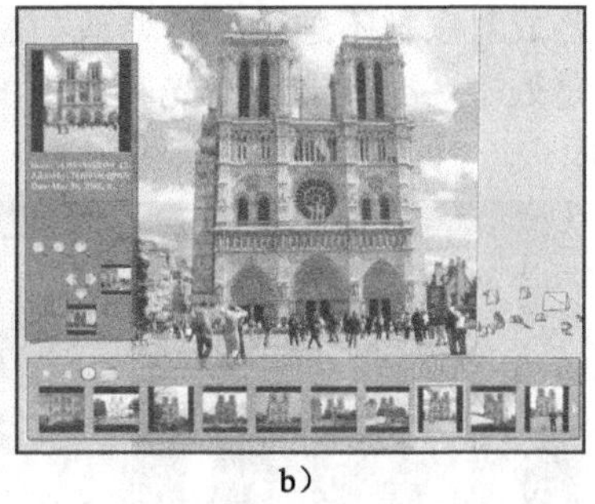

b)

图 16-14　图片浏览。a) 从来自因特网的图片集计算对象的稀疏三维模型，并估计摄像机的相对位置。b) 该三维模型可作为基础界面，利用该界面提供探索在三维空间中将图片从一个图像移动到另一个图像的图片集收集的新方法。改编自文献 Snavely 等(2006)。© 2006 ACM

可以利用场景的稀疏三维模型创建一个浏览图片集的工具集。例如，它可能

- 基于三维渲染来选择一个特定的视图(如图 16-14 所示)。
- 找到类似于当前视图对象的图像。
- 从当前位置的左边或右边检索对象的图像(有效地围绕在对象的周边)。
- 从接近或远离对象的相似视角寻找图像(放大/缩小对象)。
- 标注对象并将这些标注转移到其他图像上。

Snavely 等(2008)年扩展了该系统从而允许与图像空间更自然的交互。例如，在该系统中，可以通过扭曲原始图片的方式来光滑地围绕在对象的周边，这类似于通过空间来定义一个光滑的路径。

### 16.7.3 立体图割

在 16.7.1 节中阐述的重构步骤中存在一个潜在的缺陷，即它需要从不同视角计算的对象多网格的合并。Vogiatzis 等(2007)提出了一个系统，该系统使用深度的立体表示来避免这一问题。换句话说，我们希望重建的三维空间可分为一个三维栅格，每个组成元素(体素)被简单标记为对象的内在或外在元素。因此，重建可视为三维空间的二值分割。

利用标准光束平差法计算摄像机的相对位置。然而，重构问题现在涉及包含两项的能量函数，并利用图割方法进行优化。首先，存在将每个体素标记为前景或背景的占用代价。其次，存在体素处于两个区域的交界处的不连续代价。下面将详细阐述这些方面。

如果一个体素不在图像对象的轮廓范围内(即该点不在可视外壳内)，则标记该体素为对象内在点的代价被设置为一个较大的数值。相反，假设外壳上的显著点没有超出离可视外壳的一个固定距离，如果接近可视外壳中心的体素被标记在目标之外，那么就将赋予一个较高的代价。对于剩下的体素，设置为独立于数据的代价以使得这些体素成为对象的一部分，并且产生计算图割解的收缩偏差的膨胀趋势，这将在对象与其周边空间之间的演变上花费一定的代价。

处于对象边界的不连续代价依赖于体素的光一致性。如果一个体素在所有的摄像机中都投影于一个具有相似 RGB 值的位置，那么这个体素就被视为具有光一致性。当然，为了对其进行评估，必须估计对这些点可视的摄像机集合。解决这一问题的方法是利用可视外壳来近似对象的形状。然而，Vogiatzis 等(2007)提出了一个更复杂的方法，在该方法中，基于体素与其他图像之间的相关性模式，每个摄像机为该体素的光一致性投票。

现在最终的优化问题采用一元占用代价与使最终体素标签字段平滑的成对项之和的形式来表示。这些成对项被不连续代价修改(在图割中使用测地距离的例子)，这样由前景转换到背景更像是处于一个具有较高光一致性的区域。图 16-15 就是使用该方法计算立体三维模型的例子。

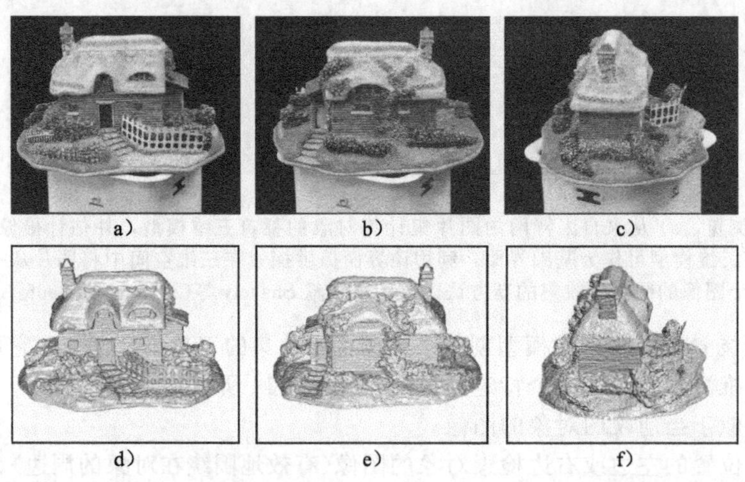


图 16-15 立体图割。a～c) 用于构建三维模型的 3 个原始图像。d～f) 类似视角的结果模型。改编自 Vogiatzis 等(2007)。© 2007 IEEE

## 讨论

本章没有引入任何新模型，而是探讨了多投影针孔摄像机的分支技术。现在可以利用这些思想从具有良好光学特性的刚体的图像序列重构三维模型。然而，更一般情况下的三维重构仍然是一个开放的研究问题。

## 备注

**多视图几何学**：关于多视图几何学的更多信息可参阅 Faugeras 等(2001)，Hartley 和 Zisserman(2004)，以及 Ma 等(2004)的工作，以及 Pollefeys(2002)的在线辅导。关于多视图关系的总结是由 Moons(1998)提出的。

**实矩阵和基础矩阵**：实矩阵由 Longuet-Higgins(1981)提出，而该矩阵的属性是由 Huang 和 Faugeras(1989)、Horn(1990)，以及 Maybank(1998)研究的。基础矩阵由 Faugeras(1992)、Faugeras 等(1992)，以及 Hartley(1992)，(1994)讨论。计算实矩阵的 8 点算法由 Longuet-Higgins(1981)提出。Hartley(1997)提出了一种能够调整 8 点算法的方法，以提高计算的准确性。计算基础矩阵的 7 点算法的细节内容可以在 Hartley 和 Zisserman(2004)中找到。Nistér(2004)和 Stewénius 等(2006)提出能够解决相对方位问题的方法，该方法能够直接用于摄像机之间的五点通信。

**校正**：本书描述的平面校正算法来源于 Hartley 和 Zisserman(2004)提出的算法。与平面校正相关的其他算法可以在 Fusiello(2000)、Loop 和 Zhang(1999)和 Ma 等(2004)中找到。极面校正方法出自于 Pollefeys 等(1999)。

**特征和特征追踪**：本章中描述的算法依赖于图像中独立点的计算。通常，可以利用 Harris 角点检测算子(Harris and Stephens 1988)或者 SIFT 检测算子(Lowe 2004)提取特征点。关于如何计算这些点的详细讨论可以参阅 13.2 节。而在平滑视频帧序列中追踪这些点的方法(而不是用宽基线跨越视图对它们进行匹配)在 Lucas 和 Kanade(1981)、Tomasi 和 Kanade(1991)，以及 Shi 和 Tomasi(1994)中有详细的讨论。

**重构**：Fitzgibbon 和 Zisserman(1998)、Pollefeys 等(2004)、Brown 和 Lowe(2005)，以及 Agarwal 等(2009)中已经描述了基于刚体图像集来计算三维结构。Newcombe 和 Davison(2010)近来提出一个以交互速度运行的系统。该领域的综述可参照 Moons 等(2009)。

**因子分解**：Tomasi 和 Kanade(1992)基于因子分解提出了投影矩阵和图像集合中三维点的精确 ML 解。该 ML 解假设投影过程是一个仿射变换(全针孔模型的简化)，并且每个点在每幅图像均为可见。Sturm 和 Triggs(1996)提出了一种类似的方法，该方法可应用于全投影摄像机中。Buchanan 和 Fitzgibbon(2005)讨论了当完整的数据集不可用时该问题的解决方法。

**光束方差法**：光束方差法是一个复杂问题，相关的理论知识可以在 Triggs 等(1999)的文献中查阅。Engels 等(2006)提出一种实时的光束平差法，该方法使用视频帧中的临时子窗口来实现。最新的光束平差法采用了共轭梯度优化策略(参阅 Byröd 和 Åström，2010；Agarwal 等，2010)。Lourakis 和 Argyros(2009)完成了光束方差法的公共实现。Jeong 和(2010)提出了一个前沿的系统，并且使用多核处理的最新方法也相继被有关学者所提出(Wu 等，2011)。

**多视图重构**：第 11 章和第 12 章中的立体算法计算了一幅或两幅输入图像中每个像素的

深度估计。另一种策略使用图像形状的独立表达。这种表达的实例包括体素占用网格(Vogiatzis 等，2007；Kutulakos 和 Seitz，2000)、水平集(Faugeras 和 Keriven，1998；Pons 等，2007)，以及多边形网格(Fua 和 Leclerc，1995；Hernández 和 Schmitt，2004)。很多多视图重构技术也是在最终解(例如，Sinha 和 Pollefeys，2005；Sinha 等，2007；Kolev 和 Cremers，2008)上加强轮廓的限制(见 14.7.2 节)，关于多视图重构技术的综述可参阅 Seitz 等(2006)。

## 习题

16.1 简述图 16-17a 中图像的极线模式。

16.2 证明外积关系可以写成矩阵乘积的形式

$$\mathbf{a}\times\mathbf{b}=\begin{bmatrix}0 & -a_3 & a_2\\ a_3 & 0 & -a_1\\ -a_2 & a_1 & 0\end{bmatrix}\begin{bmatrix}b_1\\ b_2\\ b_3\end{bmatrix}$$

16.3 考虑图 16-16。根据观测图像位置 $\mathbf{x}_1$、$\mathbf{x}_2$，旋转 $\boldsymbol{\Omega}$，以及摄像机之间的位移 $\boldsymbol{\tau}$，写出三维向量 $\mathbf{O}_1\mathbf{O}_2$、$\mathbf{O}_1\mathbf{w}$、$\mathbf{O}_2\mathbf{w}$ 的方向。向量的尺度没有特殊要求。

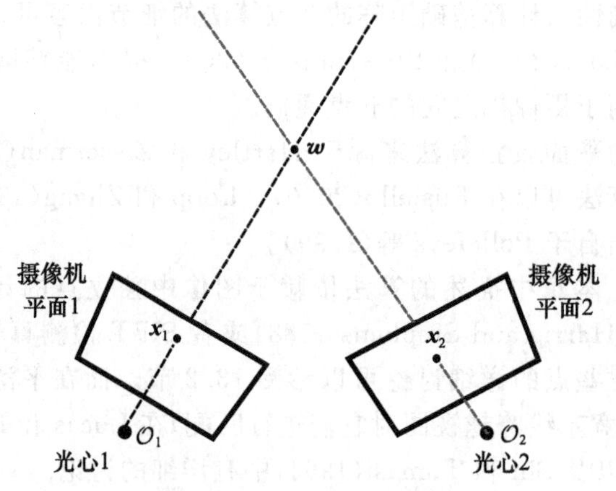


图 16-16 习题 16.3 的图

你找到的三个向量必须共面的。3 个三维向量 $\mathbf{a}$、$\mathbf{b}$、$\mathbf{c}$ 共面的准则可以写成 $\mathbf{a}\cdot(\mathbf{b}\times\mathbf{c})=0$。使用这一准则来获得实矩阵。

16.4 一位愚钝的计算机视觉教授写道：

“实矩阵是一个 3×3 矩阵，该矩阵关联同一场景两幅图像间的图像坐标。该矩阵包含 8 个独立的自由度(尺度是不确定的)，其秩为 2。如果已知两个摄像机的内在参数矩阵，那么就可以利用实矩阵准确地恢复摄像机间的旋转和平移”。

修改该命题中不正确的地方，使其正确。

16.5 实矩阵关联两个摄像机之间的点，使得

$$\mathbf{x}_2^{\mathrm{T}}\mathrm{E}\mathbf{x}_1=0$$

其中

$$\mathrm{E}=\begin{bmatrix}0 & 0 & 10\\ 0 & 0 & 0\\ -10 & 0 & 0\end{bmatrix}$$

在图 2 中对应于点 $x_1=[1,-1,1]$ 的极线是什么？在图 2 中对应于点 $x_1=[-5,-2,1]$ 的极线是什么？在图像 2 中确定极点的位置。你能够说出关于摄像机移动的

相关理论吗？

16.6　证明可以通过对分解表达式(式(16-19))中的项进行乘积为 $E=\boldsymbol{\tau}\times\boldsymbol{\Omega}$ 的方式来恢复实矩阵。

16.7　推导基础矩阵关系

$$\tilde{\boldsymbol{x}}_2^{\mathrm{T}}\boldsymbol{\Lambda}_2^{-\mathrm{T}}\mathrm{E}\boldsymbol{\Lambda}_1^{-1}\ \tilde{\boldsymbol{x}}_1 = 0$$

16.8　打算利用 8 点算法计算基础矩阵。不幸的是，数据集含有 30% 的异常数据。RANSAC 算法需要经过多少次迭代才能够达到 99%的准确率(即，依据 8 个内在参数至少计算一次基础矩阵)？如果使用 7 点算法需要经过多少次迭代？

16.9　已知关于图像 1 和图像 3 的基础矩阵 $\boldsymbol{F}_{13}$ 以及关于图像 2 和图像 3 的基础矩阵 $\boldsymbol{F}_{23}$，现已知图像 1 和图像 2 中的对应点 $\boldsymbol{x}_1$、$\boldsymbol{x}_2$。请写出图像 3 中对应点位置的公式。

16.10　Tomasi-Kanade 因子分解。在正交摄相机中(见图 14-19)映射过程可写为

$$\begin{pmatrix} x \\ y \end{pmatrix} = \begin{pmatrix} \phi_x & \gamma & \delta_x \\ 0 & \phi_y & \delta_y \end{pmatrix} \begin{pmatrix} \omega_{11} & \omega_{12} & \omega_{13} & \tau_x \\ \omega_{21} & \omega_{22} & \omega_{23} & \tau_y \\ 0 & 0 & 0 & 1 \end{pmatrix} \begin{pmatrix} u \\ v \\ w \\ 1 \end{pmatrix} = \begin{pmatrix} \pi_{11} & \pi_{12} & \pi_{13} \\ \pi_{21} & \pi_{22} & \pi_{23} \end{pmatrix} \begin{pmatrix} u \\ v \\ w \end{pmatrix} + \begin{pmatrix} \tau_x' \\ \tau_y' \end{pmatrix}$$

或者用矩阵的形式表示

$$\boldsymbol{x} = \prod \boldsymbol{w} + \boldsymbol{\tau}'$$

现在考虑一个包含图像 $I$ 中点 $J$ 位置$\{\boldsymbol{x}_{i,j}\}_{i,j=1}^{I,J}$的数据矩阵 $\boldsymbol{X}$，使得

$$\boldsymbol{X} = \begin{pmatrix} \boldsymbol{x}_{11} & \boldsymbol{x}_{12} & \cdots & \boldsymbol{x}_{iJ} \\ \boldsymbol{x}_{21} & \boldsymbol{x}_{22} & \cdots & \boldsymbol{x}_{2J} \\ \vdots & \vdots & \ddots & \vdots \\ \boldsymbol{x}_{I1} & \boldsymbol{x}_{I2} & \cdots & \boldsymbol{x}_{IJ} \end{pmatrix}$$

其中 $\boldsymbol{x}_{i,j} = [x_{ij}, y_{ij}]^{\mathrm{T}}$ 。

(i) 证明矩阵 $\boldsymbol{X}$ 可写成以下形式

$$\boldsymbol{X} = \boldsymbol{PW} + \boldsymbol{T}$$

其中 $\boldsymbol{P}$ 包含所有 $I$ 的 3×2 映射矩阵$\{\boldsymbol{\Pi}_i\}_{i=1}^{I}$，$\boldsymbol{W}$ 包含所有 $J$ 的三维位置$\{\boldsymbol{w}_j\}_{j=1}^{J}$，$\boldsymbol{T}$ 包含所有的平移向量$\{\boldsymbol{\tau}'_i\}_{i=1}^{I}$。

(ii) 设计一个从 $\boldsymbol{X}$ 中恢复矩阵 $\boldsymbol{P}$、$\boldsymbol{W}$ 和 $\boldsymbol{T}$ 的算法。分析算法的解是否唯一？

16.11　图 16-17b 显示了一个具有非零项结构的雅可比矩阵。画出与矩阵 $\boldsymbol{J}^{\mathrm{T}}\boldsymbol{J}$ 中非零项结构等价的图像。阐述如何使用舒尔补集关系高效地对该矩阵进行转置。

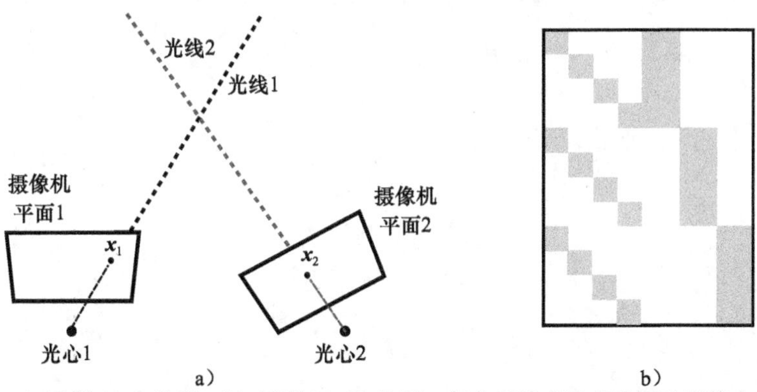


图 16-17　a) 习题 16.1 的图。b) 习题 16.11 的图。灰色区域表示在雅可比矩阵中的非零项

## 第六部分



# 视觉模型

本书的最后部分将讨论计算机视觉的4族模型。这些模型是前9章中阐述的学习和推理技术的直接应用，很少有新的理论知识。尽管如此，这些内容能够解决一些最为重要的机器视觉应用问题：形状建模、人脸识别、跟踪以及目标识别等。

第17章讨论描述目标形状特征的模型。形状信息有助于对目标进行准确定位和分割。此外，形状模型还可以与RGB值的模型相互结合，为观测数据提供更准确的依据。

第18章研究能够区分目标个体及其类型的模型，这类方法的典型应用之一就是人脸识别。这里的目标是构建数据的生成模型，而该模型能够从那些由姿态、表情和灯光产生的不相关的图像变化中提取出个体的关键信息。

第19章讨论一族能够通过时间序列来追踪可视目标的模型。这些模型本质上是基于约束的图像模型，这些约束与第11章中描述的约束有些类似，但也存在两个主要差异。首先，我们主要关注那些未知变量，并且这些变量是连续的，而不是离散的。其次，我们每次仅是基于历史信息做出相应的决策，并没有从整个序列中获益。

最后，第20章将阐述目标和场景的识别。在本章中有一个重要的发现：一个好的目标识别过程可以使用离散表达来实现，其中图像可描述为一个视觉词非结构直方图。因此，第20章中考虑的那些模型中的观测数据都是离散的。

值得注意的是，所有的这些模型都是可生成的。目前已有证据表明：将可视化问题结构的复杂知识整合成为具有识别能力的模型是非常难的。

# 形状模型

本章主要关注二维和三维形状的模型，而构建形状模型的动机是双重的。首先，我们希望能够精确确定场景中的哪个像素属于已知目标，解决该种分割问题的一种方法就是明确地对目标的外围轮廓进行建模。其次，形状能够提供个体或者目标的其他特征信息：它可作为推断高层属性的中间表示。

遗憾的是，对目标形状进行建模具有挑战性。我们必须考虑目标的变形、目标部分缺失，甚至是目标拓扑结构的变化等多种复杂情况。此外，还存在目标可能被部分遮盖的情况，导致难以在形状模型与观测数据之间建立对应关系。

能够建立二维目标形状的方法是利用*自下而上方法*。在该方法中，可以通过利用边缘检测器(见 13.2.1 节)来检测目标的轮廓片段，目的是连接这些轮廓片段来形成连续的目标轮廓。遗憾的是，实现这一目标是非常艰难的。实际上，边缘检测器可能检测出一些不属于目标的边缘，并且还可能漏检本应该属于该目标的真实边缘。因此，通过连接目标轮廓片段的方法难以正确地重构目标的轮廓。

本章中阐述的形状建模方法基本都是*自上而下方法*。在这些方法中，可能使用目标的一些先验信息，这些先验信息对目标的轮廓形状加以限制，因此可以减小搜索空间。本章还探讨不同类型的先验信息：在一些模型中，先验信息是很稀少的(例如，目标边界是光滑的)，而在另一些图像中，先验信息会很显著(例如，目标边界是一个特殊三维形状的二维投影)。

为推动这些模型的应用，可以考虑医学影像数据中脊椎的二维几何模型的拟合问题(见图 17-1)。我们的目标就是利用仅有的一些参数来描述这个复杂形状，并能够作为诊断医学问题的基础。由于图像的局部边缘信息是微弱的，所以该建模问题非常具有挑战性。然而，对于我们有利的是我们已经具有关于脊柱形状的非常丰富的先验信息。

## 17.1 形状及其表示

在介绍检测图像中目标形状的具体模型前，应该明确“形状”的意义。Kendall (1984)提出形状的定义：形状就是对图像进行滤波后所残留的位置、缩放和旋转效应等几何信息。换句话说，包含任意几何信息的形状对于相似变换具有不变性。据此，可以给出诸如仿射变换或者欧式变换的定义。

能够表达形状的方法应该是直接定义能够描述轮廓的代数表达式。例如，由位于边界上的点 $\boldsymbol{x}=[x,y]^{T}$ 所构成的二次曲线可定义为：

$$\begin{pmatrix} x & y & 1 \end{pmatrix}\begin{bmatrix} \alpha & \beta & \gamma \\ \beta & \delta & \varepsilon \\ \gamma & \varepsilon & \zeta \end{bmatrix}\begin{bmatrix} x \\ y \\ 1 \end{bmatrix}=0 \tag{17-1}$$

这些形状主要包括圆、椭圆、抛物线和双曲线等，其中形状的选择取决于参数 $\boldsymbol{\theta}=\{\alpha,\beta,\gamma,\delta,\varepsilon,\zeta\}$。

代数模型因其能够提供轮廓的闭型表达形式而具有吸引力，但是，它们的适用范围极其有限。这些模型难以定义一个数学表达式来描述一族复杂的形状，例如图 17-1中所示的脊柱。然而，将复杂目标建模为像圆锥曲线一样的几何元素的重叠集合是可行的，但是，所获得的结果模型是笨重的，并遗失了闭型表示的许多理想属性。

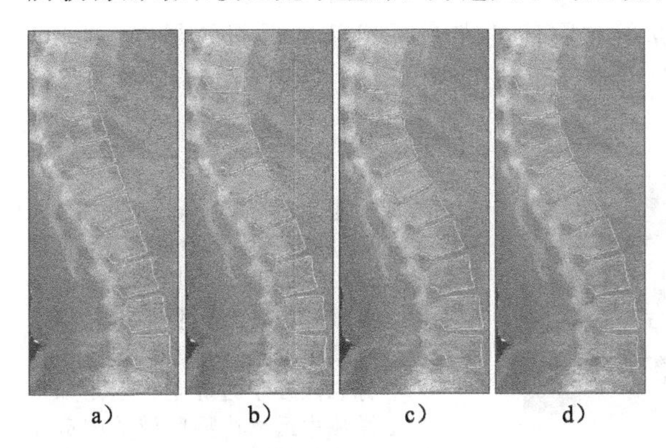

图 17-1 拟合脊柱模型。a）在图像中固定的位置对脊柱模型进行初始化。b～d）然后模型自适应于图像，直到该模型能够尽可能好地描述这些数据。利用这种方式来遍历整个图像的模型称为*活动形状模型*。本图由 Tim Cootes 和 Martin Roberts 提供

本章中的大多数模型采用了一种不同的方法，它们利用*标志点*集合定义目标的形状（如图 17-2 所示）。标志点可以视为从一个或者多个潜在连续轮廓上采集的离散样本的集合。标志点的连通性是根据模型而变化的：可以对这些标志点进行排序以表达连续轮廓，所以由标志点来表达封闭轮廓需要一个更为复杂的结构。

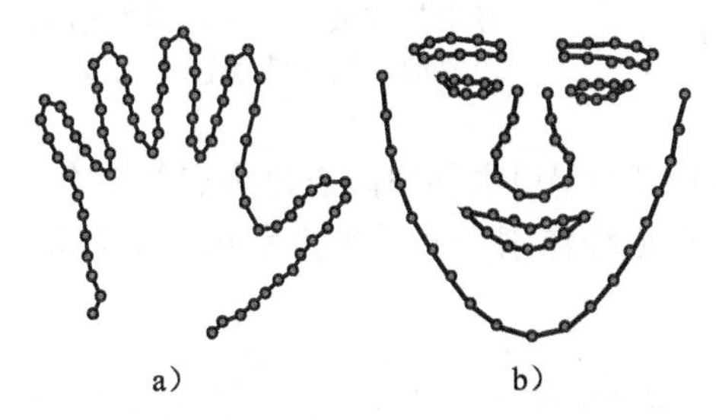

图 17-2 标志点。目标形状可以表示为标志点的集合。a）标记点（黑点）定义了一个能够描述手的形状的开放轮廓。b）连接这些标志点，以便形成一个能够描述面部区域的开放和封闭的轮廓集合

根据轮廓的连续性，可以在标志点之间进行插值以重构轮廓信息。例如，在图 17-2 中，可以利用直线来连接临近标志点以形成轮廓。但在更为复杂的情况下，标志点可能就不能作为曲线模型的控制点来直接确定光滑曲线的位置。

## 17.2 snake 模型

作为基础模型，可以考虑*参数轮廓模型*，这些模型有时也称为*活动轮廓模型*或者 snake 模型。这些模型只提供较弱的先验几何信息。它们假设已知轮廓的拓扑结构（即，开放或者封闭）以及轮廓是光滑的但不提供任何特征信息等。因此，这些模型适合于那些对图像内容知之甚少的情况。对此，可考虑一个由 $N$ 个未知的二维标志点集合 $\mathbf{W}=[\mathbf{w}_1,\mathbf{w}_2,\cdots,\mathbf{w}_N]$ 所定义的封闭轮廓。

如果能够找到标志点的结构信息，那么这些结构信息就能够很好地解释图像中的目标形状。可以构建一个标志点位置的生成模型，该模型由一个概率项（该项描述图像数据结构的一致性）和一个先验项（该项包含具有不同结构的频率的先验知识）所决定。

当标志点 $\mathbf{W}$ 位于或者接近于图像边缘时，标志点 W 的 RGB 图像数据 $\mathbf{x}$ 的概率 $Pr(\mathbf{x}|\mathbf{W})$ 应该较高，当标志点 $\mathbf{W}$ 位于一个平坦区域时，$Pr(\mathbf{x}|\mathbf{W})$ 较低。因此该概率可表示为

$$Pr(\mathbf{x}|\mathbf{W}) \propto \prod_{n=1}^{N} \exp[\text{sobel}[\mathbf{x},\mathbf{w}_n]] \tag{17-2}$$

其中，函数 $\text{sobel}[\mathbf{x},\mathbf{w}]$ 返回 Sobel 边缘检测算子（即图像经过 Sobel 滤波器所获得的水平和垂直方向上导数的平方和的平方根，见 13.1.3 节）在图像中二维位置 $\mathbf{w}$ 处的幅度。

当标志点处于轮廓上，概率 $Pr(\mathbf{x}|\mathbf{W})$ 较高；否则，$Pr(\mathbf{x}|\mathbf{W})$ 较低。然而，这实际上是一个严重的弊端。由于 Sobel 边缘检测算子在图像的完全平坦区域返回的是 0，所以，如果标志点位于图像的平坦区域，那么该方法就不能利用任何信息来去除这些标志点以提高滤波质量(如图 17-3a～b 所示)。

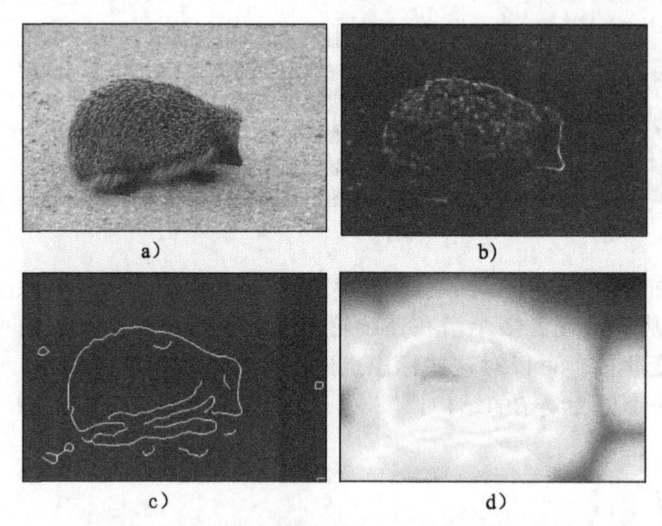

图 17-3　标志点的概率。a）原始图像。b）Sobel 边缘检测算子的输出——如果 Sobel 响应在标志点处较强，那么就给这些标志点赋于较高的概率。这就使得标志点处于边界上，但是如果图像中远离边界区域的响应是平坦的，那么就难以使用基于梯度的边缘检测模型。c）应用 Canny 边缘检测算子得到的结果。d）与最近的 Canny 边缘的负距离。这个函数在图像的边界也具有较高的值，但在远离边界的区域优势缓慢变化

一种更好的方法是利用 Canny 边缘检测算子(见 13.2.1 节)来寻找离散边缘点的集合，然后计算*距离变换*，然后每个像素都将根据自身与最近边缘像素之间的平方距离来对该像素赋于相应的值。那么概率就变为

$$Pr(\mathbf{x}|\mathbf{W}) \propto \prod_{n=1}^{N} \exp[-(\mathrm{dist}[\mathbf{x},\mathbf{w}_n])^2] \tag{17-3}$$

其中函数 $\mathrm{dist}[\mathbf{x},\mathbf{w}]$ 返回图像中位置 $\mathbf{w}$ 处的距离变换值。现在，当标志点均处于图像的边界附近时，概率较大(这里距离变换较小)；随着标志点与边界之间距离的增大，概率会缓慢减小(如图 17-3c、d 所示)。实际上，该方法还有另一种更好的解释：“平方距离”目标函数相当于假设边缘的测量位置是真正边缘位置的噪声估计，而这种噪声是加性正态分布的。

如果仅依据这一标准来确定标志点 $\mathbf{W}$，那么每个标志点将与图像中的强边缘关联，得到的结果不能形成相干形状；有时，标志点甚至与同一个位置关联。为避免这种情况的发生，可以预先定义一个具有较低曲率的光滑轮廓。目前已有多种方法对此加以实现，一种方法就是选择一个由两项组成的先验轮廓：

$$Pr(\mathbf{W}) \propto \prod_{n=1}^{N} \exp[\alpha\mathrm{space}[\mathbf{w},n] + \beta\mathrm{curve}[\mathbf{w},n]] \tag{17-4}$$

其中标量 α 和 β 控制这两项对应的贡献。

第一项使空间点位于轮廓周边区域；如果第 $n$ 个轮廓点 $\mathbf{w}_n$ 与其邻近点之间的空间距离接近于轮廓中邻近点的平均空间距离，那么函数 $\mathrm{space}[\mathbf{w},n]$ 将返回一个较大值。

$$\mathrm{space}[\mathbf{w},n] = -\left(\frac{\sum_{n=1}^{N}\sqrt{(\mathbf{w}_n-\mathbf{w}_{n-1})^{\mathrm{T}}(\mathbf{w}_n-\mathbf{w}_{n-1})}}{N} - \sqrt{(\mathbf{w}_n-\mathbf{w}_{n-1})^{\mathrm{T}}(\mathbf{w}_n-\mathbf{w}_{n-1})}\right)^2 \tag{17-5}$$

这里假设轮廓是封闭的，使得 $\mathbf{w}_0=\mathbf{w}_N$。

对于先验轮廓的第二项，当曲线的曲率较小(即轮廓较为光滑)时，$\mathrm{curve}[\mathbf{w},n]$ 将返回

较大值。它可定义为

$$\text{curve}[\boldsymbol{w},n]=-(\boldsymbol{w}_{n-1}-2\boldsymbol{w}_n+\boldsymbol{w}_{n+1})^{\mathrm{T}}(\boldsymbol{w}_{n-1}-2\boldsymbol{w}_n+\boldsymbol{w}_{n+1}) \tag{17-6}$$

这里，再次假设轮廓是封闭的，使得 $\boldsymbol{w}_0=\boldsymbol{w}_N$ 和 $\boldsymbol{w}_{N+1}=\boldsymbol{w}_1$。

该模型仅有两个参数(权值 α 和 β)。这两个参数都可以从训练样本中学习获得，但简单起见，假设它们是人为设置的，所以不需要学习过程。

### 17.2.1 推理

在推理过程中，观察一个新图像 $\boldsymbol{x}$，并设法拟合轮廓上的点$\{\boldsymbol{w}_i\}$，以便尽可能好地描述图像。为此，可使用最大后验准则

$$\begin{aligned}\hat{\boldsymbol{W}}&=\underset{\boldsymbol{W}}{\operatorname{argmax}}[Pr(\boldsymbol{W}|\boldsymbol{x})]=\underset{\boldsymbol{W}}{\operatorname{argmax}}[Pr(\boldsymbol{x}|\boldsymbol{W})Pr(\boldsymbol{W})]\\&=\underset{\boldsymbol{W}}{\operatorname{argmax}}[\log[Pr(\boldsymbol{x}|\boldsymbol{W})]+\log[Pr(\boldsymbol{W})]]\end{aligned} \tag{17-7}$$

在闭型中无法求得目标函数的最优解，必须要使用通用非线性优化方法，比如，牛顿法(见附录B)。未知量的数量是标志点数量的两倍，因为每个点有 $x$ 和 $y$ 两个坐标。

该拟合过程的实例如图17-4所示。随着最小化的进行，根据最大后验概率准则，轮廓沿着图像的周围爬行来寻找标志点的集合。为此，这种类型的轮廓模型有时被称为Snake模型或者活动轮廓模型。

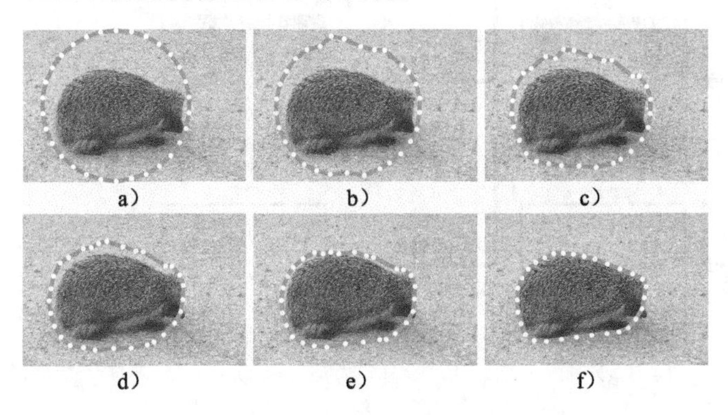


图17-4 snake模型。snake模型定义为一系列连接在一起的标志点。a~f)随着优化过程的进行，这些点的后验概率不断增加，snake轮廓沿着图像爬行。选择目标函数使得标志点与图像中的边界相关联，但需要尽量保持点间距离相等以形成一个具有较低曲率的形状

图17-4中的最终轮廓与刺猬的外围轮廓很好地拟合。然而，它没有能够正确地画出鼻子区域。鼻子是一个具有高曲率的区域，并且鼻子的大小比邻近标志点间的距离小。该模型能够通过使用概率来提高效果，而这又依赖于沿着在标志点之间的轮廓位置的图像。

该模型的第二个问题是优化过程受限于局部优化。解决该问题的一种方法是从大量不同初始情况下重启优化过程，并根据最大后验概率选择最终解。或者，修改先验轮廓信息也可以使得推理更为容易。例如，空间项可定义为

$$\text{space}[\boldsymbol{w},n]=-\left(\mu_s-\sqrt{(\boldsymbol{w}_n-\boldsymbol{w}_{n-1})^{\mathrm{T}}(\boldsymbol{w}_n-\boldsymbol{w}_{n-1})}\right)^2 \tag{17-8}$$

这就促使点的空间信息更接近于预定义的值 $u_s$，因此也就能够在一定规模内获得解。这一微小的改进大大降低了模型推理的难度。目前先验信息是个一维马尔可夫随机场，具有由每个像素及其两个邻近点(由于曲线上的项[•，•])组成的子图。可以利用动态编程方法(见11.8.4节)对问题进行离散化处理，并可有效地对该问题进行求解。

### 17.2.2 snake模型中存在的问题

前面描述的snake模型具有大量的局限性。对于目标边界的光滑性，该模型只能表达

微弱的信息，因此：

- 如果已知目标的形状，但不知道目标在图像中的位置，那么对于模型来说该信息是无用的。
- 如果已知目标(例如，一个脸)的类，但不知道特定的实例(即谁的脸)，那么这也是无用的。
- snake 模型是二维的，并且不能理解那些通过摄像机模型投影三维表面而获得的轮廓信息。
- 它不能为铰接型目标(例如，人体)进行建模。

下面将分别阐述本章后续部分中的各种问题(如图 17-5 所示)。17.3 节研究的模型是：精确地获知目标的形状，但是唯一的问题是在图像中寻找目标的位置。17.4 节～17.8 节研究的模型是描述目标类的静态变化，并能够找到相同类的隐含样本。最后，17.9 节讨论铰接式模型。

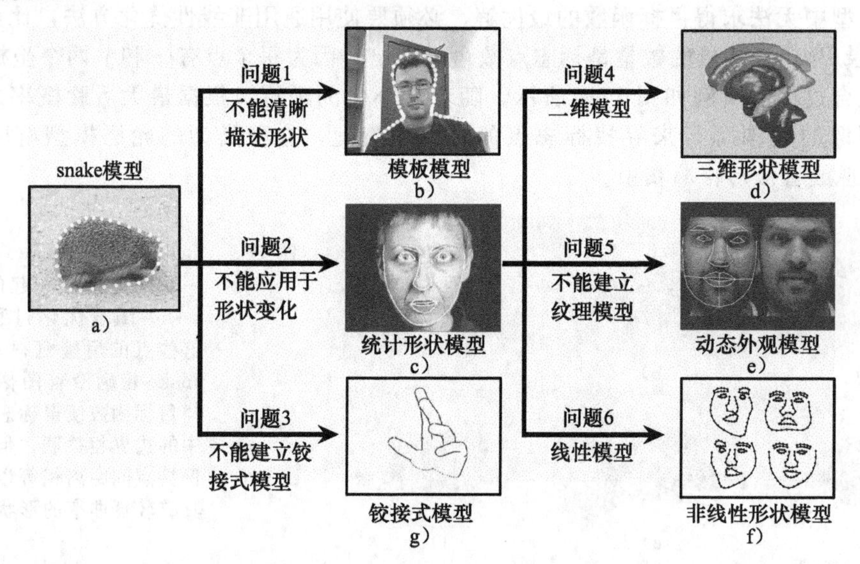


图 17-5 形状模型。a) Snake 模型只假设轮廓是光滑的。b) 模板模型假设目标形状的先验知识。c) 动态形状模型是一个折中的方法，其中关于目标类的信息是已知的，但是该模型不适用于特定的图像。d～f) 利用动态形状模型的三种扩展分别描述三维形状、模型强度变化，并且描述更为复杂的形状变化。g) 最后，研究关键目标结构的先验信息的模型是已知的

## 17.3 形状模板

下面讨论形状模板模型。假设已知目标准确的形状信息，这将是形成几何信息的最可能的形式。所以，Snake 模型始于循环设置，并应用于拟合图像，该模板模型从目标的正确形状开始，只确定目标在图像中的位置、大小和方向信息。通常，是确定将形状映射到当前图像中的变换的参数 $\boldsymbol{\Psi}$。

确定观测图像数据概率的生成模型可以看作为一个具有变换参数的函数。形状的潜在表达是一个二维标志点的集合 $\boldsymbol{W}=\{\boldsymbol{w}_n\}_{n=1}^{N}$，并且假设已知这些标志点。然而，为了解释观测数据，这些点必须通过二维变换 $\textbf{trans}[\boldsymbol{w},\boldsymbol{\Psi}]$ 映射到图像中，其中 $\boldsymbol{\Psi}$ 包含变换模型的参数。例如，对于一个相似变换，$\boldsymbol{\Psi}$ 包含旋转角度、比例因子和二维变换向量。

与 Snake 模型一样，我们选择图像数据 $\boldsymbol{x}$ 的概率，该概率依赖于与图像中最近边界之间的负距离

$$Pr(\boldsymbol{x}|\boldsymbol{W},\boldsymbol{\Psi}) \propto \prod_{n=1}^{N} \exp[-(\text{dist}[\boldsymbol{x},\textbf{trans}[\boldsymbol{w}_n,\boldsymbol{\Psi}]])^2] \tag{17-9}$$

其中，函数 dist[$\boldsymbol{x}$，$\boldsymbol{w}$]返回在位置 $\boldsymbol{w}$ 处的图像 $f$ 的距离变换。当标志点都落在近距离变换较低的区域时(即接近图像边界的区域)，概率是较大的。

### 17.3.1 推理

在模板模型中唯一的未知变量是变换参数 $\boldsymbol{\Psi}$。简单起见，假设没有这些参数的先验知识并采用最大概率法，在该方法中要使得概率的对数 $L$ 取最大值

$$\begin{aligned}\hat{\boldsymbol{\Psi}} &= \underset{\boldsymbol{\Psi}}{\text{argmax}}[L] = \underset{\boldsymbol{\Psi}}{\text{argmax}}[\log][Pr(\boldsymbol{x}|\boldsymbol{W},\boldsymbol{\Psi})] \\ &= \underset{\boldsymbol{\Psi}}{\text{argmax}}\left[\sum_{n=1}^{N} -(\text{dist}[\boldsymbol{x},\textbf{trans}[\boldsymbol{w}_n,\boldsymbol{\Psi}]])^2\right]\end{aligned} \tag{17-10}$$

该问题没有闭型解，所以必须依赖于非线性优化。因此，我们必须对带有未知变量的目标函数求导，为此可以采用链式法则。

$$\frac{\partial L}{\partial \boldsymbol{\Psi}} = -\sum_{n=1}^{N}\sum_{j=1}^{2} \frac{\partial(\text{dist}[\boldsymbol{x},\boldsymbol{w}'_n])^2}{\partial w'_{jn}} \frac{\partial w'_{jn}}{\partial \boldsymbol{\Psi}} \tag{17-11}$$

其中，$\boldsymbol{w}'_n = \textbf{trans}[\boldsymbol{w}_n,\boldsymbol{\Psi}]$ 是变换后的点，$\omega'_{jn}$ 是该二维向量中第 $j$ 项。

式(17-11)右边的第一项很容易计算。通过估计在当前位置 $\boldsymbol{w}'_n$ 的水平和垂直导数滤波器(见 13.1.3 节)的方法来在每个方向上近似计算距离图像的导数。一般情况下，这将不会准确地落在像素的中心，因此导数值应该在邻近像素之间进行内插值。第二项依赖于转换问题。

图 17-6 展示了基于仿射变换的模板模型的拟合过程。随着优化过程的进行，轮廓在图像上爬行以尽可能找到更优的位置。然而，该优化过程不能保证能够收敛于最优的真实位置。至于 Snake 模型，处理这种情况的一种方法就是从不同的空间区域重启优化过程，并且选择具有全局最大对数概率的解。或者，我们能够更加明智地对模板位置进行初始化。在本例中，初始位置可以是基于人脸检测器的输出。此外，还可以通过增强变换参数的先验知识并利用最大后验概率的方法对可行解进行限制。

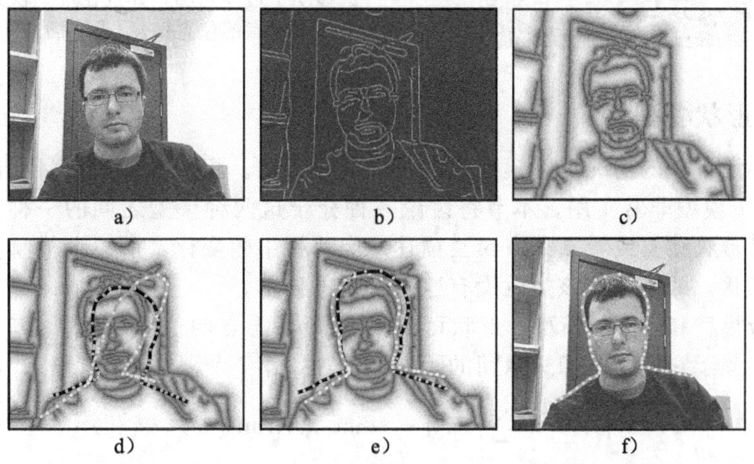


图 17-6 形状模板。已知目标的形状信息，只有图像形状的仿射变换是未知的。a) 原始图像。b) 应用 Canny 边缘检测算子得到的结果。c) 距离变换图像。图像中像素的强度代表该像素与最近边缘的距离。d) 拟合形状模板。利用随机选择的仿射变换(蓝色曲线)来对模板进行初始化。由优化后的标志点所定义的曲线(绿色曲线)已经移向距离图像中具有较低值的位置。在这种情况下，拟合过程收敛于局部最优，并且还不能确定正确的轮廓。e) 如果从接近真实的最佳值开始优化，那么它收敛于全局最大。f) 模板拟合的最终结果(见彩插)

### 17.3.2 用迭代最近点算法进行推理

第 15 章已经阐述了能够用闭型为多个通用的转换族计算从一个点集映射到另一个点集的转换。然而，模板模型不能以闭型拟合，因为我们不知道模型中每个标志点对应于图像中的哪个边缘点。

本节将介绍该模型的一种不同的推理方法，即**迭代最近点**(ICP)算法，该算法对图像中的点和标志点进行交替匹配，并计算最佳转换。更准确地说：

- 使用当前参数 $\boldsymbol{\Psi}$，将每个标志点 $\mathbf{w}_n$ 变换为图像 $\mathbf{w}'_n = \mathbf{trans}[\mathbf{w}_n, \boldsymbol{\Psi}]$。
- 每个变换点 $\mathbf{w}'_n$ 与位于边界上的最近图像点相关联。
- 能够最好地将标志点映射到图像点的变换参数 $\boldsymbol{\Psi}$ 是能够以闭型计算的。

重复该过程直到算法收敛。随着优化过程的进行，最近点的选择是可变的(该过程称为**数据关联**)，所以计算得出的转换参数也在逐步进化改变。

该方法的一个变体对标志点和在垂直于轮廓方向上的边缘点进行匹配(见图 17-7)。这就意味着最近边缘点的搜索仅在一维空间中，并且也能够使得该拟合在某些情况下更为鲁棒。这对于平滑轮廓模型是最实用的，在该模型中，可以通过闭型来计算法线。

图 17-7 迭代最近点算法。将每个标志点(蓝色轮廓上红色法线处的位置)与图像中的单个边缘点相关联。在本例中，沿着法线的方向(红线)搜索轮廓。通常沿着法线方向会存在一些由边缘检测器确定的点。在每种情况下都选择最近的点——该过程称为数据关联。计算将标志点映射到最近边缘位置的变换，这就移动了边界轮廓，并且在下一次迭代中潜在地改变了最近点的位置信息(见彩插)

## 17.4 统计形状模型

在准确知道目标的情况下，模板模型是非常实用的。相反，如果对目标的先验信息了解甚少，snake 模型非常实用。本节将讨论一种介于这两种模型之间的一种模型。**统计形状模型**、**活动形状模型**或者**点分布模型**描述一类目标中的变化，所以该模型能够适用于某类中的单个形状，即使之前该类就没有这一特定的样本。

对于模板模型和 snake 模型，形状可以用 $N$ 个标志点的位置 $\{\mathbf{w}_n\}_{n=1}^N$ 来描述，并且这些点的概率依赖于它们与图像边缘间的距离。例如，第 $i$ 个训练图像数据 $\mathbf{x}_i$ 的概率为

$$Pr(\mathbf{x}_i | \mathbf{W}_i) \propto \sum_{n=1}^{N} \exp[-(\text{dist}[\mathbf{x}_i, \mathbf{trans}[\mathbf{w}_{in}, \boldsymbol{\Psi}_i]])^2] \tag{17-12}$$

其中 $\mathbf{w}_{in}$ 是在第 $i$ 幅训练图像中第 $n$ 个标志点，而 dist[•，•]是计算图像中最近的 Canny 边缘的距离函数。

然而，基于标志位置，提出一种更为复杂的先验模型，该标志位置是含有第 $i$ 幅图像中所有标志点的 $x$ 坐标和 $y$ 坐标的复合特征向量 $\mathbf{w}_i = [\mathbf{w}_{i1}^T, \mathbf{w}_{i2}^T, \cdots, \mathbf{w}_{iN}^T]$。特别地，我们将密度 $Pr(\mathbf{w}_i)$ 建模为一个正态分布，即

$$Pr(\boldsymbol{w}_i) = \mathrm{Norm}_{\boldsymbol{w}_i}[\boldsymbol{\mu}, \boldsymbol{\Sigma}] \tag{17-13}$$

其中，均值 $\boldsymbol{\mu}$ 表示平均形状，而协方差 $\boldsymbol{\Sigma}$ 表示在该均值周边样本间的差异。

### 17.4.1　学习

学习的目标是基于训练数据来估计参数 $\boldsymbol{\theta} = \{\boldsymbol{\mu}, \boldsymbol{\Sigma}\}$ 。每个训练样本都包含一个标志点集合，这些标志点是在每幅训练图像上通过手工标注得出的。

遗憾的是，手工收集的这些训练数据并不具有几何一致性。换句话说，收集到的数据是变换后的数据样本 $\boldsymbol{w}'_i = [\boldsymbol{w}'^{\mathrm{T}}_{i1}, \boldsymbol{w}'^{\mathrm{T}}_{i2}, \cdots, \boldsymbol{w}'^{\mathrm{T}}_{iN}]$，其中

$$\boldsymbol{w}'_{in} = \mathbf{trans}[\boldsymbol{w}_{in}, \boldsymbol{\Psi}_i] \tag{17-14}$$

在学习法线的参数 $\boldsymbol{\mu}$ 和 $\boldsymbol{\Sigma}$ 之前，必须使用该变换的逆变换来对齐这些样本：

$$\boldsymbol{w}_{in} = \mathbf{trans}[\boldsymbol{w}'_{in}, \boldsymbol{\Psi}^{-}_i] \tag{17-15}$$

其中，$\{\boldsymbol{\Psi}^{-}_i\}_{i=1}^{I}$ 是逆变换的参数。

**训练样本的对齐**

对齐训练样本的方法被称为广义 Procrustes 分析(见图 17-8)，该方法利用隐含问题的“鸡与蛋”结构。如果已知平均形状 $\boldsymbol{\mu}$，那么将很容易估计将观测点映射到平均值的变换参数 $[\boldsymbol{\Psi}^{-}_i]_{i=1}^{I}$。同理，如果已知这些变换，那么就能够通过变换观测点并获得结果形状均值的方法来计算平均形状。广义 Procrustes 分析对于这一问题采用交替的方法，在该方法中，可重复执行以下步骤。

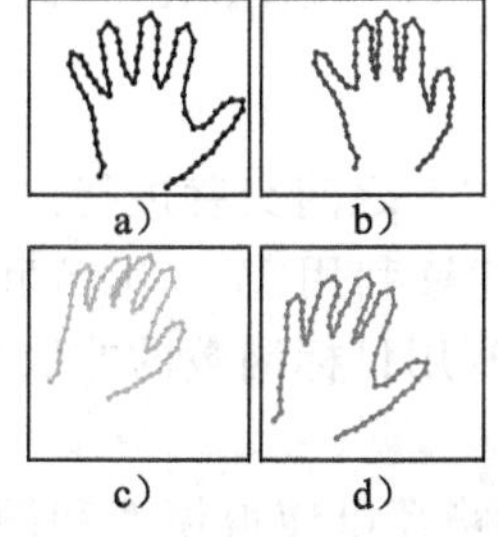

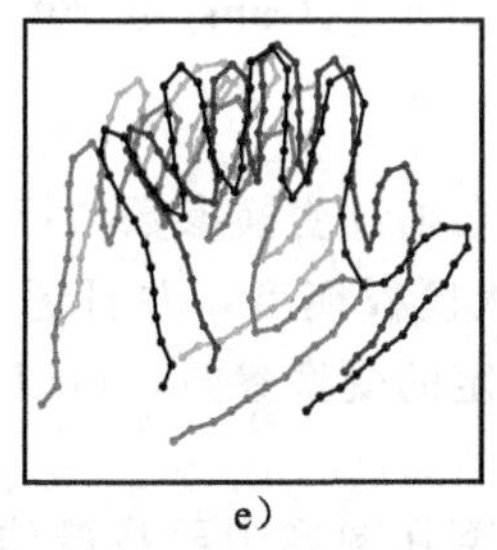

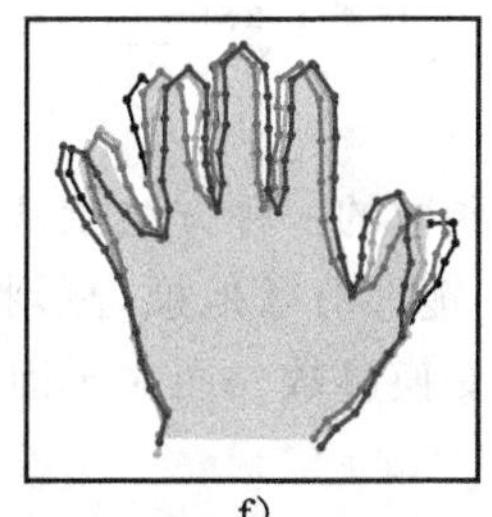


图 17-8　广义 Procrustes 分析。a～d) 4 个训练形状。e) 将 4 个训练形状重叠，可见这些形状没有对齐。f) 广义 Procrustes 分析的目标是使用选择的变换来同时对齐所有的训练形状。在本图中，图像通过相似的变换得以对齐(灰色区域表示平均形状)。在此过程后，残留的变化通过统计形状模型来描述(见彩插)

1) 利用以下准则更新变换。

$$\hat{\boldsymbol{\Psi}}^{-}_i = \underset{\boldsymbol{\Psi}^{-}_i}{\mathrm{argmin}}\left[\sum_{n=1}^{N} |\mathbf{trans}[\boldsymbol{w}'_{in}, \boldsymbol{\Psi}^{-}_i] - \boldsymbol{\mu}_n|^2\right] \tag{17-16}$$

其中 $\boldsymbol{\mu} = [\boldsymbol{\mu}^{\mathrm{T}}_1, \boldsymbol{\mu}^{\mathrm{T}}_2, \cdots, \boldsymbol{\mu}^{\mathrm{T}}_N]^{\mathrm{T}}$ 。对于公共变换族，如欧式变换、相似变换或者仿射变换(见 15.2 节)，这一过程也能以闭型完成。

2) 更新平均值模板。

$$\hat{\boldsymbol{\mu}} = \underset{\boldsymbol{\mu}}{\mathrm{argmin}}\left[\sum_{n=1}^{N} |\mathbf{trans}[\boldsymbol{w}'_{in}, \boldsymbol{\Psi}^{-}_i] - \boldsymbol{\mu}_n|^2\right] \tag{17-17}$$

实际上，为优化这一准则，可以使用式(17-15)对每个点集进行逆向变换，并对结果形状向量进行平均化处理。在此阶段后，通过规范平均向量来确定唯一的尺寸是非常重要的。

通常情况下，可以将平均向量 $\boldsymbol{\mu}$ 初始化为一个训练样本，并重复执行以上步骤，直到不再有进一步的改善为止。

在算法收敛后，就能够拟合统计模型

$$Pr(\boldsymbol{w}_i) = \text{Norm}_{\boldsymbol{w}_i}[\boldsymbol{\mu}, \boldsymbol{\Sigma}] \tag{17-18}$$

已知平均向量 $\boldsymbol{\mu}$，可基于对齐的形状 $\{w_i\}_{i=1}^I$，并利用最大似然方法来计算协方差。图 17-9展示了一个人脸的形状模型，该人脸形状模型就是利用这一方法加以学习获得的。

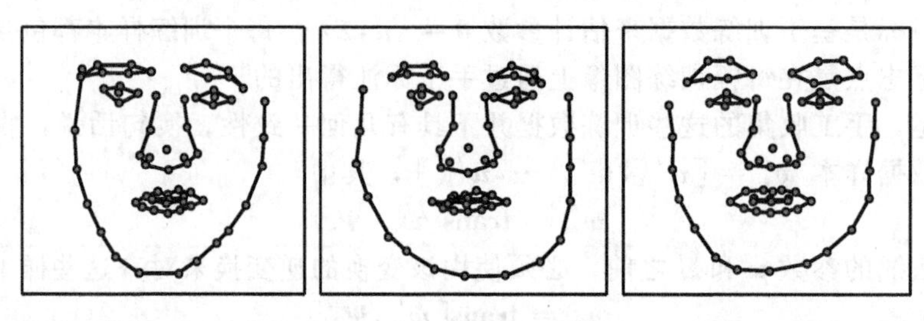

图 17-9　人脸形状的统计模型。来自标志向量 $\boldsymbol{w}$ 的正态分布模型的 3 个样本。将每个生成的 136 维向量重新调整为含有 68 个坐标 $(x,y)$ 的 68×2 矩阵，并在图像中绘出。该样本看起来与真实的脸型非常相似

### 17.4.2 推理

在推理过程中，拟合一幅新图像的模型。最简单的方法就是利用蛮力优化方法，在此可估计未知标志点 $\boldsymbol{w}=\{\boldsymbol{w}_n\}_{n=1}^N$ 和变换模型的参数 $\boldsymbol{\Psi}$，使得

$$\hat{\boldsymbol{w}} = \underset{\boldsymbol{w}}{\operatorname{argmax}}\left[\max_{\boldsymbol{\Psi}}\left[\sum_{n=1}^{N} -(\text{dist}[\boldsymbol{x}_i, \textbf{trans}[\boldsymbol{w}_n, \boldsymbol{\Psi}]])^2 + \log[\text{Norm}_{\boldsymbol{w}}[\boldsymbol{\mu}, \boldsymbol{\Sigma}]]\right]\right] \tag{17-19}$$

优化目标函数的一种方法就是在估计变换参数与标志点之间交替进行。对于固定的标志点 $\{\boldsymbol{w}_n\}_{n=1}^N$，能够有效地拟合形状模板模型，并且还能够利用 17.3.1 节和 17.3.2 节中的方法来获得变换参数。而对于固定的变换参数，可以利用目标函数的非线性优化估计标志点。

与模板模型一样，统计形状模型在图像中寻找最佳路径以使得模型和图像保持一致。然而，与模板模型不同，统计形状模型能够调整其形状以匹配图像中特定的目标，如图 17-1所示。

不幸的是，该统计模型具有一些实际的缺陷，主要是由于变量的数量。在拟合过程中，必须对标志点进行优化。如果存在 $N$ 个标志点，那么就存在 $2N$ 个需要优化的变量。对于图 15.9 所示的人脸模型，存在 136 个变量，且该优化过程需要较大的代价。此外，还需要大量的训练样本来准确估计这些变量的协方差 $\boldsymbol{\Sigma}$。

而且，对于所有参数是否都必需的问题，目前尚不清楚；适合于该正态分布模型的目标类受限于其自身的形状变量，所以整个模型的许多参数中只有很少的参数能够在训练形状样本中描述噪声信息。下一节将描述一个能够使用较少未知变量(能够更有效地拟合)和参数(能够由更少的数据来学习)的相关模型。

## 17.5　子空间形状模型

子空间形状模型能够有效利用标志点协方差的内在结构。特别地，该模型假设形状向量 $\{\boldsymbol{w}_i\}_{i=1}^I$ 都非常接近于 $K$ 维线性子空间(见图 7-19)，并将形状向量描述为以下形式：

$$\boldsymbol{w}_i = \boldsymbol{\mu} + \boldsymbol{\Phi}\boldsymbol{h}_i + \boldsymbol{\varepsilon}_i \tag{17-20}$$

其中，$\boldsymbol{\mu}$ 是平均形状，$\boldsymbol{\Phi}=[\phi_1,\phi_2,\cdots,\phi_K]$ 是一个包含 $K$ 个基函数 $\{\phi_k\}_{k=1}^K$ 的肖像矩阵，这些基函数在其自身的列中定义子空间，而 $\boldsymbol{\varepsilon}_i$ 是一个具有球形协方差 $\sigma^2\boldsymbol{I}$ 的加性噪声项。$\boldsymbol{h}_i$ 是一个 $K\times1$的隐变量，其中每个元素对应于每个基函数的权值。式(17-20)更清晰地说明了这点。

$$\boldsymbol{w}_i=\boldsymbol{\mu}+\sum_{k=1}^{K}\phi_k h_{ik}+\boldsymbol{\varepsilon}_i \tag{17-21}$$

其中，$h_{ik}$是向量 $\boldsymbol{h}_i$ 中的第 $k$ 个元素。

子空间模型的原理就是通过该过程的确定性部分来近似形状向量使得

$$\boldsymbol{w}_i\approx\boldsymbol{\mu}+\sum_{k=1}^{K}\phi_k h_{ik} \tag{17-22}$$

现在可以只使用 $K\times1$ 向量 $h_i$ 来表达 $2N\times1$ 向量 $\boldsymbol{w}_i$。

值得注意，对于脊柱、手和人脸模型的约束数据集，上述近似方法得到的结果究竟怎样，甚至当 $K$ 设置为一个相当小的数值时，结果又将如何。例如在图 17-10 中，仅利用 $K=4$个基函数的加权和就可以很好地逼近人脸。因此，当拟合形状模型时，就可以利用这一现象，并且我们需要优化基函数的权值，而不是标志点本身，而这又就产生了相当大的计算存储代价。

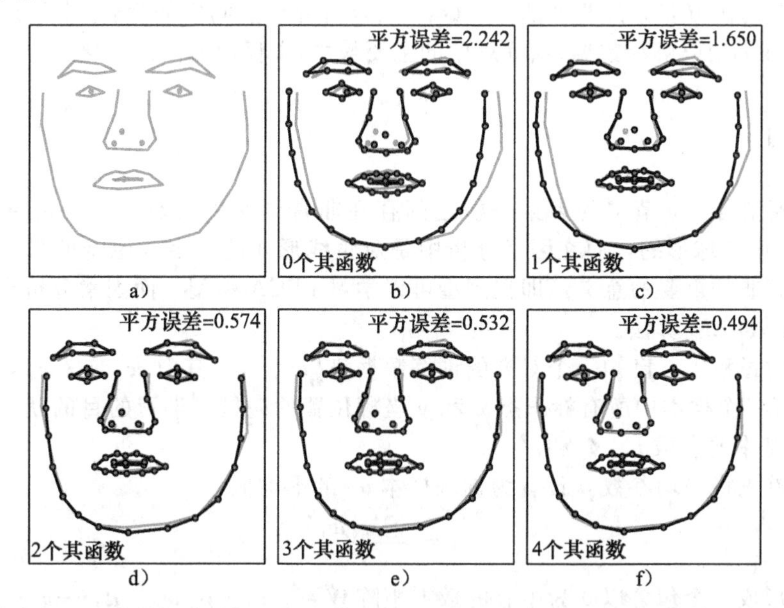


图 17-10 基于加权基函数的人脸近似。a) 原始人脸。b) 通过平均脸 $\boldsymbol{\mu}$ 来逼近原始人脸(灰色)。c) 通过平均人脸加上基函数 $\phi_1$ 的最佳权值 $h_{i1}$来逼近原始人脸。d～f) 进一步添加权值基函数。随着更多项的加入，逼近的人脸越来越接近于原始人脸。仅使用 4 个基函数，模型就能够解释原始人脸 78%的变化

当然，图 17-10 中的近似算法仅在以下几个条件下有效：(i)已经选择了一组基函数 $\boldsymbol{\Phi}$，并且这些基函数适用于表示人脸；(ii)已经选择权值参数 $\boldsymbol{h}_i$ 来逼近描述人脸。下面将详细阐述该模型的基本原理，以及如何确定上述参数。

### 17.5.1 概率主成分分析

本节中应用的特定子空间模型称为*概率主成分分析*(PPCA)。为定义该模型，可利用式(17-20)以概率的形式表示：

$$Pr(\boldsymbol{w}_i|\boldsymbol{h}_i,\boldsymbol{\mu},\boldsymbol{\Phi},\sigma^2) = \text{Norm}_{\boldsymbol{w}_i}[\boldsymbol{\mu}+\boldsymbol{\Phi}\boldsymbol{h}_i,\sigma^2\boldsymbol{I}] \tag{17-23}$$

其中，$\boldsymbol{\mu}$ 是一个 $2N\times1$ 平均矩阵，$\boldsymbol{\Phi}$ 是一个含有 $K$ 个基函数的 $2N\times K$ 矩阵，而 $\sigma^2$ 控制加性噪声的强度。在此模型中，基函数称为主成分。一个 $K\times1$ 的隐变量 $\boldsymbol{h}_i$ 为基函数赋以权值，并在加性噪声添加之前，在子空间中确定最终的位置信息。

为完成该模型，在隐变量 $\boldsymbol{h}_i$ 上定义了相应的先验知识，并为此还选择了一个球面的正态分布：

$$Pr(\boldsymbol{h}_i) = \text{Norm}_{\boldsymbol{h}_i}[\boldsymbol{0},\boldsymbol{I}] \tag{17-24}$$

通过忽略与隐变量 $\boldsymbol{h}_i$ 相对应的联合分布 $\Pr(\boldsymbol{w}_i,\boldsymbol{h}_i)$ 的方式，能够恢复先验密度 $Pr(\boldsymbol{w}_i)$，其公式表达为：

$$\begin{aligned}Pr(\boldsymbol{w}_i) &= \int Pr(\boldsymbol{w}_i|\boldsymbol{h}_i)Pr(\boldsymbol{h}_i)\mathrm{d}\boldsymbol{h}_i \\ &= \int \text{Norm}_{\boldsymbol{w}_i}[\boldsymbol{\mu}+\boldsymbol{\Phi}\boldsymbol{h}_i,\boldsymbol{\sigma}^2\boldsymbol{I}]\text{Norm}_{\boldsymbol{h}_i}[0,\boldsymbol{I}]\mathrm{d}\boldsymbol{h}_i \\ &= \text{Norm}_{\boldsymbol{w}_i}[\boldsymbol{\mu},\boldsymbol{\Phi}\boldsymbol{\Phi}^{\mathrm{T}}+\sigma^2\boldsymbol{I}]\end{aligned} \tag{17-25}$$

代数结果虽不显著，但是有一个简单的解释。再次对标志点 $\boldsymbol{w}_i$ 的先验知识进行正态分布，但此时的协方差分为两个部分：$\boldsymbol{\Phi}\boldsymbol{\Phi}^{\mathrm{T}}$ 用以解释子空间中的变化(由于形状变化而产生的变化)，$\boldsymbol{\sigma}^2\boldsymbol{I}$ 用以解释数据(训练点中的主要噪声)中任何残留的变化。

### 17.5.2 学习

PPCA 模型与 7.6 节中的因素分析之间存在非常紧密的关联。唯一的差异是噪声项 $\sigma^2\boldsymbol{I}$ 在 PPCA 中是球形的，而在因素分析中是对角线形式的。令人惊奇的是，两者之间的这一差异具有非常重要的意义，即在闭型可以学习 PPCA 模型，而因素分析模型需要使用迭代策略，例如 EM 算法。

17.2 在学习的过程中，已知一个对齐的训练数据集$\{\boldsymbol{w}_i\}_{i=1}^{I}$，其中 $\boldsymbol{w}_i=\{\boldsymbol{w}_{i1}^{\mathrm{T}},\boldsymbol{w}_{i2}^{\mathrm{T}},\cdots,\boldsymbol{w}_{iN}^{\mathrm{T}}\}$ 是一个含有第 $i$ 个样本中所有标志点 $x$ 和 $y$ 坐标位置的向量。学习的目的就是希望能够估计 PPCA 模型中的参数 $\boldsymbol{\mu}$、$\boldsymbol{\Phi}$ 和 $\sigma^2$。

为此，首先将平均参数 $\boldsymbol{\mu}$ 设置为训练样本 $\boldsymbol{w}_i$ 的平均值

$$\boldsymbol{\mu} = \frac{\sum_{i=1}^{I}\boldsymbol{w}_i}{\boldsymbol{I}} \tag{17-26}$$

然后，形成一个包含以 0 为中心的数据矩阵 $\boldsymbol{W}=[\boldsymbol{w}_1-\boldsymbol{\mu},\boldsymbol{w}_2-\boldsymbol{\mu},\cdots\boldsymbol{w}_I-\boldsymbol{\mu}]$，并计算 $\boldsymbol{W}\boldsymbol{W}^{\mathrm{T}}$ 的奇异值分解：

$$\boldsymbol{W}\boldsymbol{W}^{\mathrm{T}} = \boldsymbol{U}\boldsymbol{L}^2\boldsymbol{U}^{\mathrm{T}} \tag{17-27}$$

其中，$\boldsymbol{U}$ 是正交矩阵，$\boldsymbol{L}^2$ 是对角矩阵。对于一个能够解释具有 $K$ 个主成分的 $D$ 维数据的模型，使用下式计算各参数。

$$\begin{aligned}\hat{\sigma}^2 &= \frac{1}{D-K}\sum_{j=K+1}^{D}L_{jj}^2 \\ \hat{\boldsymbol{\Phi}} &= \boldsymbol{U}_K(\boldsymbol{L}_K^2-\hat{\sigma}^2\boldsymbol{I})^{1/2}\end{aligned} \tag{17-28}$$

其中，$\boldsymbol{U}_K$ 表示 $\boldsymbol{U}$ 的前 $\boldsymbol{K}$ 列数据，$\boldsymbol{L}_K^2$ 表示 $\boldsymbol{L}^2$ 的前 $K$ 列和前 $K$ 行数据，$\boldsymbol{L}_{jj}$ 表示 $\boldsymbol{L}$ 的对角线上第 $j$ 个元素。

如果数据的维数 $D$ 非常高，那么 $D\times D$ 矩阵 $\boldsymbol{W}\boldsymbol{W}^{\mathrm{T}}$ 的特征值分解的计算量就会非常大。如果训练样本 $I$ 的数量小于维数 $D$，那么更有效的方法就是计算 $I\times I$ 的散射矩阵

$\boldsymbol{W}\boldsymbol{W}^{\mathrm{T}}$ 的奇异值分解。

$$\boldsymbol{W}^{\mathrm{T}}\boldsymbol{W}=\boldsymbol{V}\boldsymbol{L}^{2}\boldsymbol{V}^{\mathrm{T}} \tag{17-29}$$

然后，重新组织 ***SVD*** 关系 $\boldsymbol{W}=\boldsymbol{U}\boldsymbol{L}\boldsymbol{V}^{\mathrm{T}}$ 来计算 $\boldsymbol{U}$。

在估计基函数 $\boldsymbol{\Phi}$ 时需要注意以下两点。

1）在 $\boldsymbol{\Phi}$ 各列中的基函数（主成分）与其他基函数是正交的。这是显而易见的，因为 $\boldsymbol{\Phi}$ 的解（式(17-28)）是截断正交矩阵 $\boldsymbol{U}_K$ 与对角矩阵 $(\boldsymbol{L}_K^2-\hat{\sigma}^2\boldsymbol{I})^{1/2}$ 的积。

2）基函数是有序的。$\boldsymbol{\Phi}$ 的第一列表示变化最大的空间 $\boldsymbol{w}$ 的方向，后续的每个方向表示空间的变化依次次之。这是 SVD 算法的结论，即 $\boldsymbol{L}^2$ 的元素是有序的，这样可以减少元素的数量。

从边缘密度（式(17-25)）中采样可以对 PPCA 模型进行可视化。然而，基函数的属性允许更系统的方法来检查该模型。在图 17-11 中，通过操作隐变量 $\boldsymbol{h}_i$ 可以对 PPCA 进行可视化，并显示向量 $\boldsymbol{\mu}+\boldsymbol{\Phi}\boldsymbol{h}_i$。反过来，可以选择 $\boldsymbol{h}_i$ 来阐明每个基函数 $\{\phi_k\}_{k=1}^{K}$。例如，通过设置 $\boldsymbol{h}_i=\pm[1,0,0,\cdots,0]$ 可以研究第一个基函数。

图 17-11 展示主成分 $\phi_k$ 有时具有非常清晰的解释。例如，第一个主成分能够清晰地对手指的开和合进行编码。对图 17-1 中脊柱模型进行可视化的第二个例子，如图 17-12 所示。

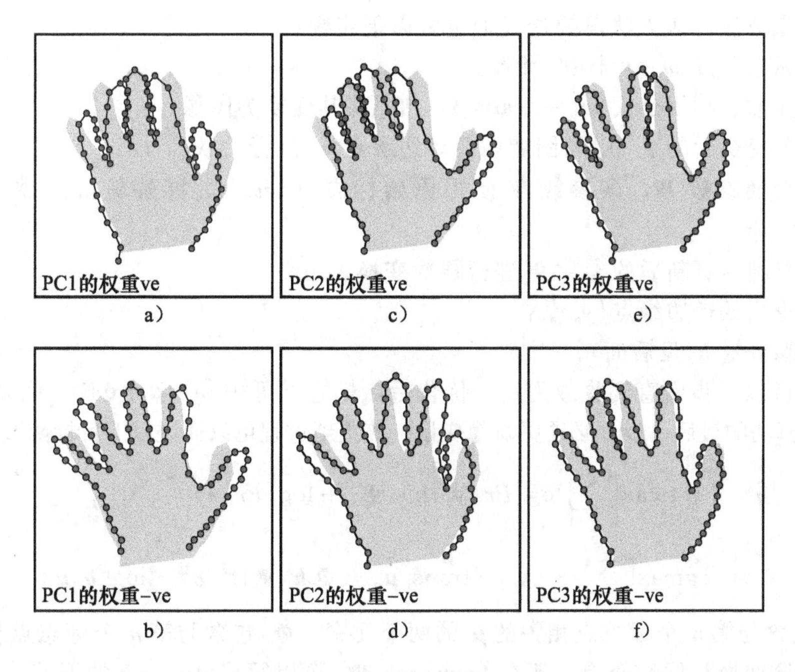


图 17-11　手模型的主成分。a)～b) 改变第一主成分。在 a) 中将 $\lambda$ 倍的第一个主成分 $\phi_1$ 添加到平均向量 $\boldsymbol{\mu}$ 中。在 b) 中，从平均向量减去相同倍数的第一个主成分。在每种情况下，阴影区域表示平均向量。第一个主成分可清晰地解释为：它控制手指的开和合。c)～d) 和 e)～f) 分别显示第二个和第三个主成分的近似操作

### 17.5.3　推理

在推理的过程中，可以通过操作基函数 $\boldsymbol{\Phi}$ 的权值 $h$ 来拟合一幅新图像的形状。合适的目标函数为：

$$\hat{\boldsymbol{h}}=\underset{\boldsymbol{h}}{\operatorname{argmax}}\left[\max_{\boldsymbol{\Psi}}\left[\sum_{n=1}^{N}\left(-\frac{(\operatorname{dist}[\boldsymbol{x}_i,\mathbf{trans}[\boldsymbol{\mu}_n+\boldsymbol{\Phi}_n\boldsymbol{h},\boldsymbol{\Psi}]])^2}{\sigma^2}\right)+\log[\operatorname{Norm}_{\boldsymbol{h}}[\mathbf{0},\boldsymbol{I}]]\right]\right] \tag{17-30}$$

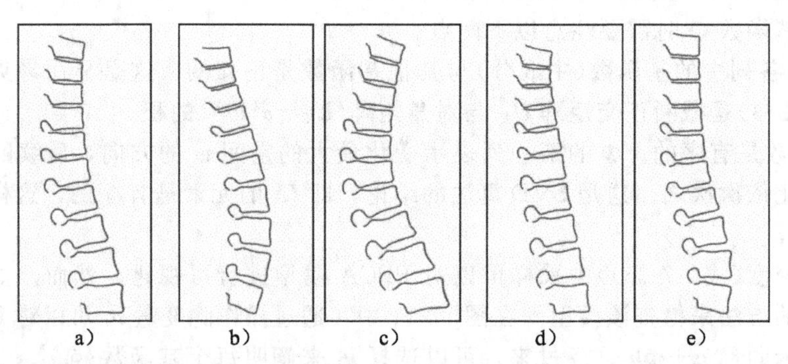


图 17-12 学习的脊柱模型。a) 脊柱的平均形状。b)～c) 操作第一个主成分。d)～e) 操作第二个主成分。此图由 Tim Cootes 提供

其中，$\boldsymbol{\mu}_n$ 包含属于第 $n$ 个点的 $\boldsymbol{\mu}$ 的两个元素，而 $\boldsymbol{\Phi}_n$ 包含属于第 $n$ 个点的 $\boldsymbol{\Phi}$ 的两行。对于该模型，存在大量的优化方法，包括基于未知量 $\boldsymbol{h}$ 和 $\boldsymbol{\Psi}$ 的简单非线性优化。下面将简要描述迭代最近点方法，该方法需要迭代地重复以下步骤：

- 当前标志点按 $\boldsymbol{w}=\boldsymbol{\mu}+\boldsymbol{\Phi}\boldsymbol{h}$ 计算。
- 每个标志点利用公式 $\boldsymbol{w}'_n=\mathbf{trans}[\boldsymbol{w}_n,\boldsymbol{\Psi}]$ 将其变换为图像。
- 对每个变换后的点 $\boldsymbol{w}'_n$ 与图像中最近边缘点 $\boldsymbol{y}_n$ 进行关联。
- 计算变换参数 $\boldsymbol{\Psi}$，该参数 $\boldsymbol{\Psi}$ 使得原始标志点 $\{\boldsymbol{w}_n\}_{n=1}^N$ 能够较好地映射到边界点 $\{\boldsymbol{y}_n\}_{n=1}^N$ 上。
- 每个点利用更新后的参数 $\boldsymbol{\Psi}$ 进行再次变换。
- 再次找到最近边缘点 $\{\boldsymbol{y}_n\}_{n=1}^N$。
- 更新隐变量 $\boldsymbol{h}$(见后面)。

重复执行以上步骤直到收敛为止。优化后，标志点可按 $\boldsymbol{w}=\boldsymbol{\mu}+\boldsymbol{\Phi}\boldsymbol{h}$ 来恢复。

在迭代算法的最后一步，必须更新隐变量。该更新过程可以通过以下目标函数加以完成。

$$\begin{aligned}\hat{\boldsymbol{h}}&=\underset{\boldsymbol{h}}{\operatorname{argmax}}\left[\sum_{n=1}^{N}\log[Pr(\boldsymbol{y}_n|\boldsymbol{h}),\boldsymbol{\Psi}]+\log[Pr(\boldsymbol{h})]\right]\\&=\underset{\boldsymbol{h}}{\operatorname{argmax}}\left[\sum_{n=1}^{N}-(\boldsymbol{y}_n-\operatorname{trans}[\boldsymbol{\mu}_n+\boldsymbol{\Phi}_n\boldsymbol{h},\boldsymbol{\Psi}])^2/\sigma^2-\log[\boldsymbol{h}^{\mathrm{T}}\boldsymbol{h}]\right]\end{aligned} \tag{17-31}$$

其中，$\boldsymbol{\mu}_n$ 包含与第 $n$ 个标志点相关的 $\boldsymbol{\mu}$ 的两个元素，$\boldsymbol{\Phi}_n$ 包含与第 $n$ 个标志点相关的 $\boldsymbol{\Phi}$ 的两行。如果该变换是线性变换，那么 $\mathbf{trans}[\boldsymbol{w}_n,\boldsymbol{\Psi}]$ 可以写成 $\boldsymbol{A}\boldsymbol{w}_n+\boldsymbol{b}$ 的形式，然后，该更新可以以闭型计算，如下式所示：

$$\hat{\boldsymbol{h}}=\left(\sigma^2\boldsymbol{I}+\sum_{n=1}^{N}\boldsymbol{\Phi}_n^{\mathrm{T}}\boldsymbol{A}^{\mathrm{T}}\boldsymbol{A}\boldsymbol{\Phi}_n\right)^{-1}\sum_{n=1}^{N}\boldsymbol{A}\boldsymbol{\Phi}_n(y_n-\boldsymbol{A}\boldsymbol{\mu}-\boldsymbol{b}) \tag{17-32}$$

图 17-1 和图 17-13 展示了两个在子空间模型中执行推理的实例。随着优化的进行，形状模型在人脸图像上移动，并自适应于目标的形状。为此，这些模型通常被称为*活动形状模型*。

子空间模型中存在较多的变量和有助于提高模型鲁棒性的策略。但该模型也存在一个特定的薄弱方面，即该模型假设每个标志点映射到图像的一般边缘，甚至不区分边缘的极

性和方向，更不用说利用那些能够协助确定确切位置的邻近图像的信息。一种更合理的方法就是当第 $n$ 个特征 $\boldsymbol{w}_n$ 存在时，建立一个描述局部图像数据的概率通用模型。第二个重要内容就是由粗糙到精细地拟合图像。粗模型拟合低分辨率的图像，其结果可作为精细模型在高分辨率图像上的起始点。通过这种方式，可以增加收敛于正确拟合的可能性，而不至于陷入局部最优。

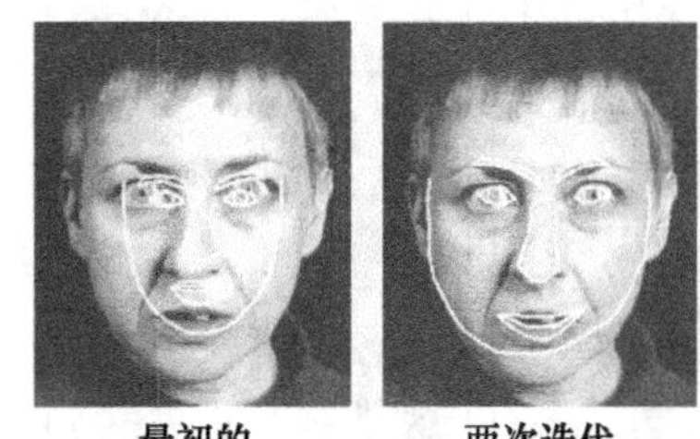

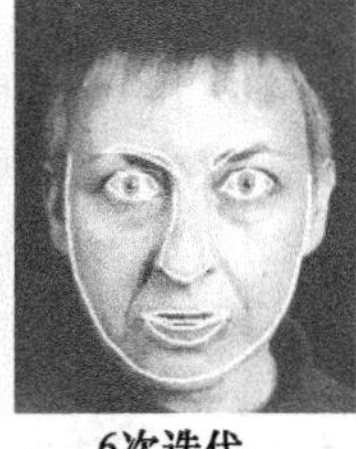

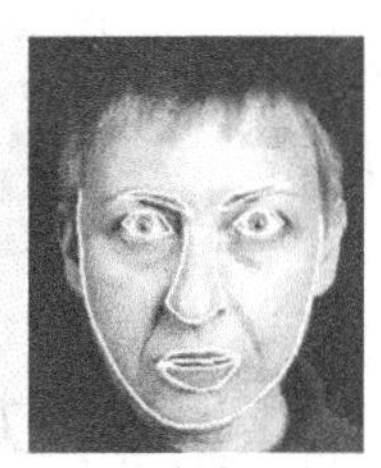


图 17-13　子空间模型拟合人脸图像的多次迭代结果。在收敛后，模型的全局变换和形状的细节都是正确的。当统计形状模型通过该方法来拟合图像时，就称为*活动形状模型*。图像由 Tim Cootes 提供

## 17.6　三维形状模型

子空间形状模型能够很容易扩展到三维。对于 3D 数据，该模型几乎能够像在 2D 情况下一样准确地工作。然而，在 3D 空间中标志点 $\boldsymbol{w}$ 就变成了具有确定位置信息的 $3\times1$ 矩阵。将这些标志点映射到图像中的全局变换也必定可推广到 3D 空间。例如，三维仿射变换包括 3D 平移、旋转和剪切和缩放等，并由 12 个参数确定。

最后，概率必须也可适用于 3D。简单的方法就是在坐标方向上通过利用三个求导滤波器的方均根来创建一个 3D 边缘检测器。图 17-14 展示了 3D 形状模型的例子。

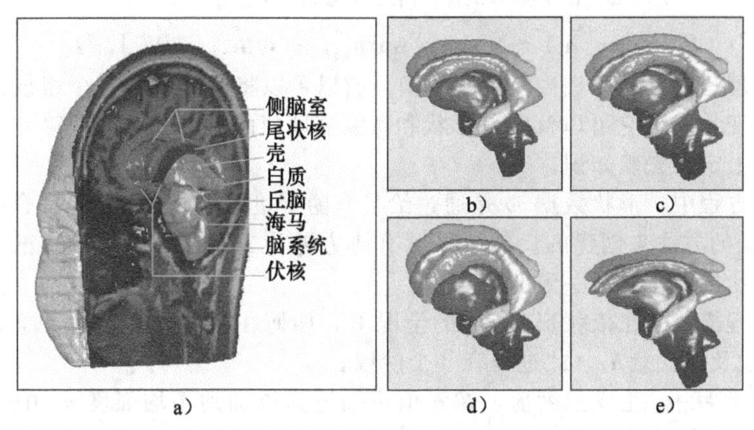


图 17-14　三维统计形状模型。a) 描述人脑区域的模型。它由标志点的点集来定义。这些都是通过将它们进行三角形排列形成一个表面的方式来实现可视化的。b～c) 改变第一个主成分的权值。d～e) 改变第二个成分的权值。改编自 Babalola 等(2008)

## 17.7　形状和外观的统计模型

第 7 章已经讨论了将子空间模型应用于描述像人脸这样的图像类像素的强度。然而，得到的结论是：这些模型都是低性能的高维数据模型。本节将考虑同时描述像素强度和目标形状的模型。此外，这些模型还能描述这些图像之间的关系：形状可以表示一

些与图像相关的强度信息，反之亦然(见图 17-15)。当利用这些模型来拟合新图像时，这些模型就会变形并自适应于图像中目标的形状和像素的强度，所以这些模型称为活动外观模型。

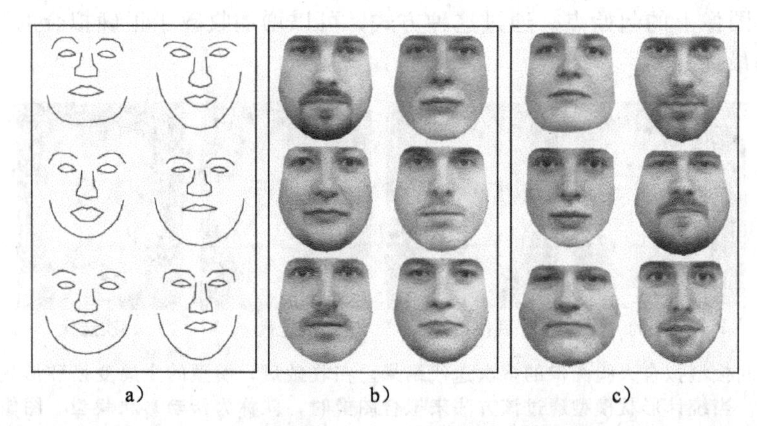


图 17-15 形状和纹理建模。在我们学习的模型中，a) 利用子空间模型对形状进行参数化(操作形状基函数的结果)，b) 利用不同的子空间模型对固定形状的强度值进行参数化(操作纹理基函数的结果)。c) 由于每个模型中的基函数的权值是一样的，所以子空间模型是相互关联的。因此，形状和纹理之间的关系可以通过这种方式来描述(操作形状和纹理基函数权值的结果)。改编自 Stegmann(2002)

与之前一样，我们描述一个具有 $N$ 个标志点 $\mathbf{w}=[\mathbf{w}_1^T,\mathbf{w}_2^T,\cdots,\mathbf{w}_N^T]$ 向量的形状。然而，现在还需要描述像素强度值 $\mathbf{x}$ 的模型，其中向量 $\mathbf{x}$ 包含图像中相互关联的 RGB 数据。整个模型能够很好地描述为一个条件概率语句的序列：

$$
\begin{aligned}
Pr(\mathbf{h}_i) &= \text{Norm}_{\mathbf{h}_i}[\mathbf{0},\mathbf{I}] \\
Pr(\mathbf{w}_i|\mathbf{h}_i) &= \text{Norm}_{\mathbf{w}_i}[\boldsymbol{\mu}_w+\boldsymbol{\Phi}_w\mathbf{h}_i,\sigma_w^2 I] \\
Pr(\mathbf{x}_i|\mathbf{w}_i,\mathbf{h}_i) &= \text{Norm}_{\mathbf{x}_i}[\mathbf{warp}[\boldsymbol{\mu}_x+\boldsymbol{\Phi}_x\mathbf{h}_i,\mathbf{w}_i,\boldsymbol{\Psi}_i],\sigma_x^2\mathbf{I}]
\end{aligned}
\tag{17-33}
$$

形状和纹理建模是一个相当复杂的模型，所以可以将其分解为多个组成部分。模型的核心是一个隐变量 $\mathbf{h}_i$，它可以认为是形状和像素强度值的低维表示。在第一个方程中，可以在该隐变量上定义先验知识。

在第二个方程中，形状数据 $\mathbf{w}$ 是通过给具有隐变量的基函数 $\boldsymbol{\Phi}_w$ 的集合赋予权值并添加平均向量 $\boldsymbol{\mu}_w$ 的方法来创建的。其结果含有协方差为 $\sigma^2\mathbf{I}$ 的球形分布的正态噪声。这些情况与统计形状模型是精确一致的。

第三个方程描述了在依赖形状 $\mathbf{w}_i$ 的情况下，如何在第 $i$ 图像中观测像素值 $\mathbf{x}_i$、全局变换参数 $\boldsymbol{\Psi}_i$ 以及隐变量 $\mathbf{h}_i$。此过程有 3 个阶段。

1) 为平均形状 $\boldsymbol{\mu}_w$ 生成强度值，像素值可描述为添加到平均强度 $\boldsymbol{\mu}_x$ 中的第二个基函数 $\boldsymbol{\Phi}_x$ 集合的加权和 $\boldsymbol{\mu}_x+\boldsymbol{\Phi}_x\mathbf{h}_i$。

2) 这些生成的强度值将变形为最终所需的形状。基于标志点 $\mathbf{w}_i$ 和全局变换参数 $\boldsymbol{\Psi}_i$，$\mathbf{warp}[\boldsymbol{\mu}_x+\boldsymbol{\Phi}_x\mathbf{h}_i,\mathbf{w}_i,\boldsymbol{\Psi}_i]$ 将结果强度图像 $\boldsymbol{\mu}_x+\boldsymbol{\Phi}_x\mathbf{h}_i$ 变形为所需的形状。

3) 最后，观测数据 $\mathbf{x}_i$ 中含有具有球形协方差 $\sigma_x^2$I 的正态分布噪声。

注意，强度值和形状都依赖于相同的隐变量 $\mathbf{h}_i$。这意味着该模型能够描述形状与外观之间的关系。例如，当嘴部区域扩张时(即张嘴)，面部纹理将变化为含有牙齿的图像。图 17-15展示了操作人脸模型的形状和纹理组成成分的例子，同时也展示了两者之间的关系。注意，该模型所得到的结果图像比人脸因素分析模型所得到的结果更清晰(见

图 7-22)。因此，通过精确计算形状组成成分，可以得到一个优越的纹理模型。

**图像变换**

变换图像的一种简单方法就是对标志点三角定位，然后利用分段仿射变换；每个三角形都使用不同的仿射变换由标准位置变换到所需的最终位置(见图 17-16)。标准三角形顶点坐标位于 $\boldsymbol{\mu}$ 内，而变换后的三角形顶点坐标位于 $\mathbf{trans}[\boldsymbol{\mu}_w+\boldsymbol{\Phi}_w\boldsymbol{h}_i,\boldsymbol{\Psi}_i]$ 中。

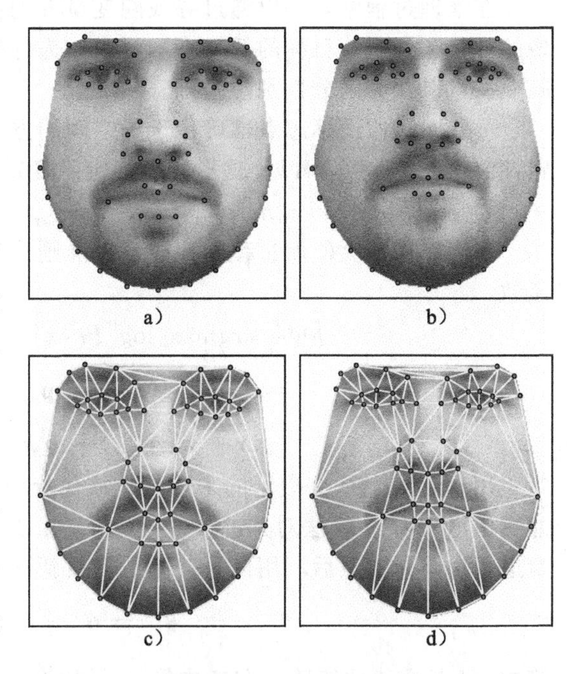

图 17-16　分段仿射变换。a) 为固定标准形状进行纹理合成。b) 变换形状以构造最终的图像。c) 分段仿射变换是图像变换的一种方法。首先需要对标志点集进行三角点定位。d) 每个三角形都需要经历不同的仿射变换，该定义下的三角形的三个点就会移动到它们最终的位置。改编自 Stegmann(2002)

## 17.7.1　学习

在学习过程中，给定一个图像 $I$ 的集合，在该图像集中，我们已知变换后标志点$\{\boldsymbol{w}_i\}_{i=1}^I$、相应的变换以及变换后的像素数据$\{\boldsymbol{x}_i\}_{i=1}^I$，而我们的目标就是学习参数$\{\boldsymbol{\mu}_w,\boldsymbol{\Phi}_w,\sigma_w^2,\boldsymbol{\mu}_x,\boldsymbol{\Phi}_x,\sigma_x^2\}$。由于该模型太复杂，所以不能直接学习这些参数；为此，提出一种能够通过消除(i)标志点所受到的变换的影响和(ii)图像数据的变形和变换，来对该模型进行简化的方法。然后在简化后的模型中估计这些参数。

为了消除标志点上变换$\{\boldsymbol{\Psi}_i\}_{i=1}^I$的影响，可以执行广义 Procrustes 分析。为了消除观测图像、变换和变形的影响，可以利用分段仿射变换将每幅训练图像变形为平均形状 $\boldsymbol{\mu}_w=\sum_{i=1}^I\boldsymbol{w}_i/I$。

这些运算的目的就是为了生成一个含有表示形状信息的已对准标志点$\{\boldsymbol{w}_i\}_{i=1}^I$集合的训练数据(类似于图 17-15a)，以及一个具有相同形状的人脸图像集$\{\boldsymbol{x}_i\}_{i=1}^I$(类似于图 17-15b)。这些数据可用更简单的模型来解释：

$$
\begin{aligned}
Pr(\boldsymbol{h}_i)&=\mathrm{Norm}_{\boldsymbol{h}_i}[\boldsymbol{0},\boldsymbol{I}]\\
Pr(\boldsymbol{w}_i|\boldsymbol{h}_i)&=\mathrm{Norm}_{\boldsymbol{w}_i}[\boldsymbol{\mu}_w+\boldsymbol{\Phi}_w\boldsymbol{h}_i,\sigma_w^2\boldsymbol{I}]\\
Pr(\boldsymbol{x}_i|\boldsymbol{h}_i)&=\mathrm{Norm}_{\boldsymbol{x}_i}[\boldsymbol{\mu}_x+\boldsymbol{\Phi}_x\boldsymbol{h}_i,\sigma_x^2\boldsymbol{I}]
\end{aligned}
\tag{17-34}
$$

为了学习这些参数，可以用生成形式写出后两个方程

$$
\begin{bmatrix}\boldsymbol{w}_i\\ \boldsymbol{x}_i\end{bmatrix}=\begin{bmatrix}\boldsymbol{\mu}_w\\ \boldsymbol{\mu}_x\end{bmatrix}+\begin{bmatrix}\boldsymbol{\Phi}_w\\ \boldsymbol{\Phi}_x\end{bmatrix}\boldsymbol{h}_i+\begin{bmatrix}\boldsymbol{\varepsilon}_{wi}\\ \boldsymbol{\varepsilon}_{xi}\end{bmatrix}
\tag{17-35}
$$

其中 $\boldsymbol{\varepsilon}_{wi}$ 是一个具有球面协方差 $\sigma_w^2\boldsymbol{I}$ 的正态分布的噪声项，而 $\boldsymbol{\varepsilon}_{xi}$ 是一个具有球面协方差 $\sigma_x^2\boldsymbol{I}$ 的正态分布噪声项。

根据上述内容，该系统与标准形式的 PPCA 模型或者因素分析模型 $\boldsymbol{x}'=\boldsymbol{\mu}'+\boldsymbol{\Phi}'\boldsymbol{h}+\boldsymbol{\varepsilon}'$ 非常相似。与 PPCA 不同，该系统中的噪声项是有结构的并包含两个值($\sigma_w^2$ 和 $\sigma_x^2$)。然而，与因素分析模型不同，数据的每一维不具有一个独立的变量。

遗憾的是，PPCA 模型具有闭型解，而该模型没有。但是能够用因素分析的改进 EM 算法来学习该模型(见 7.6.2 节)，其中，变量 $\sigma^2$ 和 $\sigma_x^2$ 的更新步骤与通常方程不同。

### 17.7.2　推理

在推理过程中，可以通过寻找隐变量 $\boldsymbol{h}$ 的值来拟合模型与新数据，该隐变量对应于图像的形状和外观。目标的低维表示可以作为分析目标特点的第二个算法的输入。例如，人脸模型可以作为区分性别的基础。

可以通过假设标志点准确位于子空间的方式来对模型中的推理进行简化，以便获得确定性的关系 $\boldsymbol{w}_i=\boldsymbol{\mu}+\boldsymbol{\Phi h}$。这意味着给定隐变量 $\boldsymbol{h}$ 观测数据的概率能够表示为：

$$Pr(\boldsymbol{x}|\boldsymbol{h}) = \text{Norm}_{\boldsymbol{x}}[\mathbf{warp}[\boldsymbol{\mu}_x + \boldsymbol{\Phi}_x\boldsymbol{h}, \boldsymbol{\mu}_w + \boldsymbol{\Phi}_w\boldsymbol{h}, \boldsymbol{\Psi}], \sigma_x^2\boldsymbol{I}] \tag{17-36}$$

我们应用最大似然过程，并注意该准则是基于正态分布的，所以结果是最小二乘代价函数：

$$\begin{aligned}\hat{\boldsymbol{h}}\hat{\boldsymbol{\Psi}} &= \underset{\boldsymbol{h},\boldsymbol{\Psi}}{\text{argmax}}[\log[Pr(\boldsymbol{x}|\boldsymbol{h})]] \\ &= \underset{\boldsymbol{h},\boldsymbol{\Psi}}{\text{argmin}}[(\boldsymbol{x} - \mathbf{warp}[\boldsymbol{\mu}_x + \boldsymbol{\Phi}_x\boldsymbol{h}, \boldsymbol{\mu}_w + \boldsymbol{\Phi}_w\boldsymbol{h}, \boldsymbol{\Psi}])^{\mathrm{T}} \\ &\quad (\boldsymbol{x} - \mathbf{warp}[\boldsymbol{\mu}_x + \boldsymbol{\Phi}_x\boldsymbol{h}, \boldsymbol{\mu}_w + \boldsymbol{\Phi}_w\boldsymbol{h}, \boldsymbol{\Psi}])]\end{aligned} \tag{17-37}$$

对于用 $\boldsymbol{\theta}=\{\boldsymbol{h},\boldsymbol{\Psi}\}$ 来表示的未知量，该代价函数可采用一般形式 $f[\boldsymbol{\theta}]=\boldsymbol{z}[\boldsymbol{\theta}]^{\mathrm{T}}\boldsymbol{z}[\boldsymbol{\theta}]$，因此能够使用高斯-牛顿法对其进行优化(见附录 B.2.3)。可以使用一些合理的数值对这些未知量进行初始化，然后利用以下关系迭代更新这些值：

$$\boldsymbol{\theta}^{[t]} = \boldsymbol{\theta}^{[t-1]} + \lambda(\boldsymbol{J}^{\mathrm{T}}\boldsymbol{J})^{-1}\frac{\partial f}{\partial \boldsymbol{\theta}} \tag{17-38}$$

其中，$\boldsymbol{J}$ 是雅克比矩阵。在 $\boldsymbol{J}$ 中第 $m$ 行和第 $n$ 列的输入是对应于参数矩阵 $\boldsymbol{\theta}$ 中第 $n$ 个元素 $\boldsymbol{z}$ 的第 $m$ 个元素的导数。

$$\boldsymbol{J}_{mn} = \frac{\partial z_m}{\partial \theta_n} \tag{17-39}$$

图 17-17 展示了能够拟合人脸数据的形状和外观模型的一个实例。图 17-1 中的脊柱模型也是这种模型，虽然在脊柱模型中只有形状部分。通常情况下，这一拟合过程的成功依赖于优化过程有好的起始点，并且一个由粗糙到精细的优化策略也能够帮助优化过程快速准确地收敛。

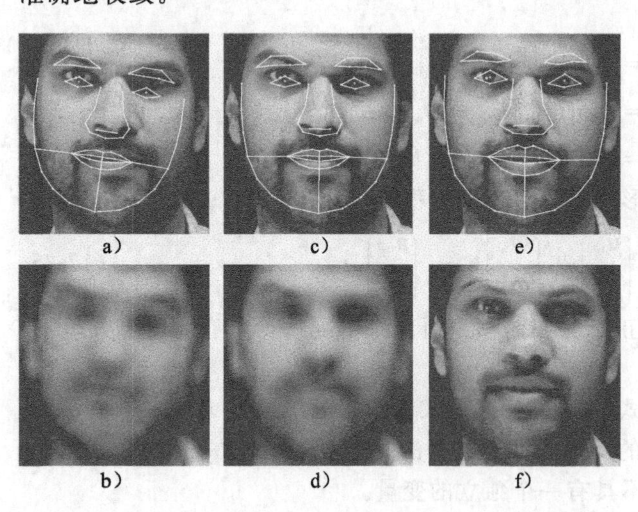

图 17-17　拟合形状和外观的统计模型。a) 叠加在观测图像上的拟合过程开始时的形状模型。b) 在拟合开始时的形状和外观模型(合成图像 $\boldsymbol{x}$)。c～d) 多次迭代后的结果。e～f) 拟合过程结束。f) 中的合成脸与 a)、c) 和 e) 中的观测脸看起来非常相似。因为该模型能够自适应于图像，因此称为活动外观模型。图像由 Tim Cootes 提供

## 17.8 非高斯统计形状模型

对于形状变化受到相对约束且能够利用正态分布先验知识进行很好描述的目标，17.4 节中讨论的统计形状模型是有效的。然而，在某些求解过程中，正态分布是不够的，因此我们还必须转向研究更为复杂的模型。其中，一种可能的方法就是利用混合 PPCA。然而，可以利用这一机会引入一个备选模型来描述非高斯密度。

高斯过程潜在变量模型(GPLVM)是一个能够为复杂非正态分布而建模的密度模型。GPLVM 扩展了 PPCA 模型，这样在基函数 $\boldsymbol{\Phi}$ 加权之前，对隐变量 $\boldsymbol{h}_i$ 进行非线性变换。

### 17.8.1 回归 PPCA

为助于理解 GPLVM，可重新考虑子空间模型的回归问题。PPCA 模型可表示为

$$\begin{aligned}
Pr(\boldsymbol{w}|\boldsymbol{\mu},\boldsymbol{\Phi},\sigma^2) &= \int Pr(\boldsymbol{w},\boldsymbol{h}|\boldsymbol{\mu},\boldsymbol{\Phi},\sigma^2)\mathrm{d}\boldsymbol{h} \\
&= \int Pr(\boldsymbol{w}|\boldsymbol{h},\boldsymbol{\mu},\boldsymbol{\Phi},\sigma^2)Pr(h)\mathrm{d}\boldsymbol{h} \\
&= \int \mathrm{Norm}_w[\boldsymbol{\mu}+\boldsymbol{\Phi}\boldsymbol{h},\sigma^2\boldsymbol{I}]\mathrm{Norm}_h[\boldsymbol{0},\boldsymbol{I}]\mathrm{d}\boldsymbol{h}
\end{aligned} \tag{17-40}$$

该表达式最后一行中的第一项与线性回归紧密关联(见 8.1 节)。这是一个根据已知变量 $\boldsymbol{h}$ 来预测 $\boldsymbol{w}$ 的模型。实际上，如果只考虑 $\boldsymbol{w}$ 的第 $d$ 个元素 $w_d$，那么该项就具有以下形式

$$Pr(w_d|\boldsymbol{h},\boldsymbol{\mu},\boldsymbol{\Phi},\sigma^2) = \mathrm{Norm}\boldsymbol{w}_d[\boldsymbol{\mu}_d+\boldsymbol{\phi}_{d\bullet}^{\mathrm{T}}\boldsymbol{h},\sigma^2] \tag{17-41}$$

其中，$\mu_d$ 是 $\boldsymbol{\mu}$ 的第 $d$ 维，而 $\boldsymbol{\phi}_{d\bullet}^{\mathrm{T}}$ 是 $\boldsymbol{\Phi}$ 的第 $d$ 行，这就是 $\boldsymbol{w}_d$ 对 $\boldsymbol{h}$ 的线性回归模型。

该观点提供了观察模型的一种新方法。图 17-18 展示了一个二维数据集$\{\boldsymbol{\omega}_i\}_{i=1}^I$，它可以用一维隐变量集$\{\boldsymbol{h}_i\}_{i=1}^I$来解释。二维数据 $\boldsymbol{w}$ 的每一维都是通过不同的回归模型建立的，但在每种情况下，都需要对常见的隐变量集$\{\boldsymbol{h}_i\}_{i=1}^I$进行回归。所以 $\boldsymbol{w}$ 的第一维 $w_1$ 可以描述为 $\mu_1+\phi_{1\bullet}^{\mathrm{T}}h$，而第二维 $w_2$ 可描述为 $\mu_2+\phi_{2\bullet}^{\mathrm{T}}h$。通常潜在的隐变量可以引出 $Pr(w)$分布中数据之间的关系。

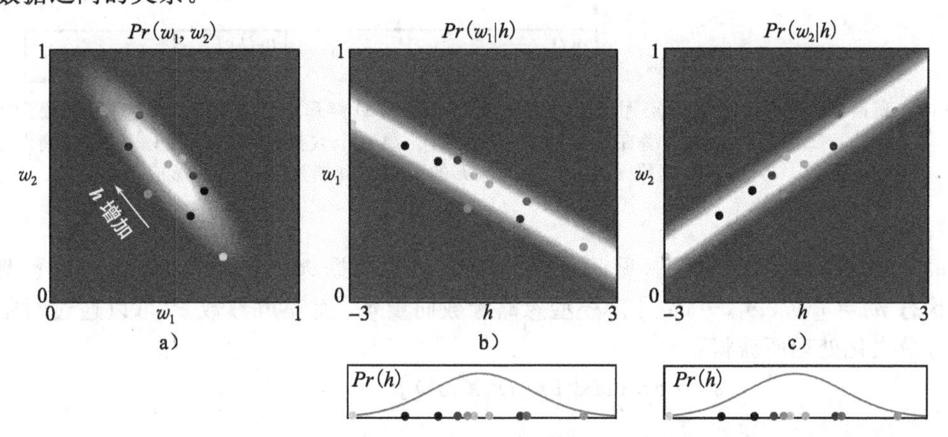


图 17-18 回归 PPCA 模型。a) 对于可以通过具有单个隐变量的 PPCA 模型解释的二维数据集。这些数据可以通过具有均值为 $\boldsymbol{\mu}$、协方差为 $\phi\phi^{\mathrm{T}}+\sigma^2\boldsymbol{I}$ 的二维正态分布来解释。b) 理解 PPCA 模型的一种方法：二维数据由两个潜在的回归模型来解释。第一个数据维 $\boldsymbol{w}_1$ 是由对 $h$ 的回归而形成的，而 c) 第二个数据维 $\boldsymbol{w}_2$ 是由对相同值 $h$ 的不同回归而形成的

现在如何形成整体强度呢？对于 $h$ 的固定值，预测 $w_1$ 和 $w_2$，它们都是具有相同方差的加性正态噪声(见图 17-18b、c)。其结果是 $\boldsymbol{w}$ 中的一个二维球面正态分布。为了创建密度整合 $h$ 的所有可能值，并通过标准先验数据进行加权求和。因此，最终的密度是每个 $h$ 值的二维球面正态分布所预测的无限加权和，而这正好是具有非球面协方差 $\phi\phi^{\mathrm{T}}+\sigma^2\boldsymbol{I}$ 的正态分布的形式，如图 17-18a 所示。

### 17.8.2　高斯过程隐变量模型

PPCA 模型的解释提供了一个能够描述更复杂密度的显著方法。我们简单地用更复杂的非线性回归模型来取代线性回归模型。顾名思义，高斯过程隐变量模型利用高斯过程回归模型(见 8.5 节)。

图 17-19 展示了 GPLVM。在图 17-19a 中，密度的每一维再次由潜在变量 $h$ 的回归产生。然而，在该模型中，两条回归曲线都是非线性的(见图 17-19b、c)，这就解释了原始密度的复杂性。

在 GPLVM 中，存在两个主要的实际变化：

1. 高斯回归过程忽视了回归参数 $\boldsymbol{\mu}$ 和 $\boldsymbol{\Phi}$，所以在学习过程中不必对这些参数进行估计。

2. 相反，我们不可以再忽视闭型隐变量 $\boldsymbol{h}$，在训练的过程中必须估计隐变量，这也给评估最终密度带来了一些困难。

现在，我们讨论该模型的学习和推理过程。

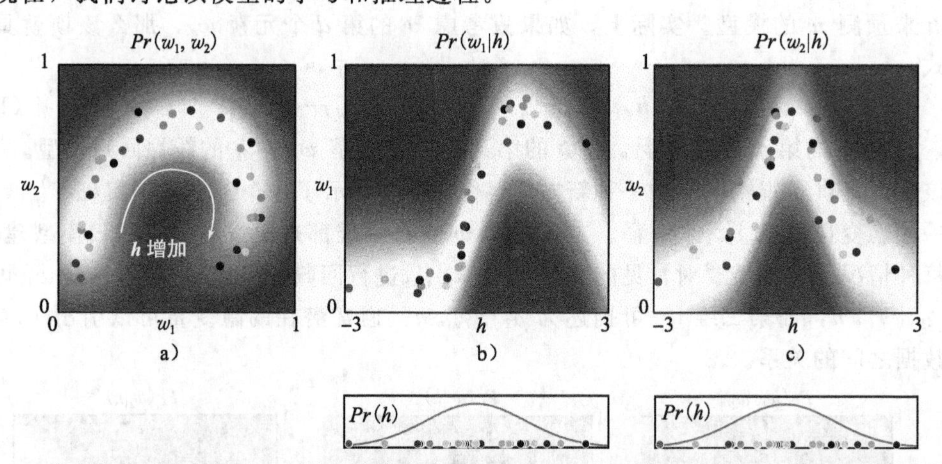


图 17-19　高斯潜变量回归模型。a) 由具有单个变量的 GPLVM 解释的二维数据。b) 理解该模型的一种方法：二维数据由两个潜在的回归模型来解释。第一个数据维 $w_1$ 由对隐变量 $h$ 的高斯过程回归而形成。c) 第二数据维 $w_2$ 由对相同值 $h$ 的不同的高斯过程回归而形成

#### 1. 学习

最初的高斯过程回归模型(见 8.5 节)旨在从多元数据 $\boldsymbol{X}=[\boldsymbol{x}_1,\boldsymbol{x}_2,\cdots,\boldsymbol{x}_I]$ 中预测单变量的状态 $\boldsymbol{w}=[w_1,w_2,\cdots,w_I]$。模型忽略参数向量 $\boldsymbol{\phi}$，而噪声参数 $\sigma^2$ 可以通过对临界概率进行最大化处理而获得：

$$\begin{aligned}\hat{\sigma}^2 &= \underset{\sigma^2}{\operatorname{argmax}}[Pr(\boldsymbol{w}\,|\,\boldsymbol{X},\sigma^2)]\\&= \underset{\sigma^2}{\operatorname{argmax}}\left[\int Pr(\boldsymbol{w}\,|\,\boldsymbol{X},\boldsymbol{\Phi},\sigma^2)Pr(\boldsymbol{\Phi})d\boldsymbol{\Phi}\right]\\&= \underset{\sigma^2}{\operatorname{argmax}}[\operatorname{Norm}_{\boldsymbol{w}}[\boldsymbol{0},\sigma_p^2\boldsymbol{K}[\boldsymbol{X},\boldsymbol{X}]+\sigma^2\boldsymbol{I}]]\end{aligned}\tag{17-42}$$

其中，$\sigma_p^2$ 控制参数向量 $\boldsymbol{\phi}$ 的先验方差，而 $\boldsymbol{K}[\bullet,\ \bullet]$ 是所选择的核函数。

GPLVM 有类似的情况，GPLVM 的目标是从多元隐变量 $\boldsymbol{H}=[\boldsymbol{h}_1,\boldsymbol{h}_2,\cdots,\boldsymbol{h}_I]$ 中预测多元状态值 $W=[\boldsymbol{w}_1,\boldsymbol{w}_2,\cdots,\boldsymbol{w}_I]^{\mathrm{T}}$。我们再次将忽略模型的基函数 $\boldsymbol{\Phi}$，并对噪声参数 $\sigma^2$ 进行极大化处理。然而，这一次，我们并不知道回归的隐变量 $\boldsymbol{H}$ 的值，因此必须同时对这些参数进行估计，给定的目标函数如下：

$$\begin{aligned}\hat{\boldsymbol{H}}\hat{\sigma}^2 &= \underset{\boldsymbol{H},\sigma^2}{\operatorname{argmax}}[Pr(\boldsymbol{W},\boldsymbol{H},\sigma^2)]\\ &= \underset{\boldsymbol{H},\sigma^2}{\operatorname{argmax}}\left[\int Pr(\boldsymbol{W}|\boldsymbol{H},\boldsymbol{\Phi},\sigma^2)Pr(\boldsymbol{\Phi})Pr(\boldsymbol{H})\mathrm{d}\boldsymbol{\Phi}\right]\\ &= \underset{\boldsymbol{H},\sigma^2}{\operatorname{argmax}}\left[\prod_{d=1}^{D}\operatorname{Norm}_{\boldsymbol{w}_{d\cdot}}[\boldsymbol{0},\sigma_p^2\boldsymbol{K}[\boldsymbol{H},\boldsymbol{H}]+\sigma^2\boldsymbol{I}]\prod_{i=1}^{I}\operatorname{Norm}_{\boldsymbol{h}_i}[\boldsymbol{0},\boldsymbol{I}]\right]\end{aligned}\tag{17-43}$$

其中一项存在于每个 $D$ 维的第一个结果中，另一项存在于每个训练样本的第二个结果中。

遗憾的是，该优化问题没有闭型解。为了学习该模型，必须使用一种通用的非线性优化技术(见附录 B)。有时，核函数 $\boldsymbol{K}[\bullet,\bullet]$也含有参数，那么也需要同时对这些参数进行优化。

### 2. 推理

对于隐含变量 $\boldsymbol{h}^*$ 的新值，$w_d^*$ 的第 $d$ 维的分布在式(8-24)中已经给出：

$$\begin{aligned}&Pr(w_d^*|\boldsymbol{h}^*,\boldsymbol{H},\boldsymbol{W})=\\ &\quad\operatorname{Norm}_{w_d^*}\left[\frac{\sigma_p^2}{\sigma^2}\boldsymbol{K}[\boldsymbol{h}^*,\boldsymbol{H}]\boldsymbol{w}_{d\cdot}-\frac{\sigma_p^2}{\sigma^2}\boldsymbol{K}[\boldsymbol{h}^*,\boldsymbol{H}]\left(\boldsymbol{K}[\boldsymbol{H},\boldsymbol{H}]+\frac{\sigma_p^2}{\sigma^2}\boldsymbol{I}\right)^{-1}\boldsymbol{K}[\boldsymbol{H},\boldsymbol{H}]_{wd\cdot},\right.\\ &\quad\left.\sigma_p^2\boldsymbol{K}[\boldsymbol{h}^*,\boldsymbol{h}^*]-\sigma_p^2\boldsymbol{K}[\boldsymbol{h}^*,\boldsymbol{H}]\left(\boldsymbol{K}[\boldsymbol{H},\boldsymbol{H}]+\frac{\sigma_p^2}{\sigma^2}\boldsymbol{I}\right)^{-1}\boldsymbol{K}[\boldsymbol{H},\boldsymbol{h}^*]+\sigma^2\right]\end{aligned}\tag{17-44}$$

为了从该模型中加以采样，从先验数据中选择隐变量 $\boldsymbol{h}^*$，然后使用该方程预测标志 $\boldsymbol{w}^*$ 的概率分布。

为了评估新样本 $\boldsymbol{w}^*$ 的概率，可以使用下式。

$$Pr(\boldsymbol{w})=\prod_{d=1}^{D}\int Pr(w_d^*|\boldsymbol{h}^*,\boldsymbol{H},\boldsymbol{W})Pr(\boldsymbol{h}^*)\mathrm{d}\boldsymbol{h}^*\tag{17-45}$$

遗憾的是，式(17-45)中的积分不能用闭型计算。解决该问题的一种方法就是最大化 $\boldsymbol{h}^*$，而不是忽视 $h^*$。另一种可能的方法就是通过在训练数据$\{\boldsymbol{h}_i\}_{i=1}^{I}$位置上的 $\sigma$ 函数集来近似密度 $\Pr(h^*)$，然后用这些样本的独立预测之和来代替积分。

### 3. 形状模型的应用

图 17-20 展示了一些基于 GPLVM 的人脸形状模型采样的实例。基于单个正态分布，这种更为复杂的模型能够处理比原始 PPCA 在形状上具有更大变化的建模问题。

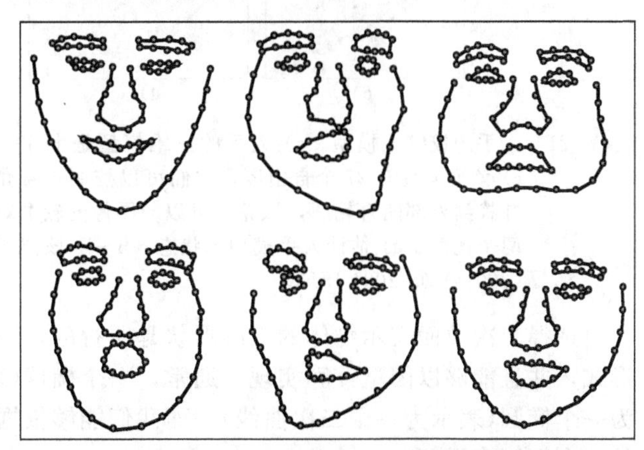

图 17-20 基于 GPLVM 的非高斯人脸模型的样本。样本能够表示更重要的形状变化，并且能够通过原始统计形状模型进行实际描述。改编自 Huang 等(2011). 2011 IEEE

## 17.9 铰接式模型

如果目标的形状变化相对较小，那么统计形状模型能够具有很好的性能。然而，还存在另一种情况：对目标已经具有更非富的先验知识。例如，在身体模型中，已知一个人有两只胳膊和两条腿，并且这些都是以某种方式连接在身体上。铰链式模型依据连接角和关于摄像机的基本组件的整体变换来对该模型进行参数化。

铰链式模型的核心思想是各部分的转换是累积的，脚的位置取决于小腿的位置，而小腿的位置又取决于大腿的位置等，这就是所谓的**运动链**。为了计算相对于摄像机的脚的全局变换，可以以合适的顺序来关联身体中每一部分的变换。

目前已存在多种构建铰链模型的方法。可以是二维的(第 11 章讨论的图示结构)，也可以是三维的。下面我们将讨论由截断**二次曲面**所构建的三维手模型。二次曲面是二次曲线(见 17.1 节)的三维泛化，可以表达圆柱体、球体、椭球体、一对平面或者三维空间中的其他形状。在三维空间中位于二次曲面上的点满足以下关系

$$(x \quad y \quad z \quad 1)\begin{pmatrix}\psi_1 & \psi_2 & \psi_3 & \psi_4\\ \psi_2 & \psi_5 & \psi_6 & \psi_7\\ \psi_3 & \psi_6 & \psi_8 & \psi_9\\ \psi_4 & \psi_7 & \psi_9 & \psi_{10}\end{pmatrix}\begin{pmatrix}x\\ y\\ z\\ 1\end{pmatrix}=0 \tag{17-46}$$

图 17-21 展示了一个由 39 个**二次曲面**构成的手模型。其中一些二次曲面是截断的，为了形成有限长度的管状，圆柱体或椭球体利用三维空间中的一对平面进行剪裁，以便保留二次曲面在该对平面之间的部分。该对平面由第二个二次曲面来表示，所以模型的每个部分实际上是由两个二次曲面来表示。该模型具有 27 个自由度，其中 6 个是手的全局位置，4 个是每个手指的姿态，5 个是拇指的姿态。

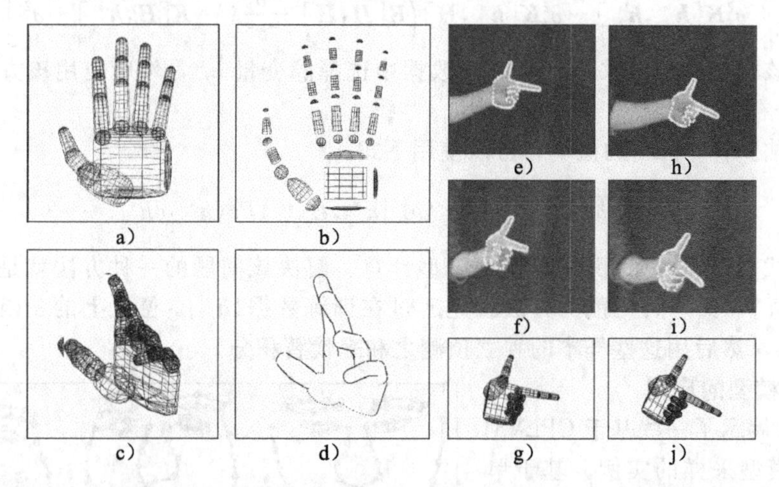


图 17-21 人手的铰链式模型。a) 人手的三维模型是由 39 个截断二次曲面构成的。b) 部件分解图。c) 该模型具有 27 个自由度，它们可以控制连接角。d) 很容易地将该模型投影为一个图像，并找到外部闭合轮廓，该轮廓可以与图像的轮廓对齐。e~f) 由不同的摄像机同时获得人手的两个视角。g) 估计人手模型的状态。h~j) 该位置的两个视角和其他估计。改编自 Stenger 等 (2001a). © 2001 IEEE

选择二次曲面表示物体的三维形状是明智的，因为针孔摄像机的投影具有二次曲面的形式，并且能够以闭型计算实现。通常，一个椭球(表示为一个二次曲面)在图像中可投影为一个椭圆(表示为一个二次曲线)，而我们能够依据二次曲面参数项找到该二次曲线参数的一个闭型表示。

已知相对于模型的摄像机位置，可以将形成 3D 模型的二次曲面的集合设计为摄像机图像。如果相关的二次曲面位于模型另一部分的后面，那么可以通过沿每条射线测试深度

的方法很好地处理该自遮挡问题，而不渲染结果二次曲线。这就产生了一个拟合目标图像模型的简单方法(即找到连接角和相对于摄像机的整体姿态)。下面，我们对一个模型的轮廓进行模拟(如图 17-21d 所示)，当这些轮廓与观测图像中的边缘匹配时，估计概率增长的表示。为拟合该模型，我们简单优化该代价函数。

遗憾的是，该算法容易收敛于局部极小；难以为优化寻找好的起始点。而且，在具体图像中，视觉数据确实是模糊的，并且有多个与观察图像相一致的目标配置。如果将来自于多个摄像机的目标(见图 17-21e、f 和 h、i)看作已解决的模糊问题，那么情况就变得简单多了。当我们通过一系列帧来追踪模型时，拟合模型也较为容易。在前期，我们能够基于手的已知位置来对模型的每一次拟合过程进行初始化。这种时序模型将在第 19 章中讨论。

## 17.10 应用

现在阐述将本章的思想扩展到三维的两个应用。首先，对于人脸模型，该模型本质上是自动外观模型的三维版本。其次，对于人体模型，该模型结合了铰链式模型和形状子空间表示的思想。

### 17.10.1 三维形变模型

Blanz 和 Vetter(1999)提出一种人脸的三维形状和外观统计模型。该模型基于 200 次激光扫描，每个人脸都是由大约 70 000 个三维顶点和 RGB 纹理映射表示。捕获的人脸需要经过预处理，以便去除它们之间的全局三维变换，并且利用基于光流的方法记录各顶点。

在统计形状模型建立的过程中，三维顶点承担标志点的作用。与本章中的大多数统计形状模型一样，该模型基于基函数(主成分)的线性组合。同样，纹理映射也可描述为一套基图像(主成分)的线性组合。图 17-22 展示了平均人脸、改变形状的影响，以及独立的纹理成分。

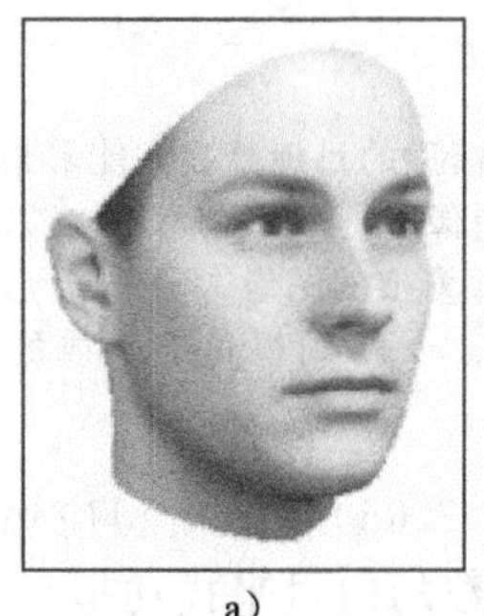
a)

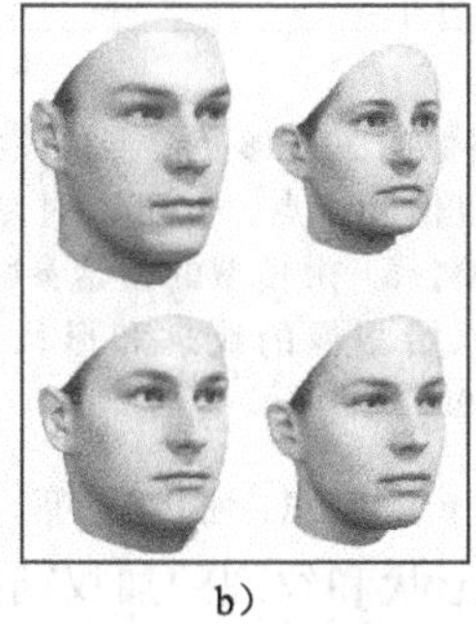
b)

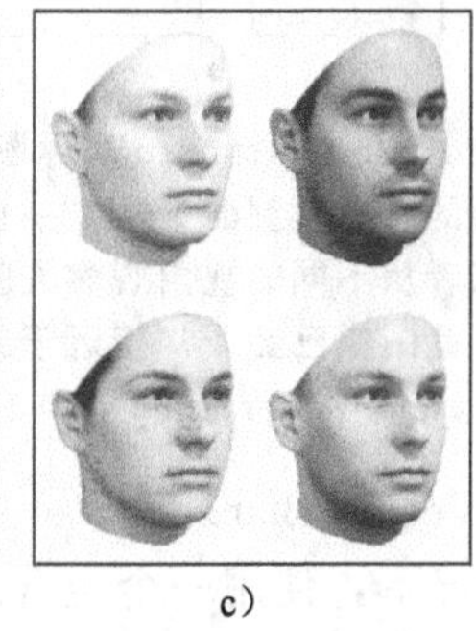
c)

图 17-22　人脸的三维形变模型。该模型是从 200 个独立的激光扫描图像训练获得，并表示为一个70 000 点位置的集合和一个关联的纹理映射。a) 平均人脸。b) 对于二维子空间形状模型，最终的形状描述为基形状(主成分)的线性组合。然而，在该模型中，这些基形状是三维的。图中显示了在保持纹理不变时，改变这些基函数权重的影响。c) 纹理也可建模为基形状的线性组合。图中显示了在保持形状不变时，改变纹理的影响。改编自 Blanz and Vetter(2003). © 2003 IEEE

目前所描述的模型就是 17.7 节描述的形状和外观的三维版本。然而，Blanz 和Vetter(1999)利用包含环境和方向性光照影响的 Phong 阴影模型来对渲染过程进行建模。

为了使该模型能够拟合人脸图像，极小化观测像素强度与模型预测的像素强度之间的平方误差。目标是操作模型的参数，使得渲染后的图像与观察图像尽可能匹配。这些参数包括：

- 确定形状的基函数的权重。
- 确定纹理的基函数的权重。
- 摄像机和目标的相对位置。
- 环境和直接光照的 RGB 强度。
- 每个图像 RGB 通道的偏移量和增益。

摄像距离、光照方向以及表面亮度等其他参数需要人工设置。实际上，可以利用非线性优化技术来完成模型的拟合。图 17-23 展示了实际图像模型拟合的过程。收敛后，形状和纹理信息能够非常好地还原原始图像。经过该过程，就可以获得具有人脸形状和纹理的全部信息。这点可以从不同的角度看到，还原后的人脸图像甚至具有现实的阴影重叠效果。

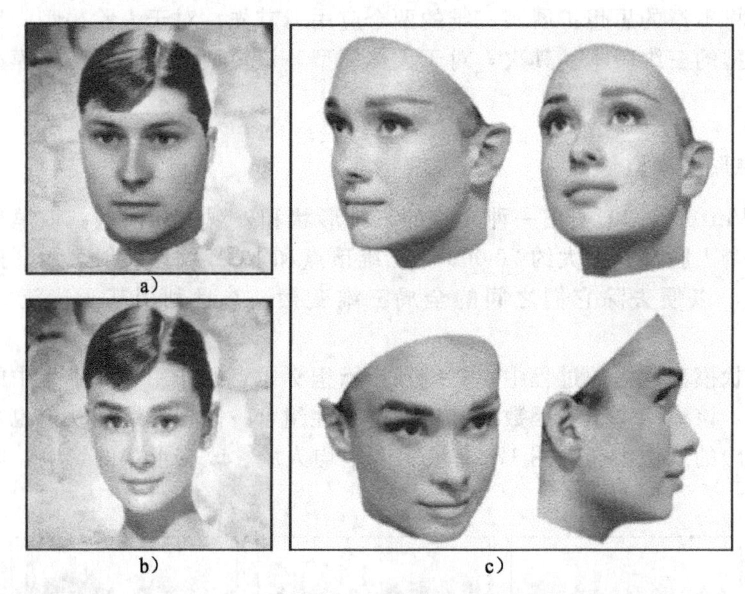


图 17-23　拟合 Audrey Hepburn 实际图像的三维形变模型。该模型的目标是找到能够最好地表达二维人脸的三维模型的参数。一旦做到这点，就可以对图像进行相关操作。例如，能够重现人脸或者从不同的视角观察人脸。a) 由模型的初始参数模拟的图像。b) 拟合后模型的模拟图像。此图像已经非常接近于原始图像的纹理和形状。c) 不同视角下生成的图像。改编自 Blanz and Vetter(1999). © 1999 ACM

Blanz 和 Vetter(Blanz 和 Vetter，2003；Blanz 等，2005)将该模型应用于人脸识别。在最简单的情况下，使用一个包含形状和纹理的加权函数的向量来描述拟合的人脸。通过测试两个人脸图像与每个人脸相关联的向量之间的距离来进行比较。该方法的优点是人脸能够以不同的光照条件和迥然不同的姿态进行初始表示，因为在最终的表示中没有这些因素的影响。然而，实际上通过利用模型拟合技术的方法是受限的，该方法对那些具有复杂光照和部分遮挡的实际图像并非总能收敛。

Matthews 等(2007)提出了相同模型的简化版，该简化模型仍然是三维的，但具有稀疏的网格结构，并且不包含反射模型。然而，他们提出了一种算法，该算法能够将人脸模型拟合为一个能够超过每秒 60 帧运行的视频序列。这就允许对人脸的姿态和表情实时跟踪(见图 17-24)。该技术已经用于电影和视频游戏中捕获人脸表情的 CGI 特征。

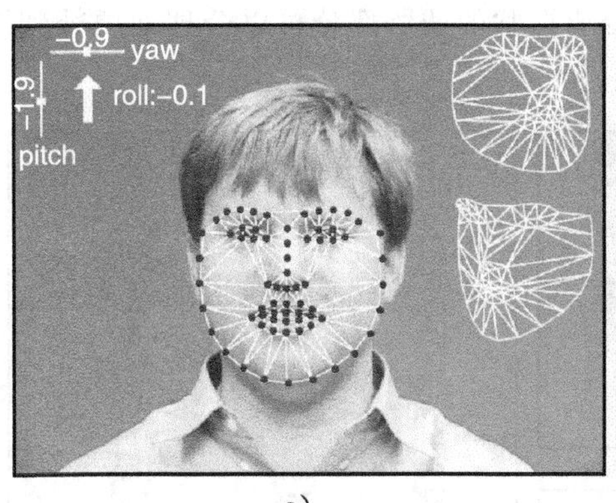

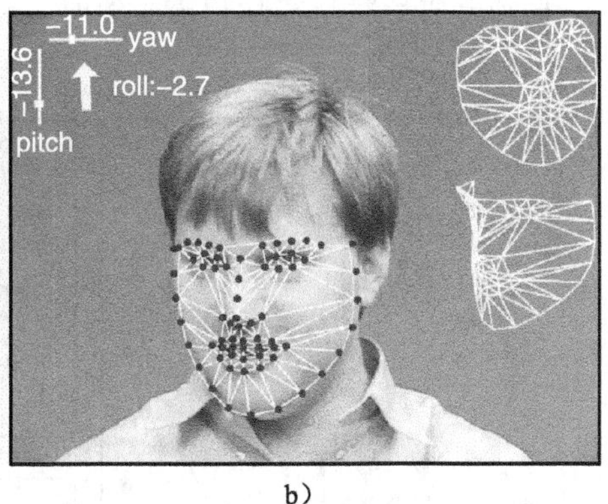


a) b)

图 17-24 利用三维活动外观模型进行实时脸部跟踪。a～b) 跟踪序列中的两个例子。在左上角显示人脸的姿态。人脸右边的重叠网格展示了两个不同视角下该模型的形状组件。改编自 Matthews 等(2007). © 2007 Springer

### 17.10.2 三维人体模型

Anguelov 等(2005)提出了三维人体模型，该模型结合铰链结构和子空间模型。铰链式模型描述身体的骨架，子空间模型描述人体形状的变化(见图 17-25)。

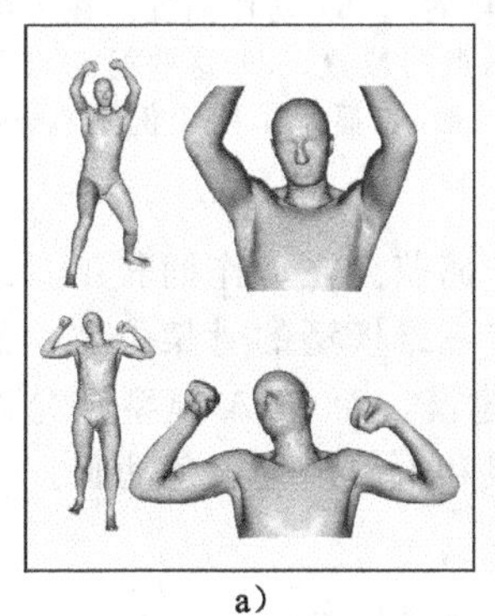
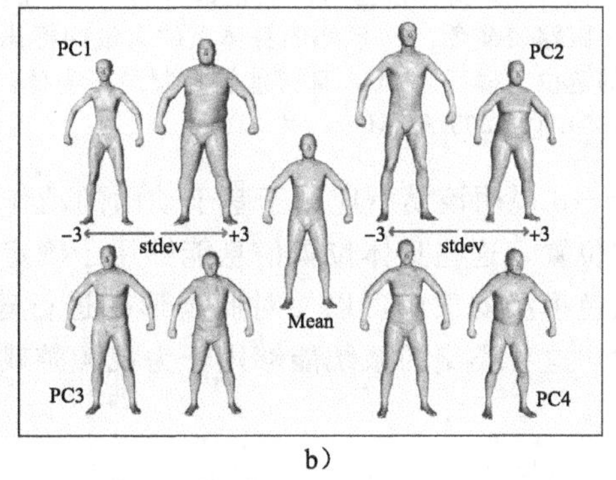


a) b)

图 17-25 三维人体模型。a) 皮肤表面最终的位置是对最近连接角的回归，这就产生了诸如肌肉膨胀的微妙变化。b) 皮肤表面最终的位置也决定于描述人体形状变化的 PCA 模型。改编自 Anguelov 等(2005). © 2005 ACM

该模型的核心是，三维人体模型可以通过一个能够定义人体表面的三角网表示。利用生长的形式能够很好地解释该模型，其中每个三角形都需要经过一系列变换。首先，依据身体最近关节点的结构对位置进行变换，通过使用回归模型来确定该变换是什么类型的变换，并产生诸如肌肉形变的微妙影响。其次，需要根据确定人体特征(人体形状等)的 PCA 模型对三角形的位置进行变换。最后，三角形在三维空间中依据骨架位置进行扭曲变化。

该模型的两个应用如图 17-26 所示。首先，该模型能够用于填补人体缺失的部分。由于许多扫描仪不能一次捕获全部的三维模型；它们只能够捕获物体的前面，所以必须结合多个扫描仪所捕获的信息来得到完整的模型。这对于像人这样的移动目标又是一个不确定性的问题。甚至对于能够在 360°范围内捕获形状的模型，也经常存在数据丢失或引入噪声的问题。图 17-26a 显示了将模型拟合实际扫描信息的例子。利用骨架的位置和 PCA 成分的权重，直到合成形状与实际扫描一致时。合成形状的残留部分可以合理地填补到缺失的部分。

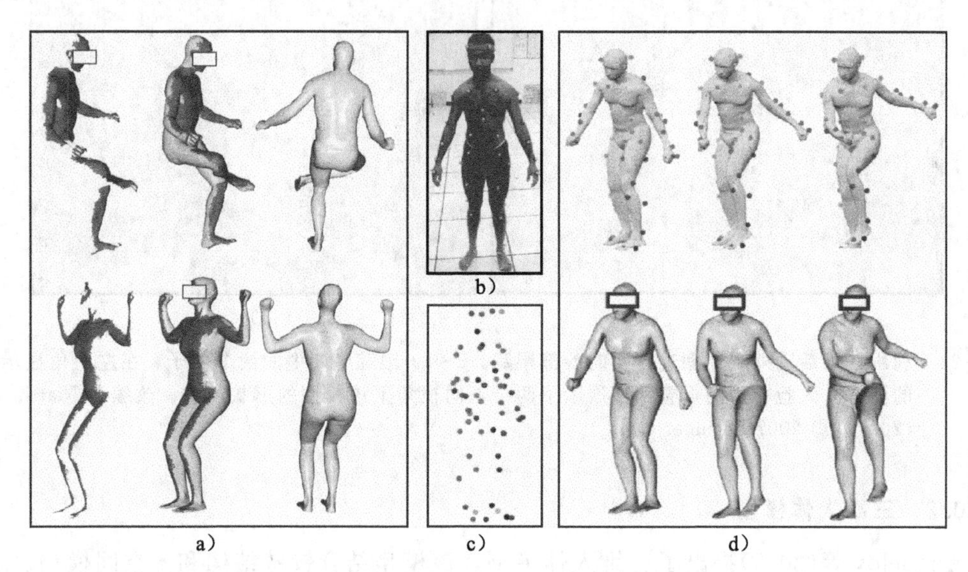

图 17-26　三维身体模型的应用。a) 局部扫描的插值。在每种情况下，黑色区域表示原始扫描，灰色区域表示在拟合三维身体模型后的插值部分(从两个角度看)。b) 动作捕捉。在传统的动作捕获工作室中跟踪表演者。c) 已知的身体上的大量的标志点的位置。d) 这些标志点可以用于模型骨架点的定位。模型的 PCA 部分能够控制最终身体的形状(显示了两个例子)。改编自 Anguelov 等(2005). © 2005 ACM

图 17-26b～d 说明该模型应用于基于动画的动作捕获。在动作捕获工具组件中，跟踪表演者的身体位置，这些身体位置信息能够用于确定三维模型的骨架位置。然后回归模型适当地调整肤色模型的顶点，以便对肌肉形变进行建模，而 PCA 模型则允许结果模型的身份发生变化。这种类型的系统能够用于为视频游戏和电影产生角色动画。

## 讨论

本章提出了许多描述可视物体形状的模型。这些模型的思想与本书后续章节紧密相关。这些形状模型经常用于视频序列跟踪，而这些追踪算法的结构将在第 19 章进行详细阐述。许多形状模型在其核心部分有子空间表示(主成分)。第 18 章将研究能够应用于身份识别表示的模型。

## 备注

**snake 模型和活动轮廓模型**：snake 是由 Kass 等(1987)首次提出的。随后，相继提出了不同的改进版本使其能够收敛于一个更合理的解，该解包含膨胀项(Cohen，1991)以及一个称为梯度矢量流的新型外力场(Xu 和 Prince，1998)。初步的研究工作是将轮廓看作为连续的目标，但后续的研究则将其作为离散目标进行考虑，并且使用贪婪算法和动态规划算法进行优化(Amini 等，1990；Williams 和 Shah，1992)。后续的工作已经开始研究如何利用目标形状的先验信息，并提出了活动轮廓模型(Cootes 等，1995)。这还是一个开放的研究领域(如 Bergtholdt 等，2005；Freifeld 等，2010)。

由于形状可以显式表示，所以本章讨论的轮廓模型可以称为参数化。早期参数化活动轮廓模型的总结可以在 Blake 和 Isard(1998)的文献中找到。在研究隐式或者非参数轮廓中，轮廓是通过定义在图像域函数的水平集而被隐式定义(Malladi 等，1994；Caselles 等，1997)。将先验知识应用于这些模型中存在的问题还是具有相当大的研究价值：(Leventon 等，2000；Rousson 和 Paragios，2002)。

**自下而上模型**：本章主要关注轮廓检测的自上而下方法，其中物体的生成模型是特定的，以便解释图像中可观测的边缘。然而，目前的研究热点已进入自下而上方法的研究阶段。在这些方法中可以将离散的边缘段组合起来以便成为一个相干形状。例如，Opelt 等(2006)提出“边缘段模型”，在该模型中，利用一对边缘段来标志物体质心的位置，并通过寻找具有最高支持率的位置来检测物体。Shotton 等(2008)提出了一个类似的模型，该模型包含尺度不变性，并能够在图像的局部区域进行搜索以确定在更大场景中的小目标。Leordeanu 等(2007)提出了特征之间两两相互约束的概率。其他的工作主要研究轮廓重构似然，类似于线段和椭圆的局部几何基元的组合(Chia 等，2010)。

**子空间模型**：本章中的统计模型是基于类似于概率主成分分析的子空间模型(Tipping，2001)，在这些模型的原始表达中，使用了常规的(非参数的)PCA(见 13.4.2 节)。同样，还可以通过使用因素分析方法来建立该模型(Rubin 和 Thayer 1982)。该模型不能以闭型学习是它的一个缺点，但是它能够处理那些使用不同数量单位表示的定量联合分布的建模问题(例如，活动外观模型中的形状和纹理)。PCA(Schölkopf 等，1998)和因素分析(Lawrence，2005)的非线性泛化可以扩展到非高斯情况下的统计模型。

**活动形状和外观模型**：关于活动形状模型更多的细节可以参阅 Cootes 等(1995)。关于活动外观模型更多的细节可参阅 Cootes 等(2001)和 Stegmann(2002)。Jones 和 Soatto (2005)提出一种活动外观模型的扩展模型，在该模型中，物体可建模为大量的重叠层。活动外观模型的最新的研究主要关注于提高拟合算法的效率(如 Matthews 和 Baker，2004；Matthews 等，2007；Amberg 等，2009)。这些研究成果已经应用于包括人脸识别、人脸姿态识别、表情识别(Lanitis 等，1997)以及唇语识别(Matthews 等，2002)等。也有一些作者开始研究非线性方法，包括基于混合模型的系统(Cootes 和 Taylor 1997)、组合 PCA (Romdhani 等，1999)，以及 GPLVM(Huang 等，2011)。

**三维形变模型**：人脸的形变模型由 Blanz 和 Vetter(1999)首次提出，并且随后应用于编辑图像和视频(Blanz 等，2003)、人脸识别(Blanz 和 Vetter，2003；Blanz 等，2005)，以及三维人脸追踪(Matthews 等，2007)。也提出了针对车辆的相关模型(Leotta 和 Mundy，2011)。

**人体追踪**：追踪人体的生成模型已经提出，这些模型是基于大量的包括圆柱体(Hogg，1983)、椭球体(Bregler 和 Malik，1998)、圆棒(Mori 等，2004)和网格(Shakhnarovich 等，2003)等表示。同样，三维模型也尝试单纯地拟合二维模型(例如，Felzenszwalb 和 Huttenlocher，2005；Rehg 等，2003)。其中一些研究关注于多摄像机设置，这将有助于消除那些具有歧义的观测数据(例如，Gavrila 和 Davis，1996)。在时间序列上追踪人体的模型已经引起广泛的关注(例如，Deutscher 等，2000；Sidenbladh 等，2000 年；以及本书第 19 章中的内容)。最近的研究工作主要尝试利用人体移动的物理知识来改善结果(例如，Brubaker 等，2010)。此外，还存在大量基于回归的人体追踪方法(见第 18 章相关内容)。而对于人体行为追踪的综述可以参见 Forsyth 等(2006)、Moeslund 等(2006)、Poppe(2007)以及 Sigal 等(2010)。

**基于图的人体模型**：将骨架和统计形状模型相结合，Allen 等(2003)以及 Seo 和 Magnenat-Thalmann(2003)对 Anguelov 等(2005)进行了进一步深入的研究，他们将 PCA 应用于人体的骨架模型中，但该模型不包含由于肌肉运动导致模型变形的组件。

**人手模型**：许多学者已经提出追踪人手的模型，包括 Rehg 和 Kanade(1994)和(1995)、Heap 和 Hogg(1996)、Stenger 等(2001a)、Wu 等(2001)以及 Lu 等(2003)，而 De La Gorce 等(2008)提出了一种描述纹理、阴影以及手部自遮挡等问题的非常复杂的模型。

## 习题

17.1 圆锥可由以下点集来定义：

$$(x \quad y \quad 1)\begin{pmatrix}\alpha & \beta & \gamma\\ \beta & \delta & \varepsilon\\ \gamma & \varepsilon & \zeta\end{pmatrix}\begin{pmatrix}x\\ y\\ 1\end{pmatrix}=0$$

或者写为

$$\tilde{\boldsymbol{x}}^{\mathrm{T}}\boldsymbol{C}\,\tilde{\boldsymbol{x}}=0$$

使用 MATLAB 绘出 2D 函数$\tilde{\boldsymbol{x}}^{\mathrm{T}}\boldsymbol{C}\,\tilde{\boldsymbol{x}}$的形状，并确定位置的集合，其中该函数对于以下矩阵是一个零函数：

$$\boldsymbol{C}_1=\begin{pmatrix}3 & 0 & 0\\ 0 & 2 & 0\\ 0 & 0 & -1\end{pmatrix}\quad \boldsymbol{C}_2=\begin{pmatrix}0 & 0 & 1\\ 0 & 0 & 0\\ 1 & 0 & -2\end{pmatrix}\quad \boldsymbol{C}_3=\begin{pmatrix}-1 & 0 & 0\\ 0 & 0 & 1\\ 0 & 1 & 0\end{pmatrix}$$

17.2 设计一个能够有效计算距离变换的算法。该算法可以采用二值图像，并返回每个像素到原始图像中最近非零元素的区域距离。像素 $(x_1,y_1)$ 和 $(x_2,y_2)$ 之间的区域距离 $d$ 可定义为

$$d=|x_1-x_2|+|y_1-y_2|$$

17.3 考虑基于曲率项的先验知识

$$\mathrm{curve}[\boldsymbol{w},n]=-(\boldsymbol{w}_{n-1}-2\boldsymbol{w}_n+\boldsymbol{w}_{n+1})^{\mathrm{T}}(\boldsymbol{w}_{n-1}-2\boldsymbol{w}_n+\boldsymbol{w}_{n+1})$$

如果标志点 $\boldsymbol{w}_1=[100;100]$ 和标志点 $\boldsymbol{w}_3$ 在位置 $\boldsymbol{w}_3=[200;300]$ 处，那么当函数 $\mathrm{curve}[\boldsymbol{w},2]$ 取最小值时，$\boldsymbol{w}_2$ 的位置是什么？

17.4 如果在 17.2 节描述的 snake 模型利用一个空图像进行初始化，那么它在拟合的过程中将如何进化？

17.5 snake 先验式(17-5)的空间元素使得所有 snake 控制点保持距离相等。另一种方法给 snake 一个收缩的倾向(以便其在物体周边收缩)。请写出能够完成这一目标的空间收缩项的表达式。

17.6 如果已知 PPCA 模型(见图 17-10)的一个新向量 $\boldsymbol{w}$ 和参数 $\{\boldsymbol{\mu},\boldsymbol{\Phi},\sigma^2\}$，请设计一种方法以获得最佳权值向量 $\boldsymbol{h}$。

17.7 证明如果矩阵 $\boldsymbol{W}$ 的奇异值分解可以写为 $\boldsymbol{W}=\boldsymbol{U}\boldsymbol{L}\boldsymbol{V}^{\mathrm{T}}$，那么

$$\boldsymbol{W}\boldsymbol{W}^{\mathrm{T}}=\boldsymbol{U}\boldsymbol{L}^2\boldsymbol{U}^{\mathrm{T}}$$

$$\boldsymbol{W}^{\mathrm{T}}\boldsymbol{W}=\boldsymbol{V}\boldsymbol{L}^2\boldsymbol{V}^{\mathrm{T}}$$

17.8 设计一个使用 EM 算法学习 PPCA 的方法，并给出 E 步骤和 M 步骤的详细说明。证明该方法能够与基于 SVD 的方法具有相同的解。

17.9 证明隐权值变量 $\boldsymbol{h}$ 的最大后验概率解是式(17-32)中给出的形式。

17.10 已知 100 个男性的人脸和 100 个女性的人脸。在每幅图像上人工标出 50 个标志

点。请阐述如何依据这些数据提出一种基于形状的性别分类方法，并阐述训练的过程以及对于一个不含标志点的新人脸如何推导其性别。

17.11 假设已经学习了人脸形状的点分布。对于一个鼻子被围巾遮挡的人脸图像，如何利用模型来估计人脸上半部分标志点的位置以及人脸下半部分标志点的位置？

17.12 建立形状的非线性模型的另一种方法是使用混合模型。请描述一种基于概率主成分分析混合模型来训练统计形状模型的方法。并阐述如何将该模型应用于新图像。

17.13 分段仿射变换是将一幅图像变换到另一幅图像的方法。假设已知图像 1 中大量的点及其在图像 2 中的对应点，首先使用同一种方法对所有的点集构建三角形，图像 1 中位置 $\mathbf{x}_1$ 可表达为三角形的三个顶点 $\mathbf{a}_1$，$\mathbf{b}_1$，$\mathbf{c}_1$ 的加权和，即

$$\mathbf{x}_1 = \alpha\mathbf{a}_1 + \beta\mathbf{b}_1 + \gamma\mathbf{c}_1$$

其中，权值的约束条件是 $\alpha+\beta+\gamma=1$，这些权值称为质心坐标。

为了找出第二幅图像中的位置，计算相对于变形三角形的 3 个顶点 $\mathbf{a}_2$、$\mathbf{b}_2$、$\mathbf{c}_2$ 的位置，

$$\mathbf{x}_2 = \alpha\mathbf{a}_2 + \beta\mathbf{b}_2 + \gamma\mathbf{c}_2$$

如何计算权值 $\alpha$、$\beta$、$\gamma$？请设计一种能够使用该方法对全图进行变换的方法。

17.14 对于一个由二次曲面(如下式)表示的三维空间中的椭球。

$$\tilde{\mathbf{w}}^{\mathrm{T}}\begin{bmatrix}\mathbf{A} & \mathbf{b}\\ \mathbf{b}^{\mathrm{T}} & c\end{bmatrix}\tilde{\mathbf{w}} = 0$$

其中 $\mathbf{A}$ 是一个 $3\times3$ 矩阵，$\mathbf{b}$ 是一个 $3\times1$ 向量，$c$ 是一个标量。

对于归一化的摄像机，可以依据图像点 $\tilde{\mathbf{x}}$ 将点 $\tilde{\mathbf{w}}$ 写成 $\tilde{\mathbf{w}} = [\tilde{\mathbf{x}}^{\mathrm{T}}, s]^{\mathrm{T}}$，其中 $s$ 是一个比例因子，用来确定沿着射线 $\tilde{\mathbf{x}}$ 的距离。

(i) 利用以上条件，提出一个准则，用以保证图像点 $\tilde{\mathbf{x}}$ 位于圆锥的投影内。

(ii) 圆锥图像的边缘是点的轨迹，这里距离 $s$ 存在唯一解。在圆锥外部，$s$ 不存在任何的实数解，而在其内部存在两个可能的解，分别对应于二次曲面的前后两个对应面。据此，以 $\mathbf{A}$、$\mathbf{b}$ 和 $\mathbf{c}$ 项推导圆锥的表达式。如果摄像相具有内在矩阵 $\mathbf{\Lambda}$，那么圆锥的新表达式是什么？

第 18 章

Computer Vision: Models, Learning, and Inference

# 身份与方式模型

本章所讨论的模型族基于几个基本因素来对观测数据进行解释。这些因素大致分成三种类型：目标的身份、观察目标的方式以及其他的变化。

为能够更好地阐述这些模型，考虑*人脸识别*。对于人脸图像来说，该脸的身份(即该脸是谁的脸)对观察数据具有非常明显的影响。然而，观测人脸的方式也是很重要的因素。姿态、表情和光照都可能是建模的方式因素。遗憾的是，还有许多其他因素也会对最终的观测结果有影响：一个人可能使用化妆品、戴眼镜、长胡子或者染发等。通常情况下，这些因素难以建模，因此将其解释为通用噪声项。

人脸识别的目标就是推理面部图像的身份是相同的还是不同的。例如，在人脸确认过程中，引入二元变量 $w\in\{0,1\}$，用 $w=0$ 表示身份不同，$w=1$ 则表示身份相同。但当姿态、表情和光照发生显著改变时，该任务就会变得极具挑战性。对目标的不同观察方式可能会削弱目标由于身份不同而产生的差异(如图 18-1 所示)。

a)

b)

c)

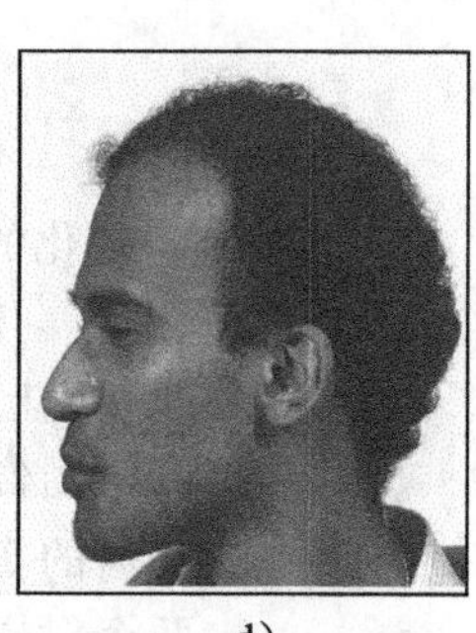
d)

图 18-1　人脸识别。人脸识别的目标是做出关于面部图像身份的推断。该任务非常具有挑战性，因为相对于身份本身，不同的获取图像的方式对观测数据带来更强烈的影响。例如，尽管 a～b)中目标的身份是不同的，而 c～d)中目标的身份是相同的，但通常情况下，a～b)中的图像比 c～d)中的图像彼此之间更相似，因为在后一种情况下，观测的方式(人脸的姿势)发生了变化。因此，我们必须建立一个的模型，将身份和方式的贡献分开，以便做出关于身份是否匹配的准确推断

本章中的模型是生成模型，所以重点是基于观测的那些具有和不具有相同身份的面部图像数据来建立独立的密度模型。这些模型都是*子空间模型*，并将数据描述为基础向量的线性组合。在前面的章节中，已经阐述了其中的几种模型，包括因子分析(7.6 节)和 PPCA(17.5.1 节)。而本章中的模型与因子分析模型最为相关，因此讨论本章的内容就从复习其他模型的内容开始。

**因子分析**

回想一下，因子分析模型将第 $i$ 个数据样本 $\mathbf{x}_i$ 解释为：

$$\mathbf{x}_i=\boldsymbol{\mu}+\boldsymbol{\Phi}\mathbf{h}_i+\boldsymbol{\varepsilon}_i \tag{18-1}$$

其中，$\boldsymbol{\mu}$ 为数据的总平均数。矩阵 $\boldsymbol{\Phi}=[\Phi_1,\Phi_2,\cdots,\Phi_K]$ 的每列含有 $K$ 个因子。每个因子可以认为是高维空间中的基向量，所以它们联合在一起来确定一个子空间。隐变量 $\mathbf{h}_i$ 的 $K$ 个元素对 $K$ 个因子加权以便对来自平均值的数据的观测偏差进行解释。但该方法无法解释其他的由

于加性噪声 $\boldsymbol{\varepsilon}_i$ 产生的差异，该噪声是具有对角线协方差 $\boldsymbol{\Sigma}$ 的正态分布的噪声。

用概率的术语，可写为

$$Pr(\boldsymbol{x}_i|\boldsymbol{h}_i)=\text{Norm}_{\boldsymbol{x}_i}[\boldsymbol{\mu}+\boldsymbol{\Phi}\boldsymbol{h}_i,\boldsymbol{\Sigma}]$$
$$Pr(\boldsymbol{h}_i)=\text{Norm}_{\boldsymbol{h}_i}[\boldsymbol{0},\boldsymbol{I}] \tag{18-2}$$

这里，基于隐变量 $\boldsymbol{h}_i$ 也定义了合适的先验分布。该模型的原始采样如图 18-2 所示。

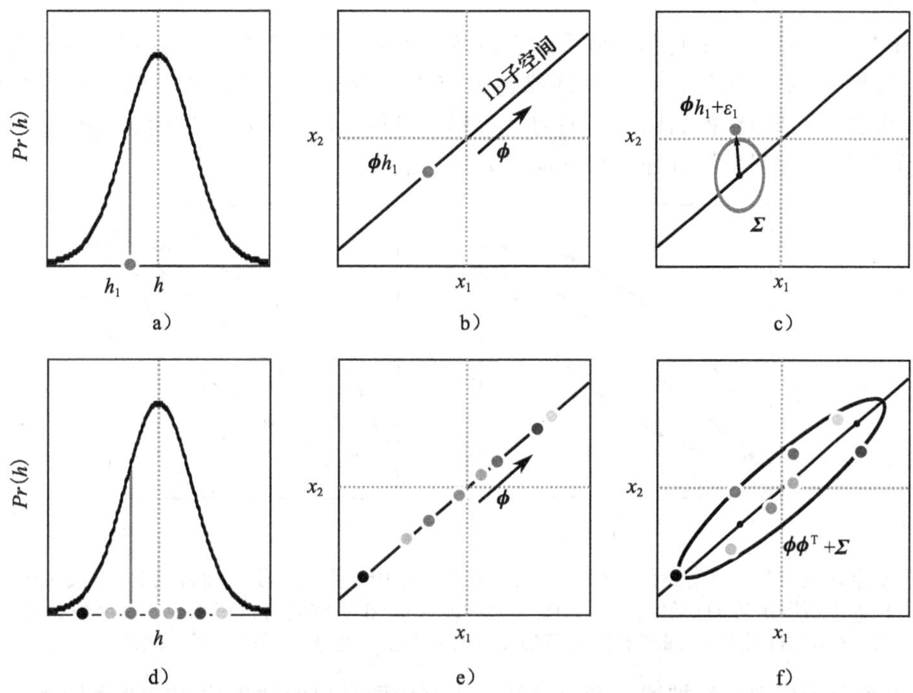


图 18-2 因子分析的原始采样。在本图以及本章后续的其他图中，都假设均值 $\boldsymbol{\mu}$ 是 0。a) 为了生成能够定义在二维数据上的因子分析，首先从正态分布的先验数据中选择隐变量 $\boldsymbol{h}_i$，其中 $\boldsymbol{h}_i$ 是一维变量，并赋予较小的负值。b) 在每种情况下，可以通过隐变量对因素 $\boldsymbol{\Phi}$ 进行加权处理，这将生成子空间中(本图中使用黑线表示 1D 子空间)的一个点。c) 然后加上噪声项 $\boldsymbol{\varepsilon}_i$，该噪声也是正态分布，协方差为 $\boldsymbol{\Sigma}$。最后，增加一个平均项 $\boldsymbol{\mu}$(未画出)。d～f) 多次重复该过程。f) 数据的最终分布是正态分布的，它沿子空间取向。该子空间的偏差是由噪声项产生的，最终的协方差是 $\boldsymbol{\Phi}\boldsymbol{\Phi}^{\mathrm{T}}+\boldsymbol{\Sigma}$

通过忽略隐变量的方式来计算观测新数据样本的概率，从而获得最终的概率模型。

$$\begin{aligned}Pr(\boldsymbol{x}_i)&=\int Pr(\boldsymbol{x}_i,\boldsymbol{h}_i)\mathrm{d}\boldsymbol{h}_i=\int Pr(\boldsymbol{x}_i|\boldsymbol{h}_i)Pr(\boldsymbol{h}_i)\mathrm{d}\boldsymbol{h}_i\\&=\text{Norm}_{\boldsymbol{x}_i}[\boldsymbol{\mu},\boldsymbol{\Phi}\boldsymbol{\Phi}^{\mathrm{T}}+\boldsymbol{\Sigma}]\end{aligned} \tag{18-3}$$

为了从训练数据 $\{\boldsymbol{x}_i\}_{i=1}^{I}$ 中学习这个模型，可使用期望最大化算法。在 E 步中，计算每个隐变量 $\boldsymbol{h}_i$ 的后验分布 $Pr(\boldsymbol{x}_i|\boldsymbol{h}_i)$，

$$Pr(\boldsymbol{x}_i|\boldsymbol{h}_i)=\text{Norm}_{\boldsymbol{h}_i}[(\boldsymbol{\Phi}^{\mathrm{T}}\boldsymbol{\Sigma}^{-1}\boldsymbol{\Phi}+\boldsymbol{I})^{-1}\boldsymbol{\Phi}^{\mathrm{T}}\boldsymbol{\Sigma}^{-1}(\boldsymbol{x}_i-\boldsymbol{\mu}),(\boldsymbol{\Phi}^{\mathrm{T}}\boldsymbol{\Sigma}^{-1}\boldsymbol{\Phi}+\boldsymbol{I})^{-1}] \tag{18-4}$$

在 M 步，更新参数

$$\hat{\boldsymbol{\mu}}=\frac{\sum_{i=1}^{I}\boldsymbol{x}_i}{I}$$

$$\hat{\boldsymbol{\Phi}}=\left(\sum_{i=1}^{I}(\boldsymbol{x}_i-\hat{\boldsymbol{\mu}})\,\mathrm{E}[\boldsymbol{h}_i]^{\mathrm{T}}\right)\left(\sum_{i=1}^{I}\mathrm{E}[\boldsymbol{h}_i\boldsymbol{h}_i^{\mathrm{T}}]\right)^{-1}$$

$$\hat{\boldsymbol{\Sigma}} = \frac{1}{I}\sum_{i=1}^{I}\operatorname{diag}[(\boldsymbol{x}_i - \hat{\boldsymbol{\mu}})(\boldsymbol{x}_i - \hat{\boldsymbol{\mu}})^{\mathrm{T}} - \hat{\boldsymbol{\Phi}}\mathrm{E}[\boldsymbol{h}_i](\boldsymbol{x}_i - \hat{\boldsymbol{\mu}})^{\mathrm{T}}] \tag{18-5}$$

其中，隐变量的期望 $\mathrm{E}[\boldsymbol{h}_i]$和 $\mathrm{E}[\boldsymbol{h}_i\boldsymbol{h}_i^{\mathrm{T}}]$是从 E 步计算的后验分布中提取的。有关因子分析的更多细节可参见本书 7.6 节的内容。

## 18.1　子空间身份模型

因子分析模型对正面面部图像中的强度数据提供了很好的描述，这些数据接近于线性子空间(见图 7-22)。然而，该数据的描述没有将身份计算考虑在内。对于利用相同方式(例如，姿势、光照)获得的图像，期望具有相同身份的面孔存在于空间(见图 18-3)的类似部分，但在原始模型中没有任何机制能够完成这点。

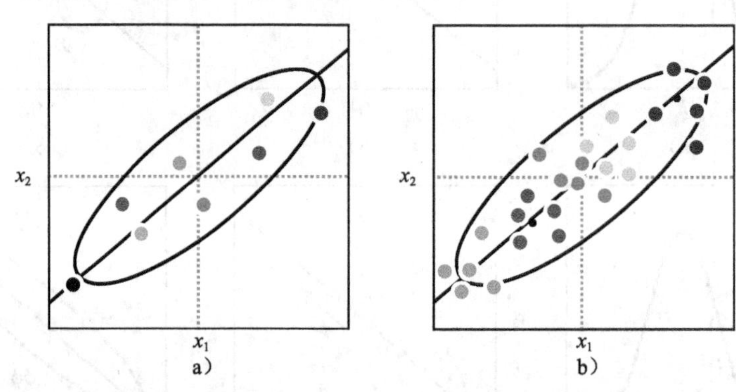


图 18-3　子空间模型与子空间身份模型。a) 在子空间模型中，生成与子空间大致对齐的数据(本图中利用黑线所限定的 1D 子空间)，如图 18-2 所示。b) 在子空间身份模型中，整个数据分布是相同的，但有附加结构：属于相同身份的点(相同颜色)产生于相同的空间区域内

对因子分析模型进行扩展，考虑已知的具有相同身份的数据样本，并说明如何利用这些数据做出关于新数据样本身份的推论。可以使用符号 $\boldsymbol{x}_{ij}$ 表示从第 $i$ 个身份 $I$ 的第 $j$ 个观测数据 $J$ 的样本。在现实数据集中，每个人不可能有完全相同的 $J$ 个样本，并且提出的模型也不需要这样的条件，但这种假设简化了符号的表达。

观测数据 $\boldsymbol{x}_{ij}$ 的解释可使用下式表达：

$$\boldsymbol{x}_{ij} = \boldsymbol{\mu} + \boldsymbol{\Phi}\boldsymbol{h}_i + \boldsymbol{\varepsilon}_{ij} \tag{18-6}$$

其中，式中所有的术语和前面一样具有相同的解释。主要区别在于，所有来自相同个体的 $J$ 个数据样本是通过利用基函数 $\boldsymbol{\Phi}_1 \cdots \boldsymbol{\Phi}_K$ 的相同的线性组合 $\boldsymbol{h}_i$ 形成的。然而，多种噪声将被增加到每个数据样本中，这也解释了给定个体的 $J$ 个面部图像之间存在差异的原因。可以用概率形式表示为：

$$Pr(\boldsymbol{h}_i) = \mathrm{Norm}_{\boldsymbol{h}_i}[\boldsymbol{0}, \boldsymbol{I}] \tag{18-7}$$

$$Pr(\boldsymbol{x}_{ij} | \boldsymbol{h}_i) = \mathrm{Norm}_{\boldsymbol{x}_{ij}}[\boldsymbol{\mu} + \boldsymbol{\Phi}\boldsymbol{h}_i, \boldsymbol{\Sigma}]$$

其中，与之前一样，我们定义了一个基于隐变量的先验分布。因子分析和子空间身份模型的图模型如图 18-4 所示。而图 18-5 说明了子空间身份模型的原始采样。这就产生了当身份相同

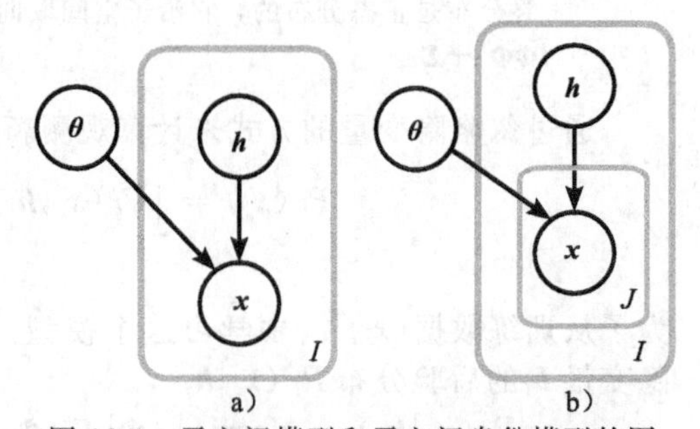


图 18-4　子空间模型和子空间身份模型的图模型。a) 在子空间模型(因子分析)中，每个隐变量 $\boldsymbol{h}_i$ 和描述该子空间的其他参数 $\boldsymbol{\theta} = \{\boldsymbol{\mu}, \boldsymbol{\Phi}, \boldsymbol{\Sigma}\}$ 都有一个数据样本 $\boldsymbol{x}_i$。b) 在子空间身份模型中，每个隐变量 $\boldsymbol{h}_i$ 有数据 $J$ 的样本 $\boldsymbol{x}_{ij}$，而所有样本 $J$ 具有相同的身份

时相互接近的数据点。

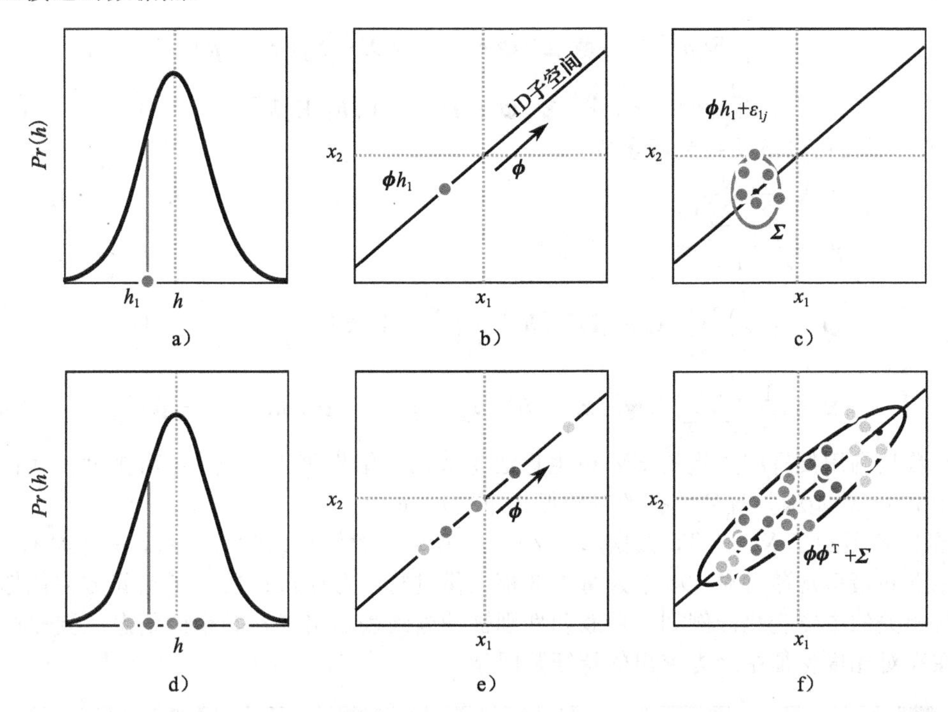


图 18-5 身份子空间模型的原始采样。为生成该模型，首先从正态分布的先验数据中选择隐变量 $\boldsymbol{h}_i$。这里，$\boldsymbol{h}_i$ 是一维变量，并赋予较小的负值。b）通过隐变量对因素 $\boldsymbol{\Phi}$ 进行加权处理，在子空间产生一个点。c）然后，添加多种噪声 $\{\boldsymbol{\varepsilon}_{ij}\}_{j=1}^{J}$ 来创建 $J$ 样本 $\{\boldsymbol{x}_{ij}\}_{j=1}^{J}$。在每种情况下，噪声都是协方差 $\boldsymbol{\Sigma}$ 的正态分布。最后，增加平均数 $\boldsymbol{\mu}$(未画出)。d～f）多次重复执行该过程。f）数据的最终分布是以 $\boldsymbol{\Phi\Phi}^{\mathrm{T}}+\boldsymbol{\Sigma}$ 为协方差的正态分布。然而，该分布是具有一定结构，使得具有相同隐变量的点彼此接近

该模型中的方差可分解为两个部分：个体间的差异和个体内的差异。其中，个体间的差异解释了具有不同身份的数据之间的差异，而个体内的差异解释了由所有其他因素造成的数据样本之间的差异。单一数据点的数据密度保持为：

$$Pr(\boldsymbol{x}_{ij})=\mathrm{Norm}_{\boldsymbol{x}_{ij}}[\boldsymbol{\mu},\boldsymbol{\Phi\Phi}^{\mathrm{T}}+\boldsymbol{\Sigma}] \tag{18-8}$$

然而，方差的两个组成部分已经有了清晰的解释。$\boldsymbol{\Phi\Phi}^{\mathrm{T}}$ 项对应于个体间的差异，$\boldsymbol{\Sigma}$ 对应于个体内的差异。

### 18.1.1 学习

在考虑如何使用该模型在人脸识别中得到身份的推理之前，先简要讨论如何学习参数 $\boldsymbol{\theta}=\{\boldsymbol{\mu},\boldsymbol{\Phi},\boldsymbol{\Sigma}\}$。作为因子分析模型，可利用 EM 算法迭代地增加对数概率的约束。在 E 步，计算每个隐变量 $\boldsymbol{h}_i$ 的后验概率分布，给出与特定身份相关联的所有数据 $\boldsymbol{x}_{i\cdot}=\{\boldsymbol{x}_{ij}\}_{j=1}^{J}$。 18.1

$$\begin{aligned}Pr(h_i|x_{i\cdot})&=\frac{\prod_{j=1}^{J}Pr(\boldsymbol{x}_{ij}|\boldsymbol{h}_i)Pr(\boldsymbol{h}_i)}{\int\prod_{j=1}^{J}Pr(\boldsymbol{x}_{ij}|\boldsymbol{h}_i)Pr(\boldsymbol{h}_i)\mathrm{d}\boldsymbol{h}_i}\\&=\mathrm{Norm}_{\boldsymbol{h}_i}\left[(J\boldsymbol{\Phi}^{\mathrm{T}}\boldsymbol{\Sigma}^{-1}\boldsymbol{\Phi}+\boldsymbol{I})^{-1}\boldsymbol{\Phi}^{\mathrm{T}}\boldsymbol{\Sigma}^{-1}\sum_{j=1}^{J}(\boldsymbol{x}_{ij}-\boldsymbol{\mu}),(J\boldsymbol{\Phi}^{\mathrm{T}}\boldsymbol{\Sigma}^{-1}\boldsymbol{\Phi}+\boldsymbol{I})^{-1}\right]\end{aligned} \tag{18-9}$$

由此我们提取 M 步需要的部分，

$$
\begin{aligned}
\mathrm{E}[\boldsymbol{h}_i] &= (J\boldsymbol{\Phi}^{\mathrm{T}}\boldsymbol{\Sigma}^{-1}\boldsymbol{\Phi}+\boldsymbol{I})^{-1}\boldsymbol{\Phi}^{\mathrm{T}}\boldsymbol{\Sigma}^{-1}\sum_{j=1}^{J}(\boldsymbol{x}_{ij}-\boldsymbol{\mu}) \\
\mathrm{E}[\boldsymbol{h}_i\boldsymbol{h}_i^{\mathrm{T}}] &= (J\boldsymbol{\Phi}^{\mathrm{T}}\boldsymbol{\Sigma}^{-1}\boldsymbol{\Phi}+\boldsymbol{I})^{-1}+\mathrm{E}[\boldsymbol{h}_i]\mathrm{E}[\boldsymbol{h}_i]^{\mathrm{T}}
\end{aligned}
\tag{18-10}
$$

在 M 步，可使用以下关系更新参数

$$
\begin{aligned}
\hat{\boldsymbol{\mu}} &= \frac{\sum_{i=1}^{I}\sum_{j=1}^{J}\boldsymbol{x}_{ij}}{IJ} \\
\hat{\boldsymbol{\Phi}} &= \left(\sum_{i=1}^{I}\sum_{j=1}^{J}(\boldsymbol{x}_{ij}-\hat{\boldsymbol{\mu}})\mathrm{E}[\boldsymbol{h}_i]^{\mathrm{T}}\right)\left(\sum_{i=1}^{I}J\mathrm{E}[\boldsymbol{h}_i\boldsymbol{h}_i^{\mathrm{T}}]\right)^{-1} \\
\boldsymbol{\Sigma} &= \frac{1}{IJ}\sum_{i=1}^{I}\sum_{j=1}^{J}\mathrm{diag}[(\boldsymbol{x}_{ij}-\hat{\boldsymbol{\mu}})(\boldsymbol{x}_{ij}-\hat{\boldsymbol{\mu}})^{\mathrm{T}}-\hat{\boldsymbol{\Phi}}\mathrm{E}[\boldsymbol{h}_i](\boldsymbol{x}_{ij}-\hat{\boldsymbol{\mu}})^{\mathrm{T}}]
\end{aligned}
\tag{18-11}
$$

这些参数是利用具有相关量的 EM 衍生算法生成的，结果等于 0，并重新排列。我们可交替使用 E 和 M 步骤，直到数据的对数概率不再增加。

图 18-6 展示了 XM2VTS 数据库中 70×70 像素人脸图像的学习参数。一个具有$K=32$维的隐空间模型是通过对 195 个人每人 3 幅图像进行学习而获得的。子空间方向能够捕获与身份相关的主要变化。例如，种族和性别被清晰地表示出来，其余的信息主要是噪声信息。在高对比度特征中最为突出的特征是眼睛。

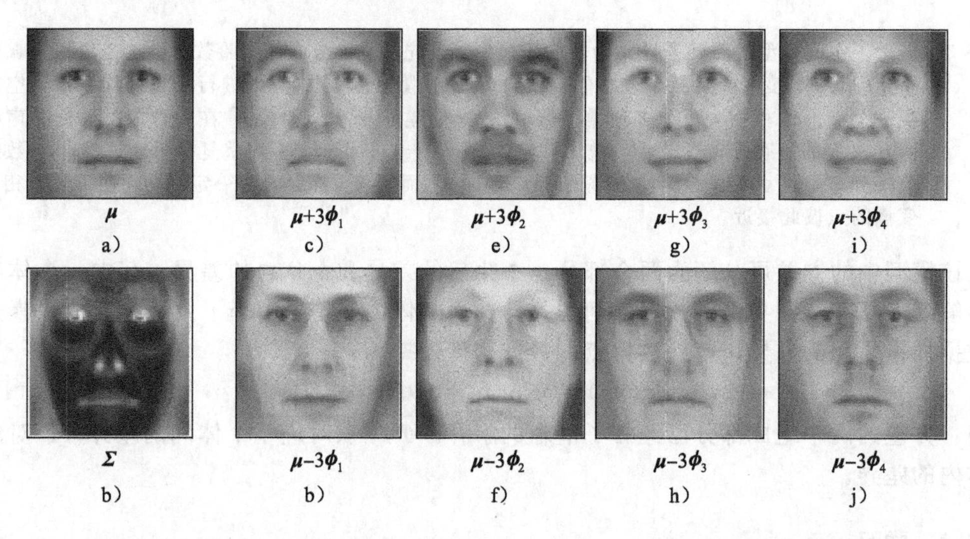


图 18-6　子空间身份模型参数。这些参数是从 $I=195$ 个人的 $J=3$ 个图像的 XM2VTS 数据集中学习得到的。a) 估计均值 $\boldsymbol{\mu}$。b) 估计协方差 Σ。c～j) 32 个子空间方向中的 4 个是利用对各维度进行平均获得的

在图 18-7 中，我们将一对匹配图像分解到不同的身份与噪声分量中。为了完成该任务，可计算 MAP 隐变量 $\boldsymbol{h}_i$。$\boldsymbol{h}$ 的后验概率是正态分布的(式 18-9)，所以 MAP 估计仅为该标准的平均值。然后可视化身份分量 $\boldsymbol{\mu}+\boldsymbol{\Phi}\hat{\boldsymbol{h}}_i$，与同一个人的每幅图像的身份分量是相同的，就像每个人的原始视图一样。我们还可视化了个体内噪声 $\hat{\boldsymbol{\varepsilon}}_{ij}=\boldsymbol{x}_{ij}-\boldsymbol{\mu}-\boldsymbol{\Phi}\hat{\boldsymbol{h}}_i$，它解释了同一个人的每幅图像不相同的原因。

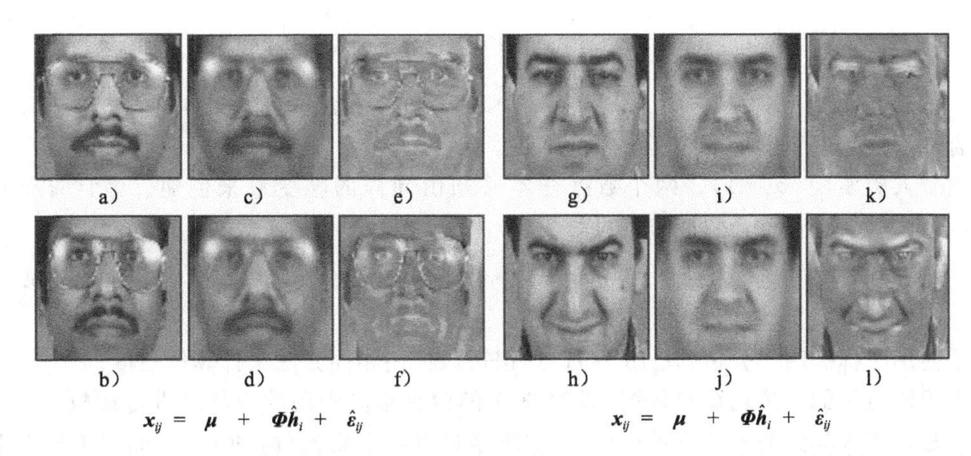


图 18-7　拟合新数据的子空间身份模型。a~b）原始图像 $\boldsymbol{x}_{i1}$ 和 $\boldsymbol{x}_{i2}$。这些人脸可以分解成以下几项之和。c~d）身份分量，以及 e~f）个体内的噪声分量。为了能够利用这样的方式分解图像，计算隐变量的 MAP 估计 $\hat{\boldsymbol{h}}_i$，并设置身份分量为 $\boldsymbol{\mu}+\boldsymbol{\Phi}\hat{\boldsymbol{h}}_i$。而噪声分量主要包括任何不能由身份信息来解释的相关信息。g~l)第二个样本

### 18.1.2　推理

下面将讨论如何利用模型来对那些没有在训练数据集中的新面孔加以推理。在人脸确认问题中，我们观测两个数据的样本 $\boldsymbol{x}_1$ 和 $\boldsymbol{x}_2$，并希望推断 $w\in\{0,1\}$ 的状态，其中 $w=0$ 表示数据样本具有不同身份，而 $w=1$ 表示数据样本有相同身份。

这是为一个生成模型，所以可使用贝叶斯规则计算其后验概率 $Pr(w|\boldsymbol{x}_1,\boldsymbol{x}_2)$。

$$Pr(w=1|\boldsymbol{x}_1,\boldsymbol{x}_2)=\frac{Pr(\boldsymbol{x}_1,\boldsymbol{x}_2|w=1)Pr(w=1)}{\sum_{n=0}^{1}Pr(\boldsymbol{x}_1,\boldsymbol{x}_2|w=n)Pr)w=n)} \tag{18-12}$$

为此，需要获得不同身份或相同身份的数据样本的先验概率 $Pr(w=0)$ 和 $Pr(w=1)$。在没有任何其他信息的情况下，可以将两个先验概率都设置为 0.5。还需要似然度 $Pr(\boldsymbol{x}_1,\boldsymbol{x}_2|w=0)$ 和 $\mathrm{Pr}(\boldsymbol{x}_1,\boldsymbol{x}_2|w=1)$ 的表达式。

如果两个数据点具有不同的身份，那么首先考虑似然度 $Pr(\boldsymbol{x}_1,\boldsymbol{x}_2|w=0)$，由于每幅图像是由不同的隐变量来解释的，因此生成方程为：

$$\begin{bmatrix}\boldsymbol{x}_1\\\boldsymbol{x}_2\end{bmatrix}=\begin{bmatrix}\boldsymbol{\mu}\\\boldsymbol{\mu}\end{bmatrix}+\begin{bmatrix}\boldsymbol{\Phi}&\mathbf{0}\\\mathbf{0}&\boldsymbol{\Phi}\end{bmatrix}\begin{bmatrix}\boldsymbol{h}_1\\\boldsymbol{h}_2\end{bmatrix}+\begin{bmatrix}\boldsymbol{\varepsilon}_1\\\boldsymbol{\varepsilon}_2\end{bmatrix} \tag{18-13}$$

该生成方程具有如下的因子分析形式：

$$\boldsymbol{x}'=\boldsymbol{\mu}'+\boldsymbol{\Phi}'\boldsymbol{h}'+\boldsymbol{\varepsilon}' \tag{18-14}$$

因此，可以用概率项重新表示为：

$$\begin{aligned}Pr(\boldsymbol{x}'|\boldsymbol{h}')&=\mathrm{Norm}_{\boldsymbol{x}'}[\boldsymbol{\mu}'+\boldsymbol{\Phi}'\boldsymbol{h}',\boldsymbol{\Sigma}']\\Pr(\boldsymbol{h}')&=\mathrm{Norm}_{\boldsymbol{h}'}[\mathbf{0},\boldsymbol{I}]\end{aligned} \tag{18-15}$$

其中，$\boldsymbol{\Sigma}'$定义为

$$\boldsymbol{\Sigma}'=\begin{bmatrix}\boldsymbol{\Sigma}&\mathbf{0}\\\mathbf{0}&\boldsymbol{\Sigma}\end{bmatrix} \tag{18-16}$$

现在，我们可以通过复合变量 $\boldsymbol{x}'$ 和 $\boldsymbol{h}'$ 的联合似然度并忽略 $\boldsymbol{h}'$ 来计算似然度 $\mathrm{Pr}(\boldsymbol{x}_1,\boldsymbol{x}_2|w=0)$，使得

$$Pr(\boldsymbol{x}_1,\boldsymbol{x}_2 \mid w=0)=\int Pr(\boldsymbol{x}' \mid \boldsymbol{h}')Pr(\boldsymbol{h}')\mathrm{d}\boldsymbol{h}'$$
$$=\mathrm{Norm}_{x'}[\boldsymbol{\mu}',\boldsymbol{\Phi}'\boldsymbol{\Phi}'^{\mathrm{T}}+\boldsymbol{\Sigma}'] \tag{18-17}$$

该整合过程使用了积分标准因子分析的结果。

对于人脸匹配($w=1$)，两个数据样本必须由同样的隐变量来创建。为计算似然度 $\Pr(\boldsymbol{x}_1,\boldsymbol{x}_2 \mid w=1)$，复合生成方程可写为：

$$\begin{bmatrix}\boldsymbol{x}_1\\\boldsymbol{x}_2\end{bmatrix}=\begin{bmatrix}\boldsymbol{\mu}\\\boldsymbol{\mu}\end{bmatrix}+\begin{bmatrix}\boldsymbol{\Phi}\\\boldsymbol{\Phi}\end{bmatrix}\boldsymbol{h}_{12}+\begin{bmatrix}\boldsymbol{\varepsilon}_1\\\boldsymbol{\varepsilon}_2\end{bmatrix} \tag{18-18}$$

该式也使用了标准因子分析(式 18-14)，所以可以使用相同方法来计算似然度。

考虑该过程的方法就是对数据(图 18-8a) 的两种不同模型的似然度进行比较。但需要指出的是，将人脸分为不同身份($w=0$)的模型具有两个变量($\boldsymbol{h}_1$ 和 $\boldsymbol{h}_2$)，而将人脸分为相同身份($w=1$)的模型只有一个变量($\boldsymbol{h}_{12}$)。因此，具有更多变量的模型总能够提供更优的数据解释。但实际并非如此，因为我们忽略了这些概率的变化，所以最终表达式并不包括这些隐变量。这也是*贝叶斯模型选择*的一个例子：比较具有不同数量参数的模型是有效的，只要这些模型的最终解能够忽略这些参数。

### 18.1.3　在其他识别任务中的推理

人脸确认只是多个人脸识别问题中的一种。其他的还包括：

- *闭集识别*：在 $N$ 个人脸库中查找哪一个人脸与给定的人脸相匹配。
- *开集识别*：选择 $N$ 个人脸库中与给定标准人脸相匹配的一个，或者在人脸库中标识出不匹配的人脸。
- *聚类*：给定 $N$ 个人脸，找出该数据库中存在多少个不同的人以及每个脸分别属于哪个人。

所有这些模型都可以认为是模型比较(见图 18-8)。例如，对于聚类任务，有 3 个人脸

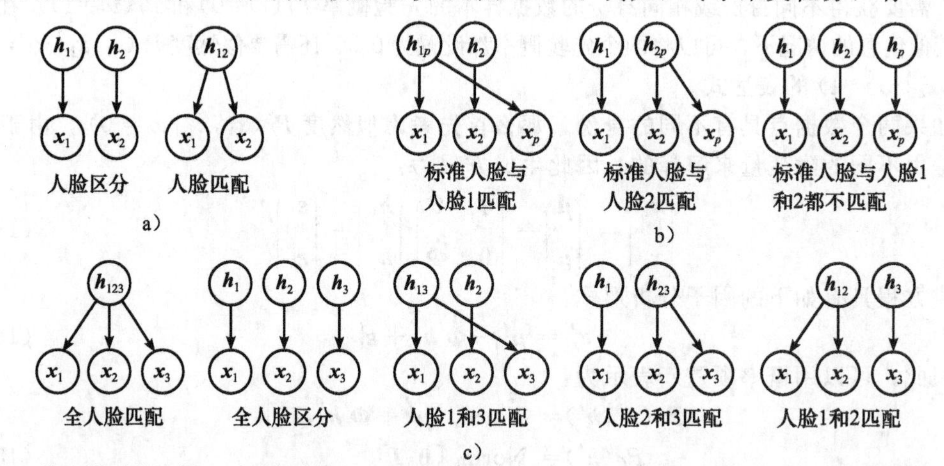


图 18-8　推理模型的比较。a) 确认任务。已知两个人脸 $\boldsymbol{x}_1$ 和 $\boldsymbol{x}_2$，必须确定以下情况：(i)这两个人脸属于不同的人，因此就具有不同的隐变量 $\boldsymbol{h}_1$、$\boldsymbol{h}_2$；(ii)属于同一人，因此共享一个隐变量 $\boldsymbol{h}_{12}$。这两种情况可看作两个图形模型。b) 开集识别任务。已知一个属于不同人的人脸数据库 $\{\boldsymbol{x}_i\}_{i=1}^{I}$ 和一个标准人脸 $\boldsymbol{x}_p$。在这种情况下($I=2$)，必须确定该标准人脸是否与(i)人脸库 1 或(ii)人脸库 2 相匹配，或(iii)没有与人脸库中的任何一个相匹配。在闭集识别中，则忽略后一种模型。c) 聚类任务。给出 3 个人脸 $\boldsymbol{x}_1$、$\boldsymbol{x}_2$ 和 $\boldsymbol{x}_3$，必须确定是否(i)都来自同一个人，(ii)都来自不同的人，或(iii～v)3 个匹配中有两个来自于同一个人

图像 $\boldsymbol{x}_1$、$\boldsymbol{x}_2$、$\boldsymbol{x}_3$，想知道 3 个人脸图像属于以下哪种情况：(i)有 3 种不同的身份；(ii)所有的图像属于同一人；(iii)两个图像属于同一人，而第三个属于不同的人(有 3 种不同的情况)，那么就需要 5 种状态 $w \in \{1,2,3,4,5\}$ 来对应这 5 种情况，并且每种情况都可以用不同的复合生成式来解释。例如，如果前两幅图像是同一人，但第三幅图像属于另一个人，则可以写成

$$\begin{bmatrix}\boldsymbol{x}_1\\\boldsymbol{x}_2\\\boldsymbol{x}_3\end{bmatrix}=\begin{bmatrix}\boldsymbol{\mu}\\\boldsymbol{\mu}\\\boldsymbol{\mu}\end{bmatrix}+\begin{bmatrix}\boldsymbol{\Phi} & \mathbf{0}\\\boldsymbol{\Phi} & \mathbf{0}\\\mathbf{0} & \boldsymbol{\Phi}\end{bmatrix}\begin{bmatrix}\boldsymbol{h}_{12}\\\boldsymbol{h}_3\end{bmatrix}+\begin{bmatrix}\boldsymbol{\varepsilon}_1\\\boldsymbol{\varepsilon}_2\\\boldsymbol{\varepsilon}_3\end{bmatrix} \tag{18-19}$$

该式具有因子分析形式，所以可以使用前述方法来计算似然度。利用具有合适先验分布的贝叶斯准则对该模型的似然度和其他模型的似然度加以比较。

### 18.1.4　身份子空间模型的局限性

子空间身份模型有 3 个主要局限(如图 18-9 所示)。

1) 个体内协方差(对角线)模型是不够充分。

2) 该模型是一个线性模型，它不能对非高斯密度进行建模。

3) 不能对方式存在巨大变化的情况建模(例如，正面和侧面人脸)。

下面分别通过引入概率线性判别分析(18.2 节)、非线性身份模型(18.3 节)和多线性模型(18.4 节～18.5 节)来解决这些问题。

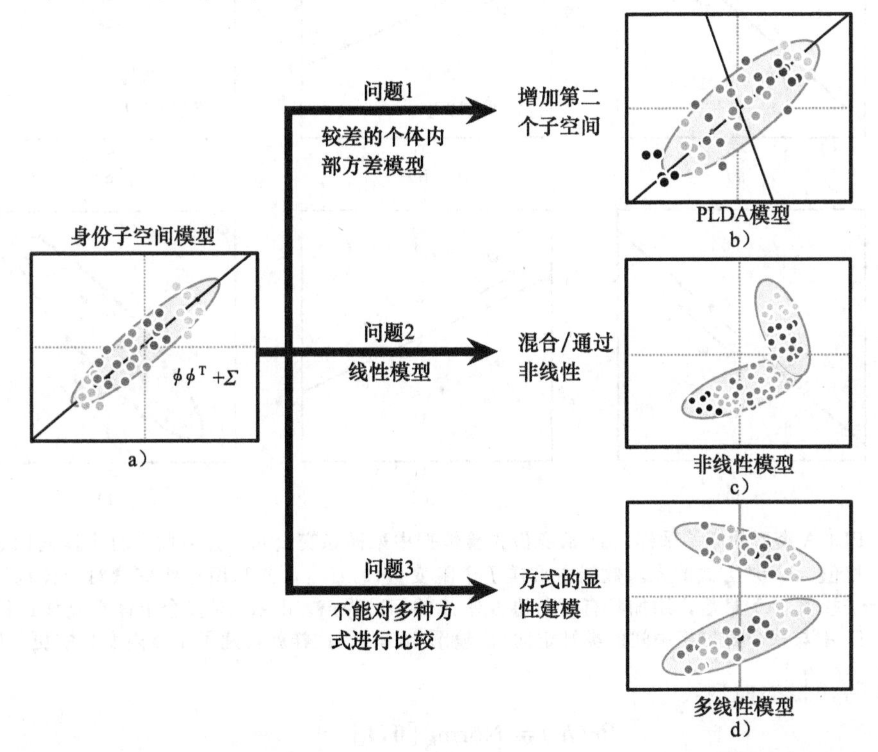


图 18-9　身份模型。a) 子空间身份模型存在 3 个局限性。b) 第一，它是一个具有个体内噪声，但又没有进行处理以获得改善的模型。为解决该问题，可以研究概率线性判别分析。c) 第二，该模型是线性模型，只能描述正态分布的人脸。因此，可以研究基于混合和内核函数的非线性模型。d) 第三，当观测图像的方式存在较大变化时，该模型效果较差。为解决这一问题，可引入多线性模型

## 18.2　概率线性判别分析

子空间身份模型将数据解释为身份和加性噪声的分量总和。然而，噪声项相当简单：它将个体内的差异描述为具有对角线协方差的正态分布。由图 18-7 可见，估计的噪声分量具有相当大的结构，这表明将每个像素的个体内差异建模为相互独立的是不够的。

概率线性判别分析(PLDA)采用了更为复杂的个体内部差异模型。该模型在生成方程中增加一个新项，将个体内差异描述为由第二个因子矩阵 $\boldsymbol{\Psi}$ 所确定的子空间。第 $i$ 个个体的第 $j$ 幅图像 $\mathbf{x}_{ij}$ 可描述为

$$\mathbf{x}_{ij} = \boldsymbol{\mu} + \boldsymbol{\Phi}\mathbf{h}_i + \boldsymbol{\Psi}\mathbf{s}_{ij}\boldsymbol{\varepsilon} \tag{18-20}$$

其中，$\mathbf{s}_{ij}$ 表示该人脸图像方式的隐变量：它基于非控制的可视参数来描述对图像的系统性贡献。注意，由于它不同于所有的实例 $j$，所以它无法告诉我们任何关于其身份的信息。

$\boldsymbol{\Phi}$ 的列描述个体间变化的空间，$\mathbf{h}_i$ 确定该空间中的一个点。$\boldsymbol{\Psi}$ 的列描述了个体内部变化的空间，$\mathbf{s}_{ij}$ 确定该空间中的一个点。现在，将一个给定人脸建模为从其身份派生的项 $\boldsymbol{\mu}+\boldsymbol{\Phi}\mathbf{h}_i$ 的总和。$\boldsymbol{\Psi}\mathbf{s}_{ij}$ 是对特定图像方式进行建模，噪声 $\boldsymbol{\varepsilon}_{ij}$ 可以解释任何其他的变化。(见图 18-10)。

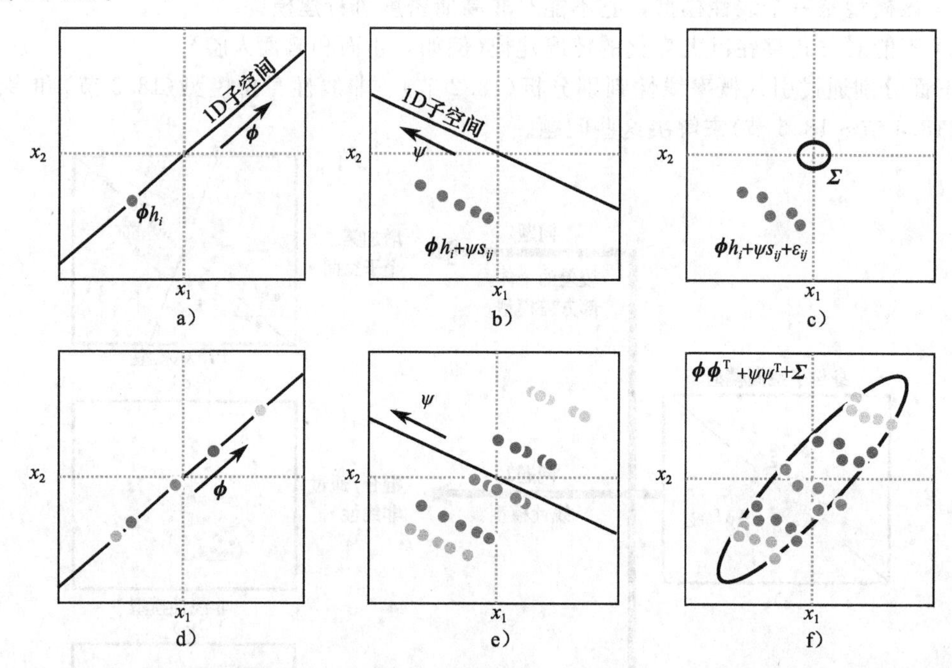


图 18-10　PLDA 模型的原始采样。a) 从身份先验数据中采样隐变量 $\mathbf{h}_i$，并以此来对个体间因素 $\boldsymbol{\Phi}$ 赋予权值。b) 从方式的先验数据中采样 $J$ 个隐变量 $\{\mathbf{s}_{ij}\}_{j=1}^{J}$，并利用这些变量对个体内因素 $\boldsymbol{\Psi}$ 赋予权值。c) 最后，添加具有对角协方差 $\boldsymbol{\Sigma}$ 的标准噪声。d～f) 对多个个体重复该过程。注意，f) 中与每个身份相关联的类被定向(比较图 18-5f)，这样就构建了个体内变化的更复杂的模型

再次写出概率模型：

$$\begin{aligned} Pr(\mathbf{h}_i) &= \text{Norm}_{\mathbf{h}_i}[\mathbf{0},\mathbf{I}] \\ Pr(\mathbf{s}_{ij}) &= \text{Norm}_{\mathbf{s}_{ij}}[\mathbf{0},\mathbf{I}] \\ Pr(\mathbf{x}_{ij}|\mathbf{h}_i,\mathbf{s}_{ij}) &= \text{Norm}_{\mathbf{x}_{ij}}[\boldsymbol{\mu}+\boldsymbol{\Phi}\mathbf{h}_i+\boldsymbol{\Psi}\mathbf{s}_{ij},\boldsymbol{\Sigma}] \end{aligned} \tag{18-21}$$

现在，我们已经对所有隐变量定义了先验概率。

### 18.2.1　学习

在 E 步骤中，我们将所有与相同身份相关的 $J$ 个观测 $\{\boldsymbol{x}_{ij}\}_{j=1}^{J}$ 收集起来建立复合系统。 18.2

$$\begin{bmatrix}\boldsymbol{x}_{i1}\\ \boldsymbol{x}_{i2}\\ \vdots \\ \boldsymbol{x}_{iJ}\end{bmatrix}=\begin{bmatrix}\boldsymbol{\mu}\\ \boldsymbol{\mu}\\ \vdots \\ \boldsymbol{\mu}\end{bmatrix}+\begin{bmatrix}\boldsymbol{\Phi} & \boldsymbol{\Psi} & 0 & \cdots & 0\\ \boldsymbol{\Phi} & 0 & \boldsymbol{\Psi} & \cdots & 0\\ \vdots & \vdots & \vdots & \ddots & \vdots \\ \boldsymbol{\Phi} & 0 & 0 & \cdots & \boldsymbol{\Psi}\end{bmatrix}\begin{bmatrix}\boldsymbol{h}_{i}\\ \boldsymbol{s}_{i1}\\ \boldsymbol{s}_{i2}\\ \vdots \\ \boldsymbol{s}_{iJ}\end{bmatrix}+\begin{bmatrix}\boldsymbol{\varepsilon}_{i1}\\ \boldsymbol{\varepsilon}_{i2}\\ \vdots \\ \boldsymbol{\varepsilon}_{iJ}\end{bmatrix} \tag{18-22}$$

该式采用原始子空间身份模型的形式 $\boldsymbol{x}_i'=\boldsymbol{\mu}'+\boldsymbol{\Phi}'\boldsymbol{h}_i'+\boldsymbol{\varepsilon}'$。因此，可以通过式(18-9)来计算所有隐变量 $\boldsymbol{h}'$ 的联合后验概率分布。

在 M 步骤中，给每幅图像写一个复合生成方程：

$$xij=\boldsymbol{\mu}+(\boldsymbol{\Phi}\quad\boldsymbol{\Psi})\begin{bmatrix}\boldsymbol{h}_{i}\\ \boldsymbol{s}_{ij}\end{bmatrix}+\boldsymbol{\varepsilon}_{ij} \tag{18-23}$$

既然有标准因子分析模型的形式 $\boldsymbol{x}_{ij}=\boldsymbol{\mu}+\boldsymbol{\Phi}''\boldsymbol{h}_{ij}''+\boldsymbol{\varepsilon}_{ij}$，那么可以利用式(18-5)来求解未知参数。计算需要期望 $\mathrm{E}[\boldsymbol{h}_{ij}'']$ 和 $\mathrm{E}[\boldsymbol{h}_{ij}''\boldsymbol{h}_{ij}''^{\mathrm{T}}]$，这些期望值可以通过 E 步骤中计算的后验概率来获得。

图 18-11 显示的参数是从 195($\boldsymbol{I}=195$)个人、每个人具有 3($J=3$)个样本中学习得到的，而这些样本来自于一个具有 16 个个体间基函数 $\boldsymbol{\Phi}$ 和 16 个个体内基函数 $\boldsymbol{\Psi}$ 的 XM2VTS 数据库。该图表明此模型能够区分个体间基函数和个体内基函数这两个组成成分。

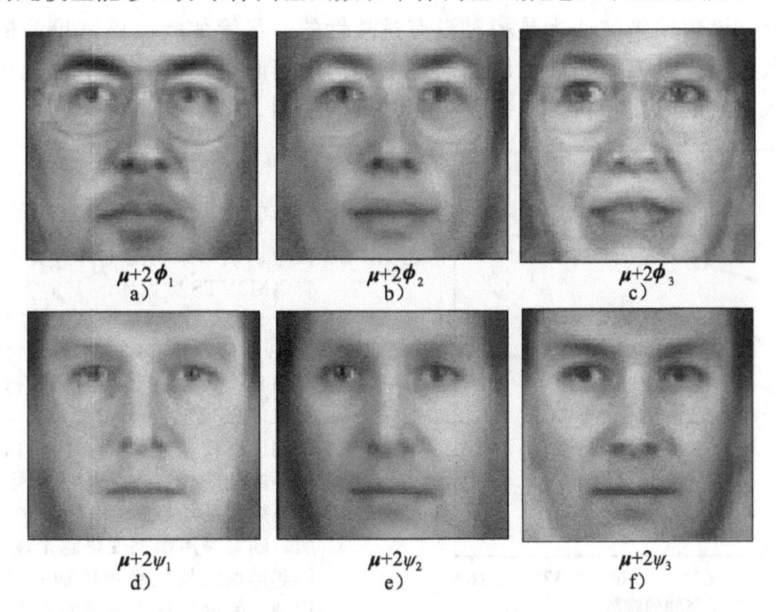


图 18-11　PLDA 模型。a～c)当我们在个体间的子空间 $\boldsymbol{\Phi}$ 中移动时，图像看起来像是不同的人。d～f)当我们在个体内的子空间 $\boldsymbol{\Psi}$ 中移动时，图像看起来像是稍微不同姿态和光照的同一个人。PLDA 模型已经成功完成了将那些与身份没有关联的个体和那些与身份有内部关联的个体分离开。改编自 Li 等(2012)。©2012 IEEE

### 18.2.2　推理

对于子空间身份模型，可利用贝叶斯法则比较模型的概率来加以推理。例如，在确认任务中，对那些将两个数据样本 $\boldsymbol{x}_1$ 和 $\boldsymbol{x}_2$ 解释为它们都存在各自的身份 $\boldsymbol{h}_1$ 和 $\boldsymbol{h}_2$ 或具有相同的身份 $\boldsymbol{h}_{12}$ 的模型进行对比。当身份不同时，数据生成为：

$$\begin{bmatrix}\boldsymbol{x}_1\\ \boldsymbol{x}_2\end{bmatrix}=\begin{bmatrix}\boldsymbol{\mu}\\ \boldsymbol{\mu}\end{bmatrix}+\begin{bmatrix}\boldsymbol{\Phi} & \boldsymbol{0} & \boldsymbol{\Psi} & \boldsymbol{0}\\ \boldsymbol{0} & \boldsymbol{\Phi} & \boldsymbol{0} & \boldsymbol{\Psi}\end{bmatrix}\begin{bmatrix}\boldsymbol{h}_i\\ \boldsymbol{h}_2\\ \boldsymbol{s}_1\\ \boldsymbol{s}_2\end{bmatrix}+\begin{bmatrix}\boldsymbol{\varepsilon}_1\\ \boldsymbol{\varepsilon}_2\end{bmatrix} \tag{18-24}$$

当身份相同时($w=1$)，数据生成为：

$$\begin{bmatrix}\boldsymbol{x}_1\\ \boldsymbol{x}_2\end{bmatrix}=\begin{bmatrix}\boldsymbol{\mu}\\ \boldsymbol{\mu}\end{bmatrix}+\begin{bmatrix}\boldsymbol{\Phi} & \boldsymbol{\Psi} & \boldsymbol{0}\\ \boldsymbol{\Phi} & \boldsymbol{0} & \boldsymbol{\Psi}\end{bmatrix}\begin{bmatrix}\boldsymbol{h}_{12}\\ \boldsymbol{s}_1\\ \boldsymbol{s}_2\end{bmatrix}+\begin{bmatrix}\boldsymbol{\varepsilon}_1\\ \boldsymbol{\varepsilon}_2\end{bmatrix} \tag{18-25}$$

式(18-24)和式(18-25)都与原始因子分析模型具有相同的形式 $\boldsymbol{x}'=\boldsymbol{\mu}'+\boldsymbol{\Phi}'\boldsymbol{h}'+\boldsymbol{\varepsilon}'$，因此数据 $\boldsymbol{x}'$ 的似然度在忽略隐变量 $\boldsymbol{h}'$ 之后，可得：

$$Pr(\boldsymbol{x}')=\text{Norm}_{\boldsymbol{x}'}[\boldsymbol{\mu}',\boldsymbol{\Phi}'\boldsymbol{\Phi}'^{\mathrm{T}}+\boldsymbol{\Sigma}'] \tag{18-26}$$

其中，$\boldsymbol{\Phi}'$ 的特定选择分别源于式(18-24)或者式(18-25)。其他关于身份的推理任务，如闭集识别和聚类等，可以利用类似的方式来处理。我们可以把离散变量 $w=\{1,\cdots,K\}$ 的值与每个身份之间可能存在的匹配联系起来，为每个联系构建一个生成模型，并通过贝叶斯法则对似然度进行比较分析。

图 18-12 对将闭集识别性能作为子空间大小函数的多个模型进行了比较(对于 PLDA 模型，$\boldsymbol{\Psi}$ 和 $\boldsymbol{\Phi}$ 的大小总是相同的)。图中显示的结果并不是最新的：图像没有经过适当的预处理，因此，该数据集被认为是相对没有挑战性的。尽管如此，该结果的模式很好地说明了一个重点：当提升模型的性能以便描述个体内噪声时，正确分类率也能得以改善。因此，值得投入一定的时间和精力来建立更为复杂的模型。

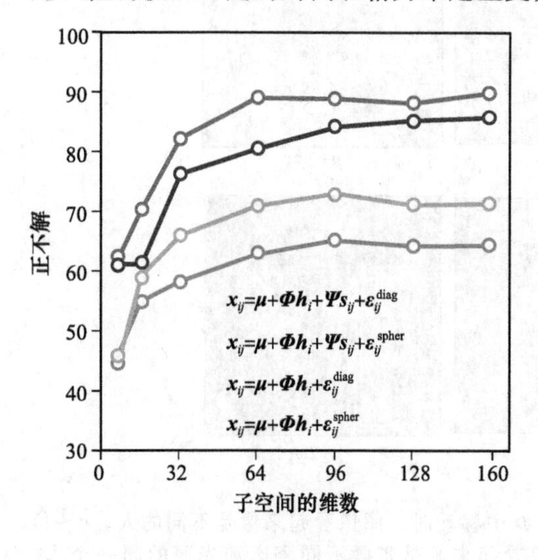


图 18-12　人脸识别结果。图中的人类识别模型使用来自 XM2VTS 数据库的 195 个人的图像数据来进行训练，其中每个人具有 3 个 70×70 的 RGB 图像。并且用 100 个人的图像进行测试，其中每个人具有 2 个图像。每个测试个体的图像可以形成一个图像集。对于剩下的 100 个测试图像，系统需要认别出在图集中与之相匹配的图像。本图中显示了正确率作为子空间维度的函数($\boldsymbol{\Phi}$ 和 $\boldsymbol{\Psi}$ 中的列数)。结果表明：随着噪声模型变得越来越复杂(将对角线而非球面的加性噪声添加到个体内子空间)，识别结果会出现系统性的提高

## 18.3　非线性身份模型

目前所讨论的模型都是通过线性模型来描述个体之间的变化以及个体内部的变化，并生成正态分布的最终密度。然而，没有任何特别的依据来证明人脸的分布是正态的。下面简单讨论两种方法将前述模型推广到非线性的情况。

第一种方法：既然身份子空间模型和 PLDA 都是有效的概率模型，那么我们就能够利

用这些元素的混合简单地描述更复杂的分布。比如，PLDA 模型的一个混合(见图 18-13)可写为：

$$
\begin{aligned}
Pr(c_i) &= \text{Cat}_{c_i}[\boldsymbol{\lambda}] \\
Pr(\boldsymbol{h}_i) &= \text{Norm}_{\boldsymbol{h}_i}[\boldsymbol{0},\boldsymbol{I}] \\
Pr(\boldsymbol{s}_{ij}) &= \text{Norm}_{\boldsymbol{s}_{ij}}[\boldsymbol{0},\boldsymbol{I}] \\
Pr(\boldsymbol{x}_{ij}|c_i,\boldsymbol{h}_i,\boldsymbol{s}_{ij}) &= \text{Norm}_{\boldsymbol{x}_{ij}}[\boldsymbol{\mu}_{c_i}+\boldsymbol{\Phi}_{c_i}\boldsymbol{h}_i\boldsymbol{\Psi}_{c_i}\boldsymbol{s}_{ij},\boldsymbol{\Sigma}_{c_i}]
\end{aligned}
\tag{18-27}
$$

其中，$c_i \in [1\cdots C]$是确定数据属于 $c$ 类中哪一类的隐变量。每类具有不同的参数，因此，整个模型是非线性的。为了学习该模型，将现有的学习算法嵌入第二个 EM 循环中，该循环将每个个体与类相关联。在推理过程中，假设匹配的人脸必须属于同一聚类

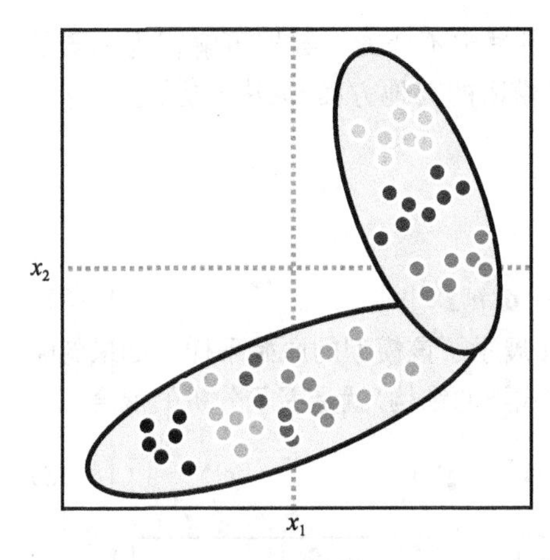


图 18-13　混合模型。可以利用混合子空间身份模型或者 PLDA 的混合模型来创建更复杂的模型。离散变量与混合分量所属的每个数据相关联。如果两个人脸图像属于同一个人，那么它们必须是相同的；同一个人的每个图像与一个混合分量相关联。各个体内子空间模型在分量之间也是变化。因此，人脸的身份不同，各个体内子空间也就存在不同的变化

第二种方法：基于高斯过程的隐变量模型(见 17.8 节)。该方法的思想是在使用加权基函数的结果之前通过非线性函数 $\boldsymbol{f}[\bullet]$的隐变量来生成复杂的密度。例如，非线性子空间身份模型的泛化可以写为：

$$
\begin{aligned}
Pr(\boldsymbol{h}_i) &= \text{Norm}_{\boldsymbol{h}_i}[\boldsymbol{0},\boldsymbol{I}] \\
Pr(\boldsymbol{x}_{ij}|\boldsymbol{h}_i,\boldsymbol{\mu},\boldsymbol{\Phi},\boldsymbol{\Sigma}) &= \text{Norm}_{\boldsymbol{x}_{ij}}[\boldsymbol{\mu}+\boldsymbol{\Phi}\boldsymbol{f}[\boldsymbol{h}_i],\boldsymbol{\Sigma}]
\end{aligned}
\tag{18-28}
$$

虽然该模型概念上较为简单，但却很难应用于实践。其原因在于该模型不可能再忽略隐变量。然而，对于因子矩阵 $\boldsymbol{\Phi}$，该模型仍然是线性，并且有可能忽略这一点以及均值 $\boldsymbol{\mu}$，那么该形式的概率可以表示为：

$$
Pr(\boldsymbol{x}_{ij}|\boldsymbol{h}_i\boldsymbol{\Sigma}) = \iint \text{Norm}_{\boldsymbol{x}_{ij}}[\boldsymbol{\mu}+\boldsymbol{\Phi}\boldsymbol{f}[\boldsymbol{h}_i],\boldsymbol{\Sigma}]\,\mathrm{d}\boldsymbol{\mu}\,\mathrm{d}\boldsymbol{\Phi} \tag{18-29}
$$

该模型可以使用变换后的隐变量 $\boldsymbol{f}[\boldsymbol{h}]$的内积来表示，并且对核心化而言同样适用。遗憾的是，由于不能忽略 $\boldsymbol{h}$，所以在推理阶段不可能直接准确地比较模型的似然度。但在具体实践中，存在近似该过程的方法。

## 18.4　非对称双线性模型

如果个体内变化较小，那么目前所讨论的模型已经足够了。然而，还存在数据方式变化较大的情况。比如，在人脸识别问题中，有的人脸是正面的而有的人脸是侧面的。而相对于与正面人脸匹配的其他侧面人脸，正面人脸在视觉上与其他非匹配正面人脸具有更多的共同之处。

为了解决这一问题，人们提出了非对称双线性模型，该模型对身份和方式进行建模：

与之前讨论的一样，将身份 $\boldsymbol{h}_i$ 看作连续量，将方式 $s\in\{1\cdots S\}$ 看作具有 $S$ 个可能取值的离散量。例如，在多姿态的脸部识别的样本中，$s=0$ 表示正面，而 $s=1$ 表示侧面。因此，该模型是非对称的，因为它对身份和方式的处理是有区别的。身份的表示取决于方式的种类，所以相同身份在不同方式下可能会产生完全不同的数据。

设符号 $\boldsymbol{x}_{ijs}$ 表示第 $s$ 个 $S$ 方式的第 $i$ 个身份 $I$ 的第 $j$ 个样本 $J$。数据可生成为：

$$\boldsymbol{x}_{ijs}=\boldsymbol{\mu}_s+\boldsymbol{\Phi}_s\boldsymbol{h}_i+\boldsymbol{\varepsilon}_{ijs} \tag{18-30}$$

其中，$\boldsymbol{\mu}_s$ 是与第 $s$ 方式相关的平均向量，$\boldsymbol{\Phi}_s$ 是与第 $s$ 方式相关的基函数，而 $\boldsymbol{\varepsilon}_{ijs}$ 是取决于该方式的具有协方差 $\boldsymbol{\Sigma}_s$ 的加性噪声。如果噪声协方差是球形的，那么该模型是典型相关性分析的概率形式。当噪声是对角线分布时，该模型就是所谓的固定因子分析。可以使用通用非对称双线性模型对以上两种情况进行相应处理。

式(18-30)很容易解析。对于一个给定个体，身份 $\boldsymbol{h}_i$ 是恒定不变的。数据可解释为基函数的加权线性和，这里该权值决定身份。然而，基函数(和模型的其他方面)取决于方式。

用概率写出该模型：

$$\begin{aligned}Pr(s)&=\text{Cat}_s[\boldsymbol{\lambda}]\\Pr(\boldsymbol{h}_i)&=\text{Norm}_{\boldsymbol{h}_i}[\boldsymbol{0},\boldsymbol{I}]\\Pr(\boldsymbol{x}_{ijs}|\boldsymbol{h}_i,s)&=\text{Norm}_{\boldsymbol{x}_{ijs}}[\boldsymbol{\mu}_s+\boldsymbol{\Phi}_s\boldsymbol{h}_i\boldsymbol{\Sigma}_s]\end{aligned} \tag{18-31}$$

其中，$\boldsymbol{\lambda}$ 是确定每种方式下观测数据的概率参数。图 18-14 展示了该模型的原始采样。如果忽略身份参数 $\boldsymbol{h}$ 和方式参数 $s$，那么所有的数据分布(不考虑方式类的结构)就是因子分析的混合：

$$Pr(\boldsymbol{x})=\sum_{s=1}^{S}\lambda_s\text{Norm}_{\boldsymbol{x}}[\boldsymbol{\mu}_s,\boldsymbol{\Phi}_s\boldsymbol{\Phi}_s^{\text{T}}+\boldsymbol{\Sigma}_s] \tag{18-32}$$

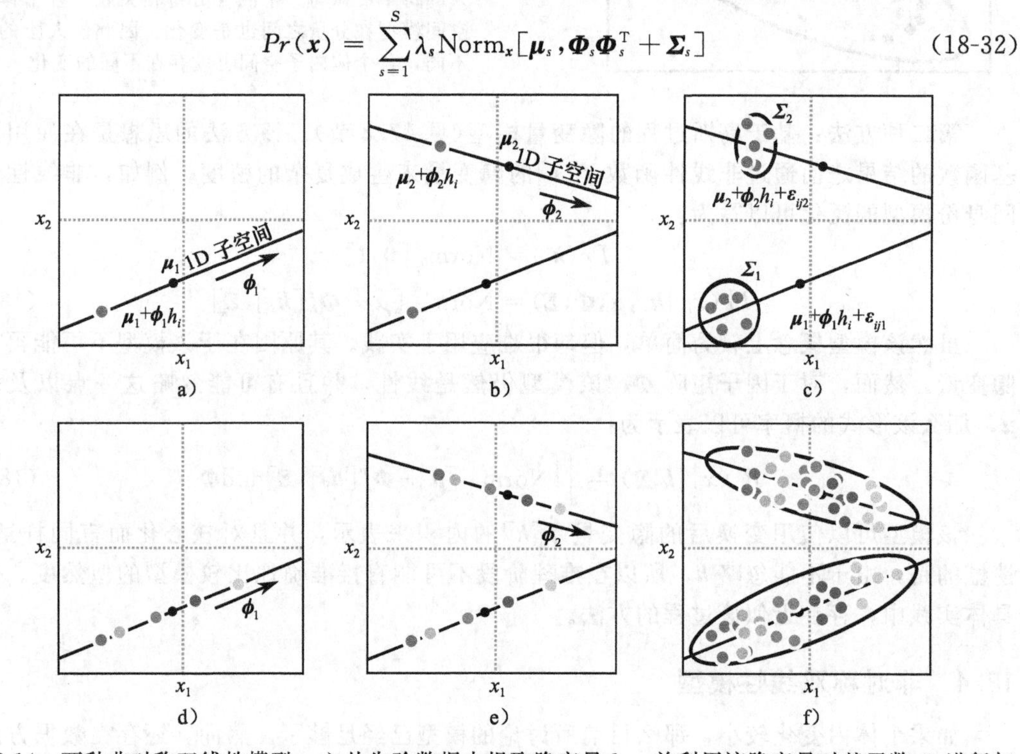


图 18-14　两种非对称双线性模型。a) 从先验数据中提取隐变量 $\boldsymbol{h}_i$，并利用该隐变量对基函数 $\boldsymbol{\Phi}_1$ 进行加权(已显示一个基函数集 $\boldsymbol{\Phi}_1$)。将结果添加到均值 $\boldsymbol{\mu}_1$。b 利用 $\boldsymbol{h}_i$ 同一个值对第二个基函数集 $\boldsymbol{\Phi}_2$ 进行加权，并把结果赋给 $\boldsymbol{\mu}_2$。c) 加入依赖于方式的具有对角线协方差的正态分布噪声。d～f) 重复这一过程，产生每种方式的正态分布。每种方式中的数据都是有结构的，这样附近的点具有相同的身份(颜色)并且在一个群中相近的身份在另一个群中也是相近的

### 18.4.1 学习

简单起见，假定每个训练样本获取的方式都是已知的，那么就能够估计分类参数 $\boldsymbol{\lambda}$。在本章模型中，我们采用 EM 算法。 18.3

在 E 步骤中，利用具有不同方式的个体的所有训练数据来计算表示身份的隐变量 $\boldsymbol{h}_i$ 的后验概率分布。采用贝叶斯规则，有

$$Pr(\boldsymbol{h}_i|\boldsymbol{x}_{i\cdot\cdot}) = \frac{\prod_{j=1}^{J}\prod_{s=1}^{S} Pr(\boldsymbol{x}_{ijs}|\boldsymbol{h}_i)Pr(\boldsymbol{h}_i)}{\int\prod_{j=1}^{J}\prod_{s=1}^{S} Pr(\boldsymbol{x}_{ijs}|\boldsymbol{h}_i)Pr(\boldsymbol{h}_i)\mathrm{d}\boldsymbol{h}_i} \tag{18-33}$$

其中 $\boldsymbol{x}_{i\cdot\cdot} = \{\boldsymbol{x}_{ijs}\}_{j,s=1}^{J,S}$ 表明所有数据与第 $i$ 个体有关。

计算该概率的一种方法是写出 $\boldsymbol{x}_{i\cdot\cdot}$ 的复合生成方程。例如，对于每个 $S=2$ $J=2$ 的图像，可得到下式：

$$\begin{bmatrix}\boldsymbol{x}_{i11}\\ \boldsymbol{x}_{i12}\\ \boldsymbol{x}_{i21}\\ \boldsymbol{x}_{i22}\end{bmatrix} = \begin{bmatrix}\boldsymbol{\mu}_1\\ \boldsymbol{\mu}_2\\ \boldsymbol{\mu}_1\\ \boldsymbol{\mu}_2\end{bmatrix} + \begin{bmatrix}\boldsymbol{\Phi}_1\\ \boldsymbol{\Phi}_2\\ \boldsymbol{\Phi}_1\\ \boldsymbol{\Phi}_2\end{bmatrix}\boldsymbol{h}_i + \begin{bmatrix}\boldsymbol{\varepsilon}_{11}\\ \boldsymbol{\varepsilon}_{12}\\ \boldsymbol{\varepsilon}_{21}\\ \boldsymbol{\varepsilon}_{22}\end{bmatrix} \tag{18-34}$$

该式与身份子空间模型具有相同的形式，即 $\boldsymbol{x}'_{ij} = \boldsymbol{\mu}' + \boldsymbol{\Phi}'\boldsymbol{h}_i + \boldsymbol{\varepsilon}'_{ij}$。因此，我们可以使用式(18-9)计算后验概率分布，并使用式(18-10)提取 M 步骤所需要的期望值。

在 M 步骤中，利用所有相关数据分别更新每种方式的参数 $\boldsymbol{\theta}_s = \{\boldsymbol{\mu}_s, \boldsymbol{\Phi}_s, \boldsymbol{\Sigma}_s\}$，更新过程如下：

$$\begin{aligned}
\hat{\boldsymbol{\mu}} &= \frac{\sum_{i=1}^{I}\sum_{j=1}^{J}\boldsymbol{x}_{ijs}}{IJ}\\
\hat{\boldsymbol{\Phi}}_s &= \left(\sum_{i=1}^{I}\sum_{j=1}^{J}(\boldsymbol{x}_{ijs}-\hat{\boldsymbol{\mu}}_s)\mathrm{E}[\boldsymbol{h}_i]^{\mathrm{T}}\right)\left(J\sum_{i=1}^{I}\mathrm{E}[\boldsymbol{h}_i\boldsymbol{h}_i^{\mathrm{T}}]\right)^{-1}\\
\hat{\boldsymbol{\Sigma}}_s &= \frac{1}{IJ}\sum_{i=1}^{I}\sum_{j=1}^{J}\mathrm{diag}[(\boldsymbol{x}_{ijs}-\hat{\boldsymbol{\mu}}_s)^{\mathrm{T}}(\boldsymbol{x}_{ijs}-\hat{\boldsymbol{\mu}}_s) - \hat{\boldsymbol{\Phi}}_s\mathrm{E}[\boldsymbol{h}_i]\boldsymbol{x}_{ijs}^{\mathrm{T}}]
\end{aligned} \tag{18-35}$$

通常情况下，重复这两步直到系统收敛，并停止对数概率的改进。图 18-15 展示了对两种姿态下人脸数据集参数进行学习的例子。

### 18.4.2 推理

该模型中有多种可能的推论。包括：

1. 如果已知 $\boldsymbol{x}$，则推断出方式 $s \in \{1,\cdots,S\}$。
2. 如果已知 $\boldsymbol{x}$，则推断出参数化的身份 $\boldsymbol{h}$。
3. 如果已知 $\boldsymbol{x}_1$ 和 $\boldsymbol{x}_2$，则推断它们是否具有相同的身份。
4. 如果已知具有方式 $s_1$ 的 $\boldsymbol{x}_1$，则将方式变换为 $s_2$ 来创建 $\hat{\boldsymbol{x}}_2$。

下面就按这 4 个问题的顺序依次讨论。

**1. 推理方式**

在给定方式 $s$ 而忽略身份 $\boldsymbol{h}$ 的情况下，数据的似然度可表示为：

$$Pr(\boldsymbol{x}|s) = \int Pr(\boldsymbol{x}|\boldsymbol{h},s)Pr(\boldsymbol{h})\mathrm{d}\boldsymbol{h}$$

$$=\int \text{Norm}_{x}[\boldsymbol{\mu}_s+\boldsymbol{\Phi}_s\boldsymbol{h},\boldsymbol{\Sigma}_s]Pr(\boldsymbol{h})\mathrm{d}\boldsymbol{h}$$

$$=\text{Norm}_{x}[\boldsymbol{\mu}_s,\boldsymbol{\Phi}_s\boldsymbol{\Phi}_s^{\mathrm{T}}+\boldsymbol{\Sigma}_s] \tag{18-36}$$

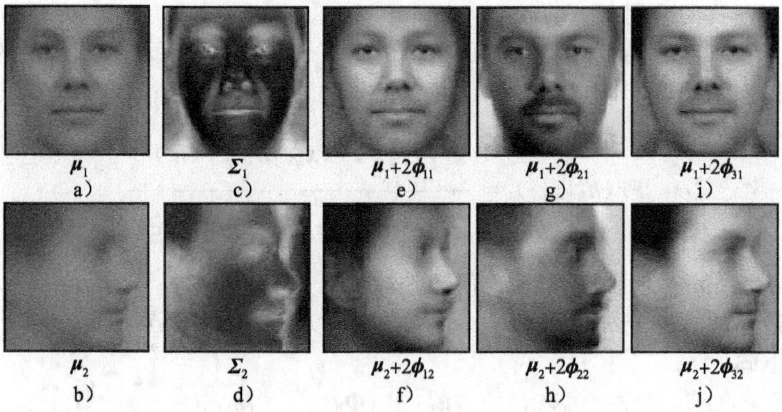

$\boldsymbol{\mu}_1$ a)　$\boldsymbol{\Sigma}_1$ c)　$\boldsymbol{\mu}_1+2\boldsymbol{\phi}_{11}$ e)　$\boldsymbol{\mu}_1+2\boldsymbol{\phi}_{21}$ g)　$\boldsymbol{\mu}_1+2\boldsymbol{\phi}_{31}$ i)

$\boldsymbol{\mu}_2$ b)　$\boldsymbol{\Sigma}_2$ d)　$\boldsymbol{\mu}_2+2\boldsymbol{\phi}_{12}$ f)　$\boldsymbol{\mu}_2+2\boldsymbol{\phi}_{22}$ h)　$\boldsymbol{\mu}_2+2\boldsymbol{\phi}_{32}$ j)

图 18-15　对具有两种方式(即正面和侧面)的非对称双线性模式的参数进行学习。该模式是基于 FERET 数据集的 200 人所具有的多种方式的 70×70 的图像进行学习的。a～b)每种方式的平均向量 c～d) 每种方式的对角线协方差。e～f) 改变每种方式的第一个基函数(标记 $\boldsymbol{\varphi}_{ks}$ 表示第 $s$ 方式的第 $k$ 个基函数)。g～h)改变每种方式的第二个基函数。i～l)改变每种方式的第三个基函数。用同样的方法对两个基函数集进行操作以便生成看起来像一个人的图像。改编自 Prince 等(2008)。©2008 IEEE

方式 $s$ 的后验概率 $Pr(s|\boldsymbol{x})$可以通过将该数据似然度与利用贝叶斯规则所获得的先验概率$Pr(s)$相结合的方式来计算。方式 $s$ 的先验概率可表示为：

$$Pr(s)=\text{Cat}_s[\boldsymbol{\lambda}] \tag{18-37}$$

**推断身份**

对于固定身份 $\boldsymbol{h}$ 但忽略方式 $s$ 的情况下，数据的似然度为

$$Pr(\boldsymbol{x}|\boldsymbol{h})=\sum_{s=1}^{S}Pr(\boldsymbol{x}|\boldsymbol{h},s)Pr(s)$$

$$=\sum_{s=1}^{S}\text{Norm}_{x}[\boldsymbol{\mu}_s+\boldsymbol{\Phi}_s\boldsymbol{h},\boldsymbol{\Sigma}_s]\boldsymbol{\lambda}_s \tag{18-38}$$

利用贝叶斯规则将身份的后验数据与先验数据 $\boldsymbol{Pr}(h)$相结合，并可表示为：

$$Pr(\boldsymbol{h}|\boldsymbol{x})=\sum_{s=1}^{S}\lambda_s\text{Norm}_{\boldsymbol{h}_i}\left[(\boldsymbol{\Phi}_s^{\mathrm{T}}\boldsymbol{\Sigma}_s^{-1}\boldsymbol{\Phi}_s+\boldsymbol{I})^{-1}\boldsymbol{\Phi}_s^{\mathrm{T}}\boldsymbol{\Sigma}_s^{-1}(\boldsymbol{x}_i-\boldsymbol{\mu}_s),\right.$$

$$\left.(\boldsymbol{\Phi}_s^{\mathrm{T}}\boldsymbol{\Sigma}_s^{-1}\boldsymbol{\Phi}_s+\boldsymbol{I})\right] \tag{18-39}$$

注意，该后验分布是每种可能方式的每个分量的高斯混合分布。

**身份匹配**

给定两个样本 $\boldsymbol{x}_1$，$\boldsymbol{x}_2$，计算具有相同身份的后验概率，即使它们可能用不同的方式观测获得。假设方式是已知的且分别为 $s_1$和 $s_2$。首先建立一个复合模型

$$\begin{bmatrix}\boldsymbol{x}_1\\\boldsymbol{x}_2\end{bmatrix}=\begin{bmatrix}\boldsymbol{\mu}_{s_1}\\\boldsymbol{\mu}_{s_2}\end{bmatrix}+\begin{bmatrix}\boldsymbol{\Phi}_{s_1}&\boldsymbol{0}\\\boldsymbol{0}&\boldsymbol{\Phi}_{s_2}\end{bmatrix}\begin{bmatrix}\boldsymbol{h}_1\\\boldsymbol{h}_2\end{bmatrix}+\begin{bmatrix}\boldsymbol{\varepsilon}_1\\\boldsymbol{\varepsilon}_2\end{bmatrix} \tag{18-40}$$

该式表示在身份不同的情况($w=0$)下。可以通过利用有原始因子分析器的形式 $\boldsymbol{x}'=\boldsymbol{\mu}'+\boldsymbol{\Phi}'\boldsymbol{h}'+\boldsymbol{\varepsilon}'$来计算概率，因此，该概率可以写为

$$Pr(\boldsymbol{x}'|w=0)=\text{Norm}_{\boldsymbol{x}'}[\boldsymbol{\mu}',\boldsymbol{\Phi}'\boldsymbol{\Phi}'^{\text{T}}+\boldsymbol{\Sigma}'] \tag{18-41}$$

其中，$\boldsymbol{\Sigma}'$是对角矩阵，该对角矩阵包含$\boldsymbol{\varepsilon}'$元素的(对角线)协方差(式(18-16))。

同样，可以为身份匹配($w=1$)建立一个系统

$$\begin{bmatrix}\boldsymbol{x}_1\\\boldsymbol{x}_2\end{bmatrix}=\begin{bmatrix}\boldsymbol{\mu}_{s_1}\\\boldsymbol{\mu}_{s_2}\end{bmatrix}+\begin{bmatrix}\boldsymbol{\Phi}_{s_1}\\\boldsymbol{\Phi}_{s_2}\end{bmatrix}\boldsymbol{h}_{12}+\begin{bmatrix}\boldsymbol{\varepsilon}_1\\\boldsymbol{\varepsilon}_2\end{bmatrix} \tag{18-42}$$

并且可使用同样的方法计算它的概率$Pr(\boldsymbol{x}'|w=1)$。而后验概率$Pr(w=1|\boldsymbol{x}')$则可以使用贝叶斯规则来计算。

如果方式未知，那么每个概率项将变为高斯混合，其中每个分量都具有式(18-41)的形式。对于由两种方式的组合$\boldsymbol{s}^2$中的每个组合都有一个分量。混合权重则是通过观察这些组合的可行性给出的，使得$Pr(s_1=m,s_2=n)=\lambda_m\lambda_n$。

**方式变换**

最后，讨论方式变换。对于使用不同方式获取相同身份的图像，可将方式$s_1$的数据变换为方式$s_2$的数据。获得变换方式的点的估计的一种简单方法是：首先基于观测图像$\boldsymbol{x}_{s1}$估计身份变量$\boldsymbol{h}$。为此，基于隐变量来计算后验分布

18.4

$$Pr(\boldsymbol{h}|\boldsymbol{x},s_1)=\text{Norm}_{\boldsymbol{h}_i}[(\boldsymbol{\Phi}_{s_1}^{\text{T}}\boldsymbol{\Sigma}_{s_1}^{-1}\boldsymbol{\Phi}_{s_1}+\boldsymbol{I})^{-1}\boldsymbol{\Phi}_{s_1}^{\text{T}}\boldsymbol{\Sigma}_{s_1}^{-1}(\boldsymbol{x}_i-\boldsymbol{\mu}_{s_1}),(\boldsymbol{\Phi}_{s_1}^{\text{T}}\boldsymbol{\Sigma}_{s_1}^{-1}\boldsymbol{\Phi}_{s_1}+\boldsymbol{I}] \tag{18-43}$$

然后设置$\boldsymbol{h}$为 MAP 估计

$$\hat{\boldsymbol{h}}_{MAP}=\text{argmax}[Pr(\boldsymbol{h}|\boldsymbol{x},s_1)]=(\boldsymbol{\Phi}_{s_1}^{\text{T}}\boldsymbol{\Sigma}_{s_1}^{-1}\boldsymbol{\Phi}_{s_1})^{-1}\boldsymbol{\Phi}_{s_1}^{\text{T}}\boldsymbol{\Sigma}_{s_1}^{-1}(\boldsymbol{x}_i-\boldsymbol{\mu}_{s_1}) \tag{18-44}$$

这就是该分布的均值。

然后生成第二个方式的图像

$$\boldsymbol{x}_{s_2}=\boldsymbol{\mu}_{s_2}+\boldsymbol{\Phi}_{s_2}\hat{\boldsymbol{h}}_{MAP} \tag{18-45}$$

该式为忽略噪声项的原始生成方程。

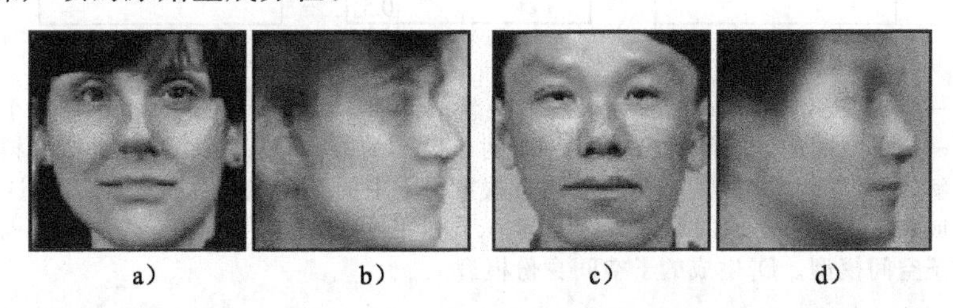


图 18-16　对图 18-15 中的图像进行基于非对称双线性模型的方式变换，a) 方式 1 的原始人脸图像(正面)。b) 变换到方式 2(侧面)。c～d) 第二个样本。改编自 Prince 等(2008)。©2008 IEEE

## 18.5　对称双线性和多线性模型

顾名思义，对称双线性模型平等地对待身份和方式。两者都是连续变量，并且模型也是线性的。为了能够紧凑地写出这些模型，有必要引入张量积记法。在该记法中(见附录 C.3 节)，子空间身份模型的生成方程(式(18-6))为

$$\boldsymbol{x}_{ij}=\boldsymbol{\mu}+\boldsymbol{\Phi}\times_2\boldsymbol{h}_i+\boldsymbol{\varepsilon}_{ij} \tag{18-46}$$

其中，符号$\boldsymbol{\Phi}\times_2\boldsymbol{h}_i$表示$\boldsymbol{\Phi}$的第二维与$\boldsymbol{h}_i$的点积。由于$\boldsymbol{\Phi}$最初是一个二维矩阵，所以将返回一个向量。

在对称双线性模型中，在第$k$种方式的第$i$个身份的第$j$个样本的生成方程为：

$$\boldsymbol{x}_{ijk}=\boldsymbol{\mu}+\boldsymbol{\Phi}\times_2\boldsymbol{h}_i\times_3\boldsymbol{s}_k+\boldsymbol{\varepsilon}_{ijk} \tag{18-47}$$

其中，$\boldsymbol{h}_i$是代表身份的一维向量，$\boldsymbol{s}_k$是代表方式的一维向量，$\boldsymbol{\Phi}$是一个 3 维张量。在表达

式 $\boldsymbol{\Phi}\times_2\boldsymbol{h}_i\times_3\boldsymbol{s}_k$ 中，可采取 3 个变量中两两的点积，舍弃需要的列向量。

用概率形式可写为：

$$
\begin{aligned}
Pr(\boldsymbol{h}_i) &= \text{Norm}_{\boldsymbol{h}_i}[\boldsymbol{0},\boldsymbol{I}] \\
Pr(\boldsymbol{s}_k) &= \text{Norm}_{\boldsymbol{s}_k}[\boldsymbol{0},\boldsymbol{I}] \\
Pr(\boldsymbol{x}_{ijk}|\boldsymbol{h}_i,\boldsymbol{s}_k) &= \text{Norm}_{\boldsymbol{x}_{ijk}}[\boldsymbol{\mu}+\boldsymbol{\Phi}\times_2\boldsymbol{h}_i\times_3\boldsymbol{s}_k,\boldsymbol{\Sigma}]
\end{aligned} \tag{18-48}
$$

对于固定的方式向量 $\boldsymbol{s}_k$，该模型正是具有隐变量 $\boldsymbol{h}_i$ 的子空间身份模型。方式的选择能够通过对一组基函数进行加权来确定因素。当然还可以通过使用以下模型来获得取决于方式的平均向量。

$$
\boldsymbol{x}_{ijk}=\boldsymbol{\mu}\times_2\boldsymbol{s}_k+\boldsymbol{\Phi}\times_2\boldsymbol{h}_i\times_3\boldsymbol{s}_k+\boldsymbol{\varepsilon}_{ijk} \tag{18-49}
$$

其中，$\boldsymbol{\mu}$ 是一个用方式 $\boldsymbol{s}$ 加权的列中的基函数矩阵。从该模型进行原始采样，如图 18-17 所示。

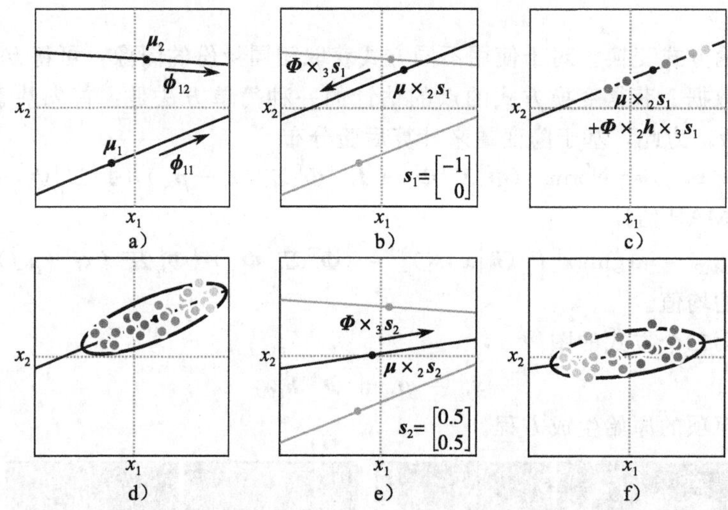


图 18-17 具有一维身份和二维方式的对称双线性模型的原始采样。a）在该模型中，每个方式维度包含具有一维子空间的子空间身份模型。b）对于已知的方式向量 $\boldsymbol{s}_1$，可以对这些模型加权来创建一个新的子空间身份模型。c）然后通过权重因子中的隐变量 $\boldsymbol{h}$ 生成该模型。d）通过添加噪声来生成在该方式下获取的不同身份实例。e）利用一个由方式向量 $\boldsymbol{s}_2$ 产生的不同权重来创建不同的子空间模型。f）生成的子空间身份模型

对非对称和对称双线性模型进行比较是非常有意义的。在非对称双线性模型中，存在一些离散的方式，其中每种方式生成的数据看起来像一个身份子空间模型，但该模型引出了一种方式类与另一种方式类中身份之间的关系。在对称双线性模型中，存在一个连续的方式类，该方式类能够产生连续的子空间身份模型类。此外，该模型还引入了每种方式中身份之间的关系。

到目前为止，我们将子空间身份模型都描述为在固定的方式下。由于模型是对称的，所以有可能会翻转变量的角色。对于固定身份，该模型看起来像一个子空间模型，其中基函数是通过变量 $\boldsymbol{s}_k$ 加权的。换言之，在两个隐变量集中，如果其中一个是固定的，那么该模型就是线性的。然而，如果 $\boldsymbol{h}$ 和 $\boldsymbol{s}$ 同时存在，那么该模型就不是线性的。由于这些变量具有非线性的相互作用，所以整体模型也是非线性的。

### 18.5.1 学习

遗憾的是，在闭型下不能计算双线性模型的概率，也不能同时忽略两个隐变量集并计算概率：

$$Pr(\boldsymbol{x}_{ijk}|\boldsymbol{\theta}) = \iint Pr(\boldsymbol{x}_{ijk},\boldsymbol{h}_i,\boldsymbol{s}_k|\boldsymbol{\theta})\mathrm{d}\boldsymbol{h}_i\mathrm{d}\boldsymbol{s}_k \tag{18-50}$$

其中，$\boldsymbol{\theta}=\{\boldsymbol{\mu},\boldsymbol{\Phi},\boldsymbol{\Sigma}\}$ 表示所有的未知参数。对带有隐变量的模型进行学习的一般方法是使用 EM 算法，但该算法在此不再合适，因为不能在闭型下计算隐变量的联合后验分布 $Pr(\boldsymbol{h}_i,\boldsymbol{s}_k|\{\boldsymbol{x}_{ijk}\}_{j=1}^{J})$。

对于球形加性噪声 $\boldsymbol{\Sigma}=\sigma^2\boldsymbol{I}$ 的特例和完整的数据(我们看到每一个 $K$ 方式所属的 $I$ 个体的 $J$ 样本)，通过使用类似于 PPCA 的方法在闭型下对这些参数进行求解是可行的(见 17.5.1 节)。而该技术依赖于多峰奇异值分解，这是将 SVD 模型泛化到更高的维度。

对于对角噪声模型，可以通过对隐变量中的一个进行最大化而不是忽略它们的方法来近似该模型。例如，如果对方式参数进行最大化使得

$$\boldsymbol{\theta} = \underset{\boldsymbol{\theta}}{\operatorname{argmax}}\left[\sum_{k=1}^{K}\max_{\boldsymbol{s}_k}\left[\sum_{i=1}^{I}\sum_{j=1}^{J}\log\left[\int Pr(\boldsymbol{x}_{ijk},\boldsymbol{h}_i,\boldsymbol{s}_k|\boldsymbol{\theta}\mathrm{d}\boldsymbol{h}_i\right]\right]\right] \tag{18-51}$$

那么隐变量 $\boldsymbol{h}_i$ 中的其他模型是线性的，因此可以使用交替的方法。在该方法中，首先固定方式参数，然后利用 EM 算法学习参数，最后固定参数，并使用优化方法更新方式参数。

### 18.5.2 推理

各种形式的推理是有可能的，包括所有已经讨论过的非对称双线性模型。例如，可以通过比较不同的复合模型来确定身份是否匹配。在这些模型中，身份和方式变量是不可忽略的，所以需要使用与该学习过程类似的方法对方式变量进行最大化处理。同理，可以依据观测数据估计身份变量 $\boldsymbol{h}$，以便将一种方式变换成另一种方式(如果当前方式变量 $\boldsymbol{s}$ 未知)。然后使用不同方式向量 $\boldsymbol{s}$ 的生成方程来模拟一个不同方式的新样本。

对称双线性模型具有方式的连续参数，所以也可以执行一个新的变换任务：对于一个之前未出现过的身份和不知其方式的样本，可以将其方式或身份按照要求进行相应的变换。首先使用非线性优化方法对当前身份和方式参数进行计算。

$$\hat{\boldsymbol{h}},\hat{\boldsymbol{s}} = \underset{\boldsymbol{h},\boldsymbol{s}}{\operatorname{argmax}}[Pr(\boldsymbol{x}|\boldsymbol{\theta},\boldsymbol{h},\boldsymbol{s})Pr(\boldsymbol{h})Pr(\boldsymbol{s})] \tag{18-52}$$

然后使用生成方程来模拟新样本，并根据需要对方式 $\boldsymbol{s}$ 或身份 $\boldsymbol{h}$ 进行修改。一个实例如图 18-18所示。

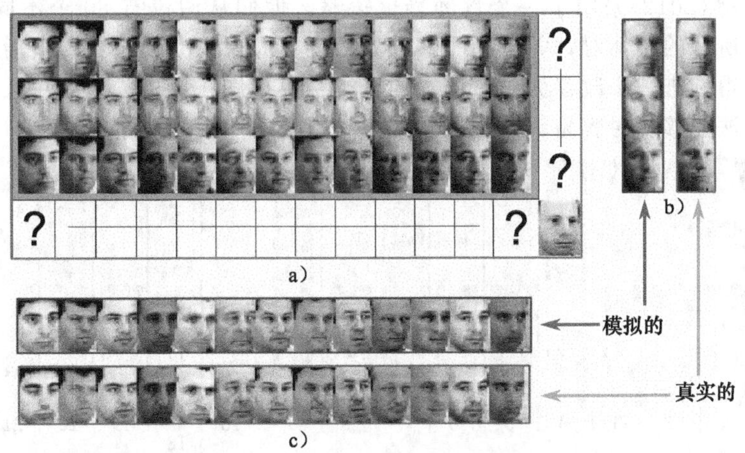


图 18-18 使用对称双线性模型的方式变换。a) 从一组图像开始学习该模型，其中方式(行)和身份(列)是已知的。然后给出一个新的图像，该图像具有以前未知的身份和方式。b) 对称双线性模型能够估计身份参数，并能够模拟新方式的图像。或者 c)估计方式参数并模拟新的身份。在这两种情况下，模拟的结果接近真实图像。改编自 Tenenbaum 和 Freeman(2000)。©2000 MIT Press

### 18.5.3 多线性模型

可以将对称双线性模型加以扩展来创建多线性或多因子模型。例如，我们可以依据3个隐变量$\boldsymbol{h}$、$\boldsymbol{s}$和$\boldsymbol{t}$来描述数据，所以该生成方程变为：

$$\boldsymbol{x}_{ijkl} = \boldsymbol{\mu} + \boldsymbol{\Phi} \times_2 \boldsymbol{h}_i \times_3 \boldsymbol{s}_k \times_4 \boldsymbol{t}_l + \boldsymbol{\varepsilon}_{ijkl} \tag{18-53}$$

现在，张量$\boldsymbol{\Phi}$已经变成了四维。与在对称双线性模型中一样，由于该模型不可能忽略所有闭型隐变量，因此限制了可能的学习和推理方法。

## 18.6 应用

本章已经通过实例展示了多种人脸识别模型。本节中，我们将详细描述人脸识别的细节内容，并讨论建立识别系统的一些实践。随后，讨论一个实际应用，在该应用中，视觉纹理能够准确地表示为一个多线性模型。最后，描述一个非线性版本的多线性模型，该模型可用于合成动画数据。

### 18.6.1 人脸识别

为了能够阐述这些算法在实践中如何工作的具体思想，我们将对这些算法近来的实际应用进行详细的讨论。Li等(2012)提出了基于概率线性判别分析的识别系统。

确定每个人脸上的8个关键点，并使用分段仿射变换对图像进行标记。最终图像的大小为400×400。特征向量是从每个关键点周围的图像区域提取的。特征向量包含8方向的图像梯度，以及以关键点为中心的6×6网格中点的3个尺寸。一个独立的识别模型是为每个关键点而建立的，并且在最后的识别决策中这些关键点也被视为是独立的。

只使用XM2VTS数据库中前195个个体以及大小为64的信号和噪声子空间对该系统进行训练。在测试过程中，该算法从图像数据库中剩下的100个人中选出80幅图像来完成测试并要求该模型根据身份的不同将这些图像聚类成不同的组。同一个人可能有80幅图像或者不同人的有80幅图像或者这两种极端情况之间的任何排列。

原则上，可以计算数据的每个可能聚类的概率。遗憾的是，实际上存在太多可能的配置。因此，Li等(2012)采用了一个贪婪凝聚策略。他们从假设有80个不同的个体开始。他们考虑合并所有的个体对，并选择能够最大程度上提高概率的组合。最后，重复该过程直到概率无法得到进一步改善为止。样本的聚类结果如图18-19所示，并且最新的具有代表性的识别算法能够相对容易地处理那些在控制照明条件下的正面人脸。

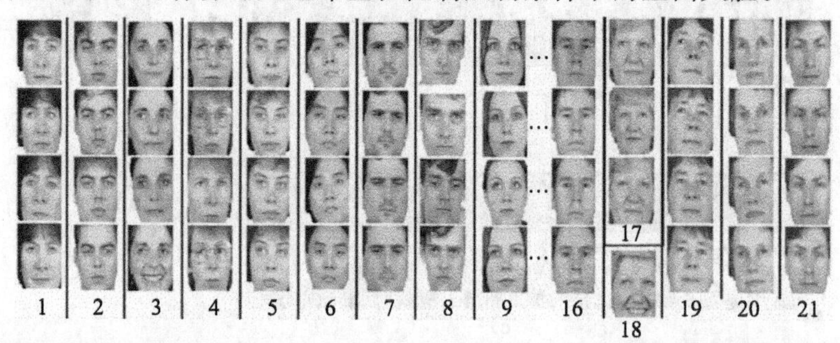


图18-19 Li等(2012)的人脸聚类结果。该算法是基于一个具有80个人脸的图像集提出的，该图像集中包含80个图像(20人，每人4个图像)，并且对其进行近乎完美的聚类，它能正确地识别20组图像中的19组，但错误地将一个个体数据分为两个独立的组。该算法适用于正面人脸，尽管这些人脸存在表情变化、发型变化以及有或者无眼镜。改编自Li等(2012)。©2012 IEEE

然而，对于更多的自然图像，相同的算法需要进行更复杂的预处理。例如，Li 等(2012)将 PLDA 模型应用于“Labeled Faces in the Wild”数据库(Huang 等(2007))进行人脸确认，该数据库包含因特网上的名人图像，并获得约为 10%的等误差率。该方法是本书撰写时最新提出的代表性方法。

### 18.6.2 纹理建模

物体表面光照的相互作用可以通过使用双向反射分布函数来描述。本质上，如果已知从物体表面特定角度的入射光，就可以描述物体表面的每个对应角度的反射光。根据物体表面的二维位置信息，双向纹理函数(BTF)可概括该模型。如果已知 BTF，那么我们就知道如何从每个角度和每个照明组合显现纹理表面。

双向纹理函数可以通过几千个从不同角度和不同照明条件下的表面图像近似获得。然而，结果数据显然高度冗余。Vasilescu 和 Terzopoulos(2004)使用称为“张量纹理”的多线性模型来描述 BTF。它包含了能够代表光照和视角方向等方式因素(如图 18-20a～b 所示)。虽然这些量都是自然的二维数据，但却分别使用大小为 21 和 37 的向量来对它们进行表达，其中每个训练样本被转换为一个坐标轴。

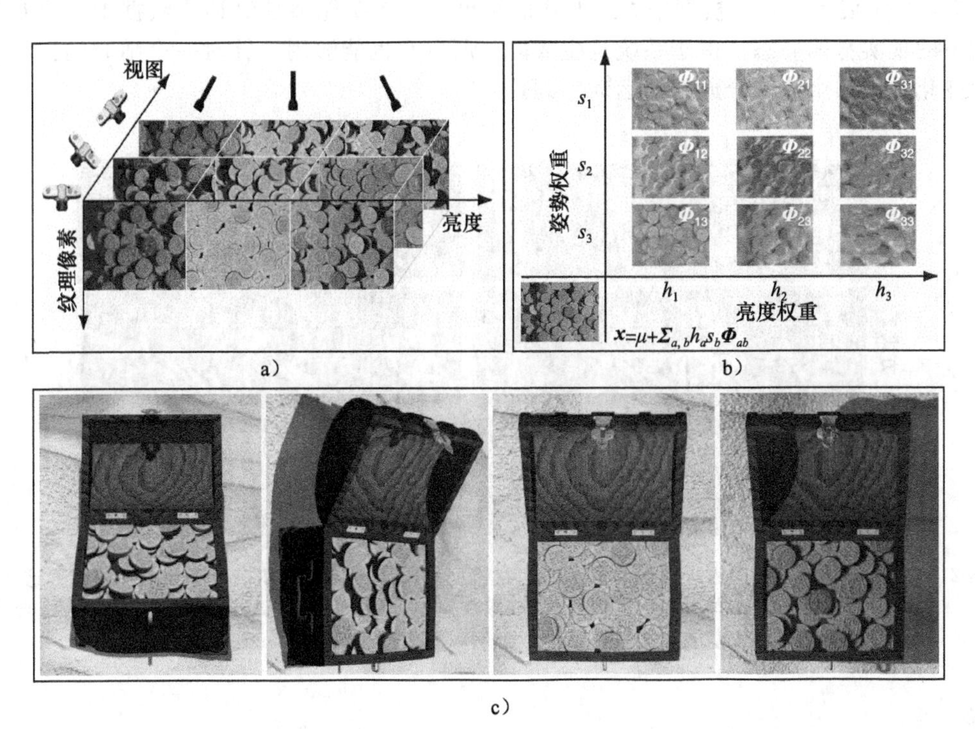


图 18-20 张量纹理。a) 该训练集包含具有不同方向和不同光照方向下可观测的硬币。b) 新纹理(左下角)可计算为存储在三维张量中的学习基函数的加权和。c) 视频序列，其中纹理是模型的综合近似。改编自 Vasilescu 和 Terzopoulos(2004)。©2003 ACM

图 18-20c 展示了由张量纹理模型生成的图像。每个方式隐变量是通过在邻近训练样本隐变量之间的线性插值来选择的，而图像中没有噪声的干扰。由此可见，张量纹理模型已经能够对视角和光照变化的准确表达进行学习，包括由于遮挡、相互反射和投影等复杂因素。

### 18.6.3 动画合成

Wang 等(2007)提出了一种多因子模型，该模型非线性依赖于身份和方式分量。他们的方法基于高斯过程隐变量模型。方式和身份因素是在对张量 $\boldsymbol{\Phi}$ 加权前，通过非线性函数进行变换的。在这种模型中，概率可按下式计算

$$Pr(\boldsymbol{x}_{ijk}|\boldsymbol{\Sigma},\boldsymbol{h}_i,\boldsymbol{s}_k)=\iint \text{Norm}_{\boldsymbol{x}_{ijk}}[\boldsymbol{\mu}+\boldsymbol{\Phi}\times_2\boldsymbol{f}[\boldsymbol{h}_i]\times_3\boldsymbol{g}[\boldsymbol{s}_k],\boldsymbol{\Sigma}]d\boldsymbol{\Phi}d\boldsymbol{\mu} \tag{18-54}$$

其中，$\boldsymbol{f}[\bullet]$和 $\boldsymbol{g}[\bullet]$分别是变换身份和方式参数的非线性函数。实际上，张量 $\boldsymbol{\Phi}$ 能够忽略闭型概率计算和整体均值 $\boldsymbol{\mu}$。该模型可以使用方式和身份参数的内积来表示，因此该模型能够被核心化。该模型也称为是*多因素高斯过程隐变量模型*或*多因子 GPLVM*。

Wang 等(2007)使用该模型来描述人体运动。一个单一姿态可以用一个 89 维的向量来描述，该向量包含 43 个连接角，对应有 43 个角速度和全局平移速度。他们建立了一个包含 3 个因素的模型，即在运动序列中的个体身份、步态运动(行走、大踏步行走和奔跑)以及当前状态。每个因素分别使用一个三维向量来描述。他们使用 RBF 核获取数据以学习该模型。

图 18-21 展示了在该模型中方式变换的结果。该系统能够预测训练数据中不可观测的方式下的现实身体姿态。由于系统是生成的，所以它也能够用于针对一个随时间推移步态发生变化的已知个体来合成新的运动序列。

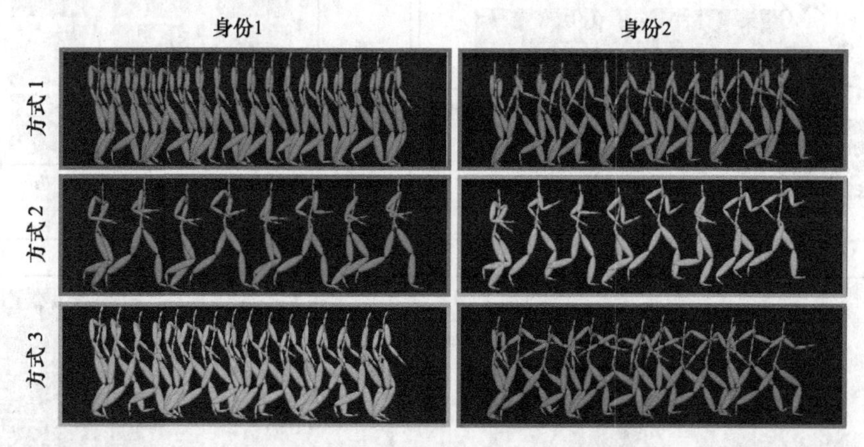


图 18-21 多因子 GPLVM 应用于动画合成。三因素模型是由身份、方式和在步态场景中的位置这 3 个因素学习而得到的。本图展示了训练数据(深灰色框)和从学习模型(浅灰色框)获得的组合数据。在每种情况下，该模型都能很好地模拟身份和方式。改编自 Wang 等(2007)

## 讨论

本章对大量模型进行了测试，这些模型将图像数据描述为方式和内容变量的函数。在训练过程中，将这些变量取样本的相同值，其中已知的方式或内容均相同。本章已经演示了许多不同形式的推理过程，包括身份识别和方式变换。

## 备注

**人脸识别**：人脸识别的简介可参阅 Chellappae 等(2010)。更多的细节可参阅 Zhao 等(2003)的综述论文或者 Li 和 Jain(2005)编辑的著作。

**人脸识别的子空间方法**：Turk 和 Pentl 等(2001)提出了基于特征脸的人脸识别方法，其中是利用将像素数据线性映射到一个对应于训练数据的主成分子空间中的方法对像素数据进行降维。依据这些低维表示之间的距离来确定两个人脸之间是否匹配。该方法很快取代了之前的基于人脸特征之间相对距离的方法(Brunelli 和 Poggio(1993))。

人脸识别后续的发展主要是研究其他的子空间方法。研究者已经开始研究基函数的选择(例如，Bartlett 等(1998)；Belhumeur 等(1997)；He 等(2005)；Cai 等(2007)、类似的非线性方法(Yang，2002)以及距离测度的选择(Perlibakas，2004)等问题。已经开始讨论不同子空间之间的相互关系(见 Wang 和 Tang，2004b)。关于子空间方法的综述(没有人脸识别的的详细说明)可在 De La Torre(2011)中找到。

**线性判别分析**：在这些子空间方法中有一个值得注意的子类，它包含基于线性判别分析的方法。Belhumeur(1997)提出的 Fisherfaces 方法将人脸数据映射到一个个体间差异与个体内差异的最大比例空间中。但 Fisherfaces 受限于个体内差异可观测的方向(小样本问题)。零空间 LDA 方法(Chen 等，2000)可以利用其他空间中的信号。而对偶空间 LDA 方法(Wang 和 Tang，2004a 能够组合这两个信息源。

**概率方法**：本章中的身份模型是早期的非概率方法的重定义。例如，子空间身份模型与特征脸算法(Turk 和 Pentl 等，2001)非常相似，而概率 LDA 与 Fisherfaces 算法(Belhumeur 等，1997)非常相似。关于这 3 个概率方法的更多细节可以参阅 Li 等(2012)年以及 Ioffe(2006)，Ioffe 提出一种稍有不同的概率 LDA 算法。同样，还有很多其他的关于人脸识别的概率方法(Liu 和 Wechsler，1998；Moghaddam 等，2000；Wang 和 Tang，2003 以及 Zhou 和 Chellappa，2004)。

**对齐与姿态变化**：大多数人脸识别方法的一个重要部分就是准确识别面部特征，以便或者(i)人脸图像对齐于一个固定的模板，或者(ii)人脸的各个部分能够区别对待(见 Wiskott 等，1997；Moghaddam 和 Pentl 等，1997)。识别人脸特征的一般方法包括活动形状模型(Edwards 等，1998)或图形结构(见 Everingham 等，2006；Li 等，2010)。

对于姿态变化较大的情况，就不能将人脸准确地变换为一个通常模板，而需要一个明确的方法来对人脸进行比较。该方法包括拟合图像与三维形变模型，然后从一个非正面图像模拟出一个正面图像(Blanz 等，2005)，并利用统计模型(Gross 等，2002；Lucey 和 Chen，2000)或者本章讨论的因子分析模型(Prince 等，2008)来预测从一个姿态到另一个姿态的人脸，关于较大姿态变化的人脸识别的综述可参阅 Zhang 和 Gao(2009)。

**目前人脸识别的主要工作**：目前对于正常光照条件下以及没有姿态和表情变化的情况下，人脸识别问题基本都已解决。具有这些特征的早期数据(例如，Messer 等，1999；Phillips 等，2000)已经被那些包含更多变量的测试数据(Huang 等，2007b)所代替。最近在人脸识别方面也出现了几个研究趋向，包括对判别模型研究的复苏(例如，Wolf 等，2009；Taigman 等，2009；Kumar 等，2009)、判别身份度量学习的应用(例如，Nowak 和 Jurie，2007；Ferencz 等，2008；Guillaumin 等，2009；Nguyen 和 Bai，2010)、稀疏表示的应用(例如，Wright 等，2009)，以及对预处理的浓厚兴趣等。特别地，目前的许多方法都是基于 Gabor 特征(例如，Wang 和 Tang，2003)、局部二值模式(例如，Ojala 等，2002；Ahonen 等，2004)、三补丁局部二值模式(例如，Wolf 等，2009)，或者 SIFT 特征(Lowe 2004)。有些成功的方法组合或者选择一些不同的预处理技术(Li 等，2012；Taigman 等，2009；Pinto 和 Cox，2011)。

**双线性和多线性模型**：双线性模型是由 Tenenbaum 和 Freeman(2000)引入到计算机视觉

中的，而多线性模型是 Vasilescu Terzopoulos (2002)研究的成果。核心化多线性模型是由 Li 等(2005)和 WANG 等(2007)提出的。非线性多因子模型方法是由 Elgammal 和 Lee(2004)提出的。在计算机视觉中，双线性和多线性模型最通常的应用就是在捕获条件变化的情况下对人脸进行识别(例如，Grimes 等，2003；Lee 等，2005；Cuzzolin，2006；Prince 等，2008)。

## 习题

18.1 请证明在子空间身份模型中隐变量的后验分布就是式(18-9)中的形式。

18.2 证明在子空间身份模型中 M 步骤更新正如式(18-11)中的形式。

18.3 求一个子空间身份模型的学习参数 $\{\boldsymbol{\mu},\boldsymbol{\Phi},\sigma^2\}$ 的一个闭型解，其中噪声为球形分布：

$$Pr(\mathbf{x}_{ij}) = \text{Norm}_{\mathbf{x}_{ij}}[\boldsymbol{\mu},\boldsymbol{\Phi}\boldsymbol{\Phi}^{\text{T}}+\sigma^2\mathbf{I}]$$

提示：假设已知每个训练图像 $I$ 的 $J=2$ 个样本，并且其解是基于概率 PCA 的。

18.4 在人脸聚类问题中，对于 2、3、4、10 和 100 个人脸，有多少种可能的数据模型？

18.5 利用身份子空间模型进行人脸确认的方法就是计算观测数据 $\mathbf{x}_1$ 和 $\mathbf{x}_2$ 的概率：

$$Pr(\mathbf{x}_1,\mathbf{x}_2|w=0) = Pr(\mathbf{x}_1)Pr(\mathbf{x}_2)$$

$$Pr(\mathbf{x}_1,\mathbf{x}_2|w=1) = Pr(\mathbf{x}_1)Pr(\mathbf{x}_2|\mathbf{x}_1)$$

请写出临界概率 $Pr(\mathbf{x}_1)$、$Pr(\mathbf{x}_2)$以及条件概率项 $Pr(\mathbf{x}_2|\mathbf{x}_1)$的表达式。并阐述如何利用这些表达式计算后验概率分布 $Pr(w|\mathbf{x}_1,\mathbf{x}_2)$。

18.6 提出一种子空间身份模型对训练数据中的异常值具有鲁棒性。

18.7 Moghaddam 等(2000)提出了一种新的人脸确认的概率方法。他们通过取差值 $\mathbf{x}_\Delta=\mathbf{x}_1-\mathbf{x}_2$，且当两个人脸匹配或者不匹配时，对向量 $Pr(\mathbf{x}_\Delta|w=0)$的概率以及 $Pr(\mathbf{x}_\Delta|w=1)$的概率进行建模。请写出这些似然的表达式，并讨论该模型的学习和推理过程。指出该模型可能存在的缺点。

18.8 提出一个结合 PLDA 和非对称双线性模型优点的模型，该模型应该能对子空间个体内协方差进行建模，并能比较不同方式的数据。讨论所提出模型的学习与推理过程。

18.9 在非对称双线性模型中，如何在无论图像是否匹配的情况下，推断出两个样本的方式相同或不同？

# 时序模型

本章关注的内容是时序模型和目标跟踪。我们的目标是从一个含噪声的测量值序列$\{\boldsymbol{x}_t\}_{t=1}^{T}$中推断出一个全局状态序列$\{\boldsymbol{w}_t\}_{t=1}^{T}$。全局状态并不是相互独立的，相反每个全局状态都与其前一个状态相关。因此，即使是在相关的测量值 $\boldsymbol{x}_t$ 部分或完全不能提供信息的情况下，也可以利用这种统计学上的依赖关系推断出全局状态 $\boldsymbol{w}_t$。

由于所有状态构成了一个链，因而最终的模型与第 11 章中提到的模型类似。然而，二者有两个重要区别：第一，在本章的模型中，全局状态是连续的而不是离散的；第二，本章的模型是为实时应用而设计的，其对全局状态的推断只依赖过去和当前的测量值，并不需要后续的测量值。

这类时序模型的一个典型应用就是轮廓跟踪，考虑一个物体轮廓(见图 19-1)的参数化模型，其目标是利用一系列图像跟踪该轮廓，使其与被跟踪物体紧密相关。对于一个好的模型来说，应该能够处理目标物体的非刚性形变、背景混乱、模糊和偶然闭塞等问题。

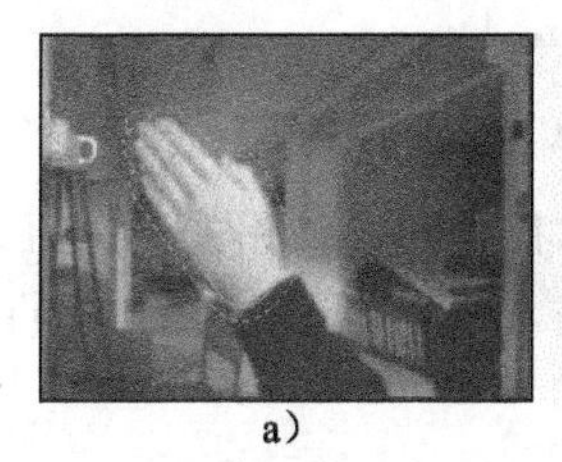
a)

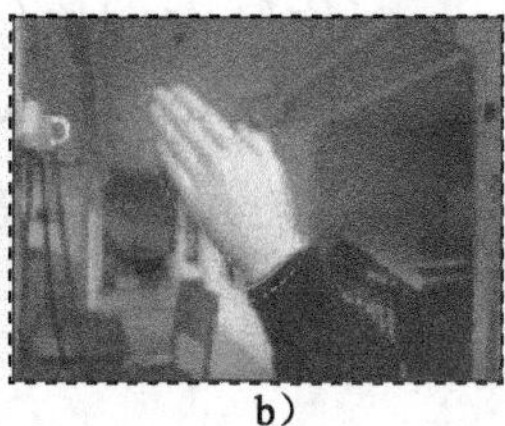
b)

c)

图 19-1　轮廓跟踪。目标是通过一系列图片跟踪物体的轮廓(实线)，使轮廓与物体紧密相关(更多关于轮廓模型的知识见第 17 章)，轮廓参数的估计是基于附近帧的时序模型和图像的局部测量值(例：图中的虚线)。源自 Blake 和 Isard(1998)。©1998 Springer

## 19.1 时序估计框架

本章的每个模型都由两部分组成：

- 测量模型描述了 $t$ 时刻测量值 $\boldsymbol{x}_t$ 和状态 $\boldsymbol{w}_t$ 间的关系。假定 $t$ 时刻的数据仅依赖于 $t$ 时刻的状态，用数学术语表述为：假设 $\boldsymbol{x}_t$ 条件独立于 $\boldsymbol{w}_{1\cdots t-1}$，当给定 $\boldsymbol{w}_t$ 时，我们使用似然度 $Pr(\boldsymbol{x}_t|\boldsymbol{w}_t)$计算 $\boldsymbol{x}_t$。
- 时序模型描述了状态间的关系。我们给出马尔可夫假设作为典型示例：假设每个状态仅依赖于它的前一个状态，该表述句更规范地描述为，假设 $\boldsymbol{w}_t$ 条件独立于 $\boldsymbol{w}_{1\cdots t-2}$，当给定它的前一状态 $\boldsymbol{w}_{t-1}$时，我们使用概率 $Pr(\boldsymbol{w}_t|\boldsymbol{w}_{t-1})$表达这种联系。

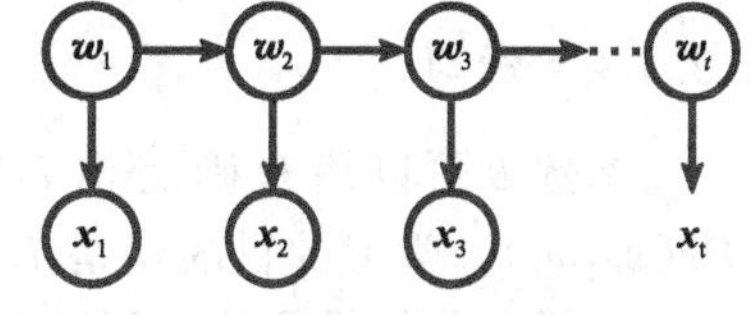


图 19-2　卡尔曼滤波器的图模型和本章中其他的时序模型。它暗示了下面的条件依赖关系：状态 $\boldsymbol{w}_t$ 条件依赖于状态 $\boldsymbol{w}_{1\cdots t-2}$和先前状态 $\boldsymbol{w}_{t-1}$所给的测量值 $\boldsymbol{x}_{1\cdots t-1}$

对这些假设进行总结，可以得到如图 19-2 所示的图形模型。

### 19.1.1　推理

在推理过程中，主要的问题是，在给出直到 $t$ 时刻的所有测量值 $\mathbf{x}_{1\ldots t}$ 的条件下，通过 $t$ 时刻的全局状态 $\mathbf{w}_t$ 来计算边缘后验分布 $Pr(\mathbf{w}_t|\mathbf{x}_{1\ldots t})$。在 $t=1$ 时刻，我们只得到了一个测量值 $\mathbf{x}_1$，所以我们的预测完全基于该数据。计算后验分布 $Pr(\mathbf{w}_1|\mathbf{x}_1)$时，采用贝叶斯法则：

$$Pr(\mathbf{w}_1|\mathbf{x}_1)=\frac{Pr(\mathbf{x}_1|\mathbf{w}_1)Pr(\mathbf{w}_1)}{\int Pr(\mathbf{x}_1|\mathbf{w}_1)Pr(\mathbf{w}_1)\mathrm{d}\mathbf{w}_1} \tag{19-1}$$

其中，分布 $Pr(\mathbf{w}_1)$包含了我们关于初始状态的先验知识。

在 $t=2$ 时刻，我们得到第二个测量值 $\mathbf{x}_2$，此时，我们的目标是基于 $\mathbf{x}_1$ 和 $\mathbf{x}_2$ 的测量值计算 $t=2$ 时刻的后验分布。再次采用贝叶斯法则：

$$Pr(\mathbf{w}_2|\mathbf{x}_1,\mathbf{x}_2)=\frac{Pr(\mathbf{x}_2|\mathbf{w}_2)Pr(\mathbf{w}_2|\mathbf{x}_1)}{\int Pr(\mathbf{x}_2|\mathbf{w}_2)Pr(\mathbf{w}_2|\mathbf{x}_1)\mathrm{d}\mathbf{w}_2} \tag{19-2}$$

注意似然度 $Pr(\mathbf{w}_2|\mathbf{x}_2)$仅依赖于当前测量值 $\mathbf{x}_2$。前一项概率 $Pr(\mathbf{w}_2|\mathbf{x}_1)$基于之前获得的测量值，此时的状态值依赖于我们之前得到的知识以及时序模型对这些知识的影响。

将这个过程归纳到时刻 $t$，我们可以得到：

$$Pr(\mathbf{w}_t|\mathbf{x}_{1\ldots t})=\frac{Pr(\mathbf{x}_t|\mathbf{w}_t)Pr(\mathbf{w}_t|\mathbf{x}_{1\ldots t-1})}{\int Pr(\mathbf{x}_t|\mathbf{w}_t)Pr(\mathbf{w}_t|\mathbf{x}_{1\ldots t-1})\mathrm{d}\mathbf{w}_t} \tag{19-3}$$

为了估计该式的值，我们必须计算 $Pr(\mathbf{w}_t|\mathbf{x}_{1\ldots t-1})$，其表示在我们得到相关测量值 $\mathbf{x}_t$ 前的先验知识 $\mathbf{w}_t$，该先验知识依赖于此前状态的先验知识 $Pr(\mathbf{w}_{t-1}|\mathbf{x}_{1\ldots t-1})$以及时序模型 $Pr(\mathbf{w}_t|\mathbf{w}_{t-1})$，可以通过递归方式加以计算：

$$Pr(\mathbf{w}_t|\mathbf{x}_{1\ldots t-1})=\int Pr(\mathbf{w}_t|\mathbf{w}_{t-1})Pr(\mathbf{w}_{t-1}|\mathbf{x}_{1\ldots t-1})\mathrm{d}\mathbf{w}_{t-1} \tag{19-4}$$

这就是 C-K 关系。积分中的第一项表示当时刻 $t-1$ 的状态为 $\mathbf{w}_{t-1}$时，$t$ 时刻的状态预测，第二项表示 $t-1$ 时刻状态的不确定性，C-K 关系将这两部分信息合并起来以对 $t$ 时刻的情况进行预测。

因此，推理过程由两个交替的步骤构成。预测阶段，我们使用 C-K 关系(见式(19-4))计算先前的 $Pr(\mathbf{w}_t|\mathbf{x}_{1\ldots t-1})$，在测量合并阶段，我们用贝叶斯准则(见式(19-3))将先前的和从测量值 $\mathbf{x}_t$ 得到的新信息结合起来。

### 19.1.2　学习

参数 $\boldsymbol{\theta}$ 可以用来确定相邻状态间的关系 $Pr(\mathbf{w}_t|\mathbf{w}_{t-1})$，以及状态和数据间的关系 $Pr(\mathbf{x}_t|\mathbf{w}_t)$，学习的目的就是基于对若干时间序列的观测来估计参数 $\boldsymbol{\theta}$ 的值。

如果我们知道这些时间序列的状态，就可以通过极大似然法实现上述目的。如果这些状态是未知的，就视它们为隐变量，那么可以使用 EM 算法(见 7.8 节)学习得到该时序模型。在 E 步中，我们计算每个时间序列状态的后验分布，这个过程与前面描述的推理方法类似，不同之处在于，它还需要用到后续时间序列的数据(见 19.2.6 节)。在 M 步中，我们按照 $\boldsymbol{\theta}$ 来更新 EM 的范围。

本章后续部分侧重于该类时序模型的推理。我们将首先考虑卡尔曼滤波器。这里将使用正态分布[⊖]描述全局状态的不确定性，此时测量值和全局状态之间是含有加性正态噪声的线性关系，并且相邻时序的状态间也同样是含有加性正态噪声的线性关系。

## 19.2 卡尔曼滤波器

要定义卡尔曼滤波器，我们必须指定时序模型和测量模型。时序模型通过下式给出了 $t-1$ 时刻和 $t$ 时刻状态间的关系：

$$\mathbf{w}_t = \boldsymbol{\mu}_p + \boldsymbol{\Psi}\mathbf{w}_{t-1} + \boldsymbol{\varepsilon}_p \tag{19-5}$$

其中，$\boldsymbol{\mu}_p$ 是一个 $D_w \times 1$ 向量，表示状态的平均改变量，$\boldsymbol{\Psi}$ 是一个 $D_w \times D_w$ 矩阵，它使得 $t$ 时刻的状态均值与 $t-1$ 时刻的状态相关，即所谓的转移矩阵，$\boldsymbol{\varepsilon}_p$ 表示转移噪声，它是协方差为 $\boldsymbol{\Sigma}_p$ 的正态分布，并且确定了 $t$ 时刻和 $t-1$ 时刻状态间的相关性。换一种表达形式，我们可以用概率的形式描述上述关系：

$$Pr(\mathbf{w}_t | \mathbf{w}_{t-1}) = \text{Norm}_{\mathbf{w}_t}[\boldsymbol{\mu}_p + \boldsymbol{\Psi}\mathbf{w}_{t-1}, \boldsymbol{\Sigma}_p] \tag{19-6}$$

测量模型给出了 $t$ 时刻的数据 $\mathbf{x}_t$ 与状态 $\mathbf{w}_t$ 之间的关系，

$$\mathbf{x}_t = \boldsymbol{\mu}_m + \boldsymbol{\Phi}\mathbf{w}_t + \boldsymbol{\varepsilon}_m \tag{19-7}$$

其中，$\boldsymbol{\mu}_m$ 是一个 $D_x \times 1$ 均值向量，$\boldsymbol{\Phi}$ 是一个 $D_x \times D_w$ 矩阵，表示状态向量($D_w \times 1$)与测量值向量($D_x \times 1$)之间的关系，$\boldsymbol{\varepsilon}_m$ 表示测量噪声，它是一个协方差为 $\boldsymbol{\Sigma}_m$ 的正态分布。采用概率形式可表达为

$$Pr(\mathbf{x}_t | \mathbf{w}_t) = \text{Norm}_{\mathbf{x}_t}[\boldsymbol{\mu}_m + \boldsymbol{\Phi}\mathbf{w}_t, \boldsymbol{\Sigma}_m] \tag{19-8}$$

注意，测量方程与因素分析模型(见 7.6 节)中数据和隐变量之间的关系是完全相同的。在这里，状态 $\mathbf{w}$ 取代了隐变量 $\mathbf{h}$，在卡尔曼滤波器中，状态 $\mathbf{w}$ 的维数 $D_w$ 通常比测量值 $\mathbf{x}$ 的维数 $D_x$ 大，所以 $\boldsymbol{\Phi}$ 是一个横向矩阵，且测量噪声 $\boldsymbol{\Sigma}_m$ 不一定是对角的。

时序方程和测量方程的构成是一样的：每一个都是正态概率分布，其中均值是另一个变量的线性函数，且方差是常数。设定为这种形式是因为可以保证 $t-1$ 时刻的边缘后验概率 $Pr(\mathbf{w}_{t-1} | \mathbf{x}_{1\cdots t-1})$是正态的，且 $t$ 时刻的边缘后验概率 $Pr(w_t | x_{1\cdots t})$也是如此。因此，推理过程由这些正态分布的均值与方差的递归更新所构成。现就该过程进行详细说明。

### 19.2.1 推理

推理的目标是依据目前给定的所有测量值 $\mathbf{x}_{1\cdots t}$ 来计算状态 $\mathbf{w}_t$ 的后验概率 $Pr(\mathbf{w}_t | \mathbf{x}_{1\cdots t-1})$。与之前一样，通过采用预测和测量值合并由 $Pr(\mathbf{w}_{t-1} | \mathbf{x}_{1\cdots t-1})$递归地估计 $Pr(\mathbf{w}_t | \mathbf{x}_{1\cdots t-1})$。我们假定后者呈均值为 $\boldsymbol{\mu}_{t-1}$、方差为 $\boldsymbol{\Sigma}_{t-1}$的正态分布。

在预测阶段，我们使用 C-K 方程计算 $t$ 时刻的先验信息：

$$\begin{aligned}Pr(\mathbf{w}_t | \mathbf{x}_{1\cdots t-1}) &= \int Pr(\mathbf{w}_t | \mathbf{w}_{t-1}) Pr(\mathbf{w}_{t-1} | \mathbf{x}_{1\cdots t-1}) d\mathbf{w}_{t-1} \\ &= \int \text{Norm}_{\mathbf{w}_t}[\boldsymbol{\mu}_p + \boldsymbol{\Psi}\mathbf{w}_{t-1}, \boldsymbol{\Sigma}_p] \text{Norm}_{\mathbf{w}_{t-1}}[\boldsymbol{\mu}_{t-1}, \boldsymbol{\Sigma}_{t-1}] d\mathbf{w}_{t-1} \\ &= \text{Norm}_{\mathbf{w}_t}[\boldsymbol{\mu}_p + \boldsymbol{\Psi}\boldsymbol{\mu}_{t-1}, \boldsymbol{\Sigma}_p + \boldsymbol{\Psi}\boldsymbol{\Sigma}_{t-1}\boldsymbol{\Psi}^{\mathrm{T}}] \\ &= \text{Norm}_{\mathbf{w}_t}[\boldsymbol{\mu}_+, \boldsymbol{\Sigma}_+]\end{aligned} \tag{19-9}$$

其中，我们将状态的预测均值和预测方差表示为 $\boldsymbol{\mu}_+$ 和 $\boldsymbol{\Sigma}_+$，并利用式(5-17)和式(5-14)对第二行与第三行间的积分部分重写为与 $w_{t-1}$处的正态分布呈正比的形式，由于积分项只有

---

⊖ 在原始的卡尔曼滤波器的公式中，仅假设噪声是白噪声，然而当噪声是正态分布时，我们可以计算精确的边缘后验概率，所以我们在这里采用这种假设。

一个，所以其结果是一个比例常数，而其本身就是 $w_t$ 处的一个正态分布。

在测量合并阶段，采用贝叶斯法则，

$$
\begin{aligned}
Pr(\boldsymbol{w}_t|\boldsymbol{x}_{1\dots t}) &= \frac{Pr(\boldsymbol{x}_t|\boldsymbol{w}_t)Pr(\boldsymbol{w}_t|\boldsymbol{x}_{1\dots t-1})}{Pr(\boldsymbol{x}_{1\dots t})} \\
&= \frac{\text{Norm}_{\boldsymbol{x}_t}[\boldsymbol{\mu}_m+\boldsymbol{\Phi}\boldsymbol{w}_t,\boldsymbol{\Sigma}_m]\text{Norm}_{\boldsymbol{w}_t}[\boldsymbol{\mu}_+,\boldsymbol{\Sigma}_+]}{Pr(\boldsymbol{x}_{1\dots t})} \\
&= \text{Norm}_{\boldsymbol{w}_t}[(\boldsymbol{\Phi}^{\mathrm{T}}\boldsymbol{\Sigma}_m^{-1}\boldsymbol{\Phi}+\boldsymbol{\Sigma}_+^{-1})^{-1}(\boldsymbol{\Phi}^{\mathrm{T}}\boldsymbol{\Sigma}_m^{-1}(\boldsymbol{x}_t-\boldsymbol{\mu}_m)+\boldsymbol{\Sigma}_+^{-1}\boldsymbol{\mu}_+), \\
&\quad (\boldsymbol{\Phi}^{\mathrm{T}}\boldsymbol{\Sigma}_m^{-1}\boldsymbol{\Phi}+\boldsymbol{\Sigma}_+^{-1})^{-1}] \\
&= \text{Norm}_{\boldsymbol{w}_t}[\boldsymbol{\mu}_t,\boldsymbol{\Sigma}_t]
\end{aligned}
\tag{19-10}
$$

其中，我们在似然度项上使用式(5-17)，然后使用式(5-14)来将似然度和先验信息相结合，此时等式右侧的项正比于 $\boldsymbol{w}_t$ 上的一个正态分布，且为了确保等式左侧的后验信息是一个有效的分布，比例常数必须是 1。

注意，后验信息 $Pr(\boldsymbol{w}_t|\boldsymbol{x}_{1,\dots,t})$呈均值为 $\boldsymbol{\mu}_t$、方差为 $\boldsymbol{\Sigma}_t$ 的正态分布。现在的状态与开始时相同，所以下一步可以看作以上步骤的重复。

可以看出，后验信息的均值是测量值与先验信息预测得到的数值的加权和，并且其协方差比两者都小。然而，在等式中这种情况并不是很明显。在接下来的章节中，我们会对上述关于后验信息的等式进行重写，使得后验信息的这些特征更加明显。

### 19.2.2 改写测量合并阶段

测量合并阶段实际上很少以上述形式表示，原因之一是 $\boldsymbol{\mu}_t$ 和 $\boldsymbol{\Sigma}_t$ 的公式包含了一个大小为 $D_w\times D_w$ 的逆矩阵。如果全局状态比测量的数据维数高很多，那么将其改写成大小为 $D_x\times D_x$ 的逆矩阵将更加高效。因此，我们将卡尔曼增益定义为

$$
\boldsymbol{K}=\boldsymbol{\Sigma}_+\boldsymbol{\Phi}^{\mathrm{T}}(\boldsymbol{\Sigma}_m+\boldsymbol{\Phi}\boldsymbol{\Sigma}_+\boldsymbol{\Phi}^{\mathrm{T}})^{-1}
\tag{19-11}
$$

我们将使用上述等式来修改式(19.10)中关于 $\boldsymbol{\mu}_t$ 和 $\boldsymbol{\Sigma}_t$ 的表达式。以 $\boldsymbol{\mu}_t$ 为例，我们使用矩阵求逆引理(见附录 C.8.4)：

$$
\begin{aligned}
&(\boldsymbol{\Phi}^{\mathrm{T}}\boldsymbol{\Sigma}_m^{-1}\boldsymbol{\Phi}+\boldsymbol{\Sigma}_+^{-1})^{-1}(\boldsymbol{\Phi}^{\mathrm{T}}\boldsymbol{\Sigma}_m^{-1}(\boldsymbol{x}_t-\boldsymbol{\mu}_m)+\boldsymbol{\Sigma}_+^{-1}\boldsymbol{\mu}_+) \\
&=\boldsymbol{K}(\boldsymbol{x}_t-\boldsymbol{\mu}_m)+(\boldsymbol{\Phi}^{\mathrm{T}}\boldsymbol{\Sigma}_m^{-1}\boldsymbol{\Phi}+\boldsymbol{\Sigma}_+^{-1})^{-1}\boldsymbol{\Sigma}_+^{-1}\boldsymbol{\mu}_+ \\
&=\boldsymbol{K}(\boldsymbol{x}_t-\boldsymbol{\mu}_m)+(\boldsymbol{\Sigma}_+-\boldsymbol{\Sigma}_+\boldsymbol{\Phi}^{\mathrm{T}}(\boldsymbol{\Phi}\boldsymbol{\Sigma}_+\boldsymbol{\Phi}^{\mathrm{T}}+\boldsymbol{\Sigma}_m)^{-1}\boldsymbol{\Phi}\boldsymbol{\Sigma}_+)\boldsymbol{\Sigma}_+^{-1}\boldsymbol{\mu}_+ \\
&=\boldsymbol{K}(\boldsymbol{x}_t-\boldsymbol{\mu}_m)+\boldsymbol{\mu}_+-\boldsymbol{\Sigma}_+\boldsymbol{\Phi}^{\mathrm{T}}(\boldsymbol{\Phi}\boldsymbol{\Sigma}_+\boldsymbol{\Phi}^{\mathrm{T}}+\boldsymbol{\Sigma}_m)^{-1}\boldsymbol{\Phi}\boldsymbol{\mu}_+ \\
&=\boldsymbol{K}(\boldsymbol{x}_t-\boldsymbol{\mu}_m)+\boldsymbol{\mu}_+-K\boldsymbol{\Phi}\boldsymbol{\mu}_+ \\
&=\boldsymbol{\mu}_++\boldsymbol{K}(\boldsymbol{x}_t-\boldsymbol{\mu}_m-\boldsymbol{\Phi}\boldsymbol{\mu}_+)
\end{aligned}
\tag{19-12}
$$

最后一行括号里的表达式是一种革新，它是基于状态的先验估计下实际测量值 $x_t$ 与预估测量值 $\boldsymbol{\mu}_m+\boldsymbol{\Phi}\boldsymbol{\mu}_+$ 间的差异。很容易看出为什么 $K$ 被称为卡尔曼增益：它确定了测量值在状态空间每个方向上对新状态估计的影响的总和，如果在给定方向上的卡尔曼增益较小，则表明测量值相对先验来说并不可靠，所以测量值不应过多影响状态的均值；如果给定方向上的卡尔曼增益较大，则说明测量值比先验信息更可靠，从而测量值应该赋予更高的权重。

再看式(19-10)中的协方差项。使用矩阵求逆引理，我们可以得到

$$
\begin{aligned}
(\boldsymbol{\Phi}^{\mathrm{T}}\boldsymbol{\Sigma}_m\boldsymbol{\Phi}+\boldsymbol{\Sigma}_+^{-1})^{-1} &= \boldsymbol{\Sigma}_+-\boldsymbol{\Sigma}_+\boldsymbol{\Phi}^{\mathrm{T}}(\boldsymbol{\Phi}\boldsymbol{\Sigma}_+\boldsymbol{\Phi}^{\mathrm{T}}+\boldsymbol{\Sigma}_m)^{-1}\boldsymbol{\Phi}\boldsymbol{\Sigma}_+ \\
&= \boldsymbol{\Sigma}_+-\boldsymbol{K}\boldsymbol{\Phi}\boldsymbol{\Sigma}_+ \\
&= (I-\boldsymbol{K}\boldsymbol{\Phi})\boldsymbol{\Sigma}_+
\end{aligned}
\tag{19-13}
$$

可以很清晰地解释上述推导过程：后验信息的协方差矩阵和先验信息的协方差矩阵相差一个依赖于卡尔曼增益的项，这是由于当我们获得测量的合并信息时，我们更能确定状态值，而卡尔曼增益决定了我们确信该状态的程度，当测量值更可信的时候，卡尔曼增益会变大而且协方差的减少量也会更多。

在这些操作之后，可以重写式(19-10)

$$Pr(\boldsymbol{w}_t|\boldsymbol{x}_{1\cdots t}) = \text{Norm}_{\boldsymbol{w}_t}[\boldsymbol{\mu}_+ + \boldsymbol{K}(\boldsymbol{x}_t - \boldsymbol{\mu}_m - \boldsymbol{\Phi}\boldsymbol{\mu}_+), (\boldsymbol{I} - \boldsymbol{K}\boldsymbol{\Phi})\boldsymbol{\Sigma}_+] \tag{19-14}$$

### 19.2.3 推理总结

推理公式的发展相当冗长，因此我们在这里总结一下卡尔曼滤波器(见图 19-3)中的推理过程。我们的目标是计算边缘后验概率 $Pr(\boldsymbol{w}_t|\boldsymbol{x}_{1\cdots t})$，它是基于前一时刻的边缘后验概率 $Pr(\boldsymbol{w}_{t-1}|\boldsymbol{x}_{1\cdots t-1})$和新的测量值 $\boldsymbol{x}_t$ 的正态分布。如果 $t-1$ 时刻的后验概率的均值和方差分别为 $\boldsymbol{\mu}_{t-1}$和 $\boldsymbol{\Sigma}_{t-1}$，则可以采用以下形式对卡尔曼滤波器进行更新：

19.1

$$\begin{aligned}
\text{状态预测}:\boldsymbol{\mu}_+ &= \boldsymbol{\mu}_p + \boldsymbol{\Psi}\boldsymbol{\mu}_{t-1} \\
\text{协方差预测}:\boldsymbol{\Sigma}_+ &= \boldsymbol{\Sigma}_p + \boldsymbol{\Psi}\boldsymbol{\Sigma}_{t-1}\boldsymbol{\Psi}^{\mathrm{T}} \\
\text{状态更新}:\boldsymbol{\mu}_t &= \boldsymbol{\mu}_+ + \boldsymbol{K}(\boldsymbol{x}_t - \boldsymbol{\mu}_m - \boldsymbol{\Phi}\boldsymbol{\mu}_+) \\
\text{协方差更新}:\boldsymbol{\Sigma}_t &= (\boldsymbol{I} - \boldsymbol{K}\boldsymbol{\Phi})\boldsymbol{\Sigma}_+
\end{aligned} \tag{19-15}$$

其中，

$$\boldsymbol{K} = \boldsymbol{\Sigma}_+ \boldsymbol{\Phi}^{\mathrm{T}} (\boldsymbol{\Sigma}_m + \boldsymbol{\Phi}\boldsymbol{\Sigma}_+ \boldsymbol{\Phi}^{\mathrm{T}})^{-1} \tag{19-16}$$

由于在 $t=1$ 时刻没有先验知识，为了弥补内容的缺失，通常可以将先验均值 $\boldsymbol{\mu}_0$ 初始化为任何合理的值，而将协方差 $\boldsymbol{\Sigma}_0$ 初始化为一个大的单位矩阵。

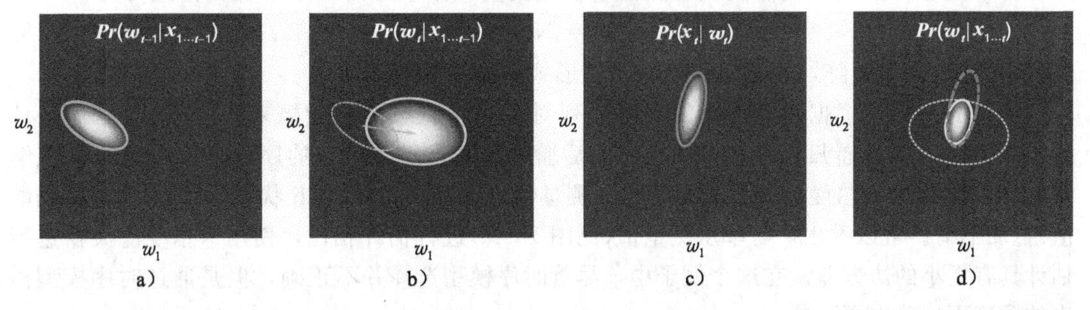


图 19-3 卡尔曼滤波的递归推理。a）给出该时刻之前的所有测量值 $\boldsymbol{x}_{1\cdots t-1}$ 计算得到状态 $\boldsymbol{w}_{t-1}$ 的后验概率 $Pr(\boldsymbol{w}_{t-1}|\boldsymbol{x}_{1\cdots t-1})$，其表现形式为正态分布(加粗的椭圆)。b）在预测阶段，我们利用 C-K 关系估计先验概率 $Pr(\boldsymbol{w}_t|\boldsymbol{x}_{1\cdots t-1})$，它也是一个正态分布(虚线椭圆)。c）测量值似然度 $Pr(\boldsymbol{x}_t|\boldsymbol{w}_t)$ 与正态分布成正比(加粗的椭圆)。d）为了计算后验概率 $Pr(\boldsymbol{w}_t|\boldsymbol{x}_{1\cdots t})$，我们使用贝叶斯法则，对 b 的先验似然度和 c 的测量值似然度结果进行标准化，这将会产生一个新的正态分布(实线椭圆)，并且这个过程可以重复进行

### 19.2.4 示例 1

卡尔曼滤波器的推导过程并不是非常直观，为了更好地理解该模型的特征，我们通过两个小例子加以说明。在第一种情况下，我们假设一个在二维空间中围绕中心点做近似环绕运动的物体，物体的状态包括了其在二维空间中的位置信息，其实际状态序列图见图 19-4a。

假设我们没有一个好的时序模型来描述这种运动，因此，我们假定一个最简单的可能模型。布朗运动模型假设 $t+1$ 时刻的状态与 $t$ 时刻的状态是类似的：

$$Pr(\boldsymbol{w}_t|\boldsymbol{w}_{t-1}) = \text{Norm}_{\boldsymbol{w}_t}[\boldsymbol{w}_{t-1}, \sigma_p^2\boldsymbol{I}] \tag{19-17}$$

这是式(19-6)更一般化形式下的一种特殊情况，我们可以注意到，该模型没有考虑物体正处于旋转状态。

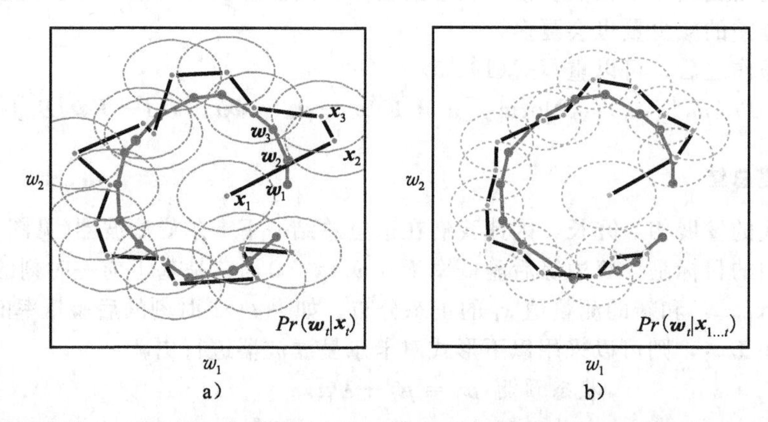


图 19-4 卡尔曼滤器例 1。真实的状态(加粗点)在二维的圆圈范围内变化。测量值(小点)由状态的直接观察噪声组成。a) 状态的后验概率 $Pr(\boldsymbol{x}_t|\boldsymbol{w}_t)$ 只使用测量值(与之前的假设统一)，每个分布的均值都围绕在相关的数据点周围，协方差则依赖于测量值的噪声。b) 基于卡尔曼滤波的后验概率，这里的时序方程将状态描述为先前状态的一个随机扰动，虽然这不是一个很好的模型(不能解释圆形的运动轨迹)，但是其后验概率的协方差 b 中的(椭圆)要比没有卡尔曼滤波的协方差小(a 中的椭圆)，且后验概率的均值(b 中的小点)比仅仅根据测量值的估计结果(a 中的小点)更接近真实状态(加粗点)

为了便于可视化，我们假设观测值仅仅是真实二维状态的噪声反映，由此可得：

$$Pr(\boldsymbol{x}_t|\boldsymbol{w}_t) = \text{Norm}_{\boldsymbol{x}_t}[\boldsymbol{w}_t, \boldsymbol{\Sigma}_m] \tag{19-18}$$

其中，$\boldsymbol{\Sigma}_m$ 是对角矩阵，这是式(19-8)一般形式下的一种特殊情况。

推理的目标是根据目前为止的观测序列对每一步状态的后验概率加以估计，图 19-4b 给出了通过卡尔曼递归方程获得的状态的后验概率 $Pr(\boldsymbol{w}_t|\boldsymbol{x}_{1\dots t})$ 的序列，此时很容易理解这为什么被称为卡尔曼滤波：相对于单从测量值来估计而言，MAP 状态(边缘后验概率的峰值)更加平滑。可以看出，与单从测量值(见图 19-4a)进行估计相比，使用卡尔曼滤波器进行估计具有更小的协方差。在这个例子中，尽管时序模型选择并不正确，但是通过时序模型做出的预测更精确也更可信。

### 19.2.5 示例 2

图 19-5 给出了第二个例子，其中除了在时间步中观测等式是不同的以外，其他设置都是相同的。在偶数步长中，我们仅观测状态 $\boldsymbol{w}$ 第一维的噪声估计，在奇数时间步中，我们仅观测第二维的噪声估计。测量方程为

$$\begin{aligned} Pr(\boldsymbol{x}_t|\boldsymbol{w}_t) &= \text{Norm}_{\boldsymbol{x}_t}[(1 \quad 0)\boldsymbol{w}_t, \sigma_m^2], \quad t = 1,3,5\cdots \\ Pr(\boldsymbol{x}_t|\boldsymbol{w}_t) &= \text{Norm}_{\boldsymbol{x}_t}[(0 \quad 1)\boldsymbol{w}_t, \sigma_m^2], \quad t = 2,4,6\cdots \end{aligned} \tag{19-19}$$

这是非稳定模型的一个例子——模型随着时间而发生改变。

我们使用和示例 1 中相同的一组真实二维状态，并使用式(19-19)模拟相关测量值。通过使用卡尔曼滤波器递归方程，对每个时间步的相关测量值矩阵 $\boldsymbol{\Phi}$ 加以计算得到状态的后验概率。

结果(见图 19-5)表明，即使在每个时刻仅有一维测量值的情况下，卡尔曼滤波器对二

维状态仍保持很好的估计效果。在奇数时间步，第一维信息的方差减小(由于测量值的信息)，但是第二维信息的方差增大(由于时序模型的不确定性)；而在偶数时间步，情况恰好相反。

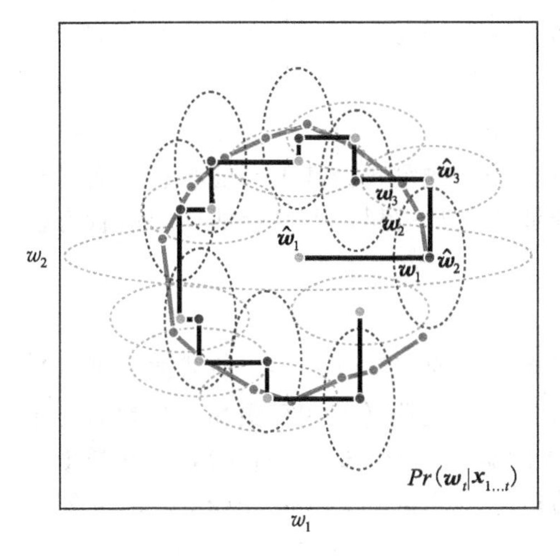


图 19-5　卡尔曼滤波器例 2。对于例 1，真实状态(加粗点)分布在一个近似的圆圈内。我们不使用时序模型，仅仅假设新状态是前一个状态的扰动。在偶数时间步，测量值是状态第一维(水平坐标轴)的噪声信息；在奇数时间步，测量值是第二维(垂直坐标轴)的噪声信息。虽然只使用单维的测量值来决定任何时间步的二维状态，但是卡尔曼滤波器还是产生了合理的估计(虚线椭圆)

这个模型看起来难懂，但是对于很多影像形态需要在不同时间测量不同方面值的情况下都是通用的。一种选择是得到测量值集合之后再对状态进行估计，但这也意味着其中很多值都将过时。在合并每个测量值的时候都使用卡尔曼滤波器是一种更好的办法。

### 19.2.6　滤波

先前的推理过程是针对实时应用场合设计的，其中状态估计仅依赖于过去和当前的测量值。然而，有些场合我们需要利用未来的测量值对状态作出推断，在卡尔曼滤波器中，这被称为滤波。

我们考虑两种情况。固定延迟滤波是为了实现即时估计，但是固定的时间步长导致了状态决策的延迟。固定间隔滤波则假设我们在判断全局状态之前就已经得到了整个序列的所有观测值。

**固定延迟滤波器**

固定延迟滤波器依赖于一个简单的技巧。为了估计一个延迟了 $\tau$ 个时间步长的状态，我们通过增大状态向量来包含先前的 $\tau$ 个时刻的估计延迟。时间更新方程采用如下形式：

$$\begin{pmatrix}\boldsymbol{w}_t\\ \boldsymbol{w}_t^{[1]}\\ \boldsymbol{w}_t^{[2]}\\ \vdots\\ \boldsymbol{w}_t^{[\tau]}\end{pmatrix}=\begin{pmatrix}\boldsymbol{\Psi} & \mathbf{0} & \cdots & \mathbf{0} & \mathbf{0}\\ \boldsymbol{I} & \mathbf{0} & \cdots & \mathbf{0} & \mathbf{0}\\ \mathbf{0} & \boldsymbol{I} & \cdots & \mathbf{0} & \mathbf{0}\\ \vdots & \vdots & & \vdots & \vdots\\ \mathbf{0} & \mathbf{0} & \cdots & \boldsymbol{I} & \mathbf{0}\end{pmatrix}\begin{pmatrix}\boldsymbol{w}_{t-1}\\ \boldsymbol{w}_{t-1}^{[1]}\\ \boldsymbol{w}_{t-1}^{[2]}\\ \vdots\\ \boldsymbol{w}_{t-1}^{[\tau]}\end{pmatrix}+\begin{pmatrix}\boldsymbol{\varepsilon}_p\\ \mathbf{0}\\ \mathbf{0}\\ \vdots\\ \mathbf{0}\end{pmatrix} \tag{19-20}$$

其中，符号 $\boldsymbol{w}_t^{[m]}$ 代表基于 $t$ 时刻前的所有测量值的 $t-m$ 时刻的状态，符号 $\boldsymbol{w}_t^{[\tau]}$ 是我们要估计的量，这个状态演化方程清晰地确定了卡尔曼滤波器的一般形式(见式 19-5)。它可以被解释为：在这个系统的第一个等式中，时序模型被用于当前状态的估计；在剩下的等式中，通过简单复制先前状态来创建延迟状态。

相关的测量方程为

$$x_t = (\boldsymbol{\Phi} \quad \mathbf{0} \quad \mathbf{0} \quad \cdots \quad \mathbf{0}) \begin{pmatrix} w_t \\ w_t^{[1]} \\ w_t^{[2]} \\ \vdots \\ w_t^{[\tau]} \end{pmatrix} + \varepsilon_m \tag{19-21}$$

这确定了卡尔曼滤波器测量模型(见式 19-7)的形式。当前的测量值基于当前状态，而时延在这里并不起作用。使用具有这些方程的卡尔曼滤波器递归过程，不仅能估计当前状态也能估计时延。

**固定间隔滤波器**

19.2　固定间隔滤波器由一些反向的递归式组成，考虑所有的测量值 $x_{1\cdots T}$，该滤波器可以用来估计每个时间步的状态的边缘后验概率 $Pr(w_t|x_{1\cdots T})$。这些递归用于更新 $t$ 时刻的边缘后验分布 $Pr(w_t|x_{1\cdots T})$，由此可得 $t-1$ 时刻的边缘后验概率 $Pr(w_{t-1}|x_{1\cdots T})$，以此类推可以得到其他时刻的边缘后验概率。我们将 $t$ 时刻的边缘后验概率 $Pr(w_{t-1}|x_{1\cdots T})$的均值和方差分别表示为 $\mu_{t|T}$和 $\Sigma_{t|T}$，其表达式为

$$\begin{aligned} \mu_{t|T} &= \mu_t + C_t(\mu_{t+1|T} - \mu_{+|t}) \\ \Sigma_{t|T} &= \Sigma_t + C_t(\Sigma_{t+1|T} - \Sigma_{+|t})C_t^{\mathrm{T}} \end{aligned} \tag{19-22}$$

其中，$\mu_t$ 和 $\Sigma_t$ 是前面过程的均值和协方差的估计。基于直到 $t-1$ 时刻的所有测量值(我们在之前的卡尔曼滤波器递归方程中表示为 $\mu_+$ 和 $\Sigma_+$ 的量)得到时刻 $t$ 的状态的后验分布 $Pr(w_t|x_{1\cdots T})$，符号 $\mu_{+|T}$和 $\Sigma_{+|T}$分别代表了该后验分布的均值和方差，且

$$C_t = \Sigma_{t|t}\Psi^{\mathrm{T}}\Sigma_{+|t}^{-1} \tag{19-23}$$

这表明反向递归相当于卡尔曼滤波器图模型中的和积置信传播的反向过程。

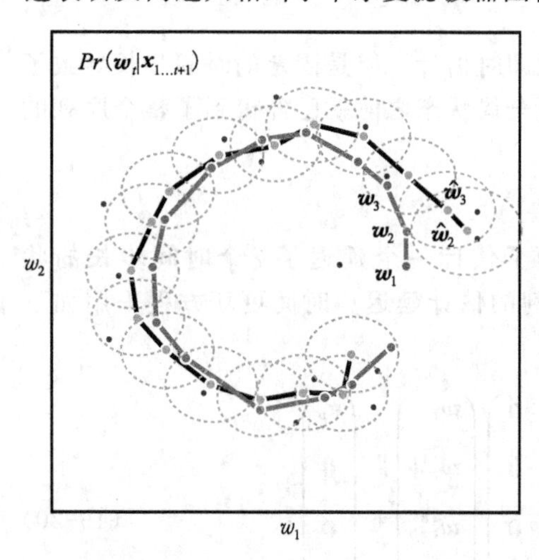


图 19-6　固定时延卡尔曼滤波。估计的状态(小点)和相关协方差(椭圆)通过使用一个时间步长的时延估计得到：每个估计都是基于过去的所有数据，包括此时的观测值和未来一个时间步长的观测值，估计状态的结果比标准卡尔曼滤波(对比图 19-4b)更接近真实状态(加粗点)，且具有更小的协方差，实际上该估计取平均值以去除测量值(小方块)中的噪声。这个改进的代价就是会有一个时间步长的延时

### 19.2.7　时序和测量模型

卡尔曼滤波器中序模型的选择只能是线性的并且由矩阵 $\boldsymbol{\Psi}$ 来表述，尽管有这些局限性，在这个框架内仍可构造出一组通用模型。本节回顾几个众所周知的例子。

1. **布朗运动**：最简单的模型是图 19-7a 中的布朗运动模型，其中状态是经单位矩阵处理得到的，使得

$$\boldsymbol{w}_t = \boldsymbol{w}_{t-1} + \boldsymbol{\varepsilon}_p \tag{19-24}$$

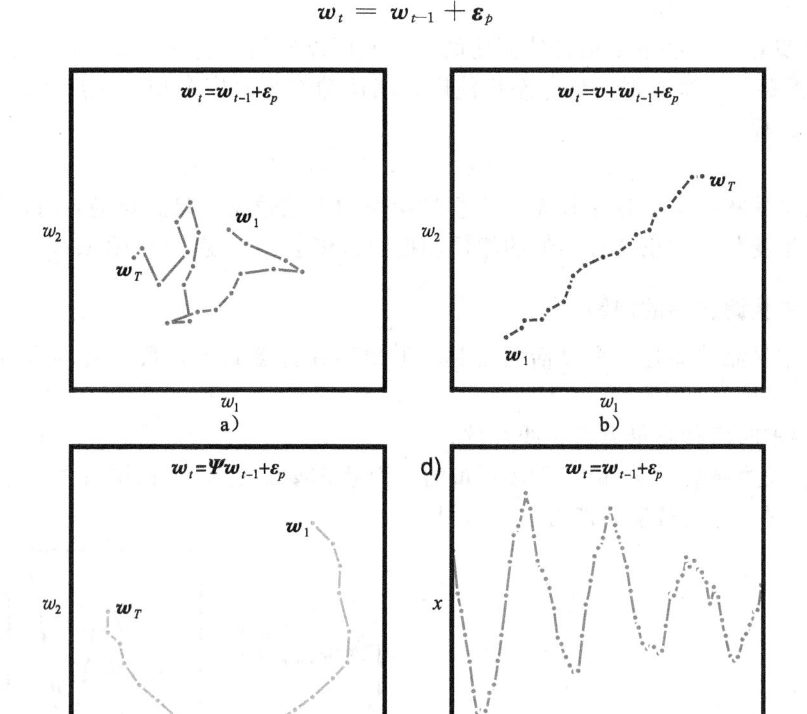


图 19-7 时序和测量值模型。a）布朗运动模型。每个时间步长的状态都被前一个时刻的位置随机的扰动，所以出现了状态空间上的无序的轨迹。b）恒定速度模型。在每个时间步长，除了噪声以外还使用了一个恒定的速度。c）变换模型。在每个时间步长，状态围绕着起点做旋转运动，且附加了噪声信息。d）振荡的测量值。这些类正弦测量值是一个二维状态经过布朗运动后产生的，状态的两个元素控制着测量值的正弦和余弦部分

2. **几何变换**：线性滤波器组包括诸如旋转、拉伸和剪切等几何变换。例如，选择 $\boldsymbol{\Psi}$ 使得 $\boldsymbol{\Psi}^{\mathrm{T}}\boldsymbol{\Psi}=\boldsymbol{I}$ 且 $|\boldsymbol{\Psi}|=1$ 构造一个围绕原点旋转的运动，如图 19-7b，图 19-4～图 19-6 是真实的时序模型。

3. **速度和加速度**：布朗运动模型可以通过加入一个恒定速度 $\boldsymbol{v}$ 扩展为运动模型（见图 19-7c），即

$$\boldsymbol{w}_t = \boldsymbol{v} + \boldsymbol{w}_{t-1} + \boldsymbol{\varepsilon}_p \tag{19-25}$$

为了结合一个变化的速度，我们可以通过增加状态向量来引入速度项，即

$$\begin{bmatrix} \boldsymbol{w}_t \\ \dot{\boldsymbol{w}}_t \end{bmatrix} = \begin{bmatrix} \boldsymbol{I} & \boldsymbol{I} \\ \boldsymbol{0} & \boldsymbol{I} \end{bmatrix} \begin{bmatrix} \boldsymbol{w}_{t-1} \\ \dot{\boldsymbol{w}}_{t-1} \end{bmatrix} + \boldsymbol{\varepsilon}_p \tag{19-26}$$

这个等式可以解释为，速度项 $\dot{\boldsymbol{w}}$ 对补偿每个时刻的状态增加了一个偏移。然而，速度本身是不确定的且与布朗运动模型前一个时刻的速度有关。对于测量方程，我们可得

$$\boldsymbol{x}_t = (\boldsymbol{I} \quad \boldsymbol{0}) \begin{bmatrix} \boldsymbol{w}_t \\ \dot{\boldsymbol{w}}_t \end{bmatrix} + \boldsymbol{\varepsilon}_m \tag{19-27}$$

换句话说，$t$ 时刻的测量值不直接依赖于速度项，而只依赖于状态本身，这种思路也很容

易扩展来引入一个加速度项。

4. **振荡数据**：一些数据是自然振荡的。我们可以使用包含一个 2×1 状态向量的状态 $w$，来描述振荡的一维数据，该状态将使用布朗运动作为时序模型，然后我们使用如下非固定的测量方程

$$\mathbf{x}_t = [\cos[2\pi\omega t] \quad \sin[2\pi\omega t]]\mathbf{w}_t + \boldsymbol{\varepsilon}_m \tag{19-28}$$

对于一个固定的状态 $\mathbf{w}$，这个模型会产生含噪声的正弦数据。状态会随着时序模型中的布朗运动而发生变化，类正弦输出值的相位和振幅也将会发生变化(见图 19-7d)。

### 19.2.8　卡尔曼滤波器的问题

尽管卡尔曼滤波器是一个灵活的工具，但也存在许多缺点，最显著的有以下几点(见图 19-8)：

- 它要求时序和测量方程是线性的；
- 它假设边缘后验分布是单峰分布的，而且需要通过均值和协方差来表达，因此，它针对物体的位置只能有一个假设。

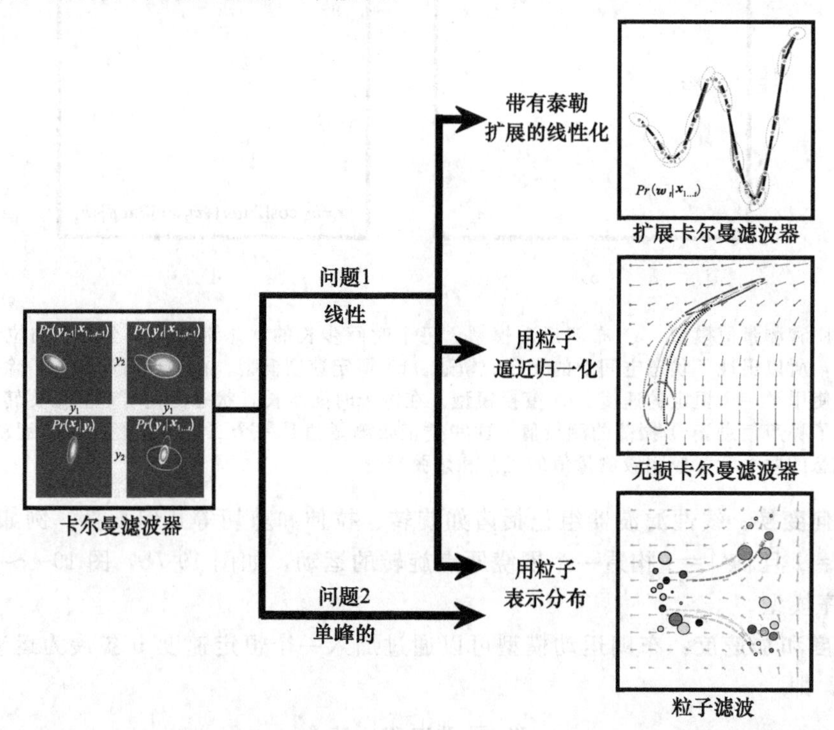


图 19-8　用来跟踪的时序模型。卡尔曼滤波器有两个主要问题：首先，它要求时序和测量值模型是线性的，这个问题可以由扩展的和无损卡尔曼滤波器解决；其次，它需要具有正态分布的不确定性，且该分布是单峰的，所以并不能保证关于状态的多个假设，而这个问题可以由粒子滤波器解决

接下来的章节讨论可以解决这些问题的模型。扩展的卡尔曼滤波器和无损卡尔曼滤波器都允许非线性的状态更新和测量方程。粒子滤波器不再使用正态分布，而将状态描述为复杂多峰分布。

## 19.3　扩展卡尔曼滤波器

设计扩展的卡尔曼滤波器(EKF)用于处理更一般的时序模型，其中时刻 $t$ 的状态与

前一时刻的状态和随机贡献 $\boldsymbol{\varepsilon}_p$ 之间的关系，可以由一个任意的非线性函数 $f[\cdot,\cdot]$加以表达

$$\boldsymbol{w}_t = f[\boldsymbol{w}_{t-1}, \boldsymbol{\varepsilon}_p] \tag{19-29}$$

其中噪声项的协方差 $\boldsymbol{\varepsilon}_p$ 和之前的 $\boldsymbol{\Sigma}_p$ 一样，类似地，可以将状态和测量值之间的关系表达为一个非线性关系 $\boldsymbol{g}[\cdot,\cdot]$

$$\boldsymbol{x}_t = \boldsymbol{g}[\boldsymbol{w}_t, \boldsymbol{\varepsilon}_m] \tag{19-30}$$

其中 $\boldsymbol{\varepsilon}_m$ 的协方差是 $\boldsymbol{\Sigma}_m$。

扩展的卡尔曼滤波器通过对当前估计的峰值点 $\boldsymbol{\mu}_t$ 使用泰勒展开式，得到非线性函数的线性近似结果。如果函数并不完全非线性，那么这个近似结果能充分表示该范围内函数的当前估计，因此可以按照通常步骤来进行。我们定义如下雅克比矩阵

19.3

$$\begin{aligned}
\boldsymbol{\Psi} &= \left.\frac{\partial f[\boldsymbol{w}_{t-1}, \boldsymbol{\varepsilon}_p]}{\partial \boldsymbol{w}_{t-1}}\right|_{\boldsymbol{\mu}_{t-1}, \boldsymbol{0}} \\
\boldsymbol{\Upsilon}_p &= \left.\frac{\partial f[\boldsymbol{w}_{t-1}, \boldsymbol{\varepsilon}_p]}{\partial \boldsymbol{\varepsilon}_p}\right|_{\boldsymbol{\mu}_{t-1}, \boldsymbol{0}} \\
\boldsymbol{\Phi} &= \left.\frac{\partial \boldsymbol{g}[\boldsymbol{w}_t, \boldsymbol{\varepsilon}_m]}{\partial \boldsymbol{w}_t}\right|_{\boldsymbol{\mu}_+, \boldsymbol{0}} \\
\boldsymbol{\Upsilon}_m &= \left.\frac{\partial \boldsymbol{g}[\boldsymbol{w}_t, \boldsymbol{\varepsilon}_m]}{\partial \boldsymbol{\varepsilon}_m}\right|_{\boldsymbol{\mu}_+, \boldsymbol{0}}
\end{aligned} \tag{19-31}$$

其中，符号 $|_{\boldsymbol{\mu}_+,0}$ 表示在 $\boldsymbol{w}=\boldsymbol{\mu}_+$ 和 $\boldsymbol{\varepsilon}=\boldsymbol{0}$ 处的导数，注意，这里 $\boldsymbol{\Phi}$ 和 $\boldsymbol{\Psi}$ 的含义有所改变，它们之前分别代表了相邻状态间的线性转换以及状态与测量值之间的线性转换。现在，它们代表了关于这些量的非线性函数的局部线性近似结果。

扩展的卡尔曼滤波器的更新公式可以描述为

$$\begin{aligned}
\text{状态预测：}\quad \boldsymbol{\mu}_+ &= f[\boldsymbol{\mu}_{t-1}, \boldsymbol{0}] \\
\text{协方差预测：}\quad \boldsymbol{\Sigma}_+ &= \boldsymbol{\Psi}\boldsymbol{\Sigma}_{t-1}\boldsymbol{\Psi}^{\mathrm{T}} + \boldsymbol{\Upsilon}_p\boldsymbol{\Sigma}_p\boldsymbol{\Upsilon}_p^{\mathrm{T}} \\
\text{状态更新：}\quad \boldsymbol{\mu}_t &= \boldsymbol{\mu}_+ + \boldsymbol{K}(\boldsymbol{x}_t - \boldsymbol{g}[\boldsymbol{\mu}_+, \boldsymbol{0}]) \\
\text{协方差更新：}\quad \boldsymbol{\Sigma}_t &= (\boldsymbol{I} - \boldsymbol{K}\boldsymbol{\Phi})\boldsymbol{\Sigma}_+
\end{aligned} \tag{19-32}$$

其中

$$\boldsymbol{K} = \boldsymbol{\Sigma}_+\boldsymbol{\Phi}^{\mathrm{T}}(\boldsymbol{\Upsilon}_m\boldsymbol{\Sigma}_m\boldsymbol{\Upsilon}_m^{\mathrm{T}} + \boldsymbol{\Phi}\boldsymbol{\Sigma}_+\boldsymbol{\Phi}^{\mathrm{T}})^{-1} \tag{19-33}$$

在固定间隔滤波器的条件下，结果可以通过多次反向反馈和数据计算得以提高，并且每次扫描过程中对状态的提前推断需要进行重新线性化，这就是迭代扩展的卡尔曼滤波器。

总之，扩展的卡尔曼滤波在概念上是简单的，因此仅能处理简单的非线性相关问题，它是一个非线性跟踪问题的启发式解决方案，有可能会偏离真实解。

19.4

**示例**

图 19-9 给出了扩展卡尔曼滤波器的一个成功实例。在这种情况下，时序更新模型是非线性的，但是测量模型仍然是线性的

$$\begin{aligned}
\boldsymbol{w}_t &= f[\boldsymbol{w}_{t-1}, \boldsymbol{\varepsilon}_p] \\
\boldsymbol{x}_t &= \boldsymbol{w} + \boldsymbol{\varepsilon}_m
\end{aligned} \tag{19-34}$$

其中，$\boldsymbol{\varepsilon}_p$ 是协方差为 $\boldsymbol{\Sigma}_p$ 的正态噪声项，$\boldsymbol{\varepsilon}_m$ 是协方差为 $\boldsymbol{\Sigma}_m$ 的正态噪声项，非线性函数 $f[\cdot,\cdot]$的表达示如下

$$f[\boldsymbol{w},\boldsymbol{\varepsilon}_p]=\begin{bmatrix} w_1 \\ w_1\sin[w_1]+\boldsymbol{\varepsilon}_p \end{bmatrix} \tag{19-35}$$

很容易得出该模型的雅克比矩阵，而矩阵$\boldsymbol{\Upsilon}_p$、$\boldsymbol{\Phi}$和$\boldsymbol{\Upsilon}_m$均为单位矩阵，雅克比矩阵$\boldsymbol{\Psi}$的表达示如下

$$\boldsymbol{\Psi}=\begin{bmatrix} 1 & 0 \\ \sin[w_1]+w_1\cos[w_1] & 0 \end{bmatrix} \tag{19-36}$$

使用该系统进行跟踪的结果如图 19.9 所示，扩展的卡尔曼滤波器成功地模拟了这个非线性模型，给出的结果与真实结果更接近，并且比只基于测量值的估计更可靠。扩展卡尔曼滤波器之所以效果很好，是因为非线性函数是平滑的并且其偏离线性的速度是比较缓慢的，所以线性近似值是可靠的。

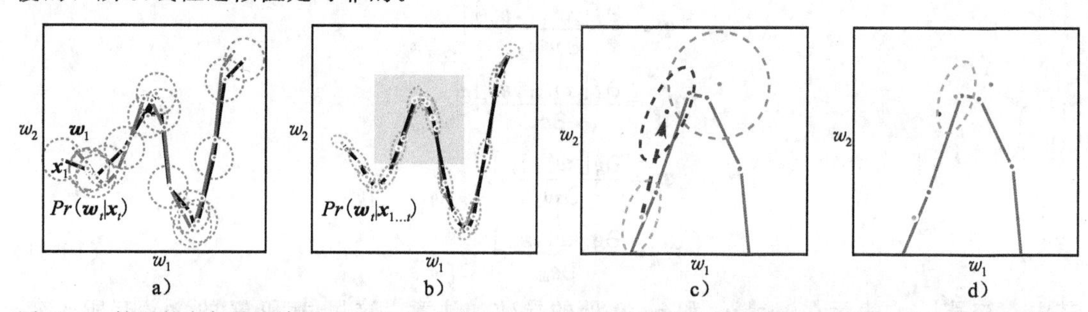


图 19-9　扩展的卡尔曼滤波器。a) 状态(加粗点)转换的时序模型是非线性的，每一个观察的数据点(小点)都是当时状态的含噪声副本，只依赖于数据，则该状态下的后验概率由椭圆表示。b) 采用扩展卡尔曼滤波器估计边缘后验分布，这种估计比只利用测量值进行估计更加精确和可靠。c)(b) 图中阴影区域的放大效果，基于之前的状态(左下角椭圆)和线性运动模型的扩展卡尔曼滤波器可以得到正常的预测结果(箭头指向的椭圆)，而测量结果得到了一个不同的预测(圆)。d) 扩展卡尔曼滤波器结合两种方法得到改进后的推断结果(椭圆)

## 19.4　无损卡尔曼滤波器

只有当函数 $\boldsymbol{f}[\bullet,\bullet]$和 $\boldsymbol{g}[\bullet,\bullet]$的线性近似结果在当前位置的区域内能够很好地拟合这两个函数时，扩展的卡尔曼滤波器才是可靠的。图 19-10 给出了一种情况，其中时序函数的局部特性并不具有代表性，所以扩展卡尔曼滤波器的协方差估计是不准确的。

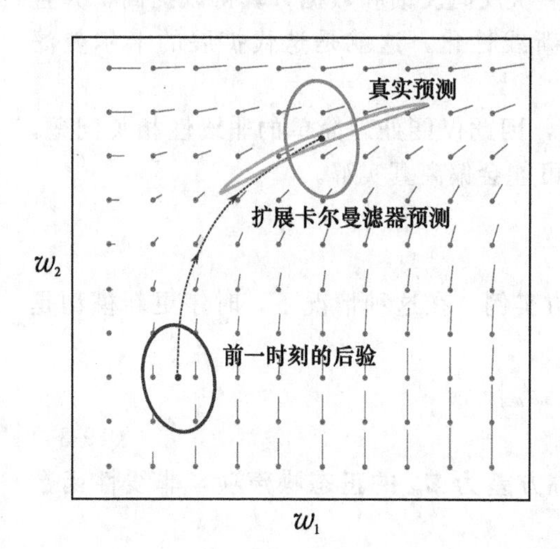


图 19-10　扩展卡尔曼滤波器存在的问题。存在一个作用于状态上(红色线表示梯度方向)的二维时序函数 $\boldsymbol{f}[\bullet,\bullet]$，在预测步骤，前一时刻的估计(左下角椭圆)需要通过这一方程(产生了扭曲的右上角加粗椭圆)进行转换，并对结果添加噪声(未在图上显示)。扩展卡尔曼滤波器通过利用这个函数传递平均值，并且根据前一时刻的估计函数得到的线性近似结果，对协方差进行更新。如果方程发生非线性变化，则近似效果会变差，所预测的协方差就(右上角加粗椭圆)会不准确

无损卡尔曼滤波器(UKF)采用无导数方法在一定程度上避免该问题，它适用于加性正态分布噪声的非线性模型，因此时序和测量方程表达示如下 ⚙ 19.5

$$
\begin{aligned}
\mathbf{w}_t &= \mathbf{f}[\mathbf{w}_{t-1}] + \boldsymbol{\varepsilon}_p \\
\mathbf{x}_t &= \mathbf{g}[\mathbf{w}_t] + \boldsymbol{\varepsilon}_m
\end{aligned} \tag{19-37}
$$

为了理解无损卡尔曼滤波器的工作原理，我们考虑一个非线性时序模型。$t-1$ 时刻状态的后验分布为 $Pr(\mathbf{w}_{t-1}|\mathbf{x}_{1\cdots t-1})$，给出该正态分布的均值和协方差，我们希望预测 $t$ 时刻状态的先验正态分布 $Pr(\mathbf{w}_t|\mathbf{x}_{1\cdots t-1})$。步骤如下

- 选择一组点近似后验正态分布 $Pr(\mathbf{w}_{t-1}|\mathbf{x}_{1\cdots t-1})$，这组点与原来的分布具有相同的均值 $\boldsymbol{\mu}_{t-1}$ 和协方差 $\boldsymbol{\Sigma}_{t-1}$；
- 对每个点进行非线性方程转换；
- 设置 $t$ 时刻的预测分布 $Pr(\mathbf{w}_t|\mathbf{x}_{1\cdots t-1})$ 与转换后的点具有相同均值和协方差的正态分布。

图 19-11 说明了该过程。

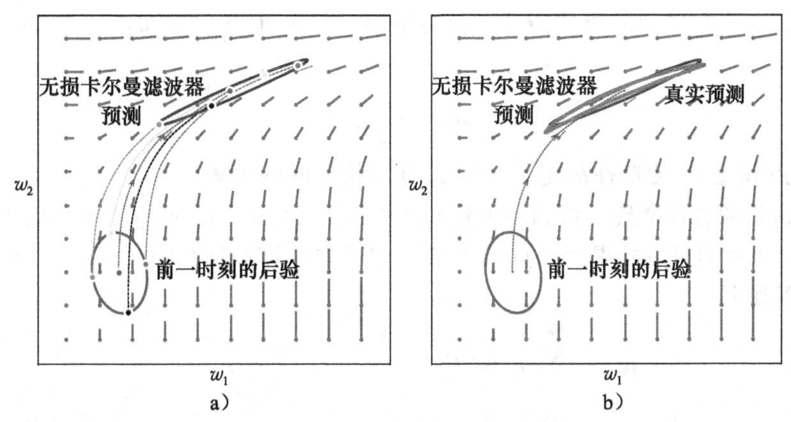


图 19-11 无损卡尔曼滤波器的时序更新。a) 在时序更新步骤中，前一时刻的后验分布(正态分布)由一组加权的点近似表示，这组点经过选择后其平均值和协方差与该正态分布相同，所有这些点需经过时序模型处理(见图中虚线所示)。对转换后的点的平均值和协方差进行估计，构成一次正常的预测。在一个真实系统中，考虑到位置因素额外的不确定性，方差会随着时间变大。b) 此时得到的结果是非常接近真实情况的预测，对于这种情况，无损卡尔曼滤波器比扩展卡尔曼滤波器结果更好(见图 19-10)

对于扩展卡尔曼滤波器，无损卡尔曼滤波器中的预测状态 $Pr(\mathbf{w}_t|\mathbf{x}_{1\cdots t-1})$ 是一个正态分布，然而，这个正态分布被证明比扩展卡尔曼滤波器的近似结果更接近真实分布，类似的方法被用于处理这些测量方程的非线性特征。接下来具体讨论每一个步骤。

### 19.4.1 状态演化

对于标准卡尔曼滤波，状态演化过程通过利用时序模型中前一时刻的后验分布 $Pr(\mathbf{w}_{t-1}|\mathbf{x}_{1\cdots t-1})$ 来预测出当前时刻 $t$ 状态的分布 $Pr(\mathbf{w}_t|\mathbf{x}_{1\cdots t-1})$，该后验分布是正态的，且平均值为 $\boldsymbol{\mu}_{t-1}$，协方差为 $\boldsymbol{\Sigma}_{t-1}$，而预测也是正态分布的，且平均值为 $\boldsymbol{\mu}_+$，协方差为 $\boldsymbol{\Sigma}_+$。

我们进行如下推导，通过对 $2D_w+1$ 个 $\delta$ 函数进行加权求和，得到前一时刻的边缘后验分布，其中 $D_w$ 是状态的维度，所以有

$$
\begin{aligned}
Pr(\mathbf{w}_{t-1}|\mathbf{x}_{1\cdots t-1}) &= \text{Norm}_{\mathbf{w}_{t-1}}[\boldsymbol{\mu}_{t-1}, \boldsymbol{\Sigma}_{t-1}] \\
&\approx \sum_{j=0}^{2D_w} a_j \delta[\mathbf{w}_{t-1} - \hat{\mathbf{w}}^{[j]}]
\end{aligned} \tag{19-38}
$$

式中权值项$\{a_j\}_{j=0}^{2D_w}$为正数，且和为1。在此处，$\delta$函数表示$\boldsymbol{\Sigma}$点，经适当选择可得$\boldsymbol{\Sigma}$点的位置$\{\hat{\mathbf{w}}^{[j]}\}_{j=0}^{2D_w}$

$$\boldsymbol{\mu}_{t-1}=\sum_{j=0}^{2D_w}a_j\hat{\mathbf{w}}^{[j]}$$

$$\boldsymbol{\Sigma}_{t-1}\approx\sum_{j=0}^{2D_w}a_j(\hat{\mathbf{w}}^{[j]}-\boldsymbol{\mu}_{t-1})(\hat{\mathbf{w}}^{[j]}-\boldsymbol{\mu}_{t-1})^{\mathrm{T}} \tag{19-39}$$

选择$\boldsymbol{\Sigma}$点的一种可行方案是

$$\hat{\mathbf{w}}^{[0]}=\boldsymbol{\mu}_{t-1}$$

$$\hat{\mathbf{w}}^{[j]}=\boldsymbol{\mu}_{t-1}+\sqrt{\frac{D_w}{1-a_0}}\boldsymbol{\Sigma}_{t-1}^{1/2}\mathbf{e}_j,\quad j\in\{1\cdots D_w\}$$

$$\hat{\mathbf{w}}^{[D_w+j]}=\boldsymbol{\mu}_{t-1}-\sqrt{\frac{D_w}{1-a_0}}\boldsymbol{\Sigma}_{t-1}^{1/2}\mathbf{e}_j,\quad j\in\{1\cdots D_w\} \tag{19-40}$$

式中，$\mathbf{e}_j$是第$j$个方向上的单位向量。选择适当的权值使得$a_0\in[0,1]$，并且对于所有的$a_j$有

$$a_j=\frac{1-a_0}{2D_w} \tag{19-41}$$

对第一个$\boldsymbol{\Sigma}$点权重$a_0$的选择决定了其他$\boldsymbol{\Sigma}$点与均值间的距离。

对$\boldsymbol{\Sigma}$点进行非线性变换，得到一组新的样本$\hat{\mathbf{w}}_+^{[j]}=\mathbf{f}[\hat{\mathbf{w}}^{[j]}]$，所有样本构成了状态的一个预测，然后，可以通过变换得到的点的均值和方差来计算预测分布$Pr(\mathbf{w}_{t-1}|\mathbf{x}_{1\cdots t-1})$的均值和方差，过程如下

$$\boldsymbol{\mu}_+=\sum_{j=0}^{2D_w}a_j\ \hat{\mathbf{w}}_+^{[j]}$$

$$\boldsymbol{\Sigma}_+=\sum_{j=0}^{2D_w}a_j(\hat{\mathbf{w}}_+^{[j]}-\boldsymbol{\mu}_+)(\hat{\mathbf{w}}_+^{[j]}-\boldsymbol{\mu}_+)^{\mathrm{T}}+\boldsymbol{\Sigma}_p \tag{19-42}$$

式中，对预测的协方差添加一个额外项$\boldsymbol{\Sigma}_p$来表示时序模型中的附加噪声。

### 19.4.2 测量合并过程

可以用一个类似的方法实现无损卡尔曼滤波器中的测量合并过程：将预测分布$Pr(\mathbf{w}_t|\mathbf{x}_{1\cdots t-1})$近似为一组$\delta$函数或者$\boldsymbol{\Sigma}$点

$$Pr(\mathbf{w}_t|\mathbf{x}_{1\cdots t-1})=\mathrm{Norm}_{\mathbf{w}_{t-1}}[\boldsymbol{\mu}_+,\boldsymbol{\Sigma}_+]$$

$$\approx\sum_{j=0}^{2D_w}a_j\delta[\mathbf{w}_t-\hat{\mathbf{w}}^{[j]}] \tag{19-43}$$

选择式中$\boldsymbol{\Sigma}$点的中心和权值，可得

$$\boldsymbol{\mu}_+=\sum_{j=0}^{2D_w}a_j\ \hat{\mathbf{w}}^{[j]}$$

$$\boldsymbol{\Sigma}_+=\sum_{j=0}^{2D_w}a_j(\hat{\mathbf{w}}^{[j]}-\boldsymbol{\mu}_+)(\hat{\mathbf{w}}^{[j]}-\boldsymbol{\mu}_+)^{\mathrm{T}} \tag{19-44}$$

例如，我们可以使用式(19-40)和式(19-41)中的方案。

使用测量模型$\hat{\mathbf{x}}^{[j]}=g[\hat{\mathbf{w}}^{[j]}]$对$\boldsymbol{\Sigma}$点进行处理，在测量空间中构造一组新的点$\{\hat{\mathbf{x}}^{[j]}\}_{j=0}^{2D_w}$，用以下公式计算预测测量值的均值和协方差

$$
\begin{aligned}
\boldsymbol{\mu}_x &= \sum_{j=0}^{2D_w} a_j \ \hat{\boldsymbol{x}}^{[j]} \\
\boldsymbol{\Sigma}_x &= \sum_{j=0}^{2D_w} a_j (\hat{\boldsymbol{x}}^{[j]} - \boldsymbol{\mu}_x)(\hat{\boldsymbol{x}}^{[j]} - \boldsymbol{\mu}_x)^{\mathrm{T}} + \boldsymbol{\Sigma}_m
\end{aligned} \tag{19-45}
$$

得到测量合并公式如下

$$
\begin{aligned}
\boldsymbol{\mu}_t &= \boldsymbol{\mu}_+ + \boldsymbol{K}(\boldsymbol{x}_t - \boldsymbol{\mu}_x) \\
\boldsymbol{\Sigma}_t &= \boldsymbol{\Sigma}_+ - \boldsymbol{K}\boldsymbol{\Sigma}_x\boldsymbol{K}^{\mathrm{T}}
\end{aligned} \tag{19-46}
$$

式中，卡尔曼增益 $\boldsymbol{K}$ 重新定义为

$$
\boldsymbol{K} = \left( \sum_{j=0}^{2D_w} a_j \ (\hat{\boldsymbol{w}}^{[j]} - \boldsymbol{\mu}_+)^{\mathrm{T}} (\hat{\boldsymbol{x}}^{[j]} - \boldsymbol{\mu}_x)^{\mathrm{T}} \right) \boldsymbol{\Sigma}_x^{-1} \tag{19-47}
$$

对于预测过程，我们可以得出无损卡尔曼滤波器的近似效果优于扩展卡尔曼滤波器的结论。

## 19.5 粒子滤波

扩展卡尔曼滤波器和无损卡尔曼滤波器可以在一定程度上处理非线性时序模型和测量模型。但是这两种滤波只能将这些不确定的状态表示为正态分布。因此，这两种滤波器不能很好地处理概率分布为多峰分布的状态。图 19-12 说明了一种把临近状态映射到两个不同区域

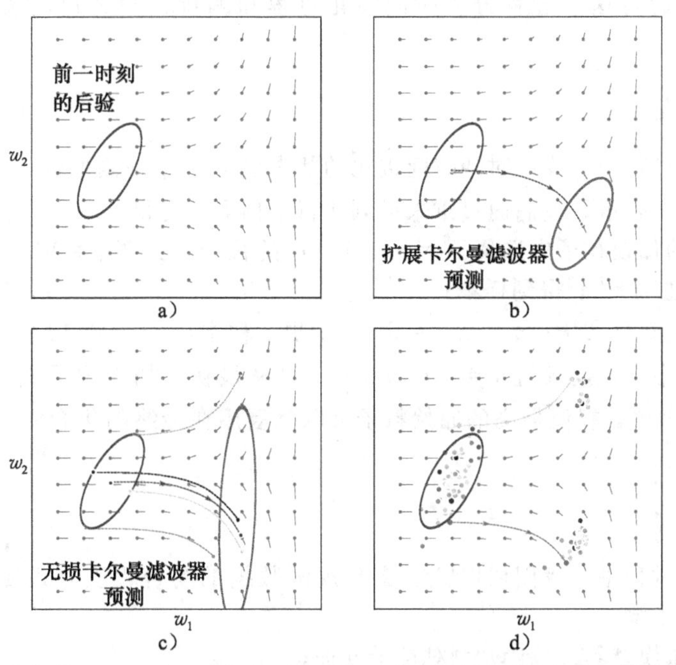


图 19-12　粒子滤波的条件。a）考虑一个新的时序更新函数（状态随时间变化，图中用小箭头表示），其在水平中心线附近产生了分叉。b）在扩展卡尔曼滤波器方法中，初始的平均值在分叉处下方，而时序更新后的预测分布指向了底部，此处的线性近似并不够好，导致协方差的估计值不够准确。c）在无损卡尔曼滤波器方法中，有一个近似先验概率的 $\boldsymbol{\Sigma}$ 点在中线上方，所以这个点朝顶部运动（沿图中上方虚线方向），而其他点在中线下方，所以它们朝底部运动（沿图中其他虚线方向），其协方差的估计值很大。d）通过对前一时刻采样，得到真实的预测分布，并使用非线性时序模型对这些样本点进行处理，结果清晰地显示出，所得到的是双峰分布，而使用正态分布对其近似的效果肯定不会很好。粒子滤波器依据整个跟踪过程中的粒子来表现其分布情况，所以粒子滤波器可以描述上述例子中的多峰分布模型

的时序模型。在这种情况下，扩展卡尔曼滤波器和无损卡尔曼滤波器都不能满足条件：其中扩展卡尔曼滤波器只能得到其中一个聚类结果，而无损卡尔曼滤波器尝试用单一的正态模型对两个聚类进行处理，这样会在两个聚类之间的空白区域中产生一个较大的概率值。

粒子滤波器通过将问题描述为状态空间中一组粒子的概率密度来对该问题进行求解。每个粒子代表一个可能状态的假设，当状态受数据严格约束时，所有的粒子会相互接近，在更为广泛的情况下，粒子会均匀分布，或者会聚类形成一些相互竞争的组。

不管函数的非线性程度有多高，这些粒子会随时间逐步演化，或者投影到模拟的测量值。接下来的这个例子，可以得出粒子滤波的另一个很好的特性：由于状态是多峰分布的，所以预测得到的测量值也是多峰分布的；反之，测量密度也可能是多峰分布的。这意味着在视觉系统中，系统能够更好地处理场景中的噪声(如图 19-14 所示)。只要一部分预测的测量值符合测量密度，估计就能保持稳定。

19.6 最简单的粒子滤波方法是条件密度传播或消元法。使用如下 $J$ 个权重粒子的权重和来表示概率分布 $Pr(\mathbf{w}_{t-1}|\mathbf{x}_{1\cdots t-1})$

$$Pr(\mathbf{w}_{t-1}|\mathbf{x}_{1\cdots t-1}) = \sum_{j=0}^{J} a_j \delta[\mathbf{w}_{t-1} - \hat{\mathbf{w}}_{t-1}^{[j]}] \tag{19-48}$$

其中权值为正，且和为 1。每个粒子表示一种状态的假设，粒子权值表示对该假设的置信度。我们的目标是计算下一时刻的概率分布 $Pr(\mathbf{w}_t|\mathbf{x}_{1,\cdots,t})$，其可以以一种类似形式加以表达，通常，我们将这一过程分为时间演化过程和测量合并过程，这里依次对其进行说明。

### 19.5.1 时间演化

在时间演化过程中，我们对随时间进化的状态创建 $J$ 个预测值 $\hat{\mathbf{w}}_{+}^{[j]}$，每个预测值由一个没有加权的粒子表示。我们通过重采样创建每个预测，可得：

- 从原始的加权粒子中选择下标 $n\in\{1\cdots J\}$ 的粒子，其概率依赖于权值，也就是说，我们通过 $\mathrm{Cat}_n[\mathbf{a}]$ 得到样本；
- 从时序更新分布 $Pr(\mathbf{w}_t|\mathbf{w}_{t-1}=\hat{\mathbf{w}}_{t-1}^{[n]})$ 中提取样本 $\hat{\mathbf{w}}_{+}^{[j]}$(见式 19-37)。

在这个过程中，根据权值 $\mathbf{a}=[a_1,a_2,\cdots,a_J]$ 从最初的加权粒子 $\hat{\mathbf{w}}_{t-1}^{[j]}$ 中获得最终未加权的粒子 $\hat{\mathbf{w}}_{+}^{[j]}$。因此，权值最高的原始粒子可以重复用在最终的集合中，而权值最低的粒子可以毫无作用。

### 19.5.2 测量合并

在测量合并过程中，我们根据粒子集与观测数据的吻合程度来设置粒子的权值，为此，可采取如下步骤

- 通过测量模型 $\hat{\mathbf{x}}_{+}^{[j]}=g[\hat{\mathbf{w}}_{+}^{[j]}]$ 对粒子处理；
- 根据粒子与观测密度的吻合程度定义粒子的权值，例如，对于高斯测量模型，我们使用如下等式

$$a_j \propto Pr(\mathbf{x}_t|\hat{\mathbf{w}}_{+}^{[j]} = \mathrm{Norm}_{\mathbf{x}_t}[\hat{\mathbf{x}}_{+}^{[j]}, \boldsymbol{\Sigma}_m] \tag{19-49}$$

- 归一化所产生的权值 $\{a_j\}_{j=1}^{J}$，且其和为 1；
- 最后，设置新状态 $\hat{\mathbf{w}}_{t}^{[j]}$ 为预测状态 $\hat{\mathbf{w}}_{+}^{[j]}$，取新的权值为 $a_j$。

图 19-13 解释了粒子滤波的各个步骤。粒子滤波可以很好地处理多重模态概率分布，且同样适用于真实测量数据并不突出的情况。这就是所谓的数据关联问题(见图 19-14)。

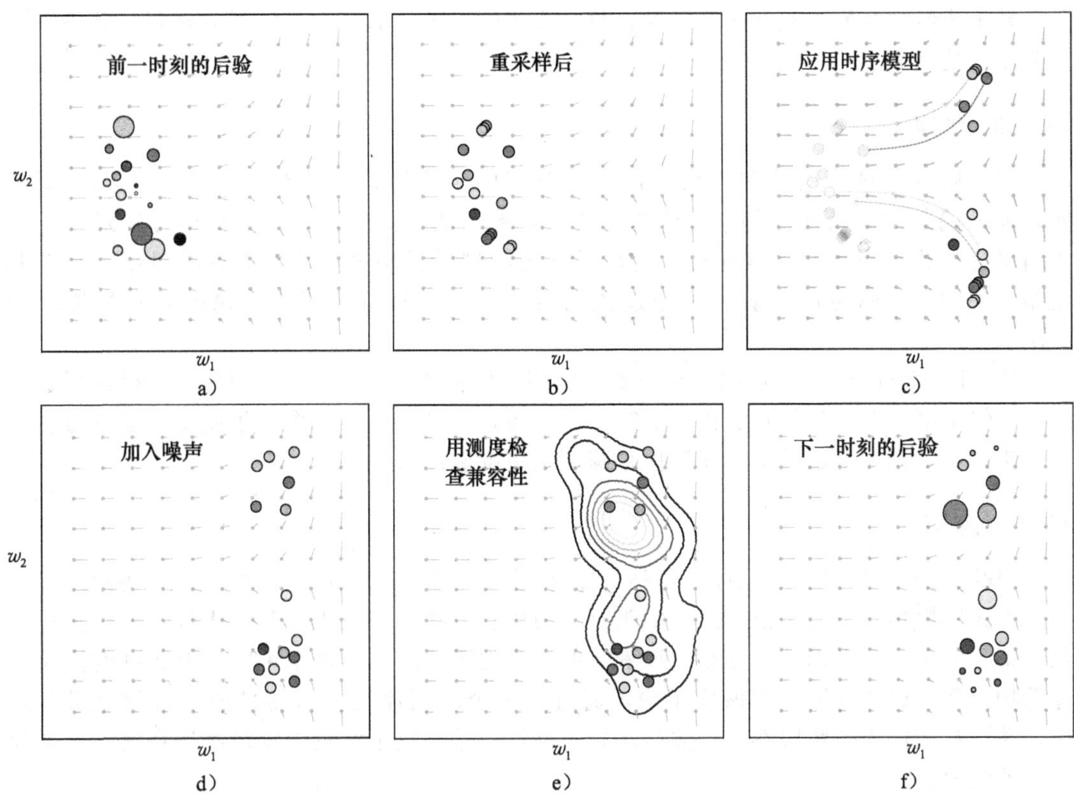


图 19-13 消元法。a) 前一时刻的后验分布由一组加权粒子表示。b) 根据粒子的权值重新采样得到一组新的未加权粒子。c) 对粒子进行非线性时序方程处理。d) 根据时序模型添加噪声。e) 对粒子进行测量模型处理并与测量密度比较。f) 根据粒子权值与测量值的吻合程度重新定义权值，可以重复以上步骤

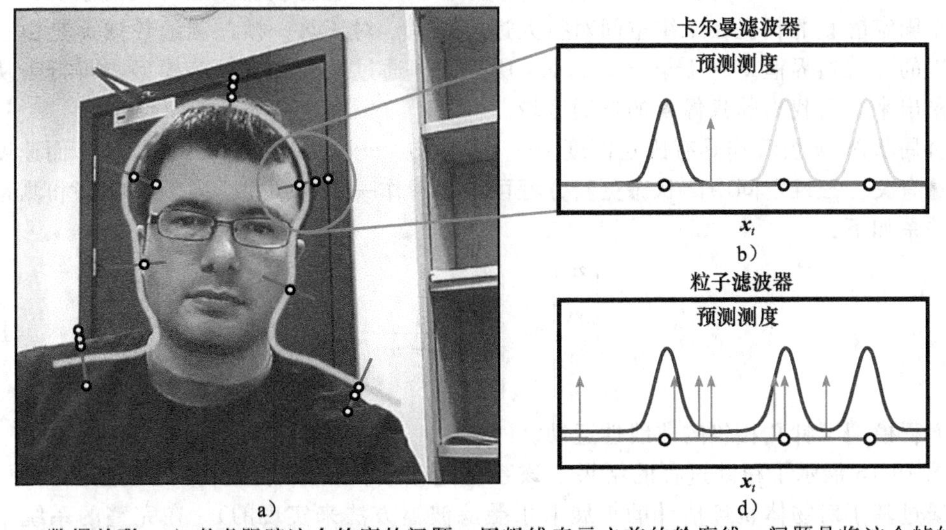


图 19-14 数据关联。a) 考虑跟踪这个轮廓的问题。用粗线表示之前的轮廓线，问题是将这个帧的测量结果合并到新的轮廓中，这些测量值垂直于轮廓线切线方向，在大多数情况下，根据轮廓线，会得到多个可能的边缘。b) 在卡尔曼滤波器中，测量密度被约束为正态分布的，我们被迫从两个不同的可能假设中作出选择。一种明智的方法是选择其中与预测的测量值最接近的结果，这就是所谓的数据关联。c) 在粒子滤波器中，有多种预测的测量值，并且测量密度不一定是正态分布。我们可以有效地把所有可能的测量值都考虑在内

粒子滤波的主要缺点在于其计算代价在高维情况下，需要大量粒子来获得该状态下真实分布的精确表达。

### 19.5.3　扩展

粒子滤波有很多变种和扩展。在许多方案中，粒子并不是在每次迭代中都重新采样，而是偶尔重新采样，所以主要的方案是对粒子加权。通过重要性采样方法对粒子的重新采样过程进行优化，这样得到的新样本与测试过程相关，从而更容易得到更符合测量结果的粒子。这也可以防止在经过预测阶段后，没有符合测量结果的未加权样本的情况。

Rao-Blackwellization 过程将状态划分成两个变量子集。第一个子集用粒子滤波器进行跟踪，但是第二个子集的状态依赖于第一个子集，并采用一个更像卡尔曼滤波器的过程进行分析评估。选择合适的子集能够使跟踪算法更准确高效。

## 19.6　应用

跟踪算法可以与任意随着时间序列更新的模型结合起来使用。例如，经常将跟踪算法与三维人体模型相结合从视频影像中跟踪人的姿势。在这一节中，我们将描述三个应用实例。第一个例子是跟踪行人在某一场景下的三维位置，第二个例子中我们介绍即时定位与地图构建(SLAM)应用，在该应用中，通过在一个时间序列上对场景的三维信息进行重建，并且对相机的一些属性进行估计，第三个例子是在复杂背景中跟踪物体在复杂运动轨迹下的轮廓。

### 19.6.1　行人跟踪

Rosales 和 Sclaroff(1999)描述了一种利用扩展卡尔曼滤波器跟踪行人的系统，该系统用一个固定静止的相机在二维空间对行人进行跟踪。对于每一帧，测量数据 $\mathbf{x}$ 是由一个行人周围的二维边界框 $\mathbf{x}=\{x_1, y_1, x_2, y_2\}$ 所构成。通过利用背景差分模型，将行人从背景中分割出来，再找出前景像素的连通区域。

全局状态 $\mathbf{w}$ 被看作具有固定深度 $\{u_1, v_1, u_2, v_2, w\}$ 的边界框的三维位置，而速度与这五个量有关。三维空间中的状态更新方程可以被看作一阶牛顿力学方程。状态和测量值之间的关系如下：

$$\begin{bmatrix} x_1 \\ y_1 \\ x_2 \\ y_1 \end{bmatrix} = \begin{bmatrix} u_1 \\ v_1 \\ u_2 \\ v_2 \end{bmatrix} \frac{1}{1+w} + \boldsymbol{\varepsilon} \tag{19-50}$$

上述方程模拟了针孔相机的非线性运动。

图 19-15 展示了跟踪过程的结果，该系统能够成功跟踪行人并能处理遮挡问题(这一点是通过基于对物体轨迹估计的扩展卡尔曼滤波器方法来实现的)。在完整的系统中，需要对行人图像缩放到合适大小，并将所得配准图像作为行为识别算法的输入。

### 19.6.2　单目的即时定位与地图构建

即时定位与地图构建(SLAM)是通过一个运动传感器(通常与机器人连接)所得的测量数据来建立未知环境的三维地图，并且能够得到任意时刻该传感器的位置，所以这套系统

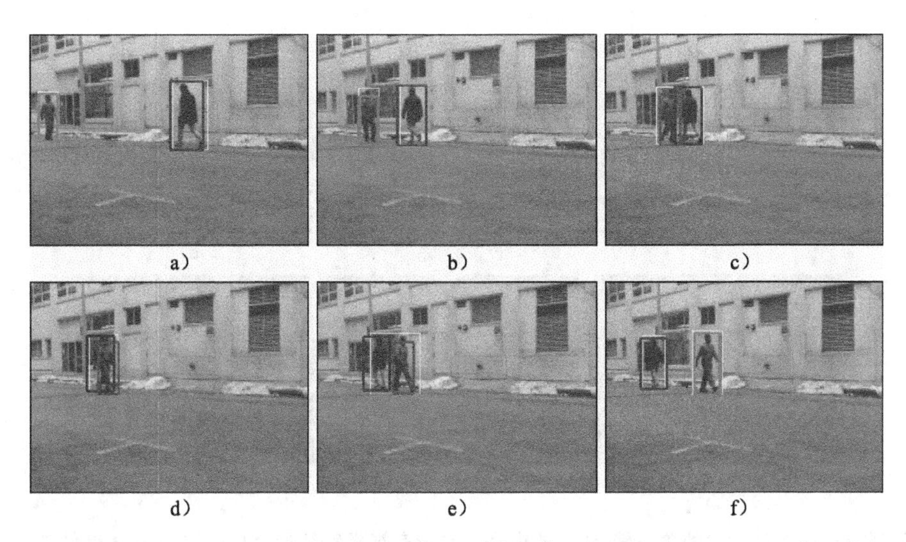

图 19-15 行人跟踪结果。a～f）在一段连序时间中的六帧图像，用等深三维边界平面来追踪每一个行人。源自 Rosales 和 Sclaroff(1999)。©1999 IEEE

必须同时估计全局结构与传感器在该系统中的位置和方向。最初即时定位与地图构建是通过距离传感器实现的，不过在最近十年中，已经可以通过单目摄像机构建这一系统进行实时工作，其实质是第 16 章中讨论的三维稀疏重建算法的实时应用。

Davison 等(2007)提出一种基于扩展卡尔曼滤波器的新系统，其中，全局状态 $\mathbf{w}$ 包含：

- 相机位置 $(u,v,w)$
- 由四维数组 $q$ 表示的相机方向
- 速度和角速度
- 一组三维点$\{\mathbf{p}_k\}$，其中 $\mathbf{p}_k=[p_{uk},p_{vk},p_{wk}]$。随着需要测量的信息的增加，这组点的维度在不断增大

状态更新方程根据各自状态的速度对状态的位置和方向进行修正，并且允许速度自身发生变化，观测方程将从针孔摄像机模型中将每一个三维点映射得到所预测的二维图像位置(类似于式(19-50))。实际测量值由图像中我们所关心的点构成，这些点都是独一无二的，并且与考虑到周边区域影响的预测的测量值相关。通过对当前状态的测量方程进行预测可以得到一个二维点，而这个系统只需要在该二维点周围的图像区域进行搜索即可，所以系统的效率很高。

整个系统更为复杂，它包括初始化新的特征点，把各个点的局部区域模型化成平面，在这一帧图像内选择哪一个特征值进行测量，并将生成图像中的一些外部特征删除以减小复杂度。图 19-16 展示了一系列由该系统产生的图像帧。

### 19.6.3 在复杂背景中跟踪轮廓线

17.3 节讨论了对一幅图像使用模板形状模型。我们发现在复杂背景中进行跟踪时，存在一个具有挑战性的问题，那就是模板会频繁的陷入局部极小值。理论上，这个问题在时间序列中应该更容易解决，如果我们知道了当前帧中模板的位置，那么就可以准确地推断出其在下一帧中的位置。尽管如此，基于卡尔曼滤波器的跟踪方法仍然不能保持对目标的锁定，部分轮廓总会错误的关联到背景上，导致跟踪失败。

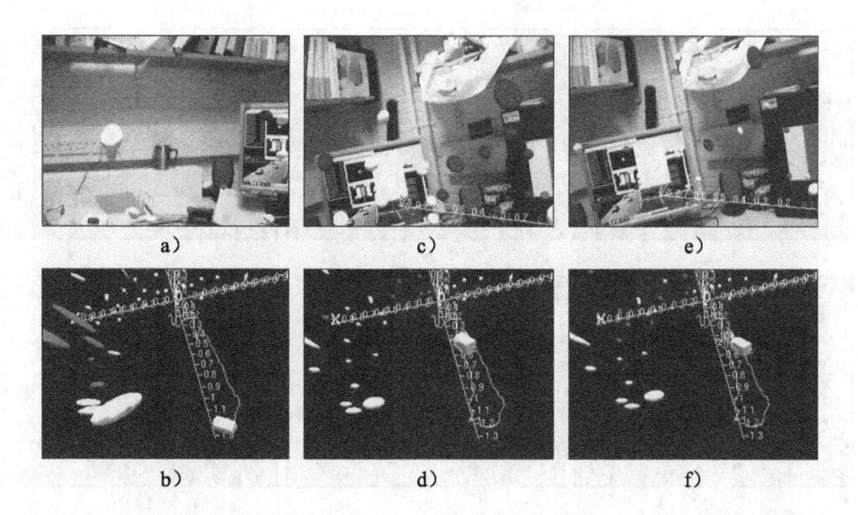

图 19-16 Davison 等(2007)的单目镜 SLAM 模型。a)带有视觉特征的全局的当前视角和它们的三维协方差椭圆。黄色的点是模型中的特征。蓝色的点是模型中没有被检测到的特征。红色的点是模型中潜在的新的特征。b)这个框架中该时刻的模型被抓取，展示了摄像机的位置和视觉特征的位置和不确定性。c~f)相同时间序列的模型和两对以上的图像。注意：特征点位置的不确定性随着时间减弱。源自 Davison 等(2007)。©2007 IEEE

Blake 和 Isard(1998)提出一种基于消元法的系统，该系统能够对复杂环境中迅速移动的物体轮廓进行跟踪。这个系统的状态由仿射变换中的参数构成，该仿射变换可以将模板映射到场景中，而系统的测量值与图 19-14 中所示的类似，系统的状态由 100 个加权粒子表示，每个粒子表示模板当前位置的一种假设。该系统被用于跟踪在复杂背景中的小孩跳舞时头部的运动轨迹(见图 19-17)。

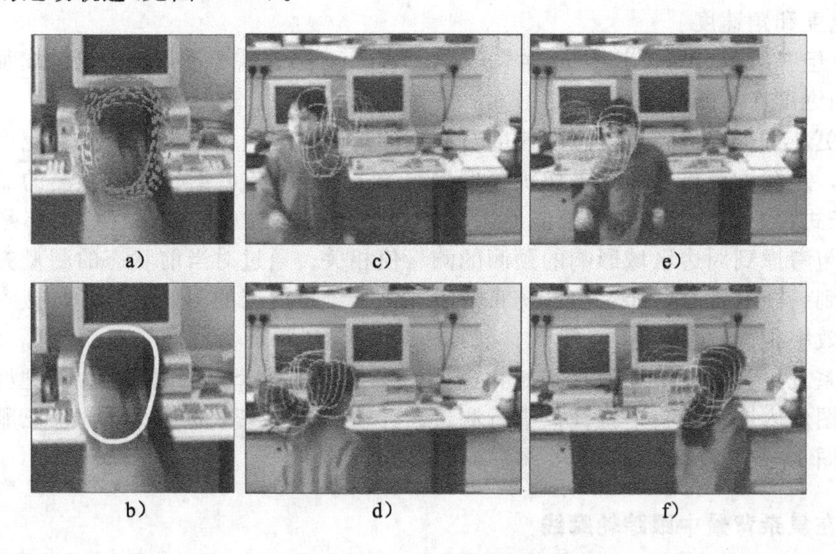

图 19-17 在复杂背景中跟踪轮廓。a) 如图中所示，轮廓线的不确定性由一组加权粒子表示，其中每一个粒子表示当前位置的一种假设。在这一帧中，不同的轮廓线表示不同的假设，而它们的权值表示了系统接受该假设的可能性。b) 对当前位置的整体评估可以用所有假设的平均值表示。c~f) 利用消元法顺序跟踪的四帧图像，显示了当前的估计结果和从上一帧得到的估计结果。源自 Blake 和 Isard(1998) 。©1998 Springer

## 讨论

本章讨论了一组模型，该组模型可以利用时序上的相关性估计得到一组连续参数。理论上，这些方法可以应用到本书中所有从一帧图像中估计一组参数的模型上，这些模型都与第11章中讨论的链模型紧密相关。后续介绍的模型将使用离散参数，并且通常是通过整个时间序列去估计状态，而不是只通过当前时刻的观测数据去估测状态。

## 备注

**跟踪技术的应用**：在图像领域，跟踪技术有着广泛的应用，包括行人跟踪(Rosales 和 Sclaroff(1999)；Beymer 和 Konolige(1999)、轮廓跟踪(Terzopolous 和 Szeliski(1992)；Blake 等(1993，1995)；Blake 和 Isard(1996，1998)、点跟踪(Broida 和 Chellappa(1986)、三维手模型跟踪(Stenger 等(2001b))和三维人体跟踪(Wang 等(2008))。跟踪技术也应用于行为识别(Vaswani 等(2003))、深度估计(Matthies 等(1989))、SLAM(Davison 等(2007))和目标识别(Zhou 等(2004))中。对跟踪方法和应用的综述可以参考 Blake(2006)和 Yilmaz 等(2006)的文献，而人体跟踪的方法在 Poppe(2007)发表的文献中可以找到。

**跟踪模型**：卡尔曼滤波器最初由 Kalman(1960，1961)和 Bucy(1961)提出，无损卡尔曼滤波器由 Julier 和 Uhlmann(1997)提出，消元法是由 Blake 和 Isard(1996)提出。关于卡尔曼滤波器及其变种的更多信息，可以查阅 Maybeck(1990)、Gelb(1974)和 Jazwinski(1970)发表的文献。Roweis 和 Ghahramani(1999)在线性模型的统一综述这篇综述中提出了关于卡尔曼滤波器如何与其他方法关联的信息。Arulampalam 等(2002)对粒子滤波器使用进行了详细介绍。对跟踪模型的概述和不同方法的推理可参考 Minka(2002)发表的文献。

标准的卡尔曼滤波器上有着大量的变式。其中许多涉及了在不同状态空间模型和混合传播之间的转换(Shumway 和 Stoffer(1991)；Ghahramani 和 Hinton (1996b)；Murphy(1998)；Chen 和 Liu(2000)；Isard 和 Blake(1998))，最近一个著名的扩展算法是基于 GPLVM 得到的一个非线性跟踪算法(Wang 等人(2008))。

一个没有在本章中进行讨论的话题是如何学习跟踪模型的参数。在实践中，比较常见的是手工设置这些参数，然而，关于时序模型如何学习信息可在 Shumway 和 Stoffer(1982)、Ghahramani 和 Hinton(1996a)、Roweis 和 Ghahramani(2001)和 Oh 等(2005)所发表的文献中找到。

**即时定位与地图构建**：虽然 SLAM 术语很久之后才被 Durrant-Whyte 等(1996)创造，但即时定位与地图构建在机器人社区中还是有着自己的起源，在机器人社区中人们关心的是：在探索环境的过程中，对空间不确定性的表达(Durrant-Whyte(1988)；Smith 和 Cheeseman(1987)。Smith 等(1990)有了重要的发现，由于摄像机位置的不确定性，会导致映射位置的错误。基于视觉的 SLAM 方法是 Harris 和 Pike(1987)、Ayache(1991)和 Beardsley 等(1995)首创提出的。

通常，SLAM 系统基于扩展卡尔曼滤波器(Guivant 和 Nebot(2001)；Leonard 和 Feder(2000)；Davison 等(2007))，或者基于 Rao-Blackwellized 的粒子滤波器(Montemerlo 等(2002)；Montemerlo 等(2003)；Sim 等(2005))，然而，当前一些争论的主题就是这类跟踪模型是否必要，以及在三维点中有策略的选择一个子集后，重复使用光束平差法是否足够。

近期的一些关于高效的 SLAM 视觉系统的例子可参考 Nistér 等(2004)、Davison 等(2007)、Klein 和 Murray(2007)、Mei 等(2009)和 Newcombe 等(2011)的工作，其中大部分算法都包括了光束平差法。目前关于 SLAM 的一些研究包括了怎样高效地匹配图片中的特征和当前模型中的特征(Handa 等(2010))，以及怎样在地图中结束循环(Newman 和 Ho(2005))(例如，遥控设备回归到了一个熟悉的位置)。关于 SLAM 技术的综述可以参考 Durrant-Whyte 和 Bailey(2006)发表的相关文献。

## 习题

19.1 证明 Chapman-Kolmogorov 关系：

$$\begin{aligned}Pr(\boldsymbol{w}_t|\boldsymbol{x}_{1\cdots t-1}) &= \int Pr(\boldsymbol{w}_t|\boldsymbol{w}_{t-1})Pr(\boldsymbol{w}_{t-1}|\boldsymbol{x}_{1\cdots t-1})d\boldsymbol{w}_{t-1}\\ &= \int \text{Norm}_{\boldsymbol{w}_t}[\boldsymbol{\mu}_P+\boldsymbol{\Psi}\boldsymbol{w}_{t-1},\boldsymbol{\Sigma}_p]\text{Norm}_{\boldsymbol{w}_{t-1}}[\boldsymbol{\mu}_{t-1},\boldsymbol{\Sigma}_{t-1}]d\boldsymbol{w}_{t-1}\\ &= \text{Norm}_{\boldsymbol{w}_t}[\boldsymbol{\mu}_p+\boldsymbol{\Psi}\boldsymbol{\mu}_{t-1},\boldsymbol{\Sigma}_p+\boldsymbol{\Psi}\boldsymbol{\Sigma}_{t-1}\boldsymbol{\Psi}^{\mathrm{T}}]\end{aligned}$$

19.2 推导卡尔曼滤波器的测量合并步骤，过程如下

$$\begin{aligned}Pr(\boldsymbol{w}_t|\boldsymbol{x}_{1\cdots t}) &= \frac{Pr(\boldsymbol{x}_t|\boldsymbol{w}_t)Pr(\boldsymbol{w}_t|\boldsymbol{w}_{1\cdots t-1},\boldsymbol{x}_{1\cdots t})}{Pr(\boldsymbol{x}_{1\cdots t})}\\ &= \frac{\text{Norm}_{\boldsymbol{x}_t}[\mu_m+\boldsymbol{\Phi}\boldsymbol{w}_t,\boldsymbol{\Sigma}_m]\text{Norm}_{\boldsymbol{w}_t}[\boldsymbol{\mu}_+,\boldsymbol{\Sigma}_+]}{Pr(\boldsymbol{x}_{1\cdots t})}\\ &= \text{Norm}_{\boldsymbol{w}_t}[(\boldsymbol{\Phi}^{\mathrm{T}}\boldsymbol{\Sigma}_m^{-1}\boldsymbol{\Phi}+\boldsymbol{\Sigma}_+^{-1})^{-1}(\boldsymbol{\Phi}^{\mathrm{T}}\boldsymbol{\Sigma}_m^{-1}(\boldsymbol{x}_t-\boldsymbol{\mu}_m)+\boldsymbol{\Sigma}_+^{-1}\boldsymbol{\mu}_+),(\boldsymbol{\Phi}^{\mathrm{T}}\boldsymbol{\Sigma}_m^{-1}\boldsymbol{\Phi}+\boldsymbol{\Sigma}_+^{-1})^{-1}]\end{aligned}$$

19.3 考虑卡尔曼滤波器的一个变式，其中基于先前时间步的先验概率是一个混合的 $K$ 高斯模型

$$Pr(\boldsymbol{w}_t|\boldsymbol{x}_{1\cdots t-1}) = \sum_{k=1}^{K}\lambda_k\text{Norm}_{\boldsymbol{w}_t}[\boldsymbol{\mu}_{+k},\boldsymbol{\Sigma}_{+k}]$$

接下来的测量合并步骤将会发生什么？下一个时序更新步骤将会发生什么？

19.4 考虑一个模型，其中包含两个可能的时序更新方程，分别由两个状态转换矩阵 $\boldsymbol{\Psi}_1$ 和 $\boldsymbol{\Psi}_2$ 表示，并且该系统会周期性的从一个模式切换到另一个。尝试推导一组可以描述这种模型的等式，并讨论其最大边缘分布的推导策略。

19.5 在卡尔曼滤波器模型中，讨论如何在所有的未知全局状态下计算联合后验分布 $Pr(\boldsymbol{w}_{1\cdots T}|\boldsymbol{x}_{1\cdots T})$，这个后验分布的形式是什么？在卡尔曼滤波器中，我们计算边缘后验分布来代替它，为什么要这样做？

19.6 将和积算法(见 11.4.3 节)用于卡尔曼滤波器模型，并且指出其结果与使用卡尔曼滤波器进行递归是等价的。

19.7 证明卡尔曼滤波递归等式：

$$\begin{aligned}\boldsymbol{\mu}_{t|T} &= \boldsymbol{\mu}_t+\boldsymbol{C}_t(\boldsymbol{\mu}_{t+1|T}-\boldsymbol{\mu}_{+|t})\\ \boldsymbol{\Sigma}_{t|T} &= \boldsymbol{\Sigma}_t+\boldsymbol{C}_t(\boldsymbol{\Sigma}_{t+1|T}-\boldsymbol{\Sigma}_{+|t})\boldsymbol{C}_t^{\mathrm{T}}\end{aligned}$$

其中

$$\boldsymbol{C}_t = \boldsymbol{\Sigma}_{t|t}\boldsymbol{\Psi}^{\mathrm{T}}\boldsymbol{\Sigma}_{+|t}^{-1}$$

提示：这可以帮助我们检验 HMMs(见 11.4.2 节)的前向-后向算法的证明。

19.8 讨论如何在给出训练序列后学习卡尔曼滤波器模型的参数，训练序列有两种可能：(i)既包含已知的全局状态又包含观测数据，(ii)只包含观测数据。

19.9 在无损卡尔曼滤波器中，我们提出了一个均值为 $\boldsymbol{\mu}$、协方差为 $\boldsymbol{\Sigma}$ 的高斯分布，该高

斯分布包含一系列$\delta$函数

$$\hat{\boldsymbol{w}}^{[0]} = \boldsymbol{\mu}_{t-1}$$

$$\hat{\boldsymbol{w}}^{[j]} = \boldsymbol{\mu}_{t-1} + \sqrt{\frac{D_w}{1-a_0}}\boldsymbol{\Sigma}_{t-1}^{1/2}\boldsymbol{e}_j, \quad j \in \{1\cdots D_w\}$$

$$\hat{\boldsymbol{w}}^{[D_w+j]} = \boldsymbol{\mu}_{t-1} - \sqrt{\frac{D_w}{1-a_0}}\boldsymbol{\Sigma}_{t-1}^{1/2}\boldsymbol{e}_j, \quad j \in \{1\cdots D_w\}$$

其相应的权重为

$$a_j = \frac{1-a_0}{2D_w}$$

这说明，这些点的均值和协方差确实是$\boldsymbol{\mu}_{t-1}$和$\boldsymbol{\Sigma}_{t-1}$，所以可得

$$\boldsymbol{\mu}_{t-1} = \sum_{j=0}^{2D_w} a_j \hat{\boldsymbol{w}}^{[j]}$$

$$\boldsymbol{\Sigma}_{t-1} = \sum_{j=0}^{2D_w} a_j (\hat{\boldsymbol{w}}^{[j]} - \boldsymbol{\mu}_{t-1})(\hat{\boldsymbol{w}}^{[j]} - \boldsymbol{\mu}_{t-1})^{\mathrm{T}}$$

19.10 扩展的卡尔曼滤波器采用雅克比矩阵来描述数据中的微小变化如何导致测量值的微小改变，计算在行人跟踪应用的测量值模型中的雅克比矩阵(见式(19-50))。

# 视觉词模型

在本书的大多数模型中，观察到的数据被视为是连续的。因此，对于生成模型，数据的概率通常是基于正态分布的。在本章中，我们探索将观测数据看成是离散的生成模型。目前数据的概率基于分类分布，这些数据描述了观测离散变量不同的可能取值的概率。

在本章中列举出的模型考虑到了场景分类问题(见图 20-1)。我们给出了不同场景分类下的训练图像的样本(例如：办公室、海岸线、森林、山脉)，并且必须去学习一种能识别(并分离)出新样本的模型。在图 20-1 中的学习场景表明这是一个很有挑战的问题。同一场景的不同图像可能很少有共同之处，但我们必须以某种方法鉴别出他们(在某方面)是相同的。在本章中，我们还将讨论具有很多相同特征的物体识别，物体如一棵树、一辆自行车或者一把椅子的外观从一个图到另一个图都有显著的不同，我们必须设法捕捉这种不同。

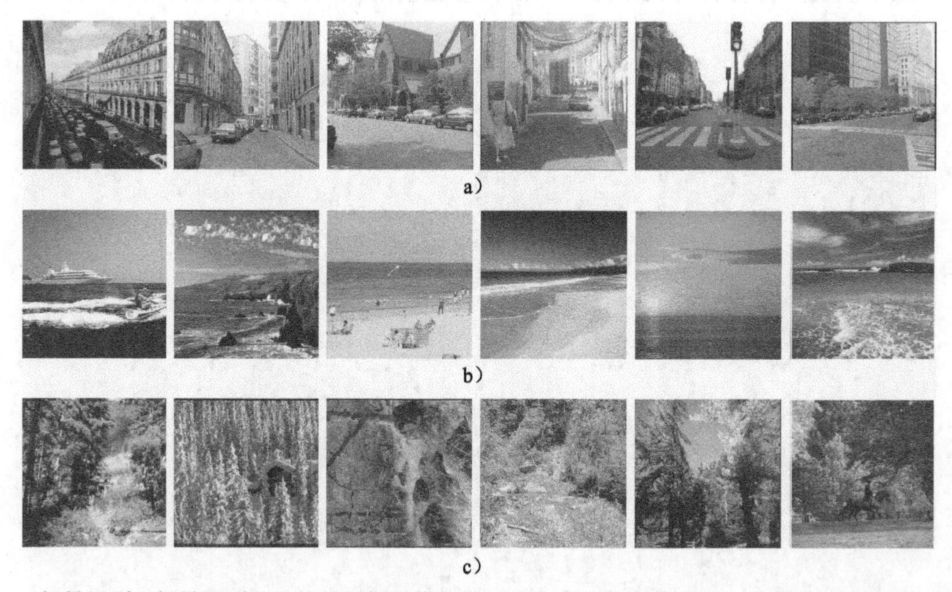

图 20-1 场景识别。场景识别的目的是根据图像的类型或内容来给图像分配一个离散的类别。在这种情况下，数据包括图像 a) 街景、b) 大海和 c) 森林。场景识别是对象识别的一个有用的基础；如果我们知道场景是一个街道，那么汽车存在的概率很高，但一艘船出现的概率就很小。可惜，场景识别本身就是一个相当具有挑战性的任务。同一场景类中不同的例子可能在视觉上几乎没有共同之处

这些复杂场景建模的关键是将图像编码为视觉词的集合，利用这些词出现的频率作为基础作进一步的计算，本章将通过描述这一变换展开讨论。

## 20.1 视觉词集合的图像

在视觉词方面来对一幅图像进行编码，首先需要建立一个字典。这相当于要计算一个大的未标注的训练图像集合，其中包含将最终被分类的所有场景或物体的例子。为了计算这个字典，采取以下步骤：

1. 对于每幅训练图像 $I$，选择 $J_i$ 空间位置集。一种可能性是确定图像中的兴趣点(见 13.2 节)。此外，图像可以在正则网格中被采样。

2. 计算每张用低维向量描述周边区域的图像中每个空间位置的描述符。例如：我们可以计算 SIFT 描述符(见 13.3.2 节)。

3. 使用一种如 $k$ 均值算法的方法将集群中所有的描述符向量分成 $K$ 组(见 13.4.4 节)。

4. $K$ 聚类的均值可作为字典中的 $K$ 原型向量。

通常，几十万的描述符将被用来计算由几百个原型字组成的字典。在计算字典过程中，我们将采用一种新图像并将其转换为一系列的视觉词。为了计算这些视觉词，我们采取以下步骤：

1. 使用相同的方法为字典在图像中选择一组 $J$ 空间位置。

2. 计算在每个 $J$ 空间位置的描述符。

3. 计算字典中的 $K$ 原型描述符中的每个描述符，并找到最接近的原型(视觉词)。

4. 给这个位置分配对应于字典中最接近词的一个离散索引来关联字典中距离指数最近的词。

计算出视觉词后，单个图像的数据 $x$ 包含 $J$ 词索引（$f_j \in \{1,\cdots,K\}$）的一组 $\mathbf{x}=\{f_j,x_j,y_j\}_{j=1}^{J}$ 向量，以及它们的二维坐标（$x_j,y_j$）。这是一个高度压缩的表示方法，尽管如此，其中包含着图像外观和布局的重要信息。在本章剩余部分中，我们将开发一系列生成模型，试图解释在不同的物体或场景下这些数据的模式。

## 20.2 词袋

从视觉词角度来讲，一幅图像最简单的可能表示是一个词袋，在这里我们将完全抛弃约束词本身的空间信息（$x_j,y_j$），只保留指数 $f_j$ 这个词，因此观察到的数据是 $\mathbf{x}=\{f_j\}_{j=1}^{J}$。图像可以简单地由每个词出现的频率加以表示。假定不同类型的物体或场景趋于包含不同的词，那么我们利用这一特点就可以完成场景或物体的识别(见图 20-2)。

20.1

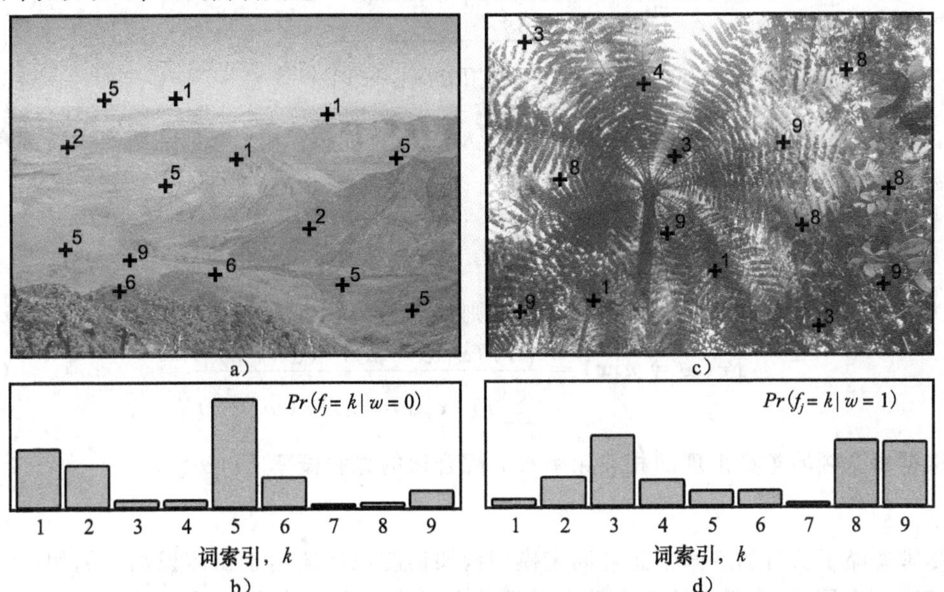


图 20-2 使用了词的场景识别。a) 在沙漠场景中可以看见一组兴趣点，并且每个描述符也都被计算出来。这些描述符与包含 $K$ 原型的字典进行比较，然后选出最接近原型的索引(红色数字)。在这里 $K=9$，但在实际应用中，它可能取到几百。b) 这些场景类型的“沙漠”暗示了一种基于被观察到的视觉词的某种分布。c) 第二张图包含的是一个和视觉词相关的丛林场景。d) 这些“丛林”场景暗示了一种基于视觉词的不同分布。我们可以通过评估被观察的视觉词被划分到“沙漠”分布或是“丛林”分布的概率来判断一张新图像的所属场景类型

更正式地，我们的目标是推断离散变量 $w\in\{1,2,\cdots,N\}$，该变量能够表明 $N$ 类中有哪些类存在于这幅图像。我们使用一种生成方法来对每个 $N$ 类独立建模。由于因为数据 $\{f_j\}_{j=1}^{J}$ 是离散的，我们用一个分类分布来描述它的概率，并且得到一个离散状态函数的分布参数 $\boldsymbol{\lambda}$：

$$Pr(\mathbf{x}|w=n)=\prod_{j=1}^{J}\mathrm{Cat}_{f_j}[\boldsymbol{\lambda}_n] = \prod_{k=1}^{K}\lambda_{kn}^{T_k} \tag{20-1}$$

其中 $T_k$ 是第 $k$ 个词被观察到的总次数，因此

$$T_k\sum_{j=1}^{J}\delta[f_j-k] \tag{20-2}$$

我们将考虑这个模型的学习和推理算法。

### 20.2.1 学习

在学习中，我们的目标是基于观测的数据 $\mathbf{x}_i=\{f_{ij}\}_{j=1}^{J=1}$ 和领域状态 $w_i$ 的标记对 $\{\mathbf{x}_i,w_i\}$ 来估计参数 $\{\boldsymbol{\lambda}_n\}_{n=1}^{N}$。我们注意到只有当领域状态为 $w_i=n$ 时，第 $n$ 个参数向量 $\boldsymbol{\lambda}_n$ 才可以使用。因此，可以单独学习每个参数向量，我们可以从训练图像 $w_i=n$ 的子集 $S_n$ 中学习参数 $\boldsymbol{\lambda}_n$。

使用 4.5 节的结果可以看到，如果我们使用具有统一参数 $\boldsymbol{\alpha}=[\alpha,\alpha,\cdots,\alpha]$ 的狄利克雷先验数据，那么分类参数的 MAP 估计可由下式得出

$$\hat{\lambda}_{nk}\ \frac{\sum_{i\in\mathcal{S}_n}T_{ik}+\alpha-1}{\sum_{k=1}^{K}\left(\sum_{i\in\mathcal{S}_n}T_{ik}+\alpha-1\right)} \tag{20-3}$$

其中，$\lambda_{nk}$ 是在第 $n$ 类中分类分布的第 $k$ 个输入，$T_{ik}$ 是词 $k$ 在第 $i$ 幅训练图像中被观察到的总次数。

### 20.2.2 推理

为了推测领域状态，我们采用贝叶斯准则：

$$Pr(w=n|\mathbf{x})=\frac{Pr(\mathbf{x}|w=n)Pr(w=n)}{\sum_{n=1}^{N}Pr(\mathbf{x}|w=n)Pr(w=n)} \tag{20-4}$$

这里根据每个领域类型出现的相关频率来分配合适的先验概率 $Pr(w=n)$。

**讨论**

尽管忽略了所有的空间信息，词袋模型构架仍能很好地用于物体识别。例如：Csurka 等人(2004)在图 20-3 所示的 7 个种类的图像分类中识别正确率达到 72%。注意到通过将标准词频率的向量 $\mathbf{z}=[T_1,T_2,\cdots,T_K]/\sum_k T_k$ 视为连续并使其隶属于 kernelized 区别分类器(见第 9 章)，可进一步提高性能。然而，我们将继续研究(更多理论上感兴趣的)其生成方法。

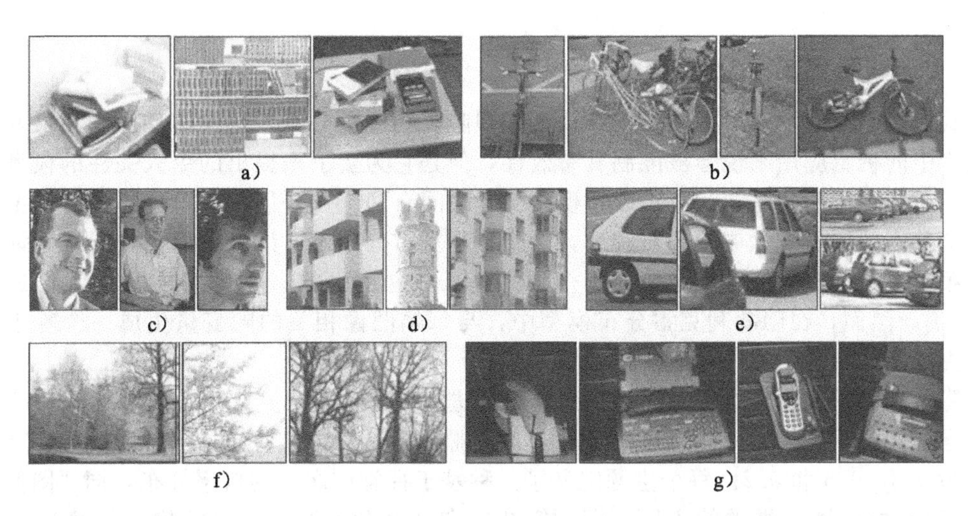


图 20-3 基于词袋的目标识别。Csurka 等人在 2004 年建立了一个视觉词模型生成包，以区分 a) 书、b) 自行车、c) 人、d) 建筑、e) 汽车、f) 树和 g) 手机。尽管每一类都具有各种各样的视觉外观，但他们取得了 72%的正确分类。他们通过应用其他方法来解决同样的问题，设法进一步提高性能

### 20.2.3 词袋模型的相关问题

词袋生成模型有许多缺点：

1. 在考虑到客体类别后，假定词是相互独立生成的，尽管这未必正确。一个特殊视觉词的存在能告知我们所观测的其他视觉词的概率。

2. 忽略了空间信息。因此，在用于物体识别时，它不能辨别出图像中物体的具体位置。

3. 在单幅图像中描述多重物体是不适合的。

本章接下来的内容将致力于建立一系列生成模型来改善这些缺点(见图 20-4)。

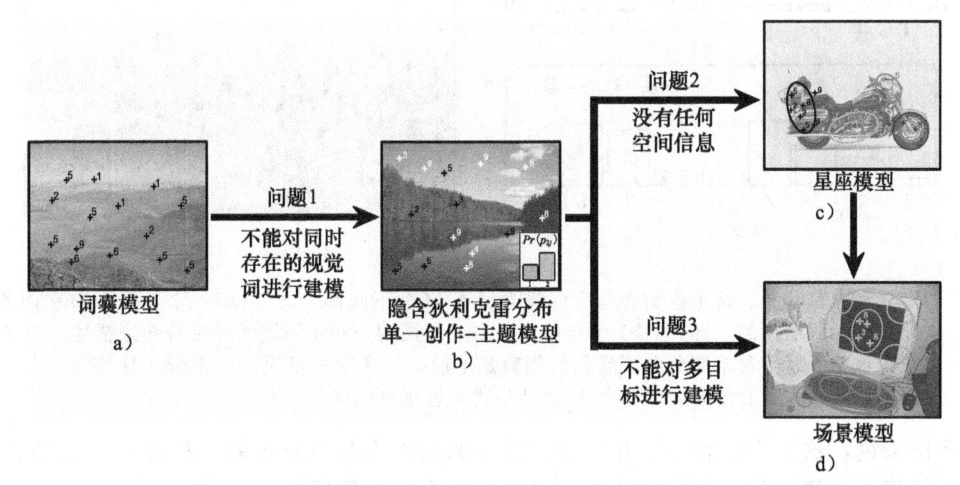


图 20-4 词袋模型的问题。a) 词袋模型对于物体和场景识别是非常有效的，但它仍然可以通过以下几方面进行改进，b) 对视觉词进行建模(创建隐狄利克雷分布模型)。c) 该模型可以扩展来描述物体的不同部分的相对位置(创建一个星座模型)，d) 再次扩展以描述场景中物体的相对位置(创建一个场景模型)

## 20.3 隐狄利克雷分布

20.2 我们将研究一种众所周知的中级模型，即隐狄利克雷分布。这种模型对于在最基本的形式之中的视觉应用来说会被限制其有效性，但是它为接下来提出的令人关注的模型奠定了基础。词袋模型和隐狄利克雷分布模型二者之间有两个重要区别。首先，词袋模型描述了一个单一图像里视觉词的相对频率，而隐狄利克雷分布通过许多图像描述了视觉词的出现。第二，词袋模型假定图像中的每个词是完全独立产生的：观察了词 $f_{i1}$，我们还是不知道 $f_{i2}$。然而，在隐狄利克雷分布模型中，与每幅图像相关的隐变量生成一个基于词频率的更复杂分布。

隐狄利克雷分布最好通过类比到文本文档进行理解。每种文档可以被认为是一个广义的主题。例如，这本书可能包含的主题有“机器学习”“视觉”和“计算机科学”，其比例分别为 0.3、0.5 和 0.2。每个主题定义了一种基于视觉词之上的概率分布，词“图像”和“像素”更可能属于视觉的主题，词“算法”和“复杂性”更有可能属于计算机科学的主题。

为了生成一个词，首先我们根据主题的概率为当下的文件选择一个主题。然后，根据一种依赖于已选择主题的分布来选择一个词。注意这种模型是如何在观察到的不同词的概率之间产生关联。例如，如果我们观察到的是“图像”，那么这将暗示主题“视觉”的概率很大，因此，观察到词“像素”的概率会变大。

现在，我们把观念转换到视觉领域。当文件变为一幅图像或者词变为视觉词时，对主题没有一个完全清晰的解释，仅将其作为一部分参考。它是在图像中趋于共同出现的一组视觉词。他们可能会或可能不会在图像空间上彼此接近，并且他们可能会也可能不会对应于一个物体的一个“确切”的部分(见图 20-5)。

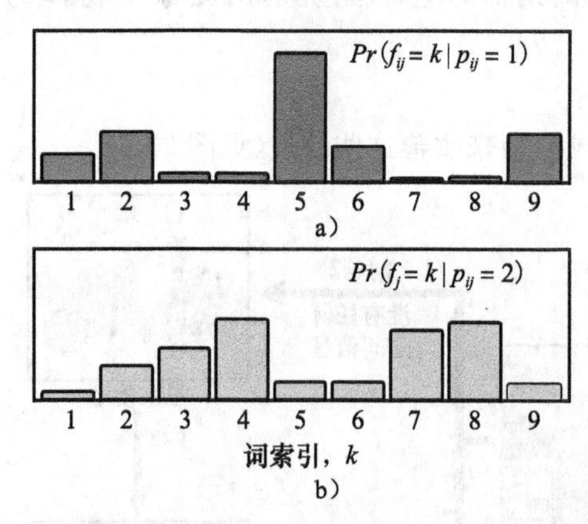


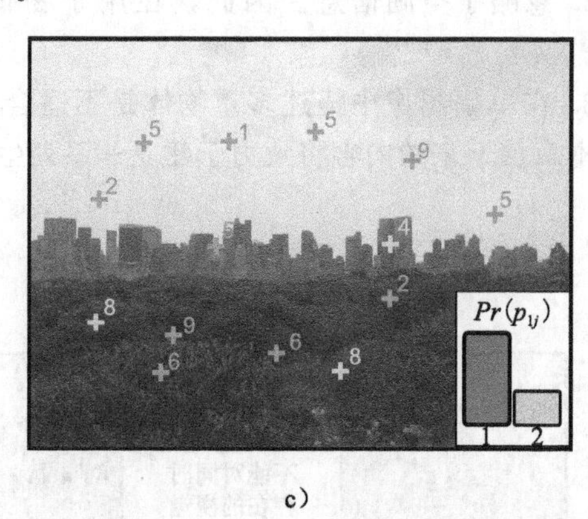


图 20-5 隐狄利克雷分布。这个模型将每个词视为属于 $M$ 个不同部分之一($M=2$)。a) 分布在词的类别分布是 1 所描述的一部分。b) 给定的部分是 2 的词的分布由不同的类别分布来描述。c) 在每一个图像中，属于每个部分的观察词的趋势是不同的。在这种情况下，部分 1 比部分 2 是更有可能的，所以大部分的词属于部分 1(就是和浅灰色相对的深灰色)

严格来说，这个模型表示了在一幅图像中的词作为分类分布的一种混合。这种混合权重比例依赖于这幅图像，但分类分布的参数被所有的图像所共享。

$$
\begin{aligned}
Pr(p_{ij}) &= \mathrm{Cat}_{p_{ij}}[\boldsymbol{\pi}_i] \\
Pr(f_{ij}|p_{ij}) &= \mathrm{Cat}_{f_{ij}}[\boldsymbol{\lambda}_{p_{ij}}]
\end{aligned} \tag{20-5}
$$

其中 $i$ 表示图像，$j$ 表示词。第一个等式说明了和第 $i$ 个图像中的第 $j$ 个词相关局部标记

$p_{ij} \in \{1,2,\cdots,M\}$ 是从对于这幅图像来说参数 $\boldsymbol{\pi}_i$ 是唯一的某种分类分布中提取获得的。第二个等式说明视觉词 $f_{ij}$ 的确切选择是一种参数 $\boldsymbol{\lambda}_{p_{ij}}$ 依赖于局部的分类分布。总而言之，我们分别将$\{\boldsymbol{\pi}_i\}_{i=1}^{I}$，$\{\boldsymbol{\lambda}_m\}_{m=1}^{M}$作为局部概率和词概率。

基于词的最终密度来自于忽略局部标记，这些是隐变量，因此

$$Pr(f_{ij}) = \sum_{m=1}^{M} Pr(f_{ij} \mid p_{ij} = m) Pr(p_{ij} = m) \tag{20-6}$$

为了完成这个模型，我们定义了先验参数$\{\boldsymbol{\pi}_i\}_{i=1}^{I}$，$\{\boldsymbol{\lambda}_m\}_{m=1}^{M}$，其中，$I$ 是图像的数量，$M$ 是局部总数，在每种情况下，我们选择一个带有统一参数向量的共轭狄利克雷先验，使得：

$$\begin{aligned} Pr(\boldsymbol{\pi}_i) &= \mathrm{Dir}_{\boldsymbol{\pi}_i}[\boldsymbol{\alpha}] \\ Pr(\boldsymbol{\lambda}_m) &= \mathrm{Dir}_{\boldsymbol{\lambda}_m}[\boldsymbol{\beta}] \end{aligned} \tag{20-7}$$

其中，$\boldsymbol{\alpha} = [\alpha,\alpha,\cdots,\alpha]$ 和 $\boldsymbol{\beta} = [\beta,\beta,\cdots,\beta]$。相关图表模型如图 20-6 所示。

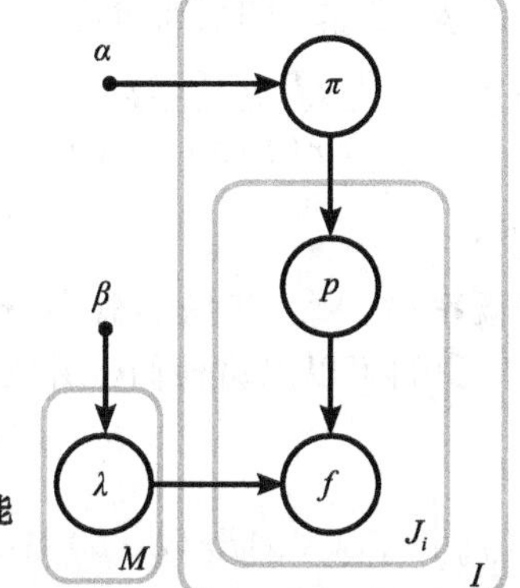


图 20-6　隐狄利克雷分布的图形模型。每个不同的 $K$ 值的第 $i$ 个图像的第 $j$ 个词的概率依赖于它属于 $M$ 部分中的哪一个，这是由相关的部分标签 $p_{ij}$ 来确定的。取不同的值的部分标签的趋势对于每个图像是不同的，并且由参数 $\boldsymbol{\pi}_i$ 来决定。超参数 $\alpha$ 和 $\beta$ 分别在部分概率和词概率上确定狄利克雷先验分布

注意：隐狄利克雷分布对于一组图像集数据而言是一个密度模型。它不涉及我们期望参考的“领域”术语。在随后的模型中，我们将再次引入领域术语，并使用这个模型在视觉问题中加以推断。然而我们现在将注意力集中在如何学习相对简单的隐狄利克雷分布模型。

### 20.3.1　学习

在学习过程中，目标是估计每幅训练图像 $I$ 的局部概率$\{\boldsymbol{\pi}_i\}_{i=1}^{I}$和基于一组训练数据$\{f_{ij}\}_{i=1,j=1}^{I,J_i}$的每个 $M$ 部分$\{\boldsymbol{\lambda}_m\}_{m=1}^{M}$中的词概率，其中，$J_i$ 表示在第 $i$ 幅图像中可见词的数量。

如果我们知道隐含局部标记$\{p_{ij}\}_{i=1,j=1}^{I,J_i}$的值，那么学习未知参数将会很容易。通过 4.4. 节的方法，精确的表达式如下：

$$\begin{aligned} \hat{\pi}_{im} &= \frac{\sum_{j}\delta[p_{ij}-m]+\alpha}{\sum_{j,m}\delta[p_{ij}-m]+M\alpha} \\ \hat{\lambda}_{mk} &= \frac{\sum_{i,j}\delta[p_{ij}-m]\delta[f_{ij}-k]+\beta}{\sum_{i,j,k}\delta[p_{ij}-m]\delta[f_{ij}-k]+K\beta} \end{aligned} \tag{20-8}$$

遗憾的是，我们并不知道这些局部标记，因此不能使用直接方法。一种可能的方法是应用EM算法，在这种算法中，我们轮流计算局部标记的后验分布并更新参数。但是这也存在问题，第$i$幅图像中的所有局部标记$\{p_{ij}\}_{j=1}^{J_i}$共享了图模型中的一个同源$\pi_i$。这意味着我们不能将其视为独立的。理论上，我们可以计算它们的联合后验分布，但每幅图中可能有几百个词，其中的每一个词携带几百个值，因此这是不实际的。

因此，我们的策略如下：

- 基于局部标记给出一个后验分布的表达式；
- 提出一种MCMC(多通道与多选择)方法来对这种分布提取样本；
- 使用该样本估计参数。

这三步将在接下来的三节里做详细叙述。

**局部标记的后验分布**

应用贝叶斯规则生成局部标记$\boldsymbol{p}=\{p_{ij}\}_{i=1,j=1}^{I,J_i}$的后验分布：

$$Pr(\boldsymbol{p}|\boldsymbol{f})=\frac{Pr(\boldsymbol{f}|\boldsymbol{p})Pr(\boldsymbol{p})}{\sum_{f}Pr(\boldsymbol{f}|\boldsymbol{p})Pr(\boldsymbol{p})} \tag{20-9}$$

其中，$\boldsymbol{f}=\{f_{ij}\}_{i=1,j=1}^{I,J_i}$代表观测到的词。

在计数器中的两项分别依赖于词概率$\{\boldsymbol{\lambda}_m\}_{m=1}^{M}$和局部概率$(\boldsymbol{\pi}_i)_{i=1}^{I}$。然而，由于这些数量中的每一个都有一个共轭先验分布，我们可以忽略他们，并在计算中将其完全移除，因此，$Pr(\boldsymbol{f}|\boldsymbol{p})$可写成：

$$\begin{aligned}Pr(\boldsymbol{f}|\boldsymbol{p})&=\int\prod_{i=1}^{I}\prod_{j=1}^{J_i}Pr(f_{ij}|p_{ij},\boldsymbol{\lambda}_{1\cdots M})Pr(\boldsymbol{\lambda}_{1\cdots M})\mathrm{d}\boldsymbol{\lambda}_{1\cdots M}\\&=\left(\frac{\Gamma[K\beta]}{\Gamma[\beta]^K}\right)^M\prod_{m=1}^{M}\frac{\prod_{k=1}^{K}\Gamma\left[\sum_{i,j}\delta[f_{ij}-k]\delta[p_{ij}-m]+\beta\right]}{\Gamma\left[\sum_{i,j,k}\delta[f_{ij}-k]\delta[p_{ij}-m]+K\beta\right]}\end{aligned} \tag{20-10}$$

并且，先验分布可写成：

$$\begin{aligned}Pr(\boldsymbol{p})&=\prod_{i=1}^{I}\int\prod_{j=1}^{J_i}Pr(p_{ij}|\boldsymbol{\pi}_i)Pr(\boldsymbol{\pi}_i)\mathrm{d}\boldsymbol{\pi}_i\\&=\left(\frac{\Gamma[M\alpha]}{\Gamma[\alpha]^M}\right)^I\prod_{i=1}^{I}\frac{\prod_{m=1}^{M}\Gamma\left[\sum_{j}\delta[p_{ij}-m]+\alpha\right]}{\Gamma\left[\sum_{j,m}\delta[p_{ij}-m]+M\alpha\right]}\end{aligned} \tag{20-11}$$

其中，我们利用共轭关系来帮助解决积分问题(见问题3.10)。

遗憾的是，我们不能计算式(20-9)的分母，因为这涉及词标记$f$的每个可能分配的求和。因此，我们只能计算由未知比例因素来决定的局部标记的后验概率。之前，在MRF(马尔可夫随机场)标记问题中我们遇到过相似情形(见第12章)。在那种情况下，有一个多项式时间算法来找到MAP的估计，但是，在这里是不可能的，对于这个问题的代价函数没法用一元成对关系的总和来表达。

**从后验分布中提取样本**

为了取得进步，我们使用Monte Carlo马尔可夫链方法从后验分布中生成一组样本$\{\boldsymbol{p}^{[1]}\boldsymbol{p}^{[2]},\cdots,\boldsymbol{p}^{[T]}\}$，更具体地，我们使用吉布斯采样方法(见10.7.2节)，在这里我们交替更新每个局部标记 $p_{ij}$。为了完成这一步，在假定其他所有局部标记都固定的情况下，计算当下局部标记的后验概率，然后从这个分布中提取出样本。对每个局部标记重复进行这一运算以生成一个新的样本 $\mathbf{p}$。假定其他局部标记是固定的，单个局部标记的后验分布具有计算公式如式(20-12)的 $M$ 个元素：

$$Pr(p_{ij}=m|\mathbf{p}_{\setminus ij},\mathbf{f})=\frac{Pr(p_{ij}=m,\mathbf{p}_{\setminus ij},\mathbf{f})}{\sum_{m=1}^{M}Pr(p_{ij}=m,\mathbf{p}_{\setminus ij},\mathbf{f})} \tag{20-12}$$

其中，符号 $\mathbf{p}_{\setminus ij}$ 表示除 $p_{ij}$ 外的 $\mathbf{p}$ 中的所有元素。为了估计这个参数，我们利用式(20-10)和式(20-11)来计算联合概率 $Pr(\mathbf{f},\mathbf{p})=Pr(\mathbf{f}|\mathbf{p})Pr(\mathbf{p})$。实际上，表达式大幅简化为：

$$Pr(p_{ij}=m|\mathbf{p}_{\setminus ij},\mathbf{f})\propto\left(\frac{\sum_{a,b\setminus i,j}\delta[f_{ab}-f_{ij}]\delta[p_{ab}-m]+\beta}{\sum_{k}\sum_{a,b\setminus i,j}\delta[f_{ab}-k]\delta[p_{ab}-m]+K\beta}\right)\times\left(\frac{\sum_{b\setminus j}\delta[p_{ib}-m]+\alpha}{\sum_{m}\sum_{b\setminus j}\delta[p_{ib}-m]+M\alpha}\right) \tag{20-13}$$

其中，符号 $\sum_{a,b\setminus i,j}$ 表示除 $i$，$j$ 外 $\{a,b\}$ 值的总和，尽管看起来相当复杂，但该表达式有个简单的解释。第一项是观察到的已知局部 $p_{ij}=m$ 的词 $f_{ij}$ 的概率。第二项是 $m$ 在当下文件中出现次数的比例。

为了从后验概率中抽样，我们初始化局部标记 $\{p_{ij}\}_{i=1,j=1}^{I,J_i}$，依次交替更新每个局部标记。经过合理的前期调试(所有变量经过几千次迭代计算)，产生的样本可以被假定为是从后验分布中得到的。然后，我们从这个链中采用一个样本子集，为了确保它们的关联度很低，样本之间有一个合理的距离。

**使用样本来估算参数**

最终，使用如下公式来估计未知参数

$$\begin{aligned}\hat{\pi}_{im}&=\frac{\sum_{t,j}\delta[p_{ij}^{[t]}-m]+\alpha}{\sum_{t,j,m}\delta[p_{ij}^{[t]}-m]+M\alpha}\\ \hat{\lambda}_{mk}&=\frac{\sum_{t,i,j}\delta[p_{ij}^{[t]}-m]\delta[f_{ij}-k]+\beta}{\sum_{t,i,j,k}\delta[p_{ij}^{[t]}-m]\delta[f_{ij}-k]+K\beta}\end{aligned} \tag{20-14}$$

这个公式与估计已知局部标记参数的原始表达式(20-8)非常相近。

### 20.3.2　非监督物体检测

上述模型能被用于帮助分析图像集的结构。考虑将模型用于包含几幅图像的无标号数据集。应用后，$I$ 幅图像中的每一幅图将建模为部分的混合，并且估计每个混合部分的混合权重 $\boldsymbol{\lambda}_i$。现在我们根据混合物中的显著部分来聚类这些图像。对于小数据集，可以看出用该方法能够非常准确地分类出不同物体的种类，这种模型允许在未被标记的数据集中检测物体分类。

## 20.4 单一创作-主题模型

隐狄利克雷分布对于包含离散词的图像来说是简单的密度模型。现在我们要描述在假定每幅图像中只有单个对象的模型，并且该对象通过标记 $w_i \in \{1, \cdots, N\}$ 进行特征描述。在单一创作-主题模型(见图 20-7)中，我们假设相同对象的每幅图像包含相同的部分概率如下：

$$
\begin{aligned}
Pr(p_{ij} | w_i = n) &= \text{Cat}_{p_{ij}}[\boldsymbol{\pi}_n] \\
Pr(f_{ij} | p_{ij}) &= \text{Cat}_{f_{ij}}[\boldsymbol{\lambda}_{p_{ij}}]
\end{aligned}
\tag{20-15}
$$

图 20-7 单一创作-主题模型。单一创作-主题是包括变量 $w_i \in \{1, \cdots, N\}$ 的隐含狄利克雷模型的一个变体，变量 $w_i \in \{1, \cdots, N\}$ 表示 $N$ 个可能的物体中哪一个是在图像中的。假设部分概率 $\{\boldsymbol{\pi}_n\}_{n=1}^{N}$ 取决于对象的选择。a) 图像 1 包含一个摩托车，这产生了显示在右下角的部分概率。部分是来自这个概率分布(十字架的颜色)，词(数字)是基于所选择的部分。b) 摩托车的第二幅图像产生了相同的概率。c～d) 因此包含不同对象的两个图像有不同的部分概率(右下角)

为了完成这个模型，我们添加狄利克雷先验分布到未知参数 $\{\boldsymbol{\pi}_n\}_{n=1}^{N}$ 和 $\{\boldsymbol{\lambda}_m\}_{m=1}^{M}$：

$$
\begin{aligned}
Pr(\boldsymbol{\pi}_n) &= \text{Dir}_{\boldsymbol{\pi}_n}[\boldsymbol{\alpha}] \\
Pr(\boldsymbol{\lambda}_m) &= \text{Dir}_{\boldsymbol{\lambda}_m}[\boldsymbol{\beta}]
\end{aligned}
\tag{20-16}
$$

其中，$\boldsymbol{\alpha} = [\alpha, \alpha, \cdots, \alpha]$，$\boldsymbol{\beta} = [\beta, \beta, \cdots, \beta]$。简单起见，我们假定基于对象标记 $w$ 的先验分布是统一的，且不对其进行深入讨论。有关图表模型在图 20-8 中有较为详细的阐述。

像词袋和隐狄利克雷分布模型一样，该模型最初被用于描述文本文档。假设一个文档由一个作者写作(每张图像包含一个物体)，并且这决定主题(局部)的相对频率。这是一个更一般的创作-主题模型的特例。

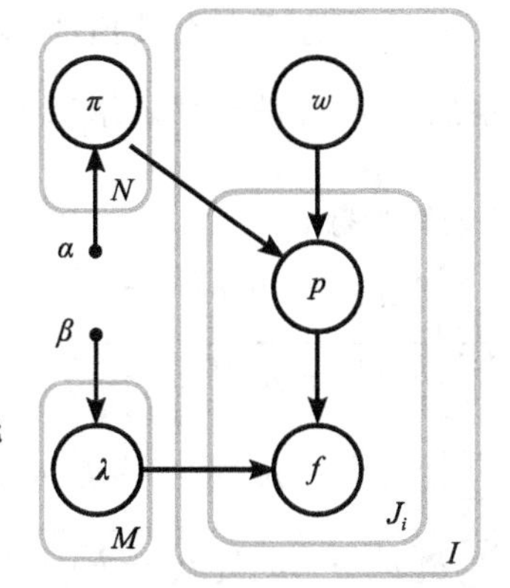


图 20-8 单一创作-主题模型的图形模型。被归类为一个词或另一个词的第 $i$ 个图像 $f_{ij}$ 中的第 $j$ 个词的概率依赖于它属于 $M$ 个部分中的哪一个，而这又有相关部分标签 $p_{ij}$ 来决定。具有不同值的部分标签的趋势对于每个物体是不同的，并且由参数 $\boldsymbol{\pi}_n$ 来决定，其中，假设在每个图像中存在单一物体

### 20.4.1 学习

学习过程几乎与隐狄利克雷分布以相同的方式进行。给定已知的一组 $I$ 图像，每一幅图像都有一个已知的对象标记 $w_i \in \{1,\cdots,N\}$ 和一组视觉词$\{f_{ij}\}_{j=1}^{J_i}$，其中，$f_{ij} \in \{1,\cdots,M\}$。如果我们知道与每个词相关的隐藏的部分标记 $\boldsymbol{p_{ij}}$，那么每个对象$\{\boldsymbol{\pi}_n\}_{n=1}^{N}$的部分概率和每部分$\{\boldsymbol{\lambda}_m\}_{m=1}^{M}$的词概率的估算也将变得容易。正如以前我们采用从基于局部标记的后验分布提取样本并使用这些样本来估算未知参数的方法。这个后验分布可以通过贝叶斯规则计算得出：

$$Pr(\boldsymbol{p}|\boldsymbol{f},\boldsymbol{w}) = \frac{Pr(\boldsymbol{f}|\boldsymbol{p})Pr(\boldsymbol{p}|\boldsymbol{w})}{\sum_{\boldsymbol{f}} Pr(\boldsymbol{f}|\boldsymbol{p})Pr(\boldsymbol{p}|\boldsymbol{w})} \tag{20-17}$$

这里，$\boldsymbol{w}=\{w_i\}_{i=1}^{I}$包含所有物体标签。

概率项 $Pr(\boldsymbol{f}|\boldsymbol{p})$与隐狄利克雷分布是一样的，并由式(20-10)给出。先验分布的项变为：

$$\begin{aligned} Pr(\boldsymbol{p}|\boldsymbol{w}) &= \int \prod_{i=1}^{I}\prod_{j=1}^{J_i} Pr(p_{ij}|w_i,\boldsymbol{\pi}_{1\cdots N})Pr(\boldsymbol{\pi}_{1\cdots N})\mathrm{d}\boldsymbol{\pi}_{1\cdots N} \\ &= \left(\frac{\Gamma[M\alpha]}{\Gamma|\alpha]^M}\right)^N \prod_{n=1}^{N} \frac{\prod_{m=1}^{M}\Gamma\left[\sum_{i,j}\delta[p_{ij}-m]\delta[w_i-n]+\alpha\right]}{\Gamma\left[\sum_{i,j,m}\delta[p_{ij}-m]\delta[w_i-n]+M\alpha\right]} \end{aligned} \tag{20-18}$$

如之前一样，我们无法计算出贝叶斯规则下的分母，因为它涉及基于所有可能词的求和问题。因此，我们使用吉布斯采样方法，依次使用如下关系从边缘后验分布中重复地提取样本 $\boldsymbol{p}^{[1]}\boldsymbol{p}^{[2]}$，…，$\boldsymbol{p}^{[T]}$：

$$\begin{aligned} Pr(p_{ij}=m|\boldsymbol{p}_{\setminus ij},\boldsymbol{f},w_i=n) \propto & \left(\frac{\sum_{a,b\setminus i,j}\delta[f_{ab}-f_{ij}]\delta[p_{ab}-m]+\beta}{\sum_{k}\sum_{a,b\setminus i,j}\delta[f_{ab}-k]\delta[p_{ab}-m]+K\beta}\right) \\ & \times \left(\frac{\sum_{a,b\setminus i,j}\delta[p_{ab}-m]\delta[w_i-n]+\alpha}{\sum_{m}\sum_{a,b\setminus i,j}\delta[p_{ab}-m]\delta[w_i-n]+M\alpha}\right) \end{aligned} \tag{20-19}$$

其中，符号 $\sum_{a,b\setminus i,j}$ 表示除结合 $i$，$j$ 外 $a$，$b$ 的所有有效值的总和。该表达式有种简单的解释。第一项为已知部分 $p_{ij}=m$ 观察到的词 $f_{ij}$ 的概率。第二项为在第 $n$ 个对象中 $m$ 部分出现的时间比例。

最终，我们使用如下关系估计未知参数：

$$\hat{\pi}_{nm}=\frac{\sum_{t,i,j}\delta[p_{ij}^{[t]}-m]\delta[w_i-n]+\alpha}{\sum_{t,i,j,m}\delta[p_{ij}^{[t]}-m]\delta[w_i-n]+M\alpha}$$
$$\hat{\lambda}_{mk}=\frac{\sum_{t,i,j}\delta[p_{ij}^{[t]}-m]\delta[f_{ij}-k]+\beta}{\sum_{t,i,j,k}\delta[p_{ij}^{[t]}-m]\delta[f_{ij}-k]+K\beta} \tag{20-20}$$

### 20.4.2 推理

在推理过程中，使用如下公式计算每个可能对象 $w\in\{1,\cdots,N\}$ 的新图像数据 $\boldsymbol{f}=\{f_j\}_{j=1}^J$ 的概率：

$$\begin{aligned}Pr(\boldsymbol{f}|w=n)&=\prod_{j=1}^{J}\sum_{p_j=1}^{M}Pr(p_j|w=n)Pr(f_j|p_j)\\&=\prod_{j=1}^{J}\sum_{p_j=1}^{M}\text{Cat}_{p_j}[\boldsymbol{\pi}_n]\text{Cat}_{f_j}[\boldsymbol{\lambda}_{p_j}]\end{aligned} \tag{20-21}$$

现定义基于可能对象的先验概率 $Pr(w)$，并使用贝叶斯规则计算后验概率分布：

$$Pr(w=n|\boldsymbol{f})=\frac{Pr(\boldsymbol{f}|w=n)Pr(w=n)}{\sum_{n=1}^{N}Pr(\boldsymbol{f}|w=n)Pr(w=n)} \tag{20-22}$$

## 20.5　星座模型

由于在 20.4 节给出的创作-主题模型不包含空间信息，因此其对一个对象的描述仍然存在缺陷。星座模型是种一般类别的模型，该模型利用一组部件及其空间关系来描述对象。例如，在 11.8.3 节描述的形象化结构模型就可以认为是星座模型。在此，我们将提出一种对隐狄利克雷分布模型进行扩展的不同类型的星座模型(见图 20-9)。

图 20-9　星座模型。在星座模型中，对象或场景可描述为由不同部分(椭圆)组成的集合。词与每个部分相关联，并且，词的概率依赖于部分的标签。然而，与在前面的模型不同，该模型中，每个部分有一个与之相关联的特定范围的位置，称为正态分布。在这个意义上，它更密切的符合英文单词“part”的正常使用

假设物体上的某一部分保留以前相同的含义，即是一群共现词。然而，每个部分在与其相关的词上都会引入一个空间分布，那么将对该空间分布建立二维正态分布，使得：

$$Pr(p_{ij}|w_i=n)=\text{Cat}_{p_{ij}}[\boldsymbol{\pi}_n]$$

$$Pr(f_{ij}|p_{ij}=m)=\text{Cat}_{f_{ij}}[\boldsymbol{\lambda}_m]$$
$$Pr(\boldsymbol{x}_{ij}|p_{ij}=m)=\text{Norm}_{\boldsymbol{x}_{ij}}[\boldsymbol{\mu}_m,\boldsymbol{\Sigma}_m] \tag{20-23}$$

其中 $\boldsymbol{x}_{ij}=[x_{ij},y_{ij}]^{\mathrm{T}}$ 是在第 $i$ 图像中 $j$ 词的二维位置，如同之前一样，我们也定义对未知分类参数的狄利克雷先验概率如下：

$$Pr(\boldsymbol{\pi}_n)=\text{Dir}_{\boldsymbol{\pi}_n}[\boldsymbol{\alpha}]$$
$$Pr(\boldsymbol{\lambda}_m)=\text{Dir}_{\boldsymbol{\lambda}_m}[\boldsymbol{\beta}] \tag{20-24}$$

其中 $\boldsymbol{\alpha}=[\alpha,\alpha,\cdots,\alpha]$，$\boldsymbol{\beta}=[\beta,\beta,\cdots,\beta]$。相关图表模型如图 20-10 所示。

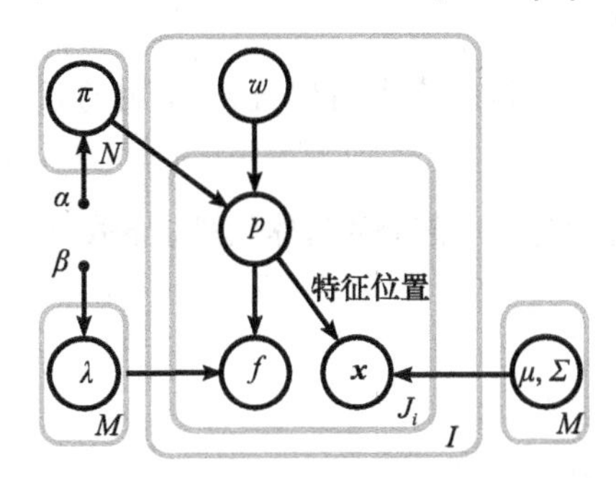


图 20-10 星座模型。除了单创作-主题模型中所有其他变量(与图 20-8 进行比较)以外，在第 $i$ 图像中的第 $j$ 个词的位置 $\boldsymbol{x}_{ij}$ 也建模了。该位置取决于当前词分配给 $M$ 部分的哪一个(由向量 $p_{ij}$ 决定)。当该词分配为第 $m$ 部分时，位置 $\boldsymbol{x}_{ij}$ 可从具有均值 $\boldsymbol{\mu}_m$ 和方差 $\boldsymbol{\Sigma}_m$ 的正态分布中建模

该模型扩展了隐狄利克雷分布，允许该模型能够表达一个物体或场景部分的相对位置。例如，该模型可以得知与树相关的词通常处于图像的中心，而与天空相关的词通常会处于图像的顶端附近。

### 20.5.1 学习

关于隐狄利克雷分布，如果已知部分的分布 $\boldsymbol{p}=\{p_{ij}\}_{i,j=1}^{I,J_i}$，那么该模型将很容易学习。根据之前相同的逻辑，基于已知的观测词标记 $\boldsymbol{f}=\{f_{ij}\}_{i,j=1}^{I,J_i}$ 的部分分布，我们可以从后验分布 $Pr(\boldsymbol{p}|\boldsymbol{f},\boldsymbol{X},\boldsymbol{w})$ 相应的位置信息 $\boldsymbol{X}=\{\boldsymbol{x}_{ij}\}_{i,j=1}^{I,J_i}$ 以及已知的物体标签 $\boldsymbol{w}=\{w_i\}_{i=1}^{I}$ 中提取样本。后验分布的表达式可以通过贝叶斯规则来计算：

$$Pr(\boldsymbol{p}|\boldsymbol{f},\boldsymbol{X},\boldsymbol{w})=\frac{Pr(\boldsymbol{f},\boldsymbol{X}|\boldsymbol{p})Pr(\boldsymbol{p}|\boldsymbol{w})}{\sum_{\boldsymbol{p}}Pr(\boldsymbol{f},\boldsymbol{X}|\boldsymbol{p})Pr(\boldsymbol{p}|\boldsymbol{w})} \tag{20-25}$$

其次，可以计算分子中的各项，但是，分母包含有较多难以计算的项，且这些项以指数倍增长，这意味着后验分布不可能以闭集形式加以计算，但我们仍可以对未知比例因子决定的任何特殊分配 $\boldsymbol{p}$ 来估计后验概率。这对于使用吉布斯采样从这种分布规律中抽取样本来说是足够了。

部分分配的先验概率 $Pr(\boldsymbol{p}|\boldsymbol{w})$ 与之前是相同的，并由式(20-18)给出。然而，由于词位置 $\boldsymbol{x}_{ij}$ 需要符合如下所示的正态分布，所以概率 $Pr(\boldsymbol{f},\boldsymbol{X}|\boldsymbol{p})$ 会有一个额外的组成成分：

$$\begin{aligned}&Pr(\boldsymbol{f},\boldsymbol{X}|\boldsymbol{p})\\&=\int\prod_{i=1}^{I}\prod_{j=1}^{J_i}Pr(f_{ij}|p_{ij},\boldsymbol{\lambda}_{1\cdots M})Pr(\boldsymbol{\lambda}_{1\cdots M})Pr(\boldsymbol{x}_{ij}|p_{ij},\boldsymbol{\mu}_{1\cdots M},\boldsymbol{\Sigma}_{1\cdots M})\mathrm{d}\boldsymbol{\lambda}_{1\cdots M}\\&=\left(\frac{\Gamma[K\beta]}{\Gamma[\beta]^K}\right)^M\prod_{m=1}^{M}\frac{\prod_{k=1}^{K}\Gamma\left[\sum_{i,j}\delta[p_{ij}-m]\delta[f_{ij}-k]+\beta\right]}{\Gamma\left[\sum_{i,j,k}\delta[p_{ij}-m]\delta[f_{ij}-k]+K\beta\right]}\text{Norm}_{\boldsymbol{x}_{ij}}[\boldsymbol{\mu}_{p_{ij}},\boldsymbol{\Sigma}_{p_{ij}}]\end{aligned} \tag{20-26}$$

在吉布斯采样中，为选择数据样本 $\{\boldsymbol{f}_{ij},\boldsymbol{x}_{ij}\}$，可以通过假设其他所有成分是固定的，

来从后验概率中提取该数据样本。那么，计算该后验概率的近似表达式如下所示：

$$
\begin{aligned}
&Pr(p_{ij}=m|\boldsymbol{p}_{\setminus ij},\boldsymbol{f},\boldsymbol{x}_{ij},w_i=n)\\
&\propto\left(\frac{\sum\limits_{a,b\setminus i,j}\delta[f_{ab}-f_{ij}]\delta[p_{ab}-m]+\beta}{\sum\limits_{k}\sum\limits_{a,b\setminus i,j}\delta[f_{ab}-k]\delta[p_{ab}-m]+K\beta}\right)\mathrm{Norm}_{\boldsymbol{x}_{ij}}[\widetilde{\boldsymbol{\mu}}_m,\widetilde{\boldsymbol{\Sigma}}_m]\\
&\times\left(\frac{\sum\limits_{a,b\setminus i,j}\delta[p_{ab}-m]\delta[w_i-n]+\alpha}{\sum\limits_{m}\sum\limits_{a,b\setminus i,j}\delta[p_{ab}-m]\delta[w_i-n]+M\alpha}\right)
\end{aligned}
\tag{20-27}
$$

其中，符号 $\sum\limits_{a,b\setminus i,j}$ 表示除 $i$，$j$ 外$\{a, b\}$所有值的和。$\widetilde{\boldsymbol{\mu}}_m$ 和$\widetilde{\boldsymbol{\Sigma}}_m$ 是忽略当前位置 $\boldsymbol{x}_{ij}$ 作用的且与第 $m$ 个部分相关的所有词位置的均值和协方差。

在该步骤的最后，概率可利用式(20-20)中的关系式来加以计算，部分的具体位置如下式：

$$
\begin{aligned}
\hat{\boldsymbol{\mu}}_m&=\frac{\sum\limits_{i,j,t}\boldsymbol{x}_{ij}\delta[p_{ij}^{[t]}-m]}{\sum\limits_{i,j,t}\delta[p_{ij}^{[t]}-m]}\\
\hat{\boldsymbol{\Sigma}}_m&=\frac{\sum\limits_{i,j,t}(\boldsymbol{x}_{ij}-\boldsymbol{\mu}_m)^{\mathrm{T}}(\boldsymbol{x}_{ij}-\boldsymbol{\mu}_m)\delta[p_{ij}^{[t]}-m]}{\sum\limits_{i,j,t}\delta[p_{ij}^{[t]}-m]}
\end{aligned}
\tag{20-28}
$$

样本学习的结果如图 20-11 所示，每部分都是词的空间局部集群，并且这些通常符合真实世界的事物，比如“腿”或者“车轮”。在两个物体之间，该部件是共享的，因此，没有必要针对不同的参数集来学习自行车车轮和摩托车车轮的外观。

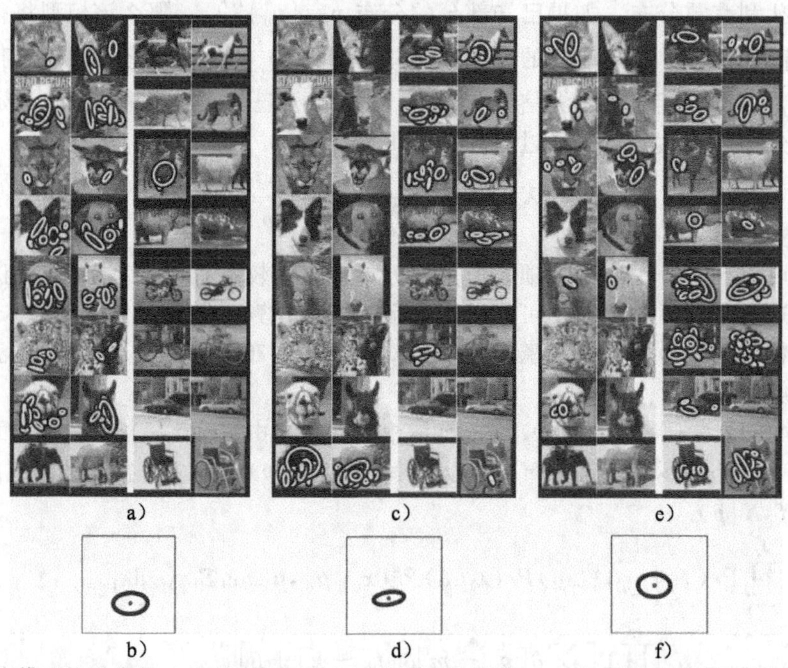


图 20-11　星座模型的词共享。a) 训练集中的 16 个图像(每类两个)。黄色椭圆描述的是与某一部分相关的图像中的词。(即，他们等价于在图 20-9 中的十字架)。值得注意的是，与这部分相关的词主要属于动物面部图像的下面部分。b) 该目标部分的均值 $\boldsymbol{\mu}$ 和方差 $\boldsymbol{\Sigma}$。c～d) 第二部分从侧面看似乎对应于动物的腿。e、f) 第三部分包含许多与物体车轮相关的词。源自 Sudderth 等人(2008)。© 2008 IEEE

### 20.5.2　推理

在推理过程中，使用下式计算每个对象 $w \in \{1,\cdots,N\}$ 的新图像数据 $f=\{f_j,\boldsymbol{x}_j\}_{j=1}^{J}$ 的概率：

$$
\begin{aligned}
Pr(\boldsymbol{f},\boldsymbol{X}|w=n) &= \prod_{j=1}^{J}\prod_{m=1}^{M} Pr(p_j=m|w=n)Pr(f_j|p_j=m)Pr(\boldsymbol{x}_j|p_j=m) \\
&= \prod_{j=1}^{J}\sum_{p_j=1}^{M} \text{Cat}_{p_j}[\boldsymbol{\pi}_n]\text{Cat}_{f_j}[\boldsymbol{\lambda}_{p_j}]\text{Norm}_{\boldsymbol{x}_{ij}}[\boldsymbol{\mu}_{p_j},\boldsymbol{\Sigma}_{p_j}] \qquad (20\text{-}29)
\end{aligned}
$$

通过定义基于可能对象的先验概率 $Pr(w)$，并使用贝叶斯规则计算后验概率分布：

$$
Pr(w=n|\boldsymbol{f},\boldsymbol{X}) = \frac{Pr(\boldsymbol{f},\boldsymbol{X}|w=n)Pr(w=n)}{\sum_{n=1}^{N}Pr(\boldsymbol{f},\boldsymbol{X}|w=n)Pr(w=n)} \qquad (20\text{-}30)
$$

## 20.6　场景模型

星座模型的一个缺陷在于需要假设图像包含单一物体。然而，实际图像中都包含大量的空间偏移对象。正如物体决定不同部分的概率一样，场景也决定物体的相对概率(见图 20-12)。例如，一个办公室场景可能包含书桌、电脑和椅子，但是不太可能包含老虎或冰山。

图 20-12　场景模型。每个图像含有一个场景。场景反映不同对象(不同的颜色)出现的概率分布，例如，在该场景的监视器、纸和键盘以及它们之间的相对位置信息等(粗线椭圆形标记的区域)。每个目标本身是由独立空间部分(细线椭圆形标记的区域)组成。每个部分都有一个与之相关联的词(十字架，只显示清晰的一部分)

鉴于此，可引进一组新变量来代表场景 $\{s_i\}_{i=1}^{I} \in \{1,\cdots,C\}$ 的选择

$$
\begin{aligned}
Pr(w_{ij}|s_i=c) &= \text{Cat}_{w_{ij}}[\boldsymbol{\phi}_c] \\
Pr(p_{ij}|w_{ij}=n) &= \text{Cat}_{p_{ij}}|\boldsymbol{\pi}_{w_n}] \\
Pr(f_{ij}|p_{ij}=m) &= \text{Cat}_{f_{ij}}[\boldsymbol{\lambda}_m] \\
Pr(\boldsymbol{x}_{ij}|p_{ij}=m,w_{ij}=n) &= \text{Norm}_{\boldsymbol{x}_{ij}}[\boldsymbol{\mu}_n^{(w)}+\boldsymbol{\mu}_m^{(p)},\boldsymbol{\Sigma}_n^{(w)}+\boldsymbol{\Sigma}_m^{(p)}] \qquad (20\text{-}31)
\end{aligned}
$$

每个词有一个物体标记 $\{w_{ij}\}_{i=1,j=1}^{I,J_I}$，这表示它对应于 $L$ 的对象。场景标记 $\{s_i\}$ 决定了呈现的每个物体相对倾向，在分类参数 $\{\boldsymbol{\phi}_c\}_{c=1}^{C}$ 中保留这些概率。每个物体类型也有一个位置，该位置信息是具有均值 $\boldsymbol{\mu}_m^{(w)}$ 和协方差 $\boldsymbol{\Sigma}_m^{(w)}$ 的正态分布。与之前类似，每个物体定义了 $M$ 共用部分的概率分布，其中，部分分配被留在标记 $p_{ij}$。每部分有一个相对物体位置的标准位置，并具有各自的均值和协方差 $\boldsymbol{\mu}_m^{(p)}$，$\boldsymbol{\Sigma}_m^{(p)}$。

在本章最后，给读者留下学习和推论算法的细节作为练习，其原理和星座模型相同，在隐变量 $w_{ij}$ 和 $p_{ij}$ 上利用吉布斯采样，从后验概率分布中生成一系列样本，并基于这些样本来更新均值和协方差。

图 20-13 展示了一些场景的例子，可以使用相似的场景模型来理解这些实例。在每种情况下，场景可被分解为可能共现并处在相对合理空间结构中的若干物体。

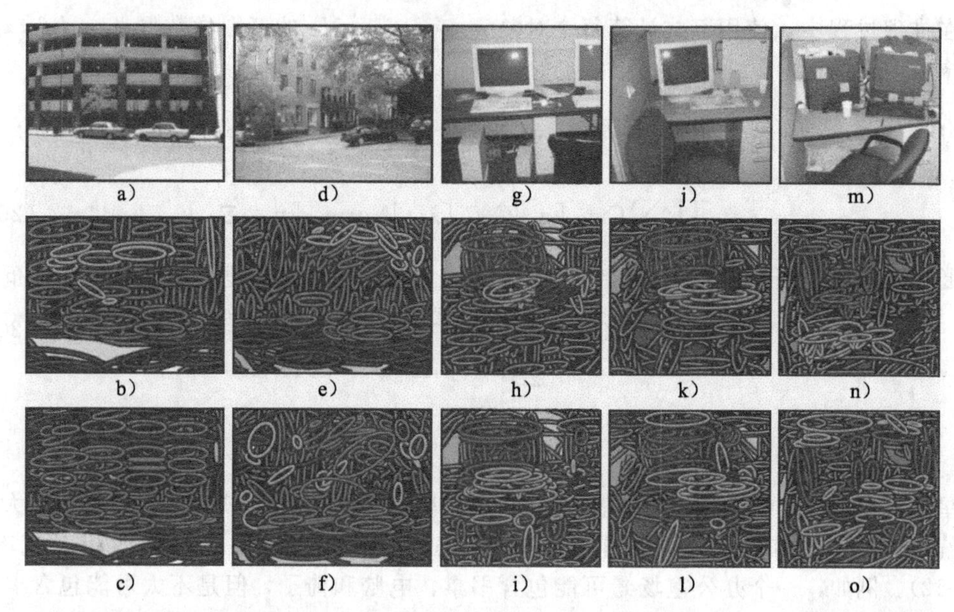

图 20-13 场景识别。a) 街道图像。b) 场景解析模型的结果。每个椭圆代表一个词(相当于在图 20-12 中的十字架)。椭圆的颜色表示这个词被分配的标签(部分标签没有显示)。c) 词袋模型的结果，该模型有一个基本的错误，比如由于没有空间信息，而把汽车标记放在图像的顶部。d) 另一个街景。e) 场景模型解释和 f) 词袋模型。g～o) 由场景模型和词袋模型解析的三个办公室场景。源自 Sudderth 等人(2008)。© 2008 Springer

## 20.7 应用

在本章中，我们用越来越复杂的视觉词描述了一系列生成模型。尽管这些模型非常有趣，但应该着重指出：许多应用使用的仅是结合区分式分类器的基础词袋方法。下面将给出该系统的两个典型实例。

### 20.7.1 视频搜索

Sivic 和 Zisserman 在 2003 年提出了一个基于词袋的系统，该系统基于视觉查询，能够从一部电影中精确地检索出相关画面，并在用户感兴趣的物体周围提取出边界框，该系统能够复原其他的包含在相同物体里的图像(见图 20-14)。

该系统从识别视频中的每个画面的特征位置开始。不同于传统的词袋模型，这些特征位置可以通过一些视频画面进行追踪，如果无法处理将返回。每次追踪中的平均 SIFT 描述符都用来表示特征邻域的图像内容。这些描述符使用 $K$ 均值聚类来创建大约 6 000～1 0000 个可能的视觉词。将每个特征分配给基于距离的最邻近簇中的一个词。最后，每幅图像或区域具有包含创建每个视觉词的频率向量特征。

当系统接收到一个查询时，它会将已识别的区域向量比作为其他视频流中每个潜在区域，并且获得那些最接近的区域信息。

该过程的实现包括获得能够使该过程更可靠的一些特征。首先，根据词出现的频率丢弃了其顶部的 5%和底部的 10%的特性信息，这就排除了那些在画面中罕见或搜索效率低的视觉词与帧之间不易区分的词。其次，使用 term-frequency 逆文档频率方案来对距离测度进行加权处理：如果在数据库中的词相对罕见，就算在这个区域内它的使用相对频繁(它作为这个区域典型的代表)，那么该词的权重也是增加(词是有差别的)。最后，如果视觉词的空间排列十分相似，那么该比对将更为可靠。最终恢复的结果通过查询他们的空间稠密度来进行重排序。

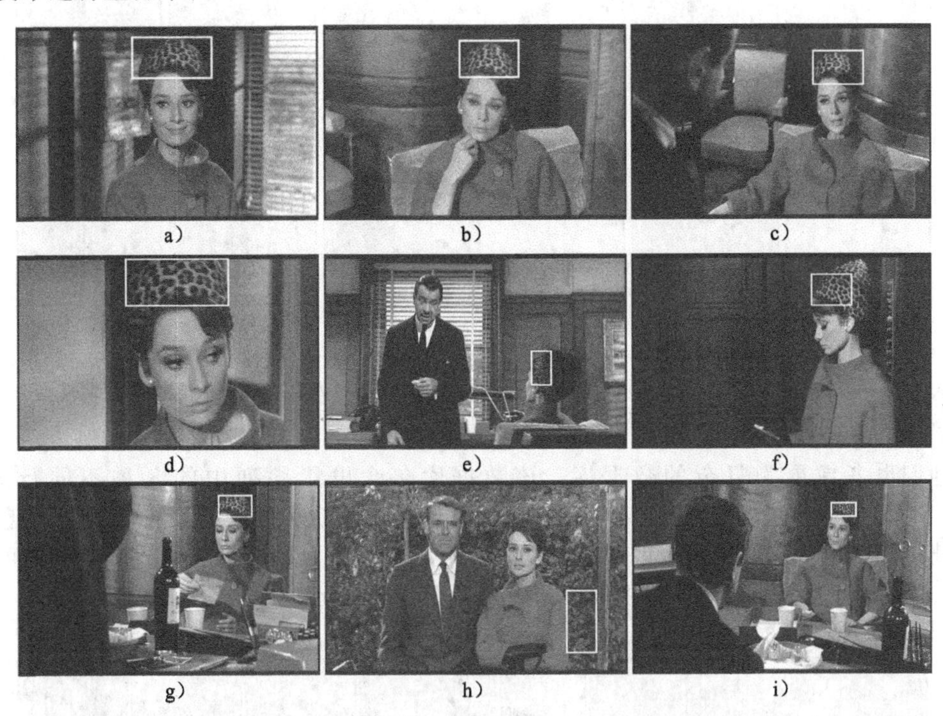


图 20-14　视频搜索。a) 用户通过场景周边的一部分画出一个边界框来标识视频中一帧中的一部分。b～i) 系统返回一个帧的排序表，这些帧中包含图像中相同的物体，并且能够识别该物体在图像中的位置(白色边框)。系统在各种语境下能够正确识别豹皮的帽子，尽管大小和位置有所变化。在 h) 中，错误地将背景中植被的纹理误认为是帽子

通过使用逆文件结构来简化高效率的检索，最终的系统可以可靠地复原不少于 0.1 秒的长片电影的合理区域。

### 20.7.2 行为识别

Laptev 等在 2008 年将词袋方法应用于视频序列中的行为识别。他们使用 Harris 角点检测的时空延伸来得到视频画面中的兴趣点，并在每个点周围的多尺度范围内提取描述符。他们除去了镜头间的边界信息检测。

为了描绘局部运动和外观的特征，他们计算基于这些特征点周围的时空体积描述符的直方图。这些是基于方向梯度直方图描述符(见 13.3.3 节)，或者是基于局部运动直方图。他们使用 $K$ 均值算法对训练数据中的 100 000 个描述符的子集进行聚类来创建4 000 个簇，并且每个测试和训练数据中的特征都是通过最近聚类中心的索引来表达。

他们在大量不同的时空窗口上对这些量化特征指数进行二值化。有关行为的最终判决是基于一对多的二元分类器的，其中每种行为被独立考虑，而且分类为存在或不存在。核心的二元分类器将两个不同特征类型和不同空时窗口的信息相结合。

Laptev 等在 2008 年首先考虑 KTH 数据库(Schüldt 等，2004)的六种行为之间的区

别。这是一个相对简单的数据库，其中摄像机是静态的，并且行为在一个相对空旷的背景环境下发生(见图 20-15)。他们以平均 91.8%准确度来区分的这些类别，其中主要容易混淆的行为就是慢跑还是跑步。

图 20-15 KTH 数据库中的图像示例(Schüldt 等，2004)。a)～f)图像分别显示散步、慢跑、跑步、拳击、挥舞，分别和鼓掌六个类别的三个样本。使用 Laptev 等人在 2008 年提出的词袋模型方法对这些行动可以分类，准确率超过 90%

他们也考虑更为复杂的数据库，该数据库包含电影序列中的 8 种不同行为(见图 20-16)。值得注意的是，模型的性能更多地依赖于 HOG 描述符而不是运动信息，因此，建议局部语境能提供有效的信息(例如，“下车”的行为在汽车出现的情况下更可能发生)。现实的行为识别在计算机视觉搜索中是一个开放的问题。

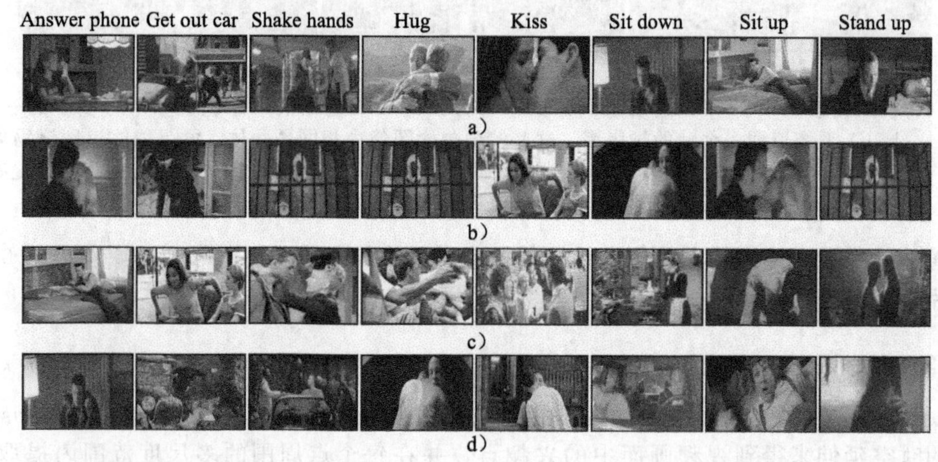


图 20-16 电影数据库的行为识别(Laptev 等，2008)。a) 正确的正样本(正确的检测)，b) 正确的负样本(正确识别存在的行为)，c) 错误的正样本(实际没有行为，但分类为发生行为)，d) 错误的负样本(实际有行为，但被分类为没有发生行为)。这种类型的实际行动分类任务仍被视为极具挑战性的

## 讨论

本章的模型将每幅图像作为一组离散的特征来处理。特征模型包、隐狄利克雷分布和单一创作-主题模型都没有明确的描述场景中物体的位置。尽管他们识别物体具有高效性，但不能定位物体在图像中的位置。星座模型通过允许物体局部有空间联系而改善了上述缺点，而场景模型将场景描述为一个流失部分集合。

## 备注

**词袋模型**：Sivic 和 Zisserman 在 2003 年引入了“视觉词”的概念，并且首次与文本检索相关联。Csurka 等人在 2004 年将词袋方法应用于目标识别。随后，其他大量的研究开拓了文本检索领域中的发展。例如，Sivic 等在 2005 年利用概率潜在词分析(Hofmann，1999)和隐狄利克雷分布(Blei 等，2003)来进行目标分类的非监督学习。Sivic 等人在 2008 年将该工作扩展到目标分类的学习层。Li 和 Perona 在 2005 年构建了一个模型，该模型与原始的学习场景的创作-主题模型(见 Rosen-Zvi 等人在 2004 年的工作)非常相似。Sudderth 等在 2005 年，以及 Sudderth 等在 2008 年将创作-主题模型扩展为包含目标的空间分布信息的模型。而本章提出的星座模型和场景模型是该工作的简化版。它们也将这些模型进行了扩展，以处理目标或其部分数量发生变化的情况。

**词袋的应用**：词袋模型的应用包括目标识别(Csurka 等，2004)，视频搜索(Sivic 和 Zisserman，2003)，场景识别(Li 和 Perona，2005)，以及行为识别(Schüldt 等，2004)，并且其他相似的方法也已经应用于纹理分类(Varma 和 Zisserman，2004)，以及人脸属性标签(Aghajanian 等，2009)等。在目标识别中的最近的进展可以通过参阅 PASCAL 视觉目标分类的最新总结(Everingham 等，2010)。在 2007 年的竞争中，不含有任何空间信息的词袋方法仍然常见。一些作者(Nistér 和 Stewénius，2006 年；Philbin 等，2007 年；Jegou 等，2008)已经提出基于词袋的目标识别的大规模演示，并且这些思想已经应用于商业应用中，例如，“Google Goggles”(谷歌眼镜)。

**词袋的变体**：虽然本章已经讨论了视觉词的主要生成模型，但是，某些方法一定程度上能够获得更好的效果。Grauman 和 Darrell 在 2005 年引入金字塔匹配核，它将在高维特征空间中的无序数据映射到多分辨直方图上，并且计算在该空间内的一个权值直方图的交叉点。这就同时有效地执行了聚类和特征比较的步骤。该思想已由 Lazebnik 等人在 2006 年将其扩展到图像本身的空间域。

**流程的改进**：Yang 等在 2007 年和 Zhang 等也在 2007 年提出了一个定量比较，展示了流程中的变化部分(例如，匹配核、兴趣点探测器、聚类方法等)是如何影响目标识别结果的。

最新研究的焦点已经转移到如何处理过程的缺陷。例如，初始向量矢量化步骤的任意性，以及常规模式问题(见 Chum 等，2007；Philbin 等，2007，2010 年；Jégou 等，2009；Mikulik 等，2010；以及 Makadia，2010)。最新的趋势就是增加实际尺寸的问题，为此，目标识和场景识别的新数据库(见 Deng 等，2010)已经开放(Xiao 等，2010)。

**行为识别**：最近几年，行为识别的研究已有一定的进展，测试行为识别算法的数据从目标能够较为容易地从背景中提取的特定数据库(Schüldt 等，2004)，到一般情况下的视频片段(Laptev 等，2008)，最后到一些非专业摄影获得并具有较大抖动的完全无约束的视频片段。随着该进展的持续进行，目前主流的研究方法逐渐变为基于视觉词的系统，这些视觉词能够捕获场景和行为本身的上下文信息(Laptev 等，2008)。基于视觉词的方法和基于显著部分的静止帧中行为识别方法之间的比较是由 Delaitre 等在 2010 年提出的。在该领域中，最近的工作是处理行为分类的非监督学习问题(Niebles 等，2008)。

## 习题

20.1 在本章中，词袋方法使用一种生成方法对视觉词的频率进行建模。请设计一种判别方法，该方法能够将目标类的概率建模为词频率函数。

20.2 见式(20-8)中的关系式，证明该式在知道部分标签$\{p_{ij}\}_{i=1,j=1}^{I,J_i}$时如何学习隐狄利克雷分布模型。

20.3 分别阐述式(20-10)和式(20-11)中的概率和先验概率。

20.4 Li 和 Perona 在 2005 年提出了一种单一创作-主题模型的备选模型，其中，对于目标标签 $\boldsymbol{w}$ 的每个值，超参数 $\boldsymbol{\alpha}$ 都是不同的。那么针对隐狄利克雷分布，修改该图模型以包含这一变化。

20.5 请写出创作-主题模型的生成方程，其中，每个文档允许多个作者。绘出相关的图形模型。

20.6 在实际物体中，我们可能期望视觉词 $f$ 是彼此相邻的以获得相同的部分标签。如何修改创作-主题模型使得临近标签是相同的？吉布斯抽样方法是如何影响从后验概率部分进行抽样的？

20.7 画出 20.6 节中场景模型的图形模型。

20.8 本章中的所有模型都是处理分类问题的；基于离散的观测特征$\{f_j\}$，我们希望能够推导一个能够表达现实状态的离散变量。请设计一个生成模型，该模型基于离散观测特征，可用于推断一个连续的变量(例如，利用视觉词的回归模型)。

第七部分

Computer Vision: Models, Learning, and Inference

# 附录

# 符号说明

这是对书中使用符号约定的简短指南。

**标量、向量和矩阵**

用小写或者大写字母 $a$，$A$，$\alpha$ 表示标量，用粗体小写字母 $\boldsymbol{a}$，$\boldsymbol{\phi}$ 表示列向量。当我们需要行向量时，我们通常将其表示成一个列向量 $\boldsymbol{a}^{\mathrm{T}}$，$\boldsymbol{\phi}^{\mathrm{T}}$ 的转置。

用粗体大写字母 $\boldsymbol{B}$，$\boldsymbol{\Phi}$ 表示矩阵。矩阵 $\boldsymbol{A}$ 中第 $i$ 行、第 $j$ 列的元素写作 $a_{ij}$。矩阵 $\boldsymbol{A}$ 的第 $j$ 列写作 $a_j$。当我们需要涉及一个矩阵的第 $i$ 行时，我们将其写作 $\boldsymbol{a}_{i\cdot}$，其中着重号 • 表示我们考虑了列指数中所有可能的数值。

将两个 $D\times1$ 的列向量横向串联成为 $\boldsymbol{a}=[\boldsymbol{b},\boldsymbol{c}]$，形成一个 $D\times2$ 矩阵 $\boldsymbol{A}$。将两个 $D\times1$ 的列向量纵向串联成为 $\boldsymbol{a}=[\boldsymbol{b}^{\mathrm{T}},\boldsymbol{c}^{\mathrm{T}}]^{\mathrm{T}}$，形成一个 $2D\times1$ 向量 $\boldsymbol{a}$。尽管这种标记很复杂，但可以在一行中对纵向串联进行表达。

**变量和参数**

用罗马字母 $\boldsymbol{a}$ 和 $\boldsymbol{b}$ 来表示变量。最常见的例子就是获取的数据总是用 $\boldsymbol{x}$ 来表示，世界的状态总是用 $w$ 来表示。然而，其他隐性或潜在变量也可用罗马字母来表示。我们使用希腊字母 $\boldsymbol{\mu}$、$\boldsymbol{\Phi}$、$\sigma^2$ 表示模型中的参数。这些参数与变量不同，因为通常有一个唯一的参数集合用于表达多个变量集合之间的关系。

**函数**

我们将函数写成一个名称，后面跟上方括号，里面包含函数的参数。例如，$\log[x]$返回的是标量变量的对数。有时我们书写一个参数为着重号 •（例如 atan2[•，•]）的函数，用于将焦点集中在函数本身而非参数。

当函数返回一个或多个向量或者矩阵参数时，它将被写成粗体形式。例如，函数 $\mathbf{aff}[\boldsymbol{x},\boldsymbol{\Phi},\boldsymbol{\tau}]$ 针对一个含有参数 $\boldsymbol{\Phi}$，$\boldsymbol{\tau}$ 的二维点 $\boldsymbol{x}$ 做仿射变换，返回了一个新的二维向量输出。当一个函数返回多个输出时，我们采用 Matlab 标记法进行书写，因此 $[\boldsymbol{U},\boldsymbol{L},\boldsymbol{V}]=\mathbf{svd}[\boldsymbol{X}]$返回 $\boldsymbol{X}$ 奇异值分解的三个部分 $\boldsymbol{U}$、$\boldsymbol{L}$ 和 $\boldsymbol{V}$。

一些函数在文中反复使用，它们包括：

- 当我们在 $x$ 的整个有效区域对 $x$ 进行变化时，$\min\limits_x f[x]$返回函数 $f[x]$的最小可能数值；
- $\underset{x}{\operatorname{argmin}} f[x]$返回 $f[x]$取得最小值时的参数 $x$ 的数值；
- $\max\limits_x$和 $\underset{x}{\operatorname{argmax}}$ 与$\min\limits_x$和$\underset{x}{\operatorname{argmin}}$的作用相同，只是我们取这些函数的最大值；
- $\mathbf{diag}[\mathbf{A}]$返回一个列向量，该列向量包含矩阵 $\boldsymbol{A}$ 的对角线元素；
- 对连续的 $x$ 而言，$\delta[x]$是一个狄拉克函数，且有重要特征：

$$\int f(x)\delta[x-x_0]\mathrm{d}x=f[x_0]$$

- 对离散的 $x$ 而言，当参数 $x$ 为 0 时，$\delta[x]$返回 1，否则 $\delta[x]$返回 0；
- heaviside$[x]$表示赫维赛德阶跃函数。当参数 $x<0$ 时，返回 0，否则返回 1。

**概率分布**

我们将一个随机变量 $x$ 的概率写为 $Pr(x)$。将两个变量 $a$ 和 $b$ 的联合概率记为 $Pr(a,b)$，将给定 $b$ 前提下 $a$ 的条件概率记为 $Pr(a|b)$。有时，我们希望明确在具体值 $b^*$ 前提下 $a$ 的条件概率，将其记为 $Pr(a|b=b^*)$。偶尔，我们将两个相互独立的变量 $a$ 和 $b$ 记为 $a \perp\!\!\!\perp b$。类似地，将给定 $c$ 前提下两个条件独立的变量 $a$ 和 $b$ 记为 $a \perp\!\!\!\perp b|c$。

概率分布被写成 $Pr(\boldsymbol{x}|\boldsymbol{\mu},\boldsymbol{\Sigma}) = \text{Norm}_{\boldsymbol{x}}[\boldsymbol{\mu},\boldsymbol{\Sigma}]$ 的形式。当分布具有均值 $\boldsymbol{\mu}$ 和方差 $\boldsymbol{\Sigma}$ 时，概率分布返回参数 $x$ 的多元正态分布的数值。采用这种方式，可以将分布参数(这里是 $\boldsymbol{x}$)与参数(这里是 $\boldsymbol{\mu}$ 和 $\boldsymbol{\Sigma}$)区分开。

**集合**

我们用书法体字母$\mathcal{S}$表示集合。标记$\mathcal{S} \subset \mathcal{T}$表示$\mathcal{S}$是$\mathcal{T}$的一个子集。标记 $x \in \mathcal{S}$，表示 $x$ 是集合$\mathcal{S}$的一个成员。标记$\mathcal{A}=\mathcal{B} \cup \mathcal{C}$，表示集合$\mathcal{A}$是集合$\mathcal{B}$和集合$\mathcal{C}$的并集。标记$\mathcal{A}=\mathcal{B} \setminus \mathcal{C}$，表示集合$\mathcal{A}$包含所有集合$\mathcal{B}$中的元素，但不包含集合$\mathcal{C}$中的元素。

通常，我们以元素的形式直接写出一个集合，因此我们使用花括号使得$\mathcal{A}=\{x,y,z\}$，表示集合$\mathcal{A}$仅包含 $x$，$y$ 和 $z$。当一个集合为空集时，我们记$\mathcal{A}=\{\}$。我们使用简记标记 $\{x_i\}_{i=1}^{I}$ 表示集合 $\{x_1,x_2,\cdots,x_I\}$，且如果这是一个公式的一部分，我们可以将相同集合写成一个紧凑的形式 $x_{1,\cdots,I}$。

# 最 优 化

纵览全书，我们使用了迭代非线性最优化方法来寻找最大概率(或 MAP)参数估计。现在我们提供有关这些方法的更多细节。在现有空间里对该主题做到完全公平是不可能的，许多书籍通篇均在介绍非线性最优化。我们的目的仅仅是提供主要思想的一个简要介绍。

## B.1 问题描述

连续非线性最优化方法是要找到能使一个函数 $f[\bullet]$最小化的参数$\hat{\theta}$的集合。换句话说，他们试图计算：

$$\hat{\boldsymbol{\theta}} = \underset{\boldsymbol{\theta}}{\operatorname{argmin}}[f[\boldsymbol{\theta}]] \tag{B-1}$$

其中，$f[\bullet]$被称为一个代价函数或者目标函数。

尽管最优化方法通常就函数最小化来进行描述，但本书中的大多数最优化问题涉及基于对数概率目标函数最大化。要将一个最大问题转化为最小问题，我们将目标函数乘以−1。换句话说，我们不是将对数概率最大化，而是将负的对数概率最小化。

### B.1.1 凸性

我们这里考虑的最优化方法是迭代的：它们始于一个估计 $\boldsymbol{\theta}^{[0]}$，并通过寻找后续的新的估计 $\boldsymbol{\theta}^{[1]}$，$\boldsymbol{\theta}^{[2]}$，…，$\boldsymbol{\theta}^{[\infty]}$对 $\boldsymbol{\theta}^{[0]}$进行改进，这些新的估计中每一个都比前面的要好，直到没有改进时为止。这些方法完全是局部性的，有关于下一步的决策仅基于当前位置的函数特征。因此，这些方法不能保证得到正确解，它们可能找到一个局部不发生变化且提高代价的估计 $\boldsymbol{\theta}^{[\infty]}$。然而，这并不意味着在函数的一些未被研究的遥远区域没有一个更好的解(见图 B-1)。用最优化术语来表达，它们仅能找到局部最小点。缓解该问题的一种方法是从大量的不同位置开始进行优化，然后选择最低代价对应的最终解。

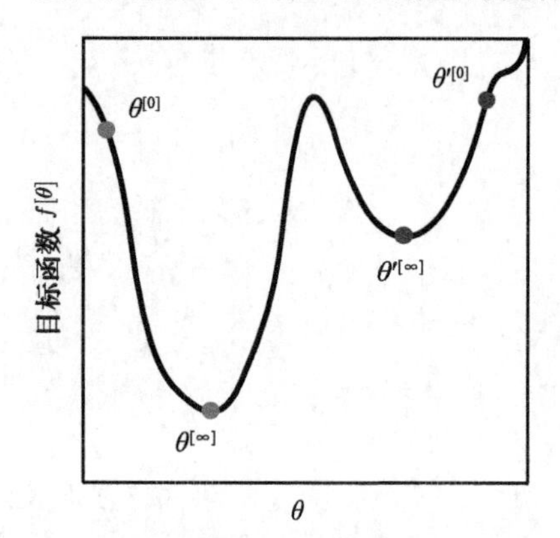


图 B-1 局部最小值。优化方法是要找到关于参数 $\boldsymbol{\theta}$ 的目标函数 $f[\boldsymbol{\theta}]$的最小值。大致上，首先得到一个初始估计 $\boldsymbol{\theta}^{[0]}$，迭代向下移动直到无法继续移动为止(最终位置用 $\boldsymbol{\theta}^{[\infty]}$表示)。不幸的是，它可能在一个局部最小值处终止。例如，我们开始于 $\boldsymbol{\theta}'^{[0]}$并向下移动，在 $\boldsymbol{\theta}'^{[\infty]}$处终止

在函数为凸函数的特殊情况下，可能只有一个唯一的最小值，而且我们保证进行充分的迭代找到该值(见图 B-2)。对于一个一维函数，可以通过观察函数的二阶导数建立凸性；如果该导数的每个取值均为正值(例如，斜率连续增加)，那么该函数是凸的，且可以找到

全局的最小值。在高维中的等效测试就是对海森矩阵(针对参数的代价函数的二阶导数矩阵)进行检验。如果它在每个地方均为一个确定的正值(见附录 C.2.6),那么该函数是凸的,且可以找到全局最小值。虽然本书中的一些代价函数是凸的,但是这并不常见,所见到的大多数最优化问题通常不具备这一简便特征。

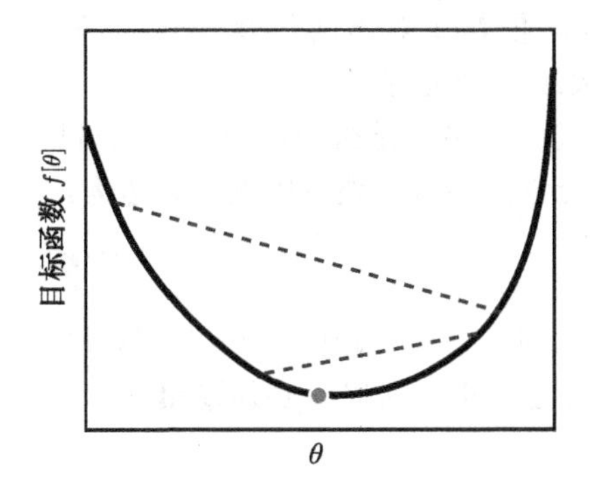


图 B-2 凸函数。如果函数是凸的,那么可以找到全局最小值。如果没有弦(函数上两个点之间的连线)与函数相交叉,那么这个函数就是凸的。图中给出了两条弦(蓝色虚线)的实例。函数的凸面可以通过二阶导矩阵用代数方法加以建立。如果该矩阵对所有的 $\boldsymbol{\theta}$ 数值均是正定的,那么这个函数是凸函数

### B.1.2 方法概述

总体上说,我们寻找的参数 $\boldsymbol{\theta}$ 是多维的。例如,当 $\boldsymbol{\theta}$ 有两个维度时,我们可以将函数看作一个二维平面(见图 B-3)。鉴于此,我们将要讨论的方法背后的原理就简单了。我们可以:

- 基于函数的局部特征选择一个搜索方向 $\boldsymbol{s}$;
- 沿着选择好的方向进行搜索找到最小值。换句话说,我们寻找距离 $\lambda$ 使得:

$$\hat{\lambda} = \underset{\lambda}{\operatorname{argmin}}\left[f\left[\boldsymbol{\theta}^{[t]} + \lambda \boldsymbol{s}\right]\right] \tag{B-2}$$

然后设,$\boldsymbol{\theta}^{[t+1]} = \boldsymbol{\theta}^{[t]} + \hat{\lambda}\boldsymbol{s}$,这被称为线性搜索。

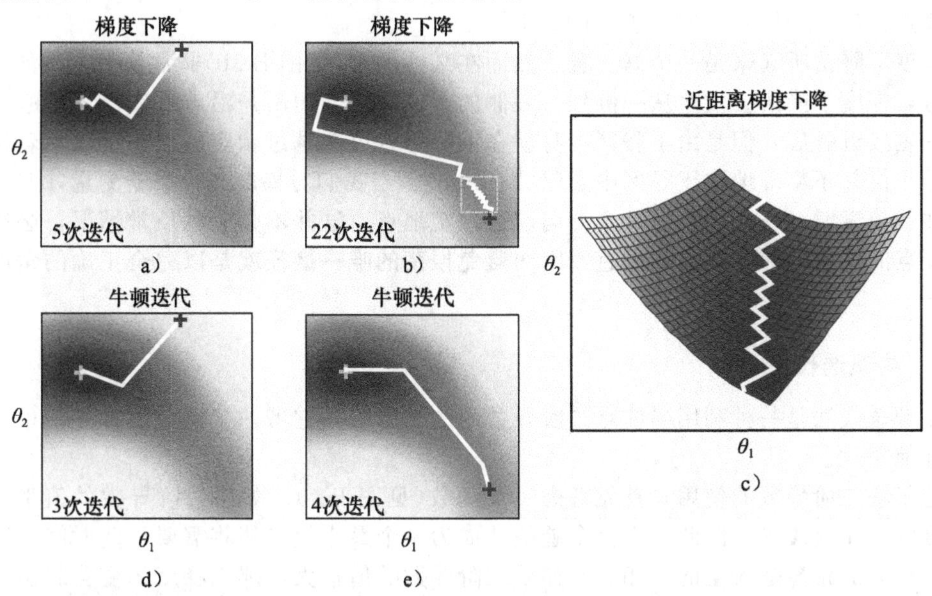


图 B-3 二维函数(颜色代表函数高度)的优化。我们希望找到使函数最小化的参数(白色十字)。给定一个初始点 $\boldsymbol{\theta}^0$(黑色十字),我们选择一个方向,然后采用局部搜索找到这个方向上的最优点。a)一种选择方向的方法是梯度下降法:在每次迭代中,我们沿着函数变化最快的方向前进。b)当我们从一个不同的位置开始时,梯度下降法会由于振荡特性迭代数次后加以收敛。c)振荡区域的近距离观察(请参见文字信息)。d)使用牛顿迭代法设置方向导致收敛加快。e)当我们从另一个位置开始时,牛顿迭代法没有经历振荡特性

现在，我们依次考虑这些步骤中的每一个步骤。

## B.2　选择一个搜索方向

我们将要对选择搜索方向的两种通用方法(梯度下降法和牛顿迭代法)和一种专门针对最小二乘问题的方法(高斯-牛顿法)进行描述。这些方法均依赖于对当前位置参数的函数导数进行计算。为此，我们依赖于平滑函数使得导数的表现较为良好。

对大多数模型而言，很容易找到一个倒数的闭型表达式。如果不是这种情况，那么可以使用有限差分对它们进行近似。例如，$f[\bullet]$对$\boldsymbol{\theta}$的第$j$个元素的一阶导数可以近似表达为：

$$\frac{\partial f}{\partial \theta_j} \approx \frac{f[\boldsymbol{\theta}+a\boldsymbol{e}_j]-f[\boldsymbol{\theta}]}{a} \tag{B-3}$$

其中$a$是一个小的数值，$\boldsymbol{e}_j$是第$j$个方向上的单位向量。原则上，当$a$趋向于0时，这个估计变得越精确。然而，在实际中，该计算受限于计算机的浮点精度，所以$a$必须谨慎选择。

### B.2.1　梯度下降法

选择搜索方向的一种直观方法就是对梯度进行测量，从而选择下降速度最快的方向。我们可以沿着这个方向进行移动，直到该函数不再下降，然后重新计算梯度方向并移动。按照这种方式，我们可以逐渐地移向函数的局部最小值(见图B-3a)。当梯度为0且二阶导数为正值时，算法终止，表明我们处于最小值点，且任何局部变化不会导致进一步的局部改进。这种方法被称为梯度下降法。更精确地，我们选择：

$$\boldsymbol{\theta}^{[t+1]}=\boldsymbol{\theta}^{[t]}-\lambda\left.\frac{\partial f}{\partial \boldsymbol{\theta}}\right|_{\boldsymbol{\theta}^{[t]}} \tag{B-4}$$

其中导数$\partial f/\partial \boldsymbol{\theta}$是上升点的梯度向量，$\lambda$是在相反方向$-\partial f/\partial \boldsymbol{\theta}$移向下降方向的距离。线性搜索过程(见附录B.3节)选择$\lambda$的数值。

梯度下降法听起来是一个好主意，然而在某些场合(见图B-3b)非常低效。例如，在下降谷区，梯度下降法会发生从一侧到另一侧的无效振荡，而不是沿着直线落入中心。该方法从一侧接近谷底，但是由于谷区本身就在下降导致可能越过预定地点，所以沿着搜索方向的最小值并不精确地位于谷区中心(见图B-3c)。当我们对梯度进行重新测量，并进行第二次线性搜索时，我们会在另一个方向越过预定地点。这并不是一种反常情况，必须保证位于新点的梯度与前一个点相垂直，因而避免振荡的唯一途径就是以完全正确的角度进入谷区。

### B.2.2　牛顿迭代法

牛顿迭代法是一种利用当前点二阶导数的改进方法，它考虑了函数的梯度，也考虑了梯度如何变化。

想了解二阶导数的使用，首先考虑一维函数(见图B-4)。如果二阶导数的值很小，那么梯度的变化就缓慢。因此，它完全趋缓并成为一个最小值可能将需要一些时间，因此移动一个较大的距离是安全的。相反，如果二阶导数的值很大，那么梯度的变化就迅速，我们应该仅移动一个小的距离。

现在来考虑在二维函数中同样的问题。想象我们正处于一个在两个维度的梯度完全相同的点。对梯度下降法而言，我们应当在两个维度移动相同的距离。然而，如果第一个方向二阶导数的数值比第二个方向的要大很多，我们仍然希望沿着第二个方向移动的距离更远。

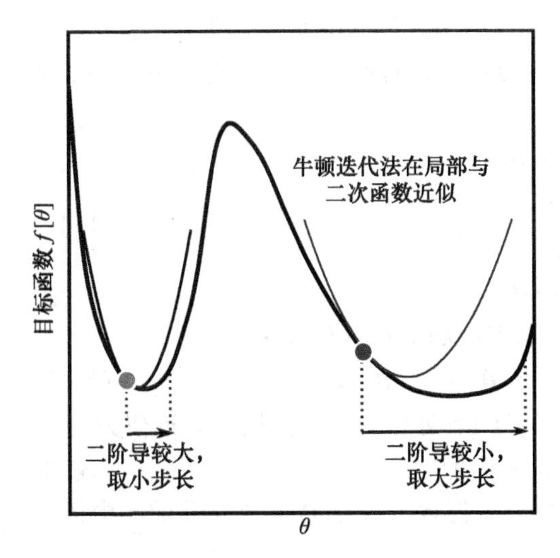


图 B-4 二阶导数的使用。红色点与蓝色点的梯度完全相同，但是红色点二阶导数的幅值比蓝色点大：相比蓝色点，红色点的梯度变化较快。我们移动的距离应当受到二阶导数的影响：如果梯度变化快，那么最小值可能就在附近，我们应当移动一个较小的距离。如果变化较慢，那么移动较远的距离比较稳妥。牛顿迭代法考虑了二阶导数：它使用泰勒扩展对函数形成二次逼近，然后向最小值移动

要想了解如何从代数层面利用二阶导数，可以考虑当前估计 $\boldsymbol{\theta}^{[t]}$ 的一个截断的泰勒展开式：

$$f[\boldsymbol{\theta}] \approx f[\boldsymbol{\theta}^{[t]}] + (\boldsymbol{\theta} - \boldsymbol{\theta}^{[t]})^{\mathrm{T}} \left.\frac{\partial f}{\partial \boldsymbol{\theta}}\right|_{\boldsymbol{\theta}^{[t]}} + \frac{1}{2}(\boldsymbol{\theta} - \boldsymbol{\theta}^{[t]})^{\mathrm{T}} \left.\frac{\partial^2 f}{\partial \boldsymbol{\theta}^2}\right|_{[\boldsymbol{\theta}^{[t]}} (\boldsymbol{\theta} - \boldsymbol{\theta}^{[t]}]) \tag{B-5}$$

其中 $\boldsymbol{\theta}$ 是一个 $D\times 1$ 的变量，一阶导数向量的尺寸为 $D\times 1$，且二阶导数的海森矩阵的尺寸为 $D\times D$。要找到局部极值，我们针对 $\boldsymbol{\theta}$ 求导数，并将结果设为 0：

$$\frac{\partial f}{\partial \boldsymbol{\theta}} \approx \left.\frac{\partial f}{\partial \boldsymbol{\theta}}\right|_{\boldsymbol{\theta}^{[t]}} + \left.\frac{\partial^2 f}{\partial \boldsymbol{\theta}^2}\right|_{\boldsymbol{\theta}^{[t]}} (\boldsymbol{\theta} - \boldsymbol{\theta}^{[t]}) = 0 \tag{B-6}$$

对该公式进行重新排列，我们得到最小值$\hat{\boldsymbol{\theta}}$的一个表达式：

$$\hat{\boldsymbol{\theta}} = \boldsymbol{\theta}^{[t]} - \left(\frac{\partial^2 f}{\partial \boldsymbol{\theta}^2}\right)^{-1} \frac{\partial f}{\partial \theta} \tag{B-7}$$

其中仍然在 $\boldsymbol{\theta}^{[t]}$ 点求导数，但是我们为了表达清楚不再书写。在实际中，我们将以一系列迭代的形式运行牛顿迭代法：

$$\boldsymbol{\theta}^{[t+1]} = \boldsymbol{\theta}^{[t]} - \lambda \left(\frac{\partial^2 f}{\partial \boldsymbol{\theta}^2}\right)^{-1} \frac{\partial f}{\partial \boldsymbol{\theta}} \tag{B-8}$$

其中 $\lambda$ 是步长。$\lambda$ 可以设为 0，或者我们可以使用线性搜索找到最佳值。

牛顿迭代法的一种理解在于我们将函数局部近似成一个二次函数。在每一次迭代中，我们向极值移动(或者如果我们将 $\lambda$ 固定为 1 便可以精确地加以移动)。需要注意的是，我们假定我们已经足够接近正确解，旁边的极值是一个最小值，而不是一个鞍点或者最大值。特别地，如果海森矩阵不是确定的正值，那么可能选择一个不是下降的方向。在这种情况下，牛顿迭代法没有梯度下降法的鲁棒性好。

由于这一限制，相比梯度下降法，牛顿迭代法仅需要较少的迭代次数便可以收敛(见图 B-3d～e)。然而，它在每一次迭代中需要更大的计算量，因为我们不得不在每一步中对 $D\times D$ 的海森矩阵进行倒置。选择这种方法通常意味着我们能够在闭型中书写海森矩阵，从有限的导数中对海森矩阵进行近似需要许多函数估计，因此代价非常高昂。

### B.2.3 高斯-牛顿法

计算机视觉中的代价函数通常采取最小二乘问题中的特殊形式：

$$f[\boldsymbol{\theta}] = \sum_{i=1}^{I} (\boldsymbol{x}_i - \boldsymbol{g}[\boldsymbol{w}_i, \boldsymbol{\theta}])^{\mathrm{T}} (\boldsymbol{x}_i - \boldsymbol{g}[\boldsymbol{w}_i, \boldsymbol{\theta}]) \tag{B-9}$$

其中 $\boldsymbol{g}[\bullet,\bullet]$是一个将变量$\{\boldsymbol{w}_i\}$传递给变量空间$\{\boldsymbol{x}_i\}$的函数，且由 $\boldsymbol{\theta}$ 进行参数化。换句话说，我们寻找在最小二乘层面最接近将$\{\boldsymbol{w}_i\}$映射到$\{\boldsymbol{x}_i\}$的 $\boldsymbol{\theta}$ 的数值。这个代价函数是更通用形式 $f[\boldsymbol{\theta}]=\boldsymbol{z}^{\mathrm{T}}\boldsymbol{z}$ 的一种特殊情况，其中

$$\boldsymbol{z}=\begin{pmatrix}\boldsymbol{x}_1-\boldsymbol{g}[\boldsymbol{w}_1,\boldsymbol{\theta}]\\ \boldsymbol{x}_2-\boldsymbol{g}[\boldsymbol{w}_2,\boldsymbol{\theta}]\\ \vdots\\ \boldsymbol{x}_I-\boldsymbol{g}[\boldsymbol{w}_I,\boldsymbol{\theta}]\end{pmatrix} \tag{B-10}$$

高斯-牛顿法是一种用于解决该种形式的最小二乘问题的最优化方法。

$$\hat{\boldsymbol{\theta}}=\operatorname{argmin}[f[\boldsymbol{\theta}]] \qquad \text{where } f[\boldsymbol{\theta}]=\boldsymbol{z}[\boldsymbol{\theta}]^{\mathrm{T}}\boldsymbol{z}[\boldsymbol{\theta}] \tag{B-11}$$

要想使目标函数最小化，我们对 $\boldsymbol{z}[\boldsymbol{\theta}]$在参数当前估计 $\boldsymbol{\theta}^{[t]}$ 处作泰勒级数展开，近似为：

$$\boldsymbol{z}[\boldsymbol{\theta}]\approx\boldsymbol{z}[\boldsymbol{\theta}^{[t]}]+\boldsymbol{J}(\boldsymbol{\theta}-\boldsymbol{\theta}^{[t]}) \tag{B-12}$$

其中 $\boldsymbol{J}$ 是雅克比矩阵。$\boldsymbol{J}$ 中第 $m$ 行、第 $n$ 列的输入 $j_{mn}$ 包含了关于第 $n$ 个参数的 $\boldsymbol{z}$ 中第 $m$ 个元素的导数，使得：

$$j_{mn}=\frac{\partial z_m}{\partial\theta_n} \tag{B-13}$$

现在我们在原始的代价函数 $f[\boldsymbol{\theta}]=\boldsymbol{z}^{\mathrm{T}}\boldsymbol{z}$ 中，使用这个逼近替代 $\boldsymbol{z}[\boldsymbol{\theta}]$，从而生成：

$$\begin{aligned}f[\boldsymbol{\theta}]&\approx(\boldsymbol{z}[\boldsymbol{\theta}^{[t]}]+\boldsymbol{J}(\boldsymbol{\theta}-\boldsymbol{\theta}^{[t]}))^{\mathrm{T}}(\boldsymbol{z}[\boldsymbol{\theta}^{[t]}]+\boldsymbol{J}(\boldsymbol{\theta}-\boldsymbol{\theta}^{[t]}))\\&=\boldsymbol{z}[\boldsymbol{\theta}^{[t]}]^{\mathrm{T}}\boldsymbol{z}[\boldsymbol{\theta}^{[t]}]+2(\boldsymbol{\theta}-\boldsymbol{\theta}^{[t]})^{\mathrm{T}}\boldsymbol{J}^{\mathrm{T}}\boldsymbol{z}[\boldsymbol{\theta}^{[t]}]+(\boldsymbol{\theta}-\boldsymbol{\theta}^{[t]})^{\mathrm{T}}\boldsymbol{J}^{\mathrm{T}}\boldsymbol{J}(\boldsymbol{\theta}-\boldsymbol{\theta}^{[t]})\end{aligned} \tag{B-14}$$

最后，我们获得这个表达式关于参数 $\boldsymbol{\theta}$ 的导数，并令其等于 0 从而获得关系式：

$$\frac{\partial f}{\partial\boldsymbol{\theta}}\approx2\boldsymbol{J}^{\mathrm{T}}\boldsymbol{z}[\boldsymbol{\theta}^{[t]}]+2\boldsymbol{J}^{\mathrm{T}}\boldsymbol{J}(\boldsymbol{\theta}-\boldsymbol{\theta}^{[t]})=0 \tag{B-15}$$

进行重新排列，我们得到更新的规则：

$$\boldsymbol{\theta}=\boldsymbol{\theta}^{[t]}-(\boldsymbol{J}^{\mathrm{T}}\boldsymbol{J})^{-1}\boldsymbol{J}^{\mathrm{T}}\boldsymbol{z}[\boldsymbol{\theta}^{[t]}] \tag{B-16}$$

注意，该公式可改写为：

$$\left.\frac{\partial f}{\partial\boldsymbol{\theta}}\right|_{\boldsymbol{\theta}^{[t]}}=\left.\frac{\partial\boldsymbol{z}^{\mathrm{T}}\boldsymbol{z}}{\partial\boldsymbol{\theta}}\right|_{\boldsymbol{\theta}^{[t]}}=2\boldsymbol{J}^{\mathrm{T}}\boldsymbol{z}[\boldsymbol{\theta}^{[t]}] \tag{B-17}$$

给出最终的高斯-牛顿的更新：

$$\boldsymbol{\theta}^{[t+1]}=\boldsymbol{\theta}^{[t]}-\lambda(\boldsymbol{J}^{\mathrm{T}}\boldsymbol{J})^{-1}\frac{\partial f}{\partial\boldsymbol{\theta}} \tag{B-18}$$

其中导数是在 $\boldsymbol{\theta}^{[t]}$ 获得，且 $\lambda$ 为步长。

同牛顿迭代法(见式 B-8)相比，我们发现可以将这个更新公式看作将海森矩阵近似为 $\boldsymbol{H}\approx\boldsymbol{J}^{\mathrm{T}}\boldsymbol{J}$。它不需要计算二阶导数，且可以提供比梯度下降法更好的结果。不仅如此，$\boldsymbol{J}^{\mathrm{T}}\boldsymbol{J}$ 通常是导致稳定性增加的确定的正数。

### B.2.4　其他方法

在最优化方向的选择上还有许多其他方法。许多涉及在某种形式上对海森矩阵进行逼近，或者是想保证总能选择一个下降的方向，或者是为了降低计算负担。例如，如果不允许进行海森矩阵计算，一种实际的方法就是使用它们自己的对角阵进行近似。这通常会比梯度下降法提供一个更好的方向。

诸如 Broyden Fletcher Goldfarb Shanno(BFGS)方法的拟牛顿迭代法通过对连续梯度向量进行分析获取信息，来对海森矩阵进行逼近。为了生成一种迭代次数更少并且更鲁棒

的方法，Levenberg-Marquardt 算法在高斯-牛顿法与梯度下降法间进行了插值。阻尼牛顿法和信赖域方法也尝试着提高牛顿迭代法的鲁棒性。共轭梯度算法也是一种有价值的方法，它仅需要一阶导数。

## B.3 一维搜索

在使用梯度下降法、牛顿迭代法或是其他方法选择了一个理想的方向之后，我们必须决定移动的尺度，并需要一种高效的方法来找到在选定方向上的函数的最小值。一维搜索方法首先确定好要搜索的最小值的区间，这通常是由沿着直线的二阶导数的数值来确定的，这条直线提供了有关可能搜索区间的信息(如图 B-4 所示)。

要想找到最小值有许多种启发式发法，但是我们仅对直接搜索法进行讨论(如图 B-5 所示)。考虑在 $[a,d]$ 区域上进行搜索。我们在两个内部点 $b$ 和 $c$ 上计算函数，其中 $a<b<c<d$。如果 $f[b]<f[c]$，我们去除区间 $[c,d]$，且下一次迭代中在新区域 $[a,c]$ 上进行搜索。反之，如果 $f[b]>f[c]$，我们去除区间 $[a,b]$，并在新区域 $[b,d]$ 上进行搜索。

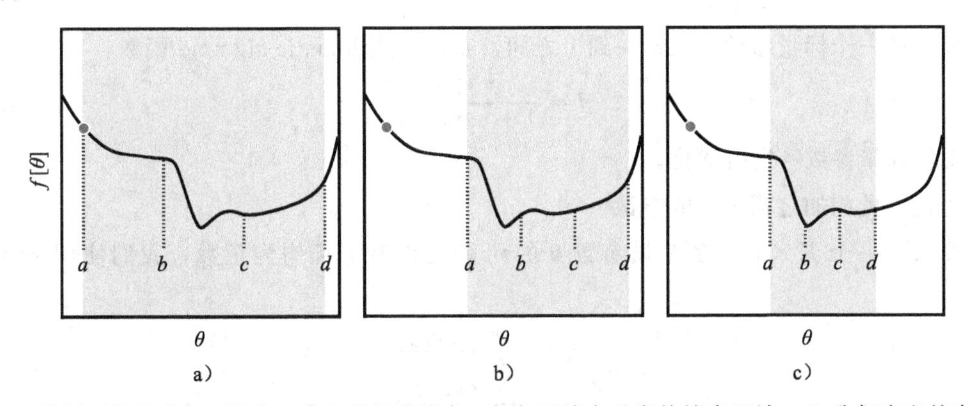


图 B-5 使用区间方法在区域 $[a,d]$ 上进行线搜索。灰色区域表示当前搜索区域。a) 我们定义搜索区域内的两个点，并在这些点上对函数进行估计。这里 $f[b]>f[c]$，因此我们去除区间 $[a,b]$。b) 我们对新区间内的点 $[b,c]$ 进行估计，并比较它们的数值。这次我们发现 $f[b]<f[c]$，所以我们去除区间 $[c,d]$。c) 我们重复这一过程直到最小值被包括时为止

反复迭代使用该方法直到最小值被限定时为止。通常没有必要对最小值进行精确地定位，一维搜索方向不是最佳的，因此一维搜索的最小值通常远离函数的全局最小值。一旦剩余区间足够小，在去除了一个区间或另一个区间、且选择了该抛物线的最小点位置之后，就可以通过将一个抛物线对应三个点的方式将最小值位置的一个估计计算出来。

## B.4 重新参数化

通常在视觉问题中，我们必须找到满足一个或多个限制条件的最佳参数 $\boldsymbol{\theta}$。典型的例子包括优化方差 $\sigma^2$，必须为正值、协方差矩阵为确定的正值、表示几何旋转的矩阵必须正交。通常的限制最优化超出了本书的范围，但是我们简要的介绍了一个诀窍，可用于将限制最优化问题转化为可以通过已经描述的方法加以解决的非限制问题。

重新参数化思想是使用一个新的参数 $\boldsymbol{\phi}$ 的集合来表示参数 $\boldsymbol{\theta}$，且没有任何限制条件，使得：

$$\boldsymbol{\theta}=\mathbf{g}[\boldsymbol{\phi}] \tag{B-19}$$

其中 $\boldsymbol{g}[\bullet]$是一个慎重选择的函数。

然后我们对新的无限制参数 $\boldsymbol{\phi}$ 进行优化。目标函数变为 $f[\boldsymbol{g}[\boldsymbol{\phi}]]$，可以使用链式法则计算导数，使得一阶导数为：

$$\frac{\partial f}{\partial \boldsymbol{\phi}} = \sum_{k-1}^{K} \frac{\partial f}{\partial \theta_k} \frac{\partial \theta_k}{\partial \boldsymbol{\phi}} \tag{B-20}$$

其中 $\theta_k$ 是 $\boldsymbol{\theta}$ 的第 $k$ 个元素。该策略使用一些离散实例将更容易理解。

**必须为正值的参数**

当我们对一个方差参数 $\theta=\sigma^2$ 进行优化时，我们必须保证最后结果是正值。为此，我们使用关系式：

$$\theta = \exp[\phi] \tag{B-21}$$

现在对新的标量参数 $\phi$ 进行优化。我们也可以使用平方关系式：

$$\theta = \phi^2 \tag{B-22}$$

然后再对 $\phi$ 进行优化。

**必须位于 0 到 1 之间的参数**

要保证一个标量参数 $\theta$ 位于 0 到 1 之间，我们使用 logistic sigmoid 函数：

$$\theta = \frac{1}{1+\exp[-\phi]} \tag{B-23}$$

然后对新标量参数 $\phi$ 进行优化。

**必须为正值且相加之和为 1 的参数**

要保证一个 $K\times 1$ 的多变量参数 $\boldsymbol{\theta}$ 的元素之和为 1 且均为正数，我们使用 softmax 函数：

$$\theta_k = \frac{\exp[\phi_k]}{\sum_{j=1}^{K} \exp[\phi_j]} \tag{B-24}$$

然后对新的 $K\times 1$ 变量 $\boldsymbol{\phi}$ 进行优化。

**三维旋转矩阵**

一个 3×3 的旋转矩阵包含三个贯穿 9 个输入的独立量。输入中存在大量非线性限制条件：每列、每行的范数必须为 1，每一列与其他列垂直，每一行也与其他行垂直，且行列式等于 1。

一种使用这些限制条件的方式是将旋转矩阵重新参数化为一个四元数，并对新的表达进行优化。一个四元数 $\boldsymbol{q}$ 是一个四位量 $\boldsymbol{q}=[q_0,q_1,q_2,q_3]$。从数学角度来说，它们是复数的一个思维扩展，但是与视觉关联的是它们可以被用于表示三维旋转。我们使用关系式：

$$\boldsymbol{\Theta} = \frac{1}{q_0^2+q_1^2+q_2^2+q_3^2}\begin{bmatrix} q_0^2+q_1^2-q_2^2-q_3^2 & 2q_1q_2-2q_0q_3 & 2q_1q_3+2q_0q_2 \\ 2q_1q_2+2q_0q_3 & q_0^2-q_1^2+q_2^2-q_3^2 & 2q_2q_3-2q_0q_1 \\ 2q_1q_3-2q_0q_2 & 2q_2q_3+2q_0q_1 & q_0^2-q_1^2-q_2^2+q_3^2 \end{bmatrix} \tag{B-25}$$

尽管四元数包含四个数，但只有这些数的比值才是重要的（给出 3 个自由度）：式(B-25)中的每个元素均由平方项构成，这些项均由平方幅度常数进行了规范化，因此当我们转化回一个旋转矩阵时，原先乘以 $\boldsymbol{q}$ 中元素的常数需要取消。

现在我们对四元数 $\boldsymbol{q}$ 进行优化。$\boldsymbol{q}$ 中第 $k$ 个元素的导数可以通过下式计算得出：

$$\frac{\partial f}{\partial q_k} = \sum_{i=1}^{3}\sum_{j=1}^{3}\frac{\partial f}{\partial \boldsymbol{\Theta}_{ij}}\frac{\partial \boldsymbol{\Theta}_{ij}}{\partial q_k} \tag{B-26}$$

只要我们不接近 $\boldsymbol{q}=\mathbf{0}$ 对应的奇异点，四元数优化就是稳定的。实现稳定性的一种方法是在优化过程中，周期性地将四元数的长度重新规范化为 1。

**正定矩阵**

当我们对一个 $K\times K$ 的协方差矩阵 $\boldsymbol{\Theta}=\boldsymbol{\Sigma}$ 进行优化时，就必须保证结果是一个确定的正值。进行该过程的一种简单方法是使用关系式：

$$\boldsymbol{\Theta} = \boldsymbol{\Phi}\boldsymbol{\Phi}^{\mathrm{T}} \tag{B-27}$$

其中 $\boldsymbol{\Phi}$ 是一个 $K\times K$ 的随机矩阵。

附录 C

Computer Vision: Models, Learning, and Inference

# 线性代数

## C.1 向量

向量是 $D$ 维空间中的一个几何实体，向量包含一个方向和一个幅度。它用一个 $D\times1$ 的数组来表示。在本书中，我们将向量写成黑斜体、小写的罗马或者希腊字母(例如 $\boldsymbol{a}$，$\boldsymbol{\phi}$)。向量 $\boldsymbol{a}$ 的转置 $\boldsymbol{a}^{\mathrm{T}}$ 是一个 $1\times D$ 的数组，其中数的顺序得到了保留。

### C.1.1 点积

两个向量 $\boldsymbol{a}$ 和 $\boldsymbol{b}$ 的点积或者标量积被定义为：

$$c=\boldsymbol{a}^{\mathrm{T}}\boldsymbol{b}=\sum_{d=1}^{D}a_{d}b_{d} \tag{C-1}$$

其中 $\boldsymbol{a}^{\mathrm{T}}$ 是 $\boldsymbol{a}$ 的转置(例如 $\boldsymbol{a}$ 被转化为一个行向量)，返回值 $c$ 是一个标量。如果它们的点积为 0，则两个向量被称为是正交的。

### C.1.2 向量范数

一个向量范数的幅值是 $D$ 中所有元素的平方和的平方根，使得：

$$\operatorname{norm}[\boldsymbol{a}]=|\boldsymbol{a}|=\left(\sum_{d=1}^{D}a_{d}^{2}\right)^{1/2}=(\boldsymbol{a}^{\mathrm{T}}\boldsymbol{a})^{1/2} \tag{C-2}$$

### C.1.3 叉积

叉积或者向量积是专门针对三维而言的。运算 $\boldsymbol{c}=\boldsymbol{a}\times\boldsymbol{b}$ 等价于矩阵的乘积(请参见附录 C.2.1)：

$$\begin{pmatrix}c_{1}\\c_{2}\\c_{3}\end{pmatrix}=\begin{pmatrix}0&-a_{3}&a_{2}\\a_{3}&0&-a_{1}\\-a_{2}&a_{1}&0\end{pmatrix}\begin{pmatrix}b_{1}\\b_{2}\\b_{3}\end{pmatrix} \tag{C-3}$$

或者简写为：

$$\boldsymbol{c}=\mathbf{A}_{\times}\boldsymbol{b} \tag{C-4}$$

其中 $\mathbf{A}_{\times}$ 是式(C-3)中的 $3\times3$ 矩阵，用来进行叉积运算。

容易看出，叉积结果 $\boldsymbol{c}$ 与 $\boldsymbol{a}$ 和 $\boldsymbol{b}$ 均是正交的。换句话说：

$$\boldsymbol{a}^{\mathrm{T}}(\boldsymbol{a}\times\boldsymbol{b})=\boldsymbol{b}^{\mathrm{T}}(\boldsymbol{a}\times\boldsymbol{b})=0 \tag{C-5}$$

## C.2 矩阵

本书中广泛地使用了矩阵，矩阵可以写成黑斜体、大写的罗马或者希腊字母(例如 $\mathbf{A}$，$\boldsymbol{\Phi}$)。我们将矩阵分为 landscape(列数大于行数)、方阵(列数等于行数)或者 portrait(行数大于列数)。它们总是用先行后列的方式加以索引，因此 $a_{ij}$ 表示矩阵 $\mathbf{A}$ 中的第 $i$ 行、第 $j$ 列的元素。

对角矩阵是一个对角线元素(例如元素 $a_{ii}$)可以取任何数值其他元素为 0 的方阵。对角矩阵的一个重要特例就是单位矩阵 $\boldsymbol{I}$。该矩阵除了对角线元素均为 1，其他元素均为 0。

### C.2.1 矩阵相乘

想获得矩阵乘积 $\boldsymbol{C}=\boldsymbol{AB}$，我们按照下式计算 $\boldsymbol{C}$ 的元素：

$$c_{ij}=\sum_{k=1}^{K}a_{ik}b_{kj} \tag{C-6}$$

这只有在 $\boldsymbol{A}$ 的列数与 $\boldsymbol{B}$ 的行数相等时才可进行。矩阵相乘具有结合性，使得$\boldsymbol{A}(\boldsymbol{BC})=(\boldsymbol{AB})\boldsymbol{C}=\boldsymbol{ABC}$。然而，它不具有交换性，通常情况下 $\boldsymbol{AB}\neq\boldsymbol{BA}$。

### C.2.2 转置

矩阵 $\boldsymbol{A}$ 的转置写作 $\boldsymbol{A}^{\mathrm{T}}$，是由主对角线周围的情况，使得第 $k$ 列变为第 $k$ 行，反之亦然。如果我们想得到一个矩阵乘积 $\boldsymbol{AB}$ 的转置，那么我们可以先获得原始矩阵的转置，然后颠倒它们的次序，可表达为：

$$(\boldsymbol{AB})^{\mathrm{T}}=\boldsymbol{B}^{\mathrm{T}}\boldsymbol{A}^{\mathrm{T}} \tag{C-7}$$

### C.2.3 逆矩阵

一个方阵 $\boldsymbol{A}$ 可能有也可能没有逆矩阵$\boldsymbol{A}^{-1}$，使得 $\boldsymbol{A}^{-1}\boldsymbol{A}=\boldsymbol{AA}^{-1}=\boldsymbol{I}$。如果一个矩阵没有逆矩阵，那么它被称为奇异的。

对角矩阵很容易做逆变换，它的逆矩阵也是一个对角矩阵，对角线上的数值由原先的 $d_{ii}$ 被替换为 $1/d_{ii}$。因此，任何一个在对角线上有非零数值的对角矩阵都是可逆的。由此，单位矩阵的逆矩阵是单位矩阵本身。

如果我们想得到一个矩阵乘积 $\boldsymbol{AB}$ 的逆矩阵，那么可以等价地求出每个矩阵的逆矩阵，然后颠倒相乘的顺序：

$$(\boldsymbol{AB})^{-1}=\boldsymbol{B}^{-1}\boldsymbol{A}^{-1} \tag{C-8}$$

### C.2.4 行列式和迹

每个方阵 $\boldsymbol{A}$ 都有一个标量与被称为行列式的数值相关，行列式被标记为 $|\boldsymbol{A}|$ 或 $\det[\boldsymbol{A}]$。它与矩阵采用的尺度有关。行列式幅值小的矩阵倾向于向量乘积也较小。行列式幅值大的矩阵倾向于向量乘积较大。如果一个矩阵是奇异的，则行列式为 0，当使用该矩阵时，空间中将至少有一个方向与原始的方向相对应。对一个对角矩阵而言，行列式为对角线数值的乘积。由此得出结论：单位矩阵的行列式为 1。矩阵表达式的行列式可以使用下述规则进行计算：

$$|\boldsymbol{A}^{\mathrm{T}}|=|\boldsymbol{A}| \tag{C-9}$$

$$|\boldsymbol{AB}|=|\boldsymbol{A}||\boldsymbol{B}| \tag{C-10}$$

$$|\boldsymbol{A}^{-1}|=1/|\boldsymbol{A}| \tag{C-11}$$

一个矩阵的迹是与一个方阵 $\boldsymbol{A}$ 相关的另一个数值。它是对角线数值之和(矩阵本身不需要是对角阵)。

复合形式的迹遵守下述规则：

$$\mathrm{tr}[\boldsymbol{A}^{\mathrm{T}}]=\mathrm{tr}[\boldsymbol{A}] \tag{C-12}$$

$$\mathrm{tr}[\boldsymbol{AB}]=\mathrm{tr}[\boldsymbol{BA}] \tag{C-13}$$

$$\mathrm{tr}[\boldsymbol{A}+\boldsymbol{B}] = \mathrm{tr}[\boldsymbol{A}]+\mathrm{tr}[\boldsymbol{B}] \tag{C-14}$$

$$\mathrm{tr}[\boldsymbol{ABC}] = \mathrm{tr}[\boldsymbol{BCA}] = \mathrm{tr}[\boldsymbol{CAB}] \tag{C-15}$$

其中，在最后一个关系式中，迹仅对环状排列有不变性，使得在通用情况下 $\mathrm{tr}[\boldsymbol{ABC}] \neq \mathrm{tr}[\boldsymbol{BAC}]$。

### C.2.5　正交和旋转矩阵

方阵的一个重要类型是正交矩阵。正交矩阵有下述特性：

1. 每一列范数为 1，且每一行范数为 1；
2. 每一列与其他每一列正交，每一行与其他每一行正交。

正交矩阵 $\boldsymbol{\Omega}$ 的逆矩阵就是它的转置，使得 $\boldsymbol{\Omega}^{\mathrm{T}}\boldsymbol{\Omega}=\boldsymbol{\Omega}^{-1}\boldsymbol{\Omega}=\boldsymbol{I}$。正交矩阵求逆非常容易！当这种矩阵左乘一个向量时，效果就是沿着原始矩阵作旋转，然后进行反射。

旋转矩阵是正交矩阵的一个子类，它有一个额外的特征就是行列式为 1。顾名思义，这类矩阵左乘一个向量的效果就是沿着原始矩阵作旋转，而不作反射。

### C.2.6　正定矩阵

如果对所有非零向量 $\boldsymbol{x}$ 有 $\boldsymbol{x}^{\mathrm{T}}\boldsymbol{A}\boldsymbol{x}>0$，一个 $D\times D$ 的实对称矩阵 $\boldsymbol{A}$ 就是正定的。每一个正定矩阵是可逆的，它的逆矩阵也是一个正定矩阵。一个对称正定矩阵的行列式和迹总是正值。一个正态分布的协方差矩阵 $\boldsymbol{\Sigma}$ 总是正定的。

### C.2.7　矩阵的零空间

一个矩阵 $\boldsymbol{A}$ 的右侧零空间是由向量 $\boldsymbol{x}$ 的集合所构成：

$$\boldsymbol{A}\boldsymbol{x} = \boldsymbol{0} \tag{C-16}$$

类似地，一个矩阵 $\boldsymbol{A}$ 的左侧零空间是由向量 $\boldsymbol{x}$ 的集合所构成：

$$\boldsymbol{x}^{\mathrm{T}}\boldsymbol{A} = \boldsymbol{0}^{\mathrm{T}} \tag{C-17}$$

如果矩阵是奇异的且行列式为 0，一个方阵仅有一个非平凡零空间(例如，不仅仅是 $\boldsymbol{x}=\boldsymbol{0}$)。

## C.3　张量

有时，我们需要 $D>2$ 的维数量，称为 $D$ 维张量。对我们而言，一个矩阵可以被看作一个二维张量的特殊形式，一个向量是一维张量的特殊形式。

矩阵乘积的思想可以从一般化扩展到更高维，并被表示为特殊标记 $\times_n$，其中 $n$ 是我们作乘积的维数。例如，张量乘积 $\boldsymbol{f}=\boldsymbol{A}\times_2\boldsymbol{b}\times_3\boldsymbol{c}$ 的第 $l$ 个元素 $f_l$ 可以由下式给出：

$$f_l = \sum_m \sum_n A_{lmn} b_m c_n \tag{C-18}$$

其中 $l$、$m$ 和 $n$ 表示三维张量 $\boldsymbol{A}$、$\boldsymbol{b}$ 和 $\boldsymbol{c}$ 都是向量。

## C.4　线性变换

当我们对一个矩阵左乘一个向量时，这被称为线性变换。图 C-1 给出了将一些不同的二维线性变换应用于表达单位方阵的二维向量时的结果。我们可以从这幅图中得到一些信息。首先，原始矩阵中的点(0，0)总可以对应到自己本身。第二，共线点还是共线的。第三，平行线总是对应平行线。从几何变换的角度来看，一个矩阵的左乘可以造成原始矩阵的剪切、尺度变化、反射以及旋转。

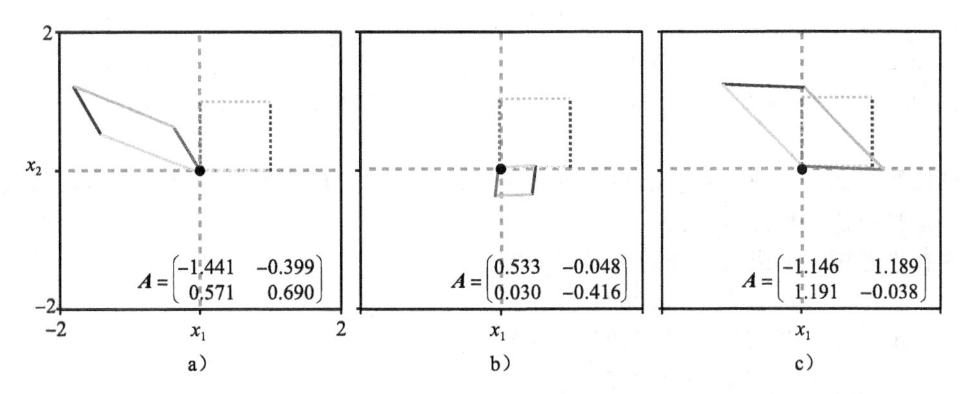


图 C-1 将三种线性变换应用到一个单位方阵中的效果。虚线正方形位于变换前。实线正方形位于变换后。原点始终映射到原点。共线点始终共线。平行线仍然平行。线性变换包括了剪切、翻转、旋转以及尺度变化

线性变换的另一种视角来源于将不同变换应用于单位圆(如图 C-2 所示)上的点。在每种情况中，圆被变换为一个椭圆。椭圆可以通过主轴(最长的轴)和辅轴(最短的轴)来表示，二者相互垂直。这告诉我们一些有趣的信息：通常，在空间中有一个特殊的方向(原始圆的位置)通过变换可以将最大值进行拉伸(或者对最小值进行压缩)。同样地，还有第二个方向可以将最小值进行拉伸(或者对最大值进行压缩)。

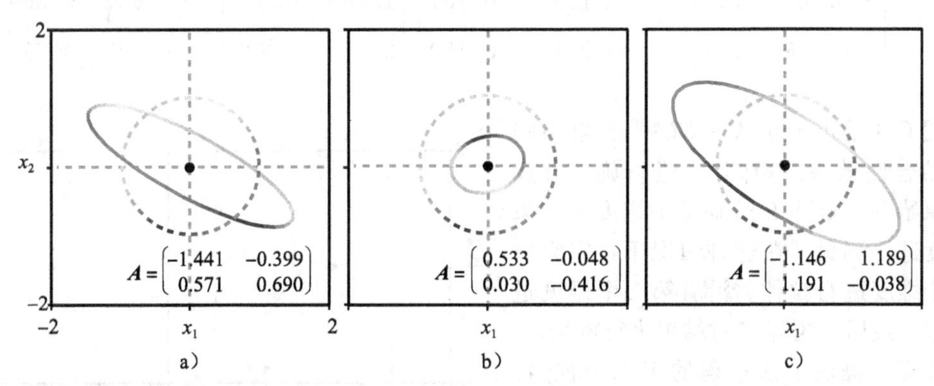


图 C-2 将三种线性变换应用到一个圆后的效果。虚线圆位于变换前。实线圆位于变换后。变换后，圆被映射为一个椭圆。这表明有一个特殊的方向被扩展到了最大(成为了椭圆的长轴)，还有一个特殊的方向被扩展到了最小(成为了椭圆的短轴)

## C.5 奇异值分解

奇异值分解是一个关于 $M\times N$ 的矩阵 $\mathbf{A}$ 的分解，满足：

$$\mathbf{A}=\boldsymbol{ULV}^{\mathrm{T}} \tag{C-19}$$

其中 $\boldsymbol{U}$ 是一个 $M\times M$ 的正交矩阵，$\boldsymbol{L}$ 是一个 $M\times N$ 的对角矩阵，且 $\mathbf{V}$ 是一个 $N\times N$ 的正交矩阵。尽管如何进行奇异值分解超出了本书的范围，但总有可能对此种分解进行计算。

要想获得奇异值分解的特点的最好的方式就是考虑一些实例。首先，让我们来考虑一个方阵：

$$\mathbf{A}_1=\begin{bmatrix}0.183 & 0.307 & 0.261\\ -1.029 & 0.135 & -0.941\\ 0.949 & 0.515 & -0.162\end{bmatrix}=\boldsymbol{ULV}^{\mathrm{T}}$$

$$
= \begin{bmatrix} -0.204 & -0.061 & -0.977 \\ 0.832 & -0.535 & -0.140 \\ -0.514 & -0.842 & 0.160 \end{bmatrix} \begin{bmatrix} 1.590 & 0 & 0 \\ 0 & 0.856 & 0 \\ 0 & 0 & 0.303 \end{bmatrix} \begin{bmatrix} -0.870 & -0.302 & 0.389 \\ -0.135 & -0.613 & -0.778 \\ -0.474 & 0.729 & -0.492 \end{bmatrix} \tag{C-20}
$$

注意到按照惯例，当我们从左上角到右下角进行移动时，$\boldsymbol{L}$ 的主对角线上的非负数值单调下降。这些数值被称为奇异值。

现在来考虑一个纵向矩阵的奇异值分解：

$$
\boldsymbol{A}_2 = \begin{bmatrix} 0.537 & 0.862 \\ 1.839 & 0.318 \\ -2.258 & -1.307 \end{bmatrix} = \boldsymbol{ULV}^{\mathrm{T}}
$$

$$
= \begin{bmatrix} -0.263 & 0.698 & 0.665 \\ -0.545 & -0.676 & 0.493 \\ 0.795 & -0.233 & 0.559 \end{bmatrix} \begin{bmatrix} 3.273 & 0 \\ 0 & 0.76 \\ 0 & 0 \end{bmatrix} \begin{bmatrix} -0.898 & -0.440 \\ -0.440 & 0.898 \end{bmatrix} \tag{C-21}
$$

对这个矩形矩阵而言，正交矩阵 $\boldsymbol{U}$ 和 $\boldsymbol{V}$ 的尺寸不同，对角矩阵 $\boldsymbol{L}$ 与原始矩阵的尺寸相同。奇异值仍然可以在对角线方向上找到，但是数量是由最小维数所决定的。换句话说，如果原始矩阵是 $M \times N$，那么将会有 $\min[M, N]$ 个奇异值。

想要进一步理解奇异值分解，我们来看第三个实例：

$$
\boldsymbol{A}_3 = \begin{bmatrix} -0.147 & 0.357 \\ -0.668 & 0.811 \end{bmatrix} = \begin{bmatrix} 0.189 & 0.981 \\ 0.981 & -0.189 \end{bmatrix} \begin{bmatrix} 1.068 & 0 \\ 0 & 0.335 \end{bmatrix} \begin{bmatrix} -0.587 & 0.809\,1 \\ 0.809 & 0.587 \end{bmatrix} \tag{C-22}
$$

图 C-3 给出了在 $\boldsymbol{A}_3 = \boldsymbol{ULV}^{\mathrm{T}}$ 分解中的变换结合性效果。矩阵 $\boldsymbol{V}^{\mathrm{T}}$ 进行旋转并反射出原始点。矩阵 $\boldsymbol{L}$ 沿着每个维度对结果的尺度进行测量。在这种情况下，它沿着第一个维度进行拉伸、沿着第二个维度进行收缩。最后，矩阵 $\boldsymbol{U}$ 对结果进行旋转。

图 C-4 提供了该过程的第二个视角。每一对平面描绘了当我们对奇异值分解中的不同部分进行修改、而其余部分保持不变时所发生的情况。当我们改变 $\boldsymbol{V}$ 时，最终椭圆的形态是完全一样的，但是从原始方向到椭圆上点的对应发生了变化（观察沿着主轴方向的彩色变化）。当我们修改 $\boldsymbol{L}$ 中的第一个元素时，主轴的长度发生了变化。当我们修改 $\boldsymbol{L}$ 中的其他非零元素时，辅轴的长度发生了变化。当我们修改矩阵 $\boldsymbol{U}$ 时，椭圆的方向发生了变化。

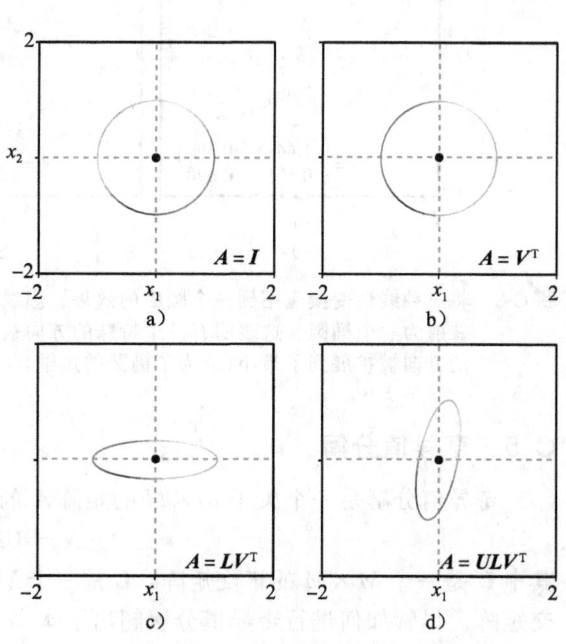


图 C-3　针对矩阵 $\boldsymbol{A}_3$ 的 SVD 成分的累积效应。a）原始物体。b）使用矩阵 $\boldsymbol{V}^{\mathrm{T}}$ 进行旋转，且将圆点周围的物体进行翻转。c）紧接着，使用 $\boldsymbol{L}$ 使得沿着坐标轴进行拉伸/压缩。d）最后，使用矩阵 $\boldsymbol{U}$ 进行旋转，且将扭曲结构进行翻转

### C.5.1　奇异值分析

通过观察奇异值，我们可以获得有关于一个矩阵的许多信息。在 C.4 部分中

我们发现，当减小最小奇异值时，椭圆的辅轴也逐渐变小了。当它变为0时，单位圆的两条边变成另一种形式(正如所有圆中的点)。现在，从原始点到转换点之间有一个多对一的对应关系，且矩阵不再可逆。通常，一个矩阵只有在所有奇异值均为非零的情况下才是可逆的。

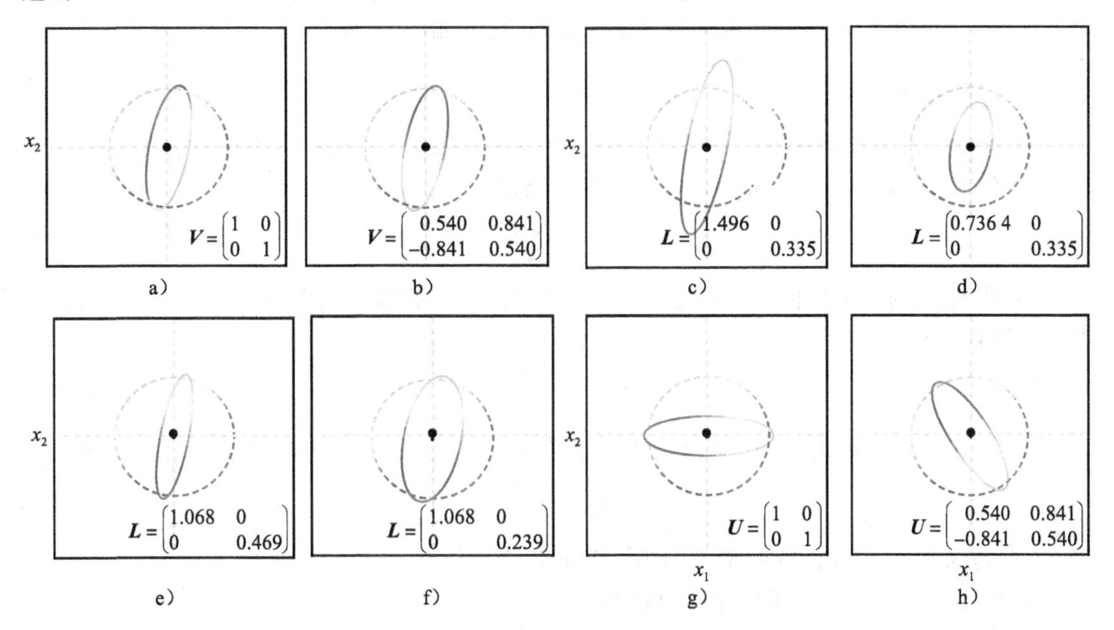


图 C-4 针对矩阵 $\boldsymbol{A}_3$，对 SVD 中的不同成分进行操作。a-b) 矩阵 $\boldsymbol{V}$ 的改变不会对最后的椭圆造成影响，但会改变映射到长轴和短轴的方向(颜色)。c-d) $\boldsymbol{L}$ 中第一个对角线元素的改变会对椭圆中的长轴的长度造成影响。e-f) $\boldsymbol{L}$ 中第二个对角线元素的改变会对短轴的长度造成影响。g-h) $\boldsymbol{U}$ 的变化会对椭圆的最终方向造成影响

非零奇异值的数量被称为矩阵的秩。最小奇异值与最大奇异值的比值被称为条件数：这是一种反映该矩阵可逆性的量度。当它接近于0时，矩阵的可逆性下降。

奇异值通过不同数量(如图 C-3c 所示)对椭圆的不同轴进行测量。因而，单位圆的面积被一个系数所改变，该系数等于奇异值的乘积。事实上，这个尺度系数就是行列式(请参见 C.2.4 节)。当矩阵是奇异的，至少有一个奇异值为0，因此行列式也等于0。右侧的零空间由所有这些向量所构成，这些向量可以通过对所有矩阵 $\boldsymbol{V}$ 中对应奇异值为0的列的权值之和而获得。类似地，左侧零空间由所有这些向量所构成，这些向量可以通过对所有矩阵 $\boldsymbol{U}$ 中对应奇异值为0的列的权值之和而获得。

正交矩阵仅作旋转和发射点，旋转矩阵只进行旋转。在任何一种情况中，单位圆的面积不发生变化：对于这些矩阵，所有的奇异值为1，且行列式也为1。

### C.5.2 矩阵的逆矩阵

当从奇异值角度对一个方阵作逆变换时，我们也能够看见发生了什么。使用规则 $(\boldsymbol{AB})^{-1}=\boldsymbol{B}^{-1}\boldsymbol{A}^{-1}$，我们有：

$$\boldsymbol{A}^{-1} = (\boldsymbol{ULV}^{\mathrm{T}})^{-1} = (\boldsymbol{V}^{\mathrm{T}})^{-1}\boldsymbol{L}^{-1}\boldsymbol{U}^{-1} = \boldsymbol{VL}^{-1}\boldsymbol{U}^{\mathrm{T}} \tag{C-23}$$

其中，我们利用了这一事实：$\boldsymbol{U}$ 和 $\boldsymbol{V}$ 都是正交矩阵，所以 $\boldsymbol{U}^{-1}=\boldsymbol{U}^{\mathrm{T}}$ 且 $\boldsymbol{V}^{-1}=\boldsymbol{V}^{\mathrm{T}}$。矩阵 $\boldsymbol{L}$ 是对角矩阵，所以 $\boldsymbol{L}^{-1}$ 也将是一个具有新的非零元的对角矩阵，这些非零元是原始矩阵中数值的倒数。这也表明当任何一个奇异值为0时，对应的矩阵是不可逆的：我们无法对0

求倒数。

用上述的这种表达方式，逆矩阵对于原始矩阵具有相反的几何效果。如果我们考虑图 C-3d 中变换椭圆上的效果，首先采用 $\mathbf{U}^{\mathrm{T}}$ 作旋转，因而它的主轴和辅轴与坐标轴相一致(如图 C-3c 所示)。然后，伸缩这些轴(使用 $\mathbf{L}^{-1}$ 的元素)，使得椭圆变成圆(如图 C-3b 所示)。最后，利用 $\mathbf{V}$ 对结果作旋转恢复出原始的位置(如图 C-3a 所示)。

## C.6　矩阵微积分

通常我们需要对复合矩阵表达式求导数。函数 $f[\mathbf{a}]$ 的导数将一个向量作为参数，并返回一个标量，它是一个向量 $\mathbf{b}$，且拥有下列元素：

$$b_i = \frac{\partial f}{\partial a_i} \tag{C-24}$$

函数 $f[\mathbf{A}]$ 的导数返回一个标量，对于一个 $M \times N$ 的矩阵 $\mathbf{A}$ 将会有一个 $M \times N$ 的矩阵 $\mathbf{B}$，它拥有元素：

$$b_{ij} = \frac{\partial f}{\partial a_{ij}} \tag{C-25}$$

函数 $f[\mathbf{a}]$ 的导数返回一个关于向量 $\mathbf{a}$ 的向量，该向量是矩阵 $\mathbf{B}$，且拥有下列元素：

$$b_{ij} = \frac{\partial f_i}{\partial a_j} \tag{C-26}$$

其中 $f_i$ 是函数 $\mathbf{f}[\mathbf{a}]$ 返回的向量中的第 $i$ 个元素。

现在我们提供一些常用的结果以供参考。

1. 线性函数求导：

$$\frac{\partial \mathbf{x}^{\mathrm{T}}\mathbf{a}}{\partial \mathbf{x}} = \mathbf{a} \tag{C-27}$$

$$\frac{\partial \mathbf{a}^{\mathrm{T}}\mathbf{x}}{\partial \mathbf{x}} = \mathbf{a} \tag{C-28}$$

$$\frac{\partial \mathbf{a}^{\mathrm{T}}\mathbf{X}\mathbf{b}}{\partial \mathbf{X}} = \mathbf{a}\mathbf{b}^{\mathrm{T}} \tag{C-29}$$

$$\frac{\partial \mathbf{a}^{\mathrm{T}}\mathbf{X}^{\mathrm{T}}\mathbf{b}}{\partial \mathbf{X}} = \mathbf{b}\mathbf{a}^{\mathrm{T}} \tag{C-30}$$

2. 二次函数求导：

$$\frac{\partial \mathbf{b}^{\mathrm{T}}\mathbf{X}^{\mathrm{T}}\mathbf{X}\mathbf{c}}{\partial \mathbf{X}} = \mathbf{X}(\mathbf{b}\mathbf{c}^{\mathrm{T}} + \mathbf{c}\mathbf{b}^{\mathrm{T}}) \tag{C-31}$$

$$\frac{\partial (\mathbf{B}\mathbf{x}+\mathbf{b})^{\mathrm{T}}\mathbf{C}(\mathbf{D}\mathbf{x}+\mathbf{d})}{\partial \mathbf{x}} = \mathbf{B}^{\mathrm{T}}\mathbf{C}(\mathbf{D}\mathbf{x}+\mathbf{d}) + \mathbf{D}^{\mathrm{T}}\mathbf{C}^{\mathrm{T}}(\mathbf{B}\mathbf{x}+\mathbf{b}) \tag{C-32}$$

$$\frac{\partial \mathbf{x}^{\mathrm{T}}\mathbf{B}\mathbf{x}}{\partial \mathbf{x}} = (\mathbf{B}+\mathbf{B}^{\mathrm{T}})\mathbf{x} \tag{C-33}$$

$$\frac{\partial \mathbf{b}^{\mathrm{T}}\mathbf{X}^{\mathrm{T}}\mathbf{D}\mathbf{X}\mathbf{c}}{\partial \mathbf{X}} = \mathbf{D}^{\mathrm{T}}\mathbf{X}\mathbf{b}\mathbf{c}^{\mathrm{T}} + \mathbf{D}\mathbf{X}\mathbf{c}\mathbf{b}^{\mathrm{T}} \tag{C-34}$$

$$\frac{\partial (\mathbf{X}\mathbf{b}+\mathbf{c})^{\mathrm{T}}\mathbf{D}(\mathbf{X}\mathbf{b}+\mathbf{c})}{\partial \mathbf{X}} = (\mathbf{D}+\mathbf{D}^{\mathrm{T}})(\mathbf{X}\mathbf{b}+\mathbf{c})\mathbf{b}^{\mathrm{T}} \tag{C-35}$$

3. 行列式求导：

$$\frac{\partial \det[\mathbf{Y}]}{\partial x} = \det[\mathbf{Y}]\mathrm{tr}\left[\mathbf{Y}^{-1}\frac{\partial \mathbf{Y}}{\partial x}\right] \tag{C-36}$$

上式导致这一关系式：

$$\frac{\partial \det[\boldsymbol{Y}]}{\partial \boldsymbol{Y}} = \det[\boldsymbol{Y}]\boldsymbol{Y}^{-T} \tag{C-37}$$

4. 对数行列式求导：

$$\frac{\partial \log[\det[\boldsymbol{Y}]]}{\partial \boldsymbol{Y}} = \boldsymbol{Y}^{-T} \tag{C-38}$$

5. 逆矩阵求导：

$$\frac{\partial \boldsymbol{Y}^{-1}}{\partial x} = -\boldsymbol{Y}^{-1}\frac{\partial \boldsymbol{Y}}{\partial x}\boldsymbol{Y}^{-1} \tag{C-39}$$

6. 迹求导：

$$\frac{\partial \mathrm{tr}[\boldsymbol{F}[\boldsymbol{X}]]}{\partial \boldsymbol{X}} = \left(\frac{\partial \boldsymbol{F}[\boldsymbol{X}]}{\partial \boldsymbol{X}}\right)^{\mathrm{T}} \tag{C-40}$$

更多关于矩阵微积分的信息请参见 Petersen 等(2006 年)。

## C.7 常见问题

在本节中，我们针对一些在计算机视觉中反复出现的标准线性代数问题进行讨论。

### C.7.1 最小二乘问题

计算机视觉中的许多推理和学习任务导致了最小二乘问题。最常见的就是我们使用符合正态分布的最大似然方法。最小二乘问题可以采取许多种方式加以处理。我们需要在最小二乘层面上找到向量 $\boldsymbol{x}$ 来解决下列系统：

$$\boldsymbol{Ax} = \boldsymbol{b} \tag{C-41}$$

或者，我们也可能被提供下式中的形式来解出 $\boldsymbol{x}$：

$$\boldsymbol{A}_i\boldsymbol{x} = \boldsymbol{b}_i \tag{C-42}$$

在后面的情况中，我们构建复合矩阵 $\boldsymbol{A} = [\boldsymbol{A}_1^{\mathrm{T}}, \boldsymbol{A}_2^{\mathrm{T}}, \cdots, \boldsymbol{A}_I^{\mathrm{T}}]^{\mathrm{T}}$ 和复合向量 $\boldsymbol{b} = [\boldsymbol{b}_1^{\mathrm{T}}, \boldsymbol{b}_2^{\mathrm{T}}, \cdots, \boldsymbol{b}_I^{\mathrm{T}}]^{\mathrm{T}}$，该问题与式(C-41)中的情况完全一样。

我们可以以明确的最小二乘形式看待同样的问题：

$$\hat{\boldsymbol{x}} = \underset{\boldsymbol{x}}{\mathrm{argmin}}[(\boldsymbol{Ax}-\boldsymbol{b})^{\mathrm{T}}(\boldsymbol{Ax}-\boldsymbol{b})] \tag{C-43}$$

最后，我们可能面临较小成分的相加问题：

$$\hat{\boldsymbol{x}} = \underset{\boldsymbol{x}}{\mathrm{argmin}}\left[\sum_{i=1}^{I}(\boldsymbol{A}_i\boldsymbol{x}-\boldsymbol{b}_i)^{\mathrm{T}}(\boldsymbol{A}_i\boldsymbol{x}-\boldsymbol{b}_i)\right] \tag{C-44}$$

其中，我们构建了复合矩阵 $\boldsymbol{A}$ 和 $\boldsymbol{b}$，这可以将问题转化回式(C-43)的形式。

更进一步，我们将式(C-43)中的分量乘开：

$$\begin{aligned}\hat{\boldsymbol{x}} &= \underset{\boldsymbol{x}}{\mathrm{argmin}}[(\boldsymbol{Ax}-\boldsymbol{b})^{\mathrm{T}}(\boldsymbol{Ax}-\boldsymbol{b})] \\ &= \underset{\boldsymbol{x}}{\mathrm{argmin}}[\boldsymbol{x}^{\mathrm{T}}\boldsymbol{A}^{\mathrm{T}}\boldsymbol{Ax}-\boldsymbol{b}^{\mathrm{T}}\boldsymbol{Ax}-\boldsymbol{x}^{\mathrm{T}}\boldsymbol{A}^{\mathrm{T}}\boldsymbol{b}+\boldsymbol{b}^{\mathrm{T}}\boldsymbol{b}] \\ &= \underset{\boldsymbol{x}}{\mathrm{argmin}}[\boldsymbol{x}^{\mathrm{T}}\boldsymbol{A}^{\mathrm{T}}\boldsymbol{Ax}-2\boldsymbol{x}^{\mathrm{T}}\boldsymbol{A}^{\mathrm{T}}\boldsymbol{b}+\boldsymbol{b}^{\mathrm{T}}\boldsymbol{b}]\end{aligned} \tag{C-45}$$

其中，我们把最后一行中的两项结合起来，注意到它们是完全相同的：它们都是另外一个矩阵的转置矩阵，但是它们也是标量，因此它们等于它们自己的转置。现在，我们针对 $\boldsymbol{x}$ 求导，且令结果等于 0：

$$2\boldsymbol{A}^{\mathrm{T}}\boldsymbol{Ax} - 2\boldsymbol{A}^{\mathrm{T}}\boldsymbol{b} = 0 \tag{C-46}$$

我们可以进行重新排列给出标准的最小二乘结果：

$$\boldsymbol{x} = (\boldsymbol{A}^{\mathrm{T}}\boldsymbol{A})^{-1}\boldsymbol{A}^{\mathrm{T}}\boldsymbol{b} \tag{C-47}$$

如果 $\boldsymbol{A}$ 中至少有与 $\boldsymbol{x}$ 中(例如，如果矩阵 $\boldsymbol{A}$ 是方阵或者纵向矩阵)未知数值个数相同的行数目，该结果才可以计算得出。否则，矩阵 $\boldsymbol{A}^{\mathrm{T}}\boldsymbol{A}$ 是奇异的。要想以 Matlab 来运行，最好利用反斜杠符号“\”而不是直接以式(C-47)中的形式运行。

### C.7.2　主方向/最小值方向

我们将主方向和最小值方向分别定义为：

$$\begin{aligned}\hat{\boldsymbol{b}} &= \underset{\boldsymbol{b}}{\operatorname{argmax}}[\,|\boldsymbol{Ab}|\,] \qquad (|\boldsymbol{b}|=1)\\ \hat{\boldsymbol{b}} &= \underset{\boldsymbol{b}}{\operatorname{argmin}}[\,|\boldsymbol{Ab}|\,] \qquad (|\boldsymbol{b}|=1)\end{aligned} \tag{C-48}$$

该问题具有图 C-2 中精确的几何形式。限制条件 $|\boldsymbol{b}|=1$ 意味着 $\boldsymbol{b}$ 必须在圆上(或者更高维数的球体或超球体)。在主方向问题中，我们正在寻找一个方向，该方向对应着结果椭圆/椭球中的主轴。在最小值方向问题中，我们寻找的方向对应着椭球的辅轴。

在图 C-4 中，我们发现来源于 $\boldsymbol{A}$ 的奇异值分解矩阵 $\boldsymbol{V}$ 的方向对应椭球的不同轴。要想解决主方向问题，我们需要计算奇异值分解 $\boldsymbol{A}=\boldsymbol{ULV}^{\mathrm{T}}$，且将 $\boldsymbol{b}$ 设为 $\boldsymbol{V}$ 中的第一列。要想解决最小值方向问题，我们将 $\boldsymbol{b}$ 设为 $\boldsymbol{V}$ 中的最后一列。

### C.7.3　正交 Procrustes 问题

正交 Procrustes 问题是要找到一个向量集合 $\boldsymbol{A}$ 与另一个向量集合 $\boldsymbol{B}$ 之间最接近的线性对应 $\boldsymbol{\Omega}$，$\boldsymbol{\Omega}$ 是一个正交矩阵。简而言之，我们要寻找最佳的欧式旋转(包括镜像)将点 $\boldsymbol{A}$ 对应到点 $\boldsymbol{B}$。

$$\hat{\boldsymbol{\Omega}} = \underset{\boldsymbol{\Omega}}{\operatorname{argmin}}[\,|\boldsymbol{\Omega A}-\boldsymbol{B}|_F\,] \tag{C-49}$$

其中 $|\bullet|_F$ 表示一个矩阵的 Frobenius 范数——所有元素的平方和。更进一步，我们回忆起一个矩阵的迹是对角元之和，所以 $|\boldsymbol{X}|_F=\operatorname{tr}[\boldsymbol{X}^{\mathrm{T}}\boldsymbol{X}]$，它给出新的准则：

$$\begin{aligned}\hat{\boldsymbol{\Omega}} &= \underset{\boldsymbol{\Omega}}{\operatorname{argmin}}[\operatorname{tr}[\boldsymbol{A}^{\mathrm{T}}\boldsymbol{A}]+\operatorname{tr}[\boldsymbol{B}^{\mathrm{T}}\boldsymbol{B}]-2\operatorname{tr}|\boldsymbol{A}^{\mathrm{T}}\boldsymbol{\Omega}^{\mathrm{T}}\boldsymbol{B}]]\\ &= \underset{\boldsymbol{\Omega}}{\operatorname{argmax}}[\operatorname{tr}[\boldsymbol{A}^{\mathrm{T}}\boldsymbol{\Omega}^{\mathrm{T}}\boldsymbol{B}]]\\ &= \underset{\boldsymbol{\Omega}}{\operatorname{argmax}}[\operatorname{tr}[\boldsymbol{\Omega}^{\mathrm{T}}\boldsymbol{BA}^{\mathrm{T}}]]\end{aligned} \tag{C-50}$$

其中我们在上述最后两个公式间利用了式(C-15)。现在我们计算奇异值分解 $\boldsymbol{BA}^{\mathrm{T}}=\boldsymbol{ULV}^{\mathrm{T}}$ 来获取准则：

$$\begin{aligned}\hat{\boldsymbol{\Omega}} &= \underset{\boldsymbol{\Omega}}{\operatorname{argmax}}[\operatorname{tr}[\boldsymbol{\Omega}^{\mathrm{T}}\boldsymbol{ULV}^{\mathrm{T}}]]\\ &= \underset{\boldsymbol{\Omega}}{\operatorname{argmax}}[\operatorname{tr}[\boldsymbol{V}^{\mathrm{T}}\boldsymbol{\Omega}^{\mathrm{T}}\boldsymbol{UL}]]\end{aligned} \tag{C-51}$$

注意到：

$$\operatorname{tr}[\boldsymbol{V}^{\mathrm{T}}\boldsymbol{\Omega}^{\mathrm{T}}\boldsymbol{UL}] = \operatorname{tr}[\boldsymbol{ZL}] = \sum_{i=1}^{I} z_{ii}l_{ii} \tag{C-52}$$

其中，我们定义 $\boldsymbol{Z}=\boldsymbol{V}^{\mathrm{T}}\boldsymbol{\Omega}^{\mathrm{T}}\boldsymbol{U}$，且利用这一事实：$\boldsymbol{L}$ 是一个对角矩阵，所以每个元在相乘层面对矩阵 $\boldsymbol{Z}$ 的对角进行尺度变化。

我们注意到矩阵 $\boldsymbol{Z}$ 是正交的(它是三个正交矩阵的乘积)。因而，正交矩阵 $\boldsymbol{Z}$ 中对角线上的每一个数值必须小于等于 1(每一列的范数精确等于 1)，所以我们必须在对角矩阵等于 1 时选择 $\boldsymbol{Z}=\boldsymbol{I}$，从而使式(C-52)中的准则最大化。要实现这一点，我们设 $\boldsymbol{\Omega}^{\mathrm{T}}=\boldsymbol{VU}^{\mathrm{T}}$ 使得全局解为：

$$\hat{\boldsymbol{\Omega}} = \boldsymbol{UV}^{\mathrm{T}} \tag{C-53}$$

本问题的一种特殊形式是要在最小二乘层面且在一个给定方阵 $\boldsymbol{B}$ 下，找到最接近的正交矩阵 $\boldsymbol{\Omega}$。换句话说，我们寻找最优化：

$$\hat{\boldsymbol{\Omega}} = \underset{\boldsymbol{\Omega}}{\operatorname{argmin}}\left[\,|\boldsymbol{\Omega} - \boldsymbol{B}|_F\right] \tag{C-54}$$

显然，这与式(C-49)中的准则最优化是等价的，只是 $\boldsymbol{A}=\boldsymbol{I}$。由此可见，可以通过计算奇异值分解 $\boldsymbol{B}=\boldsymbol{ULV}^{\mathrm{T}}$ 并设 $\boldsymbol{\Omega}=\boldsymbol{UV}^{\mathrm{T}}$ 来寻找解。

## C.8 大型矩阵求逆技巧

一个 $D\times D$ 矩阵的求逆具有复杂度$\mathcal{O}(\mathrm{D}^3)$。在实际中，这意味着当维数超过几千时，矩阵的求逆是非常困难的。幸运的是，矩阵通常是高度构建的，所以我们可以使用许多技巧以利用这一结构来加速求逆过程。

### C.8.1 对角和块对角矩阵

对角矩阵可以通过构造一个新对角矩阵来求逆，其中对角线上的数据是原始数值的倒数。块对角矩阵具有以下形式的矩阵：

$$\boldsymbol{A} = \begin{bmatrix} \boldsymbol{A}_1 & \boldsymbol{0} & \cdots & \boldsymbol{0} \\ \boldsymbol{0} & \boldsymbol{A}_2 & \cdots & \boldsymbol{0} \\ \vdots & \vdots & \ddots & \vdots \\ \boldsymbol{0} & \boldsymbol{0} & \cdots & \boldsymbol{A}_N \end{bmatrix} \tag{C-55}$$

一个块矩阵的逆矩阵可以通过将每个块分别求逆计算获得，使得：

$$\boldsymbol{A}^{-1} = \begin{bmatrix} \boldsymbol{A}_1^{-1} & \boldsymbol{0} & \cdots & \boldsymbol{0} \\ \boldsymbol{0} & \boldsymbol{A}_2^{-1} & \cdots & \boldsymbol{0} \\ \vdots & \vdots & \ddots & \vdots \\ \boldsymbol{0} & \boldsymbol{0} & \cdots & \boldsymbol{A}_N^{-1} \end{bmatrix} \tag{C-56}$$

### C.8.2 逆关系#1：舒尔补恒等式

一个矩阵在左上、右上、左下以及右下分别有四个子块 $\boldsymbol{A}$、$\boldsymbol{B}$、$\boldsymbol{C}$ 和 $\boldsymbol{D}$，该矩阵通过将原始矩阵与右侧相乘，显示结果是一个单位矩阵的形式给出逆矩阵：

$$\begin{bmatrix} \boldsymbol{A} & \boldsymbol{B} \\ \boldsymbol{C} & \boldsymbol{D} \end{bmatrix}^{-1} = \begin{bmatrix} (\boldsymbol{A}-\boldsymbol{BD}^{-1}\boldsymbol{C})^{-1} & -(\boldsymbol{A}-\boldsymbol{BD}^{-1}\boldsymbol{C})^{-1}\boldsymbol{BD}^{-1} \\ -\boldsymbol{D}^{-1}\boldsymbol{C}(\boldsymbol{A}-\boldsymbol{BD}^{-1}\boldsymbol{C})^{-1} & \boldsymbol{D}^{-1}+\boldsymbol{D}^{-1}\boldsymbol{C}(\boldsymbol{A}-\boldsymbol{BD}^{-1}\boldsymbol{C})^{-1}\boldsymbol{BD}^{-1} \end{bmatrix} \tag{C-57}$$

当 $\boldsymbol{D}$ 是对角矩阵或者块对角矩阵时(如图 C-5 所示)，这个结果是非常有用的。在这种情况下，$\boldsymbol{D}^{-1}$ 很快就可以计算得出，剩余的量$(\boldsymbol{A}-\boldsymbol{BD}^{-1}\boldsymbol{C})^{-1}$ 相比原始矩阵，规模更小，也更容易求出逆矩阵。$\boldsymbol{A}-\boldsymbol{BD}^{-1}\boldsymbol{C}$ 称为舒尔补。

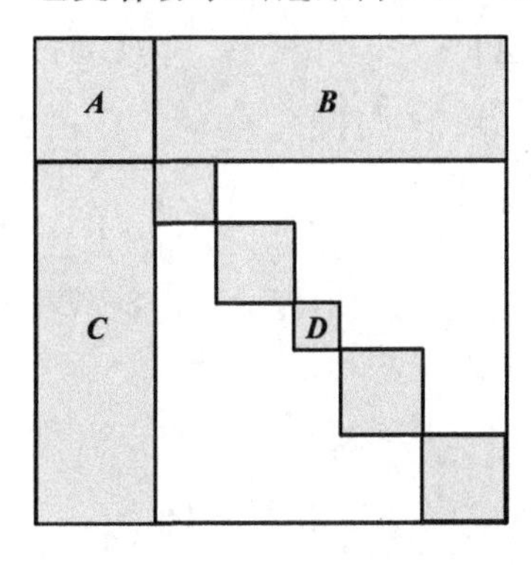


图 C-5 逆关系#1。灰色区域表示矩阵中的非零值部分，白色区域表示 0。这种关系适用于矩阵可以被划分成四个子矩阵 $\boldsymbol{A}$，$\boldsymbol{B}$，$\boldsymbol{C}$ 和 $\boldsymbol{D}$ 的情况，且右下角的块很容易求逆(例如对角的，块对角的或是以另一种方式构成的，意味着求逆过程是高效的)。在应用了这种关系后，剩下逆过程的大小仅为子矩阵 $\boldsymbol{A}$ 的大小

### C.8.3　逆关系 #2

考虑 $d\times d$ 矩阵 $\boldsymbol{A}$、$k\times k$ 矩阵 $\boldsymbol{C}$ 以及 $k\times d$ 矩阵 $\boldsymbol{B}$，其中 $\boldsymbol{A}$ 和 $\boldsymbol{C}$ 是对称的正定矩阵。下面的公式满足：

$$(\boldsymbol{A}^{-1}+\boldsymbol{B}^{\mathrm{T}}\boldsymbol{C}^{-1}\boldsymbol{B})^{-1}\boldsymbol{B}^{\mathrm{T}}\boldsymbol{C}^{-1}=\boldsymbol{A}\boldsymbol{B}^{\mathrm{T}}(\boldsymbol{B}\boldsymbol{A}\boldsymbol{B}^{\mathrm{T}}+\boldsymbol{C})^{-1} \tag{C-58}$$

**证明：**

$$\begin{aligned}\boldsymbol{B}^{\mathrm{T}}\boldsymbol{C}^{-1}\boldsymbol{B}\boldsymbol{A}\boldsymbol{B}^{\mathrm{T}}+\boldsymbol{B}^{\mathrm{T}}&=\boldsymbol{B}^{\mathrm{T}}+\boldsymbol{B}^{\mathrm{T}}\boldsymbol{C}^{-1}\boldsymbol{B}\boldsymbol{A}\boldsymbol{B}^{\mathrm{T}}\\ \boldsymbol{B}^{\mathrm{T}}\boldsymbol{C}^{-1}(\boldsymbol{B}\boldsymbol{A}\boldsymbol{B}^{\mathrm{T}}+\boldsymbol{C})&=(\boldsymbol{A}^{-1}+\boldsymbol{B}^{\mathrm{T}}\boldsymbol{C}^{-1}\boldsymbol{B})\boldsymbol{A}\boldsymbol{B}^{\mathrm{T}}\end{aligned} \tag{C-59}$$

公式两侧求逆，我们得到：

$$(\boldsymbol{A}^{-1}+\boldsymbol{B}^{\mathrm{T}}\boldsymbol{C}^{-1}\boldsymbol{B})^{-1}\boldsymbol{B}^{\mathrm{T}}\boldsymbol{C}^{-1}=\boldsymbol{A}\boldsymbol{B}^{\mathrm{T}}(\boldsymbol{B}\boldsymbol{A}\boldsymbol{B}^{\mathrm{T}}+\boldsymbol{C})^{-1} \tag{C-60}$$

当 $\boldsymbol{B}$ 是一个列数 $C$ 大于行数 $R$ 的 landscape 矩阵时，该关系是非常有用的。在左侧，我们需要作逆运算的矩阵尺寸为 $C\times C$，这个计算代价非常高。然而，在右侧，我们需要作逆运算的矩阵尺寸为 $R\times R$，这在计算代价方面将得到很大的提高。

### C.8.4　逆关系 #3：Sherman-Morrison-Woodbury

考虑 $d\times d$ 矩阵 $\boldsymbol{A}$、$k\times k$ 矩阵 $\boldsymbol{C}$ 以及 $k\times d$ 矩阵 $\boldsymbol{B}$，其中 $\boldsymbol{A}$ 和 $\boldsymbol{C}$ 是对称的正定矩阵。下面的公式满足：

$$(\boldsymbol{A}^{-1}+\boldsymbol{B}^{\mathrm{T}}\boldsymbol{C}^{-1}\boldsymbol{B})^{-1}=\boldsymbol{A}-\boldsymbol{A}\boldsymbol{B}^{\mathrm{T}}(\boldsymbol{B}\boldsymbol{A}\boldsymbol{B}^{\mathrm{T}}+\boldsymbol{C})^{-1}\boldsymbol{B}\boldsymbol{A} \tag{C-61}$$

有时这被称为矩阵求逆引理。

**证明：**

$$\begin{aligned}(\boldsymbol{A}^{-1}+\boldsymbol{B}^{\mathrm{T}}\boldsymbol{C}^{-1}\boldsymbol{B})^{-1}&=(\boldsymbol{A}^{-1}+\boldsymbol{B}^{\mathrm{T}}\boldsymbol{C}^{-1}\boldsymbol{B})^{-1}(\boldsymbol{I}+\boldsymbol{B}^{\mathrm{T}}\boldsymbol{C}^{-1}\boldsymbol{B}\boldsymbol{A}-\boldsymbol{B}^{\mathrm{T}}\boldsymbol{C}^{-1}\boldsymbol{B}\boldsymbol{A})\\&=(\boldsymbol{A}^{-1}+\boldsymbol{B}^{\mathrm{T}}\boldsymbol{C}^{-1}\boldsymbol{B})^{-1}((\boldsymbol{A}^{-1}+\boldsymbol{B}^{\mathrm{T}}\boldsymbol{C}^{-1}\boldsymbol{B})\boldsymbol{A}-\boldsymbol{B}^{\mathrm{T}}\boldsymbol{C}^{-1}\boldsymbol{B}\boldsymbol{A})\\&=\boldsymbol{A}-(\boldsymbol{A}^{-1}+\boldsymbol{B}^{\mathrm{T}}\boldsymbol{C}^{-1}\boldsymbol{B})^{-1}\boldsymbol{B}^{\mathrm{T}}\boldsymbol{C}^{-1}\boldsymbol{B}\boldsymbol{A}\end{aligned} \tag{C-62}$$

现在，使用求逆关系 #2 应用于括号中的部分：

$$\begin{aligned}(\boldsymbol{A}^{-1}+\boldsymbol{B}^{\mathrm{T}}\boldsymbol{C}^{-1}\boldsymbol{B})^{-1}&=\boldsymbol{A}-(\boldsymbol{A}^{-1}+\boldsymbol{B}^{\mathrm{T}}\boldsymbol{C}^{-1}\boldsymbol{B})^{-1}\boldsymbol{B}^{\mathrm{T}}\boldsymbol{C}^{-1}\boldsymbol{B}\boldsymbol{A}\\&=\boldsymbol{A}-\boldsymbol{A}\boldsymbol{B}^{\mathrm{T}}(\boldsymbol{B}\boldsymbol{A}\boldsymbol{B}^{\mathrm{T}}+\boldsymbol{C})^{-1}\boldsymbol{B}\boldsymbol{A}\end{aligned} \tag{C-63}$$

### C.8.5　矩阵行列式引理

我们需要求逆的矩阵通常是正态分布中的协方差。当出现这种情况时，我们有时也需要计算同一矩阵的行列式。幸运的是，矩阵求逆引理与行列式有一个直接的类推。

考虑 $d\times d$ 矩阵 $\boldsymbol{A}$、$k\times k$ 矩阵 $\boldsymbol{C}$ 以及 $k\times d$ 矩阵 $\boldsymbol{B}$，其中 $\boldsymbol{A}$ 和 $\boldsymbol{C}$ 是对称的正定矩阵。下面的公式满足：

$$|\boldsymbol{A}^{-1}+\boldsymbol{B}^{\mathrm{T}}\boldsymbol{C}^{-1}\boldsymbol{B}|=|\boldsymbol{I}+\boldsymbol{B}\boldsymbol{A}\boldsymbol{B}^{\mathrm{T}}||\boldsymbol{C}|^{-1}|\boldsymbol{A}|^{-1} \tag{C-64}$$

# 参考文献

Aeschliman, C., Park, J., & Kak, A. C. (2010) A novel parameter estimation algorithm for the multivariate t-distribution and its application to computer vision. In *European Conference on Computer Vision*, pp. 594–607. 100, 105

Agarwal, A., & Triggs, B. (2006) Recovering 3D human pose from monocular images. *IEEE Transactions on Pattern Analysis & Machine Intelligence* **28** (1): 44–48. 109, 129, 131

Agarwal, S., Snavely, N., Seitz, S. M., & Szeliski, R. (2010) Bundle adjustment in the large. In *European Conference on Computer Vision*, pp. 29–42. 381

Agarwal, S., Snavely, N., Simon, I., Seitz, S. M., & Szeliski, R. (2009) Building Rome in a day. In *IEEE International Conference on Computer Vision*, pp. 72–79. 380

Agarwala, A., Dontcheva, M., Agrawala, M., Drucker, S. M., Colburn, A., Curless, B., Salesin, D., & Cohen, M. F. (2004) Interactive digital photomontage. *ACM Transactions on Graphics* **23** (3): 294–302. 261

Aghajanian, J., Warrell, J., Prince, S. J. D., Li, P., Rohn, J. L., & Baum, B. (2009) Patch-based within-object classification. In *IEEE International Conference on Computer Vision*, pp. 1125–1132. 503

Ahonen, T., Hadid, A., & Pietikäinen, M. (2004) Face recognition with local binary patterns. In *European Conference on Computer Vision*, pp. 469–481. 451

Alahari, K., Kohli, P., & Torr, P. H. S. (2008) Reduce, reuse & recycle: Efficiently solving multi-label MRFs. In *IEEE Computer Vision & Pattern Recognition*. 262

Allen, B., Curless, B., & Popovic, Z. (2003) The space of human body shapes: reconstruction and parameterization from range scans. *ACM Transactions on Graphics* **22** (3): 587–594. 421

Aloimonos, J. Y. (1990) Perspective approximations. *Image and Vision Computing* **8** (3): 177–192. 319

Amberg, B., Blake, A., & Vetter, T. (2009) On compositional image alignment, with an application to active appearance models. In *IEEE Computer Vision & Pattern Recognition*, pp. 1714–1721. 421

Amini, A., Weymouth, T., & Jain, R. (1990) Using dynamic programming for solving variational problems in vision. *IEEE Transactions on Pattern Analysis & Machine Intelligence* **12** (9): 855–867. 223, 420

Amit, Y., & Geman, D. (1997) Shape quantization and recognition with randomized trees. *Neural Computation* **9** (7): 1545–1588. 167

Amit, Y., & Kong, A. (1996) Graphical templates for model registration. *IEEE Transactions on Pattern Analysis & Machine Intelligence* **18** (3): 225–236. 222

Andriluka, M., Roth, S., & Schiele, B. (2009) Pictorial structures revisited: People detection and articulated pose estimation. In *IEEE Computer Vision & Pattern Recognition*. 222

Anguelov, D., Srinivasan, P., Koller, D., Thrun, S., Rodgers, J., & Davis, J. (2005) SCAPE: Shape completion and animation of people. *ACM Transactions on Graphics* **24** (3): 408–416. 418, 419, 420, 421

Arulampalam, M., Maskell, S., Gordon, N., & Clapp, T. (2002) A tutorial on particle filters for online nonlinear/non-Gaussian Bayesian tracking. *IEEE Transactions on Signal Processing* **50** (2): 174–188. 480

Avidan, S., & Shamir, A. (2007) Seam carving for content-aware image resizing. *ACM Transactions on Graphics* **26** (3): 10. 222

Ayache, N. (1991) *Artificial Vision for Mobile Robots: Stereo Vision and Multisensory Perception*. MIT Press. 480

Babalola, K., Cootes, T., Twining, C., Petrovic, V., & Taylor, C. (2008) 3D brain segmentation using active appearance models and local regressors. In *Medical Image Computing and Computer-Assisted Intervention 2008*, ed. by D. Metaxas, L. Axel, G. Fichtinger, & G. Székely, volume 5241 of *Lecture Notes in Computer Science*, pp. 401–408. Springer. 406

Bailey, T., & Durrant-Whyte, H. (2006) Simultaneous localization and mapping (SLAM): Part II. *Robotics & Automation Magazine, IEEE* **13** (3): 108–117. 480

Baker, H. H., & Binford, T. O. (1981) Depth from edge and intensity-based stereo. In *International Joint Conference on Artificial Intelligence*, pp. 631–636. 222

Ballan, L., & Cortelazzo, G. M. (2008) Marker-less motion capture of skinned models in a four camera set-up using optical flow and silhouettes. In *3D Data Processing, Visualization and Transmission*. 319

Baluja, S., & Rowley, H. A. (2003) Boosting sex identification performance. *International Journal of Computer Vision* **71** (1): 111–119. 167

Barber, D. (2012) *Bayesian Reasoning and Machine Learning*. Cambridge University Press. 181, 192, 223

Bartlett, M. S., Lades, H. M., & Sejnowski, T. J. (1998) Independent component representations for face recognition. In *Proceedings of the SPIE Symposium on Electronic Imaging: Science and Technology: Conference on Human Vision and Electronic Imaging III*, pp. 528–539. 450

Basri, R., Costa, L., Geiger, D., & Jacobs, D. (1998) Determining the similarity of deformable shapes. *Vision Research* **38** (15–16): 2365–2385. 222

Batlle, J., Mouaddib, E., & Salvi, J. (1998) Recent progress in coded structured light as a technique to solve the correspondence problem: A survey. *Pattern Recognition* **31** (7): 963–982. 319

Baumgart, B. G. (1974) *Geometric modeling for computer vision*. Stanford University PhD dissertation. 319

Bay, H., Ess, A., Tuytelaars, T., & Gool, L. J. V. (2008) Speeded-up robust features (SURF). *Computer Vision and Image Understanding* **110** (3): 346–359. 293

Beardsley, P. A., Reid, I. D., Zisserman, A., & Murray, D. W. (1995) Active visual navigation using non-metric structure. In *IEEE International Conference on Computer Vision*, pp. 58–65. 480

Bekios-Calfa, J., Buenaposada, J. M., & Baumela, L. (2011) Revisiting linear discriminant techniques in gender recognition. *IEEE Transactions on Pattern Analysis & Machine Intelligence* **33** (4): 858–864. 167

Belhumeur, P. N., Hespanha, J. P., & Kriegman, D. J. (1997) Eigenfaces vs. Fisherfaces: Recognition using class specific linear projection. *IEEE Transactions on Pattern Analysis & Machine Intelligence* **19** (7): 711–720. 450

Belkin, M., & Niyogi, P. (2001) Laplacian eigenmaps and spectral techniques for embedding and clustering. In *Advances in Neural Information Processing Systems*, pp. 585–591. 293

Belongie, S., Carson, C., Greenspan, H., & Malik, J. (1998) Color- and texture-based image segmentation using EM and its application to content based image retrieval. In *IEEE International Conference on Computer Vision*, pp. 675–682. 106

Belongie, S., Malik, J., & Puzicha, J. (2002) Shape matching and object recognition using shape contexts. *IEEE Transactions on Pattern Analysis & Machine Intelligence* **24** (4): 509–522. 293

Bengio, Y., & Delalleau, O. (2009) Justifying and generalizing contrastive divergence. *Neural Computation* **21** (6): 1601–1621. 192

Bergtholdt, M., Cremers, D., & Schörr, C. (2005) Variational segmentation with shape priors. In *Handbook of Mathematical Models in Computer Vision*, ed. by Y. C. N. Paragios & O. Faugeras, 131–144. 420

Beymer, D., & Konolige, K. (1999) Real-time tracking of multiple people using continuous detection. In *IEEE Frame Rate Workshop*. 479

Birchfield, S., & Tomasi, C. (1998) Depth discontinuities by pixel-to-pixel stereo. In *IEEE International Conference on Computer Vision*, pp. 1073–1080. 222

Bishop, C. M. (2006) *Pattern Recognition and Machine Learning*. Springer, 2nd edition. 5, 16, 25, 51, 67, 166, 192, 223

Blake, A. (2006) Visual tracking: a short research roadmap. In *Handbook of Mathematical Models in Computer Vision*, ed. by N. Paragios & Y. C. and. O. Faugeras, pp. 293–307. Springer. 479

Blake, A., Curwen, R. W., & Zisserman, A. (1993) A framework for spatiotemporal control in the tracking of visual contours. *International Journal of Computer Vision* **11** (2): 127–145. 262

Blake, A., & Isard, M. (1996) The CONDENSATION algorithm – conditional density propagation and applications to visual tracking. In *Advances in Neural Information Processing Systems*, pp. 361–367. 479

Blake, A., & Isard, M. (1998) *Active Contours*. Springer. 420, 454, 478, 479

Blake, A., Isard, M., & Reynard, D. (1995) Learning to track the visual motion of contours. *Artificial Intelligence* **78** (1–2): 179–212. 262

Blake, A., Kohli, P., & Rother, C., eds. (2011) *Advances in Markov Random Fields for Vision and Image Processing*. MIT Press. 262

Blanz, V., Basso, C., Poggio, T., & Vetter, T. (2003) Reanimating faces in images and video. *Computer Graphics Forum* **22** (3): 641–650. 421

Blanz, V., Grother, P., Phillips, P. J., & Vetter, T. (2005) Face recognition based on frontal views generated from non-frontal images. In *IEEE Computer Vision & Pattern Recognition*, pp. 454–461. 417, 421, 451

Blanz, V., & Vetter, T. (1999) A morphable model for the synthesis of 3D faces. In *SIGGRAPH*, pp. 187–194. 416, 418, 421

Blanz, V., & Vetter, T. (2003) Face recognition based on fitting a 3D morphable model. *IEEE Transactions on Pattern Analysis & Machine Intelligence* **25** (9): 1063–1074. 417, 421

Blei, D. M., Ng, A. Y., & Jordan, M. I. (2003) Latent Dirichlet allocation. *Journal of Machine Learning Research* **3**: 993–1022. 503

Bleyer, M., & Chambon, S. (2010) Does color really help in dense stereo matching? In *International Symposiumon 3D Data Processing, Visualization and Transmission*. 263

Bor Wang, S., Quattoni, A., Morency, L. P., Demirdjian, D., & Darrell, T. (2006) Hidden conditional random fields for gesture recognition. In *IEEE Computer Vision & Pattern Recognition*, pp. 1521–1527. 223

Bosch, A., Zisserman, A., & Munoz, X. (2007) Image classification using random forests and ferns. In *IEEE International Conference on Computer Vision*. 167

Bouwmans, T., Baf, F. E., & Vachon, B. (2010) Statistical background modeling for foreground detection: A survey. In *Handbook of Pattern Recognition and Computer Vision*, ed. by C. H. Chen, L. F. Pau, & P. S. P. Wang, pp. 181–199. World Scientific Publishing. 67

Boykov, Y., & Funka Lea, G. (2006) Graph cuts and efficient N-D image segmentation. *International Journal of Computer Vision* **70** (2): 109–131. 263

Boykov, Y., & Jolly, M.-P. (2001) Interactive graph cuts for optimal boundary and region segmentation of objects in N-D images. In *IEEE International Conference on Computer Vision*, pp. 105–112. 263

Boykov, Y., & Kolmogorov, V. (2004) An experimental comparison of min-cut/max-flow algorithms for energy minimization in vision. *IEEE Transactions on Pattern Analysis & Machine Intelligence* **26** (9): 1124–1137. 262

Boykov, Y., & Veksler, O. (2006) Graph cuts in vision and graphics: Theories and applications. In *Handbook of Mathematical Models in Computer Vision*, ed. by Y. C. N. Paragios & O. Faugeras, pp. 79–96. Springer. 262

Boykov, Y., Veksler, O., & Zabih, R. (1999) Fast approximate energy minimization via graph cuts. In *IEEE International Conference on Computer Vision*, pp. 377–384. 254

Boykov, Y., Veksler, O., & Zabih, R. (2001) Fast approximate energy minimization via graph cuts. *IEEE Transactions on Pattern Analysis & Machine Intelligence* **23** (11): 1222–1239. 261

Brand, J., & Mason, J. (2000) A comparative assessment of three approaches to pixel-level skin-detection. In *International Conference on Pattern Recognition*, pp. 1056–1059. 67

Brand, M. (2002) Charting a manifold. In *Advances in Neural Information Processing Systems*, pp. 961–968. 293

Bregler, C., & Malik, J. (1998) Tracking people with twists and exponential maps. In *IEEE Computer Vision & Pattern Recognition*, pp. 8–15. 421

Breiman, L. (2001) Random forests. *Machine Learning* **45**: 5–32. 167

Brishnapuram, B., Figueiredo, M., Carin, L., & Hartemink, A. (2005) Sparse multinomial logistic regression: Fast algorithms and generalization bounds. *IEEE Transactions on Pattern Analysis & Machine Intelligence* **27** (6): 957–968. 167

Broida, T. J., & Chellappa, R. (1986) Estimation of object motion parameters from noisy images. *IEEE Transactions on Pattern Analysis & Machine Intelligence* **8** (1): 90–99. 479

Brown, M., Hua, G., & Winder, S. A. J. (2011) Discriminative learning of local image descriptors. *IEEE Transactions on Pattern Analysis & Machine Intelligence* **33** (1): 43–57. 293

Brown, M., & Lowe, D. G. (2005) Unsupervised 3D object recognition and reconstruction in unordered datasets. In *3D Digital Imaging and Modeling*, pp. 56–63. 380

Brown, M., & Lowe, D. G. (2007) Automatic panoramic image stitching using invariant features. *International Journal of Computer Vision* **74** (1): 59–73. 351

Brown, M. Z., Burschka, D., & Hager, G. D. (2003) Advances in computational stereo. *IEEE Transactions on Pattern Analysis & Machine Intelligence* **25** (8): 993–1008. 264

Brubaker, M. A., Fleet, D. J., & Hertzmann, A. (2010) Physics-based person tracking using the anthropomorphic walker. *International Journal of Computer Vision* **87** (1–2): 140–155. 421

Brunelli, R., & Poggio, T. (1993) Face recognition: Features versus templates. *IEEE Transactions on Pattern Analysis & Machine Intelligence* **15** (10): 1042–1052. 450

Buchanan, A. M., & Fitzgibbon, A. W. (2005) Damped Newton algorithms for matrix factorization with missing data. In *IEEE Computer Vision & Pattern Recognition*, pp. 316–322. 380

Burgess, C. J. C. (2010) Dimension reduction: a guided tour. *Foundations and Trends in Machine Learning* **2** (4): 275–365. 293

Byröd, M., & Åström, K. (2010) Conjugate gradient bundle adjustment. In *European Conference on Computer Vision*, pp. 114–127. 381

Cai, D., He, X., Hu, Y., Han, J., & Huang, T. S. (2007) Learning a spatially smooth subspace for face recognition. In *IEEE Computer Vision & Pattern Recognition*. 450

Canny, J. (1986) A computational approach to edge detection. *IEEE Transactions on Pattern Analysis & Machine Intelligence* **8** (6): 679–698. 292

Carreira-Perpiñán., M. Á., & Hinton, G. E. (2005) On contrastive divergence learning. In *Artificial Intelligence and Statistics*, volume 2005, p. 17. Citeseer. 192

Caselles, V., Kimmel, R., & Sapiro, G. (1997) Geodesic active contours. *International Journal of Computer Vision* **22** (1): 61–79. 421

Chellappa, R., Sinha, P., & Phillips, P. J. (2010) Face recognition by computers and humans. *IEEE Computer* **43** (2): 46–55. 450

Chen, L.-F., Liao, H.-Y. M., Ko, M.-T., Lin, J.-C., & Yu, G.-J. (2000) A new LDA-based face recognition system which can solve the small sample size problem. *Pattern Recognition* **33** (10): 1713–1726. 450

Chen, R., & Liu, J. S. (2000) Mixture Kalman filters. *Journal of the Royal Statistical Society B.* **62** (3): 493–508. 480

Chen, S. E. (1995) QuickTime VR: An image-based approach to virtual environment navigation. In *SIGGRAPH*, pp. 29–38. 351

Cheung, G. K. M., Baker, S., & Kanade, T. (2004) Shape-from-silhouette across time. Part I: Theory and algorithms. *International Journal of Computer Vision* **62** (3): 221–247. 319

Chia, A. Y. S., Rahardja, S., Rajan, D., & Leung, M. K. H. (2010) Object recognition by discriminative combinations of line segments and ellipses. In *IEEE Computer Vision & Pattern Recognition*, pp. 2225–2232. 421

Chittajallu, D. R., Shah, S. K., & Kakadiaris, I. A. (2010) A shape-driven MRF model for the segmentation of organs in medical images. In *IEEE Computer Vision & Pattern Recognition*, pp. 3233–3240. 263

Cho, Y., Lee, J., & Neumann, U. (1998) A multi-ring color fiducial system and an intensity-invariant detection method for scalable fiducial-tracking augmented reality. In *International Workshop on Augmented Reality*, pp. 147–165. 350

Choi, S., Kim, T., & Yu, W. (2009) Performance evaluation of RANSAC family. In *British Machine Vision Conference*. BMVA Press, pp. 110–119. 350

Chum, O., Philbin, J., Sivic, J., Isard, M., & Zisserman, A. (2007) Total recall: Automatic query expansion with a generative feature model for object retrieval. In *IEEE International Conference on Computer Vision*, pp. 1–8. 504

Chum, O., Werner, T., & Matas, J. (2005) Two-view geometry estimation unaffected by a dominant plane. In *IEEE Computer Vision & Pattern Recognition*, pp. 772–779. 350

Claus, D., & Fitzgibbon, A. W. (2005) A rational function lens distortion model for general cameras. In *IEEE Computer Vision & Pattern Recognition*, pp. 213–219. 319

Cohen, L. (1991) On active contour models and balloons. *CGVIP: Image Understanding* **53** (2): 211–218. 420

Cootes, T. F., Edwards, G. J., & Taylor, C. J. (2001) Active appearance models. *IEEE Transactions on Pattern Analysis & Machine Intelligence* **23** (6): 681–685. 421

Cootes, T. F., & Taylor, C. J. (1997) A mixture model for representing shape variation. In *British Machine Vision Conference*. BMVG Press, pp. 110–119. 421

Cootes, T. F., Taylor, C. J., Cooper, D. H., & Graham, J. (1995) Active shape models – their training and application. *Computer Vision & Image Understanding* **61** (1): 38–59. 420, 421

Cormen, T. H., Leiserson, C. E., Rivest, R. L., & Stein, C. (2001) *Introduction to Algorithms*. MIT Press, 2nd edition. 219, 262

Coughlan, J., Yuille, A., English, C., & Snow, D. (2000) Efficient deformable template detection and localization without user interaction. *Computer Vision & Image Understanding* **78** (3): 303–319. 222

Cristianini, M., & Shawe-Taylor, J. (2000) *An Introduction to Support Vector Machines.* Cambridge University Press. 167

Csurka, G., Dance, C., Fan, L., Williamowski, J., & Bray, C. (2004) Visual categorization with bags of keypoints. In *ECCV International Workshop on Statistical Learning in Computer Vision.* 166, 486, 503

Cuzzolin, F. (2006) Using bilinear models for view-invariant action and identity recognition. In *IEEE Computer Vision & Pattern Recognition*, pp. 1701–1708. 451

Dalal, N., & Triggs, B. (2005) Histograms of oriented gradients for human detection. In *IEEE Computer Vision & Pattern Recognition*, pp. 886–893. 293

Davison, A. J., Reid, I. D., Molton, N., & Stasse, O. (2007) MonoSLAM: Real-time single camera SLAM. *IEEE Transactions on Pattern Analysis & Machine Intelligence* **29** (6): 1052–1067. 477, 478, 479, 480

de Aguiar, E., Stoll, C., Theobalt, C., Ahmed, N., Seidel, H.-P., & Thrun, S. (2008) Performance capture from sparse multi-view video. *ACM Transactions on Graphics* **27** (3): 98:1–98:10. 319

De La Gorce, M., Paragios, N., & Fleet, D. J. (2008) Model-based hand tracking with texture, shading and self-occlusions. In *IEEE Computer Vision & Pattern Recognition.*

De La Torre, F. (2011) A least-squares framework for component analysis. *IEEE Transactions on Pattern Analysis & Machine Intelligence.* 293, 450

De Ridder, D., & Franc, V. (2003) Robust subspace mixture models using t-distributions. In *British Machine Vision Conference*, pp. 319–328. 106

Delaitre, V., Laptev, I., & Sivic, J. (2010) Recognizing human actions in still images: A study of bag-of-features and part-based representations. In *British Machine Vision Conference.* 504

Delong, A., & Boykov, Y. (2009) Globally optimal segmentation of multi-region objects. In *IEEE International Conference on Computer Vision*, pp. 285–292. 263

Dempster, A. P., Laird, M. N., & Rubin, D. B. (1977) Maximum likelihood from incomplete data via the EM algorithm. *Journal of the Royal Statistical Society, Series B* **39** (1): 1–38. 105

Deng, J., Berg, A., Li, K., & Fei-Fei, L. (2010) What does classifying more than 10,000 image categories tell us? *European Conference on Computer Vision*, pp. 71–84. 504

Deng, Y., & Lin, X. (2006) A fast line segment based stereo algorithm using tree dynamic programming. In *European Conference on Computer Vision*, pp. 201–212. 222

Deutscher, J., Blake, A., & Reid, I. D. (2000) Articulated body motion capture by annealed particle filtering. In *IEEE Computer Vision & Pattern Recognition*, pp. 2126–2133. 421

Devernay, F., & Faugeras, O. D. (2001) Straight lines have to be straight. *Mach. Vis. Appl.* **13** (1): 14–24. 319

Dollár, P., Tu, Z., & Belongie, S. (2006) Supervised learning of edges and object boundaries. In *IEEE Computer Vision & Pattern Recognition*, pp. 1964–1971. 166, 292

Domke, J., Karapurkar, A., & Aloimonos, Y. (2008) Who killed the directed model? In *IEEE Computer Vision & Pattern Recognition.* 263

Duda, R. O., Hart, P. E., & Stork, D. G. (2001) *Pattern Classification.* John Wiley and Sons, 2nd edition. 67

Durrant-Whyte, H., & Bailey, T. (2006) Simultaneous localization and mapping (SLAM): Part I. *Robotics & Automation Magazine, IEEE* **13** (2): 99–110. 480

Durrant-Whyte, H., Rye, D., & Nebot, E. (1996) Localisation of automatic guided vehicles. In *International Symposium on Robotics Research*, pp. 613–625. 480

Durrant-Whyte, H. F. (1988) Uncertain geometry in robotics. *IEEE Transactions on Robot Automation* **4** (1): 23–31. 480

Edwards, G. J., Taylor, C. J., & Cootes, T. F. (1998) Interpreting face images using active appearance models. In *IEEE International Conference on Automatic Face & Gesture Recognition*, pp. 300–305. 450

Efros, A. A., & Freeman, W. T. (2001) Image quilting for texture synthesis and transfer. In *SIGGRAPH*, pp. 341–346. 258, 263

Efros, A. A., & Leung, T. K. (1999) Texture synthesis by non-parametric sampling. In *IEEE International Conference on Computer Vision*, pp. 1033–1038. 263

Eichner, M., & Ferrari, V. (2009) Better appearance models for pictorial structures. In *British Machine Vision Conference*. 222

Elder, J. H. (1999) Are edges incomplete? *International Journal of Computer Vision* **34** (2–3): 97–122. 279, 292

Elgammal, A. (2011) Figure-ground segmentation – Pixel-based. In *Guide to Visual Analysis of Humans: Looking at People*, ed. by T. Moeslund, A. Hilton, Krüger, & L. Sigal. Springer. 67

Elgammal, A., Harwood, D., & Davis, L. (2000) Non-parametric model for background subtraction. In *European Conference on Computer Vision*, pp. 751–767. 68

Elgammal, A. M., & Lee, C.-S. (2004) Separating style and content on a nonlinear manifold. In *IEEE Computer Vision & Pattern Recognition*, pp. 478–485. 451

Engels, C., Stewénius, H., & Nistér, D. (2006) Bundle adjustment rules. *Photogrammetric Computer Vision* . 381

Everingham, M., Sivic, J., & Zisserman, A. (2006) Hello! My name is Buffy – Automatic naming of characters in TV video. In *British Machine Vision Conference*, pp. 889–908. 222, 450

Everingham, M., Van Gool, L., Williams, C., Winn, J., & Zisserman, A. (2010) The PASCAL visual object classes (VOC) challenge. *International Journal of Computer Vision* **88** (2): 303–338. 503

Faugeras, O. (1993) *Three-Dimensional Computer Vision: A Geometric Viewpoint*. MIT Press. 319

Faugeras, O., Luong, Q., & Papadopoulo, T. (2001) *The Geometry of Multiple Images*. MIT PRESS. 319, 380

Faugeras, O. D. (1992) What can be seen in three dimensions with an uncalibrated stereo rig. In *European Conference on Computer Vision*, pp. 563–578. 380

Faugeras, O. D., & Keriven, R. (1998) Variational principles, surface evolution, PDEs, level set methods, and the stereo problem. *IEEE Transactions on Image Processing* **7** (3): 336–344. 381

Faugeras, O. D., Luong, Q.-T., & Maybank, S. J. (1992) Camera self-calibration: Theory and experiments. In *European Conference on Computer Vision*, pp. 321–334. 380

Felzenszwalb, P., & Zabih, R. (2011) Dynamic programming and graph algorithms in computer vision. *IEEE Transactions on Pattern Analysis & Machine Intelligence* **33** (4): 721–740. 221, 222, 262

Felzenszwalb, P. F., Girshick, R. B., McAllester, D. A., & Ramanan, D. (2010) Object detection with discriminatively trained part-based models. *IEEE Transactions on Pattern Analysis & Machine Intelligence* **32** (9): 1627–1645. 222, 223

Felzenszwalb, P. F., & Huttenlocher, D. P. (2005) Pictorial structures for object recognition. *International Journal of Computer Vision* **61** (1): 55–79. 219, 220, 221, 222, 421

Felzenszwalb, P. F., & Veksler, O. (2010) Tiered scene labeling with dynamic programming. In *IEEE Computer Vision & Pattern Recognition*. 222, 263

Ferencz, A., Learned-Miller, E. G., & Malik, J. (2008) Learning to locate informative features for visual identification. *International Journal of Computer Vision* **77** (1–3): 3–24. 451

Fischler, M., & Bolles, R. (1981) Random sample consensus: a paradigm for model fitting with application to image analysis and automated cartography. *Communications of the ACM* **24** (6): 381–395. 350

Fischler, M. A., & Erschlager, R. A. (1973) The representation and matching of pictorial structures. *IEEE Transactions on Computers* **22** (1): 67–92. 222

Fitzgibbon, A. W., & Zisserman, A. (1998) Automatic camera recovery for closed or open image sequences. In *European Conference on Computer Vision*, pp. 311–326. 380

Ford, L., & Fulkerson, D. (1962) *Flows in Networks*. Princeton University Press. 262

Forssén, P.-E., & Lowe, D. G. (2007) Shape descriptors for maximally stable extremal regions. In *IEEE International Conference on Computer Vision*, pp. 1–8. 293

Förstner, W. (1986) A feature-based correspondence algorithm for image matching. *International Archives of Photogrammetry and Remote Sensing* **26** (3): 150–166. 292

Forsyth, D. A., Arikan, O., Ikemoto, L., O'Brien, J., & Ramanan, D. (2006) Computational studies of human motion: Part 1, Tracking and motion synthesis. *Foundations and Trends in Computer Graphics and Computer Vision* **1** (2/2): 77–254. 421

Frahm, J.-M., Georgel, P. F., Gallup, D., Johnson, T., Raguram, R., Wu, C., Jen, Y.-H., Dunn, E., Clipp, B., & Lazebnik, S. (2010) Building Rome on a cloudless day. In *European Conference on Computer Vision*, pp. 368–381. 378

Frahm, J.-M., & Pollefeys, M. (2006) RANSAC for (quasi-)degenerate data (QDEGSAC). In *IEEE Computer Vision & Pattern Recognition*, pp. 453–460. 350

Franco, J.-S., & Boyer, E. (2005) Fusion of multi-view silhouette cues using a space occupancy grid. In *IEEE International Conference on Computer Vision*, pp. 1747–1753. 319

Freeman, W. T., Pasztor, E. C., & Carmichael, O. T. (2000) Learning low-level vision. *International Journal of Computer Vision* **40**: 25–47. 223, 257, 261

Freifeld, O., Weiss, A., Zuffi, S., & Black, M. J. (2010) Contour people: A parameterized model of 2D articulated human shape. In *IEEE Computer Vision & Pattern Recognition*, pp. 639–646. 420

Freiman, M., Kronman, A., Esses, S. J., Joskowicz, L., & Sosna, J. (2010) Non-parametric iterative model constraint graph min-cut for automatic kidney segmentation. In *Medical Image Computing and Computer-Assisted Intervention*, pp. 73–80. 263

Freund, Y., & Schapire, R. (1996) Experiments with a new boosting algorithm. In *International Conference on Machine Learning*, pp. 148–156. 167

Freund, Y., & Schapire, R. E. (1995) A decision-theoretic generalization of on-line learning and an application to boosting. In *Computational Learning Theory: Eurocolt '95*, pp. 23–37. 167

Frey, B., Kschischang, F., Loeliger, H., & Wiberg, N. (1997) Factor graphs and algorithms. In *Allerton Conference on Communication, Control and Computing*. 223

Frey, B. J., & Jojic, N. (1999a) Estimating mixture models of images and inferring spatial transformations using the EM algorithm. In *IEEE Computer Vision & Pattern Recognition*, pp. 416–422. 106

Frey, B. J., & Jojic, N. (1999b) Transformed component analysis: Joint estimation of spatial transformations and image components. In *IEEE Computer Vision & Pattern Recognition*, pp. 1190–1196. 106

Friedman, J., Hastie, T., & Tibshirani, R. (2000) Additive logistic regression: A statistical view of boosting. *Annals of Statistics* **28** (2): 337–407. 167

Friedman, J. H. (1999) Greedy function approximation: A gradient boosting machine. Technical report, Department of Statistics, Stanford University. 167

Friedman, N., & Russell, S. J. (1997) Image segmentation in video sequences: A probabilistic approach. In *Uncertainty in Artificial Intelligence*, pp. 175–181. 68

Fua, P., & Leclerc, Y. G. (1995) Object-centered surface reconstruction: Combining multi-image stereo and shading. *International Journal of Computer Vision* **16** (1): 35–56. 381

Fusiello, A., Trucco, E., & Verri, A. (2000) A compact algorithm for rectification of stereo pairs. *Machine Vision and Applications* **12** (1): 16–22. 380

Gao, X.-S., Hou, X., Tang, J., & Cheng, H.-F. (2003) Complete solution classification for the perspective-three-point problem. *IEEE Transactions on Pattern Analysis & Machine Intelligence* **25** (8): 930–943. 319

Gavrila, D., & Davis, L. S. (1996) 3-D model-based tracking of humans in action: A multi-view approach. In *IEEE Computer Vision & Pattern Recognition*, pp. 73–80. 421

Geiger, B., Ladendorf, B., & Yuille, A. (1992) Occlusions and binocular stereo. In *European Conference on Computer Vision*, pp. 425–433. 222

Geiger, D., Gupta, A., Costa, L. A., & Vlontzos, J. (1995) Dynamic-programming for detecting, tracking and matching deformable contours. *IEEE Transactions on Pattern Analysis & Machine Intelligence* **17** (3): 294–302. 223

Gelb, A. (1974) *Applied Optimal Estimation*. MIT Press. 479

Gelman, A., Carlin, J. B., Stern, H. S., & Rubin, D. B. (2004) *Bayesian Data Analysis*. Chapman and Hall / CRC. 25, 41

Geman, S., & Geman, D. (1984) Stochastic relaxation, Gibbs distributions, and the Bayesian restoration of images. *IEEE Transactions on Pattern Analysis & Machine Intelligence* **6** (6): 721–741. 260

Geyer, C., & Daniilidis, K. (2001) Catadioptric projective geometry. *International Journal of Computer Vision* **45** (3): 223–243. 319

Ghahramani, Z. (2001) An introduction to hidden Markov models and Bayesian networks. In *Hidden Markov Models: Applications in Computer Vision*, ed. by B. H. Juang, pp. 9–42. World Scientific Publishing. 223

Ghahramani, Z., & Hinton, G. (1996a) Parameter estimation for linear dynamical systems. Technical Report CRG–TR–96–2, Department of Computer Science, University of Toronto. 480

Ghahramani, Z., & Hinton, G. (1996b) Switching state-space models. Technical Report CRG–TR–96–3, Department of Computer Science, University of Toronto. 480

Ghahramani, Z., & Hinton, G. E. (1996c) The EM algorithm for mixtures of factor analyzers. Technical Report CRG–TR–96–1, University of Toronto. 105

Goldberg, A., & Tarjan, R. (1988) A new approach to the maximum flow problem. *Journal of the Association for Computing Machinery* **35** (4): 921–940. 262

Golomb, B. A., Lawrence, D. T., & Sejnowski, T. (1990) SEXNET: a neural network identifies sex from human faces. In *Advances in Neural Information Processing Systems*, pp. 572–579. 167

Gong, M., & Yang, Y. H. (2005) Near real-time reliable stereo matching using programmable graphics hardware. In *IEEE Computer Vision & Pattern Recognition*, pp. 924–931. 222

Gonzalez, R. C., & Woods, R. E. (2002) *Digital Image Processing*. Prentice Hall, 2nd edition. 292

Gower, J. C., & Dijksterhuis, G. B. (2004) *Procrustes Problems*. Oxford University Press. 350

Grady, L. (2006) Random walks for image segmentation. *IEEE Transactions on Pattern Analysis & Machine Intelligence* **28** (11): 1768–1783. 263

Grauman, K., & Darrell, T. (2005) The pyramid match kernel: Discriminative classification with sets of image features. In *IEEE International Conference on Computer Vision*, pp. 1458–1465. 503

Grauman, K., Shakhnarovich, G., & Darrell, T. (2003) A Bayesian approach to image-based visual hull reconstruction. In *IEEE Computer Vision & Pattern Recognition*, pp. 187–194. 319

Greig, D. M., Porteous, B. T., & Seheult, A. H. (1989) Exact maximum a posteriori estimation for binary images. *Journal of the Royal Statistical Society. Series B* **51** (2): 271–279. 261

Grimes, D. B., Shon, A. P., & Rao, R. P. N. (2003) Probabilistic bilinear models for appearance-based vision. In *IEEE International Conference on Computer Vision*, pp. 1478–1485. 451

Gross, R., Matthews, I., & Baker, S. (2002) Eigen light-fields and face recognition across pose. In *Automated Face and Gestured Recongnition*, pp. 3–9. 451

Guesebroek, J. M., Bughouts, G. J., & Smeulders, A. W. M. (2005) The Amsterdam library of object images. *International Journal of Computer Vision* **61** (1): 103–112. 100, 101

Guillaumin, M., Verbeek, J. J., & Schmid, C. (2009) Is that you? Metric learning approaches for face identification. In *IEEE International Conference on Computer Vision*, pp. 498–505. 451

Guivant, J. E., & Nebot, E. M. (2001) Optimization of the simultaneous localization and map-building algorithm for real-time implementation. *IEEE Transactions on Robotics* **17** (3): 242–257. 480

Handa, A., Chli, M., Strasdat, H., & Davison, A. J. (2010) Scalable active matching. In *IEEE Computer Vision & Pattern Recognition*, pp. 1546–1553. 480

Harris, C. (1992) Tracking with rigid objects. In *Active Vision*, ed. by A. Blake & A. L. Yuille, pp. 59–73. 350

Harris, C., & Stephens, M. J. (1988) A combined corner and edge detector. In *Alvey Vision Conference*, pp. 147–152. 292, 380

Harris, C. G., & Pike, J. M. (1987) 3D positional integration from image sequences. In *Alvey Vision Conference*, pp. 233–236. 480

Hartley, R. I. (1992) Estimation of relative camera positions for uncalibrated cameras. In *European Conference on Computer Vision*, pp. 579–587. 380 380

Hartley, R. I. (1994) Projective reconstruction from line correspondence. In *IEEE Computer Vision & Pattern Recognition*, pp. 579–587.

Hartley, R. I. (1997) In defense of the eight-point algorithm. *IEEE Transactions on Pattern Analysis & Machine Intelligence* **19** (6): 580–593. 364, 380

Hartley, R. I., & Gupta, R. (1994) Linear pushbroom cameras. In *European Conference on Computer Vision*, pp. 555–566. 319

Hartley, R. I., & Zisserman, A. (2004) *Multiple View Geometry in Computer Vision*. Cambridge University Press, 2nd edition. 5, 306, 319, 338, 350, 360, 370, 380

He, X., Yan, S., Hu, Y., Niyogi, P., & Zhang, H. (2005) Face recognition using Laplacianfaces. *IEEE Transactions on Pattern Analysis & Machine Intelligence* **27** (3): 328–340. 450

He, X., Zemel, R. S., & Carreira-Perpiñán, M. Á. (2004) Multiscale conditional random fields for image labeling. In *IEEE Computer Vision & Pattern Recognition*, pp. 695–702. 166, 167

He, X., Zemel, R. S., & Ray, D. (2006) Learning and incorporating top-down cues in image segmentation. In *European Conference on Computer Vision*, pp. 338–351. 167

Heap, T., & Hogg, D. (1996) Towards 3D hand tracking using a deformable model. In *IEEE International Conference on Automatic Face & Gesture Recognition*, pp. 140–145. 422

Heeger, D., & Bergen, J. (1995) Pyramid-based texture analysis/synthesis. In *Computer Graphics and Interactive Techniques*, pp. 229–238. ACM. 263

Heess, N., Williams, C. K. I., & Hinton, G. E. (2009) Learning generative texture models with extended fields of experts. In *British Machine Vision Conference*. 263

Hernández, C., & Schmitt, F. (2004) Silhouette and stereo fusion for 3D object modeling. *Computer Vision & Image Understanding* **96** (3): 367–392. 381

Hinton, G. E. (2002) Training products of experts by minimizing contrastive divergence. *Neural Computation* **14** (8): 1771–1800. 192

Hirschmüller, H. (2005) Accurate and efficient stereo processing by semi-global matching and mutual information. In *IEEE Computer Vision & Pattern Recognition*, pp. 807–814. 264

Hirschmüller, H., & Scharstein, D. (2009) Evaluation of stereo matching costs on images with radiometric differences. *IEEE Transactions on Pattern Analysis & Machine Intelligence* **31** (9): 1582–1599. 263

Hofmann, T. (1999) Probabilistic latent semantic analysis. In *Uncertainty in Artificial Intelligence*, pp. 289–296. 503

Hogg, D. (1983) Model-based vision: a program to see a walking person. *Image and Vision Computing* **1** (1): 5–20. 421

Hoiem, D., Efros, A., & Hebert, M. (2005) Automatic photo pop-up. *ACM Transcations on Graphics (SIGGRAPH)* **24** (3): 577–584. 164

Hoiem, D., Efros, A. A., & Hebert, M. (2007) Recovering surface layout from an image. *International Journal of Computer Vision* **75** (1): 151–172. 163, 165, 166

Horn, B. K. P. (1990) Relative orientation. *International Journal of Computer Vision* **4** (1): 59–78. 380

Horn, E., & Kiryati, N. (1999) Toward optimal structured light patterns. *Image and Vision Computing* **17** (2): 87–97. 319

Horprasert, T., Harwood, D., & Davis, L. S. (2000) A robust background subtraction and shadow detection. In *Asian Conference on Computer Vision*, pp. 983–988. 68

Hsu, R. L., Abdel-Mottaleb, M., & Jain, A. K. (2002) Face detection in color images. *IEEE Transactions on Pattern Analysis & Machine Intelligence* **24** (5): 696–707. 67

Huang, C., Ai, H., Li, Y., & Lao, S. (2007a) High-performance rotation invariant multi-view face detection. *IEEE Transactions on Pattern Analysis & Machine Intelligence* **29** (4): 671–686. 167

Huang, G. B., Ramesh, M., Berg, T., & Learned-Miller, E. (2007b) Labeled faces in the wild: A database for studying face recognition in unconstrained environments. Technical Report Technical Report 07–49, University of Massachusetts, Amherst. 447, 451

Huang, T. S., & Faugeras, O. D. (1989) Some properties of the E matrix in two-view motion estimation. *IEEE Transactions on Pattern Analysis & Machine Intelligence* **11** (12): 1310–1312. 380

Huang, Y., Liu, Q., & Metaxas, D. N. (2011) A component-based framework for generalized face alignment. *IEEE Transactions on Systems, Man, and Cybernetics, Part B* **41** (1): 287–298. 414, 421

Huber, P. J. (2009) *Robust Statistics*. John Wiley and Sons, 2nd edition. 350

Humayun, A., Oisin, M. A., & Brostow, G. J., (2011) *Learning to Find Occlusion Regions*, In *IEEE Computer Vision and Pattern Recognition*.

Ioffe, S. (2006) Probabilistic linear discriminant analysis. In *European Conference on Computer Vision*, pp. 531–542. 450

Isack, H., & Boykov, Y. (2012) Energy-based geometric multi-model fitting. *International Journal of Computer Vision* **97** (2), pp. 123–147. 261, 347, 350

Isard, M., & Blake, A. (1998) A mixed-state CONDENSATION tracker with automatic model-switching. In *IEEE International Conference on Computer Vision*, pp. 107–112. 480

Ishikawa, H. (2003) Exact optimization for Markov random fields with convex priors. *IEEE Transactions on Pattern Analysis & Machine Intelligence* **25** (10): 1333–1336. 261

Ishikawa, H. (2009) Higher order clique reduction in binary graph cut. In *IEEE Computer Vision & Pattern Recognition*. 263

Jazwinski, A. H. (1970) *Stochastic Processes and Filtering Theory*. Academic Press. 479

Jegou, H., Douze, M., & Schmid, C. (2008) Recent advances in large scale image search. In *Emerging Trends in Visual Computing*, pp. 305–326. 503

Jégou, H., Douze, M., & Schmid, C. (2009) Packing bag-of-features. In *IEEE International Conference on Computer Vision*, pp. 2357–2364. 504

Jeong, Y., Nistér, D., Steedly, D., Szeliski, R., & Kweon, I.-S. (2010) Pushing the envelope of modern methods for bundle adjustment. In *IEEE Computer Vision & Pattern Recognition*, pp. 1474–1481. 381

Jiang, H., & Martin, D. R. (2008) Global pose estimation using non-tree models. In *IEEE Computer Vision & Pattern Recognition*. 222

Jojic, N., & Frey, B. J. (2001) Learning flexible sprites in video layers. In *IEEE Computer Vision & Pattern Recognition*, pp. 199–206. 106

Jojic, N., Frey, B. J., & Kannan, A. (2003) Epitomic analysis of appearance and shape. In *IEEE International Conference on Computer Vision*, pp. 34–41. 106

Jones, E., & Soatto, S. (2005) Layered active appearance models. In *IEEE International Conference on Computer Vision*, pp. 1097–1102. 421

Jones, M. J., & Rehg, J. M. (2002) Statistical color models with application to skin detection. *International Journal of Computer Vision* **46** (1): 81–96. 67, 105

Jordan, M. I. (2004) Graphical models. *Statistical science* **19** (1): 140–155. 192

Jordan, M. I., & Jacobs, R. A. (1994) Hierarchical mixtures of experts and the EM algorithm. *Neural Computation* **6** (2): 181–214. 168

Juan, O., & Boykov, Y. (2006) Active graph cuts. In *IEEE Computer Vision & Pattern Recognition*, pp. 1023–1029. 262

Julier, S., & Uhlmann, J. (1997) A new extension of the Kalman filter to nonlinear systems. In *International Symposium on Aerospace/Defense Sensing, Simulation and Controls*, volume 3, p. 26. 479

Kadir, T., & Brady, M. (2001) Saliency, scale and image description. *International Journal of Computer Vision* **45** (2): 83–105. 292

Kakumanu, P., Makrogiannis, S., & Bourbakis, N. G. (2007) A survey of skin-colour modeling and detection methods. *Pattern Recognition* **40** (3): 1106–1122. 67

Kalman, R. E. (1960) A new approach to linear filtering and prediction problems. *Journal of Basic Engineering* **82** (1): 35–45. 479

Kalman, R. E., & Bucy, R. S. (1961) New results in linear filtering and prediction theory. *Transactions of the American Society for Mechanical Engineering D* **83** (1): 95–108. 479

Kanade, T., Rander, P., & Narayanan, P. J. (1997) Virtualized reality: Constructing virtual worlds from real scenes. *IEEE MultiMedia* **4** (1): 34–47. 319

Kass, M., Witkin, A., & Terzopolous, D. (1987) Snakes: Active contour models. *International Journal of Computer Vision* **1** (4): 321–331. 223, 420

Kato, H., & Billinghurst, M. (1999) Marker tracking and HMD calibration for a video-based augmented reality conferencing system. In *International Workshop on Augmented Reality*, pp. 85–94. 350

Kato, H., Billinghurst, M., Poupyrev, I., Imamoto, K., & Tachibana, K. (2000) Virtual object manipulation on a table-top AR environment. In *International Symposium on Augmented Reality*, pp. 111–119. 350

Kendall, D. G. (1984) Shape manifolds, Procrustean metrics, and complex projective spaces. *Bulletin of the London Mathematical Society* **16** (2): 81–121. 388

Khan, Z., & Dellaert, F. (2004) Robust generative subspace modelling: The subspace t-distribution. Technical Report GIT–GVU–04–11, Georgia Institute of Technology. 105

Kim, J. C., Lee, K. M., Choi, B., & Lee, S. U. (2005) A dense stereo matching using two pass dynamic programming with generalized control points. In *IEEE Computer Vision & Pattern Recognition*, pp. 1075–1082. 222

Klein, G., & Murray, D. (2007) Parallel tracking and mapping for small AR workspaces. In *Proc. Sixth IEEE and ACM International Symposium on Mixed and Augmented Reality (ISMAR'07)*. 480

Kohli, P., Kumar, M. P., & Torr, P. H. S. (2009a) P3 & beyond: Move making algorithms for solving higher order functions. *IEEE Transactions on Pattern Analysis & Machine Intelligence* **31** (9): 1645–1656. 263

Kohli, P., Ladicky, L., & Torr, P. H. S. (2009b) Robust higher order potentials for enforcing label consistency. *International Journal of Computer Vision* **82** (3): 302–324. 263

Kohli, P., & Torr, P. H. S. (2005) Efficiently solving dynamic Markov random fields using graph cuts. In *IEEE International Conference on Computer Vision*, pp. 922–929. 262

Kolev, K., & Cremers, D. (2008) Integration of multiview stereo and silhouettes via convex functionals on convex domains. In *European Conference on Computer Vision*, pp. 752–765. 381

Koller, D., & Friedman, N. (2009) *Probabilistic Graphical Models*. MIT Press. 181, 192, 223

Koller, D., Klinker, G., Rose, E., Breen, D., Whitaker, R., & Tuceryan, M. (1997) Real-time vision-based camera tracking for augmented reality applications. In *ACM Symposium on Virtual Reality Software and Technology*, pp. 87–94. 350

Kolmogorov, V. (2006) Convergent tree-reweighted message passing for energy minimization. *IEEE Transactions on Pattern Analysis & Machine Intelligence* **28** (10): 1568–1583. 263

Kolmogorov, V., Criminisi, A., Blake, A., Cross, G., & Rother, C. (2006) Probabilistic fusion of stereo with color and contrast for bi-layer segmentation. *IEEE Transactions on Pattern Analysis & Machine Intelligence* **28** (9): 1480–1492. 261

Kolmogorov, V., & Rother, C. (2007) Minimizing non-submodular graph functions with graph-cuts – A review. *IEEE Transactions on Pattern Analysis & Machine Intelligence* **29** (7): 1274–1279. 262, 263

Kolmogorov, V., & Zabih, R. (2001) Computing visual correspondence with occlusions via graph cuts. In *IEEE International Conference on Computer Vision*, pp. 508–515. 255, 261, 263

Kolmogorov, V., & Zabih, R. (2002) Multi-camera scene reconstruction via graph cuts. In *European Conference on Computer Vision*, pp. 82–96. 261

Kolmogorov, V., & Zabih, R. (2004) What energy functions can be minimized via graph cuts? *IEEE Transactions on Pattern Analysis & Machine Intelligence* **26** (2): 147–159. 262

Komodakis, N., Tziritas, G., & Paragios, N. (2008) Performance vs computational efficiency for optimizing single and dynamic MRFs: Setting the state of the art with primal-dual strategies. *Computer Vision & Image Understanding* **112** (1): 14–29. 262

Kotz, S., & Nadarajah, S. (2004) *Multivariate t Distributions and Their Applications*. Cambridge University Press. 105

Kschischang, F. R., Frey, B., & Loeliger, H. A. (2001) Factor graphs and the sum-product algorithm. *IEEE Transactions on Information Theory* **47** (2): 498–519. 223

Kumar, M. P., Torr, P., & Zisserman, A. (2004) Extending pictorial structures for object recognition. In *British Machine Vision Conference*, pp. 789–798. 222

Kumar, M. P., Torr, P. H. S., & Zisserman, A. (2005) OBJ CUT. In *IEEE Computer Vision & Pattern Recognition*, pp. 18–25. 263

Kumar, M. P., Veksler, O., & Torr, P. H. S. (2011) Improved moves for truncated convex models. *Journal of Machine Learning Research* **12**: 31–67. 262

Kumar, N., Belhumeur, P., & Nayar, S. K. (2008) Face tracer: A search engine for large collections of images with faces. In *European Conference on Computer Vision*. 166, 167

Kumar, N., Berg, A. C., Belhumeur, P. N., & Nayar, S. K. (2009) Attribute and simile classifiers for face verification. In *IEEE International Conference on Computer Vision*, pp. 365–372. 451

Kumar, S., & Hebert, M. (2003) Discriminative random fields: A discriminative framework for contextual interaction in classification. In *IEEE International Conference on Computer Vision*, pp. 1150–1159. 261

Kutulakos, K. N., & Seitz, S. M. (2000) A theory of shape by space carving. *International Journal of Computer Vision* **38** (3): 199–218. 381

Kwatra, V., Schödl, A., Essa, I., Turk, G., & Bobick, A. (2003) Graphcut textures: Image and video synthesis using graph cuts. *ACM Transactions on Graphics (SIGGRAPH 2003)* **22** (3): 277–286. 261, 263

Lanitis, A., Taylor, C. J., & Cootes, T. F. (1997) Automatic interpretation and coding of face images using flexible models. *IEEE Transactions on Pattern Analysis & Machine Intelligence* **19** (7): 743–756. 421

Laptev, I., Marszałek, M., Schmid, C., & Rozenfeld, B. (2008) Learning realistic human actions from movies. In *IEEE Computer Vision & Pattern Recognition*. 501, 502, 503, 504

Laurentini, A. (1994) The visual hull concept for silhouette-based image understanding. *IEEE Transactions on Pattern Analysis & Machine Intelligence* **16** (2): 150–162. 319

Lawrence, N. D. (2004) Probabilistic non-linear principal component analysis with Gaussian process latent variable models. Technical Report CS–04–08, University of Sheffield. 105, 293

Lawrence, N. D. (2005) Probabilistic non-linear principal component analysis with Gaussian process latent variable models. *Journal of Machine Learning Research* **6**: 1783–1816. 421

Lazebnik, S., Schmid, C., & Ponce, J. (2006) Beyond bags of features: Spatial pyramid matching for recognizing natural scene categories. In *IEEE Computer Vision & Pattern Recognition*, pp. 2169–2178. 503

Lee, J., Moghaddam, B., Pfister, H., & Machiraju, R. (2005) A bilinear illumination model for robust face recognition. In *IEEE International Conference on Computer Vision*, pp. 1177–1184. 451

Lempitsky, V., Blake, A., & Rother, C. (2008) Image segmentation by branch-and-mincut. In *European Conference on Computer Vision*, pp. 15–29. 263

Lempitsky, V., Rother, C., Roth, S., & Blake, A. (2010) Fusion moves for Markov random field optimization. *IEEE Transactions on Pattern Analysis & Machine Intelligence* **32** (8): 1392–1405. 262

Leonard, J. J., & Feder, H. J. S. (2000) A computational efficient method for large-scale concurrent mapping and localisation. In *International Symposium on Robotics Research*, pp. 169–176. 480

Leordeanu, M., Hebert, M., & Sukthankar, R. (2007) Beyond local appearance: Category recognition from pairwise interactions of simple features. In *IEEE Computer Vision & Pattern Recognition*. 421

Leotta, M. J., & Mundy, J. L. (2011) Vehicle surveillance with a generic, adaptive, 3D vehicle model. *IEEE Transactions on Pattern Analysis & Machine Intelligence* **33** (7): 1457–1469. 421

Lepetit, V., & Fua, P. (2005) Monocular model-based 3D tracking of rigid objects: A survey. *Foundations and Trends in Computer Graphics and Vision* **1** (1): 1–89. 351

Lepetit, V., & Fua, P. (2006) Keypoint recognition using randomized trees. *IEEE*

*Transactions on Pattern Analysis & Machine Intelligence* **28** (9): 1465–1479. 350

Lepetit, V., Lagger, P., & Fua, P. (2005) Randomized trees for real-time keypoint recognition. In *IEEE Computer Vision & Pattern Recognition*, pp. 775–781. 166, 167, 348

Lepetit, V., Moreno-Noguer, F., & Fua, P. (2009) EP*n*P: An accurate *O*(*n*) solution to the P*n*P problem. *International Journal of Computer Vision* **81** (2): 155–166. 319

Leventon, M. E., Grimson, W. E. L., & Faugeras, O. D. (2000) Statistical shape influence in geodesic active contours. In *IEEE Computer Vision & Pattern Recognition*, pp. 1316–1323. 421

Levin, A., Lischinski, D., & Weiss, Y. (2004) Colorization using optimization. *ACM Transactions on Graphics* **23** (3): 689–694. 261

Lhuillier, M., & Quan, L. (2002) Match propagation for image-based modeling and rendering. *IEEE Transactions on Pattern Analysis & Machine Intelligence* **24** (8): 1140–1146. 264

Li, F.-F., & Perona, P. (2005) A Bayesian hierarchical model for learning natural scene categories. In *IEEE Computer Vision & Pattern Recognition*, pp. 524–531. 503, 504

Li, J., & Allinson, N. M. (2008) A comprehensive review of current local features for computer vision. *Neurocomputing* **71** (10–12): 1771–1787. 292

Li, P., Fu, Y., Mohammed, U., Elder, J., & Prince, S. J. D. (2012) Probabilistic models for inference about identity. *IEEE Transactions on Pattern Analysis & Machine Intelligence* **34**(1): 144–157. 435, 447, 450, 451

Li, P., Warrell, J., Aghajanian, J., & Prince, S. (2010) Context-based additive logistic model for facial keypoint localization. In *British Machine Vision Conference*, pp. 1–11. 450

Li, S. Z. (2010) *Markov Random Field Modeling in Image Analysis*. Springer, 3rd edition. 261

Li, S. Z., & Jain, A. K. eds. (2005) *Handbook of Face Recognition*. Springer. 450

Li, S. Z., & Zhang, Z. (2004) Floatboost learning and statistical face detection. *IEEE Transactions on Pattern Analysis & Machine Intelligence* **26** (9): 1112–1123. 167

Li, S. Z., Zhang, Z. Q., Shum, H. Y., & Zhang, H. J. (2003) Floatboost learning for classification. In *Advances in Neural Information Processing Systems*, pp. 993–1000. 167

Li, S. Z., Zhuang, Z., Blake, A., Zhang, H., & Shum, H. (2002) Statistical learning of multi-view face detection. In *European Conference on Computer Vision*, pp. 67–82. 167

Li, Y., Du, Y., & Lin, X. (2005) Kernel-based multifactor analysis for image synthesis and recognition. In *IEEE International Conference on Computer Vision*, pp. 114–119. 451

Li, Y., Sun, J., Tang, C.-K., & Shum, H.-Y. (2004) Lazy snapping. *ACM Transactions on Graphics* **23** (3): 303–308. 263

Lienhart, R., Kuranov, A., & Pisarevsky, V. (2003) Empirical analysis of detection cascades of boosted classifiers for rapid object detection. In *Deutsche Arbeitsgemeinschaft für Mustererkennung*, pp. 297–304. 167

Liu, C., & Rubin, D. B. (1995) ML estimation of the t distribution using EM and its extensions ECM and ECME. *Statistica Sinica* **5** (1): 19–39. 105

Liu, C., & Shum, H. Y. (2003) Kullback-Leibler boosting. In *IEEE Computer Vision & Pattern Recognition*, pp. 407–411. 167

Liu, C., & Wechsler, H. (1998) Probabilistic reasoning models for face recognition. In *IEEE Computer Vision & Pattern Recognition*, pp. 827–832. 450

Liu, J., Sun, J., & Shum, H.-Y. (2009) Paint selection. *ACM Transactions on Graphics* **28** (3): 69:1–68:7. 263

Longuet-Higgins, H. C. (1981) A computer algorithm for reconstructing a scene from two projections. *Nature* **293**: 133–135. 380

Loop, C. T., & Zhang, Z. (1999) Computing rectifying homographies for stereo vision. In *IEEE Computer Vision & Pattern Recognition*, pp. 1125–1131. 380

Lourakis, M. I. A., & Argyros, A. A. (2009) SBA: A software package for generic sparse bundle adjustment. *ACM Transactions on Mathematical Software* **36**(1): 2:2:30. 381

Lowe, D. G. (2004) Distinctive image features from scale-invariant keypoints. *International Journal of Computer Vision* **60** (2): 91–110. 292, 293, 380, 451

Loxam, J., & Drummond, T. (2008) Student-t mixture filter for robust, real-time visual tracking. In *European Conference on Computer Vision*, pp. 372–385. 105

Lu, S., Metaxas, D. N., Samaras, D., & Oliensis, J. (2003) Using multiple cues for hand tracking and model refinement. In *IEEE Computer Vision & Pattern Recognition*, pp. 443–450. 422

Lucas, B. D., & Kanade, T. (1981) An iterative image registration technique with an application to stereo vision. In *International Joint Conference on Artificial Intelligence*, pp. 647–679. 380

Lucey, S., & Chen, T. (2006) Learning patch dependencies for improved pose mismatched face verification. In *IEEE Computer Vision & Pattern Recognition*, pp. 909–915. 451

Ma, Y., Derksen, H., Hong, W., & Wright, J. (2007) Segmentation of multivariate mixed data via lossy data coding and compression. *IEEE Transactions on Pattern Analysis & Machine Intelligence* **29** (9): 1546–1562. 106

Ma, Y., Soatto, S., & Kosecká, J. (2004) *An Invitation to 3-D Vision*. Springer. 319, 380

Mac Aodha, O., Brostow, G. J. and Pollefeys, M. (2010) Segmenting video into classes of algorithm suitability, In *IEEE Computer Vision and Pattern Recognition*. 167

Mackay, D. J. (2003) *Information Theory, Learning and Inference Algorithms*. Cambridge University Press. 41

Makadia, A. (2010) Feature tracking for wide-baseline image retrieval. In *European Conference on Computer Vision*, pp. 310–323. 504

Mäkinen, E., & Raisamo, R. (2008a) Evaluation of gender classification methods with automatically detected and aligned faces. *IEEE Transactions on Pattern Analysis & Machine Intelligence* **30** (3): 541–547. 167

Mäkinen, E., & Raisamo, R. (2008b) An experimental comparison of gender classification methods. *Pattern Recognition Methods* **29** (10): 1544–1556. 167

Malcolm, J. G., Rathi, Y., & Tannenbaum, A. (2007) Graph cut segmentation with nonlinear shape priors. In *IEEE International Conference on Image Processing*, pp. 365–368. 263

Malladi, R., Sethian, J. A., & Vemuri, B. C. (1994) Evolutionary fronts for topology-independent shape modeling and recoveery. In *European Conference on Computer Vision*, pp. 3–13. 421

Matas, J., Chum, O., Urban, M., & Pajdla, T. (2002) Robust wide baseline stereo from maximally stable extremal regions. In *British Machine Vision Conference*, pp. 348–393. 292

Matthews, I., & Baker, S. (2004) Active appearance models revisited. *International Journal of Computer Vision* **60** (2): 135–164. 421

Matthews, I., Cootes, T. F., Bangham, J. A., Cox, S., & Harvey, R. (2002) Extraction of visual features for lipreading. *IEEE Transactions on Pattern Analysis & Machine Intelligence* **24** (2): 198–213. 421

Matthews, I., Xiao, J., & Baker, S. (2007) 2D vs. 3D deformable face models: Representational power, construction, and real-time fitting. *International Journal of Computer Vision* **75** (1): 93–113. 417, 419, 421

Matthies, L., Kanade, T., & Szeliski, R. (1989) Kalman filter-based algorithms for estimating depth from image sequences. *International Journal of Computer Vision* **3** (3): 209–238. 479

Matusik, W., Buehler, C., Raskar, R., Gortler, S. J., & McMillan, L. (2000) Image-based visual hulls. In *SIGGRAPH*, pp. 369–374. 319

Maybank, S. J. (1998) *Theory of Reconstruction from Image Motion*. Springer-Verlag. 380

Maybeck, P. S. (1990) The Kalman filter: An introduction to concepts. In *Autonomous Robot Vehicles*, ed. by I. J. Cox & G. T. Wilfong, pp. 194–204. Springer-Verlag. 479

McLachlan, G. J., & Krishnan, T. (2008) *The EM Algorithm and Extensions*. Wiley, 2nd edition. 105

Mei, C., Sibley, G., Cummins, M., Newman, P., & Reid, I. (2009) A constant time efficient stereo SLAM system. In *British Machine Vision Conference*. 480

Meir, R., & Mätsch, G. (2003) An introduction to boosting and leveraging. In *Advanced Lectures on Machine Learning*, ed. by S. Mendelson & A. Smola, pp. 119–184. Springer. 167

Messer, K., Matas, J., Kittler, J., Luettin, J., & Maitre, G. (1999) XM2VTS: The extended M2VTS database. In *Conference on Audio and Video-based Biometric Personal Verification*, pp. 72–77. 451

Mikolajczyk, K., & Schmid, C. (2002) An affine invariant interest point detector. In *European Conference on Computer Vision*, pp. 128–142. 292

Mikolajczyk, K., & Schmid, C. (2004) Scale & affine invariant interest point detectors. *International Journal of Computer Vision* **60** (1): 63–86. 292

Mikolajczyk, K., & Schmid, C. (2005) A performance evaluation of local descriptors. *IEEE Transactions on Pattern Analysis & Machine Intelligence* **27** (10): 1615–1630. 293

Mikolajczyk, K., Tuytelaars, T., Schmid, C., Zisserman, A., Matas, J., Schaffalitzky, F., Kadir, T., & Gool, L. J. V. (2005) A comparison of affine region detectors. *International Journal of Computer Vision* **65** (1–2): 43–72. 292

Mikulík, A., Perdoch, M., Chum, O., & Matas, J. (2010) Learning a fine vocabulary. In *European Conference on Computer Vision*, pp. 1–14. 504

Minka, T. (2002) Bayesian inference in dynamic models: an overview. Technical report, Carnegie Mellon University. 480

Moeslund, T. B., Hilton, A., & Krüger, V. (2006) A survey of advances in vision-based human motion capture and analysis. *Computer Vision & Image Understanding* **104** (2–3): 90–126. 421

Moghaddam, B., Jebara, T., & Pentland, A. (2000) Bayesian face recognition. *Pattern Recognition* **33** (11): 1771–1782. 450, 452

Moghaddam, B., & Pentland, A. (1997) Probabilistic visual learning for object representation. *IEEE Transactions on Pattern Analysis & Machine Intelligence* **19** (7): 696–710. 106, 450

Moghaddam, B., & Yang, M. H. (2002) Learning gender with support faces. *IEEE Transactions on Pattern Analysis & Machine Intelligence* **24** (5): 707–711. 167

Mohammed, U., Prince, S. J. D., & Kautz, J. (2009) Visio-lization: Generating novel facial images. *ACM Transactions on Graphics (SIGGRAPH)* **28**(3). 259, 261

Moni, M. A., & Ali, A. B. M. S. (2009) HMM based hand gesture recognition: A review on techniques and approaches. In *International Conference on Computer Science and Information Technology*, pp. 433–437. 223

Montemerlo, M., Thrun, S., Koller, D., & Wegbreit, B. (2002) FastSLAM: A factored solution to the simultaneous localization and mapping problem. In *Proceedings of AAAI National Conference on Artifical Intelligence*, pp. 593–598. 480

Montemerlo, M., Thrun, S., Koller, D., & Wegbreit, B. (2003) FastSLAM 2.0: An improved particle filtering algorithm for simultaneous localization and mapping that provably converges. In *International Joint Conference on Artifical Intelligence*, pp. 1151–1156. 480

Moons, T. (1998) A guided tour through multiview relations. In *SMILE*, ed. by R. Koch & L. J. V. Gool, volume 1506 of *Lecture Notes in Computer Science*, pp. 304–346. Springer. 380

Moons, T., Van Gool, L. J., & Vergauwen, M. (2009) 3D reconstruction from multiple images: Part 1 – Principles. *Foundations and Trends in Computer Graphics and Vision* **4** (4): 287–404. 380

Moore, A. P., Prince, S. J. D., & Warrell, J. (2010) "Lattice Cut" – constructing superpixels using layer constraints. In *IEEE Computer Vision & Pattern Recognition*, pp. 2117–2124. 261, 263

Moore, A. P., Prince, S. J. D., Warrell, J., Mohammed, U., & Jones, G. (2008) Superpixel lattices. In *IEEE Computer Vision & Pattern Recognition*. 222

Moosmann, F., Nowak, E., & Jurie, F. (2008) Randomized clustering forests for image classification. *IEEE Transactions on Pattern Analysis & Machine Intelligence* **30** (9): 1632–1646. 167

Moosmann, F., Triggs, B., & Jurie, F. (2006) Fast discriminative visual codebooks using randomized clustering forests. In *Advances in Neural Information Processing Systems*, pp. 985–992. 167

Moravec, H. (1983) The Stanford cart and the CMU rover. *Proceedings of the IEEE* **71** (7): 872–884. 292

Mori, G., Ren, X., Efros, A. A., & Malik, J. (2004) Recovering human body configurations: Combining segmentation and recognition. In *IEEE Computer Vision & Pattern Recognition*, pp. 326–333. 421

Mundy, J., & Zisserman, A. (1992) *Geometric Invariance in Computer Vision*. MIT Press. 319

Murase, H., & Nayar, S. K. (1995) Visual learning and recognition of 3-d objects from appearance. *International Journal of Computer Vision* **14** (1): 5–24. 106

Murino, V., Castellani, U., Etrari, E., & Fusiello, A. (2002) Registration of very time-distant aerial images. In *IEEE International Conference on Image Processing*, pp. 989–992. 350

Murphy, K., Weiss, Y., & Jordan, M. (1999) Loopy belief propagation for approximate inference: An empirical study. In *Uncertainty in Artificial Intelligence*, pp. 467–475. 223

Murphy, K. P. (1998) Switching Kalman Filters. Technical report. Department of Computer Science, University of California, Berkeley. 480

Mĭcušík, B., & Pajdla, T. (2003) Estimation of omnidirectional camera model from epipolar geometry. In *IEEE Computer Vision & Pattern Recognition*, pp. 485–490. 319

Nadarajah, S., & Kotz, S. (2008) Estimation methods for the multivariate t distribution. *Acta Applicandae Mathematicae: An International Survey Journal on Applying Mathematics and Mathematical Applications* **102** (1): 99–118. 105

Navaratnam, R., Fitzgibbon, A. W., & Cippola, R. (2007) The joint manifold model for semi-supervised multi-valued regression. In *IEEE International Conference on Computer Vision*, pp. 1–8. 131

Neal, R., & Hinton, G. (1999) A view of the EM algorithm that justifies incremental, sparse and other variants. In *Learning in Graphical Models*, ed. by M. I. Jordan. MIT PRess. 105

Newcombe, R. A., & Davison, A. J. (2010) Live dense reconstruction with a single moving camera. In *IEEE Computer Vision & Pattern Recognition*, pp. 1498–1505. 380

Newcombe, R. A., Lovegrove, S., & Davison, A. J. (2011) DTAM: Dense tracking and mapping in real-time. In *IEEE International Conference on Computer Vision*. 480

Newman, P., & Ho, K. L. (2005) SLAM – Loop closing with visually salient features. In *IEEE International Conference on Robotics and Automation*. 480

Nguyen, H. V., & Bai, L. (2010) Cosine similarity metric learning for face verification. In *Asian Conference on Computer Vision*, pp. 709–720. 451

Niebles, J. C., Wang, H., & 0002, Li, F.-F. (2008) Unsupervised learning of human action categories using spatial-temporal words. *International Journal of Computer Vision* **79** (3): 299–318. 504

Nistér, D. (2004) An efficient solution to the five-point relative pose problem. *IEEE Transactions on Pattern Analysis & Machine Intelligence* **26** (6): 756–777. 380

Nistér, D., Naroditsky, O., & Bergen, J. R. (2004) Visual odometry. In *IEEE Computer Vision & Pattern Recognition*, pp. 652–659. 480

Nistér, D., & Stewénius, H. (2006) Scalable recognition with a vocabulary tree. In *IEEE Computer Vision & Pattern Recognition*, pp. 2161–2168. 503

Nixon, M., & Aguado, A. S. (2008) *Feature Extraction and Image Processing*. Academic Press, 2nd edition. 5, 292

Nowak, E., & Jurie, F. (2007) Learning visual similarity measures for comparing never seen objects. In *IEEE Computer Vision & Pattern Recognition*. 451

O'Gorman, L., Sammon, M. J., & Seul, M. (2008) *Practical Algorithms for Image Analysis*. Cambridge University Press, 2nd edition. 292

Oh, S. M., Rehg, J. M., Balch, T. R., & Dellaert, F. (2005) Learning and inference in parametric switching linear dynamical systems. In *IEEE International Conference on Computer Vision*, pp. 1161–1168. 480

Ohta, Y., & Kanade, T. (1985) Stereo by intra- and inter-scanline search using dynamic programming. *IEEE Transactions on Pattern Analysis & Machine Intelligence* **7** (2): 139–154. 217, 222

Ojala, T., Pietikäinen, M., & Mäenpää, T. (2002) Multiresolution gray-scale and rotation invariant texture classification with local binary patterns. *IEEE Transactions on Pattern Analysis & Machine Intelligence* **24** (7): 971–987. 293, 451

Oliver, N., Rosario, B., & Pentland, A. (2000) A Bayesian computer vision system for modeling human interactions. *IEEE Transactions on Pattern Analysis & Machine Intelligence* **22** (8): 831–843. 68, 223

Opelt, A., Pinz, A., & Zisserman, A. (2006) A boundary-fragment-model for object detection. In *European Conference on Computer Vision*, pp. 575–588. 421

Osuna, E., Freund, R., & Girosi, F. (1997) Training support vector machines: An application to face detection. In *IEEE Computer Vision & Pattern Recognition*, pp. 746–751. 167

Özuysal, M., Calonder, M., Lepetit, V., & Fua, P. (2010) Fast keypoint recognition using random ferns. *IEEE Transactions on Pattern Analysis & Machine Intelligence* **32** (3): 448–461. 350

Papoulis, A. (1991) *Probability, Random Variables and Stochastic Processes*. McGraw Hill, 3rd edition. 16

Pearl, J. (1988) *Probabilistic Reasoning in Intelligent Systems*. Morgan Kaufmann. 223

Peel, D., & McLachlan, G. (2000) Robust mixture modelling using the t distribution. *Statistics and Computing* **10** (4): 339–348. 105

Perlibakas, V. (2004) Distance measures for PCA-based face recognition. *Pattern Recognition Letters* **25** (6): 711–724. 450

Petersen, K. B., Pedersen, M. S., Larsen, J., Strimmer, K., Christiansen, L., Hansen, K., He, L., Thibaut, L., Baro, M., Hattinger, S., Sima, V., & The, W. (2006) The matrix cookbook. Technical University of Denmark. 528

Pham, M., & Cham, T. (2007a) Fast training and selection of Haar features using statistics in boosting-based face detection. In *IEEE International Conference on Computer Vision*. 167

Pham, M., & Cham, T. (2007b) Online learning asymmetric boosted classifiers for object detection. In *IEEE Computer Vision & Pattern Recognition*. 167

Philbin, J., Chum, O., Isard, M., Sivic, J., & Zisserman, A. (2007) Object retrieval with large vocabularies and fast spatial matching. In *IEEE Computer Vision & Pattern Recognition*. 503

Philbin, J., Isard, M., Sivic, J., & Zisserman, A. (2010) Descriptor learning for efficient retrieval. In *European Conference on Computer Vision*, pp. 677–691. 293

Phillips, P. J., Moon, H., Rizvi, S. A., & Rauss, P. J. (2000) The FERET evaluation methodology for face-recognition algorithms. *IEEE Transactions on Pattern Analysis & Machine Intelligence* **22** (10): 1090–1104. 451

Phung, S., Bouzerdoum, A., & Chai, D. (2005) Skin segmentation using color pixel classification: Analysis and comparison. *IEEE Transactions on Pattern Analysis & Machine Intelligence* **27** (1): 147–154. 67

Piccardi, M. (2004) Background subtraction techniques: a review. In *IEEE Int. Conf. Systems, Man and Cybernetics*, pp. 3099–3105. 67

Pinto, N., & Cox, D. (2011) Beyond simple features: A large-scale feature search approach to unconstrained face recognition. In *IEEE International Conference on Automatic Face & Gesture Recognition*. 451

Pollefeys, M. (2002) Visual 3D modeling from images. *On-line tutorial: http://www.cs.unc.edu/marc/tutorial*. 380

Pollefeys, M., Koch, R., & Van Gool, L. J. (1999a) Self-calibration and metric reconstruction inspite of varying and unknown intrinsic camera parameters. *International Journal of Computer Vision* **32** (1): 7–25. 376

Pollefeys, M., Koch, R., & Van Gool, L. J. (1999b) A simple and efficient rectification method for general motion. In *IEEE International Conference on Computer Vision*, pp. 496–501. 371, 380

Pollefeys, M., & Van Gool, L. J. (2002) Visual modelling: From images to images. *Journal of Visualization and Computer Animation* **13** (4): 199–209. 376, 377

Pollefeys, M., Van Gool, L. J., Vergauwen, M., Verbiest, F., Cornelis, K., Tops, J., & Koch, R. (2004) Visual modeling with a hand-held camera. *International Journal of Computer Vision* **59** (3): 207–232. 377, 380

Pons, J.-P., Keriven, R., & Faugeras, O. D. (2007) Multi-view stereo reconstruction and scene flow estimation with a global image-based matching score. *International Journal of Computer Vision* **72** (2): 179–193. 381

Poppe, R. (2007) Vision-based human motion analysis: An overview. *Computer Vision and Image Understanding* **108** (1–2): 4–18. 421, 479

Portilla, J., & Simoncelli, E. (2000) A parametric texture model based on joint statistics of complex wavelet coefficients. *International Journal of Computer Vision* **40** (1): 49–70. 263

Pratt, W. H. (2007) *Digital Image Processing*. Wiley Interscience, 3rd edition. 292

Prince, S., Cheok, A. D., Farbiz, F., Williamson, T., Johnson, N., Billinghurst, M., & Kato, H. (2002) 3D live: Real time captured content for mixed reality. In *International Symposium on Mixed and Augmented Reality*, pp. 317–324. 317, 318, 319

Prince, S. J. D., & Aghajanian, J. (2009) Gender classification in uncontrolled settings using additive logistic models. In *IEEE International Conference on Image Processing*, pp. 2557–2560. 160, 167

Prince, S. J. D., Elder, J. H., Warrell, J., & Felisberti, F. M. (2008) Tied factor analysis for face recognition across large pose differences. *IEEE Transactions on Pattern Analysis & Machine Intelligence* **30** (6): 970–984. 441, 443, 451

Prinzie, A., & Van den Poel, D. (2008) Random forests for multiclass classification: Random multinomial logit. *Expert Systems with Applications* **35** (3): 1721–1732. 167

Pritch, Y., Kav-Venaki, E., & Peleg, S. (2009) Shift-map image editing. In *IEEE International Conference on Computer Vision*, pp. 151–158. 255, 256, 261

Quan, L., & Lan, Z.-D. (1999) Linear n-point camera pose determination. *IEEE Transactions on Pattern Analysis & Machine Intelligence* **21** (8): 774–780. 319

Rabiner, L. (1989) A tutorial on hidden Markov models and selected applications in speech recognition. *Proceedings of the IEEE* **77** (2): 257–286. 223

Rae, R., & Ritter, H. (1998) Recognition of human head orientation based on artificial neural networks. *IEEE Transactions on Neural Networks* **9** (2): 257–265. 131

Raguram, R., Frahm, J.-M., & Pollefeys, M. (2008) A comparative analysis of RANSAC techniques leading to adaptive real-time random sample consensus. In *European Conference on Computer Vision*, pp. 500–513. 350

Ramanan, D., Forsyth, D. A., & Zisserman, A. (2008) Tracking people by learning their appearance. *IEEE Transactions on Pattern Analysis & Machine Intelligence* **29** (1): 65–81. 222

Ranganathan, A. (2009) Semantic scene segmentation using random multinomial logit. In *British Machine Vision Conference*. 167

Ranganathan, A., & Yang, M. (2008) Online sparse matrix Gaussian process regression and vision applications. In *European Conference on Computer Vision*, pp. 468–482. 131

Raphael, C. (2001) Course-to-fine dynamic programming. *IEEE Transactions on Pattern Analysis & Machine Intelligence* **23** (12): 1379–1390. 222

Rasmussen, C. E., & Williams, C. K. I. (2006) *Gaussian Processes for Machine Learning*. MIT Press. 131, 167

Rehg, J., & Kanade, T. (1994) Visual tracking of high DOF articulated structures: an application to human hand tracking. In *European Conference on Computer Vision*, pp. 35–46. 422

Rehg, J. M., & Kanade, T. (1995) Model-based tracking of self-occluding articulated objects. In *IEEE International Conference on Computer Vision*, pp. 612–617. 422

Rehg, J. M., Morris, D. D., & Kanade, T. (2003) Ambiguities in visual tracking of articulated objects using two- and three-dimensional models. *International Journal of Robotics Research* **22**(6): 393–418. 421

Rekimoto, J. (1998) MATRIX: A realtime object identification and registration method for augmented reality. In *Asia Pacific Computer Human Interaction*, pp. 63–69. 350

Ren, X., Berg, A. C., & Malik, J. (2005) Recovering human body configurations using pairwise constraints between parts. In *IEEE International Conference on Computer Vision*, pp. 824–831. 222

Rigoll, G., Kosmala, A., & Eickeler, S. (1998) High performance real-time gesture recognition using hidden Markov models. In *International Workshop on Gesture and Sign language in Human-Computer Interaction*. 223

Rogez, G., Rihan, J., Ramalingam, S., Orrite, C., & Torr, P. (2006) Randomized trees for human pose detection. In *Advances in Neural Information Processing Systems*, pp. 985–992. 167

Romdhani, S., Cong, S., & Psarrou, A. (1999) A multi-view non-linear active shape model using kernel PCA. In *British Machine Vision Conference*. 421

Rosales, R., & Sclaroff, S. (1999) 3D trajectory recovery for tracking multiple objects and trajectory guided recognition of actions. In *IEEE Computer Vision & Pattern Recognition*, pp. 2117–2123. 476, 477, 479

Rosen-Zvi, M., Griffiths, T. L., Steyvers, M., & Smyth, P. (2004) The author–topic model for authors and documents. In *Uncertainty in Artificial Intelligence*, pp. 487–494. 503

Rosenblatt, F. (1958) The Perceptron: A probabilistic model for information storage and organization in the brain. *Psychological Review* **65** (6): 386–408. 167

Rosten, E., & Drummond, T. (2006) Machine learning for high-speed corner detection. In *European Conference on Computer Vision*, volume 1, pp. 430–443. 292

Roth, S., & Black, M. J. (2009) Fields of experts. *International Journal of Computer Vision* **82** (2): 205–229. 105, 263

Rother, C., Bordeaux, L., Hamadi, Y., & Blake, A. (2006) Autocollage. *ACM Transactions on Graphics* **25** (3): 847–852.

Rother, C., Kohli, P., Feng, W., & Jia, J. (2009) Minimizing sparse higher order energy functions of discrete variables. In *IEEE Computer Vision & Pattern Recognition*, pp. 1382–1389.

Rother, C., Kolmogorov, V., & Blake, A. (2004) Grabcut – Interactive foreground extraction using iterated graph cuts. *ACM Transactions on Graphics (SIGGRAPH 2004)* **23** (3): 309–314. 261, 263

Rother, C., Kolmogorov, V., Lempitsky, V. S., & Szummer, M. (2007) Optimizing binary MRFs via extended roof duality. In *IEEE Computer Vision & Pattern Recognition*. 262

Rother, C., Kumar, S., Kolmogorov, V., & Blake, A. (2005) Digital tapestry. In *IEEE Computer Vision & Pattern Recognition*, pp. 589–586. 253

Rothwell, C. A., Zisserman, A., Forsyth, D. A., & Mundy, J. L. (1995) Planar object recognition using projective shape representation. *International Journal of Computer Vision* **16** (1): 57–99. 352

Rousseeuw, P. J. (1984) Least median of squares regression. *Journal of the American Statistical Association* **79** (388): 871–880. 350

Rousson, M., & Paragios, N. (2002) Shape priors for level set representations. In *European Conference on Computer Vision*, pp. 78–92. 421

Roweis, S., & Saul, L. (2000) Nonlinear dimensionality reduction by locally linear embedding. *Science* **290** (5500): 2323–2326. 293

Roweis, S. T., & Ghahramani, Z. (1999) A unifying review of linear Gaussian models. *Neural Computation* **11** (2): 305–345. 480

Roweis, S. T., & Ghahramani, Z. (2001) Learning nonlinear dynamical systems using the expectation-maximization algorithm. In *Kalman Filtering and Neural Networks*, ed. by S. Haykin, pp. 175–220. Wiley. 480

Rubin, D., & Thayer, D. (1982) EM algorithms for ML factor analysis. *Psychometrica* **47** (1): 69–76. 105, 421

Rumelhart, D. E., Hinton, G. E., & Williams, R. (1986) Learning internal representations by error propagation. In *Parallel Distributed Processing: Explorations in the Microstructure of Cognition. Volume 1: Foundations*, ed. by D. Rumelhart, J. McLelland, & The PDP Research Group, pp. 318–362. MIT Press. 167

Salmen, J., Schlipsing, M., Edelbrunner, J., Hegemann, S., & Lüke, S. (2009) Real-time stereo vision: Making more out of dynamic programming. In *Proceedings of the 13th International Conference on Computer Analysis of Images and Patterns*, CAIP '09, pp. 1096–1103. Springer-Verlag. 222

Salvi, J., Pags, J., & Batlle, J. (2004) Pattern codification strategies in structured light systems. *Pattern Recognition* **37** (4): 827 – 849. 319

Schaffalitzky, F., & Zisserman, A. (2002) Multi-view matching for unordered image sets, or "how do i organize my holiday snaps?". In *European Conference on Computer Vision*, pp. 414–431.

Schapire, R., & Singer, Y. (1998) Improved boosting algorithms using confidence-rated predictions. In *Conference on Computational Learning Theory*, pp. 80–91. 167

Scharstein, D., & Szeliski, R. (2002) A taxonomy and evaluation of dense two-frame stereo correspondence algorithms. *International Journal of Computer Vision* **47** (1): 7–42. 264

Scharstein, D., & Szeliski, R. (2003) High-accuracy depth maps using structured light. In *IEEE Computer Vision & Pattern Recognition*, pp. 194–202. 314, 315, 316, 319

Schlesinger, D., & Flach, B. (2006) Transforming an arbitrary minsum problem into a binary one. Technical Report TUD–FI06–01, Dresden University of Technology. 261

Schmugge, S. J., Jayaram, S., Shin, M., & Tsap, L. (2007) Objective evaluation of approaches to skin detection using roc analysis. *Computer Vision & Image Understanding* **108** (1–2): 41–51. 67

Schneiderman, H., & Kanade, T. (2000) A statistical method for 3D object detection applied to faces and cards. In *IEEE International Conference on Computer Vision*, pp. 746–751. 167

Schölkopf, B., Smola, A. J., & Müller, K.-R. (1997) Kernel principal component analysis. In *International Conference on Artificial Neural Networks*, pp. 583–588. 293

Schölkopf, B., Smola, A. J., & Müller, K.-R. (1998) Nonlinear component analysis as a kernel eigenvalue problem. *Neural Computation* **10** (5): 1299–1319. 421

Schüldt, C., Laptev, I., & Caputo, B. (2004) Recognizing human actions: A local SVM approach. In *International Conference on Pattern Recognition*, pp. 32–36. 502, 503, 504

Seitz, S. M., Curless, B., Diebel, J., Scharstein, D., & Szeliski, R. (2006) A comparison and evaluation of multi-view stereo reconstruction algorithms. In *IEEE Computer Vision & Pattern Recognition*, pp. 519–528. 381

Seo, H., & Magnenat-Thalmann, N. (2003) An automatic modeling of human bodies from sizing parameters. In *ACM Symposium on Interactive 3D Graphics*, pp. 19–26. 422

Sfikas, G., Nikou, C., & Galatsanos, N. (2007) Robust image segmentation with mixtures of Student's t-distributions. In *IEEE International Conference on Image Processing*, pp. 273–276. 102, 106

Sha'ashua, A., & Ullman, S. (1988) Structural saliency: The detection of globally salient structures using a locally connected network. In *IEEE International Conference on Computer Vision*, pp. 321–327. 222

Shakhnarovich, G., Viola, P. A., & Darrell, T. (2003) Fast pose estimation with parameter-sensitive hashing. In *IEEE International Conference on Computer Vision*, pp. 750–759. 421

Shan, C. (2012) Learning local binary patterns for gender classification on real-world face images. *Pattern Recognition Letters*, **33** (4), pp. 431–437. 167

Shepherd, B. (1983) An appraisal of a decision tree approach to image classification. In *International Joint Conferences on Artificial Intelligence*, pp. 473–475. 167

Shi, J., & Tomasi, C. (1994) Good features to track. In *IEEE Computer Vision & Pattern Recognition*, pp. 311–326. 380

Shotton, J., Blake, A., & Cipolla, R. (2008a) Multiscale categorical object recognition using contour fragments. *IEEE Transactions on Pattern Analysis & Machine Intelligence* **30** (7): 1270–1281. 421

Shotton, J., Fitzgibbon, A. W., Cook, M., Sharp, T., Finoccio, M., Moore, R., Kipman, A., & Blake, A. (2011) Real-time human pose recognition in parts from single depth images. In *IEEE Computer Vision & Pattern Recognition*. 164, 166, 167

Shotton, J., Johnson, M., & Cipolla, R. (2008b) Semantic texton forests for image categorization and segmentation. In *IEEE Computer Vision & Pattern Recognition*. 167

Shotton, J., Winn, J., Rother, C., & Criminisi, A. (2009) Textonboost for image understanding: Multi-class object recognition and segmentation by jointly modeling texture, layout and context. *International Journal of Computer Vision* **81** (1): 2–23. 163, 164, 167, 261, 278

Shum, H.-Y., & Szeliski, R. (2000) Construction of panoramic image mosaics with global and local alignment. *International Journal of Computer Vision* **36** (2): 101–130. 351

Shumway, R. H., & Stoffer, D. S. (1991) Dynamic linear models with switching. *Journal of the American Statistical Association* **86** (415): 763–769. 480

Shumway, R. H., & Stoffer, D. S. (1982) An approach to time series smoothing and forecasting using the EM algorithm. *J. Time Series Analysis* **3** (4): 253–264. 480

Sidenbladh, H., Black, M. J., & Fleet, D. J. (2000) Stochastic tracking of 3D human figures using 2D image motion. In *European Conference on Computer Vision*, pp. 702–718. 421

Sigal, L., Balan, A. O., & Black, M. J. (2010) HumanEva: Synchronized video and motion capture dataset and baseline algorithm for evaluation of articulated human motion. *International Journal of Computer Vision* **87** (1–2): 4–27. 421

Sigal, L., & Black, M. J. (2006) Measure locally, reason globally: Occlusion-sensitive articulated pose estimation. In *IEEE Computer Vision & Pattern Recognition*, pp. 2041–2048. 222

Sim, R., Elinas, P., Griffin, M., & Little, J. (2005) Vision-based SLAM using the Rao-Blackwellised particle filter. In *IJCAI Workshop on Reasoning with Uncertainty in Robotics*, pp. 9–16. 480

Simon, G., & Berger, M.-O. (2002) Pose estimation for planar structures. *IEEE Computer Graphics and Applications* **22** (6): 46–53. 350

Simon, G., Fitzgibbon, A. W., & Zisserman, A. (2000) Markerless tracking using planar structures in the scene. In *International Symposium on Mixed and Augmented Reality*, pp. 120–128. 350

Sinha, S. N., Mordohai, P., & Pollefeys, M. (2007) Multi-view stereo via graph cuts on the dual of an adaptive tetrahedral mesh. In *IEEE International Conference on Computer Vision*, pp. 1–8. 381

Sinha, S. N., & Pollefeys, M. (2005) Multi-view reconstruction using photo-consistency and exact silhouette constraints: A maximum-flow formulation. In *IEEE International Conference on Computer Vision*, pp. 349–356. 381

Sivic, J., Russell, B. C., Efros, A. A., Zisserman, A., & Freeman, W. T. (2005) Discovering objects and their localization in images. In *IEEE International Conference on Computer Vision*, pp. 370–377. 503

Sivic, J., Russell, B. C., Zisserman, A., Freeman, W. T., & Efros, A. A. (2008) Unsupervised discovery of visual object class hierarchies. In *IEEE Computer Vision & Pattern Recognition*. 503

Sivic, J., & Zisserman, A. (2003) Video google: A text retrieval approach to object matching in videos. In *IEEE International Conference on Computer Vision*, pp. 1470–1477. 500, 503

Sizintsev, M., Kuthirummal, S., Sawhney, H., Chaudhry, A., Samarasekera, S., & Kumar, R. (2010) GPU accelerated realtime stereo for augmented reality. In *International Symposium 3D Data Processing, Visualization and Transmission*. 373

Sizintsev, M., & Wildes, R. P. (2010) Coarse-to-fine stereo vision with accurate 3d boundaries. *Image and Vision Computing* **28** (3): 352–366. 264

Skrypnyk, I., & Lowe, D. G. (2004) Scene modelling, recognition and tracking with invariant image features. In *International Symposium on Mixed and Augmented Reality*, pp. 110–119. 350

Smith, R., & Cheeseman, P. (1987) On the representation of spatial uncertainty. *International Journal of Robotics Research* **5** (4): 56–68. 480

Smith, R., Self, M., & Cheeseman, P. (1990) Estimating uncertain spatial relationships in robotics. In *Autonomous Robot Vehicles*, ed. by I. J. Cox & G. T. Wilton, pp. 167–193. Springer. 480

Smith, S. M., & Brady, J. M. (1997) Susan - A new approach to low level image processing. *International Journal of Computer Vision* **23** (1): 45–78. 292

Snavely, N., Garg, R., Seitz, S. M., & Szeliski, R. (2008) Finding paths through the world's photos. *ACM Transactions on Graphics (Proceedings of SIGGRAPH 2008)* **27** (3): 11–21. 378

Snavely, N., Seitz, S. M., & Szeliski, R. (2006) Photo tourism: Exploring photo collections in 3D. In *SIGGRAPH Conference Proceedings*, pp. 835–846. ACM Press. 377, 378

Starck, J., Maki, A., Nobuhura, S., Hilton, A., & Mastuyama, T. (2009) The multiple-camera 3-D production studio. *IEEE Transactions on Circuits and Systems for Video Technology* **19** (6): 856–869. 319

Starner, T., Weaver, J., & Pentland, A. (1998) A wearable computer based American sign language recognizer. In *Assistive Technology and Artificial Intelligence*, Lecture Notes in Computer Science, volume 1458, pp. 84–96. 216, 217, 223

State, A., Hirota, G., Chen, D. T., Garrett, W. F., & Livingston, M. A. (1996) Superior augmented reality registration by integrating landmark tracking and magnetic tracking. In *ACM SIGGRAPH*, pp. 429–438. 350

Stauffer, C., & Grimson, E. (1999) Adaptive background classification using time-based co-occurences. In *IEEE Computer Vision & Pattern Recognition*, pp. 246–252. 68, 105

Stegmann, M. B. (2002) Analysis and segmentation of face images using point annotations and linear subspace techniques. Technical report, Informatics and Mathematical Modelling, Technical University of Denmark, DTU, Richard Petersens Plads, Building 321, DK–2800 Kgs. Lyngby. 406, 408, 421

Stenger, B., Mendonça, P. R. S., & Cipolla, R. (2001a) Model-based 3D tracking of an articulated hand. In *IEEE Computer Vision & Pattern Recognition*, pp. 310–315. 416, 422

Stenger, B., Mendonça, P. R. S., & Cipolla, R. (2001b) Model-based hand tracking using an unscented Kalman filter. In *British Machine Vision Conference*. 479

Stewénius, H., Engels, C., & Nistér, D. (2006) Recent developments on direct relative orientation. *ISPRS Journal of Photogrammetry and Remote Sensing* **60**: 284–294. 380

Strasdat, H., Montiel, J. M. M., & Davison, A. J. (2010) Real-time monocular SLAM: Why filter? In *IEEE International Conference on Robotics and Automation*, pp. 2657–2664. 480

Sturm, P. F. (2000) Algorithms for plane-based pose estimation. In *IEEE Computer Vision & Pattern Recognition*, pp. 1706–1711. 350

Sturm, P. F., & Maybank, S. J. (1999) On plane-based camera calibration: A general algorithm, singularities, applications. In *IEEE Computer Vision & Pattern Recognition*, pp. 1432–1437. 351

Sturm, P. F., Ramalingam, S., Tardif, J.-P., Gasparini, S., & Barreto, J. (2011) Camera models and fundamental concepts used in geometric computer vision. *Foundations and Trends in Computer Graphics and Vision* **6** (1-2): 1–183. 319

Sturm, P. F., & Triggs, B. (1996) A factorization based algorithm for multi-image projective structure and motion. In *European Conference on Computer Vision*, pp. 709–720. 380

Sudderth, E. B., Torralba, A., Freeman, W. T., & Willsky, A. S. (2005) Learning Hierarchical Models of Scenes, Objects, and Parts, In *IEEE International Conference on Computer Vision*, pp. 1331–1338.

Sudderth, E. B., Torralba, A., Freeman, W. T., & Willsky, A. S. (2008) Describing visual scenes using transformed objects and parts. *International Journal of Computer Vision* **77** (1–3): 291–330. 498, 500

Sugimoto, A. (2000) A linear algorithm for computing the homography for conics in correspondence. *Journal of Mathematical Imaging and Vision* **13** (2): 115–130. 350

Sun, J., Zhang, W., Tang, X., & Shum, H. Y. (2006) Background cut. In *European Conference on Computer Vision*, pp. 628–641. 68

Sun, J., Zheng, N., & Shum, H. Y. (2003) Stereo matching using belief propagation. *IEEE Transactions on Pattern Analysis & Machine Intelligence* **25** (7): 787–800. 223, 263

Sutherland, I. E. (1963) Sketchpad: a man-machine graphical communications system. Technical Report 296, MIT Lincoln Laboratories. 350

Sutton, C., & McCallum, A. (2011) An introduction to conditional random fields. *Foundations and Trends in Machine Learning*. 261

Szeliski, R. (1996) Video mosaics for virtual environments. *IEEE Computer Graphics and Applications* **16** (2): 22–30. 351

Szeliski, R. (2006) Image alignment and stitching: A tutorial. *Foundations and Trends in Computer Graphics and Vision* **2** (1). 351

Szeliski, R. (2010) *Computer vision: algorithms and applications*. Springer. 2, 5, 264, 351

Szeliski, R., & Shum, H.-Y. (1997) Creating full view panoramic image mosaics and environment maps. In *ACM SIGGRAPH*, pp. 251–258. 351

Szeliski, R., Zabih, R., Scharstein, D., Veksler, O., Kolmogorov, V., Agarwala, A., Tappen, M., & Rother, C. (2008) A comparative study of energy minimization methods for Markov random fields. *IEEE Transactions on Pattern Analysis & Machine Intelligence* **30** (6): 1068–1080. 263

Taigman, Y., Wolf, L., & Hassner, T. (2009) Multiple one-shots for utilizing class label information. In *British Machine Vision Conference*. 451

Tappen, M. F., & Freeman, W. T. (2003) Comparison of graph cuts with belief propagation for stereo, using identical MRF parameters. In *IEEE International Conference on Computer Vision*, pp. 900–907. 263

Tarlow, D., Givoni, I., Zemel, R., & Frey, B. (2011) Graph cuts is a max-product algorithms. In *Uncertainty in Artificial Intelligence*. 262

Tenenbaum, J., Silva, V., & Langford, J. (2000) A global geometric framework for nonlinear dimensionality reduction. *Science* **290** (5500): 2319–2315. 293

Tenenbaum, J. B., & Freeman, W. T. (2000) Separating style and content with bilinear models. *Neural Computation* **12** (6): 1247–1283. 446, 451

Terzopolous, D., & Szeliski, R. (1992) Tracking with Kalman snakes. In *Active Vision*, ed. by A. Blake & A. Y. Yuile, pp. 3–29. MIT Press.

Thayananthan, A., Navatnam, R., Stenger, B., Torr, P., & Cipolla, R. (2006) Multivariate relevance vector machines for tracking. In *European Conference on Computer Vision*, pp. 124–138. 131

Theobalt, C., Ahmed, N., Lensch, H. P. A., Magnor, M. A., & Seidel, H.-P. (2007) Seeing people in different light-joint shape, motion, and reflectance capture. *IEEE Transactions on Visualization and Computer Graphics* **13** (4): 663–674. 319

Tipping, M., & Bishop, C. M. (1999) Probabilistic principal component analysis. *Journal of the Royal Statistical Society: Series B* **61** (3): 611–622. 105

Tipping, M. E. (2001) Sparse Bayesian learning and the relevance vector machine. *Journal Machine Learning Research* **1**: 211–244. 131, 167, 421

Tomasi, C., & Kanade, T. (1991) Detection and tracking of point features. Technical Report CMU–SC–91–132, Carnegie Mellon. 380

Tomasi, C., & Kanade, T. (1992) Shape and motion from image streams under orthography: A factorization method. *International Journal of Computer Vision* **9** (2): 137–154. 380

Tombari, F., Mattoccia, S., di Stefano, L., & Addimanda, E. (2008) Classification and evaluation of cost aggregation methods for stereo correspondence. In *IEEE Computer Vision & Pattern Recognition*. 263

Torr, P. (1998) Geometric motion segmentation and model selection. *Philosophical Transactions of the Royal Society A* **356** (1740): 1321–1340. 350

Torr, P. H. S., & Criminisi, A. (2004) Dense stereo using pivoted dynamic programming. *Image and vision computing* **22** (10): 795–806. 222

Torr, P. H. S., & Zisserman, A. (2000) MLESAC: A new robust estimator with application to estimating image geometry. *Computer Vision & Image Understanding* **78**(1): 138–156. 350

Torralba, A., Murphy, K., & Freeman, W. T. (2007) Sharing visual features for multiclass and multi-view object detection. *IEEE Transactions on Pattern Analysis & Machine Intelligence* **29** (5): 854–869. 163, 167

Treibitz, T., Schechner, Y. Y., & Singh, H. (2008) Flat refractive geometry. In *IEEE Computer Vision & Pattern Recognition*. 319

Triggs, B., McLauchlan, P. F., Hartley, R. I., & Fitzgibbon, A. W. (1999) Bundle adjustment – A modern synthesis. In *Workshop on Vision Algorithms*, pp. 298–372. 381

Tsai, R. (1987) A versatile cameras calibration technique for high accuracy 3D machine vision metrology using off-the-shelf TV cameras and lenses. *Journal of Robotics and Automation* **3** (4): 323–344. 319

Turk, M., & Pentland, A. P. (2001) Face recognition using eigenfaces. In *IEEE Computer Vision & Pattern Recognition*, pp. 586–591. 450

Tuytelaars, T., & Mikolajczyk, K. (2007) Local invariant feature detectors: A survey. *Foundations and Trends in Computer Graphics and Vision* **3** (3): 177–280. 292

Urtasun, R., Fleet, D. J., & Fua, P. (2006) 3D people tracking with Gaussian process dynamical models. In *IEEE Computer Vision & Pattern Recognition*, pp. 238–245. 131

Vapnik, V. (1995) *The Nature of Statistical Learning Theory*. Springer Verlag. 167

Varma, M., & Zisserman, A. (2004) Unifying statistical texture classification frameworks. *Image and Vision Computing* **22** (14): 1175–1183. 503

Vasilescu, M. A. O., & Terzopoulos, D. (2002) Multilinear analysis of image ensembles: Tensorfaces. In *European Conference on Computer Vision*, pp. 447–460. 451

Vasilescu, M. A. O., & Terzopoulos, D. (2004) Tensortextures: Multilinear image-based rendering. *ACM Transactions on Graphics* **23** (3): 336–342. 448

Vaswani, N., Chowdhury, A. K. R., & Chellappa, R. (2003) Activity recognition using the dynamics of the configuration of interacting objects. In *IEEE Computer Vision & Pattern Recognition*, pp. 633–642. 479

Veksler, O. (2005) Stereo correspondence by dynamic programming on a tree. In *IEEE Computer Vision & Pattern Recognition*, pp. 384–390. 219, 222

Veksler, O. (2008) Star shape prior for graph-cut image segmentation. In *European Conference on Computer Vision*, pp. 454–467. 263

Veksler, O., Boykov, Y., & Mehrani, P. (2010) Superpixels and supervoxels in an energy optimization framework. In *European Conference on Computer Vision*, pp. 211–224. 261

Vezhnevets, V., Sazonov, V., & Andreeva, A. (2003) A survey on pixel-based skin color detection techniques. In *Graphicon*, pp. 85–92. 67

Vicente, S., Kolmogorov, V., & Rother, C. (2008) Graph cut based image segmentation with connectivity priors. In *IEEE Computer Vision & Pattern Recognition*, pp. 1–8. 263

Vincent, E., & Laganiere, R. (2001) Detecting planar homographies in an image pair. In *IEEE International Symposium on Image and Signal Processing Analysis*, pp. 182–187. 350

Viola, P., & Jones, M. (2002) Fast and robust classification using asymmetric adaboost and a detector cascade. In *Advances in Neural Information Processing Systems*, pp. 1311–1318. 167

Viola, P. A., & Jones, M. J. (2004) Robust real-time face detection. *International Journal of Computer Vision* **57** (2): 137–154. 161, 162, 166, 167

Viola, P. A., Jones, M. J., & Snow, D. (2005) Detecting pedestrians using patterns of motion and appearance. *International Journal of Computer Vision* **63** (2): 153–161. 162

Vlasic, D., Baran, I., Matusik, W., & Popovic, J. (2008) Articulated mesh animation from multi-view silhouettes. *ACM Transactions on Graphics* **27** (3). 319

Vogiatzis, G., Esteban, C. H., Torr, P. H. S., & Cipolla, R. (2007) Multiview stereo via volumetric graph-cuts and occlusion robust photo-consistency. *IEEE Transactions on Pattern Analysis & Machine Intelligence* **29** (12): 2241–2246. 261, 378, 379, 381

Vuylsteke, P., & Oosterlinck, A. (1990) Range image acquisition with a single binary-encoded light pattern. *IEEE Transactions on Pattern Analysis & Machine Intelligence* **12** (2): 148–164. 319

Wagner, D., Reitmayr, G., Mulloni, A., Drummond, T., & Schmalstieg, D. (2008) Pose tracking from natural features on mobile phones. In *International Symposium on Mixed and Augmented Reality*, pp. 125–134. 351

Wainright, M., Jaakkola, T., & Willsky, A. (2005) MAP estimation via agreement on trees: Message passing and linear programming. *IEEE Transactions on Information Theory* **5** (11): 3697–3717. 263

Wang, J. M., Fleet, D. J., & Hertzmann, A. (2007) Multifactor Gaussian process models for style-content separation. In *International Conference on Machine Learning*, pp. 975–982. 449, 451

Wang, J. M., Fleet, D. J., & Hertzmann, A. (2008) Gaussian process dynamical models for human motion. *IEEE Transactions on Pattern Analysis & Machine Intelligence* **30** (2): 283–298. 479, 480

Wang, X., & Tang, X. (2003) Bayesian face recognition using Gabor features. In *Proceedings of the 2003 ACM SIGMM Workshop on Biometrics Methods and Applications*, pp. 70–73. ACM. 450, 451

Wang, X., & Tang, X. (2004a) Dual-space linear discriminant analysis for face recognition. In *IEEE Computer Vision & Pattern Recognition*, pp. 564–569. 450

Wang, X., & Tang, X. (2004b) A unified framework for subspace face recognition. *IEEE Transactions on Pattern Analysis & Machine Intelligence* **26** (9): 1222–1228. 450

Wei, L.-Y., & Levoy, M. (2000) Fast texture synthesis using tree-structured vector quantization. In *ACM SIGGRAPH*, pp. 479–488. 263

Weiss, Y., & Freeman, W. (2001) On the optimality of solutions of the max-product belief propagation algorithm in arbitrary graphs. *IEEE Transactions on Information Theory* **47** (2): 723–735. 223, 263

Weiss, Y., Yanover, C., & Meltzer, T. (2011) Linear programming and variants of belief propagation. In *Advances in Markov Random Fields*, ed. by A. Blake, P. Kohli, & C. Rother. MIT Press. 263

Wilbur, R. B., & Kak, A. C. (2006) Purdue RVL-SLLL American sign language database. Technical Report TR–06–12, Purdue University, School of Electrical and Computer Engineering. 196

Williams, C., & Barber, D. (1998) Bayesian classification with Gaussian priors. *IEEE Transactions on Pattern Analysis & Machine Intelligence* **20** (2): 1342–1351. 166

Williams, D., & Shah, M. (1992) A fast algorithm for active contours and curvature estimation. *CVGIP: Image Understanding* **55** (1): 14–26. 420

Williams, O. M. C., Blake, A., & Cipolla, R. (2005) Sparse Bayesian learning for efficient tracking. *IEEE Transactions on Pattern Analysis & Machine Intelligence* **27** (8): 1292–1304. 130, 131

Williams, O. M. C., Blake, A., & Cipolla, R. (2006) Sparse and semi-supervised visual mapping with the S3P. In *IEEE Computer Vision & Pattern Recognition*, pp. 230–237. 131

Wiskott, L., Fellous, J.-M., Krüger, N., & von der Malsburg, C. (1997) Face recognition by elastic bunch graph matching. In *IEEE International Conference on Image Processing*, pp. 129–132. 450

Wolf, L., Hassner, T., & Taigman, Y. (2009) The one-shot similarity kernel. In *IEEE International Conference on Computer Vision*, pp. 897–902. 451

Woodford, O., Torr, P. H. S., Reid, I., & Fitzgibbon, A. W. (2009) Global stereo reconstruction under second-order smoothness priors. *IEEE Transactions on Pattern Analysis & Machine Intelligence* **31** (12): 2115–2128. 261

Wren, C. R., Aazarbayejani, A., Darrell, T., & Pentland, A. P. (1997) Pfinder: Real-time tracking of the human body. *IEEE Transactions on Pattern Analysis & Machine Intelligence* **19** (7): 780–785. 68

Wright, J., Yang, A. Y., Ganesh, A., Sastry, S. S., & Ma, Y. (2009) Robust face recognition via sparse representation. *IEEE Transactions on Pattern Analysis & Machine Intelligence* **31** (2): 210–227. 451

Wu, B., Ai, H., Huang, C., & Lao, S. (2007) Fast rotation invariant multi-view face detection based on real adaboost. In *IEEE Workshop on Automated Face and Gesture Recognition*, pp. 79–84. 167

Wu, C., Agarwal, S., Curless, B., & Seitz, S. (2011) Multicore bundle adjustment. In *IEEE Computer Vision & Pattern Recognition*, pp. 3057–3064. 381

Wu, Y., Lin, J. Y., & Huang, T. S. (2001) Capturing natural hand articulation. In *IEEE International Conference on Computer Vision*, pp. 426–432. 422

Xiao, J., Hays, J., Ehinger, K. A., Oliva, A., & Torralba, A. (2010) Sun database: Large-scale scene recognition from abbey to zoo. In *IEEE Computer Vision & Pattern Recognition*, pp. 3485–3492. 504

Xu, C., & Prince, J. L. (1998) Snakes, shapes, and gradient vector flow. *IEEE Transactions on Image Processing* **7** (3): 359–369. 420

Yang, J., Jiang, Y.-G., Hauptmann, A. G., & Ngo, C.-W. (2007) Evaluating bag-of-visual-words representations in scene classification. In *Multimedia Information Retrieval*, pp. 197–206. 504

Yang, M.-H. (2002) Kernel eigenfaces vs. kernel fisherfaces: Face recognition using kernel methods. In *IEEE International Conference on Automatic Face & Gesture Recognition*, pp. 215–220. 450

Yilmaz, A., Javed, O., & Shah, M. (2006) Object tracking: A survey. *Acm Computing Surveys (CSUR)* **38** (4): 1–45. 479

Yin, P., Criminisi, A., Winn, J., & Essa, I. (2007) Tree based classifiers for bilayer video segmentation. In *IEEE Computer Vision & Pattern Recognition*. 167

Yoon, K.-J., & Kweon, I.-S. (2006) Adaptive support-weight approach for correspondence search. *IEEE Transactions on Pattern Analysis & Machine Intelligence* **28** (4): 650–656. 263

Zhang, C., & Zhang, Z. (2010) A survey of recent advances in face detection. Technical Report MSR–TR–2010–66, Microsoft Research, Redmond. 167

Zhang, J., Marszalek, M., Lazebnik, S., & Schmid, C. (2007) Local features and kernels for classification of texture and object categories: A comprehensive study. *International Journal of Computer Vision* **73** (2): 213–238. 504

Zhang, X., & Gao, Y. (2009) Face recognition across pose: A review. *Pattern Recognition* **42** (11): 2876–2896. 451

Zhang, Z. (2000) A flexible new technique for camera calibration. *IEEE Transactions on Pattern Analysis & Machine Intelligence* **22** (11): 1330–1334. 351

Zhao, J., & Jiang, Q. (2006) Probabilistic PCA for t distributions. *Neurocomputing* **69** (16–18): 2217–2226. 105

Zhao, W.-Y., Chellappa, R., Phillips, P. J., & Rosenfeld, A. (2003) Face recognition: A literature survey. *ACM Comput. Surv.* **35** (4): 399–458. 450

Zhou, S., Chellappa, R., & Moghaddam, B. (2004) Visual tracking and recognition using appearance-adaptive models in particle filters. *IEEE Transactions on Image Processing,* **13** (11): 1491–1506. 479

Zhou, S. K., & Chellappa, R. (2004) Probabilistic identity characterization for face recognition. In *IEEE Computer Vision & Pattern Recognition*, pp. 805–812. 450

Zhu, X., Yang, J., & Waibel, A. (2000) Segmenting hands of arbitrary colour. In *IEEE International Conference on Automatic Face & Gesture Recognition*, pp. 446–453. 67

Zitnick, C. L., & Kanade, T. (2000) A cooperative algorithm for stereo matching and occlusion detection. *IEEE Transactions on Pattern Analysis & Machine Intelligence* **22** (7): 675–684. 264

# 推荐阅读

## 机器学习

作者：（美）Tom Mitchell ISBN：978-7-111-10993-7 定价：35.00元

机器学习领域的奠基之作，卡内基·梅隆大学计算机科学学院机器学习系主任Tom Mitchell的经典教材。书中综合了许多的研究成果，例如统计学、人工智能、哲学、信息论、生物学、认知科学、计算复杂性和控制论等，并以此来理解问题的背景、算法和其中的隐含假定。

## 模式分类（原书第2版）

作者：[美]Richard O.Duda 等 ISBN：978-7-111-12148-1 定价：59.00元

模式识别领域经典教材，被斯坦福、加州大学伯克利分校、剑桥大学等名校采用。作者们都是该领域的权威专家，在介绍各种理论和方法时，时刻不忘将不同理论、方法的对比与作者自身的研究成果和实践经验传授给读者，使读者不至于对如此丰富的理论和方法无所适从。

## 数据挖掘：实用机器学习工具与技术（原书第3版）

作者：[新西兰]Ian H.Witten 等 ISBN：978-7-111-45381-9 定价：69.00元

假如你需要分析和理解数据，那么本书以及Weka工具包是绝佳的起步。它既是新手必备的教科书，又能让像我这样的专家受益。

—— Jim Gray（图灵奖获得者）

# 推荐阅读

## 深入理解机器学习：从原理到算法

作者：[以] 沙伊・沙莱夫－施瓦茨 等 ISBN：978-7-111-54302-2 定价：79.00元

这本教材非常必要，对于想要建立机器学习的数学基础的读者来说，它同时兼具深度和广度，内容严谨、直观而敏锐。机器学习是一项重要而迷人的领域，对于任何对其数学及计算基础感兴趣的人来说，这都是一本极佳的书。

—— 艾弗瑞・布卢姆（Avrim Blum），卡内基-梅隆大学

## 机器学习导论(原书第3版)

作者：[土耳其]埃塞姆・阿培丁 ISBN：978-7-111-52194-5 定价：79.00元

对于机器学习而言，这是一本完整、易读的机器学习导论，是这个快速演变学科的"瑞士刀"。尽管本书旨在作为导论，但是它不仅对于学生，而且对于寻求这一领域综合教程的专家也是有用的。新人会从中找到清晰解释的概念，专家会从中发现新的参考和灵感。

—— Hilario Gómez-Moreno IEEE高级会员

## 神经网络与机器学习（原书第3版）

作者：（加）Simon Haykin ISBN：978-7-111-32413-3 定价：79.00元

本书不但注重对数学分析方法和理论的探讨，而且也非常关注神经网络在模式识别、信号处理以及控制系统等实际工程问题中的应用。作者举重若轻地对神经网络的基本模型和主要学习理论进行了深入探讨和分析，通过大量的实验报告、例题和习题来帮助读者更好地学习神经网络。